SHIYONG CHONGMU JIEGOU TUCE

实用冲模结构图册

张正修　张旭起　主编

化学工业出版社

·北京·

《实用冲模结构图册》以介绍经过生产实践考验的各种冲模结构为主线，提供实用、可靠的各类冲模结构设计样板，可作为同类或近似冲压件用冲模结构设计的重要参照，也可为相同、相近及相似冲压件用冲模结构设计作为套用、仿照设计的对象。本书收入经生产考验、结构定型的各类冲模，作为典型结构推广，对冲模零部件实施“三化”，即标准化、通用化、规格化，有重要作用。本图册经长期在行业内外冲压工作量大的工厂收集并海选有代表性的各类冲模700余套，包括：冲裁模、精冲模、弯曲模、拉深模、成形模、挤压模以及楔传动冲模等，作为典型结构给予推广。对复杂的冲模结构及其运作，还给予详尽说明。本图册图文并茂，由浅入深，结构先简后繁加以介绍，通俗易懂，实用性强。

本书可供从事冲压工艺和冲模设计工作及相关专业人员使用，也可供相关院校有关专业师生参考。

图书在版编目（CIP）数据

实用冲模结构图册/张正修，张旭起主编．—北京：化学工业出版社，2016.2
ISBN 978-7-122-24614-1

Ⅰ.①实…　Ⅱ.①张…②张…　Ⅲ.①冲模-结构设计
Ⅳ.①TG385.2

中国版本图书馆CIP数据核字（2015）第156693号

责任编辑：王清颢　　文字编辑：张绪瑞
责任校对：王素芹　　装帧设计：王晓宇

出版发行：化学工业出版社（北京市东城区青年湖南街13号　邮政编码100011）
印　　刷：北京永鑫印刷有限责任公司
装　　订：三河市宇新装订厂
787mm×1092mm　1/16　印张33　字数830千字　2016年2月北京第1版第1次印刷

购书咨询：010-64518888（传真：010-64519686）　售后服务：010-64518899
网　　址：http：//www.cip.com.cn
凡购买本书，如有缺损质量问题，本社销售中心负责调换。

定　　价：148.00元

前言 FOREWORD

冲模设计，难在结构。而冲模结构因冲压零件而异，千变万化。不同形状的冲压件要采用不同的冲压工艺冲制。冲模的刃口或型腔及其动作与工艺技术功能是依冲压件形状及其冲压工艺的需要而设计的。在现代制造业的产品生产中，冲压是主导的加工工艺，占据十分重要的地位，特别是在客货运载车辆制造业，IT、通信电子器材制造业，电工与机械制造业，仪器仪表与照相复印机类精密机械制造业，航空航天产品制造业，船舶舰艇制造业，五金建材与家具制造业，各类机电、家电及日用工业品制造业等热门，且发展迅速的制造业中。在这些制造业中，冲压件为主导加工工种，使冲模成为不可或缺的工艺装备，冲模的需求品种与数量也是与日俱增。近年来，由于冲压加工范围拓展和客户增多，冲模供求矛盾突出，对用一模成形的现代冲压先进工艺技术取代一件多序、分序多模的传统冲压工艺，用多工位连续冲模取代一种冲压件需多套冲模分序冲制的落后冲压工艺。对多工位连续模的需求猛增，对这类冲模的设计，都提出了更高的要求。《实用冲模结构图册》就是在这种背景下编撰而成的。其目的是帮助冲模设计人员，广开思路，扩大眼界，为冲模结构设计的前期准备，积累各类冲模的典型结构，为比照、套用、仿照结构设计打下基础，为创新结构设计打开新思路，做到温故知新，习旧而不照搬，从而举一反三开拓创新，设计出实用新结构。本图册收入 700 余套冲模典型结构，可供有关人员使用和参考。

由于本图册篇幅有限，容量很小，使得各类冲模的大量典型结构及一些有推广价值的优秀冲模结构，也不得不忍痛割爱，实属无奈。故本图册收入的典型结构还很有限。而且，限于编者水平以及长期服务于仪表行业难免行业局限的眼界，对个别类型的冲模，或可能挂一漏万，而令人十分遗憾。

参与本图册编撰与资料收集、整理及一些善后事务处理人员很多，不便一一列出。参与执笔编撰的人员：第 1、第 3 章由张正修编写，第 2、第 4、第 5、第 7 章由张旭起编写，第 6 章由赵向珍编写，第 8 章由贾建伟编写，第 9 章由王洋、雷芬编写，第 10 章由王湛编写。全书通稿汇总由张旭起负责，书稿最终审校、删改由张正修主导，张旭起、王洋等参与完成。

书稿中的一些典型冲模结构，收集于上海、天津、重庆、甘肃、宁夏、陕西等省区市行业内骨干企业，在此一并表示衷心感谢！

限于编者水平，图册中错漏在所难免，精彩内容的典型结构也可能挂一漏万，恳请业界同仁和专家不吝指正。

编　者

CONTENTS
目 录

1 CHAPTER 第1章 冲模的类型、结构及应用 Page

2 CHAPTER 第2章 冲裁模实用典型结构 Page

第3章 精冲模实用典型结构

CHAPTER 3 Page

第4章 弯曲模实用典型结构

CHAPTER 4 Page

第5章 拉深模实用典型结构

CHAPTER 5 Page

6 CHAPTER 第6章 成形模实用典型结构

Page

7 CHAPTER 第7章 挤压模实用典型结构

Page

第8章 楔传动冲模实用典型结构

CHAPTER 8 Page

第9章 推荐实用与创新冲模典型结构

CHAPTER 9 Page

第10章 少废料与无废料冲裁模实用典型结构

CHAPTER 10 Page

第 1 章

冲模的类型、结构及应用

冲压是一种先进的少、无切削的加工方法。冲压工艺技术是金属加工行业的主导工艺，是机械制造业的主要成形技术之一。现代先进的冲压工艺技术，要靠结构先进、合理而又适用的冲模来实施。

成批与大量生产的各类机电与家电产品零部件及半成品坯件，都需要大量的、不同种类的模具进行加工。其中，约 60%的零件要用各种金属板、条、带、卷料，冲制成各种形状复杂、精度高、用其他加工方法无法完成的板料冲压零件，所使用的冷冲模种类繁多，结构各异而又千变万化。

由于冲压工艺技术的先进性和在技术经济上的优越性十分突出，故这种先进的无屑加工工艺，在金属加工及制造业的应用日益广泛，其技术上的发展与提升也十分迅速。

据近年来汽车、开关电器、农机、仪器仪表、各类家电等制造行业的统计，已达到经济生产规模的产品，其生产所使用的模具中，约 65%为冷冲模，20%为塑料模，压铸模和锻模占 5%，其他模具如陶瓷模、橡胶模、玻璃模、粉冶模、精铸用蜡模、铸造木模、硬模（金属模）等合计约为 10%。冷冲模所占比例最大，使用最广。这和板料冷冲压工艺在制造业中被广泛应用，以及现在冲压技术的不断创新与拓宽加工范围密切相关，也是板料冲压工艺独具的技术和经济优势所决定的。

1.1 冲模的种类及其结构特点和应用范围

1.1.1 冲模类型的划分及其意义和作用

冲模结构及其构成因件而异千变万化。实际上每套冲模都是一个独有的、非标准的精密机械产品，要将无限的品种与数量不断增加的冲模，按照统一的标准详尽的分门别类，难度是很大的。但根据冲模设计、冲模制造与修理的需要，实施其零部件标准化、系列化，冲模结构的工艺技术功能通用化以及冲模结构的典型化的要求，对冲模进行必要而适当分类就十分必要了。

冲模分类的目的决定了冲模的分类方法；而采用不同的分类方法，则使冲模分类的结果不仅差异很大，其意义和作用也截然不同。特别是对冲模相关标准的制定和冲压工艺文件的编制具有一定的指导意义，对冲模制造及其订货与销售合同的签约具有法定的约束作用。引入合同则对规范制模订货、交货、验收等一系列营销活动，具有法律效力。

1.1.2 冲模分类法及应用

① 依冲模执行的冲压工艺作业名称分类　这种分类方法是按照冲模完成冲压工艺作业工序分门别类。分出冲模类别及名称，对单工序冲模分类十分准确。详见表1-1。

② 按工序组合程度与组合方式分类　依冲模实施的冲压工序组合程度与组合方式不同，可将冲模分为：单工序冲模、多工位连续模、复合模。

③ 按冲模有无导向装置和用何种导向装置分类　冲模可分为有导向和无导向两大类。在有导向冲模中又可分为：导板导向的导板模、导柱导套导向的导柱模、导筒导向的导筒模等。

④ 按冲模主要工作零件使用的材料分类　依冲模工作零件用料将冲模分为：钢模（全钢冲模）、硬质合金冲模、铸铁冲模、低熔点合金冲模、锌基合金冲模、聚氨酯橡胶冲模、木材冲模、水泥冲模、钢带冲模等。

⑤ 按冲模适合冲压件产量分类　有单件小批生产用冲模，小批小量生产用冲模，成批、中批生产用冲模，大批生产用冲模，大量生产用冲模，常年大量生产用冲模等。

⑥ 按冲模适用生产性质分类　有新产品样试用冲模、新产品批试用冲模、定型产品批量试产用冲模、老产品复产用冲模等。

⑦ 按冲模适用性能和构造特点分类　有万能（通用）冲模、专用冲模、组合冲模等。

⑧ 按冲模运作机械化程度分类　有手动操作冲模、半机械化冲模、机械化冲模、全自动化冲模等。

⑨ 按冲模冲压精度分类　有简易冲模、普通全钢冲模、半精冲模、精冲模。

⑩ 按冲模尺寸大小分类　有大型冲模、中型冲模、小型冲模。

冲模的名称是由分类方法确定的。而上述众多分类方法总是根据不同场合、不同专业人群以及不同习惯，从实用角度采用的，迄今尚无统一的标准和权威的分类方法及名称。因此，常常出现同一套冲模在不同场合或不同人群中，有多种分类法而叫出不同称呼。

表1-1　冷冲压基本工序的分类、特征及所用的模具

工序	序号	组别	变形方式	变形过程简图	工作性质与特征	所用模具名称	模具结构简图
Ⅰ分离工序	1	剪切	剪切		用剪刀或模具，切断条料或板料，使其沿不封闭周边分离	剪刃切断模、剪切模	
	2	冲裁	剪截		冲掉局部条料使其沿不封闭周边分离，冲掉部分为废料	剪截模	
	3		冲模（冲口）		在毛坯或半成品的周边上冲口，冲去的部分为废料	冲口模（冲槽模）	

续表

工序	序号	组别	变形方式	变形过程简图	工作性质与特征	所用模具名称	模具结构简图
Ⅰ分离工序	4	冲裁	落料	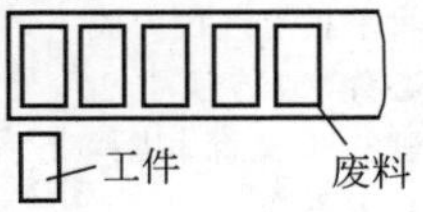 工件 废料	使材料或毛坯沿封闭周边分离，冲下部分是工件	落料模	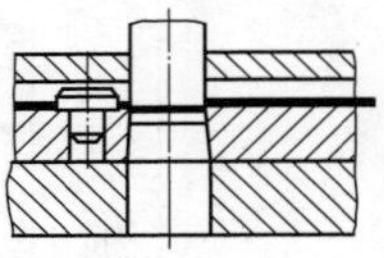
	5		冲孔	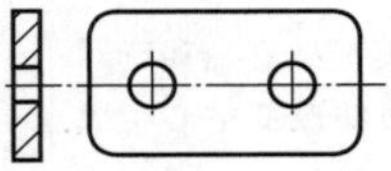	在毛坯或半成品内部冲孔，冲下部分是废料	冲孔模	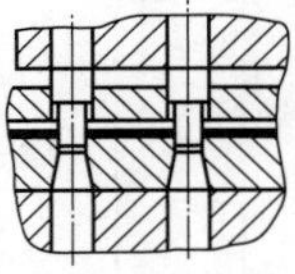
	6		切口	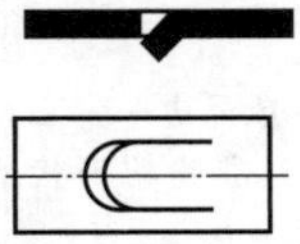	将工作或毛坯内部某一部分材料切开，但不完全分离	切口模	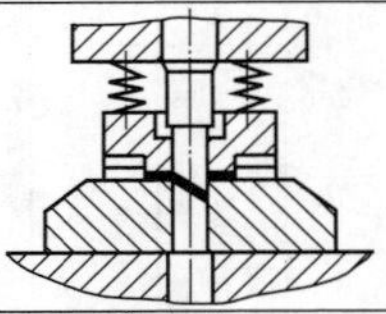
	7		切边	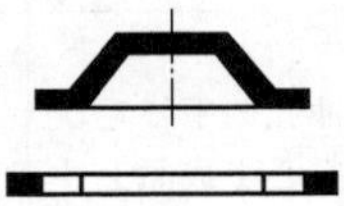	将拉深件或成形件的凸缘或毛边多余料切掉	切边模	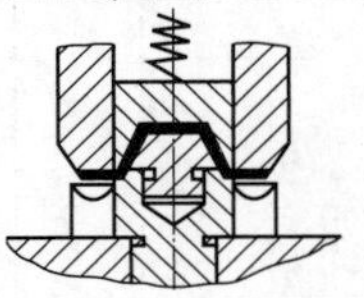
	8		整修	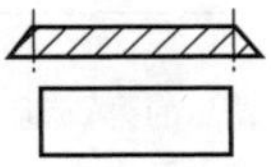	把冲压零件平整部分的内外缘作小的切削或刮削，以得到光滑的表面和高的精度	整修模（修边模）	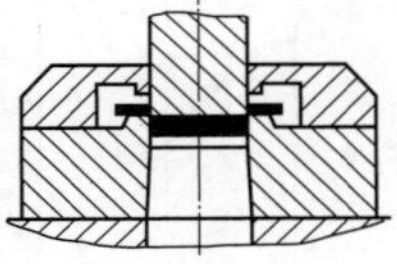
	9		裁切	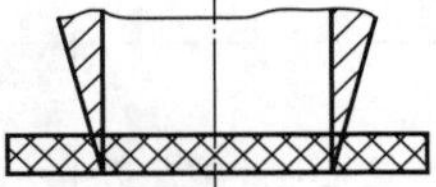	冲裁非金属材料	裁切模	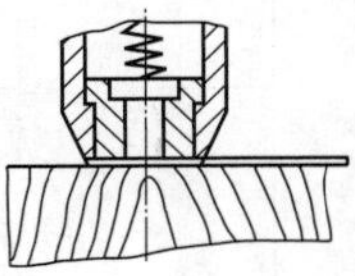
	10		剖切		将弯曲或拉深后的半成品切成两个以上的工件	剖切模	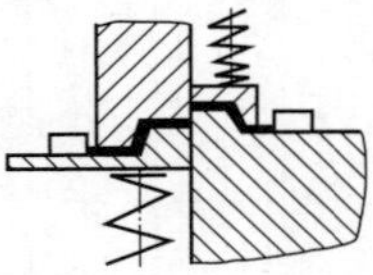
Ⅱ成形工序	11	弯曲	弯曲		将平板毛坯或棒料、线料、管材等弯曲成立体形状	弯曲模	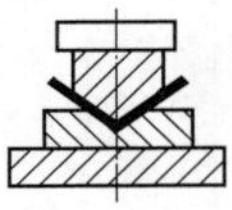
	12		卷边	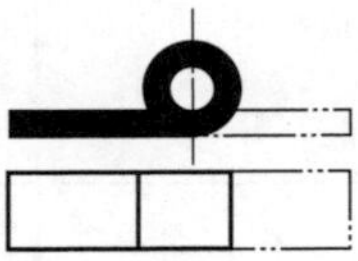	将冲压零件边缘作圆弧形弯曲	卷边模	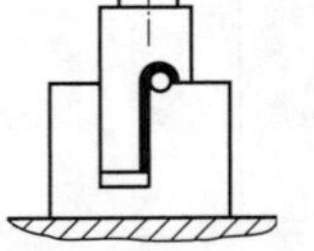
	13		扭转	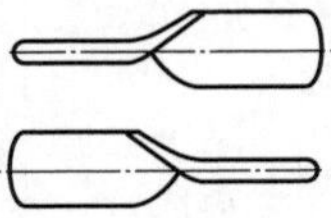	使平板毛坯的一部分对另一部分作扭转成形	扭转模	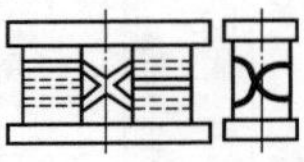

续表

工序	序号	组别	变形方式	变形过程简图	工作性质与特征	所用模具名称	模具结构简图
Ⅱ成形工序	14	拉深	不变薄拉深	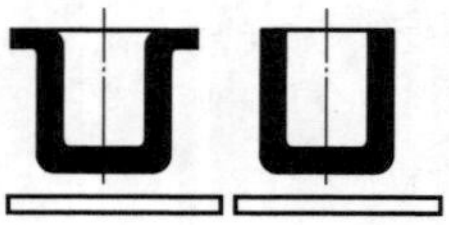	将平板毛坯拉深成空心件，或将浅空心件进一步拉深，其料厚基本不变	不变薄拉深模，通称拉深模	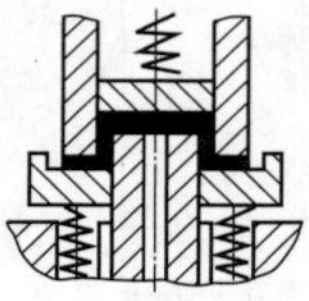
	15		变薄拉深		用减小直径和壁厚的方法改变空心半成品尺寸	变薄拉深模	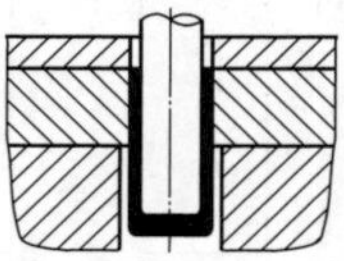
	16	成形	整形	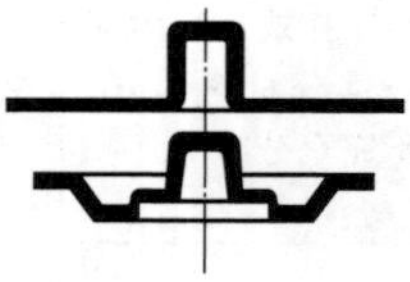	使半成品进一步变形，得到准确的形状和尺寸	整形模	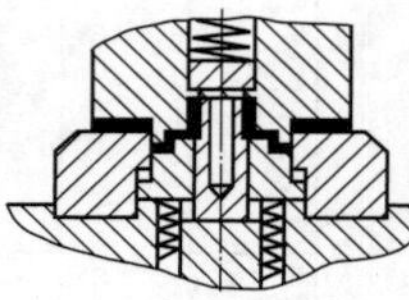
	17		翻边	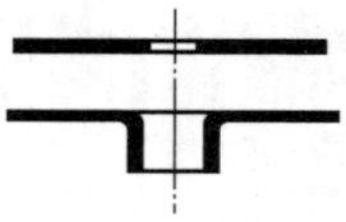	在冲孔的平板毛坯上或空心半成品上冲出圆筒	内缘翻边模	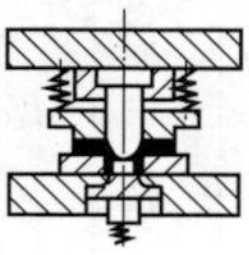
	18		外缘翻边	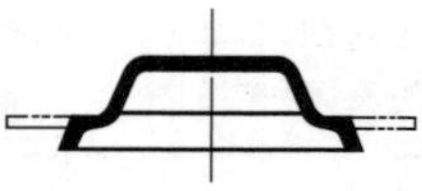	使半成品的外部周边弯曲成深度不大的曲边或凸缘	外缘翻边模	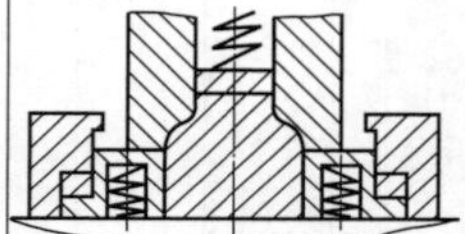
	19		滚边	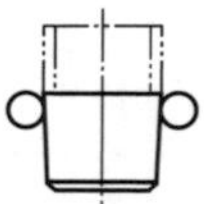	使空心件半成品边缘向外弯曲成圆弧形	滚边模	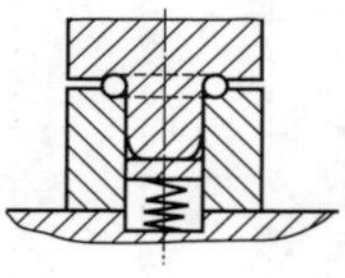
	20		胀形（凸肚）	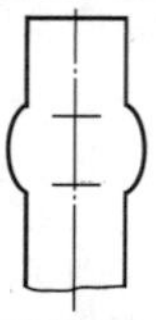	使空心件受径向压力局部胀大	胀形模	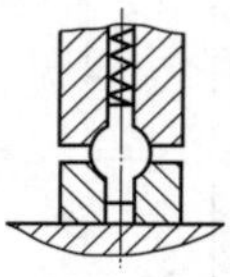
	21		缩口、扩口		使空心件口部直径缩小或扩大	缩口模、扩口模	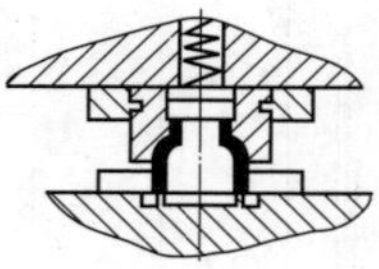
	22		起伏（压波）	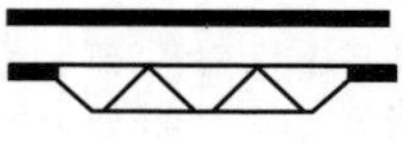	将平的板料压出波纹凸肋	起伏模（压波模）	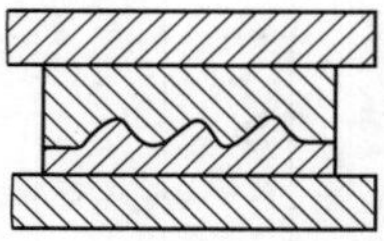

续表

工序	序号	组别	变形方式	变形过程简图	工作性质与特征	所用模具名称	模具结构简图
Ⅱ成形工序	23	成形	赶形	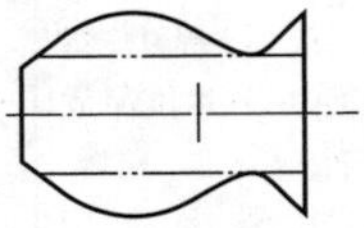	通过旋转加压使毛坯成形	赶形模（胎）	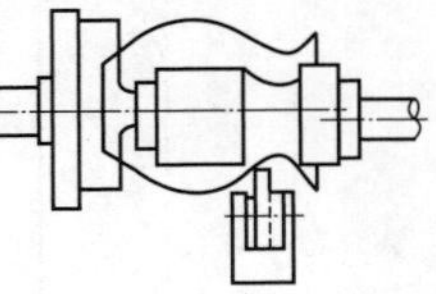
	24		校平	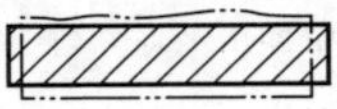	将板材和半成品局部压平	校平模	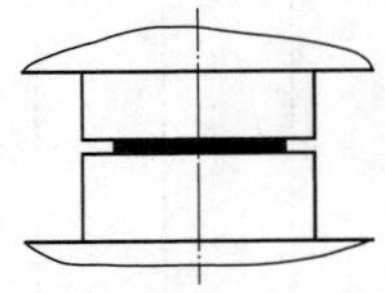
	25	立体成形	压印	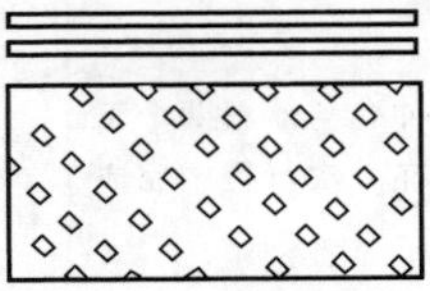	将平板压出凸凹不平的浮雕、花纹	压印模	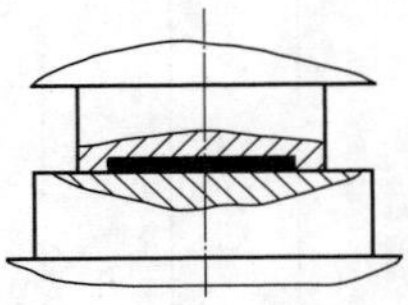
	26		冷挤	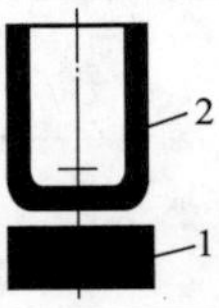 2 1	将平板实心毛坯1或半成品冷挤成空心件2	冷挤模	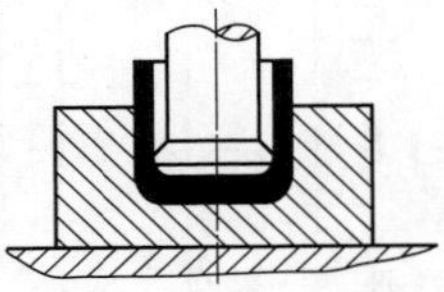
	27		冲眼	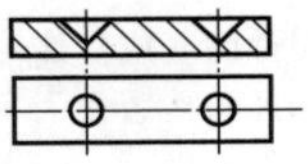	在平板毛坯或半成品表面冲出定中心用的不通孔	冲眼模	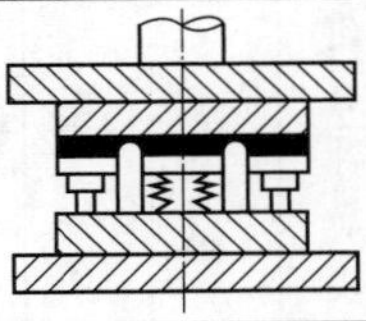
	28		刻印	 工具牌 No506	在工件表面压出标记只在制件厚度的一个平面上有变形	刻印模	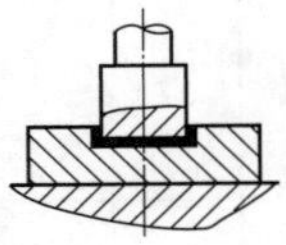
	29		顶镦	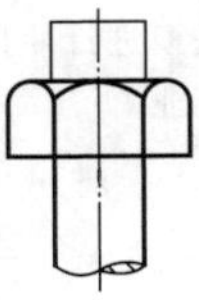	使棒料端部镦成形	顶镦模	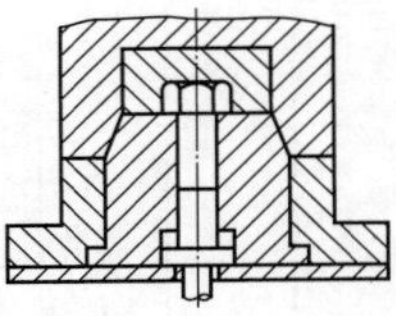
	30		镦粗	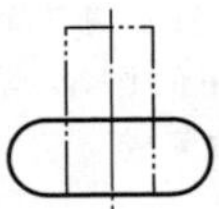	减小毛坯高度，增大断面	镦粗模	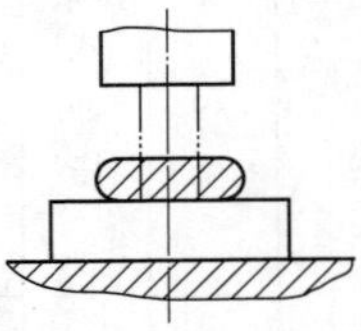
	31		冷模锻（精压）	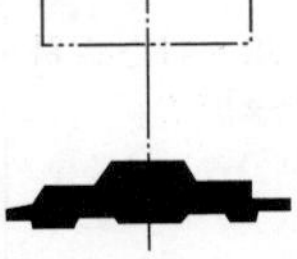	在常温下利用冲击压力，将模膛中金属体积重新分配而获得所需形状	冷锻模（精压模）	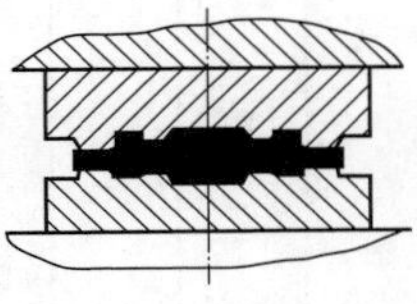

续表

工序	序号	组别	变形方式	变形过程简图	工作性质与特征	所用模具名称	模具结构简图
Ⅲ组合冲压工序	32	复合冲压	冲裁兼拉深	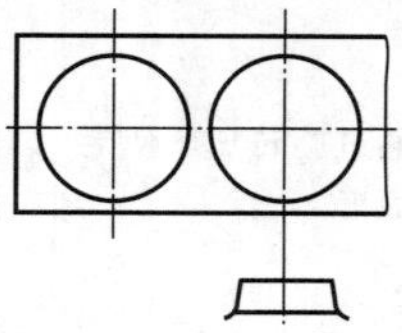	在一次行程中，将毛料冲下来并拉深成空心件	落料拉深复合模	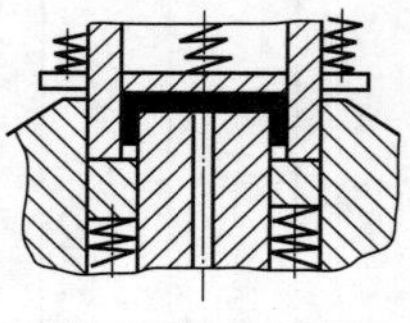
	33		剪切兼弯曲	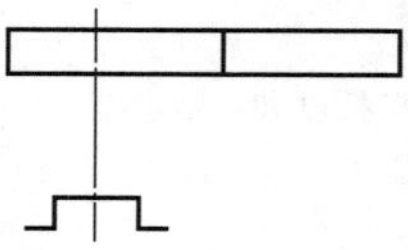	在一次行程中，从条料中冲出毛坯并弯曲成形	剪切弯曲复合模	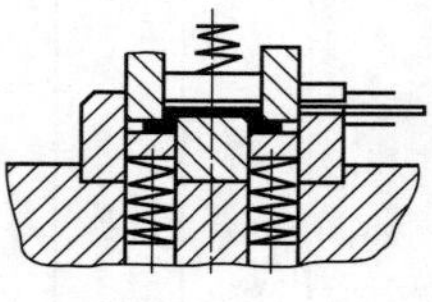
	34		冲孔兼落料	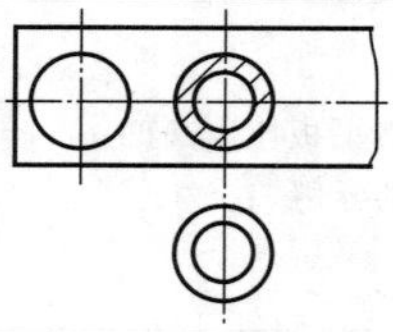	冲孔与落料两个工序在一次行程中完成	冲孔落料复合模（复合冲裁模）	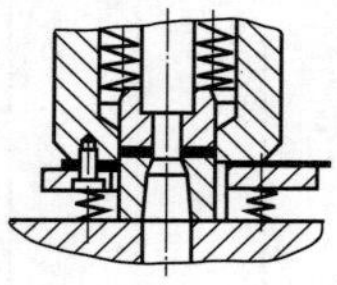
	35		冲孔兼翻边	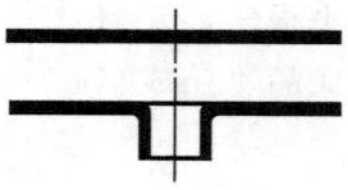	冲孔后翻边在一次行程中完成	冲孔翻边复合模	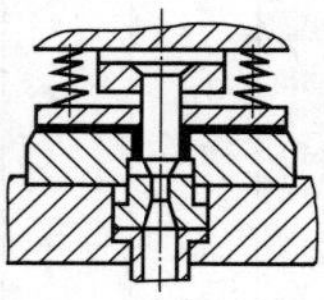
	36		冲孔兼切边	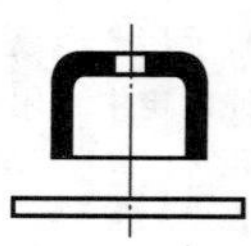	拉深件的底或壁部冲孔和外缘切边在一次行程中完成	冲孔切边复合模	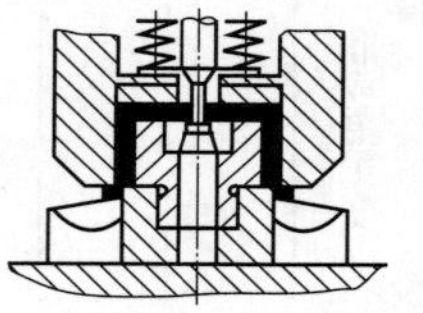
	37		其他		用两种或两种以上的工序组合，在一次行程中完成	综合式复合模、复合冲裁模	
	38	级进式冲压	冲孔、落料或剪切	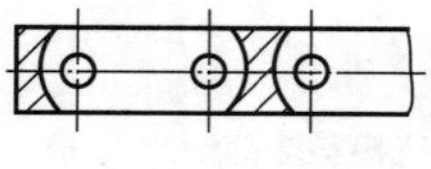	用级进模进行冲孔兼剪切作业	冲孔落料级进模	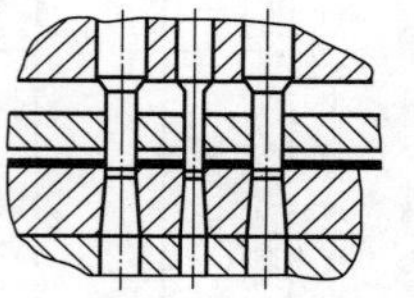
	39		冲孔、弯曲或拉深、翻边	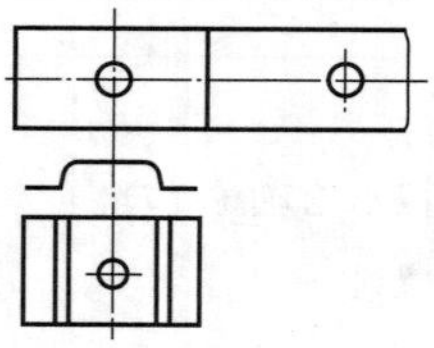	用级进模进行冲孔、弯曲和剪切三个变形工序的作业，经两次行程完成	冲孔、弯曲或拉深级进模	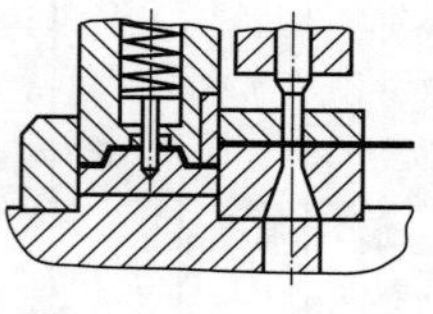
	40		冷挤兼落料	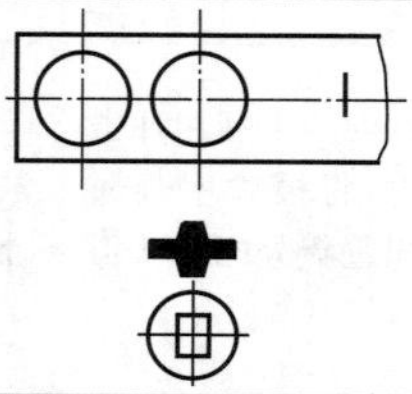	用级进模将厚板料冷挤成形后落料	冷挤落料级进模	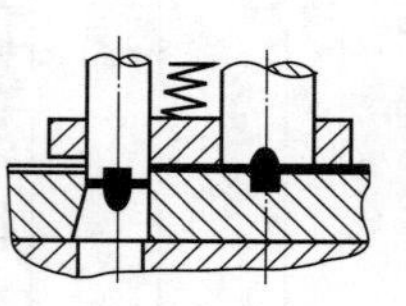

续表

工序	序号	组别	变形方式	变形过程简图	工作性质与特征	所用模具名称	模具结构简图
Ⅵ装配工序	41	其他冲压	挤压		用压配合使一个或两个接合件发生变形，并将它们接合在一起		
	42		铆接		将两块或几块板、零件用铆钉或由接合材料冲挤成铆钉形状来接合		
	43		冷塑焊接		将两块板或零件用凸模冲挤，由于晶体间的结合力使其连接在一起		
	44		锁接（扣接）		将两块板或零件用弯边法锁接在一起		
	45		翻边		将两个或几个零件用弯缘法结合在一起		
	46		缩径和扩径		将两个零件用外件缩径或内件扩径的方法结合在一起		
	47		缝舌弯曲结合		将一个零件的舌插到另一个零件的缝内，并弯曲使之结合		

1.1.3 冲模种类及其适用范围

按冲模适用冲压件产量即生产性质，也就是冲模能够生产合格冲压件的数量、冲模的结构繁简及其制模费用大小、冲压精度高低等分类条件，可将冲模大致划分为如下几类：

① 制造经济的简易冲模。适用于新产品样试与批试，需要单件、小批生产的冲压零件所用各种简易结构，用新材料与新工艺及简易制模方法制造的经济、简易冲模。其制模工艺简便，制模周期短，造价低，但模具使用寿命也低，详见表 1-2。

② 万能通用冲模与组合冲模。适用于中小批量、多品种生产低精度冲压零件。万能通用冲模可一模多用；组合冲模是备有多种工作元件，按需要随时组合成各种冲模，将冲压零件分解成多工序，加工用多套组合冲模冲制。详见表 1-3。

③ 普通全钢冲模。适用于成批与大量生产各类冲压零件，是应用广泛的标准结构与非标准结构的全钢材质普通冲压用冲模。详见表 1-4。

④ 精冲模。用于各种精冲工艺专用的精冲模具。

表 1-2 简易冲模的种类、结构特点及适用范围

类别	简易冲模类型	形式号	名称与结构形式	模具结构特点	适用冲压工序	加工范围	技术经济效果	备注
Ⅰ	低熔点合金冲模	1	铋基低熔点合金	采用铋-锡二元共晶合金，设置钢压边圈与凹模板，使用电加热管加热，用铸造法制模	拉深、压筋、弯曲等成形工序	大、中型成形件，$t\leqslant1$mm	制模工时仅4～6h，冲压零件成本低，质量可达钢模水平	t 为冲压零件料厚
		2	锌基低熔点合金成形模	采用锌-铝-镁四元合金，铸造法制模	拉深、压筋、弯曲等成形工序	中小型成形件，$t\leqslant1.5$mm	制模简单，制模周期短，费用小，冲压零件成本低	
		3	锌基低熔点合金冲裁模	采用锌-铝-镁四元合金，铸造法制模	冲孔、落料、切口、冲槽孔等	中小型冲裁件，$t<3$mm	制模简单，制模周期短，费用小，冲压零件成本低	
Ⅱ	钢带冲模	4	常规式钢带冲模	凸、凹模刃口都用钢带制造，模体用硬木	冲孔、落料	$L\times B\geqslant50$mm×50mm，$t<3$mm	与普通全钢冲模相比，节省模具钢90%，节省制模工时80%，制模成本节省80%	L 和 B 分别为冲压零件的长与宽。钢带嵌入硬木作刃口
		5	切刀式钢带冲模	钢带嵌入硬木作刃口，钢带最佳刃口角为45°，下模板用LY12M厚度20mm的铝合金板	冲孔、落料	中小型冲裁件，$t<1.2$mm	与普通全钢冲模相比，节省模具钢90%，节省制模工时80%，制模成本节省80%	
		6	样板式钢带冲模	凸模用厚20mm钢板制造，凹模用钢带嵌入硬木制成	冲孔、落料	大尺寸冲裁件，$t<6$mm	与普通全钢冲模相比，节省模具钢90%，节省制模工时80%，制模成本节省80%	
Ⅲ	橡胶冲模	7	普通橡胶冲模	钢凸模，普通橡胶板作凹模，进行无凹模冲制	冲孔、落料	薄小尺寸冲裁件 $t<0.2$mm	制模周期短，费用少，冲裁件成本低	冲裁件质量较差，精度低
		8	聚氨酯橡胶冲模	利用装在钢容框中的聚氨酯橡胶作凸模或凹模，容框与钢刃口有0.5～1.5mm间隙	冲孔、落料	薄小尺寸冲裁件 $t<0.3$mm	凸、凹模不必修配间隙，制模简便，冲裁件成本低	
		9	聚氨酯橡胶冲裁模	聚氨酯凹模通用，配钢凸模，采用敞开成形法	成形(弯形)	中小尺寸弯曲成形件，$t<2$mm	凸、凹模不必修配间隙，制模简便，弯曲件成本低	弯曲件回弹小，甚至无回弹
Ⅳ	薄板冲模	10	换装式薄板冲模	通用快换模架，模芯元件系列化，模板厚约15mm，用斜楔或夹板固定装入模架	与普通全钢冲模相同	同全钢冲模	制模周期短，换装模芯方便，冲压零件成本低	装模芯、调校时间长，要求技术高，仅适用于较小尺寸冲压零件
		11	夹板式薄板冲模	凸、凹模用薄板制造，模芯装在用弹簧钢板制的开口夹板支架内	冲孔、落料	小尺寸冲裁件，$t<2$mm	制模简便，周期短，冲裁件成本低	
		12	电磁式薄板冲模	凸、凹模用8～15mm厚钢板制造，模具安装在磁力模座上	冲孔、落料	小尺寸冲裁件，$t<2$mm	制模容易，换模方便，生产成本低	
		13	通用薄板式冲模	模架通用，凹模用0.5～0.8mm薄钢板制成，多层重叠	冲孔、落料	小型复杂冲裁件，$t<3$mm	制模方便，成本低，模具寿命稍高	

表 1-3　通用与组合冲模的种类、结构特点及应用范围

类别	冲模类型	形式号	名称与结构形式	模具结构特点	适用冲压工序	加工范围	技术经济效果	备　注
Ⅰ	多用途通用冲模	1	通用冲孔模	结构形式较多，通用模架，凸、凹模可换；凹模多模孔，凸模可换；专用模架，凸模为快换结构	冲孔、圆片落料	孔径 $\phi1.5\sim\phi30$mm，$t<3$mm	冲模工作元件可以系列化，制模简便，冲孔质量好，成本低，使用广泛	可利用通用冲孔模冲制凹入圆角，圆弧；厚料冲深孔通用冲孔模；还可在管材、型材上冲深孔
		2	通用切边、切角、切半圆弧冲模	无导向敞开式结构；矩形落料刃口用于切边和切角；直角敞开刃口仅用于切角；半圆刃口可按需要设置	非封闭落料，剪截、切角、切边、切圆角与半圆弧	边长 $L\leqslant$ 100mm 的直角及剪截，$t<1.5$mm	冲模结构简单，制造方便，成本低。在开关板制造中应用效益尤为显著	
		3	通用弯曲模	通用模架，可换凸、凹模结构；可换凸模，软凹模采用聚氨酯橡胶装入钢凹模容框的结构	弯曲，主要弯V、U形件	弯边长 $L\leqslant$ 100mm，$t<3$mm	冲模结构简单，制造费用小，冲弯工件质量好而成本低	软凹模限 $t<2$mm
Ⅱ	组合冲模	4	分解式组合冲模	采用通用切圆弧、冲孔、弯曲等 8～12 种一整套冲模，将复杂冲压零件按几何形状分解成多工序组合冲压	冲孔、落料，剪截、弯曲、拉深、成形等	中小型冲压零件，$t<3$mm	全套通用冲模均可重复使用，减少多品种冲压零件生产用冲模数量，大幅度降低冲压零件生产成本，冲模结构也较简单	
		5	积木式组合冲模	配备成系列的各种凸、凹模工作元件，按冲压零件分解冲压，临时组装冲模，类似组合夹具	冲孔、落料、弯曲、成形等	中小型冲压零件，$t<2$mm	工作元件可重复使用，并可按需要随时组装成各类冲模，一次投资稍大，常年用于多品种单件小批生产，冲压零件成本低	
		6	配套式组合冲模	用标准通用组合模架或快换模架，通用卸料、定位、支承元件及专用刃口件组装冲模	同常规普通钢冲模，如导柱模架复合模	小型精密冲压零件，$t<2$mm	制模周期短，适于中、小批生产，冲压零件质量好，精度高，成本低	

表 1-4　普通全钢冲模的类型及其制造与冲压精度

普通全钢冲模的结构类型	制模精度		冲压精度		说明
	冲模制造精度(IT)	刃口、模腔表面粗糙度 Ra/μm	冲压零件尺寸精度(IT)	冲压零件形位精度(同轴度、位置度、对称度)/mm	
一、单工序冲模(单冲模)	在压力机的一次行程中只完成一个冲压工序(步)的冲模				无导向敞开式冲裁模有用橡胶套在凸模上卸料，以及凹模刃口旁装卸料钩或卸料块卸料的多种形式
1. 分离(刃口类)冲模	在压力机上，用模具刃口使材料分离的冲模				
(1)无导向敞开式冲裁模	12～14	1.6～0.8	<14	0.20～0.50	
(2)无导向固定卸料冲裁模	10～12	1.6～0.8	<14	0.20～0.50	
(3)固定卸料导板式冲裁模	9～10	0.8～0.4	11～12	0.10～0.15	
(4)导柱模架固定卸料冲裁模	9～10	0.8～0.4	11～12	0.08～0.12	
(5)导柱模架弹压卸料冲裁模	8～10	0.4～0.2	10～12	0.05～0.10	
2. 变形(成形类)冲模	在压力机上，用模具型腔使材料按模腔形状变形的冲模				大多为弯曲、拉深、卷边、压波、胀形、缩口、压印等成形翻边模，其他成形模较少
(1)无导向敞开式成形模	12～14	0.8～0.4	<14	0.20～0.50	
(2)无导向固定卸料成形模	11～13	0.8～0.4	13～14	0.20～0.50	
(3)固定卸料导板式成形模	9～10	0.4～0.1	11～12	0.10～0.25	
(4)导柱模架固定卸料成形模	9～10	0.4～0.1	11～12	0.10～0.20	
(5)导柱模架弹压卸料成形模	8～10	0.4～0.1	10～12	0.05～0.12	
二、多工位连续模	在压力机的一次行程中，在模具的不同工位上完成数个冲压工步的冲模				连续模亦称级进模、跳步模、顺序模等，称连续模更符合实际，更科学一些
1. 多工位连续冲裁模	仅有冲孔、切口、落料等分离工步的连续模				
(1)无导向固定卸料连续冲裁模	10～12	0.8～0.4	12～14	0.20～0.50	
(2)固定卸料导板式连续冲裁模	9～10	0.4～0.2	11～12	0.10～0.25	
(3)导柱模架固定卸料连续冲裁模	9～10	0.4～0.2	11～12	0.10～0.20	
(4)导柱模架弹压卸料连续冲裁模	8～10	0.4～0.1	10～12	0.08～0.15	
(5)导柱模架弹压卸料导板式连续冲裁模	7～9	0.2～0.1	9～11	0.05～0.12	
2. 多工位连续复合模	含有拉深或弯曲或其他成形工步及含复合冲压工位的连续模				考虑冲压动作的复合，也兼顾不同工位上工艺作业性质的复合而命名连续复合模
(1)无导向固定卸料连续复合模	10～12	0.8～0.4	12～14	0.20～0.50	
(2)导柱模架固定卸料连续复合模	9～10	0.4～0.1	11～12	0.10～0.20	
(3)固定卸料导板式连续复合模	9～10	0.4～0.1	11～12	0.10～0.25	
(4)导柱模架弹压卸料连续复合模	8～10	0.4～0.1	10～12	0.08～0.15	
(5)导柱模架弹压卸料导板式连续复合模	7～9	0.4～0.1	9～11	0.05～0.15	
三、单工位复合模(简称复合模)	在压机力的一次行程中，在模具的同一工位上完成两个以上工步的冲模				参照 VDI 及相关 DIN 标准划分
(1)冲裁式复合模(复合冲裁模)	7～8	0.2～0.1	9～10	0.05～0.10	
(2)综合式复合模(含拉深或翻边等成形工序)	8～9	0.4～0.1	10～11	0.05～0.15	

⑤ 大型、特种、高精度与高寿命冲模。适用于大量生产的汽车覆盖件冲模、高精度硅钢片硬质合金模等。

1.2 冲模类型的合理选用

1.2.1 冲压件的生产成本分析

在冲压生产中，由于产量大、效率高，节能降耗具有较大空间。为降低冲压件生产成本，应从其成本分析中寻找节约并降低生产成本的机会与方法。

通常在正常生产条件下，就板料冲压而言，模具费占冲压件生产成本的比例为15%～40%。模具费包括：模具制造费、刃磨与修理费，及由于刃磨与修理模具等原因造成的停工损失费与运输包装等费用。由于这些费用除少量的停工损失费外，都是一个可以计算而相对不变的常数，在冲模使用寿命期以内，冲压零件产量越大，模具费占冲压零件生产成本的比例越来越小。在常年大量生产的冲压零件成本中，模具费仅占15%，甚至更小。详见表1-5。

表1-5　不同生产性质（不同投产批量）冲压件的生产成本构成

冲压零件的类别	冲压零件的生产性质					
	单件小批	小批小量	成批中批	大批	大量	长年大量
	冲压零件生产成本构成/%					
材料费 C_Z	＜30	40	50	60	70	80
加工费 C_C	≥30	25	20	15	10	＞5
模具费 C_M	40	35	30	25	＜20	＜15
总生产成本 C_Σ	100	100	100	100	100	100

注：1. 表中数值适用于普通薄板冷冲压。

2. 材料费包括：板、条、带、卷料等原材料购置费；辅助生产材料，如润滑剂、棉纱、防护包装材料等费用；生产能耗费，如电、水、压缩空气、蒸汽等费用。

3. 加工费包括：人工与技管人员工资、福利和固定资产折旧、车间经费等。

4. 模具费包括：模具制造费、刃磨与修理费、修模误工损失费等。

5. 模具选型得当，模具费会进一步降低。

表1-6列出了精冲零件与普通冲压零件生产成本的比较。由于精冲工艺在国内投产的除FB精冲外，还有OD精冲，两者的成本构成有所差别，也列入表中进行比较。

表1-6　精冲零件与普通冲压零件生产成本比较

序号	生产成本构成项目比较	普通冲压		精密冲裁	
		日本	中国	带V形齿圈的强边压边精冲(FB)	对向凹模精冲(OD)
1	材料费 C_Z	50%～90%	40%～80%	30%～90%	30%～90%
2	加工费 C_C	30%～7%	25%～5%	23%～3%	25%～5%
3	模具费 C_M	20%～3%	35%～15%	47%～7%	45%～5%
4	总生产成本 C_Σ	100%	100%	100%	100%

注：1. 表中除普通冲压（中国的）一栏数据外，其余全部数据取自日本有关协会统计资料，可供参考。

2. 表中同一栏中前边数据为小批生产，后边数据为大批大量生产。

1.2.2 按冲压件投产批量合理选用冲模类型

冲压件的生产性质是依其投产批量确定的。冲压件多大投产数量，应确定为何种生产性质，见表1-7。大量生产时生产成本中模具费≤15%以下；而单件小批生产，模具费占其生产成本可达

40%。因此，按冲压零件投产批量，即生产数量的多少，选用适合的冲模，可以收到降低冲压零件生产成本、压缩生产周期的效果。在新产品样试与批试阶段，所需冲压零件不仅品种多、数量少，大多仅几件、几十件，而且尺寸与形状还会有变化，选用各种简易冲模冲制，则更经济。对于产量很大的电表变压器铁芯片、电机硅钢片等，总产量达数千万甚至几亿片的冲压零件，采用高寿命的硬质合金冲模更合算。表1-7所示为按冲压零件生产性质选用冲模类型，具有较好的参考价值。

表1-7 按冲压零件生产性质选用冲模类型

冲压零件的类别	冲压零件的生产性质					
	单件小批	小批小量	成批中批	大批	大量	常年大量
	数量/件					
大型件(＞500mm)	＜250	2500	25000	250000	2500000	＞2500000
中型件(≥250～500mm)	＜500	5000	50000	500000	5000000	＞5000000
小型件(＜250mm)	＜1000	10000	100000	1000000	10000000	＞10000000
	推荐选用冲模					
冲模类型	各种简易冲模，组合冲模	组合冲模、寿命较高的简易冲模、结构简单的敞开式冲模	单工序冲模、导板式冲模、工位不多的简单结构连续模、复合模	多工位连续模、复合模及小型半自动冲模	用多工位连续模、硬质合金及其他高寿命冲模、自动冲模	用多工位连续模、硬质合金及其他高寿命冲模、自动冲模
生产方式	板裁条料或单个片料、半成品坯料，手工送料，分工序间断冲压	板裁条料或带料、单个坯料，手工送料，间断冲压	板裁条料、带料，手工送料	带料或卷料自动或半自动送料；用板裁条料手工送料也常用	用卷料自动送进，全自动冲压，建立多机联动专用生产线或多工位专用压力机自动冲压	用卷料自动送进，全自动冲压，建立多机联动专用生产线或多工位专用压力机自动冲压

1.2.3 选择冲模结构形式的要素

① 按冲压件计划投产批量或预期总产量选用使用寿命等于或稍大于冲压件预期总产量的冲模。

② 考虑冲压件尺寸与几何精度要求选中冲压精度符合要求的冲模类型与结构形式。料厚 $t>0.5$mm 的IT10级或9级以上，用FB精冲模。

③ 满足冲压件技术要求，保证正常生产能冲制出合格制件，在线废次品率低于1%。

④ 确保交货期，故选用冲模要能达到额定生产效率。

⑤ 选用冲模操作安全性好，有防护功能及装置。

⑥ 选用能配备自动送料装置，可实现机械化或半机械化作业的冲模，提升冲压加工机械化与自动化水平。

1.3 冷冲模的构造及其构成零部件的标准化

1.3.1 冷冲模的整体构成

一套工艺技术功能较完善的冲模，通常都具有图1-1所示四大系统、11种机构近百种甚至更多种的零部件。当然，多数冲模仅有完整的工艺作业系统和构架与安装系统，冲模的辅助系统与安防监控系统多数冲模都不设置或不需要。所以，不是所有冲模都配备图1-1所示的四大系统、11种机构。

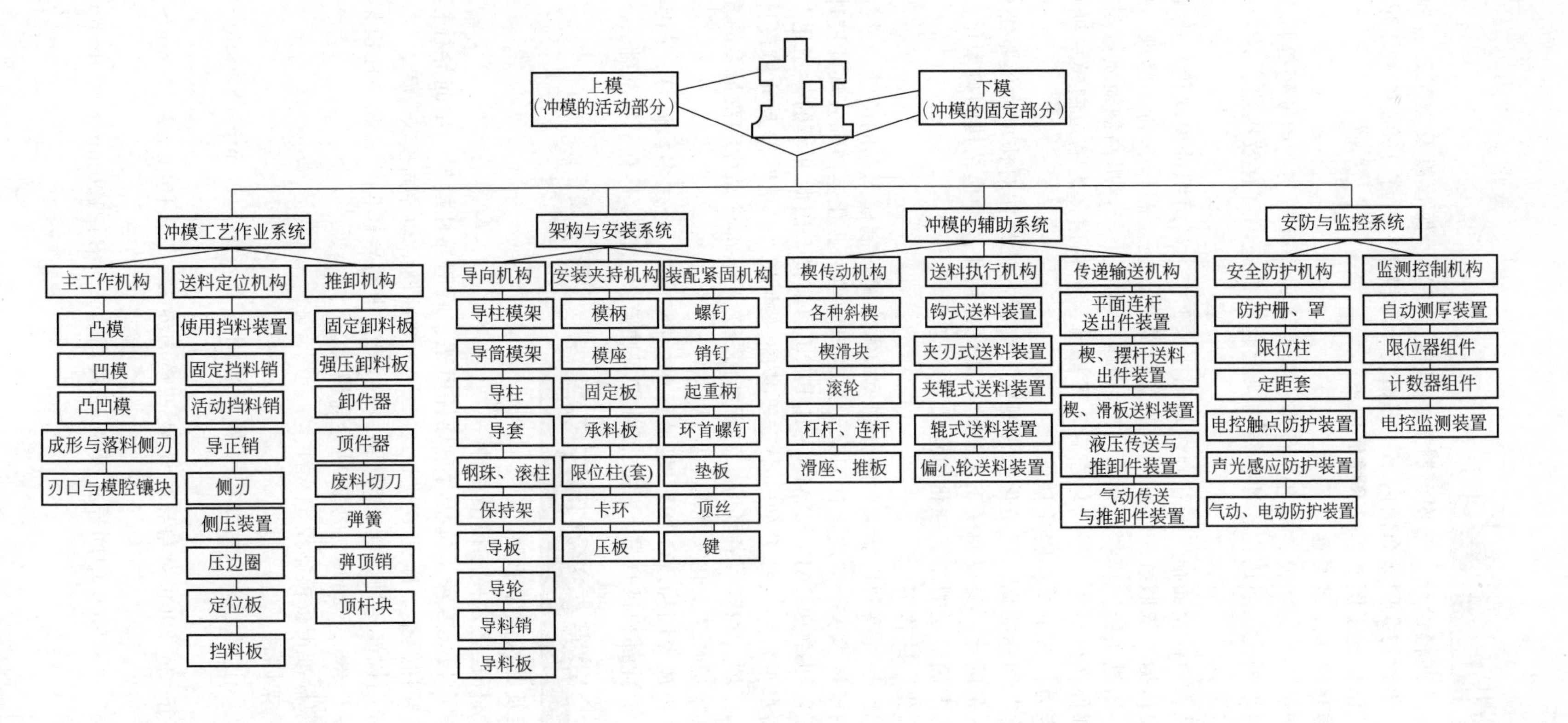

图 1-1　冷冲模的主要零部件构成

1.3.2 冲模的标准化

冲模标准化涉及冲模设计、结构、制造、修理、使用、保管以及加工、验收等各个环节。自20世纪80年代初我国颁布国内第一部整套冷冲模国标并于1984年1月开始宣贯后，经不断修订完善，已构建了图1-2所示标准体系。

(1) 冲模标准化含义及重要性

新产品试制和试产所需冲模，具有品种多、数量大，设计与制造周期短等特点，通过冲模零部件标准化、系列化、通用化、冲模结构典型化等措施，可有效压缩设计与制造周期，提高制模质量和水平。

冲模标准化是一项涉及面很广的综合性基础技术工作，是组织冲模现代专业化生产、进行科学管理的重要依据。依照统一、互换、选优、简化、便于制作、利于修理、提高寿命、降低成本的原则，通过实施冲模“三化”，扩大组织专业化生产，提高制模质量与技术水平。

冲模多数零部件在标准化、系列化之后，可提前预制备用，为缩短制模周期创造条件，为扩充增大制模能力，打下雄厚物质基础。

冲模的“三化”即标准化、通用化与典型化。实际上就是在对构成冲模零部件标准化、系列化、通用化的基础上，实现冲模工艺技术功能的通用化及冲模结构的典型化。冲模的这个标准化含义较为准确地说明了标准化的意义和效应。

(2) 冲模“三化”的作用

冲模的“三化”是提高制模能力、降低制模成本、缩短制模周期的关键；是提高模具市场竞争力和提升制模技术水平的决定性因素；是组织冲模专业化生产和开展冲模计算机辅助设计与制造及管理，即冲模CAD/CAM/CAE/PDM的前提。因此冲模的“三化”是冲模生产技术高速度、高水平发展与提升的一个重要基础。冲模“三化”涉及冲模设计、结构选型、制造、使用、修理、验收等各环节，对于结构复杂、零部件品种和数量多的多工位连续模来说，冲模及其零部件“三化”尤为重要。

近几年，冷冲模成套国标（GB）与机械行业标准（JB）经过多次修订、调整，日趋完善。专业模具生产企业都积极宣贯，使推行并实现冲模“三化”具有坚实基础。

1.3.3 冷冲模零部件现行标准

(1) 标准模架及其构成零部件

1）冷冲模国家标准铸铁模座模架九种

① 冲模滑动导向模架五种，包括对角导柱模架、后侧导柱模架、中间导柱模架、中间导柱圆形模架、四导柱模架，详见GB/T 2851—2008冲模滑动导向模架。

② 冲模滚动导向模架四种，包括对角导柱模架、中间导柱模架、四导柱模架和后侧导柱模架，详见GB/T 2852—2008冲模滚动导向模架。

2）冷冲模国家标准钢板模座模架八种

① 滑动导向模架四种

a. GB/T 23565.1—2009 后侧导柱模架 凹模周界 $L \times B$：100mm×80mm～500mm×250mm。

b. GB/T 23565.2—2009 对角导柱模架 凹模周界 $L \times B$：100mm×80mm～800mm×400mm。

c. GB/T 23565.3—2009 中间导柱模架 凹模周界 $L \times B$：100mm×100mm～630mm×400mm。

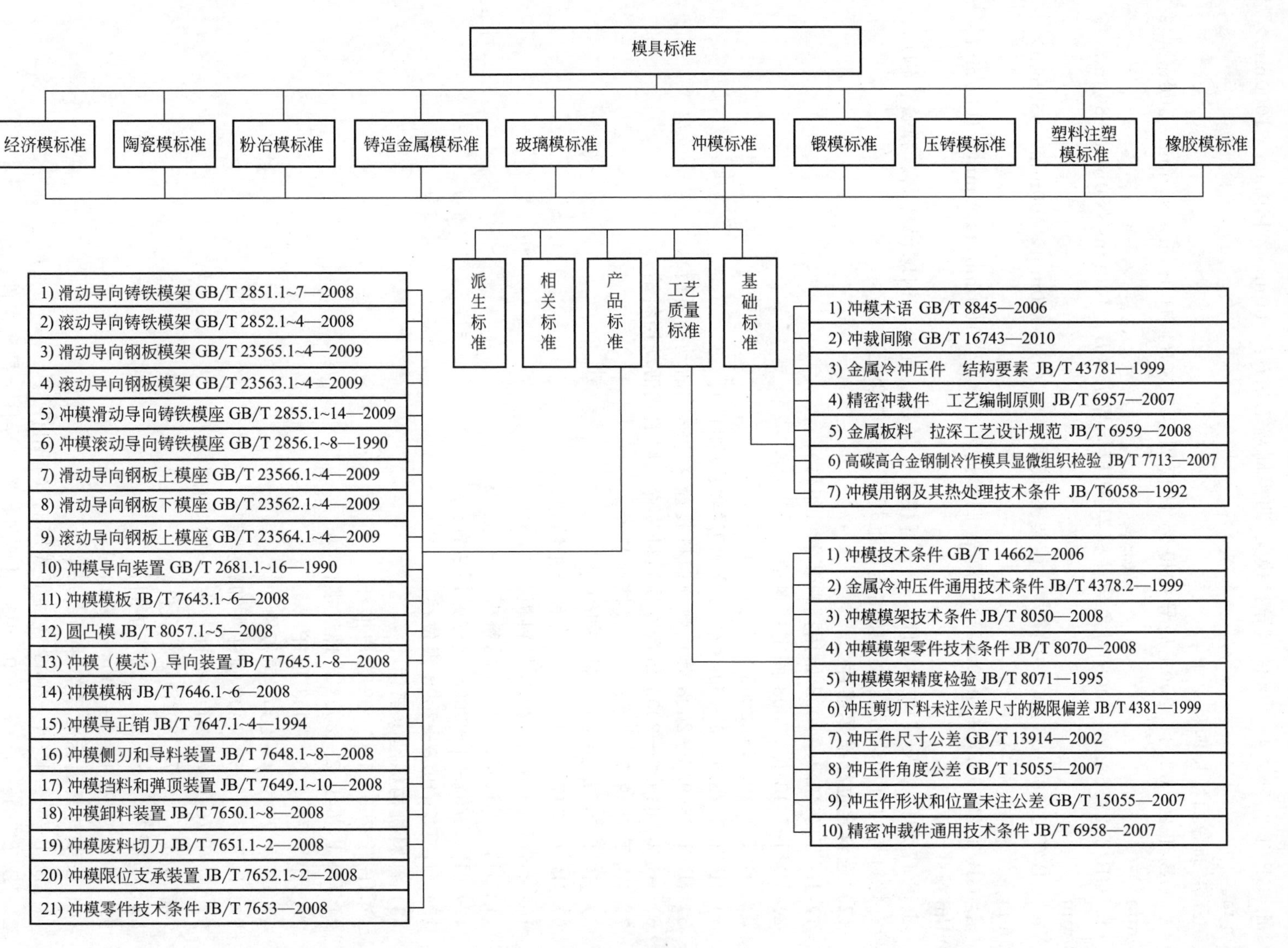
模具标准
经济模标准
陶瓷模标准
粉冶模标准
铸造金属模标准
玻璃模标准
冲模标准
锻模标准
压铸模标准
塑料注塑模标准
橡胶模标准
派生标准
相关标准
产品标准
工艺质量标准
基础标准
1) 滑动导向铸铁模架 GB/T 2851.1~7—2008
2) 滚动导向铸铁模架 GB/T 2852.1~4—2008
3) 滑动导向钢板模架 GB/T 23565.1~4—2009
4) 滚动导向钢板模架 GB/T 23563.1~4—2009
5) 冲模滑动导向铸铁模座 GB/T 2855.1~14—2009
6) 冲模滚动导向铸铁模座 GB/T 2856.1~8—1990
7) 滑动导向钢板上模座 GB/T 23566.1~4—2009
8) 滑动导向钢板下模座 GB/T 23562.1~4—2009
9) 滚动导向钢板上模座 GB/T 23564.1~4—2009
10) 冲模导向装置 GB/T 2681.1~16—1990
11) 冲模模板 JB/T 7643.1~6—2008
12) 圆凸模 JB/T 8057.1~5—2008
13) 冲模（模芯）导向装置 JB/T 7645.1~8—2008
14) 冲模模柄 JB/T 7646.1~6—2008
15) 冲模导正销 JB/T 7647.1~4—1994
16) 冲模侧刃和导料装置 JB/T 7648.1~8—2008
17) 冲模挡料和弹顶装置 JB/T 7649.1~10—2008
18) 冲模卸料装置 JB/T 7650.1~8—2008
19) 冲模废料切刀 JB/T 7651.1~2—2008
20) 冲模限位支承装置 JB/T 7652.1~2—2008
21) 冲模零件技术条件 JB/T 7653—2008
1) 冲模术语 GB/T 8845—2006
2) 冲裁间隙 GB/T 16743—2010
3) 金属冷冲压件 结构要素 JB/T 43781—1999
4) 精密冲裁件 工艺编制原则 JB/T 6957—2007
5) 金属板料 拉深工艺设计规范 JB/T 6959—2008
6) 高碳高合金钢制冷作模具显微组织检验 JB/T 7713—2007
7) 冲模用钢及其热处理技术条件 JB/T6058—1992
1) 冲模技术条件 GB/T 14662—2006
2) 金属冷冲压件通用技术条件 JB/T 4378.2—1999
3) 冲模模架技术条件 JB/T 8050—2008
4) 冲模模架零件技术条件 JB/T 8070—2008
5) 冲模模架精度检验 JB/T 8071—1995
6) 冲压剪切下料未注公差尺寸的极限偏差 JB/T 4381—1999
7) 冲压件尺寸公差 GB/T 13914—2002
8) 冲压件角度公差 GB/T 15055—2007
9) 冲压件形状和位置未注公差 GB/T 15055—2007
10) 精密冲裁件通用技术条件 JB/T 6958—2007
图 1-2 模具标准

d. GB/T 23565.4—2009 四导柱模架 凹模周界 $L \times B$：160mm×100mm～1000mm×630mm。

② 滚动导向模架四种

a. GB/T 23563.1—2009 后导柱模架 凹模周界 $L \times B$：100mm×80mm～500mm×250mm。

b. GB/T 23563.2—2009 对角导柱模架 凹模周界 $L \times B$：100mm×80mm～800mm×400mm。

c. GB/T 23563.3—2009 中间导柱模架 凹模周界 $L \times B$：100mm×100mm～630mm×400mm。

d. GB/T 23563.4—2009 四导柱模架 凹模周界 $L \times B$：160mm×100mm～1000mm×630mm。

上述17种模架及其构成零件——上下模座、导柱、导套、钢球保持圈、弹簧、钢球、压板、螺钉等均有相应标准，并按给定标准规格系列成套配齐。

(2) 送料定位标准零部件

1) JB/T 7649.1—2008 始用挡料装置（组件）。

2) JB/T 7649.9—2008 固定挡料销。

3) JB/T 7649.10—2008 活动挡料销。

4) JB/T 7648.1～4—2008 侧刃及侧刃挡块（组件）。

5) JB/T 7649.5—2008 弹簧弹顶挡料装置（伸缩式活动挡料销）。

6) JB/T 7649.6—2008 扭簧弹顶挡料装置（伸缩式活动挡料销）。

7) JB/T 7649.7—2008 回带式挡料装置。

8) JB/T 7649.3—2008 弹簧侧压装置。

9) JB/T 7647.1～4—2008 各种导正销。

10) JB/T 7648.5—2008 导料板。

11) JB/T 7648.6—2008 承料板。

12) JB/T 7649.1—2008 钢球弹顶装置。

13) JB/T 7649.8—2008 限位柱。

(3) 卸料机构标准零部件

1) JB/T 7650.1—2008 带肩推杆。

2) JB/T 7649.2—2008 带螺纹推杆。

3) JB/T 7649.3—2008 顶杆。

4) JB/T 7649.4—2008 顶板。

5) JB/T 7649.5—2008 圆柱头卸料螺钉。

6) JB/T 7649.6—2008 圆柱头内六角卸料螺钉。

7) JB/T 7649.7—2008 定距套件。

8) JB/T 7649.8—2008 调节垫圈。

9) JB/T 7651.1～2—2008 废料切刀。

(4) 安装与紧固标准零部件

1) JB/T 7646.1～6—2008 各种形式模柄（有组件）。

2) JB/T 7645.1～8—2008 模芯用导向装置小导柱、导套组件。

3) 各种螺钉、销钉等标准紧固件，借用相应紧固国标。

(5) 模板类半标准件

1) JB/T 7643.1—2008 矩形凹模板。

2）JB/T 7643.2—2008 矩形固定板。

3）JB/T 7643.3—2008 矩形垫板。

4）JB/T 7643.4—2008 圆形凹模板。

5）JB/T 7643.5—2008 圆形固定板。

6）JB/T 7643.6—2008 圆形垫板。

7）JB/T 7642.1～5—2008 各种通用模座。

(6) 冲模主要工作零件标准

1）JB/T 8057.1—2008 A 型圆凸模（三台阶形冲圆孔凸模）。

2）JB/T 8057.2—2008 B 型圆凸模（二台阶形冲圆孔凸模）。

3）JB/T 8057.3—2008 快换圆凸模。

4）JB/T 8057.4—2008 圆凸模。

5）JB/T 8057.5—2008 带肩圆凸模。

6）JB/T 5825—2008 圆柱头直杆圆凸模。

7）JB/T 8526—2008 圆柱头缩杆圆凸模。

8）JB/T 5827—2008 60°锥头直杆圆凸模。

9）JB/T 5828—2008 60°锥头缩杆圆凸模。

10）JB/T 5829—2008 球锁紧圆凸模。

11）JB/T 5830—008 圆凸模。

(7) 其他配套零件标准

1）圆柱螺旋压力弹簧，依用途不同，有多种规格。导向装置用压簧按 JB/T 7187.6—2008；弹顶挡销、始用挡料装置等用弹簧均按 GB/T 2089—2008 选取。

2）JB/T 7649.7—2008 片弹簧。

3）JB/T 7649.6—2008 扭簧。

4）JB/T 7650.9—2008 聚氨酯弹性体。

(8) 冷冲模典型结构组合标准

1）JB/T 8065.1—1995 冷冲模固定卸料典型组合　无导柱纵向送料典型组合。

2）JB/T 8065.2—1995 冷冲模固定卸料典型组合　无导柱横向送料典型组合。

3）JB/T 8065.3—1995 冷冲模固定卸料典型组合　纵向送料典型组合。

4）JB/T 8065.4—1995 冷冲模固定卸料典型组合　横向送料典型组合。

5）JB/T 8066.1—1995 冷冲模弹压卸料典型组合　纵向送料典型组合。

6）JB/T 8066.2—1995 冷冲模弹压卸料典型组合　横向送料典型组合。

7）JB/T 8067.1—1995 冷冲模复合模典型组合　矩形厚凹模典型组合。

8）JB/T 8067.2—1995 冷冲模复合模典型组合　矩形薄凹模典型组合。

9）JB/T 8067.3—1995 冷冲模复合模典型组合　圆形厚凹模典型组合。

10）JB/T 8067.4—1995 冷冲模复合模典型组合　圆形薄凹模典型组合。

11）JB/T 8068.1—1995 冷冲模导板模典型组合　纵向送料典型组合。

12）JB/T 8068.2—1995 冷冲模导板模典型组合　横向送料典型组合。

13）JB/T 8068.3—1995 冷冲模导板模典型组合　弹压纵向送料典型组合。

14）JB/T 8068.4—1995 冷冲模导板模典型组合　弹压横向送料典型组合。

上述机械工业标准的四大类 14 种冲模典型结构组合，每种均由多组规格可供设计选用。每种规格的成组配套零部件，均为标准件和半标准件，可以随时在就近模具市场按要求购买。

第2章 冲裁模实用典型结构

冲裁模是冲模中应用广泛、在冲模中数量最大的刃口类模具，其主要功能就是用其不同形状的刃口，将冲压材料剪切分离冲制出所需形状的冲裁件。常用冲裁模有图 2-1 所示的四种类型、多种结构形式。图 2-1 所列冲裁模是常规大量生产用普通冲裁和精密冲裁的冲裁模类型与结构形式，但并非其全部。因为冲模结构因件而异，千变万化。冲压工艺随制造业的大力拓展，新结构冲模时有产生。以下展示的冲裁模实用的典型结构都是经过长期生产考验证明实用、可靠的结构形式，可供参考。

2.1 冲裁模的类型与常用结构形式（图 2-1）

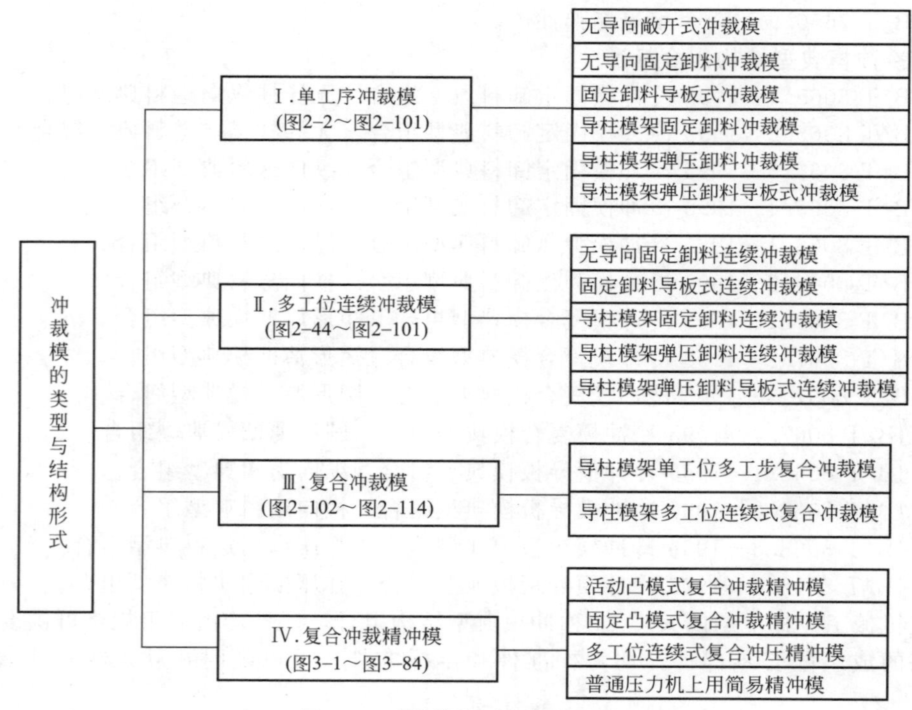

图 2-1　冲裁模类型与结构形式

应该指出，通常所说的冲裁模，是指金属板料常规普通冲压中，用于成批和大量生产的普通冲裁用的各种类型与不同结构形式的冲裁模，不包括精密冲裁用精冲模。为了更好地介绍精冲模，特别是在普通压力机上实施FB精冲用简易精冲模。精密冲裁即FeinScheiden，实际上也是一种高精度分离冲裁的作业形式。精密冲裁的冲裁分离机理和工作原理与过程，与普通冲裁完全不同。精冲模的结构比普通冲裁模结构复杂得多，制造精度也高一个档次。

2.2 单工序冲裁模实用典型结构（图2-2～图2-43）

2.2.1 无导向单工序冲裁模实用典型结构（图2-2～图2-9）

这类冲裁模亦称无导向单冲模。虽其无导向装置，但其结构形式依然很多：有卸料装置的和无卸料装置的；有用固定卸料装置的和用弹压卸料装置的。在冲模上无导向装置、又无卸料装置的通称敞开式单冲模。

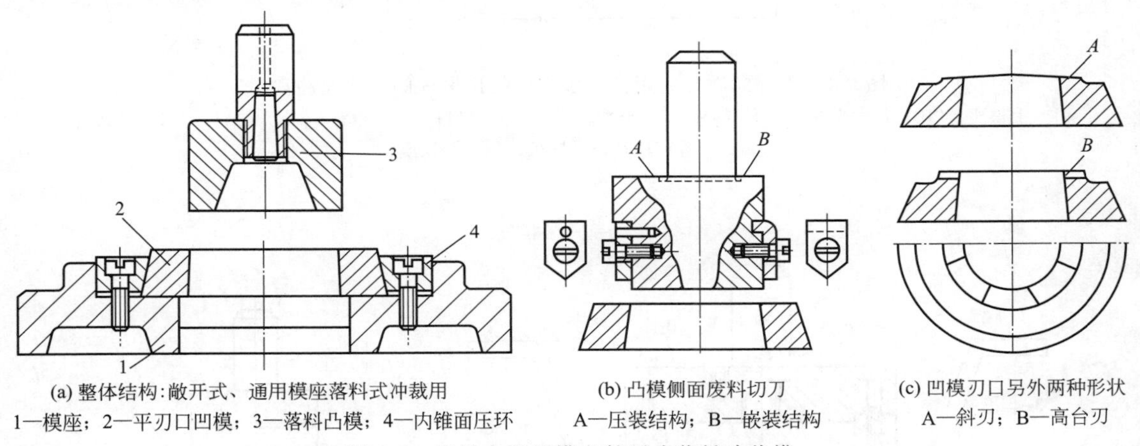

(a) 整体结构：敞开式、通用模座落料式冲裁用
1—模座；2—平刃口凹模；3—落料凸模；4—内锥面压环

(b) 凸模侧面废料切刀
A—压装结构；B—嵌装结构

(c) 凹模刃口另外两种形状
A—斜刃；B—高台刃

图2-2 无导向通用模座敞开式落料冲裁模

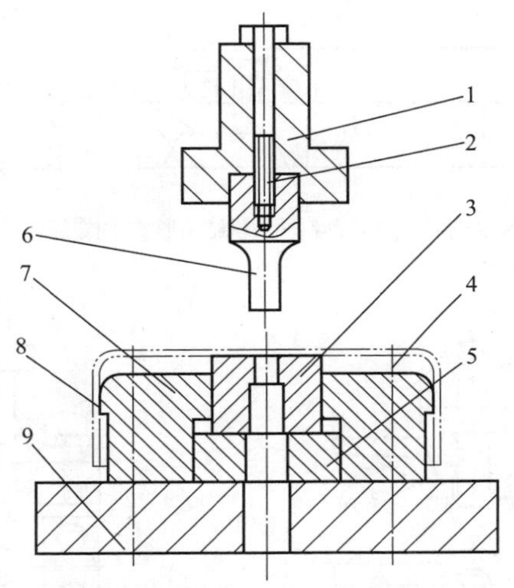

图2-3 无导向敞开式圆筒拉深件底部冲中心孔冲裁模
1—上模座；2,9—螺钉；3—凹模；4—销钉；5—垫块；6—凸模；7—凹模座；8—下模座

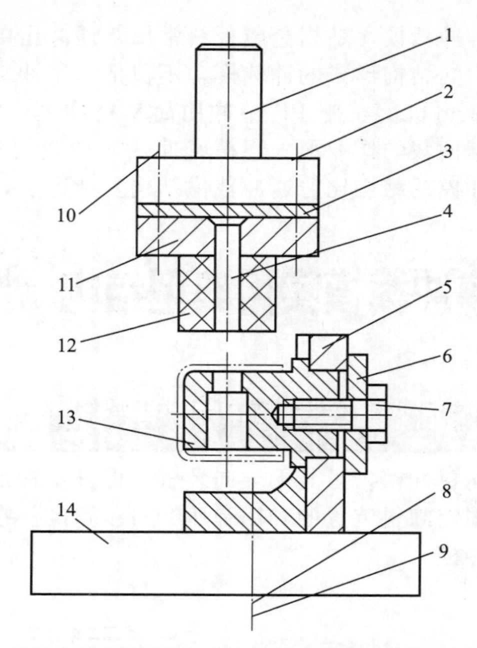

图 2-4　无导向敞开式用橡胶块卸件的拉深件侧壁冲孔冲裁模

1—上模座；2,8—内六角螺钉；3—垫板；4—凸模；5,11—固定板；6—垫板；7—六角螺钉；9,10—销钉；12—橡胶块；13—凹模；14—下模座

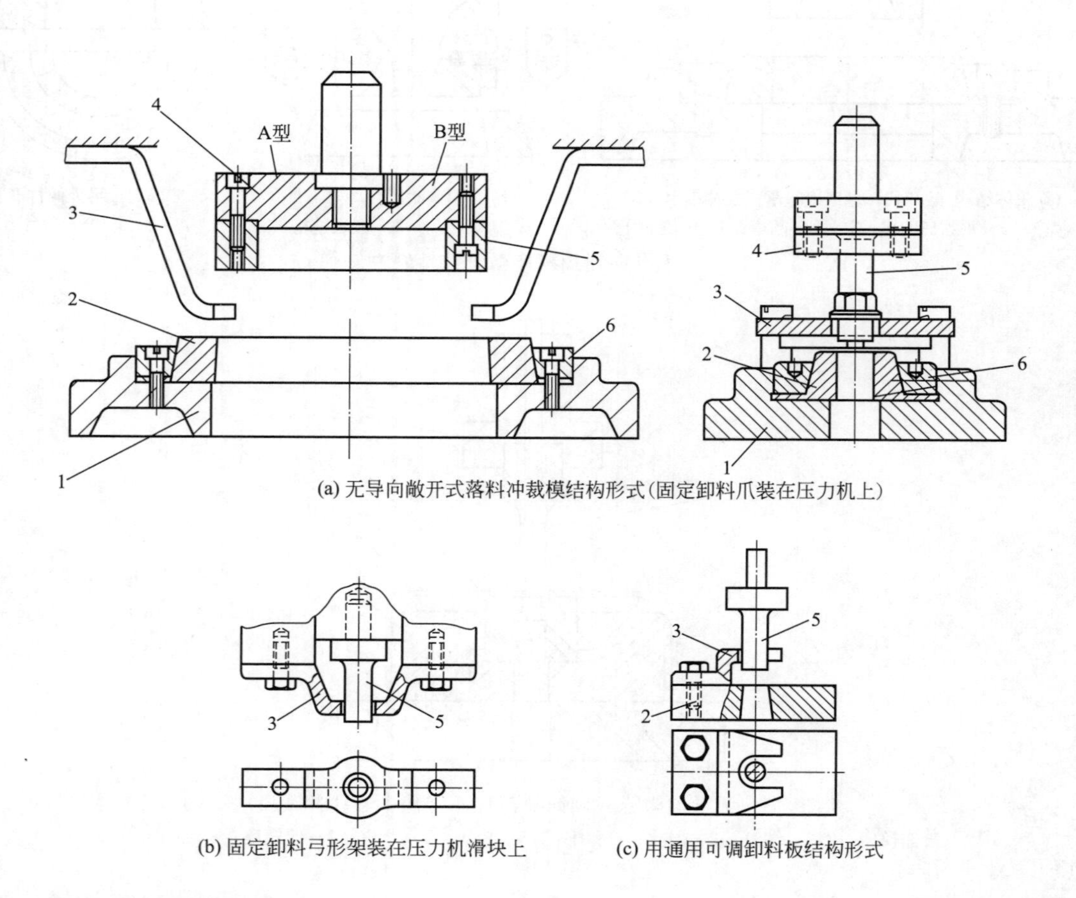

(a) 无导向敞开式落料冲裁模结构形式(固定卸料爪装在压力机上)

(b) 固定卸料弓形架装在压力机滑块上

(c) 用通用可调卸料板结构形式

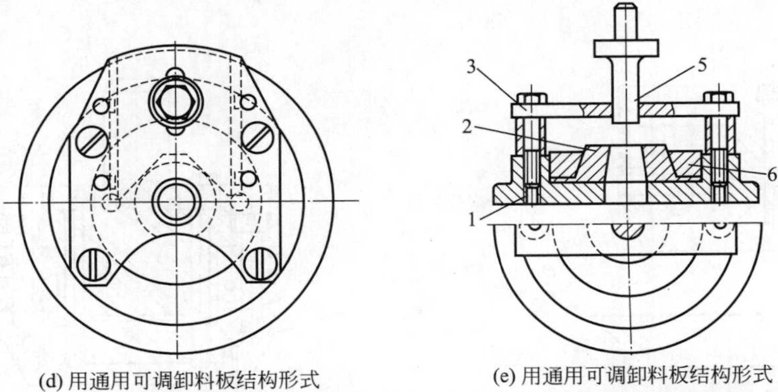

(d) 用通用可调卸料板结构形式　　(e) 用通用可调卸料板结构形式

图 2-5　无导向固定卸料中小型薄板冲裁件用落料冲裁模常用结构形式

1—通用下模座；2—可换凹模；3—卸料板；4—上模座；5—凸模；6—内锥面压环

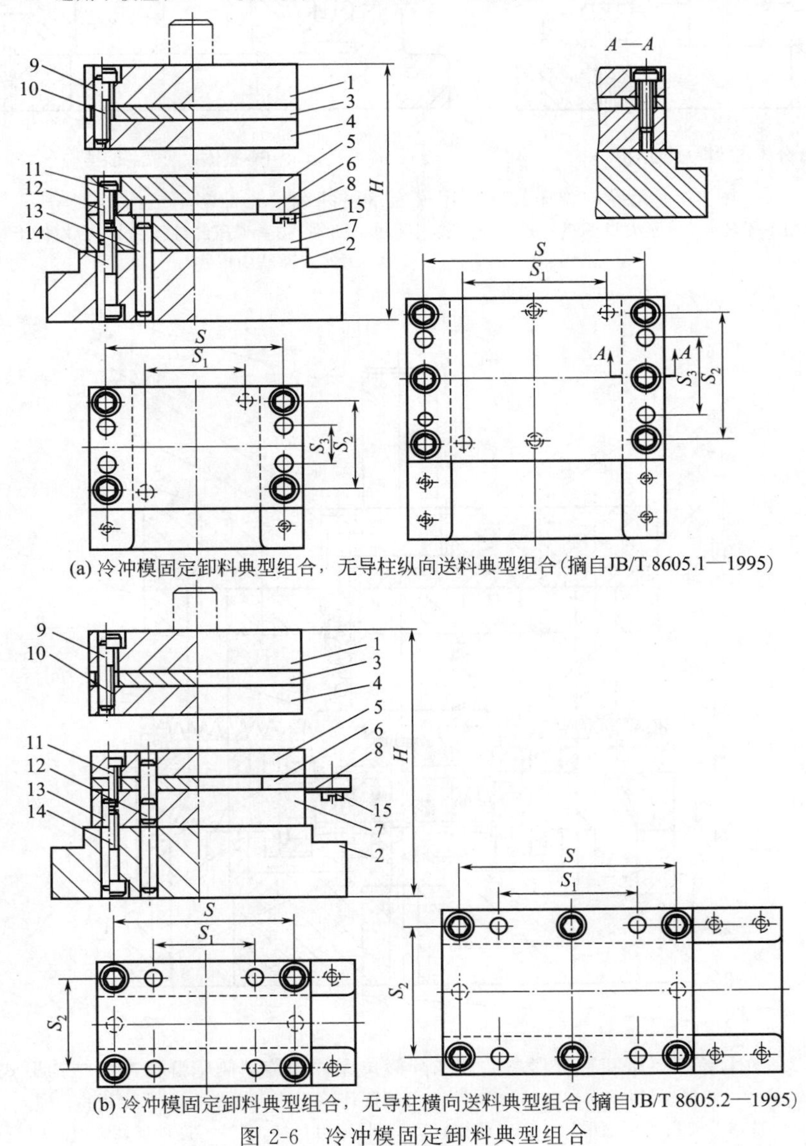

(a) 冷冲模固定卸料典型组合，无导柱纵向送料典型组合(摘自JB/T 8605.1—1995)

(b) 冷冲模固定卸料典型组合，无导柱横向送料典型组合(摘自JB/T 8605.2—1995)

图 2-6　冷冲模固定卸料典型组合

1—上模座；2—下模座；3—垫板；4—固定板；5—卸料板；6—导料板；7—凹模；8—承料板；9,12,13—圆柱销；10,11,14,15—螺钉

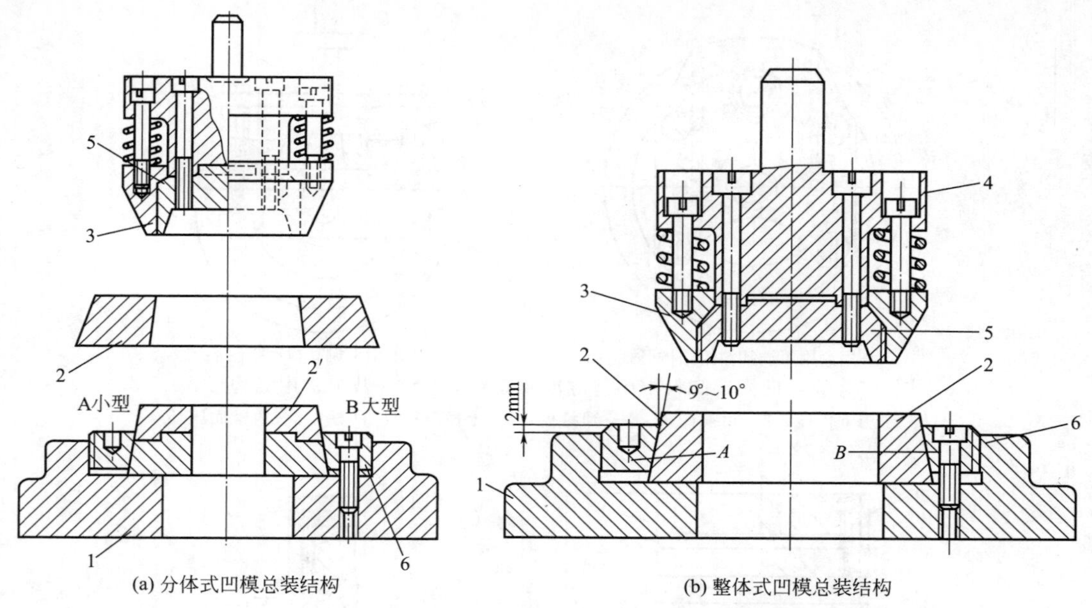

图 2-7　无导向弹压卸料通用模座落料冲裁模几种常用结构形式

1—通用下模座；2—平刃口凹模；2′—分体式嵌装拼合凹模；3—弹压卸件器；4—带模柄上模座；5—凸模；6—内锥面压环 A、B（两种结构形式）

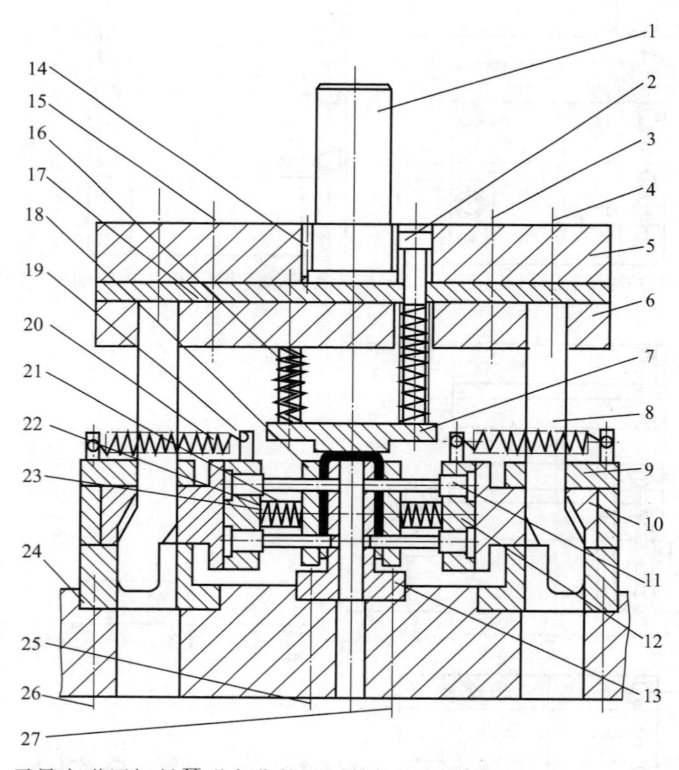

图 2-8　无导向弹压卸料Ⅱ形弯曲件和圆筒拉深件楔传动侧壁群孔冲模结构形式

1—模柄；2,22—卸料螺钉；3,4,23,26,27—内六角螺钉；5—上模座；6,12—固定板；7—压力凹板；8—斜楔；9—盖板；10—滑块；11—凸模；13—凹模；14,15,25—销钉；16,20,21—弹簧；17—垫板；18—卸料板；19—弹簧挂钩；24—下模座

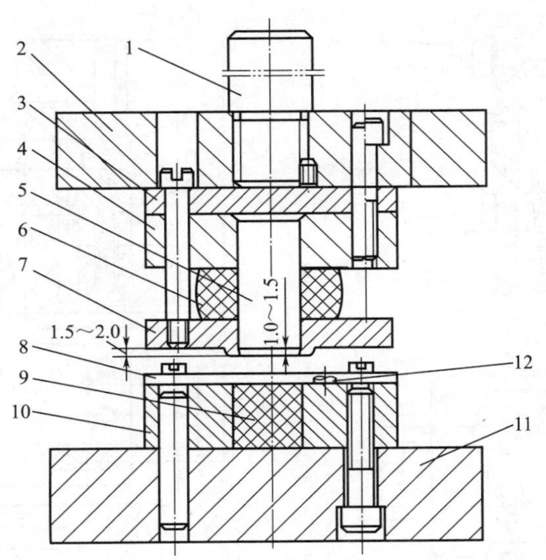

图 2-9　无导向弹压卸料金属薄板冲裁模典型结构形式

1—模柄；2—上模座；3—垫板；4—固定板；5—凸模；6—橡胶；7—压料板；8—导料板；9—橡胶；10—容框；11—底板；12—挡料销

说明：橡胶冲裁模可完成薄板（t<0.3mm）的落料、冲孔和落料冲孔复合工序等。

2.2.2　有导向单工序冲裁模实用典型结构（图 2-10～图 2-43）

这类冲裁模按采用导向装置的不同，常用的有：用导板导向的导板式冲裁模和用导柱导向的导柱冲裁模以及在钟表行业还有所使用的靠导筒导向的导筒式冲裁模。

导板模多为用固定卸料板作导板即固定卸料导板式冲裁模。还有一种用弹压卸料板做导板即弹压卸料导板式冲裁模。这种弹压导板已经派生出多达近十种结构形式，在扩大薄板和 0.01～0.5mm 的超薄板冲裁加工的冲模和高精度冲裁件冲制中越来越多地被广泛采用。

弹压导板式结构冲模实际上是导板与导柱联合给凸模导向，故其导向精度更高，使用也日益广泛。

导柱模就是使用导柱模架的冲模，包括滑动导向导柱模架与滚动导向滚珠导柱模架两大类。构成上述两类各种结构模架的模座有吸震能力很强的铸铁材质和强度大的结构钢材质两种，前者使用更广一些。迄今在分序多模冲制复杂形状薄板冲压件的传统冲压工艺中，这类有导向单工序冲裁模仍然广泛采用，尤其大型冲裁件、厚板冲裁件用得更广。

滑动导向导柱模架固定卸料单工序冲裁模，图 2-15～图 2-23 所示为其实用结构形式，而图 2-15(a)、(b) 为其典型结构（组合）形式。这类冲模多用于料厚 $t\geqslant$3mm 的中厚钢板和 t 为 3～4.75mm 的厚钢板的单工序冲裁。

滑动导向导柱模架弹压卸料单工序冲裁模多用于 $t\leqslant$3mm 的薄钢板及相当料厚的有色金属冲裁件任意形状轮廓的平板工件的落料与冲内形（孔）。其主要特点是用弹压卸料板在压紧板料的状态下冲裁，不仅对冲裁板料有一定校平作用，而且卸料用弹性元件逐步推卸，噪声远小于固定卸料板卸料。其典型结构见图 2-24(a)、(b)。

(1) 固定卸料导板式单工序冲裁模（图 2-10～图 2-14）

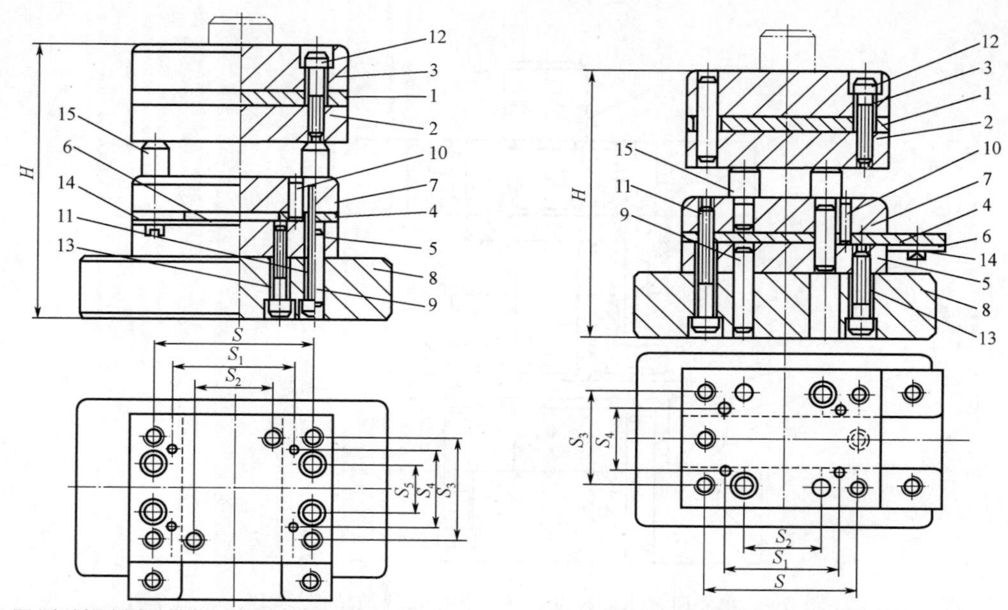

图 2-10　固定卸料导板式冲模卸料典型组合形式

1—垫板；2—固定板；3—上模座；4—导料板；5—凹模；6—承料板；7—导板；8—下模座；9,10—销钉；11～13—内六角螺钉；14—圆柱头螺钉；15—限位柱

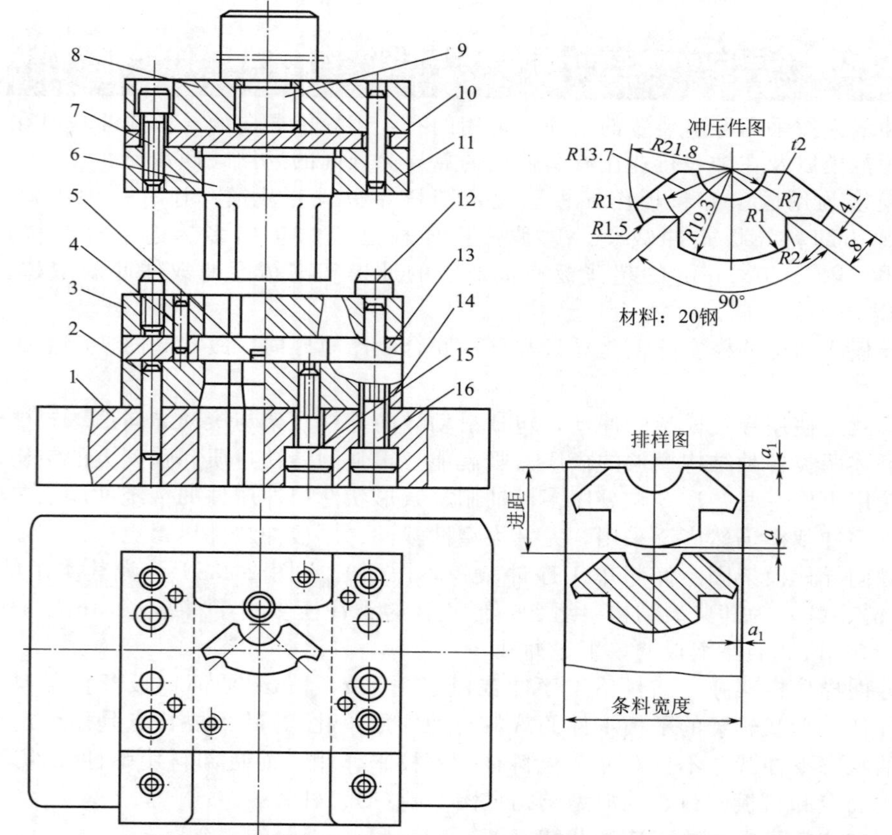

图 2-11　在线使用的固定卸料导板式落料冲裁模结构形式

1—下模座；2,4—销钉；3—导板；5—固定挡料销；6—凸模；7,15,16—螺钉；8—上模座；9—模柄；10—垫板；11—固定板；12—限位柱；13—导料板；14—凹模

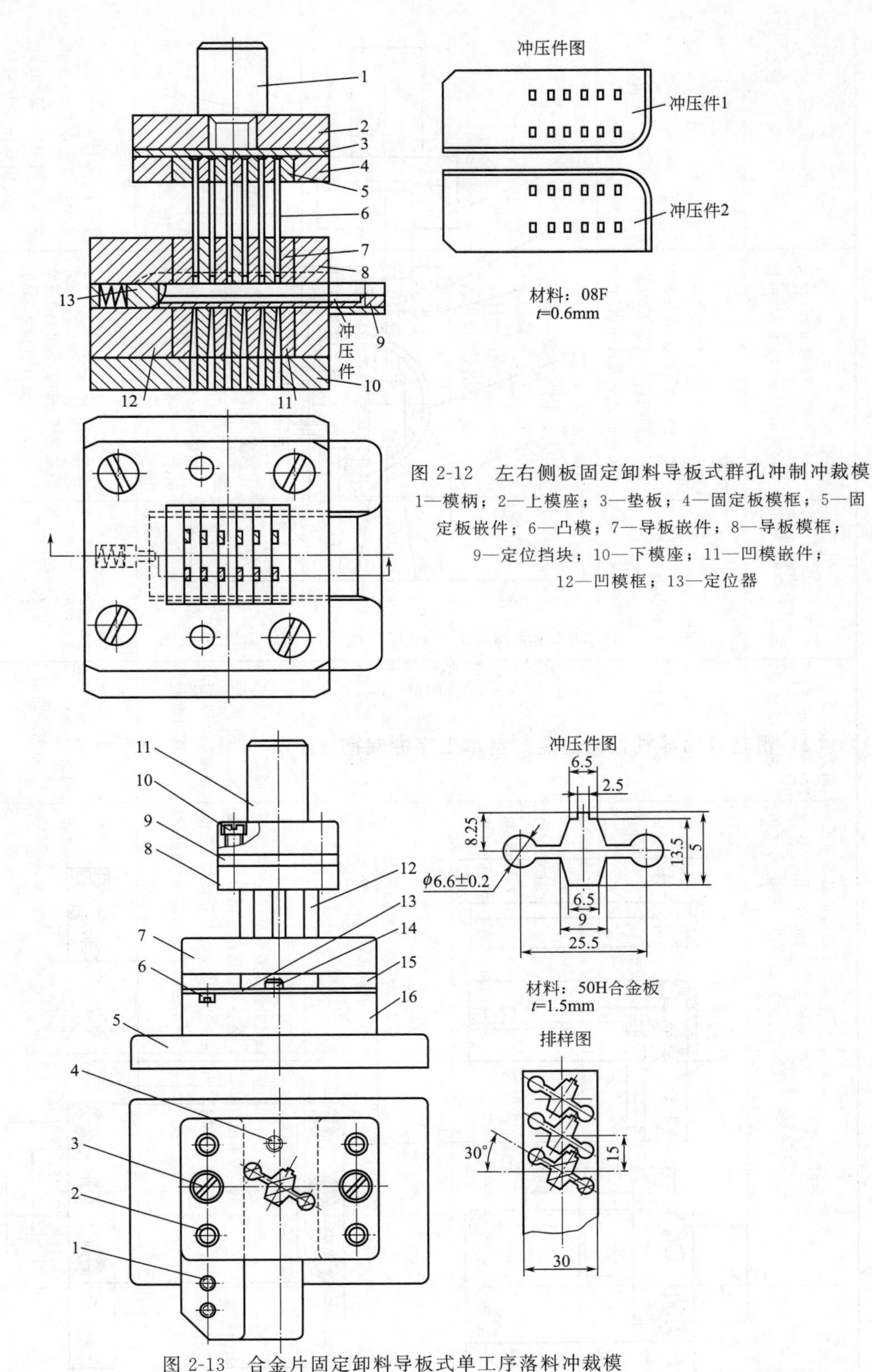

图 2-12　左右侧板固定卸料导板式群孔冲制冲裁模

1—模柄；2—上模座；3—垫板；4—固定板模框；5—固定板嵌件；6—凸模；7—导板嵌件；8—导板模框；9—定位挡块；10—下模座；11—凹模嵌件；12—凹模框；13—定位器

图 2-13　合金片固定卸料导板式单工序落料冲裁模

1,3,6,10—螺钉；2—销钉；4,14—固定挡料销；5—下模座；7—导板；8—固定板；9—垫板；11—模柄；12—凸模；13—承料板；15—导料板；16—凹模

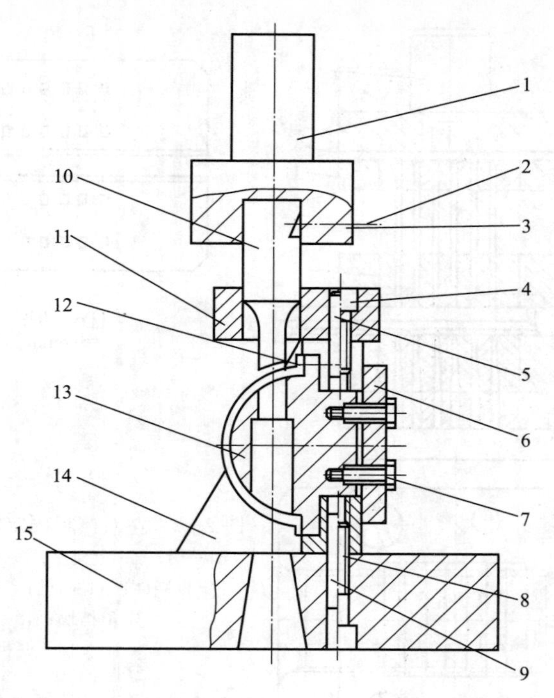

图 2-14　球面罩固定卸料导板式冲孔单工序冲裁模

1—上模座；2—紧定螺钉；3—六角螺母；4,8—内六角螺钉；5,9,12—销钉；6—垫圈；7—六角螺钉；10—凸模；11—导向板；13—凹模；14—固定板；15—下模座

（2）滑动导向导柱模架固定卸料单工序冲裁模（图 2-15～图 2-23）

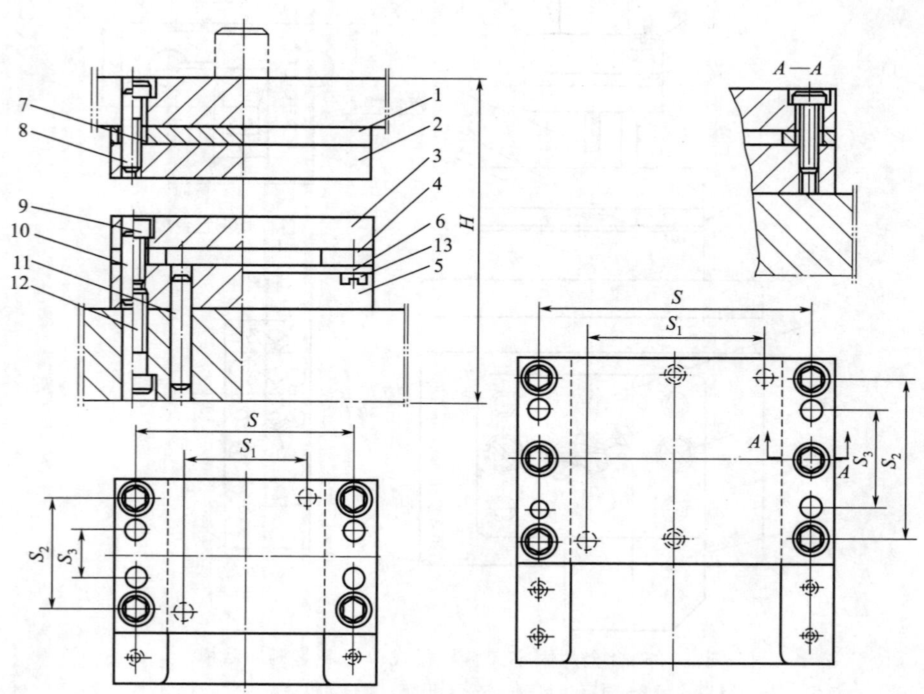

(a) 纵向送料结构形式（摘自JB/T 8065.3—1995）

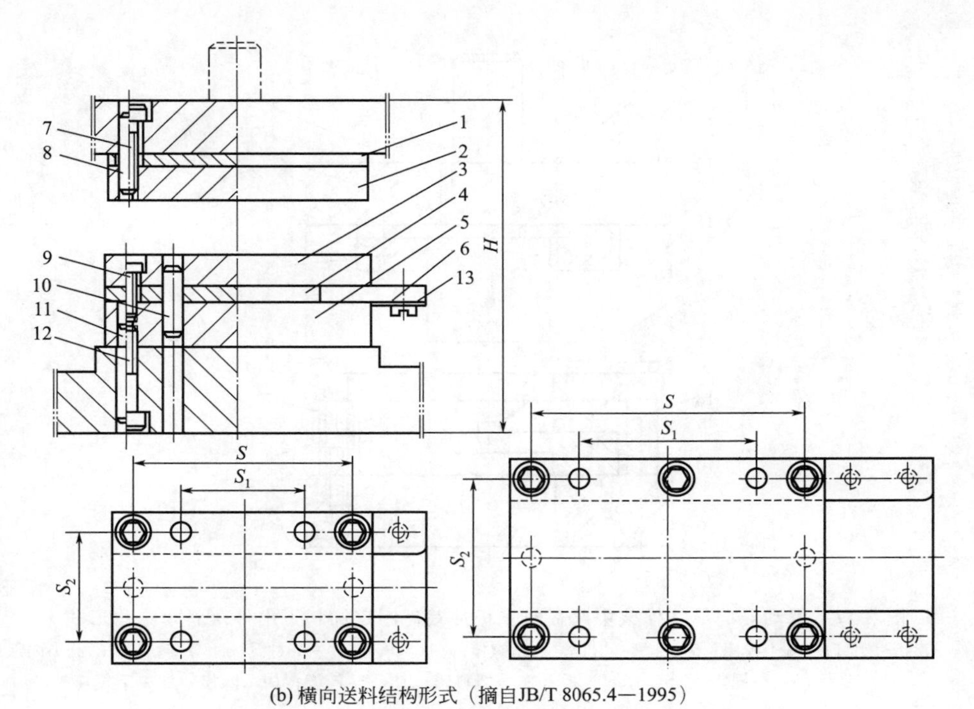

(b) 横向送料结构形式（摘自JB/T 8065.4—1995）

图 2-15　滑动导向导柱模架固定卸料典型结构组合形式

1—垫板；2—固定板；3—卸料板；4—导料板；5—凹模；6—承料板；7，9，12—内六角螺钉；8，10，11—销钉；13—圆柱头螺钉

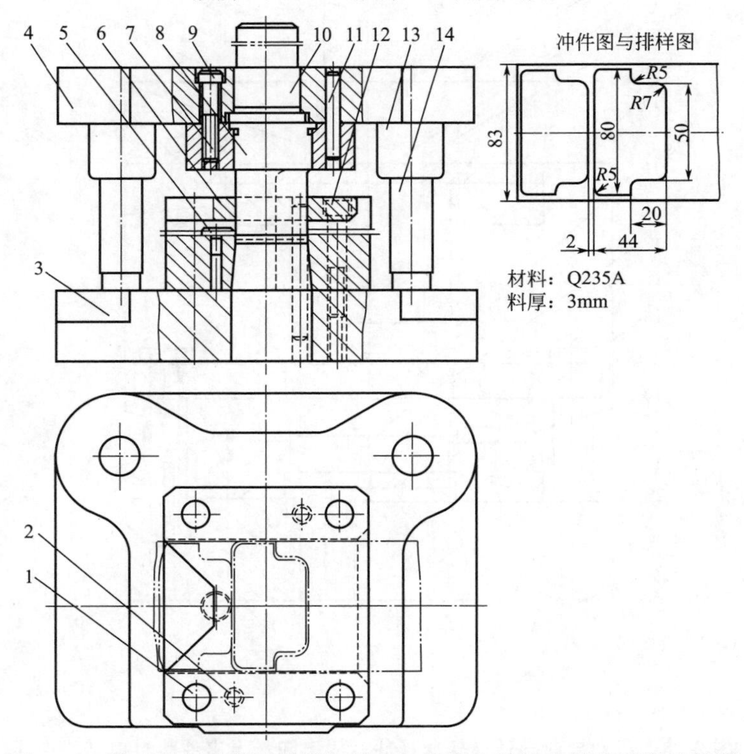

图 2-16　滑动导向后侧导柱模架固定卸料横向送料 T 形板落料冲裁模

1，9—内六角螺钉；2，11—销钉；3—下模座；4—上模座；5—挡料销；6—卸料板；7—固定板；8—凸模；10—模柄；12—凹模；13—导套；14—导柱

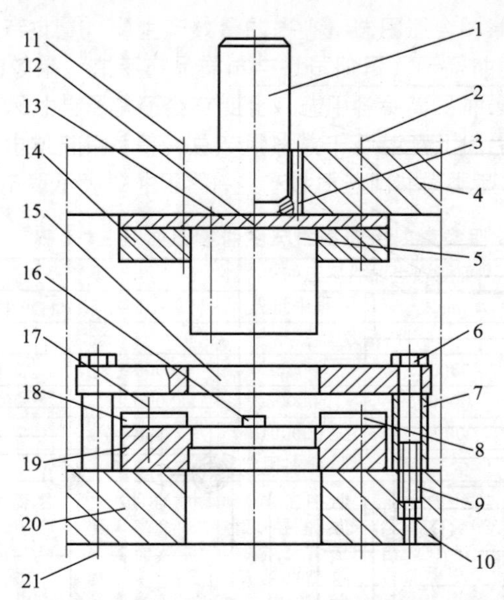

图 2-17　滑动导向导柱模架中厚板料平板冲裁件固定卸料下出件落料模结构形式

1—模柄；2,3,8—销钉；4—上模座；5—凸模；6,17—六角螺栓；7—支承套；9—导柱；10—导套；11,13,21—内六角螺钉；12—垫板；14—固定板；15—卸料板；16—挡料销；18—导料板；19—凹模；20—下模座

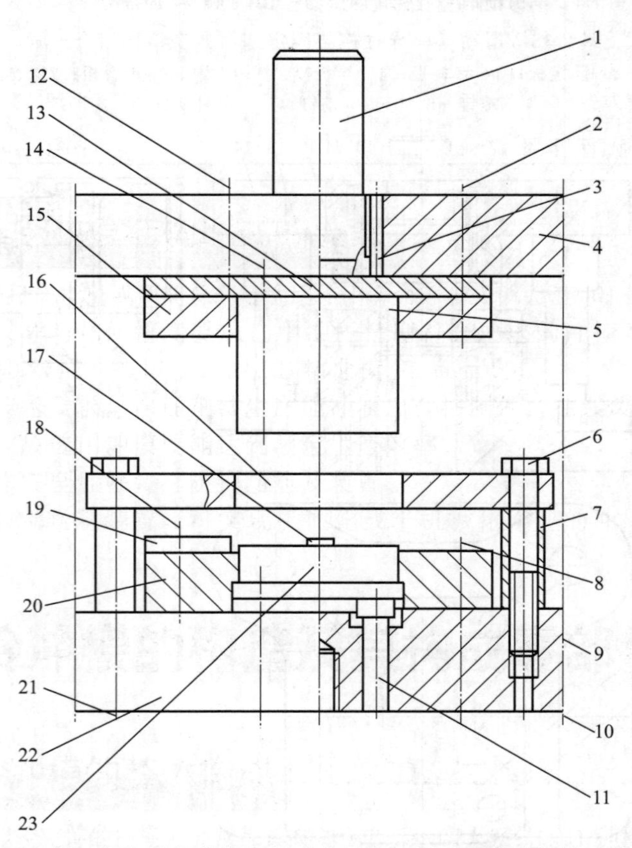

图 2-18　滑动导向导柱模架薄板冲裁固定卸料上出件落料模结构形式

1—模柄；2,3,8—销钉；4—上模座；5—凸模；6,18—六角螺钉；7—支承套；9—导柱；10—导套；11—推杆；12,14,21—内六角螺钉；13—垫板；15—固定板；16—卸料板；17—挡料销；19—导料板；20—凹模；22—下模座；23—顶件器

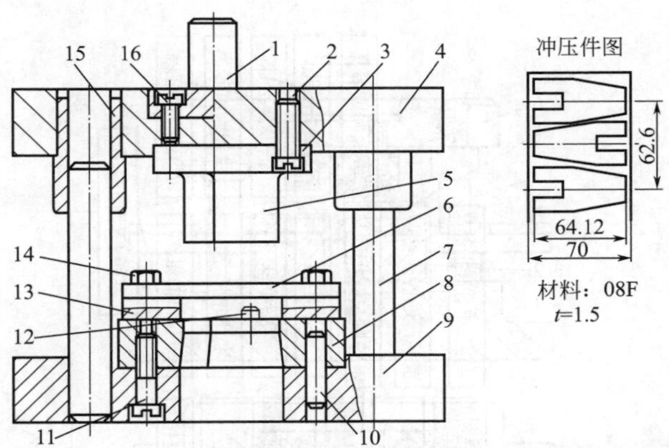

图 2-19　滑动导向导柱模架裤型衬板固定卸料下出件落料冲裁模结构形式

1—模柄；2,11,16—圆柱头螺钉；3—凸模座；4—上模座；5—凸模；6—卸料板；7—导柱；8—凹模；9—下模座；10—销钉；12—挡料销；13—导料板；14—六角螺钉；15—导套

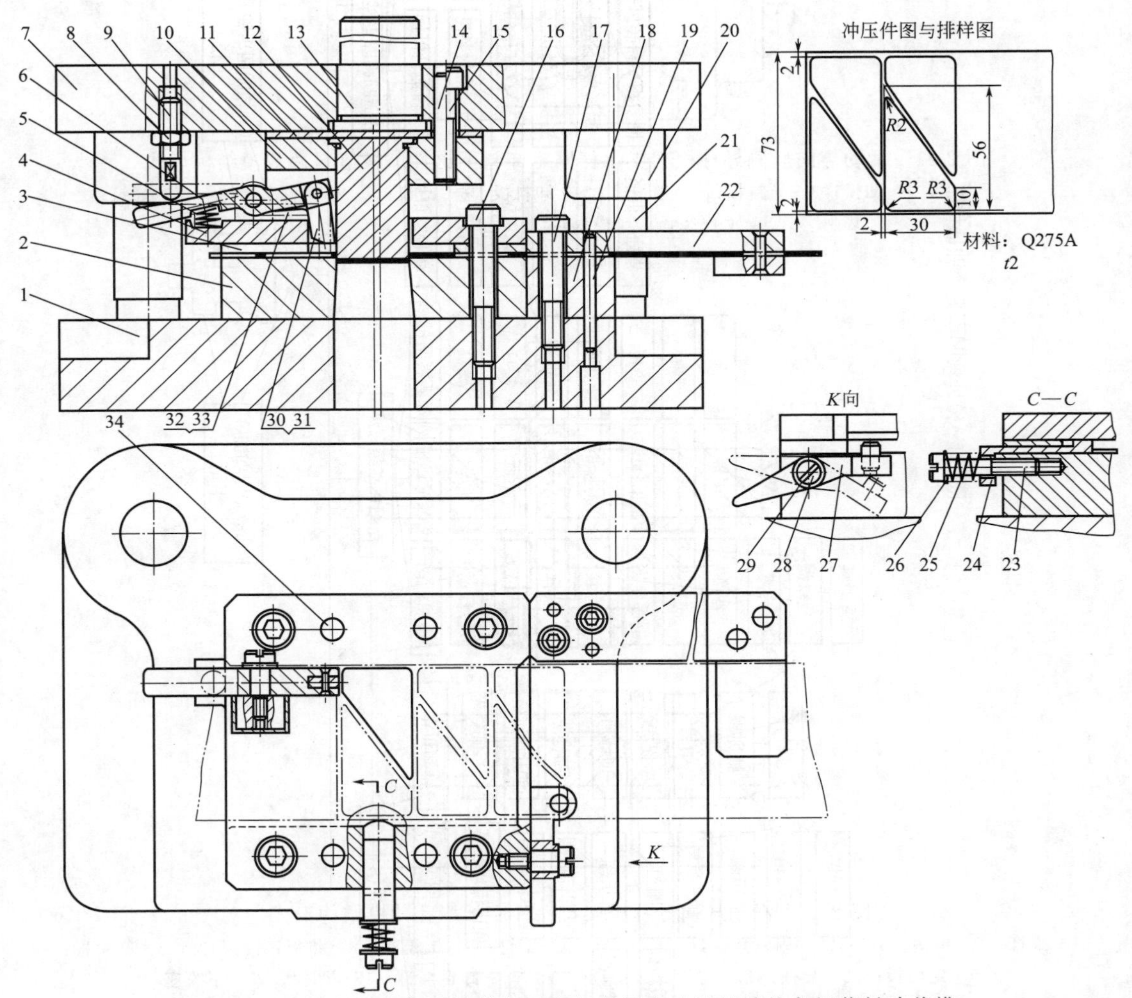

图 2-20　滑动导向后侧导柱模架固定卸料用自动挡料销的角板落料冲裁模

1—下模座；2—凹模；3—导料板；4—卸料板；5,25—弹簧；6—挡料销杆；7—上模座；8—螺母；9—压杆；10—固定板；11—垫板；12—凸模；13—模柄；14,19,34—销钉；15～17,23,28—螺钉；18—垫块；20—导柱；21—导套；22—承料架；24—侧压板；26,29—垫圈；27—始用挡料销；30—挡料销头；31—小轴；32—簧片；33—沉头螺钉

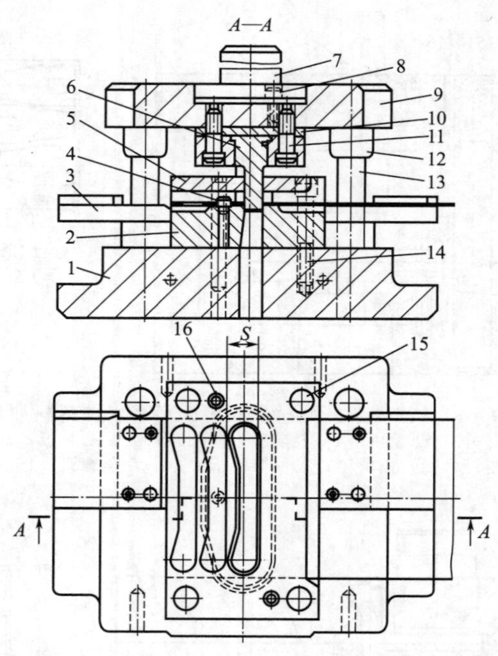

图 2-21　滑动导向后侧导柱模架支承杆固定卸料下出件厚板落料冲裁模结构形式

1—下模座；2—凹模；3—导料板；4—挡料销；5—卸料板；6—凸模；7—模柄；8,11,14,15—螺钉；9—上模座；10—垫板；12—导套；13—导柱

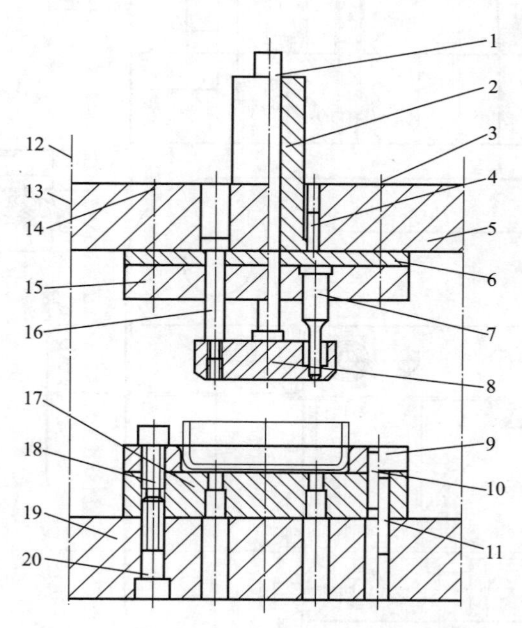

图 2-22　滑动导向导柱模架拉深件底部群孔冲模结构形式

1—推杆；2—模柄；3,18,20—内六角螺钉；4,10,11,14—销钉；5—上模座；6—垫板；7—凸模；8—卸料板；9—定位板；12—导柱；13—导套；15—固定板；16—卸料螺钉；17—凹模；19—下模座

注：本结构适用于拉深件为平底，中心无孔的底部多孔拉深件。

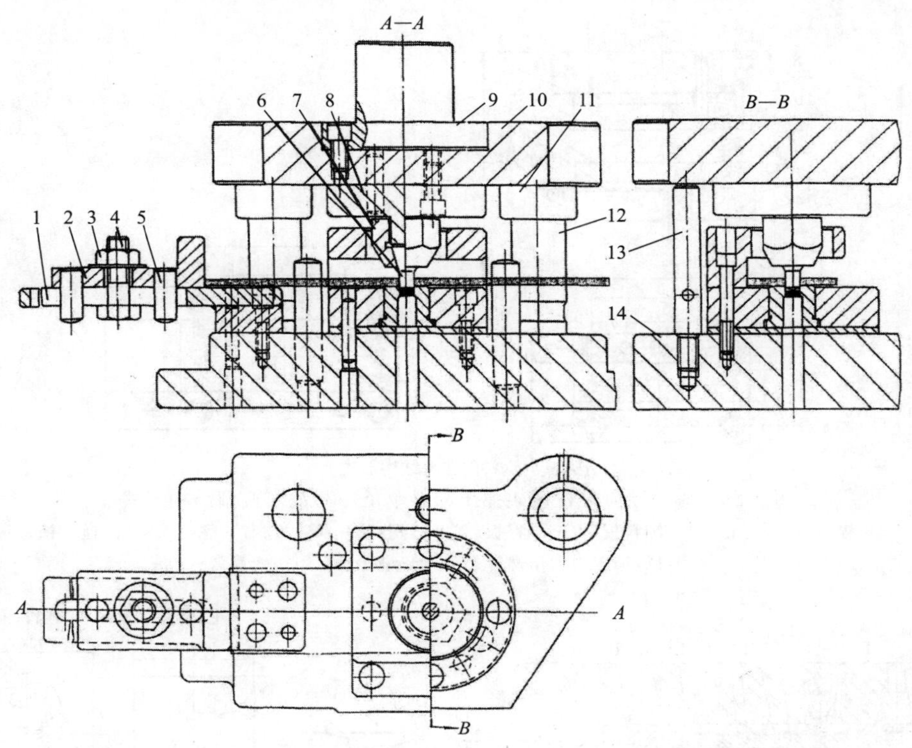

图 2-23　滑动导向后侧导柱模架厚钢板冲孔模结构形式

1—固定支架；2—定位板；3,7—螺母；4—螺栓；5—销钉；6—凸模；8—凸模固定座；9—模柄；10—上模座；11—导套；12—导柱；13—限位柱；14—下模座

注：该冲孔模结构适于 $t \geqslant 4.75$mm 以上厚度中碳厚钢板冲孔。

(3) 滑动导向导柱模架弹压卸料单工序冲裁模（图 2-24～图 2-43）

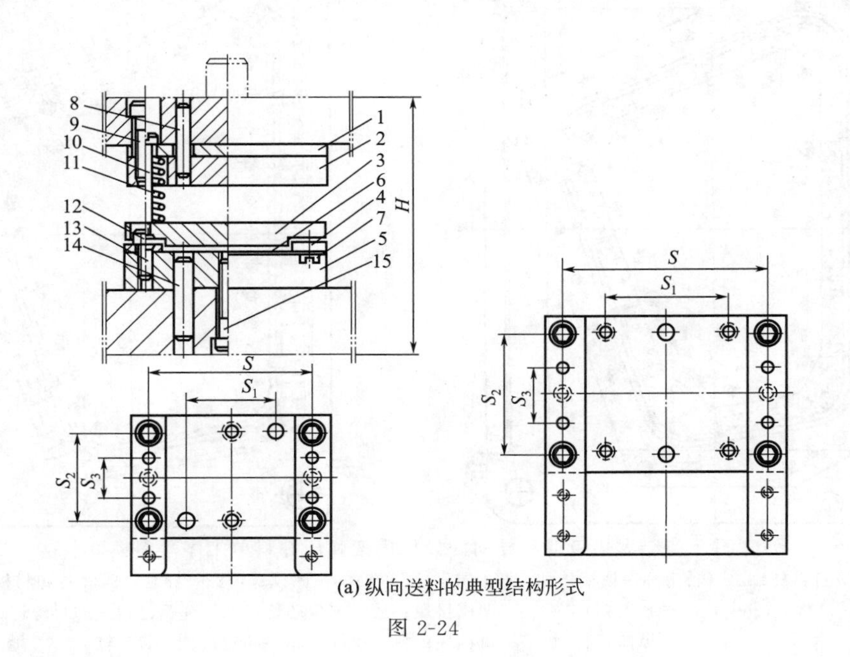

(a) 纵向送料的典型结构形式

图 2-24

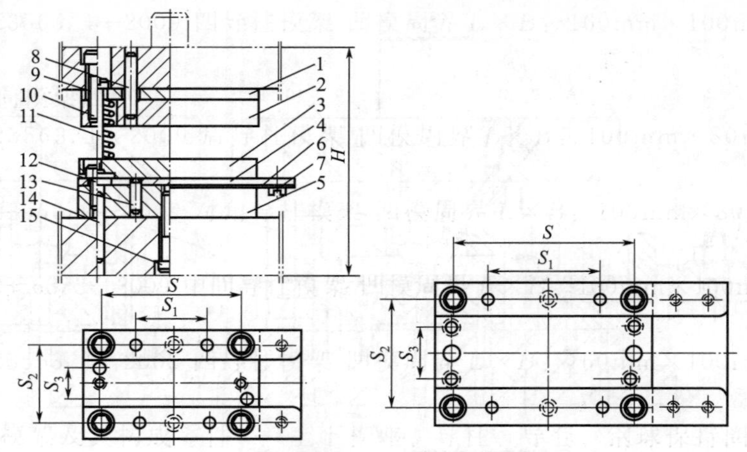

(b) 横向送料的典型结构形式

图 2-24　滑动导向导柱模架弹压卸料单工序冲裁模典型结构形式

1—垫板；2—固定板；3—卸料板；4—导料板；5—凹模；6—承料板；7—螺钉；8,13,14—销钉；9,12,15—内六角螺钉；10—卸料螺钉；11—弹簧

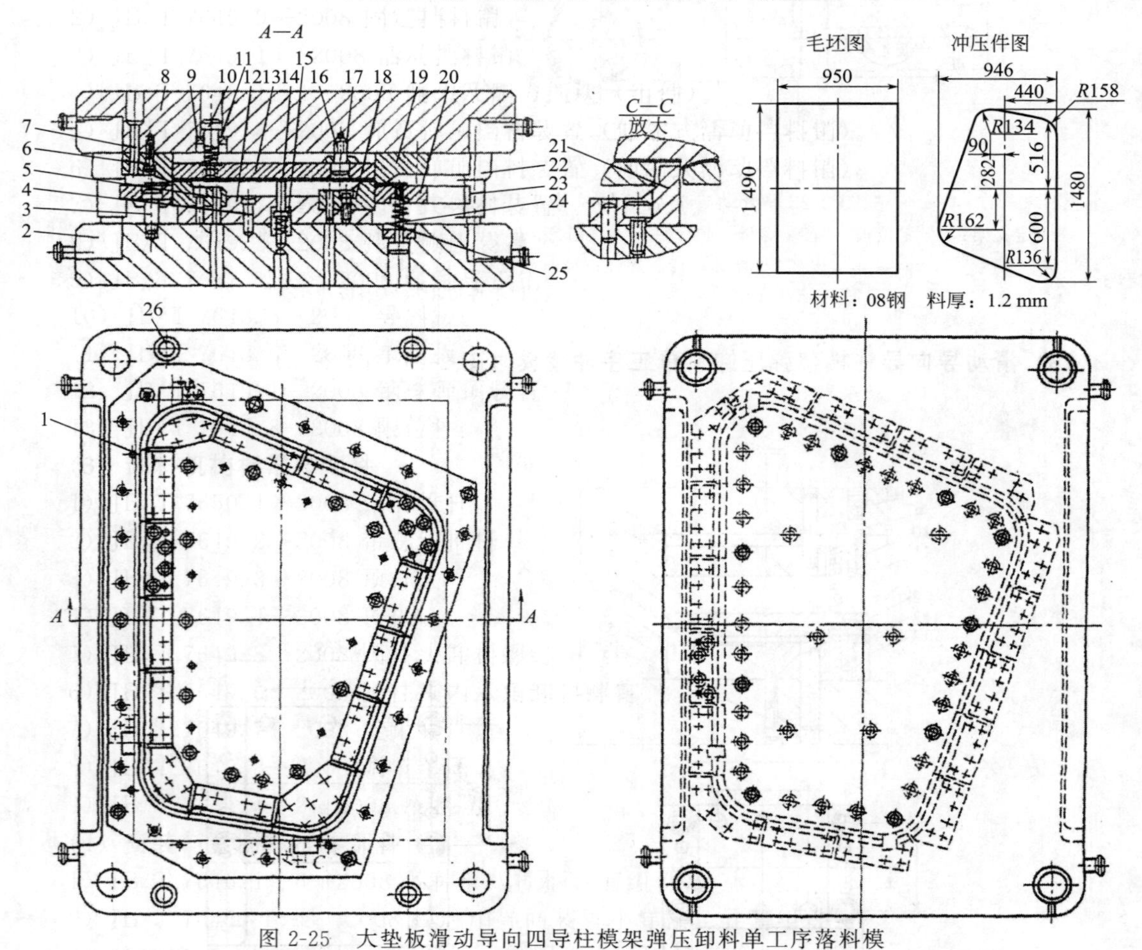

图 2-25　大垫板滑动导向四导柱模架弹压卸料单工序落料模

1—打料杆；2—销钉；3—模柄；4—顶丝；5—上模座；6—凹模；7,22—导套；8,20—卸料板；9,16,17,26—挡（导）料销；10,11—凹模拼块；12—定位芯块；13—弹簧；14—卸料螺钉；15,24—下模座；18,19—刃口镶块；21—模框；23—导柱；25—簧芯柱

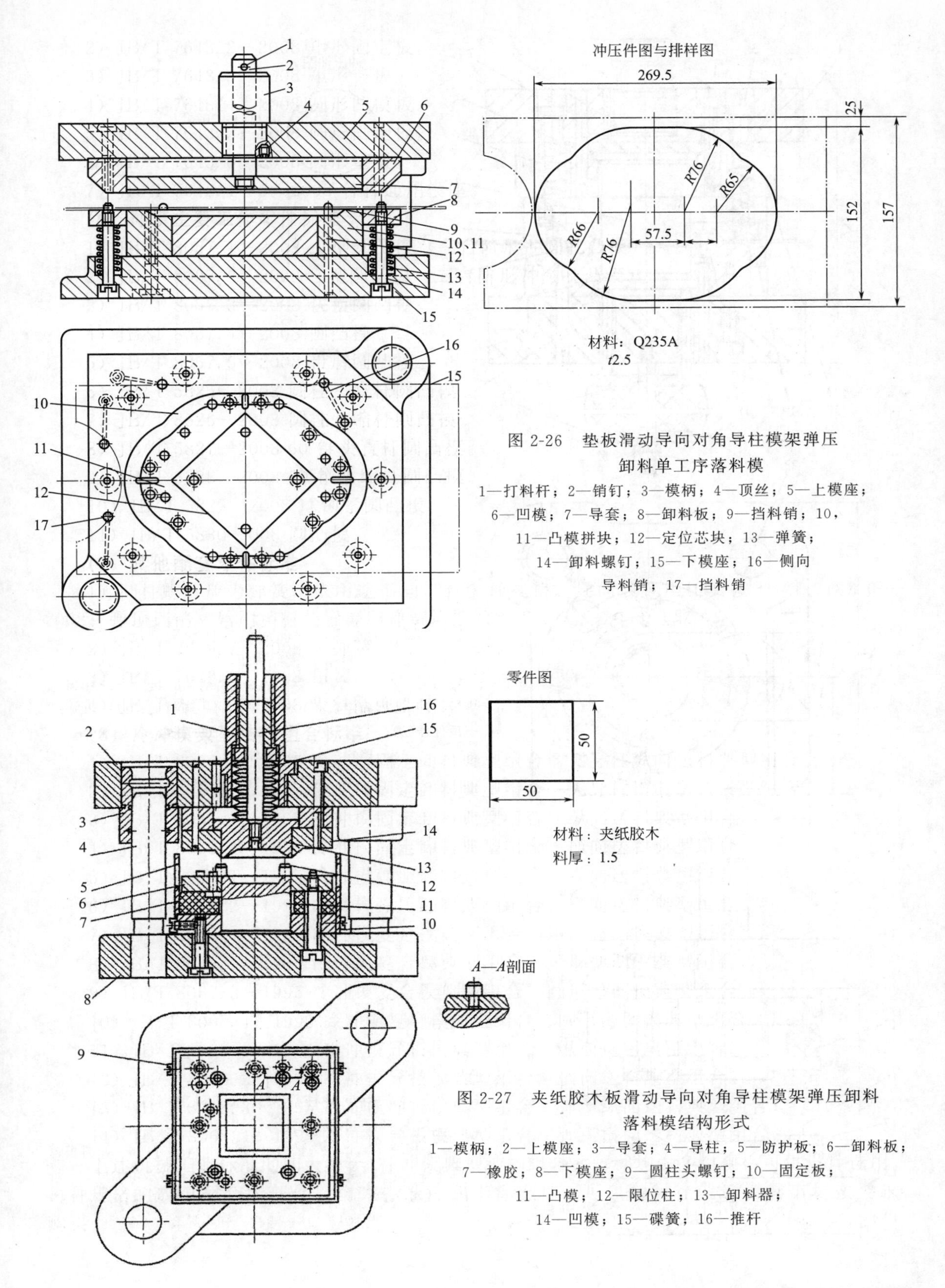

图 2-26　垫板滑动导向对角导柱模架弹压卸料单工序落料模

1—打料杆；2—销钉；3—模柄；4—顶丝；5—上模座；6—凹模；7—导套；8—卸料板；9—挡料销；10，11—凸模拼块；12—定位芯块；13—弹簧；14—卸料螺钉；15—下模座；16—侧向导料销；17—挡料销

图 2-27　夹纸胶木板滑动导向对角导柱模架弹压卸料落料模结构形式

1—模柄；2—上模座；3—导套；4—导柱；5—防护板；6—卸料板；7—橡胶；8—下模座；9—圆柱头螺钉；10—固定板；11—凸模；12—限位柱；13—卸料器；14—凹模；15—碟簧；16—推杆

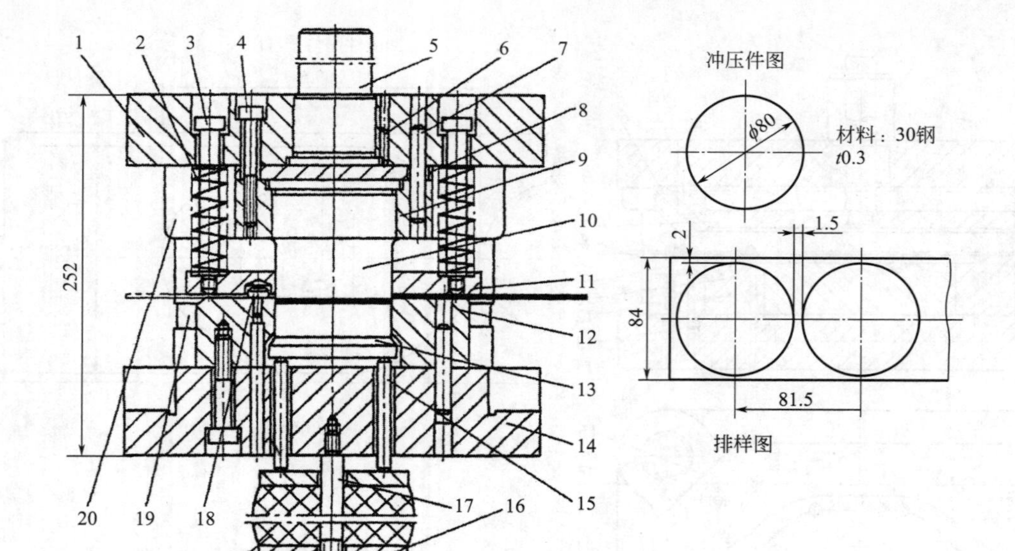

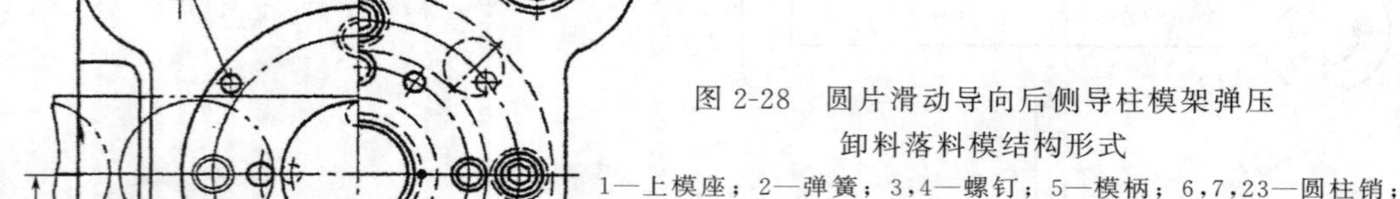

图 2-28　圆片滑动导向后侧导柱模架弹压卸料落料模结构形式

1—上模座；2—弹簧；3,4—螺钉；5—模柄；6,7,23—圆柱销；8—垫板；9—凸模固定板；10—凸模；11—卸料板；12—凹模；13—顶件器；14—下模座；15—顶杆；16—托板；17—螺杆；18—挡料销；19—导柱；20—导套；21—螺母；22—橡胶体

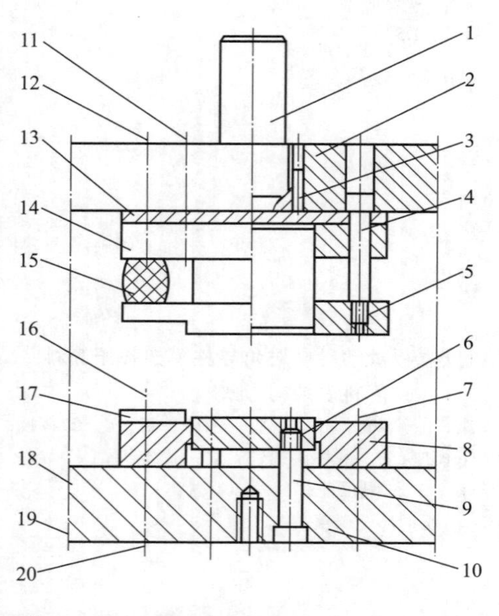

图 2-29　滑动导向导柱模架弹压卸料上出件落料冲裁模结构形式

1—模柄；2—上模座；3,7,12—销钉；4,9—卸料螺钉；5—卸料板；6—顶件器；8—凹模；10—下模座；11,20—内六角螺钉；13—垫板；14—固定板；15—橡胶；16—六角螺钉；17—导料板；18—导柱；19—导套

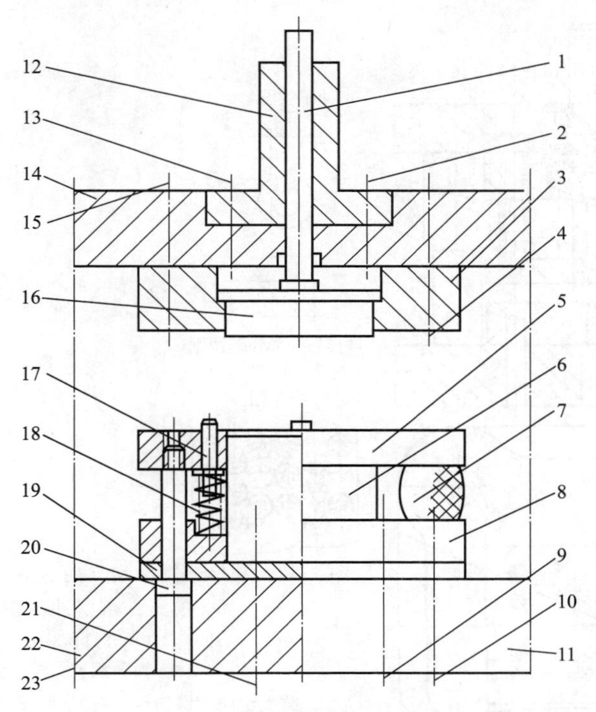

图 2-30 滑动导向导柱模架弹压卸料倒装式落料冲裁模结构形式

1—推杆；2,9,15,21—内六角螺钉；3—凹模；4,10,13—销钉；5—卸料板；6—凸模；7—橡胶；8—固定板；11—下模座；12—模柄；14—上模座；16—卸件器；17—挡料销；18—弹簧；19—垫板；20—卸料螺钉；22—导套；23—导柱

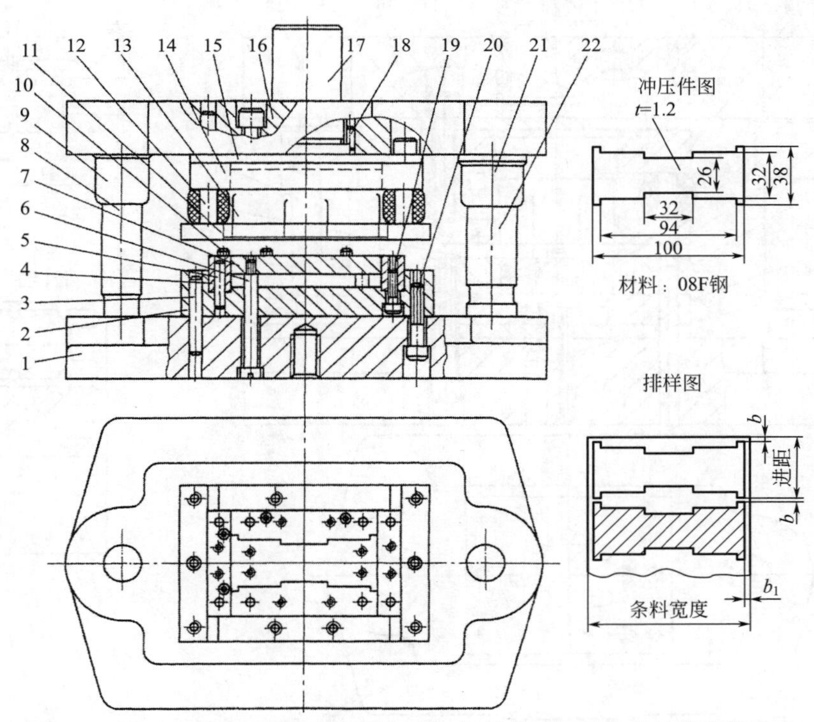

图 2-31 插片滑动导向中间导柱模架弹压卸料弹顶卸件的落料模结构形式

1—下模座；2—凹模座；3,5,18—销钉；4—凹模；6,12—卸料螺钉；7—顶件器；8,22—导柱；9,21—导套；10—挡料销；11—卸料板；13—凸模；14—固定板；15—垫板；16—上模座；17—模柄；19,20—内六角螺钉

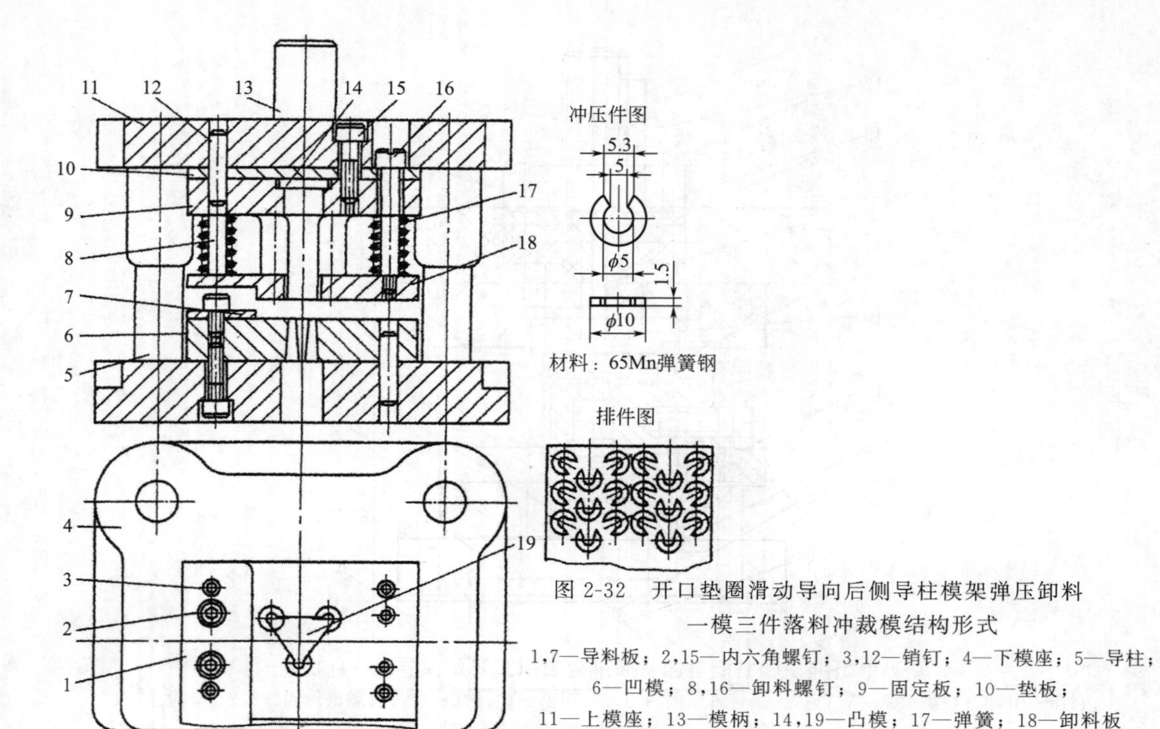

图 2-32　开口垫圈滑动导向后侧导柱模架弹压卸料一模三件落料冲裁模结构形式

1,7—导料板；2,15—内六角螺钉；3,12—销钉；4—下模座；5—导柱；6—凹模；8,16—卸料螺钉；9—固定板；10—垫板；11—上模座；13—模柄；14,19—凸模；17—弹簧；18—卸料板

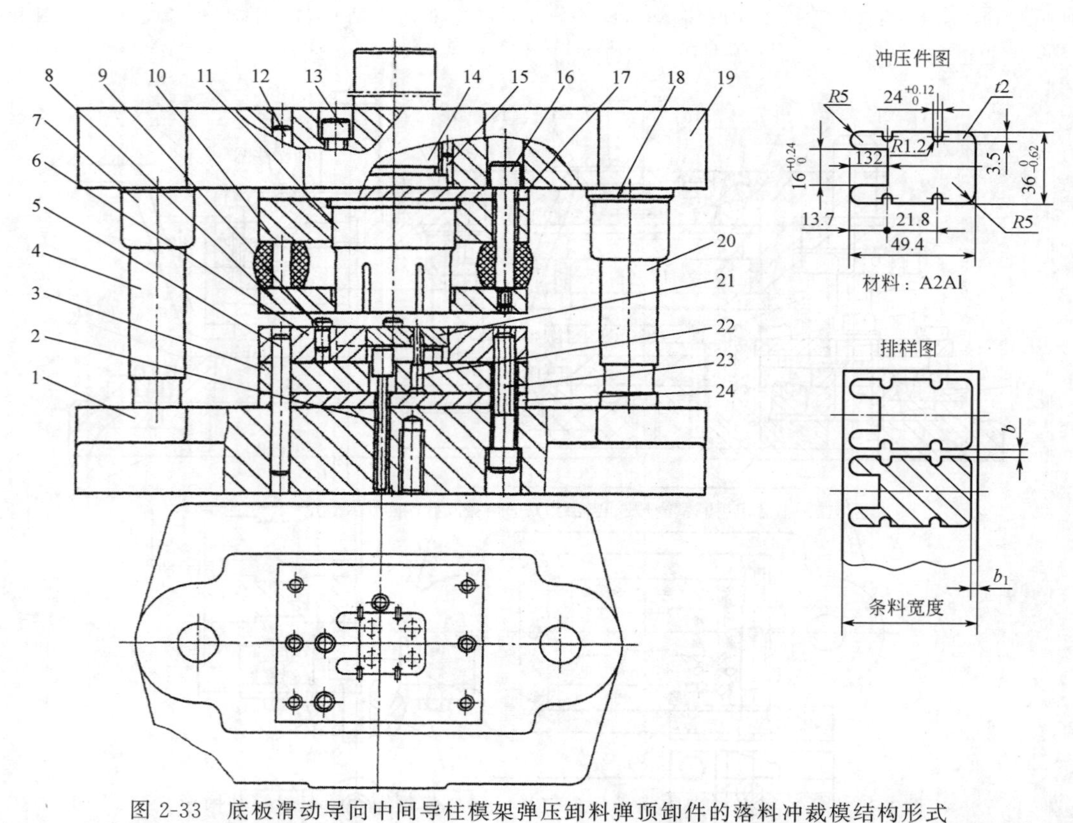

图 2-33　底板滑动导向中间导柱模架弹压卸料弹顶卸件的落料冲裁模结构形式

1—下模座；2—顶杆；3,17,24—垫板；4,20—导柱；5,12,15—销钉；6—凹模；7,18—导套；8—卸料板；9—挡料销；10,16—卸料螺钉；11—凸模；13,16,23—内六角螺钉；14—模柄；19—上模座；21—顶件器；22—切口凸模嵌件

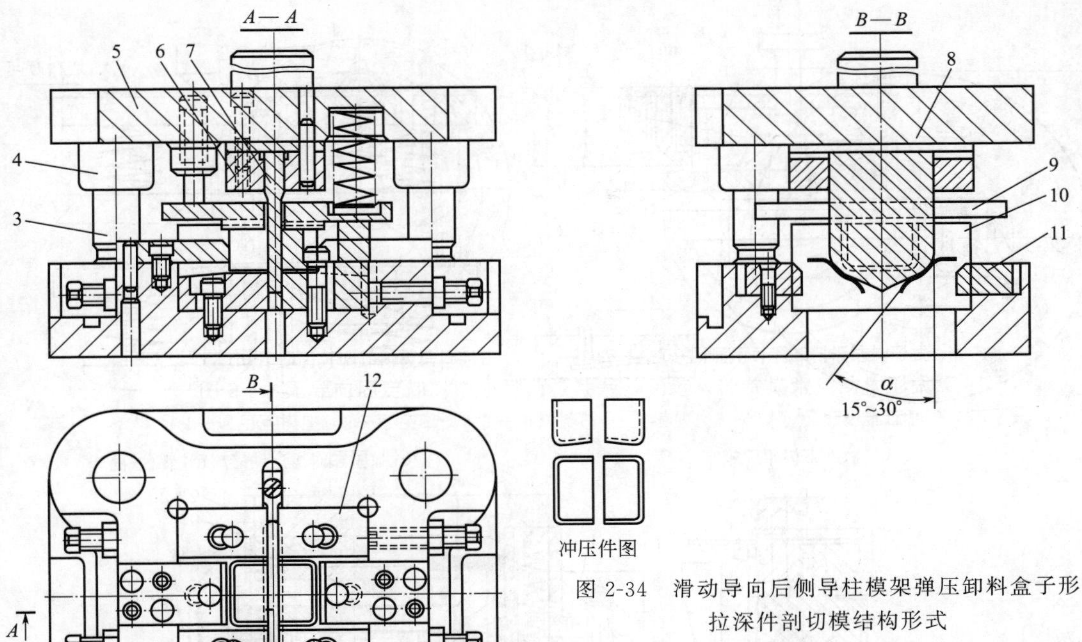

图 2-34　滑动导向后侧导柱模架弹压卸料盒子形拉深件剖切模结构形式

1,11—凹模夹座；2—下模座；3—导柱；4—导套；5—上模座；6—凸模固定板；7—剖切凸模；8—垫板；9—弹压卸料板；10—凹模框；12—可调凸模

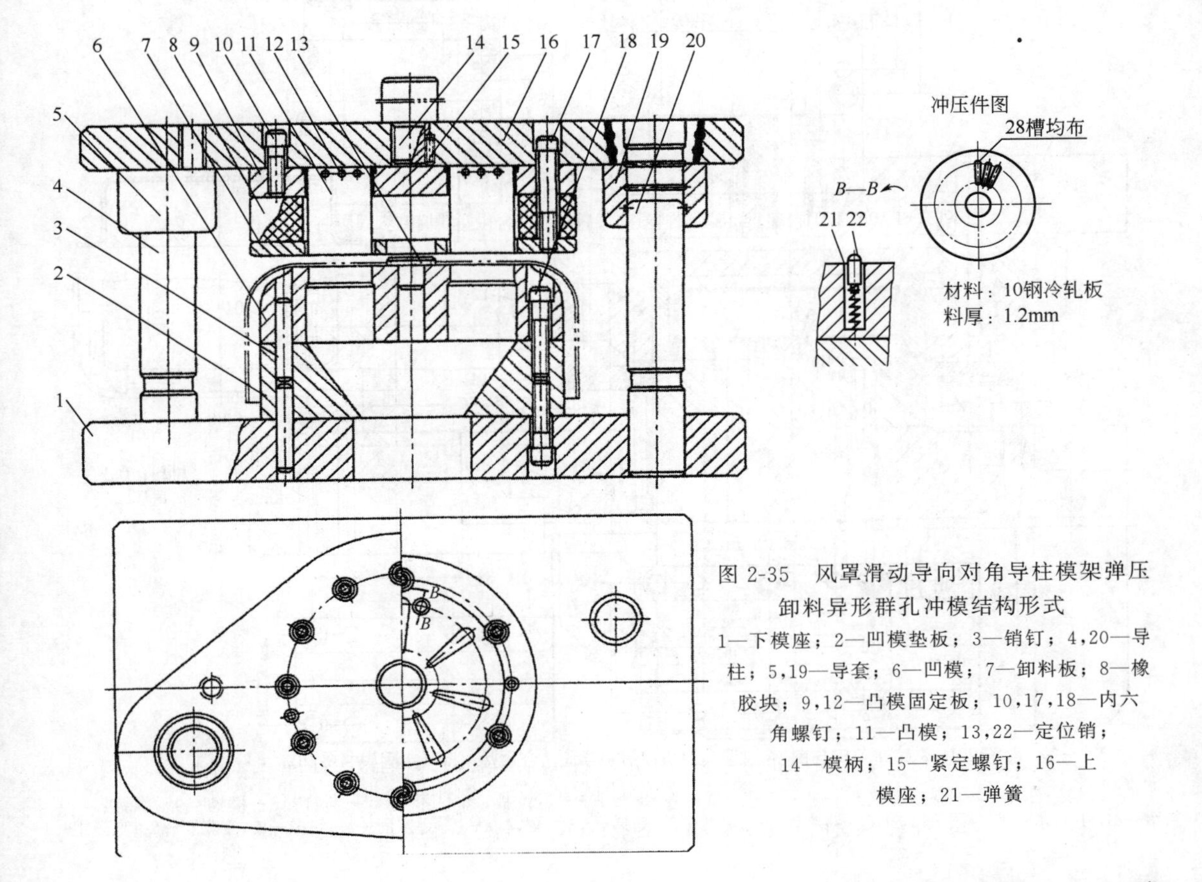

图 2-35　风罩滑动导向对角导柱模架弹压卸料异形群孔冲模结构形式

1—下模座；2—凹模垫板；3—销钉；4,20—导柱；5,19—导套；6—凹模；7—卸料板；8—橡胶块；9,12—凸模固定板；10,17,18—内六角螺钉；11—凸模；13,22—定位销；14—模柄；15—紧定螺钉；16—上模座；21—弹簧

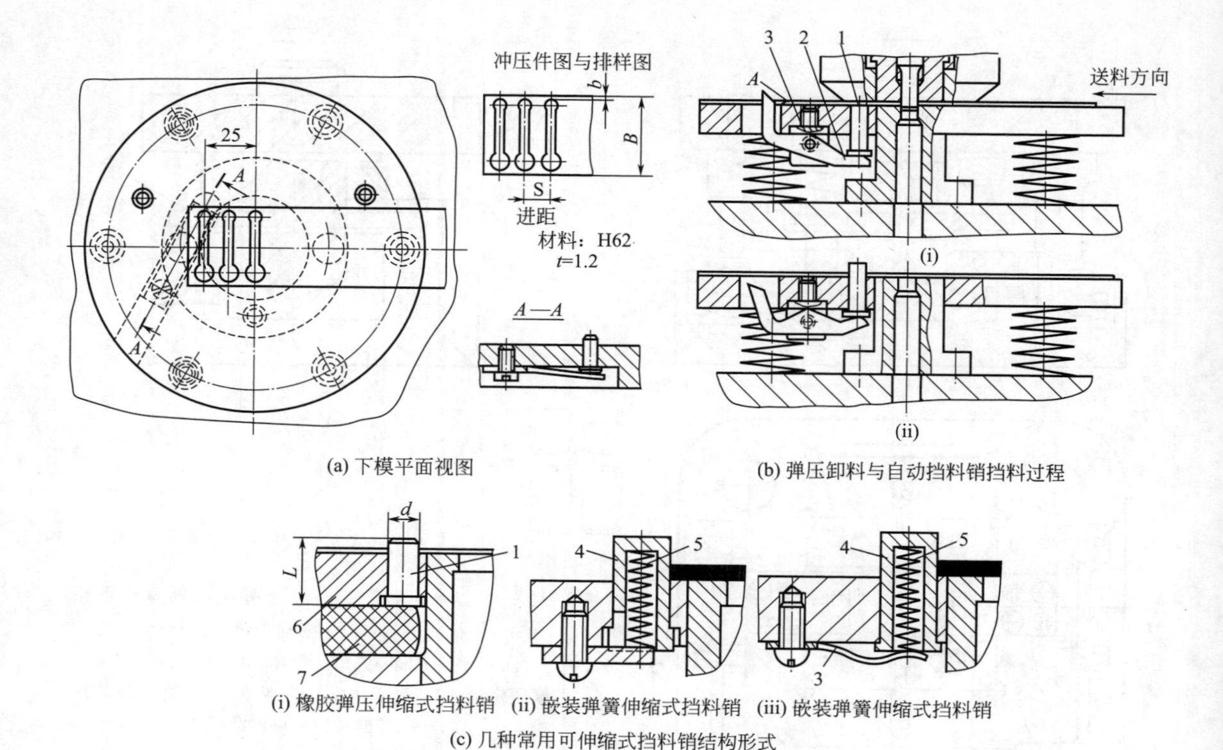

图 2-36　表芯拉杆滑动导向导柱模架弹压卸料用自动挡料销的单工序落料冲裁模

1—挡料销；2—杠杆；3—吊钩；4—罩壳；5—弹簧；6—卸料板；7—橡胶体

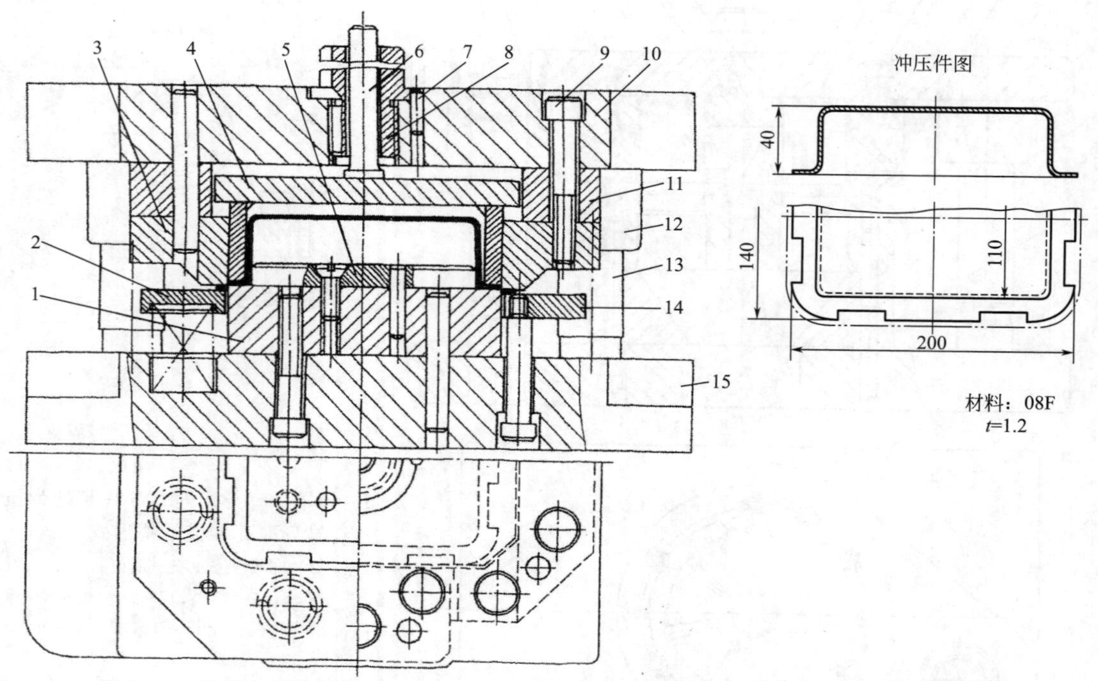

图 2-37　矩形盒子拉深件花边凸缘切边用滑动导向后侧导柱模架拉深件单工序切边模

1—切边凹模；2—弹压卸料板；3—切边凸模；4—推板；5—定位板；6—顶杆；7—销钉；8—模柄；9—螺钉；10—上模座；11—空心垫板；12—导套；13—导柱；14—卸料板；15—下模座

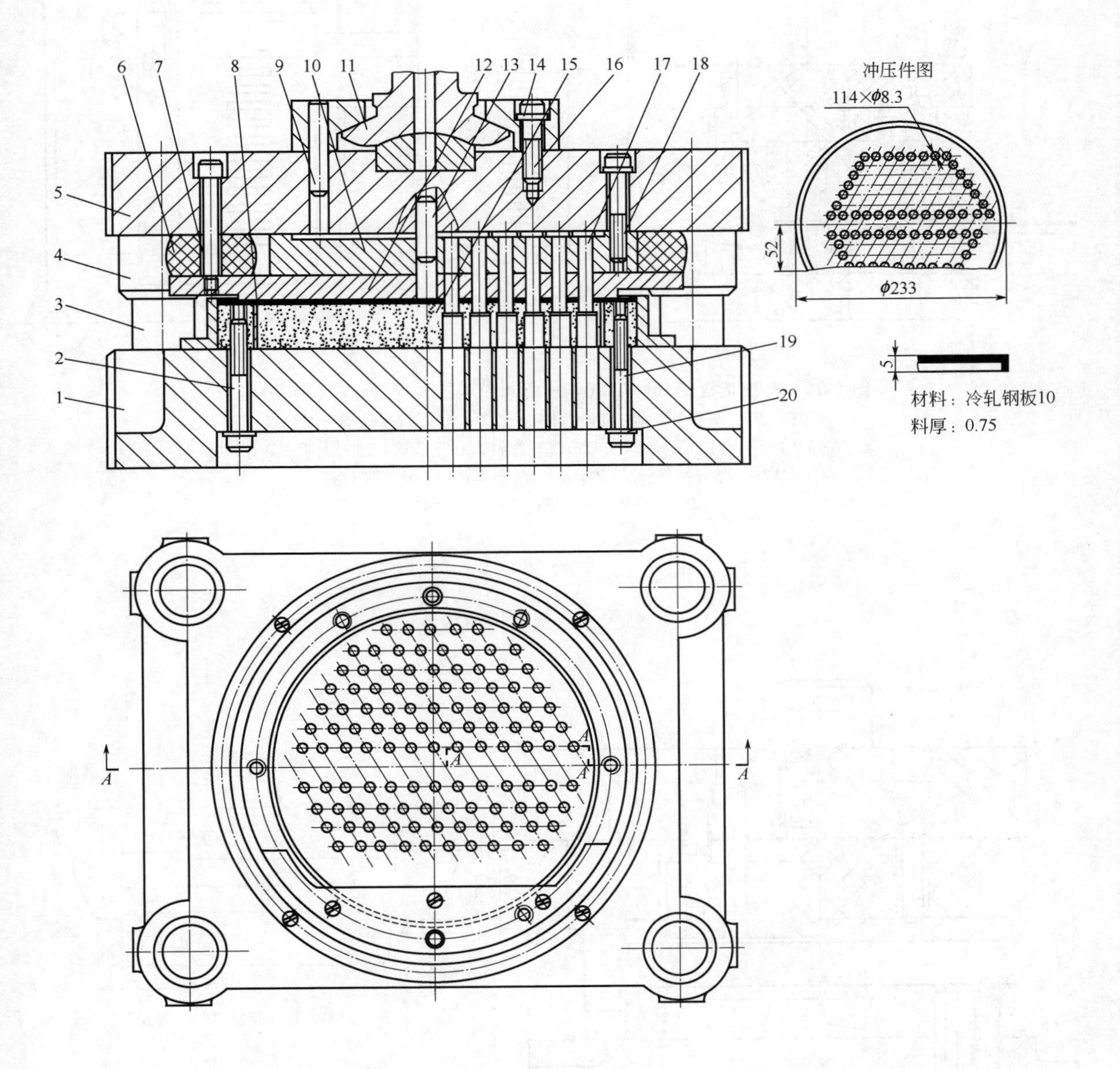

图 2-38　过滤罩锌基合金滑动导向四导柱模架弹压卸料群孔冲模

1—下模座；2,16,18,19—螺钉；3—导柱；4—导套；5—上模座；6—橡胶体；
7—凹模框；8—冲孔工件；9,13—销钉；10—凸模固定板；11—浮动模柄；
12—弹压卸料板；14,20—弹簧垫圈；
15—锌基合金凹模；17—冲孔凸模

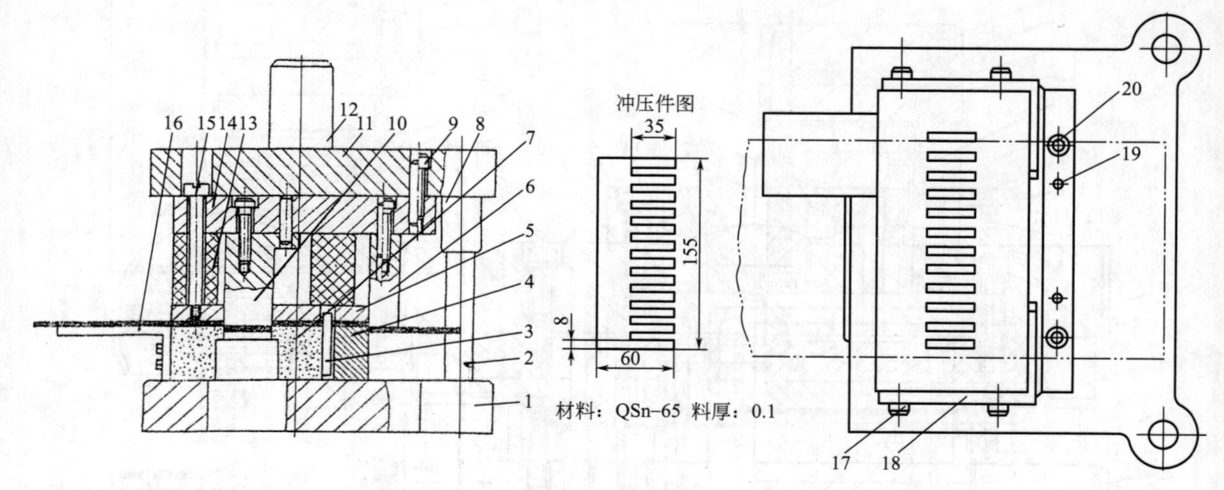

图 2-39　群槽板滑动导向后侧导柱模架弹压卸料锌合金凹模冲槽模

1—下模座；2—导柱；3—定位板；4—下切刀；5—卸料板；6—上切刀；7—锌合金凹模；8—导套；9,17,20—螺钉；10—凸模；11—上模座；12—模柄；13—橡胶体；14—固定板；15—卸料螺钉；16—承料板；18—凹模框；19—销钉

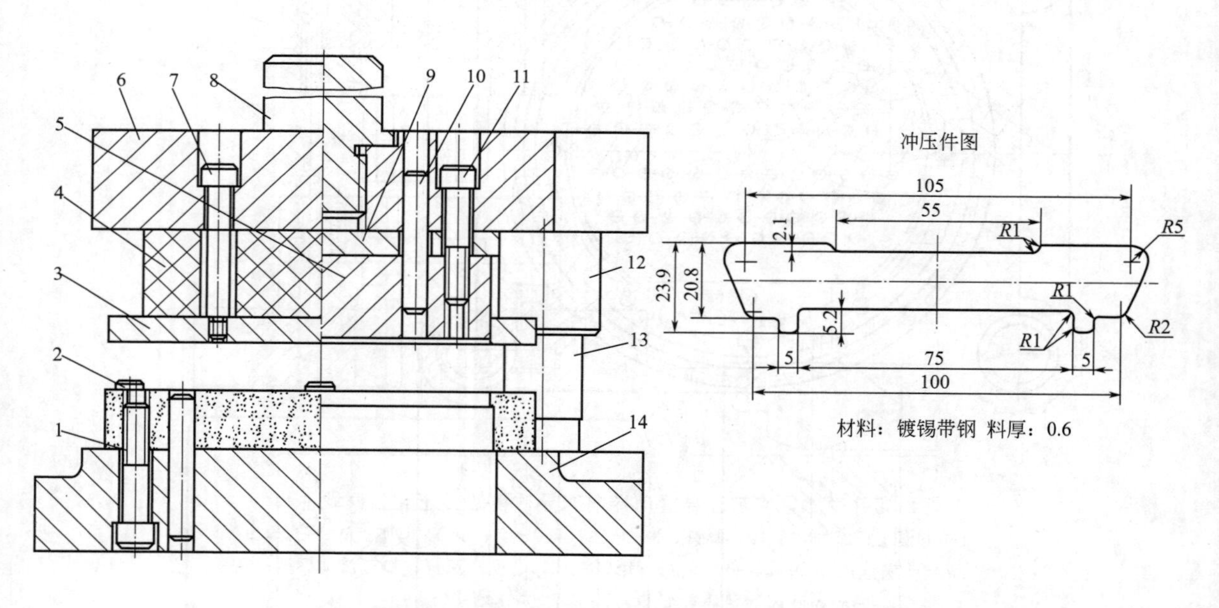

图 2-40　侧板滑动导向后侧导柱模架弹压卸料锌合金凹模落料模

1—锌合金凹模；2—定位销；3—卸料板；4—橡胶体；5—凸模；6—上模座；7,11—螺钉；8—模柄；9—垫板；10—销钉；12—导套；13—导柱；14—下模座

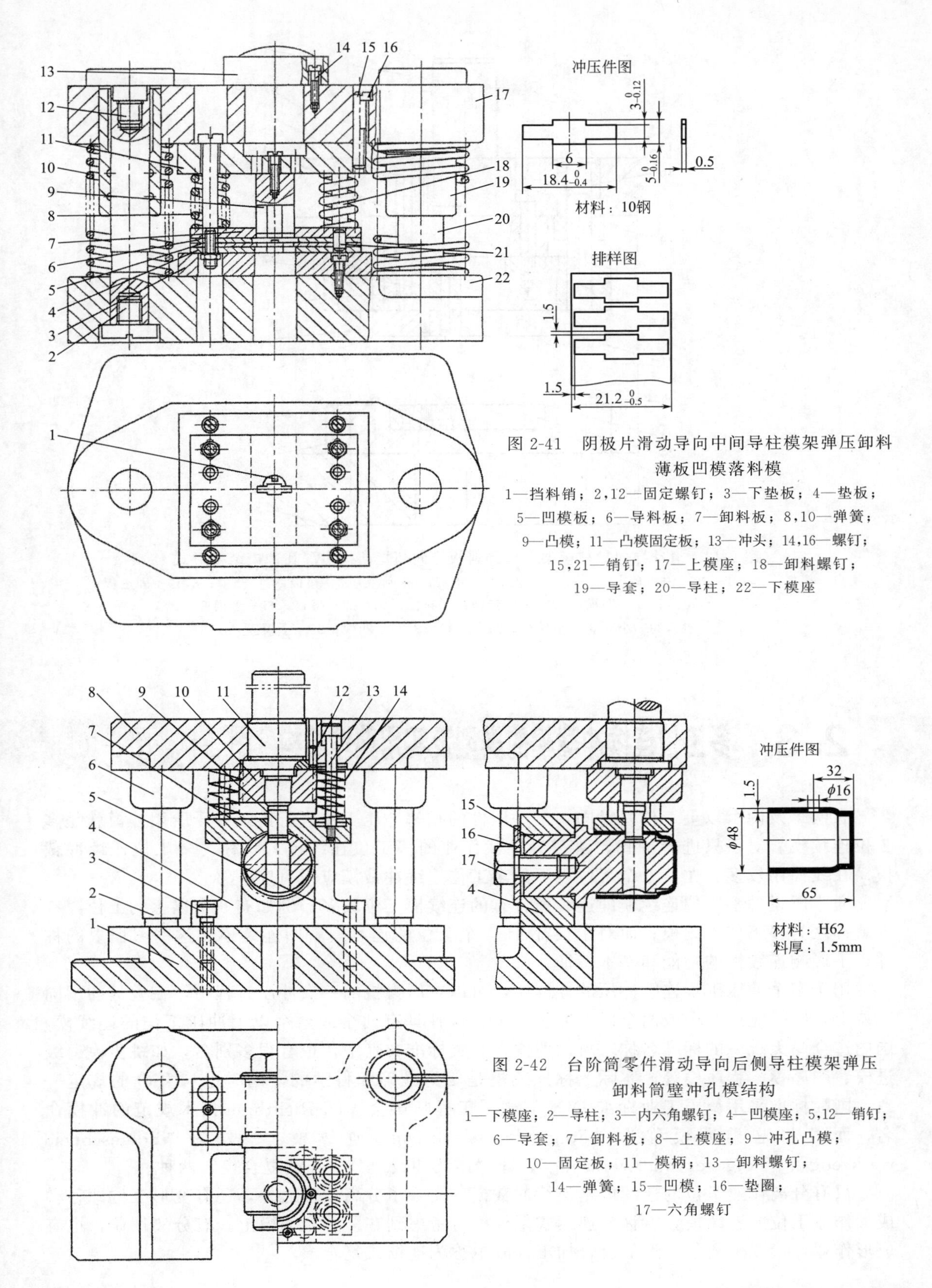

图 2-41　阴极片滑动导向中间导柱模架弹压卸料薄板凹模落料模

1—挡料销；2,12—固定螺钉；3—下垫板；4—垫板；5—凹模板；6—导料板；7—卸料板；8,10—弹簧；9—凸模；11—凸模固定板；13—冲头；14,16—螺钉；15,21—销钉；17—上模座；18—卸料螺钉；19—导套；20—导柱；22—下模座

图 2-42　台阶筒零件滑动导向后侧导柱模架弹压卸料筒壁冲孔模结构

1—下模座；2—导柱；3—内六角螺钉；4—凹模座；5,12—销钉；6—导套；7—卸料板；8—上模座；9—冲孔凸模；10—固定板；11—模柄；13—卸料螺钉；14—弹簧；15—凹模；16—垫圈；17—六角螺钉

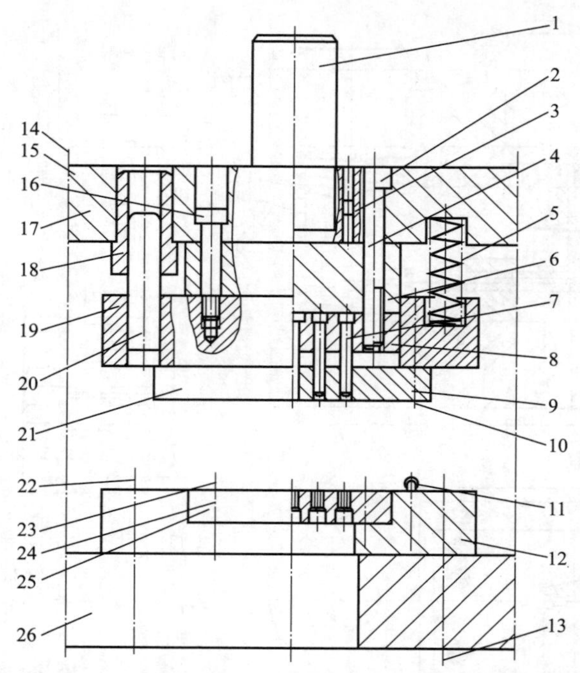

图 2-43 滑动导向导柱模架弹压卸料板导向超短凸模多深孔冲模结构形式

1—模柄；2,9,13,23—内六角螺钉；3,4,10,22,24—销钉；5—弹簧；6—垫板；7—凸模；8,19—固定板；11—定位销；12—凹模座；14—导套；15—导柱；16—卸料螺钉；17—上模座；18,20—小导套、小导柱；21—卸料板；25—凹模；26—下模座

2.3 多工位连续冲裁模的类型及实用典型结构（图 2-44～图 2-101）

有两个及两个以上工位并对同一个冲压件的相邻冲压工步进行连续冲压所用冲模就是多工位连续模。对于只进行冲孔、落料等冲裁作业的多工位连续模，就称为多工位连续冲裁模。在线使用较多，尤其 5 个工位以下的多工位连续冲裁模应用更广。

通常所说的多工位连续模即连续模。有的连续模工位较多，例如有 5 个以上的工位，有人就称之为多工位连续模；而对于只有 2～4 个工位的连续模就叫连续模。这些习惯上的称呼，不影响连续模的功能和基本特征。

用于多个冲压工步连续冲压的连续模，可以在压力机的一次冲压行程中，在模具的不同工位上，同时完成两个或两个以上冲压工步。这种具有两个或两个以上冲压工位的连续模，国内迄今尚无统一的标准名称，所以即便在有关标准文献中，也有很多别名，如跳步模、级进模、顺序模、程序模等。实际上称连续模是较为准确和科学的，同时也与 ISO 的规定一致。国际标准采用德国工业标准 DIN 与德国工程师协会 VDI-Richtlinie 技术规范的冲模命名，而其将这类冲模称为“Folgeschnittwerkzeug”连续模，并分为“Folgeschneid werkzeug”、“Folgeverbund werkzeug”，即“连续冲裁模”、“连续复合模”两种。

只有分离作业工位的连续模是连续冲裁模。而除了分离工位之外，还有变形工位即各种成形作业工位的连续模，就称为连续式复合模。考虑到在同一套冲模上，有分离作业，也有成形作业，形成分离与变形的复合加工，故也称为连续式复合模。

与单工序冲裁模的分类方法相同、类型相近，多工位连续冲裁模也分为无导向装置和有导向装置的两大类，以采用滑动导向导柱模架的多工位连续冲裁模较多。

采用弹压导板的冲模是通常所说的导板式冲模的一种，即弹压卸料导板式冲模，通称弹压导板冲模。其配用模架多数为滑动导向导柱模架，为冲制超薄料高精度冲压件，专门配用滚动导向滚珠导柱模架。这种冲模的典型结构组合，早在20世纪80年代初国内宣贯的有史以来第一套冷冲模成套标准中，就纳入了这种结构冲模的典型结构组合，即：GB/T 2874.3～4—1981冷冲模导板模典型组合——弹压纵向送料典型组合和弹压横向送料典型组合，在1995年调整为机械行业标准JB/T 8068.3～4—1995，见图2-86(a)、(b)。经过数十年的宣贯，在这种冲模的典型组合的基础上，又有了较大的扩展和创新，从而派生和发展出图3-19所示六种不同的结构形式，克服和弥补图2-86(a)和图2-86(b)所示典型结构凹模周界过小且可安装冲裁模凹模尺寸有限，模具整体结构刚度不良，抗偏载能力弱等不足和缺点。目前国内多数高精度、高寿命、高效率的冲模，通称“三高”冲模，都采用这类结构形式，以便于冲裁各种已知的精冲方法不能加工的0.01～0.5mm的金属箔材料和高新技术产品零件常用的关键材料——廉价金属复合箔材的精密冲裁加工，如金-铜、银-铜等高导电性、高耐候性复合箔材开关触点、集成线路板、专用高灵敏度电传开关零件的生产。迄今，料厚$t\leqslant 0.5$mm的超薄金属箔材及贵金属、稀有金属以及具有特种物理功能金属作为覆层，廉价金属作为基层的二元、多元复合箔材冲制的高清冲裁件，都采用这种结构的冲模。以下是在线生产中使用的这类冲模的实用典型结构形式，具有较好的参考价值。

2.3.1 无导向多工位连续冲裁模实用典型结构（图2-44～图2-48）

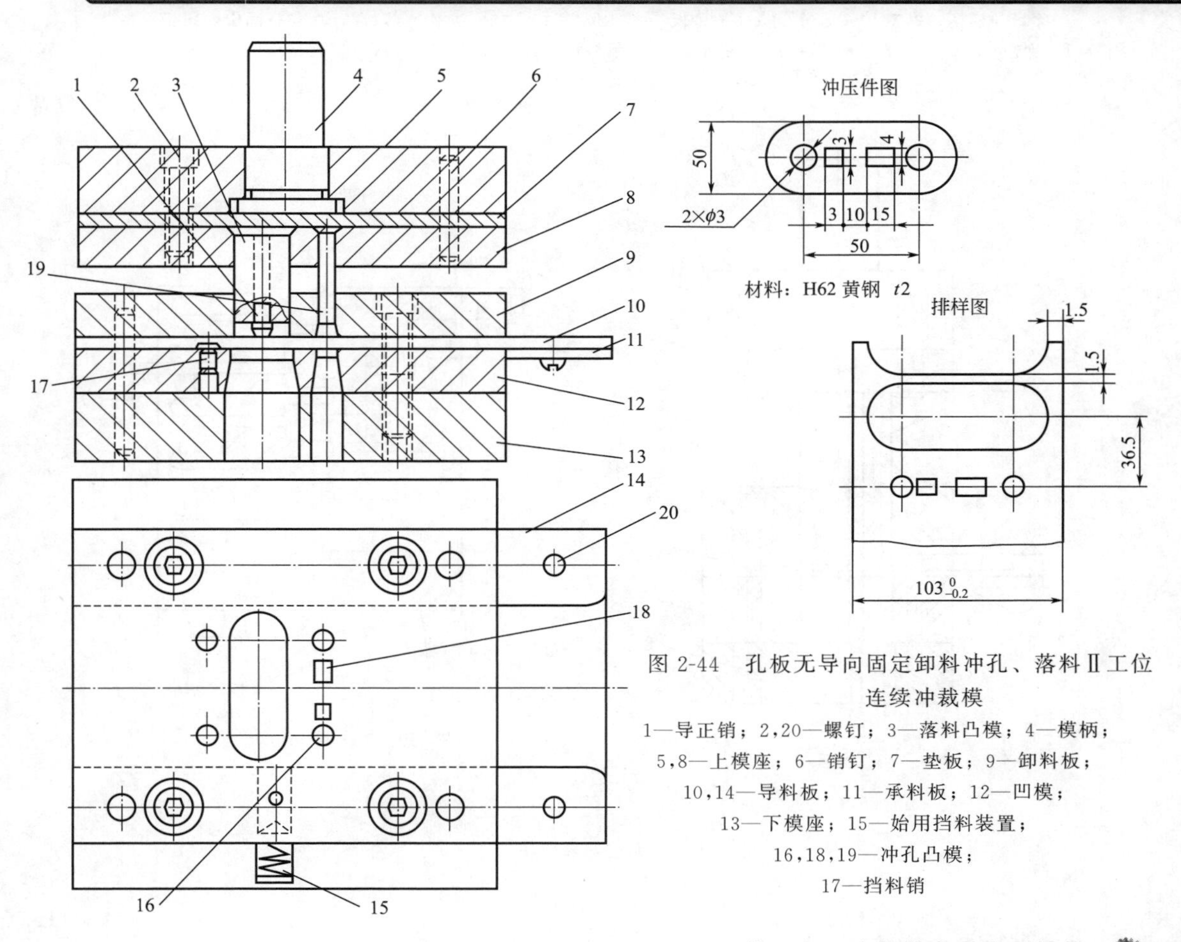

图2-44　孔板无导向固定卸料冲孔、落料Ⅱ工位连续冲裁模

1—导正销；2,20—螺钉；3—落料凸模；4—模柄；5,8—上模座；6—销钉；7—垫板；9—卸料板；10,14—导料板；11—承料板；12—凹模；13—下模座；15—始用挡料装置；16,18,19—冲孔凸模；17—挡料销

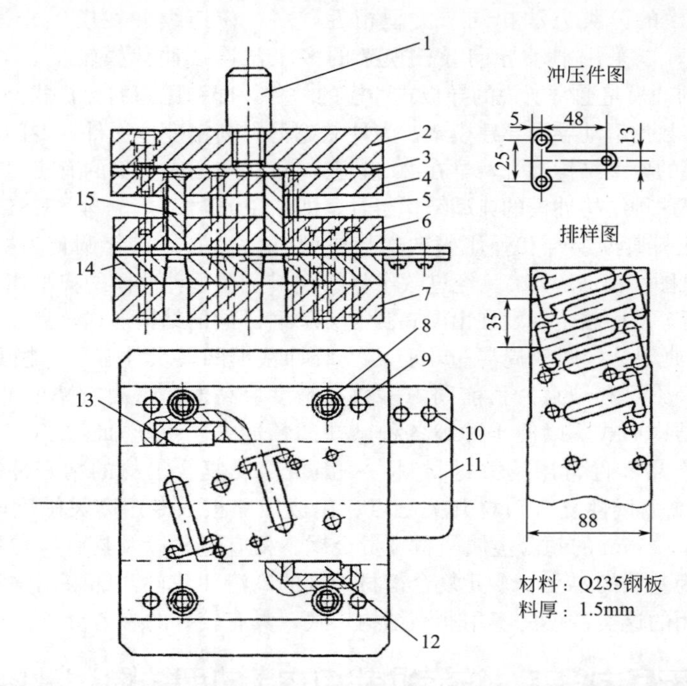

图 2-45　T形片无导向固定卸料冲孔、落料多工位连续冲裁模

1—模柄；2,7—上、下模座；3—垫板；4—固定板；5,15—冲孔、落料凸模；6—固定卸料板；8,10—螺钉；9—销钉；11—承料板；12,13—矩形侧刃；14—凹模

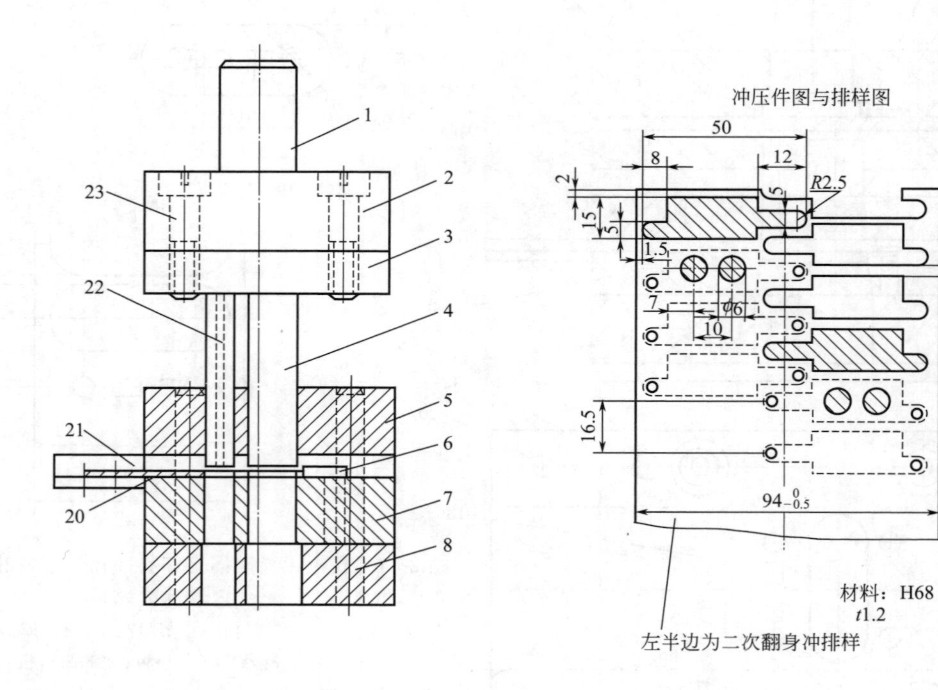

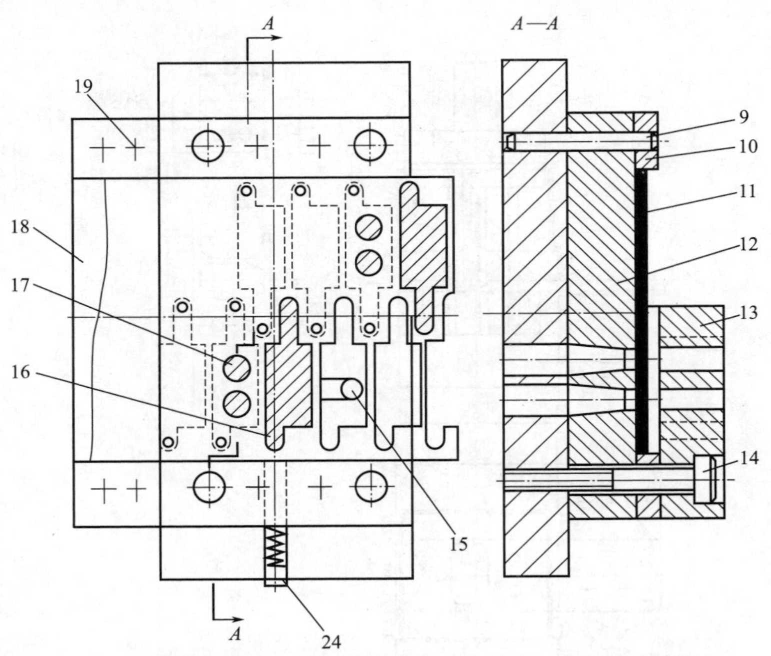

图 2-46　侧壁无导向固定卸料冲孔、落料Ⅱ工位连续冲裁模

1—模柄；2—上模座；3—固定板；4,16—落料凸模；5—导板；6,15—挡料销；7,12—凹模；8—下模座；9—销钉；10,21—导料板；11—冲压材料；13—卸料板；14,19,23—螺钉；17,22—冲孔凸模；18,20—承料板；24—始用挡料销

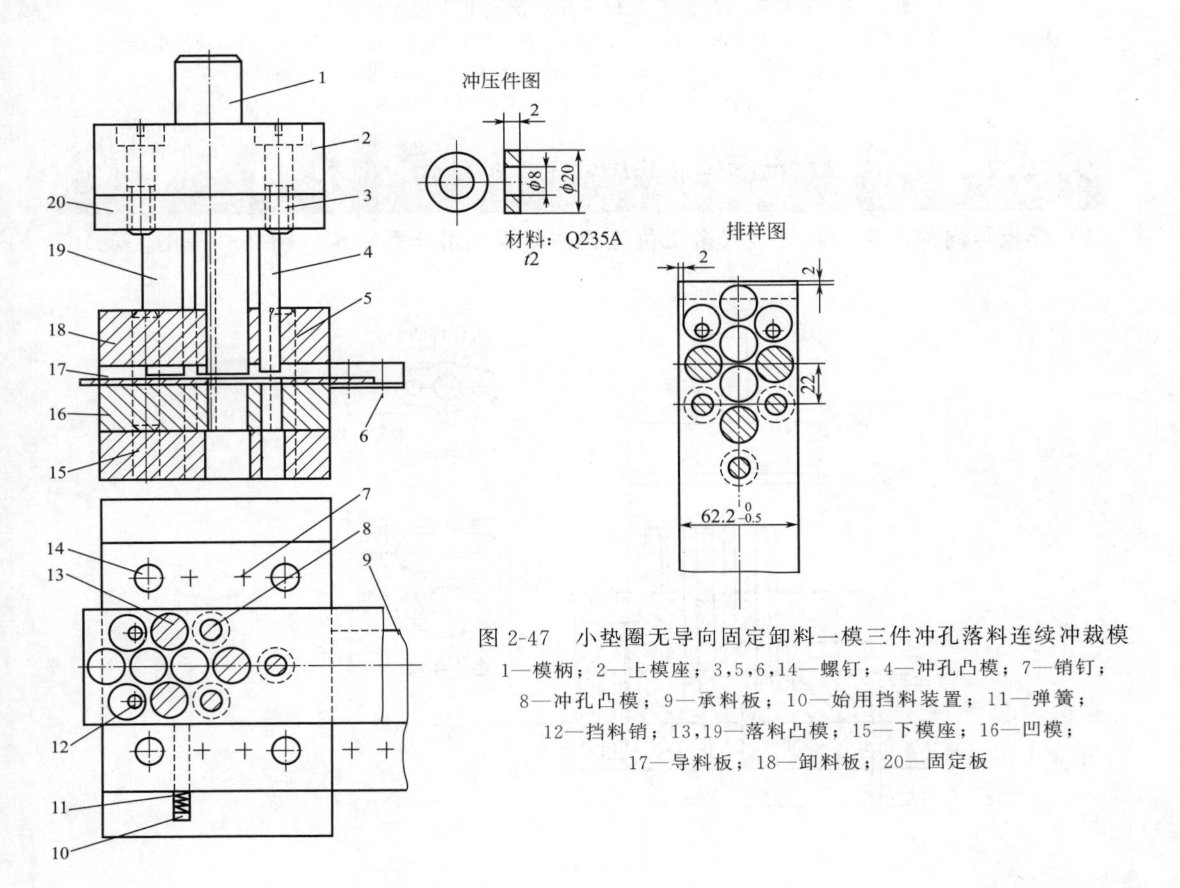

图 2-47　小垫圈无导向固定卸料一模三件冲孔落料连续冲裁模

1—模柄；2—上模座；3,5,6,14—螺钉；4—冲孔凸模；7—销钉；8—冲孔凸模；9—承料板；10—始用挡料装置；11—弹簧；12—挡料销；13,19—落料凸模；15—下模座；16—凹模；17—导料板；18—卸料板；20—固定板

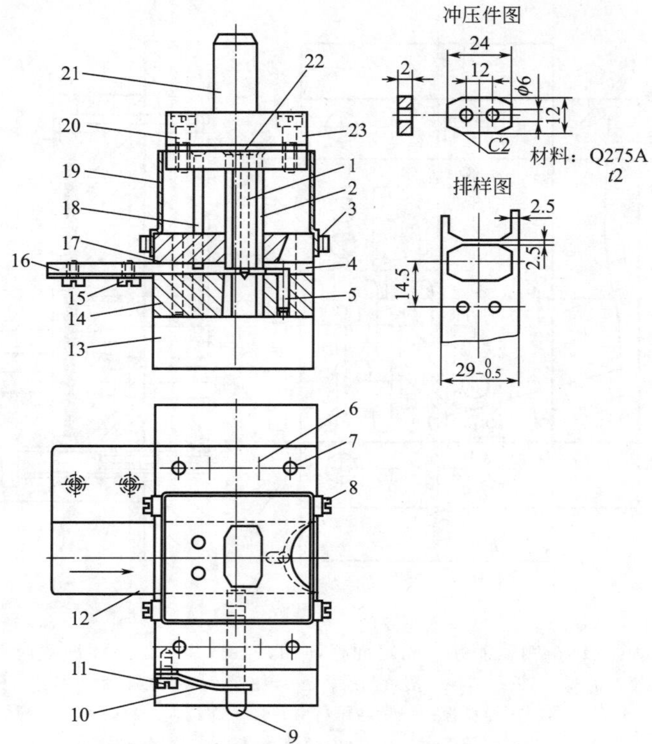

图 2-48 底板无导向固定卸料冲孔、落料Ⅱ工位连续冲裁模

1—导正销；2—落料凸模；3,19—防护栅；4,16—导料板；5—挡料销；6—销钉；7,8,11,15,20—螺钉；9—始用挡料装置；10—片簧；12—承料板；13—下模座；14—凹模；17—卸料板；18—冲孔凸模；21—模柄；22—垫板；23—上模座

2.3.2 有导向多工位连续冲裁模实用典型结构（图 2-49～图 2-114）

(1) 导板导向的固定卸料导板式多工位连续冲裁模实用典型结构（图 2-49～图 2-53）

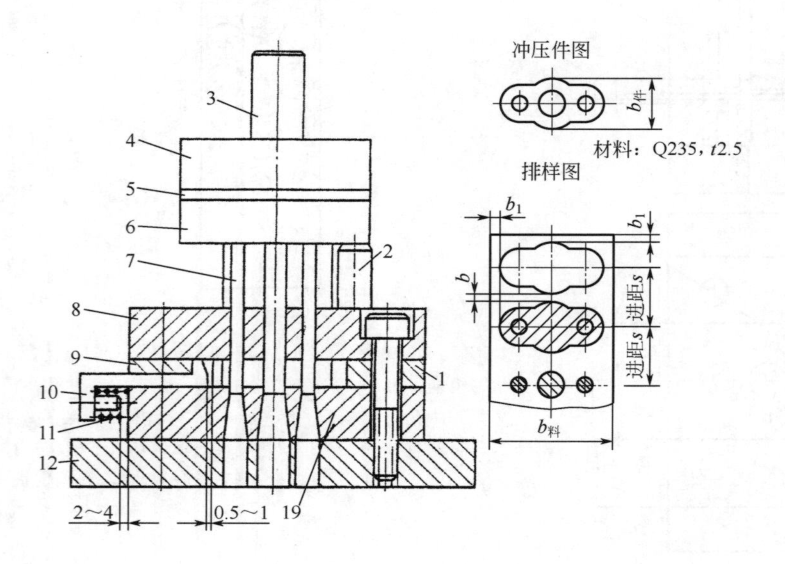

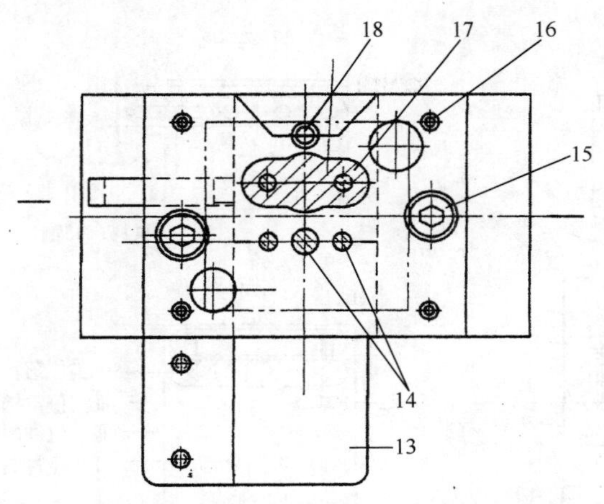

图 2-49 链板固定卸料导板式冲孔、落料Ⅱ工位连续冲裁模实用的典型结构形式

1,9—导料板；2—限位柱；3—模柄；4—上模座；5—垫板；6—固定板；7,14—冲孔凸模；8—导板；10—始用挡料装置；11—弹簧；12—下模座；13—承料板；15—螺钉；16—销钉；17—落料凸模；18—挡料销；19—凹模

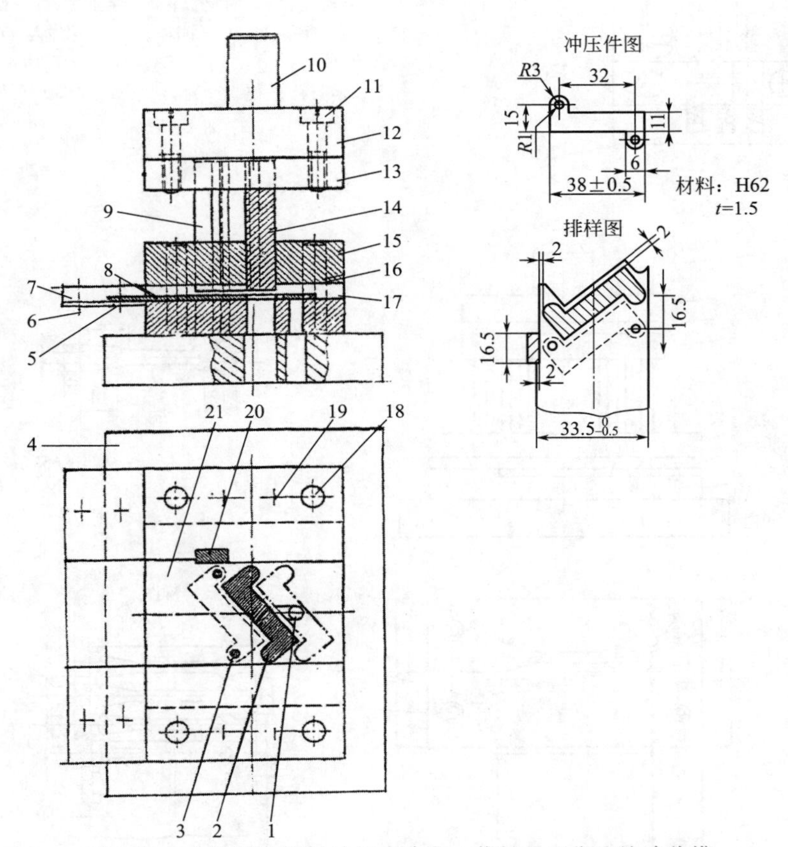

图 2-50 夹板固定卸料导板式冲孔、落料Ⅱ工位连续冲裁模

1—挡料销；2,14—落料凸模；3—冲孔凸模；4—下模座；5—承料板；6,11,18,19—螺钉；7,17—导料板；8—原材料；9,20—侧刃；10—模柄；12—上模座；13—固定板；15—导板；16—销钉；21—凹模

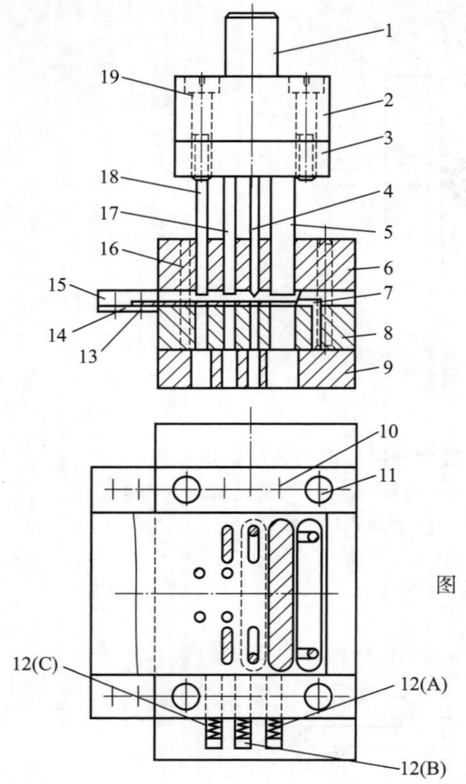

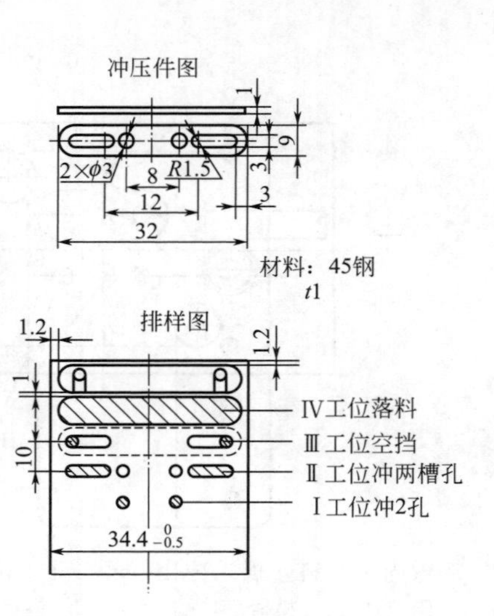

图 2-51　连板固定卸料导板式冲孔、冲槽、落料Ⅳ工位连续冲裁模

1—模柄；2—上模座；3—固定板；4—导正销；5—落料凸模；6,16—导板；7—挡料销；8—凹模；9—下模座；10—销钉；11,13,19—螺钉；12（A）、（B）、（C）—始用挡料装置；14—承料板；15—导料板；17—冲槽孔凸模；18—冲孔凸模

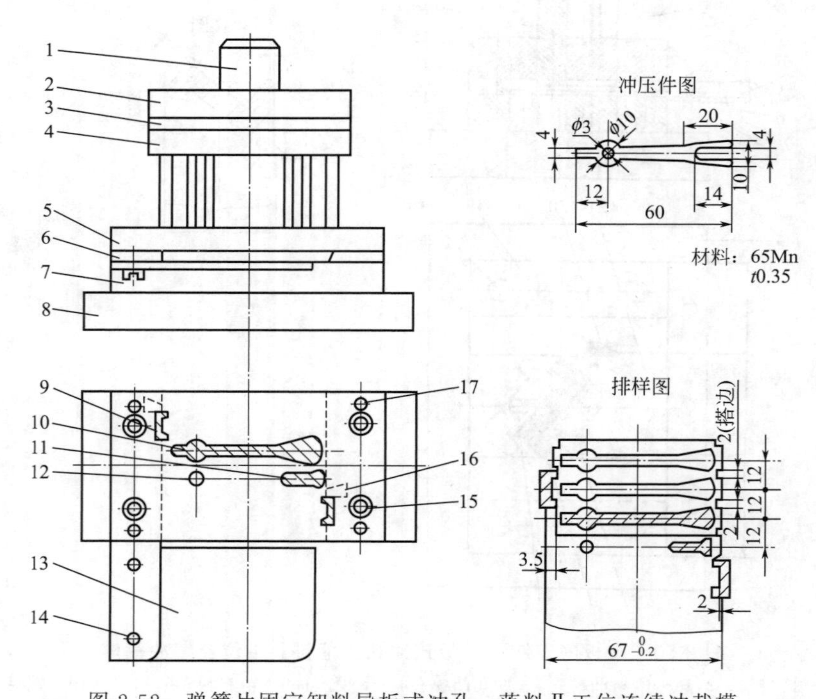

图 2-52　弹簧片固定卸料导板式冲孔、落料Ⅱ工位连续冲裁模

1—模柄；2—上模座；3—垫板；4—固定板；5—导板；6—导料板；7—凹模；8—下模座；9—侧刃；10—落料凸模；11—冲槽凸模；12—冲孔凸模；13—承料板；14,15—螺钉；16—侧刃挡块；17—销钉

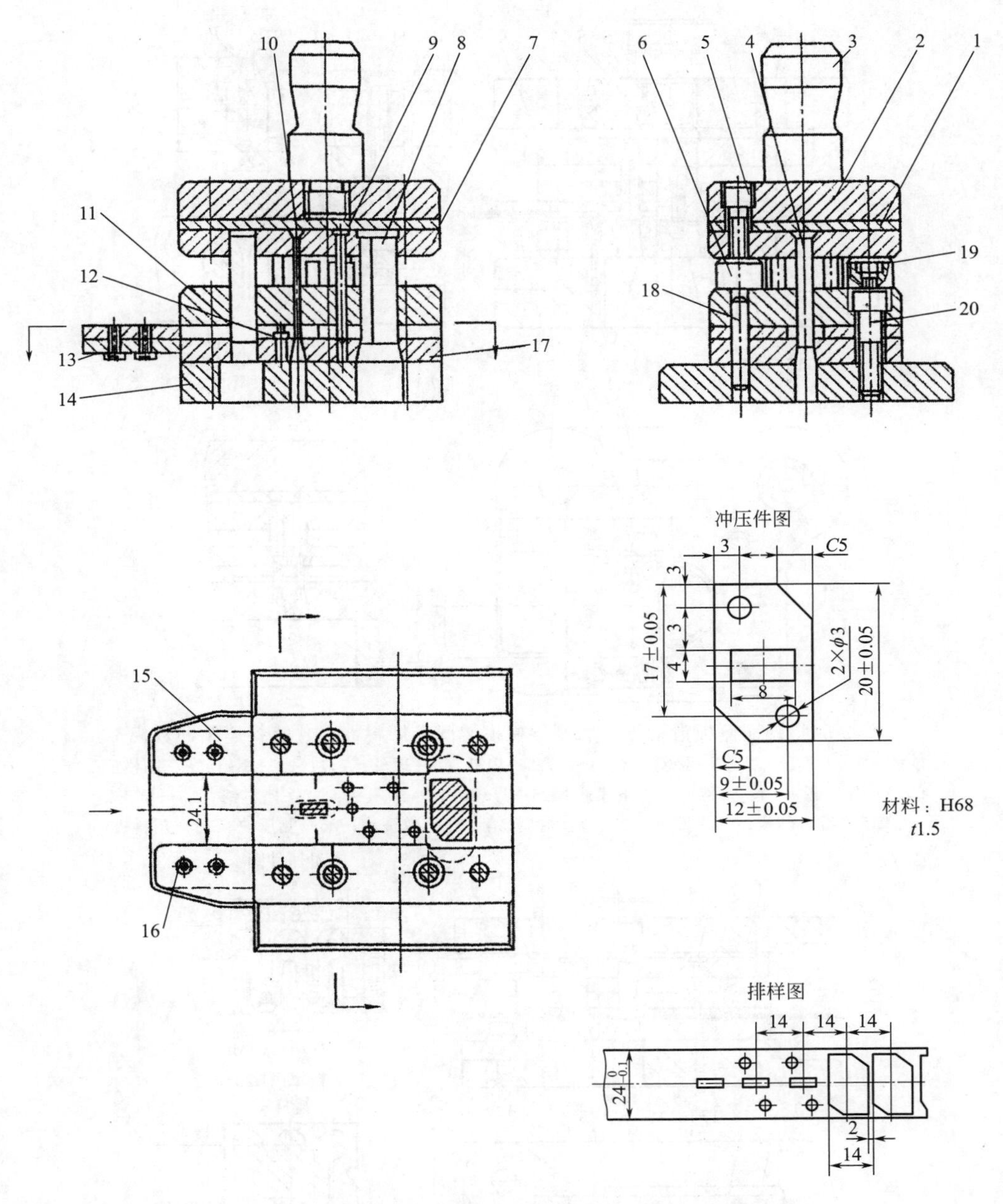

图 2-53　底板固定卸料导板式冲孔、落料Ⅳ工位连续冲裁模

1—垫板；2—上模座；3—模柄；4，9—冲矩孔凸模；5，13，16，20—螺钉；6，19—限位柱；7—固定板；8—落料凸模；10—冲孔凸模；11—导板；12—定位销；14—下模座；15—导料板；17—凸模；18—销钉

(2) 导柱导向的滑动导向导柱模架固定卸料多工位连续冲裁模（图 2-53～图 2-68）

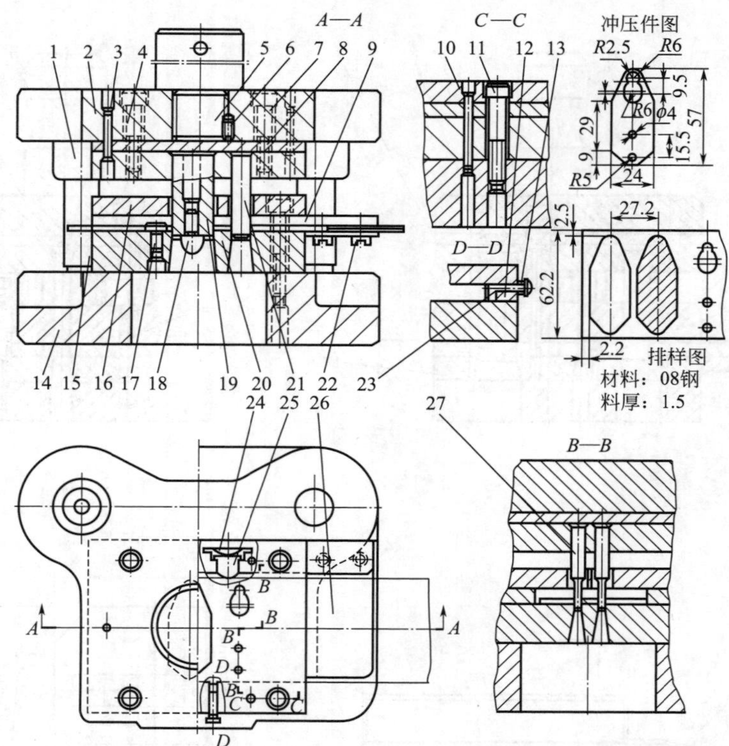

图 2-54 锁面侧板滑动导向后侧导柱模架固定卸料冲孔、落料连续冲裁模

1—导套；2—上模座；3，10—销钉；4—垫板；5—模柄；6—顶丝；7，11，22—螺钉；8—凸模固定板；9，12—导料板；13—弹簧；14—下模座；15—导柱；16—卸料板；17—挡料销；18—导正销；19，21，27—凸模；20—凹模；23—临时挡料销；24—弹簧片；25—侧压块；26—托料板

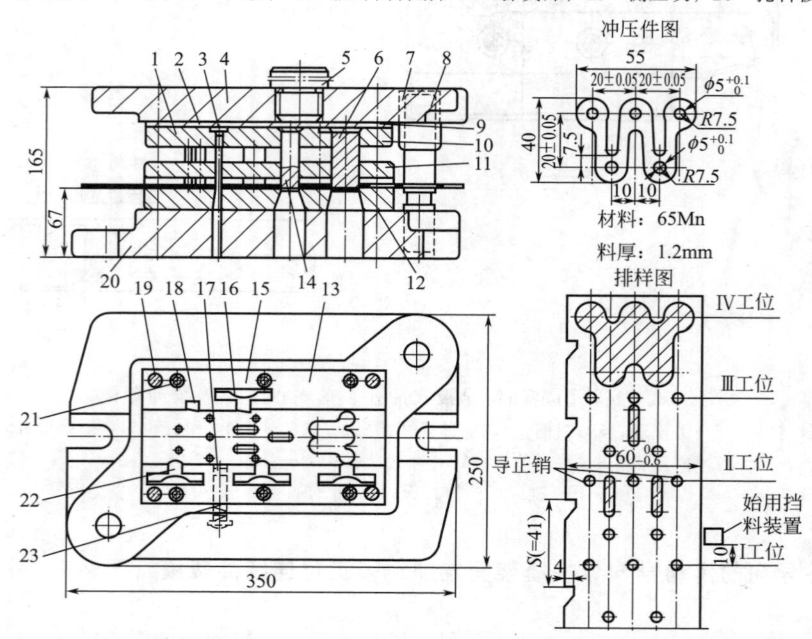

图 2-55 锁垫滑动导向对角导柱模架固定卸料横向送料冲孔、落料Ⅳ工位连续冲裁模

1—固定板；2—垫板；3—冲孔凸模；4—上模座；5—模柄；6—落料凸模；7—卸料板；8—导柱；9—搭边；10—凹模；11—侧刃挡块；12，17，23—始用挡料装置；13，18—侧刃；14，20—下模座；15，22—侧压装置；16—簧片；19—销钉；21—螺钉

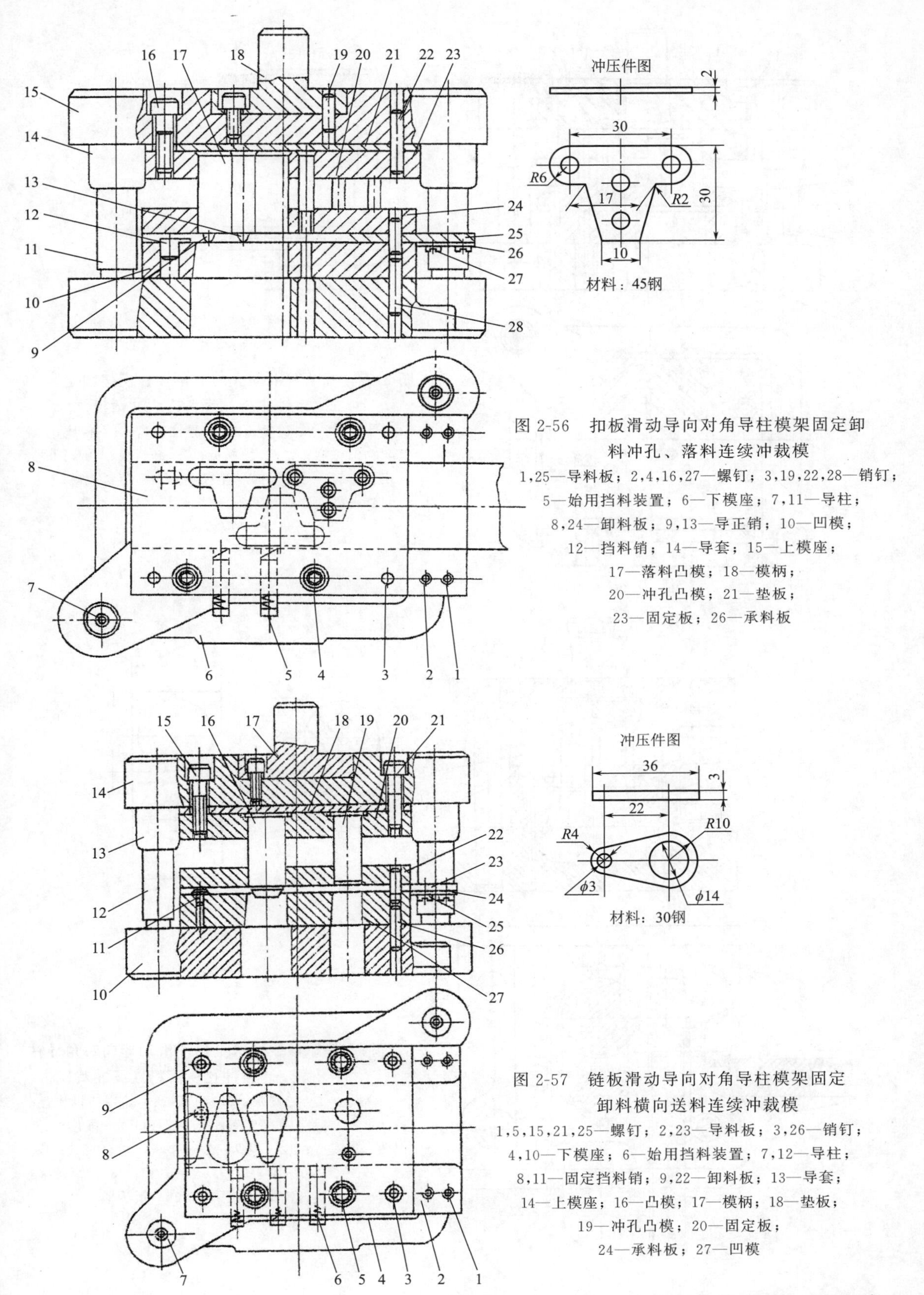

图 2-56　扣板滑动导向对角导柱模架固定卸料冲孔、落料连续冲裁模

1,25—导料板；2,4,16,27—螺钉；3,19,22,28—销钉；5—始用挡料装置；6—下模座；7,11—导柱；8,24—卸料板；9,13—导正销；10—凹模；12—挡料销；14—导套；15—上模座；17—落料凸模；18—模柄；20—冲孔凸模；21—垫板；23—固定板；26—承料板

图 2-57　链板滑动导向对角导柱模架固定卸料横向送料连续冲裁模

1,5,15,21,25—螺钉；2,23—导料板；3,26—销钉；4,10—下模座；6—始用挡料装置；7,12—导柱；8,11—固定挡料销；9,22—卸料板；13—导套；14—上模座；16—凸模；17—模柄；18—垫板；19—冲孔凸模；20—固定板；24—承料板；27—凹模

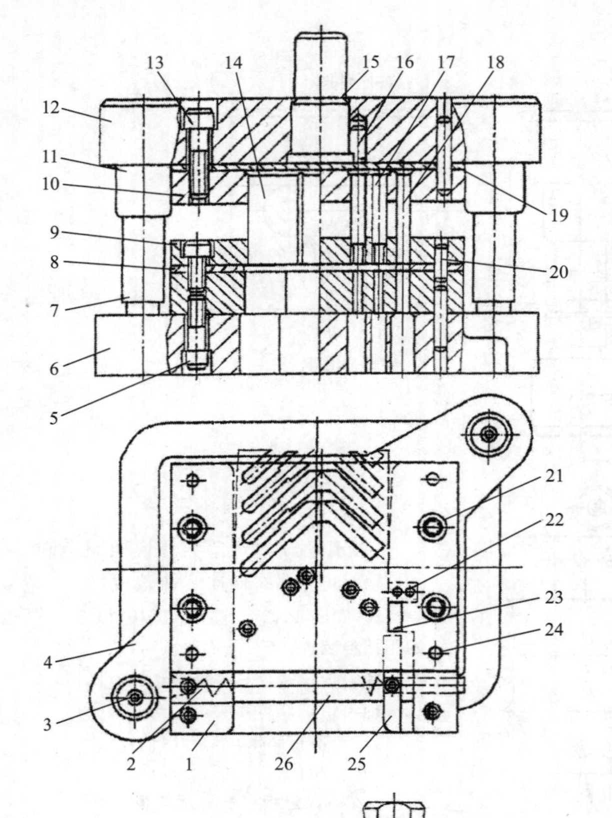

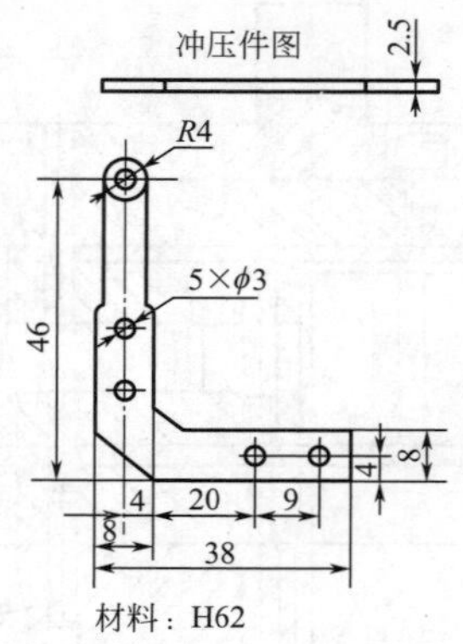

图 2-58　开关臂滑动导向对角导柱模架固定卸料冲孔、落料连续冲裁模

1—导料板；2—弹簧；3,7—导柱；4,6—下模座；5,13,21—螺钉；8—导料板；9—卸料板；10—固定板；11—导套；12—上模座；14—落料凸模；15—模柄；16,20,22,24—销钉；17—冲孔凸模；18,23—侧刃；19—垫板；25—侧压板；26—侧压装置

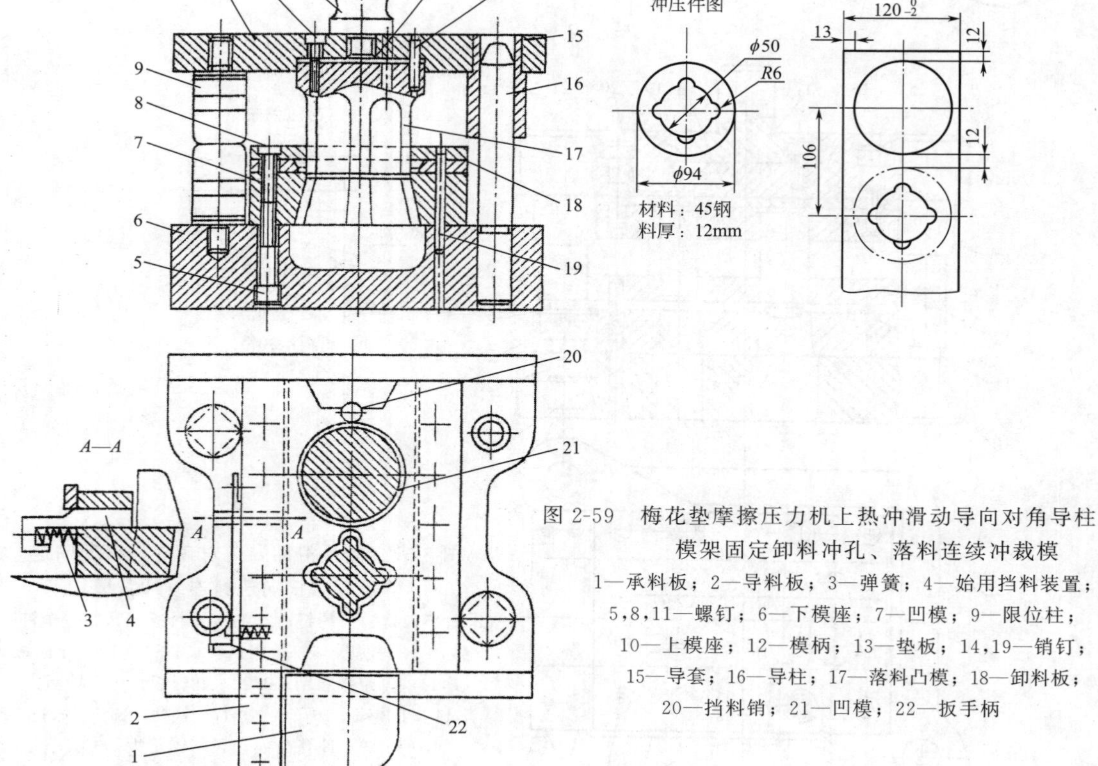

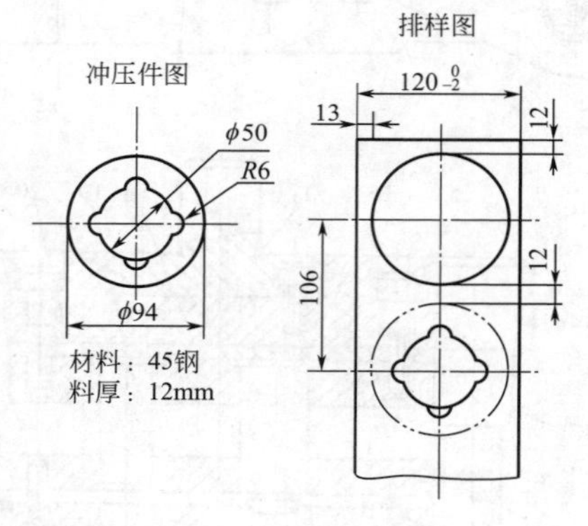

图 2-59　梅花垫摩擦压力机上热冲滑动导向对角导柱模架固定卸料冲孔、落料连续冲裁模

1—承料板；2—导料板；3—弹簧；4—始用挡料装置；5,8,11—螺钉；6—下模座；7—凹模；9—限位柱；10—上模座；12—模柄；13—垫板；14,19—销钉；15—导套；16—导柱；17—落料凸模；18—卸料板；20—挡料销；21—凹模；22—扳手柄

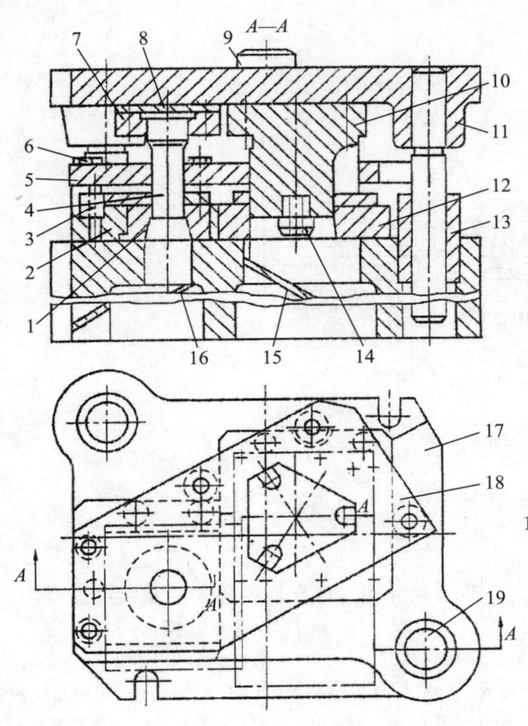

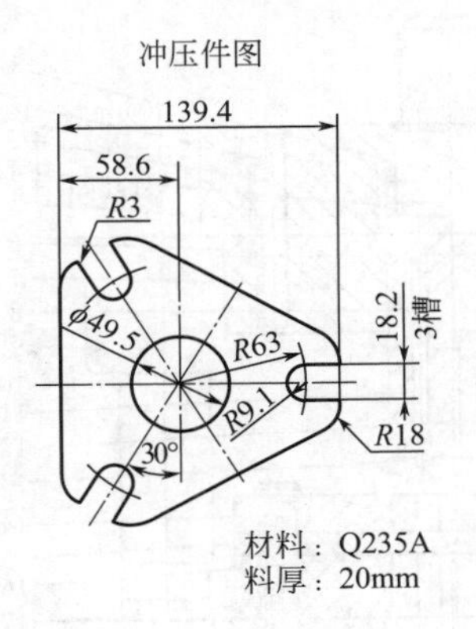

图 2-60　法兰热冲滑动导向对角导柱模架固定卸料冲孔、落料连续冲裁模

1,12—凹模；2—凹模框；3—定位器；4—冲孔凸模；5—卸料板；6—螺钉；7—固定板；8—垫板；9—模柄；10—落料凸模；11—上模座；13—导套；14—导正销；15—废料滑板；16—冲件滑板；17—下模座；18—两工位共用卸料板；19—导柱

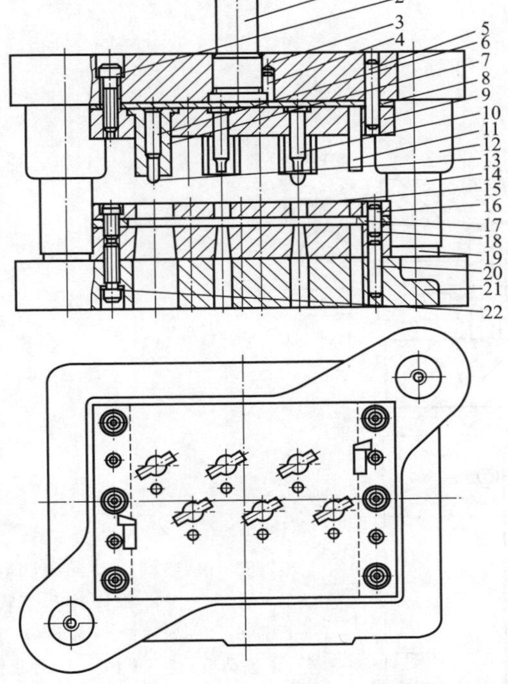

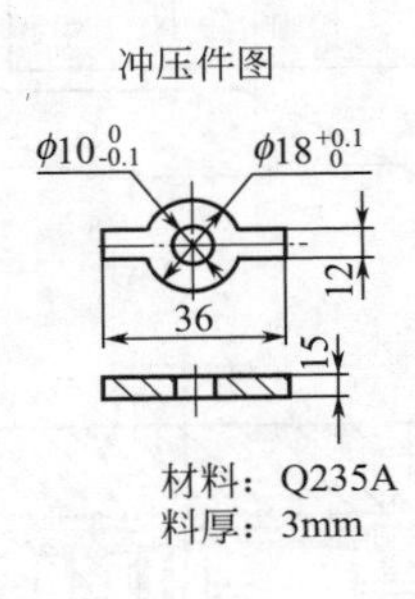

图 2-61　叶片滑动导向对角导柱模架多列参错排样固定卸料冲孔、落料连续冲裁模

1—模柄；2,22—螺钉；3—上模座；4,5,16,20—销钉；6—顶柱；7—落料凸模；8—垫板；9—固定板；10—冲孔凸模；11—侧刃；12—导套；13—导正销；14—导柱；15—卸料板；17—导料板；18—凹模；19—导柱；21—下模座

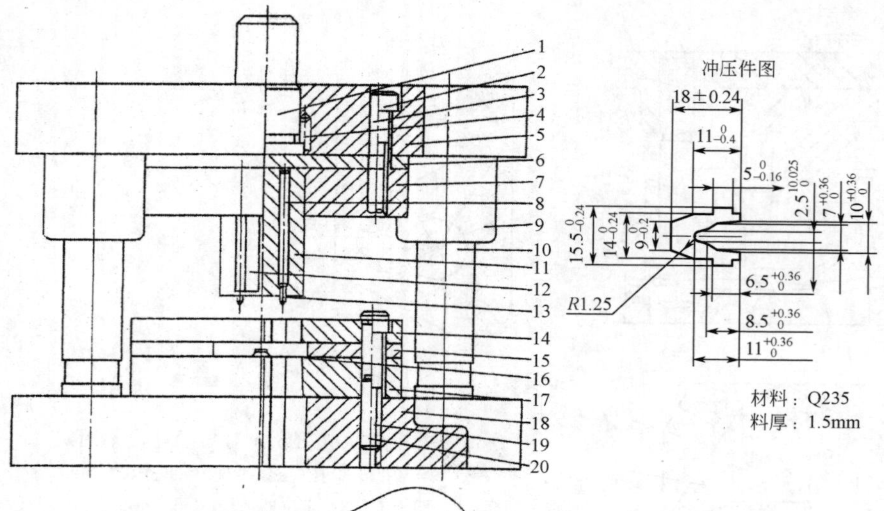

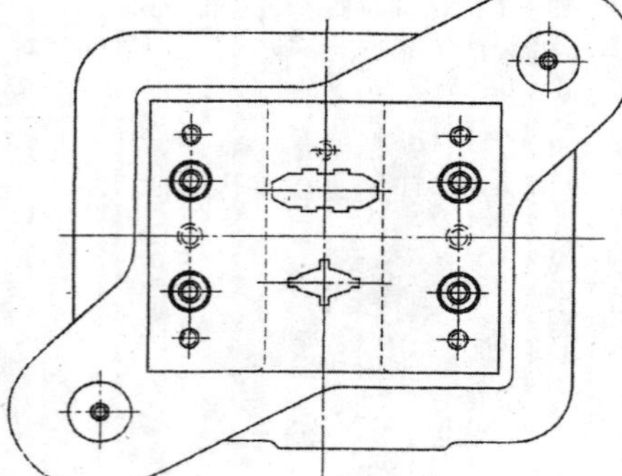

图 2-62　卡板滑动导向对角导柱模架固定卸料对排冲孔、落料连续冲裁模

1—模柄；2,19—螺钉；3,4,20—销钉；5—上模座；6—垫板；7—固定板；8—顶杆；9—导套；10—导柱；11—落料凸模；12—冲孔凸模；13—导正销；14—卸料板；15—导料板；16—挡料销；17—凹模；18—下模座

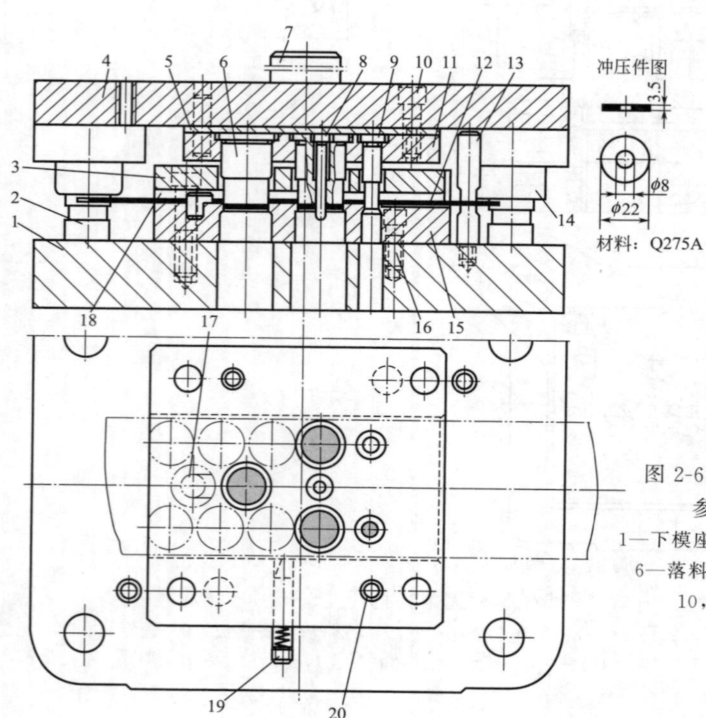

图 2-63　厚垫圈滑动导向四导柱模架固定卸料参错三排冲排样冲孔落料连续冲裁模

1—下模座；2—导柱；3—卸料板；4—上模座；5—垫板；6—落料凸模；7—模柄；8—导正销；9—冲孔凸模；10,16,20—螺钉；11—固定板；12—原材料；13—限位柱；14—导套；15—凹模；17—挡料销；18—导料板；19—螺塞

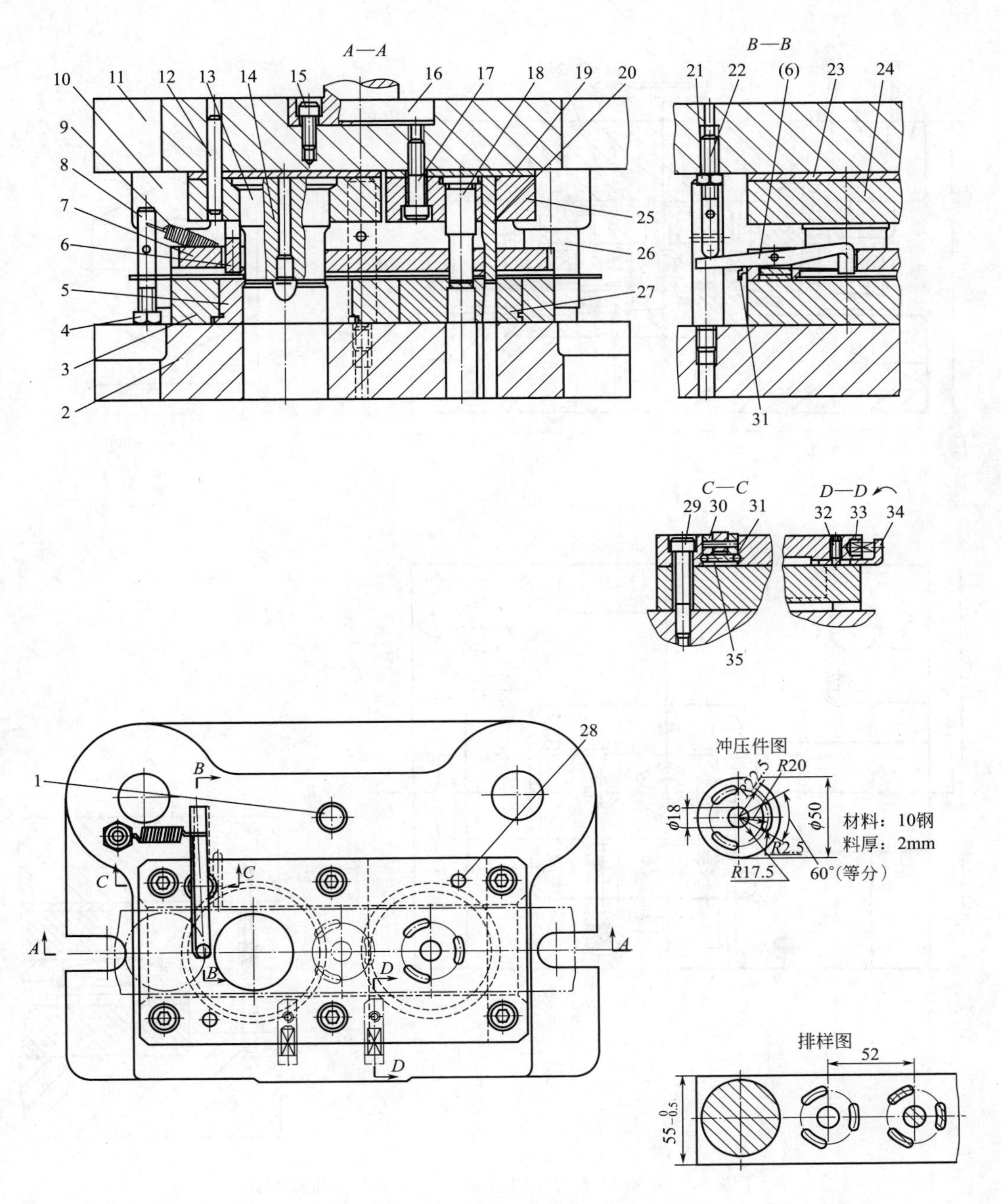

图 2-64　调节盘滑动导向后侧导柱模架固定卸料冲孔、落料Ⅲ工位连续冲裁模

1—限位柱；2—下模座；3—凹模固定板；4,21—螺母；5—落料凹模；6—自动挡料销；7—卸料板；8—挂簧柱；9—拉簧；10—导套；11—上模座；12,28—销钉；13—落料凸模；14—导正销；15,17,29—螺钉；16—模柄；18—冲孔凸模；19,23—垫板；20—冲槽孔凸模；22—碰杆；24,25—凸模固定板；26—导柱；27—冲孔凹模；30—轴；31—限位销；32—限位螺钉；33—弹簧；34—始用挡料装置；35—挡料销座

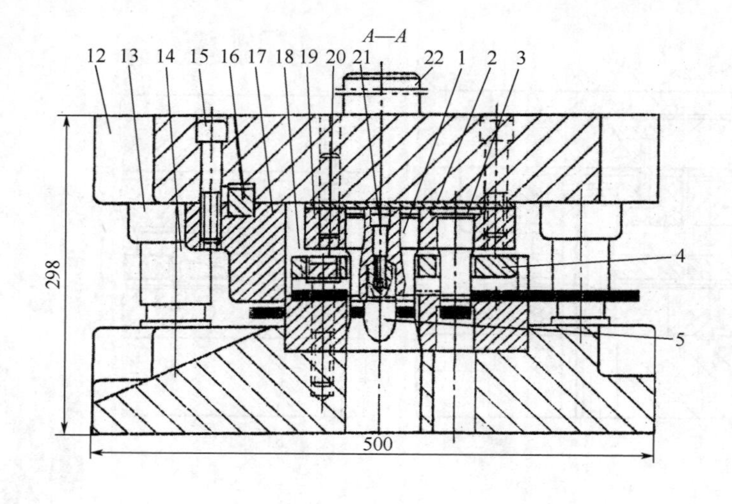

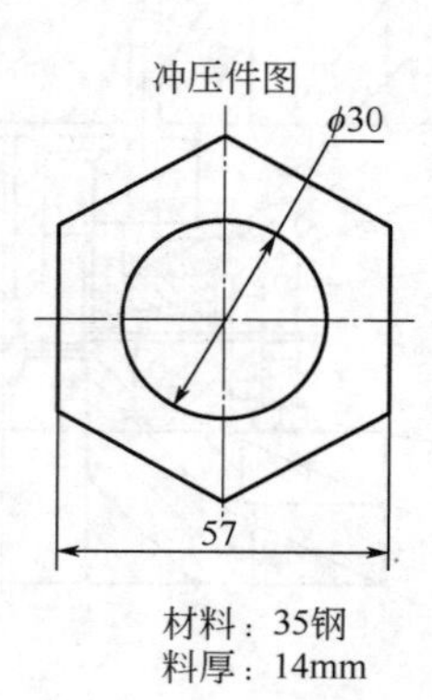

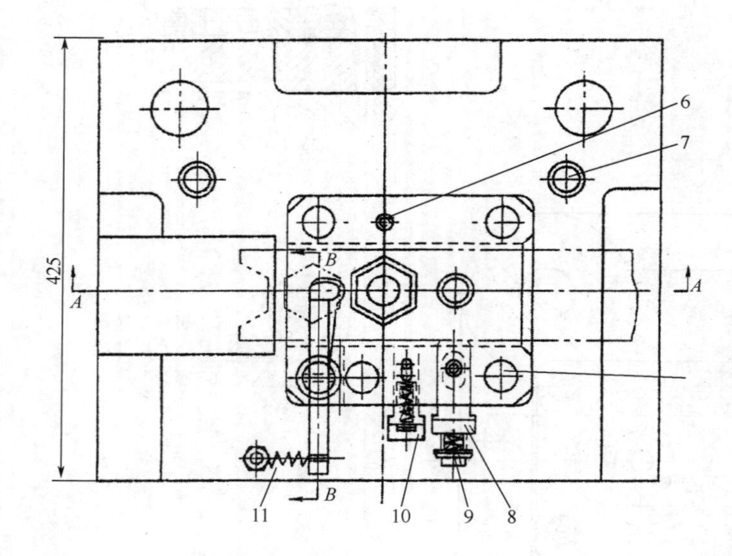

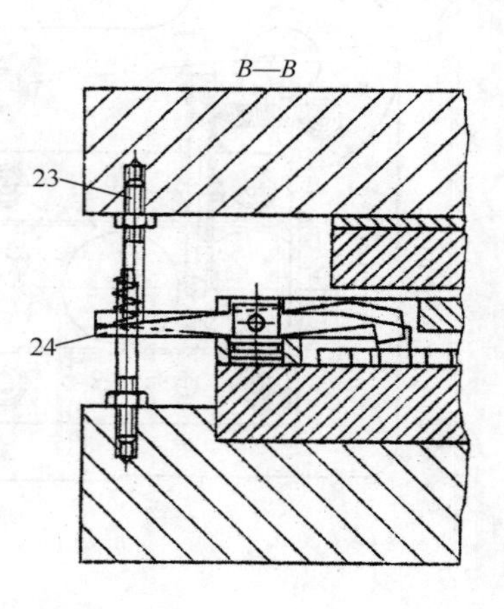

图 2-65　厚螺母滑动导向后侧导柱模架固定卸料冲孔落料连续冲裁模

1—落料凸模；2—垫板；3—冲孔凸模；4—卸料板；5—导正销；6,20—销钉；7—限位柱；8—侧压装置；9—弹簧；10—始用挡料装置；11—拉簧；12—上模座；13—导套；14—导柱；15,21—螺钉；16—键；17—废料切刀；18—凹模；19—凸模固定板；22—模柄；23—碰杆；24—自动挡料销

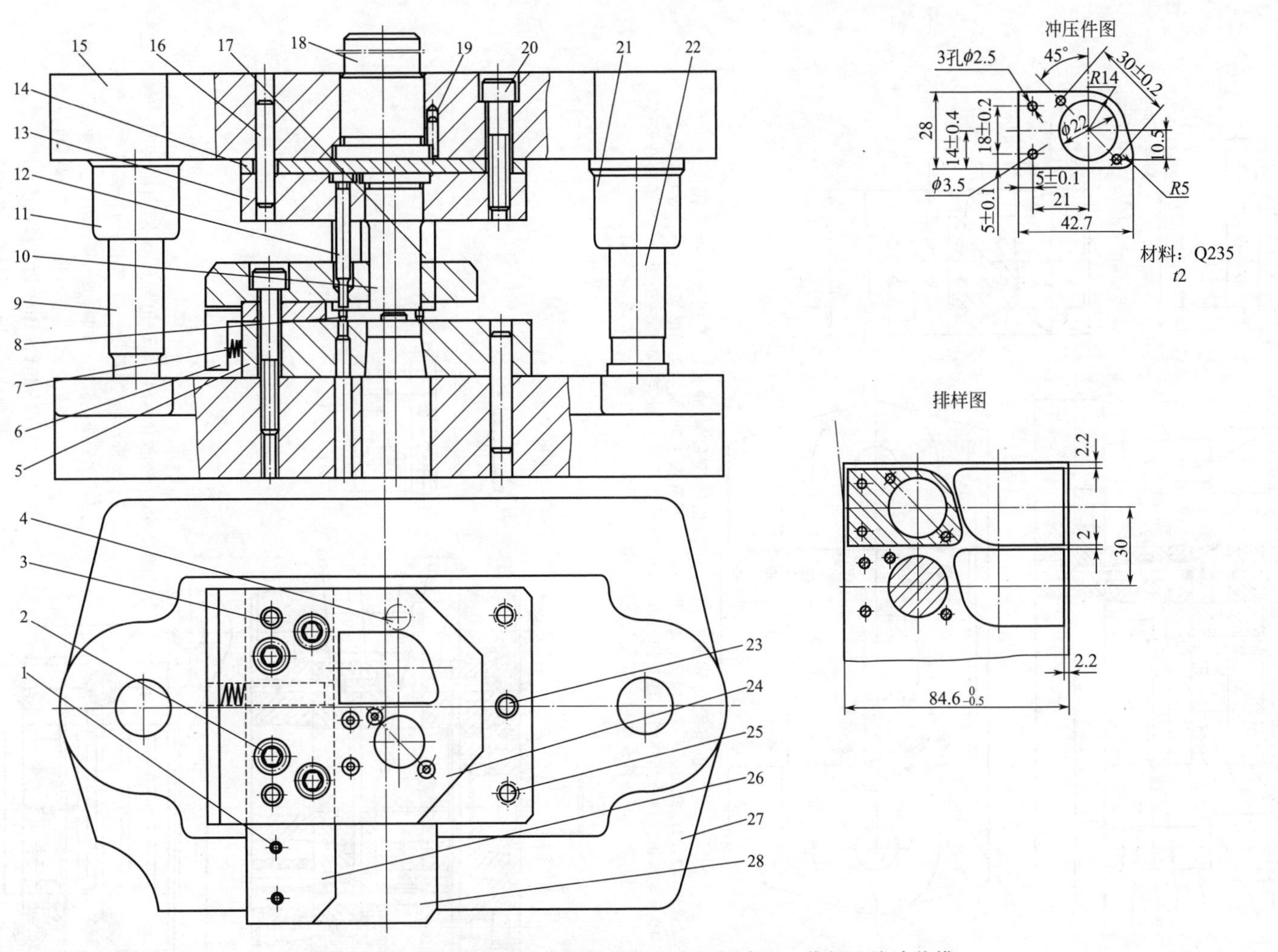

图2-66　角垫滑动导向中间导柱模架固定卸料冲孔、落料连续冲裁模

1,2,20,25—螺钉；3,16,19,23—销钉；4—挡料销；5—凹模；6—始用挡料装置；7—弹簧；8—导正销；9,22—导柱；10—冲大孔凸模；11,21—导套；12—冲孔凸模；13—固定板；14—垫板；15—上模座；17—落料凸模；18—模柄；24—卸料板；26—导料板；27—下模座；28—承料板

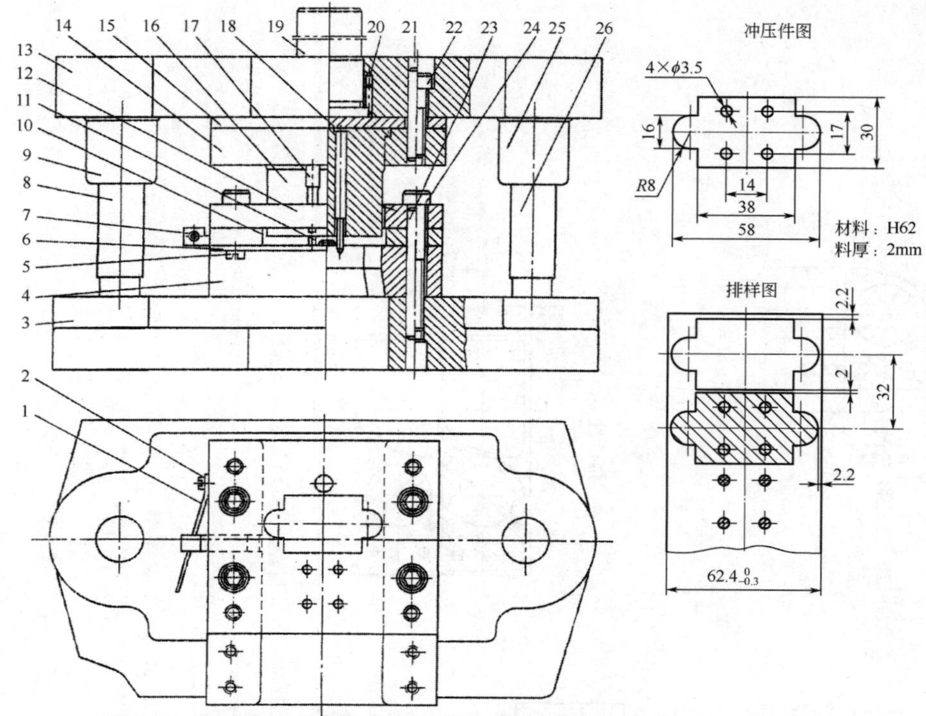

图 2-67　芯座滑动导向中间导柱模架固定卸料冲孔、落料连续冲裁模

1—簧丝；2,5,22,24—螺钉；3—下模座；4—凹模；6—承料板；7—始用挡料装置；8,26—导柱；9,25—导套；10—导料板；11—挡料销；12—卸料板；13—上模座；14—固定板；15—垫板；16—落料凸模；17—冲孔凸模；18—导正销；19—模柄；20—止动销；21,23—销钉

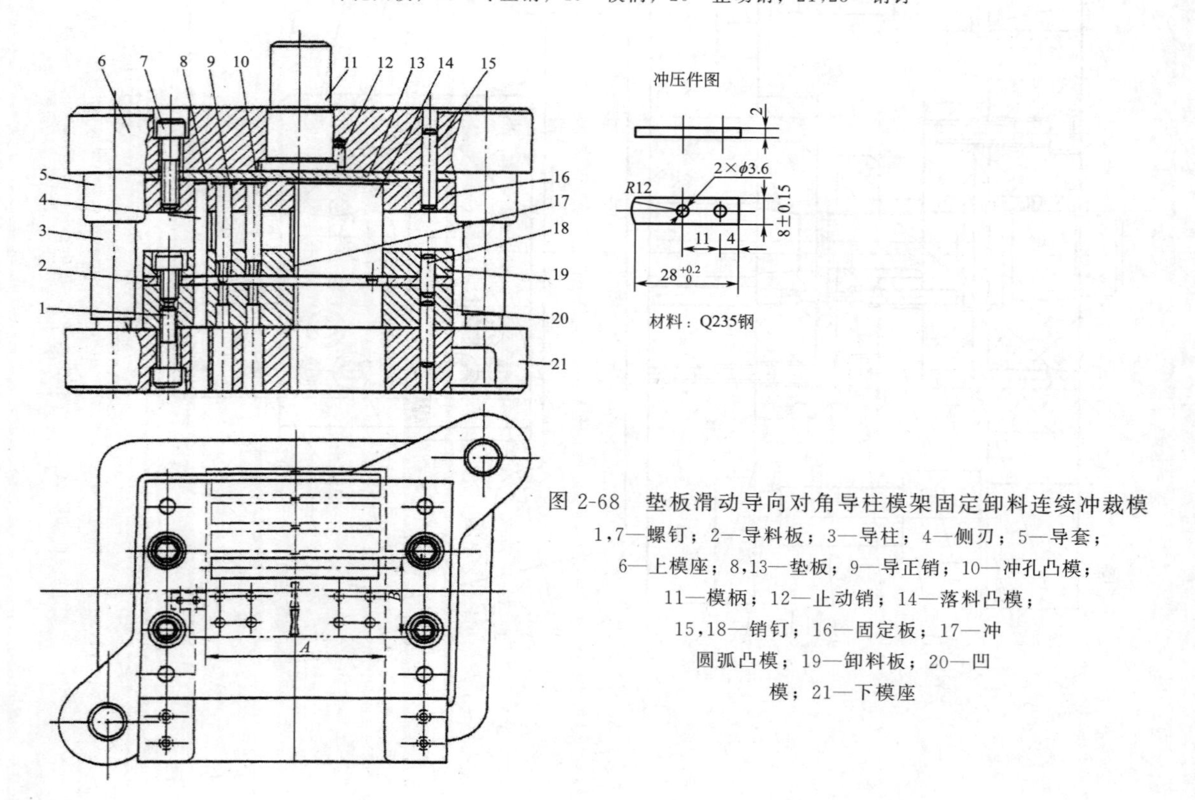

图 2-68　垫板滑动导向对角导柱模架固定卸料连续冲裁模

1,7—螺钉；2—导料板；3—导柱；4—侧刃；5—导套；6—上模座；8,13—垫板；9—导正销；10—冲孔凸模；11—模柄；12—止动销；14—落料凸模；15,18—销钉；16—固定板；17—冲圆弧凸模；19—卸料板；20—凹模；21—下模座

（3）导柱导向的滑动导向导柱模架弹压卸料多工位连续冲裁模（图 2-69～图 2-85）

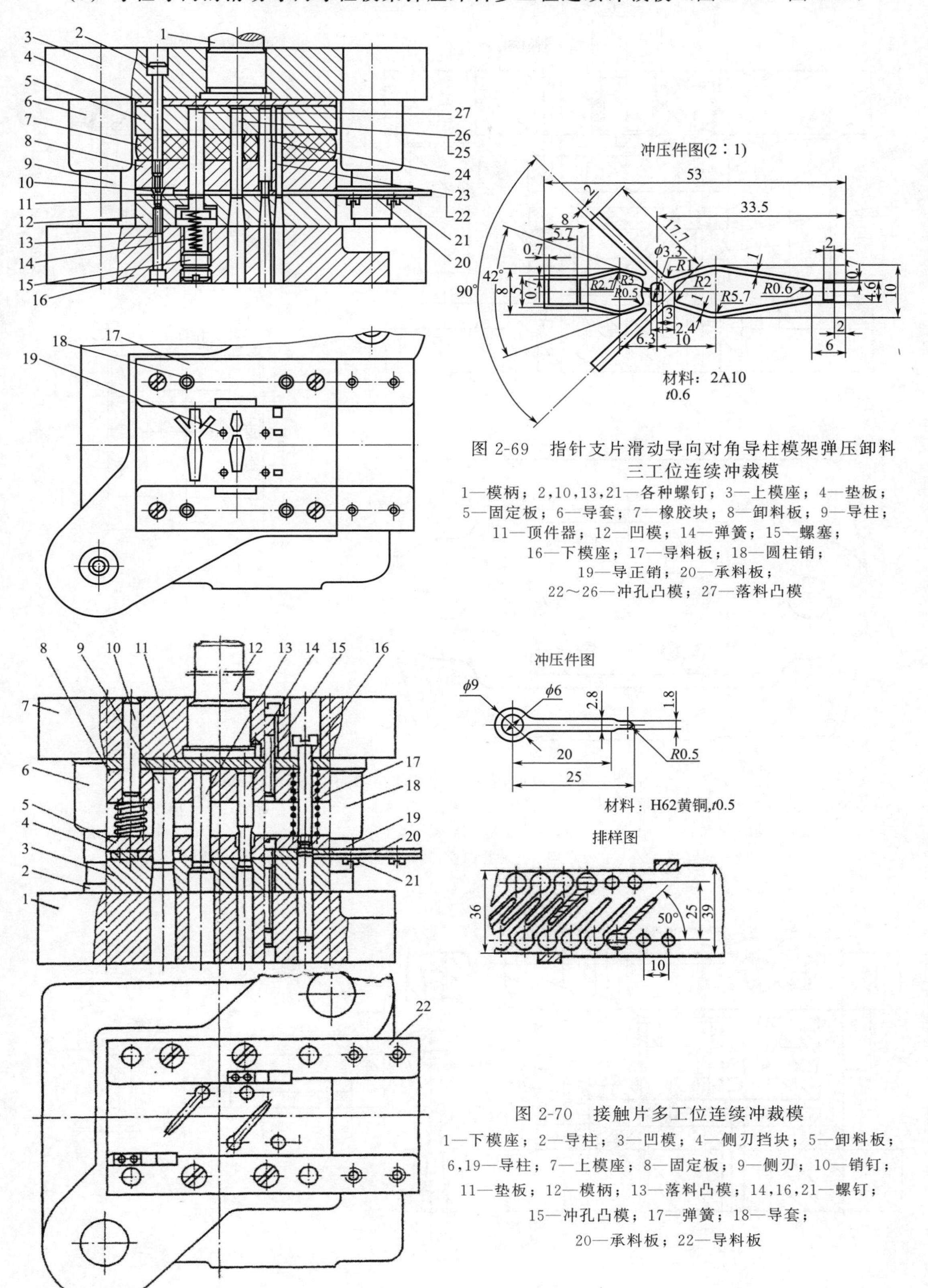

图 2-69　指针支片滑动导向对角导柱模架弹压卸料三工位连续冲裁模

1—模柄；2,10,13,21—各种螺钉；3—上模座；4—垫板；5—固定板；6—导套；7—橡胶块；8—卸料板；9—导柱；11—顶件器；12—凹模；14—弹簧；15—螺塞；16—下模座；17—导料板；18—圆柱销；19—导正销；20—承料板；22～26—冲孔凸模；27—落料凸模

图 2-70　接触片多工位连续冲裁模

1—下模座；2—导柱；3—凹模；4—侧刃挡块；5—卸料板；6,19—导柱；7—上模座；8—固定板；9—侧刃；10—销钉；11—垫板；12—模柄；13—落料凸模；14,16,21—螺钉；15—冲孔凸模；17—弹簧；18—导套；20—承料板；22—导料板

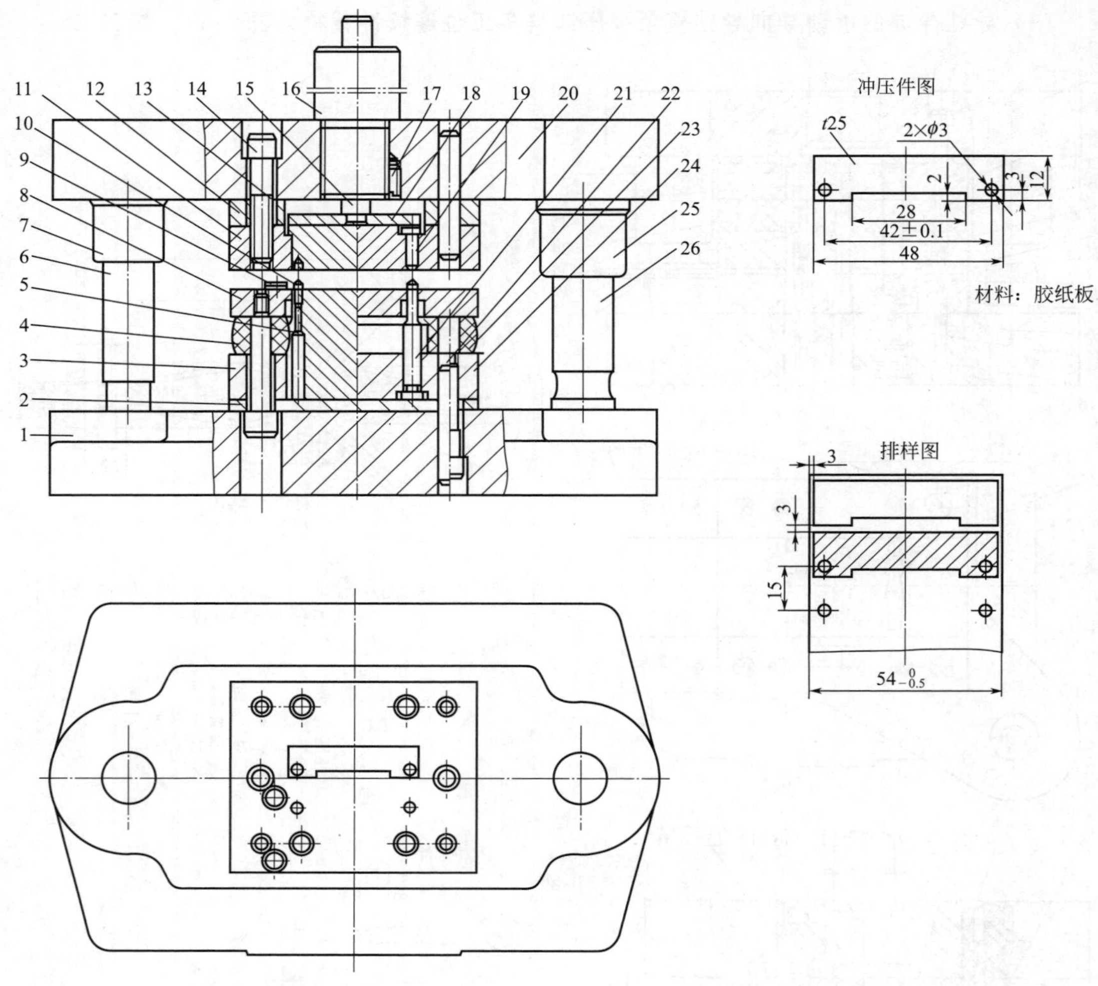

图 2-71　绝缘片滑动导向中间导柱模架弹压卸料冲孔、落料连续冲裁模

1—下模座；2—下垫板；3—固定板；4,23—橡胶体；5—冲孔凸模；6,26—导柱；7—导套；8—卸料板；9—挡料销；10—导正销；11—凹模；12—上垫板；13,18—推板；14,24—螺钉；15—打料杆；16—模柄；17—止动销；19—卸料销；20—上模座；21—冲孔凸模；22—销钉；25—导套；26—导柱

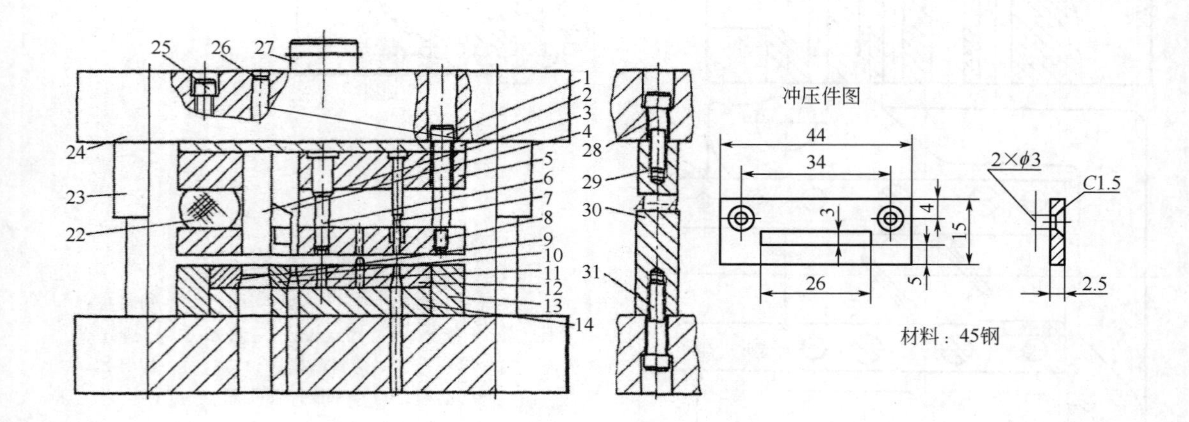

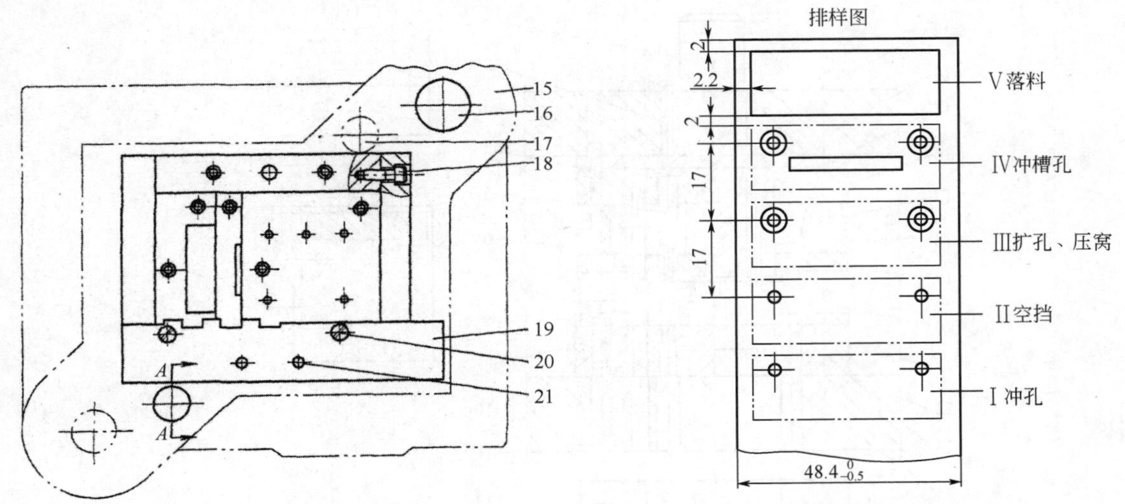

图 2-72　基板滑动导向对角导柱模架弹压卸料冲孔、扩孔、落料Ⅴ工位连续模

1,18,20,25,28,31—螺钉；2,14—垫板；3—落料凸模；4—冲槽孔凸模；5—固定板；6—压窝凸模（沉孔）；7—冲孔凸模；8—卸料板；9—定位销；10—落料凹模镶块；11—冲槽凹模镶块；12—冲孔凹模；13—凹模框；15—下模座；16—导柱；17,29,30—限位柱；19—导料板；21,26—销钉；22—橡胶体；23—导套；24—上模座；27—模柄

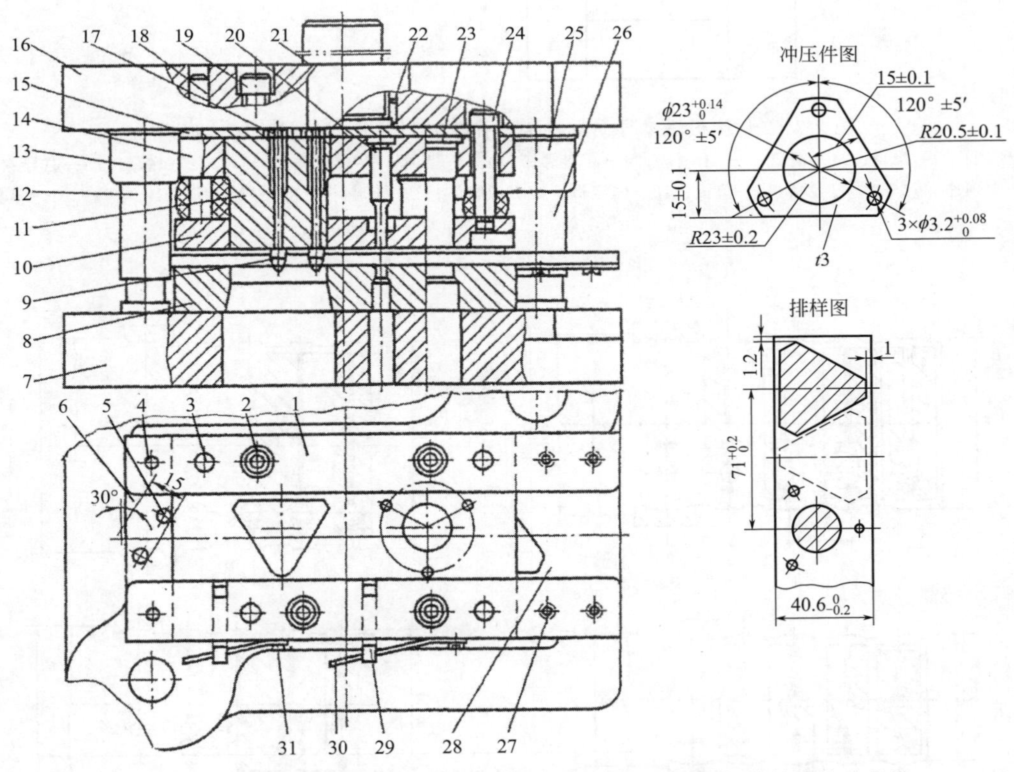

图 2-73　三角垫板滑动导向对角导柱模架弹压卸料冲群孔、落料连续冲裁模

1—导料板；2,19,24,27,31—螺钉；3,18,22—销钉；4—铆钉；5—固定挡料销；6,28—承料板；7,16—上、下模座；8—凹模；9—导正销；10—卸料板；11—落料凸模；12,13,25,26—导套，导柱；14—凸模固定板；15—垫板；17—螺母；20,23—冲孔凸模；21—模柄；29—挡料滑板；30—弹簧钢丝

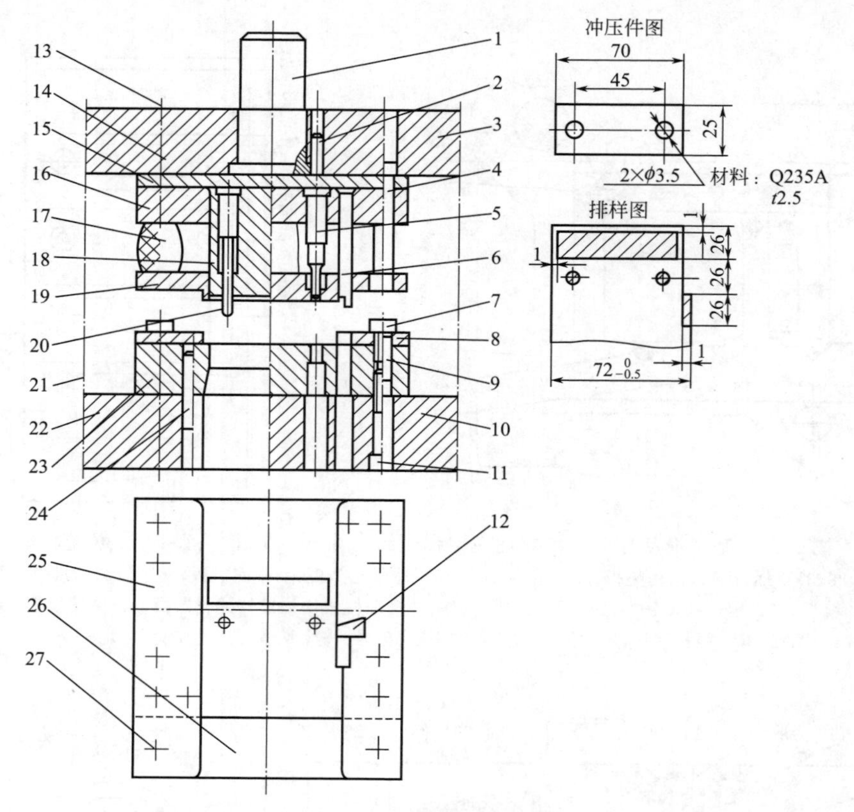

图 2-74　厚接板滑动导向导柱模架弹压卸料冲孔、落料连续冲裁模

1—模柄；2,9,14,21,24—销钉；3—上模座；4—卸料螺钉；5,18—凸模；6—侧刃；7,11,13,27—螺钉；8—右导料板；10—下模座；12—侧刃挡块；15—垫板；16—固定板；17—橡胶体；19—卸料板；20—导正销；21—导柱；22—导套；23—凹模；25—左导料板；26—承料板

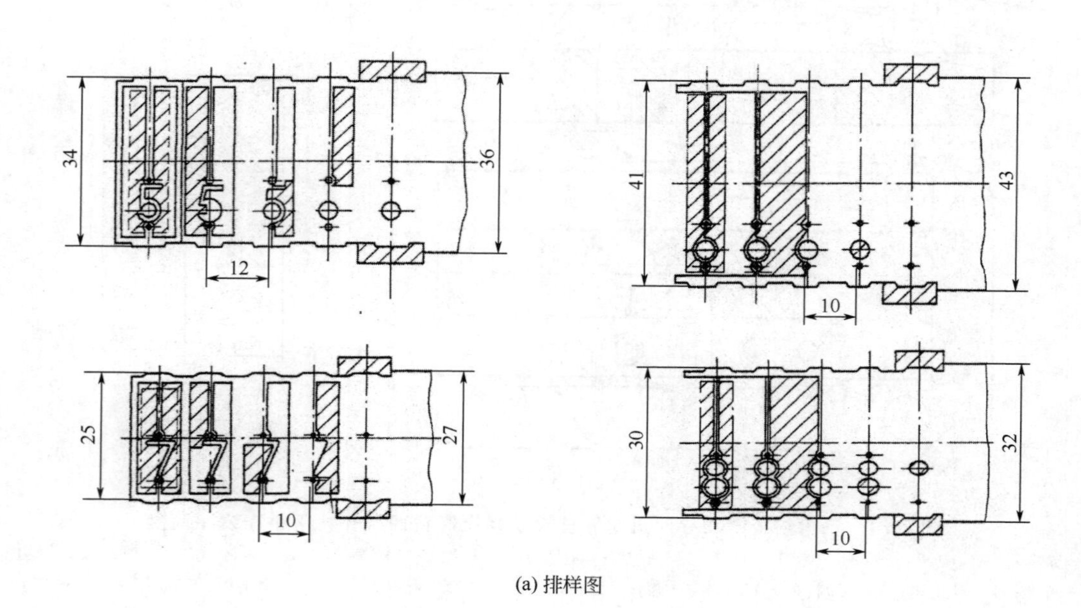

(a) 排样图

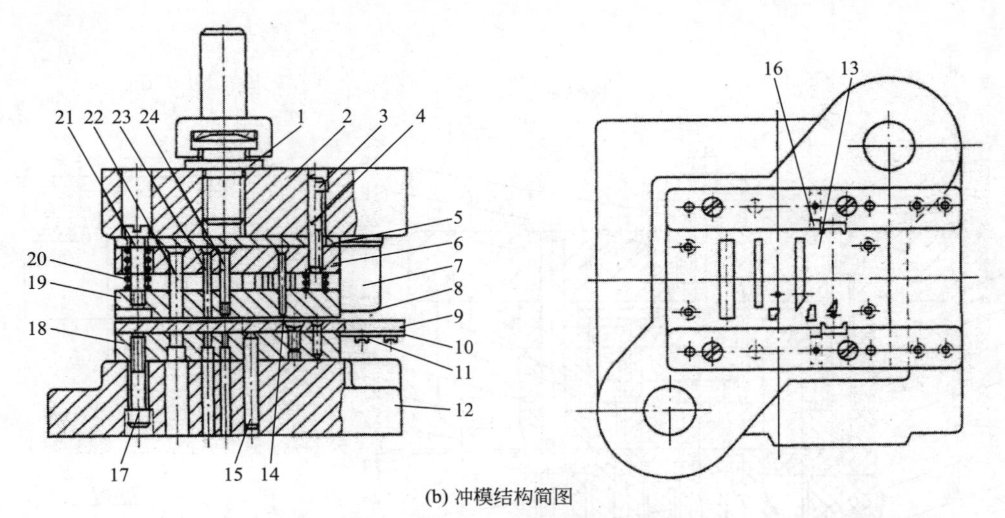

(b) 冲模结构简图

图 2-75 裁搭边拼冲数字用滑动导向对角导柱模架弹压卸料冲孔裁搭边连续冲裁模

1—浮动模柄；2—上模座；3,11,17—螺钉；4,15—销钉；5—垫板；6—固定板；7—导套；8—导柱；9—导料板；10—承料板；12—下模座；13,18—凹模；14,22～24—凸模；16—侧刃挡块；19—卸料板；20—弹簧；21—卸料螺钉

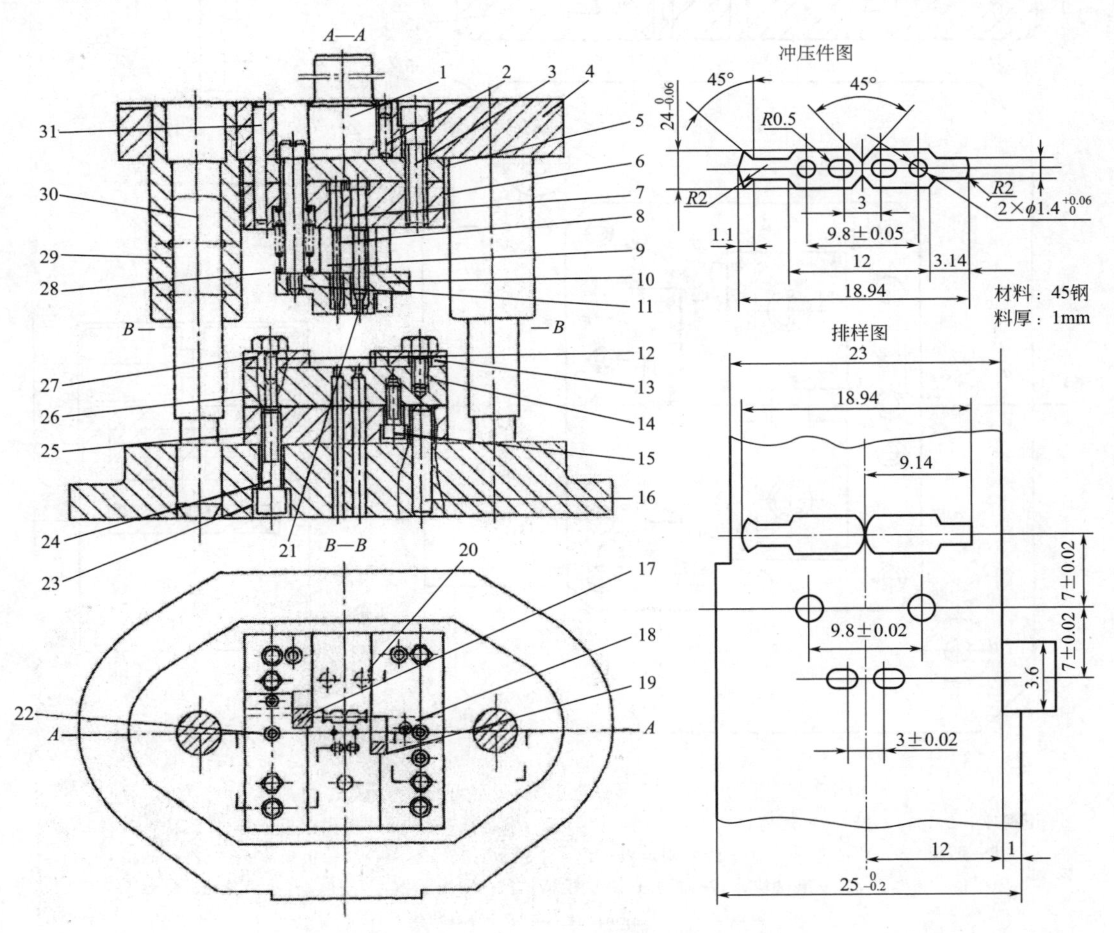

图 2-76 定触片滑动导向中间导柱模架弹压卸料冲孔、落料Ⅲ工位连续冲裁模

1—模柄；2,12,16,18,20,22,31—销钉；3,14,15,24—螺钉；4—上模座；5,25—垫板；6—固定板；7,8,21—冲孔凸模；9—侧刃；10—卸料板；11—卸料螺钉；13—导料板；17,19—侧刃组；23—下模座；26—凹模；27—导料板；28—弹簧；29—导套；30—导柱

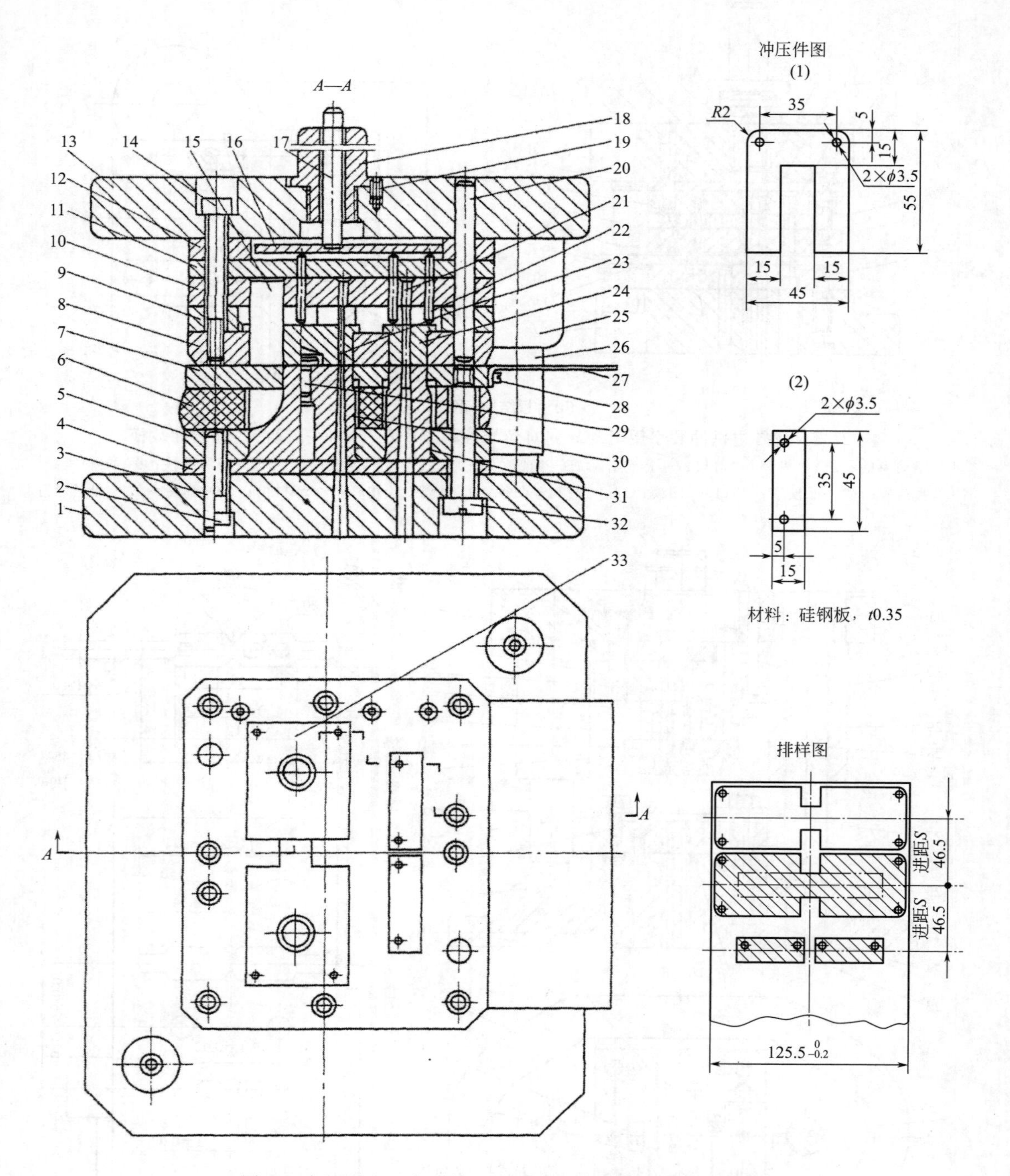

图 2-77 冂形和一字形铁芯片标准定型结构连续式冲裁模

1—下模座；2,14,19,28,32—螺钉；3,20,22—圆柱销；4—下垫板；5—凸凹模固定板；6—橡胶块；7—卸料板；8—凹模；9—空心垫板；10—凸模固定板；11—上垫板；12—衬板；13—上模座；15,21—凸模；16,23,24—推件块；17—推杆；18—模柄；25—导套；26—导柱；27—承料板；29—定位销；30,31,33—凸凹模

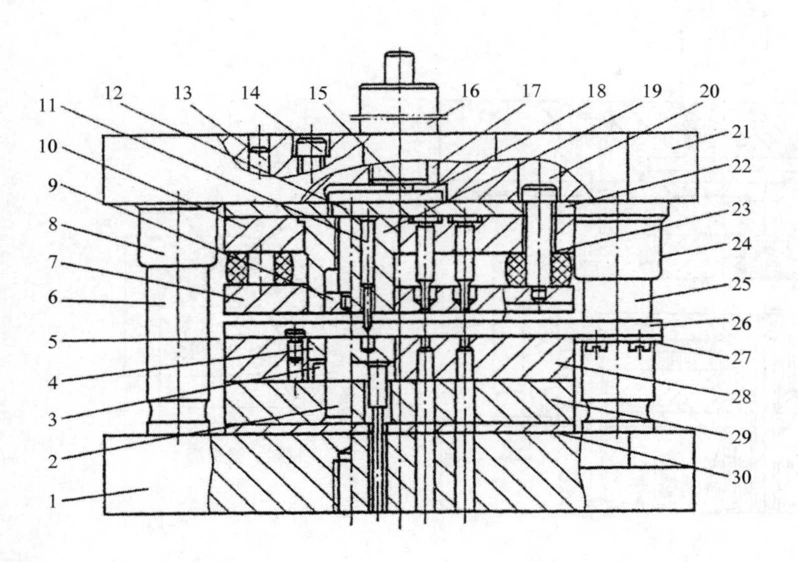

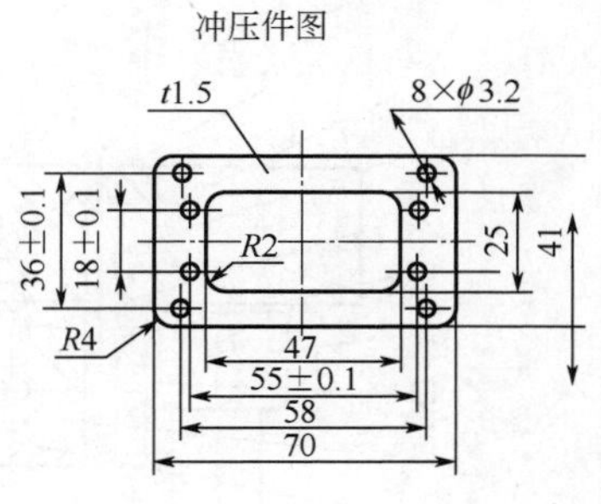

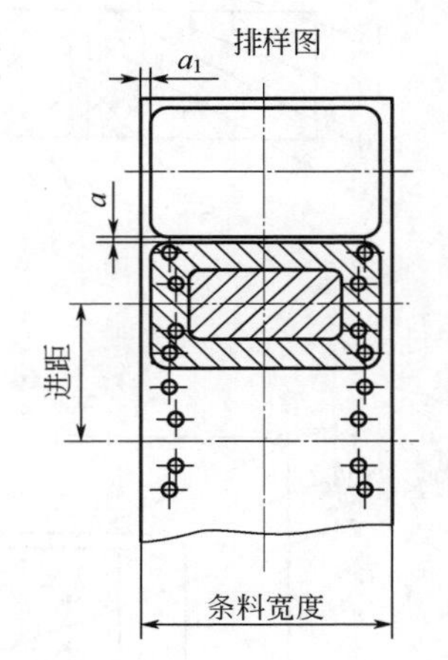

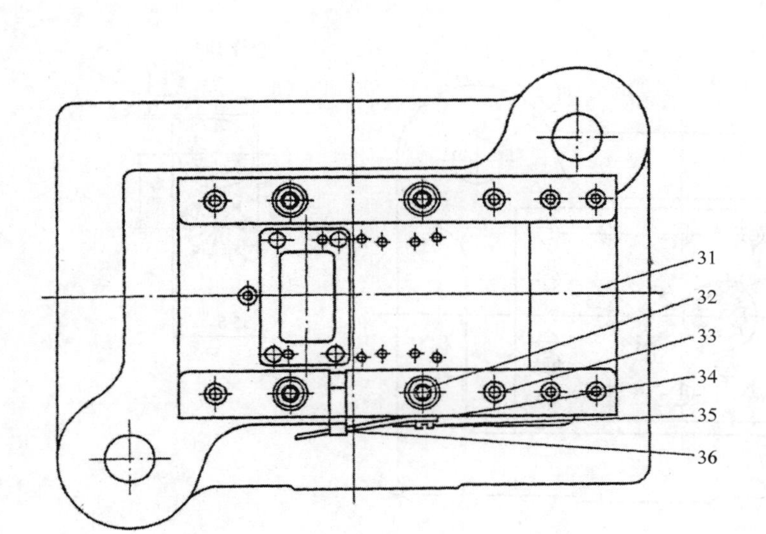

图 2-78　铝合金衬垫滑动导向对角导柱模架弹压卸料连续复合冲裁模

1—下模座；2—凸模；3—顶杆；4—顶板；5—固定挡料销；6,25—导柱；7—卸料板；8,24—导套；9—打料堆板；10,29—凸模固定板；11—导正销；12—打料杆；13,33—销钉；14,17,23,27,32,35—螺钉；15—打料棒；16—模柄；18—打料板；19—落料凸模；20—冲孔凸模；21—上模座；22,30—垫板；26—导料板；28—凹模；31—承料板；34—弹簧；36—始用挡料销

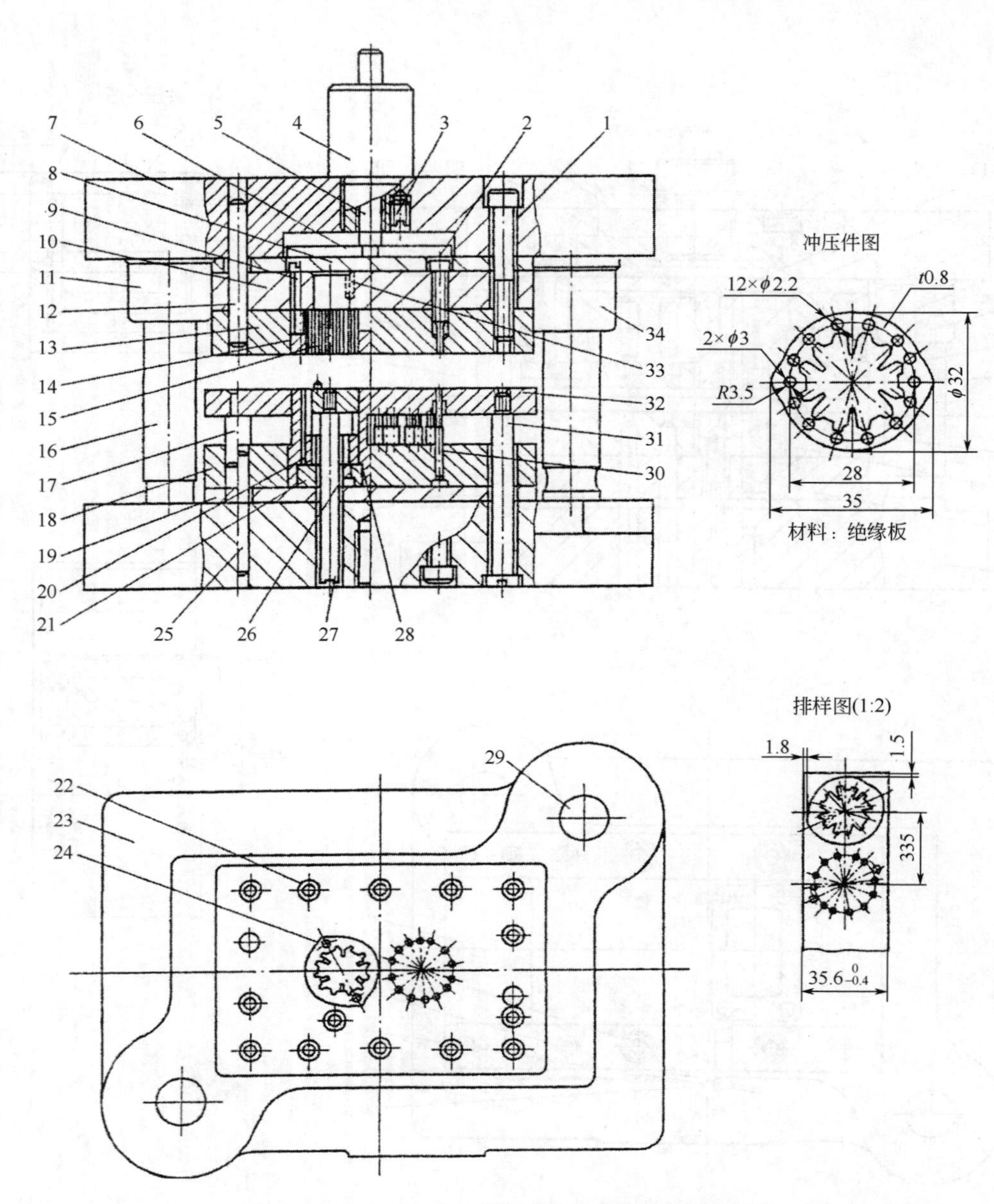

图 2-79　花垫对角导柱模架弹压卸料连续式复合模

1,3,9,22,26,31—螺钉；2—打料杆；4—模柄；5—打棒；6—打料板；7—上模座；8,19—垫板；10—固定板；11,34—导套；12,25,33—销钉；13—凹模；14—推板；15—上凹模；16,29—导柱；17—小导柱；18—凸模固定板；20—嵌件；21—垫圈；23—下模座；24—导正钉；27—顶杆；28—凸模；30—冲孔凸模；32—卸料板

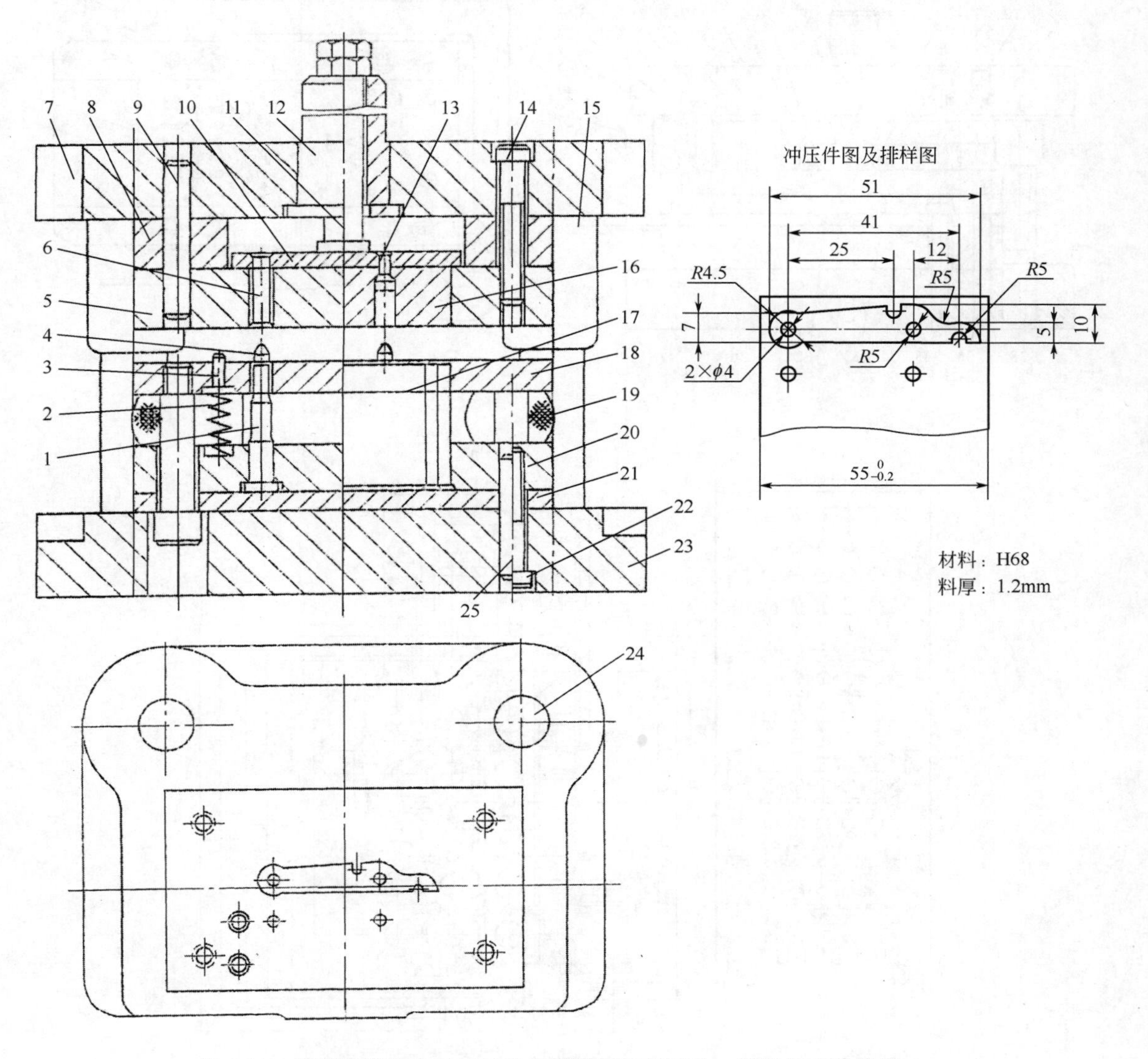

图 2-80　转臂滑动导向后侧导柱模架弹压卸料冲孔、落料连续冲裁模

1—冲孔凸模；2—弹簧；3—可伸缩挡料销；4—导正销；5—凹模；6—卸料器；7—上模座；
8—空心垫板；9,25—销钉；10—推板；11—打料杆；12—模柄；13—顶杆；
14,22—内六角螺钉；15—导套；16—卸料器；17—落料凸模；
18—卸料板；19—橡胶体；20—凸模固定板；21—垫板；
23—下模座；24—导柱

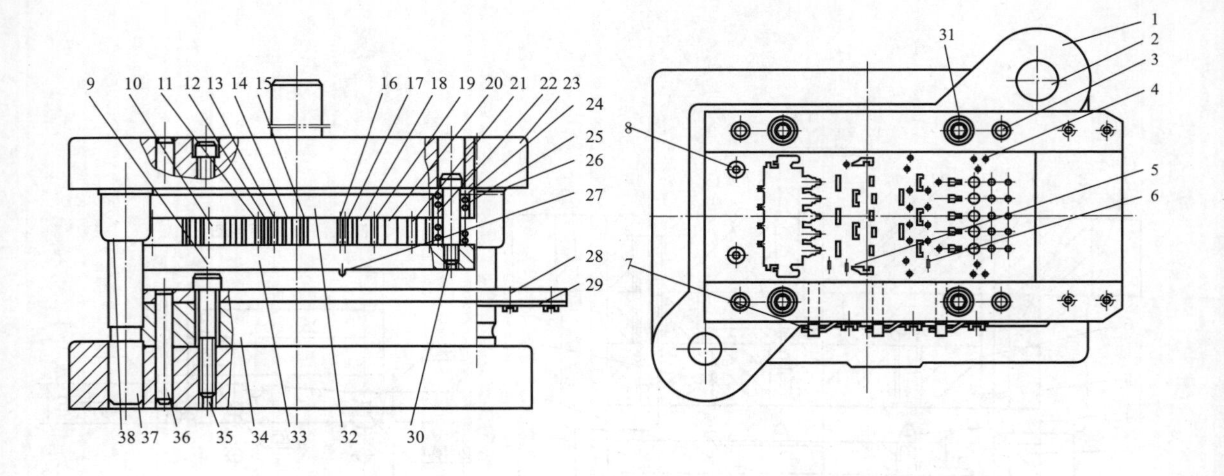

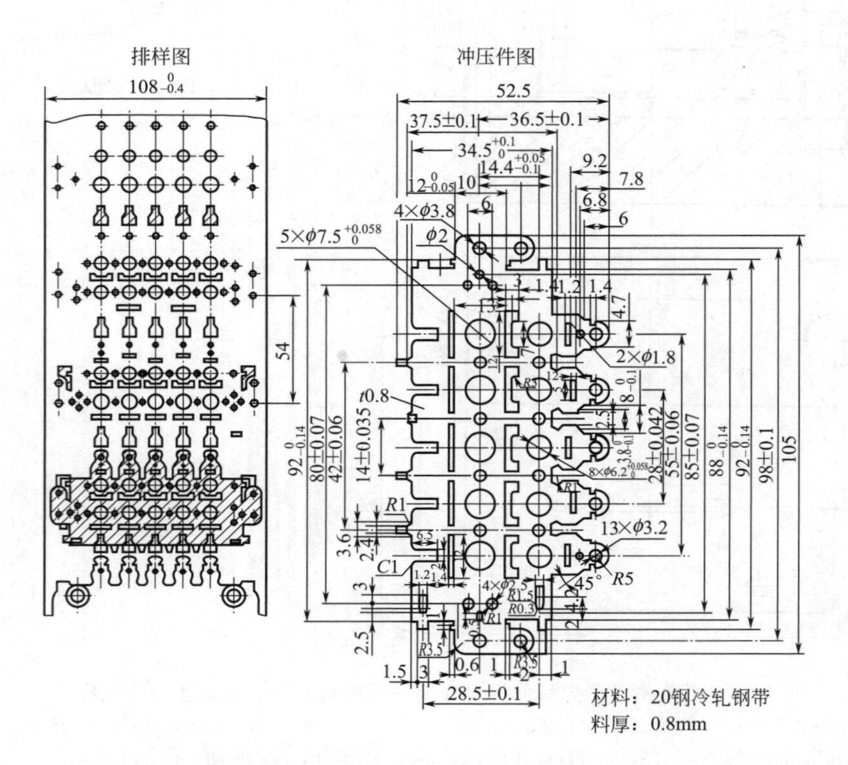

图 2-81　基板滑动导向对角导柱模架弹压卸料冲群孔、冲群槽、切废料、落料Ⅳ工位连续冲裁模

1—下模座；2,37—导柱；3,36—销钉；4～6,12,15,17,19—冲孔凸模；7—始用挡料装置；
8—固定挡料销；9,27—导正销；10—落料凸模；11,13,16,21,22—凸模；
14—切边凸模；18—冲凹形孔凸模；20—冲缺凸模；23—上模座；
24—垫板；25—弹簧；26,38—导套；28—导料板；
29—承料板；30—卸料螺钉；31,35—螺钉；
32—凸模固定板；33—卸料板；34—凸模

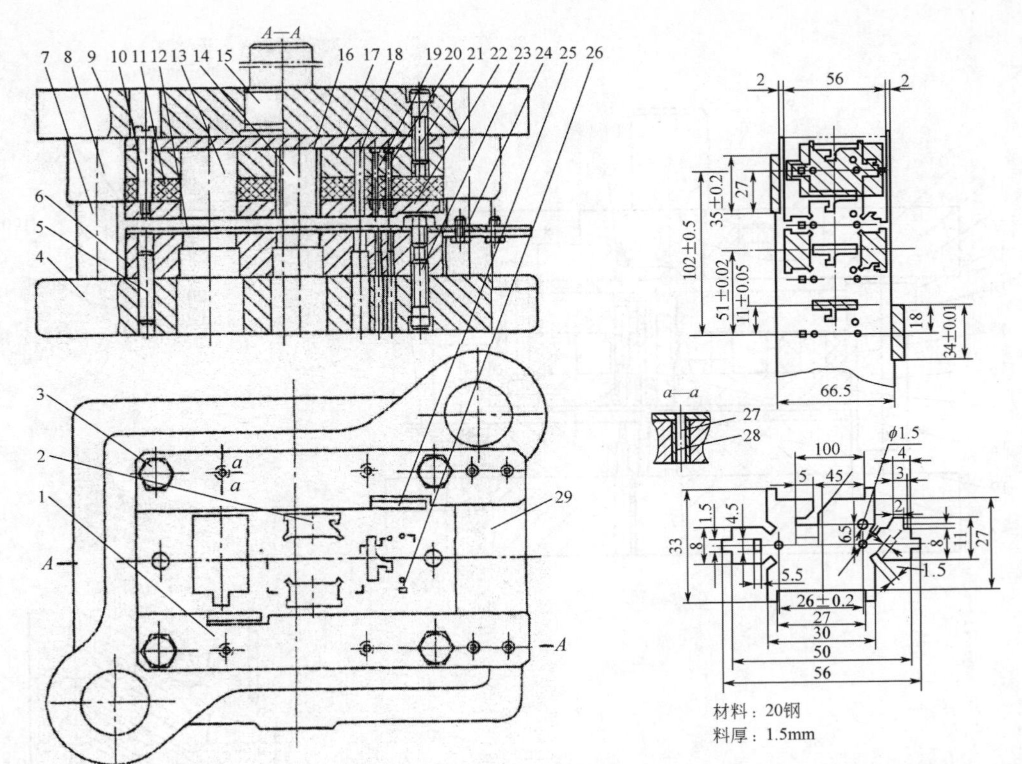

图 2-82　基座滑动导向对角导柱模架弹压卸料冲群孔、切废、落料Ⅲ工位连续冲裁模

1，12—左右导料板；2，13，14—切废凸模；3—六角螺钉；4—下模座；5，27—销钉；6—凹模；7—导柱；8—导套；9—上模座；10—卸料螺钉；11—橡胶体；15—模柄；16—垫板；17—固定板；18～20—冲孔凸模；21，23—内六角螺钉；22—卸料板；24，28—螺钉；25—侧刃；26—冲方孔凸模；29—承料板

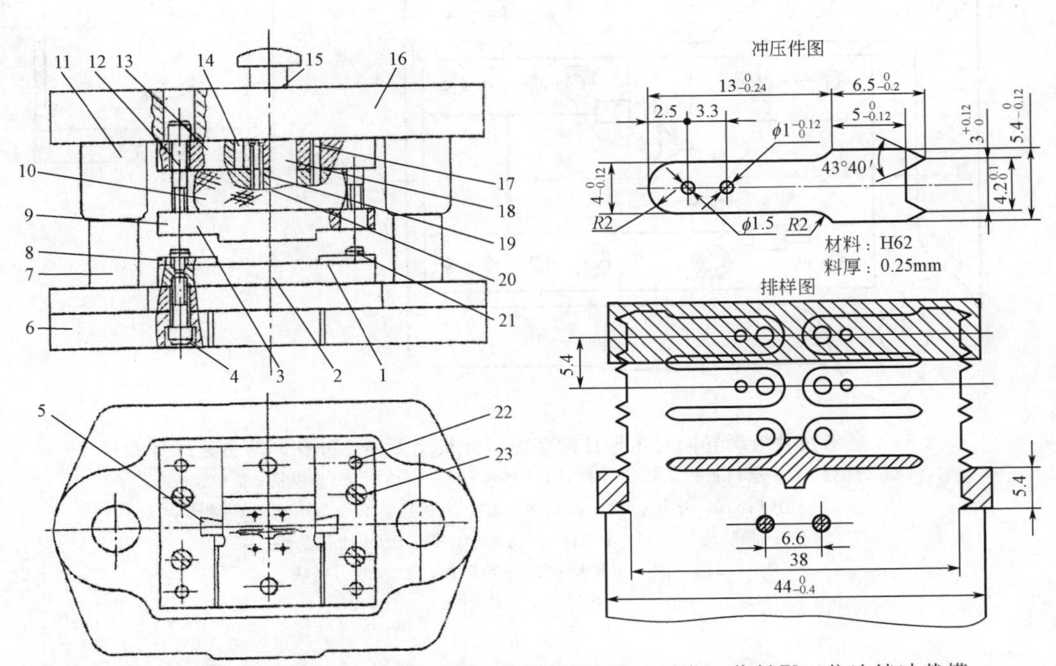

图 2-83　焊片滑动导向中间导柱模架弹压卸料冲孔、切废、落料Ⅳ工位连续冲裁模

1，8—左右导料板；2—凹模；3，9—卸料板；4，21，23—螺钉；5，17—侧刃；6—下模座；7—导柱；10—橡胶体；11—导套；12—卸料螺钉；13—固定板；14—切废料凸模；15—模柄；16—上模座；18～20—凸模；22—销钉

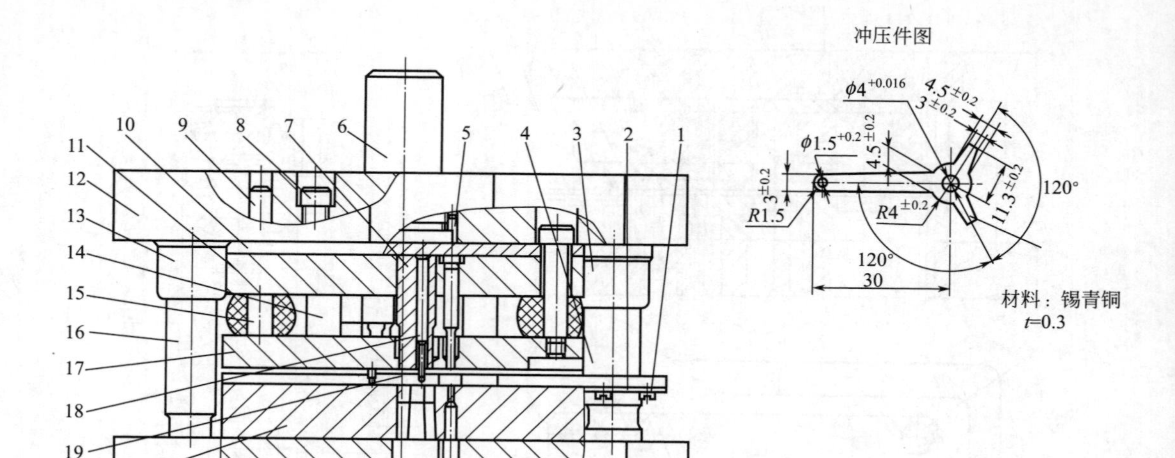

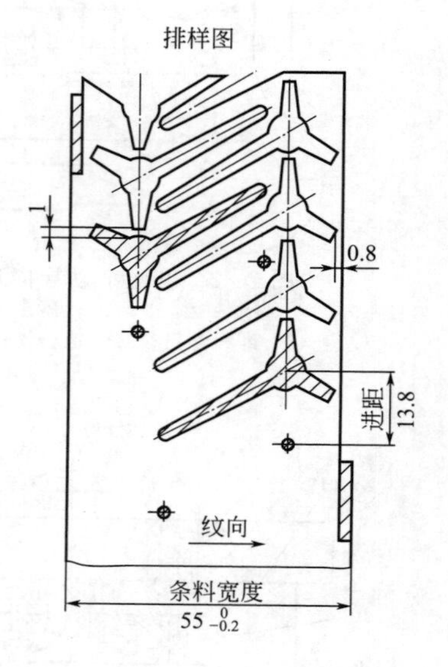

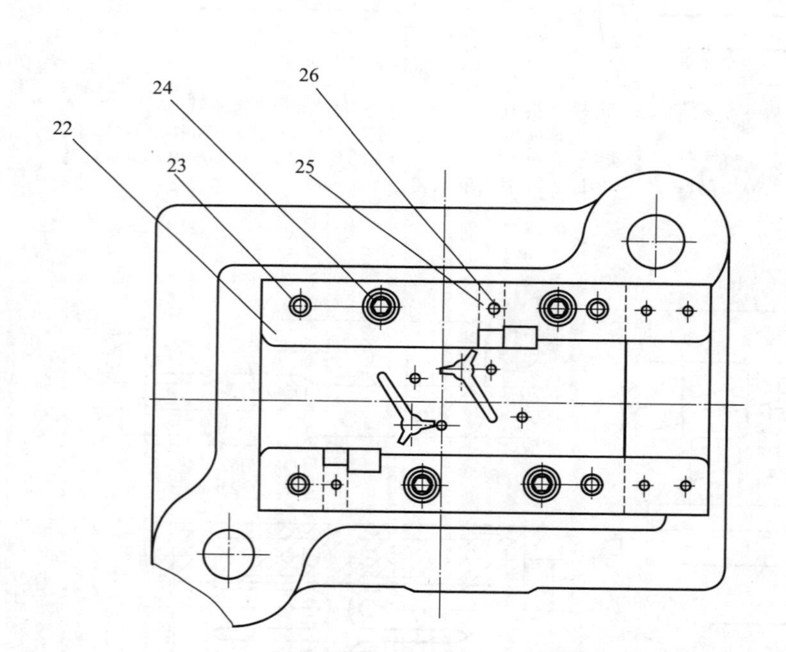

图 2-84　Y形簧片滑动导向对角导柱模架弹压卸料交参斜排冲孔、落料连续冲裁模

1,8,24—螺钉；2—承料板；3,16—导柱；4—导套；5—止动销；6—模柄；7—落料凸模；9,23,26—销钉；10—垫板；11—固定板；12—上模座；13—导套；14—侧刃；15—卸料螺钉；17—卸料板；18—导正销；19—冲孔凸模；20—凹模；21—下模座；22—导料板；25—侧刃挡块

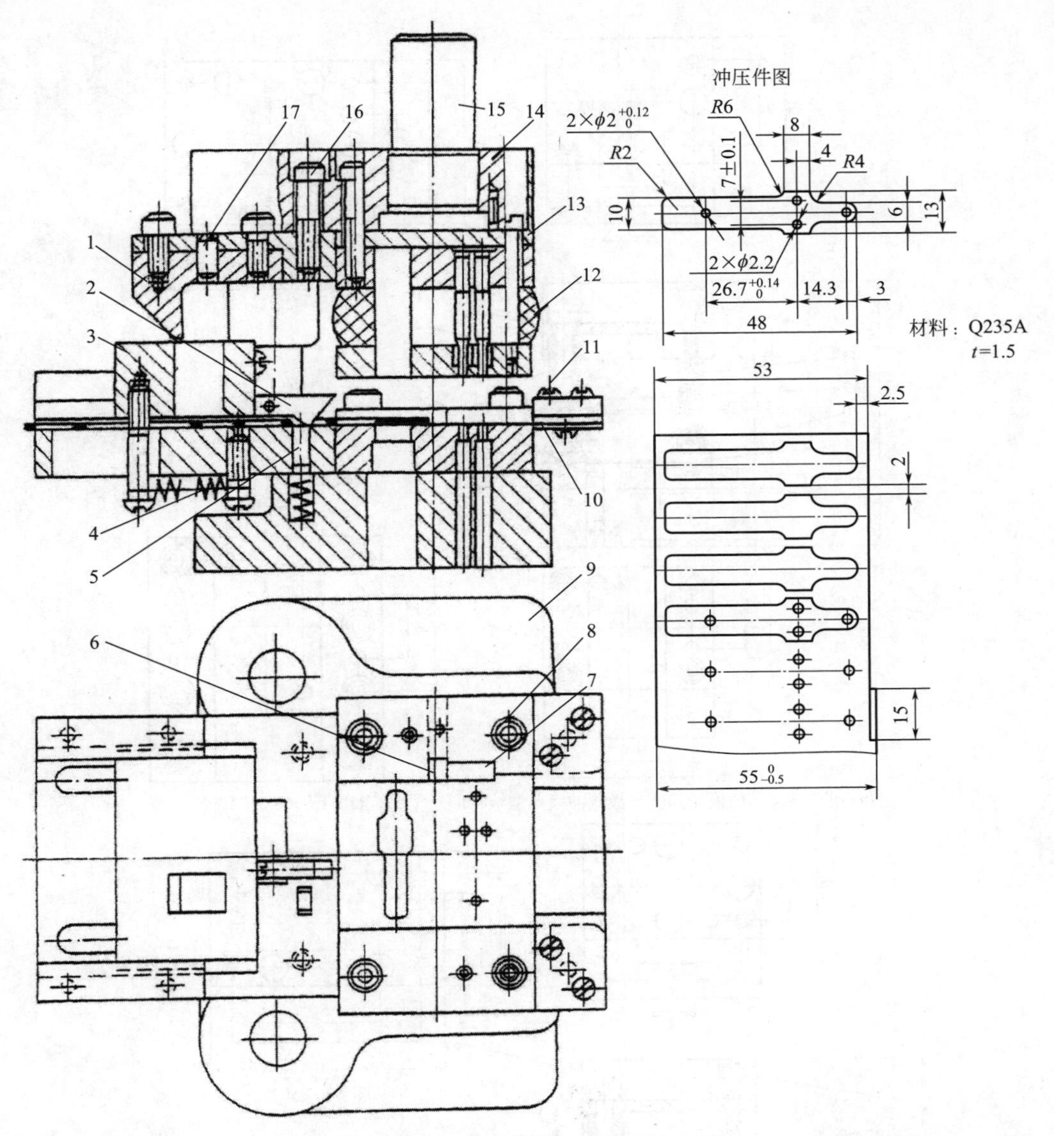

图 2-85　挡板滑动导向后侧导柱模架弹压卸料带钩式送料装置的冲孔、落料连续冲裁模

1—斜楔；2—送料钩；3—楔滑块；4—弹簧；5—挡料销；6—侧刃挡块；
7—侧刃；8,11,16—螺钉；9—下模座；10—承料板；
12—橡胶体；13—垫板；14—上模座；
15—模柄；17—销钉

(4) 滑动导向导柱模架弹压导板式多工位连续冲裁模（图 2-86～图 2-95）

这种结构的冲裁模，主要用于金属薄板与超薄板的高精度冲裁件的冲压，以单工序冲裁和多工位连续冲裁以及以冲裁为必备工步，实施展开毛坯的冲孔、切废、裁搭边，而后进行拉深或弯曲和成形，从而一模成形，完成高精度、复杂形状冲压件的冲制。根据多年实践经验，以该结构为基础开发出本书第 3 章图 3-16 所示的 6 种实用结构形式。以下为各种结构形式在线应用实例获得各使用工厂与单位大力协助，收集并展示在此，供业界有关同行参考。

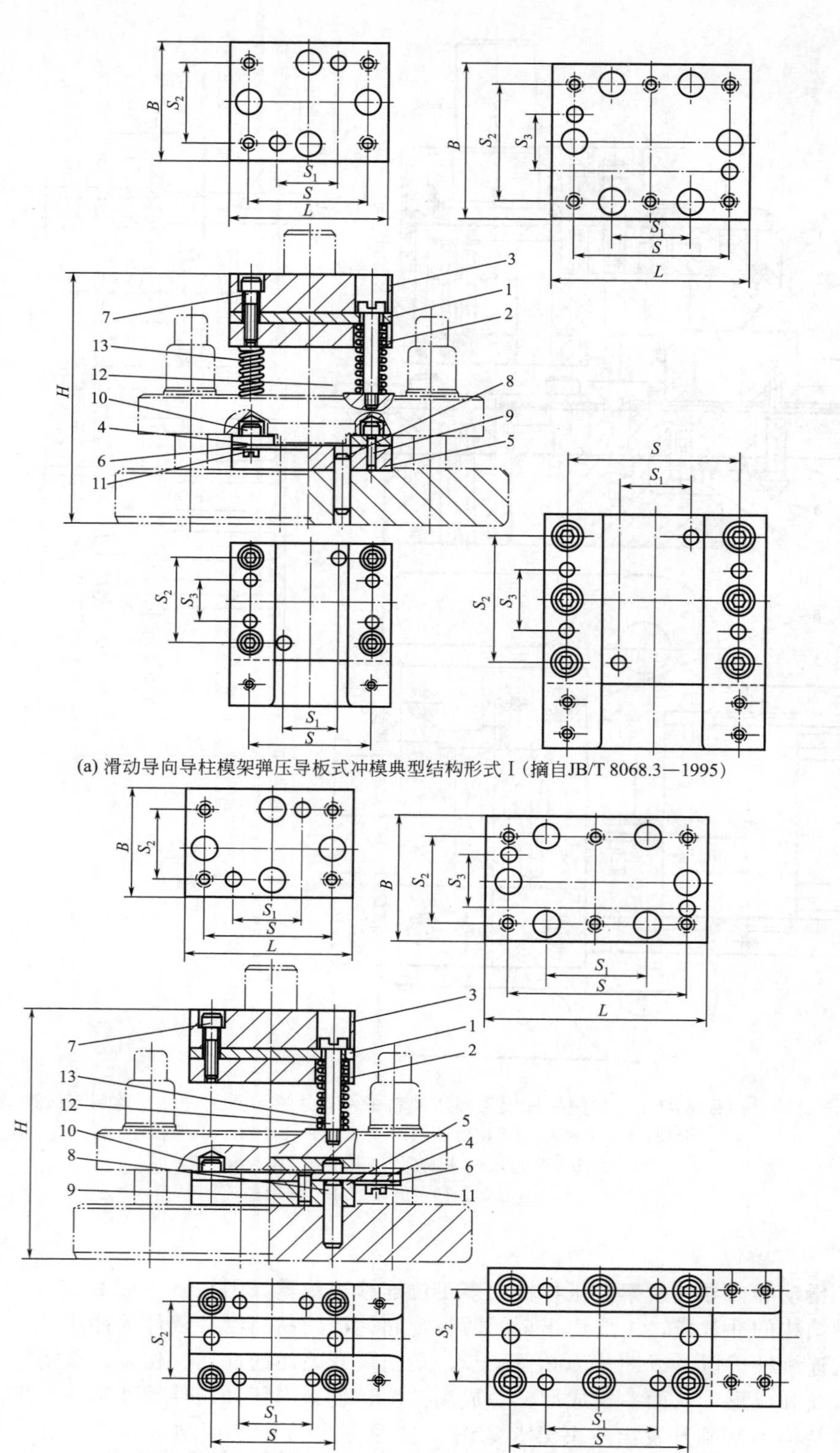

(a) 滑动导向导柱模架弹压导板式冲模典型结构形式Ⅰ(摘自JB/T 8068.3—1995)

(b) 滑动导向导柱模架弹压导板式冲模典型结构形式Ⅱ(摘自JB/T 8068.4—1995)

图 2-86　滑动导向导柱模架弹压导板式冲模典型结构形式

1—垫板；2—固定板；3—上模座；4—导料板；5—凹模；6—承料板；
7,10,11—螺钉；8,9—销钉；12—卸料螺钉；13—弹簧

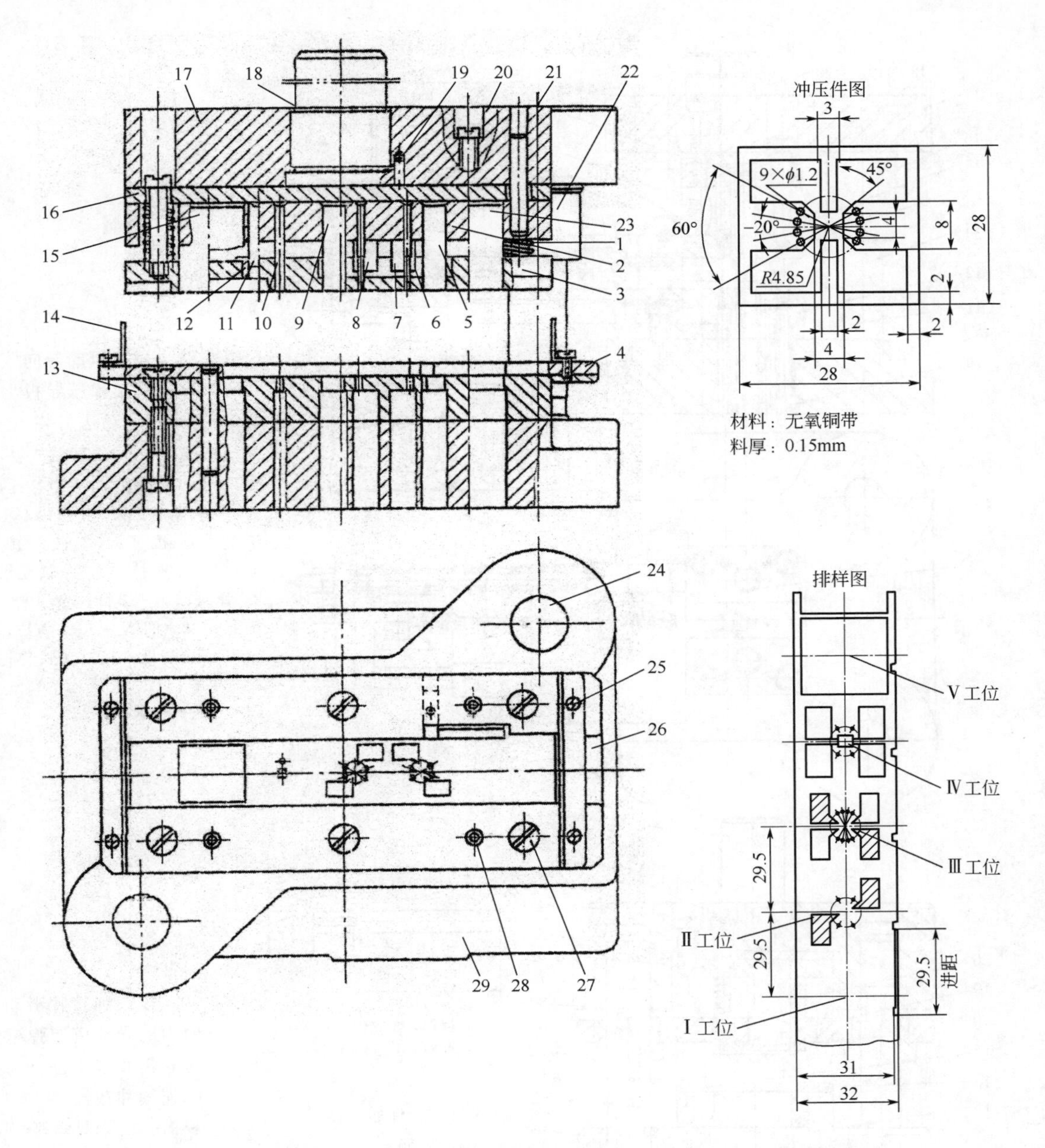

图 2-87　引线滑动导向对角导柱模架弹压导板多工位冲孔、落料连续冲裁模

1—弹簧；2—固定板；3—卸料板；4—导料板；5～10—冲孔凸模；11—小导柱；12—小导套；13—凹模；14—防护栅；15—落料凸模；16—垫板；17—上模座；18—模柄；19—止动销；20—圆柱头螺钉；21—销钉；22,28—导套；23—侧刃；24—导柱；25—螺钉；26—承料板；27—沉头螺钉；29—下模座

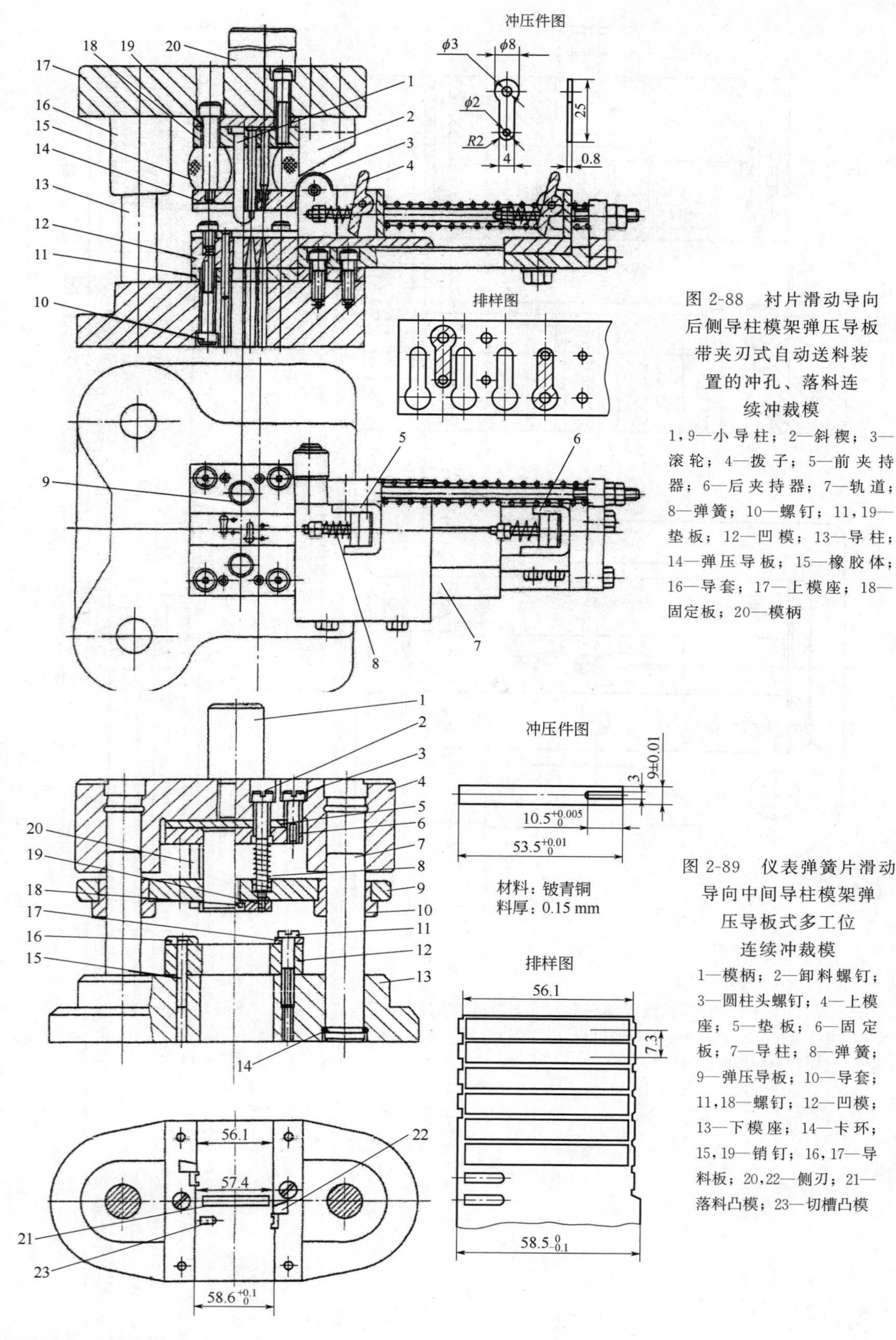

图 2-88　衬片滑动导向后侧导柱模架弹压导板带夹刃式自动送料装置的冲孔、落料连续冲裁模

1，9—小导柱；2—斜楔；3—滚轮；4—拨子；5—前夹持器；6—后夹持器；7—轨道；8—弹簧；10—螺钉；11，19—垫板；12—凹模；13—导柱；14—弹压导板；15—橡胶体；16—导套；17—上模座；18—固定板；20—模柄

图 2-89　仪表弹簧片滑动导向中间导柱模架弹压导板式多工位连续冲裁模

1—模柄；2—卸料螺钉；3—圆柱头螺钉；4—上模座；5—垫板；6—固定板；7—导柱；8—弹簧；9—弹压导板；10—导套；11，18—螺钉；12—凹模；13—下模座；14—卡环；15，19—销钉；16，17—导料板；20，22—侧刃；21—落料凸模；23—切槽凸模

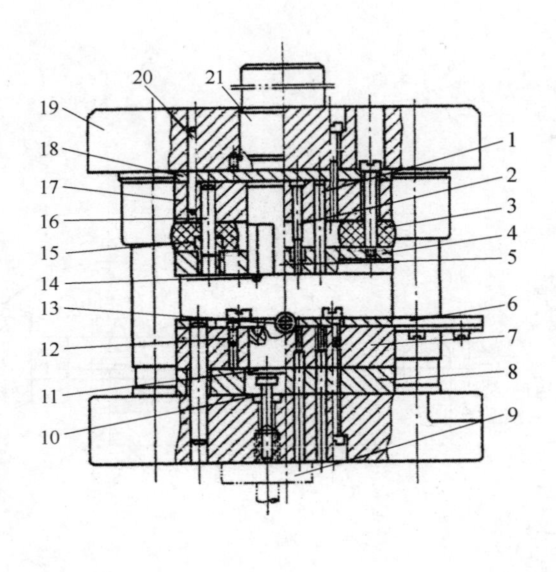

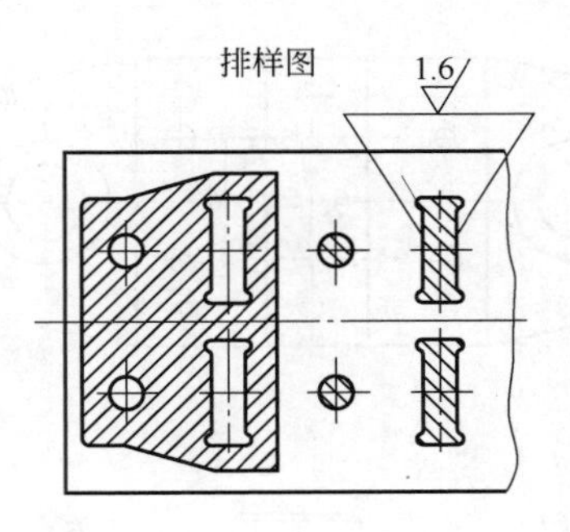

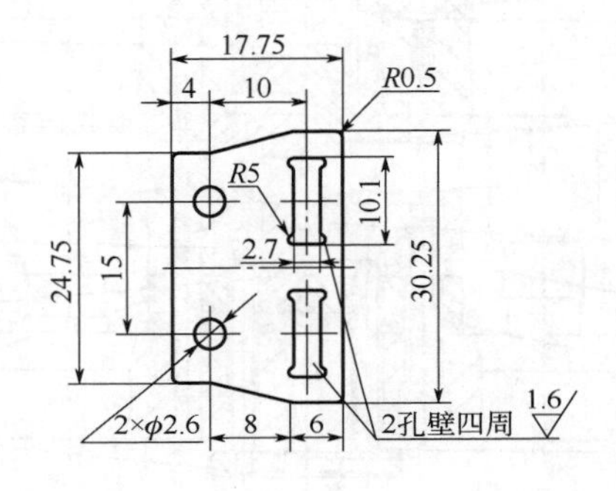

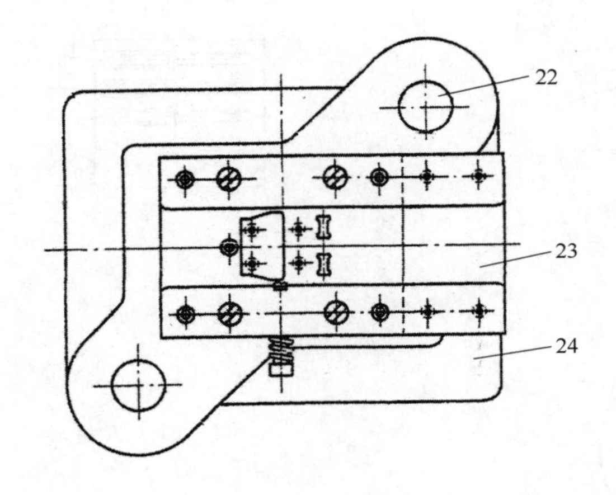

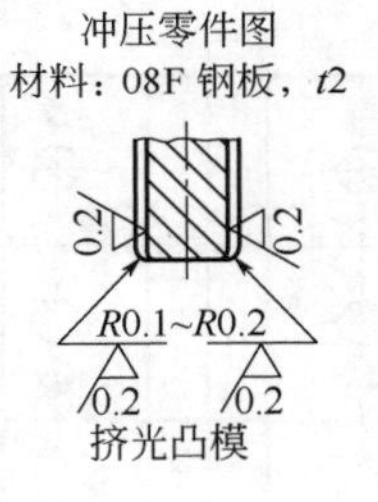

图 2-90 挡板滑动导向对角导柱模架弹压导板光洁冲孔、落料连续冲裁模

1—光洁冲孔凸模；2—冲小孔凸模；3—橡胶体；4—卸料板；5—落料凸模；6—导料板；7—凹模；8,18—垫板；9—弹顶器；10—顶杆；11—顶块；12—固定挡料销；13—始用挡料装置；14—导正销；15—小导套；16—小导柱；17—固定板；19—上模座；20—销钉；21—模柄；22—导柱、导套（组件）；23—承料板；24—下模座

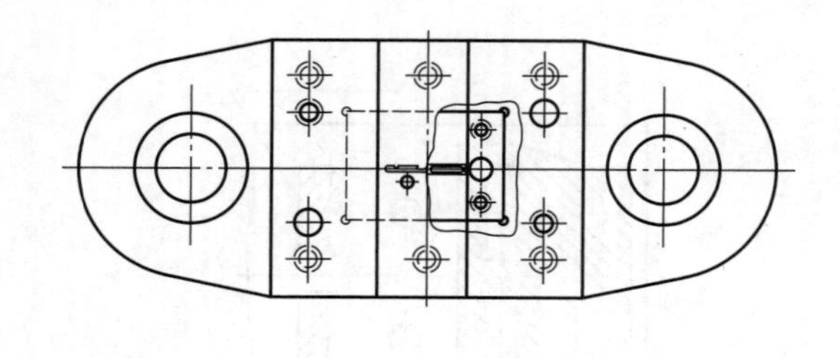

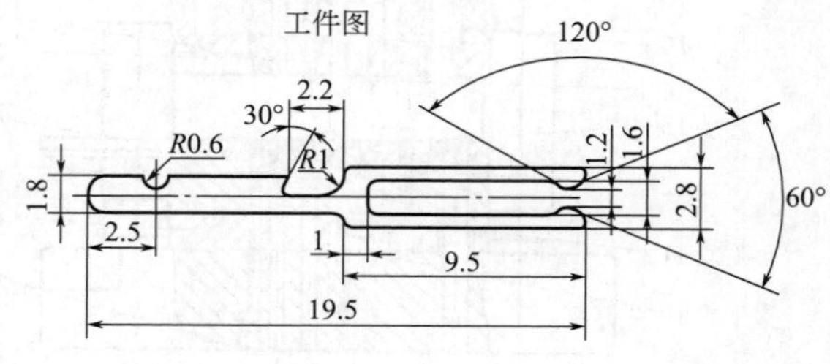

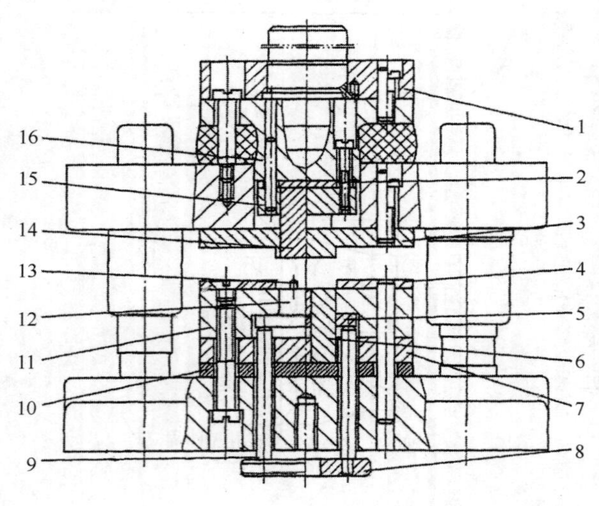

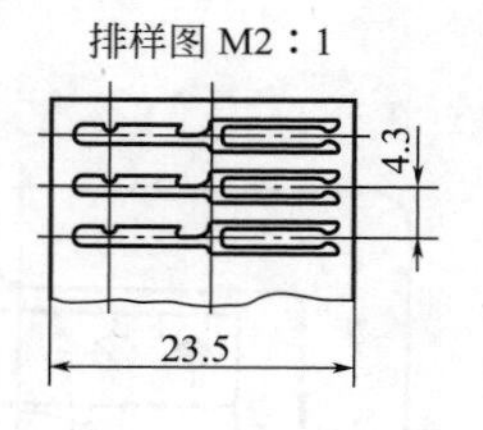

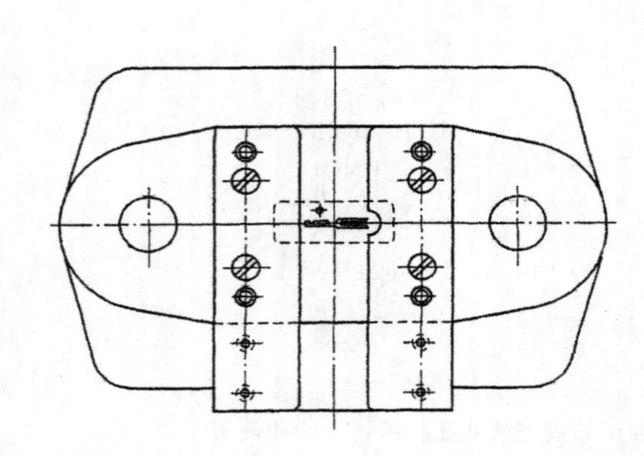

图 2-91　滑动导向中间导柱模架弹压导板式单工序高精度镶嵌结构落料模

1—上模座；2—上垫板；3—弹压导板；4—定位板；5—托板；6—镶件；7—下固定板；8—顶板；9—顶杆；10—下垫板；11—凹模；12—顶件器；13—挡料销；14—凸模；15—上固定板；16—固定座

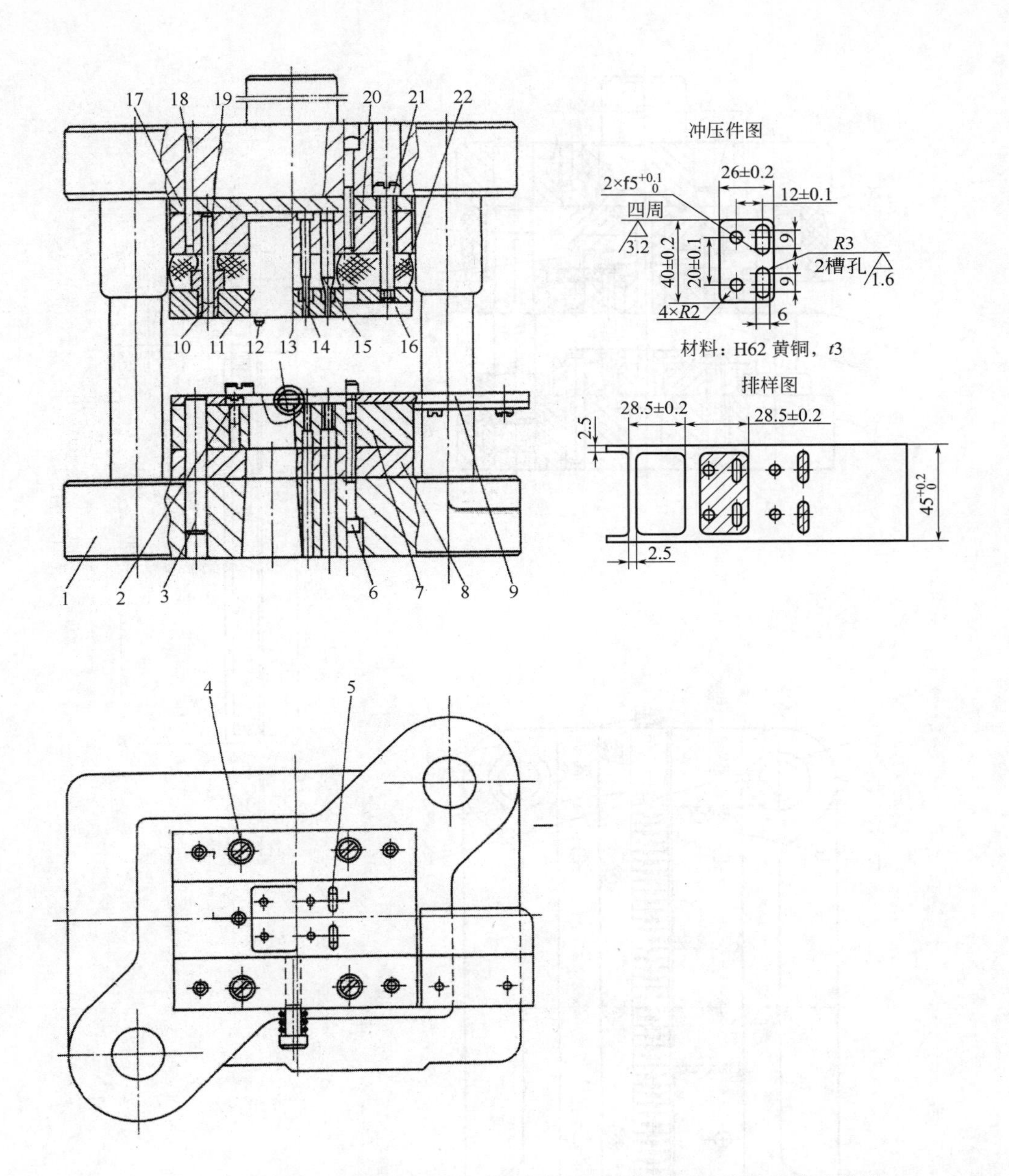

图 2-92　基准板滑动导向对角导柱模架弹压导板光洁冲孔、落料连续冲裁模

1—下模座；2—固定挡料销；3,18—销钉；4,6,21—螺钉；5—长槽凹模孔；
7—凹模；8—垫板；9—导料板；10—小导套；11—落料凸模；12—导正销；
13—始用挡销；14—冲圆孔凸模；15—冲槽孔凸模；16—弹压卸料板；
17—垫板；19—小导柱；20—固定板；22—橡胶体

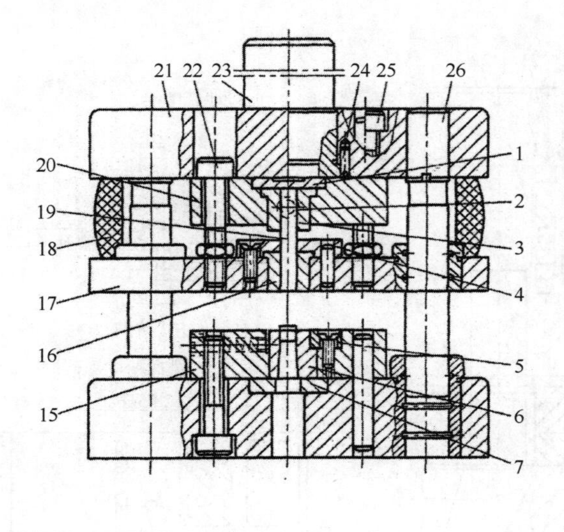

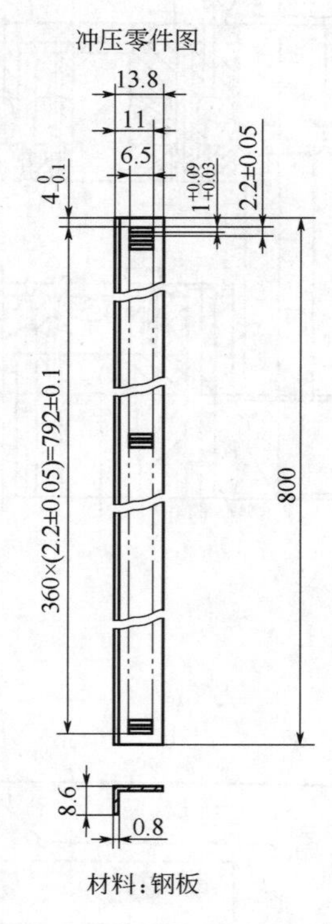

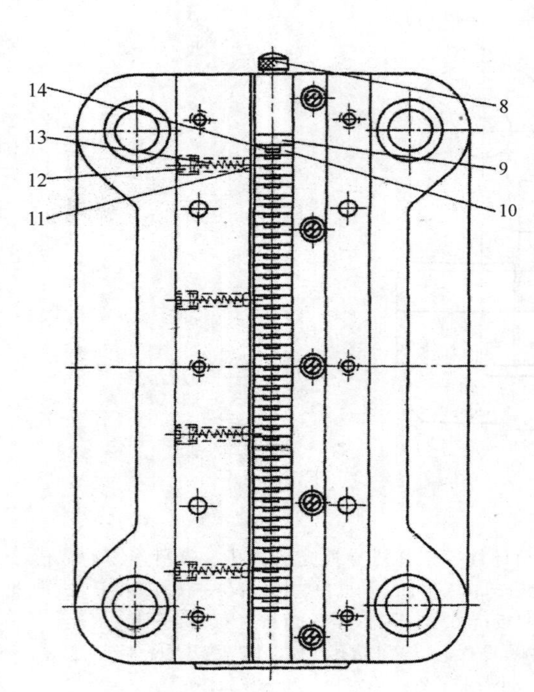

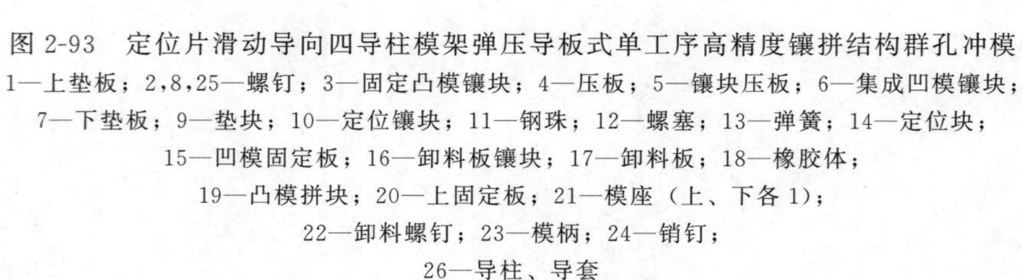

图 2-93　定位片滑动导向四导柱模架弹压导板式单工序高精度镶拼结构群孔冲模

1—上垫板；2,8,25—螺钉；3—固定凸模镶块；4—压板；5—镶块压板；6—集成凹模镶块；
7—下垫板；9—垫块；10—定位镶块；11—钢珠；12—螺塞；13—弹簧；14—定位块；
15—凹模固定板；16—卸料板镶块；17—卸料板；18—橡胶体；
19—凸模拼块；20—上固定板；21—模座（上、下各 1）；
22—卸料螺钉；23—模柄；24—销钉；
26—导柱、导套

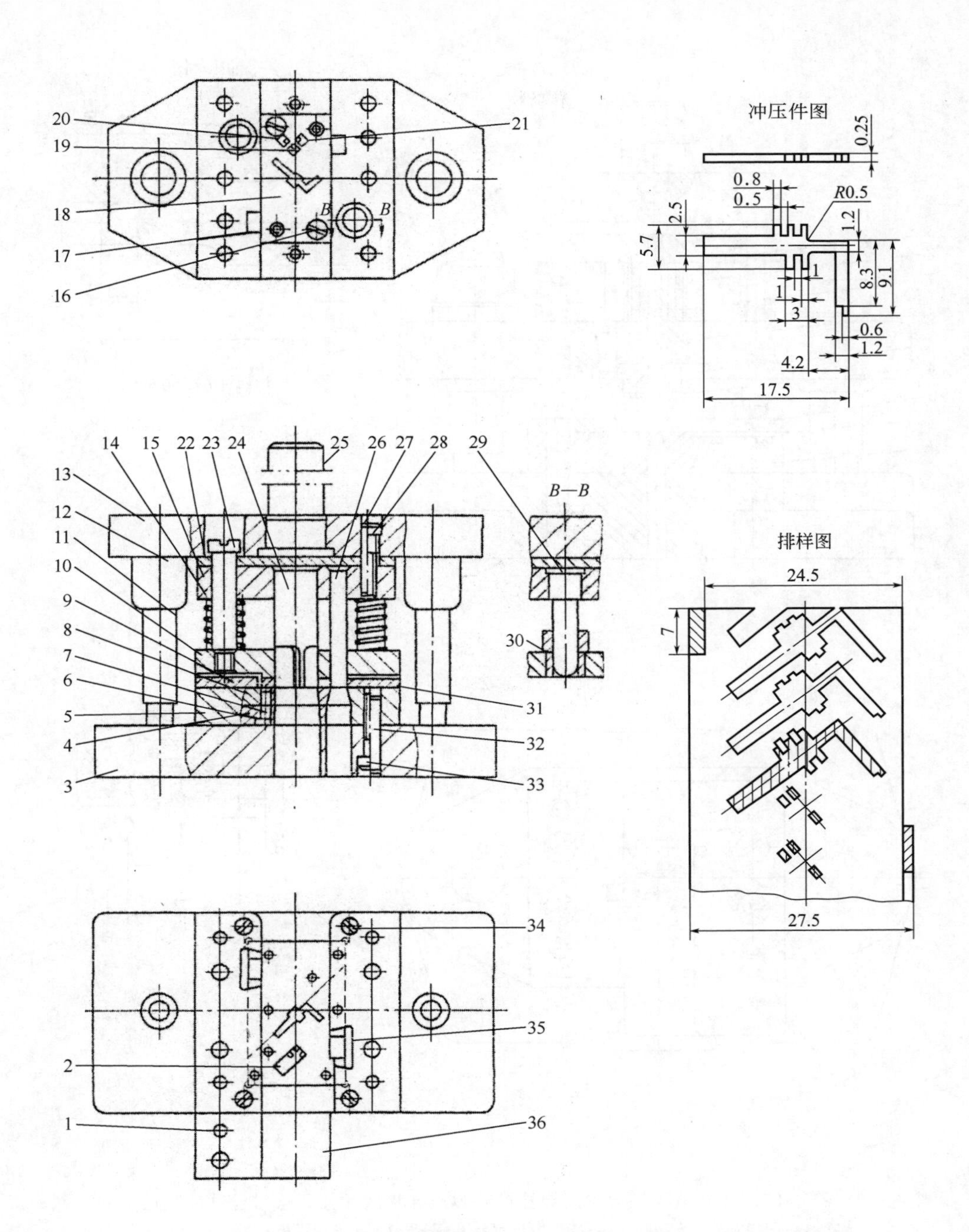

图 2-94　游丝支片滑动导向中间导柱模架弹压导板式冲孔、落料连续冲裁模

1,6,16,28,33,34—螺钉；2,8—凹模镶块；3—下模座；4—凹模垫块；5—凹模框；7,27,32—销钉；9,31—长、短导料板；10,18—卸料板；11—导柱；12—导套；13—上模座；14—弹簧；15—固定板；17—侧刃；19～21—凸模；22—垫板；23—卸料螺钉；24—落料凸模；25—模柄；26—侧刃；29—小导柱；30—小导套；31—导料板；35—侧刃挡块；36—承料板

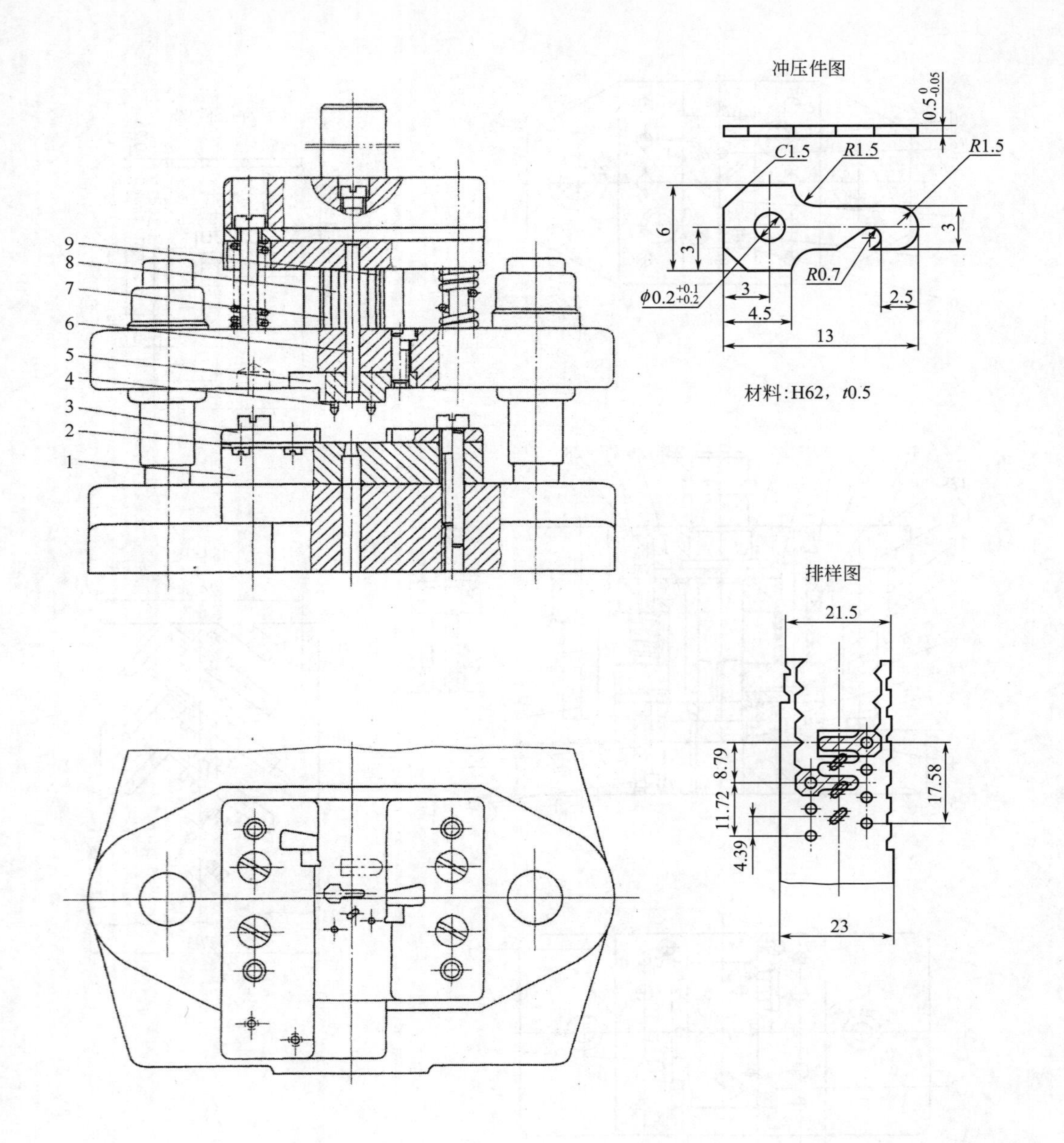

图 2-95　焊片滑动导向中间导柱模架弹压导板式冲孔、落料连续冲裁模

1—凹模；2—承料板；3—长、短导料板；4—导正销；5—压板；6～9—凸模

(5) 滚动导向滚珠导柱模架弹压导板式多工位连续模（图 2-96～图 2-101）

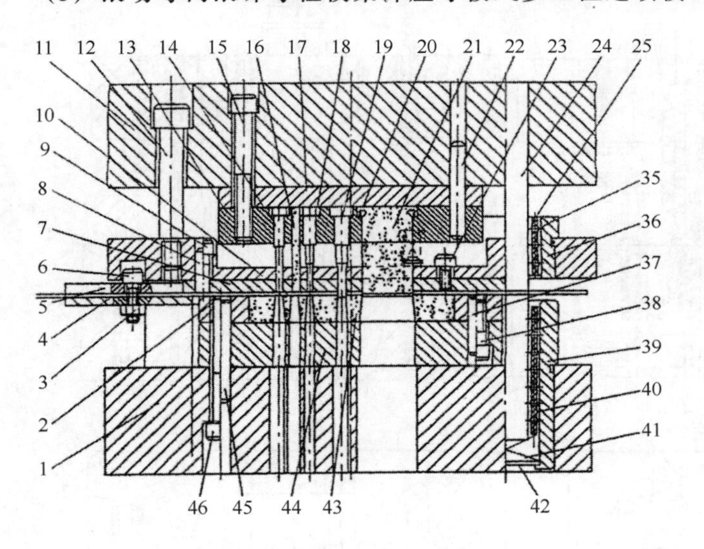
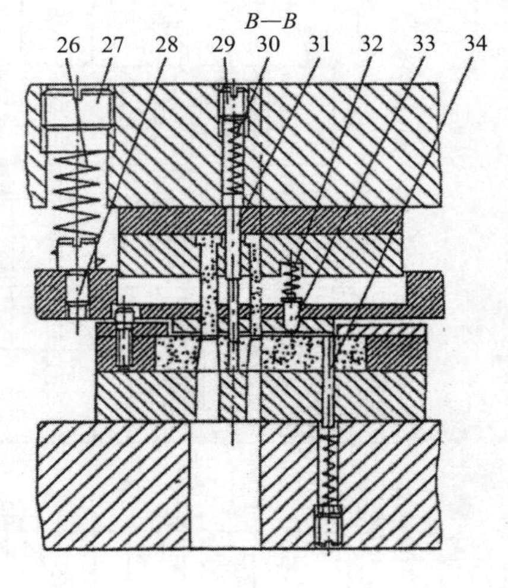
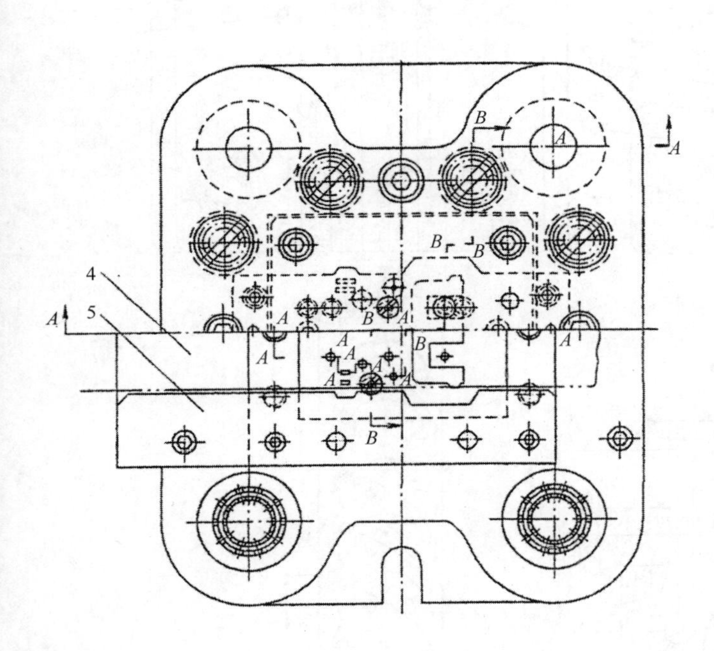
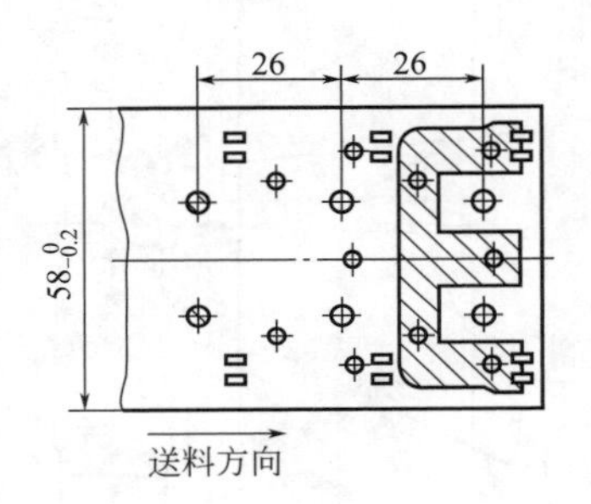

排样图

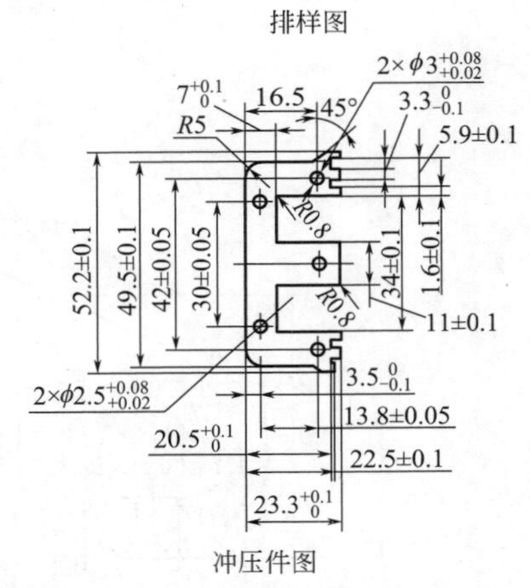

冲压件图

图 2-96 山字形硅钢片滚动导向滚珠导柱四导柱模架弹压导板式硬质合金连续冲裁模

1,11—上、下模座；2—凹模框；3—螺母；4—承料板；5—导料板；6,9,12,15,23,28,38,46—螺钉；7—卸料导板；8,22,37,45—圆柱销；10—卸料板（导板）；13—凸模固定板；14,16,18,19,21—凸模；17—垫板；20—钢丝；24—导柱；25,40—钢珠保持圈；26,30,32,41—弹簧；27,29—螺塞；31,33,34—顶销；35—滚珠；36—小导套；39—大导套；42—弹簧挡圈；43—凹模；44—垫板

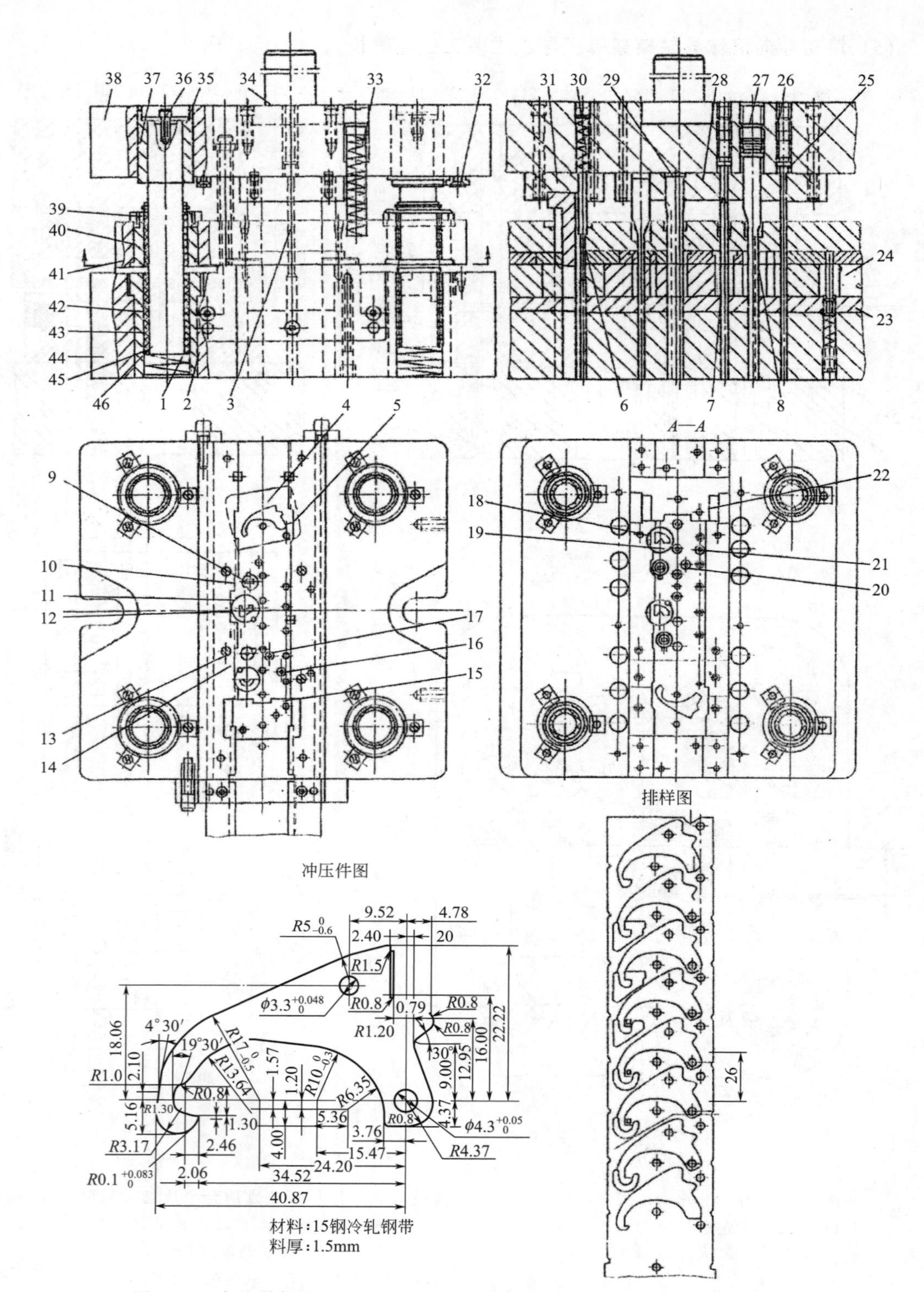

图 2-97　表芯零件滚动导向滚珠四导柱模架弹压导板式 9 工位连续冲裁模

1,33—弹簧；2—下导套；3,6～8,20,21,25,29—凸模；4,5,9～15—凹模镶块；16,17—冲孔凹模嵌件；18,19—导板镶块；22—侧刃；23—垫板；24—凹模框；26,27,30—螺塞；28,31—凸模固定板；32—导套固定块；34—模柄；35—导柱固定套；36—螺钉；37—压板；38—上模座；39—螺环；40—导板；41—导板导套；42—导柱；43—导套；44—下模座；45—钢珠保持圈；46—ϕ4 钢珠

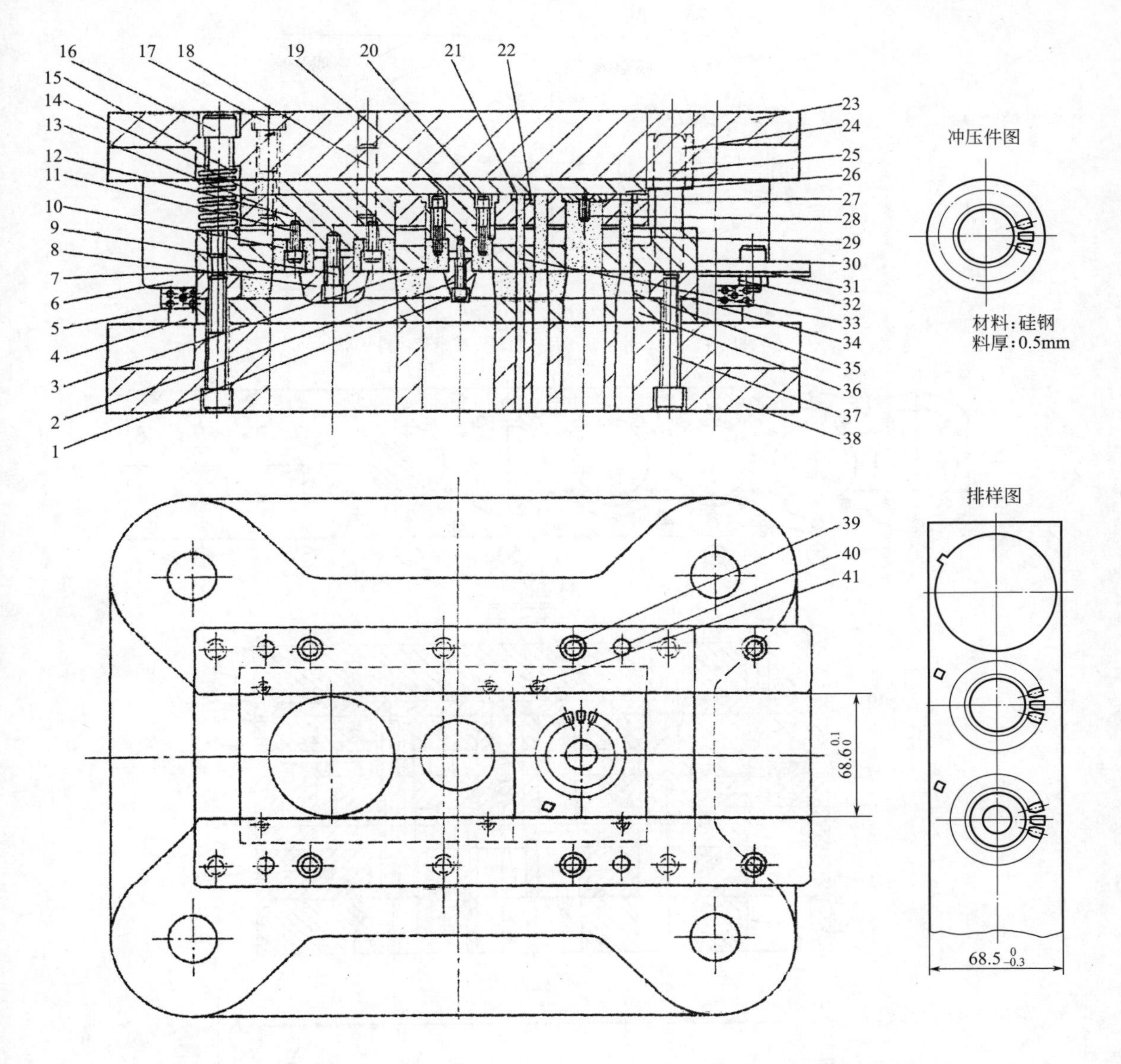

图 2-98　电机定子片滚动导向滚珠四导柱模架弹压导板式 3 工位连续冲裁模

1,9,11,17,20,37,39—内六角螺钉；2,8—导正销；3—凸模；4—导柱；5—钢珠保持圈；6—导套；7—卸料板；10—落料凸模；12—落料凸模座；13—凸模固定板；14—垫板；15—弹簧；16—卸料螺钉；18,40,41—销钉；19—凸模座；21,22—止动销；23—上模座；24—小导套；25—小导柱；26—固定板；27—埋头螺钉；28—冲孔凸模；29—定子槽形凸模；30—导料板；31—承料板；32—螺钉；33—扣片槽凸模；34—凹模框；35—定子槽形凹模；36—空心垫板；38—下模座

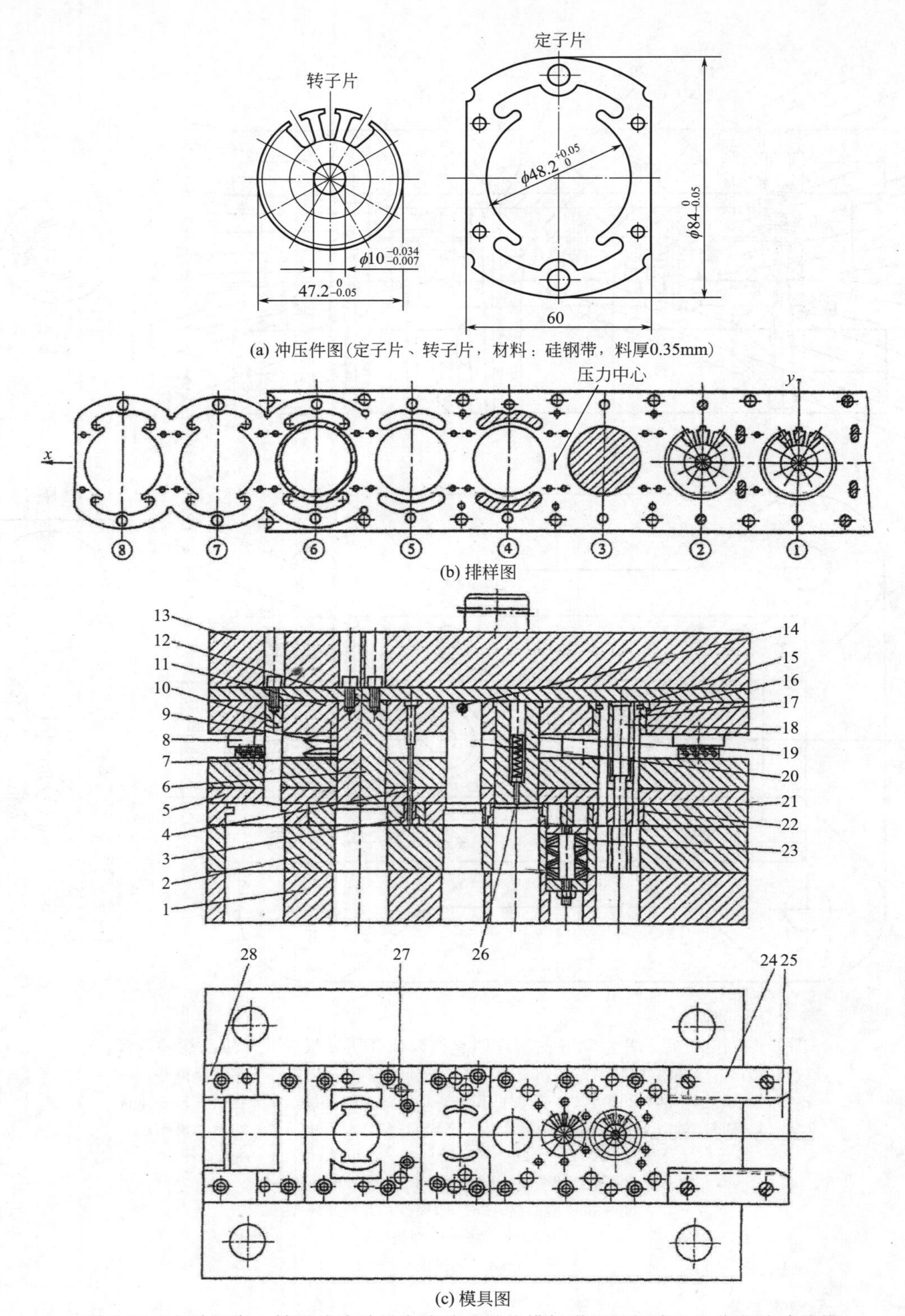

(a) 冲压件图(定子片、转子片，材料：硅钢带，料厚0.35mm)

(b) 排样图

(c) 模具图

图 2-99　电动机定、转子片滚动导向滚珠四导柱模架弹压导板式 8 工位连续冲裁模

1—钢板下模座；2—凹模基体；3—导正销座；4—导正销；5—卸料板；6,7—切废料凸模；8—滚动导柱导套；9—碟形卸料弹簧、卸料螺钉；10—切断凸模；11—凸模固定板；12—垫板；13—钢板上模座；14—销钉；15—卡圈；16—凸模座；17—冲槽凸模；18—冲孔凸模；19—落料凸模；20—异形孔凸模；21—凹模；22—冲槽凹模；23—弹性校正组件；24,28—局部导料板；25—承料板；26—防粘顶针；27—浮顶器

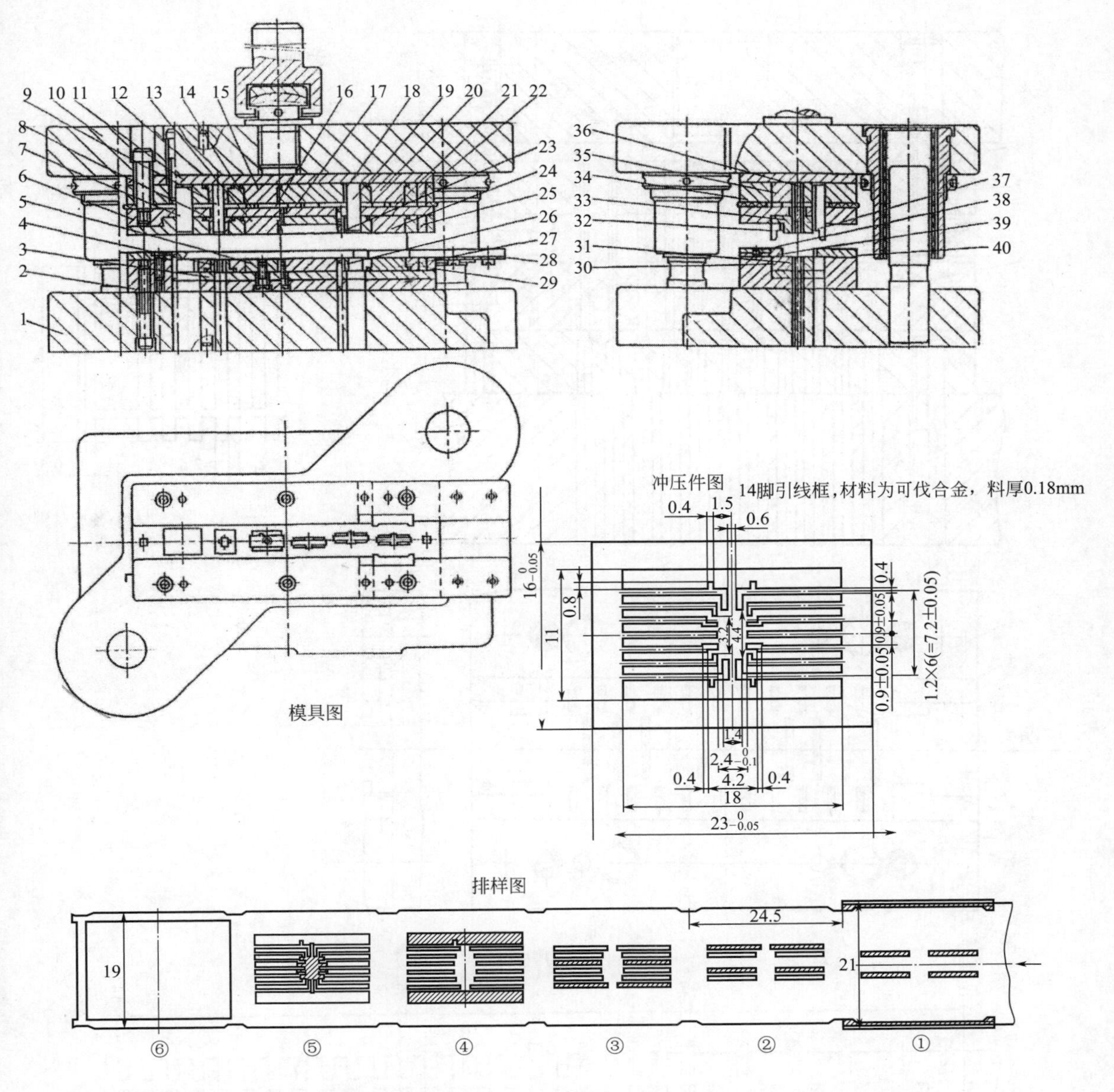

图 2-100　14 脚引线框滚动导向滚珠对角导柱模架弹压导板式 6 工位连续冲裁模

1—下模座；2—凹模固定板；3—下垫板；4,5—凹模嵌件；6—卸料板；7—落料凸模；8,13—压板嵌件；9,14,16,17,19,21—凸模；10—上模座；11—上垫板；12,15,20—凸模固定板嵌件；18—凸模镶件；22,25,29—键；23,24—压板嵌块；26—凹模嵌块；27—凹模镶块；28—承料板；30,31—凹模拼块；32,33—压板镶块；34—凸模固定板；35,36—凸模固定板拼块；37—侧刃；38,40—侧导板；39—侧刃挡块

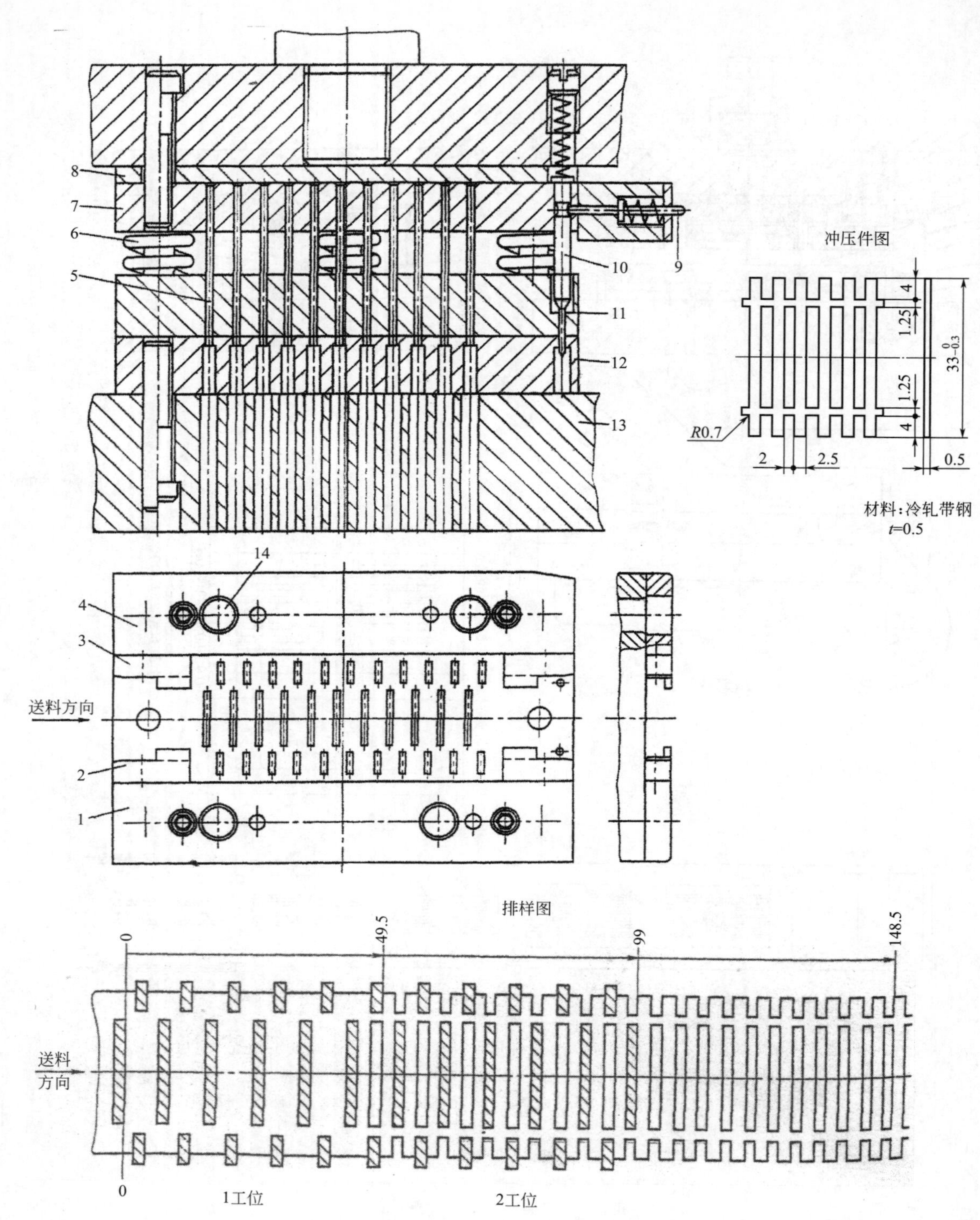

图 2-101 双桥密封胶条钢芯滑动导向四导柱模架弹压导板式连续冲裁模

1,4—导料板；2,3—导料板镶件（已淬硬）；5—凸模；6—强力弹簧；7—固定板；8—垫板；9—触头（安全保护装置）；10—导正销；11—卸料板；12—凹模；13—带滚动导向的对角模架；14—小导柱导正孔

2.4 单工位多工步复合冲裁模的类型及实用典型结构（图2-102~图2-114）

这类冲模在线使用广泛，通称复合冲裁模。实际上，这类冲模依其冲裁工步组合方式不同，有两种不同结构形式：单工位多工步复合冲裁模和多工位多工步连续式复合冲裁模。从这类冲模的内部结构及其落料凹模的安装位置区分，该类复合冲裁模又分为顺装式和倒装式两种结构形式。

2.4.1 顺装式复合冲裁模与倒装式复合冲裁模对比与选用

复合冲裁模结构形式不同，使用范围各有侧重。顺装式复合冲裁模与倒装式复合冲裁模，由于结构形式各异，不仅各自工作零件安装位置有别，而且冲裁件质量也有明显差别，其生产效率和操作安全性也各不相同。两者构成与侧重使用范围等关键性能比，详见表2-1。

表2-1 正（顺）装与倒（反）装结构复合模比较

比较项目	正(顺)装结构	倒(反)装结构
1. 工作零件安装位置 (1)落料凸模 (2)落料凹模 (3)凸凹板 (4)弹压卸料板	 在上模 在下模 在上模 在下模	 在下模 在上模 在下模 在下模
2. 冲压件质量 (1)尺寸精度 (2)平面度 (3)同轴度、位置度	 IT9、IT10 较好 好	 IT9、IT10 稍差 好
3. 出件方式	采用弹顶器，自凹模内顶出到模具工作面上出件	采用顶板、顶杆，自安装在上模的凹模内推出并落在模具工作面上出件
4. 冲孔废料排除方式	压力机回程时，废料从凸凹模内推出，或从落料凸模侧孔推出，废料不在凹凸模内积聚	废料在凸凹模内积聚到一定程度，便从凹模漏料孔排除，或从排出槽卸下
5. 凸凹模受力情况及壁厚对比	废料不在凸凹模内寄存，减少了内孔废料胀力，故其壁厚可更小。推荐凸凹模最小壁厚$b_{min}>1.5t>0.5$mm（t为冲压件料厚，mm）	由于废料在凸凹模内聚积要承受较大胀力，凸凹模壁厚不能太小，推荐$b_{min}>(2.5\sim2.8)t>0.8$mm
6. 操作安全性	由于内孔废料与冲压件都落在模具工作面上，操作不方便，也不安全	废料从模下排出，冲压件在模上可用自动卸料器推卸，操作方便，也较安全
7. 生产率	废料和工件均从模具工作面卸下，推出模具较慢，或需重复动作，故生产率较低	可自动推件或拨件出模，能不间断冲压，故生产效率高
8. 适用范围	适用于薄板冲压及平面度要求较高的平板冲裁件，推荐使用料厚范围：$t=0.1\sim3$mm或更厚一些	冲压件平面度要求不高，凸凹模强度足够时采用，推荐使用料厚范围：$t>0.4\sim3$mm；$t_{max}<5$mm

通过表 2-1 对复合冲裁模顺装结构与倒装结构的基本构成、冲裁件质量、操作安全性等诸多项目的广泛对比，便可为其合理选型与使用提出合适又具体的依据。

2.4.2 导柱模架单工位多工步顺装式复合冲裁模（图2-102～图2-106）

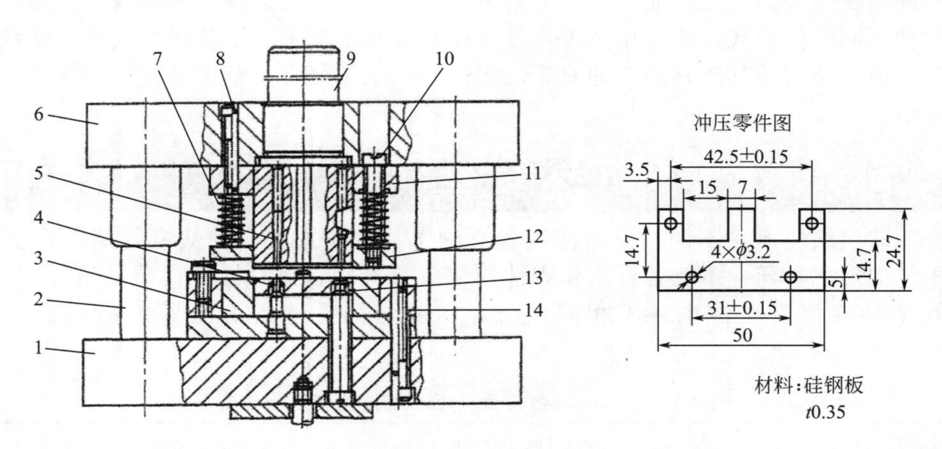

(a) 仪器变压器铁芯片滑动导向中间导柱模架落料、冲孔顺装式复合冲裁模

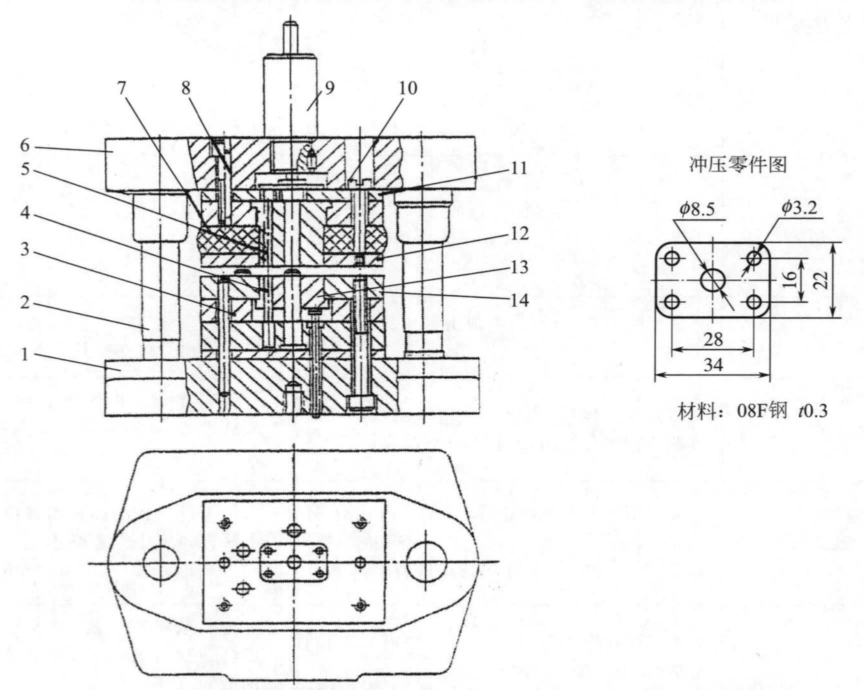

(b) 仪表底座滑动导向中间导柱模架弹压卸料落料、冲孔顺装式复合冲裁模

图 2-102 滑动导向中间导柱模架弹压卸料落料、冲孔顺装结构复合冲裁模

1—下模座；2—导柱；3—空心垫板；4—冲孔凸模；5—卸料器；6—上模座；7—弹性元件（弹簧或橡胶）；8—销钉；9—模柄；10—螺钉；11—固定板；12—卸料板；13—顶件器；14—凹模

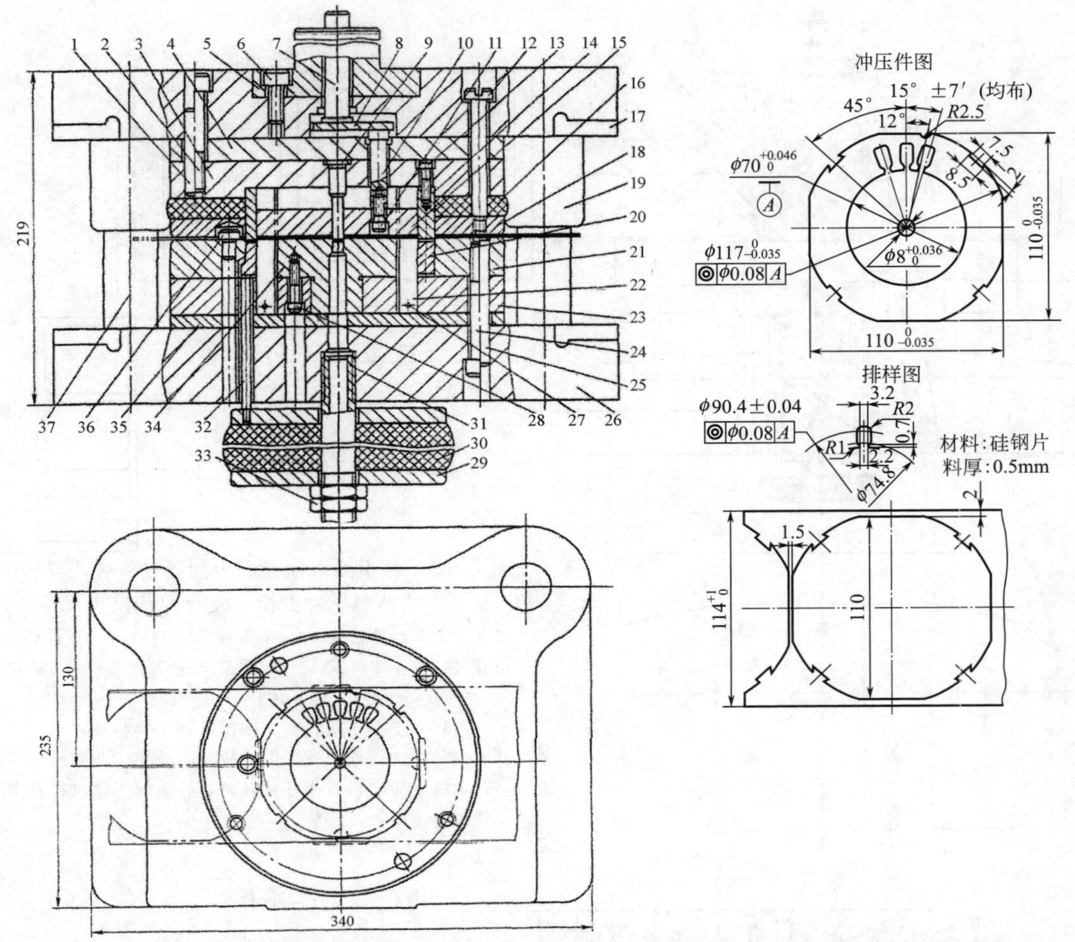

图 2-103　电机定子硅钢片滑动导向后侧导柱模架弹压卸料落料/冲孔顺装结构复合冲裁模

1,25—销钉；2,6,11,13,24,28—内六角螺钉；3—上固定板；4—上垫板；5—模柄；7—打料杆；8—推杆；9—小孔凸模；10—连接推杆；12—卸料螺钉；14—凸凹模；15—推件器；16—橡胶；17—上模座；18—卸料板；19—导套；20—顶件块；21—凹模；22—冲槽凸模；23—下固定板；26—下模座；27—钢丝；29—托板；30—橡胶块；31—拉杆；32—顶杆；33—螺母；34—下凸凹模；35—下垫板；36—挡料销；37—导柱

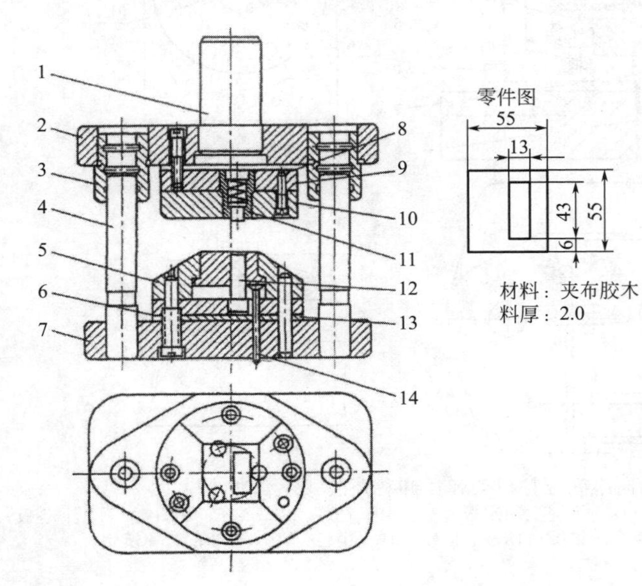

图 2-104　夹布胶木板滑动导向中间导柱模架弹压卸料落料、冲孔顺装结构复合冲裁模

1—模柄；2—上模座；3—导套；4—导柱；5—凹模；6—固定板；7—下模座；8—垫板；9—固定板；10—压板；11—凹模；12—凸模；13—推杆；14—垫板

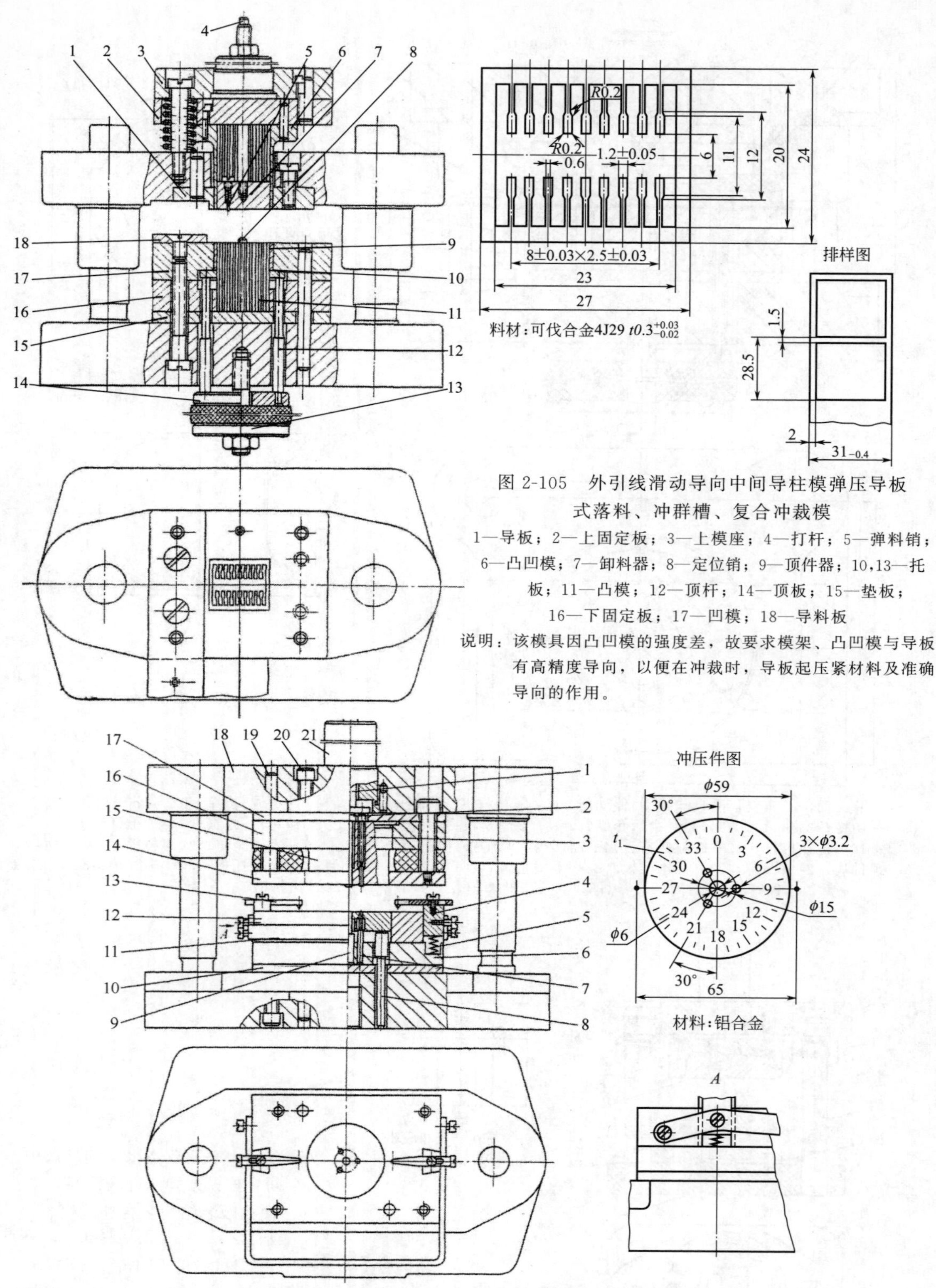

图 2-105　外引线滑动导向中间导柱模弹压导板式落料、冲群槽、复合冲裁模

1—导板；2—上固定板；3—上模座；4—打杆；5—弹料销；6—凸凹模；7—卸料器；8—定位销；9—顶件器；10,13—托板；11—凸模；12—顶杆；14—顶板；15—垫板；16—下固定板；17—凹模；18—导料板

说明：该模具因凸凹模的强度差，故要求模架、凸凹模与导板有高精度导向，以便在冲裁时，导板起压紧材料及准确导向的作用。

图 2-106　仪表盘滑动导向中间导柱模架弹压卸料顺装式复合冲裁模

1—打杆；2,3—打料杆；4—滑块；5—弹簧；6,16—下、上固定板；7,9,15—凸模；8—顶杆；10,17—下、上垫板；11—手柄；12—凹模；13—指针；14—卸料板；18—上模座；19—销钉；20—螺钉；21—模柄

2.4.3 导柱模架单工位多工步倒装式复合冲裁模（图2-107~图2-114）

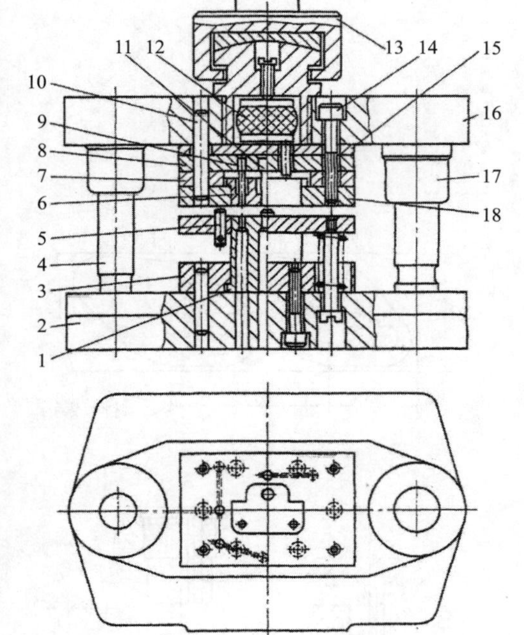

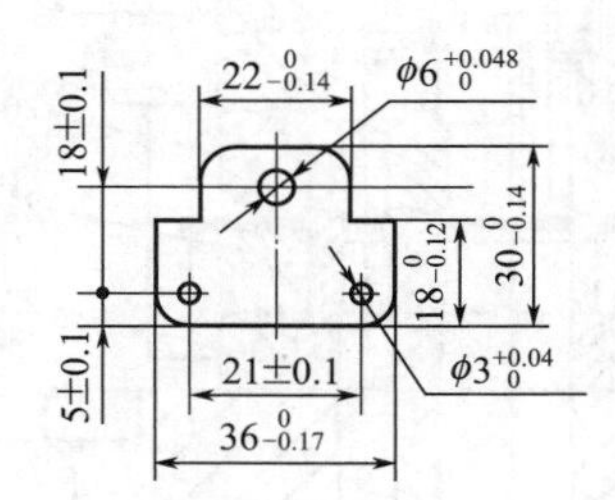

材料：H62黄铜，t0.3

图 2-107 侧板滑动导向中间导柱模架弹压卸料浮动模柄倒装式高精度冲孔、落料复合冲裁模

1—凸凹模；2—下模座；3—下固定板；4—导柱；5—挡料销；6—卸件器；7—空心垫板；8—上固定板；9—冲小孔凸模；10—销钉；11—冲大孔凸模；12—橡胶体；13—浮动模柄；14—螺钉；15—上垫板；16—上模座；17—导套；18—凹模

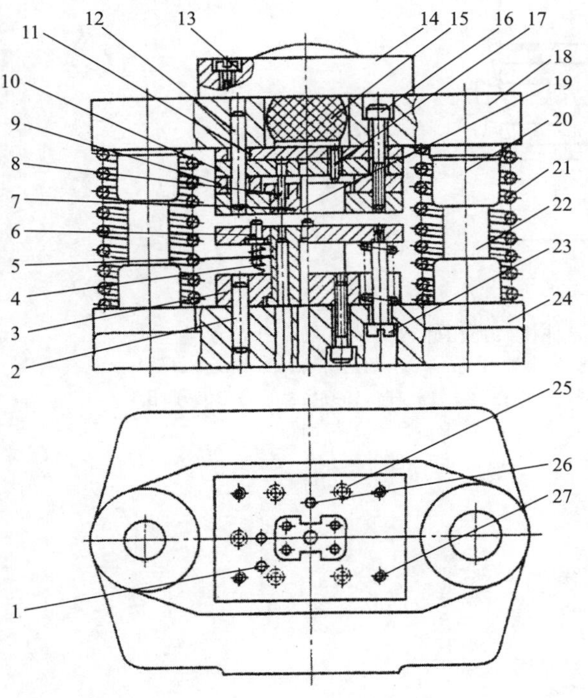

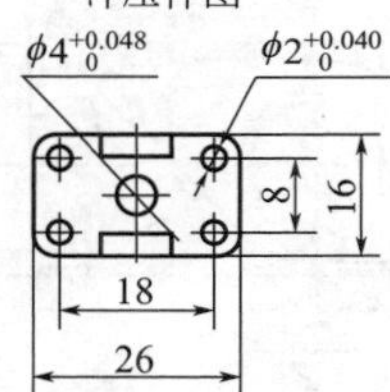

材料：2A12，t=0.2

图 2-108 隔板滑动导向中间导柱模架弹压卸料倒装式冲孔、落料复合冲裁模

1—导料销；2,12,25—销钉；3—凸凹模固定板；4,21—弹簧；5—凸凹模；6,26—挡料销；7—卸件器；8,19—冲孔凸模；9—空心垫板；10—冲孔凸模固定板；11—上垫板；13,16,27—螺钉；14—冲头；15—橡胶体；17—推杆；18—上模座；20—导套；22—导柱；23—卸料螺钉；24—下模座

说明：1. 该结构适用于 t0.5mm 以下，超薄料冲裁件复合冲裁且产量限于小批小量的小冲裁件。

2. 冲裁件平整，精度高。

3. 生产效率不高，模上出件慢且欠安全。

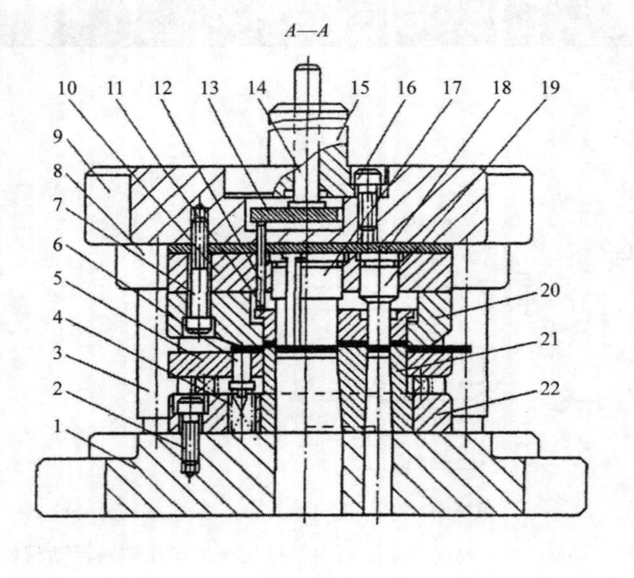

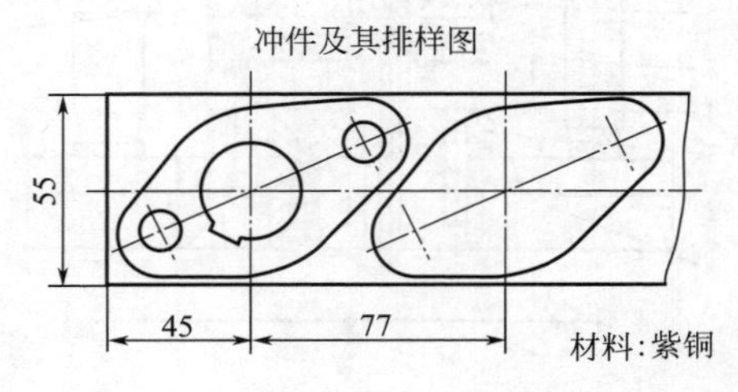

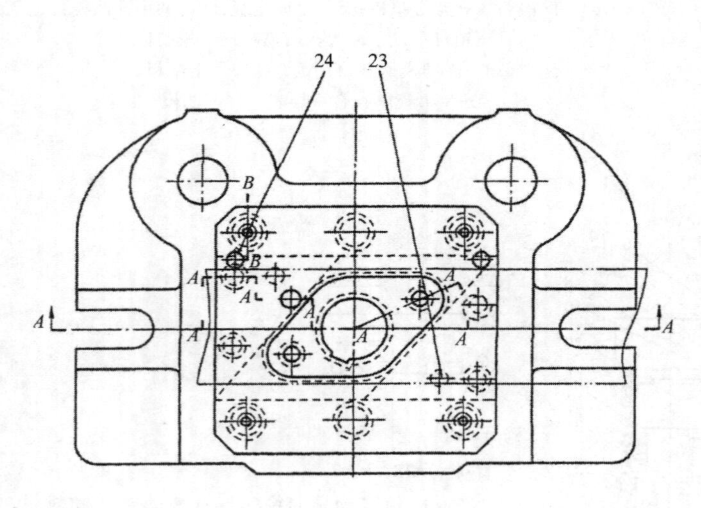

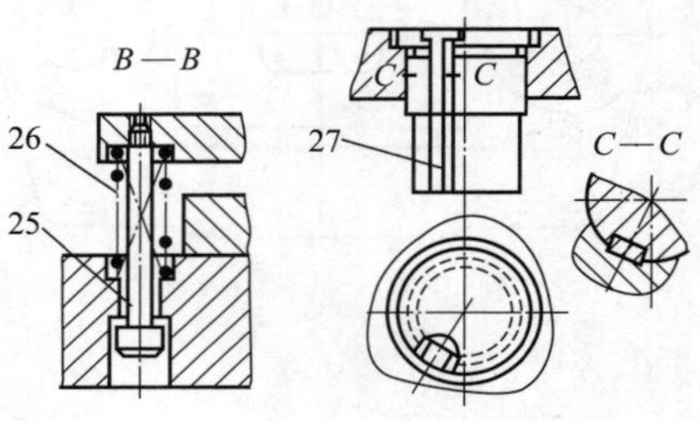

图 2-109 法兰垫滑动导向后侧导柱模架弹压卸料倒装式复合冲裁模

1—下模座；2,7,16—螺钉；3—导柱；4,26—弹簧；5—卸料板；6—活动挡料销；8—导套；9—上模座；10,22—固定板；11—顶件块；12—顶杆；13—推板；14—打料杆；15—模柄；17,19—凸模；18—垫板；20—凹模；21—凸凹模；23—柱销；24—活动导料销；25—卸料螺钉；27—凸模镶块

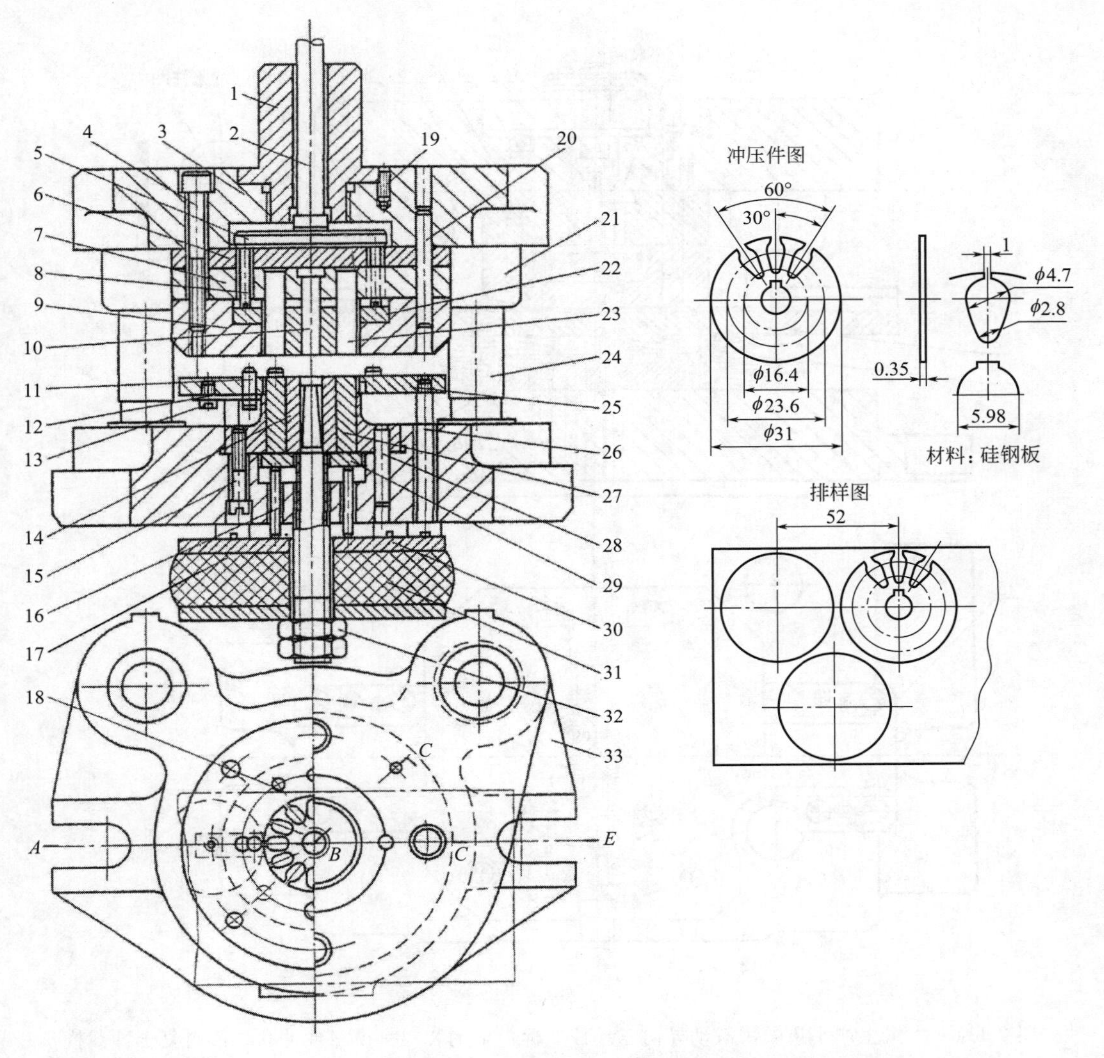

图 2-110　微电机转子片滑动导向后侧导柱模架弹压卸料倒装式复合冲裁模

1—模柄；2—打料杆；3—上模座；4,13,15—螺钉；5—推板；6—垫板；7—固定板；8—推杆；9—凹模；10—凸模；11—活动挡料销；12—弹簧片；14—凸凹模；16—顶杆；17—螺管；18—导料销；19—螺塞；20,28—销钉；21—导套；22—卸件器；23—槽形凸模；24—导柱；25—卸料板；26—卸料螺钉；27—顶件器；29—顶板；30—托板；31—橡胶；32—螺母；33—下模座

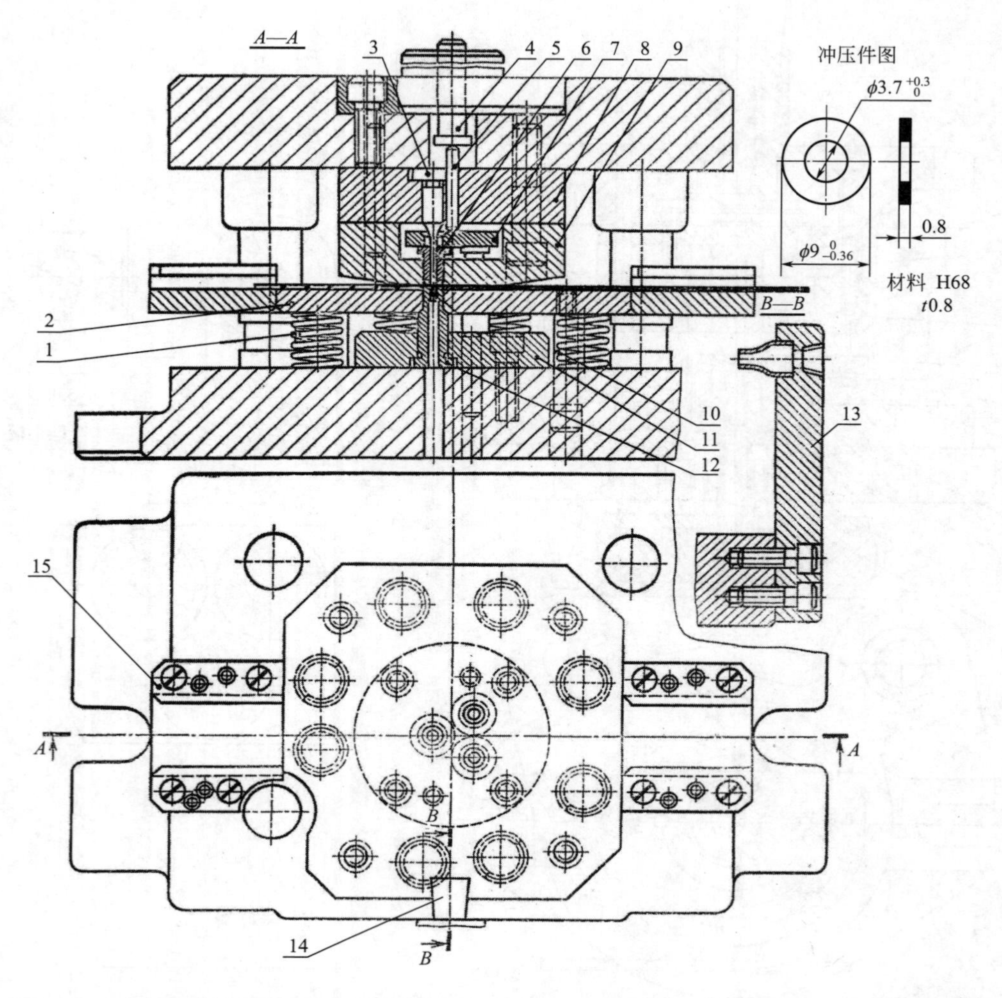

图 2-111　大量生产小垫圈用滑动导向三导柱非标模架倒装式一模三件冲孔、落料复合冲裁模

1—弹簧；2—卸料板；3—冲孔凸模；4—打杆；5—推杆；6—冲孔凸模护套；7—推板；8—上固定板；9—落料凹模；10—弹簧；11—下固定板；12—凸凹模；13—压缩空气喷嘴支架；14—喷嘴；15—导料板

说明：1. 小垫圈冲制的冲模实用典型结构。

2. 用压缩空气吹卸冲压件，不仅卸件出模效率高，而且可使冲模不间断连轧冲压，安全又提高生产率。

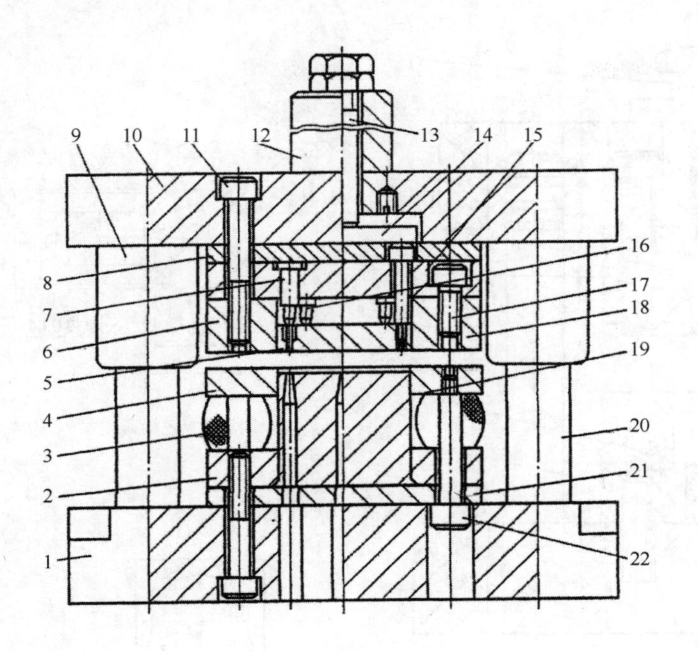

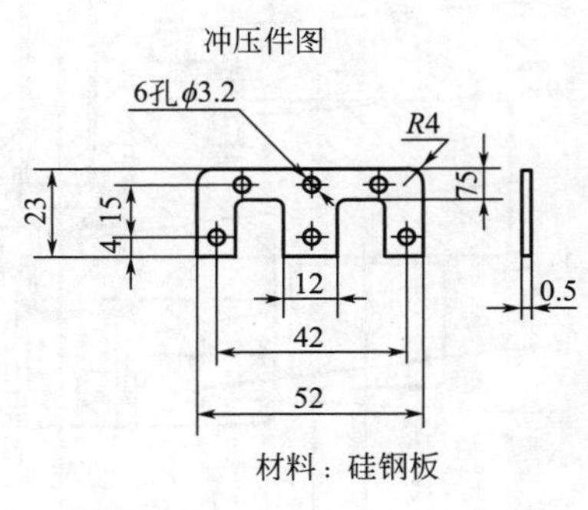

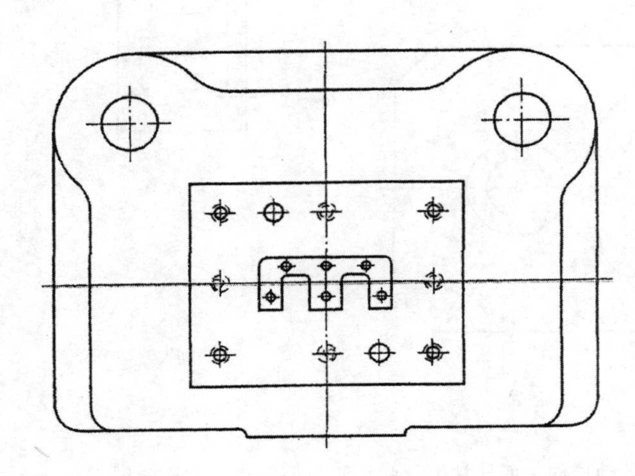

图 2-112　E字形硅钢片滑动导向后侧导柱模架弹压卸料倒装式冲孔、落料复合冲裁模

1,10—模座；2—下固定板；3—橡胶体；4—卸料板；5—卸件器；6—凹模；7,16—冲孔凸模；8,21—垫板；9—导套；11,17,22—螺钉；12—模柄；13—打料杆；14—推板；15—凸模固定板；18—凹模；19—凸凹模；20—导柱

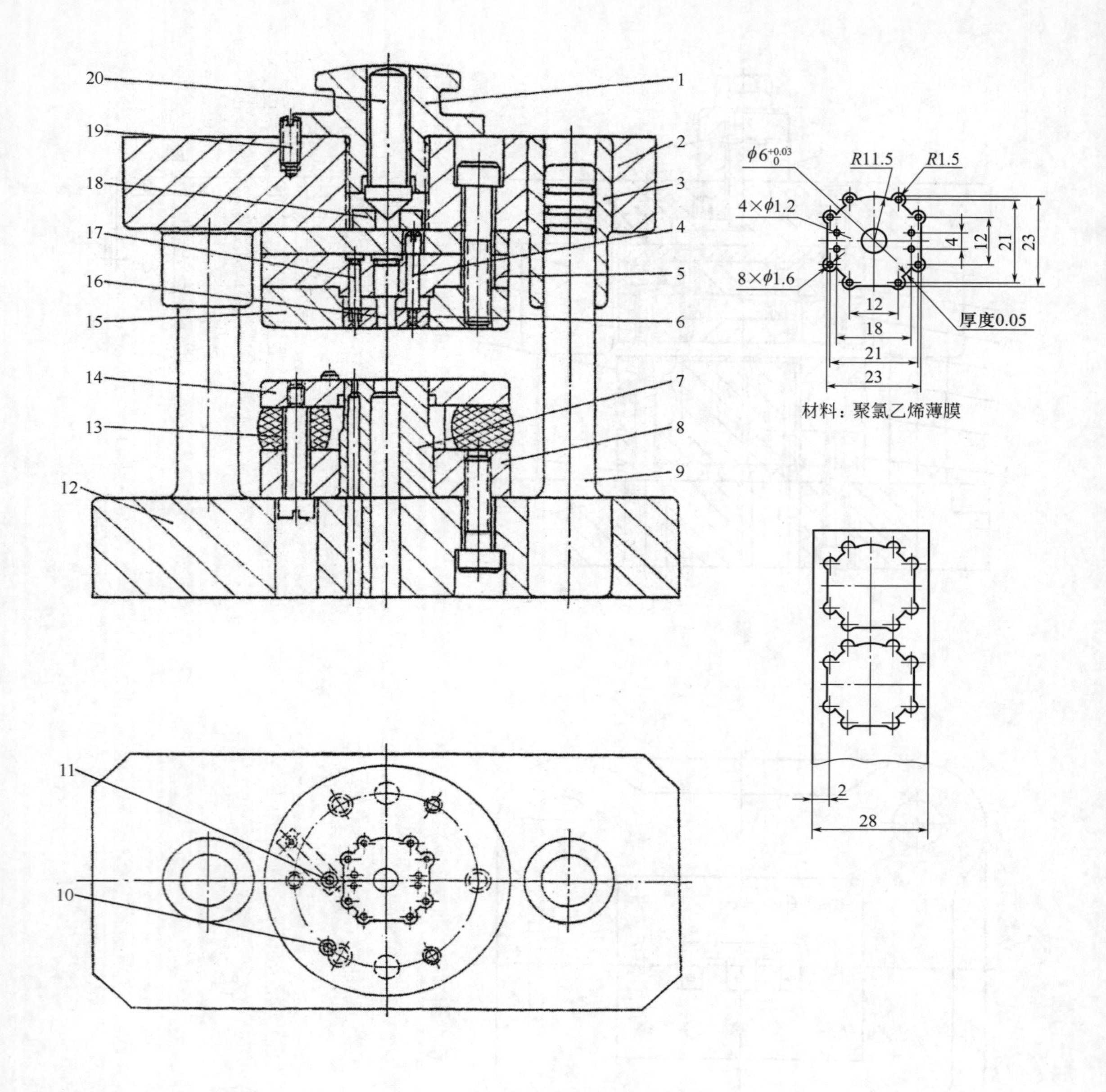

图 2-113　聚氯乙烯薄膜密封垫滑动导向中间导柱模架弹压卸料倒装式复合冲裁模

1—模柄；2—上模座；3—导套；4—顶杆螺钉；5—上凸模固定板；6—卸件器；7—凸模；8—下模固定板；9—导柱；10—挡料销；11—活动挡料销；12—下模座；13—橡胶块；14—卸料板；15—凹模；16,17—冲孔凸模；18—推板；19—制头螺钉；20—打杆

说明：该模具冲裁的材料有弹性，冲裁间隙小。因此，模架精度要求高，为了便于凸模与凹模的小间隙冲裁及制造，采用了浮动模柄和不淬火凹模。

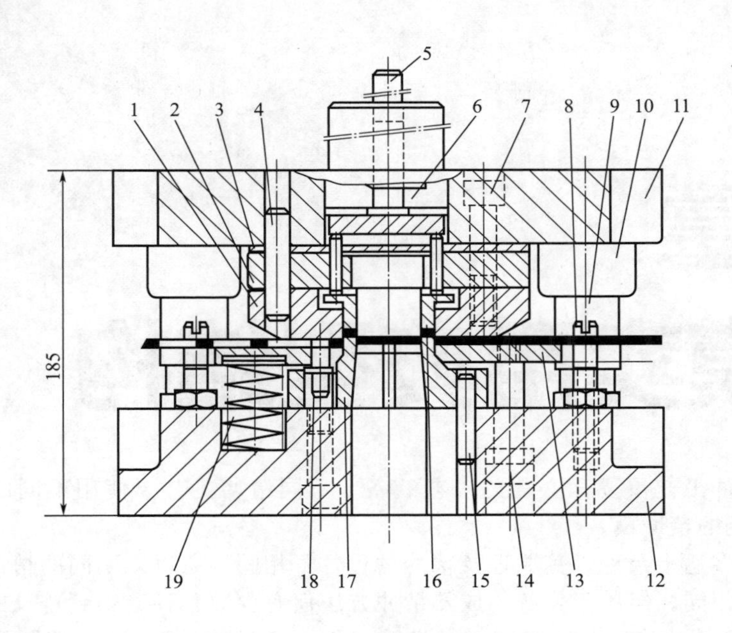

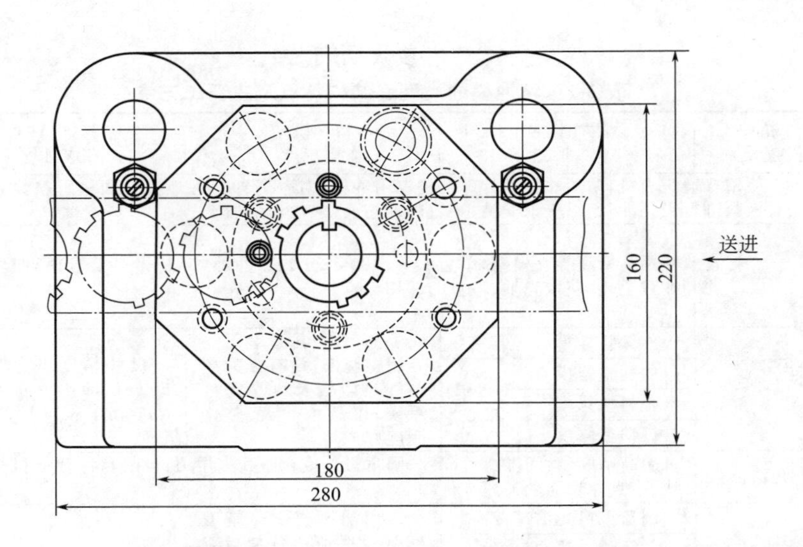

图 2-114　偏齿环滑动导向后侧导柱模架弹压卸料倒装式复合冲裁模

1—凹模；2—凸模固定板；3—垫板；4,15—销钉；5—打杆；6—推板；7—螺钉；8—导料销；9—导柱；10—导套；11—上模座；12—下模座；13—卸料板；14—卸料螺钉；16—卸件器；17—凸凹模；18—挡料销；19—弹簧

第3章

精冲模实用典型结构

精冲模是实施精冲工艺重要而必需的工艺装备。不同精冲工艺要使用不同的冲压设备（压力机）和与其匹配的精冲模。

已知的精冲方法多达十余种，其原理及精冲过程各不相同。所以，不同的精冲工艺所需的精冲模结构也大不相同。但用于生产的成熟精冲方法仅有少数几种。得到普及的强力齿圈压板精冲技术（即FB精冲法）和对向凹模精冲法（即OD精冲法），通常需要配备三动专用NC或CNC精冲压力机；而在普通冲裁基础上发展而来的一些精冲法，都在普通压力机上实施。因此，可将精冲模分成在普通压力机上精冲的精冲模和在专用精冲压力机上精冲的精冲模两大类。

精冲模的类型、结构特点及主要工艺参数见表3-1。

表3-1 精冲模的类型、结构特点及主要工艺参数

序号	精冲工艺类别	精冲工艺名称	粗冲模名称、形式	精冲模结构特点	精冲(件)工艺水平	说明
Ⅰ	用普通压力机的精冲工艺	使用普通压力机，采用非标准特殊结构专用冲模，对普通冲裁毛坯冲切面进行整修或直接对板料进行光洁冲裁，以获取光洁、平直的冲切面，取代切削加工				
1		整修	用高精度导柱模架，单边 $C=0.005$mm 的微间隙、锋利刃口整修模，冲切普通冲裁毛坯，获取光洁、平直的冲切面			整修亦称修边，类似切削加工
(1)			外缘整修模	多为导柱模架单工序专用整修模，设有强力压料(卸料)板及可靠定位系统，模具承载大、整体刚度好	尺寸精度可达IT6～IT9级，冲切表面粗糙度 $Ra\geqslant0.4\mu m$	
(2)			内孔整修模			
(3)			叠料整修模			
(4)			振动整修模			
2		光洁冲裁	用高精度、微间隙或负间隙、圆角刃口或台阶式多层刃口冲模，冲裁板料获取光洁、平直冲切面的冲压零件			
(1)			圆角刃口光洁冲裁模	多用加厚模座高精度模架，采用强力压料板兼卸料板，落料凹模洞口为直壁，刃口有 $R0.1$～$R0.2$mm 小圆角，定位系统精度高	尺寸精度可达IT8～IT10级，冲切表面粗糙度 $Ra\geqslant0.4\mu m$	
(2)			负间隙光洁冲裁模			
(3)			台阶式凸模精冲孔模			
(4)			无毛刺冲裁模			
(5)			挤压光洁冲裁模			
3		简易精冲	在普通压力机上用液压模架或三动特殊结构冲模实施强力压板、对向凹模等精冲法，精冲小型精冲件			在无专用精冲机时采用的简易精冲法
(1)			强力压板精冲模	模具结构复杂，制造技术要求高。液压模架要配液压装置	尺寸精度IT7～IT10级，冲切表面粗糙度 $Ra>0.8\mu m$	
(2)			对向凹模精冲模			
(3)			杆料精密剪断模			

续表

序号	精冲工艺类别	精冲工艺名称	粗冲模名称、形式	精冲模结构特点	精冲(件)工艺水平	说明
Ⅱ	用专用精冲机的精冲工艺	已推广普及的精冲法都在专用精冲机上实施，采用精冲工艺专用的特殊结构精冲模，实施特定的精冲方法，精冲各种板料及不同形状的高精度冲压零件				
4		强力压板精冲(FB)	用不同结构形状的强力压料板与下部反顶压板，夹紧板料，以≤0.5%t 的微小精冲间隙实施精密冲裁			
(1)			用V形齿圈的强力压板精冲模	模架承载大，刚度好，导向精度高，强力压板与反顶压板强度大，承载不变形；落料凹模为直壁刃口，带 $R0.1$mm 小圆角	尺寸精度可达IT6～IT9级，冲切表面粗糙度 $Ra>0.2\mu m$，有塌角和毛刺	带V形齿圈的强力压板精冲已广泛用于生产
(2)			用锯齿形强力压板精冲模			
(3)			用锥形强力压板精冲模			
(4)			用平的或带凸台强力压板精冲模			
5		对向凹模精冲(OD)	利用平面切削原理，采用上下对应的成对凸模与凹模，按规定程序分次冲切。凹模刃口有小圆角，采用0.01～0.03mm冲切间隙，可冲切硬脆材料，使用专用精冲机			此工艺为日本发明并用于生产，国内未推广应用
6		往复精冲	在一个精冲过程中，有多次往复运动，亦采用专用精冲机			未推广用于生产
7		杆料精密剪切	有多种精密剪切工艺，轴向加压剪切质量最好，径向加压工艺使用广泛。其精密剪切模结构大同小异，多为环状刃口			

FB精冲用精冲模的实用典型结构叙述如下。

3.1 精冲技术的创新与拓展

针对普通冲裁厚钢板冲裁件存在冲件冲切面倾角大、表面粗糙，甚至呈现台阶以及尺寸与形位精度不高、必须再经切削加工才能作为配合面、连接面、运动面、外表装饰面和再加工基准面的缺陷，改变普通冲压的毛坯生产性质，直接用条料、带料或卷料，使用高精度多工位连续模，连续冲压，一模成形，冲制出成品零件；用精密冲裁工艺冲制钟表仪器所需的精密薄板零件。德国人F. Schiess于1923年3月9日，经过长期的试验研究，终于取得成功并获取世界第一个精冲技术371004号德国技术专利。此后陆续有十余种不同的精冲工艺技术成功开发并获得德国、日本、英国、匈牙利、罗马尼亚等国的技术专利。在已用于生产的各种精冲工艺技术中，有些是可在普通压力机上实施精冲，有些则要在专用精冲机上实施。迄今发达国家推广、普及的精冲工艺技术，多是从瑞士Feintool Schmid、Hydrel、ESSA等精冲公司引进的成套技术，均为德国人F. Schiess发明的强力V型齿圈压边精冲技术（亦称FB精冲技术）和由日本人近藤发明的对向凹模精冲技术（亦称OD精冲技术）。这两种精冲工艺技术，都要使用专用NC、CNC精冲压力机工作。多数精冲工艺技术均可在普通压力机上实施，而只用按要求改变冲模结构。所以，在普通压力机上的精冲技术，应用范围很广，开拓空间广阔。即便上述要求在专用的NC与CNC精冲机上进行精冲的FB精冲技术和OD精冲技术也可通过设计和使用专门三动结构冲模，进行FB或OD精冲。可以想见，掌握在普通压力机上的精冲技术是多么重要。

3.2 在普通压力机上的精冲技术及精冲模（图3-1～图3-44）

① 负间隙光洁冲裁精冲模，见图3-1～图3-3。
② 微间隙圆角刃口光洁冲裁精冲模，见图3-4。
③ 整修及整修模，见图3-5～图3-10。
④ 复合整修精冲技术及复合精冲模，见图3-9、图3-11。
⑤ 冲深孔技术及冲深孔模，见图3-12～图3-15。
⑥ 超薄板冲裁技术及精冲模，见图3-16。
无毛刺冲裁技术及精冲模。

用普通压力机取代昂贵的NC与CNC三动专用精冲压力机，配合简易精冲模实施FB或OD精冲等，实践证明可行。其简易精冲模有多种结构形式：

① 用弹簧驱动V形齿圈的简易FB精冲模。
② 用橡胶驱动V形齿圈的简易FB精冲模。
③ 用液压模架的简易FB精冲模。

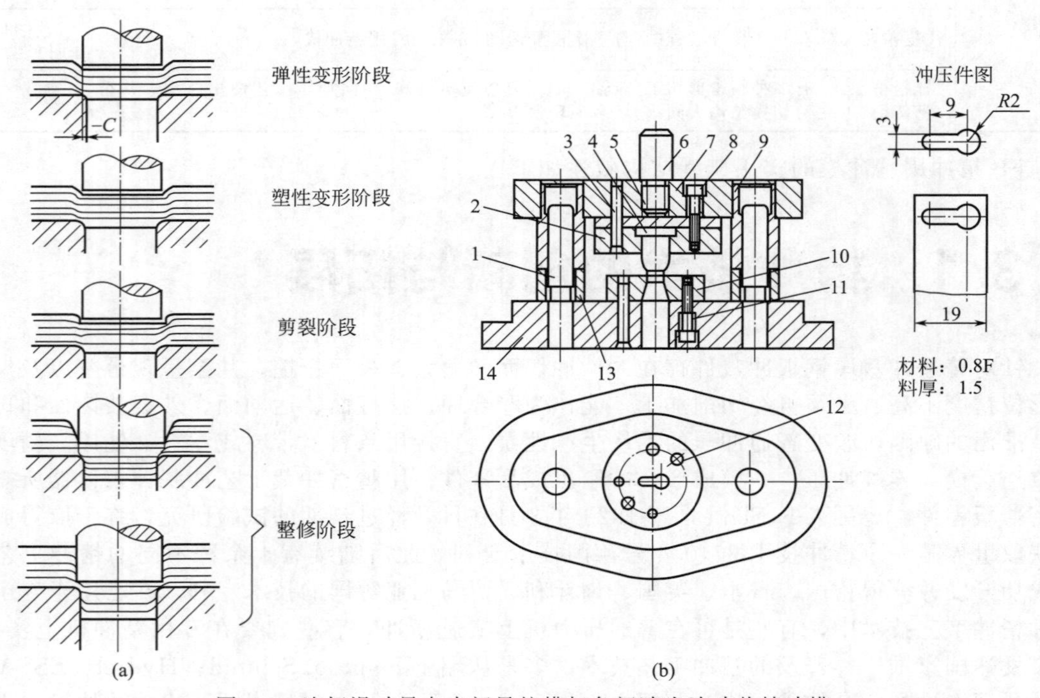

图3-1 连杆滑动导向中间导柱模架负间隙光洁冲裁精冲模

1—导柱；2—固定板；3—销钉；4—凸模；5—垫板；6—模柄；7—上模座；8,11,12—螺钉；9—导套；10—凹模；13—限位套；14—下模座

说明：1. 负间隙及凸模大于凹模形成负间隙 $-C \leqslant (10\sim20)\%t$。
2. 凸模行程最低位置距凹模表面0.1～0.2mm。
3. 用限位套、限位柱控制凸模下行最低位置。
4. 落料凹模刃口、冲孔凸模刃口应给出0.1～0.3mm圆角。

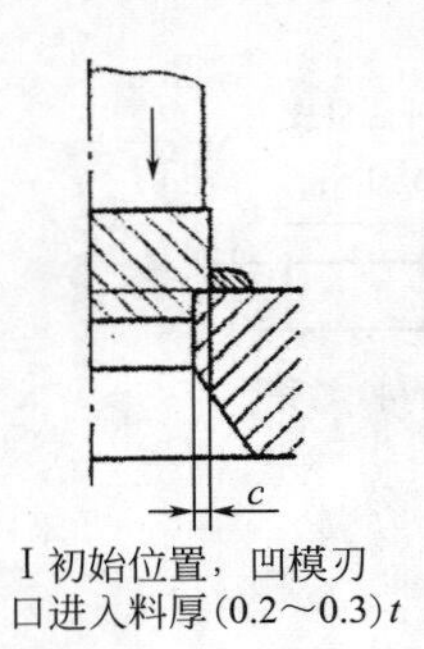

Ⅰ初始位置，凹模刃口进入料厚(0.2～0.3)t

Ⅱ中间位置，凹模刃口切入料厚(0.4～0.5)t

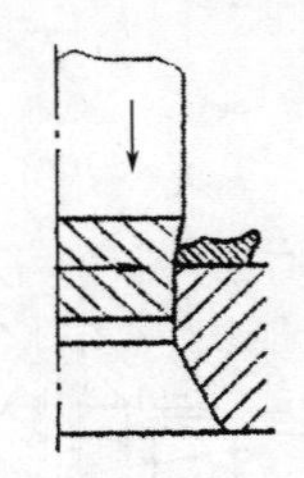

Ⅲ结束前位置，凹模刃口其切入料厚(0.65～0.85)t

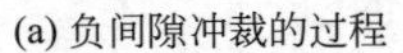

(a) 负间隙冲裁的过程

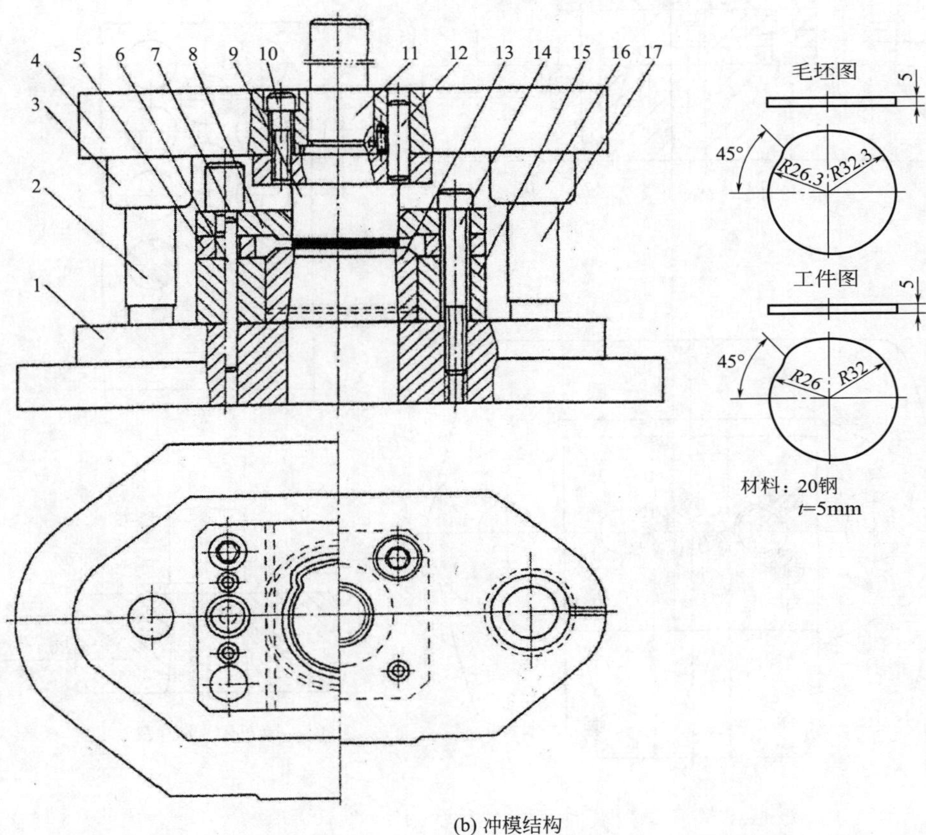

(b) 冲模结构

图 3-2　凸轮滑动导向中间导柱模架负间隙光洁冲裁精冲模

1—下模座；2,17—导柱；3,16—导套；4—上模座；5—垫板；6,12—圆柱销；7—限位柱；8—定位板；9—凸模；10,14—内六角螺钉；11—模柄；13—凹模；15—凹模固定板

说明：1. 凸模大于凹模形成负间隙$-C\leqslant(10\sim20)\%t$。

2. 凸模不进入凹模，行程最低位置距凹模表面0.1～0.2mm。

3. 用限位柱（套）、控制凸模下行最低位置。

4. 落料凹模刃口、冲孔凸模刃口应给出0.1～0.3mm圆角。

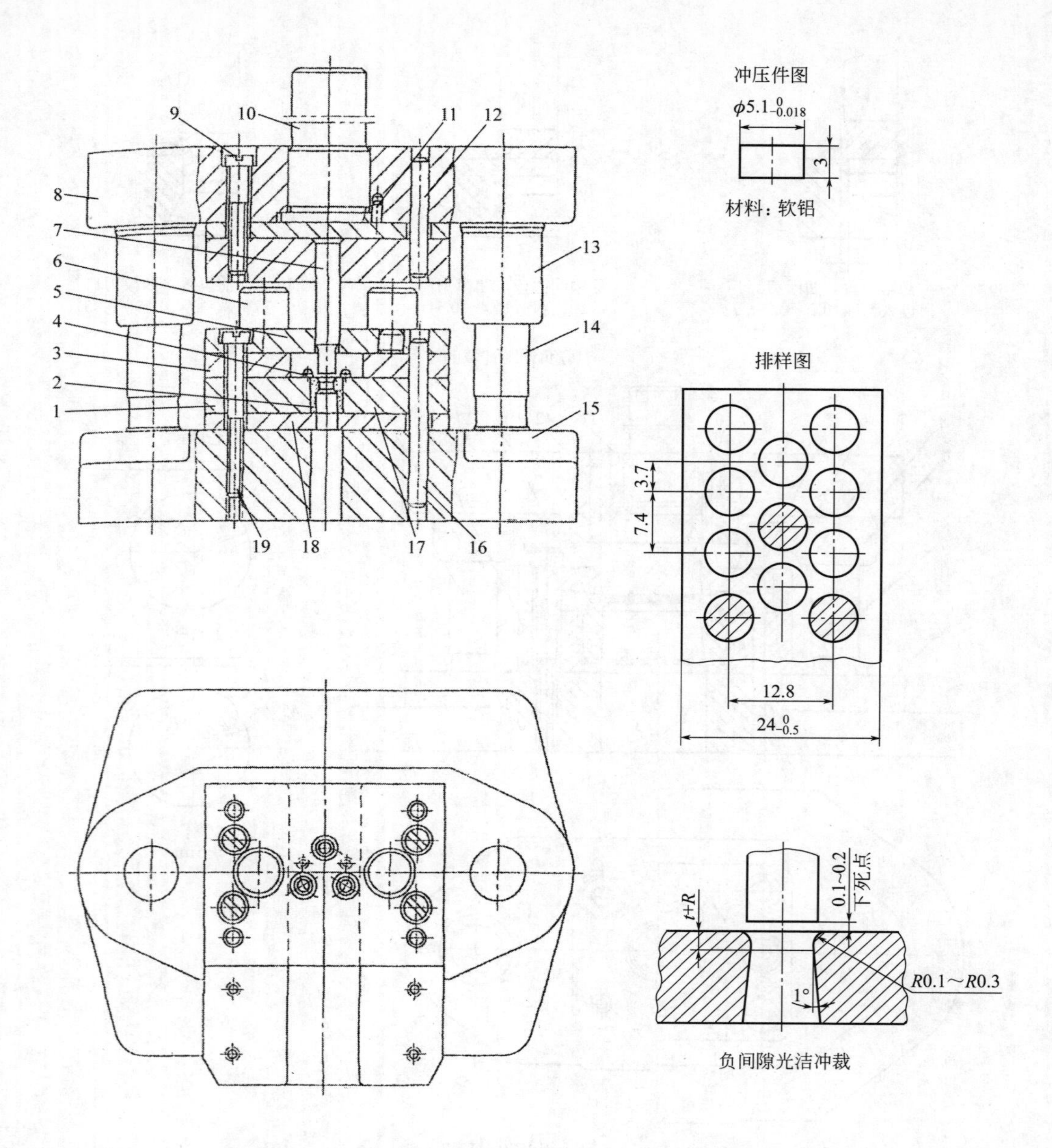

图 3-3　外壳滑动导向中间导柱模架负间隙光洁冲裁精冲模

1—凹模固定板；2—凹模；3—导料板；4—挡料销；5—卸料板；6—限位柱；7—凸模；8—上模座；9,19—螺钉；10—模柄；11—止动销；12,16—销钉；13—导套；14—导柱；15—下模座；17—下固定板；18—下垫板

说明：同图 3-2。

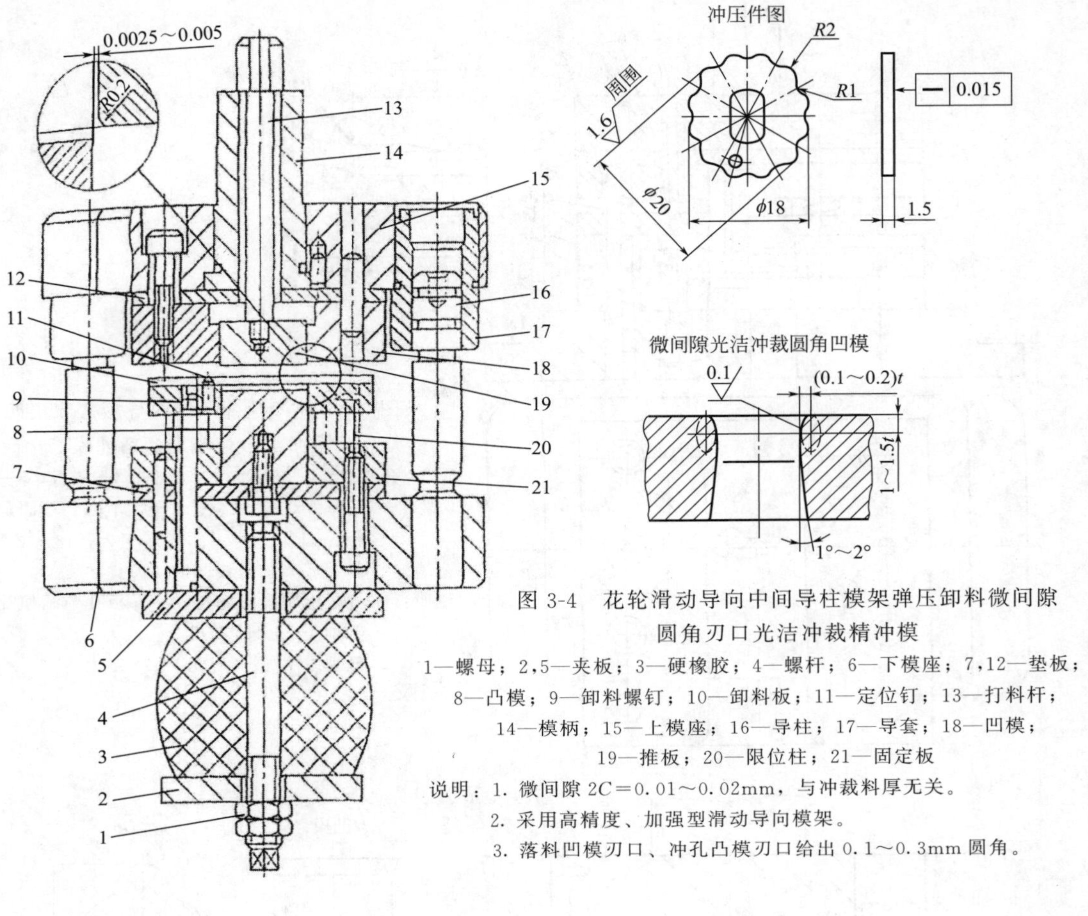

图 3-4 花轮滑动导向中间导柱模架弹压卸料微间隙圆角刃口光洁冲裁精冲模

1—螺母；2，5—夹板；3—硬橡胶；4—螺杆；6—下模座；7，12—垫板；8—凸模；9—卸料螺钉；10—卸料板；11—定位钉；13—打料杆；14—模柄；15—上模座；16—导柱；17—导套；18—凹模；19—推板；20—限位柱；21—固定板

说明：1. 微间隙 $2C=0.01\sim0.02$mm，与冲裁料厚无关。

2. 采用高精度、加强型滑动导向模架。

3. 落料凹模刃口、冲孔凸模刃口给出 0.1～0.3mm 圆角。

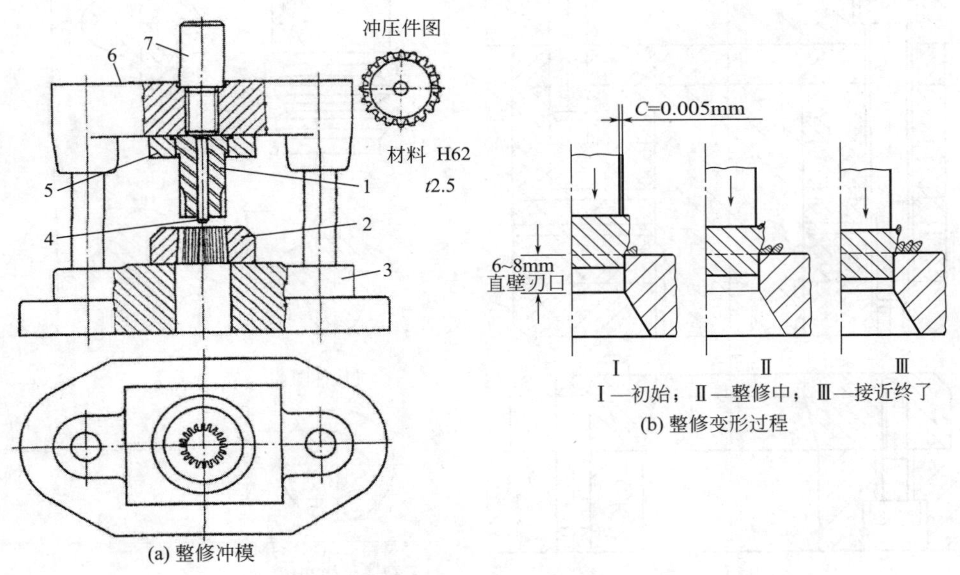

图 3-5 齿芯片滑动导向中间导柱模架整修精冲模

1—凸模；2—凹模；3—下模座；4—定心轴；5—固定板；6—上模座；7—模柄

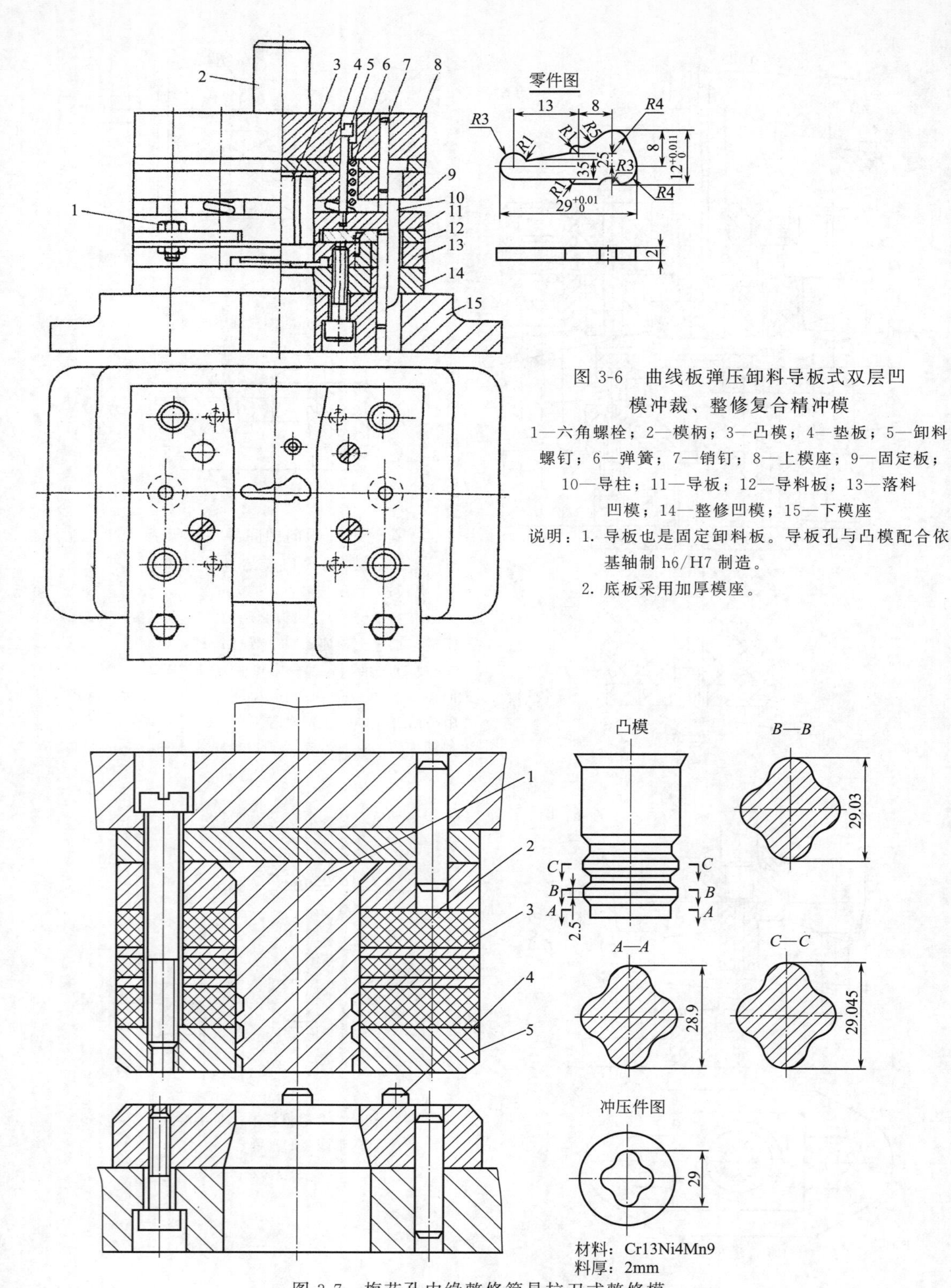

图 3-6　曲线板弹压卸料导板式双层凹模冲裁、整修复合精冲模

1—六角螺栓；2—模柄；3—凸模；4—垫板；5—卸料螺钉；6—弹簧；7—销钉；8—上模座；9—固定板；10—导柱；11—导板；12—导料板；13—落料凹模；14—整修凹模；15—下模座

说明：1. 导板也是固定卸料板。导板孔与凸模配合依基轴制 h6/H7 制造。

2. 底板采用加厚模座。

图 3-7　梅花孔内缘整修简易拉刀式整修模

1—凸模；2—橡胶体；3—夹板；4—挡料定位销；5—卸料板

说明：1. 采用滑动导向导柱模架，Ⅰ级精度，标准模架。

2. 采用浮动模柄。

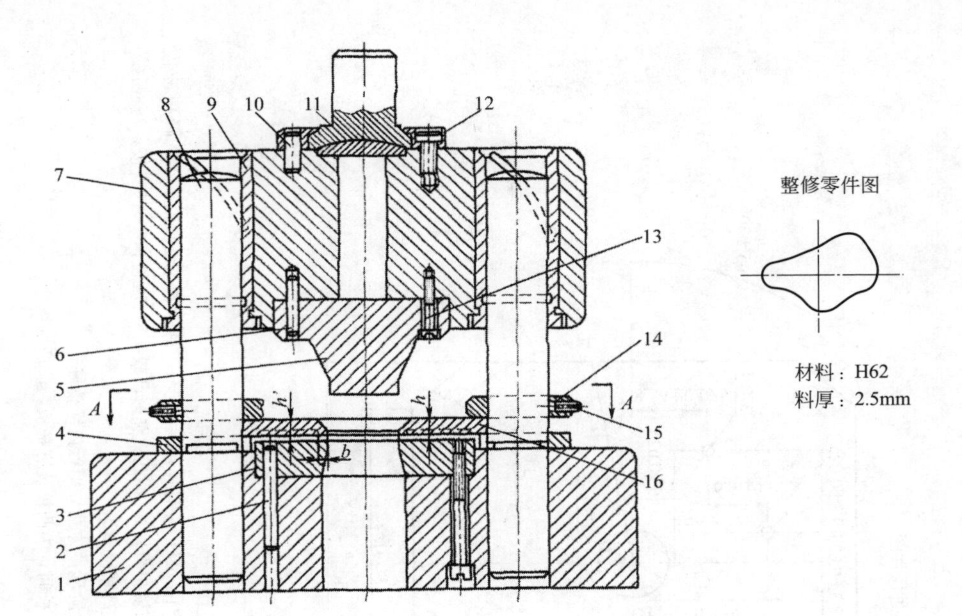

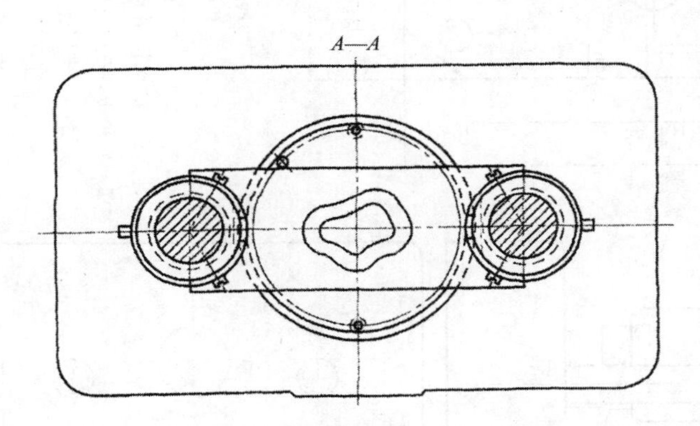

图 3-8 曲线板滑动导向中间导柱模架外缘整修模

1—下模座；2,6,10—销钉；3—凹模；4—定距套；5—凸模；7—上模座；8—导柱；9—导套；11—浮动模柄；12,13,15—螺钉；14—夹持环；16—定位板

说明：1. 采用非标准加强型模架。

2. 采用加厚、加强型铸铁模座。

3. 凹模整体嵌装入下模。

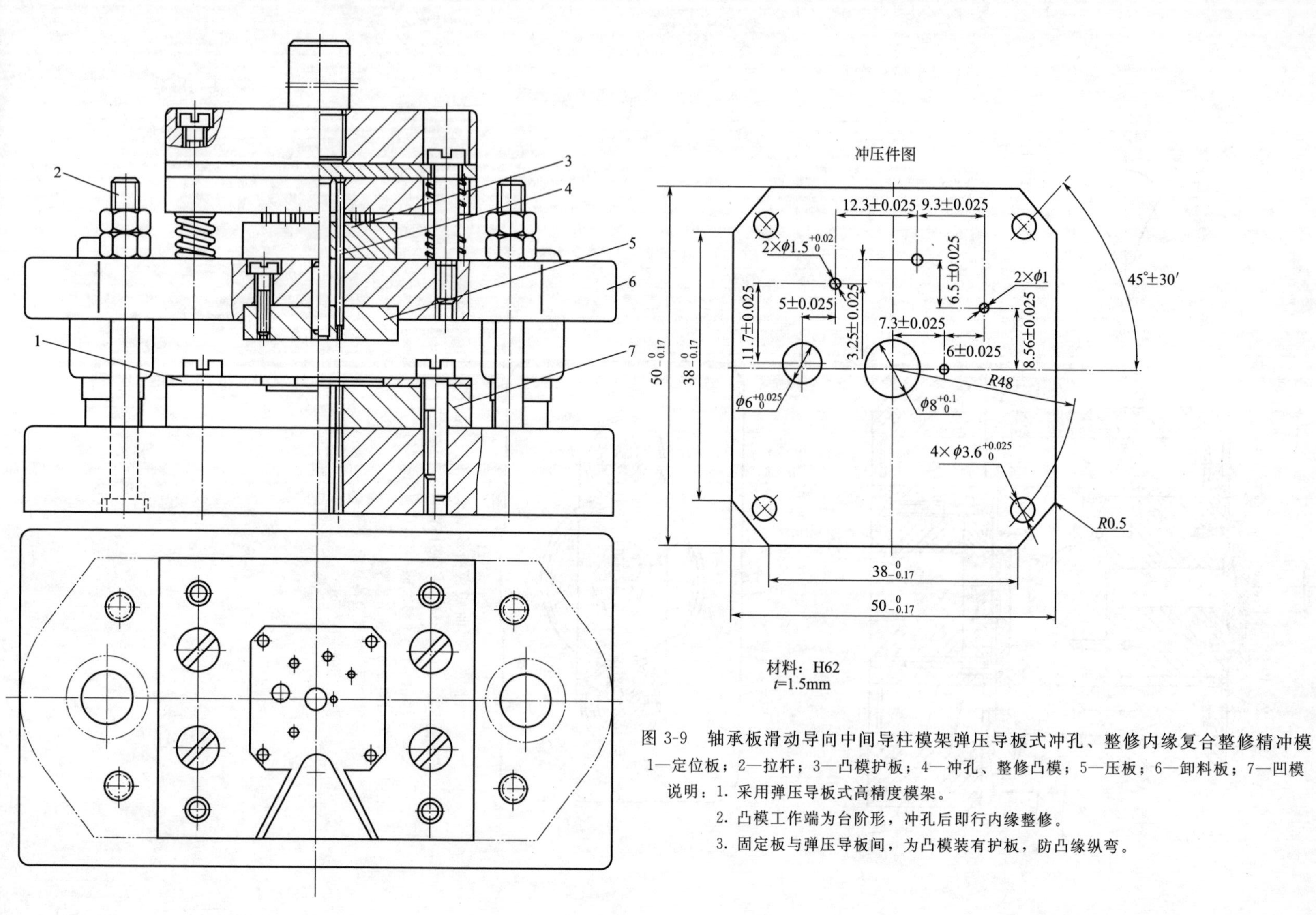

图 3-9 轴承板滑动导向中间导柱模架弹压导板式冲孔、整修内缘复合整修精冲模

1—定位板；2—拉杆；3—凸模护板；4—冲孔、整修凸模；5—压板；6—卸料板；7—凹模

说明：1. 采用弹压导板式高精度模架。

2. 凸模工作端为台阶形，冲孔后即行内缘整修。

3. 固定板与弹压导板间，为凸模装有护板，防凸缘纵弯。

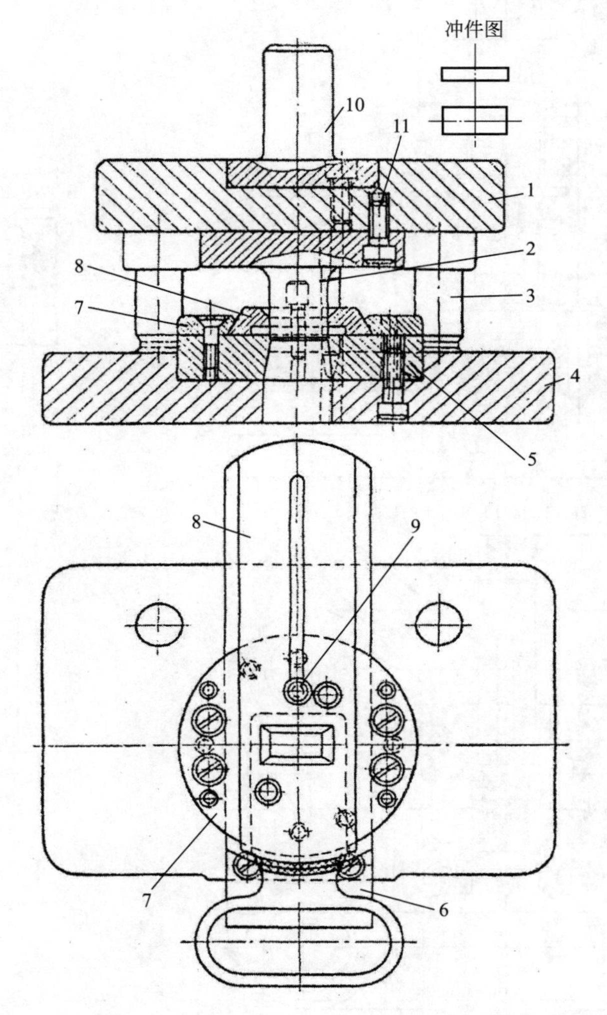

图 3-10　样块滑动导向后侧导柱模架带拉出式送料装置的整修模

1—上模座；2—凸模；3—导柱；4—下模座；5—凹模；6—压板；7—压盘；8—活动拉板；9—限位钉；10—模柄；11—螺钉

说明：1. 模座采用加厚加强型铸铁模架。

2. 改用浮动模柄提高模架导向稳定性。

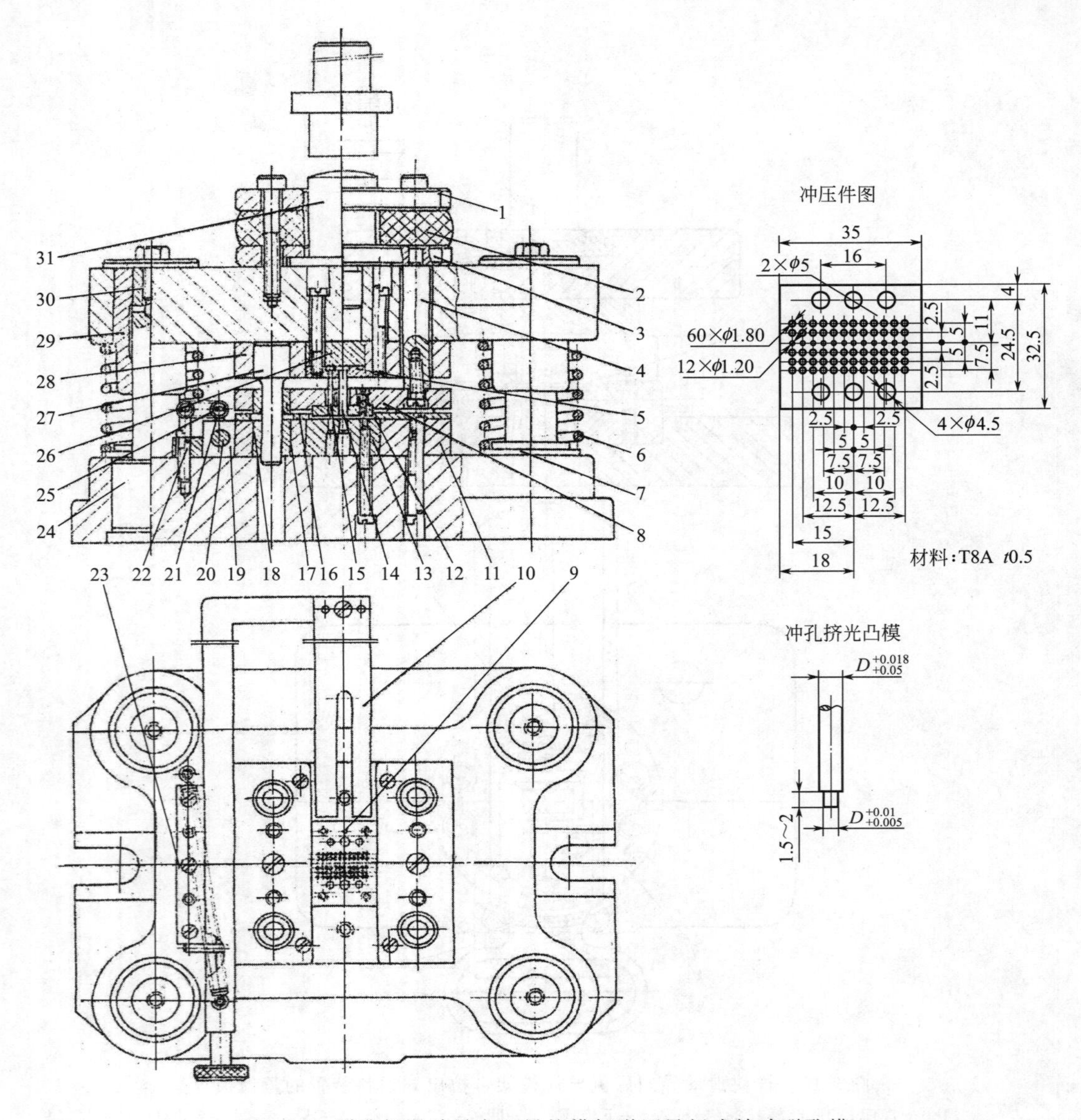

图 3-11　群孔板滑动导向四导柱模架弹压导板式精冲群孔模

1—上顶板；2—弹顶器；3—下顶板；4—弹棒；5,11,28—镶板；6—弹簧；7—垫圈；8—卸料板；9,16—定位销；10—推料板；12,24—导板；13—凹模；14,15—凸模；17,18—小导套；19—拉杆；20—手柄；21—拉簧；22—销钉；23—挡销；25—挂簧脚；26—垫板；27—小导柱；29—导套；30—导柱；31—模柄

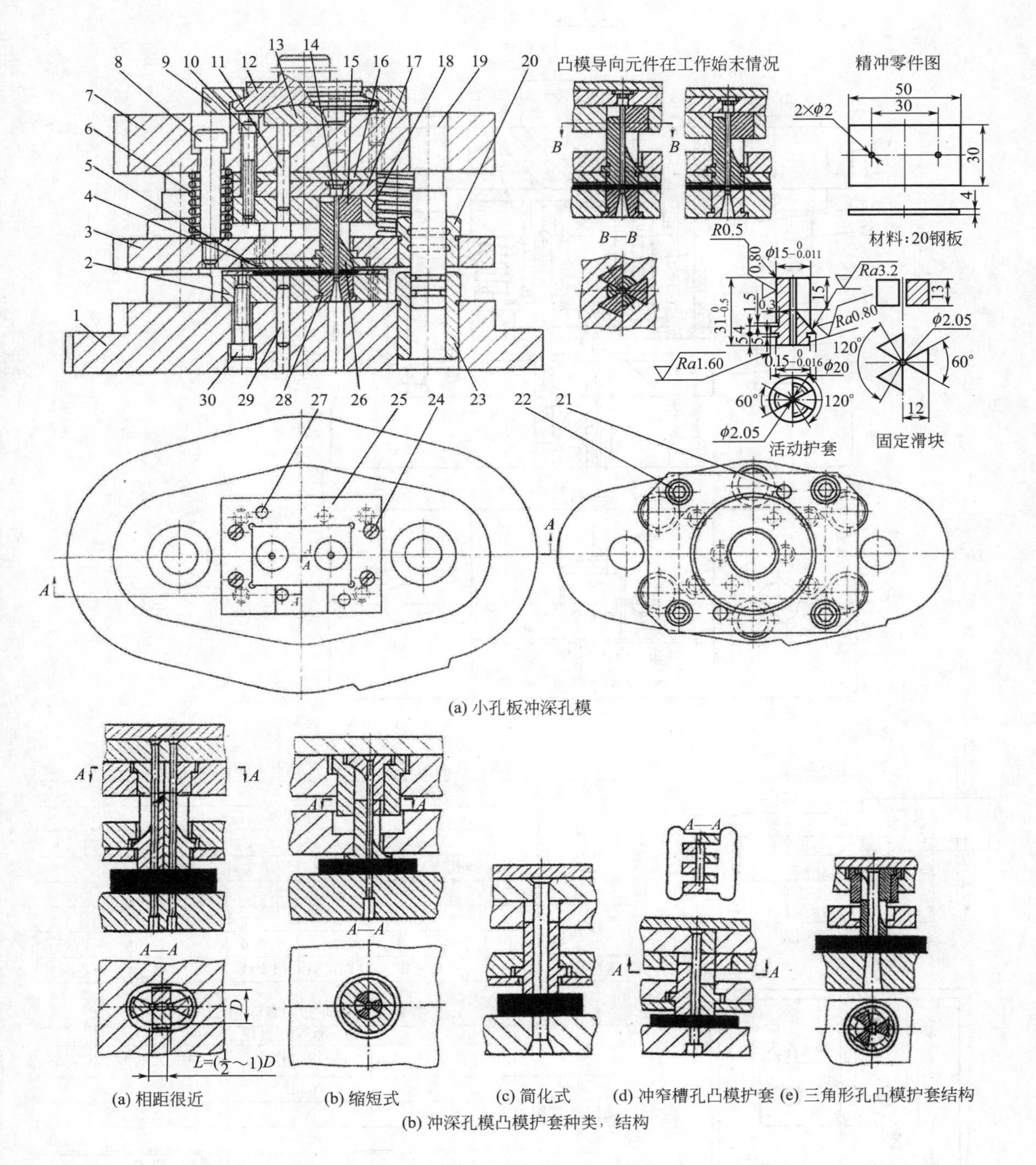

(b) 冲深孔模凸模护套种类，结构

图 3-12　滑动导向中间导柱模架弹压卸料导板式冲深孔模

1—下模座；2—凹模固定板；3—压料板；4,10,22,24,30—螺钉；5—镶板；6—弹簧；
7—上模座；8—卸料螺钉；9—法兰盘；11,21,27,29—销钉；12—模柄；
13,16—垫板；14—凸模；15—固定板；17—凸模固定板；
18—夹持板；19—导柱；20—压料板导套；23—导套；
25—定位板；26—活动护套；28—凹模

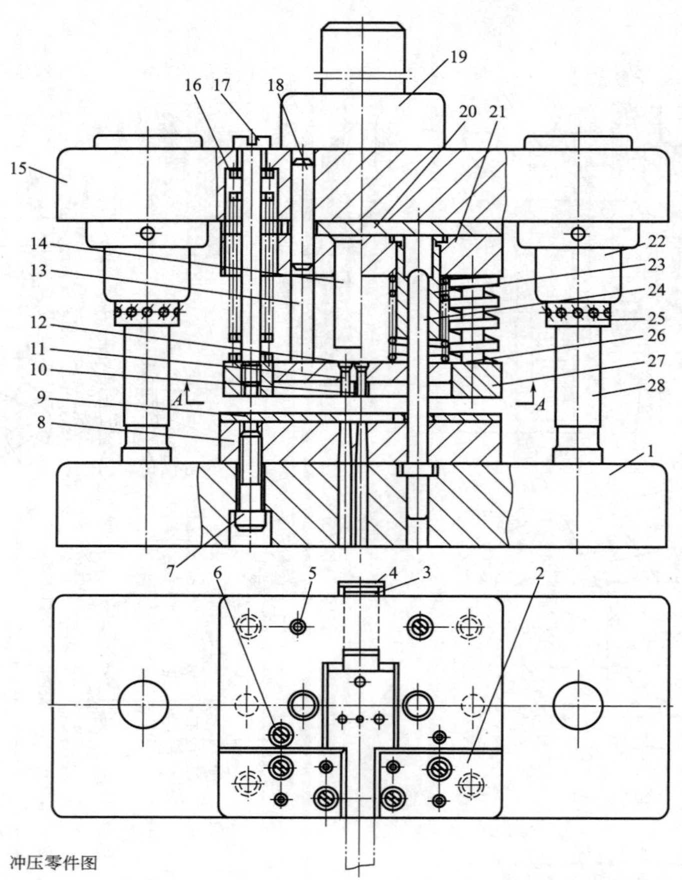

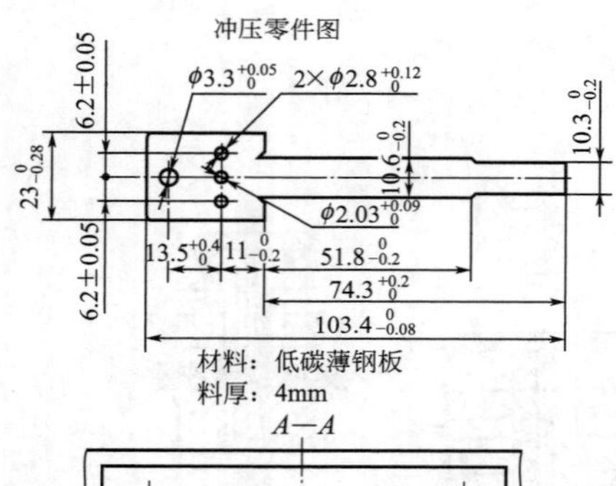

类别	圆孔			非圆异形孔		
	冲孔件料厚 t/mm					
	<3	3～4.75	>4.75	<3	3～4.75	>4.75
	冲孔直径 d/mm			冲孔面积 A_0/mm²		
小孔	≤3	≤5	≤8	≤7	≤20	≤56
深孔	d/t 比值			$d=1.13\sqrt{A_0}$		
	≤0.5	≤0.8	≤1.0	≤0.6	≤0.9	≤1.15
高精度孔	IT7 级	IT8 级	IT10 级	IT8 级	IT10 级	IT2 级

钢板冲孔类型界定推荐值（适于10钢冷轧钢板）

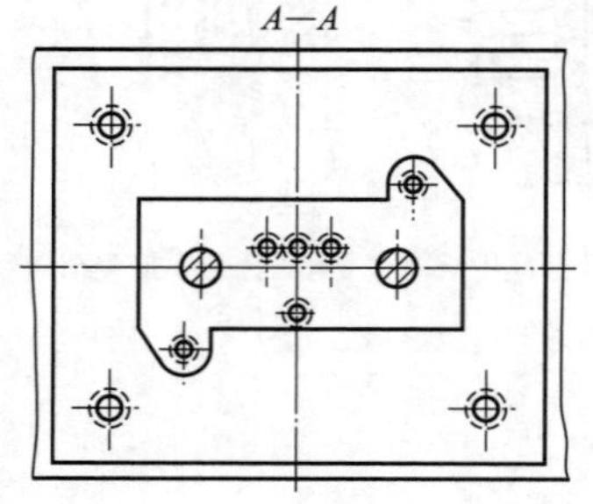

特殊结构冲模冲孔的极限值

材料	冲深孔极限值		
	圆孔直径 d	矩形孔边宽 a	可冲最大料厚 t_{max}/mm
硬钢	$0.5t$	$0.4t$	<20
软钢及黄铜	$0.35t$	$0.3t$	20
铝及锌	$0.3t$	$0.28t$	>20

冲深孔凸模材料	模具寿命/冲次
T8A、T10A	10000～15000
Cr12、Cr12MoV	50000

图 3-13　滑动导向中间导柱模架高精度超短凸模冲深孔模

1—下模座；2,9—定位板；3—簧片；4—侧压块；5,18—销钉；6,7—螺钉；8—凹模；10～12—凸模；13,17—卸料螺钉；14—冲头；15—上模座；16—弹簧；19—模柄；20—垫板；21—固定板；22—导套；23—小导套；24—小导柱；25—滚珠保持架；26—小压板；27—卸料板；28—导柱

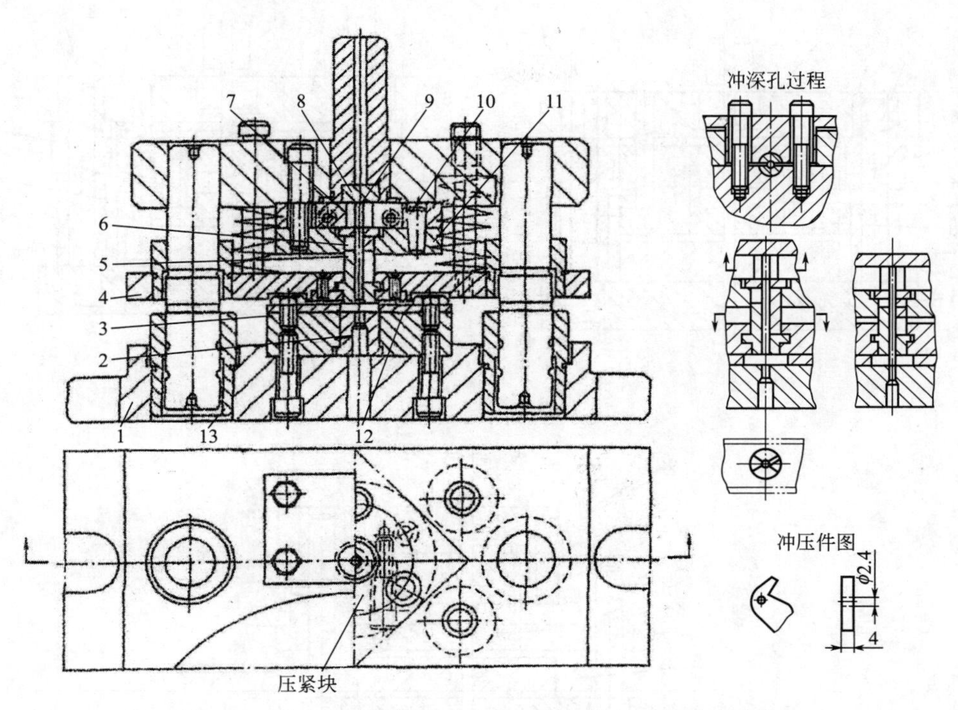

图 3-14 纺织机零件滑动导向中间导柱模架精密冲深孔模

1—下模座；2—凹模嵌件；3—凹模框；4—导板；5—凸模护套；6—护套分块；7—模柄；8—打杆；9—凸模；10—销钉；11—固定板；12—定位板；13—导套

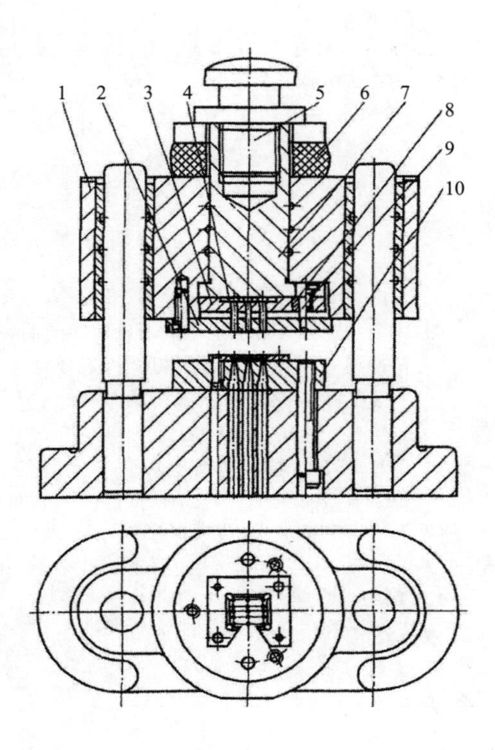

图 3-15 孔板滑动导向中间导柱模架超短凸模群孔冲深孔模

1—上模座；2—夹板；3—固定板；4—超短凸模；5—模柄；6—橡胶体；7—滑块；8—紧固楔；9—螺钉；10—凹模

说明：1. 冲孔件为 15 孔标准方形孔板，孔为 ϕ2mm×15mm 均布。

2. 冲件材料为 H68，t4。

3. 冲件外形尺寸：20.8×20.8、25×25、30×30三种。

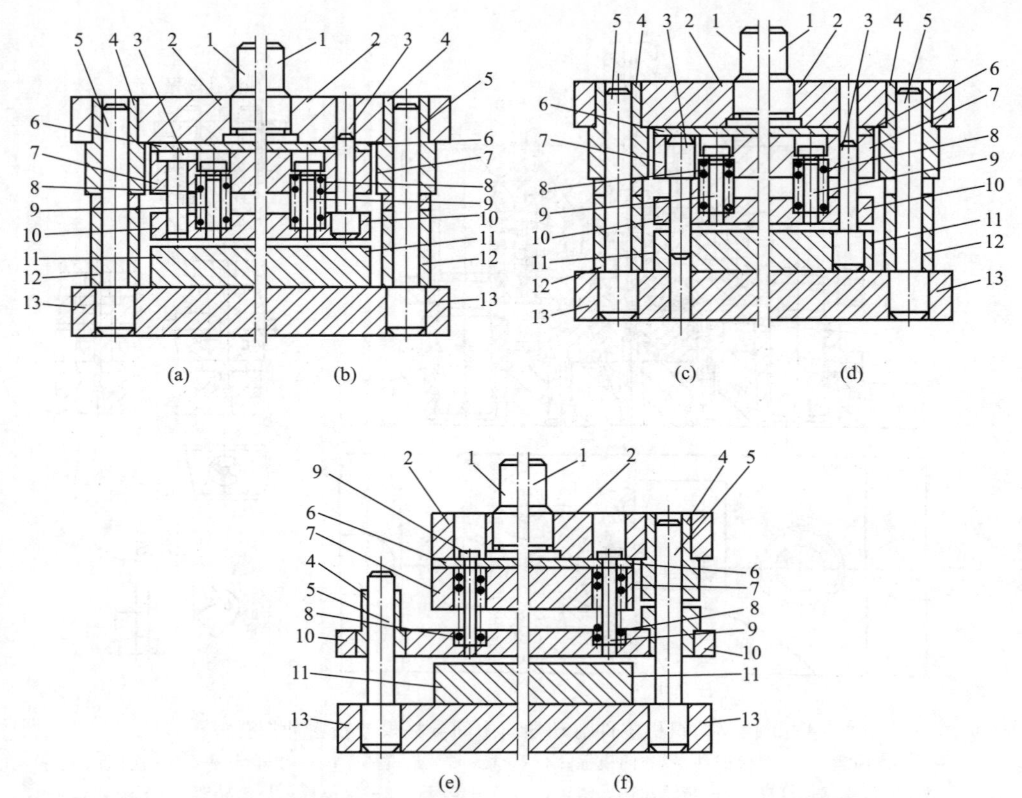

图 3-16　$t \leqslant 0.5$mm 薄的及超薄的金属板（箔）高精度冲压件冲模常用的 6 种结构形式——滑动导向导柱模架或滚动导向滚珠导柱模架弹压导板式冲模的结构

1—模柄；2—上模座；3—小导柱；4—导套；5—导柱；6—垫板；7—凸模固定板；8—弹簧；9—卸料螺钉；10—弹压导板；11—凹模；12—限位套；13—下模座

说明：这种结构冲裁模填补了精冲，特别是 FB 精冲不能精冲 $t \leqslant 0.5$mm 金属板（箔）料冲裁件的空白。因为 $t \leqslant 0.5$mm 冲裁件 FB 精冲齿圈无法设置与制造；精冲间隙过小，模具根本没有办法制造。

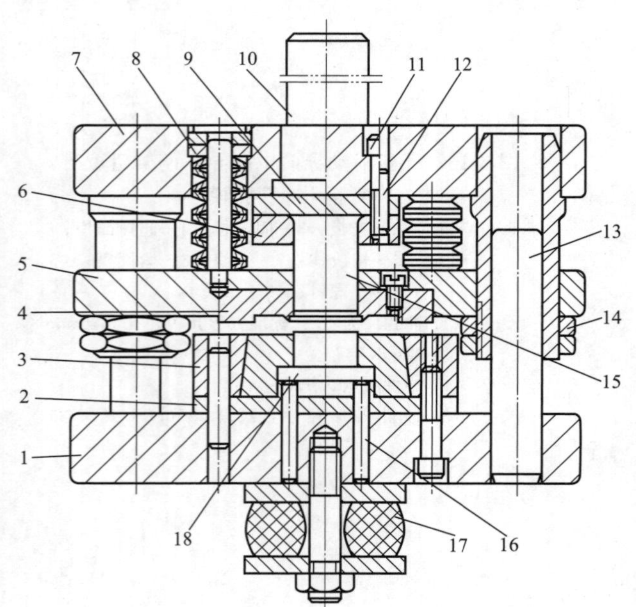

图 3-17　普通压力机上进行 FB 精冲的简易精冲模——用碟簧及聚氨酯橡胶驱动 V 形齿圈和反顶施压的结构形式Ⅰ（顺装式 FB 精冲落料模）

1—下模座；2,9—垫板；3—凹模框；4—V 形齿圈压板；5—卸料板；6—凸模固定板；7—上模座；8—碟簧组；10—模柄；11—螺钉；12—销钉；13—导柱；14—螺母；15—凸模；16—顶杆；17—聚氨酯橡胶；18—顶件器

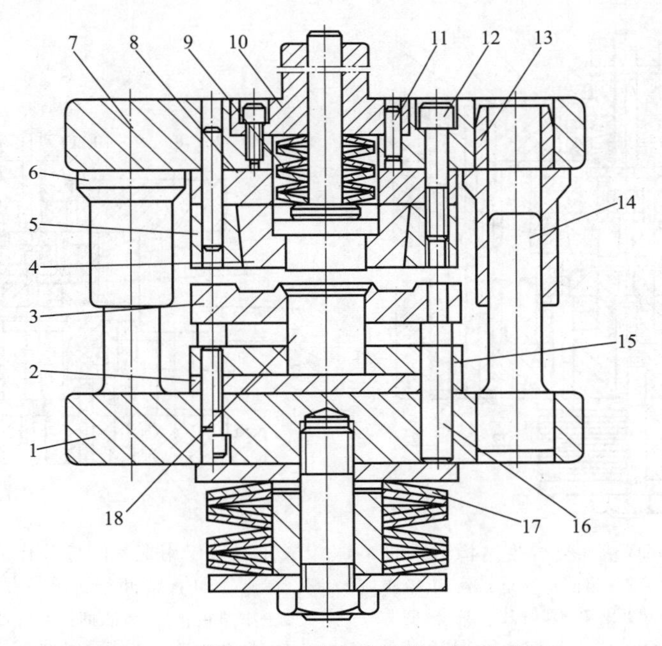

图 3-18 倒装式 FB 精冲落料模结构形式Ⅱ

1—下模座；2,8—垫板；3—齿圈压板；4—凹模；5—凹模框；6,13—导套；7—上模；9,17—碟簧组；10—模柄；11—销钉；12—螺钉；14—导柱；15—固定板；16—顶杆；18—凸模

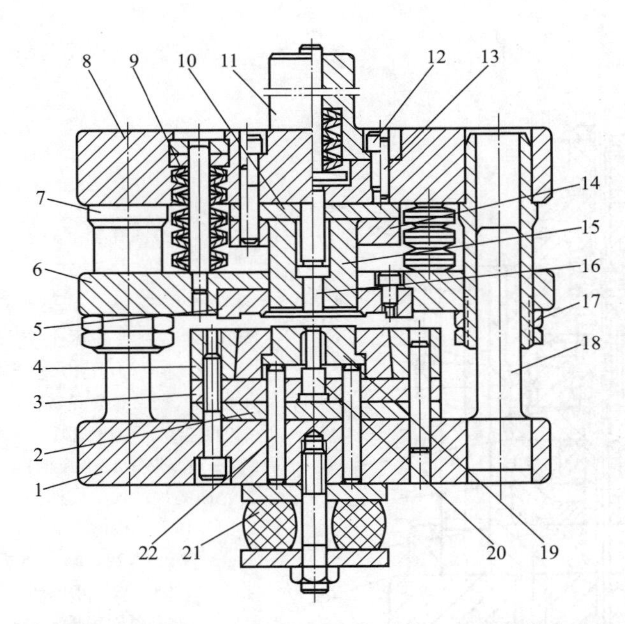

图 3-19 普通压力机上进行 FB 精冲的简易精冲模——用碟簧及聚氨酯橡胶驱动 V 形齿圈和反顶施压的结构形式Ⅰ（顺装式 FB 精冲复合模）

1—下模座；2,10—垫板；3,14—固定板；4—凹模框；5—齿圈压板；6—强力弹压板；7—导套；8—上模座；9—碟簧组；11—模柄；12—螺钉；13—销钉；15—凸凹模；16—卸件器；17—螺母；18—导柱；19—顶件器；20—冲孔凸模；21—橡胶体；22—顶杆

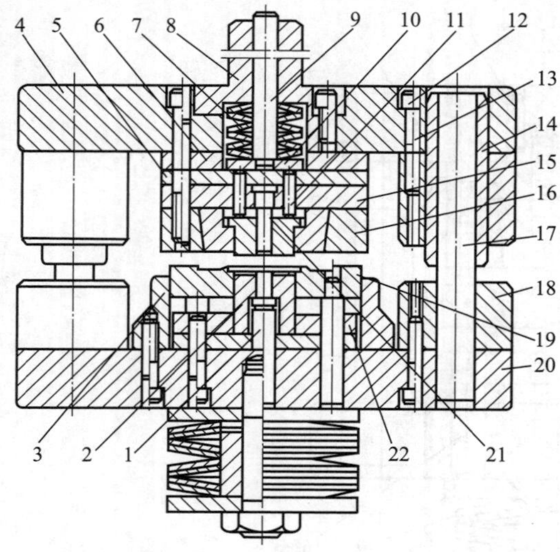

图 3-20　倒装式 FB 精冲复合模结构形式Ⅱ

1—顶杆；2—凸凹模；3—齿圈压板框；4—上模座；5—垫板；6—空心垫板；7—碟簧片；8—模柄；9—打杆；10—推板；11—推杆；12—螺钉；13—销钉；14—导套；15—固定板；16—凹模框；17—导柱；18—护套；19—齿圈压板；20—下模座；21—冲孔凸模；22—固定板

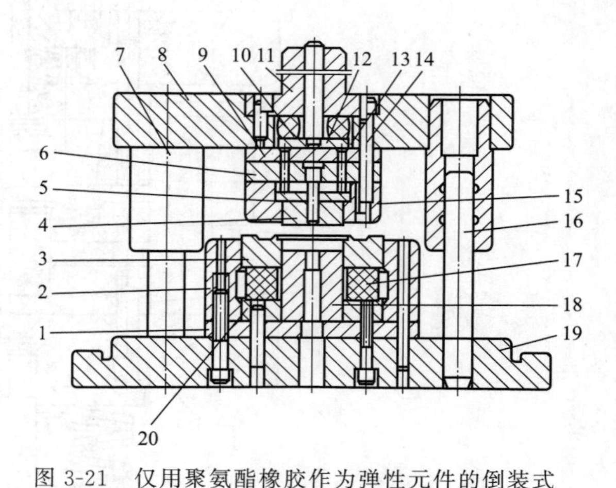

图 3-21　仅用聚氨酯橡胶作为弹性元件的倒装式 FB 精冲复合模—结构形式Ⅲ

1—下垫板；2—齿圈框；3—齿圈压板；4—卸件器；5—冲孔凸模；6—空心垫板；7—导套；8—上模座；9—垫板；10—橡胶体；11—模柄；12—推板；13—销钉；14—螺钉；15—凹模；16—导柱；17—橡胶体（环形块）；18—凸凹模；19—下模座；20—下固定板

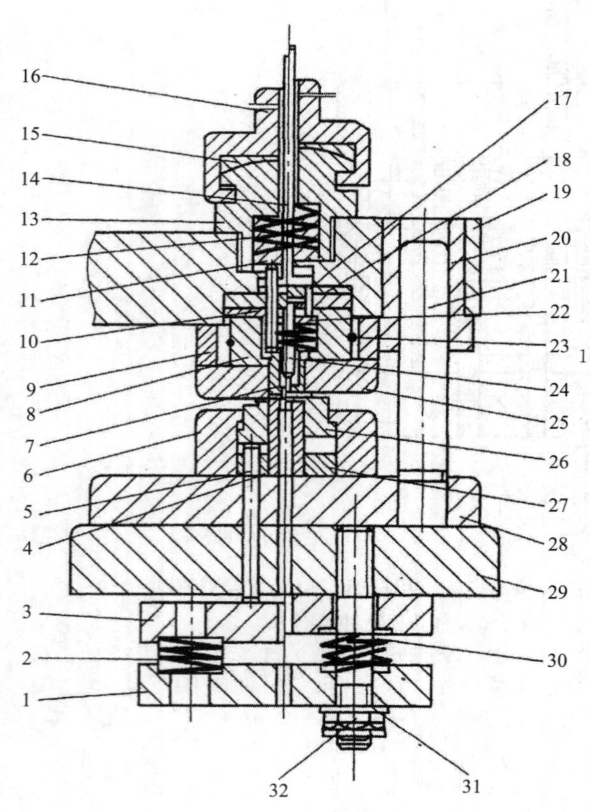

图 3-22　普通冲床上 FB 精冲用螺旋弹簧强力压边复合精冲模

1,3—压板；2,12—螺旋弹簧；4—凸凹模；5,10,17—顶杆；6—齿圈套；7—顶件器；8—夹爪组；9—空心垫板；11—弹簧垫；13—模柄；14—打料杆；15—球面垫片；16—模柄接头；18,22—垫板；19—上模座；20,21—导套、导柱；23—卡簧；24—凸模；25—凹模；26—V 形齿圈压板；27—凸凹模固定板；28—下模座；29—下模座垫；30—螺柱；31—垫圈；32—螺母

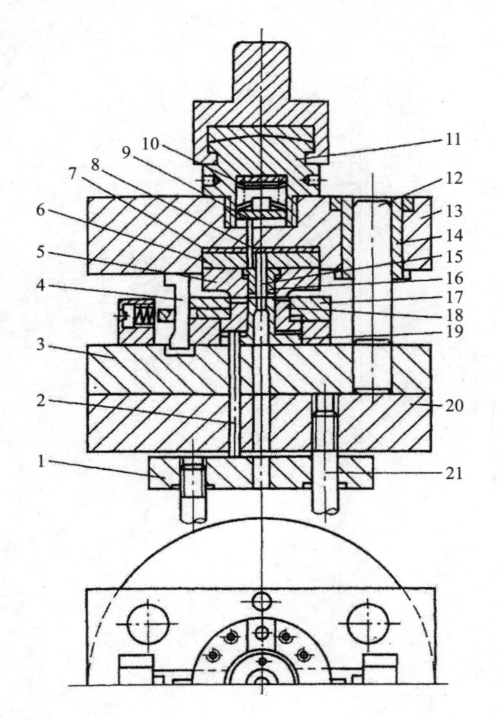

图 3-23　普通冲床上 FB 精冲用碟簧压边的复合精冲模

1—压板（托盘）；2，8—顶杆；3—下模座；4—侧楔；5—凹模；6—凸模固定板；7—垫板；9—推板；10—碟簧；11—组合模柄；12—导柱；13—上模座；14—导套；15—凸模；16—卸件器；17—盖板；18—齿圈压板；19—凸凹模；20—下模座垫；21—拉杆

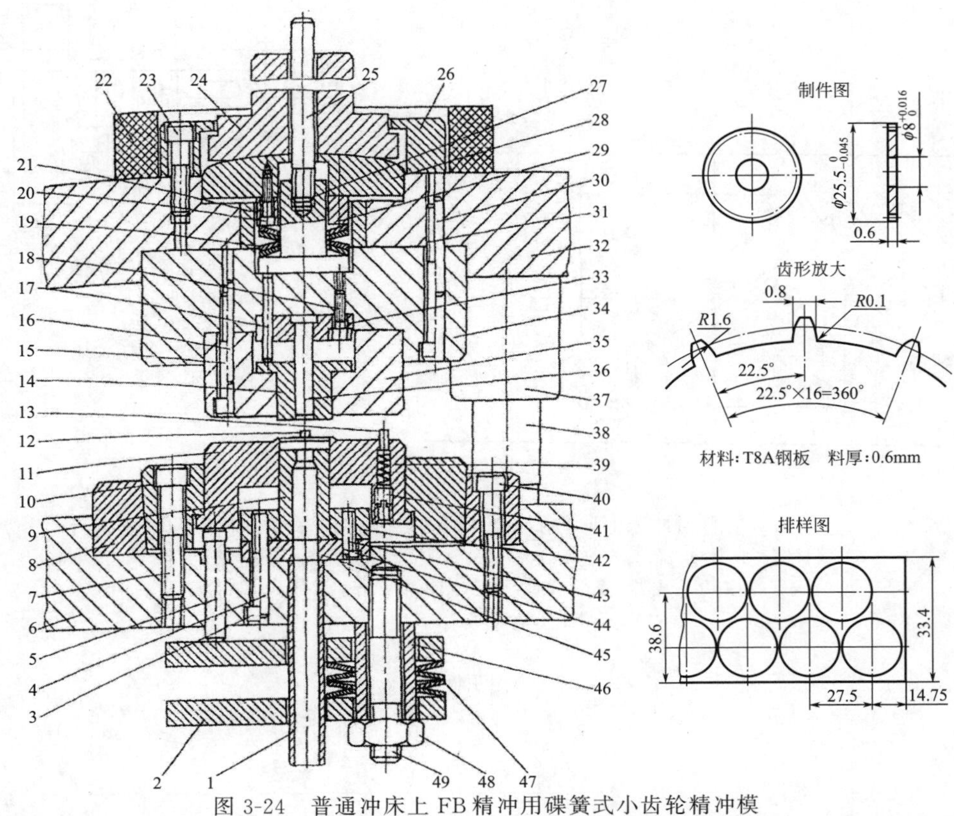

图 3-24　普通冲床上 FB 精冲用碟簧式小齿轮精冲模

1—排料管；2—托板；3，7，15，18，20，23，31，40，43—螺钉；4，16，30，44—柱销；5—托杆；6—下模座；8—下锥套；9—凸模；10—齿圈套；11—齿圈压板；12—定位销；13—挡料销；14—推件块；17—推杆；19，47—蝶形弹簧；21—镶套；22—硬橡胶圈；24—模柄；25—打杆；26—护套；27—碟簧导杆；28—球面接头；29—调节垫；32—上模座；33—固定板；34—凹模座；35—凹模；36—凸模；37—导套；38—导柱；39—弹簧；41—螺塞；42—固定板；45—垫板；46—下碟簧柱；48—螺母；49—双头螺栓

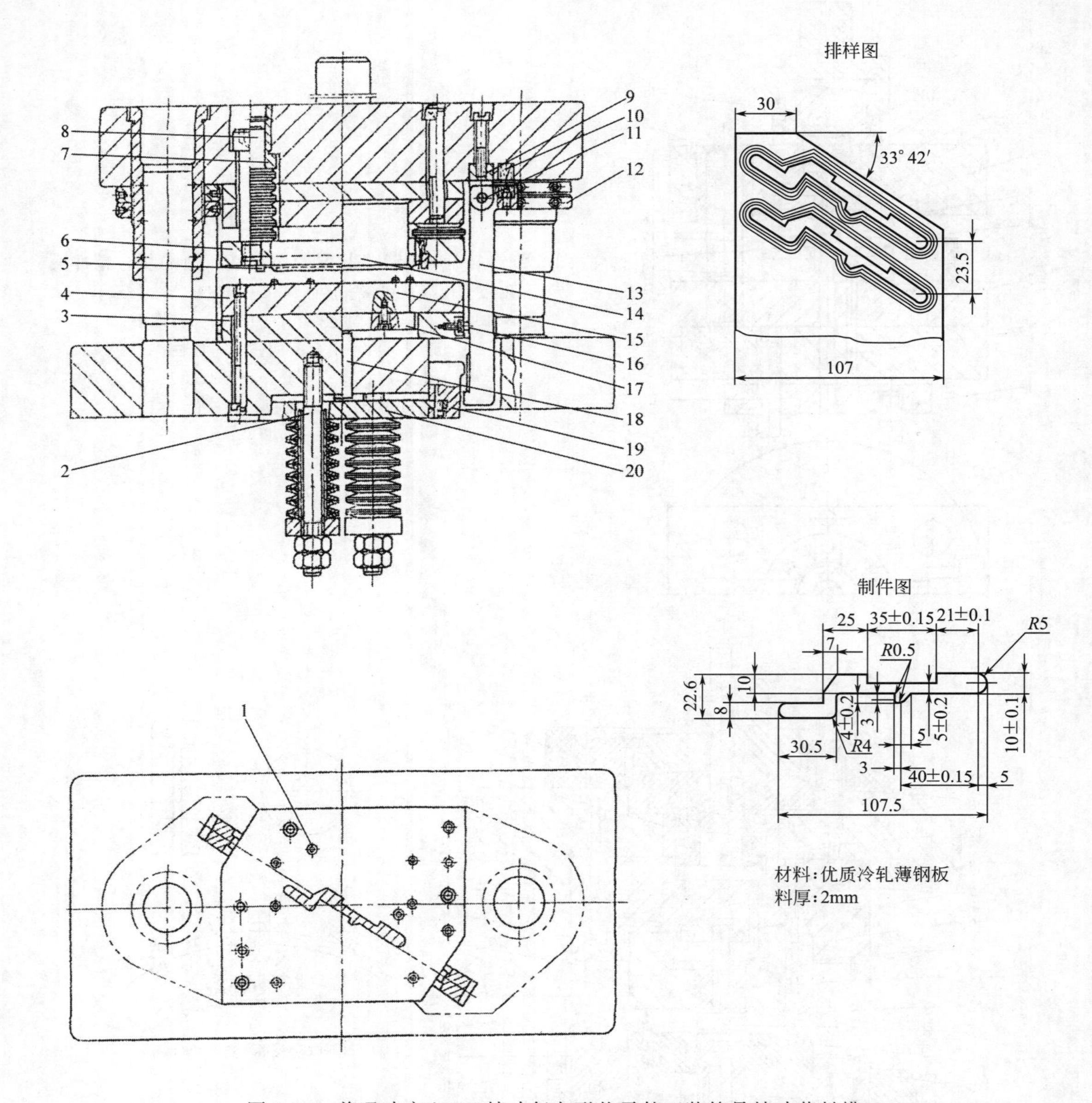

图 3-25　普通冲床上 FB 精冲复杂形状零件正装简易精冲落料模

1—挡料销；2—弹顶器；3—垫板；4—凹模；5—齿圈压板；6—卸料板；7—导套；8—导柱；9—支架；10—弹簧；11—圆柱销；12—螺母；13—拉杆；14—凸模；15—推板；16，19—挡块；17—托板；18—顶杆；20—顶板

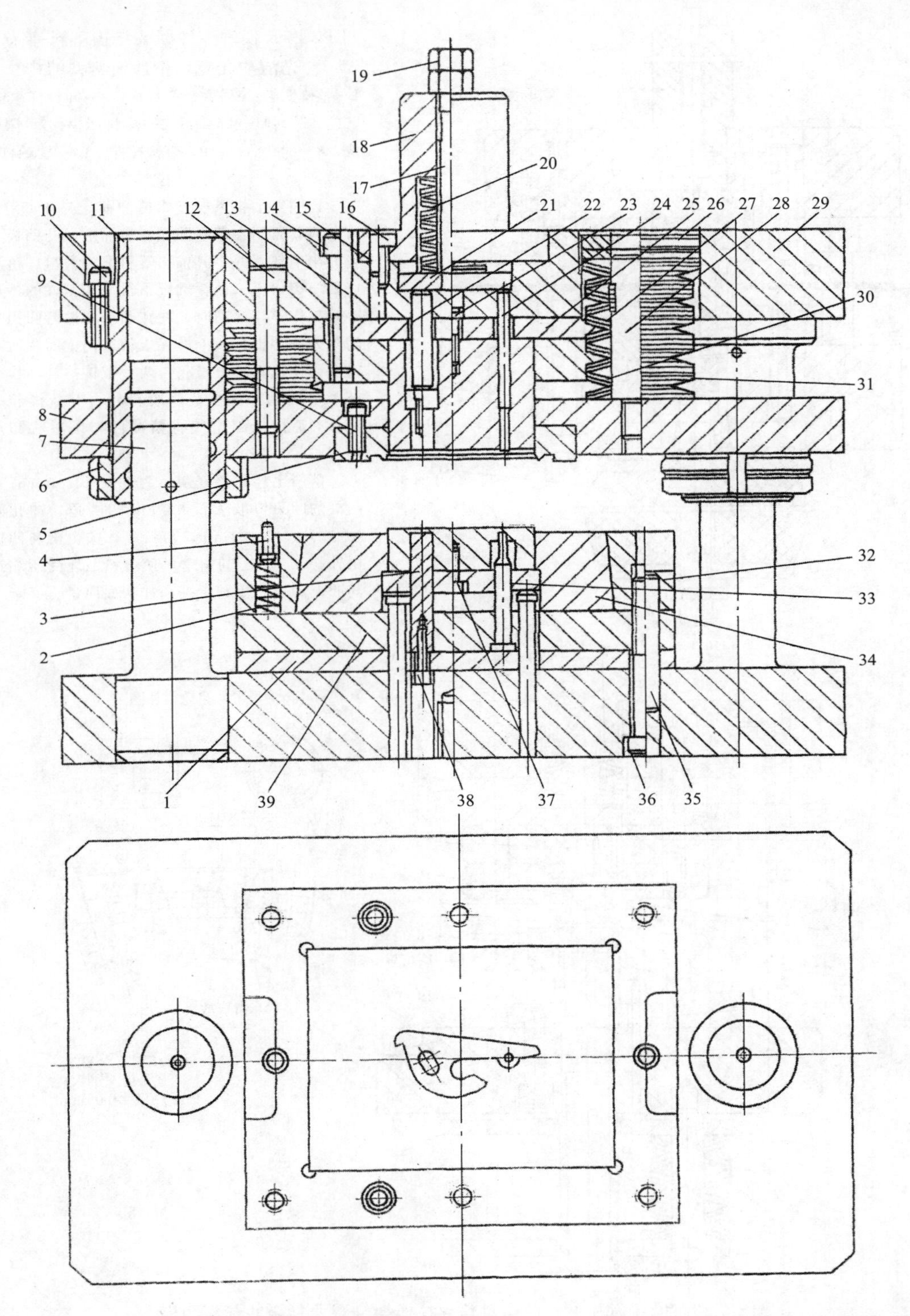

图 3-26　普通冲床上 FB 精冲开关零件用滑动导向中间导柱模架碟簧式顺装复合冲裁精冲模

1,25,39—垫板；2—弹簧；3—冲长圆孔凸模；4—可伸缩挡料销；5—齿圈压板；6,19—螺母；7—导柱；8—卸料板；9,10,14,16,23,36～38—螺钉；11—导套；12—卸料螺钉；13,15,35—销钉；17—打杆；18—模柄；20,31—碟簧；21—推板；22,24—推杆；26—螺塞；27—固定板；28—螺柱；29—上模座；30—凸模；32—凹模框；33—冲孔凸模；34—凹模

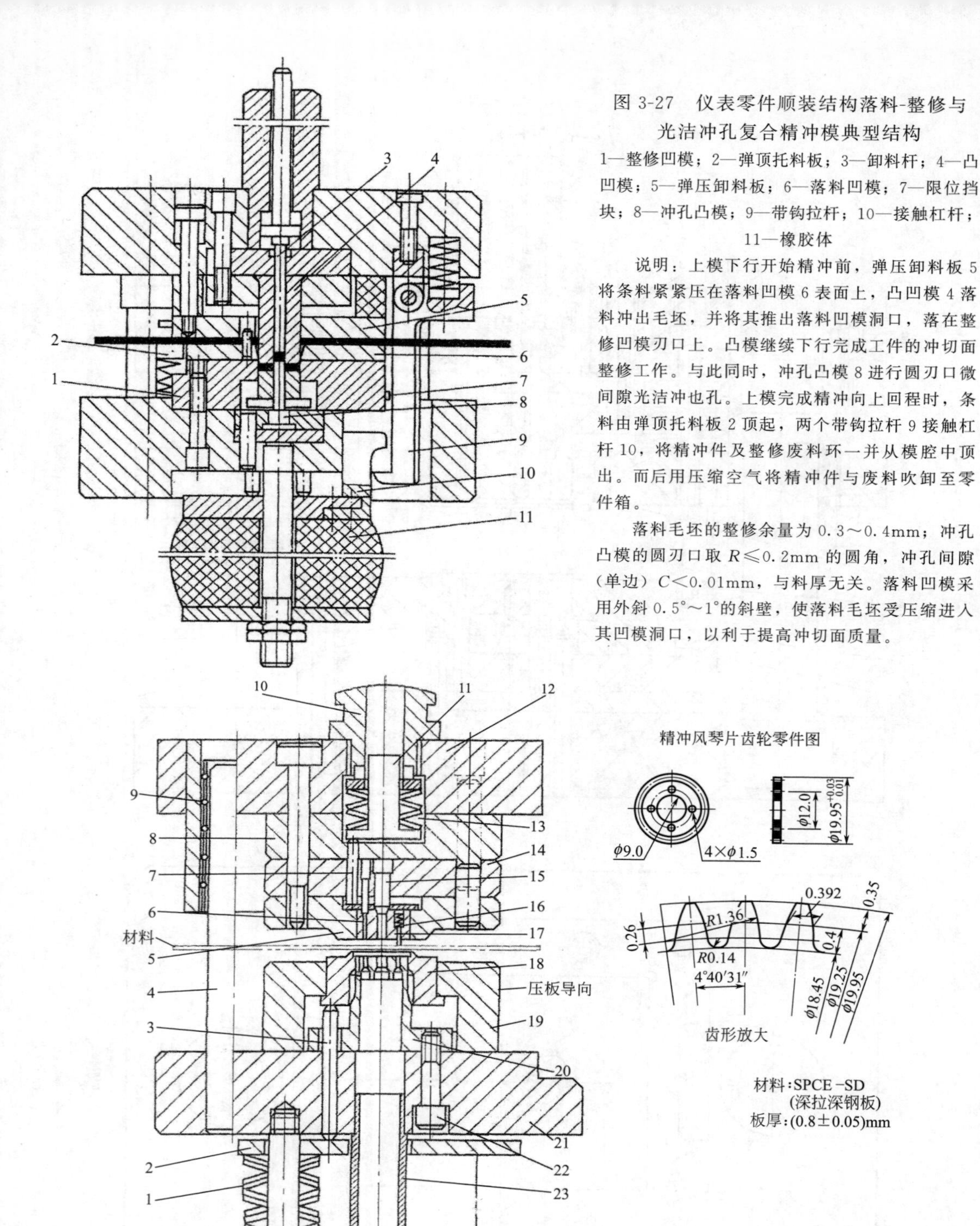

图 3-27 仪表零件顺装结构落料-整修与光洁冲孔复合精冲模典型结构

1—整修凹模；2—弹顶托料板；3—卸料杆；4—凸凹模；5—弹压卸料板；6—落料凹模；7—限位挡块；8—冲孔凸模；9—带钩拉杆；10—接触杠杆；11—橡胶体

说明：上模下行开始精冲前，弹压卸料板 5 将条料紧紧压在落料凹模 6 表面上，凸凹模 4 落料冲出毛坯，并将其推出落料凹模洞口，落在整修凹模刃口上。凸模继续下行完成工件的冲切面整修工作。与此同时，冲孔凸模 8 进行圆刃口微间隙光洁冲也孔。上模完成精冲向上回程时，条料由弹顶托料板 2 顶起，两个带钩拉杆 9 接触杠杆 10，将精冲件及整修废料环一并从模腔中顶出。而后用压缩空气将精冲件与废料吹卸至零件箱。

落料毛坯的整修余量为 0.3～0.4mm；冲孔凸模的圆刃口取 $R\leqslant0.2$mm 的圆角，冲孔间隙（单边）$C<0.01$mm，与料厚无关。落料凹模采用外斜 0.5°～1°的斜壁，使落料毛坯受压缩进入其凹模洞口，以利于提高冲切面质量。

图 3-28 风琴齿片滚动导向对角导柱模架倒装式复合冲裁精冲模

1,13—碟簧；2—托盘；3—顶杆；4—导柱；5—凹模；6—凸模；7—推杆；8—垫板；9—滚珠保持架；10—模柄；11—碟簧座；12—上模座；14—凸模固定板；15—冲中心孔凸模；16—弹顶弹簧；17—弹顶销；18—齿圈压板；19—齿圈座；20—凸凹模；21—下模座；22—螺钉；23—排样管；24—拉杆；25—螺母；26—垫圈

说明：风琴齿片形状特殊，属于特殊渐开线齿形，加工难度大。传统加工工艺是用专门滚刀在滚齿机上加工，生产率难以满足要求。改为用图 2-13 所示倒装式复合冲裁精冲模，采用成卷带料，在配有通用送料装置的自动压力机上冲制，生产率可达 4800～5000 件/h，一台压力机开两班，可以轻松完成月定额生产任务。

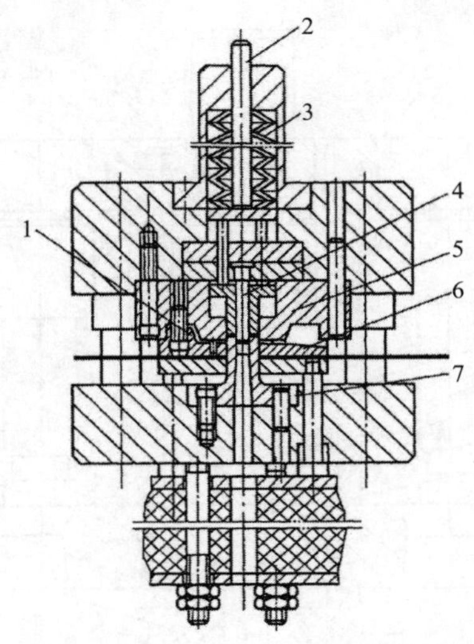

图 3-29　仪表零件倒装结构落料-整修复合精冲模典型结构

1—整修废料切刀；2—推杆；3—碟簧组；4—冲孔凸模；5—整修凹模；6—落料凹模；7—凸凹模

说明：条料入模到位，由强力弹顶卸料板推压至落料刃口表面，落料凹模 6、凸凹模 7、冲孔凸模 4 实施冲孔、落料。上模继续下行，整修凹模完成整修。在落料刃口外 0.3mm 处设置废料切刀，切断的整修废料逐件沿废料排除槽排出模。

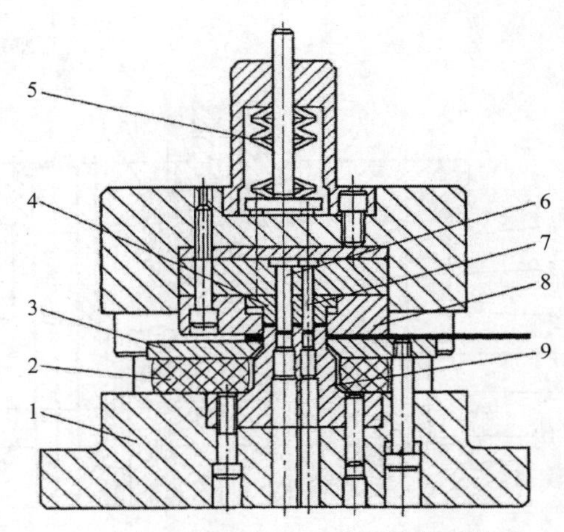

图 3-30　仪表零件复合光洁冲裁模典型结构

1—下模座；2—卸料橡胶；3—弹压卸料版；4—卸件器；5—碟簧；6,7—冲孔凸模；8—落料凹模；9—凸凹模

说明：该冲模为适应光洁冲裁所必需的大压力承载，采用加粗导柱与加厚上下模座的高精度加强型滑动导向模架。其模芯整体结构采用倒装式；光洁落料凹模 8、冲孔凸模 6 和 7 都装在上模；凸凹模 9、弹压卸料板 3 都装在下模。

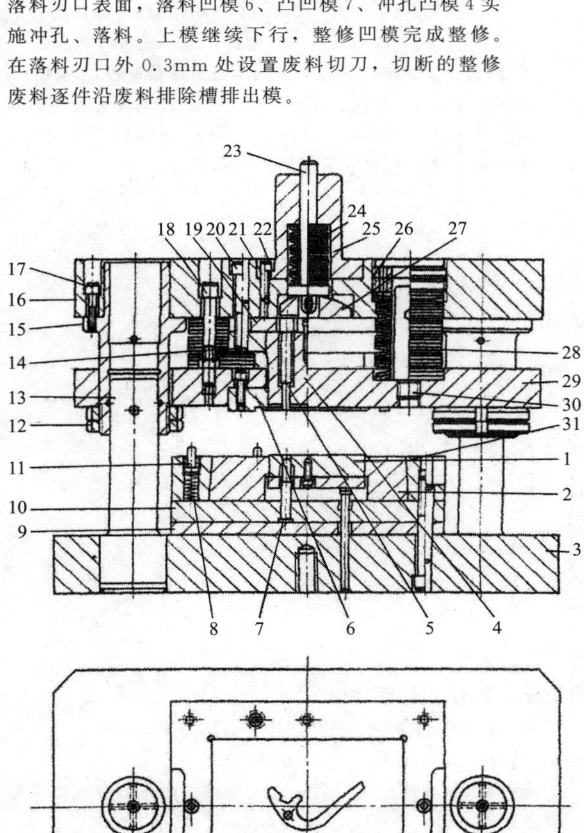

图 3-31　开关杠杆滑动导向中间导柱模架顺装式复合冲裁精冲模

1—顶件器；2—凹模；3—下模座；4—凸模；5—卸件器；6—齿圈压板；7—冲孔凸模；8—弹簧；9,19—垫板；10—固定板；11—伸缩式挡料销；12—螺母；13—导柱；14—凸模固定板；15—导套；16—上模座；17,20,22—螺钉；18—卸料螺钉；21—销钉；23—打杆；24,28—碟簧；25—模柄；26—螺塞；27—摆块；29—卸料板；30—螺柱；31—凹模框

说明：推荐精冲 $t \leqslant 3$mm 的薄料小零件。

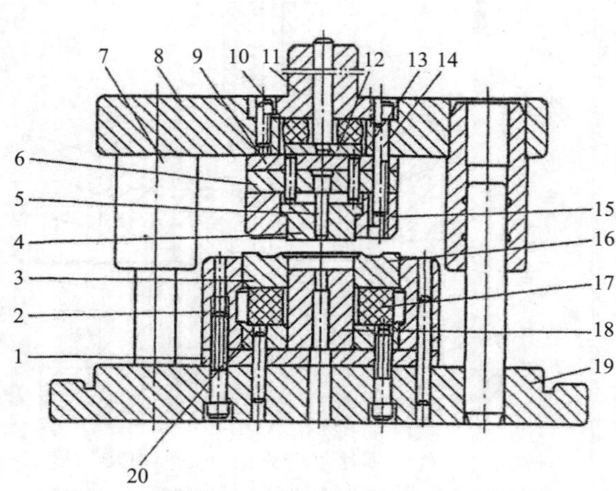

图 3-32　用聚氨酯的FB倒装式精冲复合模

1,9—垫板；2—齿圈压板容框；3,16—齿圈压板；4—卸件器；5—冲孔凸模；6,20—固定板；7—导套；8—上模座；10,17—橡胶体；11—模柄；12—推板；13—推杆；14—螺钉；15—凹模；18—凸凹模；19—下模座

说明：推荐精冲 $t \leqslant 1.5$mm 超薄料钢板及 $t \leqslant 2$mm 有色金属板的薄小零件精冲。

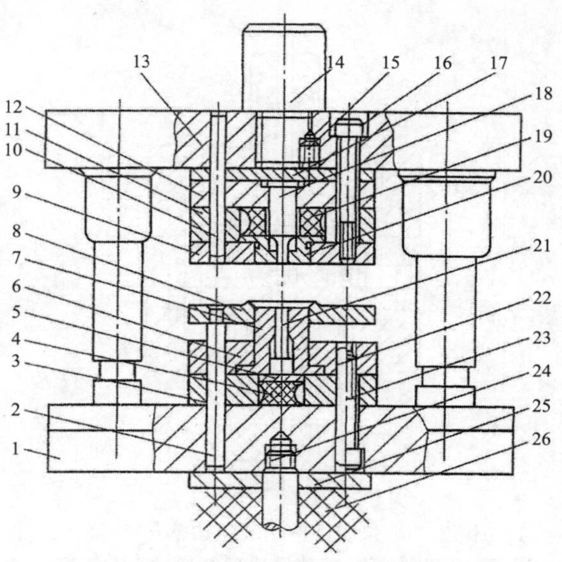

图 3-33　聚氨酯橡胶FB精冲模

1—下模板；2,21—顶杆；3,5,11,17—垫板；4,19,26—聚氨酯橡胶；6—凸凹模固定板；7—凸凹模；8—压边圈；9—凹模；10,22—销钉；12—冲孔凸模固定板；13—上模板；14—模柄；15—螺塞；16,23—螺钉；18—冲孔凸模；20—反压板；24—螺杆；25—托板

说明：聚氨酯橡胶强力齿圈压边简易精冲模，适用于 $t<3$mm 的软钢、非铁金属材料的板状零件的精冲及局部成形，尤其适合 $t<1$mm 的薄板件落料及冲孔，精冲 $t \leqslant 0.25$mm 的平板件尺寸精度高、无毛刺。

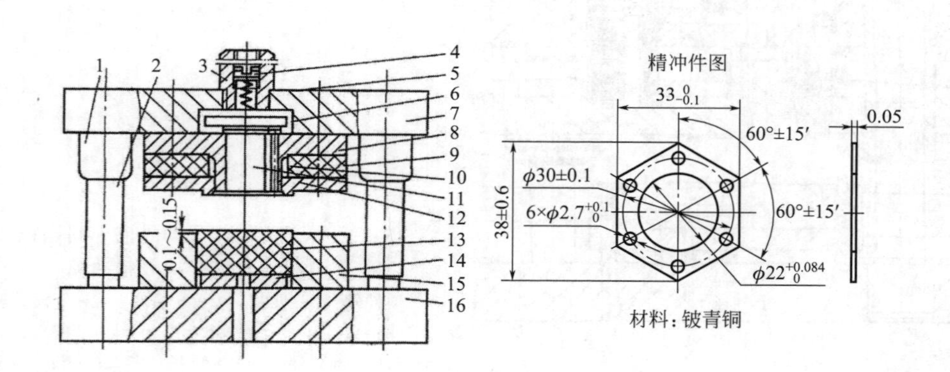

图 3-34　普通冲床用聚氨酯复合冲裁精冲模

1—导套；2—导柱；3—模柄；4—螺塞；5—弹簧；6—顶板；7—上模座；8—凸凹模；9,13—聚氨酯橡胶；10,11—顶杆；12—齿圈压板；14—垫板；15—容框；16—下模座

说明：用高强度聚氨酯橡胶作为弹性元件，作为实施V形齿圈压料和反顶的压力源，主冲裁力由压力机提供，可精冲料厚 $t<3$mm 的小尺寸零件，其模具典型结构见图 3-34(a)。

图 3-34(b) 典型结构适于 $t \leqslant 0.25$mm 平板件的无毛刺精冲。该模具用邵氏硬度大于 85A 的高硬度、大弹力的聚氨酯橡胶作为落料凹模和冲孔凸模，是一种无尺寸、无刃口软模，全靠另一半硬模的刃口挤压软模获得精冲零件。

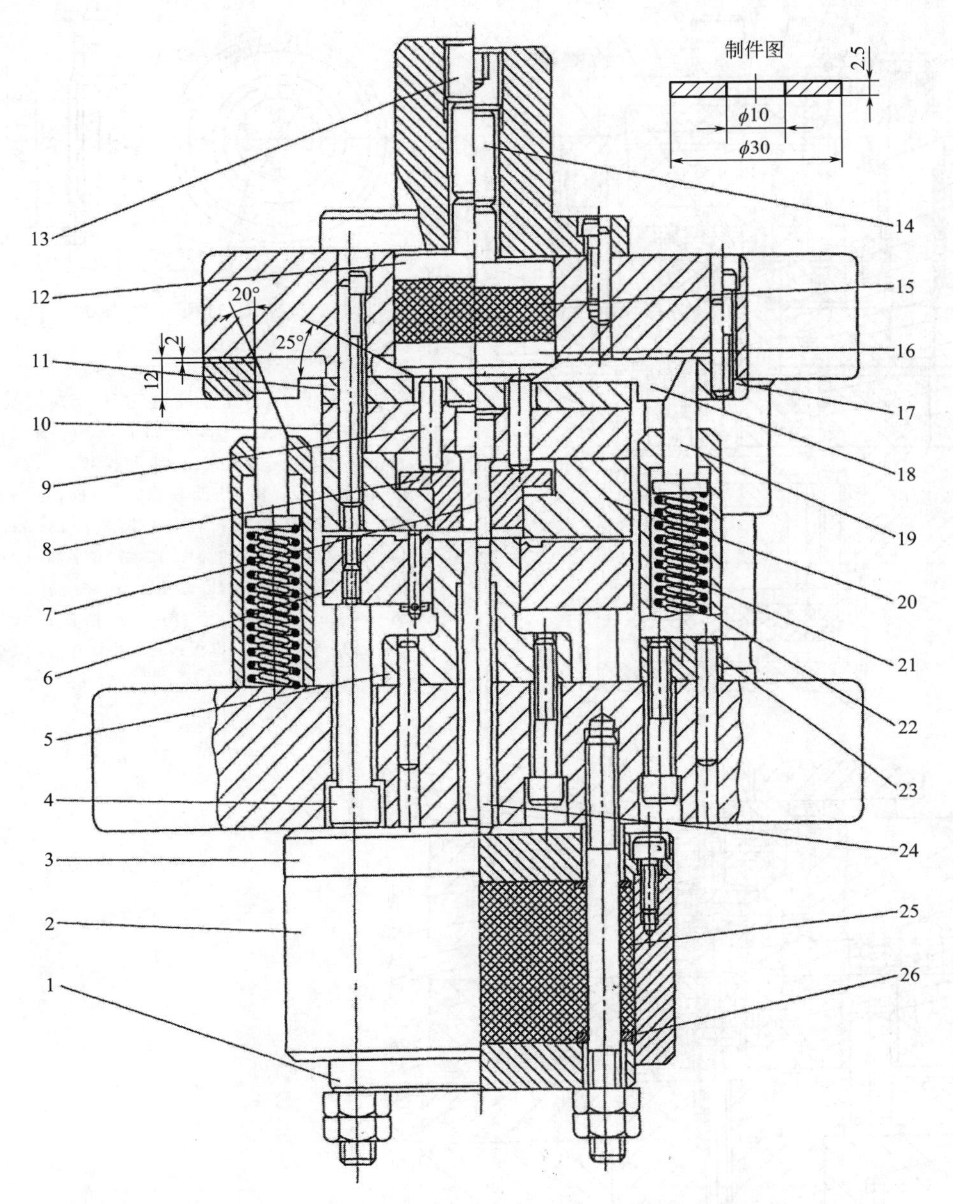

图 3-35　厚垫圈普通冲床 FB 精冲用橡胶式倒装简易精冲模

1,11—垫板；2—套圈；3—托板；4—卸料螺钉；5—凸凹模；6—齿圈压板；7—凸模；8—推板；9—打杆；10—固定板；12—调压板；13—螺塞；14—接杆；15—聚氨酯橡胶垫；16—斜板；17—挡块；18—滑板；19—斜楔；20—凹模；21—内弹簧；22—外弹簧；23—支架；24—顶杆；25—聚氨酯橡胶（弹顶器）；26—垫圈

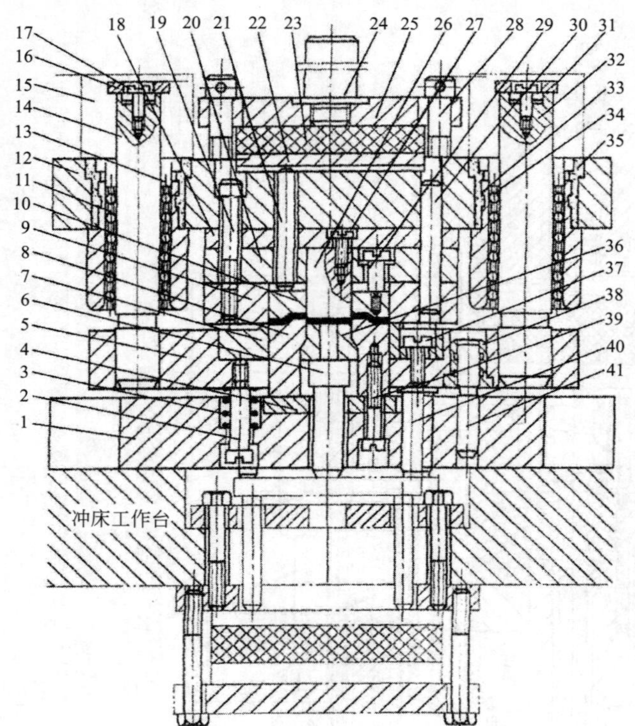

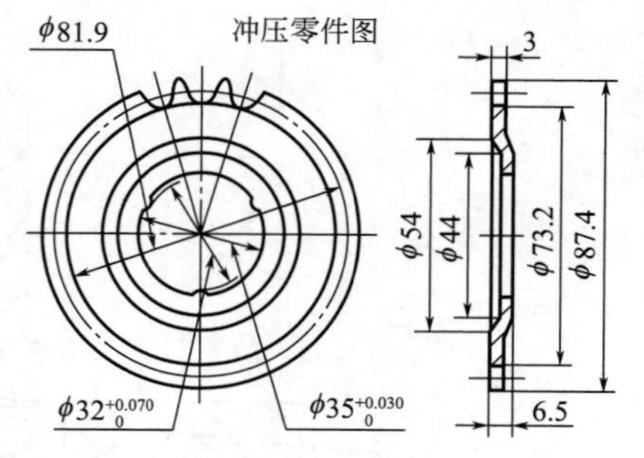

材料：Q235钢，齿数：z=20

图 3-36　自行车变速器链轮（FB）简易精冲模

1—下模板；2,17,19,27～29,37,39—螺钉；3—弹簧；4,18,22—垫板；5—活动模板；6,40—顶杆；7—齿圈压板；8—凸凹模；9—凹模；10—反向推板；11—滚珠模板；12—上模板；13,33—导套；14,32—导柱；15—垫筒；16—挡圈；20—凸模固定板；21—顶销；23—压力垫；24—模柄；25—压板；26—冲孔凸模；30—销钉；31—挡圈；34—钢球；35—滚珠导套；36—推板；38—小导套；41—小导柱

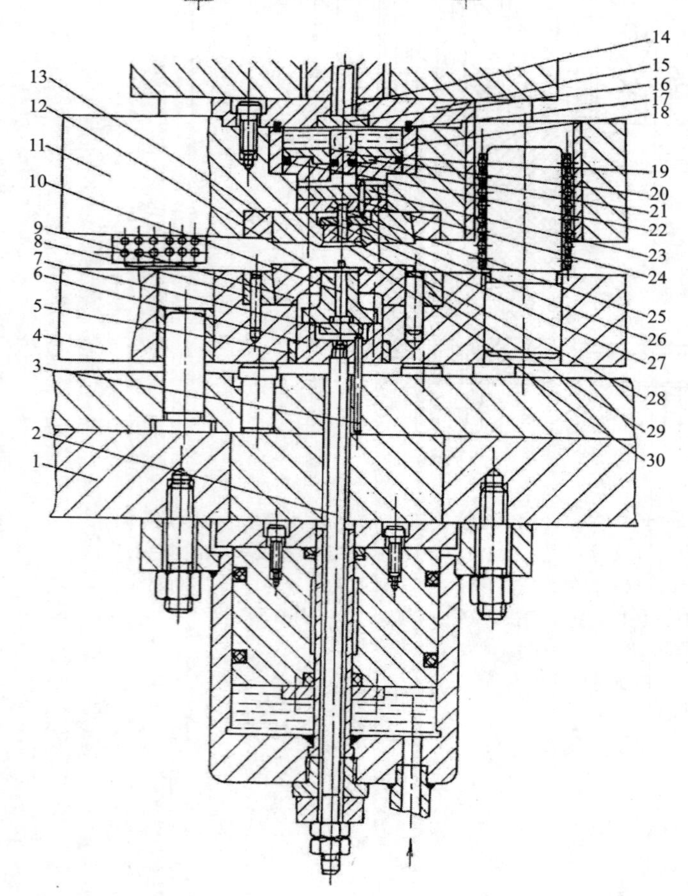

图 3-37　通用液压模架精冲模典型结构

1—下模座；2—拉杆；3,10,14,19,24—顶杆；4—活动模板；5—镶套；6—凸凹模座；7,27—顶板；8—护套；9—压边圈；11—上模座；12—凸凹模；13—护套；15,23—盖板；16—垫板；17—密封圈；18—上液压缸；20—上活塞；21,22—密封圈；25—冲孔凸模固定板；26—冲孔凸模；28—凹模；29—定位板；30—反压板

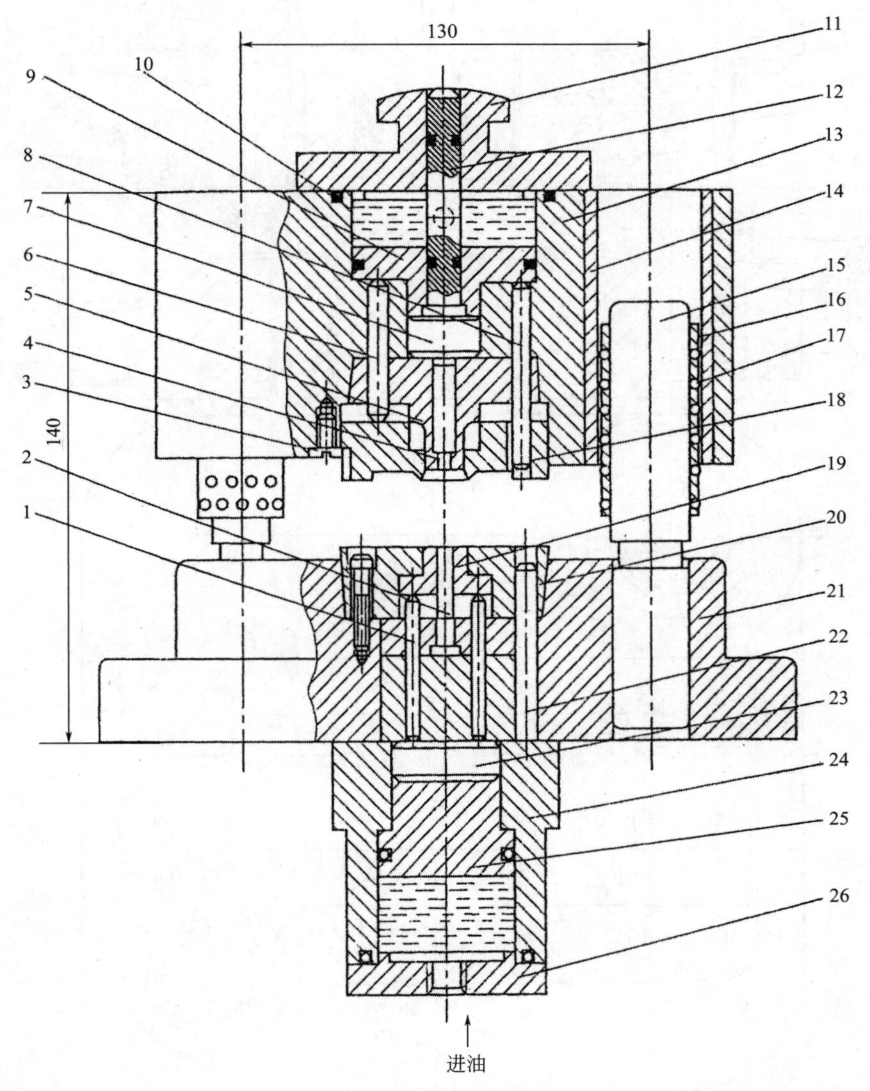

图 3-38　专用液压模架精冲模典型结构

1,6,12—顶杆；2—冲孔凸模；3—螺钉；4—推杆；5—凸凹模；7—垫板；8—定位销；9—上活塞；10—密封圈；11—浮动模柄；13—上模座；14—导套；15—导柱；16—衬套；17—钢球；18—齿圈压板；19—推板；20—凹模；21—下模座；22—定位销；23—承力块；24—下油缸；25—下活塞；26—盖

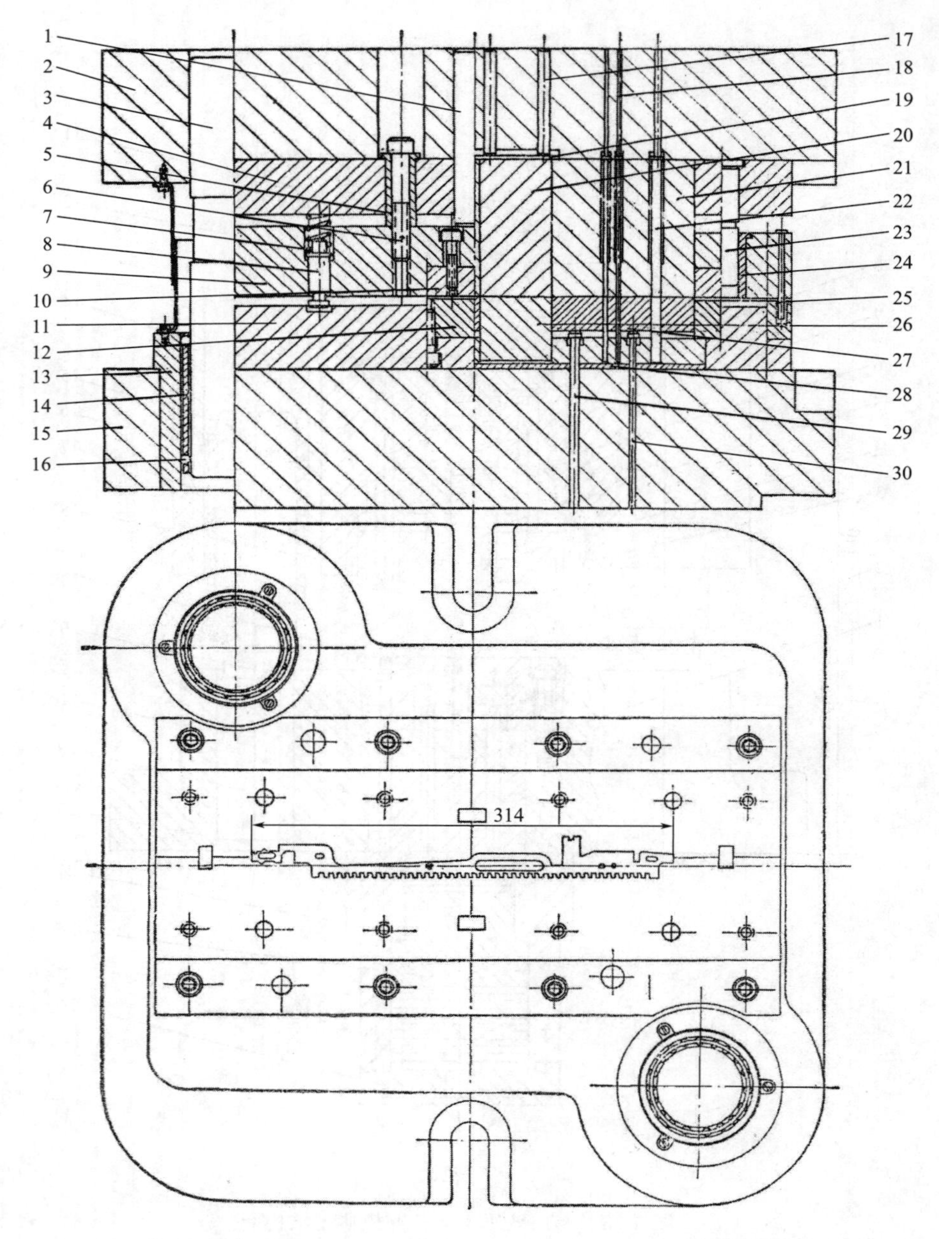

图 3-39　长齿条 FB 精冲用滚动导向对角滚珠导柱模架平装型固定凸模式复合冲裁精冲模

1—传力杆；2—上模座；3,13—导柱；4—凸凹模固定板；5—限位套管；6—螺钉；7—弹簧；8—导料杆；9—齿圈压板固定板；10—齿圈压板；11—凹模固定板；12—镶拼凹模；14—衬套；15—底座；16—滚珠；17,18,22,29,30—顶杆；19—桥板；20—卸料顶杆；21—凸凹模；23,24—小导柱；25—挡料销；26—冲内形凸模；27—推件板；28—垫板

说明：对于主冲裁力较大，精冲轮廓尺寸大于 110mm、材料强度 R_m 即 $\sigma_b>420$MPa、$t\geqslant 4.75$mm 的平板精冲件。其精冲模结构宜采用固定凸模式，图 3-39 为实例Ⅰ。

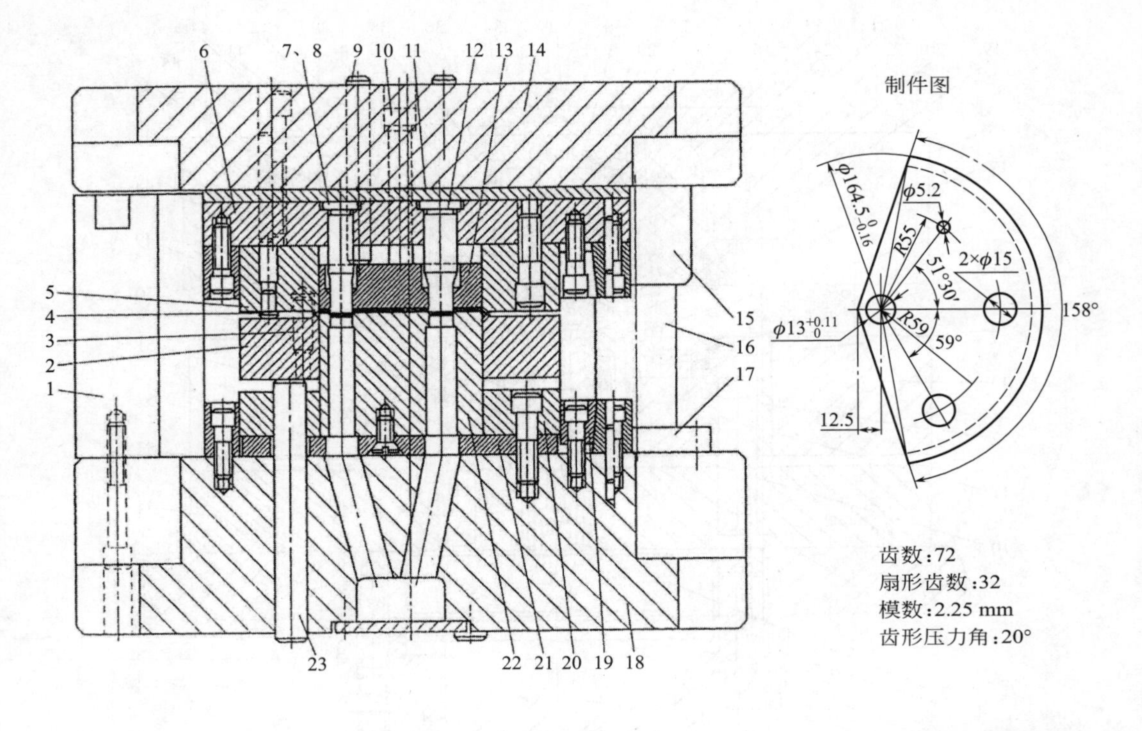

(a) 模具

(b) 制件（材料Q235、料厚3mm）

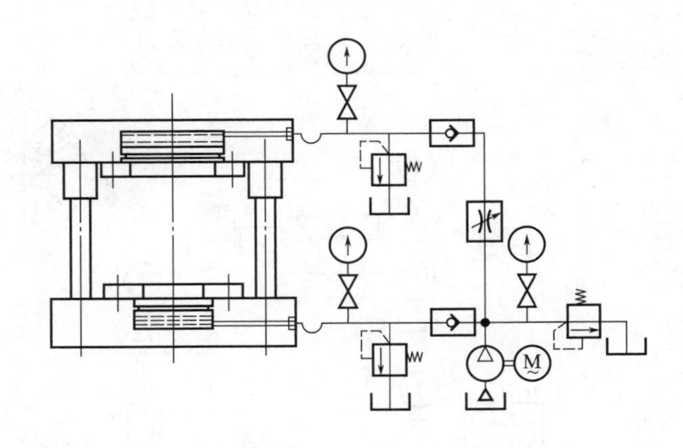

(c) 附加装置（液压模架液压泵站系统）

图 3-40　扇形齿板普通压力机配通用液压模架 FB 精冲用复合冲裁精冲模

1—限位柱；2—齿圈压板；3—挡料销；4—齿圈保护销；5—凹模；6—固定板；7,8,12—凸模；9—推杆；10—卸料螺钉；11,21—垫板；13—推板（反压板）；14—上模座；15—导套；16—导柱；17,19—压板；18—下模座；20—固定板；22—凸凹模；23—顶杆

说明：同图 3-40，这是应用实例Ⅱ。

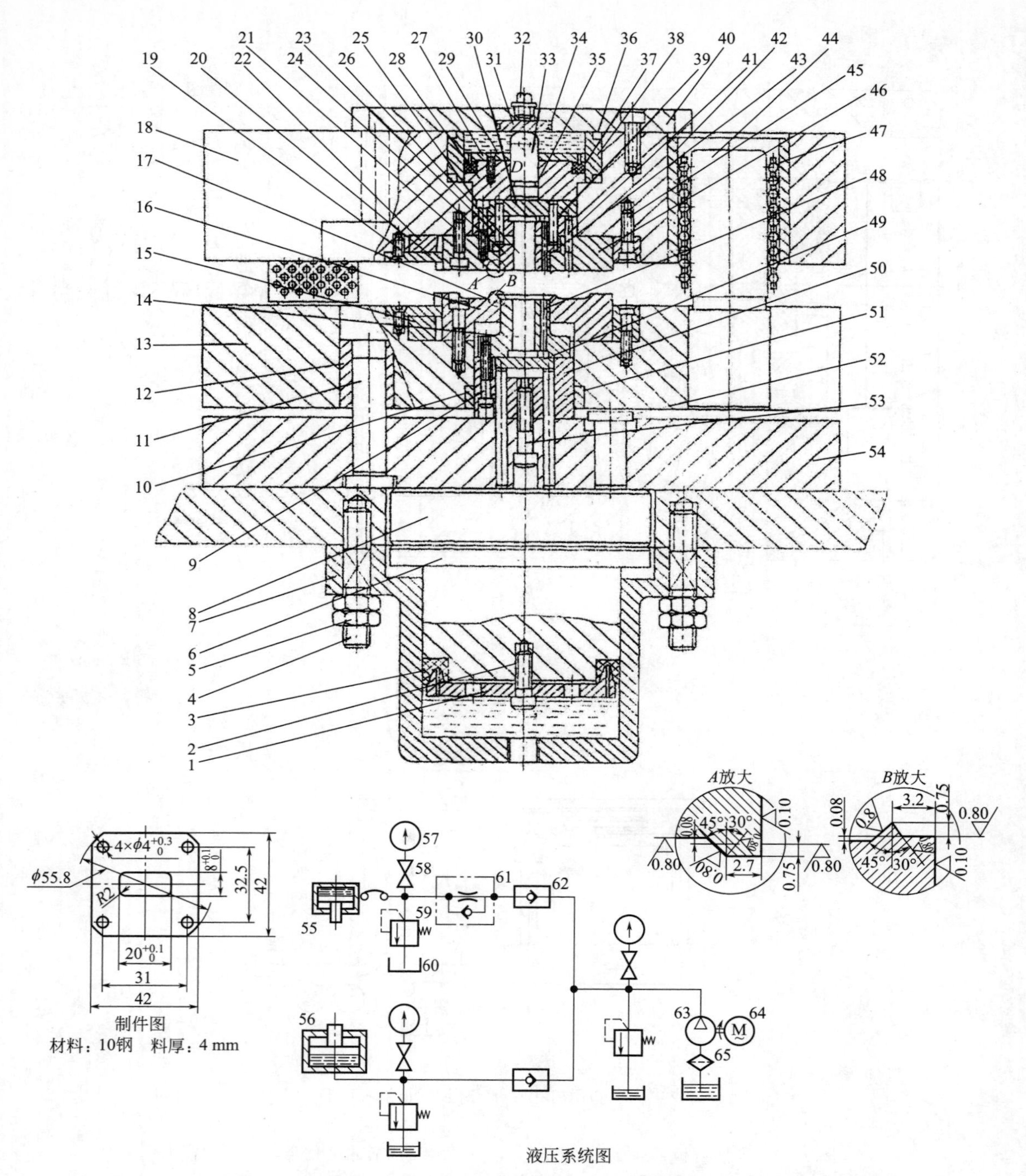

图 3-41　垫板在普通压力机上配专用液压模架进行 FB 精冲用活动凸模式复合冲裁精冲模

1—压盖；2,9,19,21,25,27,45,53—螺钉；3,37—U 形密封圈；4—螺栓；5—螺母；6—活塞；7,38—液压缸；8,30,31—垫板；10—导向圈；11—小导柱；12—小导套；13—中模座；14,48—顶件块；15—下定位圈；16—齿圈；17—凸凹模；18—上模座；20—定位板；22—上定位圈；23—固定板；24—推件块；26,43—冲孔凸模；28—上活塞；29—压盖；32—限位螺柱；33—活塞芯子；34,35—O 形密封圈；36—矩形密封圈；39—推杆；40—盖板；41—柱销；42—导套；44—导柱；46—凹模；47—保持器；49—托板；50,52—托杆；51—支座；54—下模座；55—上液压缸；56—下液压缸；57—压力表；58—压力表开关；59—溢流阀；60—储油箱；61—单向节流阀；62—单向阀；63—液压泵；64—电动机；65—过滤器

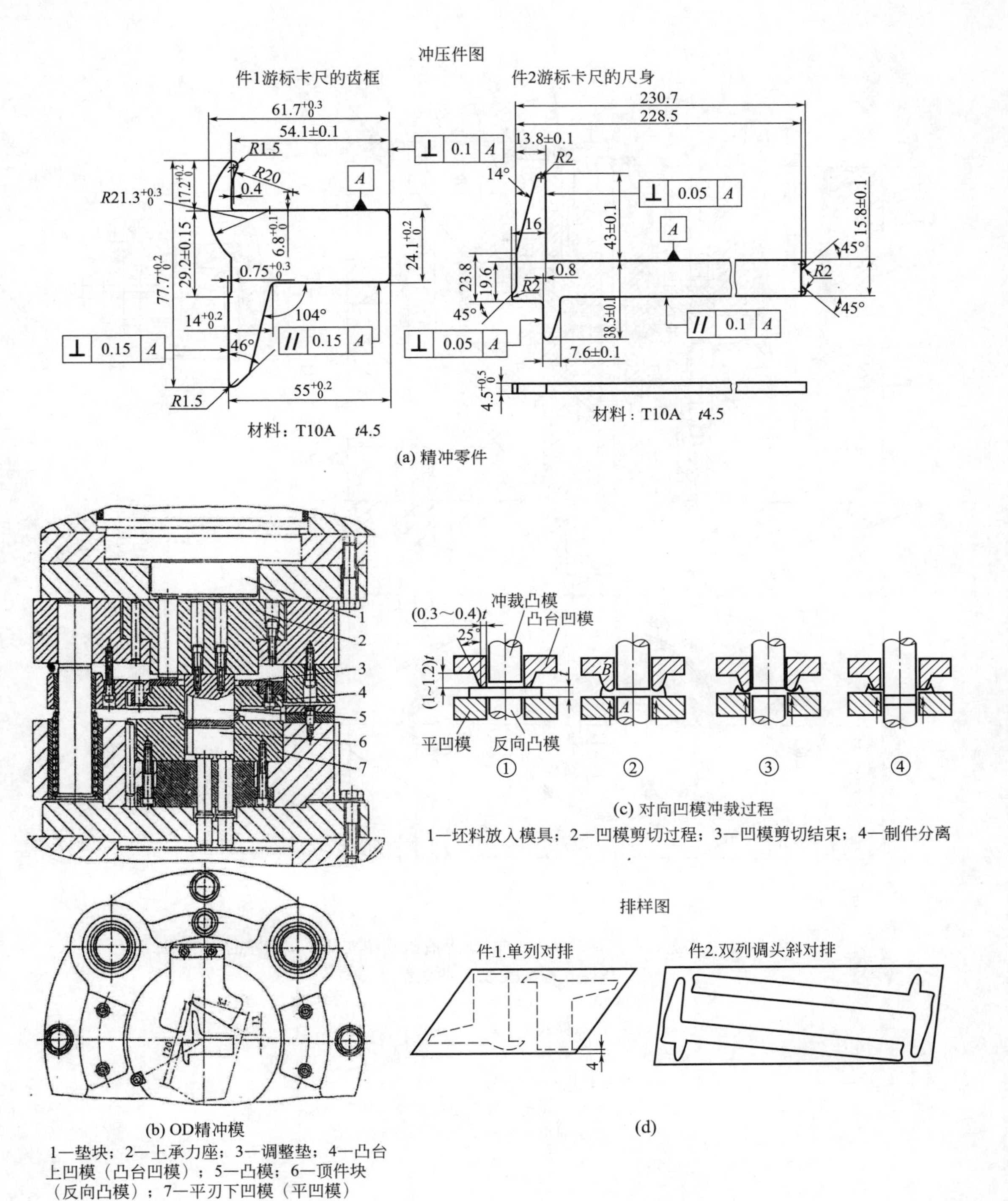

(b) OD精冲模

1—垫块；2—上承力座；3—调整垫；4—凸台上凹模（凸台凹模）；5—凸模；6—顶件块（反向凸模）；7—平刃下凹模（平凹模）

图 3-42 游标卡尺的齿框与尺身在普通压力机上配液压模架进行对向凹模（OD）精冲模

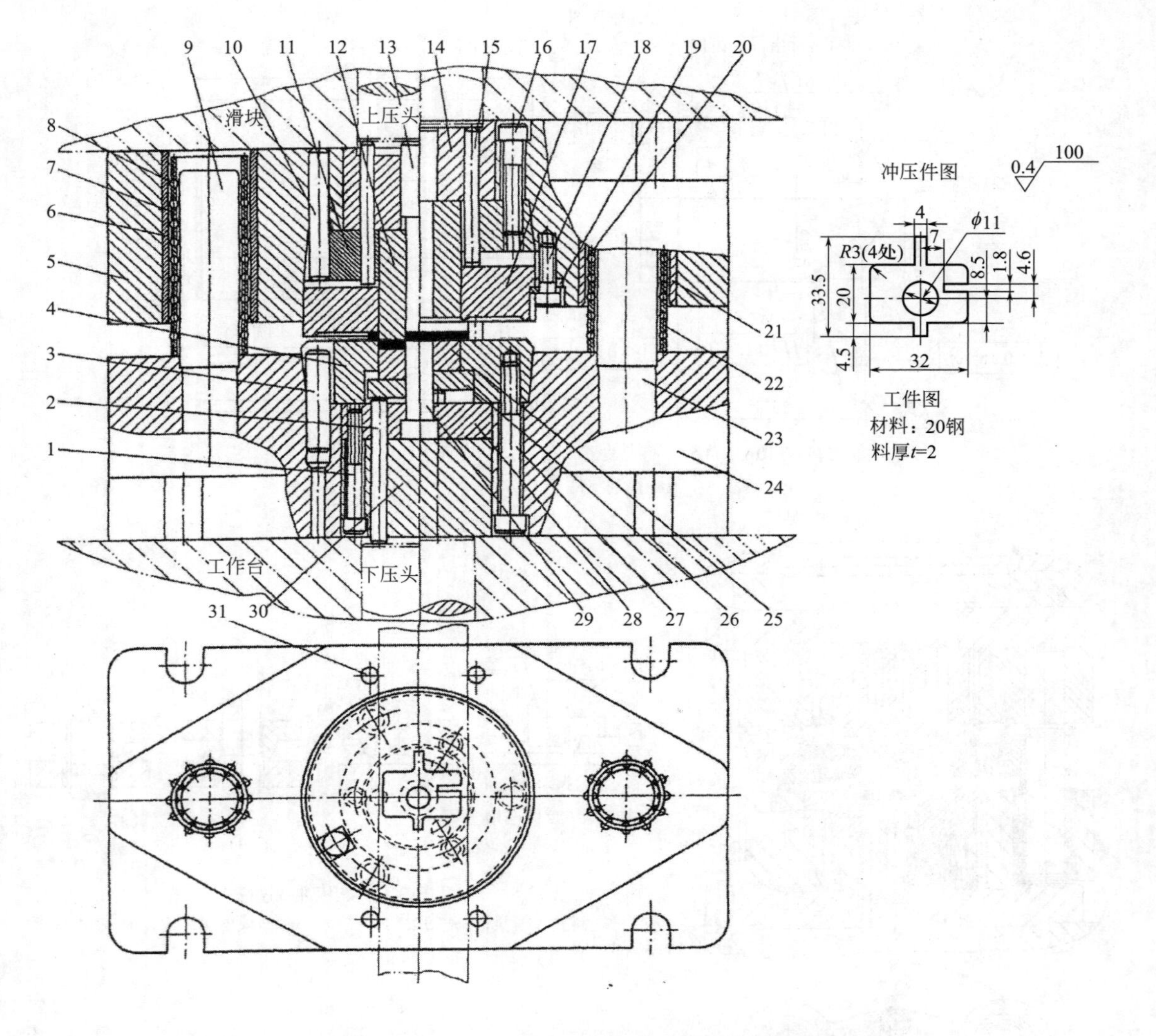

图 3-43　光栅架在普通压力机上配通用液压模架实施 FB 精冲的固定凸模式嵌装型复合冲裁精冲模

1,16,18,27—内六角螺钉；2,15—传动杆；3—止动销；4—凹模；5—上模座；6,21—导套；7,22—滚珠保持架；8,20—钢珠；9,23—导柱；10—销钉；11—凸模固定板；12—凸模；13—卸料器；14—凸模座；17—齿圈压板；19—调整垫；24—下模座；25—顶件器；26—顶板；28—冲孔凸模固定板；29—冲孔凸模；30—冲孔凸模座；31—导料销

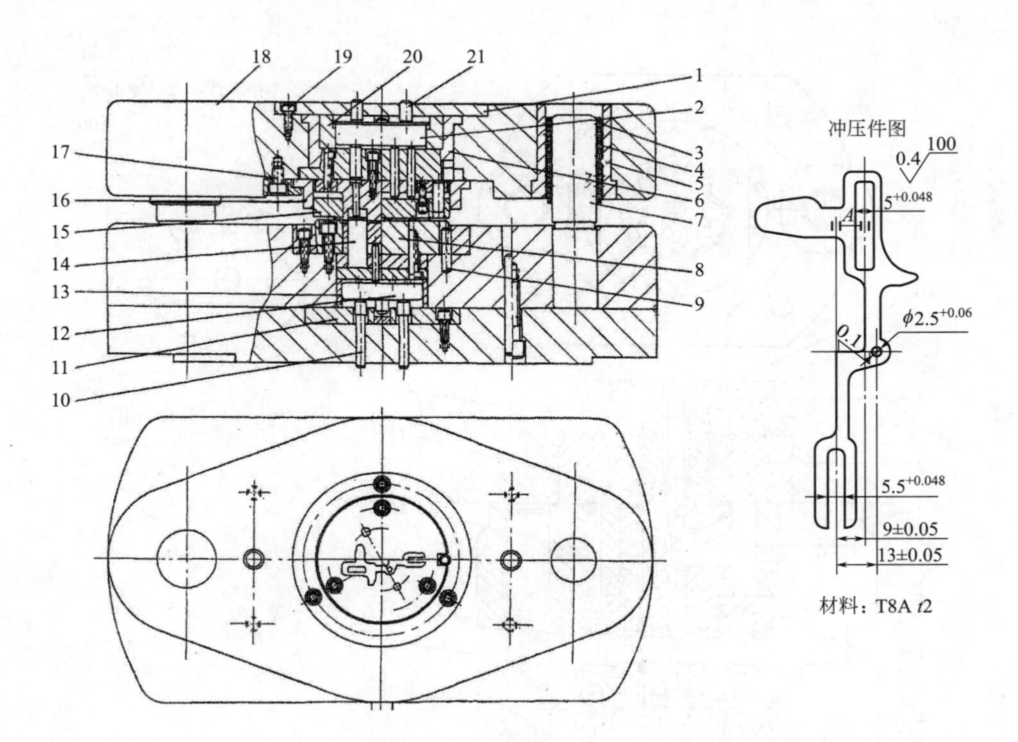

图 3-44　复杂形状零件在普通冲床上配通用液压模架 FB 复合精冲模

1—上垫板；2—上打板；3—钢珠；4—钢珠保持架；5—导套；6—锥圈；7—导柱；8—凸模；9—止动销；
10—下顶杆；11—下垫板；12—下打板；13—下承力圈；14—冲长孔凸模；15—齿圈压板；
16—护套；17,19—螺钉；18—上模座；20—上承力圈；21—上顶杆

3.3　在专用精冲压力机上精冲的精冲模（图 3-45～图 3-58）

通常所说的精冲，主要指 FB 精冲，而所谓精冲模，大多指 FB 精冲模，很少有例外。广泛用于生产的 FB 精冲模，也与普通全钢冲模类似，有单工序冲裁精冲模、连续冲裁精冲模和复合冲裁精冲模三种主要类型。精冲模结构有别于普通冲裁模，如图 3-56 所示为 FB 精冲模与普通冲模的结构对比。现代标准的 FB 精冲模，有活动凸模式与固定凸模式两种基本的结构形式。绝大多数为复合冲裁精冲模。

由于含变形工步的精密冲压所涉及模腔与普通冲压差别不大，但与精密冲裁工步组合，组成连续精冲、复合精冲，用一套精冲模完成，必须符合精冲工艺及精冲机自动运作的要求，须因件而异，其精冲模也不可能有一个标准的通用精密冲压模具结构形式。以下介绍精冲模常用结构及其实用典型结构实例。详见图 3-45～图 3-58。

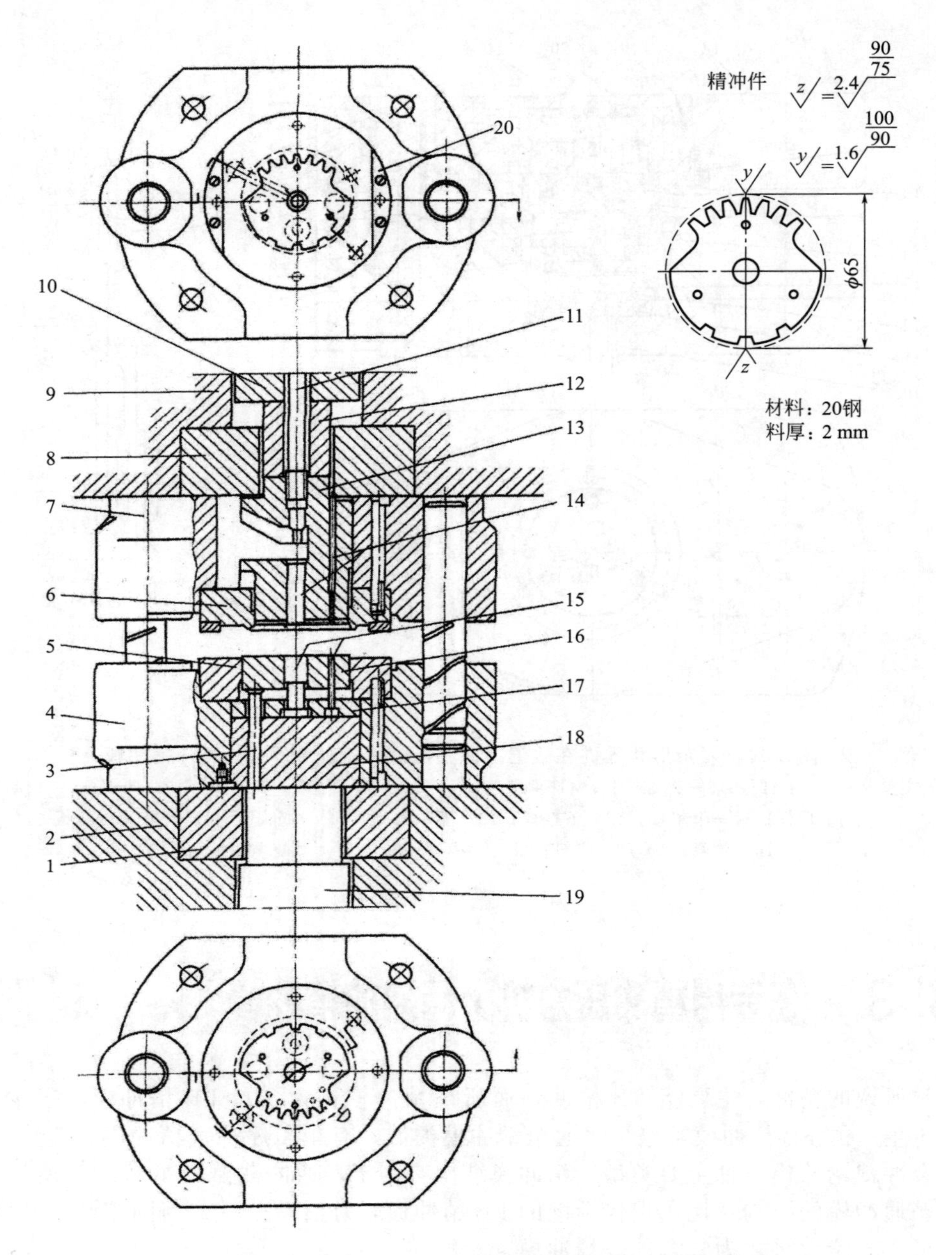

图 3-45　扇形齿轮嵌装型活动凸模式复合冲裁精冲模

1—标准压环；2—压力机下工作台；3,11—传力杆；4—下模座；5—凹模；6—齿圈压板；7—下模座；8—标准压环；9—压力机上工作台；10—液压活塞；12—传力柱；13—凸模；14—卸件器；15—冲孔凸模；16—顶件器；17—固定板；18—冲孔凸模座；19—液压活塞；20—护齿板

说明：当精冲件外形尺寸 L_{max}<75mm，t<3mm，可采用图 3-45 及后续不同规格、不同结构、适用不等尺寸精冲件的精冲模应用实例。

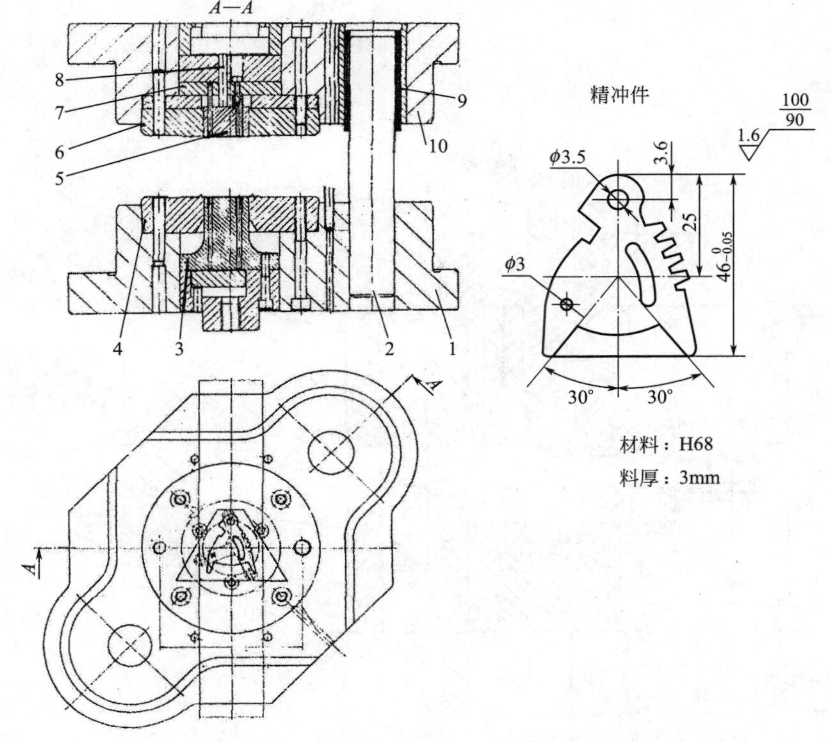

图 3-46　调节板嵌装型活动凸模式复合冲裁精冲模

1—下模座；2—导柱；3—落料凸模；4—齿圈压板；5—顶件器；6—落料凹模；7—冲孔凸模固定板；8—传力杆；9—滚珠保持架；10—上模座

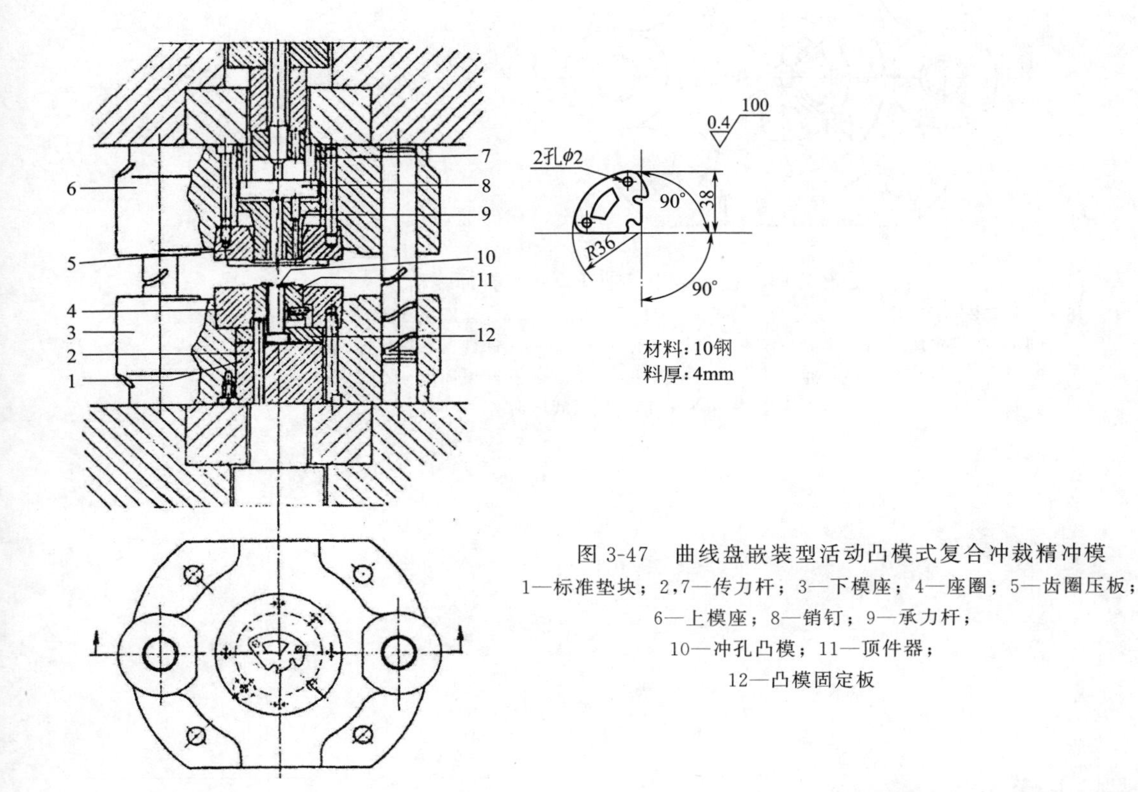

图 3-47　曲线盘嵌装型活动凸模式复合冲裁精冲模

1—标准垫块；2,7—传力杆；3—下模座；4—座圈；5—齿圈压板；6—上模座；8—销钉；9—承力杆；10—冲孔凸模；11—顶件器；12—凸模固定板

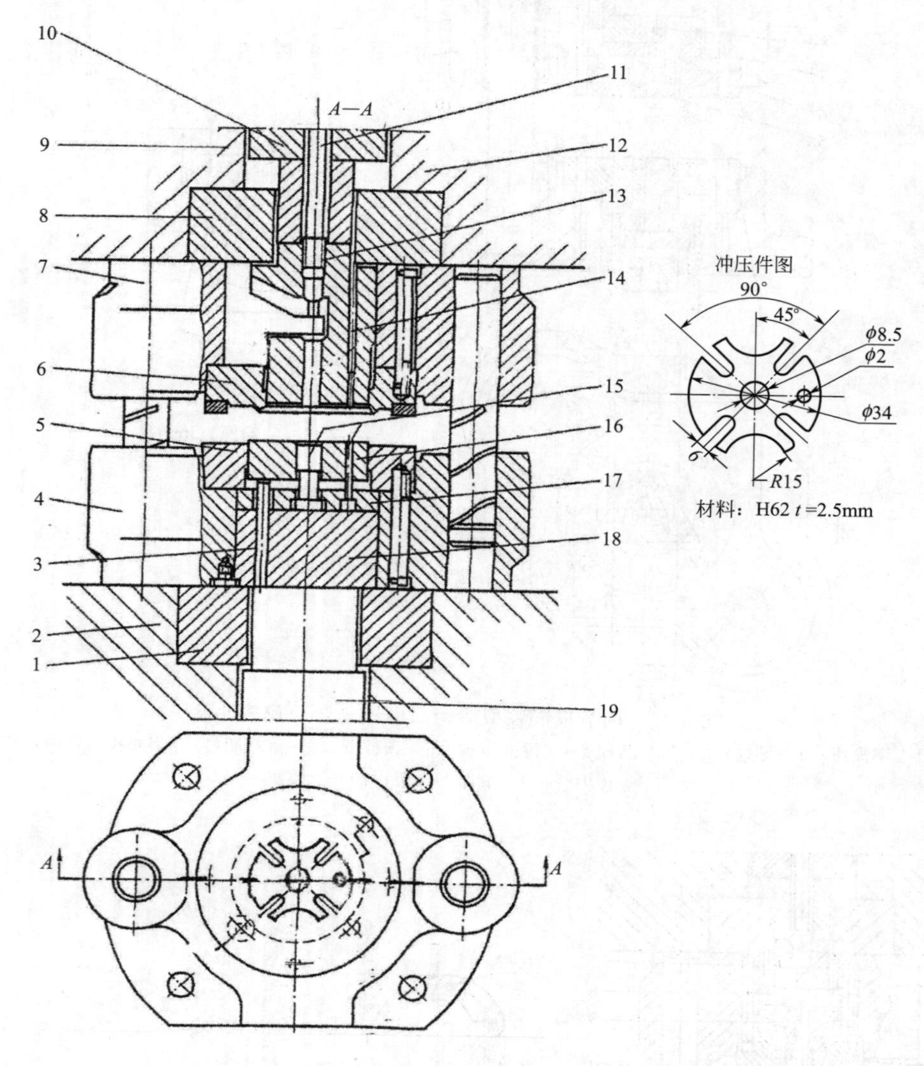

图 3-48　四槽板嵌装型活动凸模式复合冲裁精冲模

1,8—压环；2—下工作台；3—传力杆；4—下模座；5—凹模；6—齿圈压板；7—下模座；9—液压缸；10—凸模夹座；11—紧固凸模螺杆；12—压环凸台；13—卸件器；14—冲孔废料卸件器；15—冲孔凸模；16—顶件器；17—冲孔凸模固定板；18—垫板；19—反顶液压活塞

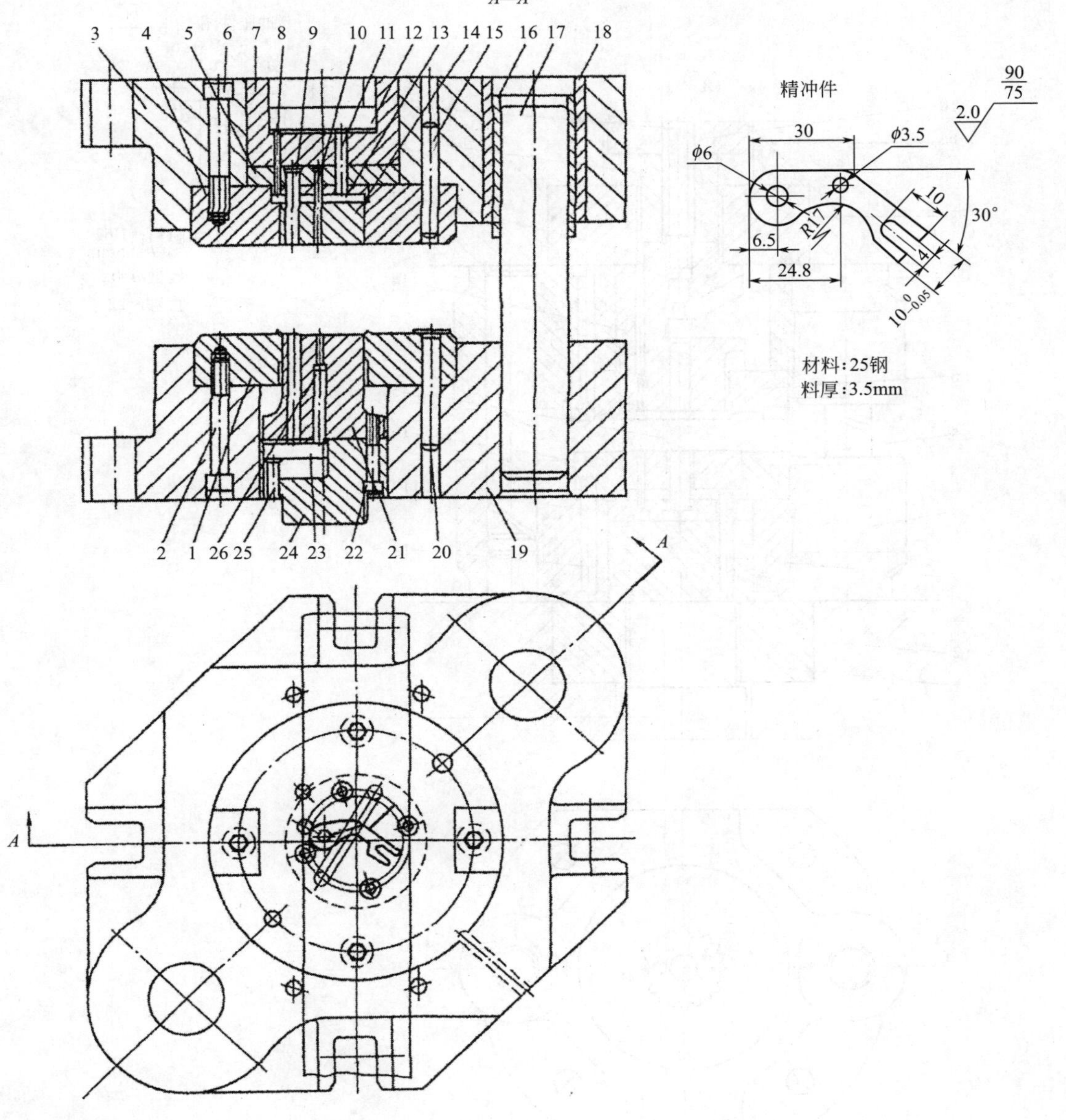

图 3-49 拨叉嵌装型活动凸模式复合冲裁精冲模

1—齿圈压板；2,6,22—内六角螺钉；3—上模座；4—凹模；5—凸模固定板；7,24—凸模座；8,11,25—传力杆；9—冲孔凸模；10—冲槽凸模；12—传力柱；13—传力压板；14—卸件器；15,20—销钉；16—钢球保持架；17—导柱；18—导套；19—下模座；21—凸模；23—桥板；26—顶料器

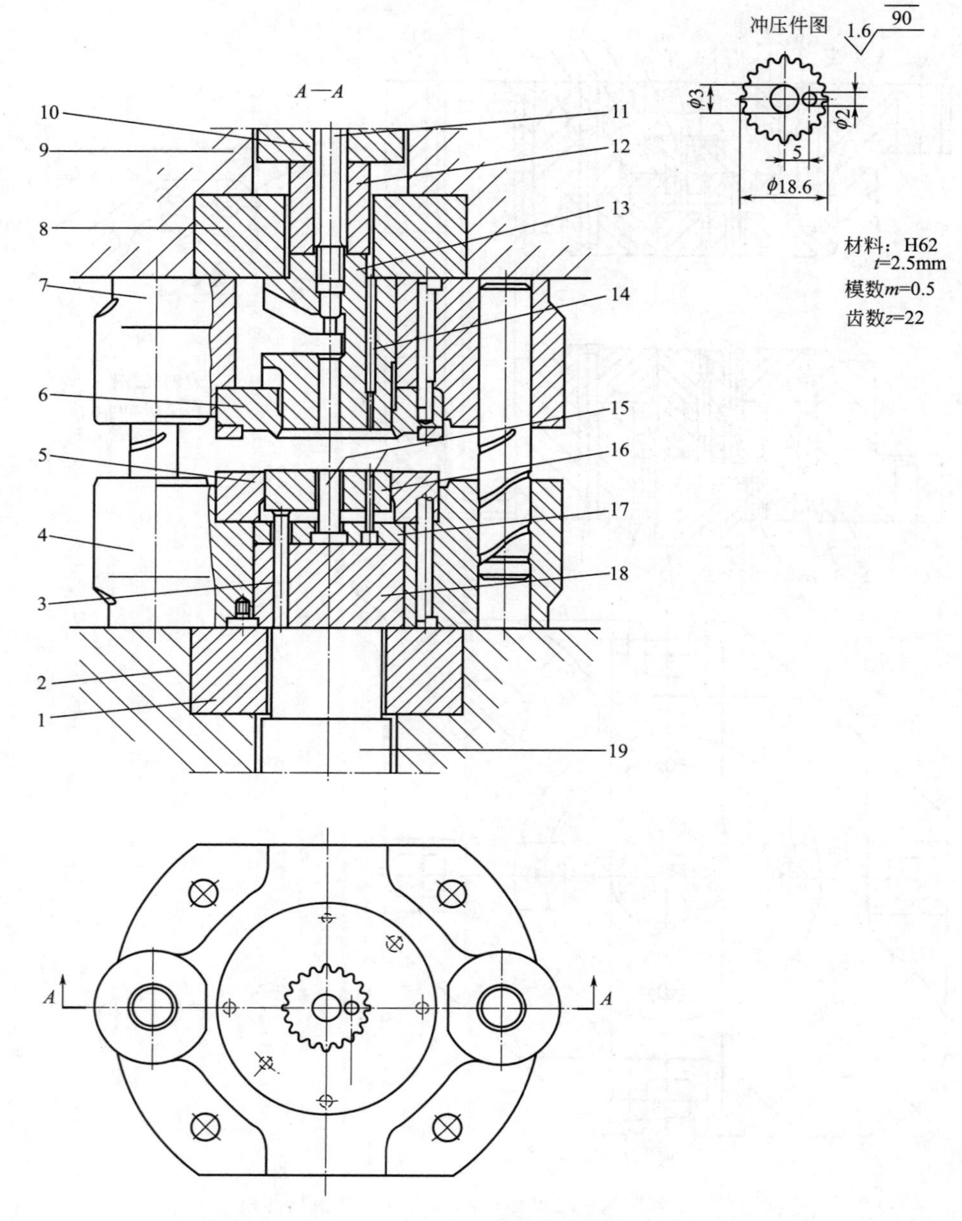

图 3-50　表芯片齿轮嵌装型活动凸模式复合冲裁精冲模

1,8—标准压环；2—压力机下工作台；3,11—传力杆；4—下模座；5—凹模；6—齿圈压板；7—上模座；9—压力机上工作台；10,19—液压活塞；12—传力柱；13—凸模；14—卸件器；15—冲孔凸模；16—顶件器；17—凸模固定板；18—冲孔凸模座

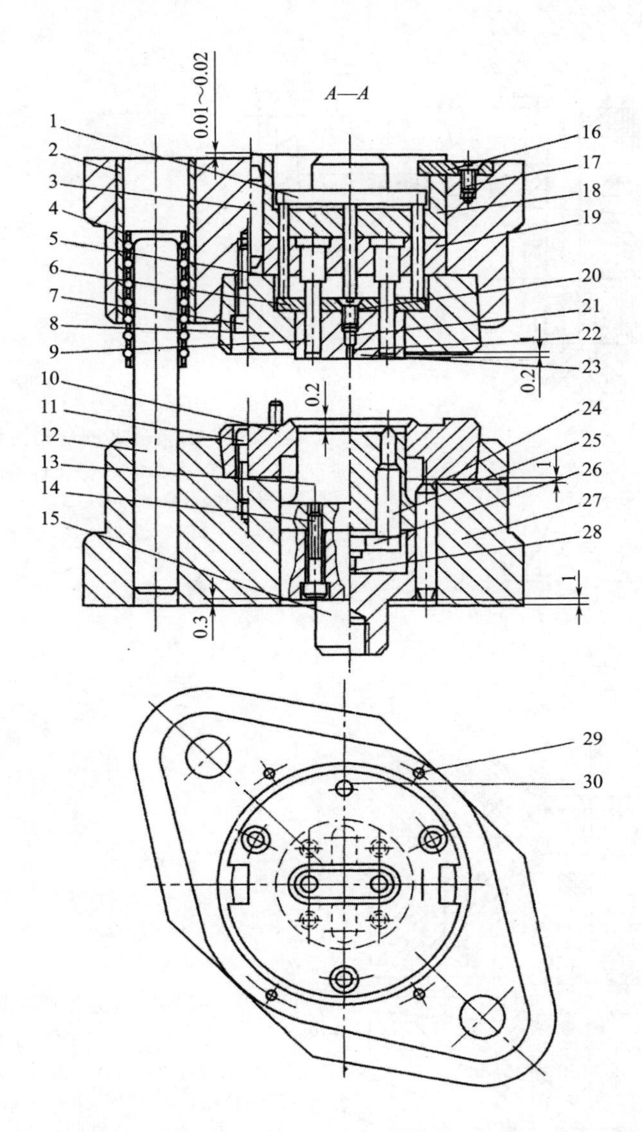

图 3-51　GKP-F100/160 型精冲机用嵌装型活动凸模式复合冲裁精冲模

1—压力垫；2—导套；3,24—防转销；4—衬套；5,25,28—顶杆；6—连接板；7,11,14,20—螺钉；8—凹模；9—冲孔凸模；10—齿圈压板；12—导柱；13—凸凹模；15—凸模座；16—限位块；17—埋头螺丝；18—上垫圈；19—冲孔凸模固定板；21—压簧；22—弹顶杆；23—推件板；26—桥板；27—底座；29—导料杆；30—销钉

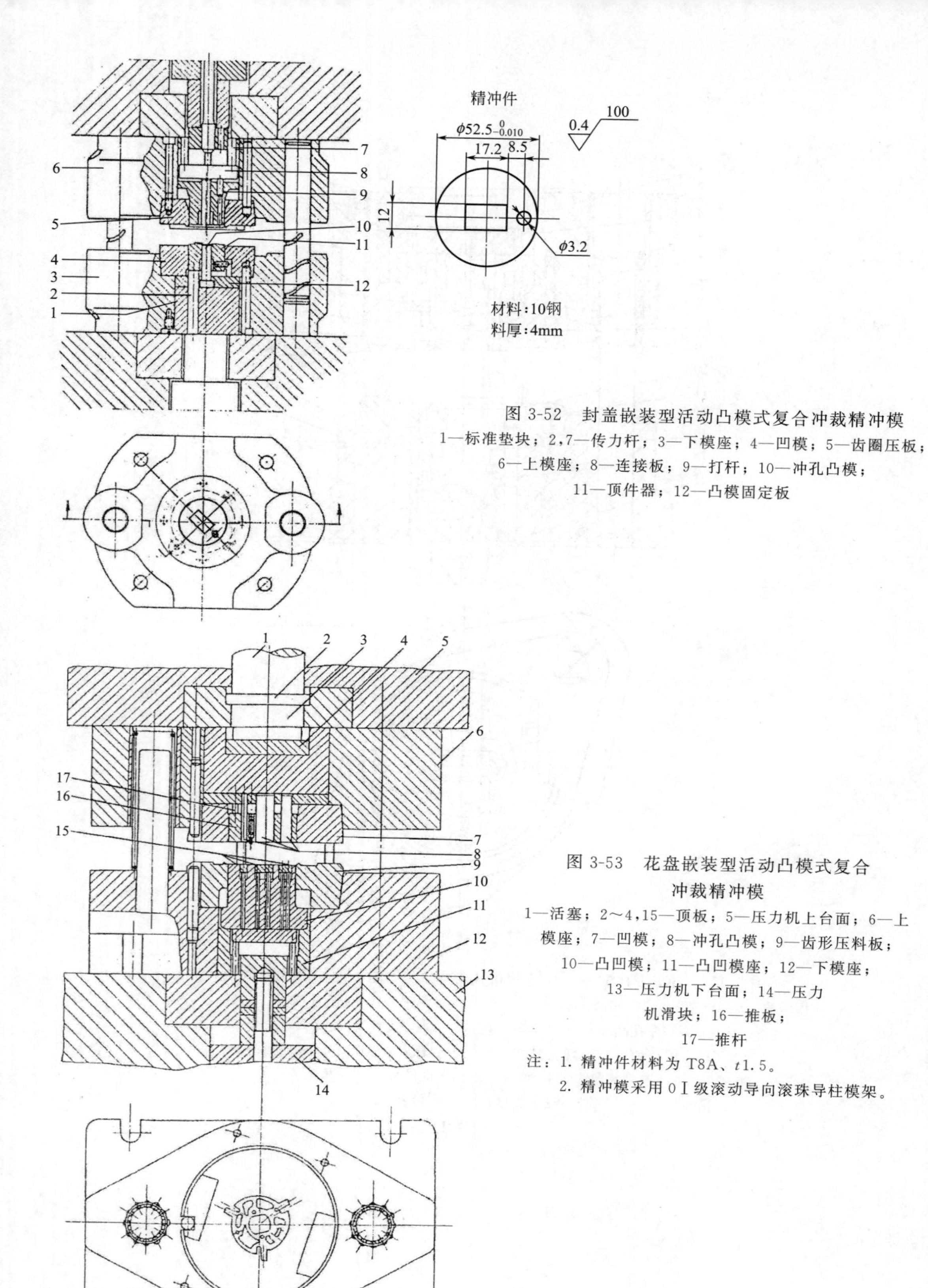

图 3-52　封盖嵌装型活动凸模式复合冲裁精冲模

1—标准垫块；2,7—传力杆；3—下模座；4—凹模；5—齿圈压板；6—上模座；8—连接板；9—打杆；10—冲孔凸模；11—顶件器；12—凸模固定板

图 3-53　花盘嵌装型活动凸模式复合冲裁精冲模

1—活塞；2～4,15—顶板；5—压力机上台面；6—上模座；7—凹模；8—冲孔凸模；9—齿形压料板；10—凸凹模；11—凸凹模座；12—下模座；13—压力机下台面；14—压力机滑块；16—推板；17—推杆

注：1. 精冲件材料为 T8A、t1.5。

2. 精冲模采用 0 Ⅰ级滚动导向滚珠导柱模架。

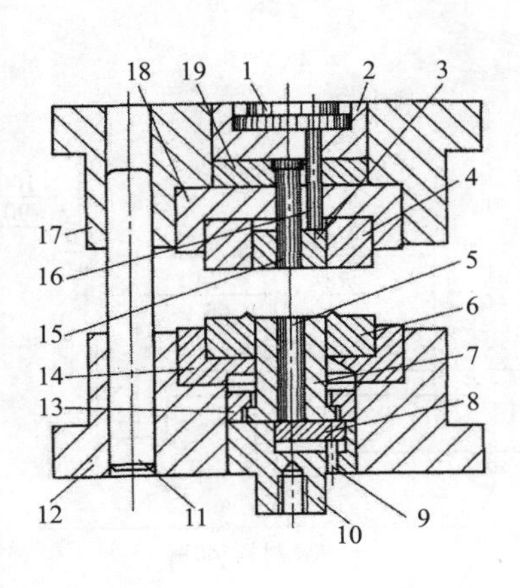

图 3-54　滑动导向对角导柱模架座圈型活动凸模式复合冲裁精冲模典型结构

1—液压活塞；2—支承环；3—卸件器；4—落料凹模；5—顶料器；6—齿圈压板；7—落料凸模；8—桥板；9,16—传力杆；10—凸模座；11—导柱；12—下模座；13—固定座；14—下座圈；15—冲孔凸模；17—上模座；18—上座圈；19—凸模固定板

说明：精冲件外形尺寸 $L_{max} \geqslant 75 \sim 95$mm 推荐采用图 3-54 所示座圈型活动凸模式复合冲裁精冲模结构形式。

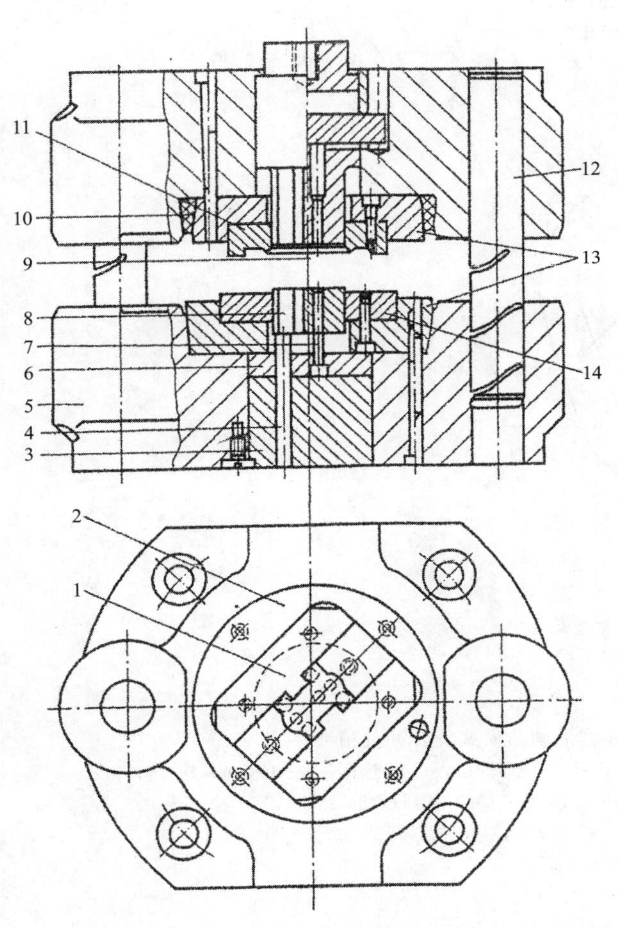

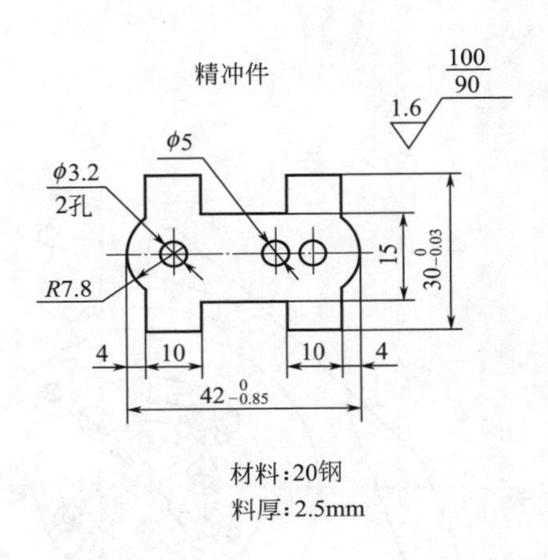

图 3-55　夹板座圈型活动凸模式复合冲裁精冲模

1—矩形凹模拼块；2,13—座圈；3—垫块；4—传力杆；5—下模座；6—冲孔凸模固定板；7—冲孔凸模；8—顶件器；9—卸料器；10—低熔点合金（或环氧树脂）；11—齿圈压板；12—导柱；14—凹模

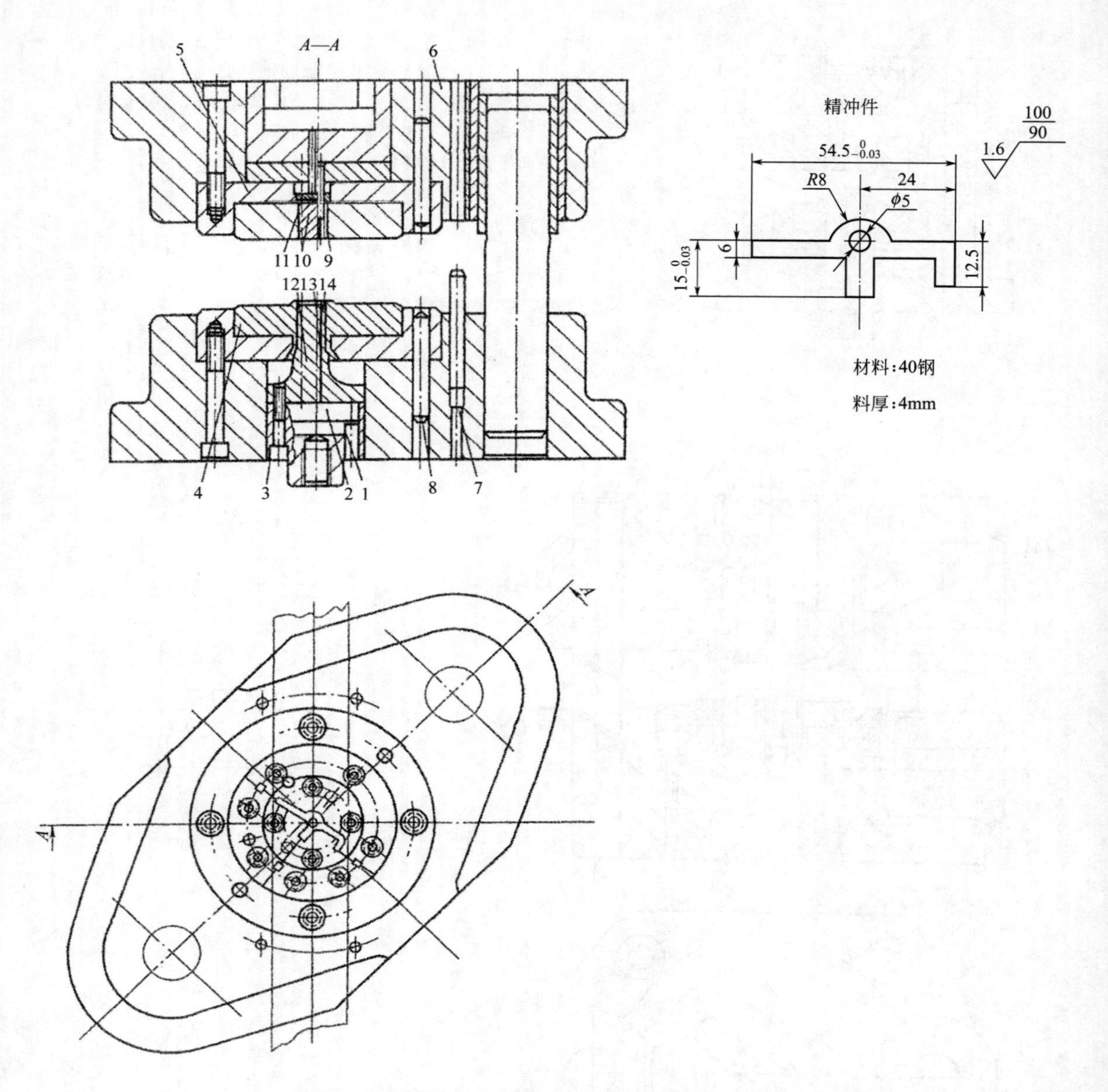

图 3-56　平衡杆座圈型活动凸模式复合冲裁精冲模

1—传力杆；2,11—推（顶）板；3—内六角螺钉；4—齿圈压板；5—座圈；6—上模座；7—闭锁销；8—圆柱销；9—冲孔凸模；10—顶（卸）件器；12—凸模；13—卸（顶）料器顶杆；14—卸件器

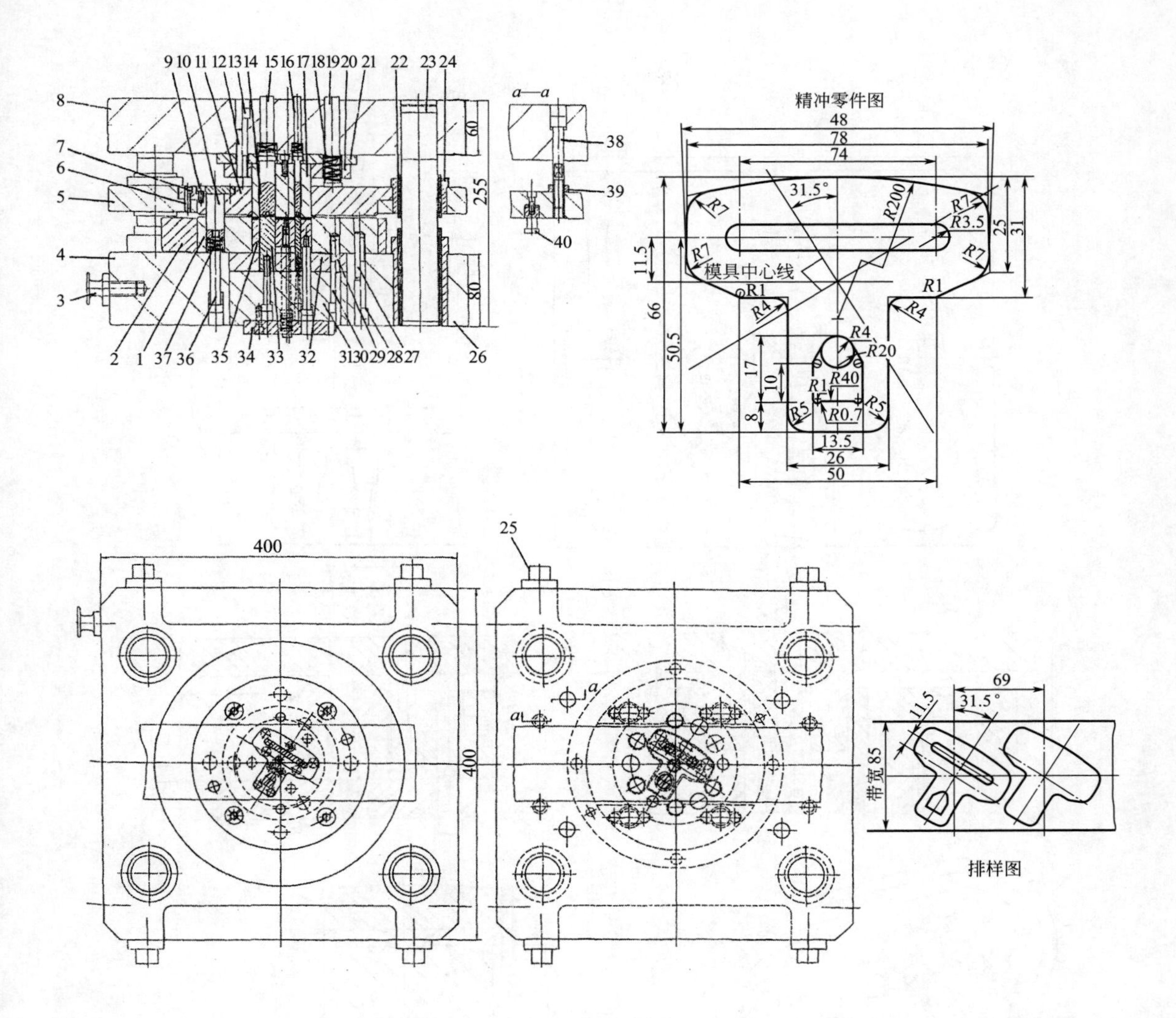

图 3-57　汽车安全带插舌凸模吊装型固定凸模式复合冲裁精冲模

1—凹模；2—压圈；3,25—起重柄；4,26—下模座；5—导板；6,12,27,29—销钉；7,13,28,30—内六角螺钉；8—上模座；9—螺钉；10—闭锁销；11—齿圈压板；14—卸料器；15,16,19—传力杆；17—落料凸模；18—弹簧；20—凸模固定板；21—垫板；22—滚珠保持架；23—导柱；24—导套；31—凸模座；32—固定板；33—冲孔凸模；34—桥板；35—顶件器；36—导孔螺杆；37—闭锁孔盖；38—卸料螺钉；39—螺母；40—导料辊

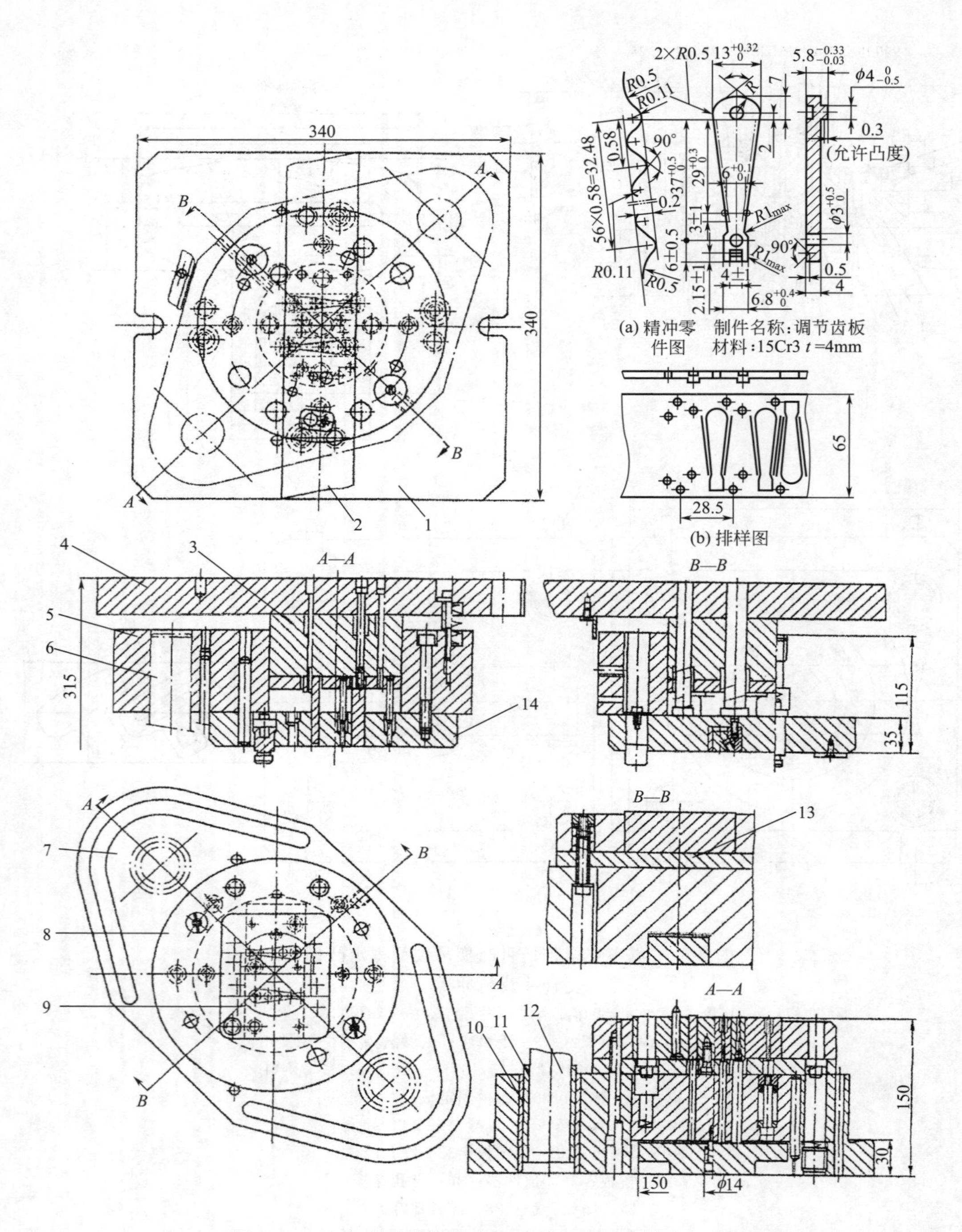

图 3-58 汽车制动器调节齿板冲裁与挤凸连续式复合精冲模

1，4—底座；2—原材料；3—标准垫板；5—上托；6—导柱；7—下模座；8—凹模框；9—凹模；10—导套；11—滚珠保持架；12—导柱；13—垫板；14—卸料板

3.4 瑞士 Feintool 精冲公司（Feintool AG Lyss Schweiz）推荐的 FB 精冲模实用典型结构

图 3-59～图 3-62 所示为瑞士 Feintool 精冲公司推荐的 FB 精冲模实用典型结构。

（1）Feintool 公司活动凸模式复合冲裁精冲模实用典型结构

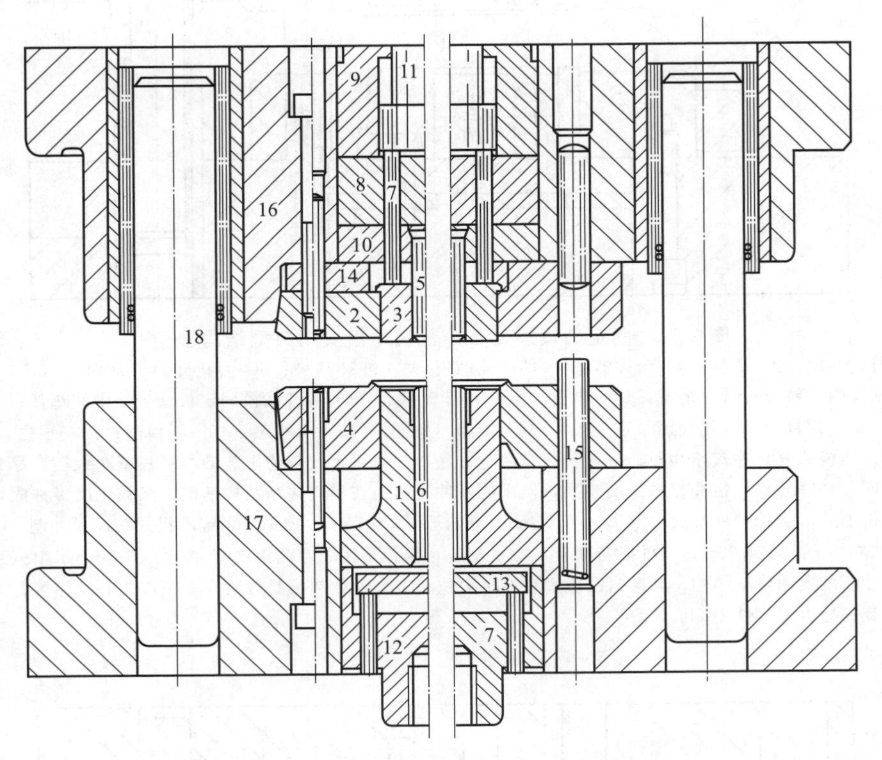

图 3-59　活动凸模式复合冲裁精冲模实用典型结构

1—冲裁（落料）凸模；2—凹模；3—顶（卸）件器；4—导板（压料板）；5—冲内孔凸模；6—内孔卸料器；7—顶杆；8—垫板；9—夹紧环垫；10—冲孔凸模固定板；11—传力杆；12—凸模头（模柄）；13—模板；14—中间垫板；15—闭锁销（定位柱）；16—上模座；17—下模座；18—导柱

说明：活动凸模式复合冲裁精冲模，依落料凹模固定方法及其使用范围不同，有三种结构形式。图 3-59 示出两种：图左半部为嵌装型。凹模 2，利用外锥面，嵌装入上模座；图 3-59 右半部为平板型。落料凹模平装在上模座上。另设闭锁销 15，为合模精冲时，上模对准下模定心导向。另一种座圈型结构，见图 3-54。上述三种结构分别适用的精冲件尺寸如下：嵌装型活动凸模式复合冲裁精冲模适合冲制最大外形尺寸 $L_{max} \leqslant 75$mm 的精冲件；座圈型活动凸模式精冲模适合 $L_{max} > 75 \sim 95$mm；而平板型活动凸模式精冲模则适合于 $L_{max} > 95 \sim 110$mm。

（2）Feintool 公司固定凸模式复合冲裁精冲模实用典型结构

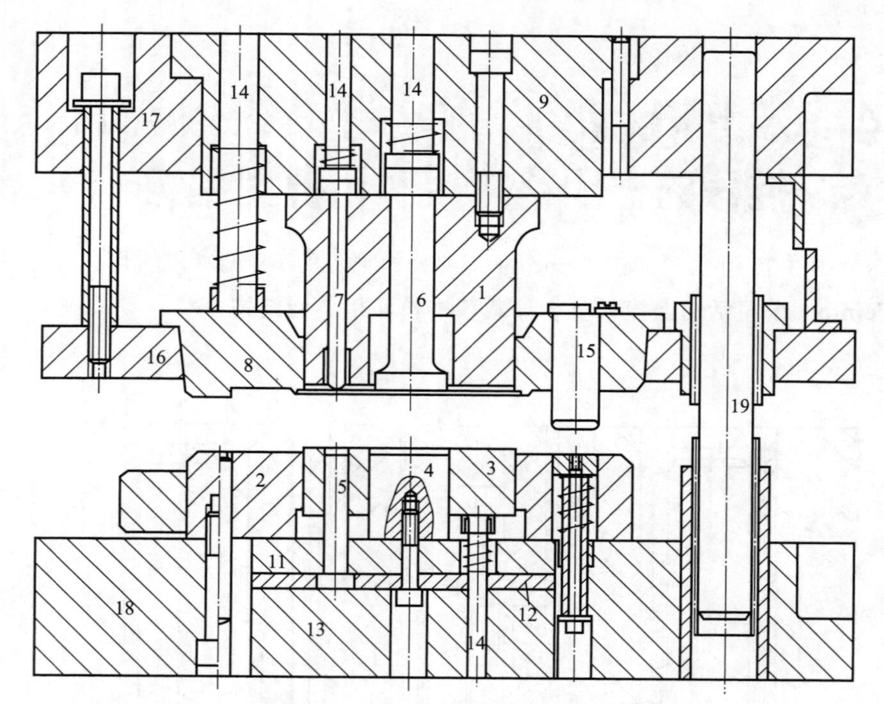

图 3-60　固定凸模式复合冲裁精冲模实用典型结构Ⅰ型

1—冲裁（落料）凸模；2—凸模；3—顶件器；4—冲内孔凸模；5—冲孔凸模；6—内孔卸料（顶料）器；7—卸（顶）料器；8—导板（齿圈压料板）；9—垫板；10—垫板，压板（图 3-61）；11—冲孔凸模固定板；12—中间垫件；13—下垫板；14—顶杆；15—闭锁销（定位销）；16—导板（支架）；17—上模座；18—下模座；19—导柱

说明：固定凸模式复合冲裁精冲模，依落料凸模固定方法不同，可大致分为嵌装型与平板型两大类。尽管在线因精冲件复杂程度不同、料厚异样、精冲材料强度差异，使用的精冲模结构在实用典型结构基础上又派生出多种固定凸模式复合冲裁精冲模结构形式。当精冲件最大尺寸 $L_{max}>110$mm 或料厚 $t\geqslant4.75$mm 应采用固定凸模式精冲模冲制。当精冲件尺寸不足 110mm 或料厚 $t\geqslant3\sim4.75$mm，材料强度 $R_m>420$MPa，推荐采用固定凸模式精冲模。图 3-60 示出嵌装型固定凸模式复合冲裁精冲模的实用典型结构，其落料凸模平装在承力垫板上。而此垫板是嵌装在上模座中心工作区。而导板兼齿圈压料板 8 则嵌装在导板支架件 16 上。

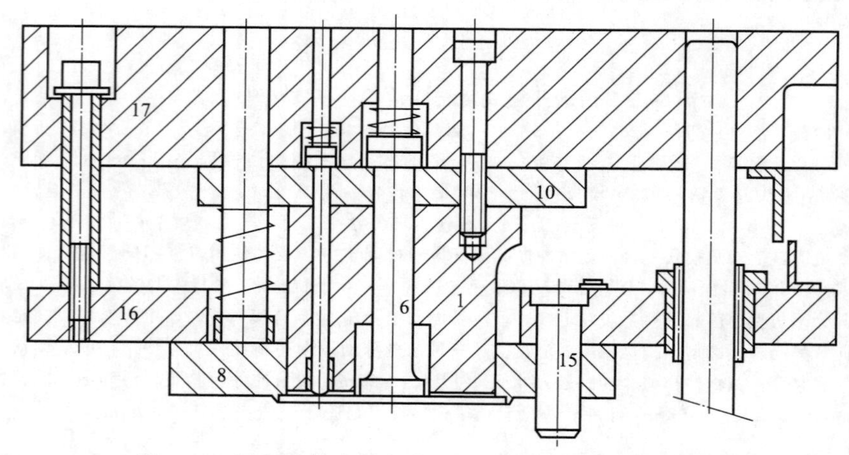

图 3-61　固定凸模式复合冲裁精冲模实用典型结构Ⅱ型

说明：图 3-61 是平板型固定凸模式复合冲裁精冲模。该Ⅱ型精冲模与图 3-60 下模部分结构相同，故本图仅示出上模部分结构。两图的图注一样，图 3-61 不再列出。

(3) Feintool公司连续式复合冲裁精冲模实用典型结构

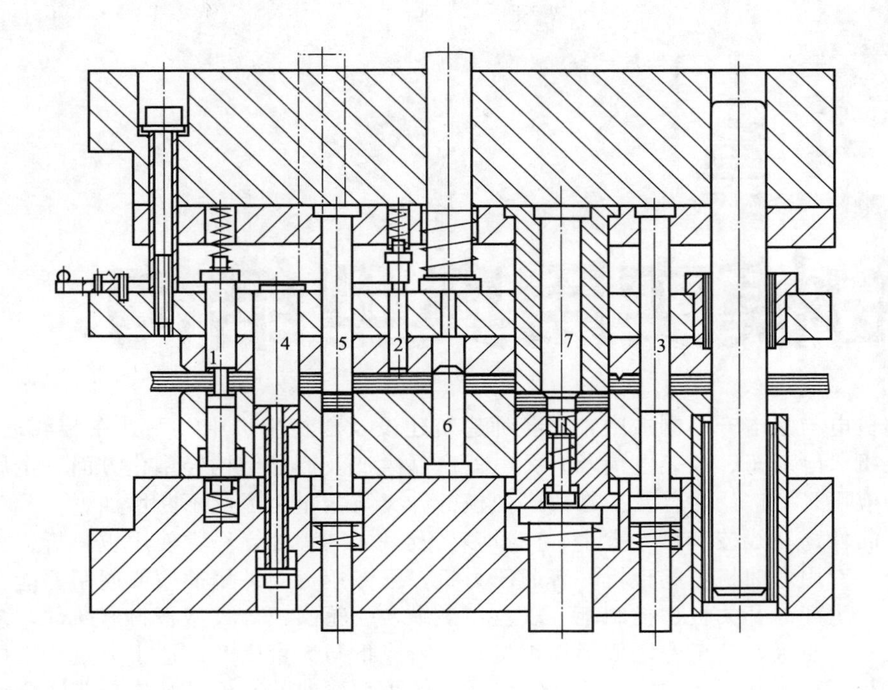

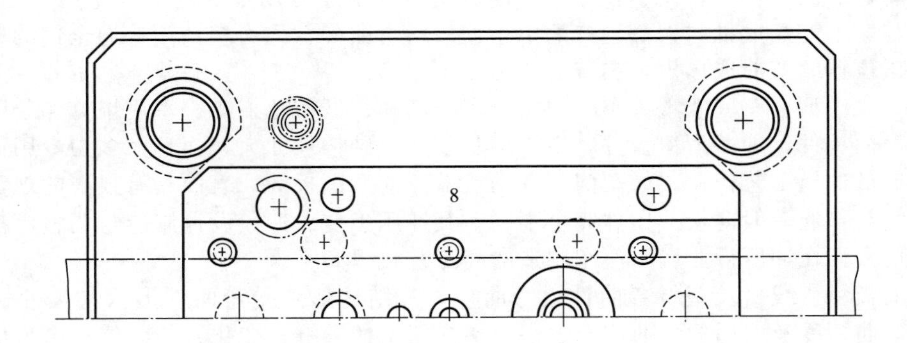

图 3-62　多工位连续式复合冲裁精冲模实用典型结构（Feintool公司专利）

1—带料导向销；2—定位块；3—压销；4—锁销（定位柱）；5—冲孔凸模；6—导正销；7—带导正头的压印凸模；8—支承板

说明：多工位连续精冲模包括：只有各种形状的孔与轮廓精冲的多工位连续冲裁精冲模以及不仅有冲裁还有弯曲、起伏、压印、冲挤等成形作业的多工位连续式复合冲压精冲模。多工位连续精冲模都采用固定凸模式结构、滚动导向滚珠导柱模架。同时，为确保精冲效果及冲件质量，给这类精冲模增加了带料导向装置、冲压进距导正销、压销和挡料块，保证入模材料平稳、顺畅、进距偏差更小，详见图 3-62。当精冲件外形尺寸 $L_{max}>$ 110mm、料厚 $t>$3mm、精冲件材料强度 $R_m>$420MPa，精冲件内孔 $d\leqslant t$，孔边距 $b<t$ 或精冲件上有折弯、打凸、沉孔、起伏等成形作业部位……，都应采用如图 3-62 所示或类似实用典型结构的多工位连续精冲模。

第4章 弯曲模实用典型结构

在各类机电与家电产品制造中，在各种建筑建设及建材生产中，尤其在装载运输车辆、轿车、拖拉机、电动车、仪表电信及开关电器产品生产及产品结构轻型化方面，金属薄板与型材弯曲件应用日益广泛而普及。在线弯曲模的种类与数量也因此不断增加。

板料弯曲件，在线按其尺寸大小、产量多少及其复杂程度，经常使用板料折边机、板料折弯压力机、专用弯曲机与卷板机、普通压力机，配专用弯曲件用冲模或通用万能弯曲模实施成批或大量生产。开关板、控制柜、表盘、操纵台、箱、柜等大型板料弯曲件，多用板料折边机、板料弯曲机，甚至专用成形卷板机，进行成批与大量生产；适于大量生产的弯曲机可以用线材与带料弯制工艺性好、形状结构适合的小型弯曲件，模具结构与普通全钢冲模有别，机床动作靠凸轮控制，调整技术要求高，费时，适于专用零件的大量生产，如回形针。一般机电与家电产品成批与大量生产的中小型板料弯曲件，绝大多数用普通全钢的单工序弯曲模，多工位连续弯曲成形模，在普通压力机上生产。

轿车、大中型客车、载重汽车、铁路机车与车厢、城市轨道车、军用坦克、装甲车等外包与内饰表面零件，即所谓覆盖件，不仅形状复杂、结构尺寸大，而且大多为专用钢材的薄钢板综合成形冲压工艺作业，如车门、发动机盖、前后围板等，表面具有很高的观赏要求与装饰效果，与普通一般薄板冲压件完全不同，其冲压工艺、冲模设计制造与调整等都有独自的特点。迄今，在冲压行业属于汽车制造的高工艺技术门类。

中小型板料、线材及型材弯曲件用弯曲模，其结构形式受弯曲件形状与尺寸、材料种类、要求弯曲精度及选用的弯曲成形方法等诸多因素的影响，变化万千。但在压力机上用弯曲模进行弯曲成形的方法，则有有芯弯曲、无芯弯曲两大类或正弯、反弯、侧弯三种。钢丝的螺旋弯曲不适合板料与型材；板料与型材的绕弯、拉弯以及带料用成形辊轮的滚弯和卷板机滚弯等，都是在专用设备上弯制；飞机、锅炉、船舶等大型机电产品的大型弯曲件，使用特殊专用成形工艺装备，而不用普通弯曲模。

用弯曲模冲弯成形的弯曲件，按其形状特征亦分两大类：开口（也称开式）弯曲件、闭口（也称闭式）弯曲件。闭口弯曲件因口部似瓶颈或闭合封口，通常都采用弯芯弯曲成形；开口弯曲件一般均可实施无芯弯曲，多数仅需一次正弯或反弯成形。需要侧向弯曲的工件，多数在工件侧壁上有开口弯曲部位。有芯弯曲闭式弯曲件实施自动卸件是自动冲压的关键。其自动卸件装置大多采用楔传动，自动运作，不仅操作安全，也为冲压过程自动化创造了条件。

根据以上对弯曲件和弯曲成形工艺的分析，弯曲模也可以按其冲压工序组合程度和方式，分成单工序弯曲、多工位连续弯曲成形模和冲裁弯曲复合模三大类，以下展示的就是这些弯曲模的实用典型结构。

4.1 单工序弯曲模的基本结构形式

对弯曲件采用分序多模冲压工艺。弯曲件的展开平毛坯由另一套冲裁模落料冲出。如果弯曲件的弯边上有孔、槽、凹口等形状，也可采用冲孔-落料连续冲裁模供坯。而弯曲成形则用单工序弯曲模，用完成的平毛坯一次弯曲成形。这种单工序弯曲模结构随弯曲件形状千变万化，繁简差别很大。图 4-1、图 4-2 所示为常用的一些基本结构形式，可供设计弯曲模参考。

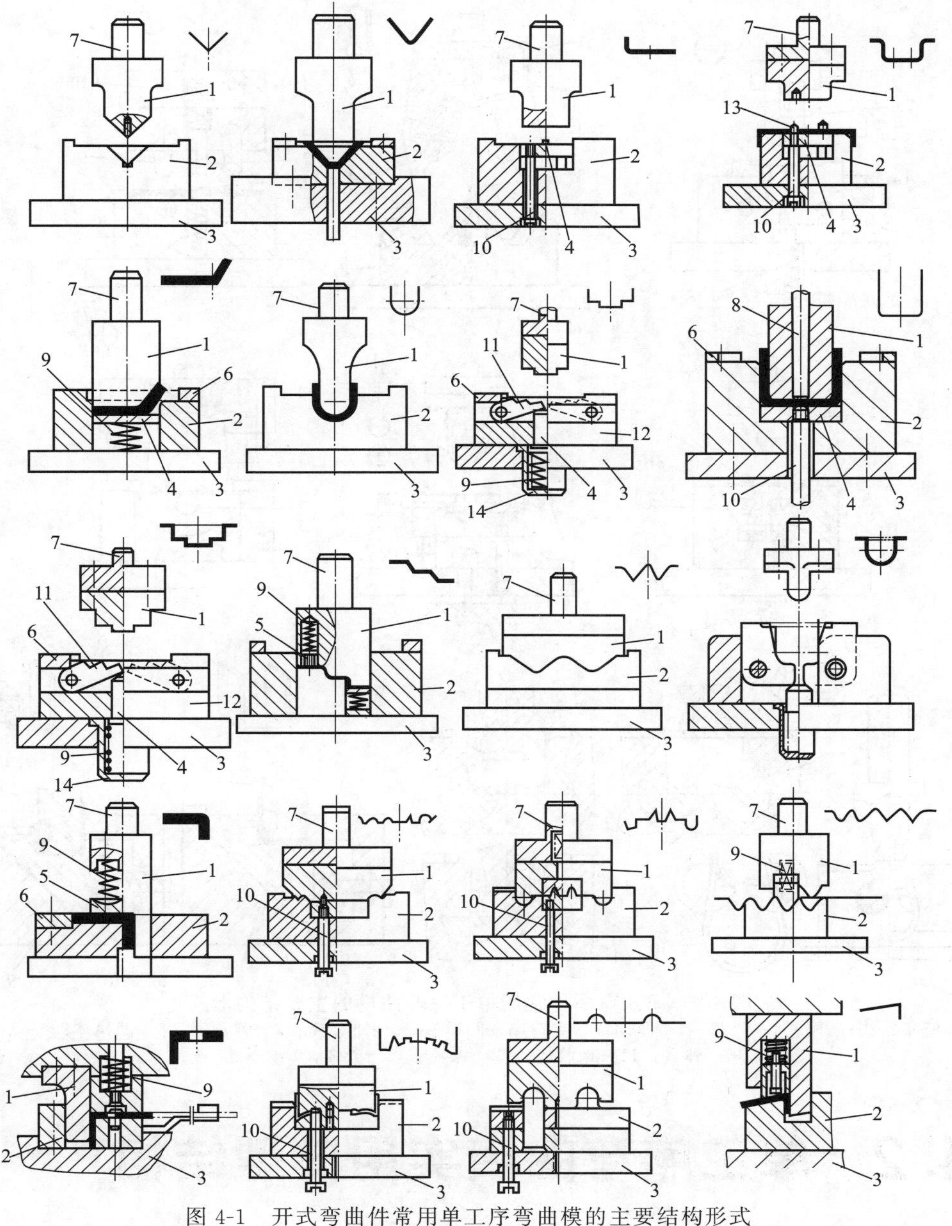

图 4-1　开式弯曲件常用单工序弯曲模的主要结构形式

1—凸模；2—凹模；3—下模座；4—顶件器；5—卸件器；6—定位板；7—模柄；8—推杆；9—弹簧；10—顶杆；11—摆动块；12—空心垫板；13—定位销；14—罩壳

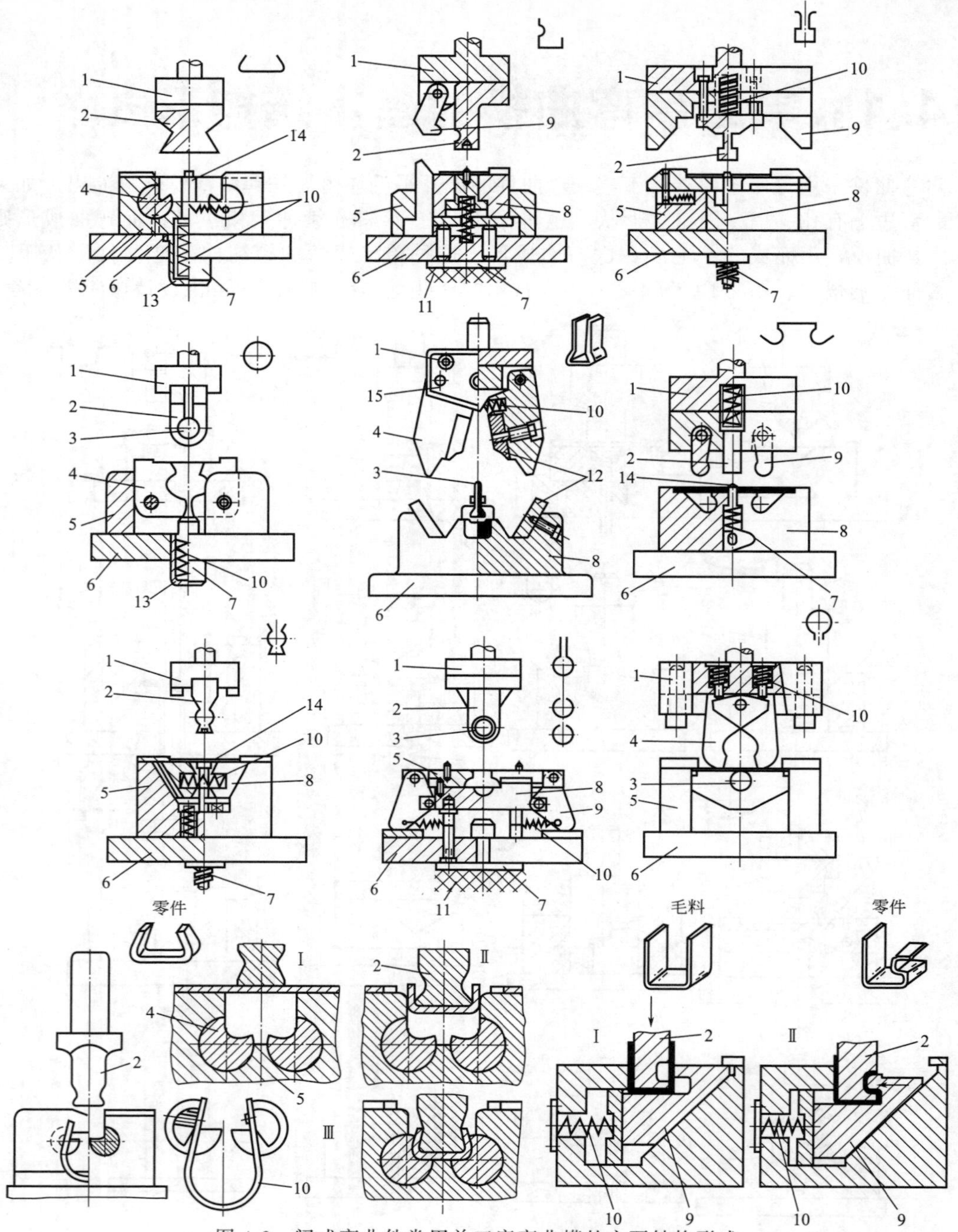

图 4-2 闭式弯曲件常用单工序弯曲模的主要结构形式
1—上模座；2—凸模；3—弯芯；4—摆动块（夹）；5—凹模框；6—下模座；7—弹顶器；8—凹模体；9—活动楔；10—弹簧；11—橡胶体；12—镶块；13—壳体；14—定位销

4.2 单工序弯曲模实用典型结构

在线板料弯曲件用单工序弯曲模品种多、数量大。特别是弯曲件的形状趋于多样化及非规则几何形状复杂化，增大了复合模冲弯成形和使用连续模的难度，使得单工序弯曲模使用更广。而闭式弯曲件以及一些半闭式、准闭式弯曲件又必须进行有芯弯曲或侧向弯曲，弯曲模结构形式因件而异，远不止图 4-1 与图 4-2 所示的这些形式。以下推荐的这些典型结构形式都是在线使用过的实用结构实例。

大多数尺寸精度，特别是弯曲角精度要求不高的弯曲件，都用单工序弯曲模冲制，其中，大多是无导向装置的敞开式冲模；较高精度的弯曲件，多用有导向装置的弯曲模，而且大多用滑动导向导柱模架。但对于单工序弯曲模来说，按弯曲件，主要是弯曲角形状分类，更利于结构选型设计。

单工序弯曲模可按弯曲形状分类如下：

① V 形弯曲件用单工序弯曲模。

② ⊔形弯曲件用单工序弯曲模。

③ ┐_┌形弯曲件用单工序弯曲模。

④ Z 形弯曲件用单工序弯曲模。

⑤ 圆形弯曲件用单工序弯曲模。

⑥ 卷边与卷圆件用单工序弯曲模。

⑦ 多向弯曲复合形弯曲件用单工序弯曲模。

⑧ 线材弯曲件用单工序弯曲模。

⑨ 型材弯曲件用单工序弯曲模。

⑩ 板料折边机与板料折弯机的弯曲件用弯曲模。

4.2.1 无导向单工序弯曲模（图 4-3～图 4-60）

(1) V 形及单角弯曲件用单工序弯曲模（图 4-3～图 4-5）

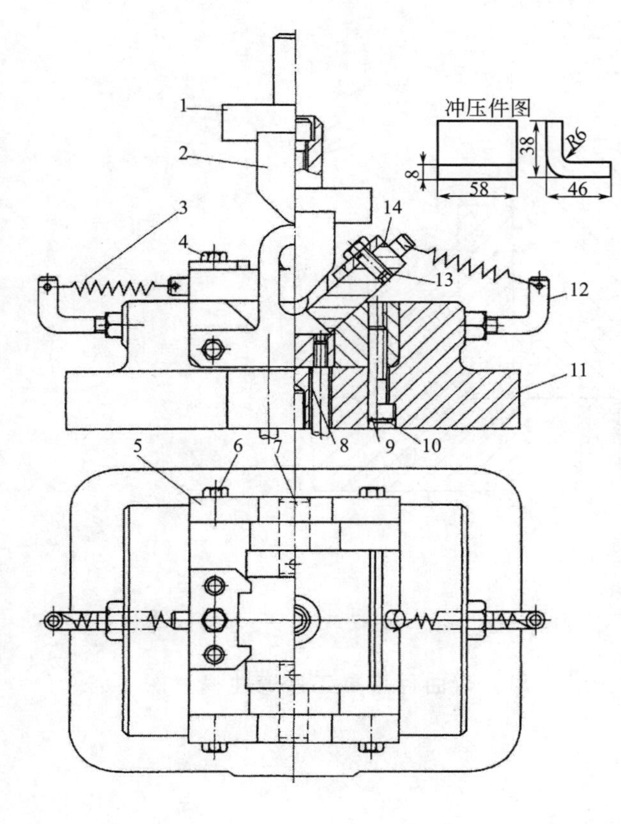

图 4-3 V 形弯曲件通用折板式弯曲模

1—上模座；2—弯曲凸模；3—拉力弹簧；4,6,10,13—螺钉；5—支承板；7—小轴；8—弹顶器垫板；9—圆柱销；11—下模座；12—支杆；14—折板

注：1. 适于单弯角等边不等边弯曲件弯制。

2. 改变凸模角度或折板垫角可弯制不同弯曲角、不等边长的多种单弯角弯曲件、L 形弯曲件。

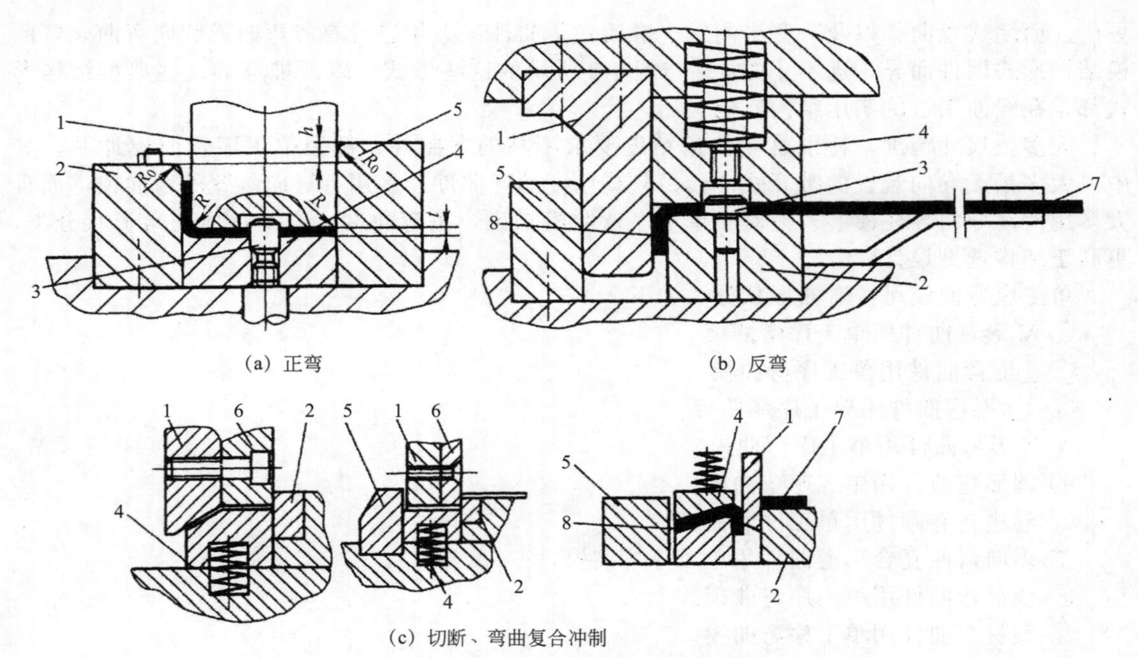

图 4-4　V 形及单角弯曲件弯曲模典型结构形式

1—弯曲凸模；2—弯曲凹模；3—定位销；4—弹顶器；5—止退台；6—刃口镶块；7—原材料；8—工件

注：1. 图 4-3、图 4-5、图 4-9 所示为 V 形弯曲件、单弯角弯曲件通用弯曲模。

2. L 形单角弯曲件均可用 V 形弯曲件通用弯曲模弯制。所以，单弯角 L 形弯曲件与 V 形弯曲件通用弯曲模同属一类。

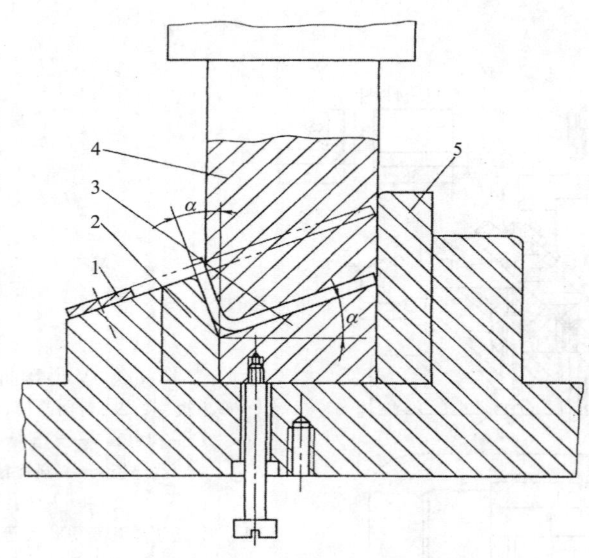

图 4-5　单弯角 V 形弯曲件弯曲模

1—定位板；2—凹模；3—顶板；4—凸模；5—挡板

(2) ⊔形与变⊔形（△形）及类⊔形（△和{}形）弯曲件用单工序弯曲模（图 4-6～图 4-14）

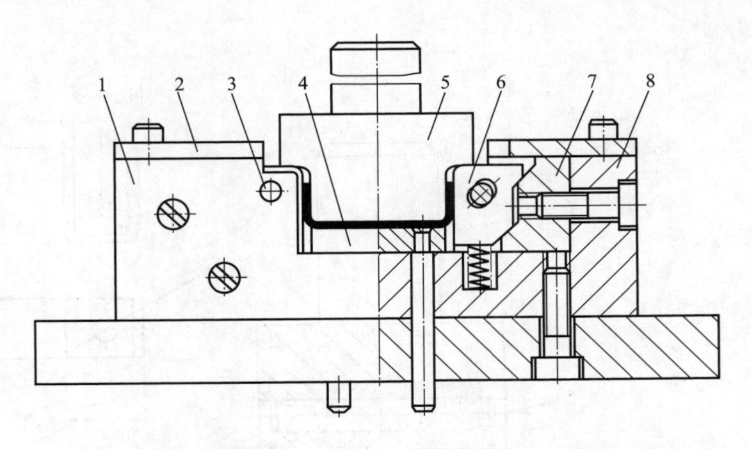

图 4-6　带活动侧压块凹模的 ⊔ 形弯曲件单工序弯曲模

1—挡板；2—定位板；3—轴销；4—顶件器；5—凸模；6—活动凹模侧压块；
7—凹模斜面垫块；8—凹模框

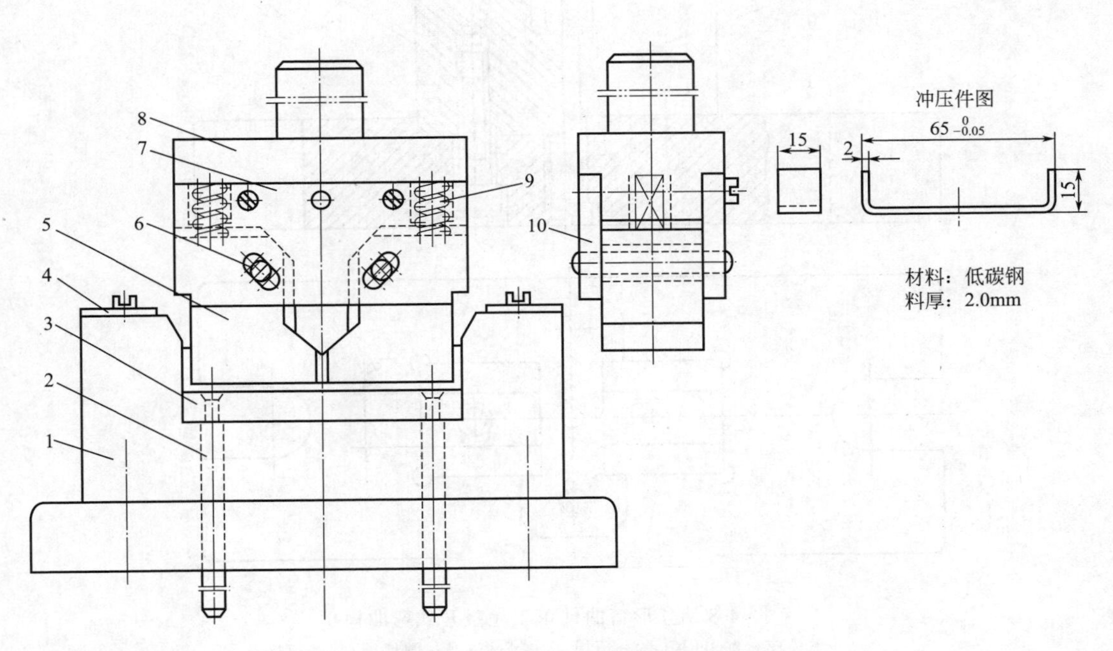

图 4-7　⊔ 形弯曲件镦压校正弯曲模

1—凹模；2—顶杆；3—顶板；4—定位板；5—活动凸模；6—圆柱销；
7—斜楔；8—上模座；9—弹簧；10—导板

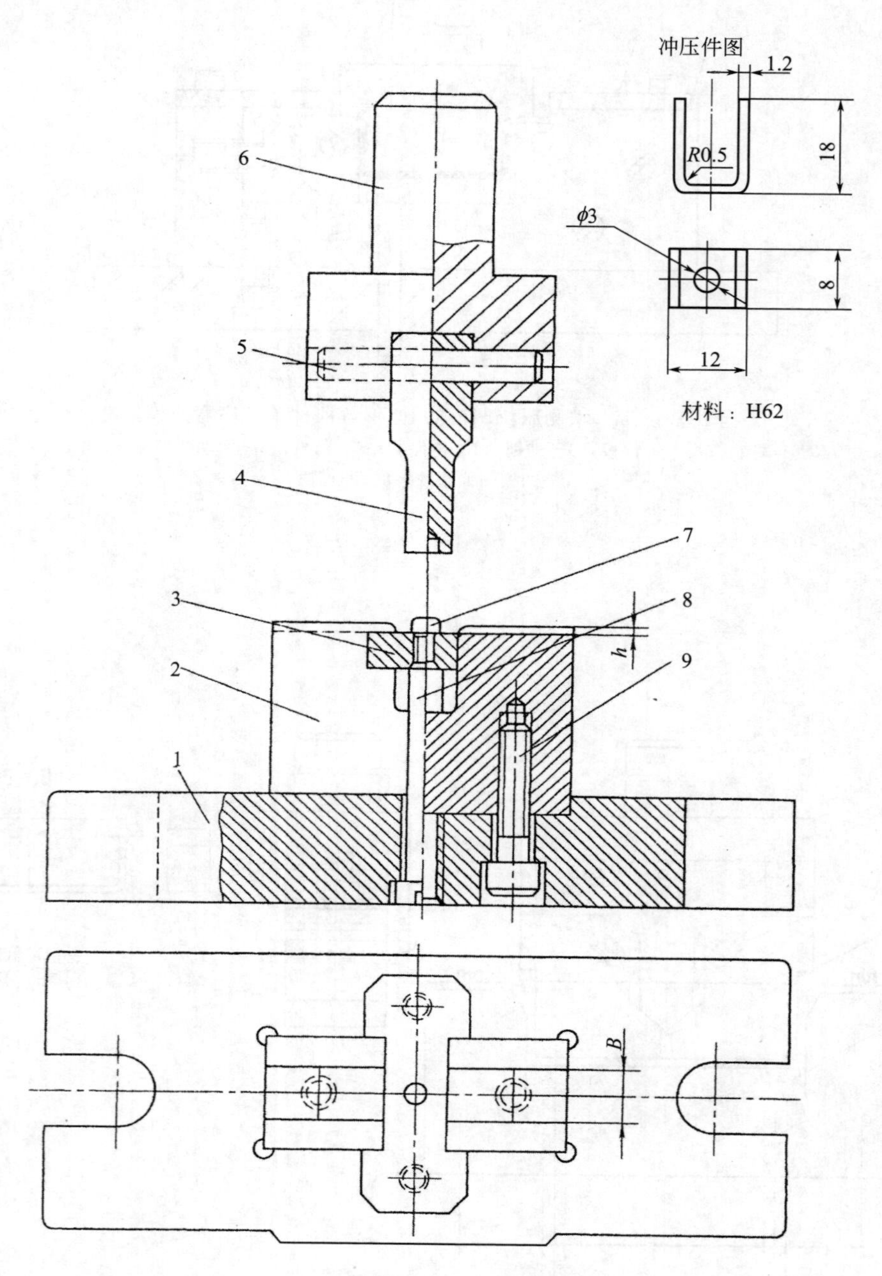

图 4-8 ⊔形弯曲件单工序敞开式弯曲模

1—下模座；2—凹模；3—顶板；4—凸模；5—圆柱销；6—模柄；7—定位钉；8—顶杆；9—螺钉

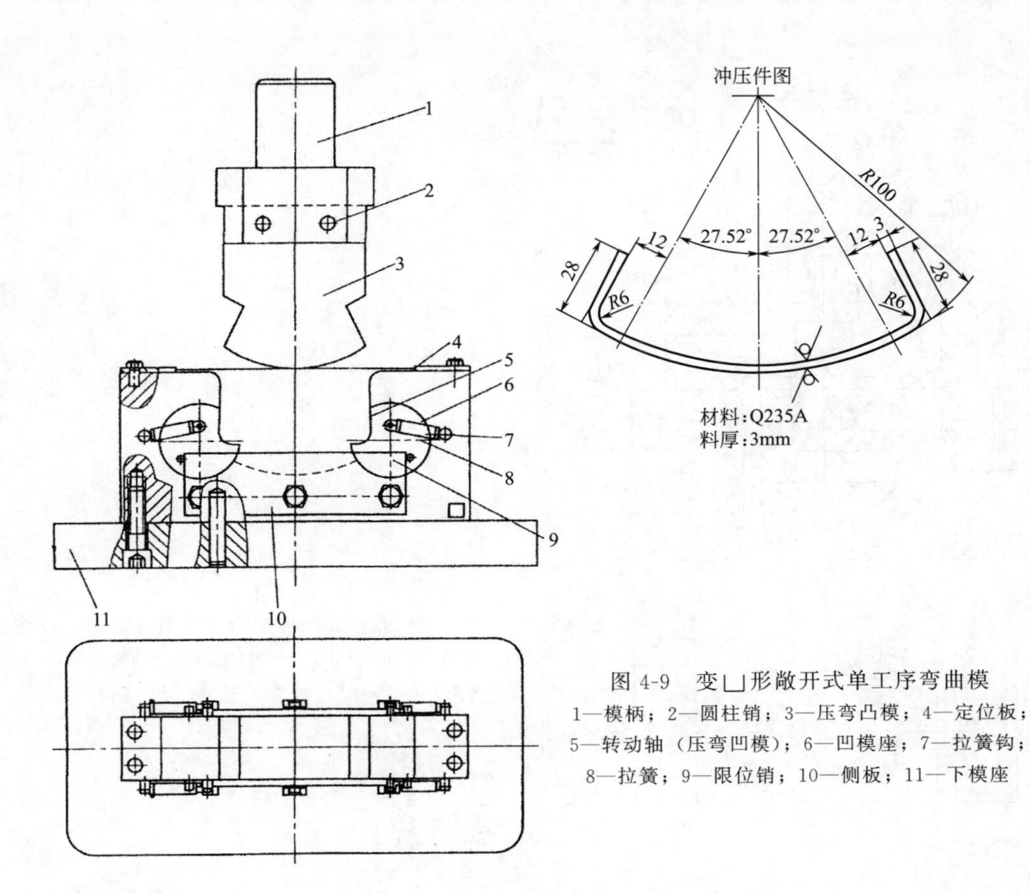

图 4-9　变⊔形敞开式单工序弯曲模

1—模柄；2—圆柱销；3—压弯凸模；4—定位板；5—转动轴（压弯凹模）；6—凹模座；7—拉簧钩；8—拉簧；9—限位销；10—侧板；11—下模座

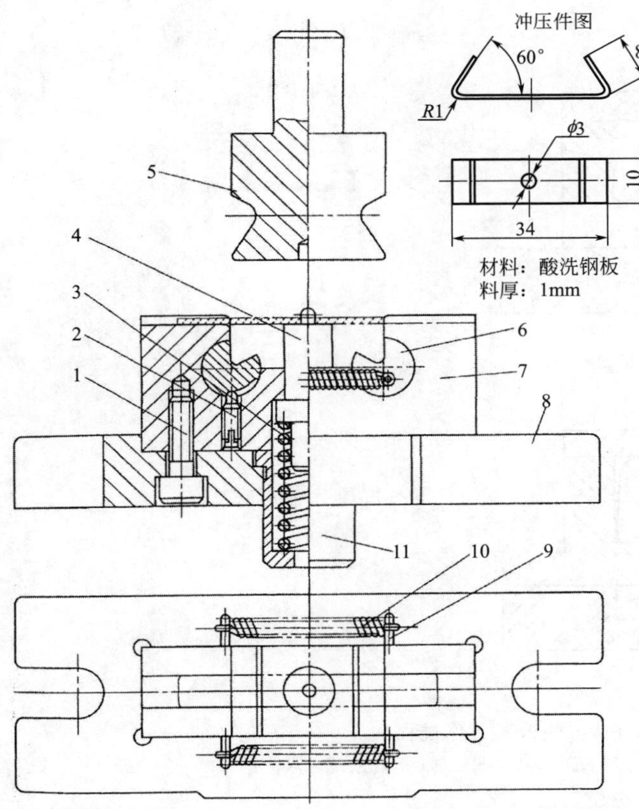

图 4-10　变⊔形的△形弯曲件敞开式单工序弯曲模

1—螺钉；2—限位螺钉；3—弹簧；4—顶杆；5—凸模；6—转动轴凹模；7—凹模座；8—下模座；9—拉簧钩；10—拉簧；11—弹簧套筒

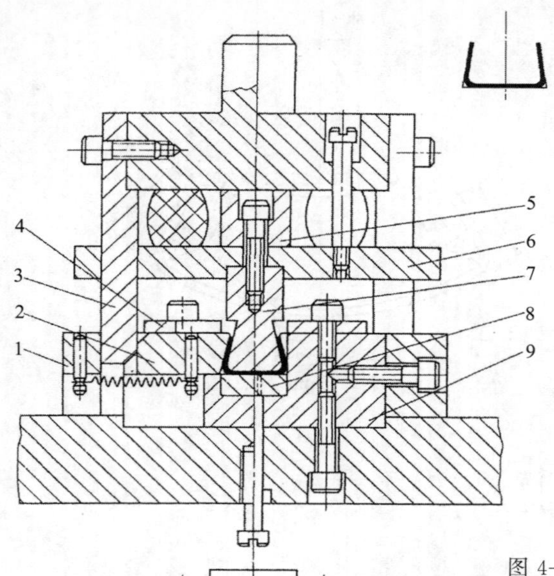

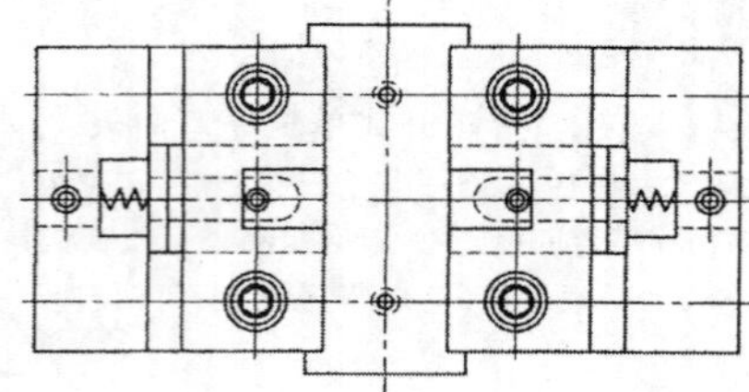

图 4-11　变⊔形的∠∖形楔传动弯曲件敞开式单工序弯曲模

1—挡块；2—楔滑块；3—楔；4—定位板；5—凸模接座；6—弹压凸模固定板；7—弯曲凸模；8—顶件器；9—凹模

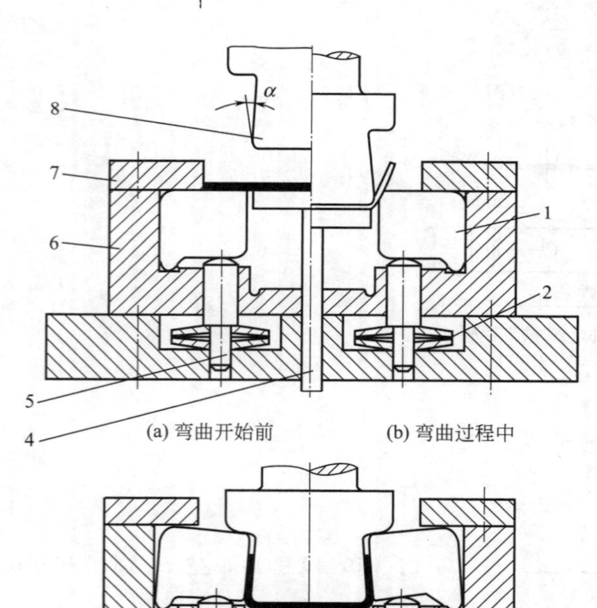

3

(c) 弯曲完毕

弯曲件图

78°　78°　H

45

材料：20钢

t=3mm

图 4-12　变⊓形的∠∖件弯曲模及其工作过程

1—摆动块；2—碟簧；3—下模座；4—顶杆；5—芯轴；6—凹模框；7—定位板；8—凸模

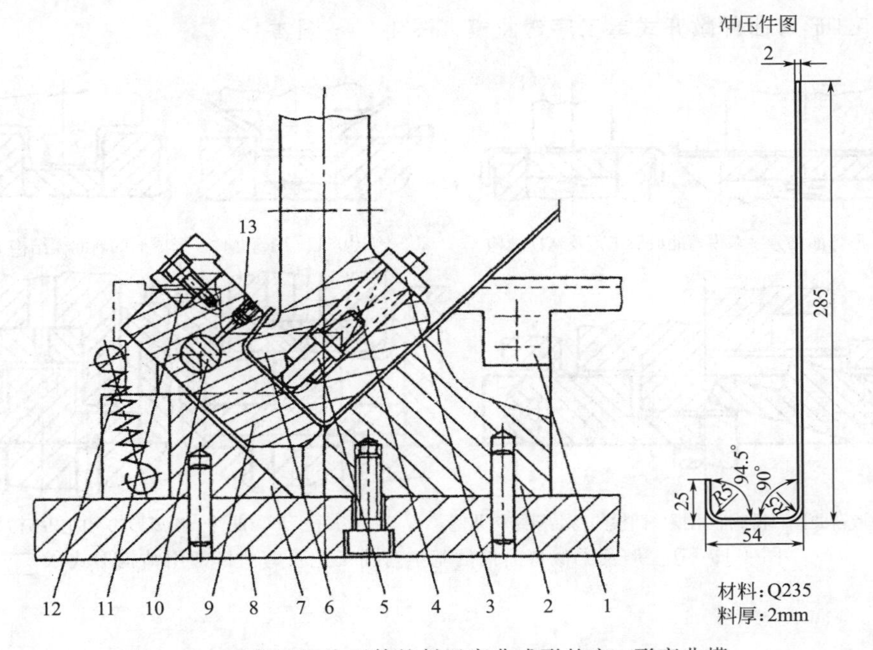

图 4-13　双角及两边不等的斜置弯曲成形的变⊔形弯曲模

1—侧定位板；2—固定凹模；3—压板；4—压簧；5—卸料顶杆；6—凸模；7—支承座；8—下模板；9—活动凹模；10—芯轴；11—端定位块；12—拉簧；13—注油孔（润滑油）

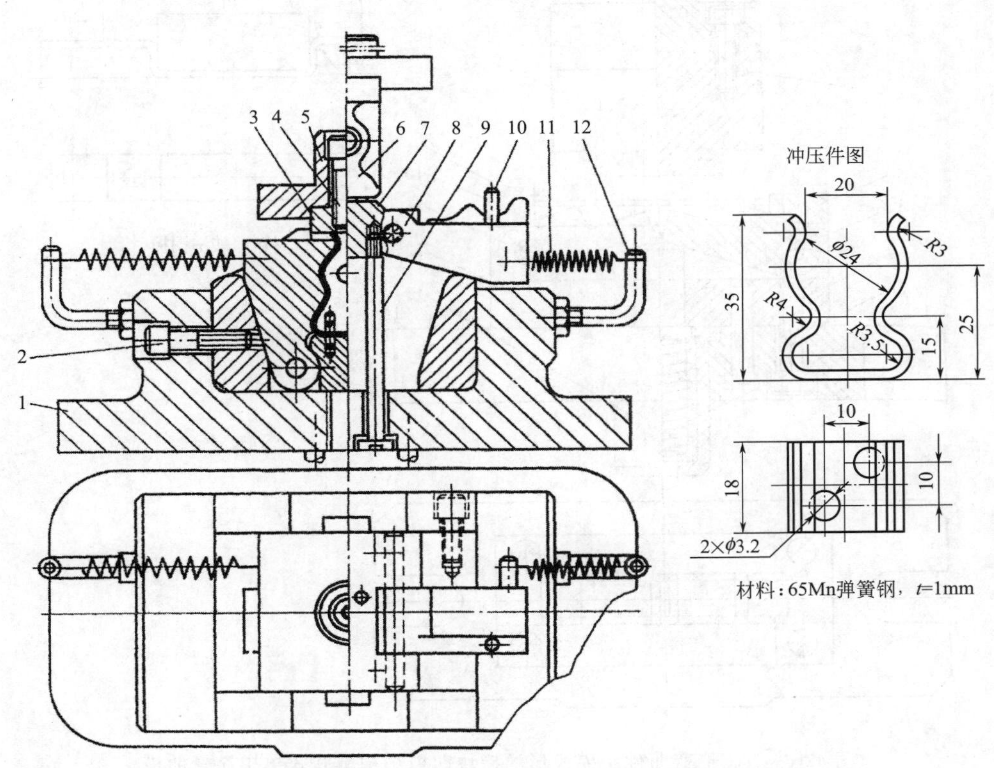

图 4-14　簧卡铰链升降型敞开式单工序一次弯曲成形模Ⅲ型

1—下模座；2,4—螺钉；3—上模；5—模柄；6—模芯；7—顶件器；8—折板模块；9—顶杆；10—侧挡销；11—拉簧；12—簧支柱

(3) 乚厂形弯曲件敞开式单工序弯曲模（图 4-15～图 4-18）

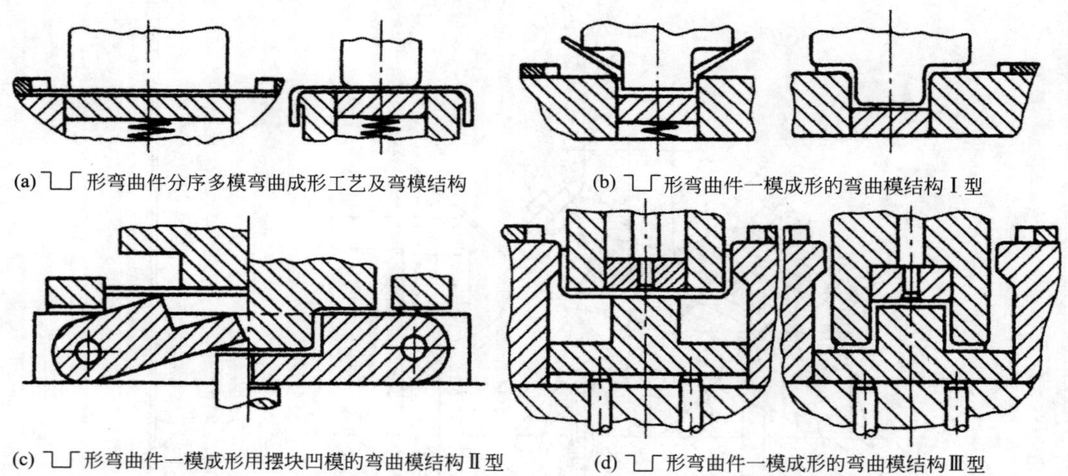

(a) 乚厂形弯曲件分序多模弯曲成形工艺及弯模结构

(b) 乚厂形弯曲件一模成形的弯曲模结构Ⅰ型

(c) 乚厂形弯曲件一模成形用摆块凹模的弯曲模结构Ⅱ型

(d) 乚厂形弯曲件一模成形的弯曲模结构Ⅲ型

图 4-15　乚厂形及类似弯曲件的基本弯曲工艺及弯曲模常用结构形式

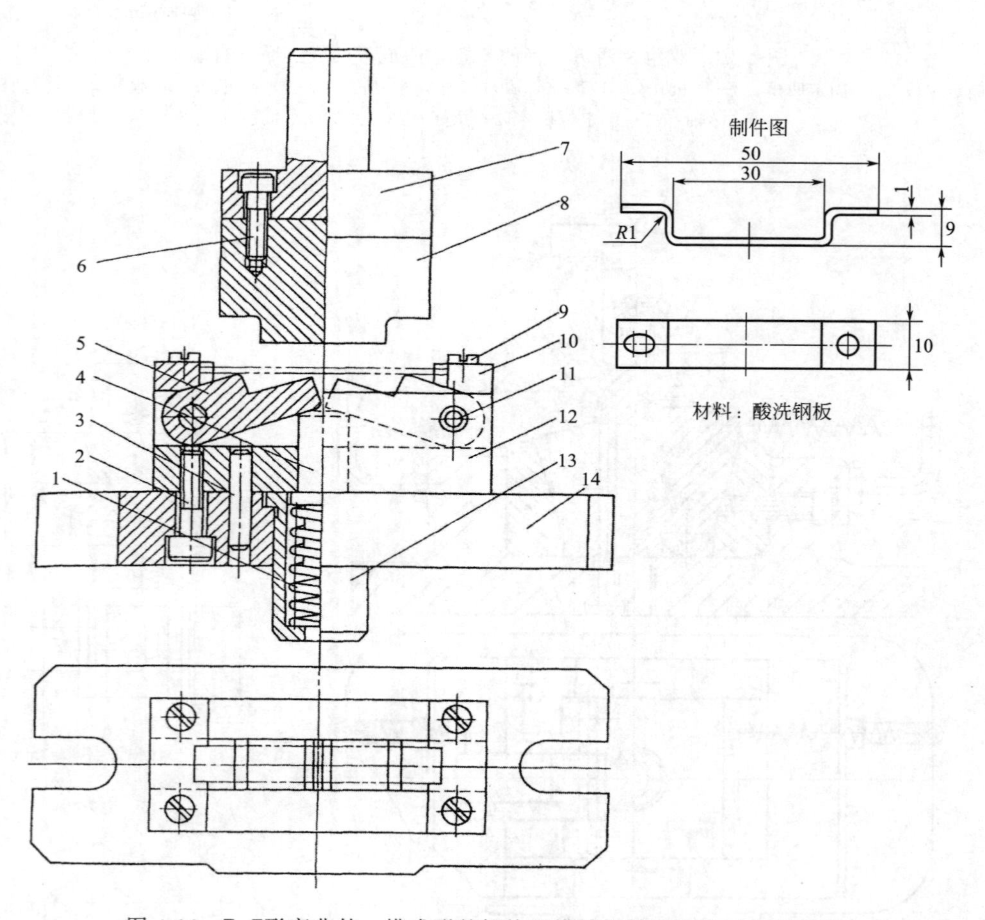

图 4-16　乚厂形弯曲件一模成形的摆块凹模结构敞开式单工序弯曲模

1—弹簧；2,6,9—螺钉；3—圆柱销；4—顶柱；5—摆块凹模；7—模柄；8—凸模；10—定位板；11—轴销；12—凹模座；13—弹簧套筒；14—下模座

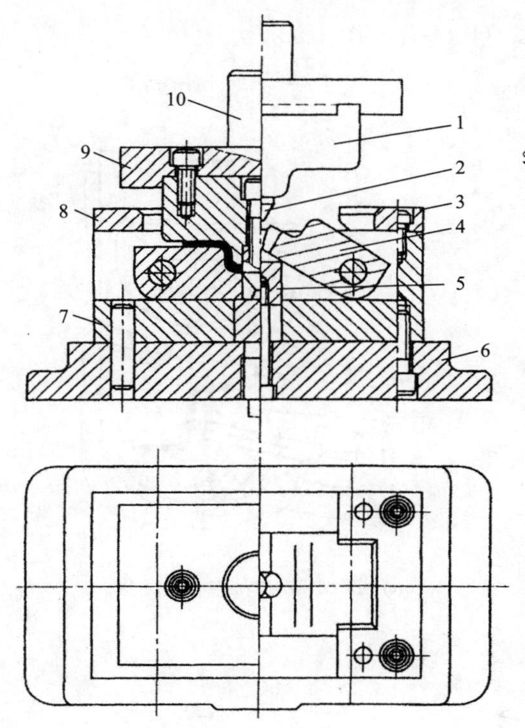

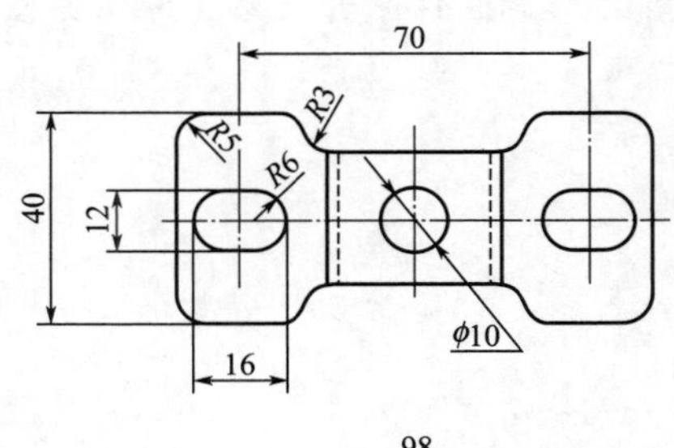

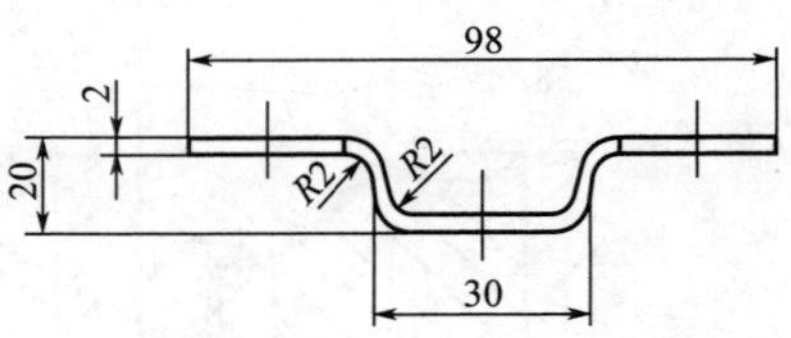

图 4-17 ⺃形弯曲件一模成形的摆块凹模结构敞开式单工序弯曲模

1—凸模；2—导正钉；3—定位板；4—摆块凹模；5—顶柱；6—下模座；7—垫板；8—定位板；9—固定板；10—模柄

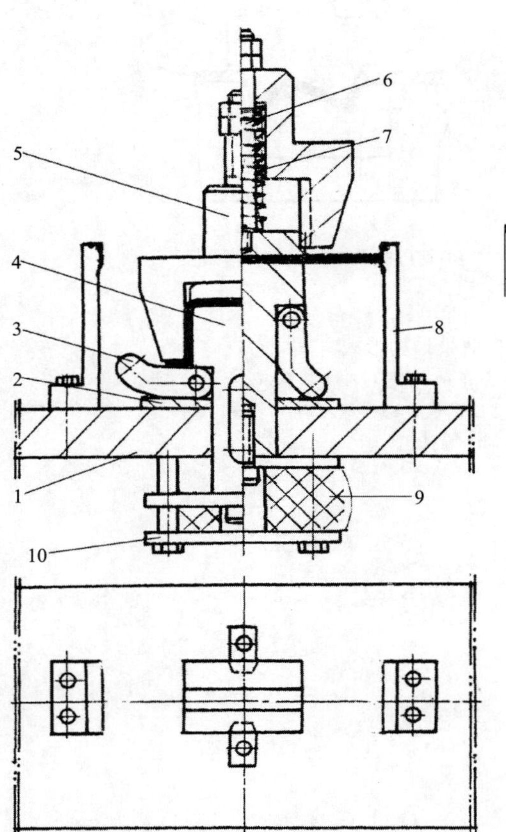

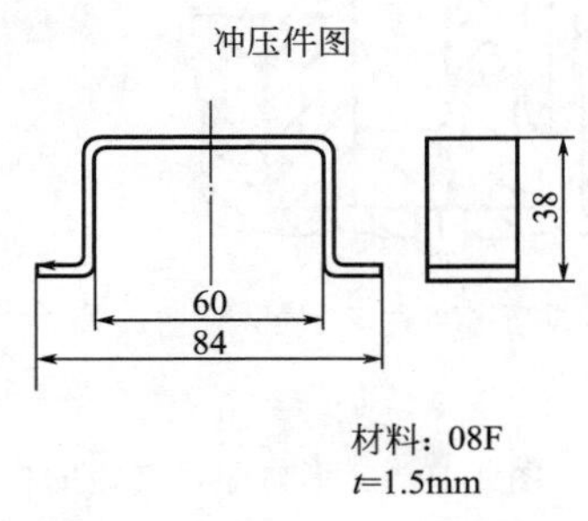

图 4-18 ⺃形弯曲件圆脚摆块凹模结构敞开式单工序弯曲模

1—下模座；2—垫板；3—圆脚活动摆块；4—弯曲凸模；5—凹模；6—打料杆；7—弹簧；8—定位架；9—橡胶；10—托板

(4) Z形弯曲件敞开式单工序弯曲模（图 4-19～图 4-22）

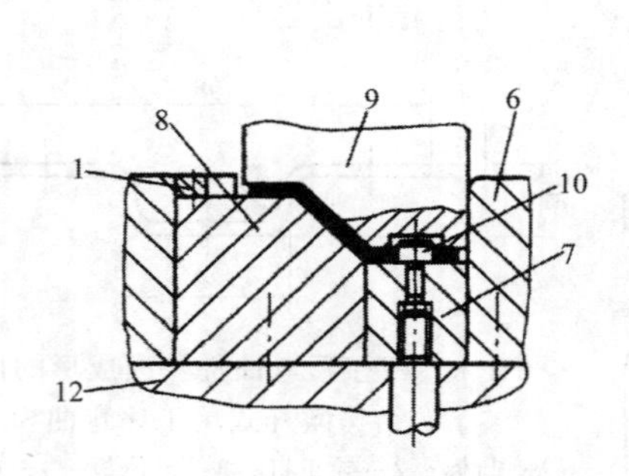

(a) 折弯成形的Z形弯曲件弯曲模结构

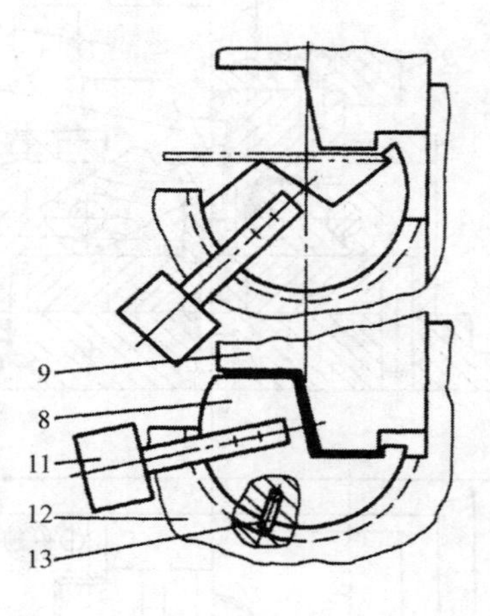

(c) 回转凹模Z形弯曲件弯曲模结构

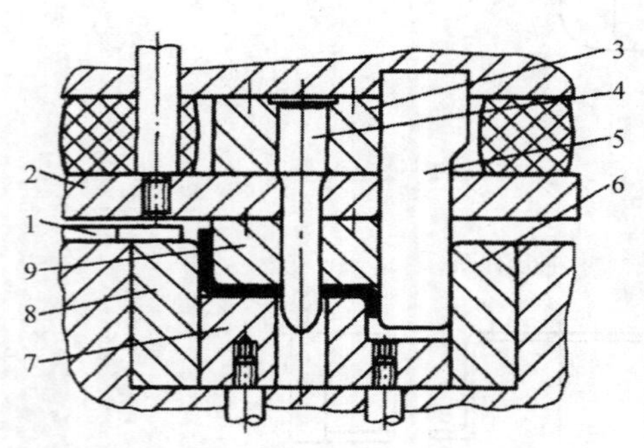

(b) 用弹压卸料板的Z形弯曲件弯曲模结构

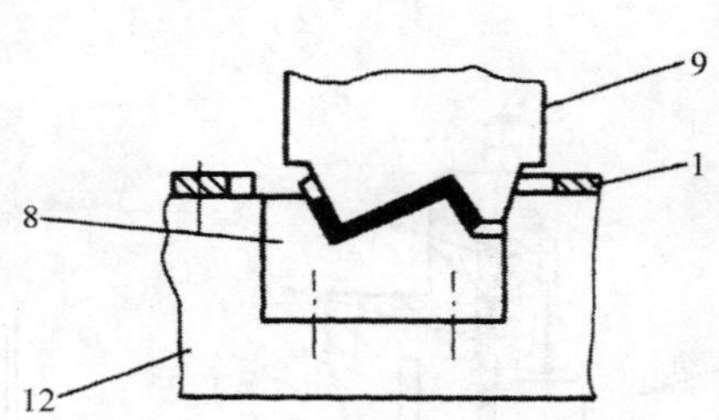

(d) 镦压校正的Z形弯曲件弯曲模

图 4-19　Z 形弯曲件常用的弯曲模结构形式

1—定位板；2—弹压卸料板；3—凸模固定板；4—导正销；5—弯曲上模；6—止退台；
7—弹顶垫（顶件器）；8—凸模；9—弯曲凸模；10—定位销；
11—平衡锤；12—底座；13—圆柱销

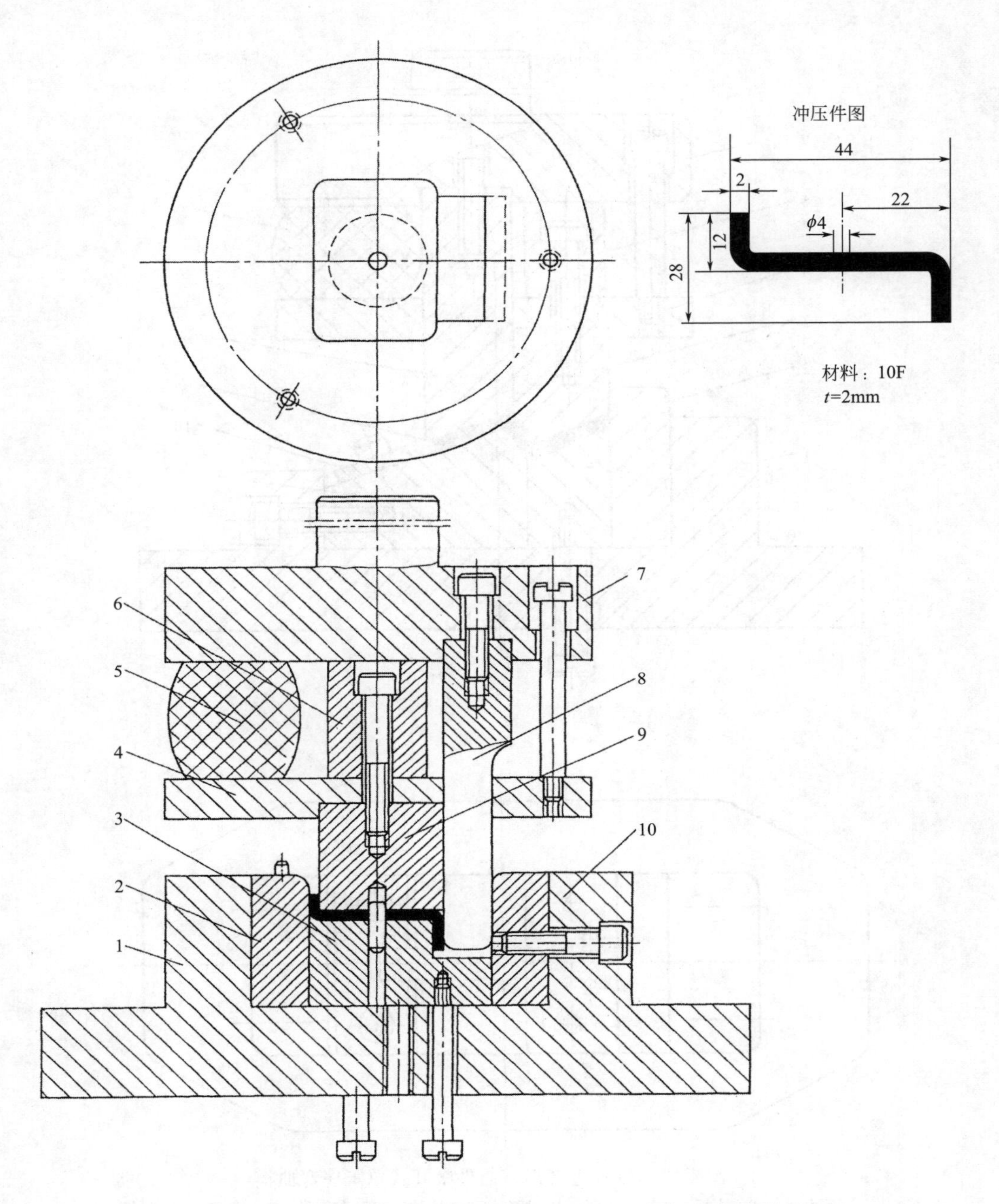

图 4-20　正反弯两端成形的 Z 形弯曲件敞开式单工序弯曲模

1，10—下模座；2—凹模；3—顶块；4—托板；5—橡胶；6—压块；7—上模座；8，9—凸模

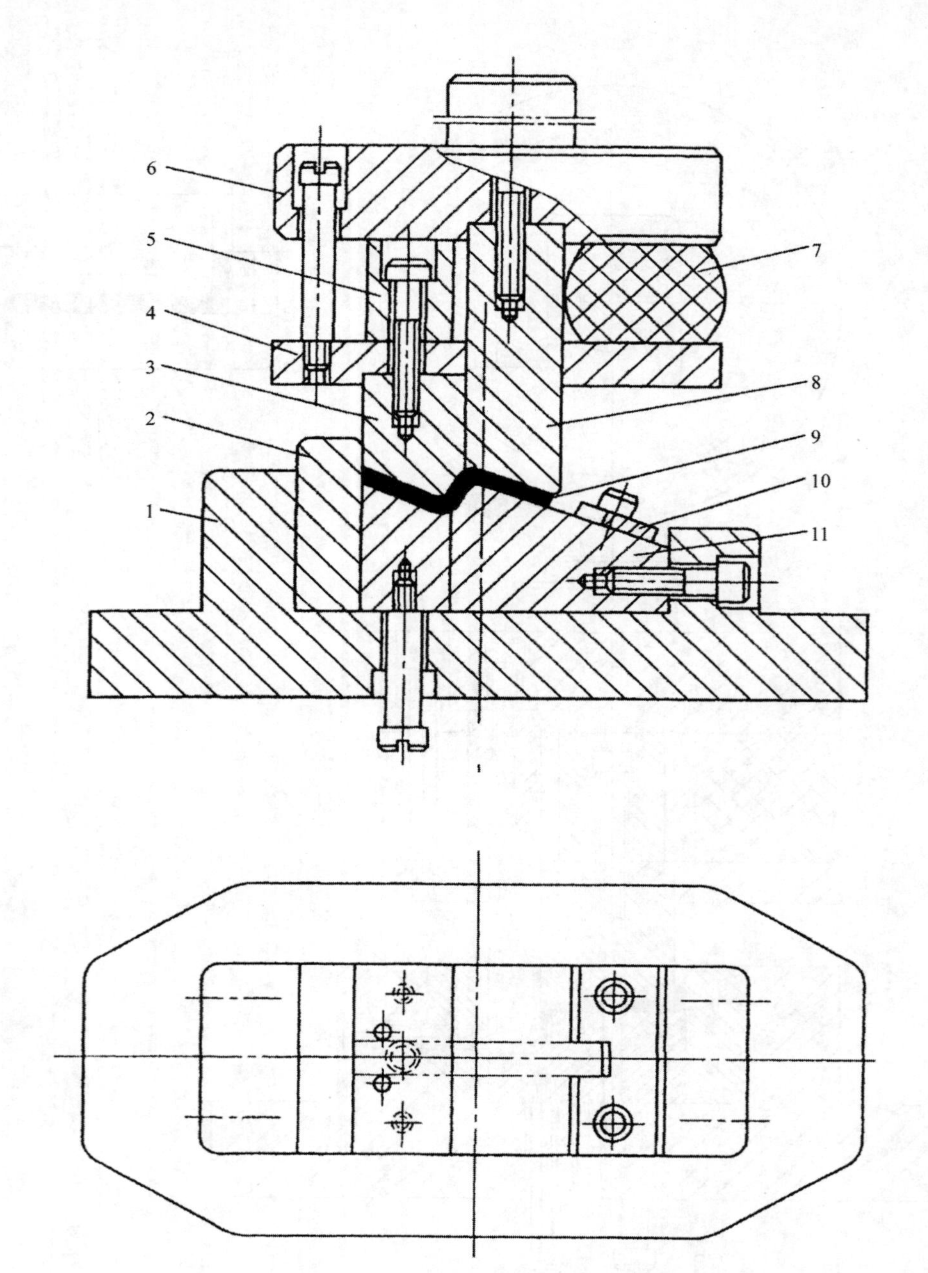

图 4-21　较长边 Z 形弯曲件敞开式单工序弯曲模

1—下模座；2—挡板；3,8—凸模；4—托板；5—压块；6—上模座；7—橡胶；9—制件；10—定位板；11—凹模

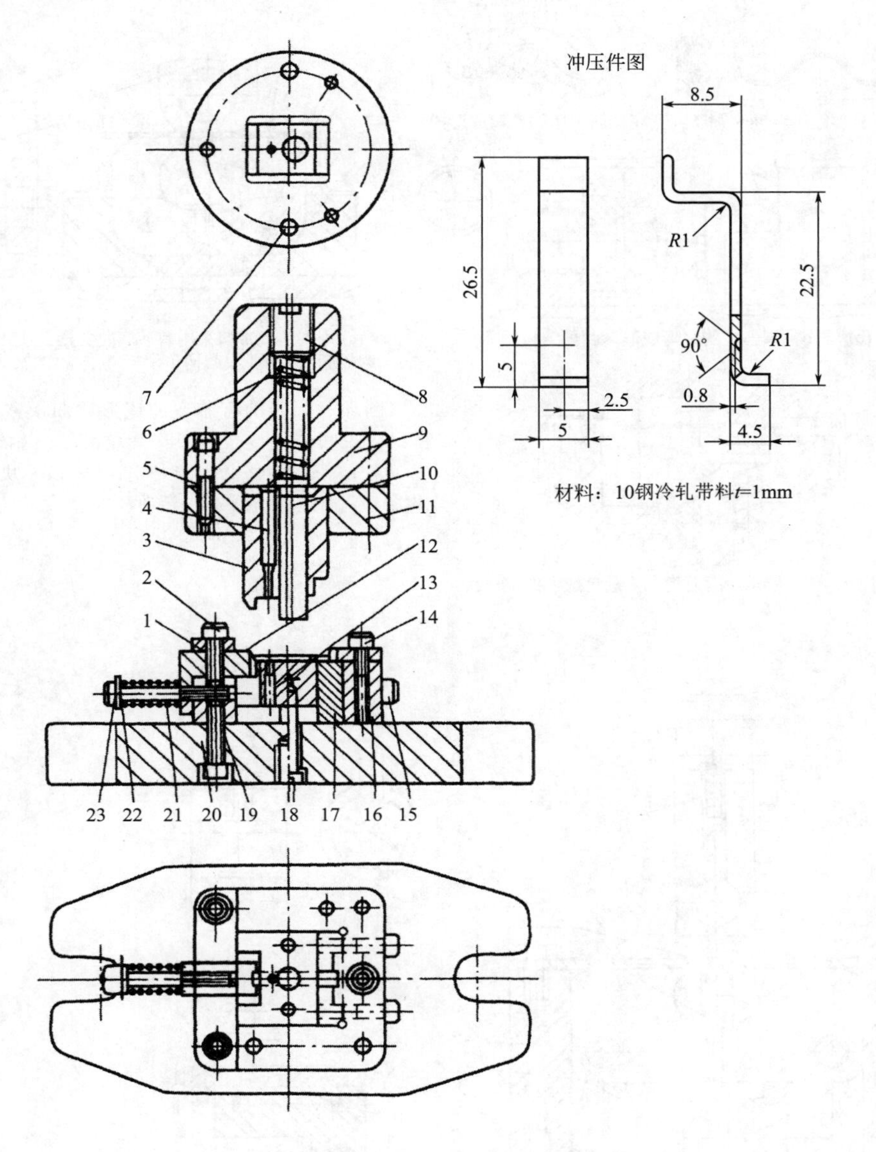

图 4-22　Z形支承板零件敞开式单工序弯曲模

1—压板；2,5,15,19,23—内六角螺钉；3,4—凸模；6,21—弹簧；7—销钉；8—调节螺钉；9—冲模柄；10—顶杆；11—凸模固定板；12—活动定位板；13—顶件器；14—定位板；16—凹模框；17—凹模拼块；18—脱料板螺钉；20—下模座；22—垫圈

(5) 圆环类弯曲件敞开式单工序弯曲模结构形式（图 4-23～图 4-29）

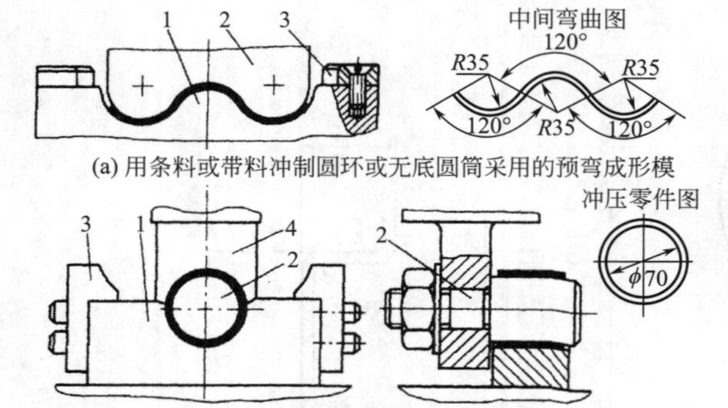

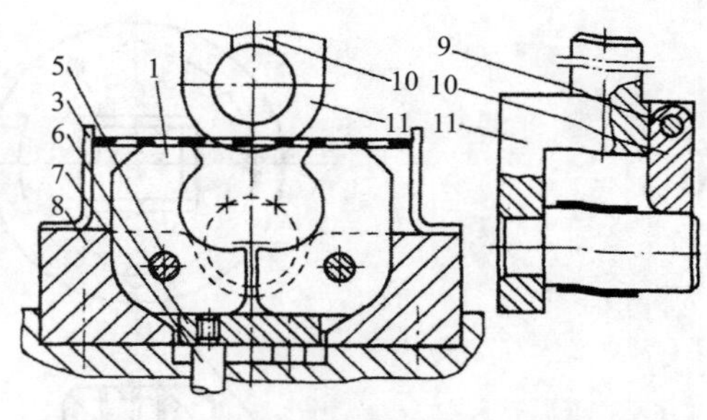

(c) 用条料或带料采用有芯弯曲、摆动块凹模一次弯曲成圆环的弯曲模结构Ⅰ型

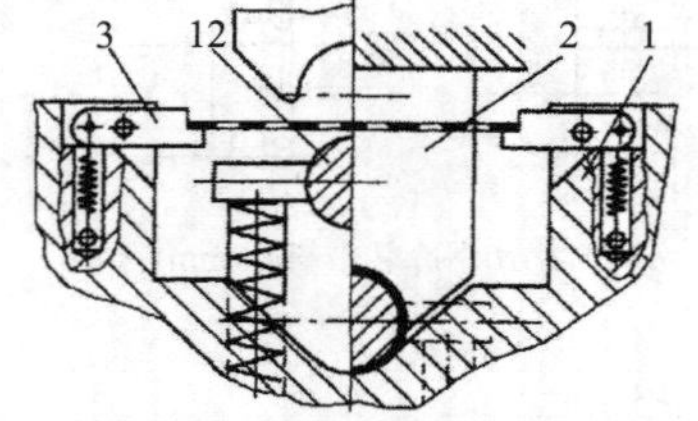

(d) 用条料或带料采用有芯弯曲、固定成形凹模一次弯曲成形的模具结构Ⅱ型

图 4-23 圆环、圆筒的有芯弯曲成形弯曲模常用结构形式

1—凹模；2—凸模；3—定位板；4—固定板；5—轴销；6—顶板；7—顶杆；8—凹模框；9—圆柱销；10—支承块；11—模柄；12—活动弯芯

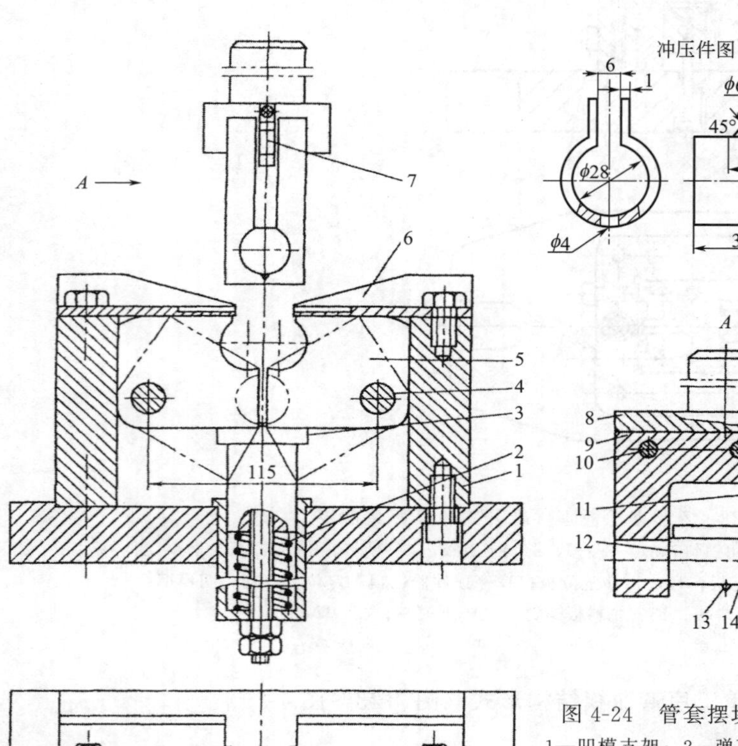

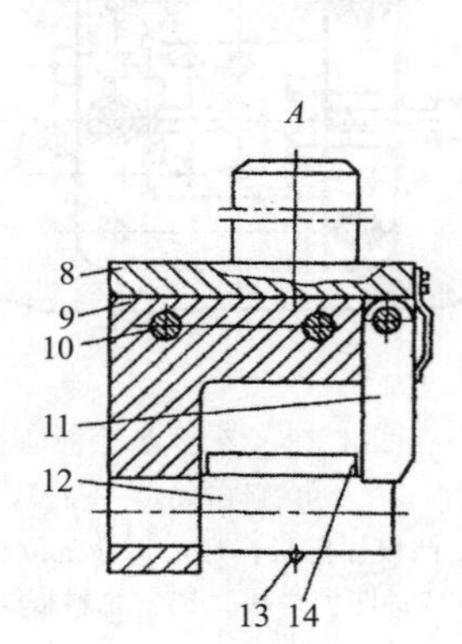

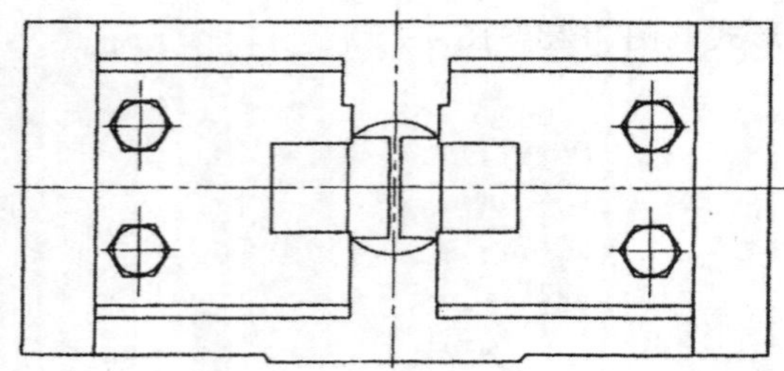

图 4-24 管套摆块凹模敞开式单工序弯曲模Ⅲ型

1—凹模支架；2—弹顶器；3—顶柱；4—轴销；5—活动摆块凹模；6—定位架；7—弹簧片；8—带模柄矩形上模座；9—凸模固定架；10—圆柱销；11—支撑；12—轴形凸模；13—导正销；14—垫块

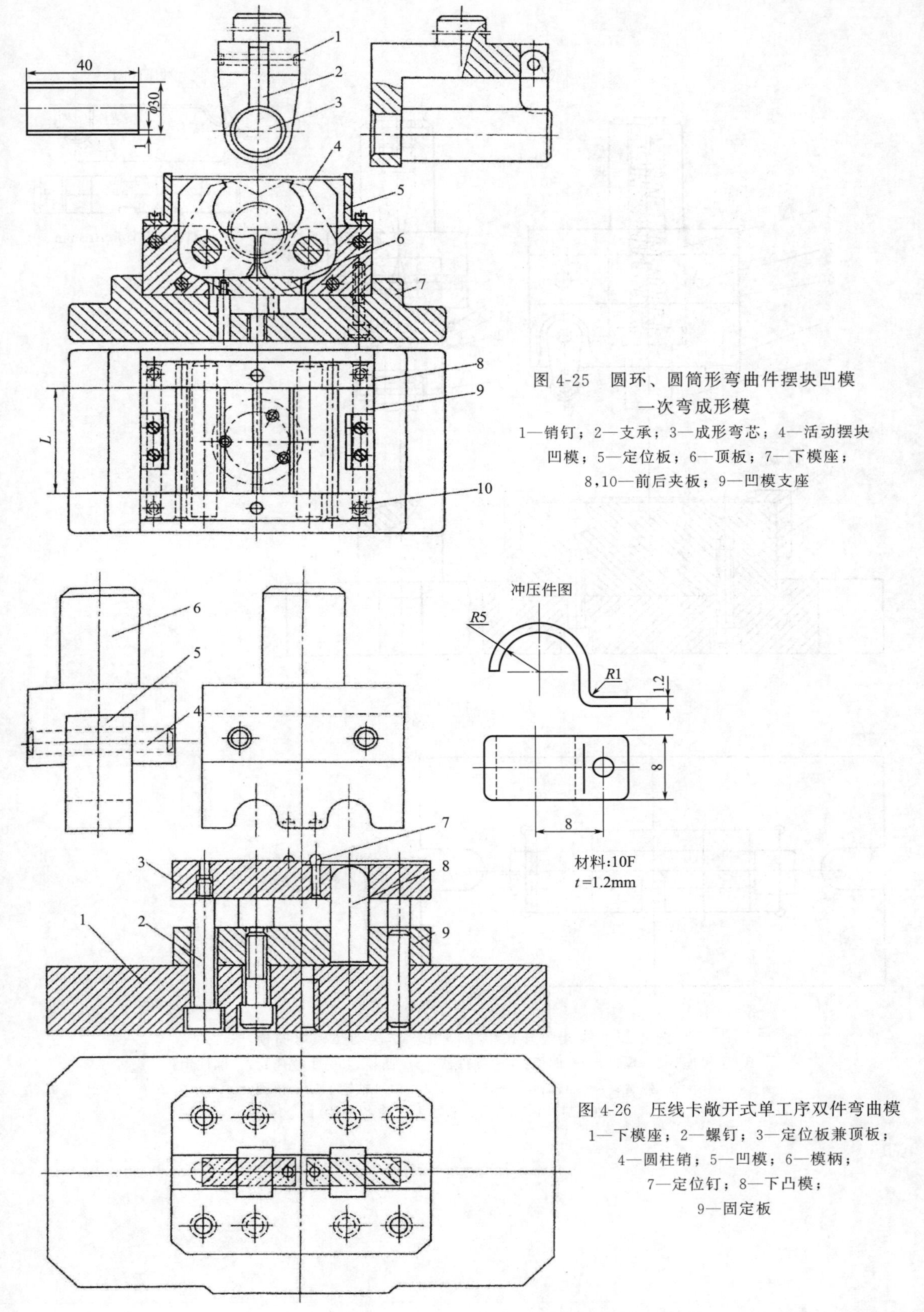

图 4-25　圆环、圆筒形弯曲件摆块凹模一次弯成形模

1—销钉；2—支承；3—成形弯芯；4—活动摆块凹模；5—定位板；6—顶板；7—下模座；8,10—前后夹板；9—凹模支座

图 4-26　压线卡敞开式单工序双件弯曲模

1—下模座；2—螺钉；3—定位板兼顶板；4—圆柱销；5—凹模；6—模柄；7—定位钉；8—下凸模；9—固定板

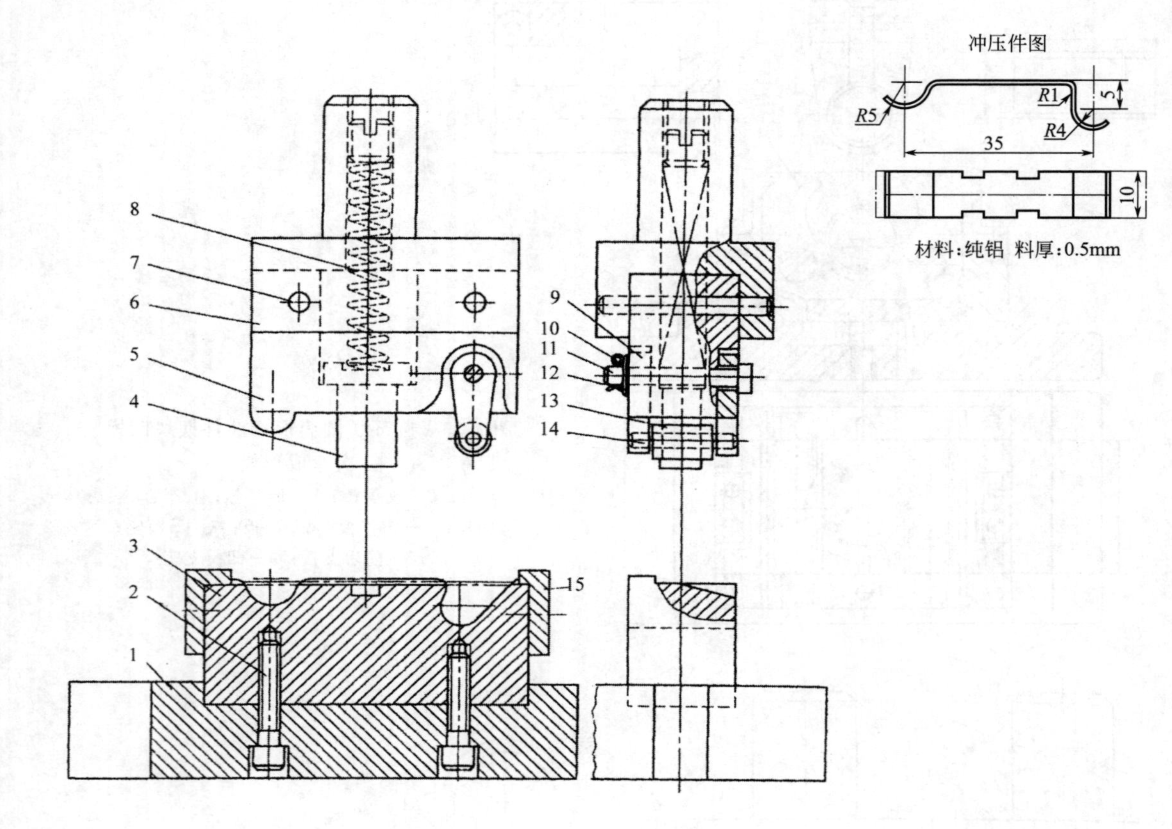

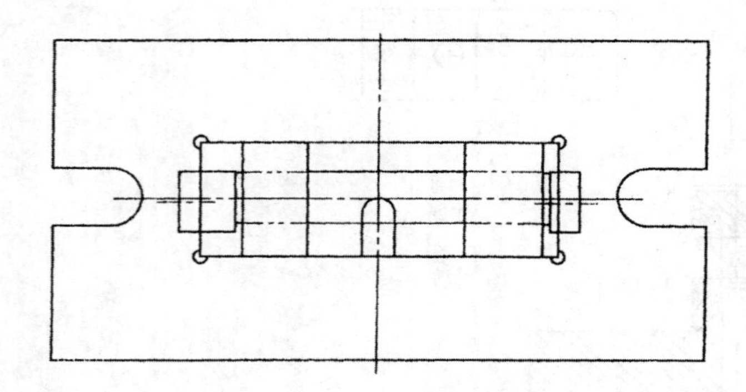

图 4-27 线架敞开式单工序滑轮作摆动凸模弯曲模

1—下模座；2—螺钉；3—凹模；4—顶件器；5—凸模；6—上模座；7—圆柱销；
8—弹簧；9—摇臂；10—开口销；11,14—轴销；12—垫圈；
13—滚轮；15—定位板（左、右各一件）

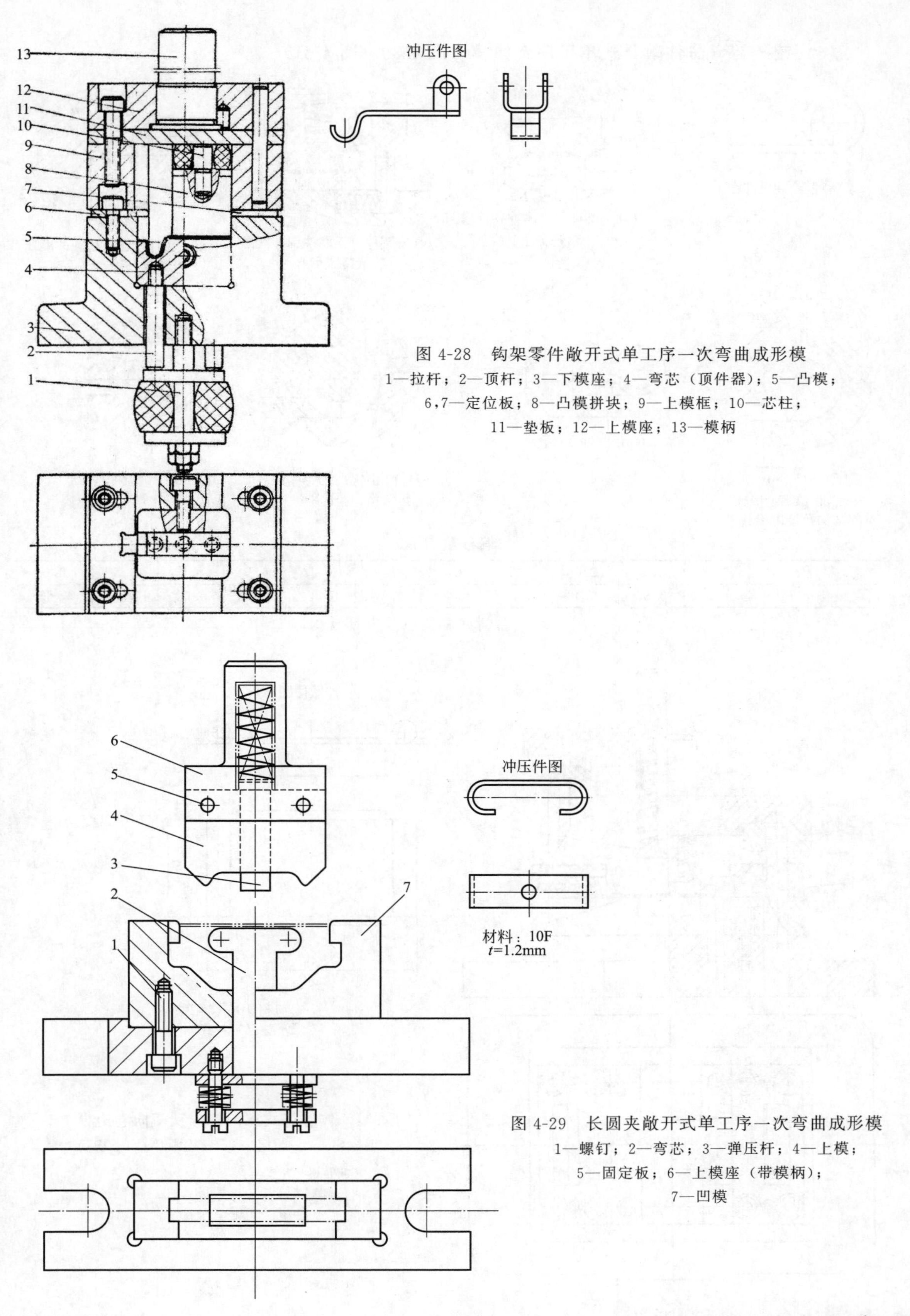

图 4-28 钩架零件敞开式单工序一次弯曲成形模

1—拉杆；2—顶杆；3—下模座；4—弯芯（顶件器）；5—凸模；6,7—定位板；8—凸模拼块；9—上模框；10—芯柱；11—垫板；12—上模座；13—模柄

图 4-29 长圆夹敞开式单工序一次弯曲成形模

1—螺钉；2—弯芯；3—弹压杆；4—上模；5—固定板；6—上模座（带模柄）；7—凹模

(6) 铰链类弯曲件敞开式单工序弯曲模（图 4-30、图 4-31）

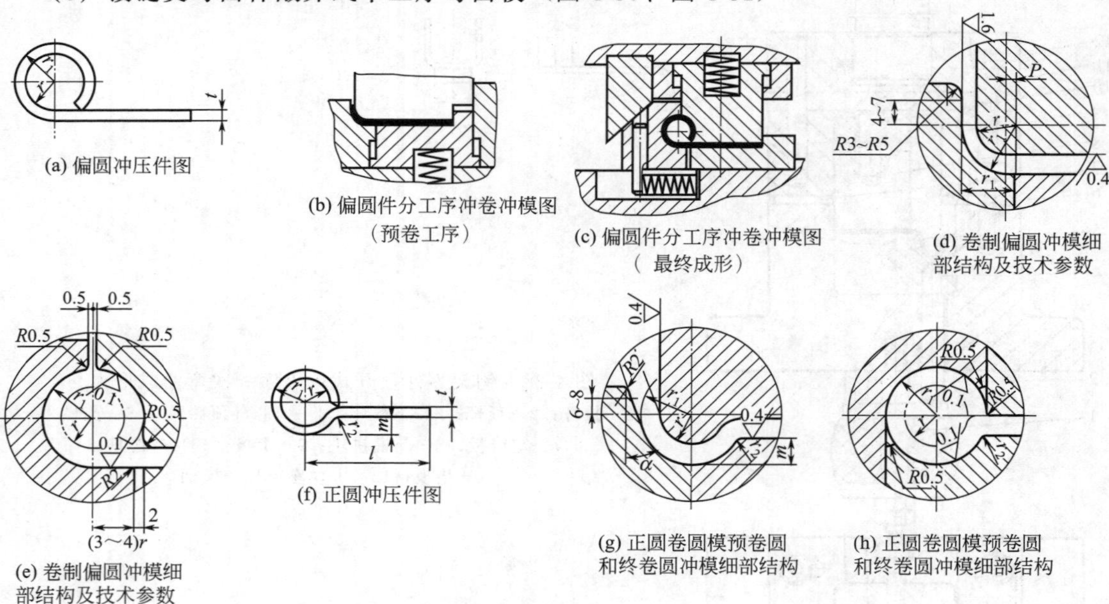

偏移量 *P* 值 （单位：mm）

料厚 t	1.0	1.5	2.0	2.5	3.0	3.5	4.0	4.5	5.0	5.5	6.0
偏移量 P	0.3	0.35	0.4	0.45	0.40	0.50	0.52	0.60	0.60	0.65	0.65

图 4-30 卷圆零件类型及模具结构

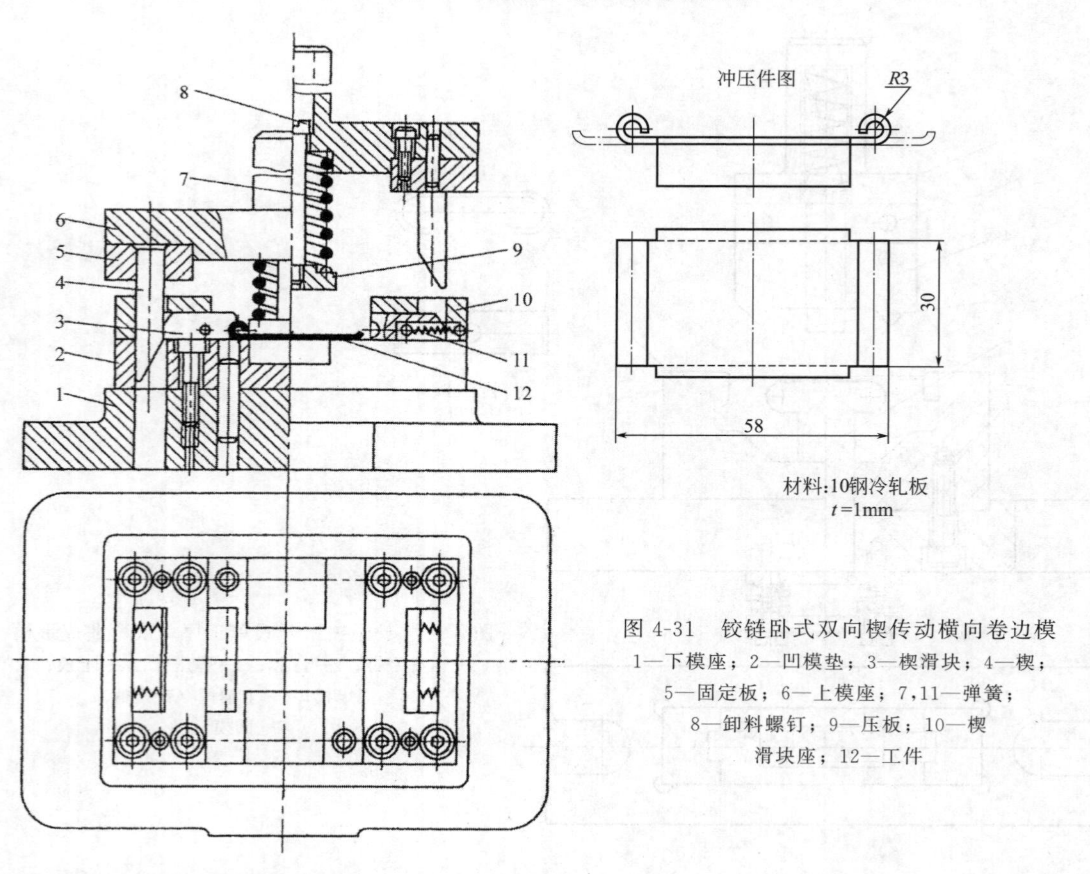

图 4-31 铰链卧式双向楔传动横向卷边模

1—下模座；2—凹模垫；3—楔滑块；4—楔；5—固定板；6—上模座；7，11—弹簧；8—卸料螺钉；9—压板；10—楔滑块座；12—工件

(7) 方形、矩形及类似开口环（套）敞开式单工序弯曲模（图 4-32～图 4-34）

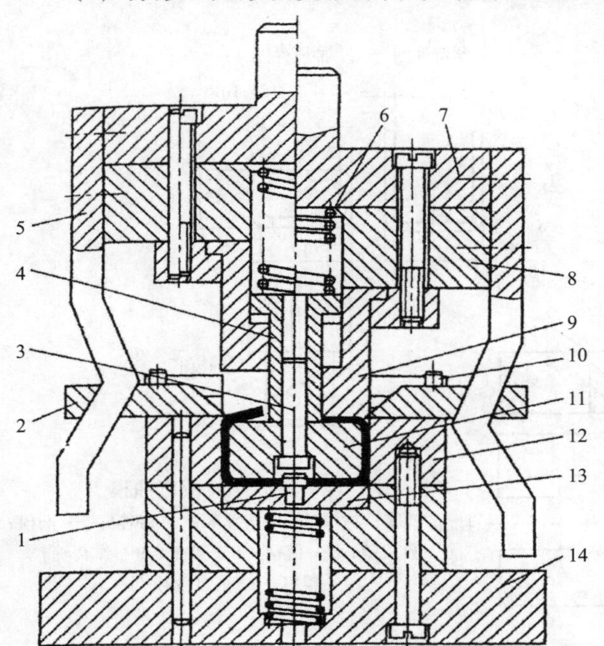

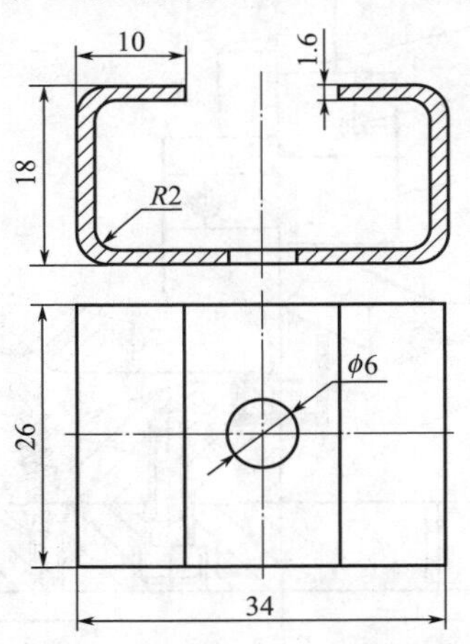

图 4-32 矩形开口环双斜楔传动敞开式单工序弯曲模

1,10—定位销；2—左右滑块；3—轴销；4—导向柱；5—双斜楔（左右各一件）；6—弹簧；7—上模座；8—固定板；9—整形凸模；11—凸凹模；12—凹模；13—压料板；14—下模座

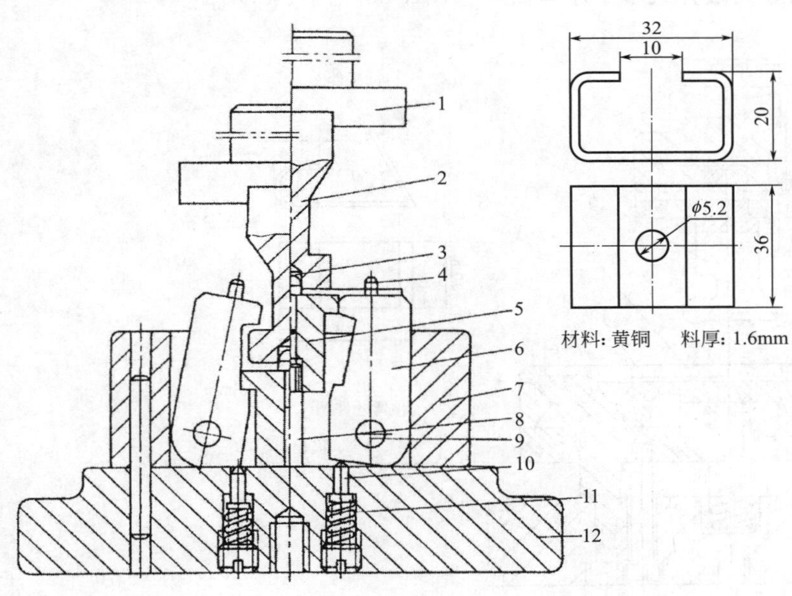

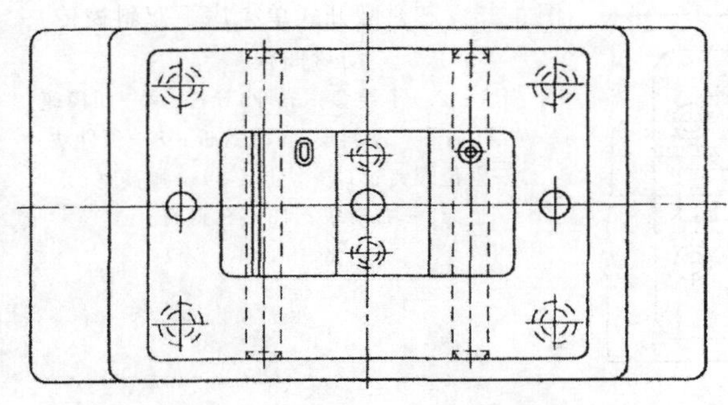

图 4-33 环形件摆动块凹模敞开式单工序弯曲模

1—模柄；2—凸模；3—导正销；4—定位销；5—顶件器；6—凹模；7—模框；8—顶杆；9—轴；10—顶销；11—弹簧；12—下模座

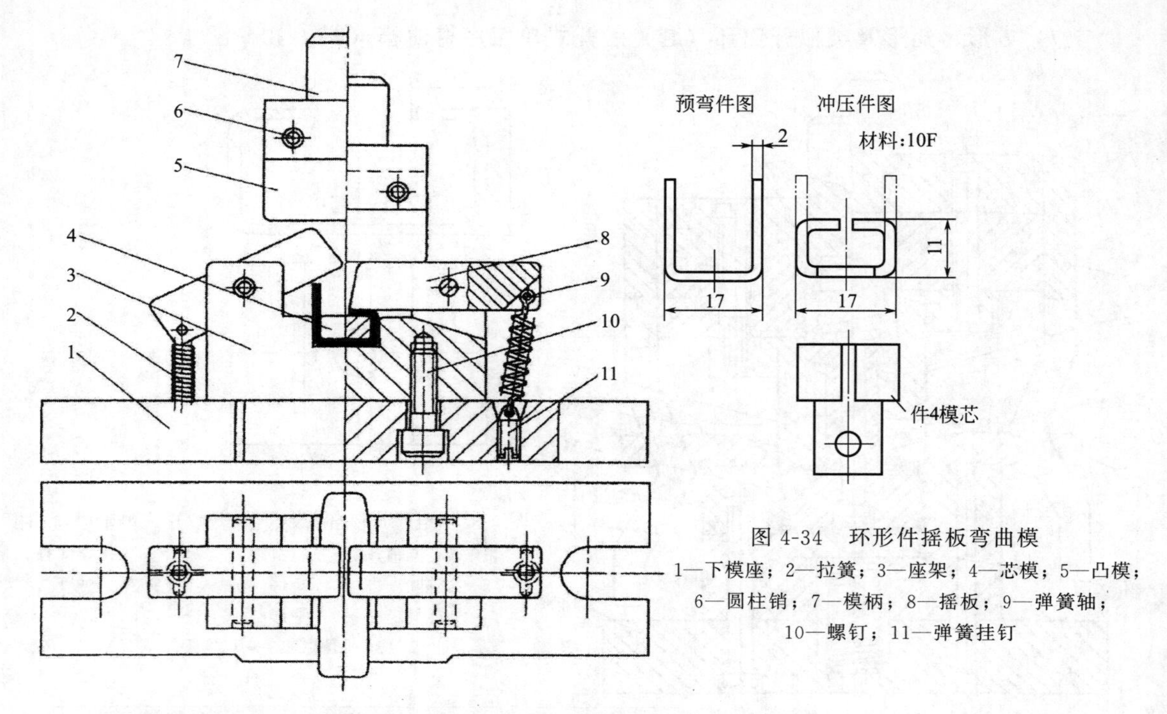

图 4-34 环形件摇板弯曲模

1—下模座；2—拉簧；3—座架；4—芯模；5—凸模；6—圆柱销；7—模柄；8—摇板；9—弹簧轴；10—螺钉；11—弹簧挂钉

(8) 改进结构设计的无导向敞开式单工序弯曲模（图 4-35～图 4-40）

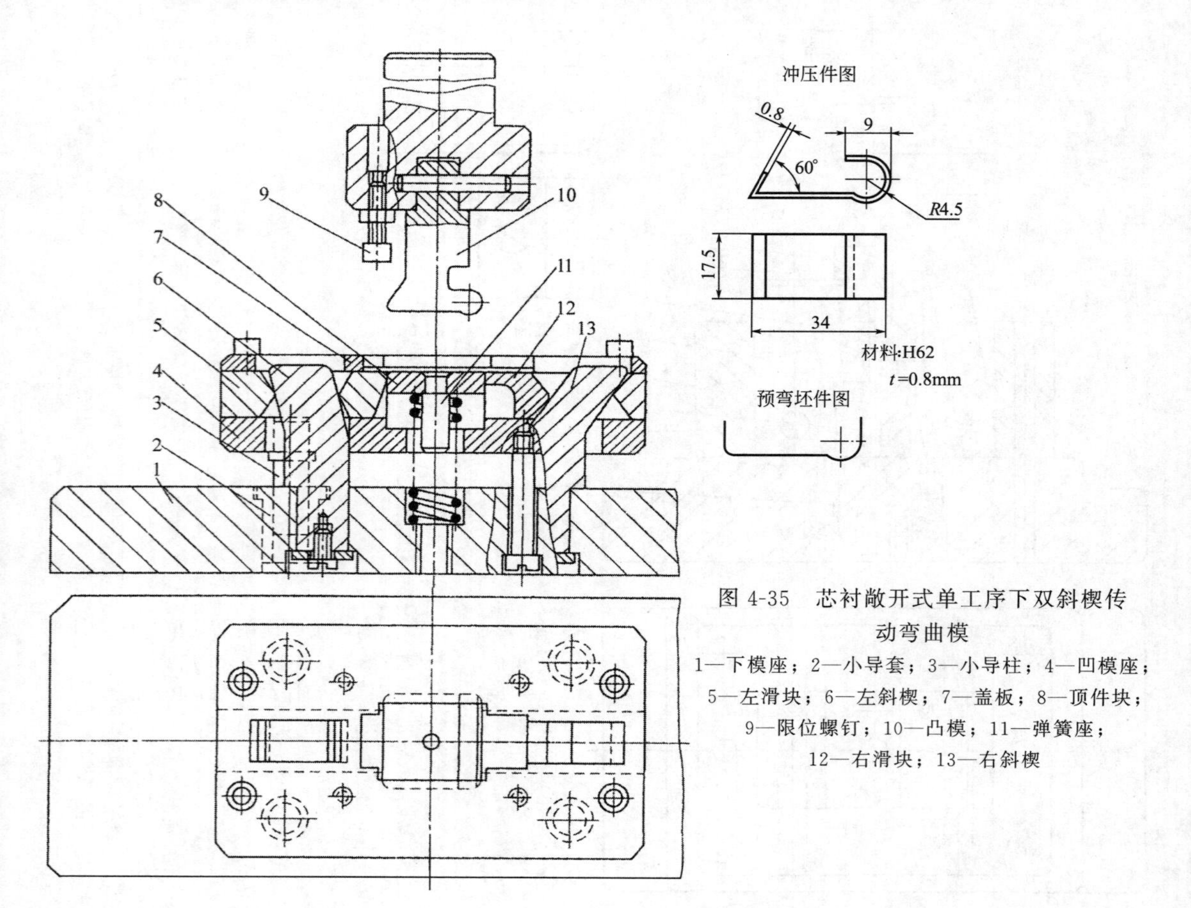

图 4-35 芯衬敞开式单工序下双斜楔传动弯曲模

1—下模座；2—小导套；3—小导柱；4—凹模座；5—左滑块；6—左斜楔；7—盖板；8—顶件块；9—限位螺钉；10—凸模；11—弹簧座；12—右滑块；13—右斜楔

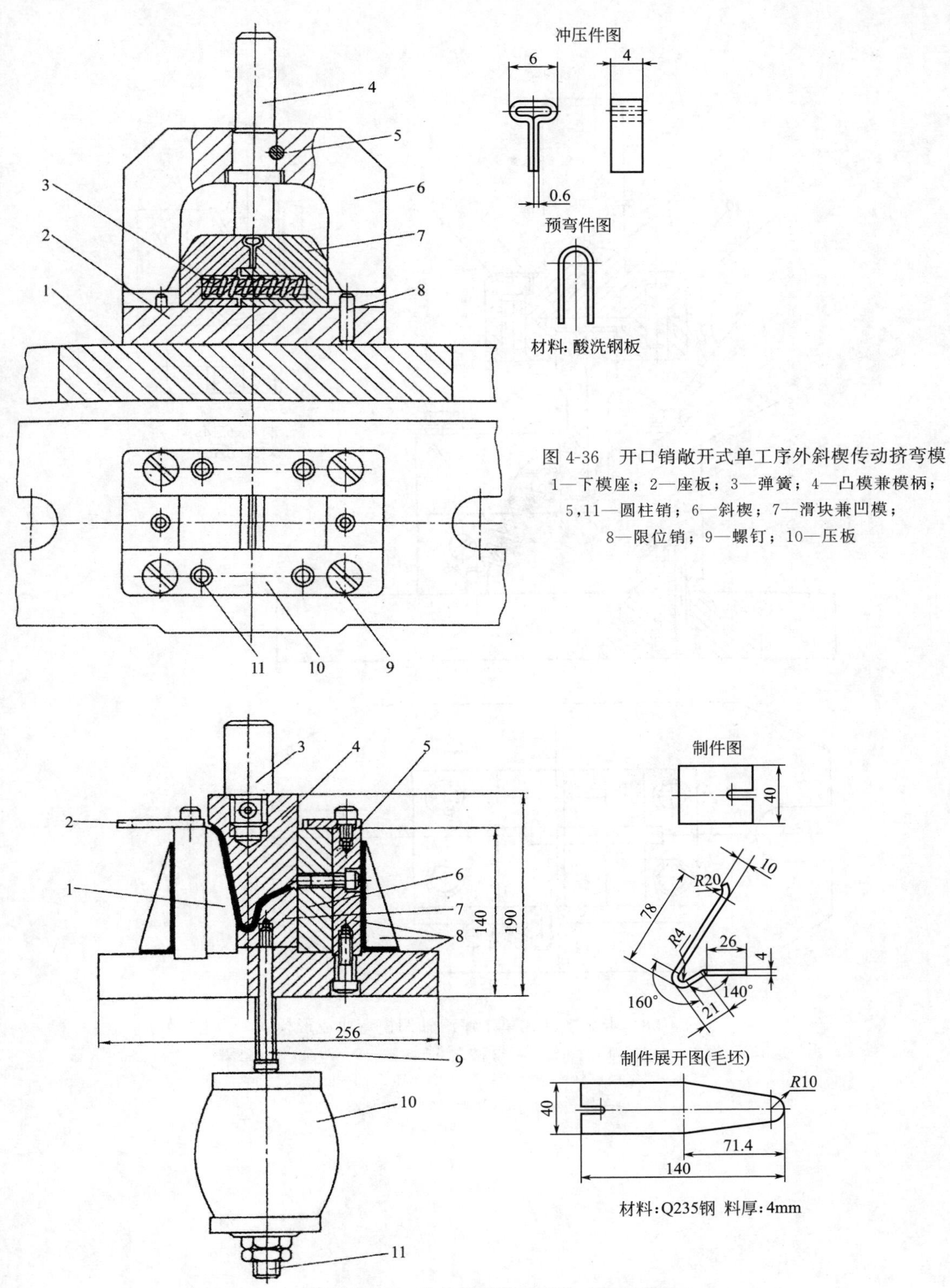

图 4-36 开口销敞开式单工序外斜楔传动挤弯模

1—下模座；2—座板；3—弹簧；4—凸模兼模柄；5,11—圆柱销；6—斜楔；7—滑块兼凹模；8—限位销；9—螺钉；10—压板

图 4-37 开关卡子变 V 形弯曲件敞开式单工序弯曲模

1—凹模拼块；2,5—定位板；3—模柄；4—凸模；6—凹模；7—顶件器兼成形凹模；8—模框与侧支架；9—顶杆螺钉；10—橡胶；11—拉杆

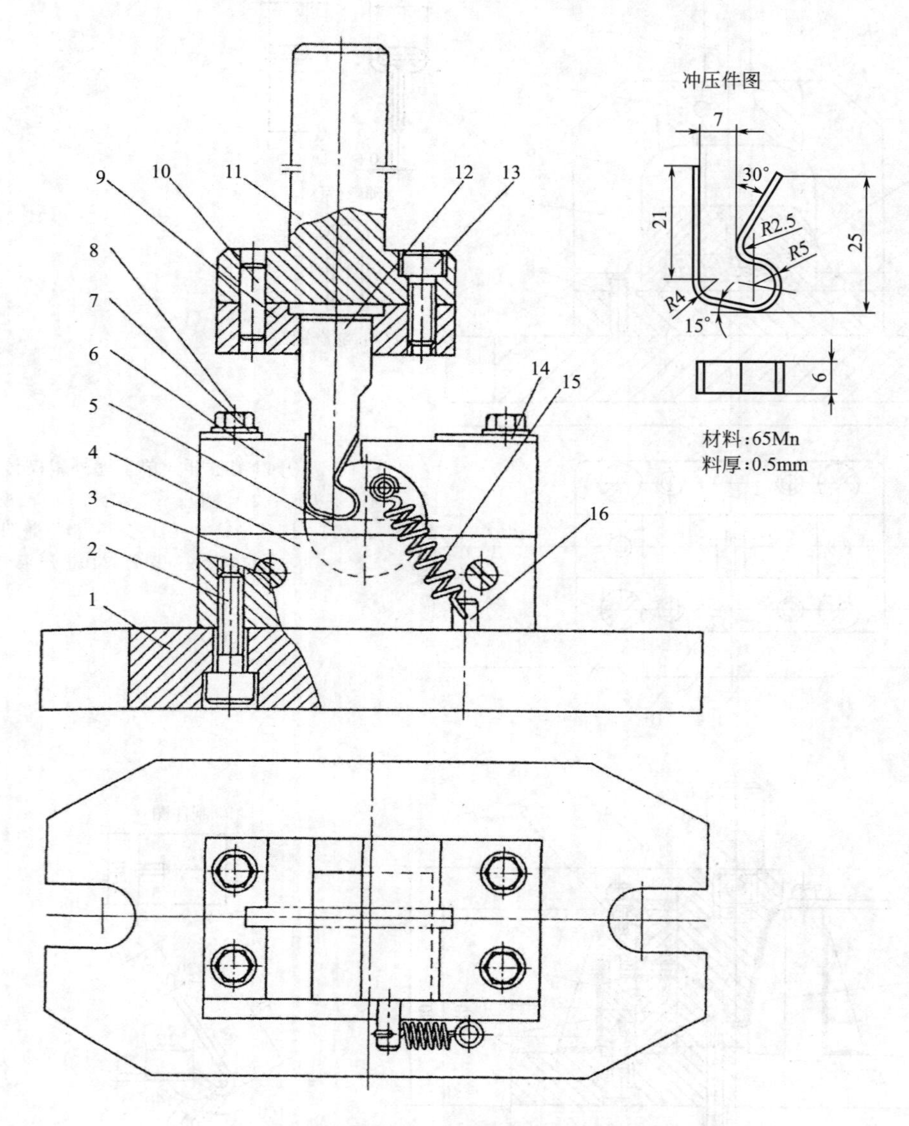

图 4-38　卡簧敞开式单工序滚轴凹模弯曲成形模

1—下模座；2,3,8,13—螺钉；4—挡板；5—滚轴；6—凹模；7—垫圈；9—固定板；10—圆柱销；11—上模座；12—凸模；14—定位板；15—拉簧；16—拉簧销

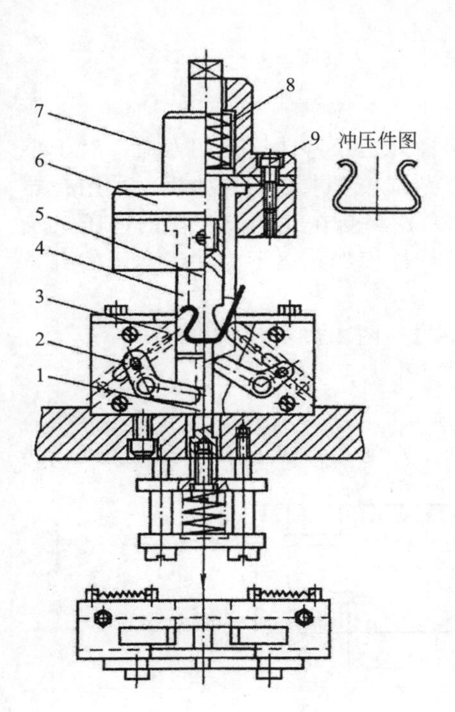

图 4-39　挂架敞开式单工序拉杆驱动一次弯曲成形模

1—顶件器；2—杠杆力臂；3—活动凸模；4—压杆；5—凸模；6—上模座；7—模柄；8—弹簧；9—螺钉

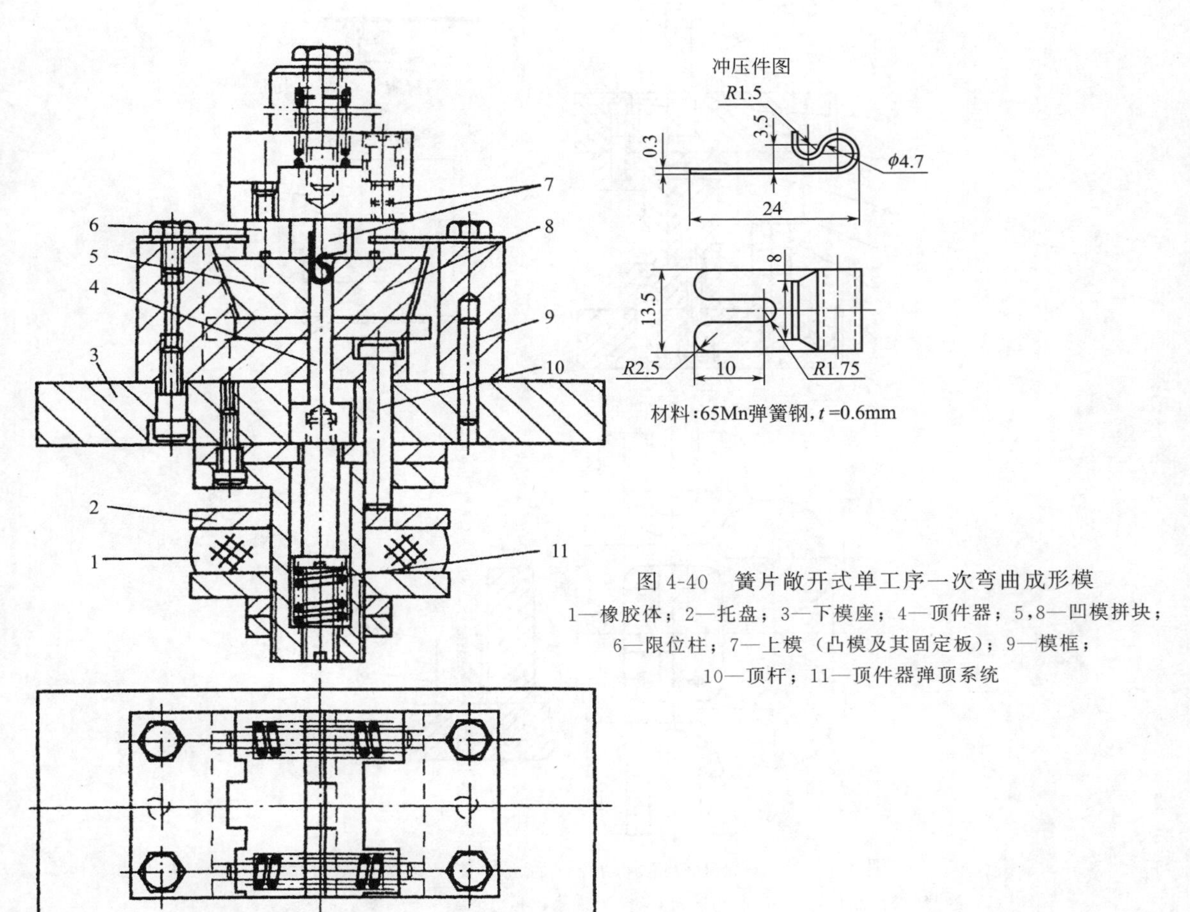

图 4-40　簧片敞开式单工序一次弯曲成形模

1—橡胶体；2—托盘；3—下模座；4—顶件器；5，8—凹模拼块；6—限位柱；7—上模（凸模及其固定板）；9—模框；10—顶杆；11—顶件器弹顶系统

4.2.2 有导向单工序弯曲模

为了提高弯曲件的几何精度，提高弯曲模的操作安全性并延长弯曲模使用寿命，对于小尺寸、弯曲形状复杂且冲弯质量要求较高、冲弯模结构复杂调校要求高的弯曲模，采用有导向、有防护栅（屏）的单工序弯曲模（见图 4-41～图 4-50），深受在线上岗工作的冲压工及冲压调校工的欢迎。有导向的弯曲模，大多采用滑动导向导柱模架。以下为在线常用的有导向单工序弯曲模一些实用的典型结构。

(1) 铰链类有导向单工序卷边弯曲模典型结构（图 4-41～图 4-43）

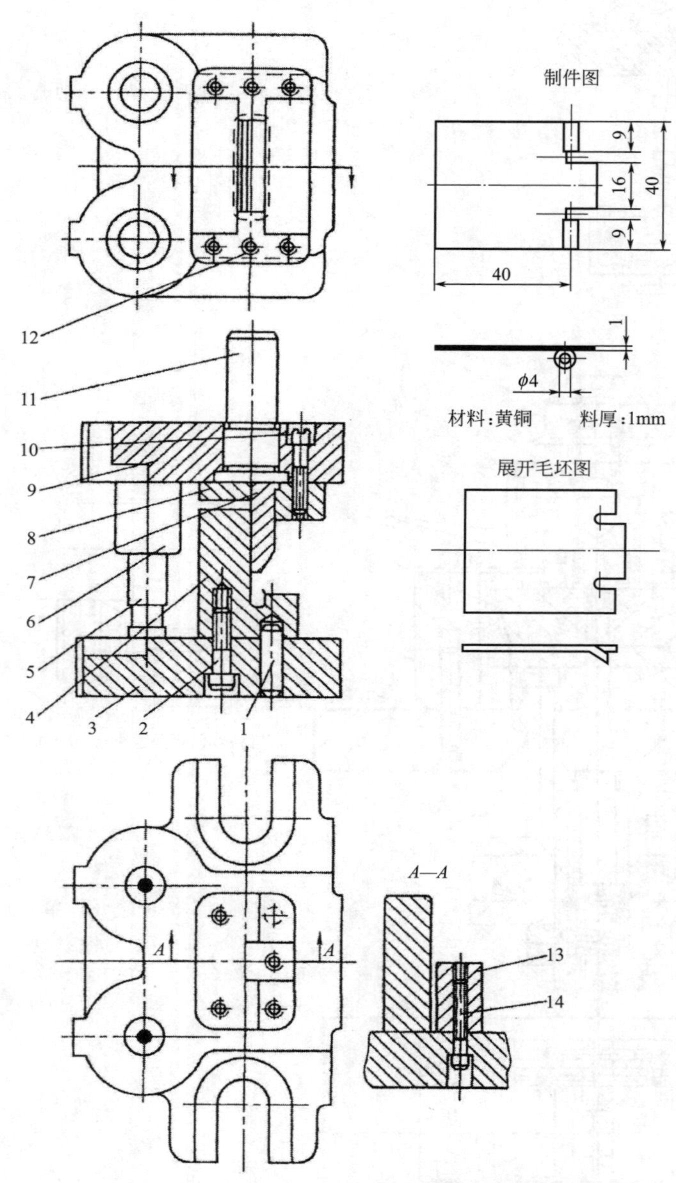

图 4-41 小型箱柜铰链滑动导向后侧导柱模架立式卷边模

1,12—圆柱销；2,10,14—内六角螺钉；3—下模座；4—凹模；5—导柱；6—导套；7—凸模；8—凸模固定板；9—上模座；11—模柄；13—挡料板

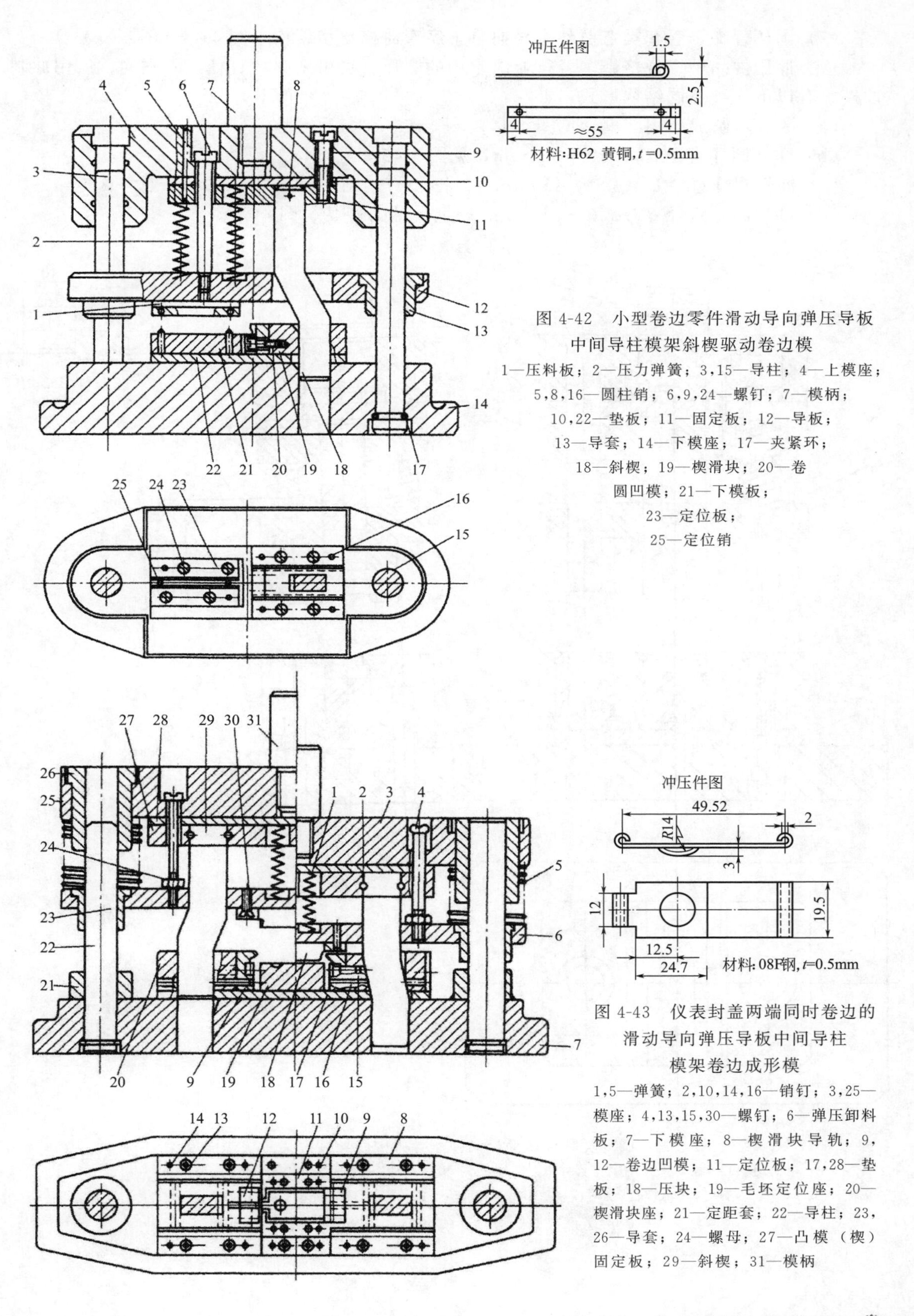

图 4-42　小型卷边零件滑动导向弹压导板中间导柱模架斜楔驱动卷边模

1—压料板；2—压力弹簧；3,15—导柱；4—上模座；5,8,16—圆柱销；6,9,24—螺钉；7—模柄；10,22—垫板；11—固定板；12—导板；13—导套；14—下模座；17—夹紧环；18—斜楔；19—楔滑块；20—卷圆凹模；21—下模板；23—定位板；25—定位销

图 4-43　仪表封盖两端同时卷边的滑动导向弹压导板中间导柱模架卷边成形模

1,5—弹簧；2,10,14,16—销钉；3,25—模座；4,13,15,30—螺钉；6—弹压卸料板；7—下模座；8—楔滑块导轨；9,12—卷边凹模；11—定位板；17,28—垫板；18—压块；19—毛坯定位座；20—楔滑块座；21—定距套；22—导柱；23,26—导套；24—螺母；27—凸模（楔）固定板；29—斜楔；31—模柄

(2) 圆环管夹、管套类弯曲件有导向单工序弯曲模典型结构（图 4-44～图 4-50）

这类冲压件品种、规格繁多。行业内常用的圆环管夹可依圆环直径尺寸不同，所用冲制冲模，有以下 4 种不同结构形式：

(a) 一次弯圆成形用冲模，见图 4-44。

(b) 冲件圆环直径 $d>\phi10\sim\phi20$mm，见图 4-45、图 4-46。

(c) 冲件圆环直径 $d>\phi20\sim\phi50$mm，见图 4-47、图 4-48。

(d) 冲件圆环直径 $d>\phi50\sim\phi150$mm 以上，见图 4-49、图 4-50。

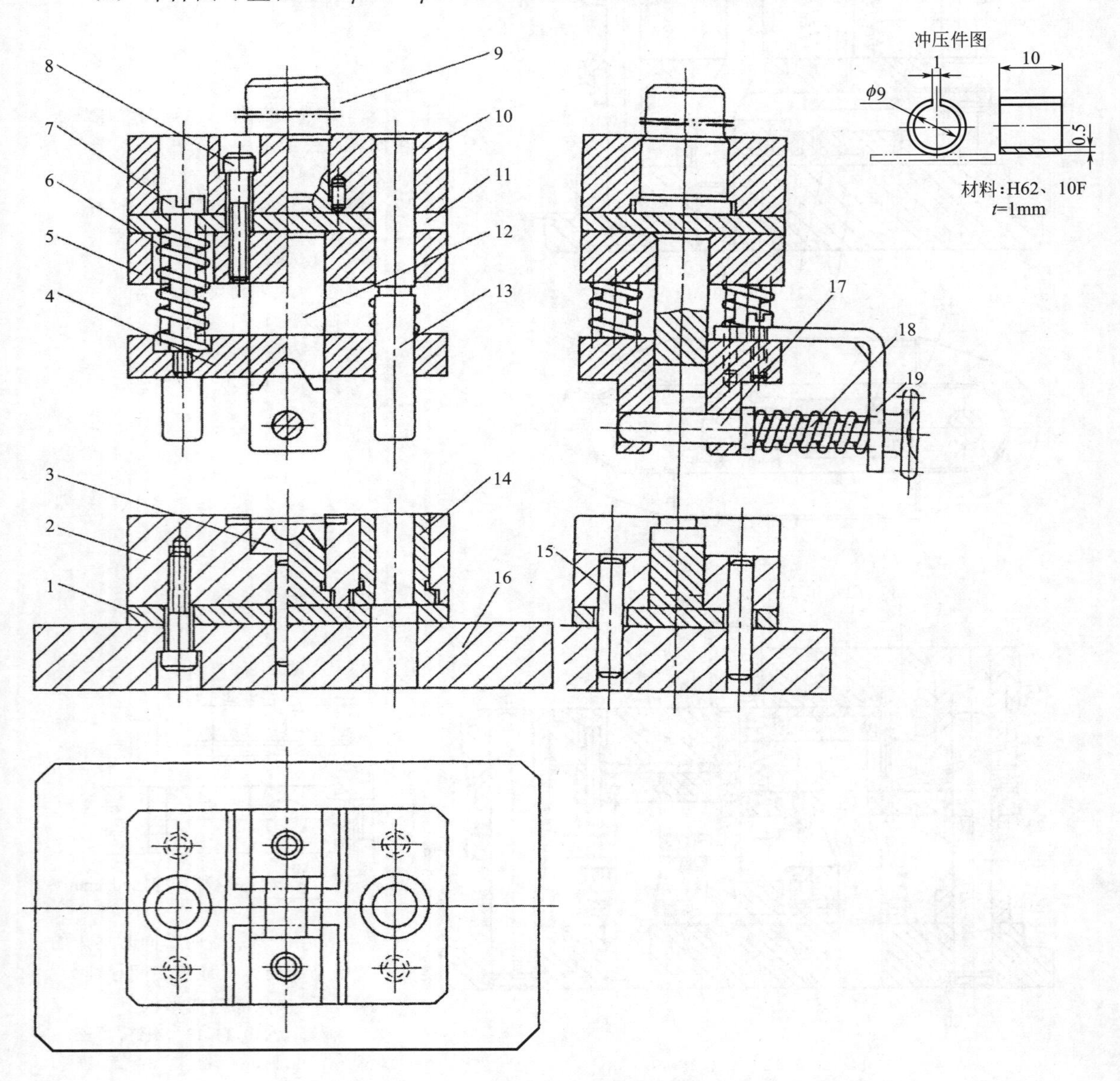

图 4-44 圆环类零件滑动导向弹压导板中间导柱模架一次弯成模

1，11—垫板；2—凹模；3—凹模镶块；4—模芯支架；5—固定板；6—弹簧；7—螺钉；8—内六角螺钉；9—模柄；10—上模座；12—压圆凸模；13—导柱；14—导套；15—圆柱销；16—下模座；17—芯模；18—弹簧；19—支架

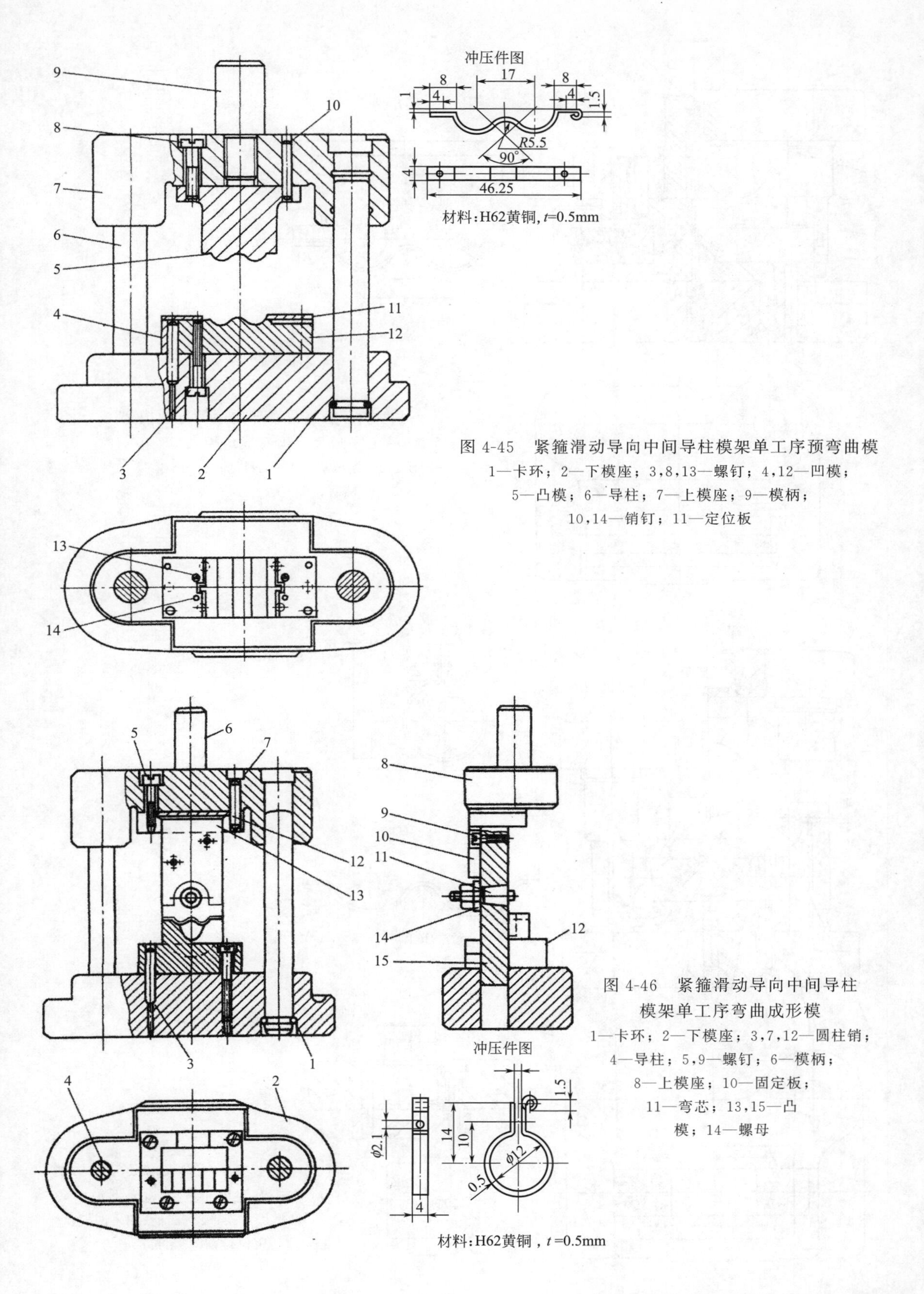

图 4-45　紧箍滑动导向中间导柱模架单工序预弯曲模

1—卡环；2—下模座；3,8,13—螺钉；4,12—凹模；5—凸模；6—导柱；7—上模座；9—模柄；10,14—销钉；11—定位板

图 4-46　紧箍滑动导向中间导柱模架单工序弯曲成形模

1—卡环；2—下模座；3,7,12—圆柱销；4—导柱；5,9—螺钉；6—模柄；8—上模座；10—固定板；11—弯芯；13,15—凸模；14—螺母

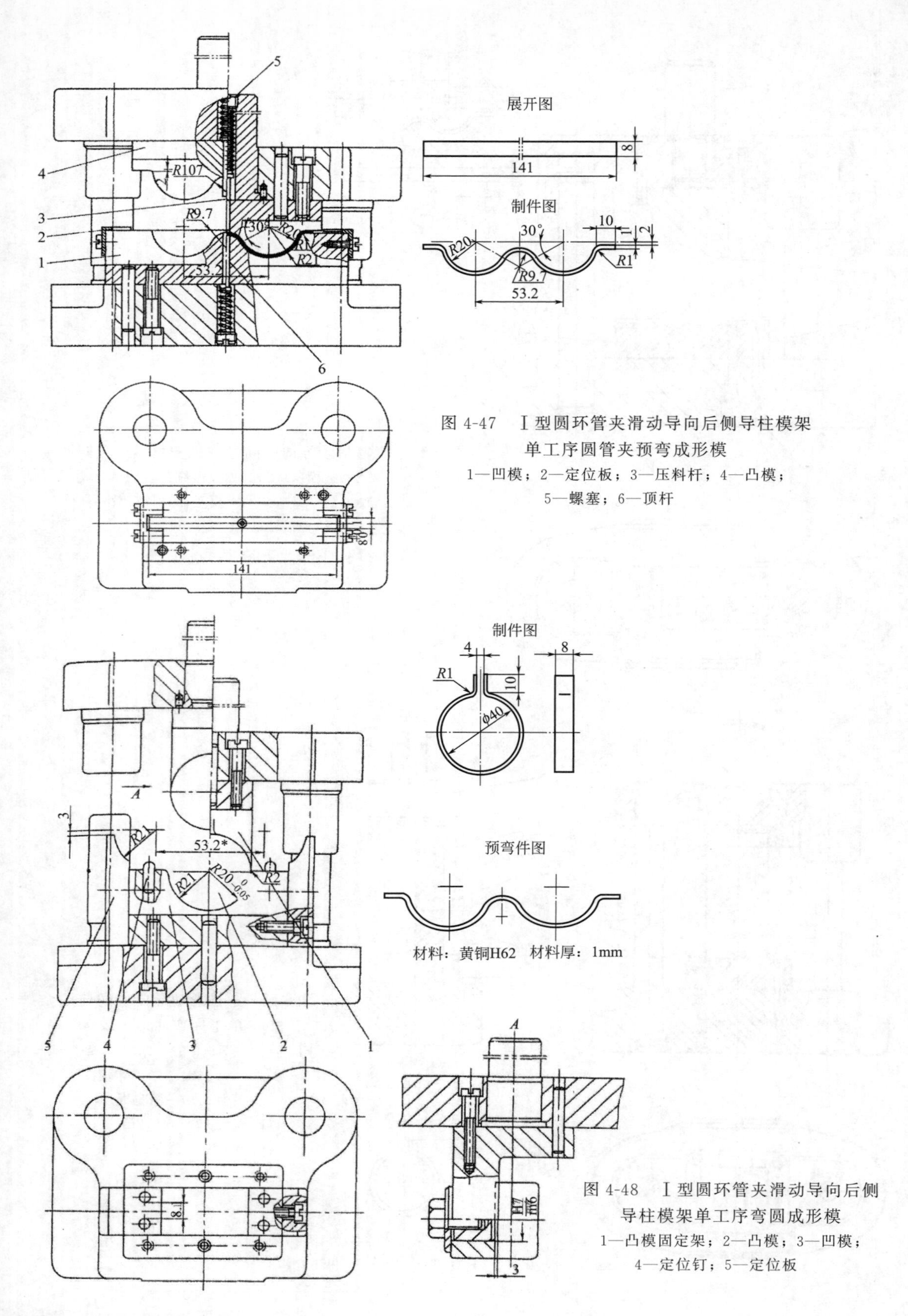

图 4-47 Ⅰ型圆环管夹滑动导向后侧导柱模架单工序圆管夹预弯成形模

1—凹模；2—定位板；3—压料杆；4—凸模；5—螺塞；6—顶杆

图 4-48 Ⅰ型圆环管夹滑动导向后侧导柱模架单工序弯圆成形模

1—凸模固定架；2—凸模；3—凹模；4—定位钉；5—定位板

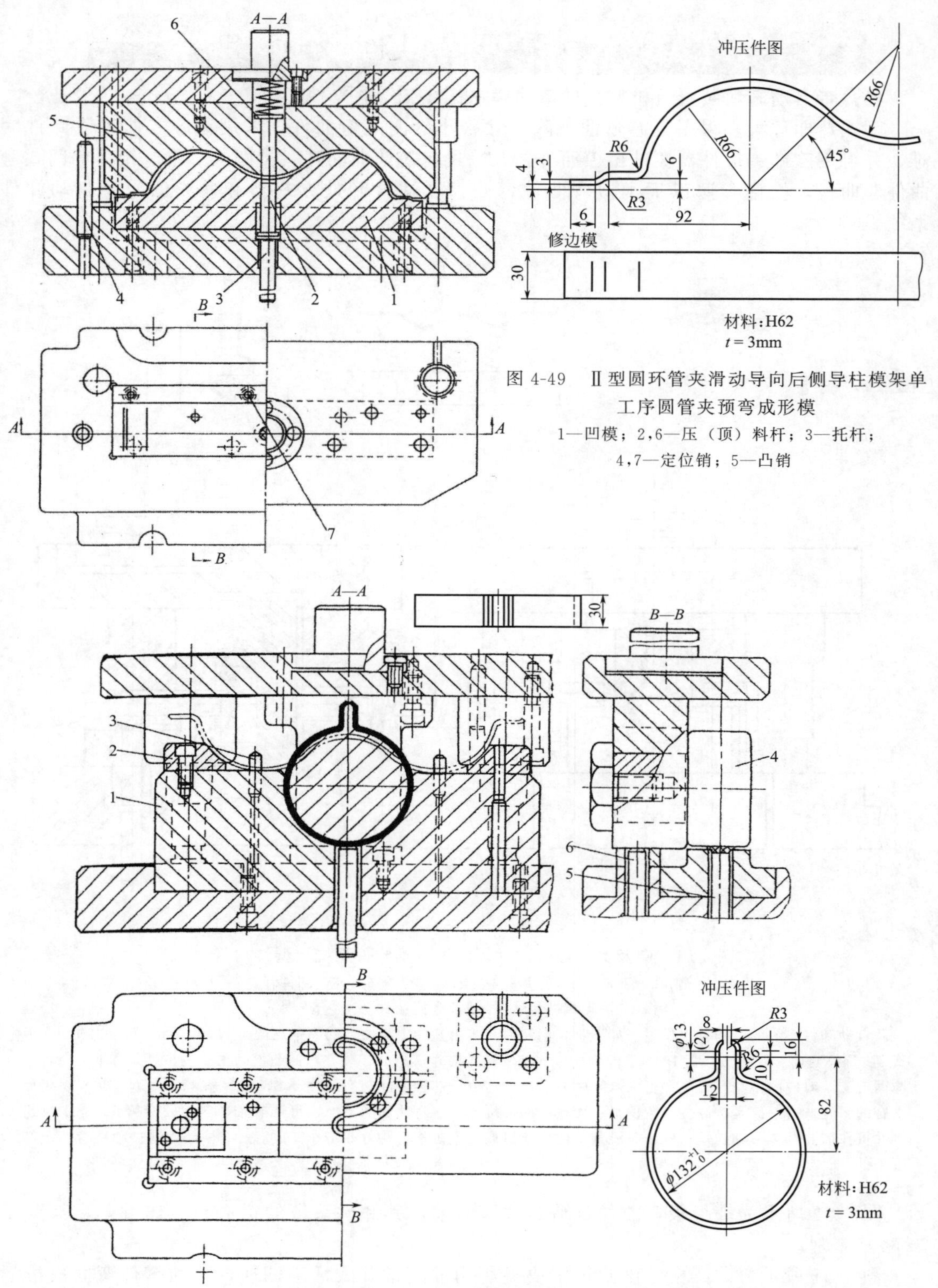

图 4-49 Ⅱ型圆环管夹滑动导向后侧导柱模架单工序圆管夹预弯成形模

1—凹模；2,6—压（顶）料杆；3—托杆；4,7—定位销；5—凸销

图 4-50 Ⅱ型圆环管夹滑动导向后侧导柱模架单工序弯圆成形模

1—凹模；2—定位块；3—定位销；4—凸模；5,6—托杆

4.2.3 特殊与创新结构弯曲模（图 4-51～图 4-61）

(1) 带自动卸料装置（机构）的弯曲模（图 4-51～图 4-55）

闭式弯曲件大多采用有芯弯曲。除尺寸很小的闭式弯曲件，采用无芯弯曲亦无卸件困难，并可用吹卸、拨件器拨件出模而外，凡采用有芯弯曲的圆、类圆、方形、矩形等闭式弯曲件弯曲模，均可参照以下类似弯曲件弯曲模及适合卸件方式与卸件方法设计自动卸件系统。

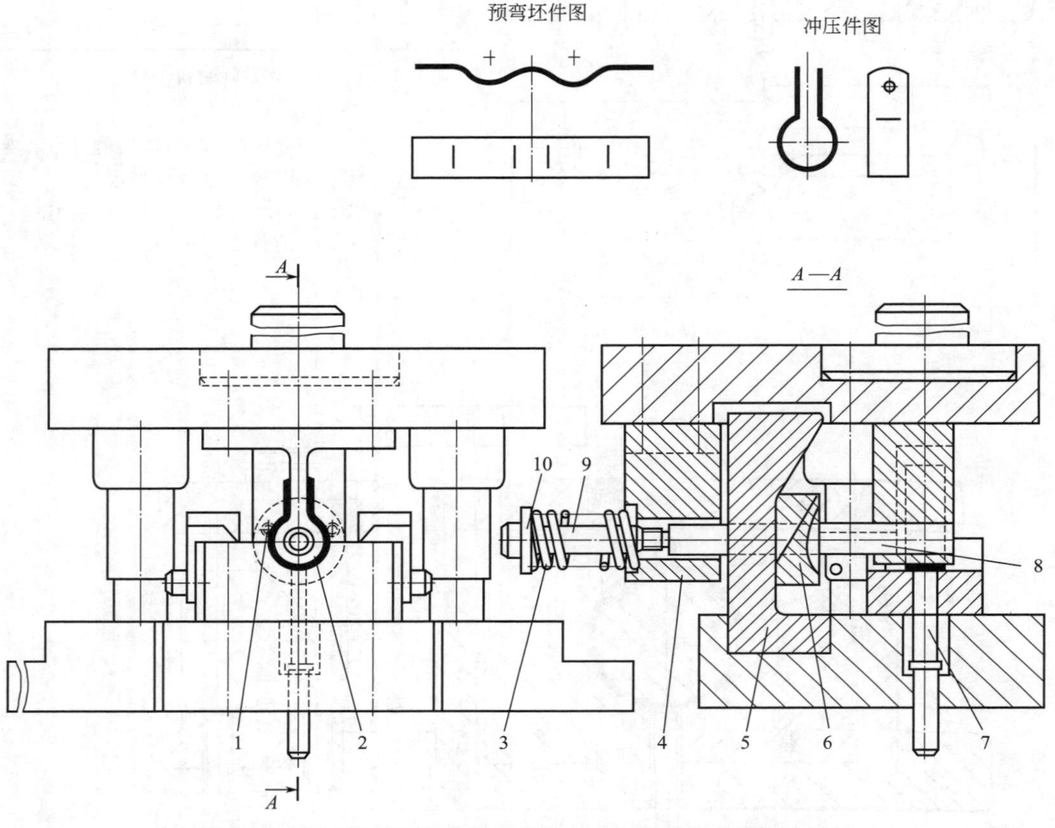

图 4-51　圆及类圆形弯曲件弯曲模自动卸件系统典型结构示例

1—固定销；2—弯芯；3—弹簧；4—支架；5—斜楔；6—卸件环；7—顶杆；8—可调芯轴；9—螺纹套筒；10—法兰盘

自动卸件系统的结构及工作过程如下：自动卸件系统由装在上模座上的固定支架 4、卸件环 6、可调芯轴 8、弹簧 3、螺纹套筒 9 以及法兰盘 10 等零件构成。固定支架正对弯芯中心，装在弯曲凸模的正后边，可调芯轴装在弯芯与固定支架对应的中心孔里，并可沿水平轴左右移动。可调芯轴中间装有卸件环 6，它靠斜楔 5 一边具有与斜楔面吻合的斜度，另一面是按卸件对象的形状而设计的，推卸接触弯曲面的型面，可调芯轴 8 与螺纹套筒 9，靠螺纹连接并可按需要调节芯轴长短；整个系统与弯曲作业协调一致工作，待弯曲工作完成后，上模回程即自动从弯芯上卸下工件。

图 4-52 所示为蝶形板弯曲件自动卸件弯曲模，其卸件系统的构造与工作过程，与图 4-74 略有差别。

图 4-51 所示弯曲凹模是由两块摆块夹块构成的常开式活动凹模，弯曲零件弯曲成形后总是包在作为弯芯的凸模上。图 4-52 所示结构可以驱动楔滑块 7，带动卸件芯轴 6 左右往复运动，自动推卸弯曲件出模。

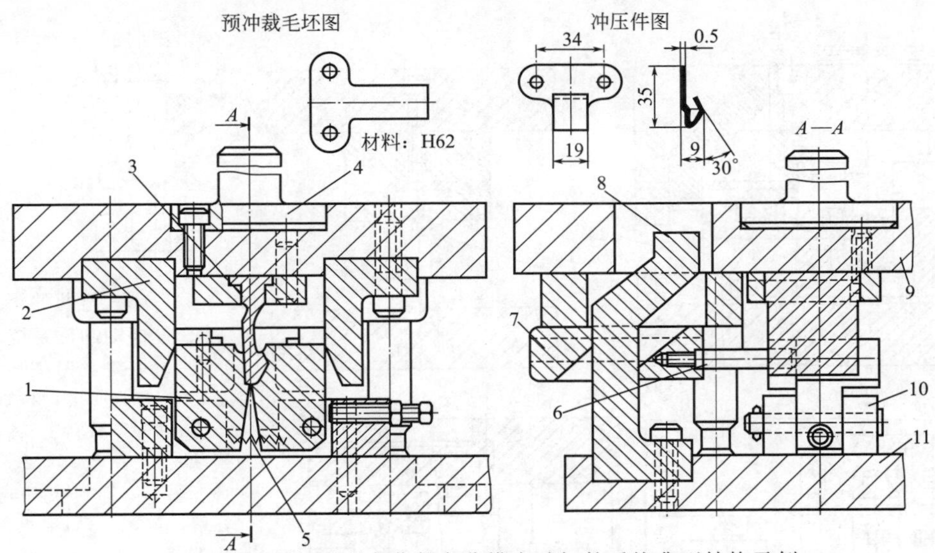

图 4-52　蝶形板异形弯曲件弯曲模自动卸件系统典型结构示例

1—摆动块凹模；2—单作用驱动楔；3—弯曲凸模；4—模柄；5—弹簧；6—卸件芯轴；7—楔滑块；8—双作用驱动楔；9—上模座；10—固定座；11—下模座

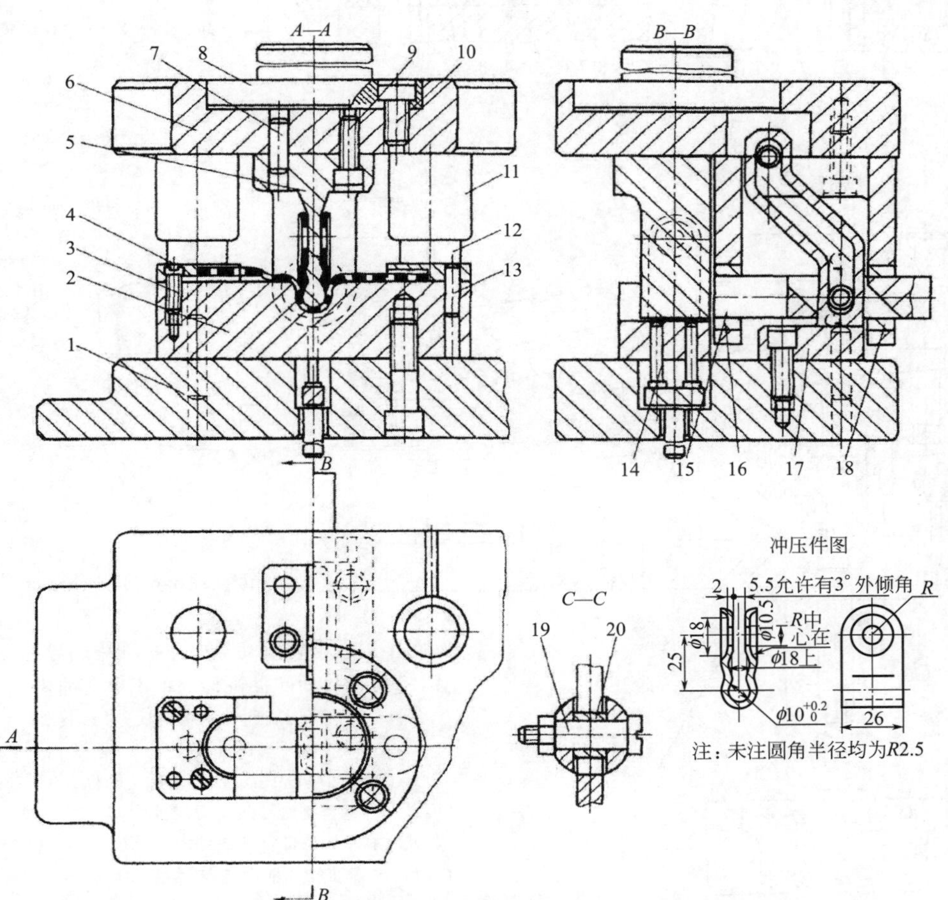

图 4-53　固定夹滑动导向后侧导柱模架自动卸件弯曲模

1—下模座；2—凹模；3,9,10—螺钉；4—定位板；5—凸模；6—上模座；7,13—销钉；8—模柄；11—导套；12—导柱；14—顶杆；15—卸件器；16,18,20—轴套；17—楔；19—轴

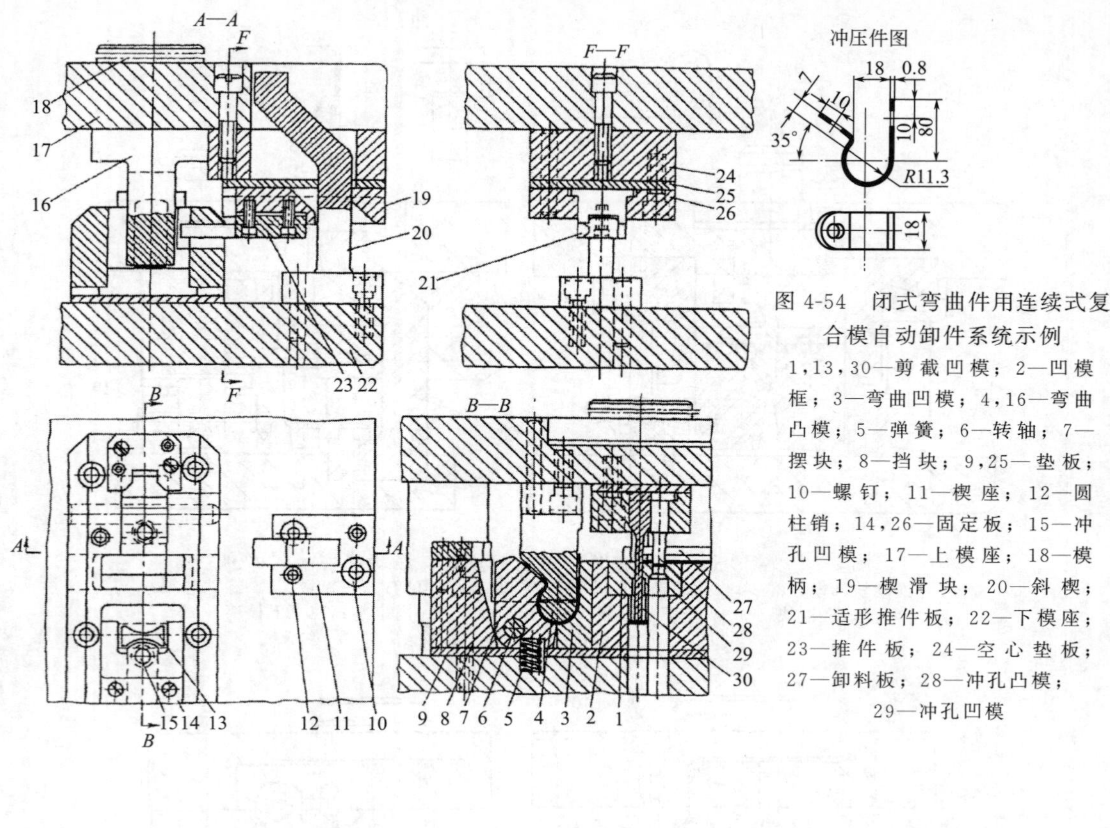

图 4-54　闭式弯曲件用连续式复合模自动卸件系统示例

1,13,30—剪截凹模；2—凹模框；3—弯曲凹模；4,16—弯曲凸模；5—弹簧；6—转轴；7—摆块；8—挡块；9,25—垫板；10—螺钉；11—楔座；12—圆柱销；14,26—固定板；15—冲孔凹模；17—上模座；18—模柄；19—楔滑块；20—斜楔；21—适形推件板；22—下模座；23—推件板；24—空心垫板；27—卸料板；28—冲孔凸模；29—冲孔凹模

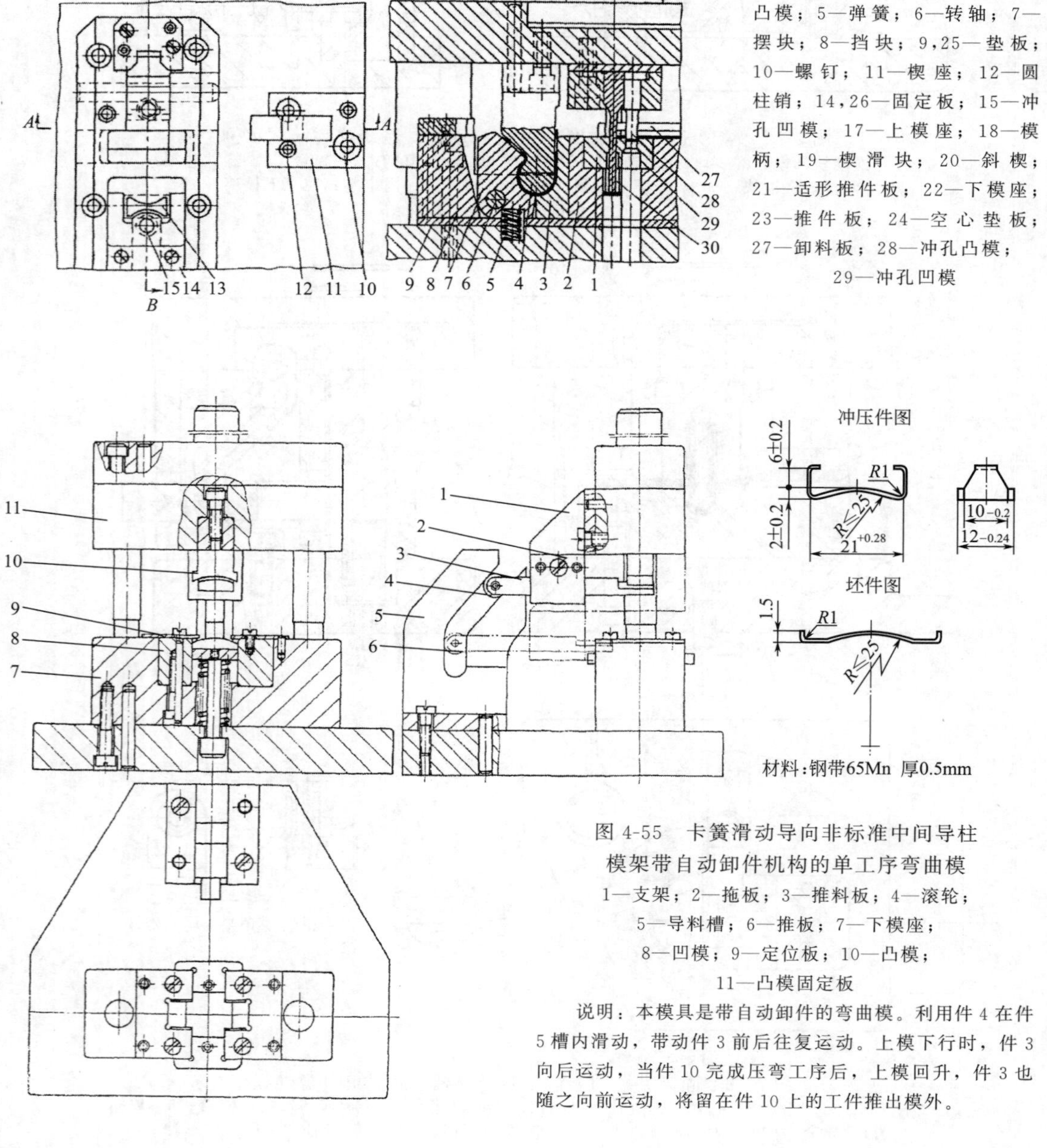

图 4-55　卡簧滑动导向非标准中间导柱模架带自动卸件机构的单工序弯曲模

1—支架；2—拖板；3—推料板；4—滚轮；5—导料槽；6—推板；7—下模座；8—凹模；9—定位板；10—凸模；11—凸模固定板

说明：本模具是带自动卸件的弯曲模。利用件 4 在件 5 槽内滑动，带动件 3 前后往复运动。上模下行时，件 3 向后运动，当件 10 完成压弯工序后，上模回升，件 3 也随之向前运动，将留在件 10 上的工件推出模外。

(2) 橡胶弯曲成形模（图 4-56～图 4-58）

采用软模冲压薄料和特薄料获取高质量冲压件，特别是包括弯曲在内的各种成形冲压件，具有模具结构简单、制模技术要求不高，制模周期短、成本低、冲压噪声小等一系列优势。软模一般是指用橡胶、水、油等做冲模的一半，与另一半钢模相匹配，实施各种冲压工艺作业。由于液体的密封技术难度大，特别在外加压力加大时，跑冒滴漏，甚至喷射很难消除。故不存在这类问题的橡胶冲压工艺获得推广应用。以下介绍几套橡胶弯曲模典型结构，仅为实际应用之万一，可能挂一漏万，供参考。

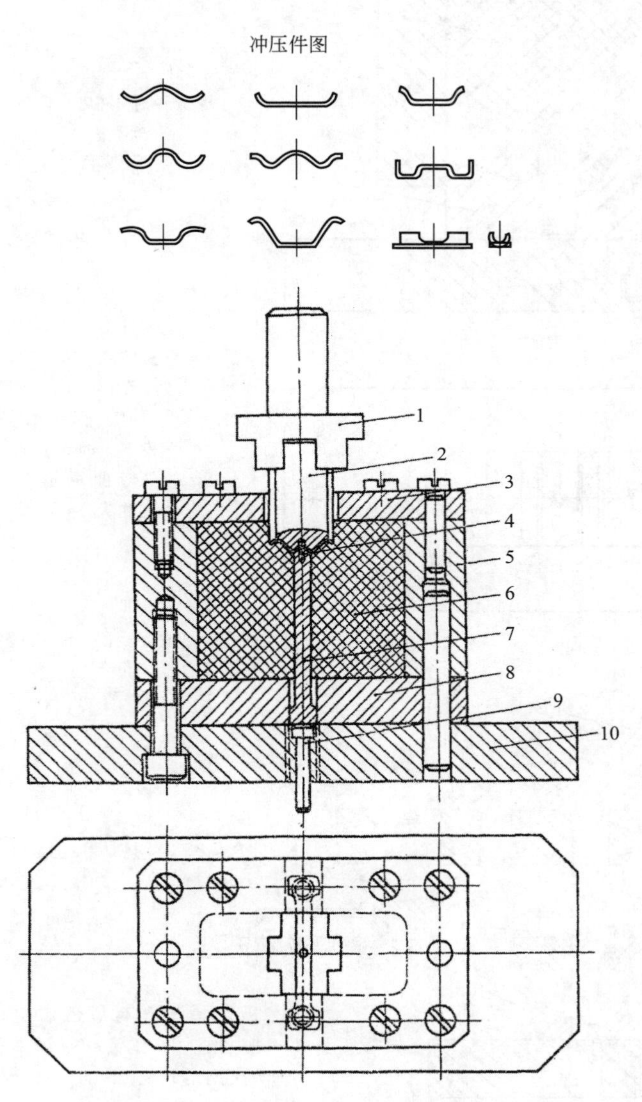

图 4-56　聚氨酯橡胶正弯曲制件通用单工序弯曲模

1—冲头把；2—凸模；3—定位压板；4—定位钉；5—橡胶容框；6—聚氨酯橡胶；7—顶板；8—垫板；9—顶杆；10—底座

说明：橡胶弯曲成形方法是利用聚氨酯橡胶和容框，代替一般弯曲的上模或下模，它在一定的压力作用下，可成形各种几何形状的弯曲件。

工作时，将毛坯件放在件 7 上，以件 3 和件 4 定位。上模下行时，毛坯件随件 2 向下移动，橡胶向件 2 成形部分挤压，使工件成形。上模回升时，件 7 借助于弹顶器的作用向上顶起，取出工件。

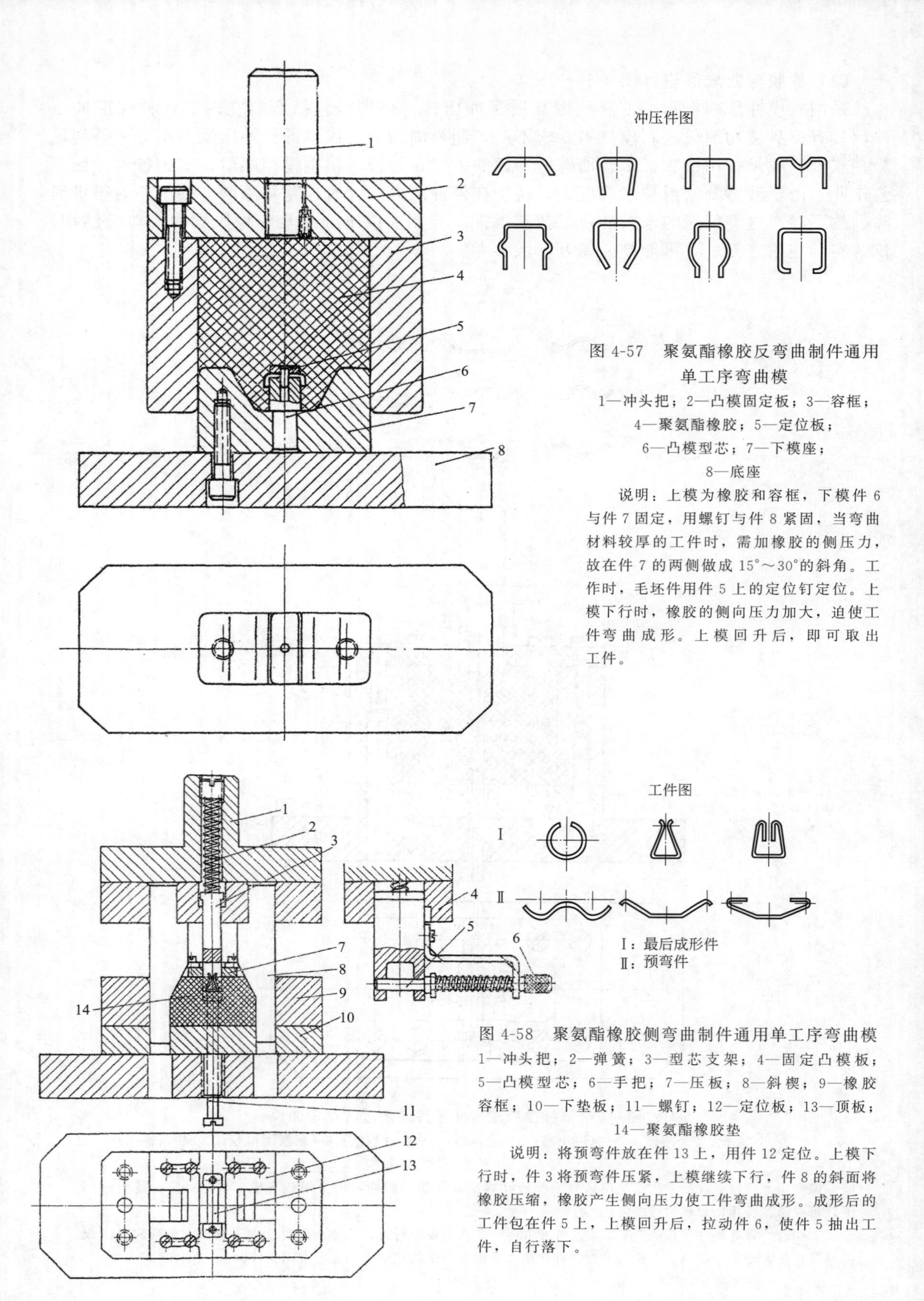

图 4-57　聚氨酯橡胶反弯曲制件通用单工序弯曲模

1—冲头把；2—凸模固定板；3—容框；4—聚氨酯橡胶；5—定位板；6—凸模型芯；7—下模座；8—底座

说明：上模为橡胶和容框，下模件 6 与件 7 固定，用螺钉与件 8 紧固，当弯曲材料较厚的工件时，需加橡胶的侧压力，故在件 7 的两侧做成 15°～30°的斜角。工作时，毛坯件用件 5 上的定位钉定位。上模下行时，橡胶的侧向压力加大，迫使工件弯曲成形。上模回升后，即可取出工件。

图 4-58　聚氨酯橡胶侧弯曲制件通用单工序弯曲模

1—冲头把；2—弹簧；3—型芯支架；4—固定凸模板；5—凸模型芯；6—手把；7—压板；8—斜楔；9—橡胶容框；10—下垫板；11—螺钉；12—定位板；13—顶板；14—聚氨酯橡胶垫

说明：将预弯件放在件 13 上，用件 12 定位。上模下行时，件 3 将预弯件压紧，上模继续下行，件 8 的斜面将橡胶压缩，橡胶产生侧向压力使工件弯曲成形。成形后的工件包在件 5 上，上模回升后，拉动件 6，使件 5 抽出工件，自行落下。

(3) 特殊结构单工序弯曲模（图 4-59～图 4-61）

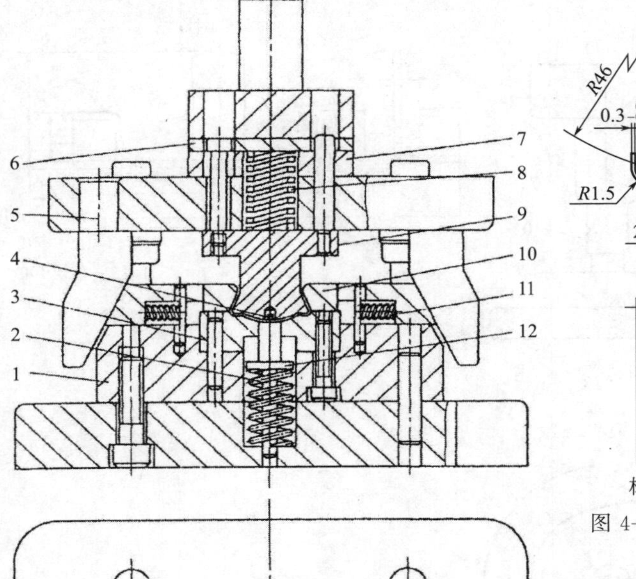

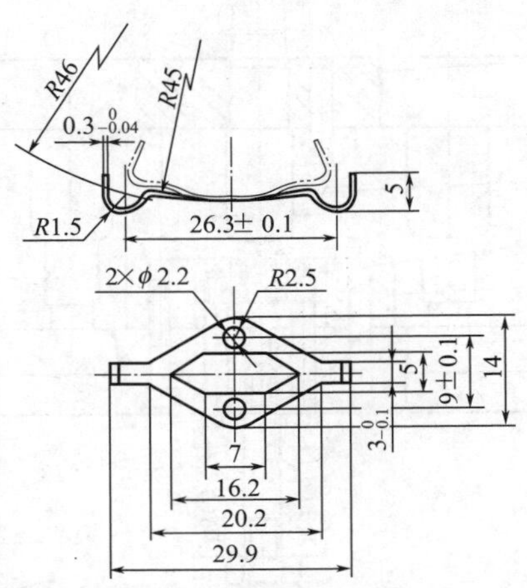

图 4-59　双圆钩簧片滑动导向后侧导柱模架双外斜楔左右侧弯成形弯曲模

1—凹模座；2，11—弹簧；3—凹模；4—定位销；5—斜楔；6—垫板；7—衬板；8—强力弹簧；9—凸模；10—滑块；12—顶柱

说明：采用非标准滑动导向导柱模架，成对斜楔组件，包括楔滑块及其复位弹簧等均成对，制造与选用标准件都便宜；弯曲时由于两组楔滑块左右相向施力不仅平衡了模具承载，也可减小制件回弹。该结构复杂，然而操作简便，调校容易。

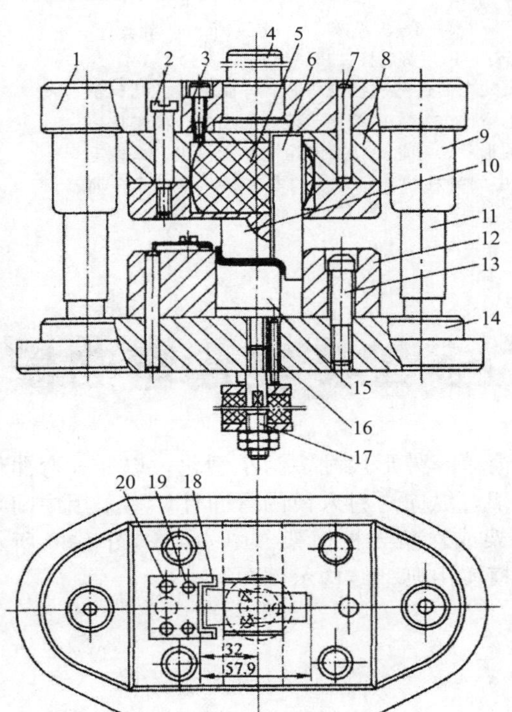

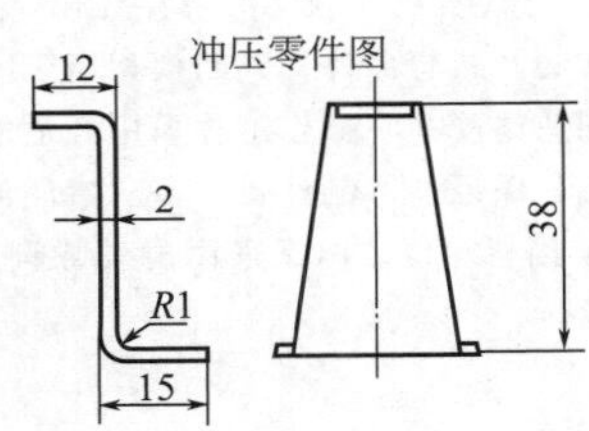

图 4-60　Z 形支架滑动导向导柱模架单工序正反一次弯曲模

1—上模座；2—卸料螺钉；3，13—内六角螺钉；4—模柄；5—橡胶体；6，10—凸模；7，16，20—圆柱销；8—凸模固定板；9—导套；11—导柱；12—凹模；14—下模座；15—退件块；17—标准缓冲器；18—定位板；19—圆柱头螺钉

说明：该弯曲模在结构上有以下几点考虑：①Z 形正反弯曲的力矩消减与平衡用结构设置解决。用弯曲凸模加长并设导向头，见件 6，同时，让凹模右边高出左边（1.5～2）t，作为件 6 抗弯曲反作用力的抵柱，确保冲模平稳工作。②用硬橡胶强力弹压板通过凸模对入模材料施压，既平稳、无冲击噪声，而且施力均匀，使制件平整。③采用模架保证凸模导向，提高冲压精度。

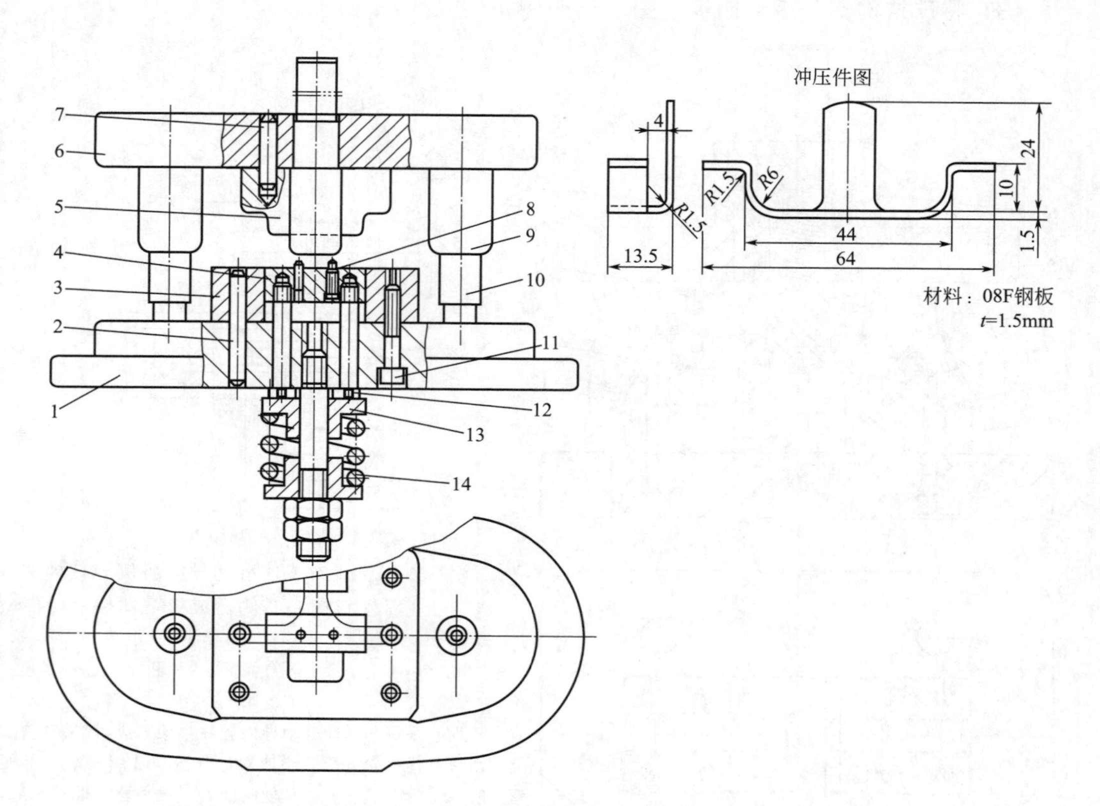

图 4-61　多向弯曲的开式弯曲件滑动导向中间导柱模架单工序弯曲模结构示例

1—下模座；2,7—销钉；3—凹模；4—顶件器；5—凸模；6—上模座；8—定位销；9—导套；10—导柱；11—螺钉；12—卸料螺钉；13—簧芯柱；14—弹簧

说明：多向弯曲的开式弯曲件，其凸模相当于闭式弯曲件弯曲模的弯芯。弯曲形状的几何精度要靠凸模型腔的制造精度并在操作过程采用合适的弯曲方法实施控制。该弯曲模的凸模工作表面是一个多折弯曲线，保证冲弯制件要求多向弯曲的形状。弯曲毛坯由专用落料模提供。入模毛坯为T形，由定位销挡料定位。由于采用滑动导向中间导柱模架，弯模的安装和调校都十分简便，操作也十分简单。

4.3　弯曲件用单工位多工步复合弯曲模

这类复合模，适合冲制的弯曲件基本形状宜简单，外形尺寸多为小型化，以开式弯曲件居多。弯曲件复合模多数都采用滑动导向导柱模架，纵向送料入模的弯曲件，多采用中间导柱模架，而横向送料入模的则多采用后侧导柱模架或对角导柱模架。图 4-62～图 4-66 所示为在线采用的各种类型的单工位多工步复合弯曲模实用典型结构示例。

4.3.1 顺装结构的复合弯曲模（图 4-62～图 4-64）

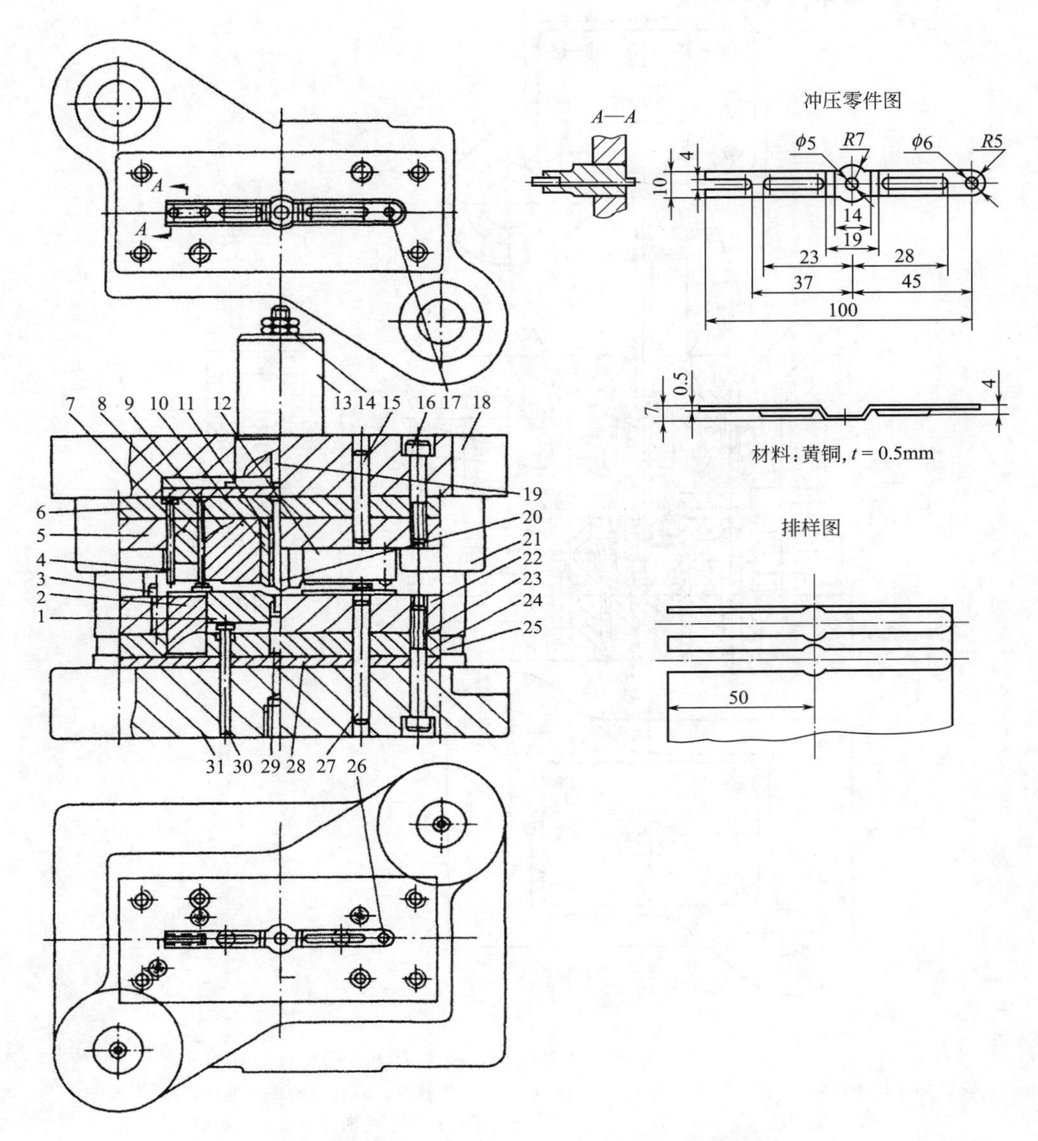

图 4-62　调节片滑动导向对角导柱模架顺装结构复合模

1—顶块；2,7,9～12,26,29—凸模；3—定位钉；4,17,19,20—推杆；5,24—凸模固定板；6,28—垫板；8—推板；13—模柄；14—六角螺钉；15,27—销钉；16,23—内六角螺钉；18—上模座；21—导套；22—凹模；25—导柱；30—顶杆；31—下模座

说明：凸模采用镶拼与分体组合，凹模采用整体式，制模工艺性好，该冲模适宜承载较小的薄板弯曲件。

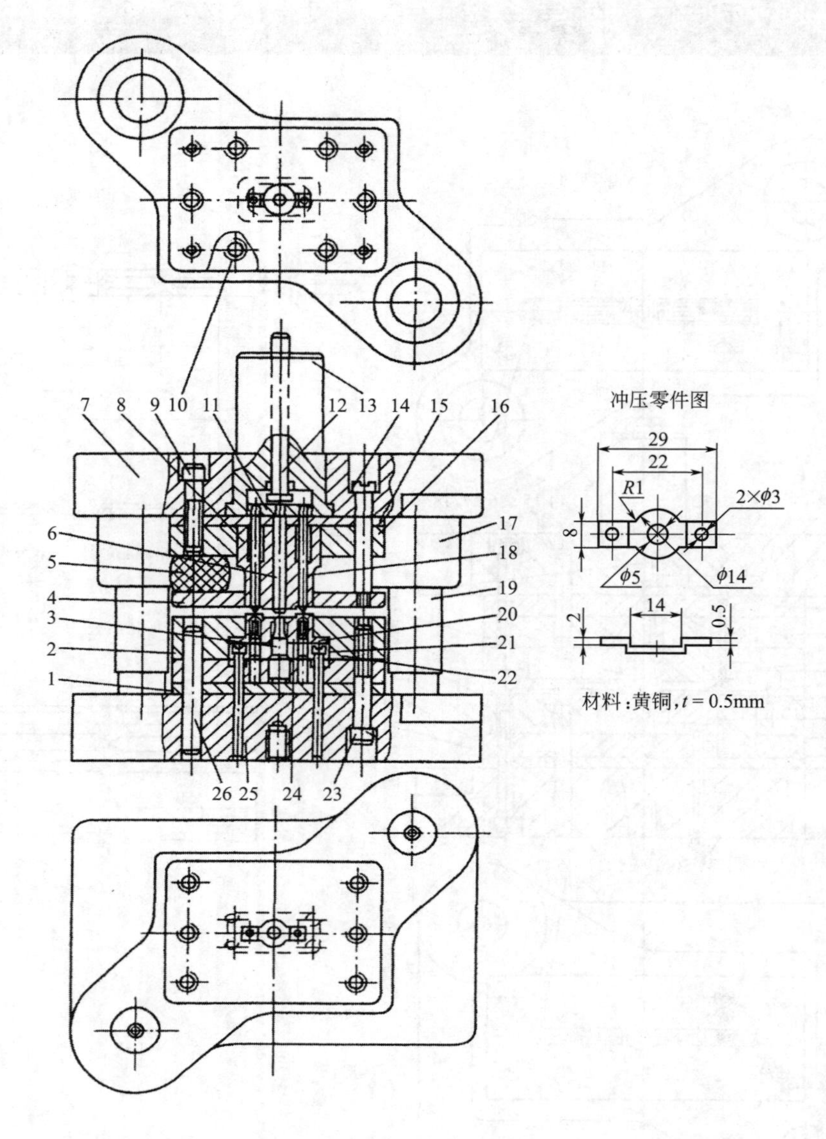

图 4-63　导电片滑动导向对角导柱模架顺装结构复合弯曲模

1,15—垫板；2—凹模；3,20—凸模；4—卸料板；5—橡胶垫；6,11,12,18—推杆；7—上模座；8—凸凹模；9,23—内六角螺钉；10,26—销钉；13—模柄；14—卸料板螺钉；16,22—凸模固定板；17—导套；19—导柱；21—顶杆；24—顶板；25—下模座

说明：冲压件尺寸较小，而且折弯小而浅，适合用复合模冲制。该冲模结构为常用顺装式，但未纳入标准系列。

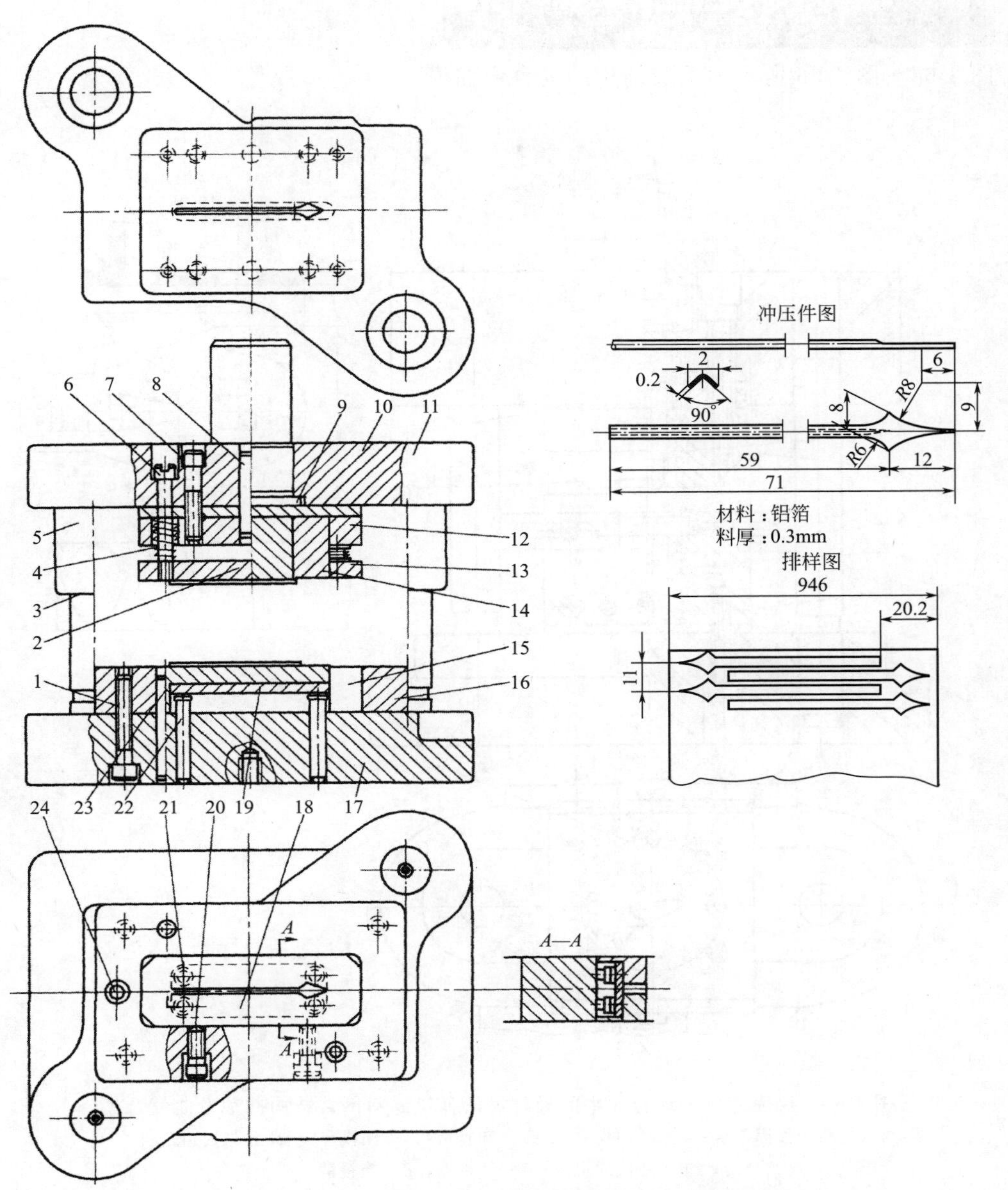

图 4-64　表针滑动导向对角导柱模架镶拼结构复合弯曲模

1,7,20—内六角螺钉；2,14—凸模拼块；3—导柱；4—弹簧；5—导套；6—卸料螺钉；8,23—销钉；9—模柄；10—垫板；11—上模座；12—凸模固定板；13—卸料板；14—凸模拼块；15,18—凹模拼块；16—凹模框；17—下模座；19—顶板；21—顶块；22—顶杆；24—定位销

说明：该冲模采用弯曲、落料复合冲压工艺，其结构适用于薄而软的材料，铝、铜及其合金尤为适宜。零件细长，采用镶拼结构的凸模与凹模。该冲件要求冲压精度高，尤其几何精度，故采用Ⅰ级精度滑动导向对角导柱模架是合适的。

4.3.2 倒装结构的复合弯曲模

图 4-65～图 4-66 所示为倒装结构的复合弯曲模。

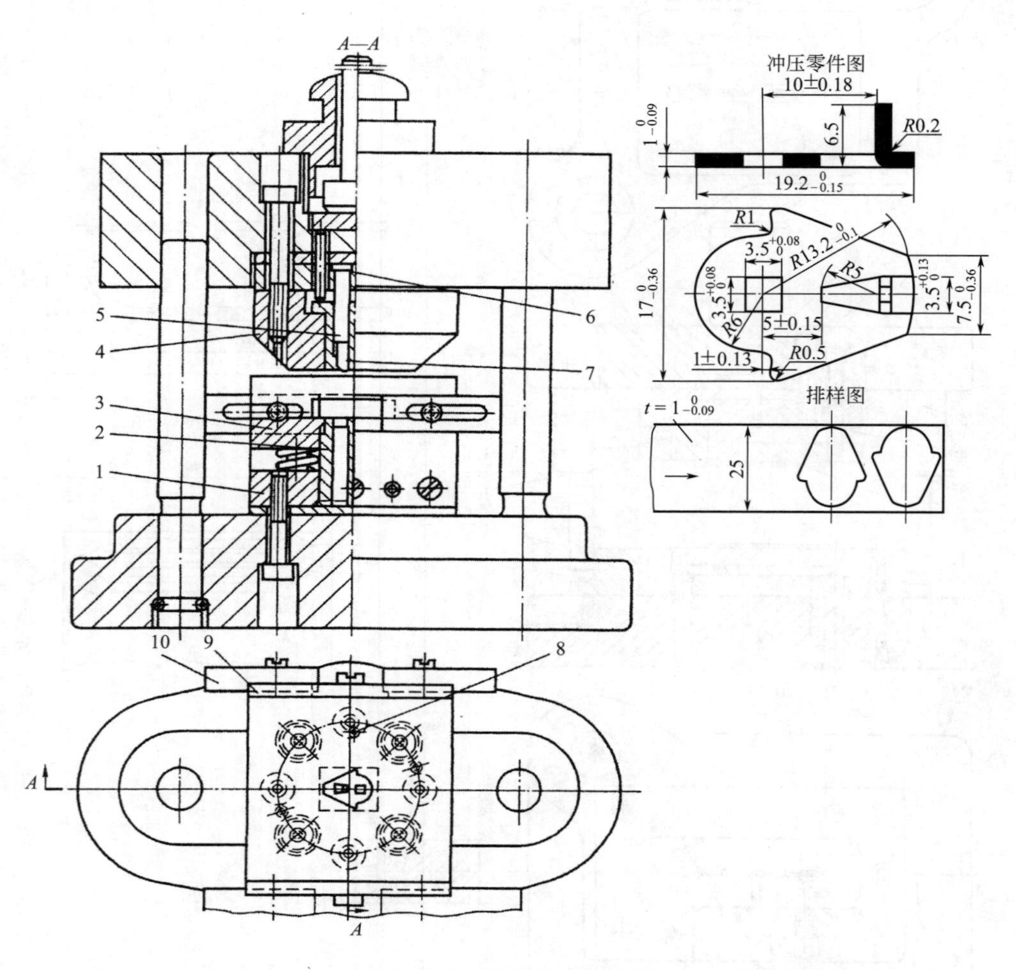

图 4-65 仪表芯座滑动导向中间导柱模架弹压卸料倒装结构冲裁弯曲复合模

1—凸凹模固定板；2—凸凹模；3—弹压卸料板；4—凹模；5—冲孔与扳边凸模；6—凸模固定板；7—卸件器；8—挡料销；9—防护栅；10—侧挡料条（可调）

说明：芯座零件综合式复合模采用倒装结构，使用滑动导向，Ⅰ级高精度中间导柱模架，加厚模座，在下模的弹压卸料板 3，向着操作面的外侧有防护栅 9。落料凹模 4 设计成截锥形外廓，与冲方孔凸模、冲三角形孔并扳边成的凸模 5 一起构成上模芯，装在上模座沉孔中；凸凹模 2 及其固定板 1、垫板和弹压卸料板 3，均采用覆盖下模座凹模周界大小的矩形模板，用一组四只压簧支承卸料板。弹压卸料板 3 与凸凹模固定板 1 之间有足够的距离，确保冲压时的卸料行程。防护栅进料口两边装有可调侧挡料条，构成送进带料的导料槽。与常规倒装复合模相比，在其结构上的特点与提高冲压精度的措施保证其制模工艺性好、整体刚度强，运作平稳。

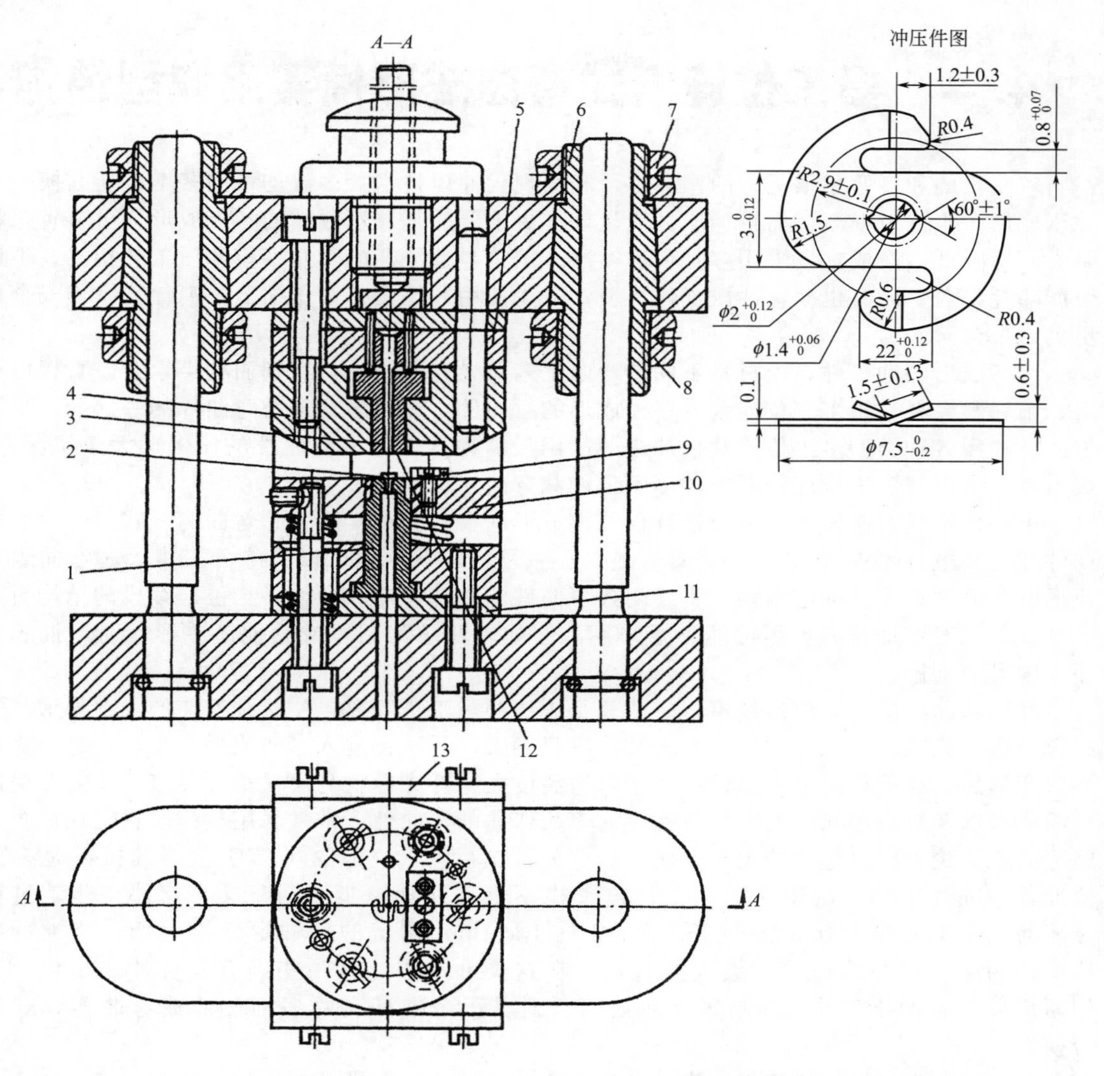

图 4-66　仪表芯簧片滑动导向非标准高精度中间导柱模架冲裁弯曲复合模

1—凸凹模；2—固定挡料销；3—卸件器；4—凹模；5—凸模固定板；6—导套；7,8—紧固螺母；9—侧挡料块；10—弹压卸料板（导板）；11—垫板；12—凸模；13—防护栅

说明：该模具工作零件凸模、凹模、凸凹模按IT7级制造，冲孔凸模、冲槽孔凸模以及落料凸模的刃口尺寸公差，按标准规定控制在±（0.01～0.015）mm之间。可以满足零件最小尺寸公差0.06mm的要求。

采用非标准加长导套高精度滑动导向中间导柱模架，保证凸模对凹模有准确的导向，从而使其冲裁间隙一致且均匀，必须使复合模模架导向精度高、刚度好。其导柱与导套配合后的间隙小于冲裁间隙C的一半，才能达到满意导向效果。故设计图4-66所示高精度加长导套滑动导向中间导柱模架，导柱与导套配合间隙$C \leqslant 0.005$mm。加长导套使模架导向精度稳定，增强导柱的纵向稳定性，而且可使模具在开启状态下，仍有大于导柱直径1～1.2倍的导柱长度滞留在导套内，使冲模始终处于良好导向状态。

4.4 多工位连续式弯曲成形模实用典型结构

较复杂的和多弯角很复杂的弯曲件，利用现代冲压技术，多数均可用多工位连续模一模冲压成形。不仅效率高，而且冲压件质量好。更主要的是，弯曲件的一模成形，可节省工料并大幅度降低生产成本。采用多工位连续冲压工艺与传统老的分序多模冲压工艺相比，不仅节能降耗显著，同时也改善冲压工作环境，减少使用冲压设备，压缩工时消耗，操作安全性更上一个台阶。

冷弯成形的冲压件，因材料不同、弯曲工艺差异和弯曲设备有别而种类繁杂。直接由条料、带料和卷料，用多工位连续模一模成形的弯曲件，仅仅是众多类弯曲件的一部分。尽管如此，在用各种类型多工位连续模冲制的所用板料冲压件中，弯曲件的比例远大于拉深件、成形件，所以，多工位连续模中，多工位冲裁弯曲连续模居多。

中小型板料弯曲件用多工位连续模一模成形的多数为可实施无芯弯曲的开式（开口）弯曲件和一些虽是闭式（闭口），或具有封口、瓶颈的形状，但可以实施分工步无芯弯曲组合成形的弯曲件。设置抽芯结构，实施闭式弯曲件的有芯弯曲，会使多工位连续模的结构更趋于复杂，一般不推荐，也尽可能不予采用。但如果弯芯为圆棒或其他简单形状时，抽芯方便，则另当别论。

冲制弯曲件的多工位连续模，一般总是先用冲裁工步分离，使展开毛坯的大部外形与原材料分离，或完成冲孔、切口、冲去结构废料等工序后，再进入弯曲成形工步，经过一次或多次弯形后，最后切断分离出件；对于弯边高度大、外廓形状与尺寸精度要求高、需要横向弯曲成形以及复杂形状反弯、侧弯和多向多角弯曲的弯曲件，常常采用整体落料毛坯后再实施弯曲。无论采用上述何种工艺方法，总要先冲裁后弯曲，故这类多工位连续模都是多工位冲裁弯曲连续模。由于这类多工位连续模不仅有冲裁工步，同时又有弯曲工步，进行分离与变形的复合冲压，按照 ISA 及 VDI—Richtlinie 给定的标准定义与示例，这类冲模均应称为多工位冲裁弯曲连续式复合模。在这类冲模中，有一些确有复合冲压工位，如切断弯曲复合冲压、冲孔落料复合冲裁等，则属于名副其实的多工位冲裁弯曲连续式复合模。

根据导向方式和结构特点，多工位冲裁弯曲连续式复合模可分为如下几类：

① 无导向多工位冲裁弯曲连续式复合模。

② 固定卸料导板式多工位冲裁弯曲连续式复合模。

③ 滑动导向导柱模架固定卸料多工位冲裁弯曲连续式复合模。

④ 滑动导向导柱模架弹压卸料多工位冲裁弯曲连续式复合模。

⑤ 滑动导向导柱模架弹压导板多工位冲裁弯曲连续式复合模。

⑥ 滚动导向滚珠导柱模架弹压导板多工位冲裁弯曲连续式复合模。

上述各类冲裁弯曲多工位连续式复合模，虽然冲压精度不如纯冲裁多工位连续模，但结构随冲压件变化，一般都更复杂。以下所列各种类型冲裁弯曲多工位连续模的实用典型结构可供读者设计同类冲模时参考。

4.4.1 无导向多工位冲裁、弯曲连续式复合模（图4-67、图4-68）

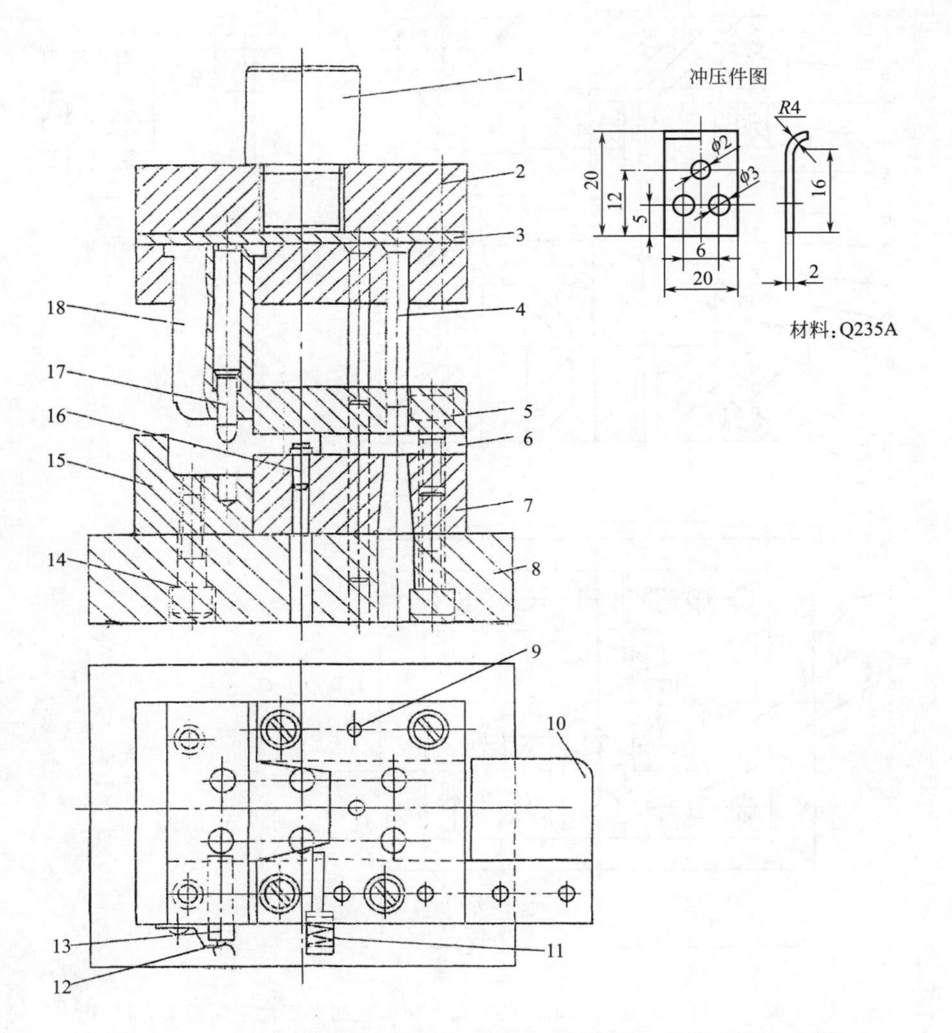

图 4-67 弧形板无导向固定卸料冲孔、切断弯曲 3 工位连续式复合模

1—模柄；2—上模座；3—垫板；4—冲孔凸模；5—卸料板；6—导料板；7—冲裁凹模；8—下模座；9—销钉；10—承料板；11—始用挡料装置；12—片簧；13—推杆；14—内六角螺钉；15—弯形凹模；16—定位销；17—导正销；18—弯曲凸模

说明：由于冲压工艺采用连续冲压（冲孔、切断并弯曲成形），考虑到无搭边排样，冲孔凹模刃口距切断凹模刃口太近，而且凸模在固定板上的安装位置也过分拥挤，同时落料定位销无安装装置，因此在冲孔与切断弯曲两工步之间加一个空挡工位，形成二工步三工位连续复合式冲压。

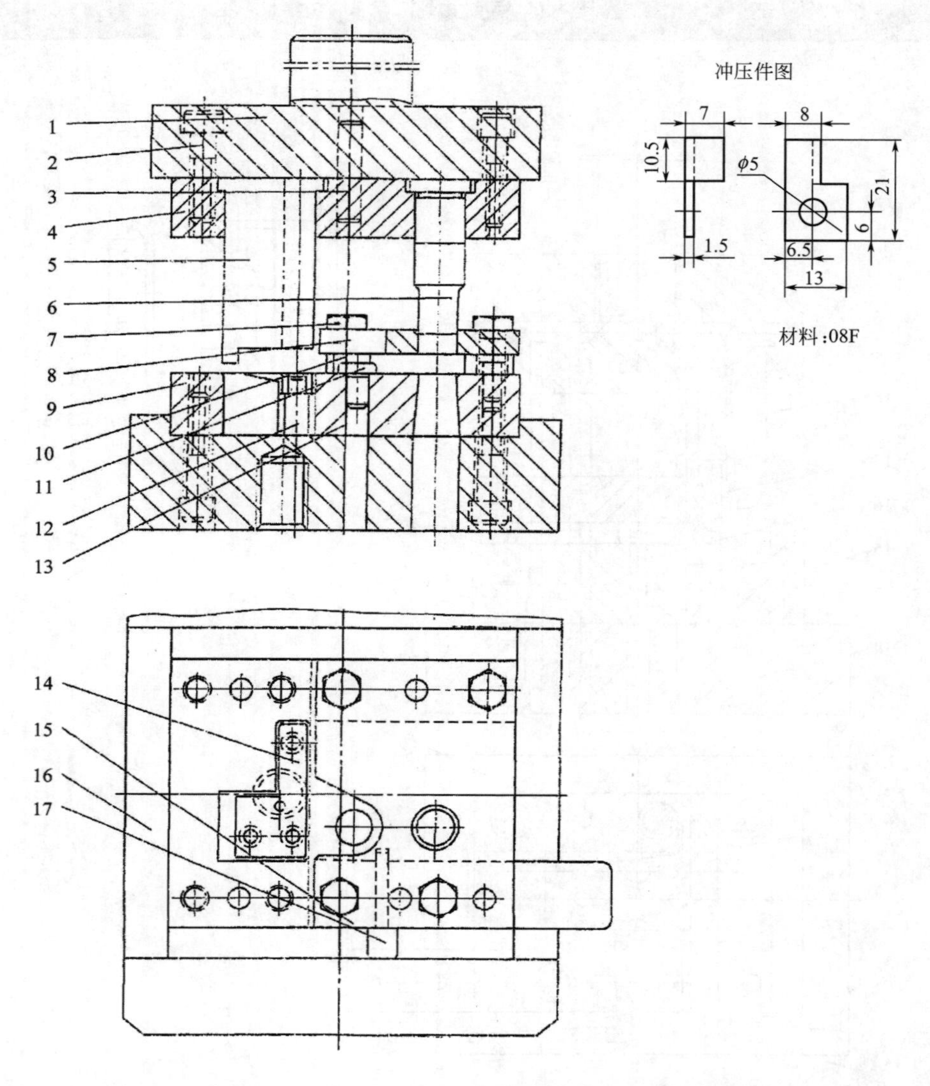

图 4-68 直角板无导向固定卸料冲孔、切形弯曲 2 工位连续式复合模

1—带模柄上模座；2—内六角螺钉；3—销钉；4—凸模固定板；5—弯曲切断凸模；6—冲孔凸模；7—六角螺钉；8—卸料板；9—弯曲凹模；10—定距套；11—定位销；12—顶件杆；13—冲裁凹模；14—顶件器；15—导料板；16—下模座；17—始用挡料装置

4.4.2 固定卸料导板式冲裁、弯曲连续式复合模（图4-69、图4-70）

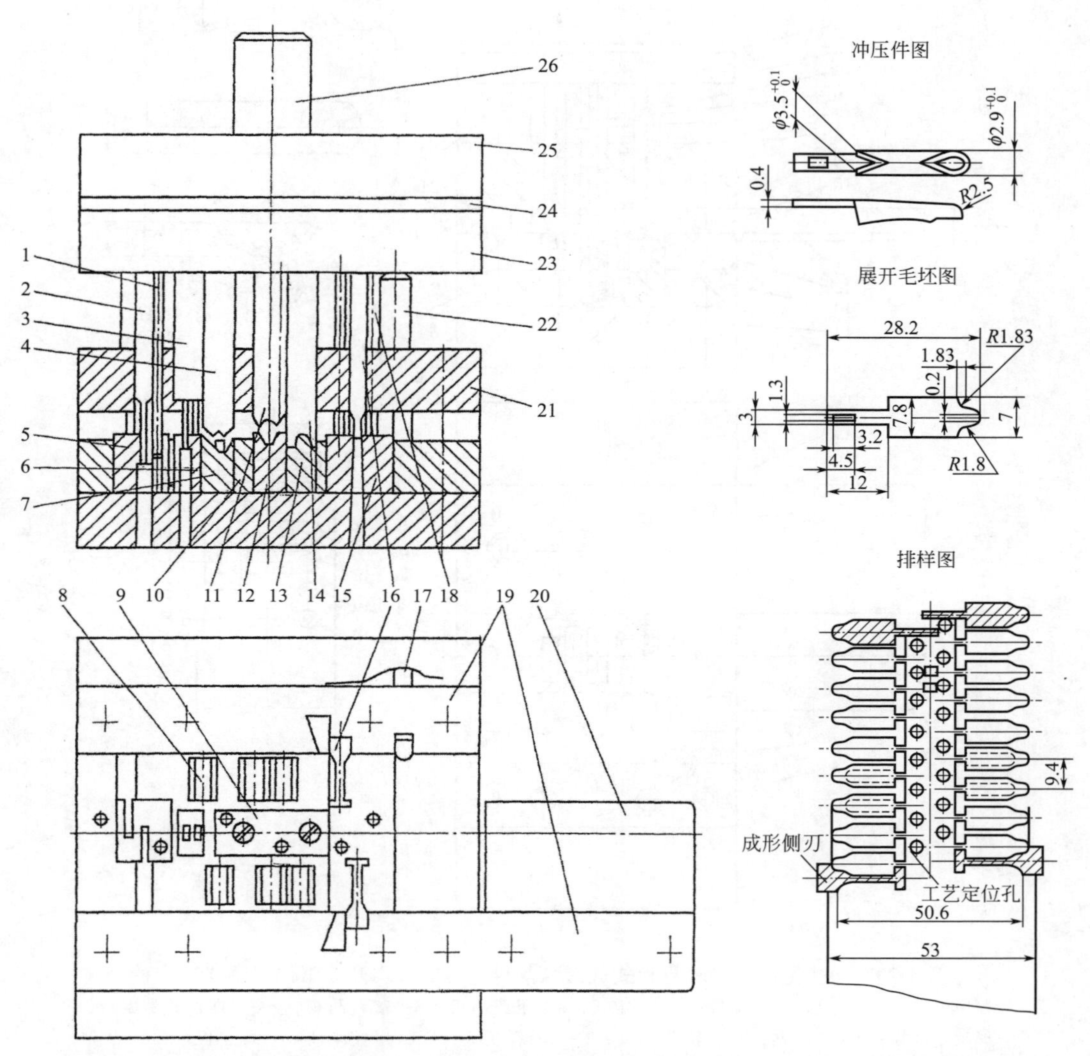

图4-69 接插芯固定卸料导板式切废、弯曲、卷圆、整形、切断10工位连续式复合模

1—导正凸模（销）；2—落料凸模；3—冲矩孔凸模；4—整形凸模；5—落料凹模镶块；6—冲矩孔凹模；7，8—整形凹模；9—凹模镶块；10—凹模框体；11—卷圆凸模；12—卷圆凹模；13—弯曲凸模；14—弯曲上模；15—冲孔凹模；16—成形侧刃凸模；17—侧压装置；18—工艺孔凸模；19—导料板；20—承料板；21—导板；22—限位柱；23—凸模固定板；24—垫板；25—上模座；26—模柄

说明：该冲模是用送进材料携带工件实现工位间送料。展开毛坯只能分次用“裁搭边法”冲出，整形后切断分离。考虑上述因素，该冲压件的冲压工步分为切圆筒展开外廓（二工步）、弯半圆、卷圆、整形、冲柄部矩形孔、切断分离等7个工步。但冲压件尺寸小，凸模2、3需要采取加固措施。成形凸模杆部尺寸也需加大，故在冲裁与成形工位间要适当加空工位，给凸模在固定板22上留出足够的安装位置。

该冲模的结构设计巧妙地采用两组成形侧刃16，除限定送料进距外，还冲裁出展开毛坯半个外廓。同时，每个近距、每列排样均给出一个工艺定位孔，准确控制送进与定位精度。

该冲模在结构上采用按工位镶拼凹模这个方法，以提高制模工艺性与制造精度：采用加厚导料板19，以增加凸模导向精度及抗纵弯稳定性；此外，还设置了限位柱21，以确保凸模端面及模腔不被破坏，并保证操作安全。

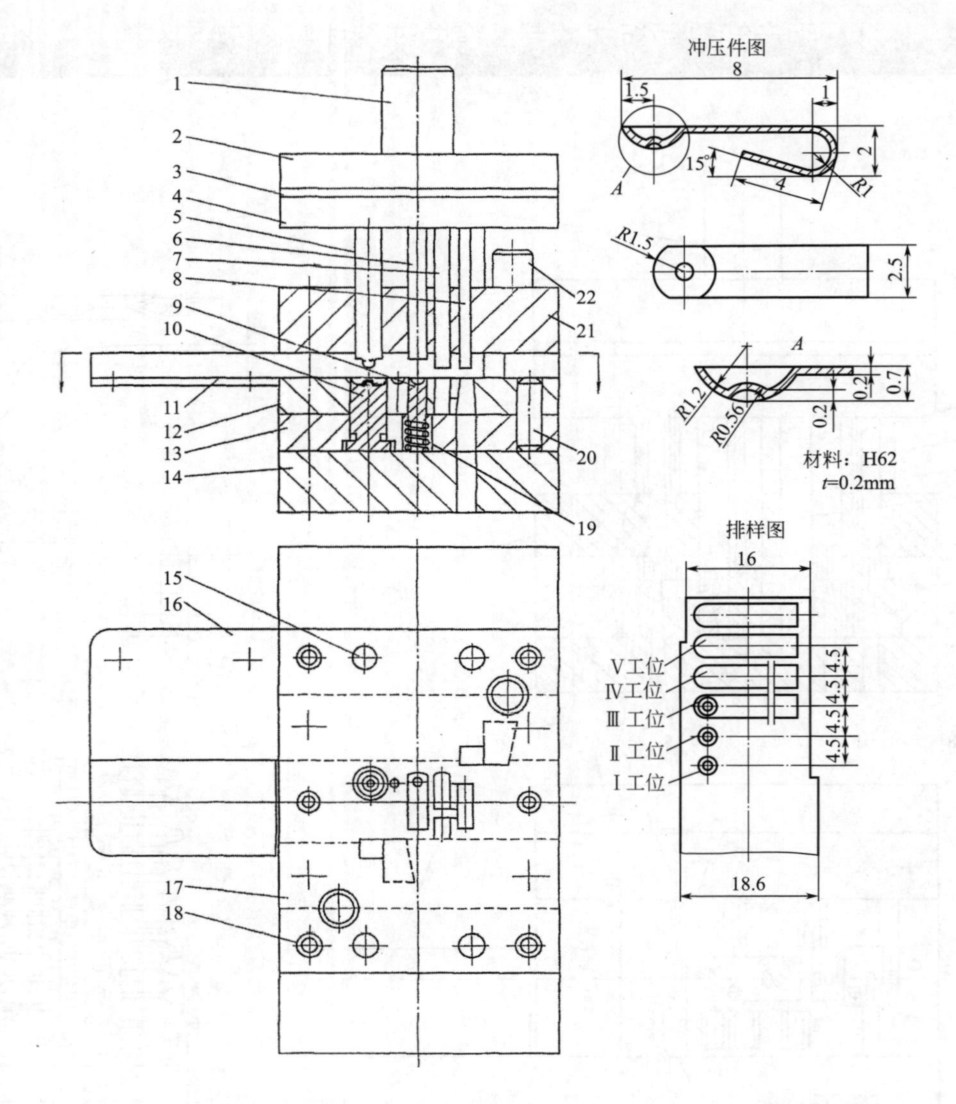

图 4-70　勺头臂固定卸料导板式成形、落料、弯曲、切开 5 工位连续式复合模

1—模柄；2—上模座；3—垫板；4—固定板；5—压凹凸模；6—落料凸模；7—弯曲凸模；8—成形切断凸模；9—顶件器；10—压凸凹模；11—承料板；12—凹模板；13—下固定板；14—下模座；15—销钉；16—长导料板；17—短导料板；18—内六角螺钉；19—弹簧；20—销钉；21—导板；22—限位柱

说明：该冲模有 5 个工位，其冲压过程为：料宽 $B=18.6_{-0.15}^{\ 0}$ mm 的带料入模后由侧刃切边定位，第Ⅰ工位压凸成形；第Ⅱ工位空挡；第Ⅲ工位落料并顶回搭边框，不切断分离；第Ⅳ工位弯曲头部；第Ⅴ工位切断出件。从排样图上可以看出，第Ⅲ工位落料时留出弯曲头部部分搭边，待弯曲成形后切断分离。料很薄，仅有 0.2mm，为送料携带工件使搭边框具有足够刚度，将搭边、沿边都加大到宽度大于 2.5mm，使其成为冲压过程中不变形的载体。

该冲模的整体结构为标准的导板式冲模结构形式，由 7 层标准模板加上异形凸模叠装而成。该凸模的结构细部根据需要进行如下改进。

4.4.3 滑动导向导柱模架固定卸料冲裁、弯曲连续式复合模 (图4-71~图4-82)

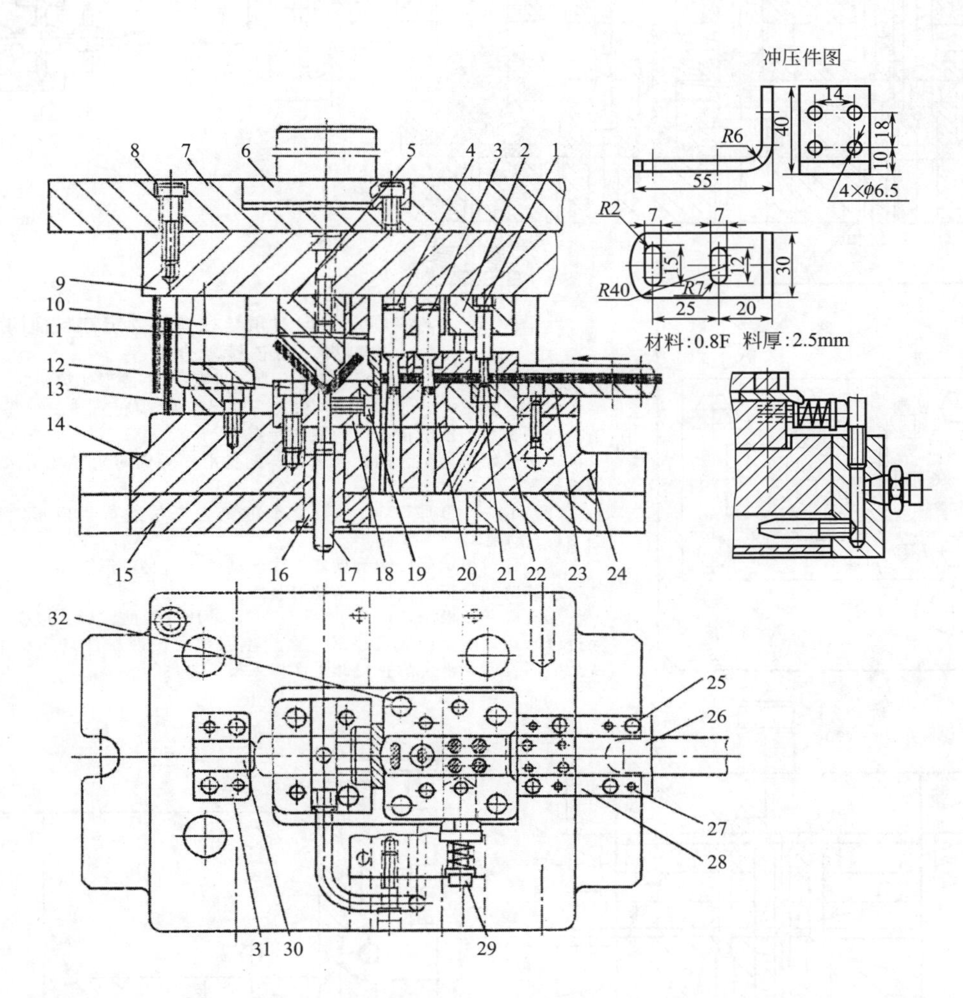

图 4-71 角架滑动导向三导柱模架固定卸料冲群孔、剪截弯曲二工位连续式复合模

1—冲圆孔凸模；2—固定板；3—冲小长孔凸模；4—冲大长孔凸模；5—弯曲凸模；6—模柄；7—上模座底；8—内六角螺钉；9—上座；10—导套；11—剪截凸模；12—防护栅；13—导柱；14—下座；15—下座底板；16—套筒；17—顶杆；18—弯曲凹模；19—剪截凹模镶块；20—冲长孔凹模拼块；21—冲圆孔凹模嵌件；22—凹模框；23—挡板；24—下座；25—螺钉；26—承料板；27—销钉；28—外导料板；29—侧压装置；30—挡料器；31—挡料座；32—卸料板

说明：该冲压件是一个单角90°弯曲件，弯边高度大，需要大的弯边空间，即以冲压件 $R6$mm 弯角顶为支点，臂长约55mm的板坯端头向上扳45°角所需的弯形空间。在第Ⅱ工位剪截弯曲，不装卸料板，并加大凸模长度，同时适当加长模架导柱长度。

为制模方便并节约钢模具，采用分块镶拼或镶嵌结构。除冲孔凹模用镶块嵌装在凹模框外，其余采用拼块结构。弯曲工位采用负弯角接触镦压弯曲，将弯曲凸模做得稍小于工件弯角90°。弯曲成形后弯曲角要回弹增大，负弯角值正好补偿。此负弯角一般通过试模确定。

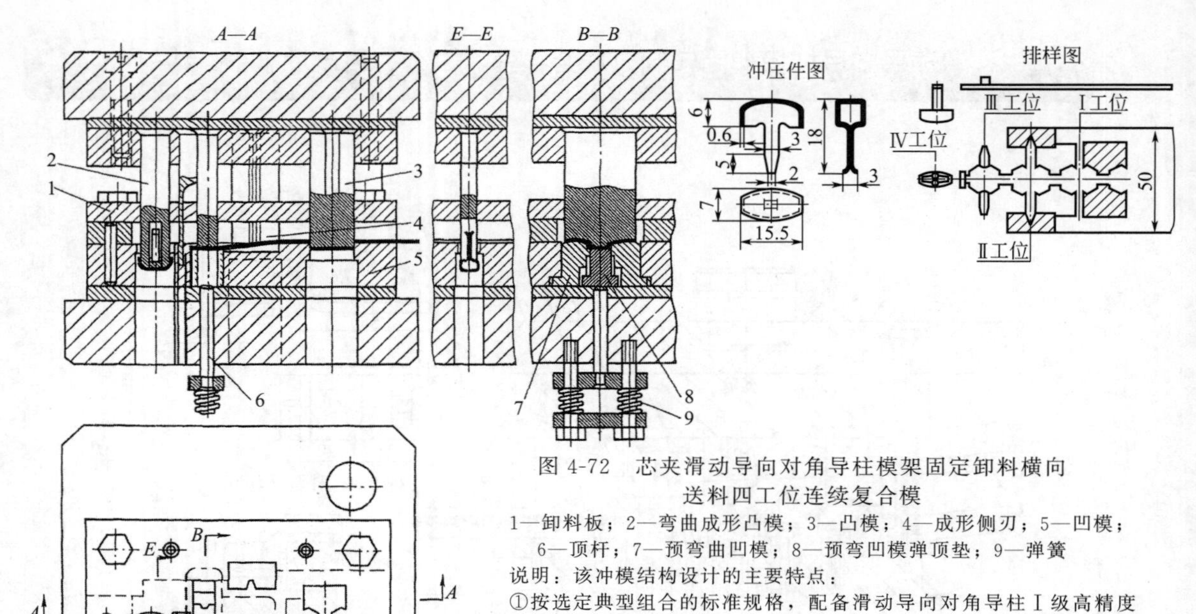

图 4-72　芯夹滑动导向对角导柱模架固定卸料横向送料四工位连续复合模

1—卸料板；2—弯曲成形凸模；3—凸模；4—成形侧刃；5—凹模；6—顶杆；7—预弯曲凹模；8—预弯凹模弹顶垫；9—弹簧

说明：该冲模结构设计的主要特点：

①按选定典型组合的标准规格，配备滑动导向对角导柱Ⅰ级高精度钢模架。

②在Ⅳ工位切断弯曲成形之前的第Ⅲ工位进行预成形，见模具图 B—B 剖视图。

③将导料板加厚以增大模具工作区高度，满足弯形需要。

④减薄卸料板，改用六角螺钉紧固。

⑤弯成形凹模洞口做一个台阶止口，冲压件弯曲成形并包在凸模上，穿过台阶止口后，因脱离模腔，会产生回弹而使冲压件口部稍稍张开，待凸模回程后会被台阶止口卸下而掉入模下零件箱。

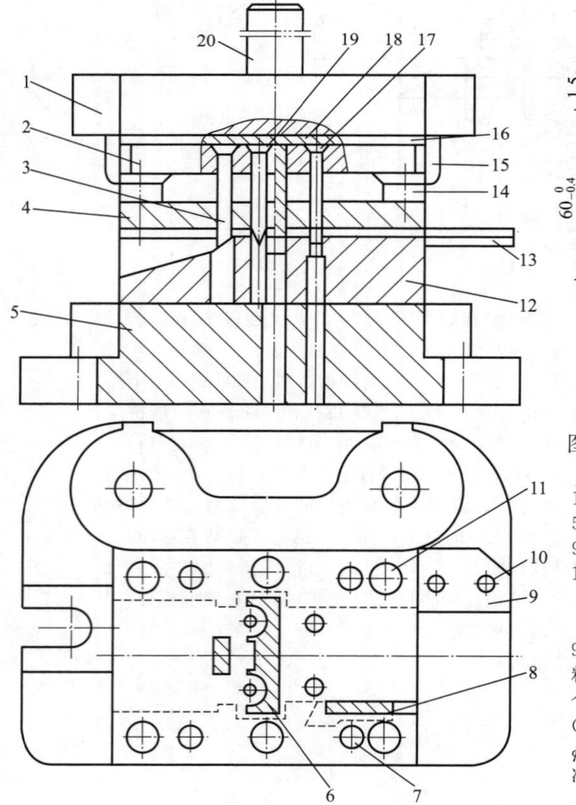

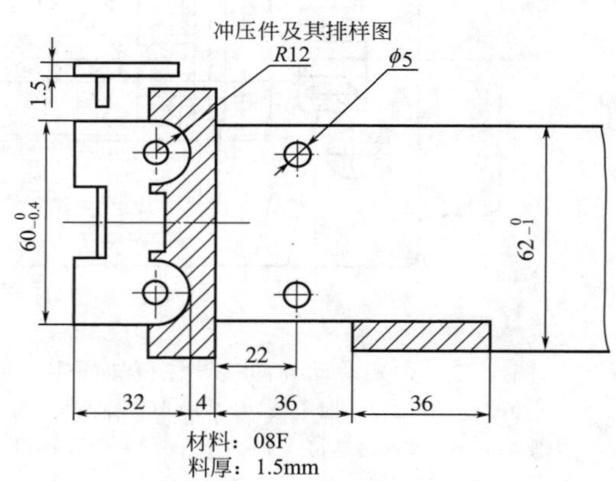

图 4-73　板座滑动导向后侧导柱模架固定卸料冲孔、成形剪截并弯曲二工位连续式复合模

1—上模座；2—固定板；3—切开扳边凸模；4—卸料板；5—下模座；6—成形剪截凸模；7—销钉；8—侧刃；9—导料板；10—螺钉；11—内六角螺钉；12—凹模；13—承料板；14—导柱；15—导套；16,17—冲孔凸模；18—成形剪截凸模；19—导正销；20—模柄

说明：该冲压件采用无沿边单列直排少废料冲裁并局部90°扳边成形。冲模结构设计采用矩形侧刃切边定距，控制送料进距 $S=36$mm，在剪截并切开弯扳边的第Ⅲ工位，安装两个导正销，类似冲孔凸模，故亦称导正凸模。待送进条（带）料进入第Ⅲ工位，导正销 19 先插入在第Ⅱ工位冲出的 ϕ5mm 两孔中，导正定位，左边切口弯边，右边成形剪截。冲出成品工件用专用卸件器或手持工具轻挑出模具。

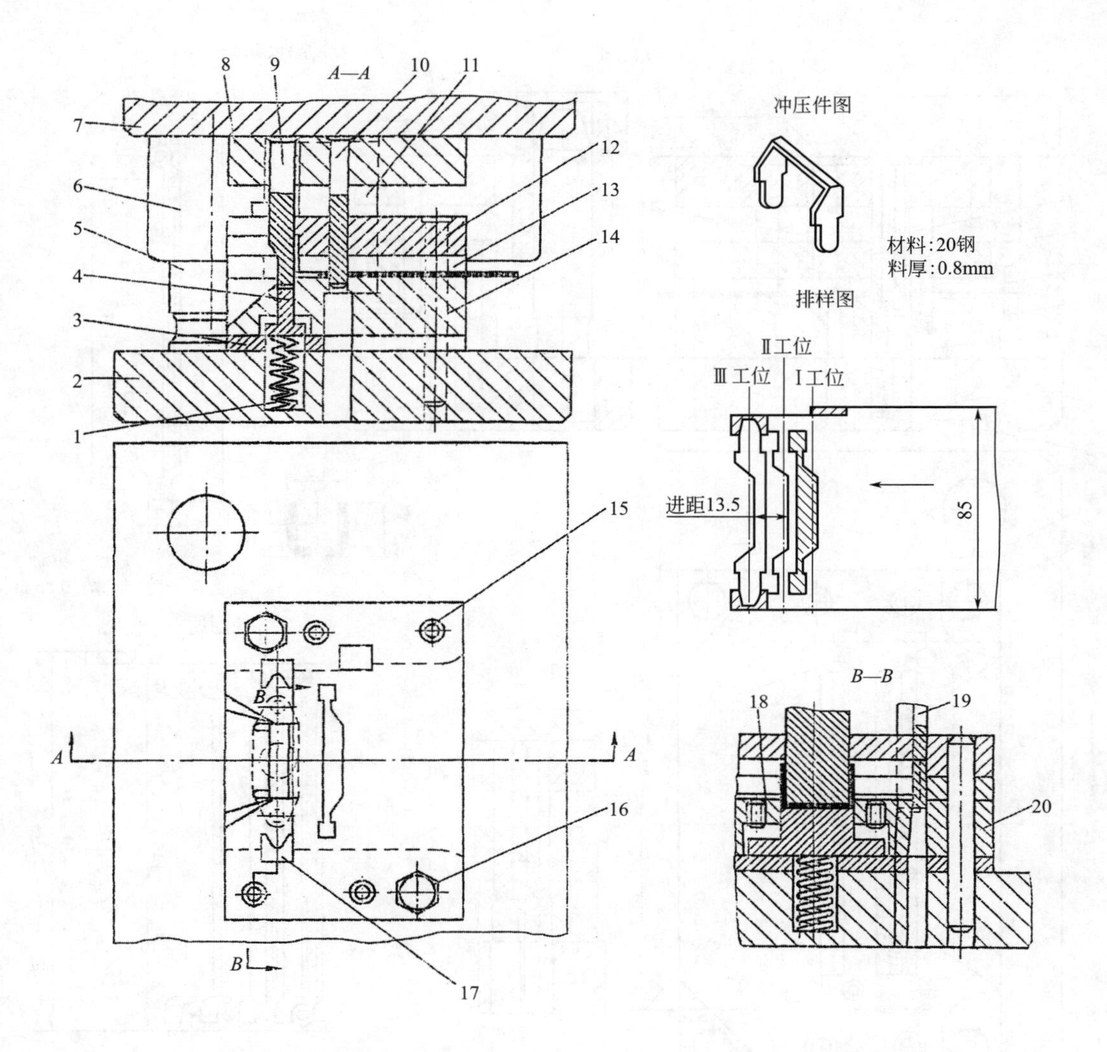

图 4-74 支架滑动导向对角导柱模架固定卸料裁搭边、切形弯曲三工位连续式复合模

1—弹簧；2—下模座；3—垫板；4—顶件器；5—导柱；6—导套；7—上模座；8—固定板；9—弯曲凸模；10—裁搭边凸模；11—侧刃；12—卸料板；13—导料板；14,20—凹模；15—销钉；16—螺钉；17,19—切形凸模；18—限位销

说明：该冲模结构简单，很好地解决了窄长、断面变化大的长刃口凸模的结构设计问题。

第Ⅰ工位冲切中间搭边与结构废料相连的大片废料。可以看出，冲切凸模加厚，断面变大，制造容易，坚固耐用。

第Ⅱ工位是空挡。因为送料进距很小，工件中部窄又长，如不加空工位，便会使两工位相距太近，凸模与凹模强度不足，也因位置不够装不到固定板上去。

第Ⅲ工位用一对成形侧刃凸模冲切工件两端外廓与原材料分离，获得完整展开平毛坯弯曲成形。成品零件由凹模弹顶垫弹出，从模上侧的卸件坡滑入零件箱。

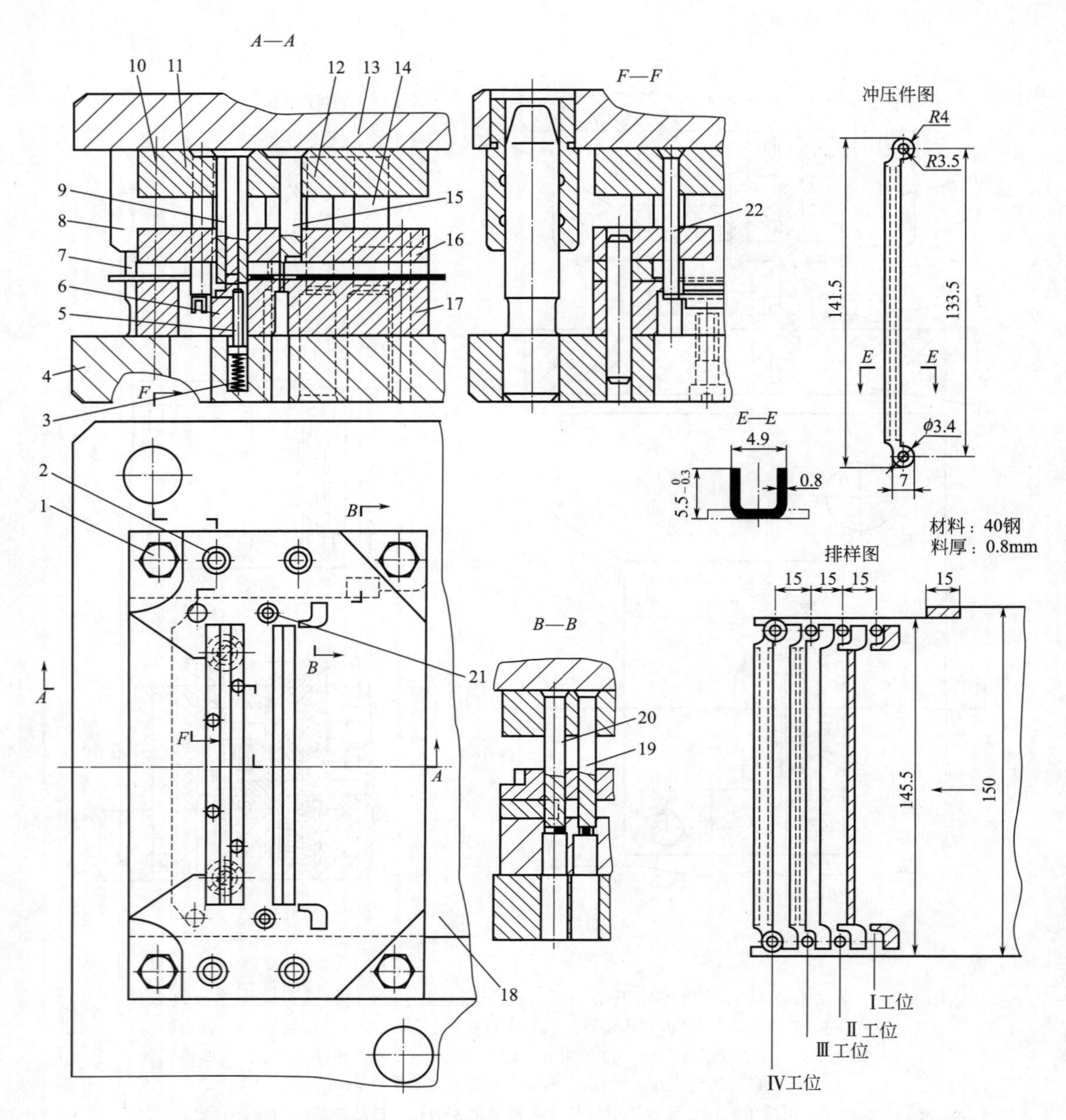

图 4-75　连杆滑动导向对角导柱模架固定卸料、切废、冲孔、弯形、切头四工位连续式复合模

1—六角头螺钉；2—销钉；3—弹簧；4—下模座；5—顶件器；6—弯曲凹模拼块；7—导柱；8—导套；9—弯曲凸模；10—螺钉；11—固定板；12,19—裁搭边成形凸模；13—上模座；14,20—侧刃；15—裁搭边凸模；16—卸料板；17—凹模；18—承料板；21—冲孔凸模；22—切圆孔落料凸模

说明：根据该连杆冲压件结构特点及其连续冲压工艺的要求，冲模结构设计采用以下应对措施：冲压工艺采用四工步、四工位冲压，冲切两端的连接圆盘外侧结构废料、冲裁中间长 130mm 的窄搭边，弯 U 形、切断两端半圆头，分离出成品零件。由于中间搭边过窄，特意加宽至 3.8mm，使相邻两件展开毛坯中间的搭边与结构废料全部切除，两头亦获得较大的搭边，有利于将第Ⅰ工位裁搭边成形凸模的非规则外形的断面放大，方便制造，所需送料进距 S 不变。

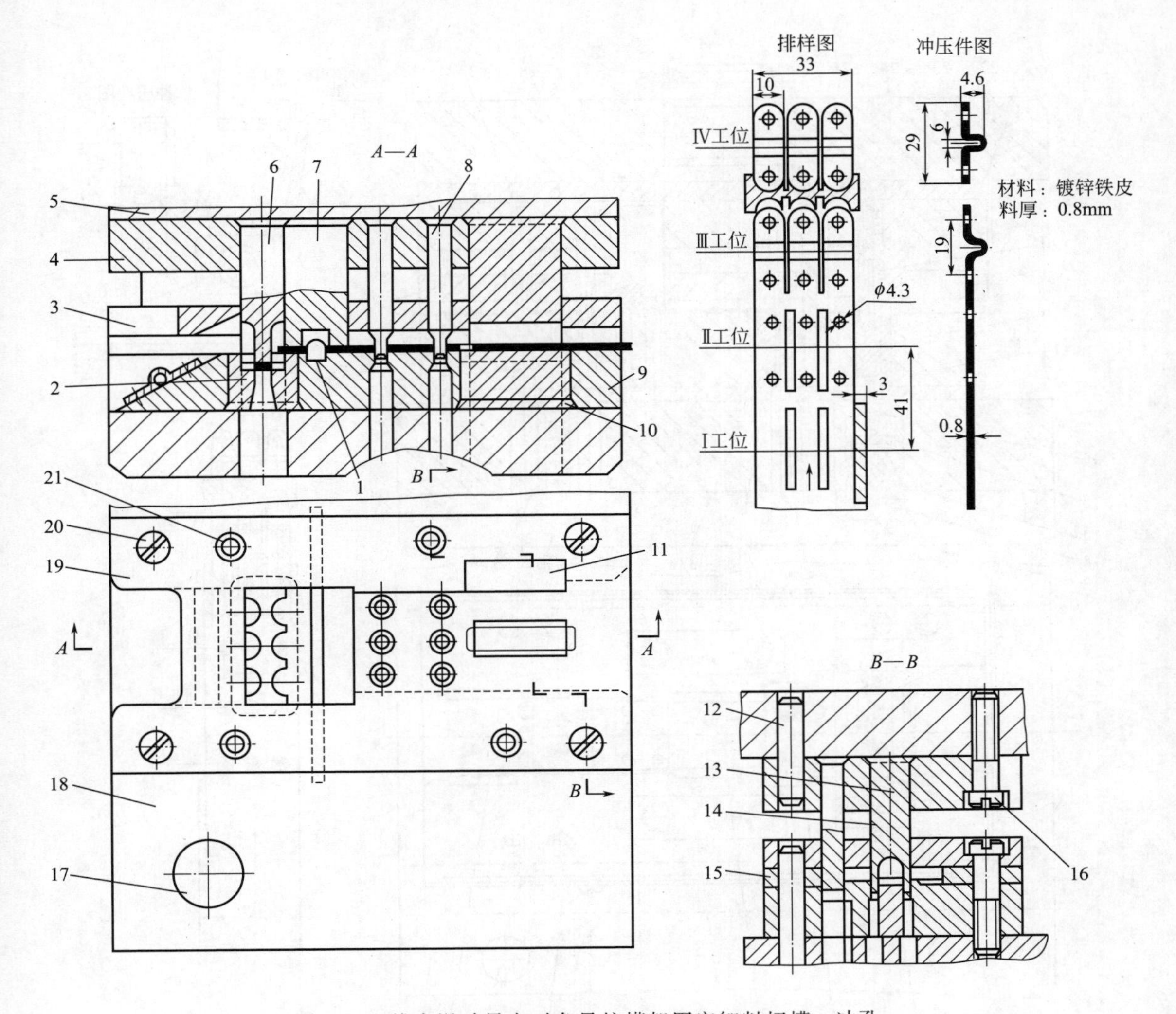

图 4-76　线夹滑动导向对角导柱模架固定卸料切槽、冲孔、弯曲、切断四工位连续式复合模

1—弯芯嵌条；2—成形切断凹模嵌件；3—卸料板；4—固定板；5—上模座；6—成形切断凸模；7—弯曲凹模；8—冲孔凸模；9—凹模；10—凹模嵌件；11—侧刃；12,21—销钉；13,14—裁搭边凸模拼块；15,19—导料板；16,20—螺钉；17—导柱、导套；18—下模座

说明：该冲模结构依据冲压工艺和排样图设计特点，充分考虑了冲制零件产量很大、形状简单又无精度要求的特点，其冲压工艺及其一模成形连续式复合模的结构设计都有其独到之处。

该零件采用并排三列纵置、搭边与沿边组合冲切排样，冲压工艺用非标准切边侧刃，经搭边与沿边组合冲切、冲孔、弯曲、切断分离四个工步。最后工位的切断属于成形刃口剪切，冲切出半径 $R=5$mm 的圆弧，见排样图。

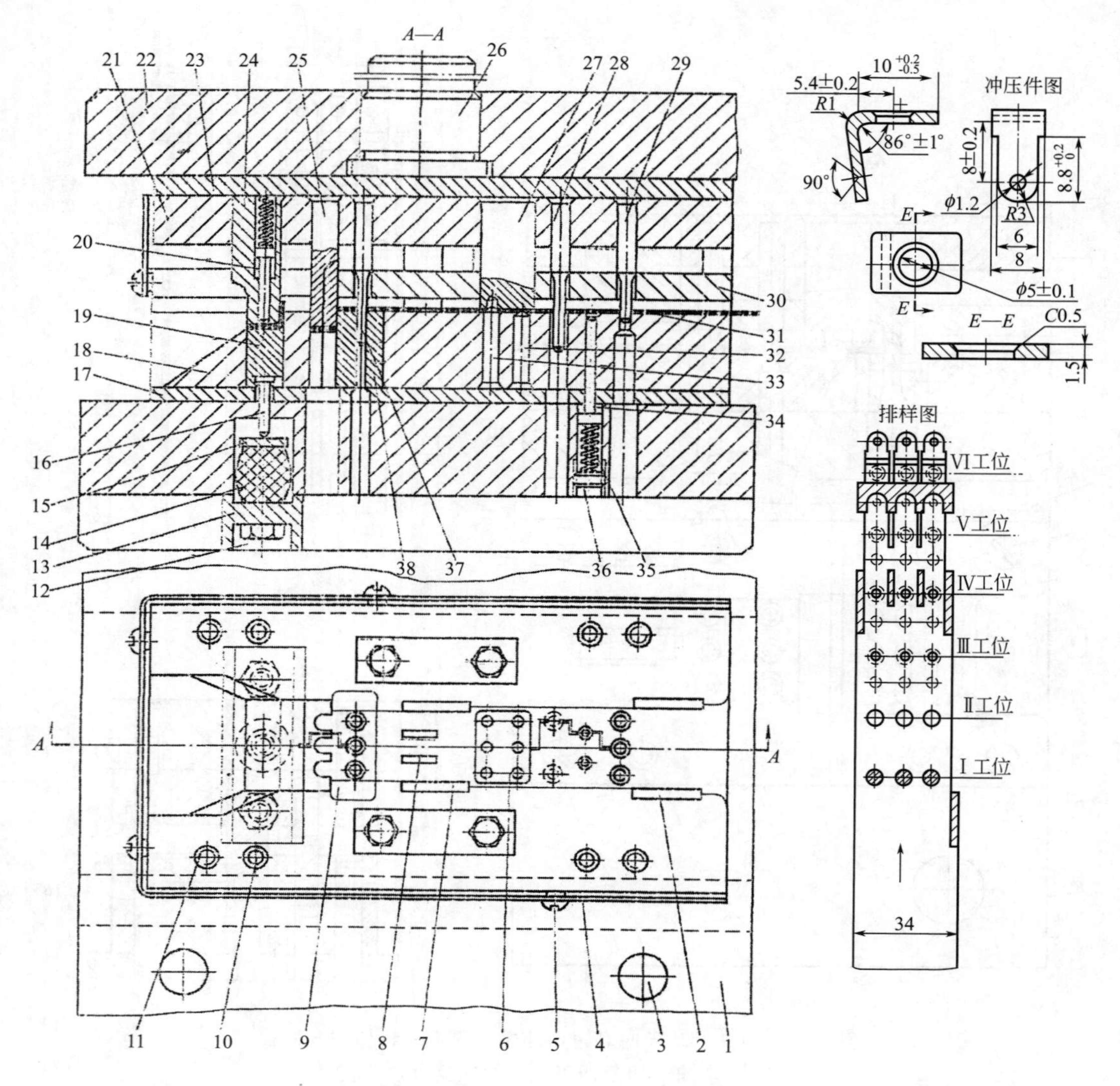

图 4-77 角扣滑动导向四导柱模架固定卸料冲孔、压凹、切槽、切断弯曲六工位连续式复合模

1—下模座；2,7—侧刃；3—导柱、导套；4—防护栅；5—半圆头螺钉；6,9—凹模嵌件；
8—裁搭边凸模；10—销钉；11—内六角螺钉；12—螺杆；13—托架；14—橡胶体；
15—托盘；16—顶杆；17,23—下垫板；18—落料坡；19—顶件器；20—弹顶销；
21—固定板；22—上模座；24—弯曲凸模；25—切断凸模；26—模柄；
27—冲中心孔、压凹凹模；28,37—导正销；29—冲孔凸模；
30—卸料板；31—原材料；32—冲中心孔凸模；33—压凹
（锥穴）凸模；34—销；35—弹簧；
36—螺塞；38—切断凹模嵌件

说明：考虑大量生产，连续冲压一模成形采用冲孔、冲中心眼和倒角、切断、弯曲四个冲压工步。依排样和各工位安排，设置有第Ⅱ和第Ⅴ两个空工位。

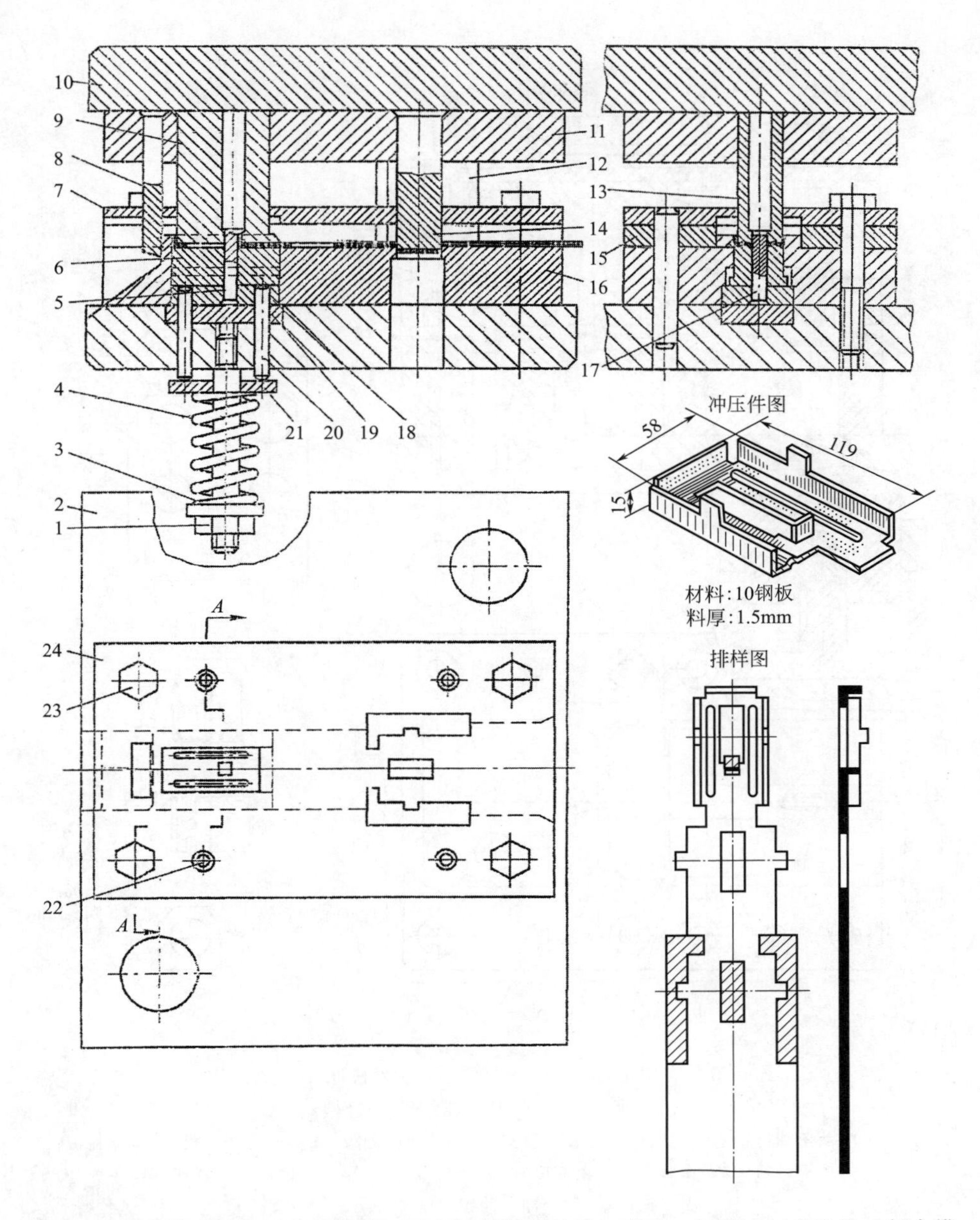

图 4-78　壳底滑动导向对角导柱模架固定卸料切形冲孔、弯曲、切断三工位连续式复合模

1—六角螺母；2—下模座；3,21—托盘；4—弹簧；5,17—内切口扳边凸模；6—压筋镶块；7—卸料板；8—切开凸模；9—成形凸模；10—上模座；11,18—固定板；12—成形侧刃；13—弯曲凸模；14—冲矩形孔凸模；15,24—导料板；16—凹模；19—垫板；20—顶杆；22—销钉；23—六角头螺钉

说明：该冲模可用板裁条料一模成形冲制出底部压筋并有方口扳边的开关外壳底座，详见冲压件图。该冲模在连续冲压工步及整体结构设计上有如下一些特点。

冲压件料厚稍大，连续多工位一模成形，模架及模具工作零件承载大。为保证模架刚度，使之在连续高压冲击载荷下不变形，采用加厚钢板模座、加粗导柱，同时，模具工作零件采用优质合金工具钢制造。

根据冲压件外形特点及展开毛坯凸台不大又对称的结构特征，设计采用成形侧刃并一次正弯出 4 个 90°弯角成形。排样采用冲孔切外形、空挡、弯曲、切断四工位。

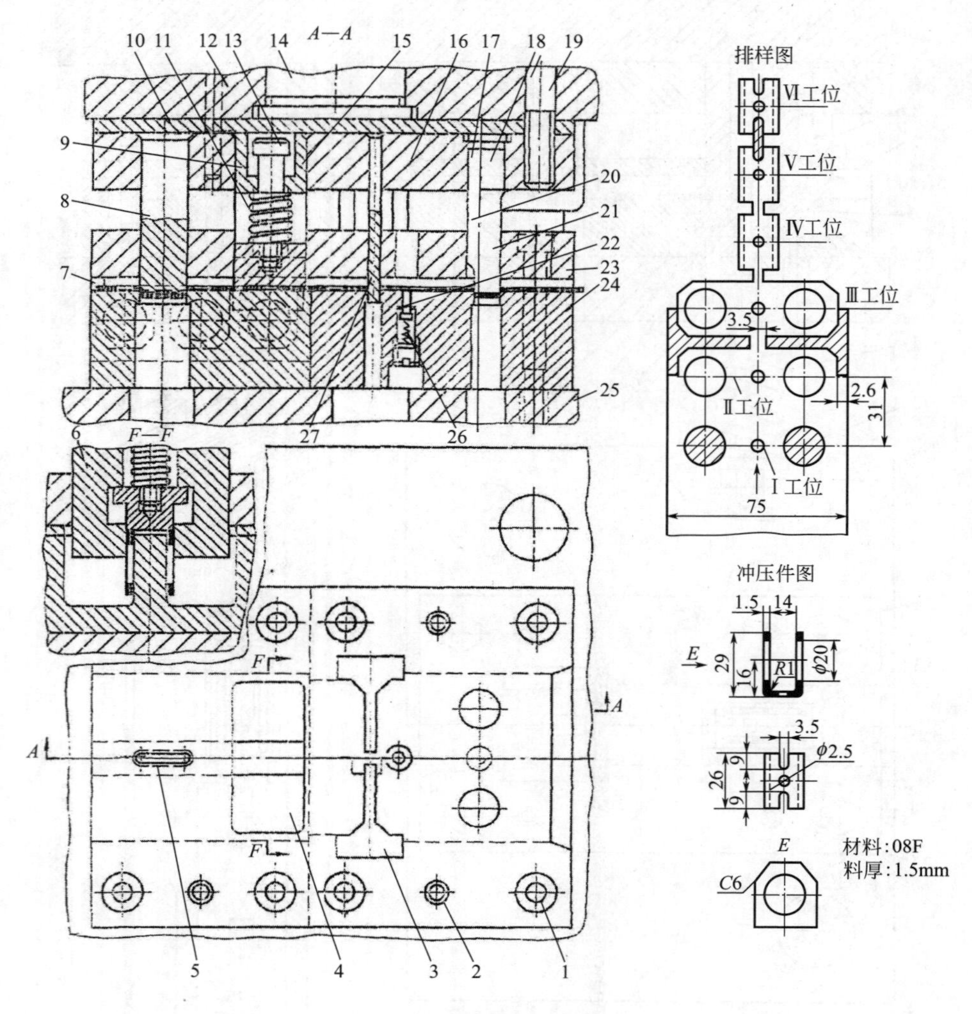

图 4-79 支架滑动导向导柱模架固定卸料冲孔、裁搭边、弯曲、切断六工位连续式复合模

1,19—内六角螺钉；2,9—销钉；3—成形侧刃；4,6—弯曲凸模；5,8—切开凸模；7—导料板；10—垫板；11,26—弹簧；12—上模座；13—卸料螺钉；14—模柄；15—弯曲卸件器；16—固定板；17,18—冲孔凸模；20—导套；21—导柱；22—活动挡料销；23—卸料板；24—凹模；25—下模座；27—成形侧刃

说明：该冲模冲制的支架零件展开为一带孔、矩形倒四角的平毛坯，采用单列横置有沿边、有搭边的排样。为了采用成形侧刃，实施沿边与搭边组合冲切，获得展开毛坯的外形，减少冲压工步并为连续冲压创造条件：条料入模后实施冲孔、裁搭边（切形）、弯曲、切断六工位连续冲压。

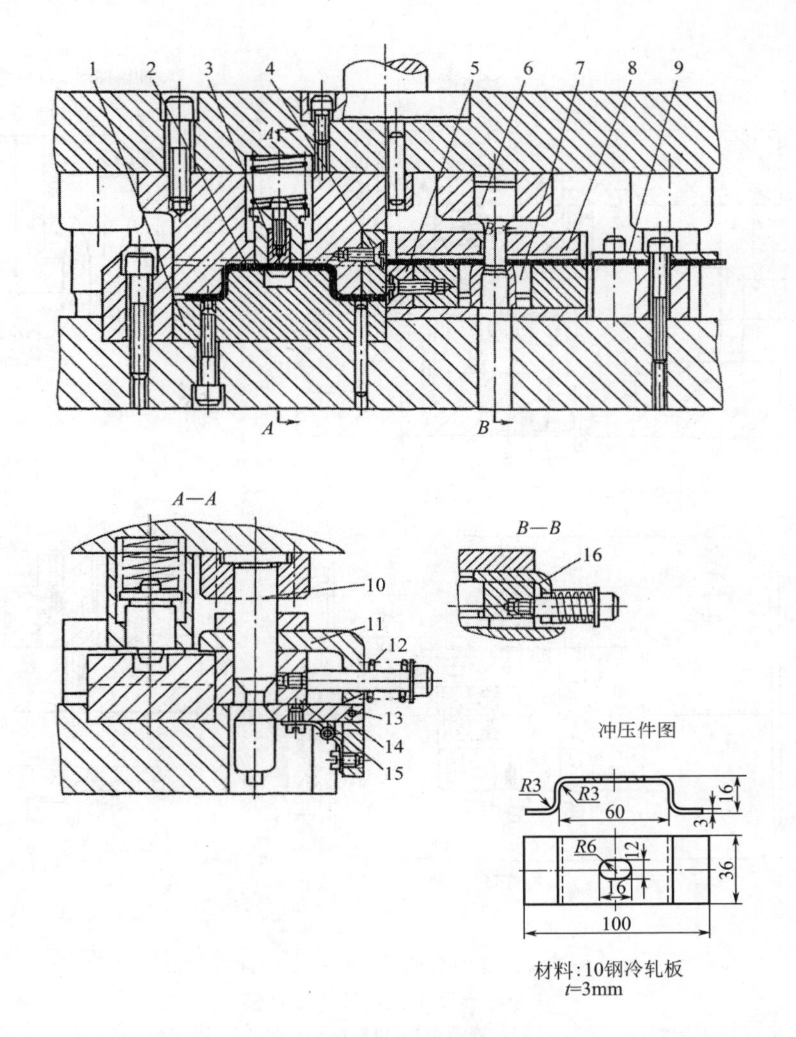

图 4-80　端罩滑动导向后侧导柱模架固定卸料冲孔、切断、压弯连续式复合模

1,6—凸模；2,7—凹模；3—导正销；4,5—切断凹模；8—卸料板；9—后托架；10—凸轮轴；11—退件器；12—弹簧；13—销轴；14—滑板；15—支座；16—侧压板

说明：根据冲压件形状进行无搭边、无沿边排样，进行少废料冲压。该冲压件形状简单又无精度要求，冲模设计为板裁条料入模，经冲孔、切断压弯成形 2 工位一模成形。该冲模装有侧压装置 16，将入模条料推向一边导料板（后托架 9），用固定卸料板 8 与切断凹模 5 刃口边为第Ⅰ工位定位，用导正销 3 为第Ⅱ工步的复合冲压工位精确定位，进行连续冲压。

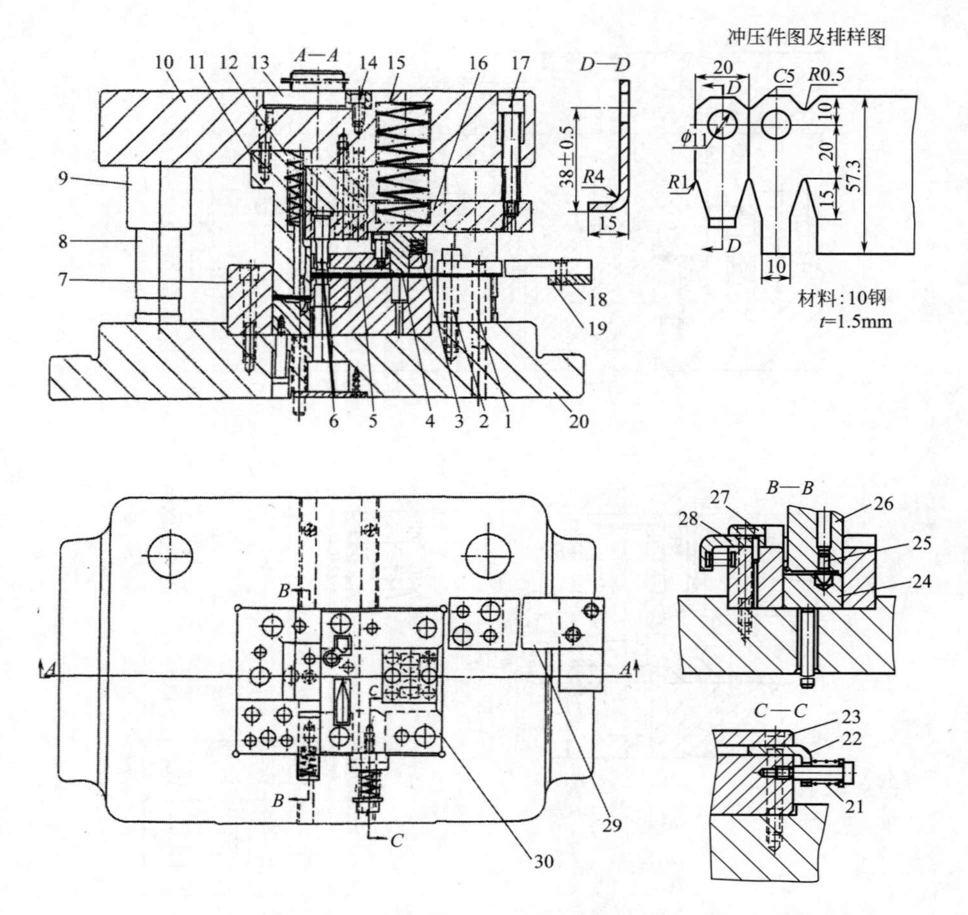

图 4-81　扳手滑动导向后侧导柱模架固定卸料切口冲孔、切断弯形 2 工位连续式复合模

1—销钉；2,14—螺钉；3,12,15,21—弹簧；4—压料块；5,23,27—固定卸料板；6—冲孔凸模；7—挡块；8—导柱；9—导套；10—上模座；11,26—切断弯曲凸模；13—模柄；16—压料板；17—卸料螺钉；18—承料板；19,29,30—导料板；20—下模座；22,28—侧压板；24—顶件器；25—导正销

说明：图示板料弯曲件，形状简单又无精度要求，仅仅是一个切角、冲孔并弯一个 90°角。排样采用无搭边单列直排，经切口即切角，条料两边切角并冲孔 ϕ11mm 再切断压弯。在正常情况下，冲压工步仅需切口冲孔、切断弯曲 2 个工步，故只用设 2 个工位。

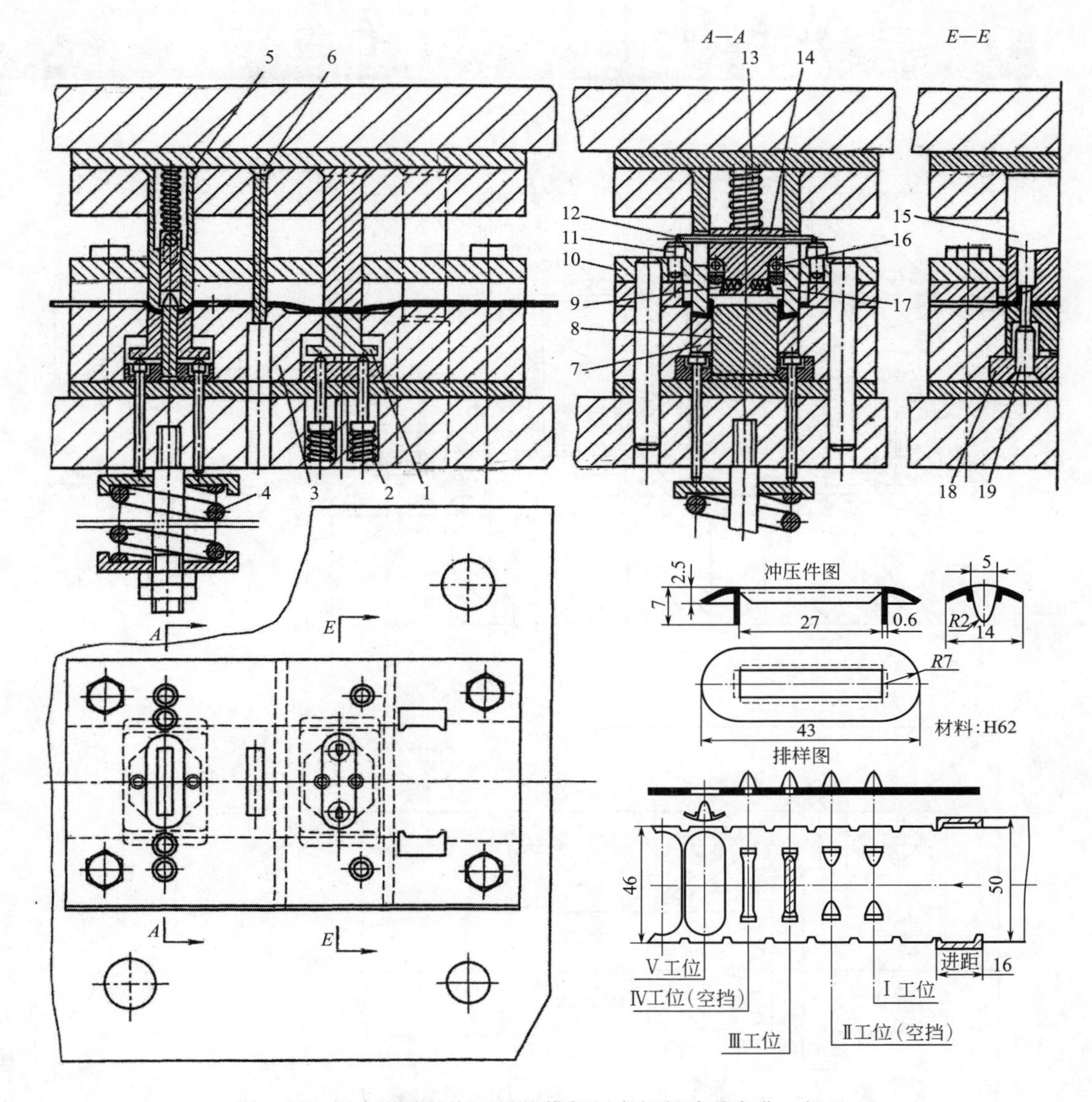

图 4-82　视窗滑动导向四导柱模架固定卸料冲舌弯曲、切口、落料弯边 5 工位连续式复合模

1—弹顶压料器；2,4,13—弹簧；3—凹模；5—落料凹模；6—冲裁凸模；7—顶件器；8—扳边凸模；9—可伸缩卸料爪；10—固定卸料板；11—限位板；12—横轴销；14—卸料器；15—切舌弯曲凹模；16—转轴；17—卸料爪；18—固定板；19—切舌弯曲凸模

说明：该冲模所冲制的冲压件为料厚 $t>0.5$mm 的形状复杂的立体形冲压件，一般尺寸精度都比平板冲裁件低，冲压成形的各种形状往往复杂、成形难度大、精度要求不高，故在其一模成形的过程中，多用固定卸料板结构，以便使模具结构趋于简化，并便于使各成形工位具有足够的成形空间。该视窗滑动导向四导柱模架固定卸料五工位连续式复合模，就是一个很好的实例。

该冲模采用双边对称布置的回式侧刃节制送料，控制进距 $S=16$mm，可以达到较高的定位精度。该模具另一个结构设计闪光点，是在第Ⅴ工位不仅完成内外缘扳边，而且还实施落料与模上出件。由于内外缘扳边形状复杂，成形工件必须包卡在凸模上。为及时卸件，设计了 $A—A$ 剖视图所示的强制弹顶卸件器，动作简单，效果很好。

4.4.4 滑动导向导柱模架弹压卸料冲裁、弯曲连续式复合模（图 4-83～图 4-94）

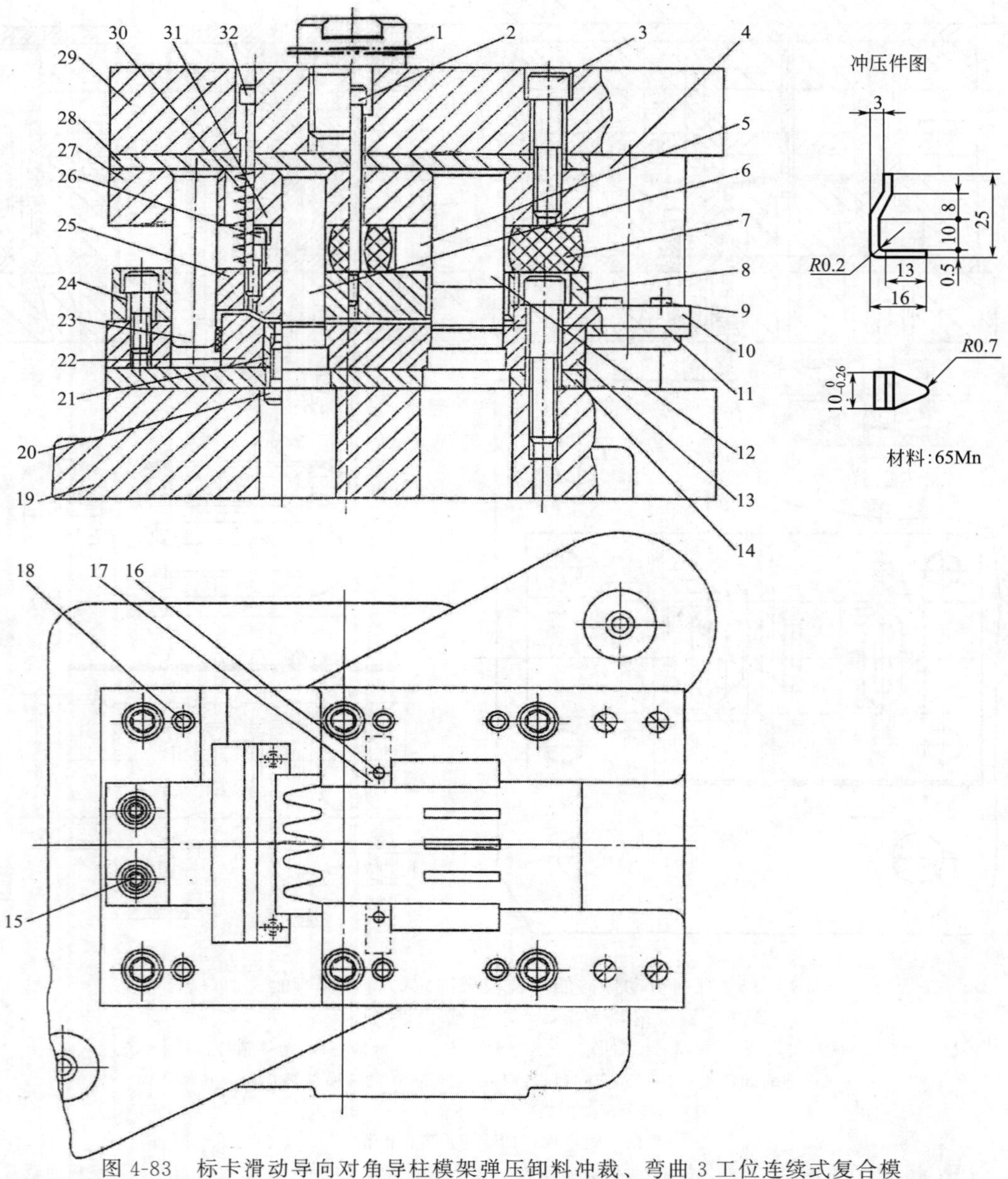

图 4-83　标卡滑动导向对角导柱模架弹压卸料冲裁、弯曲 3 工位连续式复合模

1—模柄；2,32—卸料螺钉；3,15,20—内六角螺钉；4—导套；5—侧刃；6—凸模；7—橡胶块；8—卸料板；9,26—螺钉；10—导料板；11—承料板；12—裁搭边凸模；13—凹模；14,28—垫板；16,18—销钉；17—侧刃挡块；19—下模座；21—凹模镶块；22—弯曲凸模镶块；23—弯曲凸模；24—挡块；25—弹压板；27—固定板；29—上模座；30—弹簧；31—限位垫块

说明：该冲模直接用条料或带料经一对侧刃切边定距、节制送料，控制送料进距 $S=40.5$mm，采用四列并排，一模四件。总共设 3 个工位：第 1 工位用成对矩形侧刃，在条料两边切边定位；第 2 工位冲出四列冲压件各自头部的圆头三角形；第 3 工位弯曲成形。该工位用挡块 24 挡料定位。该冲模对关键工位主要工作零件采用了镶拼结构，包括第 2 工位冲三角头凹模和第 3 工位的弯曲凹模。

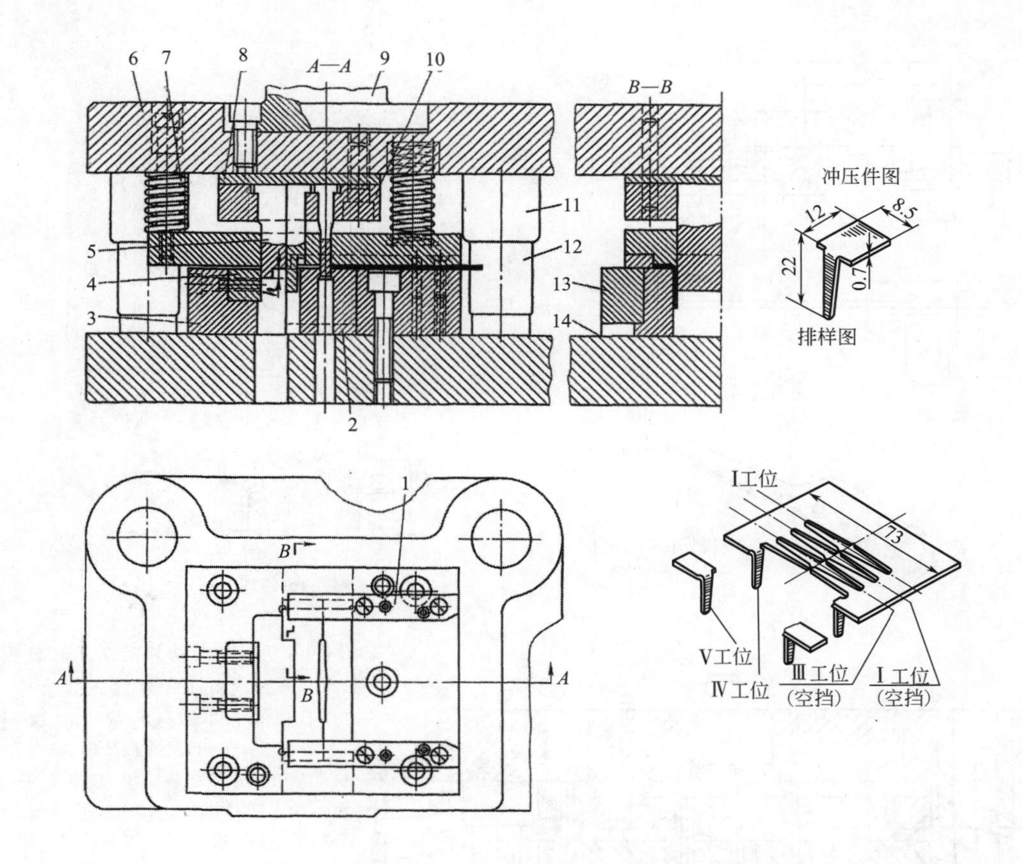

图 4-84　标针滑动导向后侧导柱模架弹压卸料、切废、弯曲、切断 5 工位连续式复合模

1—导料板；2—凹模；3—凹模框；4—切断凹模刃口镶块；5—切断凸模；6—上模座；7—弹簧；8—垫板；9—模柄；10—固定板；11—导套；12—导柱；13—凹模框；14—下模座

说明：图 4-84 所示为标针冲压件用一模成形连续式复合模。该工件形状较简单，是一个直角弯曲件。鉴于其展开平毛坯是个细长柄的铁锹形，排样必然有较多的结构废料。经多方案对比，采用双列对排无废料排样较合适，详见图 4-84 排样图。

冲压工艺分为冲除结构废料、弯曲成形、切断分离 3 个工步。考虑冲模结构设计需要，在第 1 工位（第 1 工步）后，加两个空挡工位，变成 5 工步 3 工位连续复合模。

第 1 工步切除结构废料与第 2 工步弯曲相邻，如不将两工步拉开距离，在结构上会出现两工步凹模、凸模相连的情况。凹模壁厚太小，凸模在固定板上的安装位置不足。考虑第 1 工步冲切凸模断面很窄且较长，从承载强度考虑，应加粗杆部、压缩刃口工作长度，需要在其固定端增大两倍的安装宽度。故在其第 1 工位后加两个空挡工位，同时，也为增大其匹配凹模争取到充足的空间。

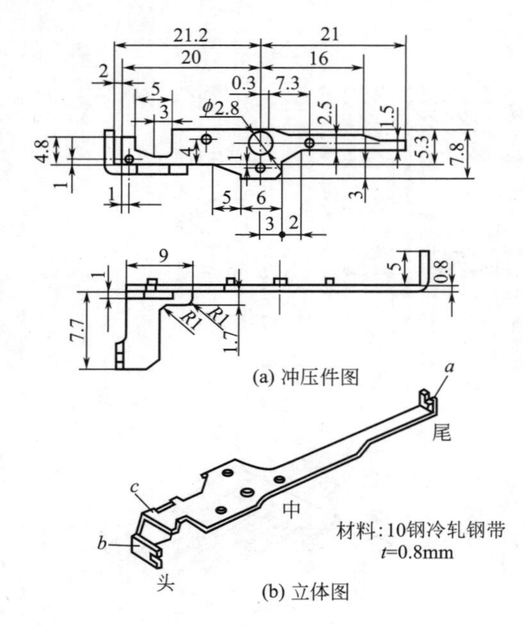

(a) 冲压件图

(b) 立体图

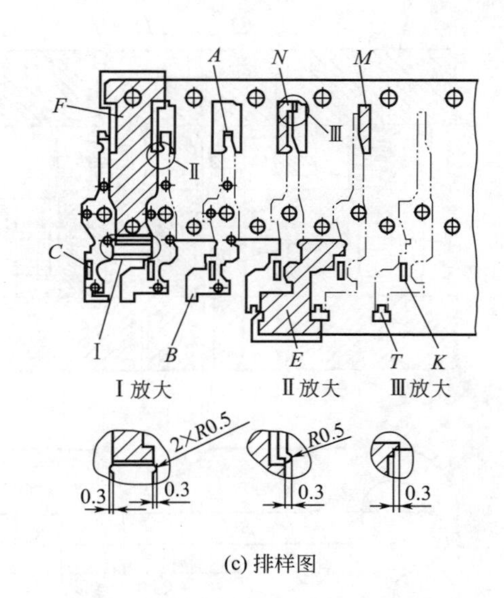

(c) 排样图

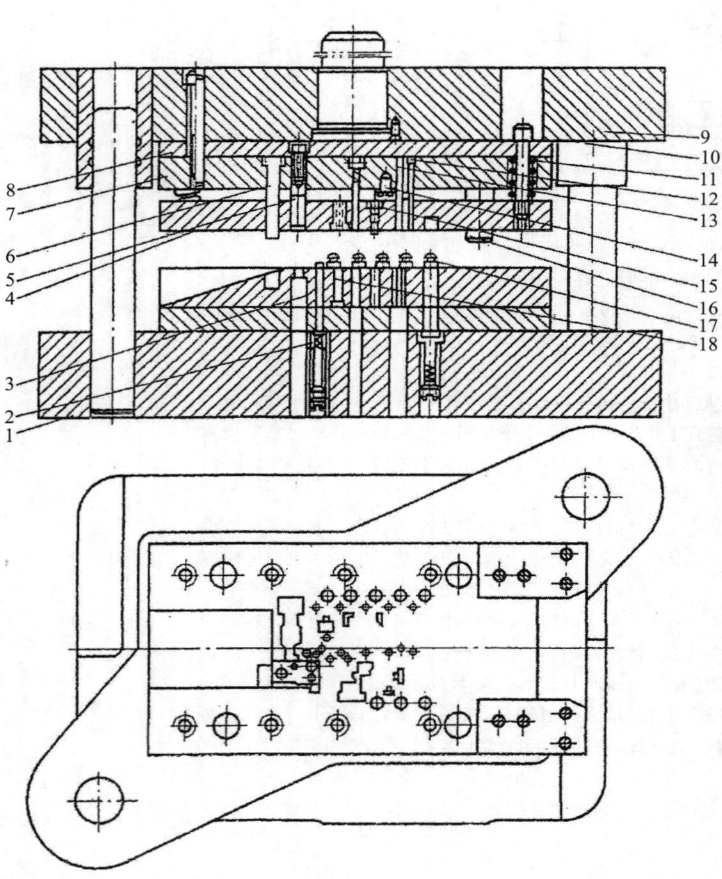

(d) 模具图

图 4-85　连杆滑动导向对角导柱模架弹压卸料 6 工位连续式复合模

1—下模座；2,11—弹簧；3—顶料销；4—卸料板；5—F 区冲裁凸模；6—弯曲凸模；7—凸模固定板；8—垫板；9—上模座；10—卸料螺钉；12—冲孔凸模；13—T 区冲裁凸模；14—固定凸模用压板；15—导正销；16—小导柱；17—槽式浮顶销；18—压凸包凸模

说明：图 4-85 所示为录音机机芯自停连杆薄钢带冲制的多向弯曲件。其材质是 10 钢冷轧钢带，料厚 $t=0.8$mm。该冲压件形状复杂：总体为一有三处不同方向的 90°弯角，4 处压凸包的窄长弯曲件，主要冲压工艺作业为：冲孔、切废、弯曲、起伏等。

工艺采用自动送料装置与冲模匹配，冲模结构采用送料携带至各工位冲压，始终将工件留在材料上直到最后一个工位切断分离出模。冲模在自动送料装置配合下，实施钢带自动入模后进行 6 工位全自动运作。该冲压件采用单列横置有沿边有搭边直排，进行有废料高精度连续冲压。为确保冲压精度，加大沿边与搭边排样，形成输送工件的载体，设在工件尾部和中间，称边沿与中间载体，经Ⅰ工位冲 $\phi2.8$mm 导正孔及 K、T 区异型孔，Ⅱ工位切出 M 和 E 区废料、Ⅲ工位切出 N 区余料通称切废，再经Ⅳ、Ⅴ、Ⅵ工位连续弯曲，最后工位在 F 区切断分离。

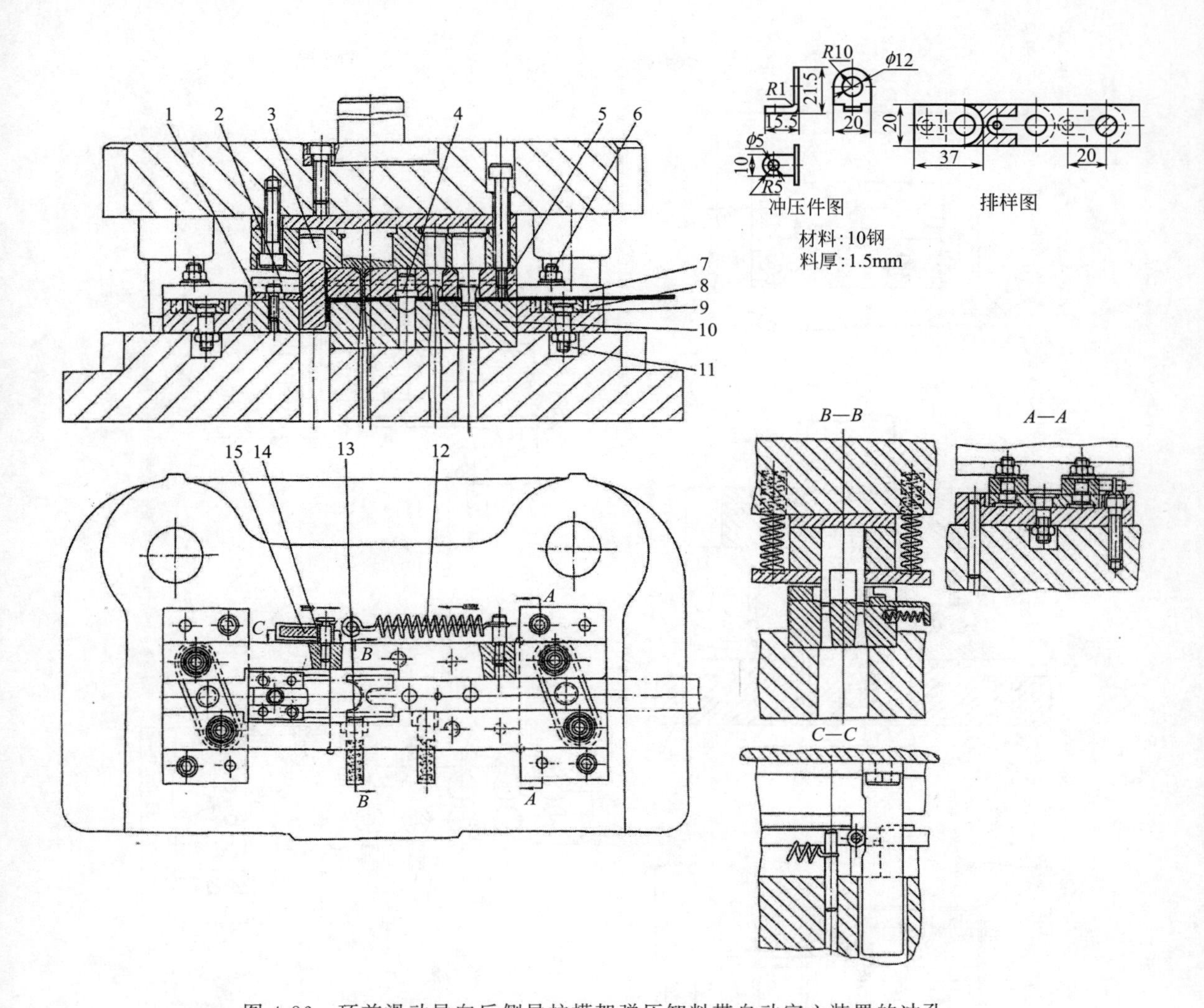

图 4-86 环首滑动导向后侧导柱模架弹压卸料带自动定心装置的冲孔、切废、切断弯曲连续式复合模

1—定位板；2—止退块；3—凸模；4—导料销；5—卸料板；6,11—轴销；7—导料板；8—支承座；9—连接杆；10—凹模；12—拉簧；13—始用挡料销；14—滚轮；15—凸轮板（楔）

说明：本模具采用了少废料排样，有自动定心导向装置。一对连接杆 9 的中心以轴销 11 分别铰连在两支承座 8 上，两轴销 11 的位置应在送料的中心线上，连杆的两端又以轴销 6 与两导料板 7 铰连，使两导料板能对中心线对称的张开与收拢，拉簧 12 作用在导料板上，使之处于收拢状态。导料板上还装有一滚轮 14 与上模的凸轮板 15 接触，以控制导料板的张开与收拢。即上模在上死点的位置时，导料板张开，便于送料，冲压时，导料板收拢，使料条夹紧。因此，压力机应选择行程短的，否则凸轮板则需要做的很长。

工作时，条料从右方送进，开始两个工件采用始用挡料销 13 挡住，以后挡料则用定位板 1，并由装在卸料板 5 上的导料销 4 将料导正。工件冲出后即从漏孔中落下，生产率很高。

为了防止凸模 3 因压弯而偏移，下模中有一止退块 2 使凸模导正。

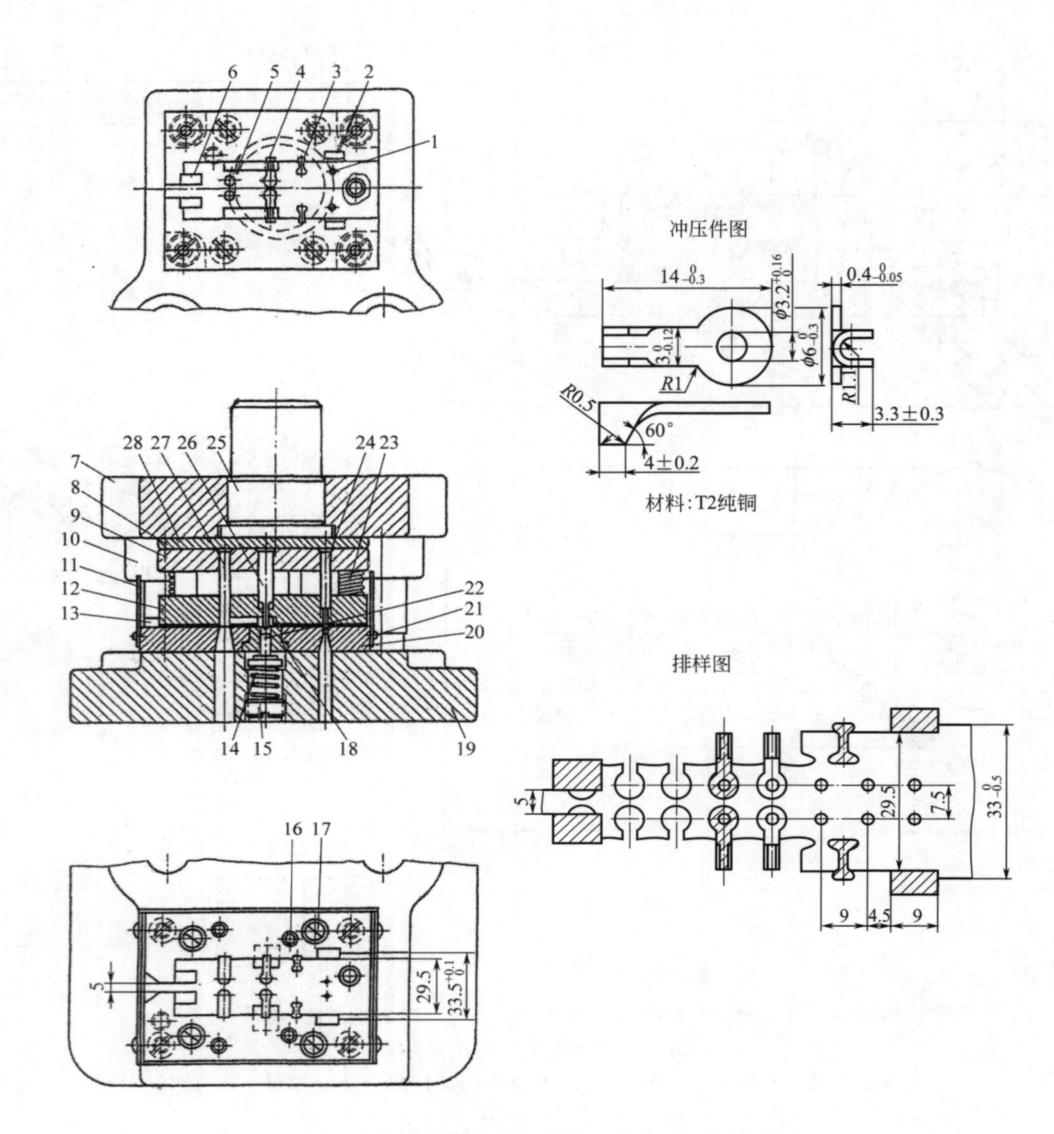

图 4-87 接线头滑动导向后侧导柱模架弹压卸料切废、弯曲、落料 8 工位连续式复合模

1,24—冲孔凸模；2—侧刃；3—裁搭边凸模；4,26—弯曲凸模；5,27—落料凸模；6—切废凸模；7—上模座；8,28—垫板；9—固定板；10—导套；11—防护栅；12—卸料板；13—导柱；14,23—弹簧；15—螺塞；16—销钉；17,21—螺钉；18—弯曲凹模镶块；19—下模座；20—凹模；22—顶件器；25—模柄

说明：该冲压件采用有搭边双列对头直排，一模两件。使用两个矩形侧刃，对称布置于条料两边，从第 1 工位开始，控制送料进距 $S=9$mm。第 2 工位用工字形凸模切废，第 3 工位空挡；第 4 工位弯出尾部 U 形槽；第 5 工位落料，模下漏件出模；第 6、7 工位空挡；第 8 工位切碎搭边框，供 T2 纯铜回炉用。

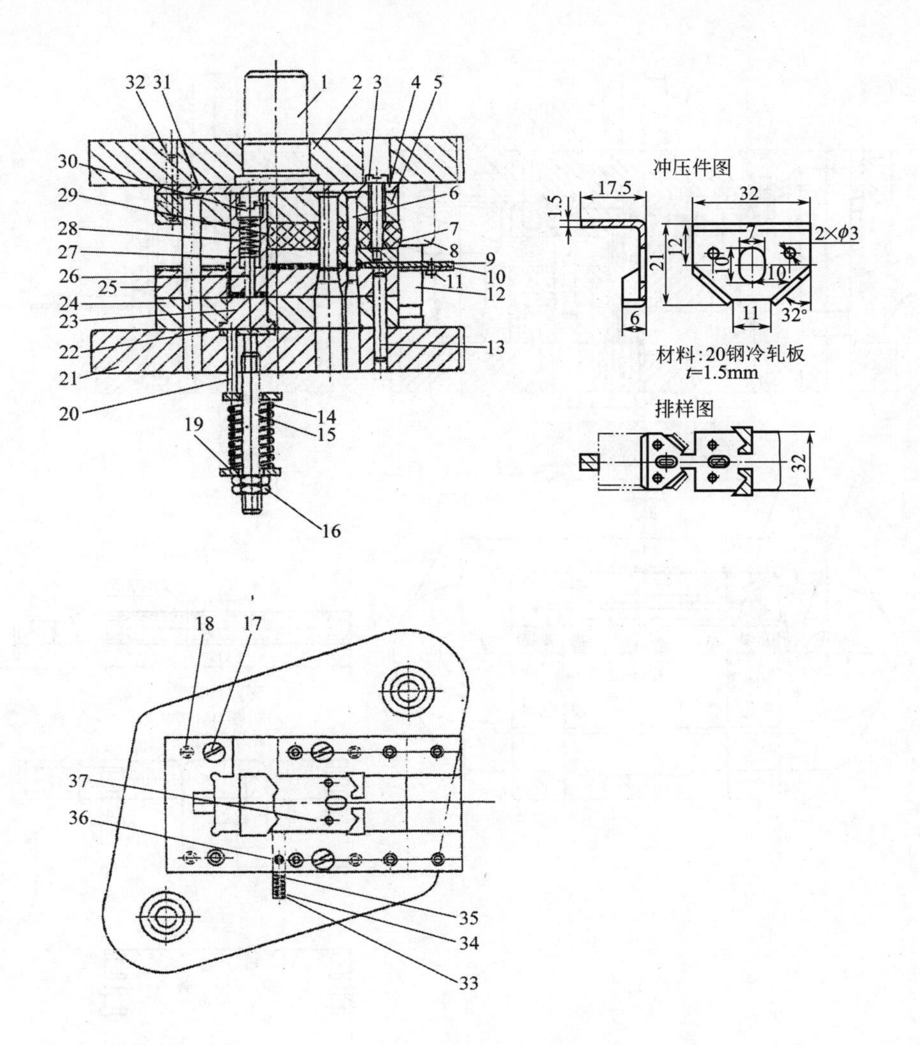

图 4-88　支架滑动导向对角导柱模架弹压卸料冲裁、切断弯曲 2 工位连续式复合模

1—模柄；2—上模座；3,11,17,18,30—螺钉；4,31—垫板；5—凸模固定板；6—裁搭边切口凸模；7,29—橡胶体；8—导套；9—导料板；10—承料板；12—导柱；13,32,36—销钉；14,28,35—弹簧；15—螺杆；16—螺母；19—垫盘；20—顶杆；21—下模座；22—垫板；23—弹顶垫；24—空心垫板；25,37—凹模板；26—弹顶销；27—弯曲凸模；33—使用挡料销；34—滑销

说明：该弯曲零件尺寸精度不高，材料为 20 钢冷轧钢板，料厚 $t=1.5$mm，有三个 90°的 L 形弯角。虽弯边高度相差较大且形状不同，但好在各弯曲角弯曲方向一致，都沿冲压方正向弯曲。中间两个 ϕ3mm 孔和一个长×宽＝10mm×7mm 的长圆孔，可在弯曲前一次冲出。经过工艺分析后，决定用连续复合模一模成形，采用无沿边裁搭边排样，使用板裁条料，使条料宽度 $B=32_{-0.15}^{\ 0}$mm，与工件宽度 32mm 相等，没有沿边。用裁搭边获取展开平毛坯外形，仅留中间 8mm×12mm 的搭边，作为工件与条料连接的纽带，待最后工位进行切断弯曲复合冲压时切断分离。

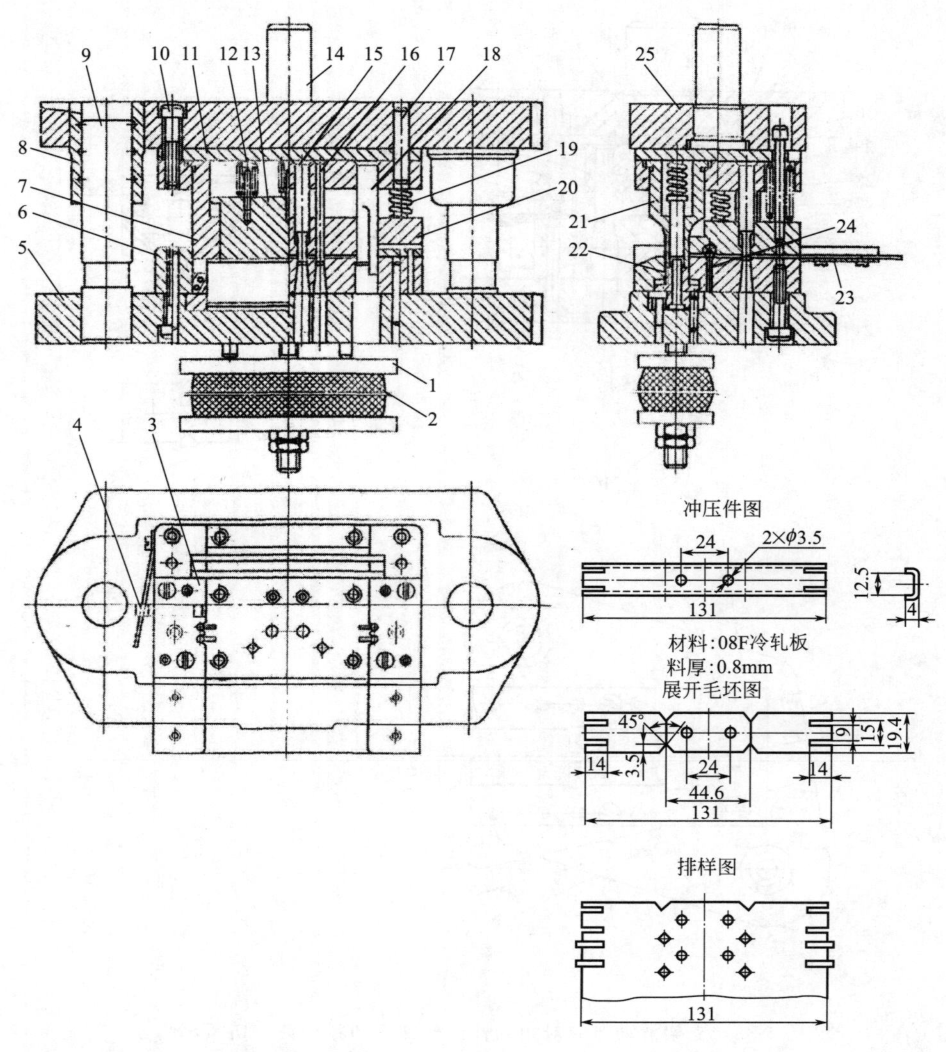

图 4-89　槽板滑动导向中间导柱模架弹压卸料冲孔、切断弯曲 3 工位连续式复合模

1—托盘；2—橡胶体；3—导料板；4—始用挡料装置；5—下模座；6—凹模；7—落料凸模；8—导套；9—导柱；10—螺钉；11—垫板；12,19—弹簧；13—卸件器；14—模柄；15—冲孔凸模；16—切三角凹口凸模；17—圆柱销；18—切窄长槽凹口凸模；20—卸料板；21—弯曲剪切凸模；22—弯曲下模；23—承料板；24—挡料销；25—上模座

说明：该弯曲零件的形状与尺寸都很具有典型性。如冲压件图所示，展开毛坯长×宽＝131mm×19.4mm，有形状不同的切口，没有凸出支臂与凸台，具有实施无搭边、无沿边排样的条件。其整体结构采用中间导柱模架、弹压卸料板结构，采用始用挡料装置与固定挡料销配套的定位系统，对板裁条料的首件送料限位定距，以后各次送料均依两个 ϕ3.5mm 中心孔、固定挡料销对送进材料定位。这种手工送板料、条料直达各工位的送进方式，目前使用广泛。

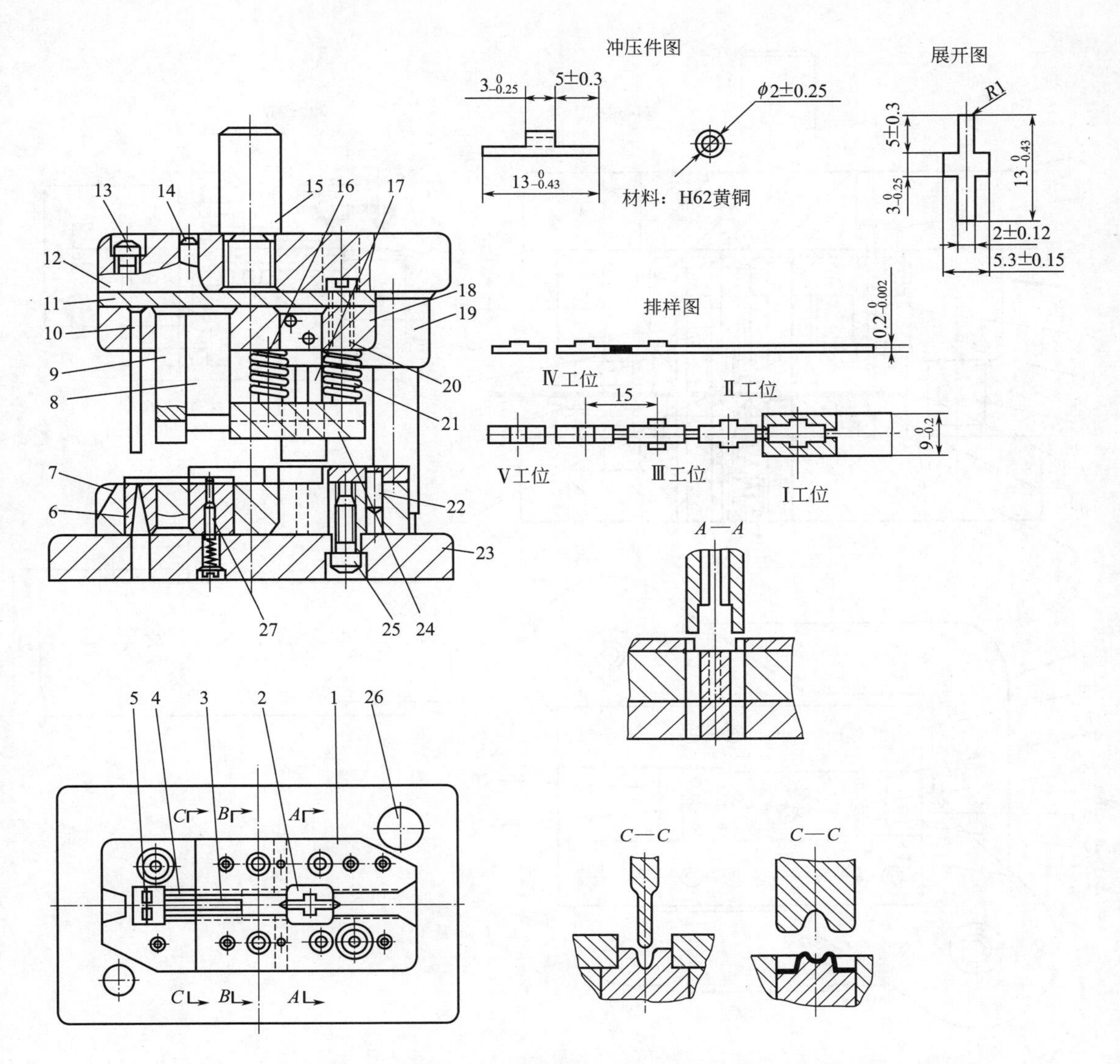

图 4-90　芯套滑动导向对角导柱模架弹压卸料冲裁、弯曲、切断 5 工位连续式复合模

1—弹压卸料板；2,26—导柱；3—导料板；4,17—成形侧刃；5,6—切断凹模镶块；7—凹模；8—弯曲凸模；9—卷圆凸模；10—切断凸模；11—垫板；12—上模座；13,25—螺钉；14,22—销钉；15—模柄；16,21—弹簧；18—固定板；19—导套；20—卸料螺钉；23—下模座；24—卸料板；27—顶件销

说明：插芯护套（芯套）为一个台阶式小圆筒形冲压件，尺寸很小，但有较高尺寸与几何精度的要求。从冲压件图及其展开平毛坯图中可以看出，落料毛坯的所有标注尺寸都无一例外地标出公差要求。

该冲压零件用单列直排有搭边排样，用成对成形侧刃切出展开平毛坯两边绝大部分外廓废料，仅留中间很小一点搭边，作为携带工件实现工位间送进的纽带。

各冲压工位和实际工步安排如下：

第Ⅰ工位为第一工步，用对称设置的成形侧刃，将由结构废料与沿边连接的，围绕于展开平毛坯外廓的大部废料切出，获得的展开平毛坯，还有中间搭边与原材料相连，构成送进毛坯至后续各工位进行冲压的纽带。因为料厚很小，仅 0.2mm，搭边宽度按查表法或图算法求出也仅有 1.5～1.8mm，用于携带工件送进，略显刚度不足，材料本身为 H62 黄铜较软。为此，取其宽度为 2mm，见剖视 $A—A$ 图。

第Ⅱ工位空挡。因为冲压件毛坯尺寸小而成形侧刃大，送料进距 $S=15$mm，与Ⅰ工位成形侧刃太近，凹模刃口壁厚太薄，凸模安装位置不够，不利于提高模具寿命，结构设计也有困难。故增加一个空工位。

第Ⅲ工位为第二工步，进行弯曲，形成 U 形。见剖视 $B—B$ 图。

第Ⅳ工位第三工步卷圆成形，见剖视 $C—C$ 图。

第Ⅴ工位第四工步切断。

该冲模整体结构形式为滑动导向对角导柱模架弹压卸料结构。凹模采用分工位镶拼结构。

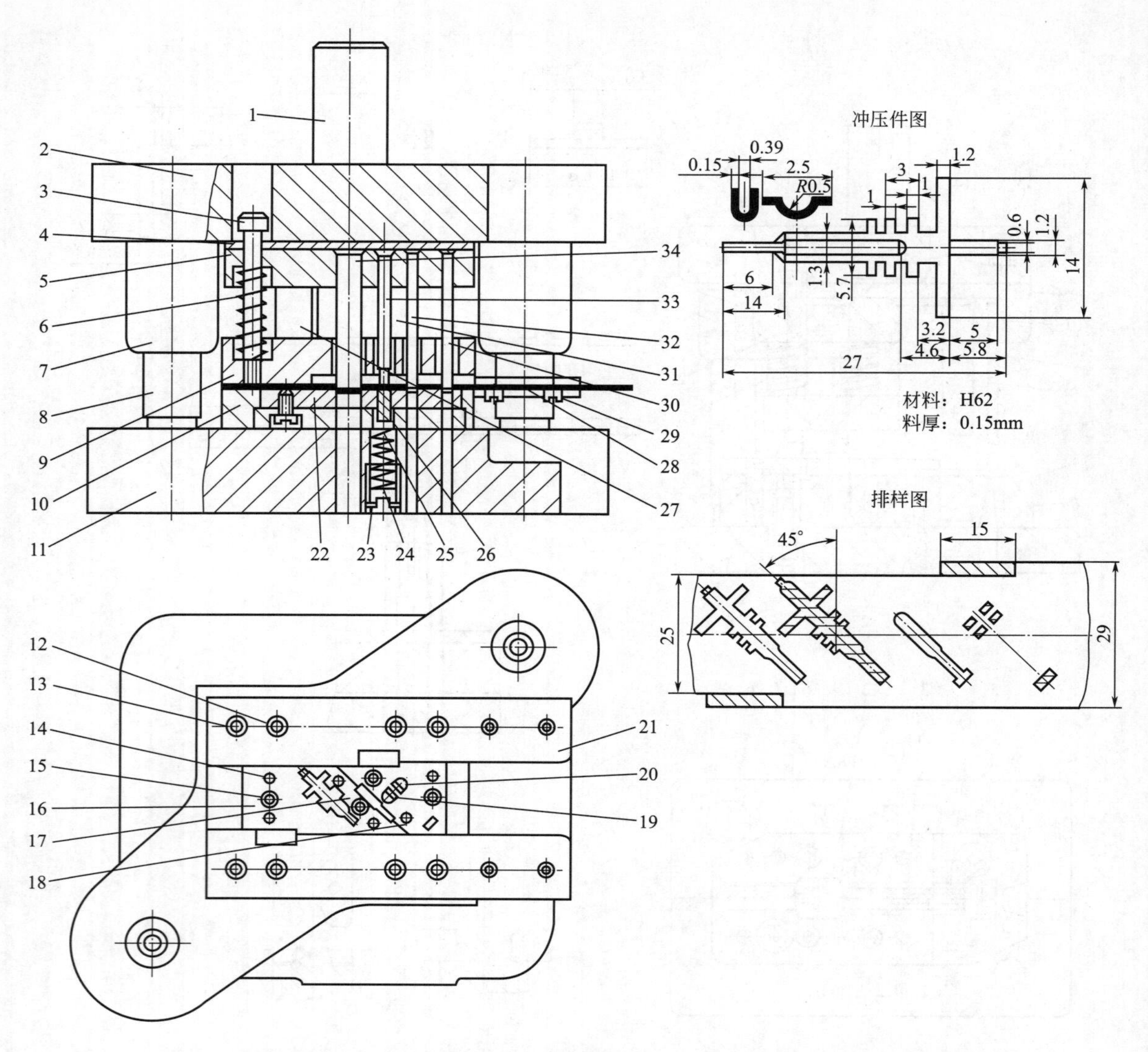

图 4-91　接片滑动导向对角导柱模架弹压卸料冲孔、弯形、落料 3 工位连续式复合模

1—模柄；2—上模座；3,12,15,23,29—各种螺钉；4—垫板；5—固定板；6,24—弹簧；7—导套；8—导柱；9—卸料板；10—凹模框；11—下模座；13,14—圆柱销；16～20—凹模拼块；21—导料板；22—凹模拼块；25—弹顶垫；26—顶件板；27—侧刃；28—承料板；30～34—凸模

说明：虽然该冲压件材料为 H62 黄铜，塑性好，很适合多工位连续模冲压加工，但其形状除具有众多窄小的凸台外，还有两个长宽比超过 5 的窄悬臂，其宽度仅 1.2mm，同时，其尾部有两个相连而高度不同的 U 形弯槽，故该冲压件虽冲压精度不高，但成形难度较大。

冲压工艺设计为冲孔、弯形、落料三个工步。为减少冲压过程中产生的结构废料，采用单列倾斜 45°斜排，用裁搭边获得复杂的外形并满足压弯成形的需要，采用镶拼结构凹模，以提高制模工艺性。

冲模结构设计采用双边错开布置的矩形侧刃，控制送料进距 $S=15\text{mm}$。第Ⅰ工位冲方孔，切除弯曲外缘的结构废料；第Ⅱ工位压弯成形；第Ⅲ工位落料。该模具采用Ⅰ级精度滑动导向对角导柱模架，弹压卸料板结构。

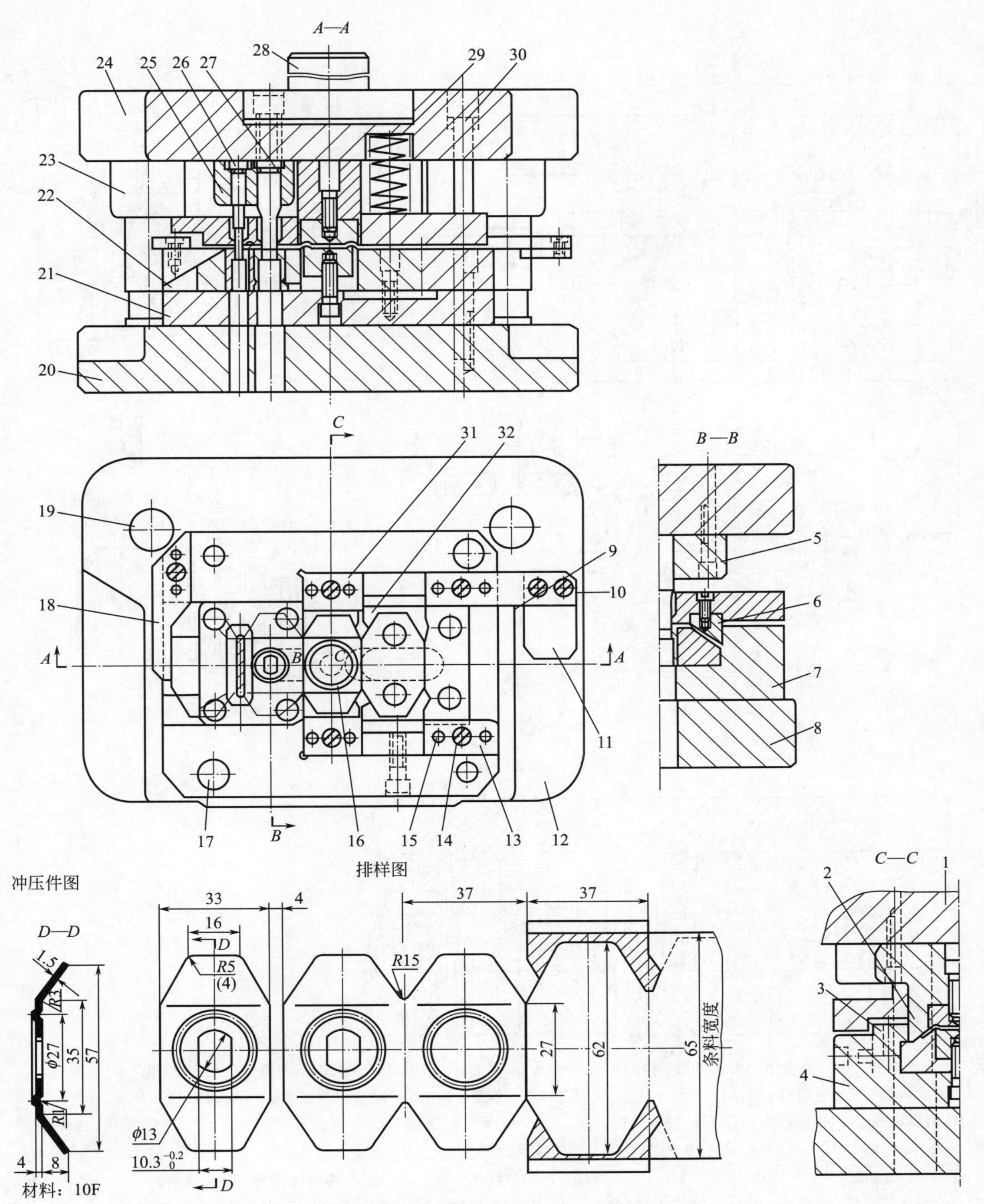

图 4-92　鞍垫滑动导向后侧导柱模架弹压卸料切角、压形弯曲、冲孔、切断 4 工位连续式复合模

1,24—上模座；2—压形上模夹座；3,31—挡块；4,7—凹模框；5—冲孔凸模固定板；6—弹压板镶块；8,12—下模座；9—沉头螺钉；10—长导料板；11—承料板；13—短导料板；14—沉头螺钉；15—销钉；16—压形凸模镶块；17—限位柱；18—定位板；19—导柱；20—下模座；21—垫板；22—落件坡拼块；23—导套；25—固定板；26—切断凸模；27—冲孔凸模；28—模柄；29—弹簧；30—卸料螺钉；32—成形侧刃

说明：冲压工艺采用单列纵置，用成对成形侧刃裁切沿边无搭边排样进行少废料冲压。其冲压过程是：第Ⅰ工位用挡块 31 定位，由成对成形侧刃 32 裁切沿边及外形四角；第Ⅱ工位中心压形并弯曲；第Ⅲ工位冲孔；第Ⅳ工位切断。

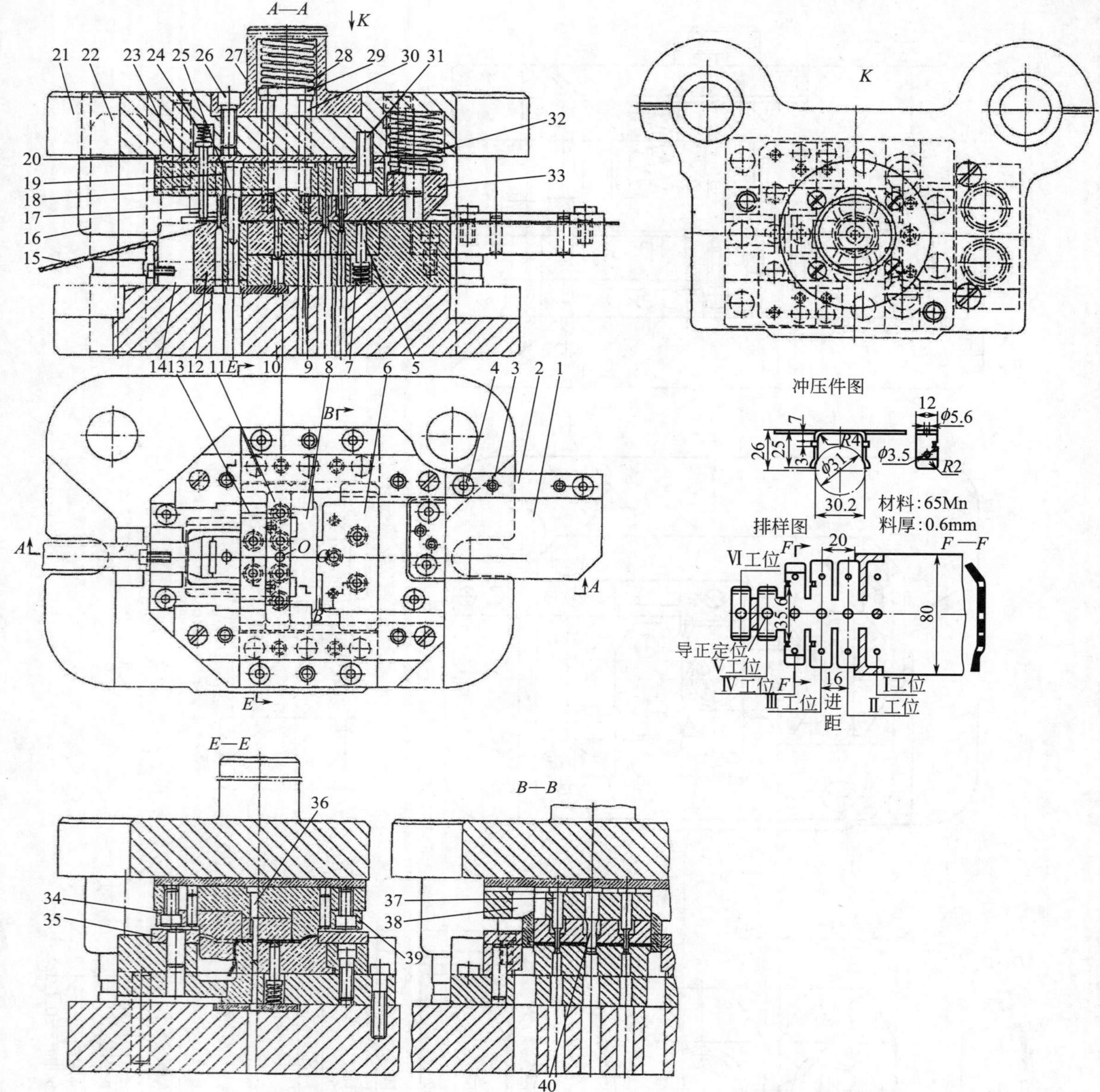

图 4-93　簧夹滑动导向后侧导柱模架弹压卸料冲孔、扳边、弯曲、切断 6 工位连续式复合模

1—承料板；2—导料板；3,23—销钉；4,31—螺钉；5—弹顶销；6,8—冲裁凹模拼块；7,24,28,32—弹簧；9—导正压料切口上模；10—切口扳边凸模；11—凹模拼块；12—切断凹模拼块；13—弯曲凸模拼块；14—出件楔块；15—出件滑板；16—导套；17—卸件器；18—固定板；19—切断凸模；20—垫板；21—上模座；22—导柱；25,36—导正销；26—内六角螺钉；27—模柄；29—推盘；30—顶杆；33—卸料板；34—弯⌈⌉形凹模镶块；35—限位挡块；37—冲小孔凸模；38—成形侧刃；39—弯弧爪镶块；40—冲中心大孔凸模

说明：该模具采用标准后侧导柱模架，使用强力弹压卸料板并加厚卸料板，用于对冲裁凸模导向。在模体外加设较长的承料板以便于自动送料。为方便出件，除在切断凸模旁设弹顶器之外，还在切断凹模表面设计出落料斜面并增设一滑落斜面坡，切断分离出的工件可利用自重沿斜面板滑落入成品工具箱，为使工件间送进顺畅，在Ⅰ、Ⅲ、Ⅴ工位凹模内均设有弹顶器，可以在模具开启后把坯件及材料立即顶出。

根据冲压工艺方案，排定各工位顺序：冲 3 孔、切两口并扳边、弯两端弧爪、弯 U 形。外廓形状主要用成形侧刃切废冲出，并在最后工位才能切断分离，目的是用送进材料携带加工件到达最后工位，将成品工件切断分离出模，详见排样图。

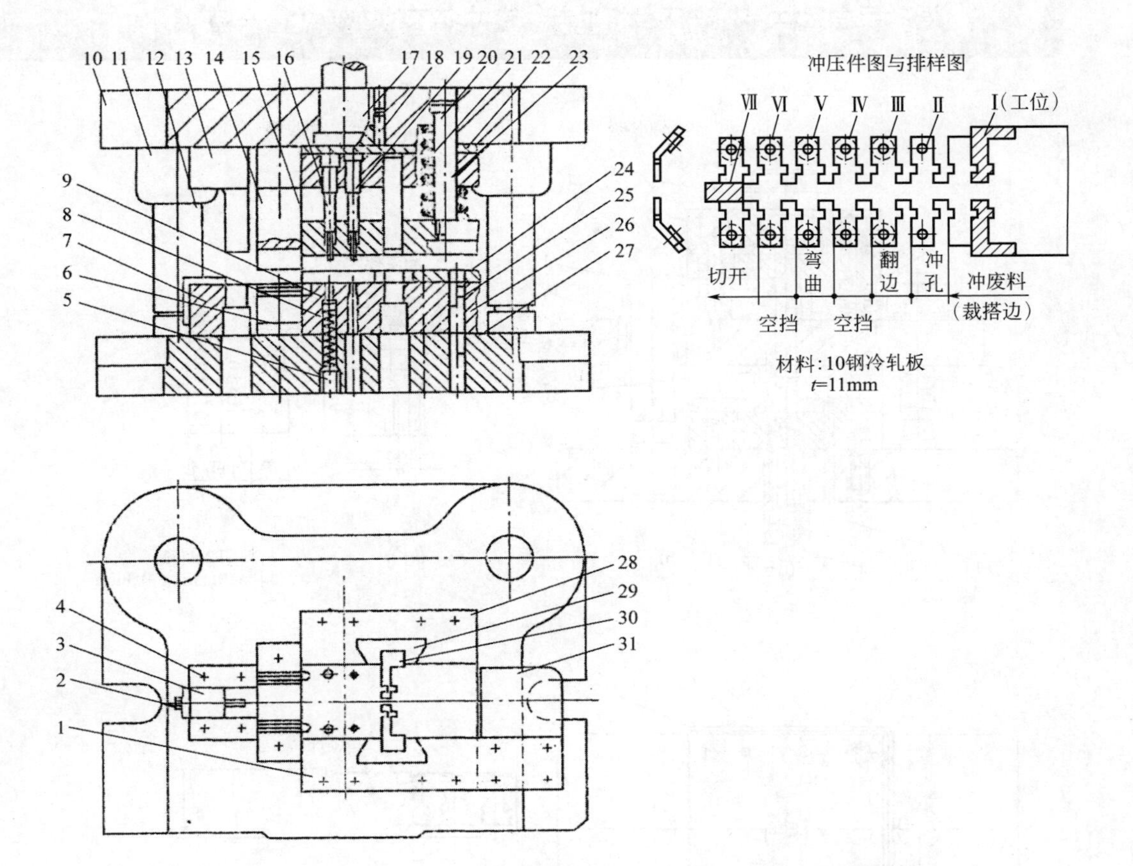

图 4-94 挡板滑动导向后侧导柱模架弹压卸料裁搭边、冲孔、翻边、弯曲、切开 7 工位连续式复合模

1—左导料板；2—螺钉；3—定位板；4,7—切开凹模；5—螺塞；6—弯曲凸模；8,21—弹簧；9—凹模板；10—上模座；11—导套；12—导柱；13—切开凸模；14—弯曲凹模；15—卸料板；16—翻边凸模；17—模柄；18,23,25—销钉；19—冲孔凸模；20—卸料螺钉；22—垫板；24—右导料板；26—凹模；27—下模座；28—右导料板；29—侧刃挡块；30—成形侧刃；31—承料板

说明：考虑零件形状，成对组合弯曲成形更利于弯曲力平衡并使冲模达到更高的生产率，故采用连续冲压一模成形两件。冲压工艺采用组合对称并列对排有搭边排样，用成对成形侧刃裁搭边冲去废料，获得展开平毛坯，仅留中间搭边，作为连接工件与条料的纽带，将工件留在条料上，至最后工位切断分离、出模。

该冲模整体结构为滑动导向后侧导柱模架弹压卸料裁搭边、冲孔、翻边、弯曲、切开 5 工步并设两个空工位，共七个工位，连续冲压，一模成形两件。

4.4.5 滑动导向导柱模架弹压导板冲裁、弯曲多工位连续式复合模（图 4-95～图 4-108）

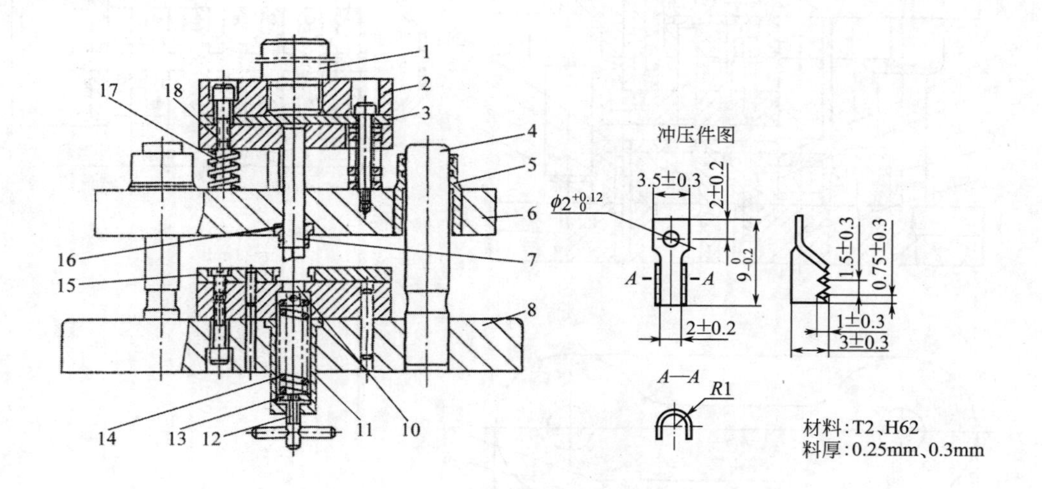

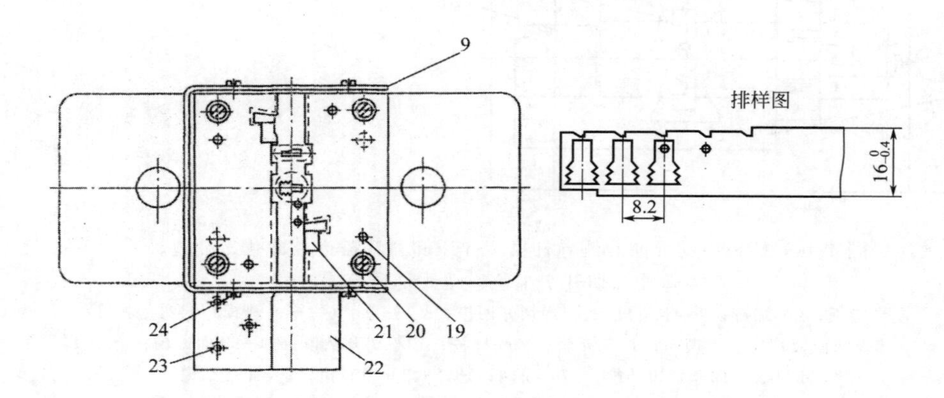

图 4-95　接线头滑动导向中间导柱模架弹压导板冲孔、落料、弯曲 3 工位连续式复合模

1—模柄；2—上模座；3—垫板；4—导柱；5,16—导套；6—导板；7—弯形凸模；8—下模座；9—防护栅；10—顶件器；11—套筒；12—螺杆；13—托盘；14,17—弹簧；15—导料板；18—卸料螺钉；19—销钉；20,23,24—螺钉；21—侧刃；22—承料板

说明：该冲模的运作过程为：用带料两边错开布置的侧刃控制送料进距 $S=8.2$mm，经冲 $\phi2^{+12}_{0}$mm 孔、整体落料并由下模中的反顶装置将落料获得的展开平毛坯顶回搭边框中，用送料携带至下一工位弯曲成形，模上出件。

冲件料厚 $t<0.5$mm，材料 T2、H62 塑性好，可一次弯曲成形。冲压件采用单列纵置有搭边、有沿边排样，经冲孔、落料、弯曲 3 工位连续冲压一模成形。

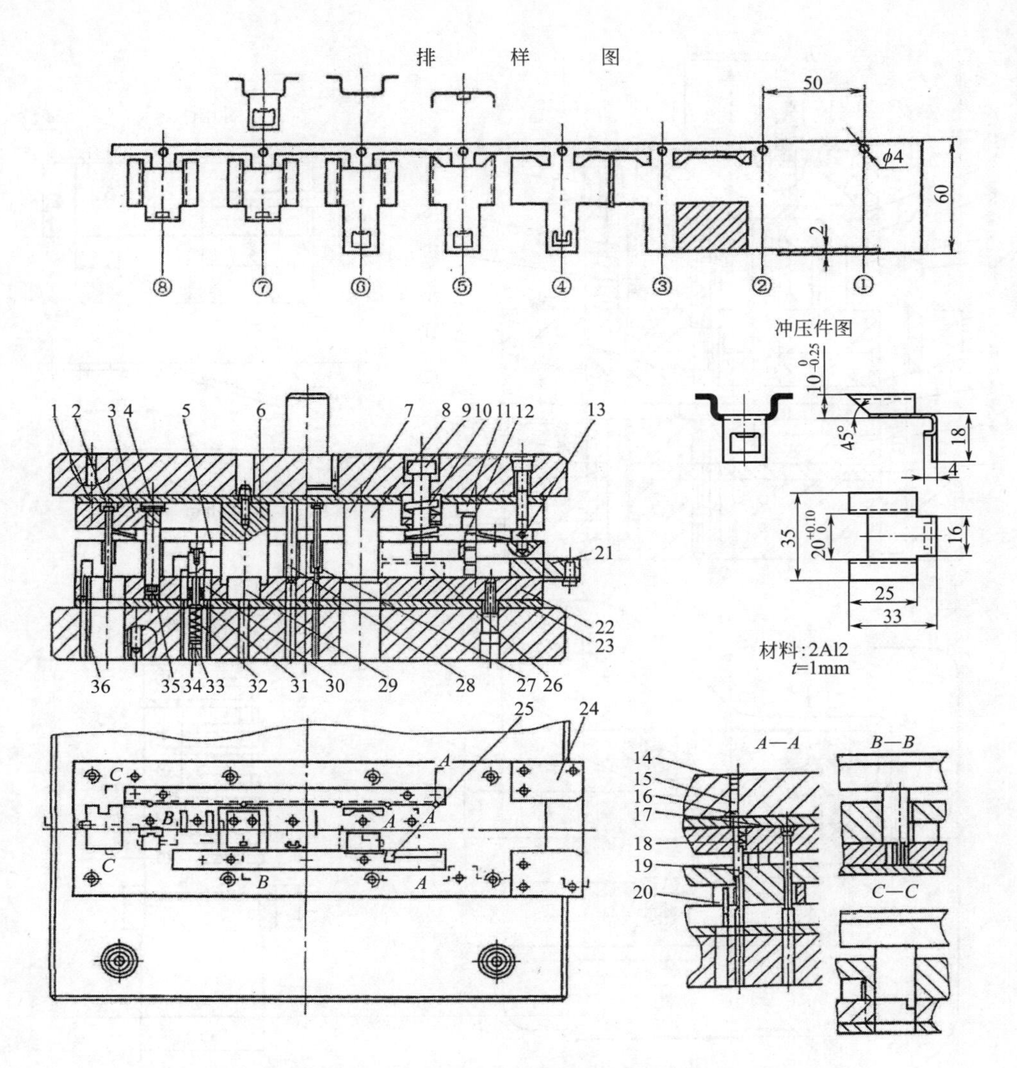

图 4-96　侧弯支座滑动导向四导柱模架弹压导板式冲裁、连续弯曲、切断 8 工位连续式复合模

1—垫板；2—切断凸模；3—上固定板；4,6—弯曲凹模；5—卸料板；7,8,16,27,28—冲裁凸模；9—卸料螺钉；10—矩形弹簧；11—小导柱；12—小导套；13—限位柱；14,33—螺塞；15—销；17—侧刃；18,32—弹簧；19—导正销；20,26—侧导板；21,24—左、右导料尺；22—凹模板；23—下垫板；25—侧刃挡块；29,30,35—弯曲镶块；31—浮顶器；34—弯曲凸模；36—定位块

说明：该冲压件采用板裁条料手工送进或通用自动送料装置实施自动送料连续冲压。条料首次送进沿导料 R21、24 构成的导料槽入模送进至侧刃挡块 25 定位，上模下行裁切沿边并冲导正孔 ϕ4mm。第 2 及以后送料，均由侧刃挡块 25 粗定位，导正销 19 校准精定位。条料入模经冲孔并冲切沿边、切废、切舌、连续弯曲，反弯、正弯及侧弯、切断共 8 工位，完成冲压。

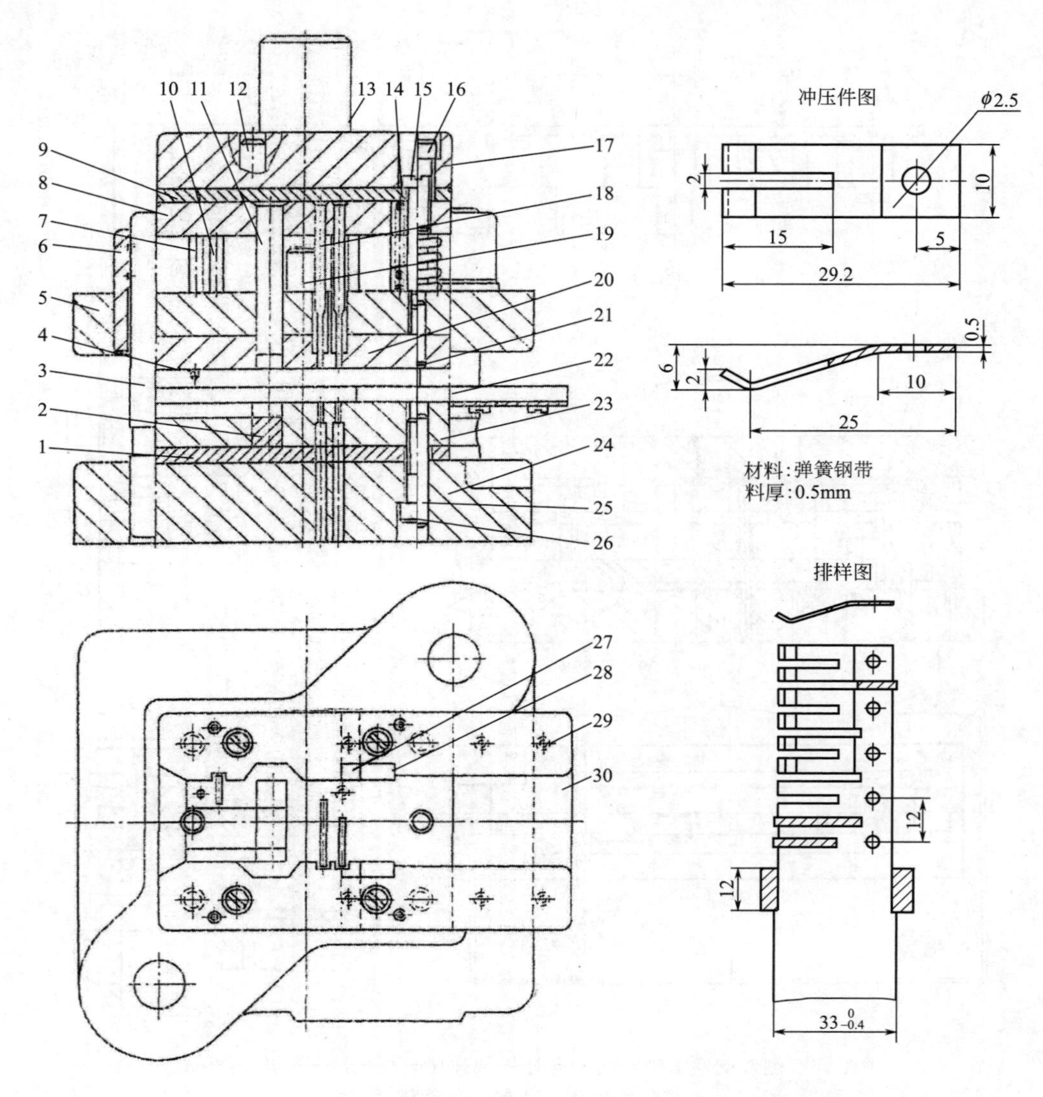

图 4-97 簧片滑动导向对角导柱模架弹压导板切边、切废、弯曲、切断 6 工位连续式复合模

1—下垫板；2—弯曲凹模；3—导柱；4—导正销；5—导板；6—导套；7—导正销；8—固定板；9—垫板；10—切断凸模；11—弯曲凸模；12,21,25—销钉；13—模柄；14—弹簧；15—卸料螺钉；16,26—内六角螺钉；17—上模座；18—裁搭边凸模；19—限位柱；20—导板压块；22—导料板；23—凹模；24—下模座；27—侧刃挡块；28—侧刃；29—螺钉；30—承料板

说明：图 4-97 所示为簧片滑动导向对角导柱模架弹压导板切边、切废、弯曲、切断 6 工位连续式复合模。该冲模冲制的簧片采用横置单列直排排样，进行有沿边、有搭边、有废料冲裁和弯曲成形，带料入模经侧刃切边、切废、弯曲、切断 4 工步 6 工位连续冲压完成冲制。

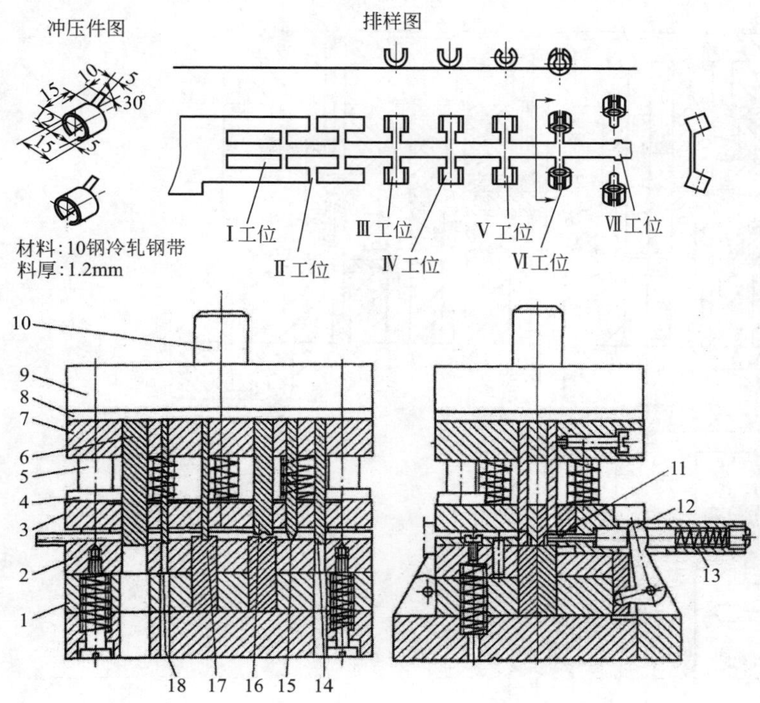

图 4-98　卡环滑动导向后侧导柱模架弹压导板冲裁、连续弯曲、切断 7 工位连续式复合模

1—固定板；2—凹模板；3—卸料板；4—导套；5—导柱；6—冲矩形孔凸模；7—凸模固定板；8—垫板；9—上模座；10—模柄；11—弯芯；12—角形摆杆；13—压簧；14—切断凸模；15—压型凸模；16—弯圆凸模；17—弯曲凸模；18—切槽口凹模漏料孔

说明：第Ⅰ工位冲出对称于中间搭边（载体）的两个 12mm×42mm 的矩形孔；第Ⅱ工位冲出两边 5mm×15mm 对称切口，获得展开平毛坯；第Ⅲ工位压弯成 U 形，第Ⅳ工位空挡；第Ⅴ工位有弯芯卷圆，弯芯 11 在角形摆杆 12 通过压簧 13 推动下，将弯芯插入 U 形坯件中卷圆成形；第Ⅵ工位压弯柄部 30°；第Ⅶ工位切断柄部分离。

该冲模采用标准的后侧导柱（也可用四角导柱）模架，加厚的弹压卸料板挂装在导柱上，将卸料板作为凸模导板使用，从而使该冲模成为高精度弹压卸料导板式连续复合模结构。

该冲模采用有弯芯弯圆成形，在第Ⅴ工位两侧，各装有一套摆杆式横向抽芯机构；所有弯曲凹模均嵌装在凹模板内并考虑成形和送料进给的需要，略高于冲裁凹模刃口。所有凸模均采用直通式，用挤铆与顶丝紧固。

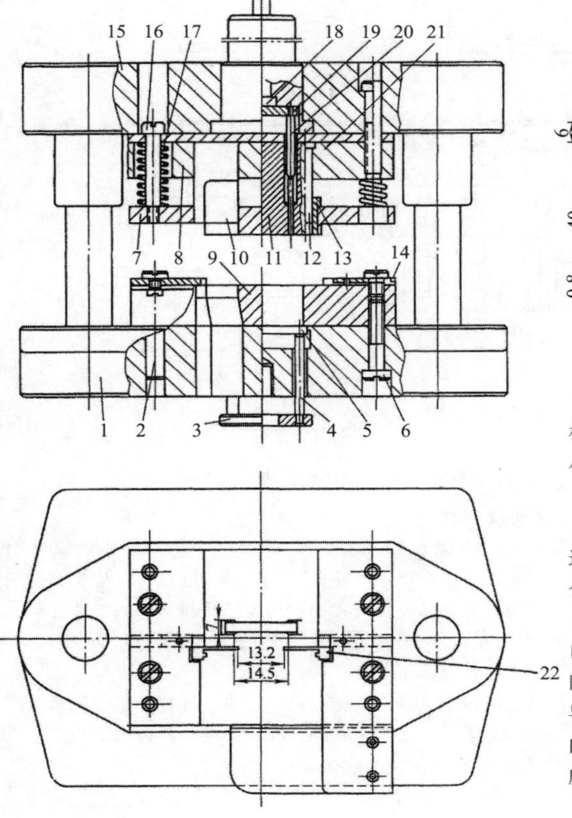

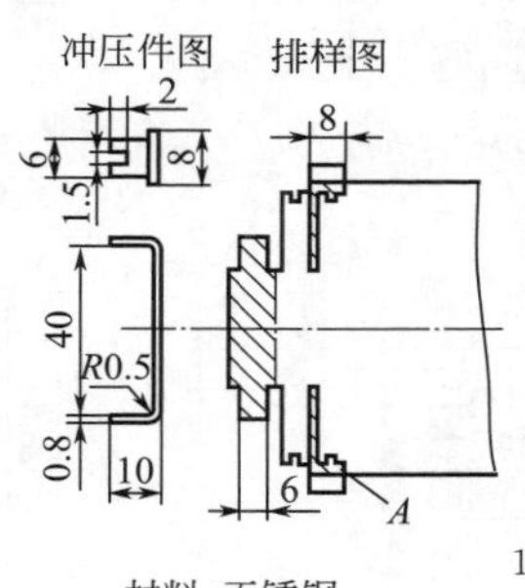

图 4-99　支架滑动导向中间导柱模架弹压导板裁搭边、切断弯曲 2 工位连续式复合模

1—下模座；2—销钉；3—托盘；4—顶杆；5—顶件器；6,16—螺钉；7—弹压导板；8,21—固定板；9—凹模；10—凸模；11—弯曲凸模；12—小导柱；13—小导套；14—导料板；15—上模座；17—弹簧；18—打料杆；19—推板；20—推杆；22—成形侧刃

说明：图 4-99 所示冲模依冲压工艺要求，采用搭边与沿边组合冲切后获得弯曲件展开平毛坯外形，而后切断弯曲复合冲压成形。

该冲模采用成形侧刃 22 对搭边、沿边及冲压件外形凹口进行组合一次冲切，而后切断并弯曲成形。为保证凸模对凹模的精准导向，在冲模固定板 21 上装小导柱 12，与弹压导板 7 上装的小导套匹配，可实现构成模芯上模的精准导向。由于小导柱装在模架上座的固定板上，模架的上、下模座具有同一导向系统，故整个模具导向良好。

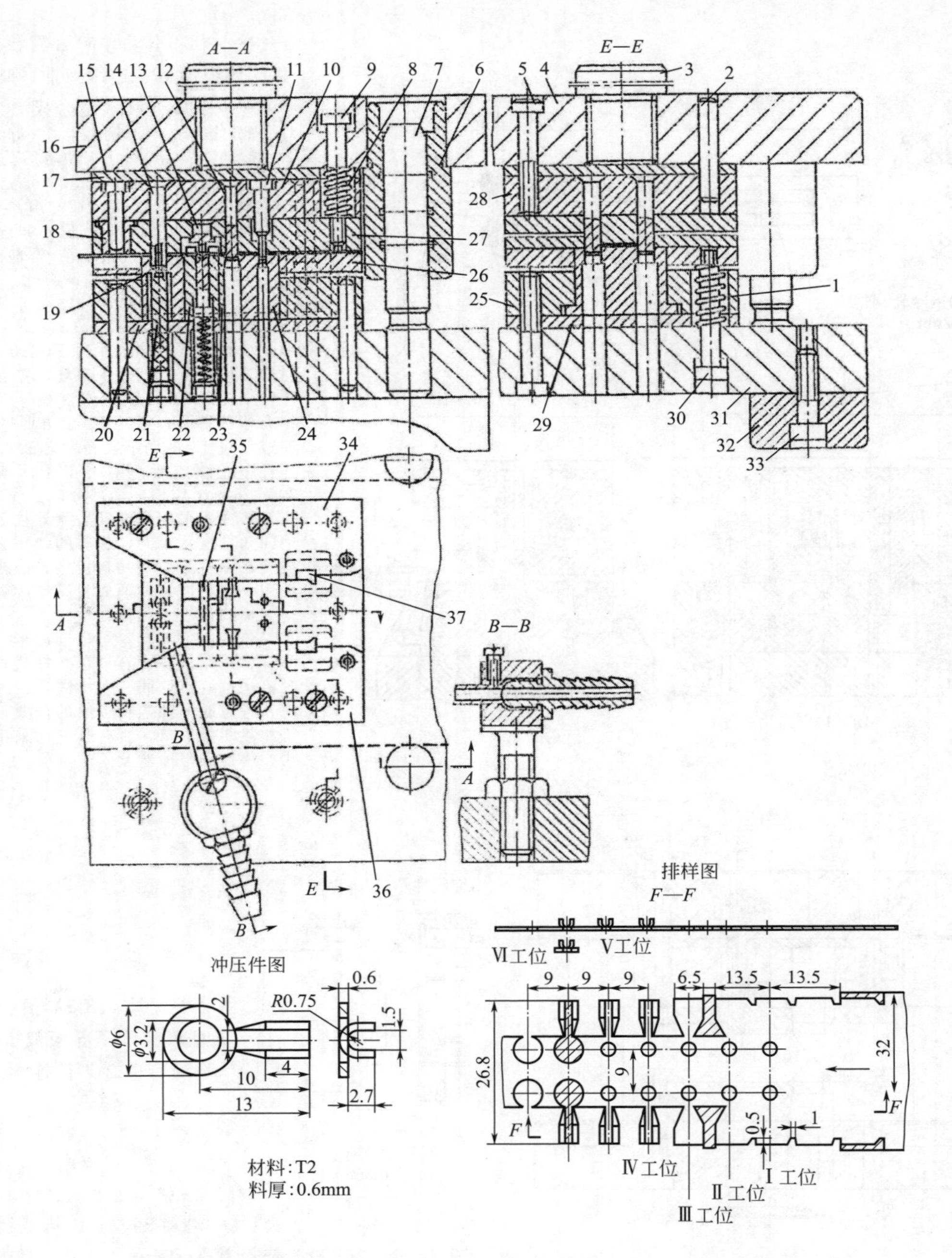

图 4-100　接线头滑动导向四导柱模架弹压导板冲孔、切废、弯曲、落料 6 工位连续式复合模

1,8—弹簧；2—销钉；3—模柄；4—上模座；5—内六角螺钉；6—导套；7—导柱；9,30—卸料螺钉；10,28—固定板；11—冲孔凸模；12—切废凸模；13—弯曲凸模；14—落料凸模；15—小导柱；16—上模座；17—垫板；18—小导套；19—导正销；20—落料凹模镶块；21—顶件器；22—弯曲凹模拼块；23—切废凹模拼块；24—冲孔凹模镶块；25—凹模框；26—卸料板；27—弹压导板；29—下垫板；31—下模座；32—垫条；33—螺钉；34—右导料板；35—弯曲凹模；36—左导料板；37—侧刃

说明：图 4-100 所示为接线头滑动导向四导柱模架弹压导板冲孔、切废（裁搭边）、弯曲、落料 6 工位连续式复合模，其主要冲压过程为：第Ⅰ工位冲两个 $\phi3.2$mm 孔；第Ⅱ工位空挡；第Ⅲ工位切除尾部搭边与结构废料，通称切废；第Ⅳ工位弯曲；第Ⅴ工位空挡；第Ⅵ工位落料。实际冲压工步只有 4 个。

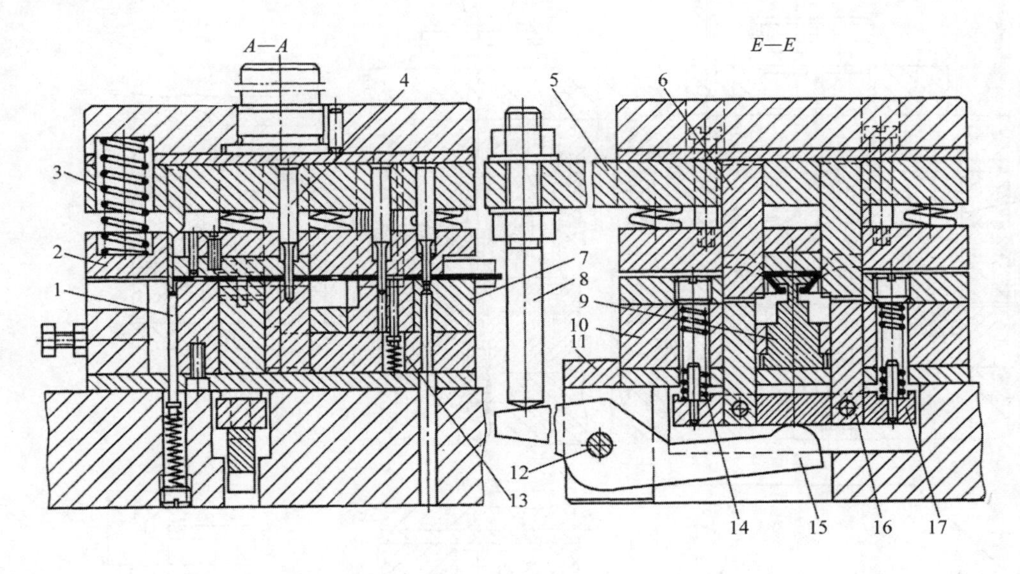

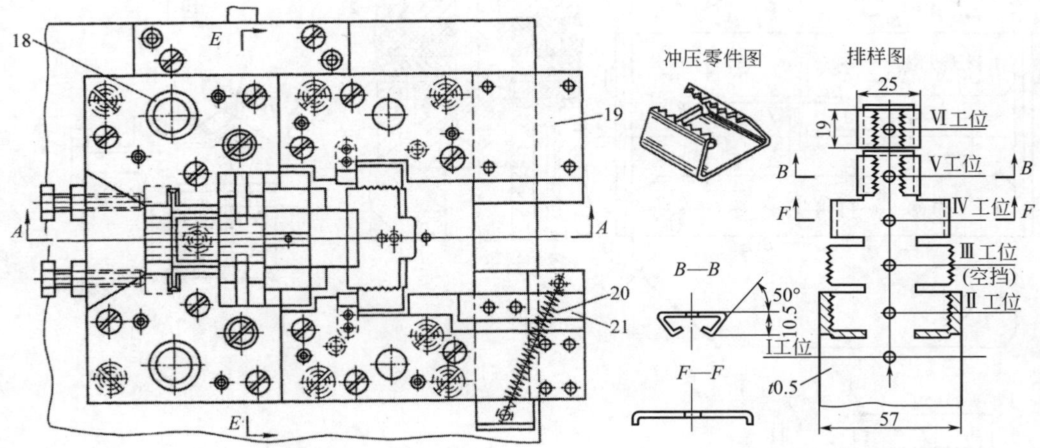

图 4-101 齿夹无模架弹压导板冲外形、连续弯曲、切断连续式复合模

1—顶件器；2—弹压卸料板；3,14—弹簧；4—导正凸模；5—凸模固定板；6—侧弯凸模；7—凹模；8—压杆；9—弯芯；10—凹模框；11—固定台；12—轴；13—可伸缩挡料销；15—撬杆；16—顶杆；17—横梁；18—导柱；19—导料板；20—拉簧；21—侧压板

说明：冲压工艺采用单列横置有搭边直排，用搭边与沿边组合冲切排样，用送进原材料携带工件至各工位冲裁、弯曲成形，最后切断分离并弯出侧面短边。具体工位及冲压工步见排样图。

这套 6 工位 5 工步的连续式复合模的冲压过程如下：

条料入模后，先冲孔、冲切沿边与搭边，再二次弯曲成形，最后切断分离并弯出侧面短边，进行复合冲压。工步顺序安排顺畅：先冲裁，后弯形，最后切断分离，共 5 个工步，1 个空挡。工位见排样图。其中，值得注意的是，采用二次反向弯曲成形，简化了冲模结构，而且保持诸工位沿送料方向在同一平面呈直线布置，为用携带法实施工位间送进创造了条件。

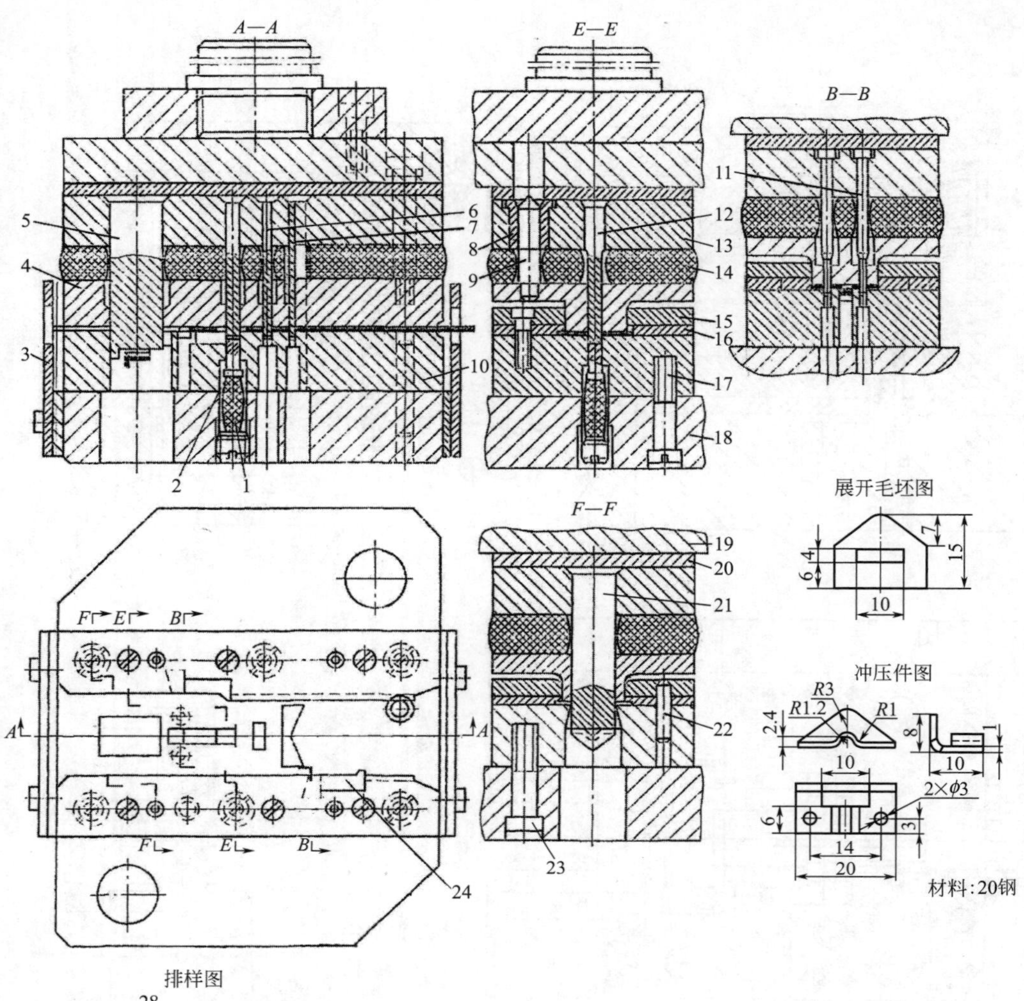

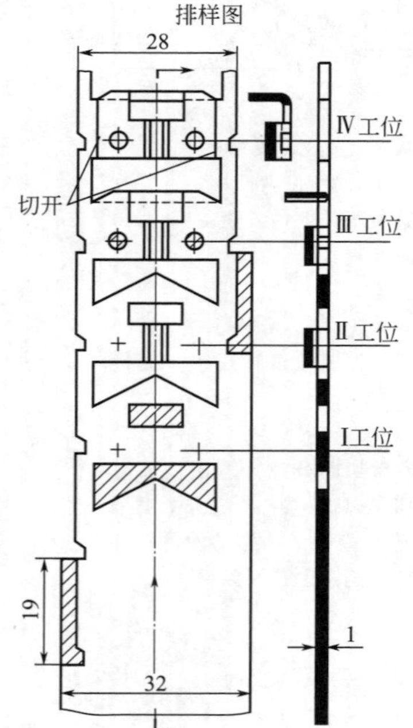

图 4-102 角架滑动导向对角导柱模架弹压导板切废、压筋、弯曲、切开 4 工位连续式复合模

1—导套、导柱；2—顶件器；3—护栅；4—卸料板；5—落料凸模；6—凸模；7—冲三角外形凸模；8—小导套；9—小导柱；10—凹模；11—冲孔凸模；12—压半圆筋凸模；13—凸模固定板；14—橡胶体；15—导料板；16,20—垫板；17,23—螺钉；18—下模座；19—上模座；21—切开凸模；22—圆柱销；24—侧刃

说明：从其排样和工艺工位安排可以看出，冲孔、冲槽用前两个工位，外廓分两工位冲切，用裁搭边法冲切出三角形两边及中间搭边，而后分两工位压弯成形，最后工位冲切两直边，分离出成品冲压件。因冲裁和弯曲工位数多达 3 个，加上第一侧刃空工位及最后切开分离工位，总计工位数多达 5 个（实际工作工位仅 4 个，见排样图），采用了两组标准定距侧刃错开布置于条料两边，以便精确控制送料进距，并能适应连续高速冲压。

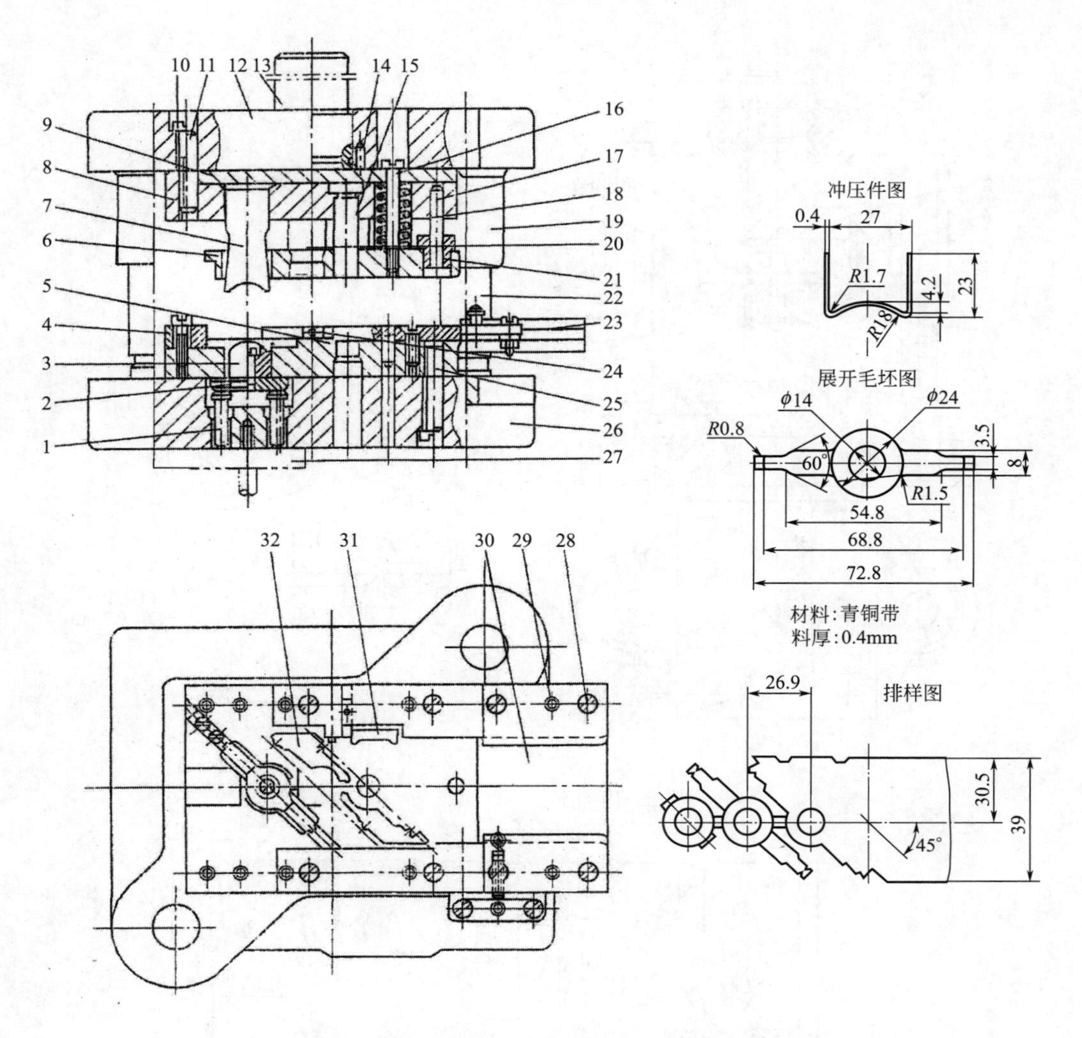

图 4-103　磁心簧滑动导向对角导柱模架弹压导板冲孔、切废、切断弯曲 3 工位连续式复合模

1—顶杆；2,27—顶板；3—弯曲凸模；4—挡板；5—凹模；6—弹压导板；7—切断弯曲凸模；8—固定板；9—垫板；10,28—螺钉；11,25,29—销钉；12—上模座；13—模柄；14—止动销；15—冲孔凸模；16—卸料螺钉；17—小导柱；18—弹簧；19—导套；20—切废凸模；21—小导套；22—导柱；23—导料板；24—侧刃挡块；26—下模座；30—承料板；31—侧刃；32—截边切底凸模

说明：用裁搭边法获取展开平毛坯，用切断分离后弯曲复合冲压，获得合格零件。这两项合格工艺技术使该冲模的结构得以简化而紧凑，仅需冲孔、切废、切断弯曲 3 个工位完成冲压。

该冲模在结构设计上采取了如下几项措施：

①在凸模固定板上装小导柱，与弹压卸料板上装的小导套匹配，构成模芯的第二套精密导向系统，确保冲裁间隙均匀一致，凸、凹模可以精确对准。

②切断弯曲的最后工位不设全覆盖卸料板。因为弯曲成形需要更大的工作空间。同时，也便于弯曲件出模。

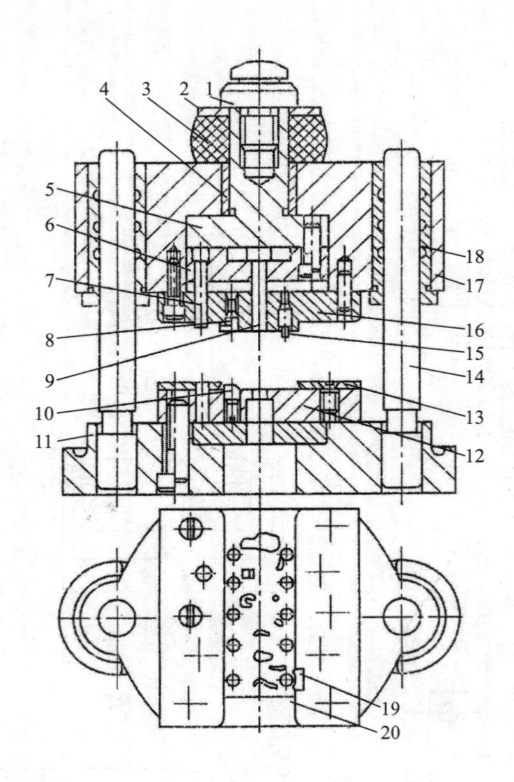

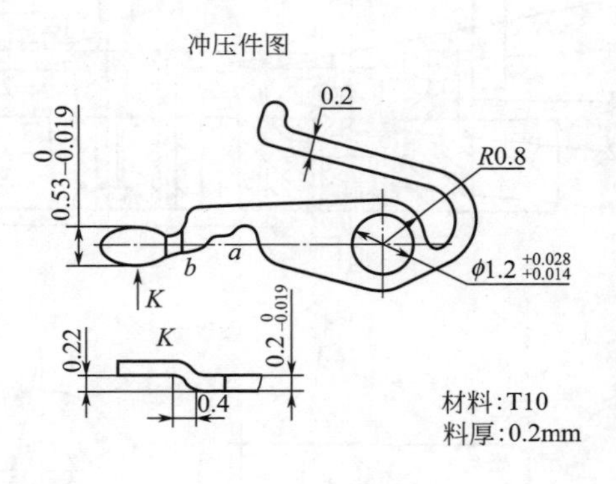

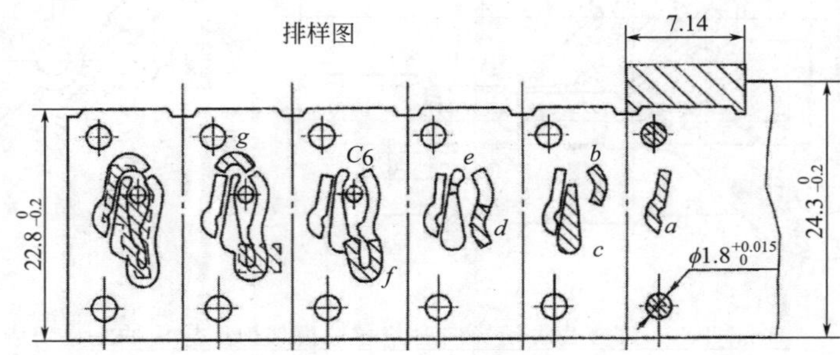

图 4-104 离合杆滑动导向中间导柱模架弹压导板冲孔、切废、压弯、落料 6 工位连续式复合模

1—浮动模柄；2—压圈；3—橡胶环；4—套筒；5—夹座；6—固定板；7—小导柱；8,10—压弯凸模；9—切废凸模；11—下模座；12—凹模；13—导料板；14—导柱；15—导正销；16—导板；17—上模座；18—导套；19—侧刃；20—承料板

说明：该冲模冲制零件材质为 T10 碳素工具钢，料厚 $t=0.2$mm。其冲压工艺是利用工件折弯小、易成形的特点，用工件展开平毛坯排样，用裁搭边切废法分 5 个工位将展开平毛坯周围的结构废料及搭边逐步切除，并在第 5 工位局部压弯，最后在第 6 工位落料，获得成品零件。

由于冲压工艺采用分工位逐步裁搭边切废，所形成的平毛坯外廓是由各工位分段冲切出来的。为保证冲裁线的光滑连接，分工位冲出的工件形状精准，冲模采用凹式侧刃节制送料，控制送料进距 $S=7.14$mm 并设两边载体，用 $\phi\ 18_{0}^{+0.05}$ mm 工艺导正定位孔保证冲压零件尺寸与形位精度。

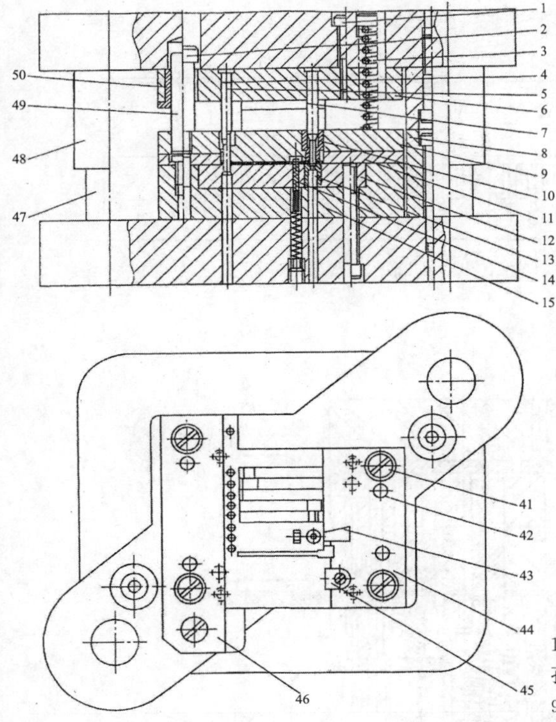

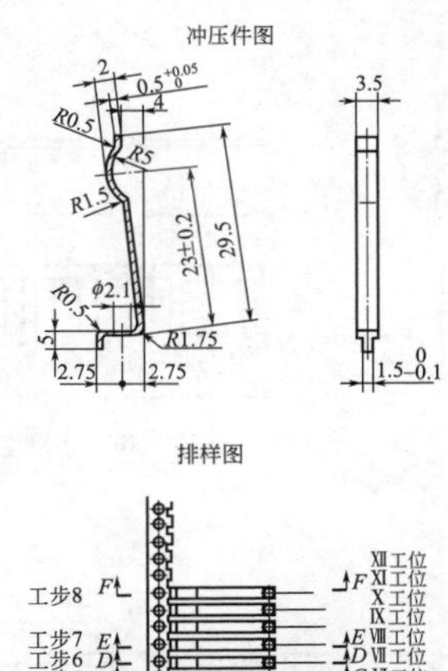

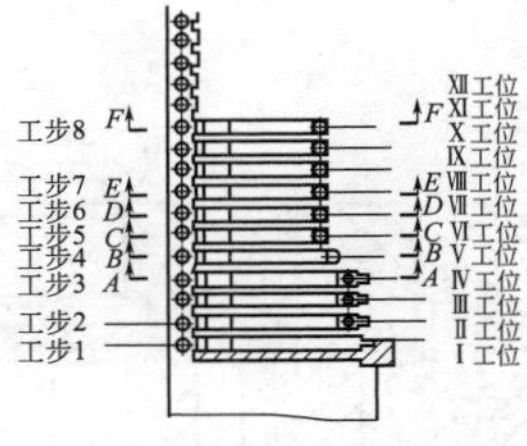

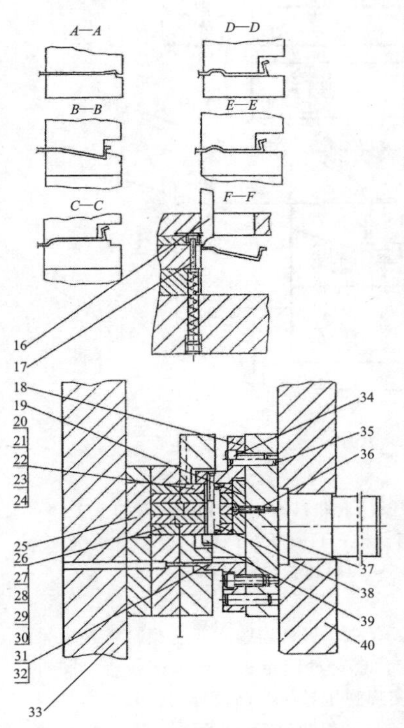

图 4-105　弹簧片滑动导向对角导柱模架弹压导板裁搭边、冲孔、连续弯曲、切断连续式复合模

1,39—内六角螺钉；2—卸料螺钉；3—弹簧；4—冲工艺定位孔凸模；5—导正销；6—固定板；7—冲孔凸模；8—限位柱；9—弹压导板；10—凸模护套；11—导料板；12—凹模镶块；13—冲孔凹模嵌件；14—顶件器；15—凹模框；16—切断凸模；17—伸缩定位销；18—固定板；19—垫板；20—凸模拼块；21—4 工位凸模拼块；22—5 工位凸模拼块；23—6 工位凸模拼块；24—7 工位凸模拼块；25—8 工位垫板；26～30—工位凹模拼块；31—切断工位凸模；32—切断工位凹模；33—凹模框；34,36,41—螺钉；35,38,42—销钉；37—模柄；40—上模座；43—侧刃；44—右导料板；45—压块；46—左导料板；47—导柱；48—导套；49—小导柱；50—小导套

说明：该冲模有 11 个工位、8 个工步，其结构具有典型性，其冲压零件尺寸小、形状复杂，详见图中的冲压件图。其材料为锡青铜 QSn6.5-0.1，料厚 $t=0.5^{+0.05}_{0}$ mm，采用带料连续冲压一模成形。

该冲模冲压工步及空工位运作过程如下：

①Ⅰ工位用成形侧刃冲切展开毛坯半边，对送进带料进距限位，控制送料精度，并冲出工艺定位孔，这是第一步冲压工步。

②Ⅱ工位由导正凸模插入工艺定位孔校正定位，冲另一端 $\phi2.1$mm 小孔，完成第二冲压工步。

③Ⅲ工位空挡。

④Ⅳ工位（见 A—A 剖视图）弯曲左端 1.5mm×3mm 处 90°弯角，即第三工步。

⑤Ⅴ工位（见 B—B 剖视图）弯曲工件的负角，这是第四工步。

⑥Ⅵ工位（见 C—C 剖视图）弯曲一侧圆角 R5mm，即第五工步。

⑦Ⅶ工位（见 D—D 剖视图）弯曲另一端圆角 R0.5mm 并校平，即第六工步。

⑧Ⅷ工位（见 E—E 剖视图）整体 R5mm 圆弧及 R0.5mm 剖位，这是第七工步。

⑨Ⅸ工位空挡。

⑩Ⅹ工位空挡。

⑪Ⅺ工位切断分离出成品，见 F—F 剖视图。

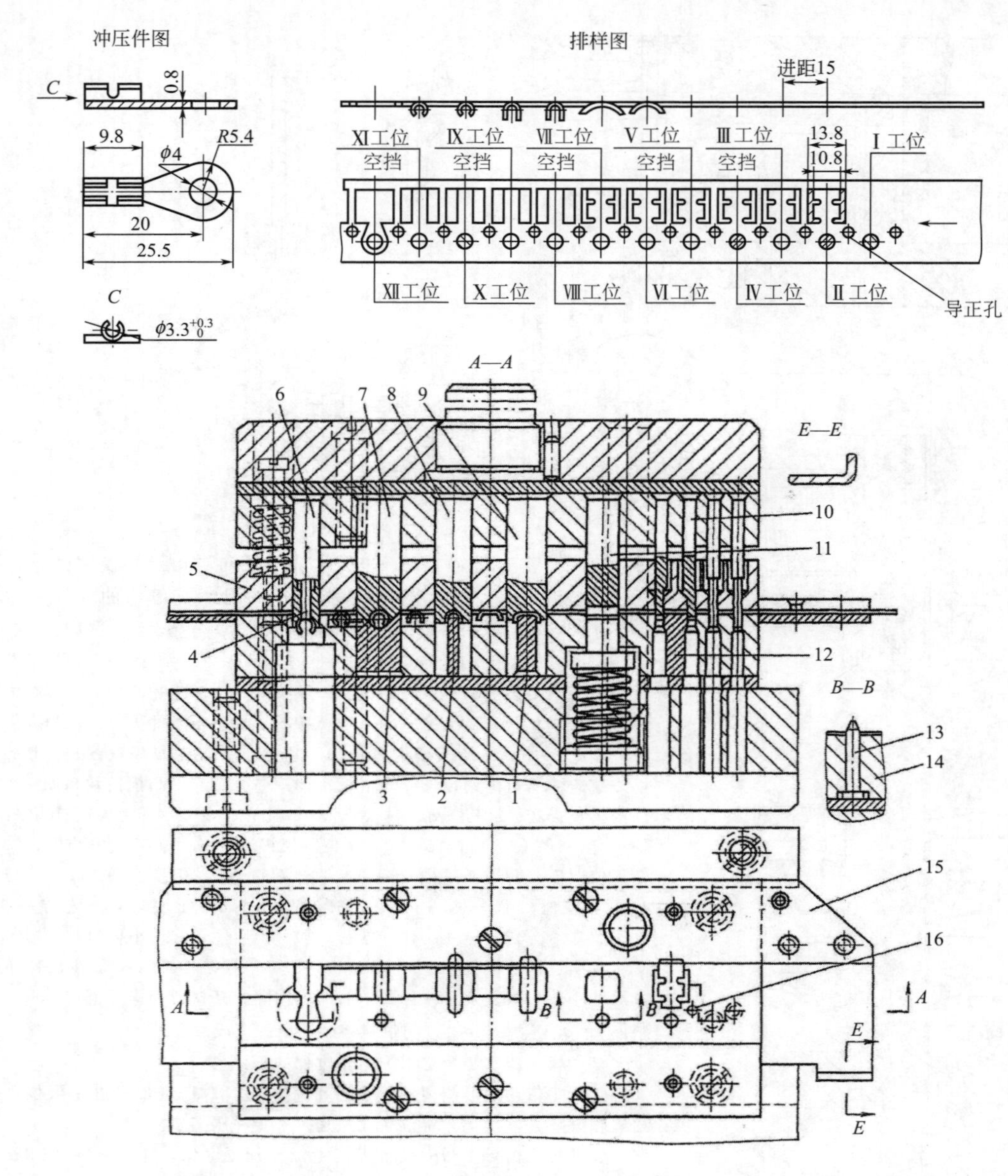

图 4-106　接线头无模架弹压导板冲孔、切废、切开、连续弯曲、落料 12 工位连续式复合模

1—压形凸模；2—弯形凸模；3—弯圆凸模；4—落料凸模顶杆；5—卸料板；6—落料凸模；7—弯圆凹模；8—弯形凹模；9—压形凹模；10—切口凸模；11—切开凸模；12—凹模；13—下置导正销；14—凹模；15—导料板；16—工艺定位孔凸模

说明：图 4-106 所示为接线头无模架弹压导板冲孔、切废、切开、弯曲、落料连续式复合模。该冲模采用弹压卸料导板式结构，将导柱装在凹模板上，使其进入卸料板导套，直穿过固定板，形成凹模板、卸料板、固定板三板同柱，确保凸模有精准导向。在不同模架的情况下，实现弹压导板为凸模导向。其冲压过程是：第Ⅰ工位冲工件环首 ϕ4mm 孔和工艺定位导正孔；第Ⅱ工位切除工件尾部凹口废料；第Ⅲ工位空挡；第Ⅳ工位切开；第Ⅴ工位空挡；第Ⅵ工位预弯形；第Ⅶ工位空挡；第Ⅷ工位弯曲；第Ⅸ工位空挡；第Ⅹ工位弯成形；第Ⅺ工位空挡；第Ⅻ工位落料。共计 7 个冲压工步，5 个空挡工位，构成 12 工位连续式复合模。

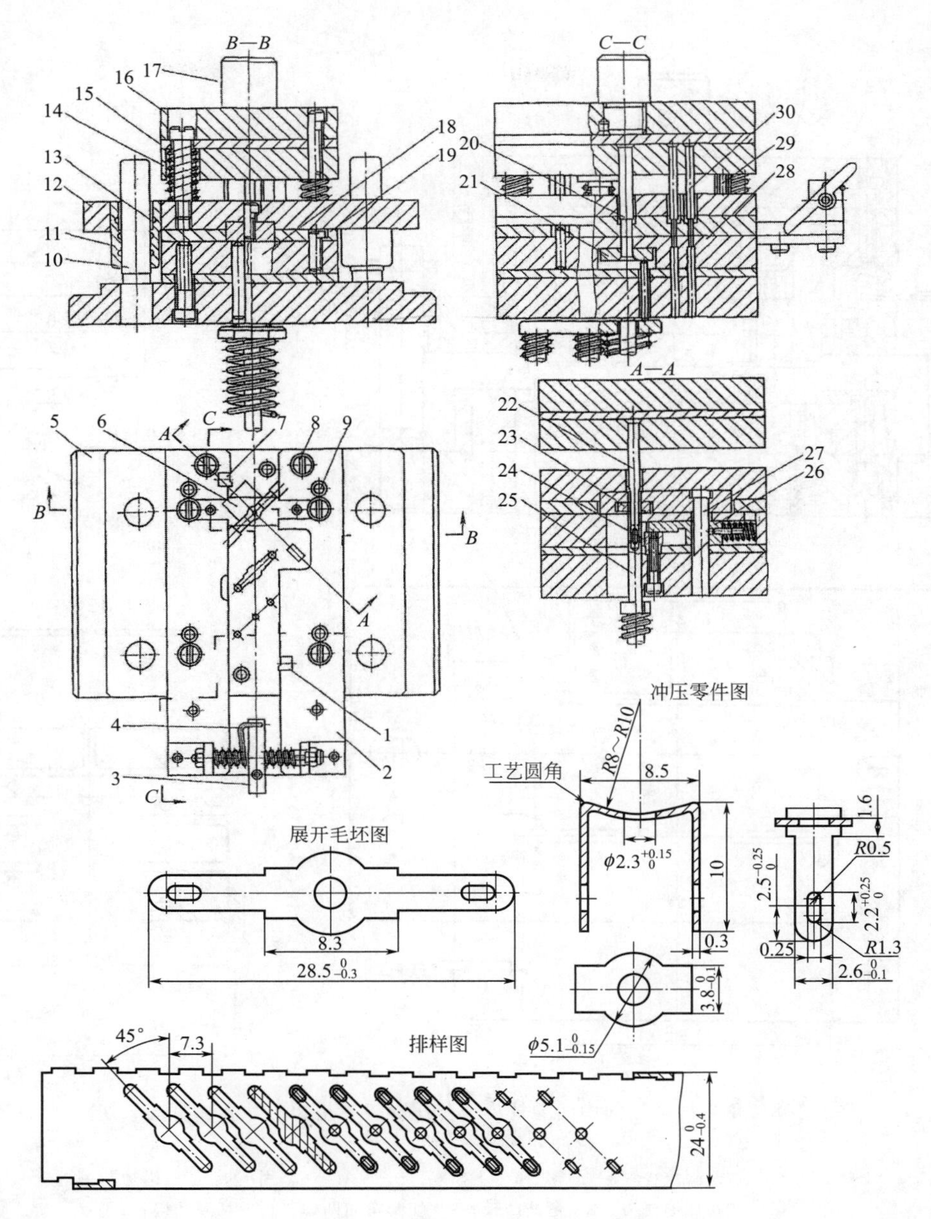

图 4-107　引出片滑动导向四导柱模架弹压导板冲孔、落料、弯曲成形 10 工位连续式复合模

1,7—单角侧刃；2,13—导料板；3—校平压板；4—扭簧；5—下模座；6—卸料板；8—螺钉；9—圆柱销；10—导柱；11—导套；12—导板；14—固定板；15—垫板；16—上模座；17—模柄；18—弯曲凹模；19—右导料板；20—落料凸模；21—推板；22—弯曲凸模；23—弯曲凸模导板；24—推件挡块；25—顶杆；26—楔滑块；27—斜楔；28—凹模；29—侧刃；30—冲孔凸模

说明：该冲压件为变形⊓形弯曲件，展开平毛坯细长。为节省材料，采用左斜 45°有搭边排样，主要冲压工艺工步为：冲孔、落料、一次弯曲成形。为提高冲压精度，展开平毛坯整体落料能确保冲压件中心孔与外形的同轴度、位置度及尺寸精度。该冲模运作过程是：入模条料首先经侧刃切边定位，控制送料进距；第 2 工位冲孔；由于冲孔后要整体落料，冲孔与落料冲裁刃口因搭边很小，相距太近，刃口壁厚太小，特在冲孔工位后加一个空工位，则在这空挡工位后，实施整体落料平毛坯，靠凹模下的弹顶系统将落料的毛坯反向顶回原搭边框中，由送进材料携带将展开平毛坯送至后续工位进行冲压。

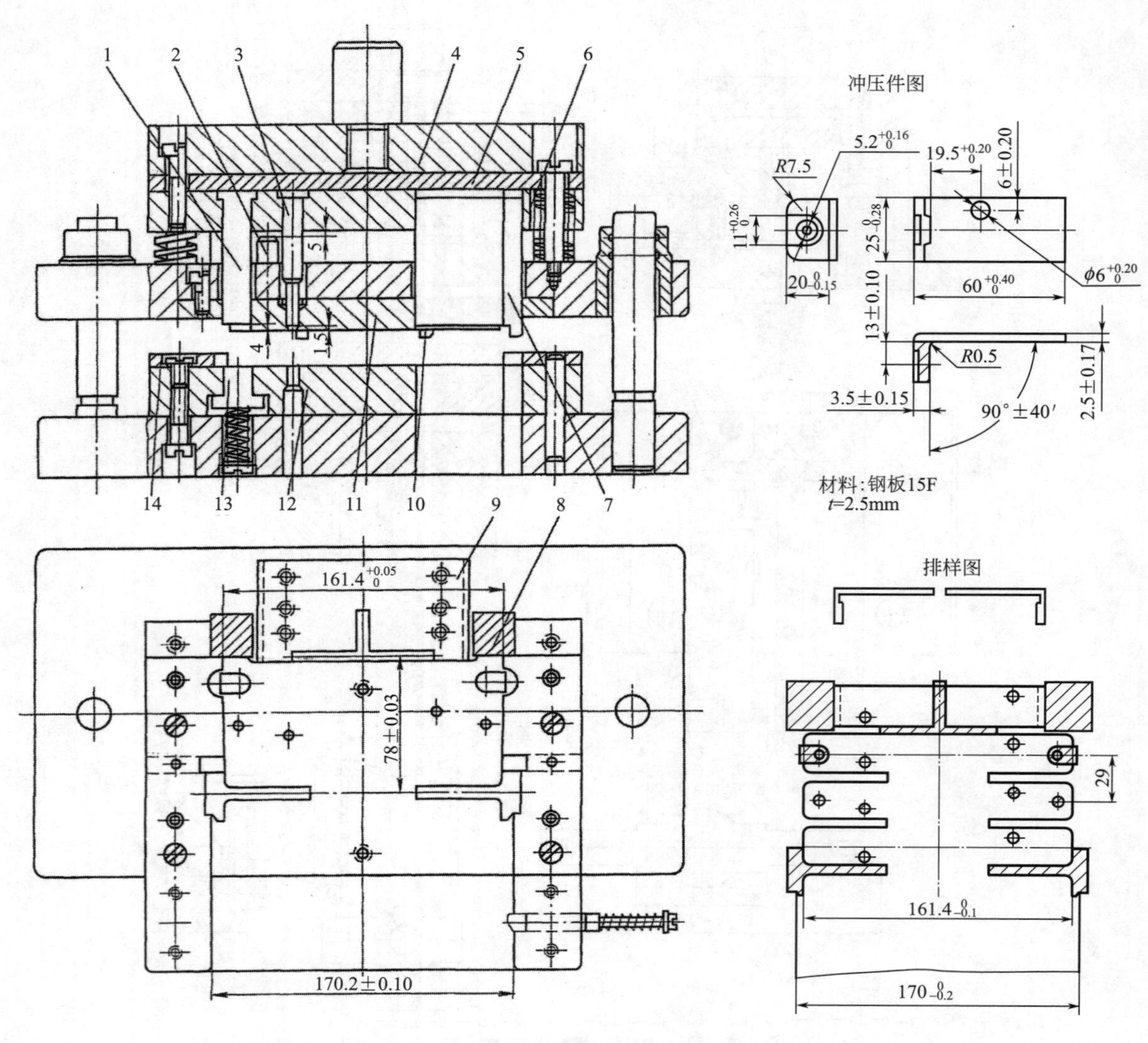

图 4-108　角架滑动导向中间导柱模架弹压导板裁搭边、冲孔、打凸、切断弯曲 4 工位连续式复合模

1—打凸凸模；2—限位柱；3—凸模；4—上模座；5—垫板；6—固定板；7—沿边与搭边组合冲切成形侧刃；8—弯曲凸模；9—切断弯曲凹模；10—切断凸模；11—弹压卸料板；12—凹模；13—顶件器；14—导料板

说明：图 4-108 所示为角架弹压导板四工位连续式复合模，所冲压的零件是一个单角 90°弯曲角，利用成形侧刃，通过裁搭边获取冲压件展开平毛坯成形外廓，经打凸成形后，弯曲并切断分离成两冲压件出模。

该冲压件采用裁搭边切形、冲孔、打凸、弯曲并切开分离四个工步。该冲压件尺寸和形位精度都有较高要求，冲压工艺采用四个工步连续冲压，且最后一个工步为弯曲与切断分离复合冲压。排样设计采用裁搭边与沿边冲切成冲压件展开平毛坯外廓，留下少量中间搭边连接各工步，以实施用送进原材料携带工件至各工步。

4.4.6 滚动导向滚珠导柱模架弹压导板冲裁、弯曲多工位连续式复合模（图4-109～图4-113）

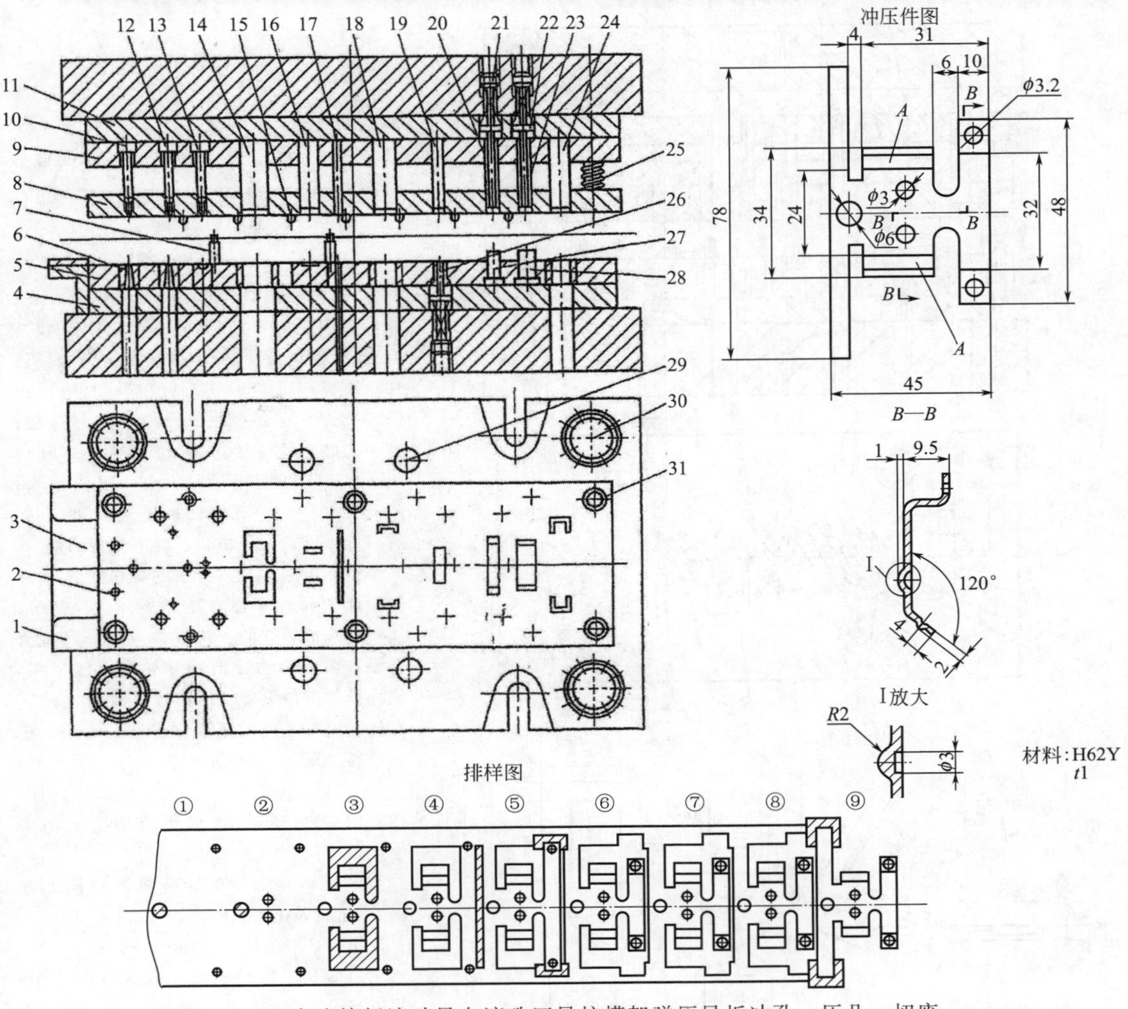

图 4-109 小连接板滚动导向滚珠四导柱模架弹压导板冲孔、压凸、切废、连续弯曲、落料 9 工位连续式复合模

1—导料板；2—抬料钉；3—承料板；4—下垫板；5—凹模固定板；6—凹模镶块；7—导料钉；8—卸料板；9—上固定板；10,12—冲孔凸模；11—上垫板；13—冲凸台凸模；14,17,18—冲外形凸模；15—导正销；16—冲半圆凸模；19,27,28—弯曲凹模；20,23,26—弯曲凸模；21—调整销；22—顶料板；24—切断凸模；25—弹簧；29—限位柱；30—导柱滚珠、导套；31—小导柱、导套

说明：还有冲异形孔、起伏压凸、成形、多向弯曲等，共设有 9 个工位，其运作过程如下：

①第 1 工位冲 ϕ6mm 和两个 ϕ3.2mm 导正孔；

②第 2 工位用导正销精定位，冲两个小凸台 ϕ3mm×R2mm。此后各工位均用导正销精定位。

③第 3 工位切废获部分外廓形状；

④第 4 工位压两个半圆槽，冲压件图所示 A 处；

⑤第 5 工位切废获制件两边外形；

⑥第 6 工位弯曲制件 10mm 宽处，第 1 次弯成⌐¬形；

⑦第 7 工位弯曲宽 10mm 处第 2 次弯成⌐⌐形；

⑧第 8 工位，弯曲制件中部 120°部分；

⑨第 9 工位冲切除制件两端废料，成品件出模。

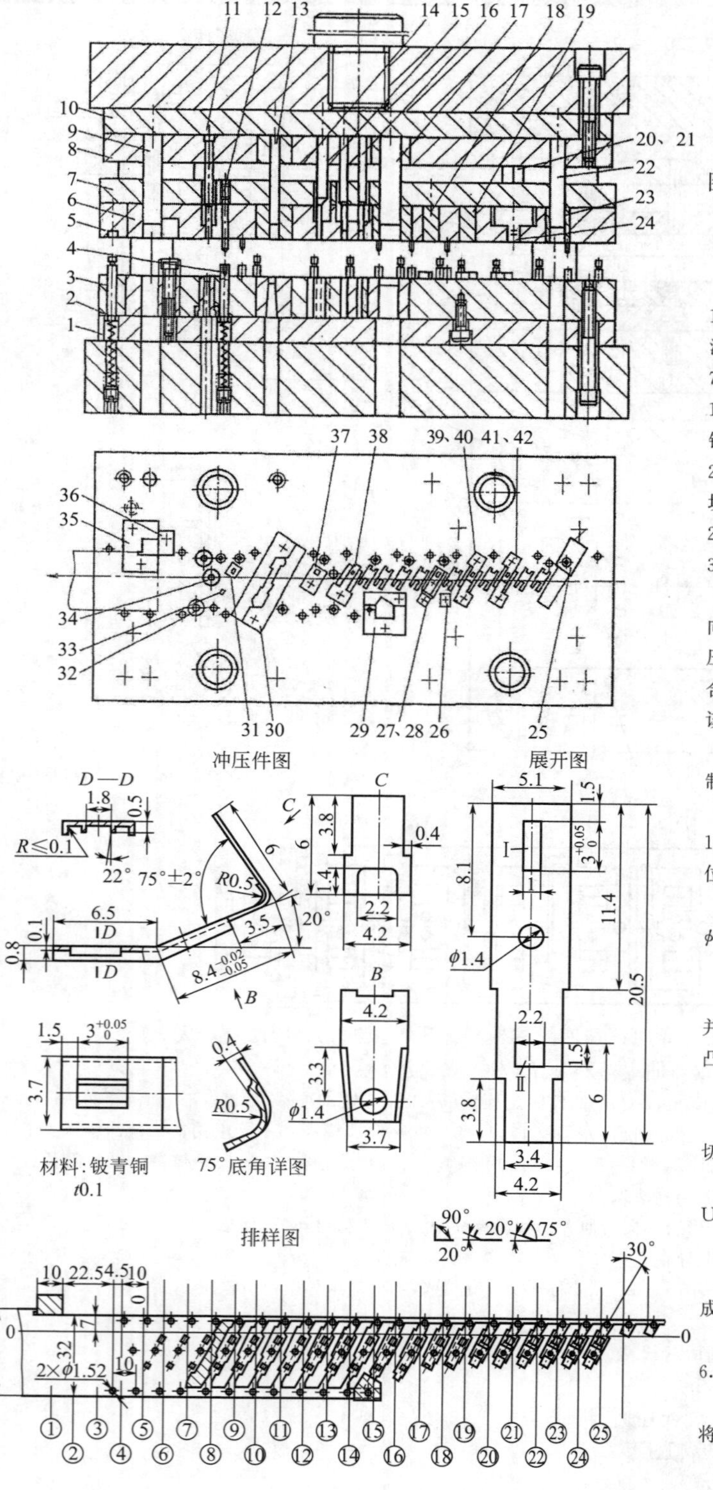

图 4-110 导电片滚动导向滚珠四导柱模架弹压导板冲孔、切废、压包、成形、弯曲、落料 25 工位连续式复合模

1—凹模垫板；2—凹模；3—导料杆；4—浮动顶杆；5—卸料板；6—卸件板镶块；7—卸料板垫板；8—上固定板；9—侧刃；10—垫板；11，13～17—凸模；12—导正销；18，19，21—弯曲凸模；20—斜楔；22—切断凸模；23—镶块；24—成形滑块；25—切断凹模镶块；26—限位镶块；27，28，40～42—弯曲凹模镶块；29～35，37～39—冲裁凹模镶块；36—侧刃挡块

说明：图 4-110 所示的导电片滚动导向滚珠四导柱模架弹压导板冲孔、切废、压包、成形、弯曲、落料 25 工位连续式复合模，采用滚动导向四导柱高精度模架，该冲模的工位设置及运作过程如下：

①第 1 工位用矩形侧刃冲切沿边，控制送料进距 $S=10$mm；

②第 2、3、7、9、10、12、14、16、17、19、21、23、24 诸工位均为空挡工位，总计 13 个空挡工位；

③第 4 工位为在带料两侧载体上冲 $\phi1.52$mm 导正销孔两个；

④第 5 工位冲 $\phi1.4$mm 小孔；

⑤第 6 工位冲矩形小孔 3mm×1mm 并压凸台 1.5mm×2.2mm×0.3mm，压凸台即 75°角部的预成形；

⑥第 8 工位切废；

⑦第 11 工位，按冲压件图 D—D 剖切口、扳边；

⑧第 13 工位，弯制件两侧 0.8mm 高 U 形；

⑨第 15 工位，单边切断；

⑩第 18 工位，制件 6mm 长一端弯成 90°；

⑪第 20 工位，制件 8.4mm 一段和 6.5mm 段弯成 20°；

⑫第 22 工位，整形 20°和 75°角成形，将 90°整形成 75°；

⑬第 25 工位，切断。成品工件出模。

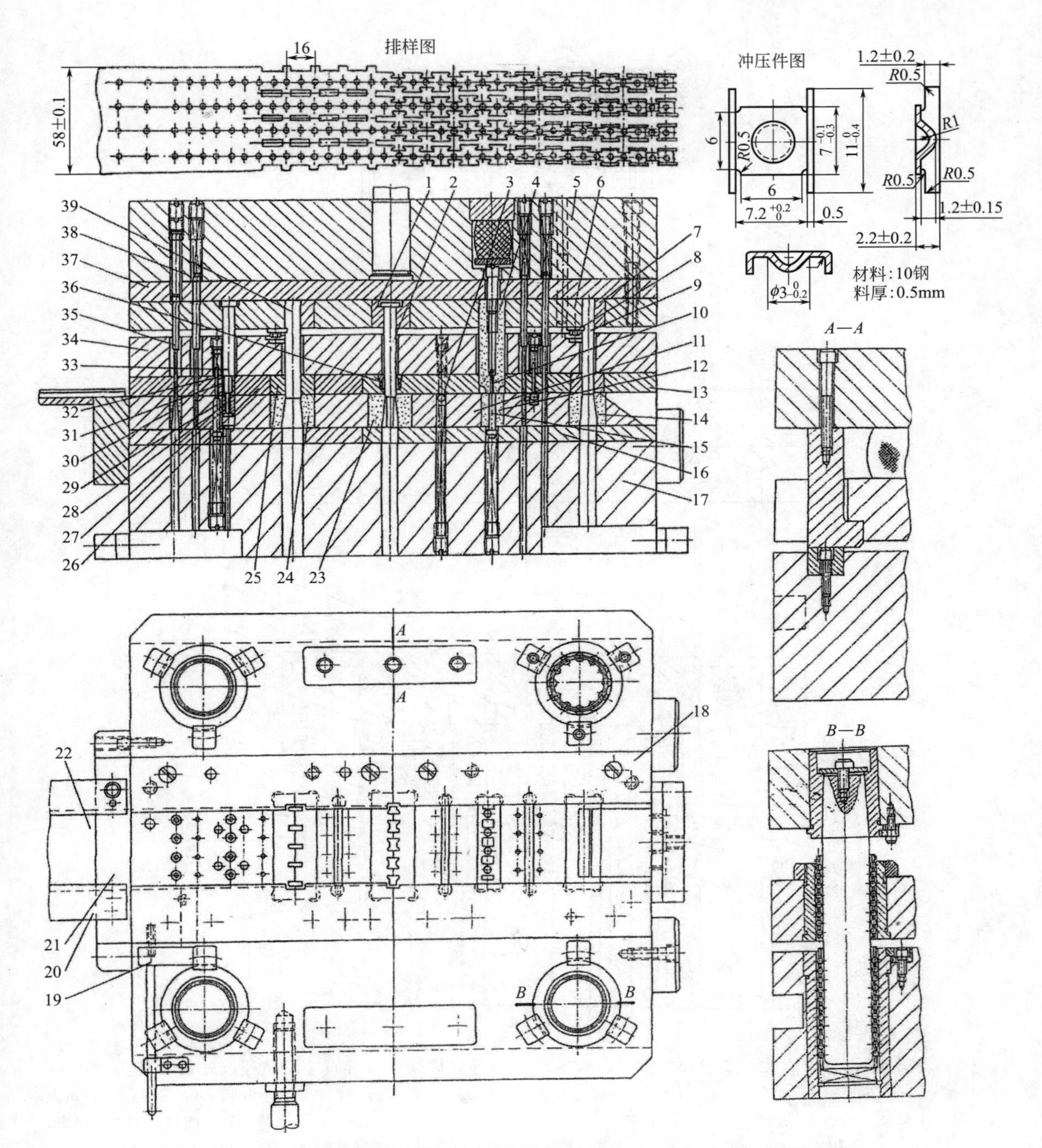

图 4-111　导向座滚动导向滚珠四导柱模架弹压导板冲孔、压凸、连续切废、弯曲、落料 20 工位连续式复合模

1,6,7—固定板；2,4,9,33,35,39—凸模；3—弹簧钉；5—上模座；8—压板；10—顶杆；11—凹模座；12,14,30—凹模；13,25,26,34—卸料板；15—托料钉；16—下垫板；17—下模座；18,20—导料板；19—初始定位装置；21—压板；22—承料板；23,24—凹模拼块；27—冲头；28—钢套；29—顶料钉；31—钢套；32—弹钉；36—镶件；37—垫板；38—导正钉

说明：该冲模共 20 工位，同时出 4 件，各凹模拼块 12、14、23、25、30 及弯曲凸模 4 采用硬质合金。其主要工作工位为：1 导正冲孔，3 冲凸台，7、11 冲切外形，16 弯曲，20 落料，其余均为导正或空工位。条料由手动初始定位装置进行初定位，在导正钉 38 的导正下（共 8 步），保证了送料步距。模具采用四导柱滚动导向模架，导柱为倒装可卸式。各硬质合金凹模拼块均镶入凹模拼块座 11，再压入下模座 17 中，两端用压板 21 压紧。卸料板采用双层固定于板体 34 的镶拼结构，固定板也采用拼块结构。冲裁凸模过盈配合，用横销或压板 8 及螺钉固定，弯曲凸模 4 采用浮动式，刃磨时可方便地卸下。下模设有托料钉 15，顶料钉 29，卸料板装有弹钉 32，可防止条料粘于卸料板上。模具中还装有安全监测导钉（未画出）。

工件料厚 10 钢板，厚度 0.5mm。

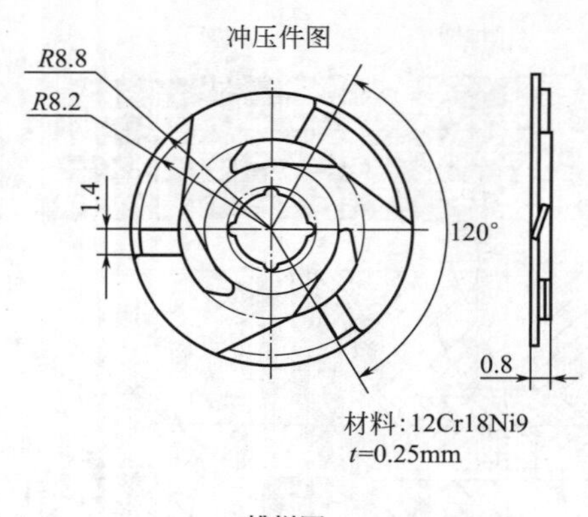

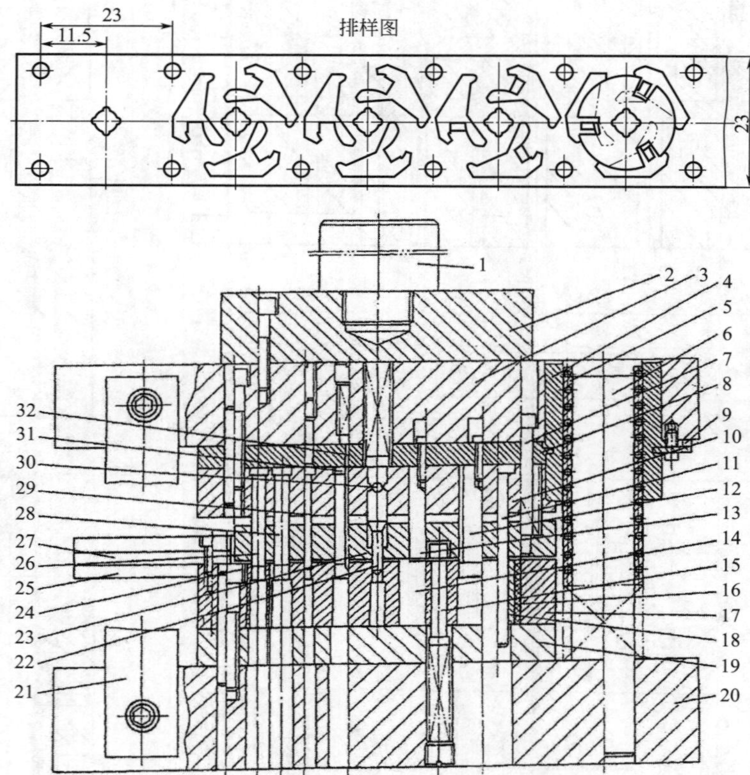

图 4-112 钟表元件二轮压簧滚动导向滚珠对角导柱模架弹压导板 5 工位连续式复合模

1—模柄；2—模柄座；3—上模座；4—导套；5—保持圈；6—导柱；7—卸料板螺钉；8—上垫板；9—压板；10—固定板；11—小导柱；12—落料凸模；13—压弯凸模；14—压弯凹模；15—导料销；16—环氧树脂；17—凹模；18—小导套；19—下垫板；20—下模座；21—定位卡板；22—检测凸模；23—卸料板；24—凹模镶件；25—支承板；26,28,31—凸模；27—导料板；29—导正钉；30—检测杆；32—推料杆

说明：钟表元件二轮压簧材料为 12Cr18Ni9 不锈钢，厚度 0.25mm，零件精度高，采用级进模结构，使用于 400kN 自动压力机。

第 1 工位由凸模 26、28 冲中心孔及两导正孔，第 2 工位由凸模 31 冲外形，第 3 工位由检测凸模 22、检测杆 30 作安全监测，第 4 工位由压弯凸模 13、压弯凹模 14 进行弯曲，第 5 工位由落料凸模 12 落料。

模具采用两幅滚动导向元件、固定板 10 与各凸模间为浮动式固定（单面间隙 15～20μm），在件 10、23、17 间由 4 个小导柱 11 及导套 18 滑动导向，卸料板与各凸模的单面间隙＜5μm。条料由自动送料装置供料，由导料销 15 顶料、引导，由导正钉 29 定位，发生故障由件 22、30 及外接电器切断电源实施保护，定位卡板 21 是运输时起保护作用的。

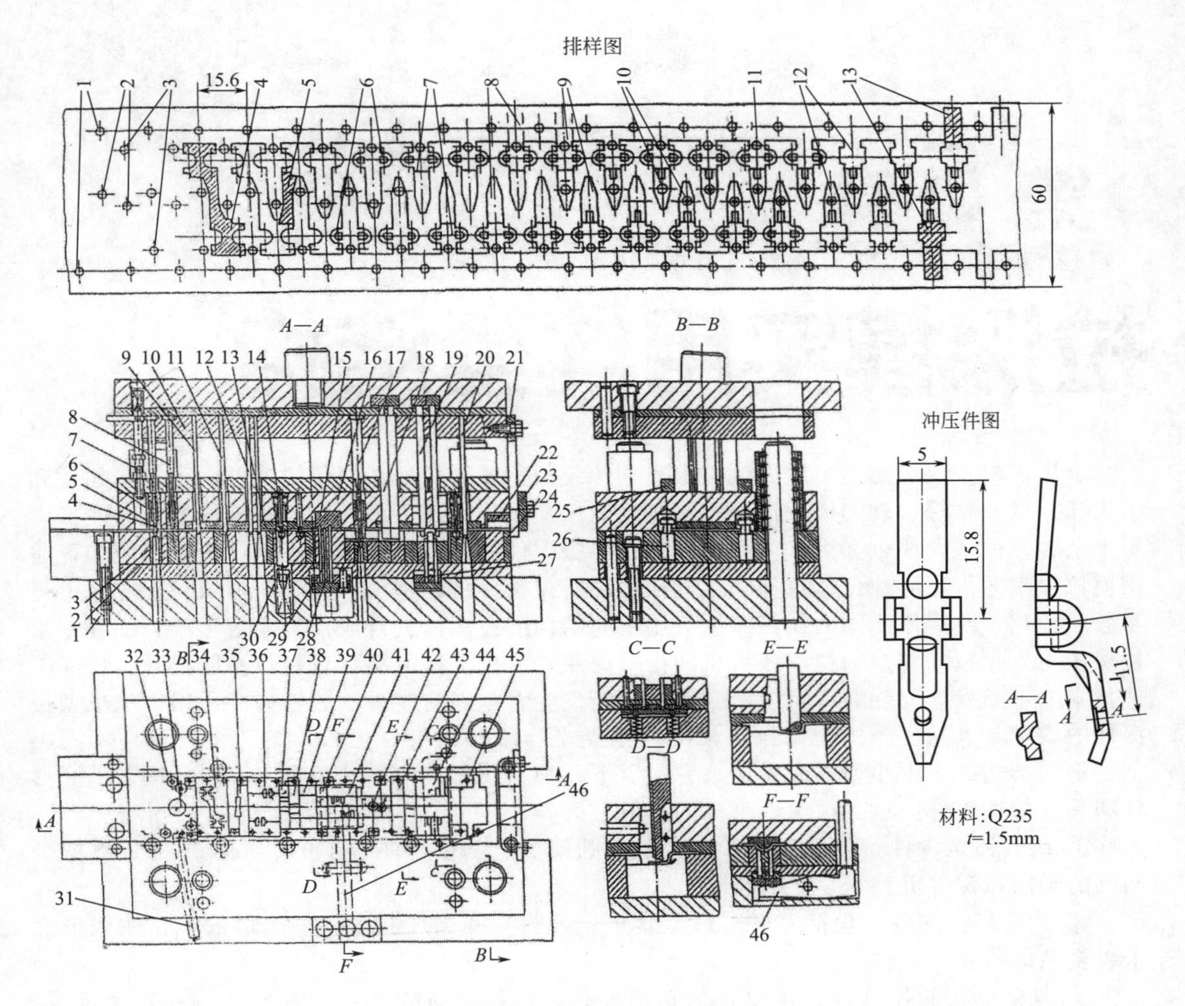

图 4-113　动触座滚动导向滚珠四导柱模架弹压导板冲孔、压印、切废、连续弯曲、落料 18 工位连续式复合模

1—下模座；2—凹模套；3，32，33，42—凹模镶套；4，8，9，11，12，17～20，28—凸模；5—护套；6—凸模套；7—安全装置；10—固定板；13—护板；14—导正钉；15—卸料板镶件；16—卸料板；21—废料切刀；22—导向板；23—支架；24，34～41，43～45—凹模拼块；25—盖板；26—导料杆；27—反推杆机构；29—定位件；30—顶料器；31—初始挡料装置；46—等臂杠杆机构

说明：该 18 工位连续模采用四导柱导套滚动导向模架，导套用环氧树脂黏结固定于卸料板上，凸模为浮动式，卸料板上的精密导向孔也是采用环氧树脂浇筑而成（弯曲凸模及圆凸模形孔除外）。其主要工序为：1 冲导正孔；2、3 压印；4、5 切废冲外形；6 冲孔；7 一次弯曲；8 二次弯曲；9 压凸；10 冲圆孔；11 三次弯曲；12 四次弯曲；13 落料（见排样图），其余为空工位或导正工位共 5 个。条料由导正钉 14 及导料杆 26 定位导正，下模设有顶料器 30，使条料送进时不紧贴凹模，便于送给。30 个导正钉中有 9 个带有卸料套，可避免条料粘贴上模。在弯曲凸模 18、19 上装有垂直及水平微调机构，以调节凸模的高度及水平位置，见 D—D、E—E 剖视图。在压凸工位的下模装有可向上运动的等臂杠杆机构 46，见 F—F 剖视图。在第 4 次弯曲成形工位的下模设有反推杆机构 27，见 C—C 剖视图，可使成形工件顺利地离开下模。

第5章 拉深模实用典型结构

金属板料拉深成形的工艺方法很多，除传统的不变薄拉深、变薄拉深外，还有诸如：充水拉深、橡胶拉深、软凹模拉深、压缩空气拉深、爆炸拉深成形、水电拉深成形、温差拉深等十余种，但适合成批和大量生产中小型板料拉深件的拉深工艺方法，至今仍是传统的普通钢模拉深工艺占主导地位。这类全钢拉深模随着拉深件材料种类、料厚、形状与尺寸等工艺参数的变化，要采用不同的拉深方法使用不同结构的拉深模进行成批与大量生产。随着专用拉深压力机、双动与多动拉深压力机的推广应用，深拉深钢板品种更新与性能提升、拉深工艺技术的不断发展与创新、拉深模结构也不断发生着创新与改进。尽管如此，用于中小型拉深件的成批与大量生产的全钢拉深模的基本类型与结构没有发生根本的改变。各种不同类型、不同结构的大中小型拉深模用来完成以下几种不同材料、不同类型、不同结构、不同形状和尺寸的拉深件。这类拉深件可分为如下三大类。

① 旋转体拉深件，包括圆筒形、台阶式圆筒形、侧壁为曲线形的、截锥形的、侧壁旁凸形的圆筒拉深件五种。

② 盒子形拉深件，包括方形与矩形盒子、长圆与椭圆形盒子、多边形盒子、曲线形盒子、复杂形状盒子五种。

③ 复杂形状的拉深件，主要是汽车覆盖件，包括：对称于一个平面的，如发动机罩、前后围板；不对称的，如侧围板、车门内外板；带凸缘的，如车门等。

拉深模的类型随着拉深工艺技术的改进与提升，拉深模结构的改进也变得繁杂而且千变万化。如用压边圈拉深和不用压边圈拉深、用平压边圈和用锥形压边圈或带筋压边圈拉深；又如用无导向敞开式拉深模和用有导向的拉深模、用导板导向的导板式拉深模和用导柱导向导柱拉深模；用滑动导向导柱模架还是滚动导向滚珠导柱模架等。

拉深模按其完成工艺工序的组合方式也可分为：单工序拉深模、多工位连续拉深模、单工位多工步复合拉深模。在线单工序拉深模数量远较复合拉深模和多工位连续拉深模为多。这是因为拉深成形的变形程度随着拉深件的尺寸和立体形状的变化而变化，特别是复杂形状的拉深件和高度大的拉深件多数不宜用复合模与多工位连续模拉深成形，有的多次拉深件还要在拉深几次后中间退火，只能用单工序拉深模冲制。

根据拉深模结构特征，还可依上述三类拉深模为基础，进一步细化分类。其中，多工位连续拉深模自动化机械化程度高、操作安全、生产效率高、成本低，应用日广，是现代冲压技术的发展方向。

5.1 无导向敞开式单工序拉深模

5.1.1 无导向敞开式无压边单工序拉深模（图 5-1～图 5-8）

(1) 坯件浅圆筒拉深件无导向敞开式无压边单工序通用模座拉深模

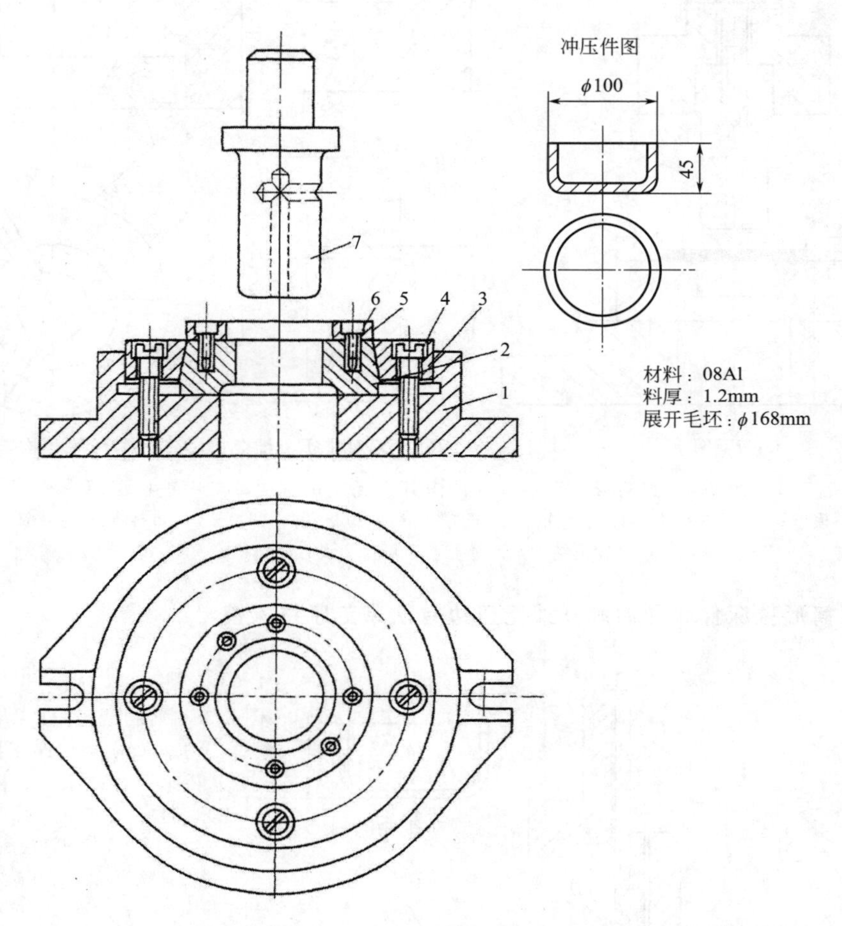

图 5-1　挤压坯件浅圆筒拉深件无导向敞开式无压边单工序通用模座拉深模

1—通用下模座；2—拉深凹模；3—内锥孔压环；

4，6—螺钉；5—定位板；7—拉深凸模

说明：用于挤压件杯状坯的一次拉深成形，也可用于圆筒形拉深件的一次拉深成形或首次拉深。

(2) 圆筒形拉深件无导向敞开式无压边首次单工序正拉深模

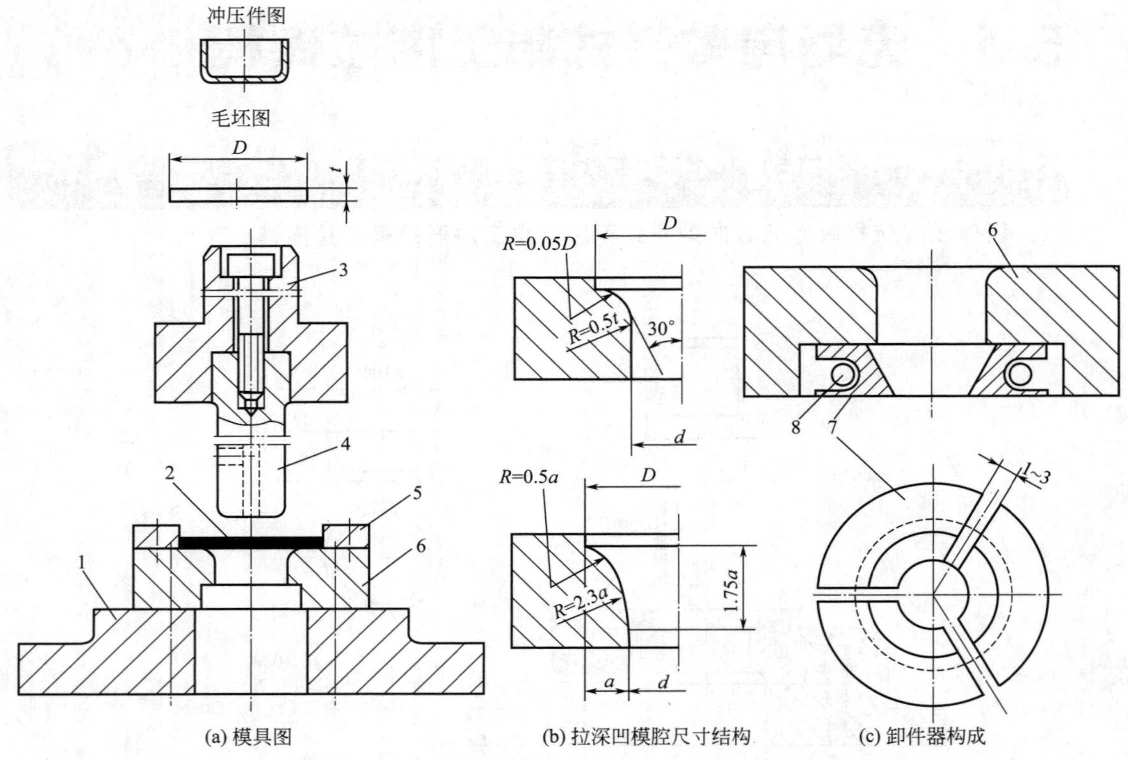

图 5-2 圆筒形拉深件无导向敞开式无压边首次单工序正拉深模

1—下模座；2—拉深件毛坯；3—模柄；4—凸模；5—定位板；6—凹模；7—卸料圈；8—弹簧或橡胶

说明：该冲模结构及凹模腔参数可作为设计同类拉深模参考。

(3) 圆筒形拉深件无导向敞开式无压边首次单工序拉深模

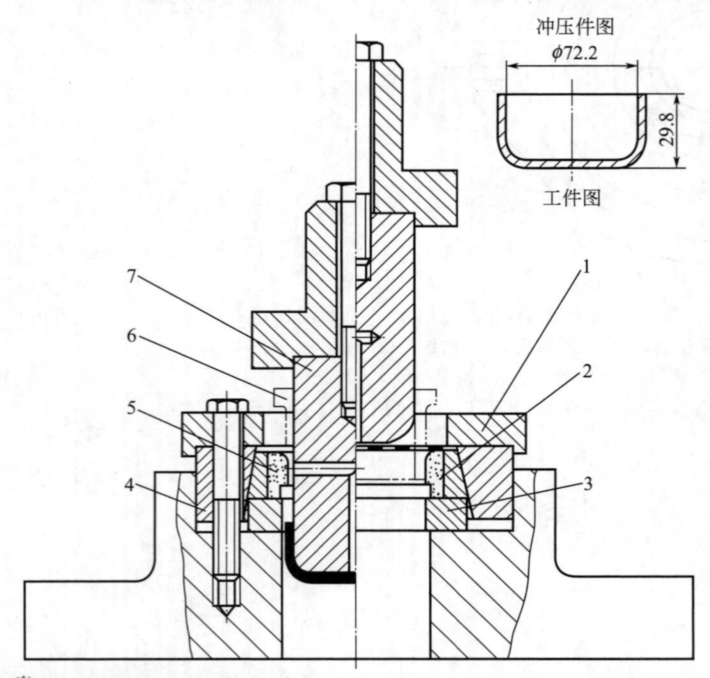

图 5-3 圆筒形拉深件无导向敞开式无压边首次单工序正拉深模

1—定位板；2—凹模套圈；3—垫板；4—锥孔压块；5—凹模；6—装模定位圈；7—凸模

说明：该模具没有压边装置，因此适用于拉深变形程度不大，相对厚度（t/D）较大的零件。凹模采用硬质合金压套在凹模套圈内，然后用锥形压块紧固在通用下模座内，硬质合金凹模比 Cr12 凹模的寿命提高近 5 倍。毛坯由定位板定位。模具没有专门卸件装置。靠工件口部拉深后弹性恢复张开，在凸模上行时被凹模下底面刮落。

为了保证装模时间隙均匀，还附有一专用的校模定位圈（图中以双点划线表示），工作时，应将校模定位圈拿开。

(4) 圆筒不锈钢 12Cr18Ni9 套无导向敞开式无压边单工序锥形凹模正拉深模

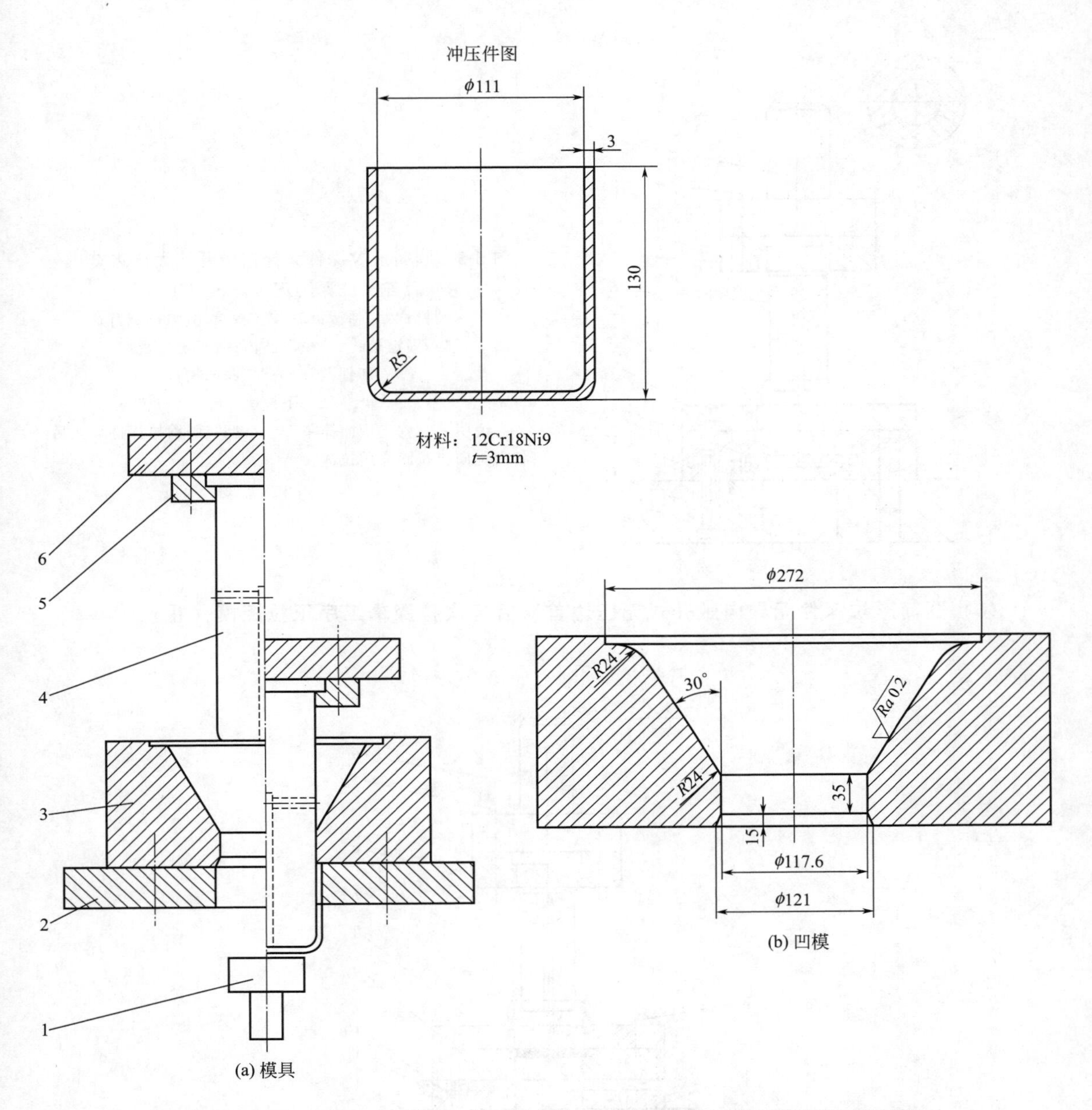

图 5-4　圆筒不锈钢 12Cr18Ni9 套无导向敞开式无压边单工序锥形凹模正拉深模

1—顶杆；2—下模座；3—凹模；4—凸模；5—固定板；6—上模座

说明：本模具安装在 1000kN 液压机上使用。工作时，将毛坯（ϕ272mm×3mm）放在凹模 3 的定位槽内，拉深凸模缓慢低速下行，紧紧压住平板毛坯，沿着凹模锥面进入圆柱形工作区拉深成圆筒形件，完成拉深过程。凸模上行，退出凹模，液压机下顶出缸向上移动，通过顶杆 1 把制件从凹模内顶出。

该模具凸、凹模材料用球墨铸铁 QT500-7 制造，在生产批量小的情况下能满足使用寿命要求。

(5) 圆筒形拉深件无导向敞开式无压边首次后各次拉深单工序正拉深模（Ⅰ）

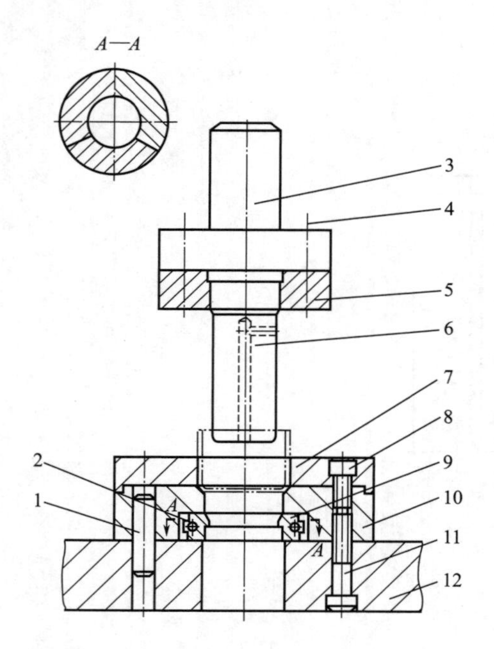

图 5-5　圆筒形拉深件无导向敞开式无压边首次后各次拉深的正拉深模（Ⅰ）

1—销钉；2—弹簧；3—模柄；4,8,11—螺钉；5—固定板；6—拉深凸模；7—定位板；9—卸件器；10—拉深凹模；12—下模座

说明：结构定型而简单。中小型浅圆筒拉深件首次后各次正向再拉深通用拉深模。

(6) 圆筒形拉深件无导向敞开式无压边首次后各次拉深单工序正拉深模（Ⅱ）

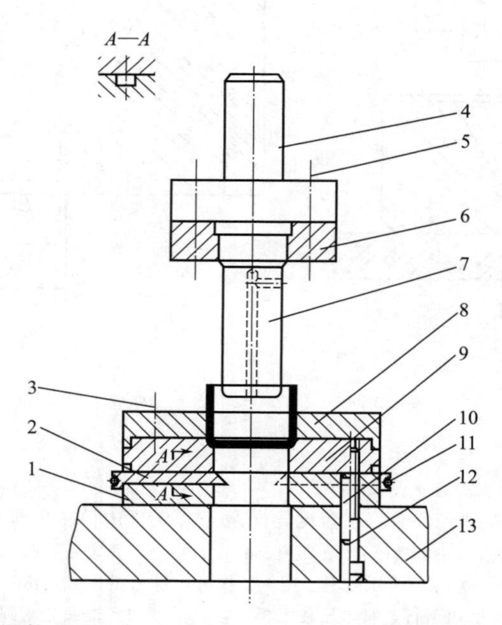

图 5-6　圆筒形拉深件无导向敞开式无压边首次后各次拉深的单工序正拉深模（Ⅱ）

1—空心垫板；2,11—卸件器；3,5,12—螺钉；4—模柄；6—固定板；7—拉深凸模；8—定位板；9—拉深凹模；10—销钉；13—下模座

说明：结构简单，通用性强，与图 5-5 所示的（Ⅰ）型一样，均属于中小型拉深件用拉深模。

(7) 无导向敞开式通用模座变薄拉深模

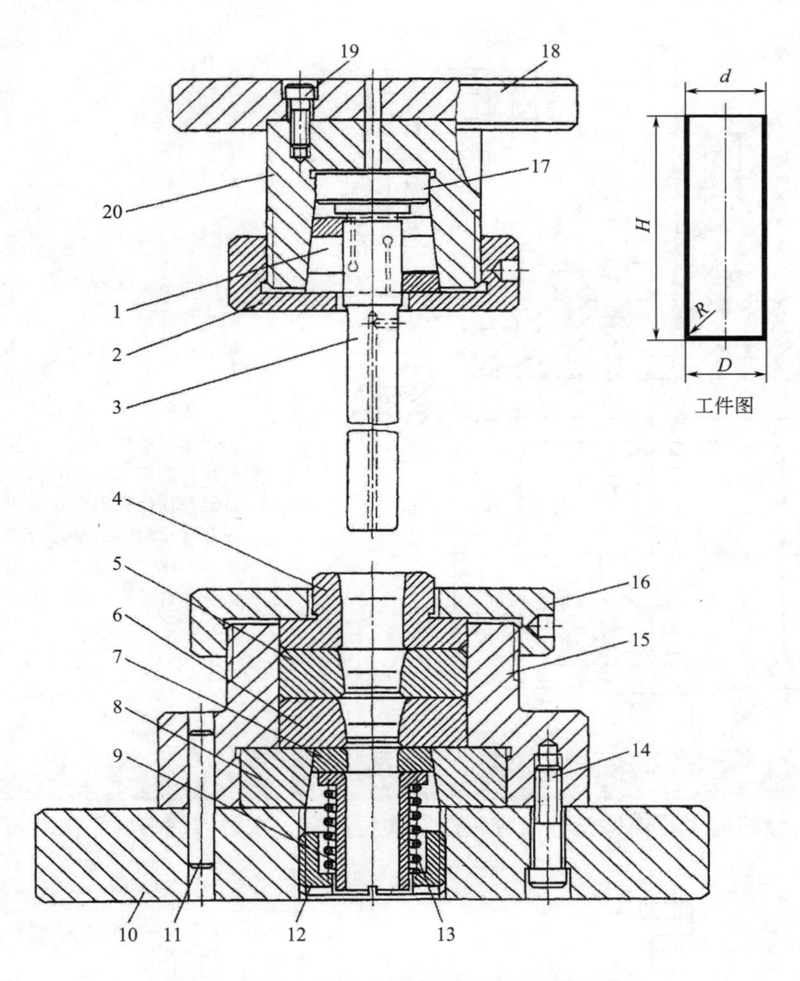

图 5-7 无导向敞开式通用模座变薄拉深模

1—夹套；2—螺纹压套；3—凸模；4—定位环；5—上凹模；6—下凹模；7—卸料板；8—锥孔压块；9—导料筒；10—下模座；11—销钉；12—螺纹座圈；13—弹簧；14，19—螺钉；15—固定座；16—螺纹压套；17—垫板；18—上模座；20—上模座圈

说明：变薄拉深件多为形状简单的圆筒形，而且多是用普通不变薄拉深获得的杯形件作为毛坯，再进行多道工序或一道工序多工步变薄拉深，最终获得厚底、薄壁的圆筒形零件。其模具结构相对简单，虽形式较多，但大同小异。由于变薄拉深改变料厚，模具承载大，故要求模具稳固、模具零件材料好。

图 5-7 所示变薄拉深模，上、下模均采用通用模座，为了快速更换凹模与凸模，均采用螺纹压套紧固。在紧固凸模时还采用一个带六条槽的锥夹套，使凸模紧固牢靠和定位准确。凹模采用阶梯式两层凹模。

典型零件的模具变薄拉深的各工序尺寸见下表：

变薄拉深工序 / 尺寸	毛坯	1	2	3	4	5
d/mm	28	23.3	23	22.7	22.4	22.1
D/mm	36.4	29.8	27.88	26.1	24.8	24.2
H/mm	21.5	34.7	43	62	87	>96.5
R/mm	6	3	3	3	3	3

(8) 无导向敞开式变薄拉深模

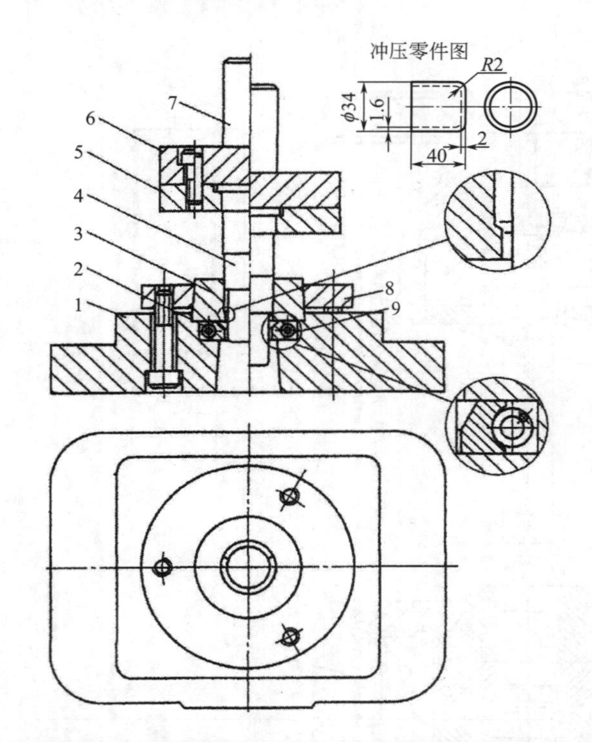

图 5-8　无导向敞开式变薄拉深模

1—下模座；2—卸件器；3—凹模；4—凸模；5—固定板；6—上模座；7—模柄；8—压环；9—拉力弹簧

说明：变薄拉深件一般都是形状简单的厚底、薄壁圆筒形。其拉深模的整体结构也很简单，与一般无导向敞开式不变薄普通拉深模类似，其结构设计的关键是考虑变薄拉深的凹模3型腔即拉深毛坯缩径减薄的模腔部位，见其细部放大图。同时要设计自动卸件器，见图中零件2和9。

5.1.2 无导向有压边的单工序拉深模（图5-9～图5-16）

(1) 带凸缘圆筒形拉深件无导向有压边首次拉深及一次拉深成形的单工序反向拉深模（Ⅰ）

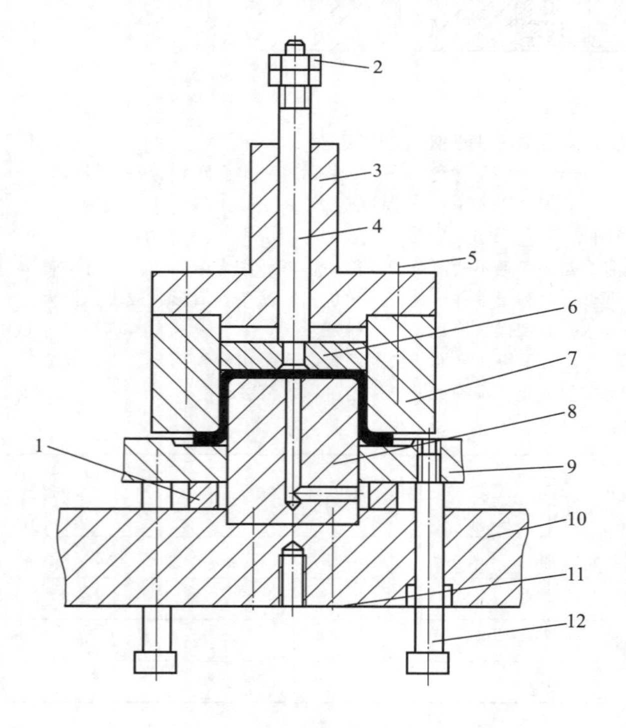

图 5-9　带凸缘圆筒形拉深件无导向有压边首次拉深及一次拉深成形的单工序反向拉深模（Ⅰ）

1—空心垫板；2—螺母；3—模柄；4—打料杆；5，11—螺钉；6—推卸板；7—拉深凹模；8—拉深凸模；9—压边圈；10—下模座；12—顶杆

说明：中小型带凸缘圆筒形拉深件的拉深模多为无导向敞开式，精度要求不高。其凸模与凹模之间的拉深间隙，对于一次拉深成形的拉深模，多数情况下其单边拉深间隙 $C \approx t$，正负波动很小，一般可加大（1%～3%）t 而很少有小于 t 的拉深间隙。而多道工序拉深成形的首次拉深，往往将拉深间隙放大，一般为 $C=(1.1 \sim 1.2)t$。

拉深模的凸模与凹模接触拉深材料的工作表面，都要求研磨抛光，提高其表面光洁程度，使其表面粗糙度 $Ra<0.1\mu m$。

(2) 带凸缘圆筒形拉深件无导向有压边首次拉深及一次拉深成形的单工序反向拉深模（Ⅱ）

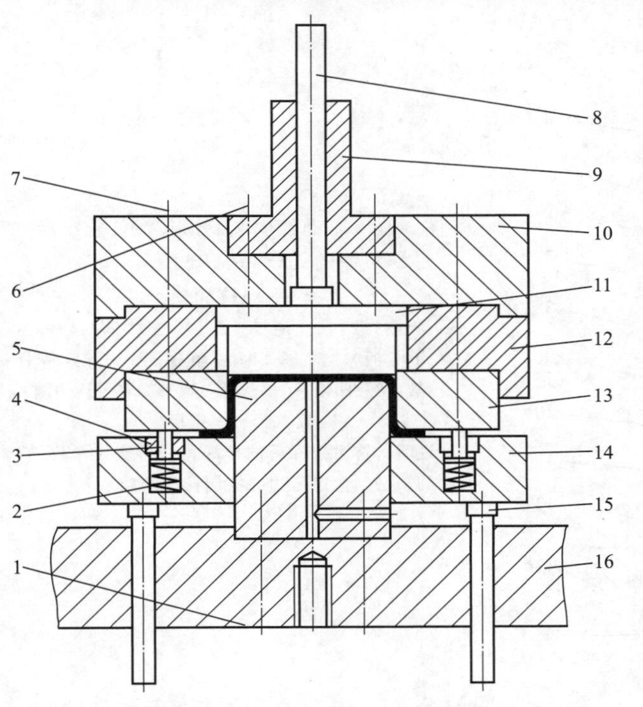

图 5-10　带凸缘圆筒形拉深件无导向有压边首次拉深及一次拉深成形的单工序反向拉深模（Ⅱ）

1,6,7—内六角螺钉；2—弹簧；3—伸缩式活动挡料销；4—螺塞；5—拉深凸模；8—打料杆；9—模柄；10—上模座；11—卸件器；12—空心垫环；13—拉深凹模；14—压边圈；15—顶杆；16—下模座

说明：用压边圈的首次拉深模及一次拉深成形带凸缘的圆筒形拉深件的拉深模，结构形式是相同的。除图 5-9 所示通用典型结构外，本图是另一种通用典型结构形式。两者都是在普通单动机械压力机上，用于成批和大量生产中小型圆筒形及带凸缘圆筒形拉深件的拉深模广泛采用的典型结构形式。

这类拉深模结构较简单：不用模架，采用无导向敞开式结构，依靠压力机滑块导向实现其上、下模对准拉深。因此，压力机滑块导轨的导向精度影响对拉深上模的导向精度和拉深间隙的均匀度。同时，也对拉深模在压力机上的安装、调试提出了更高的要求。

(3) 锥筒杯无导向敞开式有压边单工序反拉深模

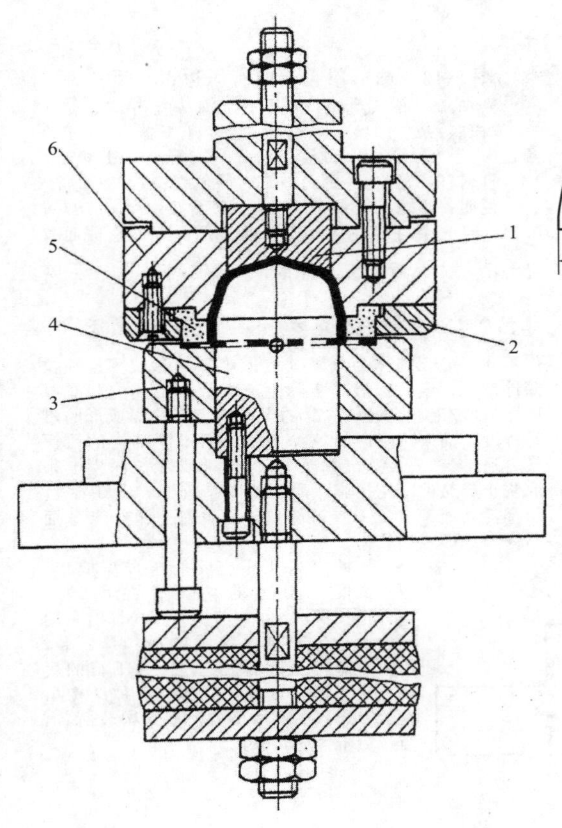

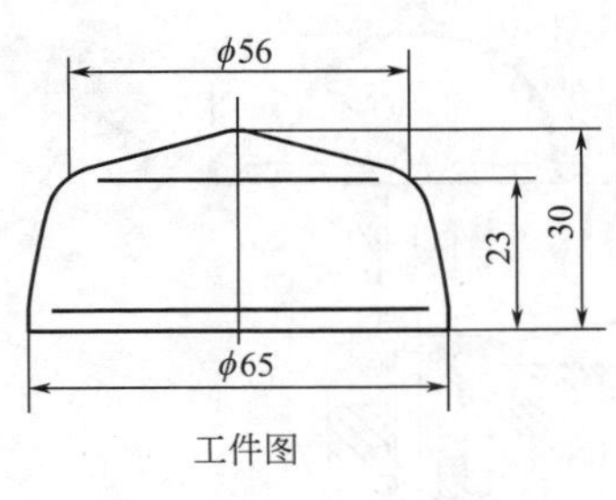

工件图

图 5-11　锥筒杯无导向敞开式有压边单工序反拉深模

1—推件块；2—凹模固定板；3—压边圈；4—凸模；5,6—凹模镶块

说明：这是一套倒装式带压边的拉深模。其结构较正装式的紧凑，因为可以利用下模的弹顶器进行压边，且压力和行程都较大，模具中的压边圈既起压边作用也起顶件作用。此外还起毛坯定位作用。推件采用刚性推件装置，由于推件块又是拉深件底部的成形凹模，因此拉深终了，推件块上顶面必须与模柄下底面刚性接触。凹模采用硬质合金，以提高其寿命。

(4) 带凸缘的圆筒形拉深件首次后拉深的无导向敞开式有压边单工序拉深模

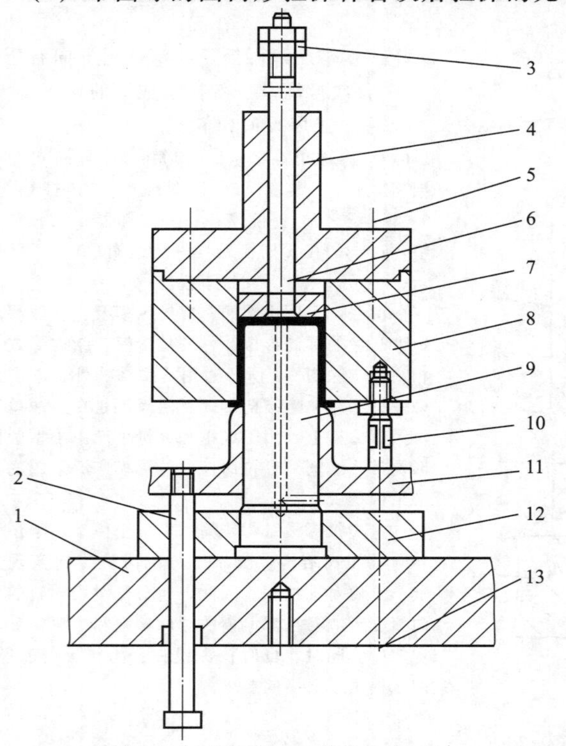

图 5-12　带凸缘的圆筒形拉深件首次后拉深的无导向敞开式有压边单工序拉深模

1—下模座；2,10—顶杆；3—六角螺母；4—上模座（带模柄）；5,13—内六角螺钉；6—打料杆；7—推板；8—凹模；9—凸模；11—卸料（压边圈）板；12—固定板

说明：首次拉深后的拉深，受首次拉深模结构的制约，必须考虑压边并控制拉深间隙。

(5) 球形罩无导向敞开式有压边正、反拉深成形的单工序拉深模

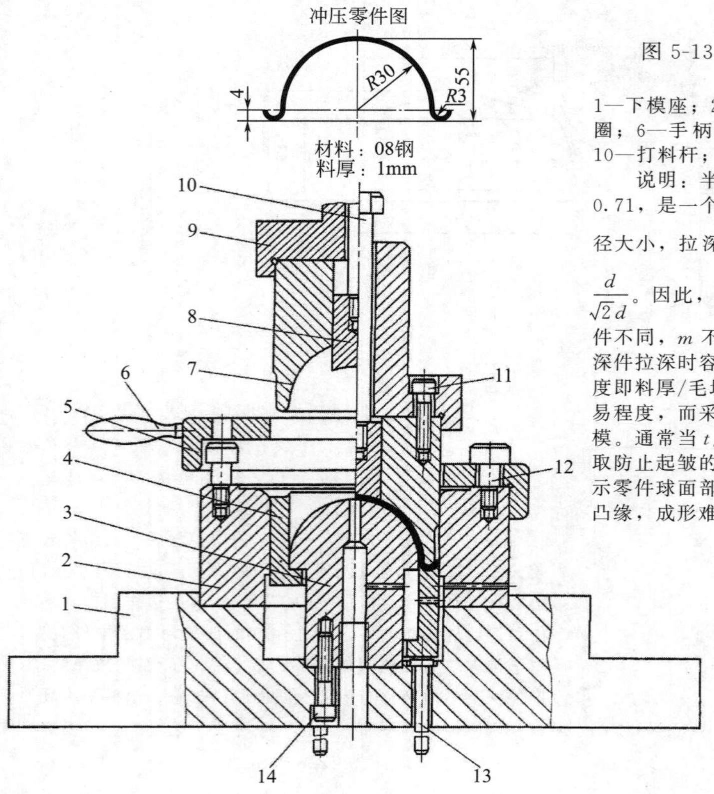

图 5-13　球形罩无导向有压边正、反拉深成形的单工序拉深模

1—下模座；2—凹模；3—凸模；4—压料器；5—压边圈；6—手柄；7—凸凹模；8—卸件器；9—上模座；10—打料杆；11,14—螺钉；12—限位螺钉；13—顶杆

说明：半球面形拉深件的拉深系数 $m=0.707\approx0.71$，是一个与零件直径无关的常数，即不论球面直径大小，拉深系数是一样的，$m=\frac{球面直径}{毛坯直径}=\frac{d}{D}=\frac{d}{\sqrt{2}d}$。因此，半球面形拉深件与其他形状旋转体拉深件不同，m 不能作为判断其成形难度的参数。这种拉深件拉深时容易起皱。实际生产中依其毛坯的相对厚度即料厚/毛坯直径$=t/D$ 的大小确定其拉深成形的难易程度，而采用不同的拉深方法，用不同结构的拉深模。通常当 $t/D=0.5\%\sim3\%$时，都要在拉深模上采取防止起皱的结构措施，用压边圈是首选。图 5-13 所示零件球面部分 $t/D=1.66\%$，而且有一个小半球面凸缘，成形难度较大。

该冲模采用正、反两次拉深成形。用凸凹模 7 与压料器 4 压料，并用凹模 2 进行正拉深成形 $R3$ 凸缘。正拉深时采用刚性压边，即用可移式的压边圈，装、出料时需将压边圈提起。上模下行的后期，用凸模 3 进行反拉深。这种结构虽在装、出料时有所不便，但结构较简单，当产量不大时可采用。

(6) 轴承挡板正、反拉深成形无导向、敞开式单工序拉深模

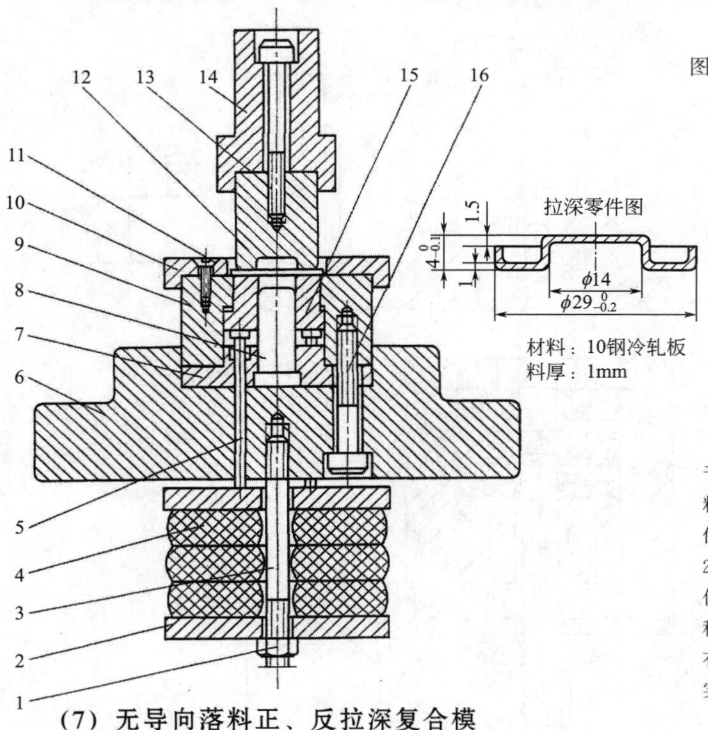

图 5-14　轴承挡板正、反拉深成形无导向、敞开式单工序拉深模

1—螺母；2—托盘；3—拉杆；4—橡胶；5—顶杆；6—下模座；7—固定板；8—凸模；9—凹模；10—定位板；11—埋头螺钉；12—凸凹模；13,16—螺钉；14—模柄；15—顶件器

说明：轴承挡板如图 5-14 中拉深零件图所示，虽然是拉深成形难度较大的正反拉深加工件，但其高度较小，最大拉深高度仅 4mm，外缘仅拉深 2.5mm，均在一次拉深成形范围内。

该拉深模不用模架，为敞开式结构，适于浅拉深圆筒零件。该冲模由专用冲裁模落料冲出展开平毛坯，以外圆用定位板 10 定位。上模下行进入凹模，首先进行外缘的高 2.5mm 外圈的拉深。上模继续下行，进行高仅 4mm 的内圆筒反拉深，在压力机的一次行程中，一模拉深成形。虽是单工序拉深，但有两个工步，在一个行程一个工位上完成，实际上是一套复合拉深模。

(7) 无导向落料正、反拉深复合模

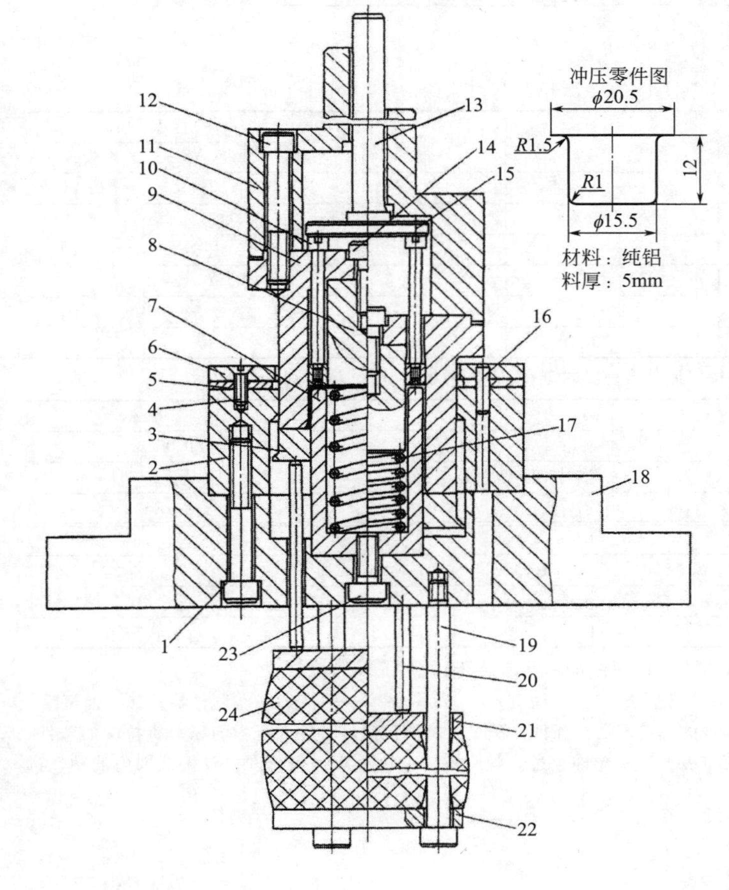

图 5-15　无导向落料正、反拉深复合模

1,12,14,23—内六角螺钉；2—凹模；3—压边圈；4—螺钉；5—导料板；6—卸料板；7—拉深凸凹模；8—二次拉深凸模；9—凸凹模；10,20—顶杆；11—带模柄上模座；13—打料杆；15,21—推板；16—销钉；17—弹簧；18—下模座；19—拉杆；22—托盘；24—橡胶

说明：正、反复合拉深可以改善拉深条件，由于材料流动方向相反，有利于相互抵消拉深残余应力，减小冷作硬化效应，从而提高拉深件质量并可以减小拉深系数，提高效率。多数正、反复合拉深在双动专用拉深压力机上进行，图 5-15 所示落料兼正、反复合拉深模则是用单动普通压力机实施，结构颇为新颖和实用。

该模具采用橡胶缓冲器作为拉深压边动力。一次拉深凸模内装弹顶器作为二次反拉深凹模。上模采用刚性推件，下模直接采用弹簧顶件，废料搭边由固定卸料板 6 卸下。

采用正、反复合拉深，就图示工件而言，总拉深系数缩小至 $m_{\varepsilon}\approx0.448$。其中，正拉深系数 $m_1\approx0.608$，反拉深系数 $m_2\approx0.736$，达到了减小拉深次数、提高效率的目的。

(8) 无导向敞开式无压边多层凹模拉深模

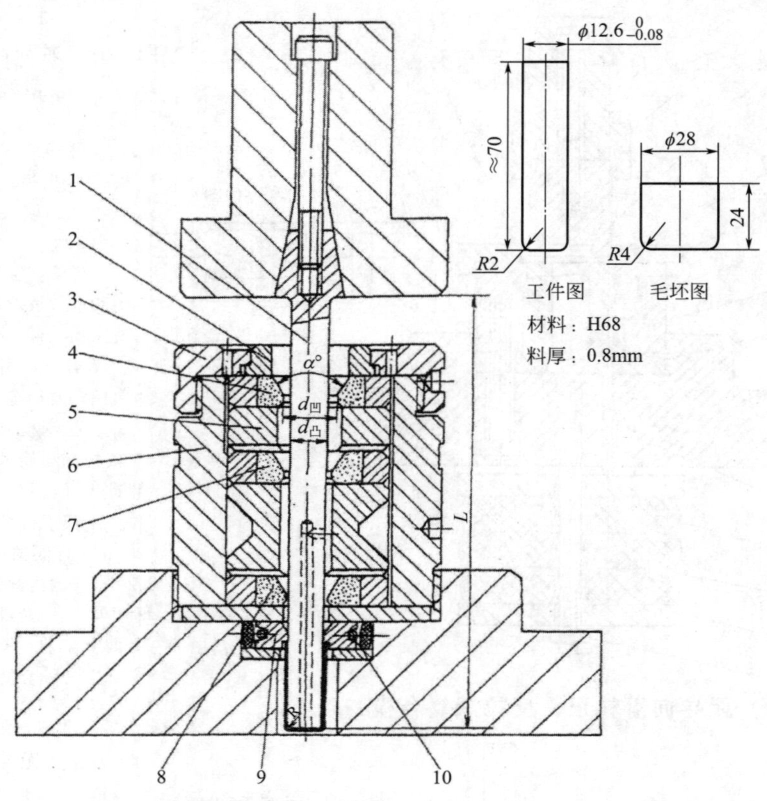

本工件的各次拉深尺寸

工序	D	H	R	拉深系数 m 每次的	拉深系数 m 总的
首次拉深	28	～24	4		0.49
二次拉深	21.6			0.77	0.6
	18.5			0.856	
	$16.8_{0}^{+0.12}$	～50	2.5	0.905	
三次拉深	14.2			0.845	0.75
	$12.6_{-0.08}^{0}$	～70	2	0.89	

与各次拉深坯件及成品件匹配凸模、凹模尺寸

凸模	件号	a	b
	$d_凸$	$15.5_{-0.02}^{0}$	$11.05_{-0.02}^{0}$
	R	2.5	2
	L	163	185

凹模	件号	a	b	c	d	e
	$d_凹$	$21.6_{0}^{-0.1}$	$13.5_{0}^{+0.1}$	$16.8_{0}^{+0.05}$	$14.2_{0}^{+0.1}$	$12.52_{0}^{+0.03}$
	α	60°	50°	50°	50°	50°
	R	3	5	3	3	3

图 5-16 圆筒形拉深件的无导向敞开式无压边多层凹模拉深模

1—凸模 a；2—定位板；3—盖板；4—凹模 a；5—垫块；6—凹模套；7—凹模 b；8—凹模 c；9—刮件器；10—弹簧圈

说明：该模具是在摩擦压力机上拉深大高度的薄壁圆筒拉深件，满足长圆筒拉深件必须大行程的压力机拉深的条件，而一般机械压力机工作行程不仅有限，而且限定极严，不允许超过。但摩擦压力机滑块行程允许在较大范围内波动，过载能力强，适合大行程较长拉深件的拉深。

5.1.3 有导向有压边单工序拉深模（图 5-17～图 5-26）

(1) 压力表外壳有导向有压边单工序拉深模

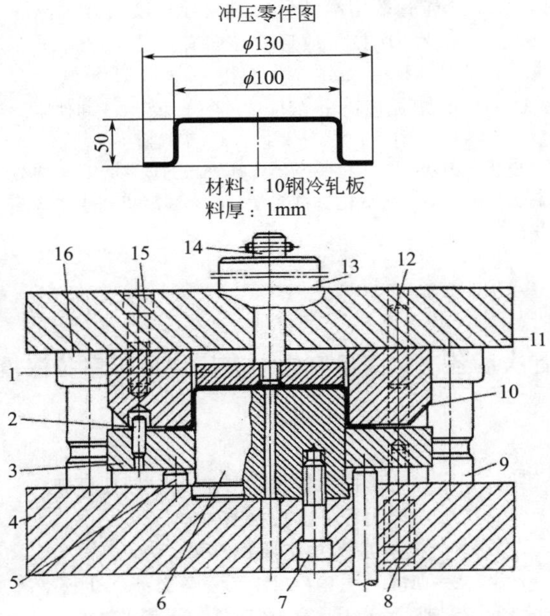

图 5-17 压力表外壳滑动导向后侧导柱模架有压边首次拉深单工序拉深模

1—卸件推板；2—挡料销；3—压边圈；4—下模座；5—顶杆；6—拉深凸模；7,15—螺钉；8—卸料螺钉；9—导柱；10—拉深凹模；11—上模座；12—销钉；13—模柄；14—打料杆；16—导套

说明：用压边圈拉深的多次拉深成形和一次拉深成形，大多为尺寸较大和精度要求较高而其拉深系数又限定较小的拉深件。采用图 5-17 所示结构，由于导柱模架的准确导向，可以保持均匀的拉深间隙。该拉深模采用滑动导向后侧导柱模架和倒装式结构，拉深凸模 6 嵌装在下模座 4 的中心沉孔中，可以确保凸模与模架同轴度，制造工艺性也好。拉深凸模 6 高度较大，其通气孔直通模座中心孔，同时嵌装后减小了模具闭合高度，出件也较方便。

该拉深模使用由落料模供给的 ϕ192mm 圆片毛坯进行首次拉深。为确保拉深件质量，除要求压边力合适外，凸、凹模工作表面的表面粗糙度小是关键。通常要求其表面粗糙度 $Ra<0.1\mu m$，工作过程中还要加强润滑。

(2) 仪表球头盖用压边圈正、反拉深成形的单工序拉深模

冲压件图

R86

φ116

φ100

55

25

φ40

材料：08AlF

料厚：0.8mm

展开毛坯尺寸：φ135mm

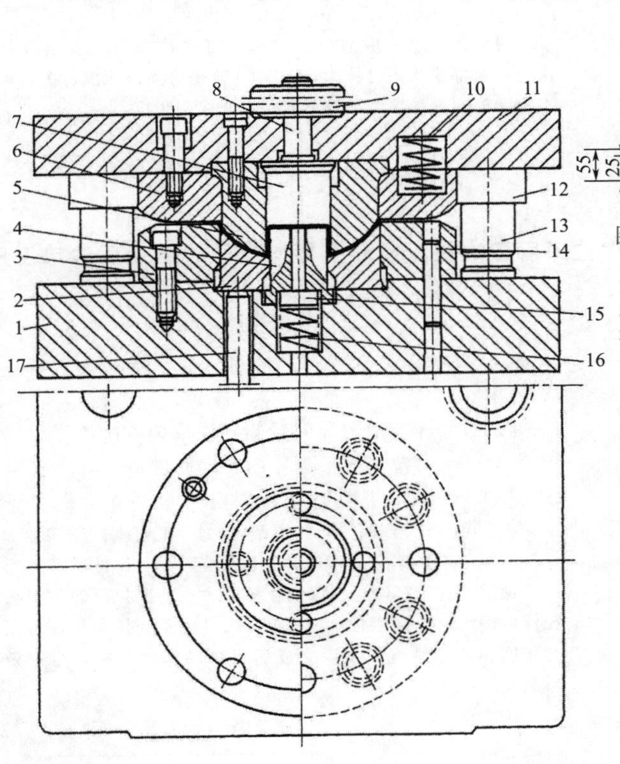

图 5-18 仪表球头盖用压边圈正、反拉深成形的单工序拉深模

1—下模座；2—顶件器；3—凹模；4—反拉深凸模；5—正拉深凸模；6—压边圈；7—卸件器；8—打料杆；9—模柄；10,16—弹簧；11—上模座；12—导套；13—导柱；14—销钉；15—垫；17—顶杆

说明：带凸缘（法兰）的球头盖零件，形状较复杂。其顶部为一个直径为 ϕ40mm、深 25mm 的浅圆筒反向与一个带法兰盘的半径为 86mm 的球形盖连接。两者拉深成形的施力方向相反，虽变形程度不是太大，但有一定的成形难度。

该冲模采用标准后侧导柱模架单工位正、反复合拉深一次成形。由专用落料模冲出的直径为 ϕ135mm 的展开平毛坯，由手持夹钳或上料吸盘放入模内的下凸模 4 和顶件器 2 上，上模下行首先由压边圈 6 和卸件器 7 压紧坯件后反拉深中心圆筒，并逐步成形半径为 86mm 的球形顶。由于压边后拉深，变形程度不大，中心圆筒、球顶盖都在用压边圈拉深的一次成形范围内。

该冲模为顺装结构，上凸模 5 与下模的反拉深凸模均嵌装在上、下模座的中心沉孔中，既提高了模具运作的稳定性，又使制模工艺性得到改善，上、下模芯均嵌装在同一模架的模座中心沉孔中，可以达到很好的同轴度，而模具闭合高度可降低，使模上出件更方便。

(3) 热能管端帽滑动导向对角导柱模架首次拉深及一次拉深成形有导向有压边单工序拉深模

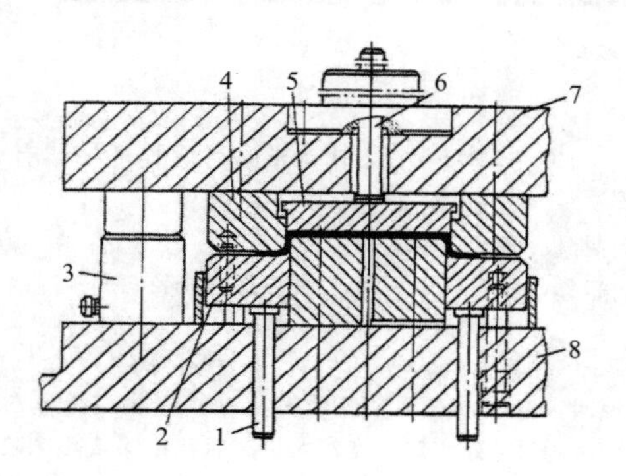

图 5-19 热能管端帽滑动导向对角导柱模架首次拉深及一次拉深成形有导向有压边单工序拉深模

1—顶杆；2—压边圈；3—限位套；4—凹模；5—卸件器；6—打棒；7—上模座；8—下模座

说明：图示单工序拉深模，具有较高冲压精度，生产效率高。如配自动或机械化送料装置，可大幅度提高生产效率及操作安全性。

(4) 圆筒形拉深件滑动导向中间导柱模架首次后各次拉深用有导向有压边单工序拉深模

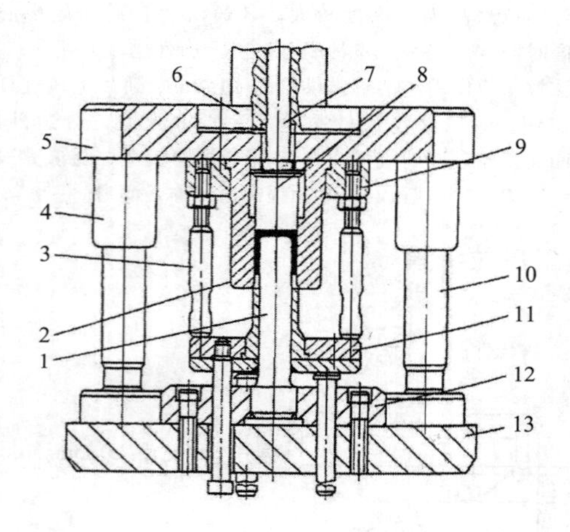

图 5-20 圆筒形拉深件滑动导向中间导柱模架首次后各次拉深有导向有压边单工序拉深模

1—凸模；2—凹模；3—限位顶杆；4—导套；5—上模座；6—模柄；7—打棒；8—卸件器；9—固定板；10—导柱；11—固定板；12—凸模固定板；13—下模座

说明：对于小型圆筒形拉深件首次拉深后还要继续拉深，一般都要压边再拉深，图 5-20 就是这类拉深模首次后各次拉深模的一种典型结构形式，在线应用很广。

(5) 杯座滑动导向后侧导柱模架首次拉深后各次拉深成形有导向有压边或无压边单工序拉深模

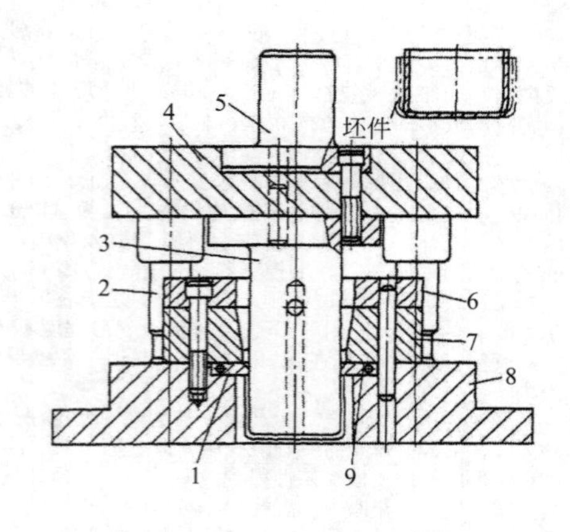

图 5-21 杯座滑动导向后侧导柱模架首次拉深后再拉深成形有导向自动卸件单工序再拉深模

1—卸件器；2—导柱；3—拉深凸模；4—上模座；5—模柄；6—定位板；7—凹模；8—下模座；9—卸件器

说明：这套杯座再拉深模除对首次或前次拉深坯件经再拉深以便增大拉深件高度，减小拉深件底角，提高拉深件尺寸精度和几何精度。拉深完成后可自动卸件出模，生产效率高。

(6) 防雨帽滑动导向后侧导柱模架首次拉深后再次拉深有导向有压边单工序再拉深模

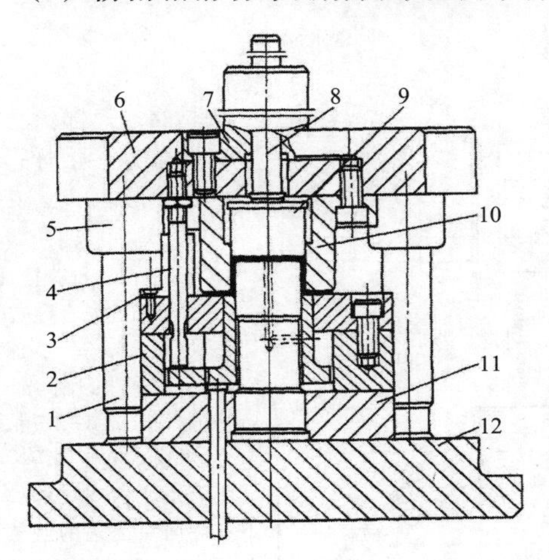

图 5-22 防雨帽滑动导向后侧导柱模架首次拉深后再次拉深有导向有压边单工序再拉深模

1—导柱；2—空心垫板；3—定距套；4—顶杆；5—导套；6—上模座；7—模柄；8—打杆；9—卸件器；10—凹模；11—固定板；12—下模座

说明：有凸缘的圆筒形拉深件通常要使用合适压边力的压边装置实施拉深。需要多次拉深时，在首次拉深后各次拉深，也都在再拉深模上设置压边机构，除窄小凸缘可在最后几个拉深工序中通过缩径、整形获得。而稍宽与宽和更宽的凸缘都要在首次拉深及前几次拉深工序中完成冲制，故合适的压边机构是必需的，用压边获得合格凸缘。

5.2 特殊单工序拉深模

5.2.1 特殊和复杂形状非旋转体拉深件的单工序拉深模（图 5-23～图 5-31）

(1) 矩形与方形盒子拉深件末次单工序拉深模

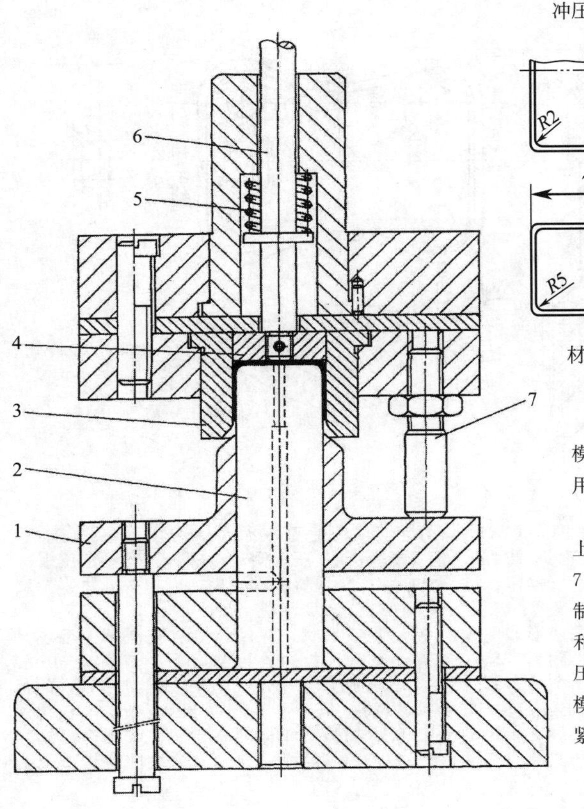

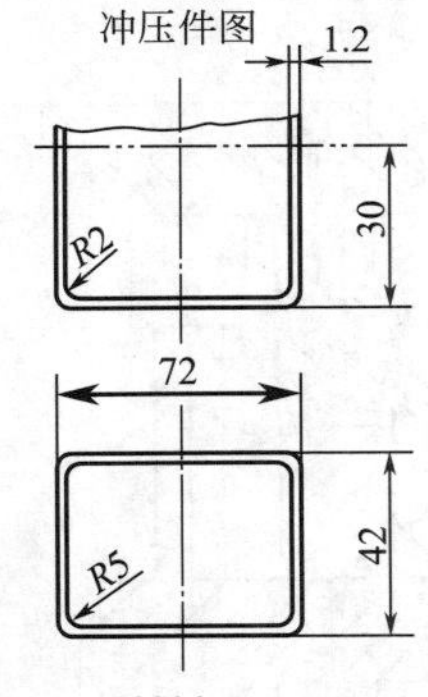

材料：2A12
t=1.2mm

图 5-23 矩形与方形盒子拉深件末次单工序拉深模

1—压边圈；2—拉深凸模；3—拉深凹模；4—推件器；5—弹簧；6—打杆；7—压杆

说明：图 5-23 所示为矩形底盒子形拉深件末次拉深模。其首次拉深为低矩形盒落料拉深复合模供坯，也可以用单工序拉深模首次拉深成形。

工作时，将上工序拉深后的毛坯套在压边圈 1 上定位，上模下行，与下模作用拉深成所需制件。该模具设有压杆 7，其有三个作用：一是可控制压边力恒定；二是限位，控制压边圈与凹模口之间间隙值不变；三是为了防止推件器 4 和凸模 2 受压过载而使制件底部压溃。一般拉深模可不设压杆，只有当拉深件料比较薄、拉深变形量大时考虑使用。模柄内打杆 6 上装有弹簧 5，对制件底部尺寸较大时起到压紧平衡作用，有利于提高拉深件整体质量。

(2) 局部旁凸的矩形盒子有导向一次拉深成形的单工序拉深模

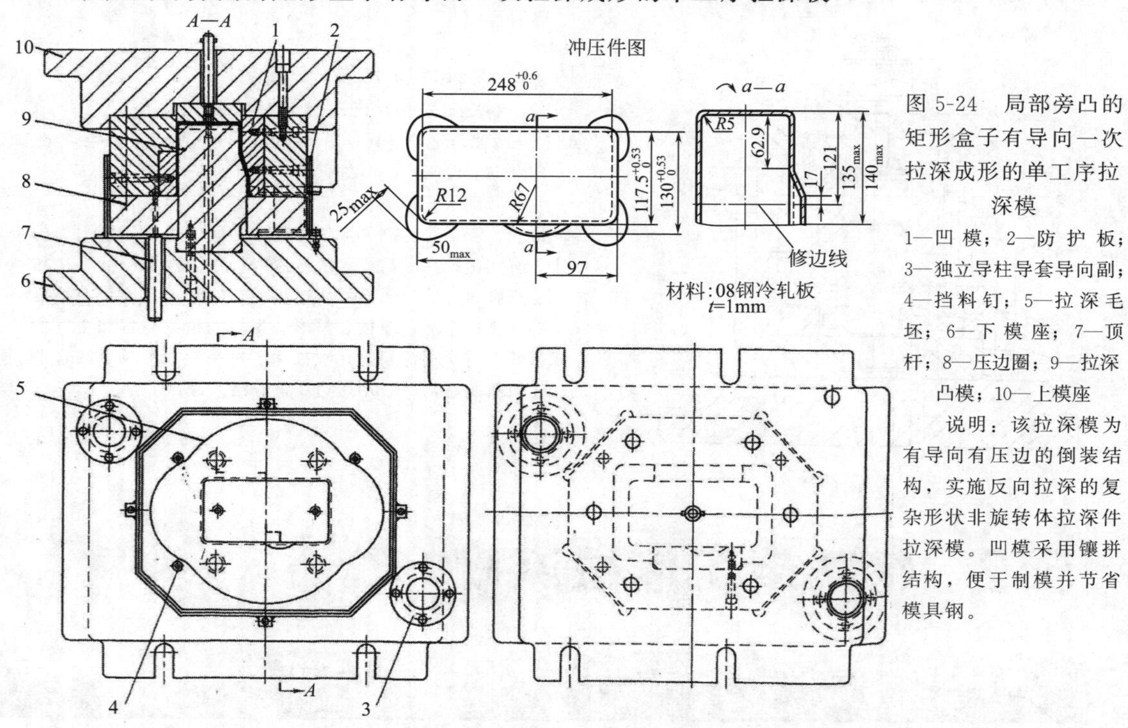

图 5-24 局部旁凸的矩形盒子有导向一次拉深成形的单工序拉深模

1—凹模；2—防护板；3—独立导柱导套导向副；4—挡料钉；5—拉深毛坯；6—下模座；7—顶杆；8—压边圈；9—拉深凸模；10—上模座

说明：该拉深模为有导向有压边的倒装结构，实施反向拉深的复杂形状非旋转体拉深件拉深模。凹模采用镶拼结构，便于制模并节省模具钢。

(3) 厚钢板复杂形状拉深件滑动导向后侧导柱模架有压边单工序拉深模

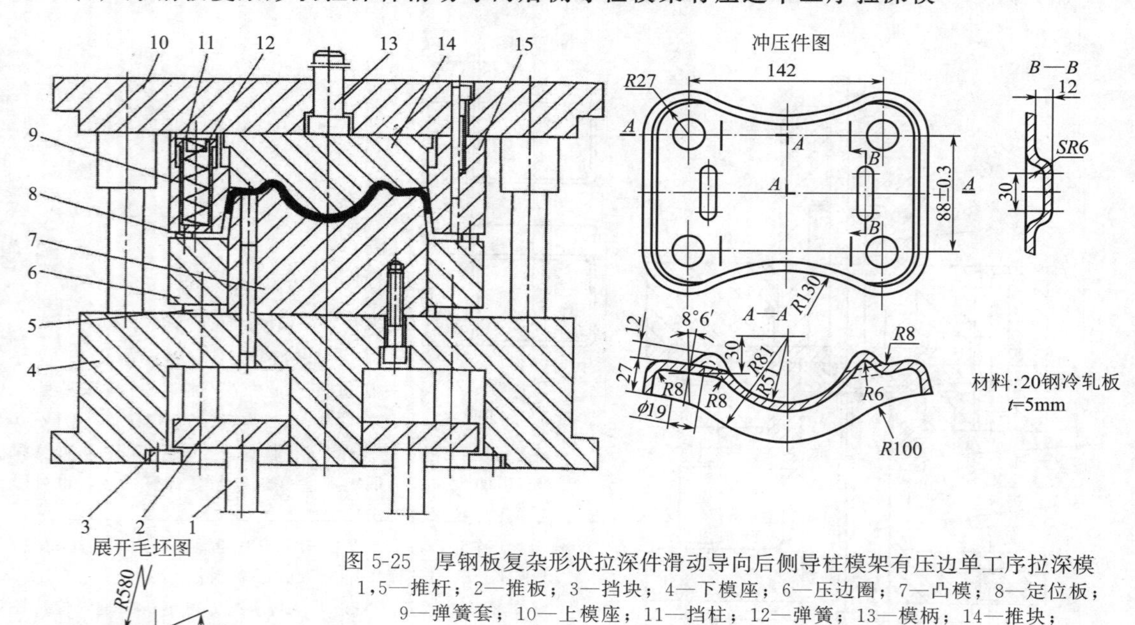

展开毛坯图

R580
173
74
R55
156

图 5-25 厚钢板复杂形状拉深件滑动导向后侧导柱模架有压边单工序拉深模

1,5—推杆；2—推板；3—挡块；4—下模座；6—压边圈；7—凸模；8—定位板；9—弹簧套；10—上模座；11—挡柱；12—弹簧；13—模柄；14—推块；15—凹模

说明：厚钢板拉深成形如图 5-25 所示复杂形状拉深件，虽然其展开平毛坯是一个四角为大圆角矩形钢板，但拉深成形复杂；长边外廓和底为一双高差 30mm 的平行圆弧，底部有 4 个均布的 4 个 ϕ19mm 孔，两个沿长边中心线对称布置的长 42mm×宽 12mm×深 12mm 的半圆弧加强筋，是一个罕见的异形复杂的厚板拉深件。用其毛坯落料模供坯，采用图 5-25 所示加强型非标准高强度、大刚度滑动导向中间导柱模架，在闭式单点 J31－315 型公称压力为 3150kN 的大吨位机械压力机上一次拉深成形。

(4) 护罩异形拉深件两次反拉深成形无导向敞开式有压边单工序拉深模（Ⅰ、Ⅱ）

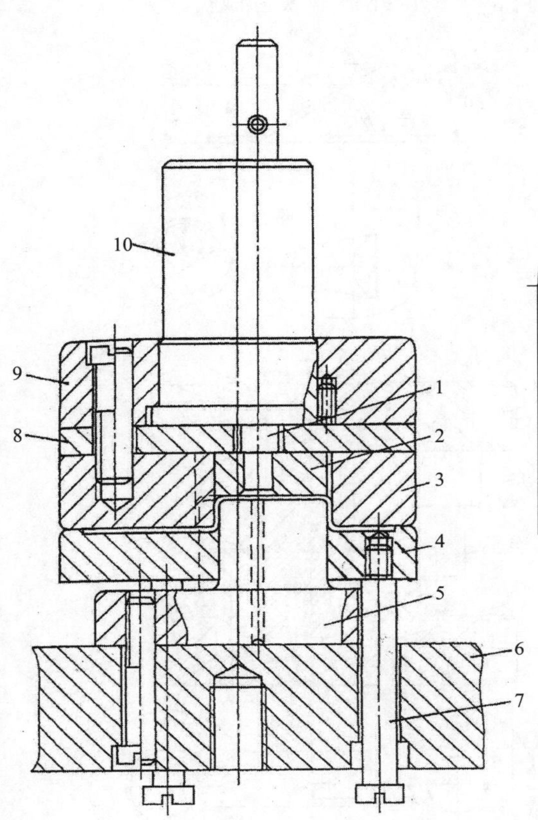

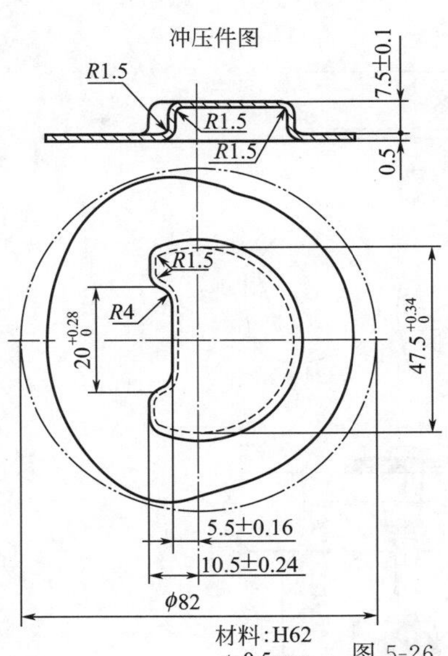

图 5-26　护罩异形拉深件首次反拉深无导向敞开式有压边单工序拉深模（Ⅰ）

1—打杆；2—打板；3—凹模；4—压边圈；5—凸模；6—下模座；7—顶杆；8—垫板；9—上模座；10—模柄

说明：机芯护罩虽然形状复杂，但其材质是塑性良好的H62黄铜，非常有利于复杂形状拉深件的拉深成形，故该拉深件只用两次即可拉深成形。图5-26为护罩无导向敞开式初次拉深模。

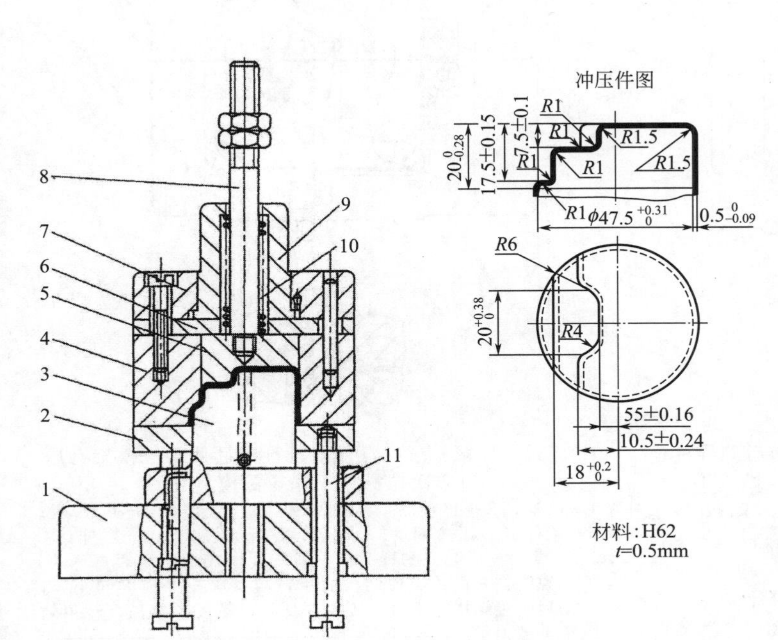

图 5-27　护罩异形拉深件末次反拉深无导向敞开式有压边单工序拉深模（Ⅱ）

1—下模座；2—卸料板；3—凸模；4—凹模；5—打板兼成形凹模；6—垫板；7—上模座；8—推杆；9—模柄；10—弹簧；11—卸料螺钉

说明：机芯护罩末次拉深成形要达到冲压件图要求的尺寸公差和几何精度。为此，取拉深模的单边间隙 $C=(1\sim1.05)t$、转角处圆角半径要尽量减小，取 $R=1\sim1.5$mm。拉深时，凸模要加大下行深度，使凸模端面与拉深模底面间的 C 值接近拉深件料厚 t。

(5) 耳帽异形拉深件有导向有压边首次与末次单工序拉深模（Ⅰ、Ⅱ）

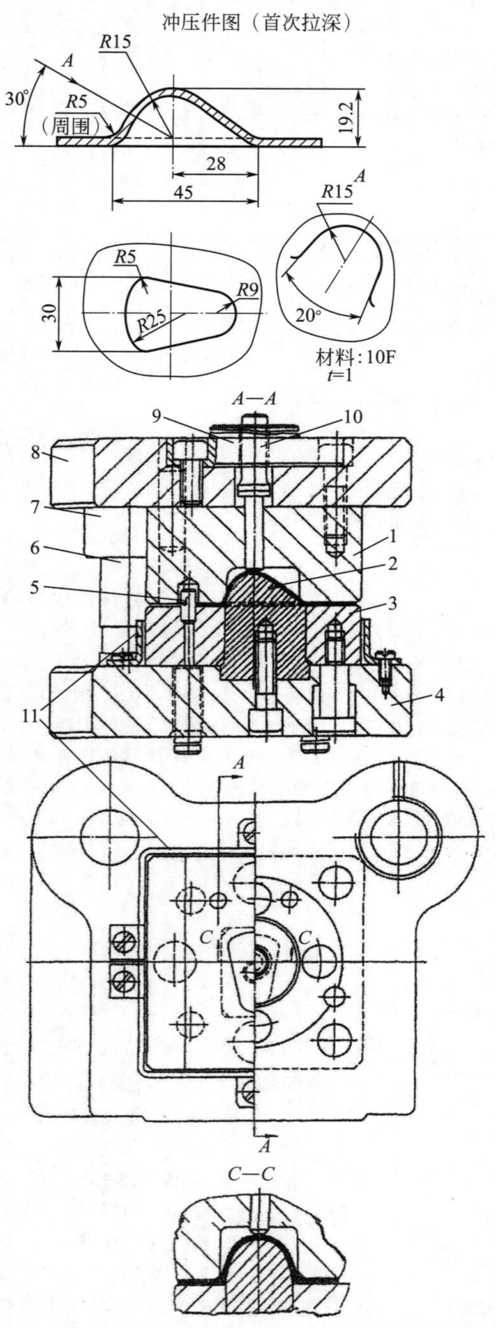

图 5-28 耳帽异形拉深件滑动导向后侧导柱模架有压边首次拉深单工序拉深模（Ⅰ）

1—凹模；2—凸模；3—压边圈；4—下模座；5—挡料销；6—导柱；7—导套；8—上模座；9—模柄；10—打料杆；11—护屏（板、栅）

说明：图 5-28 所示为耳帽异形拉深件有导向、有压边首次拉深模。该拉深模采用倒装结构，为确保操作安全，在压边圈周围装设了护屏或板、栅件 11。

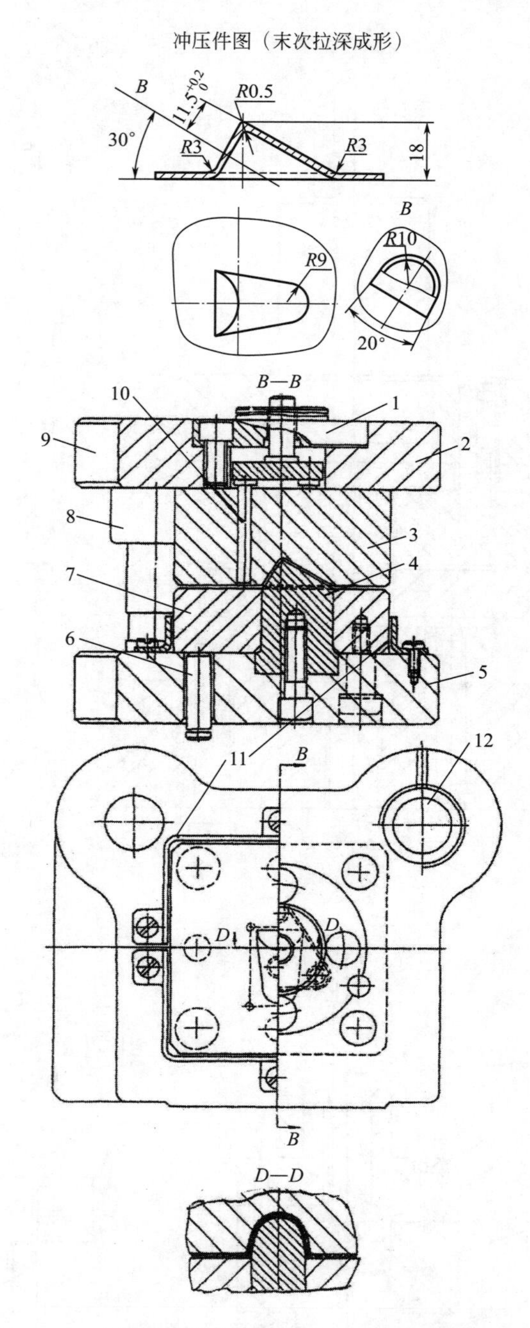

图 5-29 耳帽异形拉深件滑动导向后侧导柱模架有压边末次拉深单工序拉深模（Ⅱ）

1—模柄；2—上模座；3—凹模；4—凸模；5—下模座；6—顶杆；7—压边圈；8—导套；9—上模座；10—推杆；11—护屏（板、栅）；12—导柱

说明：末次拉深模结构简单，与首次拉深模大同小异，也采用倒装结构。不过，该拉深件几何精度要求高，转角处圆角半径很小，成形 30°平行边的间距允差仅＋0.2mm，故其最后的拉深间隙应为 $C \leqslant t$ 为宜。

(6) 包箱角异形拉深件无导向、无压边单工序一次拉深成形模

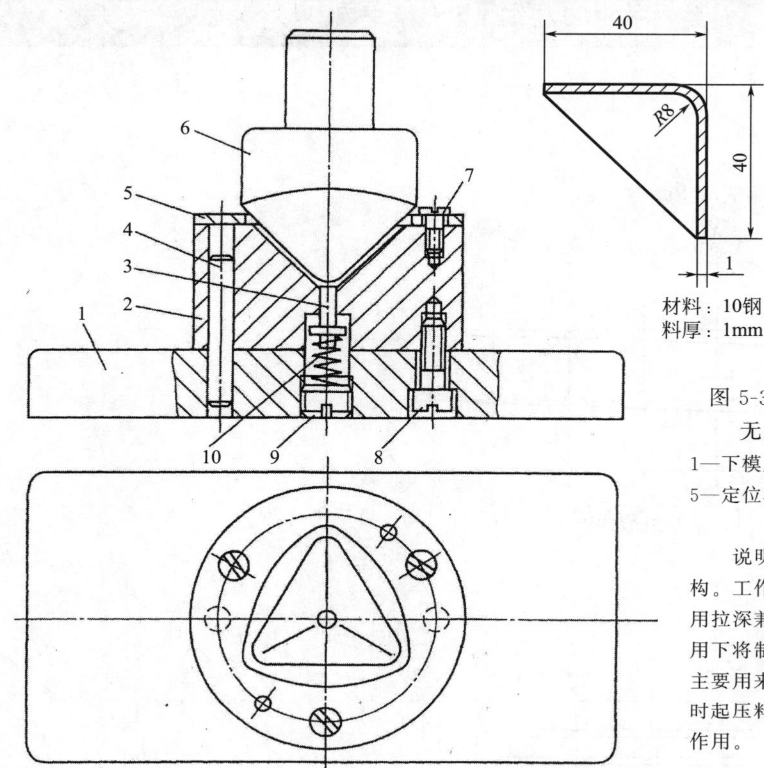

图 5-30　包箱角异形拉深件无导向、无压边单工序一次拉深成形模

1—下模座；2—凹模；3—顶杆；4—圆柱销；5—定位板；6—凸模；7,8—螺钉；9—螺塞；10—弹簧

说明：本模具凸、凹模均采用刚性结构。工作时，毛坯放在定位板 5 内，然后采用拉深兼校平的硬打方式在凸模、凹模的作用下将制件冲压成形。凹模中部的弹顶装置主要用来顶出制件，也可以设计成拉深开始时起压料作用，使顶杆 3 兼有压顶件的双重作用。

(7) 矩形盒子拉深件首次后无导向、无压边再拉深模

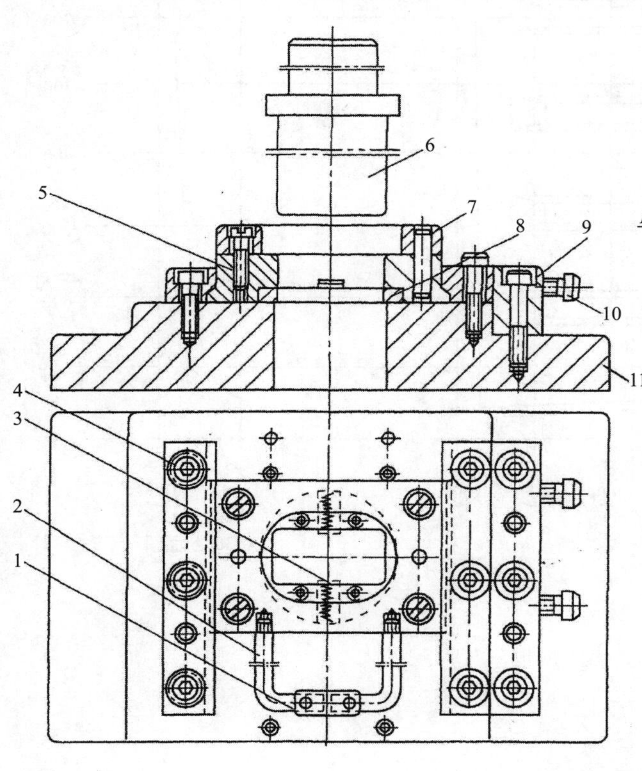

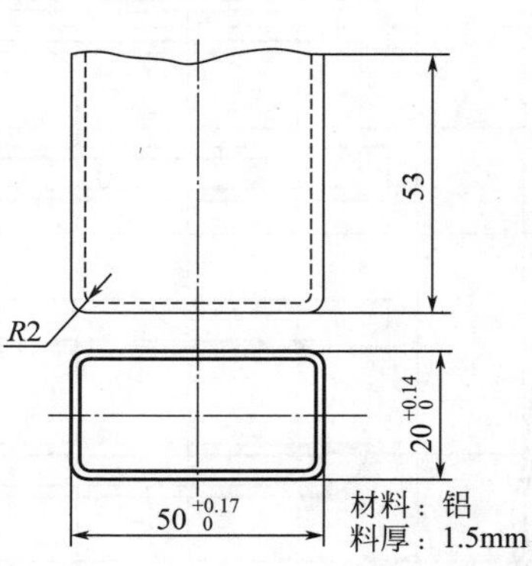

图 5-31　矩形盒子拉深件首次后无导向、无压边活动凹模式再拉深模

1—连接套；2—手把；3—刮料板；4—导板；5—凹模；6—凸模；7—定位板；8—托板；9—固定板；10—调整螺钉；11—下模座

说明：该拉深模上模部分凸模 6 既是拉深凸模又是模柄，设计成一整体结构，结构上比较简单、紧凑、刚性好。下模座 11、导板 4 均可通用。

制模时，下模部分凹模 5 与导板 4 之间为滑动间隙配合，设计成可以调整。松开右边导板上的三个螺钉，旋动螺钉 10 即可改变凹模 5 与导板 4 之间配合松紧程度，然后再旋紧右导板上的三个螺钉，调整便结束。

拉深件的卸件通过刮料板 3（前后各一个，内设弹簧，可使刮料板前后伸缩，见件 3）便可顺畅卸件。

5.2.2 大型双动拉深汽车（覆盖件）拉深模（图5-32～图5-38）

(1) 汽车顶盖双动拉深模

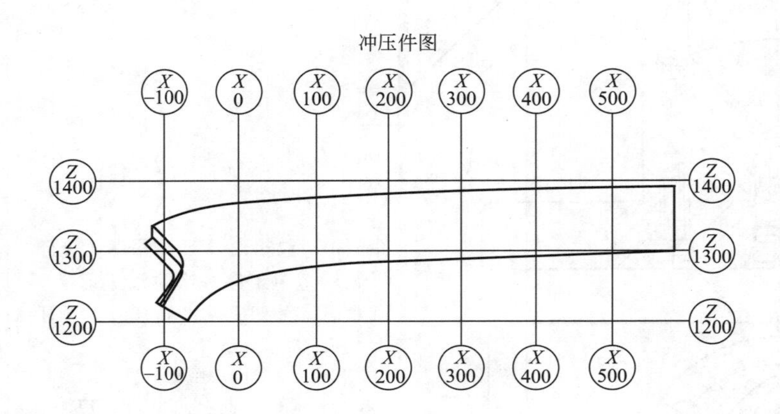

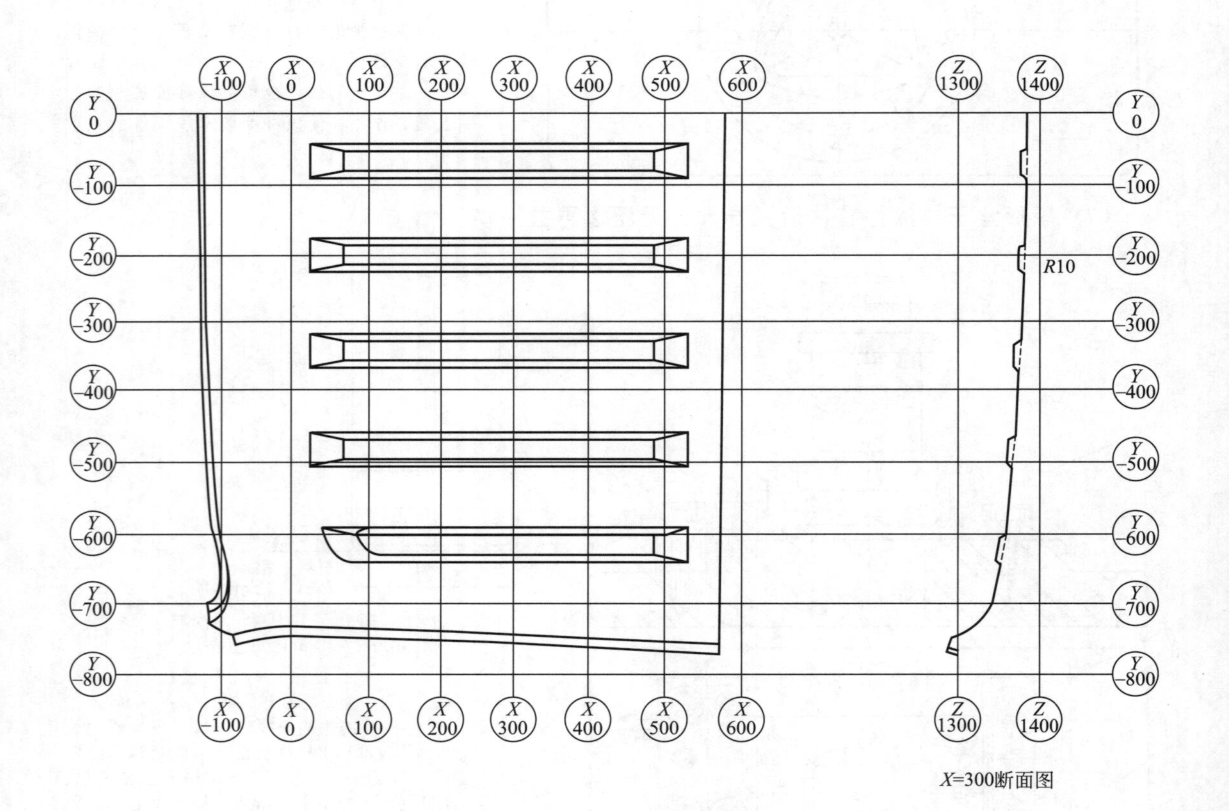

模 具 图

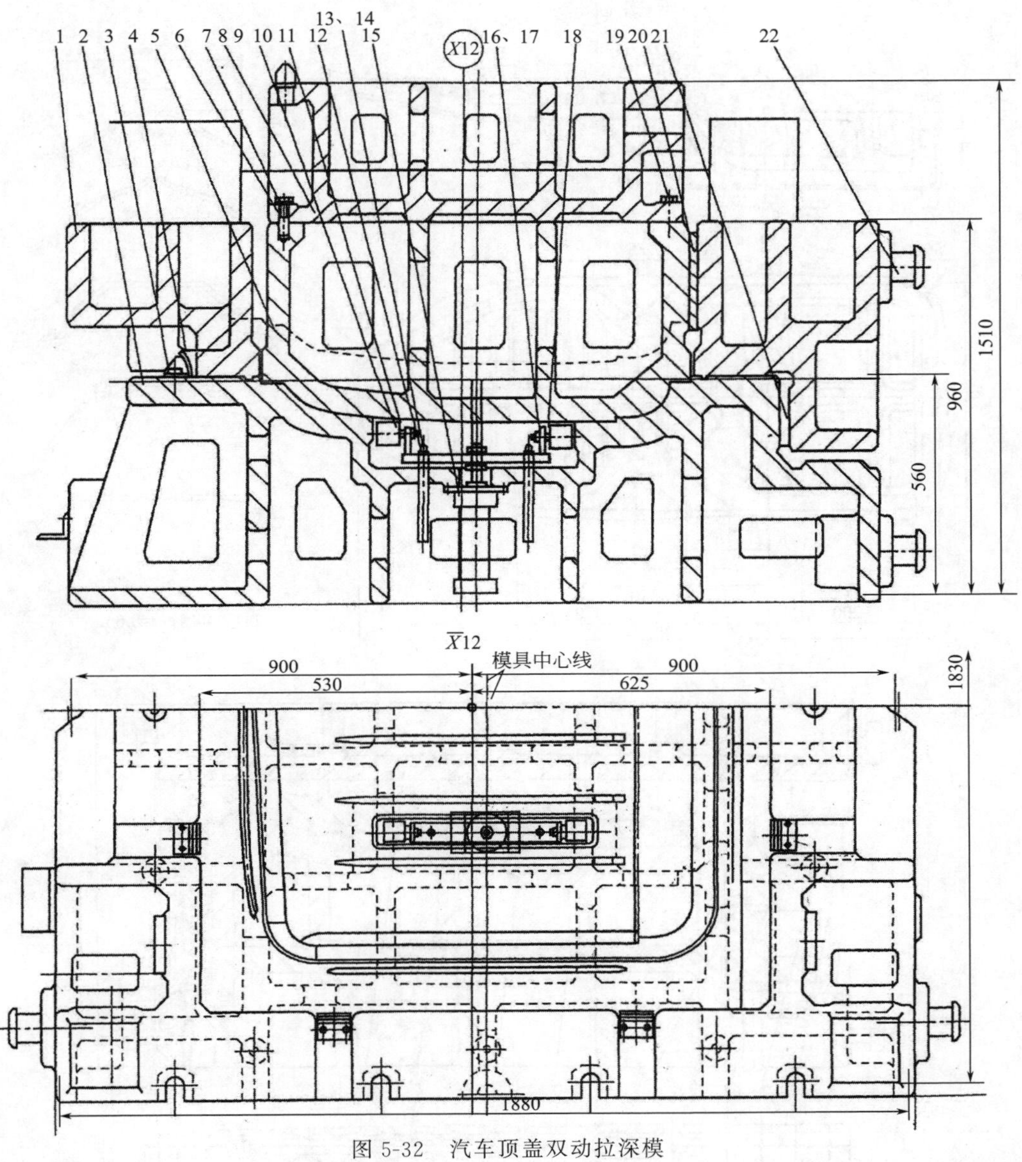

图 5-32 汽车顶盖双动拉深模

1—压边圈；2—凹模；3,6,19—内六角螺钉；4—挡料板；5—凸模；7,14,17—垫圈；8—凸模固定座；9—橡胶轮；10—衬套；11—顶出器本体；12—导向杆；13,16—六角螺母；15—法兰式气缸；18—轴；20—凸模导板；21—凹模及压边圈导板；22—搬运销钉

说明：如图 5-32 所示为汽车顶盖双动拉深模。

使用时，凸模 5 经凸模固定座 8 安装在双动压力机内滑块上。压边圈 1 经附加垫板安装在外滑块上，凹模 2 安装在工作台上。拉深时，毛坯放在凹模 2 上由挡料板 4 定位，然后外滑块首先下行，压边圈 1 运动到下止点，并压紧毛坯；接着内滑块带动凸模 5 下行，在与凹模的作用下完成拉深工作。滑块上行后，制件由两套顶出器总成顶出。

凸模 5 和压边圈的导向，靠 6 个凸模导板 20 进行；凹模 2 和压边圈 1 的导向，靠 8 个导板 21 进行。

凸模、凹模、压边圈、凸模固定座采用灰铸铁 HT250，经铸造后数控仿形加工而成。

（2）汽车发动机隔热罩拉深模

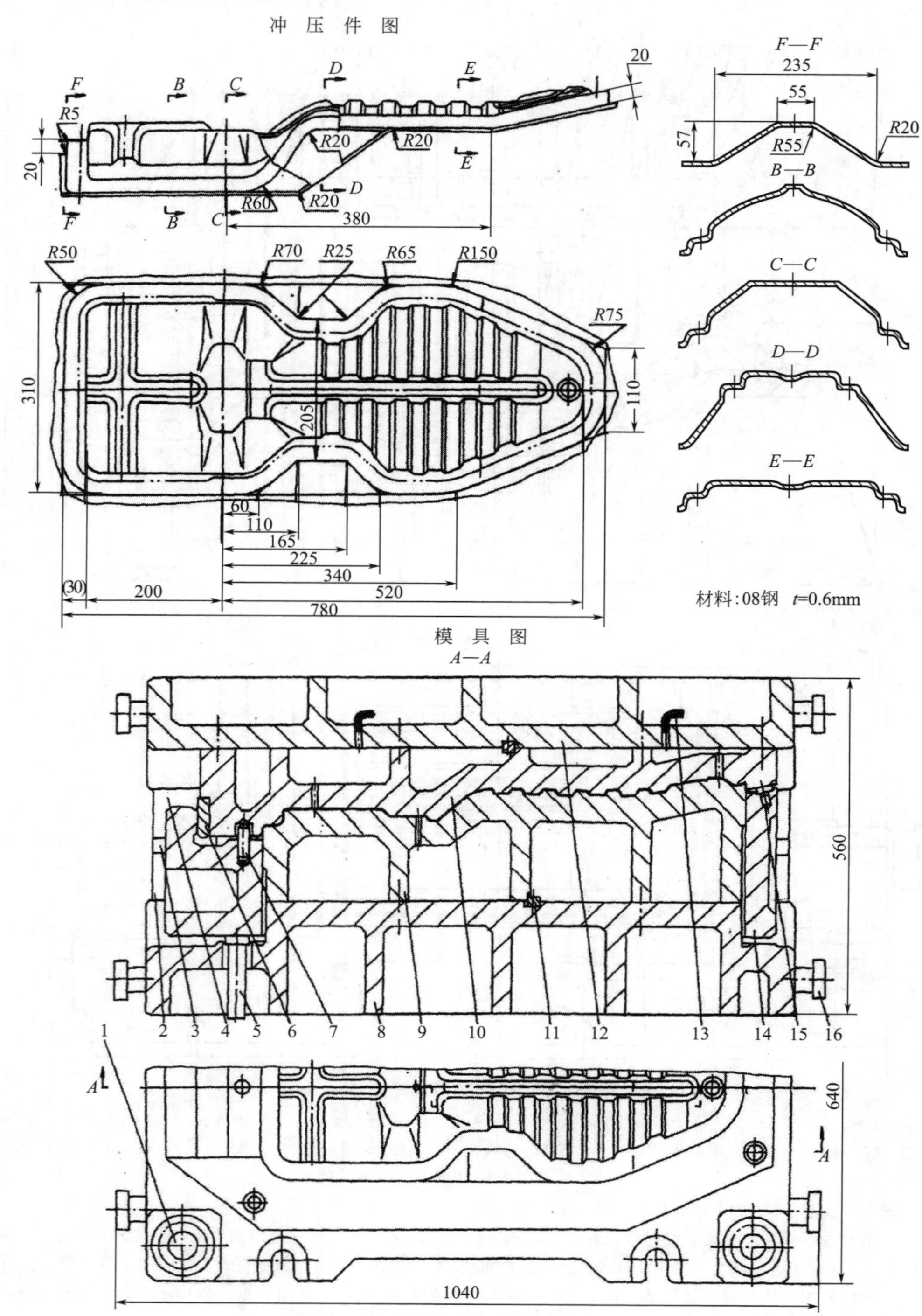

图 5-33 汽车发动机隔热罩拉深模

1—导柱；2—导柱座；3—限程套；4—导套；5—顶杆；6—导板；7—定位销；8—下模座；9—凸模；10—凹模；11—定位键；12—上模座；13—排气管；14—压料板；15—限位钉；16—起重棒

说明：汽车发动机隔热罩是一个形状十分复杂的异形拉深件，详见冲压件图。为获得良好的拉深成形效果，拉深工艺设计增加压边力，扩大压边面积，故在冲压件图上，双点画线以外为工艺补充部分，是为了便于拉深而设计的，修边时将切去。模具图上，件号 15 可使压料力保持均衡和防止压得过紧。

(3) 汽车散热器罩拉深模

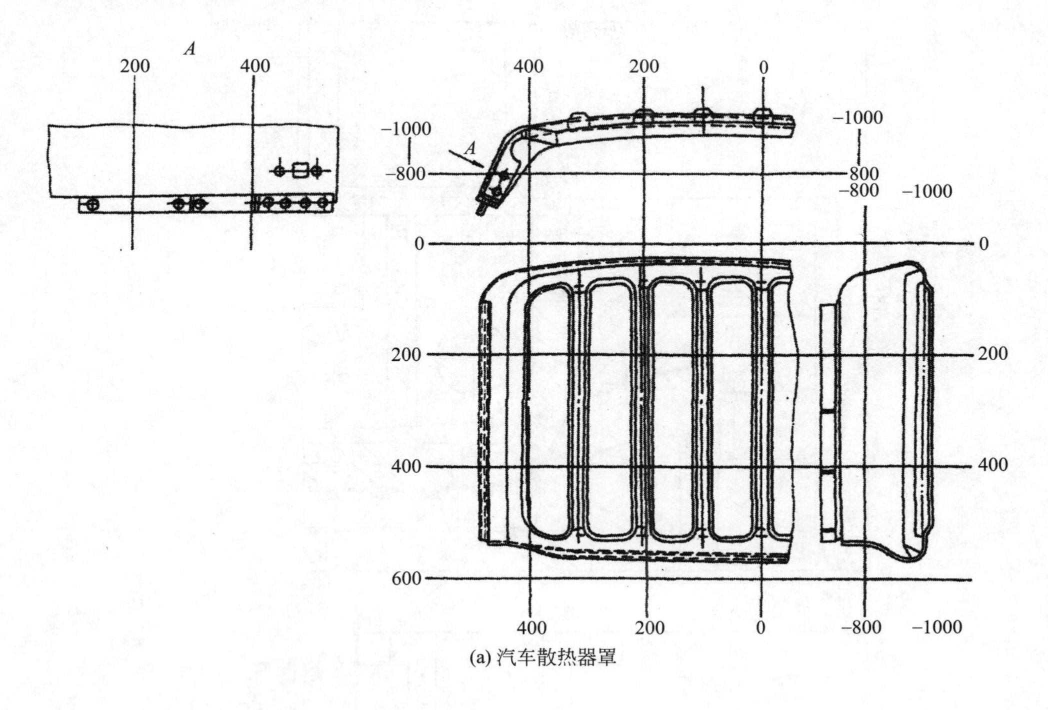

(a) 汽车散热器罩

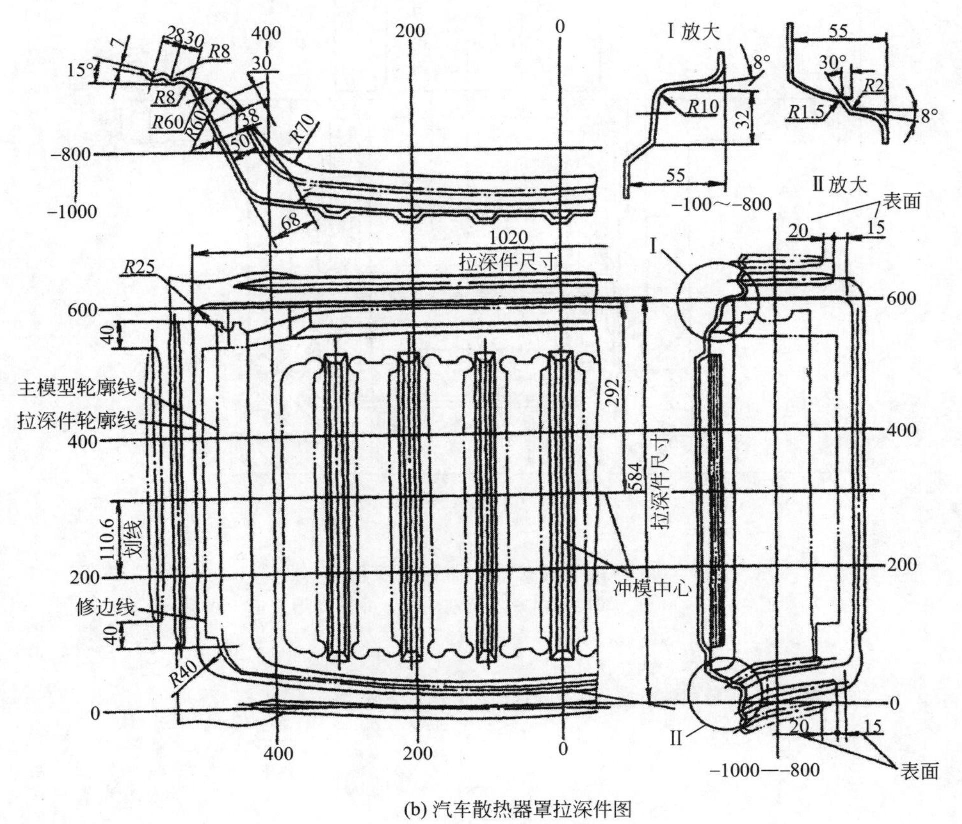

(b) 汽车散热器罩拉深件图

图 5-34

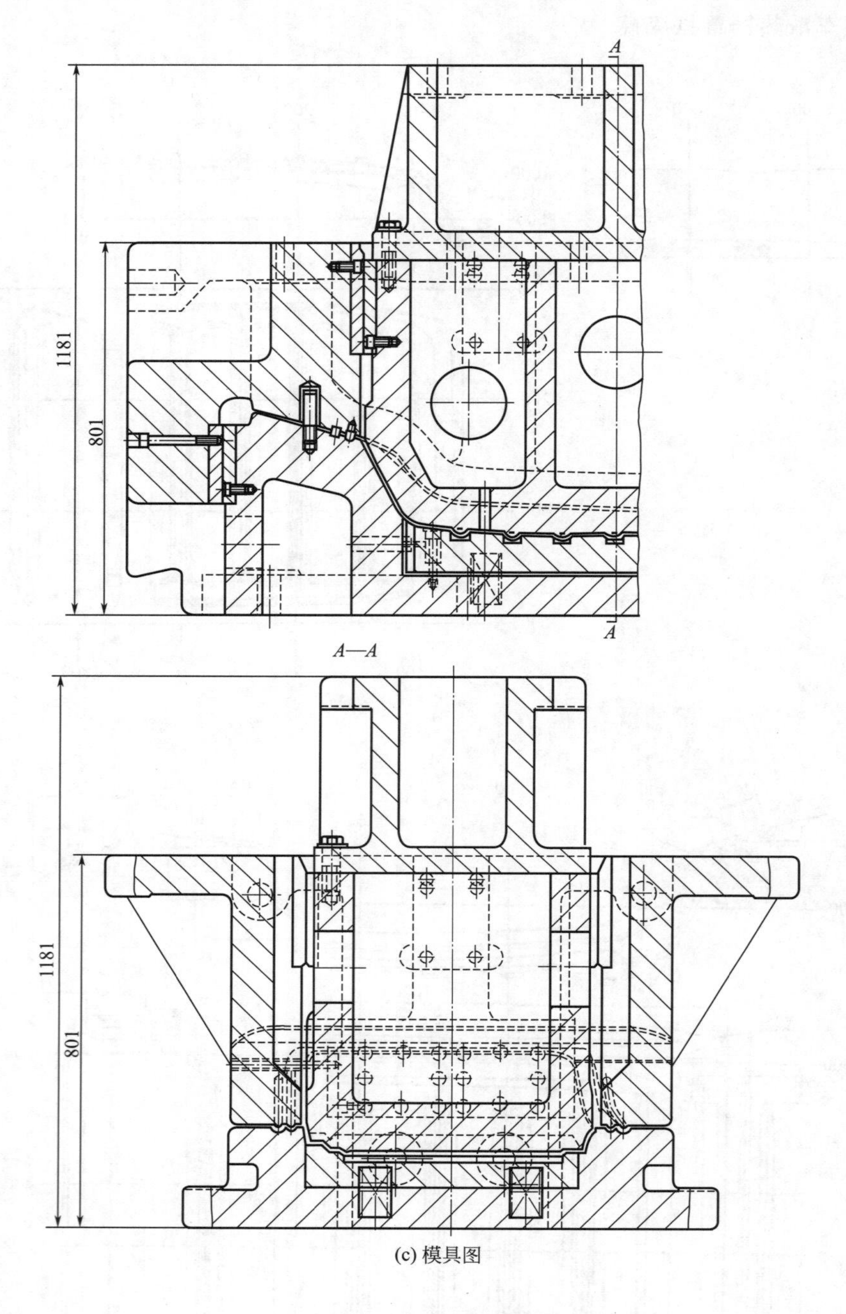

(c) 模具图

图 5-34　汽车散热器罩拉深模

说明：图 5-34(a) 所示汽车散热器罩成品零件图，冲压要用五道工序完成：①拉深；②修边、冲孔；③翻边；④冲孔；⑤翻口。

图 5-34(b) 为工序①的拉深件图。

图 5-34(c) 为拉深模的纵向剖视和横向剖视图。

(4) 汽车门外板拉深模

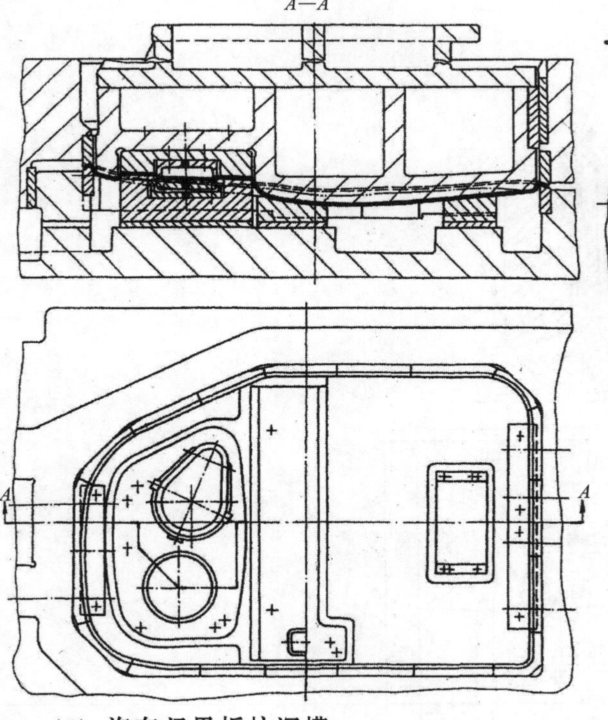

冲压件图

材料：08Al Ⅱ ZF
t=1mm

图 5-35　汽车门外板拉深模

说明：①本模具安装在双动压力机上工作。

②由于拉深深度浅，采用拉深槛压料。

③为了防止窗口处反成形时由于材料补充不足而产生破裂，在窗口工艺补充部分设有两个工艺切口。

(5) 汽车门里板拉深模

冲压件图

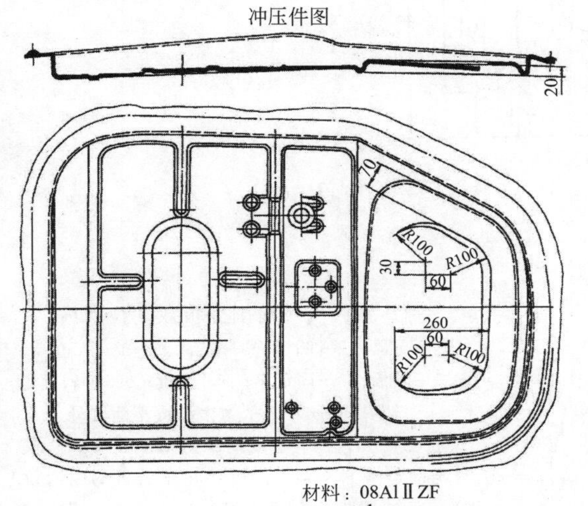

材料：08Al Ⅱ ZF
t=1mm

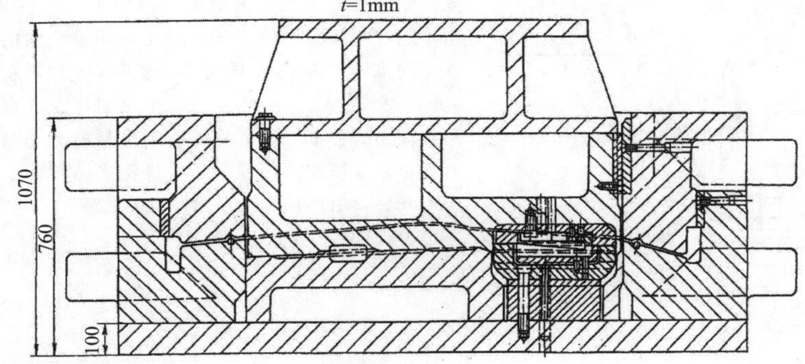

图 5-36　汽车门里板拉深模

说明：汽车的门里板拉深件，见图 5-36 的冲压件图，与图 5-35 中的汽车门外板拉深件匹配，因内覆盖件之一，要在其上安装一些如门锁、门窗开启开关等，故较门外板更复杂，详见冲压件图。此外，还要说明以下两点：

①本模具安装在双动压力机上工作。

②为了防止窗口处在反成形时由于材料补充不足而产生破裂，在窗口工艺补充部分设有工艺切口。

(6) 汽车前围外板双动拉深模

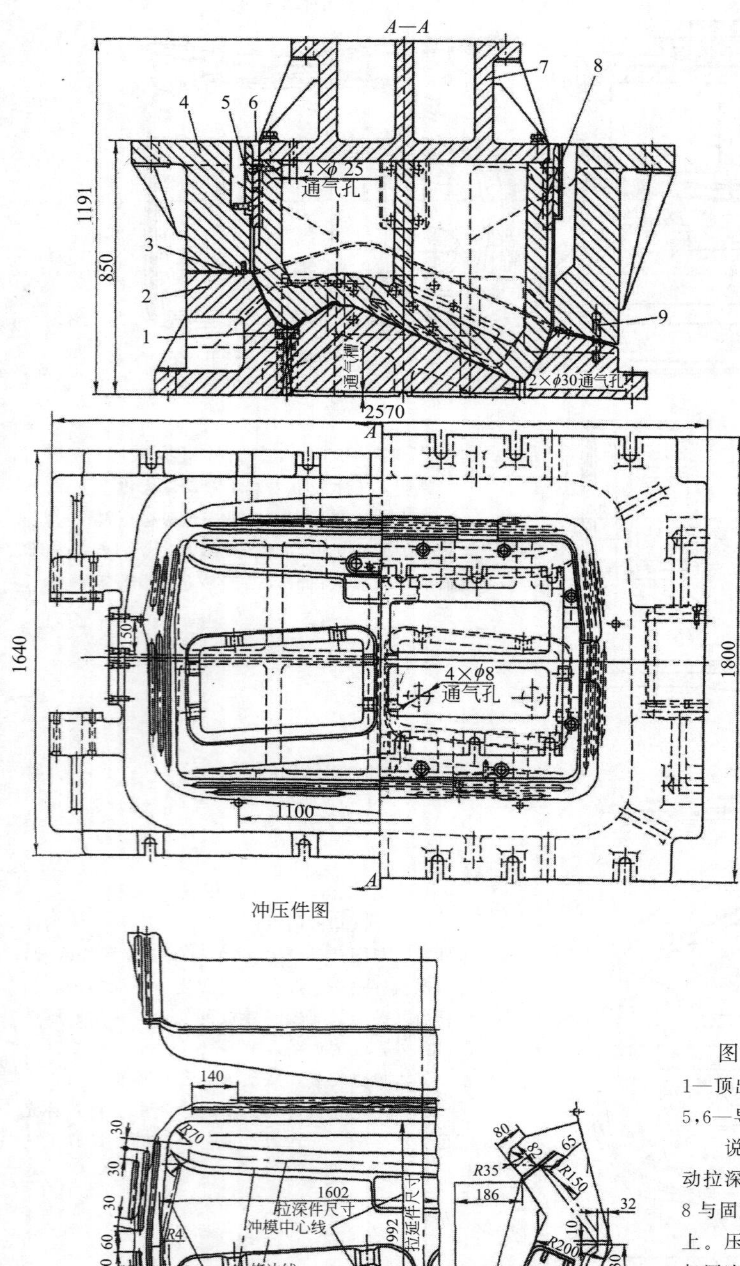

图 5-37　汽车前围外板双动拉深模

1—顶出器；2—凹模；3—拉深筋；4—压边圈；5,6—导板；7—固定座；8—凸模；9—挡料销

说明：图 5-37 所示为大型汽车前围外板双动拉深模。它是装在双动压力机上工作。凸模 8 与固定座 7 连为一体后装在压力机的内滑块上。压边圈 4 装在压力机的外滑块上。凸模 8 与压边圈 4 间的导向及压边圈 4 与凹模 2 间的导正均采用导板 5、6 导向。毛坯用 4 个挡料销 9 定位。该拉深件形状复杂，须重视拉深方向和拉深筋的数量与合适分布。确保材料流动阻力均匀，以提高拉深件质量。拉深成品件在上模上升后，由顶件器 1 顶出模。

(7) 油箱上体双动拉深模

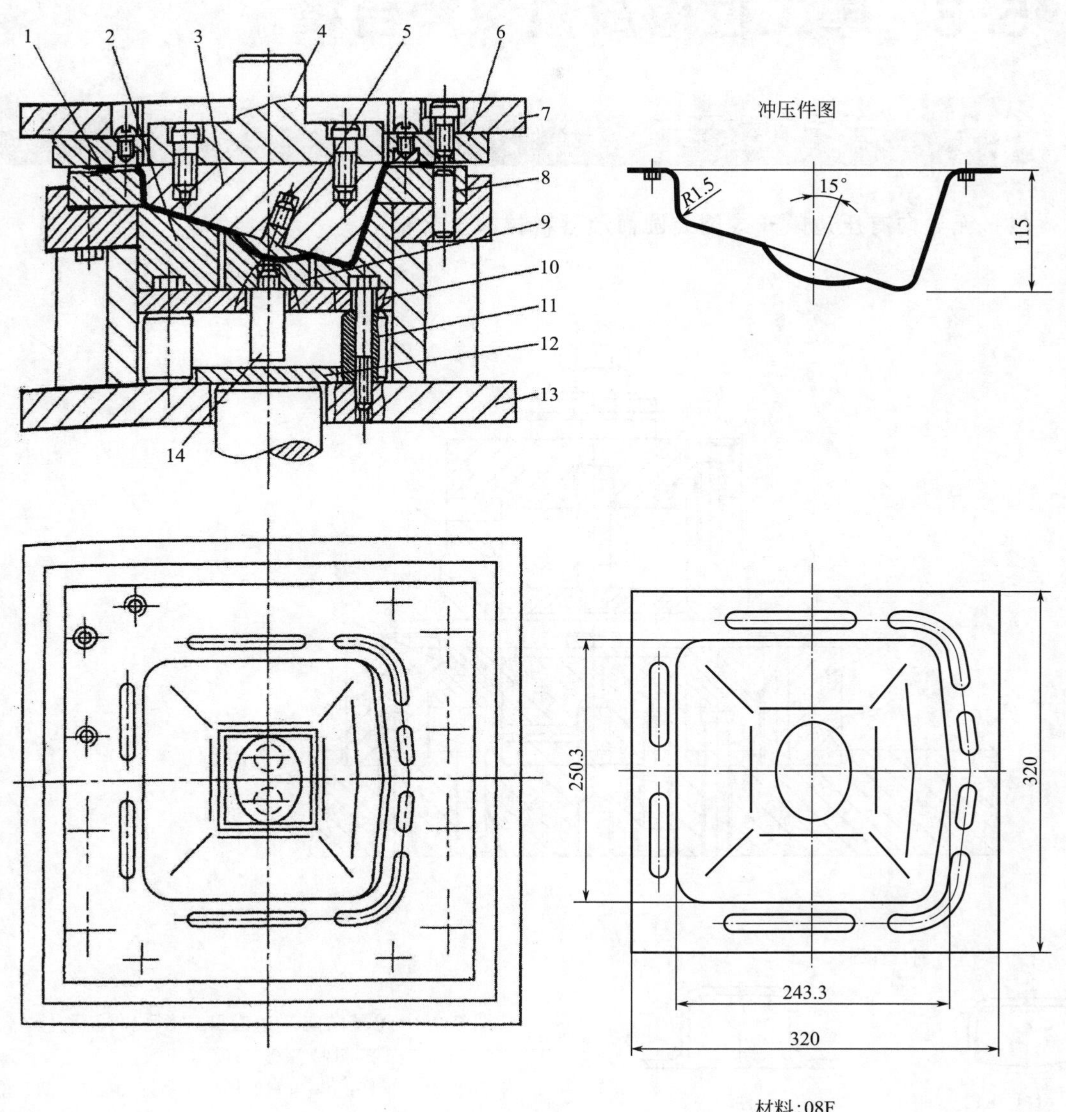

图 5-38 油箱上体双动拉深模

1—制件；2—凹模；3—凸模；4—模柄；5—凸台；6—压边圈；7—上模座；8—凹模板；9—凸台凹模；10—垫板；11—支撑柱；12—顶板；13—下模座；14—顶杆

说明：油箱上体拉深件，详见图 5-38 中冲压件图，是一个方形不等深盒子形拉深件，倾斜的底部中心有一个长圆凸包。该拉深模是一套低熔点简易经济拉深模。凹模采用分体式：模芯压凸包成形部位用钢制造，凹模两边件 2 用低熔点合金浇铸。凸模 3 为灰铸铁件，而其中心凸包为镶钢件。凹模板 8 为带拉深筋的钢件。压边圈 6 和凹模板 8 的拉深筋对应处，均采用嵌入镶钢件，以利加工与更换。低熔点合金浇铸成形工艺成熟而简便，自然冷却后便可使用。而且低熔点合金可回用，也较经济。

5.3 单工位落料拉深复合模

5.3.1 无导向敞开式落料拉深复合模（图 5-39 ～图 5-41）

(1) 无导向有压边敞开式倒装圆筒形落料拉深复合模

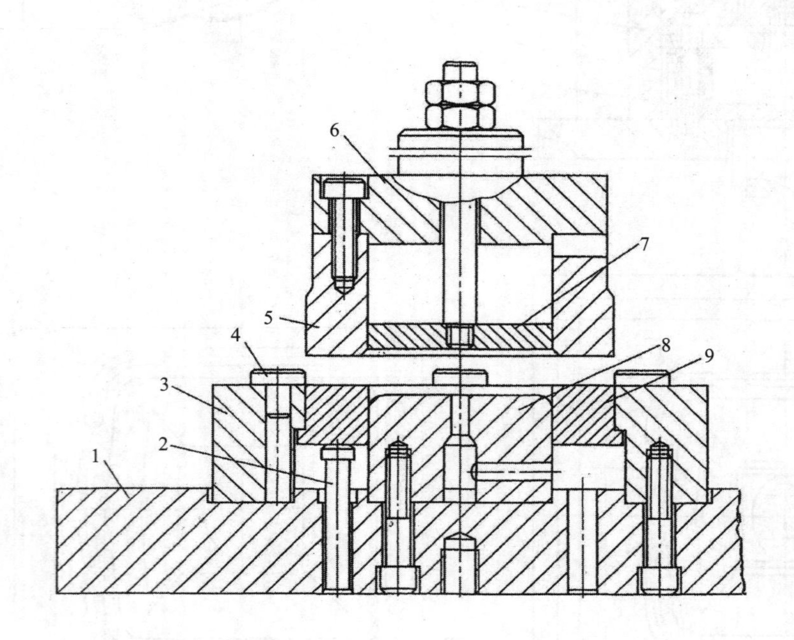

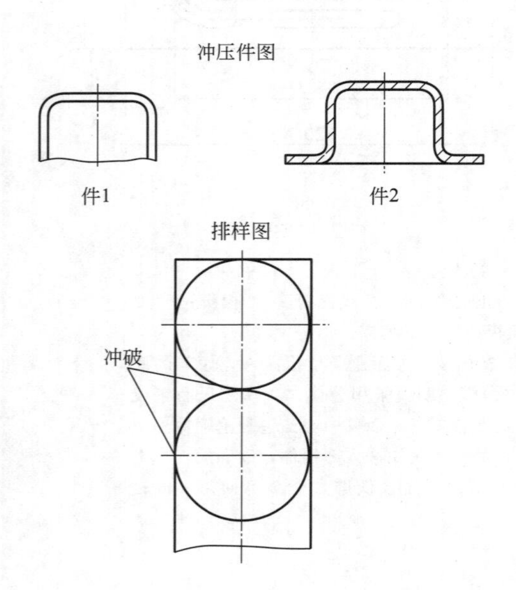

图 5-39　无导向有压边敞开式倒装圆筒形件落料拉深复合模（Ⅰ）

1—下模座；2—顶杆；3—落料凹模；4—挡料销；5—凸凹模；6—上模座；7—推件器；8—凸模；9—推板（压边圈）

说明：图 5-39 所示为浅圆筒拉深件通用拉深模实用的典型结构形式：当圆筒形拉深件高度 H 小于其直径 d 的 80% 时，即 $H \leqslant (0.5 \sim 0.75)d$，可用图 5-39 所示拉深模一次拉深成形。同时，该结构还可用于有凸缘的圆筒形拉深件的拉深成形，见冲压件图件 1 和件 2。该结构拉深模结构简单而实用，但其敞开式不利于安全操作。在压力机上安装调校这类无导向敞开式拉深模时，要求技术高的技工，最好是专职调整工实施，注意人身安全。

(2) 圆筒形拉深件无导向敞开式落料、正反拉深复合模

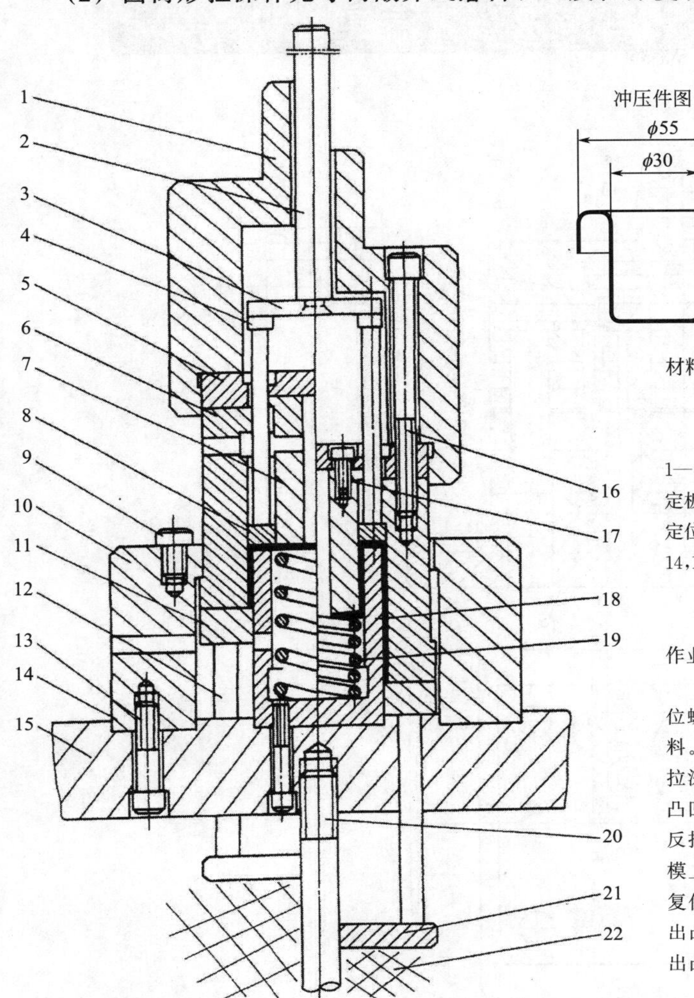

图 5-40　圆筒形拉深件无导向敞开式落料、正反拉深复合模

1—模柄；2—打杆；3—打板；4—卸料螺钉；5—固定板；6,18—凸凹模；7—拉深凸模；8—推板；9—定位螺钉；10—凹模；11—压料板；12—顶杆；13,14,16,17—螺钉；15—下模座；19—弹簧；20—螺栓；21—弹顶板；22—橡胶

说明：本模具能同时完成落料、正反拉深作业。

模具工作过程：条料沿凹模 10 平面送至定位螺钉 9，上模下降，凸凹模 6 与凹模 10 完成落料。上模继续下降，凸凹模 6 和凸凹模 18 进行正拉深。上模继续下降，拉深凸模 7 便开始工作，凸凹模 18 此时兼起反拉深凹模作用，此后正、反拉深同时进行，从而拉深出所需的工件。当上模上升时，压料板 11 在弹顶器和顶杆 12 作用下复位，工件在弹簧 19 的作用下随上模上行，脱出凸凹模 18 而留在凸凹模 6 内，最后由推板 8 推出凸凹模 6。

(3) 圆筒形拉深件无导向敞开式落料拉深复合模

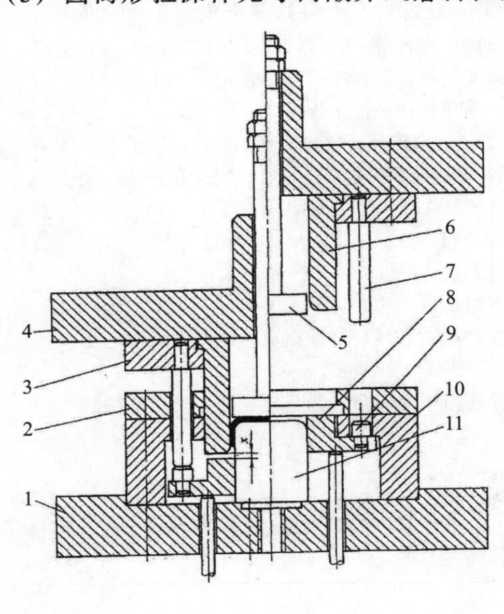

图 5-41　圆筒形拉深件无导向敞开式落料拉深复合模（Ⅱ）

1—下模座；2—卸料板兼导料板；3—固定板；4—上模座；5—推件器；6—凸凹模；7—压杆（三件）；8—推板(压边圈)；9—小柱；10—落料凹模；11—拉深凸模

说明：该拉深模与图 5-39 的结构大同小异。两者主要差别是图 5-41 增加了压杆 7，用以控制压边力，防止在拉深行程后期，因凸缘变窄压边面积减小而加大单位压边力，使凸缘料厚减薄，甚至拉破，产生废品。

5.3.2 导板导向的单工位落料拉深复合模（图 5-42）

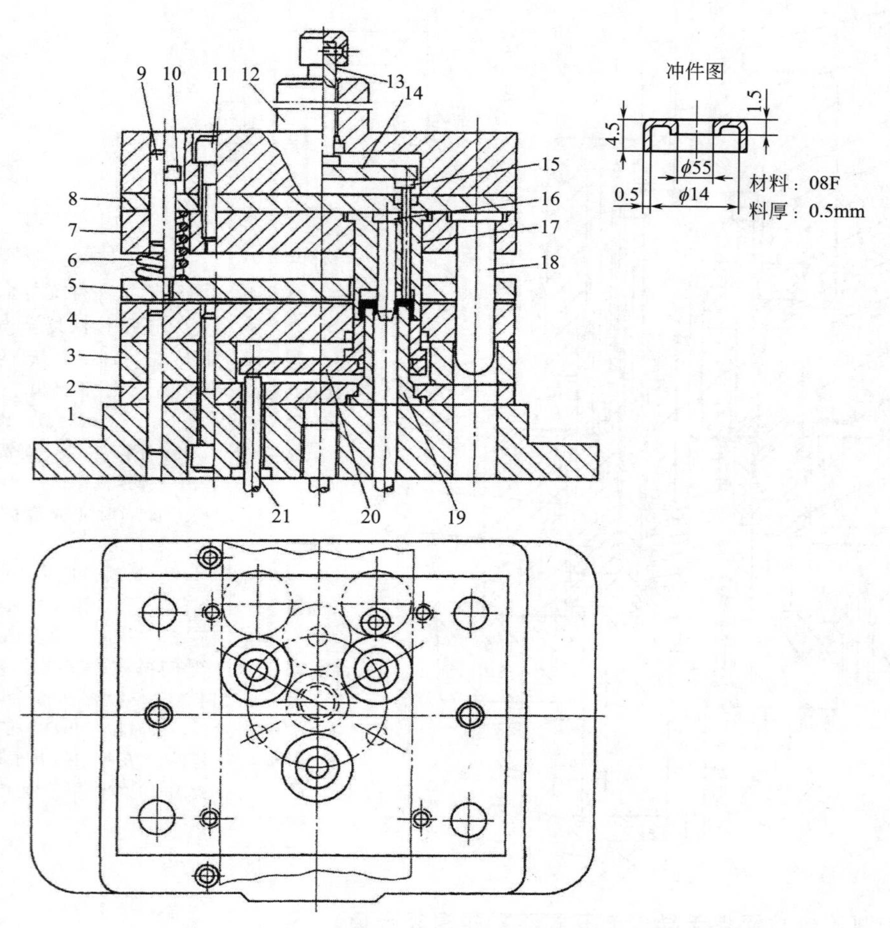

图 5-42　轴盖弹压卸料导板式落料、拉深、穿孔翻边复合模

1—下模座；2—下固定板；3—空心垫板；4—凹模；5—弹压卸料板；6—弹簧；7—上固定板；8—垫板；9—销钉；10—卸料螺钉；11—螺钉；12—带模柄模座；13—打料杆；14—推板；15,21—顶杆；16—冲孔翻边凸模；17—落料凸模；18—导柱；19—拉深凸模；20—顶板；

说明：图 5-42 所示为轴盖弹压卸料导板式单工位三穴落料、拉深、穿孔翻边成形的复合模。该冲模直接用板裁条料经落料、拉深，再由预冲孔翻边双重组合凸模一次穿孔翻边，完成冲件。冲压零件料薄、尺寸小。为提高效率，该模具在同一工位安排三个模位（三穴），并使其围绕模具压力中心成 120°等距离布置，可同时冲制三件。

该冲模不用模架，模体精小而结构紧凑。其主要结构特点如下：

①采用顺装结构、弹压卸料板，模上推卸或吹卸出件。

②整体结构用不同材质、不等料厚的八层模板加模芯、导柱叠装而成。闭合高度小，工作行程小，模体小，用料省。

③上、下模导向用装在凸模固定板上的四根导柱与下模四角的四个导柱孔，采用基轴制 H7/h6 配合，实现高精度导向。

④用挡料销和导料销对送进条料导向、定位。

⑤所用模板、模座均为标准件和半标准件，故标准化程度较高。

5.3.3 导柱导向的单工位落料拉深复合模（图5-43～图5-59）

(1) 芯壳滑动导向导柱模架固定卸料落料拉深复合模

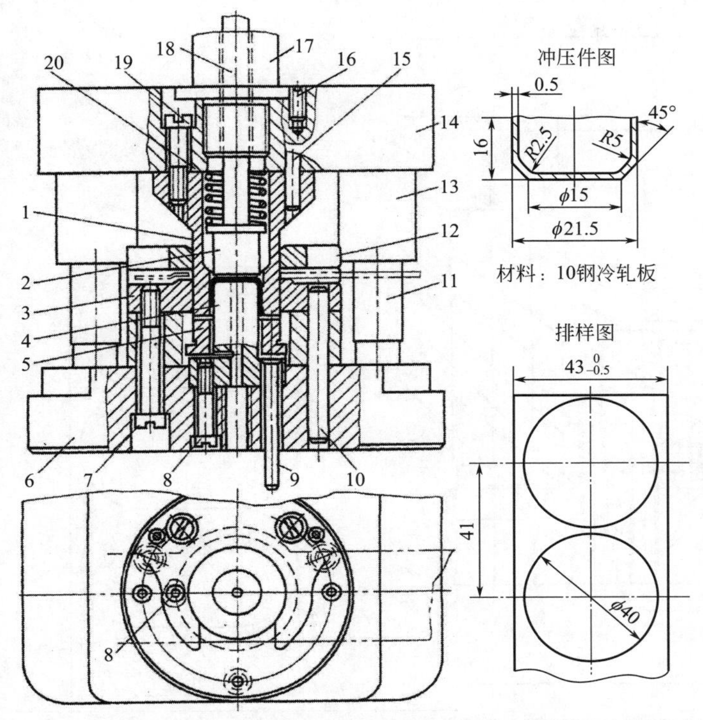

图5-43 芯壳滑动导向后侧导柱模架固定卸料反向拉深结构落料拉深复合模

1—凸凹模；2—卸料器；3—落料凹模；4—拉深凸模；5—顶件器（压边圈）；6—下模座；7，8，19—螺钉；9—顶杆；10，15—销钉；11—导柱；12—卸料板；13—导套；14—上模座；16—螺塞；17—模柄；18—打料杆；20—弹簧

说明：这类拉深复合模采用顺装反向拉深结构，必须在模上出件，故冲模要求压力机滑块行程要大于拉深件高度的两倍。该冲模使用大半圆形固定卸料板。完成拉深冲件，要顶出卸料板并从凸凹模中推卸到卸料板表面，才能从模上出件。所以，在上模回程上升至压力机滑块上极点，冲模达到最大开启高度时，上模与下模的最大空间，即上模最低（模芯）表面距下模卸料板表面的间距，要大于拉深件高度5～10mm，才能顺畅出件。则压力机滑块的行程应为两倍拉深件高度加上固定卸料板在拉深凹模表面的高度，再加5～10mm取件间隙，以确保拉深件出模并正常运作。

拉深件高度即匹配压力机的拉深工作行程，也即承载行程。而其运作行程要大于拉深行程两倍。所以，拉深压力机行程要大。当拉深件高度较大时，拉深模往往将模芯嵌装在模座沉孔中，以缩减模具闭合高度。故该模具结构不适于高度大的拉深件冲压。

(2) 端罩滑动导向后侧导柱模架固定卸料有凸缘的台阶式拉深件落料拉深复合模

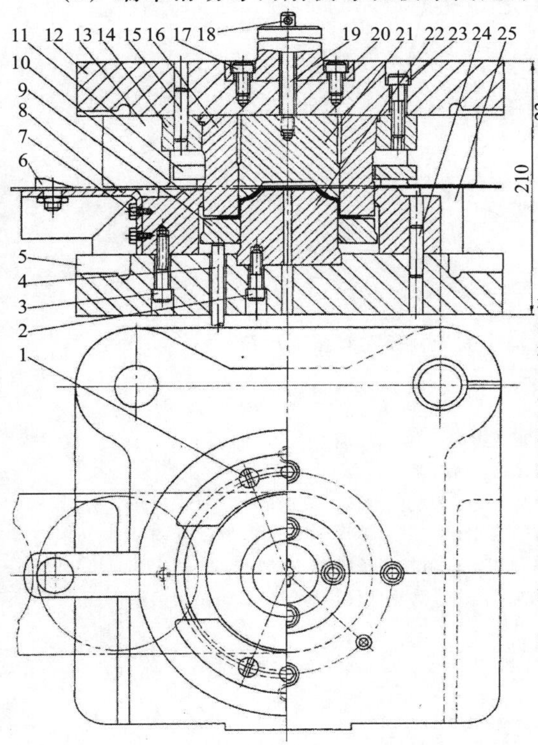

图5-44 端罩滑动导向后侧导柱模架固定卸料有凸缘的台阶式拉深件落料拉深复合模

1，2，3，7，17，23—螺钉；4—顶杆；5—下模座；6—挡料块；8—承料条；9—压边圈；10—落料凹模；11—卸料板；12—上模座；13—导套；14—固定板；15，24—销钉；16—凸模；18—打料杆销；19—打料杆；20—模柄；21—卸料器；22—拉深凸模；25—导柱

说明：带宽凸缘的台阶形圆筒拉深件采用落料拉深复合模，一模成形有一定难度，但该拉深件很浅，总高仅23mm，只有圆筒直径$d=76.5$mm的30%；两个台阶的高差也只有10mm；而且底部圆角半径和凸缘转角半径都较大，远超过工艺限定的$2t$，已达到（4～6）t。因此，可以使用落料拉深复合模一模成形。

该冲模采用了滑动导向后侧导柱标准通用模架，设置了适用而较为经济的固定卸料板；圆弧形固定卸料板下制出导料台与另一半卸料板构成有导料板的导料槽，加上固定挡料块6和承料条8，构成了该冲模的送料定位系统。

当料厚$t<1$mm时，复合模多采用弹压卸料系统。该冲模在形状合适并满足工艺要求的前提下，采用了固定卸料板。由于落料凸模还有拉深压边圈的作用，故采用固定卸料板。

(3) 浅的矩形与方形盒子拉深件

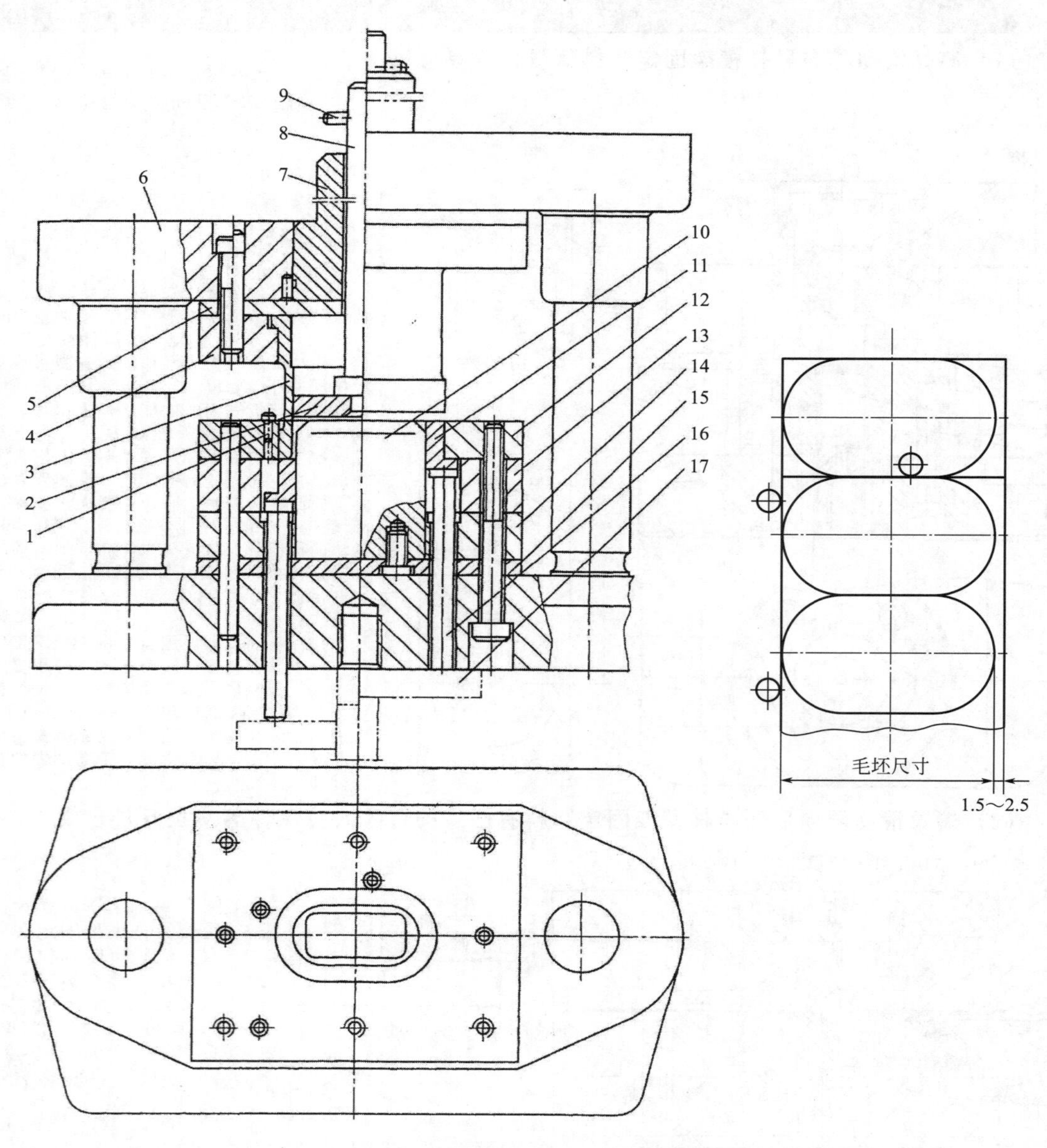

图 5-45　浅矩形盒子拉深件滑动导向中间导柱模架有压边反拉深结构落料拉深复合模

1—挡料钉；2—推件器；3—凸凹模；4,14—固定板；5,15—垫板；6—模架；7—模柄；8—打杆；9—圆柱销；10—凸模；11—推板兼压边圈；12—落料凹模；13—衬板；16—顶杆；17—弹顶器

说明：盒子形拉深件比圆筒形拉深件成形难度大，工艺限制因素多。特别是一次拉深成形的矩形盒与方形盒，一次拉深成形的浅盒子，制约因素多，成形难度大。图 5-45 所示为安装在普通压力机上使用的矩形件（盒形件或圆形件也适用）落料拉深模。基本结构与图 5-44 比较无多少差别，凸凹模 3 的外形为矩形件毛坯落料凸模，内形为矩形件拉深凹模。该结构为通用的典型实用结构形式。

(4) 桶盖滑动导向后侧导柱模架弹压卸料顺装式落料拉深复合模

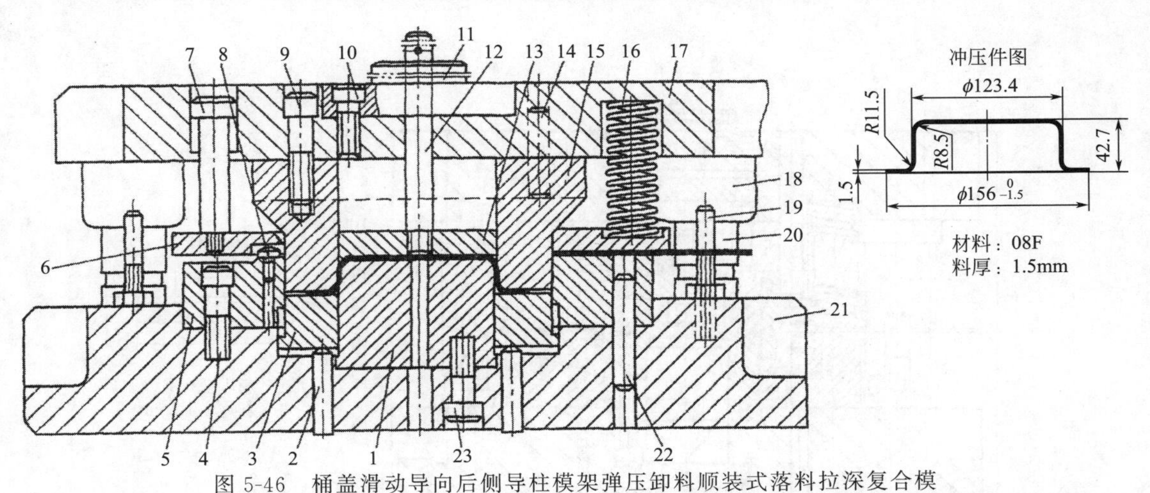

图 5-46 桶盖滑动导向后侧导柱模架弹压卸料顺装式落料拉深复合模

1—拉深凸模；2—顶杆；3—顶件器（压边圈）；4,9,10,23—内六角螺钉；5—落料凹模；6—卸料板；7—卸料螺钉；8—挡料销；11—模柄；12—打料杆；13—推板；14，22—销钉；15—凸凹模；16—弹簧；17—上模座；18—导套；19—导料销；20—导柱；21—下模座

说明：直接从板料、板裁条料一模落料拉深成形获得薄壁空心圆筒形零件、有凸缘的圆筒形零件，为多次拉深提供杯状毛坯或为变薄拉深供应坯料，采用落料拉深复合模效率高、质量好、使用广泛。但受拉深材料力学性能的限制，一次落料拉深成形对拉深件形状与尺寸参数有一定条件要求，不符合条件便不能采用落料拉深复合模一次成形。如无凸缘平底圆筒形拉深件一次拉深成形，对其高度 H、直径 d 要求为 $H=(0.5\sim0.75)d$；底部圆角半径 $r\geqslant t$。不同拉深材料的 $H:d$ 值还有差别，但均不超出上述范围。有凸缘的平底圆筒拉深件，只有凸缘转角 $R\geqslant 2t$，以及凸缘直径 $d_{凸}$ 与圆筒直径 d 到达 $(d_{凸}-d)/d_{凸}\leqslant 0.6$ 才能用落料拉深复合模一模成形。

这类复合模，都采用滑动导向一般精度导柱模架。用固定挡料销 8 和导料销 19 构成该冲模的送料定位系统。送料系手工送进，必须将条料抬起使搭边越过挡料销，才能用待冲进距搭边面挡料定位，故生产效率难以提高。拉深好的工件推卸在模具工作区表面，也要用手工取下或用机械推（拨）件器送出。

(5) 浅圆筒拉深件滑动导向导柱模架弹压卸料落料、拉深、冲孔复合模

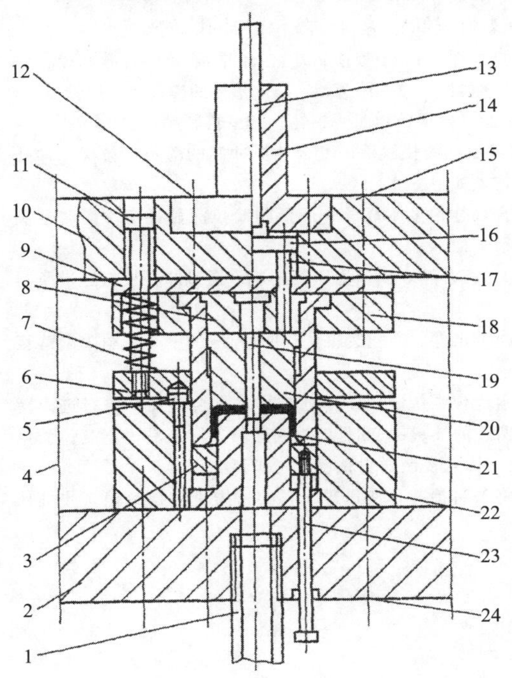

图 5-47 浅圆筒拉深件滑动导向导柱模架弹压卸料落料、拉深、冲孔复合模

1—空心螺杆；2—下模座；3—压边圈；4—导柱、导套；5—挡料销；6—卸料板；7—弹簧；8,18—固定板；9—垫板；10—上模座；11—卸料螺钉；12，15，24—内六角螺钉或销钉；13，17—推杆；14—模柄；16—推板；19—冲孔凸模；20—卸件器；21—凸凹模；22—凹模；23—顶杆

说明：该结构适合薄料小型浅圆筒拉深件的一模成形冲制，采用弹压卸料板可对薄板料有一定校平作用。

(6) 轴盖滑动导向后侧导柱模架弹压卸料落料、拉深、冲孔复合模

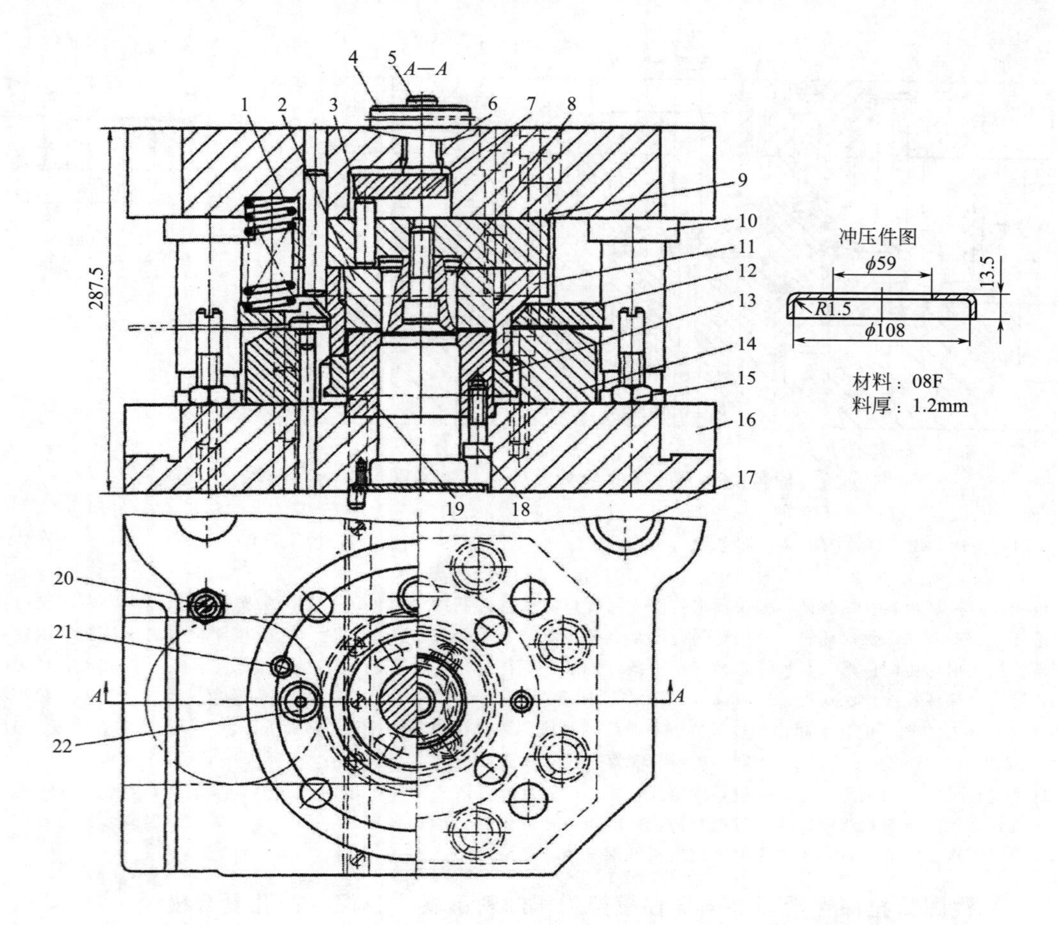

图 5-48 轴盖滑动导向后侧导柱模架弹压卸料落料、拉深、冲孔复合模

1—弹簧；2—卸件器；3—顶杆；4—模柄；5—打料杆；6—上模座；7—三角推板；8—冲孔凸模；9—卸料螺钉；10—导套；11,19—凸凹模；12—卸料板；13—压边圈；14—落料凹模；15—螺母；16—下模座；17—导柱；18—螺钉；20—导料销；21—销钉；22—挡料销

说明：图 5-48 所示是一般低圆筒无凸缘平底要冲底孔的拉深件用复合冲模冲制的落料、拉深、冲孔三工步复合模的实用典型结构。该冲模的主要结构特点如下：

①采用通用标准的滑动导向后侧导柱模架，适合尺寸精度不高的一般低圆筒拉深件冲压。同时也满足横向送料，需要操作面广的要求，送料、卸件都很方便。

②因料厚稍大，$t=1.2\text{mm}$，故采用强力弹压卸料板，用 8 只强力压簧施压，通过卸料板对送进条料施压校平，而后落料、拉深。

③模具整体采用顺装结构，反向拉深、冲孔、模上出件。冲孔废料从凸凹模 19 的中心孔洞中漏落至模下沟槽中出模。

④用固定挡料销 22 与导料销 20 构成模具的送料定位系统。由于单列排样、复合冲压，送料进距精度对冲压精度影响不大。装在落料凹模一侧进出料两边的导料销 20 足以控制送料方向和沿边宽度。而挡料销 22 能控制搭边宽度。这套定位系统不仅最经济，而且控制送料精度也可满足要求。

⑤由于采用固定挡料销挡料定位，操作时必须将条料抬起，使送进材料的搭边越过挡料销，才可挡住下一进距定位，故不仅操作不便，也影响生产效率。

(7) 罩壳滑动导向后侧导柱模架弹压卸料落料、拉深、冲孔复合模

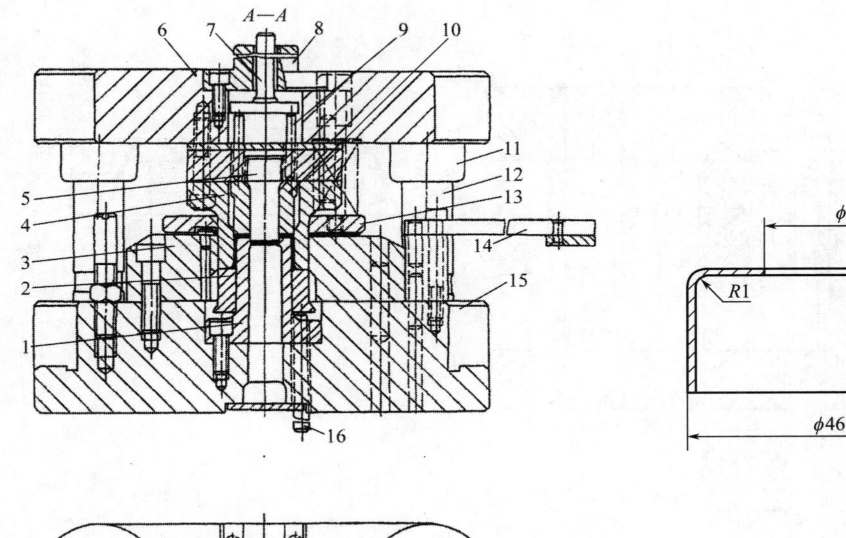

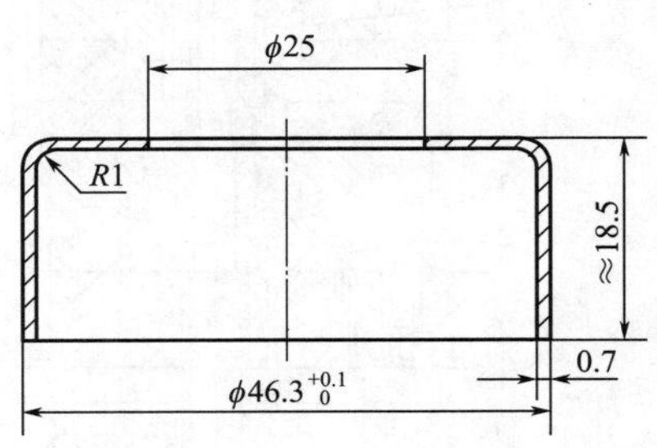

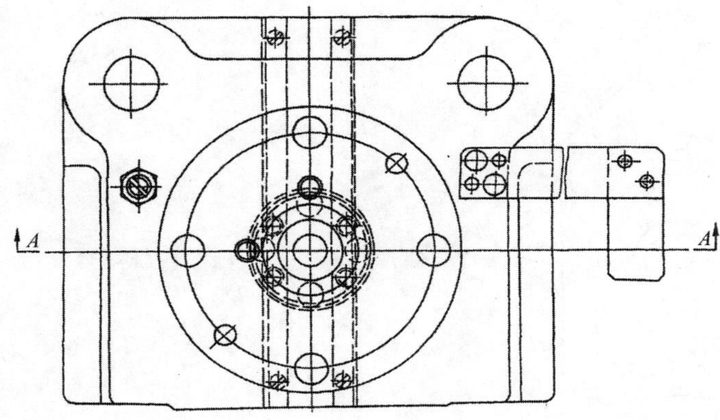

图 5-49　罩壳滑动导向后侧导柱模架弹压卸料落料、拉深、冲孔复合模

1,4—凸凹模；2—压料板；3—凹模；5—凸模；6—上模座；7—打料杆；8—模柄；9—推杆；10—卸件器；11—导套；12—导柱；13—卸料板；14—承料架；15—下模座；16—顶杆

说明：该冲模在一次行程中完成制件的落料、拉深、冲孔全部工作，结构与图 5-48 大同小异；增加了承料架。这类拉深复合模结构趋于标准化、典型化、通用化。其运作过程是：当压力机滑块下行时，首先在凸凹模 4 和凹模 3 的作用下，从条料上落下 ϕ70.1mm 的毛坯料，毛坯料被压紧在凸凹模 4 和下面有托杆作用的上模座 6 和压料板 2 之间，而后在凸凹模 1 作用下进行拉深。当压力机滑块接近下死点时，在凸模 5 的作用下冲出 ϕ25mm 的孔。

(8) 仪表罩壳滑动导向中间导柱模架弹压卸料落料、拉深、成形、切边并冲孔的多工步综合式复合模

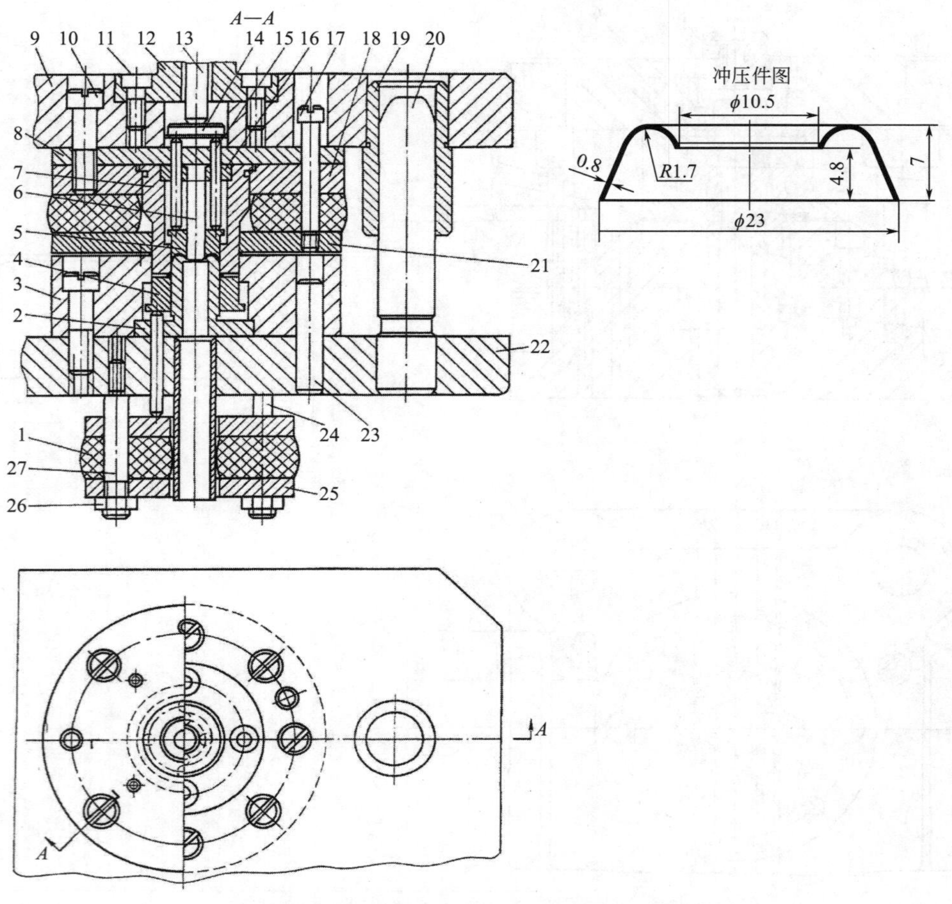

图 5-50 仪表罩壳滑动导向中间导柱模架弹压卸料落料、拉深、成形、切边并冲孔的多工步综合式复合模

1—橡胶体；2—冲孔凹模；3—凹模；4—顶件器；5—卸件器；6—凸模；7—落料切边凸模；8—垫板；9—上模座；10,11—螺钉；12—模柄；13—打料杆；14—推板；15,24—顶杆；16—固定板；17—卸料螺钉；18—凸凹模固定板；19—导套；20—导柱；21—卸料板；22—下模座；23—销钉；25—托盘；26—螺母；27—拉杆

说明：图 5-50 所示为精密仪表用 H62 黄铜罩壳拉深件的综合式复合模。该零件是用带料经落料、拉深成截锥筒、成形、切边、冲孔等五工步完成。该冲模采用滑动导向中间导柱标准模架，设计为常见的顺装结构。用橡胶作为弹性元件，用于弹压卸料板及下弹顶与拉深压边，具有比弹簧更平稳的施压特点，噪声也较小。落料凹模及凸凹模均为整体结构，用车削加工便可获得很好的尺寸与形位精度。由于凸凹模承担着拉深凸模、冲底孔、内孔边压形以及外圆切边的多重作用，尺寸虽小但受力复杂，故用 Cr12MoV 高级优质合金工具钢制造，型面与刃口均经研磨抛光，表面粗糙度值 Ra 要达到 0.4～0.1μm。其头部成形面形状及尺寸要确保工件顶部 $R1.7$mm 部位成形完好，外圆切边刃口的台阶宽度应与工件料厚匹配，否则工件外沿会产生过大毛刺甚至弯边。切边间隙应控制在 5%t 以内（单边），不然也会产生过大切边毛刺。

选用钢板模座标准模架，提高模架长期运作中的抗疲劳能力，连续工作不发生超过允许范围的变形。同时，将模架的导套与导柱加长，确保冲模开启、达到最大开启高度时，导柱仍有大约相当于导柱直径的长度滞留在导套中，从而保证导向精准、平稳运作。

冲压完成的冲件由顶件器顶出模腔或由卸件器从凸凹模中推卸至凹模表面，再推卸或吹卸出模。冲孔废料从冲孔凹模 2 的模孔中漏出，经模座下的长管出模。为防止冲孔废料在管中聚集，应保证管壁无油污并注意检查。

(9) 浮室盖滚动导向滚珠导柱模架落料、拉深、冲孔、翻边、周边冲孔，外廓切边成形六工步高精度落料、拉深、成形复合模

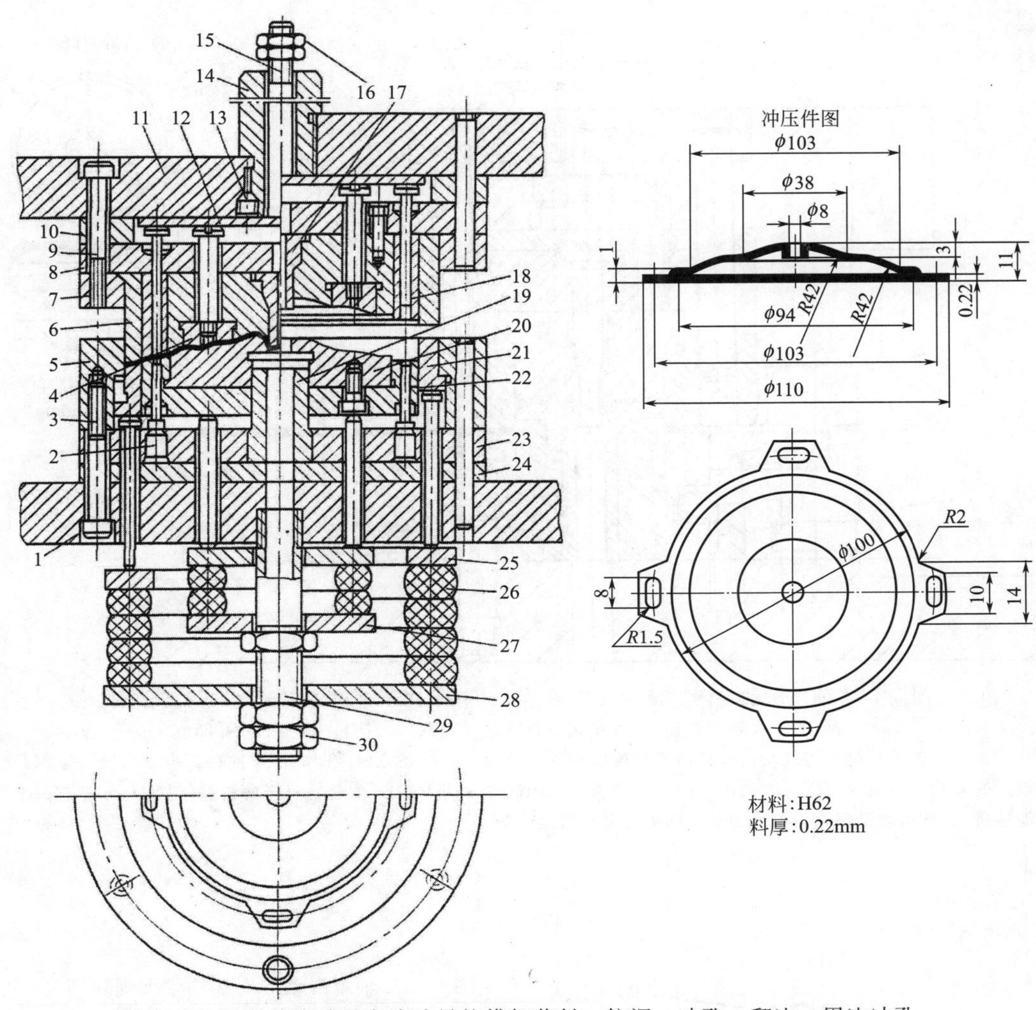

图 5-51 浮室盖滚动导向滚珠导柱模架落料、拉深、冲孔、翻边、周边冲孔，外廓切边成形六工步高精度落料、拉深、成形复合模

1—下模座；2—冲腰圆孔凸模；3,9—内六角螺钉；4—拉深工件；5,6—落料凹模；7,23—固定板；8,24—垫板；10—空心垫板；11—上模座；12—推板；13—顶丝；14—模柄；15—打料杆；16,30—螺母；17—轴芯拉深切底凸模；18,22—镶嵌件；19—凹模；20—活动凸模；21—过渡压料圈；25,27—推盘；26—橡胶体；28—大托盘；29—螺杆

说明：浮室盖为磁罗径产品要件，材料为软态 H62，料厚 $t=0.22$mm，技术要求高。图 5-51 冲压件图中 ϕ94mm 圆周上孔与中心孔要同心，工件质量为（18±1）g。

该模具的结构设计，充分利用软态 H62 容易成形的特点，采用一块过渡压料圈 21 及活动凸模 20。在模具下模座 1 下边，装有内外两圈压料橡胶体，见图中件 25～30。落料后，过渡压料圈压住板料，由于此时压力机压力未达到最大值，活动凸模 20 还可随其压力将落料毛坯拉深成球面形。上模继续下行，过渡压料圈的内边缘的刃口冲切工件外形后，连同活动凸模一起下降，轴芯凸模 17 拉深出中心凸缘并冲去底料。凸模 2 冲圆周 4 腰圆孔。该冲模采用镶拼结构，制模加工方便，修模刃磨亦较便利。

由于冲压材料很薄，故采用滚动导向滚珠导柱模架（图中未示出）。因为滚珠与导柱采用 0.01～0.02mm 的过盈配合，使上、下模在模架中的运作导向精准，没有偏差。故可保证 0.011mm 的单边冲裁间隙，精准到位而又均匀。

在一个工位上，在压力机滑块的一次行程中，要完成落料、拉深成形、冲孔、翻边、周边冲群孔、外形成形切边等六个工步。这种多工步综合式复合模的结构设计十分典型，具有很好的推广价值。上述浮室盖冲件综合式复合模，可用多达六个工步，直接从原材料一模成形冲制成合格零件。

(10) 轴座、罩、壳类拉深件滑动导向导柱模架弹压卸料拉深、挤边、成形、冲孔复合模

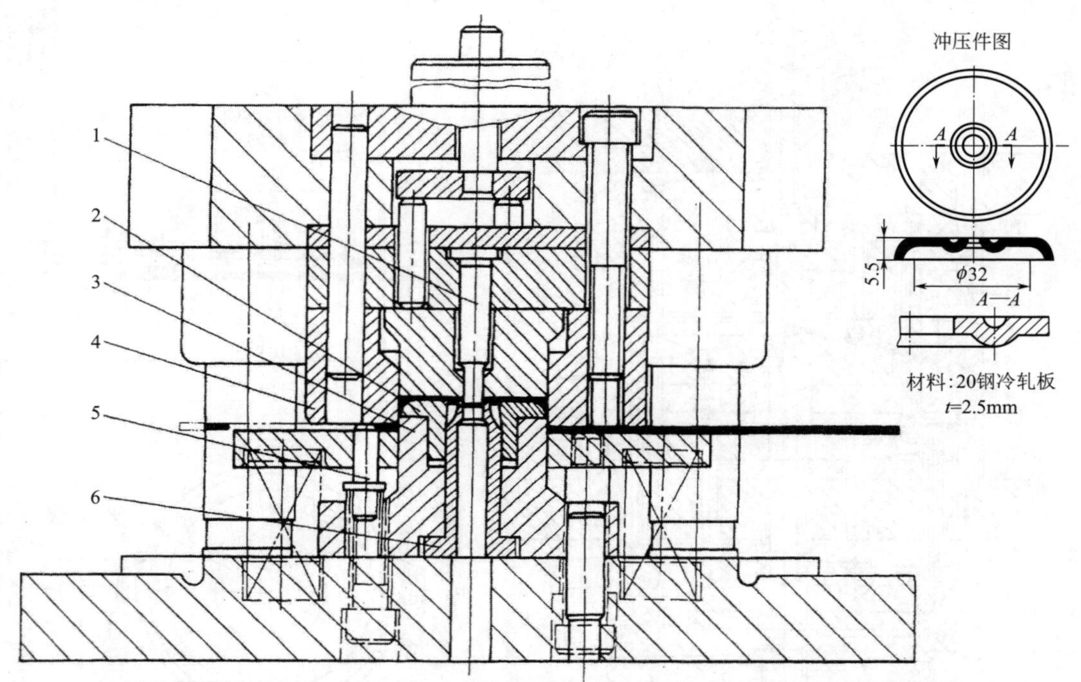

图 5-52　轴座滑动导向后侧导柱模架弹压卸料拉深、挤边、成形、冲孔复合模

1—凸模；2—拉深凸模；3—挤边凸模；4—凹模；5—挡料销；6—冲孔凹模

说明：该模具是先将坯料拉深到所需高度后再进行挤边，同时还完成压凹成形及冲孔工步。凹模与拉深凸模间的间隙按一般的拉深间隙选取，凹模与挤边凸模的间隙采用 H7/h6 配合。对于薄料（例如 1mm 左右，不能过薄），挤边质量仍相当令人满意，凹模寿命也很高。

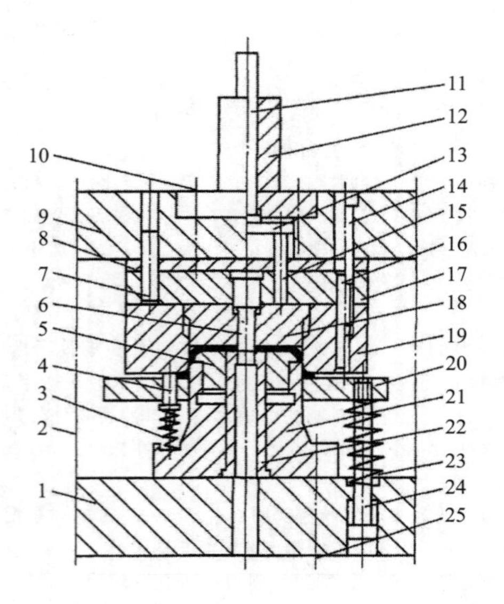

图 5-53　轴罩滑动导向导柱模架弹压卸料拉深、挤边、冲孔复合模

1—下模座；2—导柱、导套；3—弹簧；4—可伸缩式挡料销；5,21—凸模；6—冲孔凸模；7,16—圆柱销；8—垫板；9—上模座；10,25—内六角螺钉（圆柱销）；11,15—推杆；12—模柄；13—推板；14—内六角螺钉；17—固定板；18—卸件器；19,22—凹模；20—卸料板；23—弹簧；24—卸料螺钉

说明：与图 5-52 结构类似，模芯部分结构大同小异，不过该结构适合稍薄一点的金属板料，推荐冷轧 10F 钢板 0.8～1.5mm 为宜，但要按挤边工件材料种类、料厚从严控制挤边凸模与凹模刃口间隙。

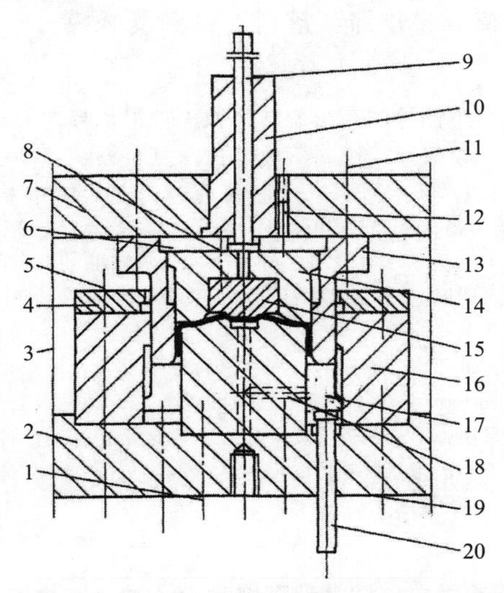

图 5-54　壳体滑动导向导柱模架固定卸料非平底拉深件落料、拉深、压形复合模

1,5,8,11,19—内六角螺钉；2—下模座；3—导柱、导套；4—卸料板；6—垫板；7—上模座；9—推杆；10—模柄；12—圆柱销；13—凸凹模；14—卸件器；15—压形凸模；16—落料凹模；17—压边圈；18—拉深凸模；20—顶杆

说明：与图 5-52、图 5-53 的拉深复合模相比，图 5-54的基本结构大同小异。但其拉深工艺及拉深件大致相仿，可以划归为一类。

(11) 圆筒形拉深件滑动导向后侧导柱模架再次拉深、挤边复合模

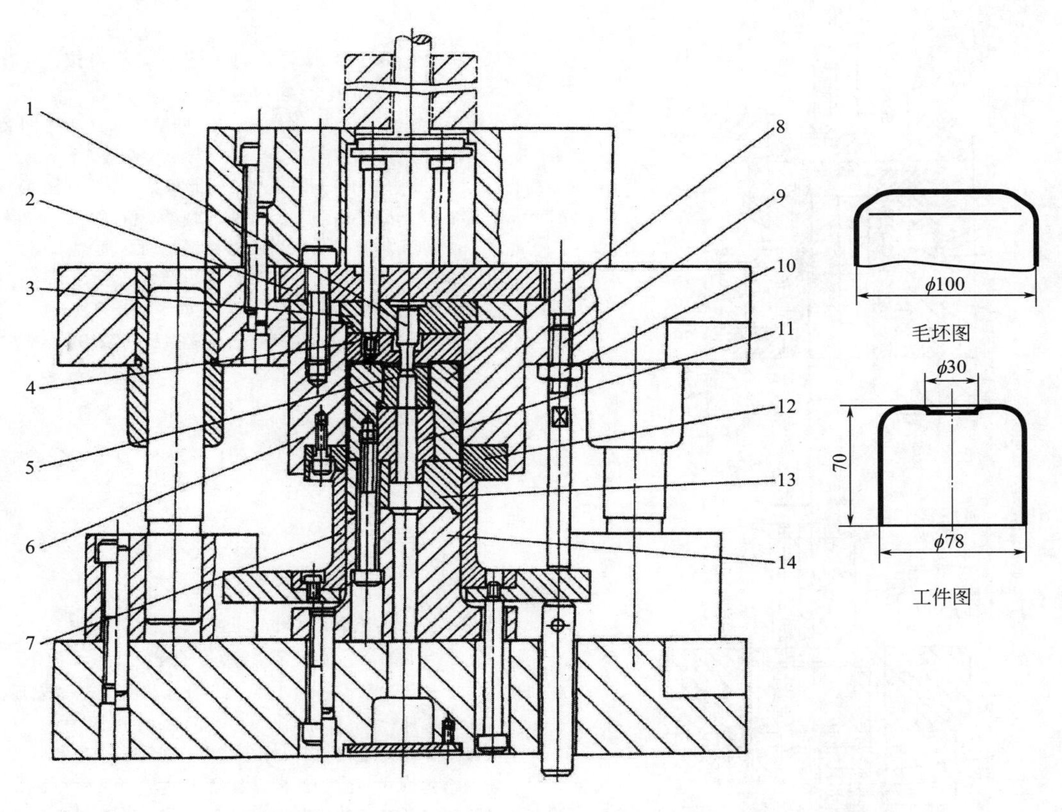

图 5-55　圆筒形拉深件滑动导向后侧导柱模架再次拉深、挤边复合模

1—冲孔凸模；2—垫板；3,6—固定板；4—推件块；5—冲孔凹模；7—压边圈；8—拉深凸模；9—螺栓；10—螺母；11—垫块；12—凹模；13—挤边凸模；14—固定块

说明：为了便于制造与修磨，挤边凸模、拉深凸模和冲孔凸模均采用镶拼结构，以螺钉拧紧在固定块上。拉深与挤边凹模为易损件，也做成镶块。模具顶面上的套圈（以双点画线表示）是一个定心模柄，在装模时既起对中作用又起打杆（双点画线表示）的导向作用。

(12) 带凸缘圆筒形旋转体拉深件滑动导向导柱模架弹压卸料落料、拉深复合模

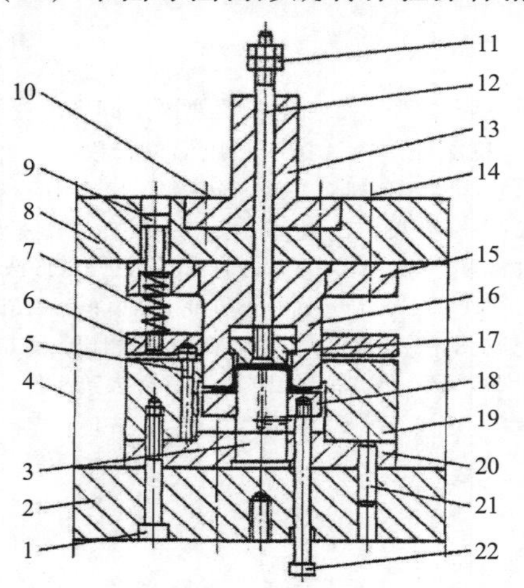

图 5-56　带凸缘圆筒形旋转体拉深件滑动导向导柱模架弹压卸料落料、拉深复合模

1,10,14—内六角螺钉；2—下模座；3—凸模；4—导柱导套；5—挡料销；6—卸料板；7—弹簧；8—上模座；9—卸料螺钉；11—六角螺母；12—推杆；13—模柄；15—固定板；16—凸凹模；17—卸件器；18—压边圈；19—落料凹模；20—固定板；21—圆柱销；22—顶杆

说明：带凸缘的圆筒形拉深件落料拉深复合冲压一模成形用图 5-56 所示小型薄料圆筒形拉深件的落料拉深复合模。该复合模采用弹压卸料板滑动导向导柱模架结构，适于冲制仪表壳、盖、医用器皿等拉深零件。

(13) 拉深冲孔后内缘翻边（翻孔）获得高凸缘的滑动导向导柱模架落料拉深、冲孔、翻边复合模

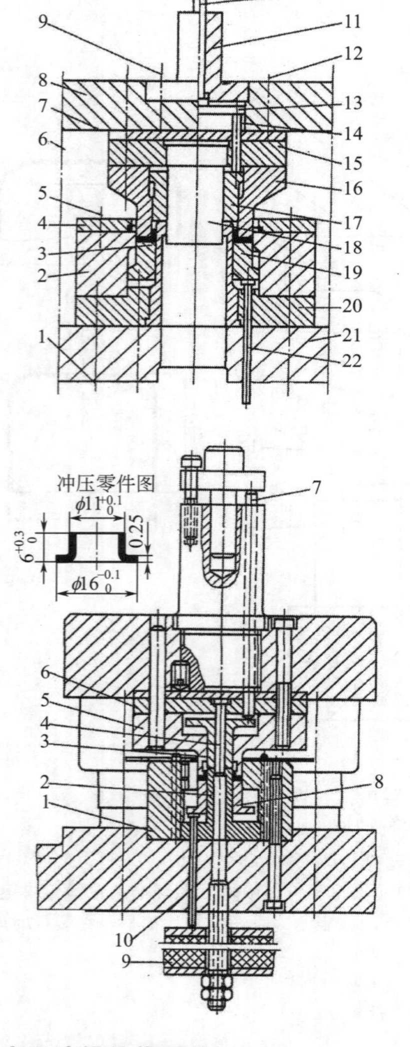

图 5-57　连接法兰滑动导向导柱模架落料拉深、冲孔、翻边复合模

1,9,12—内六角螺钉（圆柱销）；2—凹模；3,16—凸凹模；4—固定卸料板；5—螺钉；6—导柱、导套；7—垫板；8—上模座；10,14—推杆；11—模柄；13—推板；15,20—固定板；17—推件器；18—凸模；19—压料圈；21—下模座；22—推杆

说明：当翻孔后所获凸缘高度需要增加时，通常采用拉深后冲底孔再翻边，达到要求。按规定翻边凸缘直径拉深；按料厚 t、要求增加翻边凸缘高度 H_0，确定拉深部分高度；按计算预冲孔大小在拉深筒底部冲孔后翻边。这里推荐采用图 5-57 实用典型结构。

图 5-58　轴套滑动导向后侧导柱模架落料、拉深、冲底孔翻边复合模

1—凹模；2,5—凸凹模；3—卸件器；4—冲孔凸模；6—固定板；7—打料杆；8—顶件器；9—橡胶块；10—顶杆

说明：该拉深复合模具有与图 5-57 相同的工艺技术功能和大同小异的结构形式。由于该模具冲制工件料薄尺寸小，其模芯部分结构显得单薄，故推荐用于 $t \leqslant 0.5$mm 以下超薄相似冲压件的冲模。

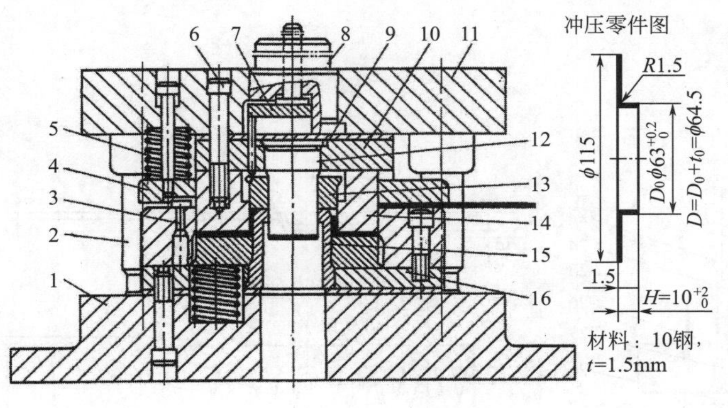

图 5-59　管法兰滑动导向后侧导柱模架弹压卸料落料、拉深、冲底孔、翻边复合模

1—下模座；2—导柱；3—挡料销；4—卸料板；5—弹簧；6—螺钉；7—推板；8—模柄；9—垫板；10,16—固定板；11—上模座；12—凸模；13—卸件器；14—落料凸模；15—凹模

说明：拉深冲底翻边的目的是增加翻边高度，故工艺计算要先求出允许翻边高度 h，再依工件图要求凸缘高度 H，确定需要拉深高度 h_1，及拉深后在其底部需要的预冲孔直径 d_0。图 5-59 所示为这类冲模的实用典型结构。

5.4　多工位连续拉深模实用典型结构

5.4.1　导板导向的多工位连续拉深模（图 5-60、图 5-61）

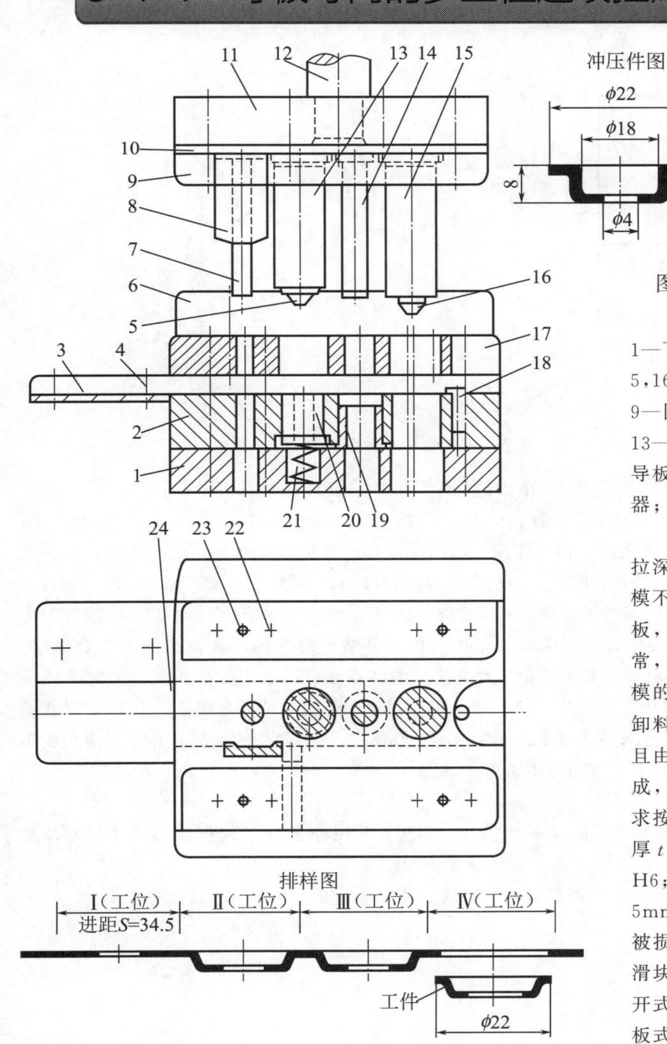

图 5-60　轴盖固定卸料导板式冲孔、拉深、扩孔、落料 4 工位连续拉深模

1—下模座；2—凹模；3—长导料板；4,23—螺钉；5,16—导正销；6—限位条；7—冲孔凸模；8—侧刃；9—固定板；10—垫板；11—上模座；12—模柄；13—拉深凸模；14—扩孔凸模；15—落料凸模；17—导板；18—挡料销；19—扩孔凹模镶套；20—顶件器；21—弹簧；22—销钉；24—承料板

说明：图 5-60 所示为轴盖固定卸料导板式冲孔、拉深、扩孔、落料 4 工位连续拉深模。固定卸料导板模不用导柱模架，凸模对凹模的导向采用固定卸料板，兼有对凸模的导向功能，故卸料板即导板。通常，导柱模架固定卸料结构冲模卸料板模孔与匹配凸模的卸料间隙 $C_{卸}=$（0.1～0.5）t 甚至更大，而固定卸料导板式冲模的导板不仅兼有更好的卸料功能，而且由于导板模孔与匹配凸模是依基轴制配合加工而成，导向间隙远比卸料间隙小。导板孔与凸模配合要求按冲压件料厚确定，一般为 h5/H6～h7/H8。如料厚 $t=0.3$～0.8mm，导板孔与凸模配合要求为 h5/H6；当 $t=0.8$～3mm，按 h6/H7 加工；当 $t=3$～5mm 时，按 h7/H8 制造。为保护导板模孔导向面不被损坏，凸模始终不脱离导板。为此，该冲模要求在滑块行程可调的偏心压力机上工作。国产 J11、J12 型开式单柱固定台、活动台压力机都适合用固定卸料导板式冲模冲压。

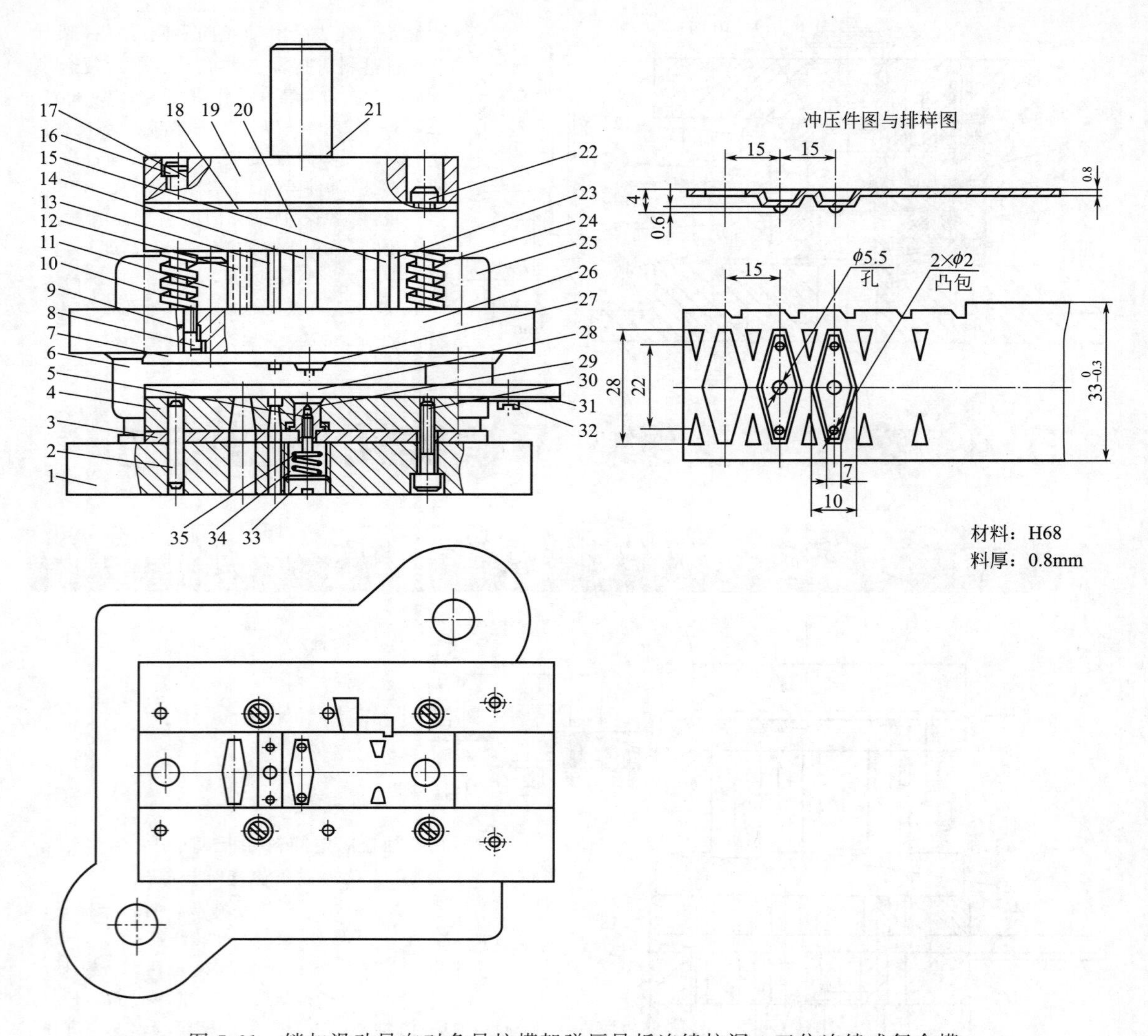

图 5-61　锁扣滑动导向对角导柱模架弹压导板连续拉深 4 工位连续式复合模

1—下模座；2,9,17—销钉；3—下垫板；4—凹模；5,29—顶件器；6,25—导套；7—夹板；8,16,22,30,32—螺钉；10,24,34—弹簧；11—限位柱；12—落料凸模；13—冲孔凸模；14—拉深压凸凸模；15—三角切口凸模；18—垫板；19—上模座；20—固定板；21—模柄；23—侧刃；26—导板；27—压凸包凸模；28—导料板；31—承料板；33—螺塞；35—顶杆

说明：图 5-61 所示冲压件整体形状为一菱形浅拉深盒子，中心有 ϕ5.5mm 的孔，盒子两头各有一个 ϕ2mm 凸包，用于机框门的自动锁闭。该零件要求形位精度高，一致性好，以保证大量生产中产品装配时互换性和较高的一次合格率。为此，冲压工艺针对其料厚 $t=0.8$mm 的 H68 黄铜材质及其冲压加工性能优异的特点，设计了用标准角式侧刃对入模条料切边定距，控制送料进距 $S=15$mm。整个冲压过程设置 4 个工位：第Ⅰ工位用侧刃切边并冲三角形工艺切口；第Ⅱ工位拉深成形复合冲压，拉深出长 28mm、宽 10mm，两小头宽 7mm、高 $H=3.4$mm 的菱形盒子的同时，在盒子两头压出 ϕ2mm 的凸包；第Ⅲ工位冲盒子中心孔 ϕ5.5mm 并整形；第Ⅳ工位落料出成品。

该冲模主要结构特点为：

①采用弹压导板结构，将冲模的导向机构与冲压精度提高了一个档次，确保小尺寸锁扣能达到更高的尺寸与形位精度及良好的互换性。

②采用正装结构，便于连续拉深成形及成品落料后从凹模洞口漏件出模。

③凹模采用镶拼组合结构，便于制造、修理。

5.4.2 滑动导向导柱模架固定卸料冲裁、拉深连续式复合模（图 5-62～图 5-66）

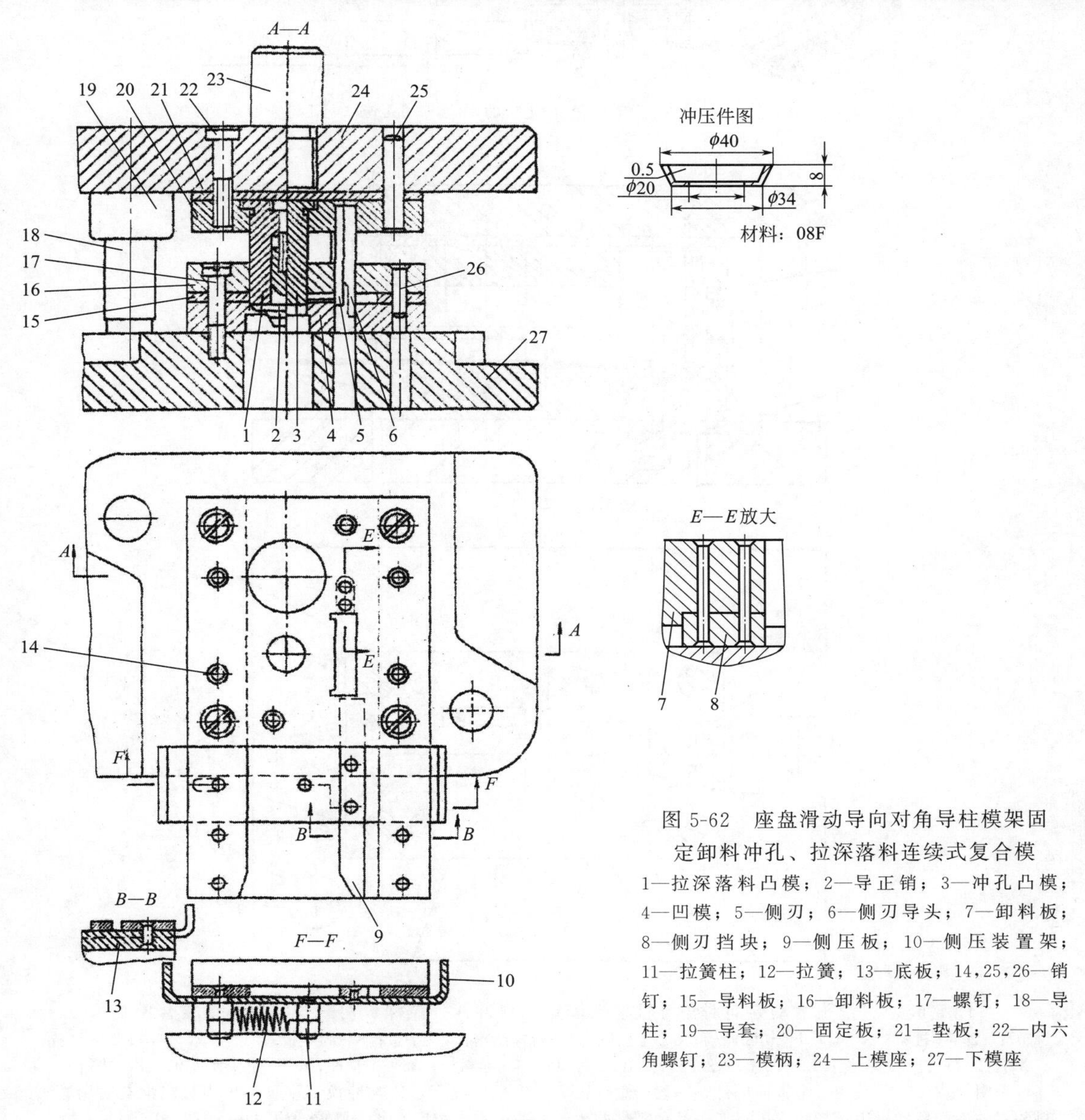

图 5-62　座盘滑动导向对角导柱模架固定卸料冲孔、拉深落料连续式复合模

1—拉深落料凸模；2—导正销；3—冲孔凸模；4—凹模；5—侧刃；6—侧刃导头；7—卸料板；8—侧刃挡块；9—侧压板；10—侧压装置架；11—拉簧柱；12—拉簧；13—底板；14,25,26—销钉；15—导料板；16—卸料板；17—螺钉；18—导柱；19—导套；20—固定板；21—垫板；22—内六角螺钉；23—模柄；24—上模座；27—下模座

说明：图 5-62 所示座盘零件采用滑动导向对角导柱模架和固定卸料纵向送料结构的冲孔、拉深落料连续式复合模，虽然只有两个工位，但第Ⅱ工位是浅拉深后落料复合冲压，使该二工位连续模还具有复合模的特征，应该称为连续式复合模。

该冲模设有完善的送料定位系统：入模带料先由侧压板 9 将其推压至导料槽一侧，使其侧面紧贴导料板 15，送进的第一进距由侧刃挡块挡住后，侧刃切边定距，同时冲出中心 ϕ20mm 孔，第二进距由拉深落料凸模端面装的导正销先行插入已冲出的 ϕ20mm 的孔中，校准送料进距并定位后，由凸模头部拉深成形高度达到 8mm 后，再由凸模刃口对准凹模刃口切边落料。成品零件靠自重落入压力机工作台下的成品箱中。

该冲模结构设计关键在于拉深落料凸模 1。拉深凸模仅高 8．5～9mm，用内六角螺钉吊装在外径圆周有冲裁刃口的落料凸模中心孔中。落料刃口直径比拉深外径每边大 0．15～0．2mm，用于切边落料。

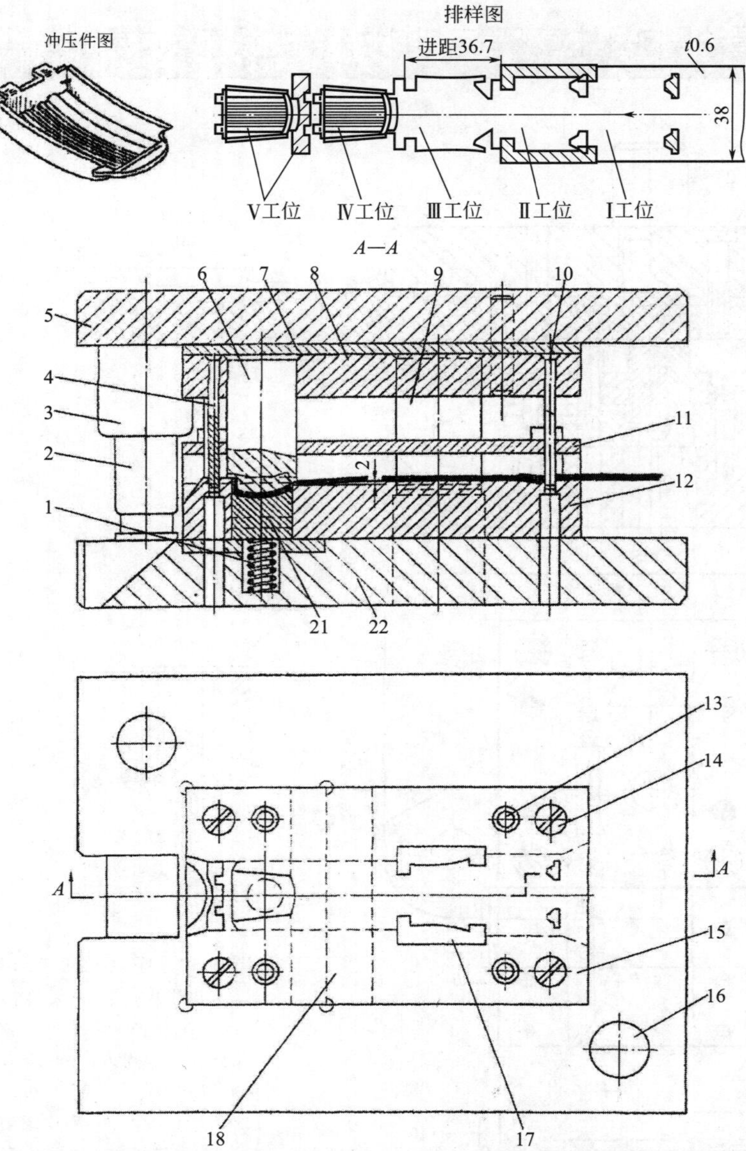

图 5-63　皮带头滑动导向对角导柱模架固定卸料冲裁、拉深、切断 5 工位连续复合模

1—弹簧；2—导柱；3—导套；4—切断凸模；5—上模座；6—拉深凸模；7—垫板；8—固定板；9—左成形侧刃；10—冲异形孔凸模；11—卸料板；12—凹模；13—销钉；14—螺钉；15—导料板；16—下模座；17—右成形侧刃；18—垫板

说明：皮带头是日用五金类冲压件，一般产量都很大。多数情况下，这类冲模都用自动压力机或配有通用送料装置的专门联动机组生产线，进行专一品种零件的生产。冲压零件精度不高，要求冲模耐用。

该模具采用滑动导向对角导柱钢板模架和固定卸料横向送料结构形式。冲压工艺采用成形侧刃在材料两边冲切零件的展开毛坯外廓，拉深成形后切断出模。

该冲模结构上的主要特点如下：

①采用成形侧刃 9 和 17，切边定距并冲切出展开毛坯外廓，省去了标准侧刃必需的切边废料和应留沿边。成形侧刃相当于侧置冲裁凸模，虽也有废料，但还是省去料边沿边，直接冲出展开毛坯。

②用成形侧刃省去一套定位系统并可连续高速冲压。

③最后切断设计了成形冲裁，保证了应有的外观装饰效果。

④拉深工步包含皮带头内腔压印和外表圆弧面的成形，达到预期的外观和商品要求装饰效果。这些特殊要求虽只针对外形，但在设计凸、凹模型腔时，应充分考虑。

⑤采用厚钢板模座 5 和 16，确保冲模模架长期平稳运作、刚度大、不变形。

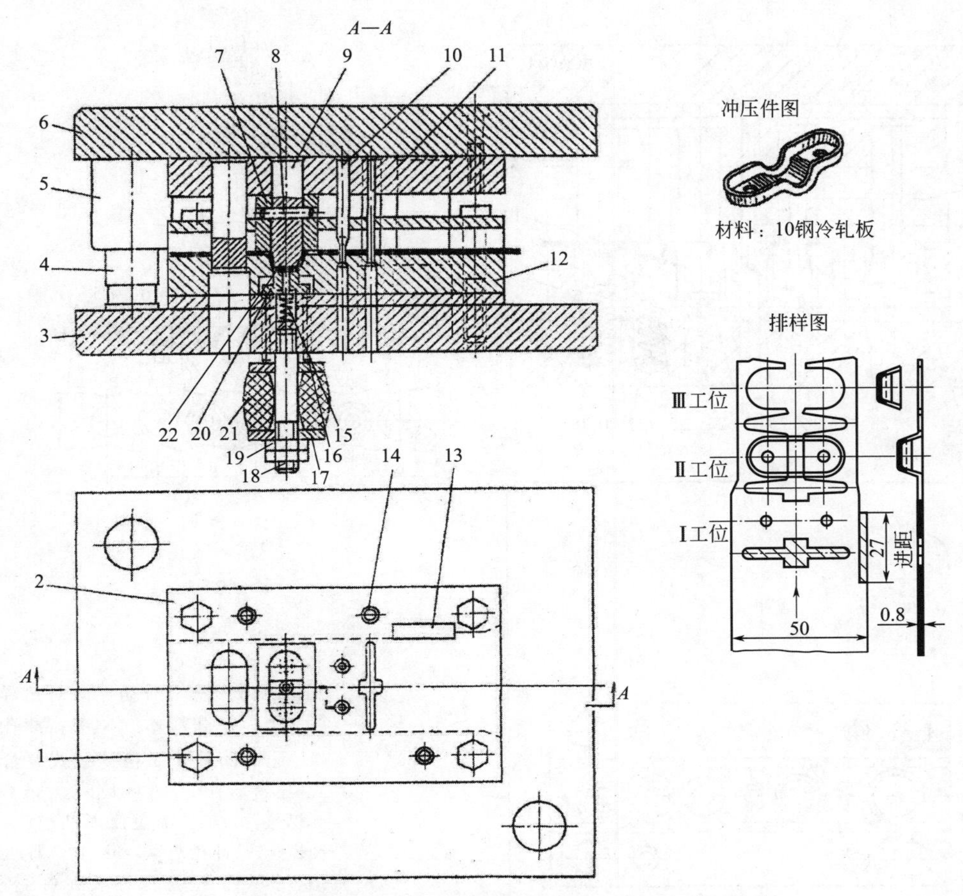

图 5-64　盖滑动导向对角导柱钢模架固定卸料冲裁、拉深、落料 3 工位连续式复合模

1—六角螺钉；2—卸料板；3—下模座；4—固定板；5—导套；6—上模座；7—拉深凸模拼块；8—横销；9—拉深凸模；10—冲孔凸模；11—裁搭边凸模；12—凹模；13—侧刃；14—圆柱销；15—弹簧；16—推盘；17—托盘；18—拉杆；19—螺母；20—垫板；21—橡胶体；22—顶件器

说明：图 5-64 所示盖冲压件属异形拉深件，但其拉深高度较小，可一次拉深成形。但冲压工艺采用拉深成形后落料，进行连续冲压。冲压工艺顺序为：冲孔并裁搭边冲切展开毛坯外廓、拉深成形、落料。该冲模使用普通标准滑动导向对角导柱钢模架和固定卸料横向送料结构，用标准矩形侧刃对送进入模材料限距定位，送料进距 $S=27\text{mm}$，侧刃 13 沿送料方向长度也等于 27mm。在第Ⅰ工位，裁搭边并冲两孔；第Ⅱ工位拉深成形；第Ⅲ工位落料成品零件。裁搭边凸模 11 的刃口形状与尺寸，按盖零件的展开平毛坯的形状与尺寸设计。考虑留出两工位间应有的搭边宽度，构成裁搭边凸模刃口尺寸与形状。由于盖零件虽类似长圆形，但其中间有一马鞍形突起，必须在拉深中一次成形，所以，拉深凸模设计成拼块组合结构，以便于制模加工与刃磨修理。由于拉深件虽高度不大，但在成形及工位间传递过程中仍需要足够的工作空间，为此，采用加厚导料板的结构措施，加大卸料板 2 下表面与凹模 12 上表面之间的距离，扩大工作空间。

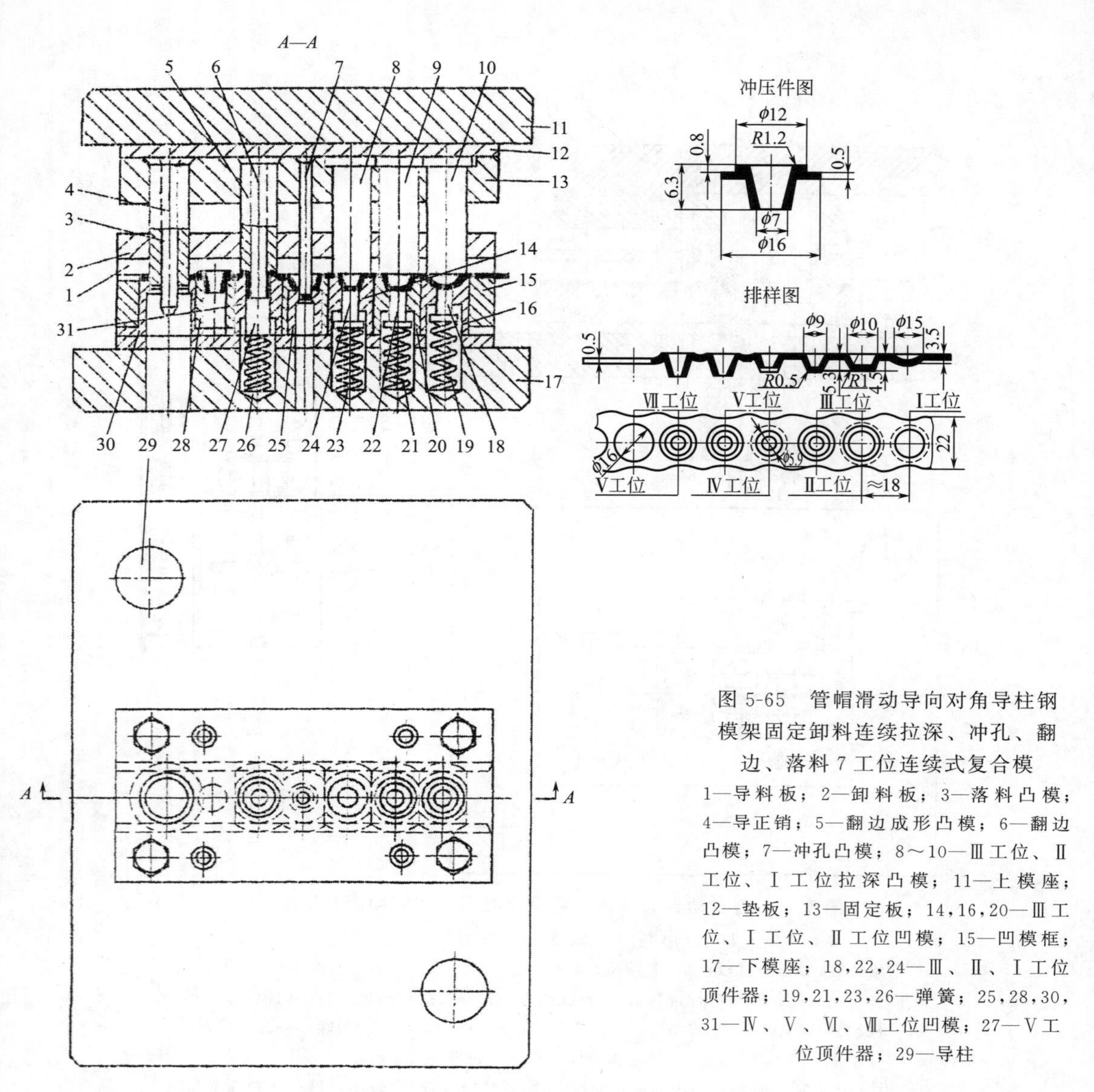

图 5-65　管帽滑动导向对角导柱钢模架固定卸料连续拉深、冲孔、翻边、落料 7 工位连续式复合模

1—导料板；2—卸料板；3—落料凸模；4—导正销；5—翻边成形凸模；6—翻边凸模；7—冲孔凸模；8～10—Ⅲ工位、Ⅱ工位、Ⅰ工位拉深凸模；11—上模座；12—垫板；13—固定板；14,16,20—Ⅲ工位、Ⅰ工位、Ⅱ工位凹模；15—凹模框；17—下模座；18,22,24—Ⅲ、Ⅱ、Ⅰ工位顶件器；19,21,23,26—弹簧；25,28,30,31—Ⅳ、Ⅴ、Ⅵ、Ⅶ工位凹模；27—Ⅴ工位顶件器；29—导柱

说明：图 5-65 所示小型立体成形件，适合采用整带料连续拉深、翻边、落料一模成形。该冲压件虽然形状较复杂，成形工步多，但尺寸小，变形量不大。如采用分序多模冲制，因尺寸小，各工序半成品入模送料、出件都要手工作业，难度大且易出现误操作，工艺流程长，工料浪费大，使用模具多，不合算；用有工艺切口的连续拉深，浪费材料，模具结构也复杂，效果不好。该模具依工艺流程安排，设计成无工艺切口的整带料连续三次拉深、冲底孔、翻孔成形、落料共六工步 7 个工位较为合理。其中，6 工位为空挡。

该冲模采用了凹模周界宽大的滑动导向对角导柱钢板模架，刚度好，操作视野好；其多工位凹模采用按工位拼合结构。凹模框 15 为一敞口槽，各工位拼合凹模 16、20、14、25、31、28、30 共 7 件，依次拼合装入凹模框 15 槽中，更换修理十分方便。由于除最后落料凹模 30 稍宽一些，其他各工位凹模尺寸相同，制造起来很简单，尺寸也容易控制。由于拉深件高为 6.3mm，为送进方便，固定卸料板下的导料板 1 特意加厚至 10mm，使模具工作区有足够的送料空间；卸料板 2 与凸模间采用较小的卸件间隙，$C=0.02\sim0.05$mm，防止废料回带并为凸模导向。拉深凸模杆部采用相同直径、相同凸肩，制模工艺性将更好一些。

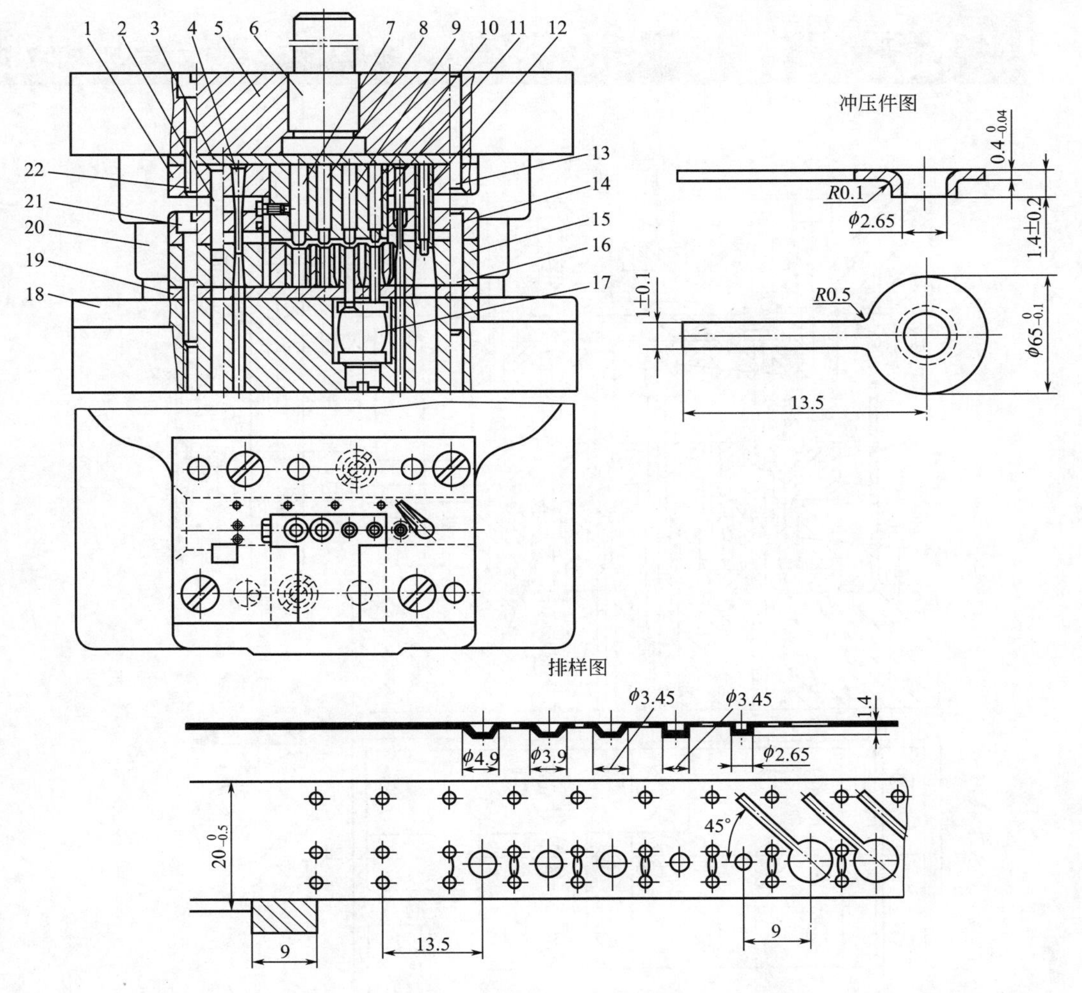

图 5-66 限位杆滑动导向后侧导柱模架固定卸料正装式连续拉深、冲底、落料连续式复合模

1—凸模固定板；2—侧刃；3,19—垫板；4—冲孔凸模；5—上模座；6—模柄；7～9—首次、二次、三次拉深凸模；10—校形凸模；11—切底凸模；12—落料凸模；13,16—销钉；14—卸料板；15—凹模框；17—橡胶体；18—下模座；20—导柱；21,22—螺钉

说明：图 5-66 所示为新型温控仪表表芯限位杆冲压件，材料为中硬常态 H62 黄铜，料厚 $t=0.4_{-0.04}^{\ 0}$mm，形状复杂而尺寸小，从板料冲压加工的工艺性衡量，多工位连续冲压并一模成形，有一定难度。该冲压件的汤勺头带凸缘圆盘用拉深、切底冲出内径 $\phi 2.65$mm 圆凸缘。在冲压工艺工步安排上，应首先考虑拉深成形、切底，最后再落料，故其冲压工艺过程应先行拉深成形，使凸缘外径达到 $\phi 3.45$mm（2.65mm＋2×0.4mm），而且高度达到 1.6mm（1.4mm＋0.2mm），经校形获得 $R0.1$mm，待切底后凸缘高度达到 1.6mm 后，再行切底，最后落料冲裁出合格冲压件。

该冲模采用滑动导向后侧导柱模架。模芯部分采用固定卸料板，上模与下模均采用多凸模与多凹模嵌件嵌入同一镶块，而后嵌装入固定板与凹模框的组合结构，见图 5-66 模具图。这种结构的优点是：

① 使细长小凸模与凹模得到加固，有效地提高了凸模的抗纵弯与抗侧向力的能力，凸模不会折断，凹模不会崩裂。实际上已使该冲模模芯部分转换成固定卸料导板结构。

② 制模工艺性大大提高。不仅能分体加工、一次装配，提高制模精度，而且刃磨、修模、更换凸凹模极为方便。

该冲模采用落料后工件从凹模洞口跌落由模下出件。除第三次拉深和第四次拉深校形用内装橡胶弹顶器顶出模外，其他各工位则不用考虑推卸，靠送料推进携带即可。

由于冲孔落料与切底等冲裁凸模，截面积都很小，抗纵弯能力很弱，设计中根据不同情况，采取加粗杆、缩小刃口工作段长度、加套、用台阶式凸模等强化加固措施。

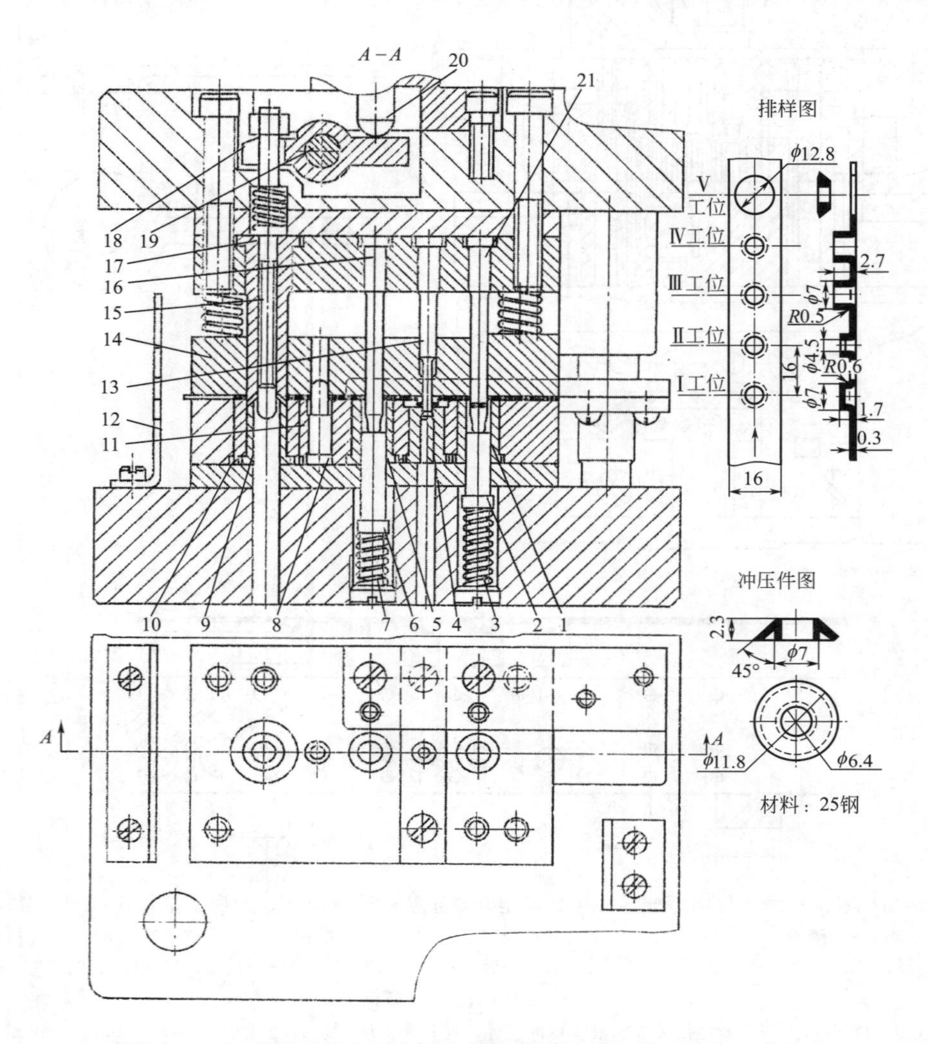

图 5-67　轴盖滑动导向对角导柱模架弹压卸料拉深、冲孔、成形、落料 5 工位连续式复合模

1—拉深凹模；2,6—顶件器；3,7—弹簧；4—冲孔凹模；5—翻边凹模；8—校形凸模；9—外缘扳边凸模；10—落料凹模；11—凹模框；12—防护屏；13—冲孔凸模；14—卸料板；15—顶杆；16—翻边凸模；17—落料凸模；18—摆杆；19—转轴；20—打料杆；21—拉深凸模

说明：图 5-67 所示为轴盖滑动导向对角导柱模架弹压卸料拉深、冲孔、成形、落料 5 工位连续式复合模。该冲压件材料为 H68 黄铜，料厚 $t=0.3$mm。其冲压工艺过程如下：带料入模后第Ⅰ工位拉深为 ϕ7mm×1.7mm；第Ⅱ工位冲底孔 ϕ4.5mm 作为翻边预冲孔；第Ⅲ工位翻边达到 ϕ7mm×2.7mm；第Ⅳ工位校形达到 0.1mm 以下翻边凸缘根部小圆角；第Ⅴ工位落料及外缘 45°扳边复合冲压，达到要求尺寸与形位精度。

该冲压件尺寸小，宜采用压缩空气吹卸出件。为确保操作安全，在冲模工作区外装防护屏。

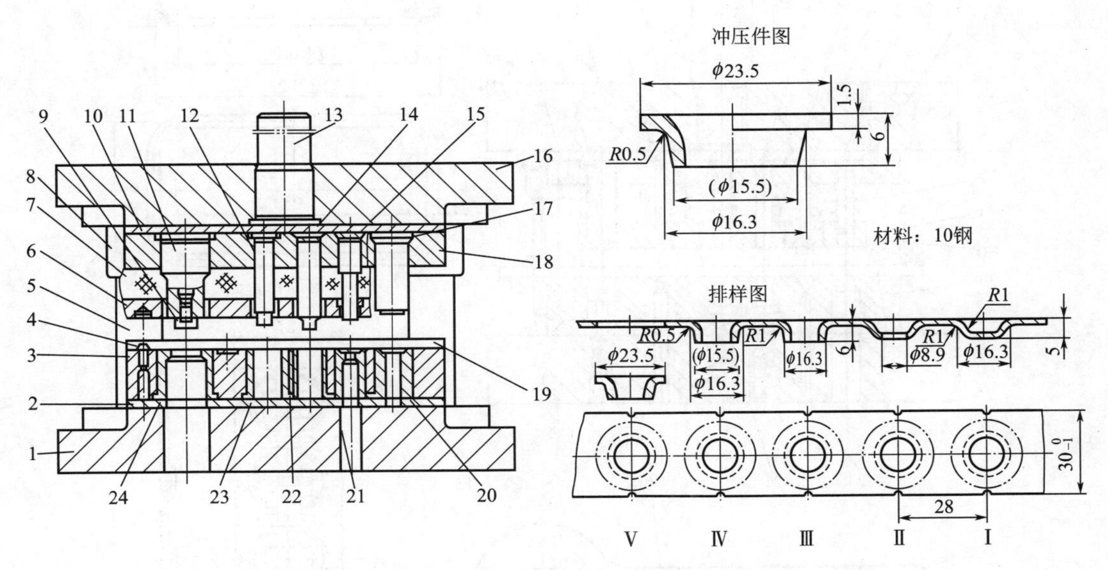

图 5-68 带法兰截锥筒滑动导向后侧导柱模架弹压卸料拉深、冲孔、翻边、整形、落料 5 工位连续式复合模

1—下模座；2，10—垫板；3—凹模固定板；4—挡料销；5—导柱；6—卸料板；7—橡胶块；8—导套；9—导正销；11—落料凸模；12—整形凸模；13—模柄；14—翻边凸模；15—冲孔凸模；16—上模座；17—拉深凸模；18—固定板；19—导料板；20—拉深凹模；21—冲孔凹模；22—翻边凹模；23—整形凹模；24—落料凹模

说明：依传统冲压工艺，平板件冲孔后翻边，但因翻边系数非极限值，即便在极限翻边系数下的许可最大翻边高度仍小于制件的要求高度，故此方案不可取。为适应批量生产，先拉深、后冲孔、再翻边，并经整形（R0.5mm 及锥形），最后落料完成冲制。

排样如图 5-68 所示，设 5 工位，Ⅰ～Ⅴ工位分别为拉深、冲孔、翻边、整形和落料。采用整带料拉深，人工送料，挡料销定距，进距为 28mm，料宽为 30mm。

该模具结构设计要点如下：

①由于制件拉深高度不高，材料变形程度小，相对厚度较大，故工位Ⅰ不用压边装置。

②各凸模长度尺寸的选择。冲孔凸模长度比拉深凸模长，约高一个材料厚度值以上，便于工作中废料冲下；拉深凸模与整形凸模在凸缘处工作面保持平齐；翻边凸模应保证拉深凸模在下极点工作位置时，其工作部分已完全进入翻边凹模；落料凸模长度应能把落下的制件从凹模内推出。

③为便于维修更换，凹模采用镶件结构，凹模材料用 Cr12MoV 加工并淬硬处理，凹模固定板采用 Q235 钢制造。

④上垫板采用分块结构。冲孔、落料凸模易磨损，需经常刃磨。为保证各凸模长度尺寸的协调，可在成形凸模的垫板处磨去相应值。

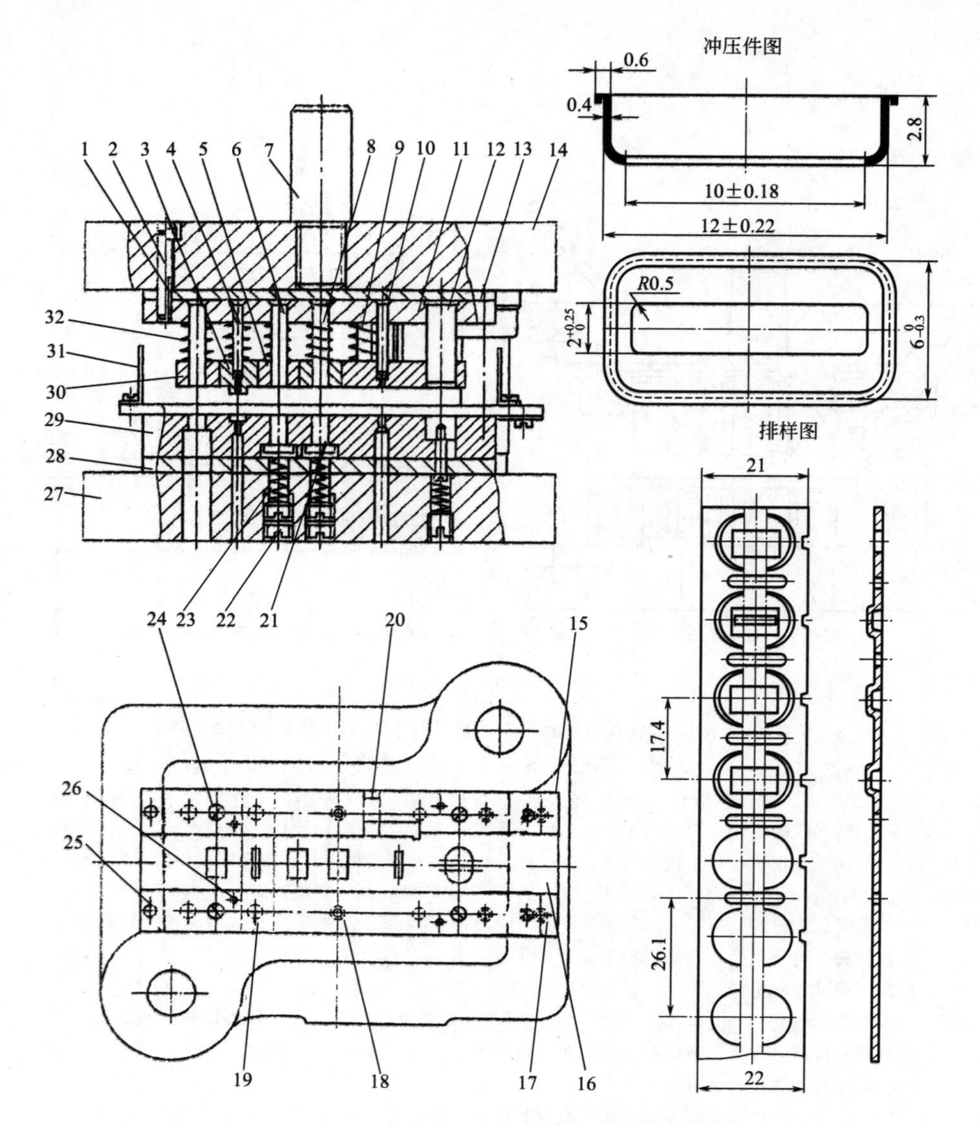

图 5-69 矩形罩滑动导向对角导柱模架弹压卸料连续拉深、冲孔、落料 7 工位连续式复合模

1,17,18,24,25—螺钉；2,19,26—销钉；3,5—凸模护套；4—冲孔凸模；6,8—拉深凸模；7—模柄；9,23,32—弹簧；10—裁搭边凸模；11—凸模固定板；12—工艺切口凸模；13,28—垫板；14—上模座；15—导料板；16—承料板；20—侧刃挡块；21—顶件器；22—螺塞；27—下模座；29—凹模；30—卸料板；31—防护栅

说明：图 5-69 所示为矩形罩 7 工位有工艺切口拉深连续式复合模。该冲压件材料为镀镍铁带，料厚 $t=0.4$mm，为小尺寸、有小凸缘、矩形盒浅拉深底部带槽孔的冲压零件。工艺排样采用双半圆加直槽工艺切口，单列横置排样，共设 7 个工位，即切双半圆对称切口、冲直槽孔切口、空挡、一次拉深、二次拉深、切底长槽孔、落料，详见排样图。用单边侧刃对送进带料进距限位。由于侧刃切料长度等于送料进距（$S=17.4$mm），故各工位的送料精度及定位偏差完全取决于侧刃制造精度与手工送料推进力量的均匀度。一般来讲，用侧刃比用固定挡料销加始用挡料装置定位冲压精度高，而且用侧刃不受工位数多少的限制，在送料时，不用把材料抬起，可贴着凹模表面推送，十分方便。

该冲模使用滑动导向对角导柱模架，弹压卸料，横向送进。拉深工位采用顺装式拉深，拉深凹模设置在整体凹模上。凹模腔中装有弹簧顶件器，可用其下部螺塞 22 调整弹簧顶出压力。拉深后的整形冲槽孔工位，设计了冲槽凸模保护套 3，意在加固刃口断面仅有宽×长＝2mm×10mm 的小槽孔凸模。该冲模考虑了安全防护问题，在模具的进出料口两端安装了防护栅。

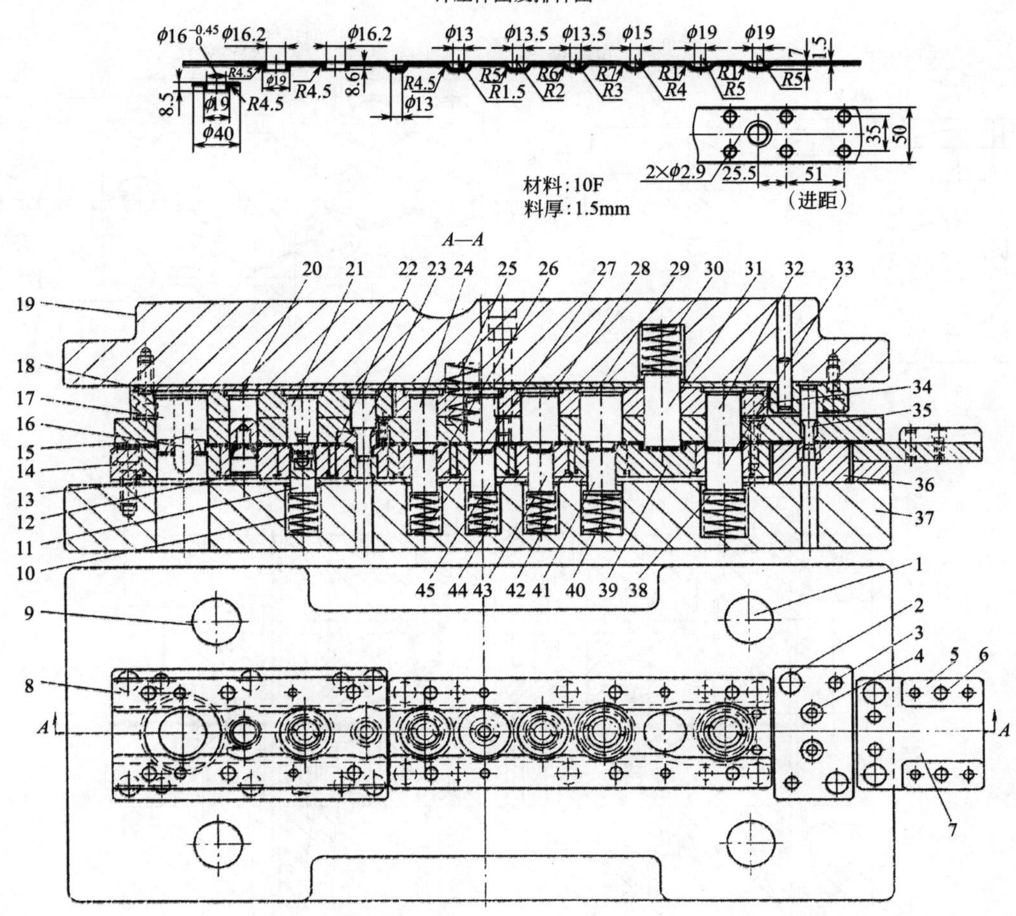

图 5-70 轴套滑动导向四导柱钢模架连续拉深、冲孔、翻边、整形、落料 11 工位连续式复合模

1—导柱；2,6—螺钉；3—销钉；4—冲工艺定位孔凸模；5—入料口导料板；7—承料板；8—定位板；9—导套；10,25,30,38,40,42,44—弹簧；11,26,33,41,43,45—顶件器；12—整形凸模；13,18—垫板；14,36—凹模框；15—卸料板；16,34—导正销；17—落料凸模；19—上模座；20—整形凹模；21—翻边凸模；22—导板嵌件；23—冲孔凸模；24—拉深凸模（6）；27—拉深凸模（5）；28—拉深凸模（4）；29—拉深凸模（3）；31—拉深凸模（2）；32—拉深凸模（1）；35—冲孔凸模；37—下模座；39—拉深凹模

说明：图 5-70 所示为轴套滑动导向四导柱钢模架弹压卸料整带连续拉深 11 工位连续式复合模。该冲模是安装在配有自动送料装置、自动出件装置和自动处理搭边废料系统、公称压力为 600kN 的 J75G-60 高速自动压力机上进行自动冲压的多工位连续拉深、冲孔、翻边、整形、落料等冲压工艺作业的 11 工位连续式复合模。由于轴套是一个小尺寸旋转体拉深、翻边成形件，其材质为冲压加工性能较好的优质碳素结构钢 10F 冷轧板，料厚 $t=1.5$mm，相对拉深高度较小，属于有凸缘、旋转体浅拉深成形件，冲压加工变形量小，成形容易。轴套的冲压加工及其冲模的运作过程如下：

手工将宽度 $B=50_{-0.2}^{\ 0}$mm、料厚 t 为 1.5mm 的带料插入自动压力机的校平、润滑装置，按冲压件工艺文件要求，送料进距 $S=51$mm，冲压件冲裁、拉深及翻边工作行程为 8.5mm，料厚 $t=1.5$mm，送料宽度 $B=50_{-0.2}^{\ 0}$mm，进行调试，直到在压力机滑块行程次数达到 120～400 次/min，压力机运作正常，冲出工件废品率小于 1%，即可交付操作工生产。第Ⅰ工位冲工艺定位孔；第Ⅱ～Ⅶ工位连续拉深；第Ⅷ工位冲拉深 $\phi13$mm 坯底孔，作为下一工步翻边预冲孔；第Ⅸ工位翻边；第Ⅹ工位整形；第Ⅺ工位落料。

该冲模结构特点如下：

①采用 Q235A 材质加厚模座、加粗导柱的加强型钢模架。

②凹模采用镶嵌拼合结构。

③冲模整体采用顺装形式：各工位凸模全装在上模，为冲孔、落料带来方便。

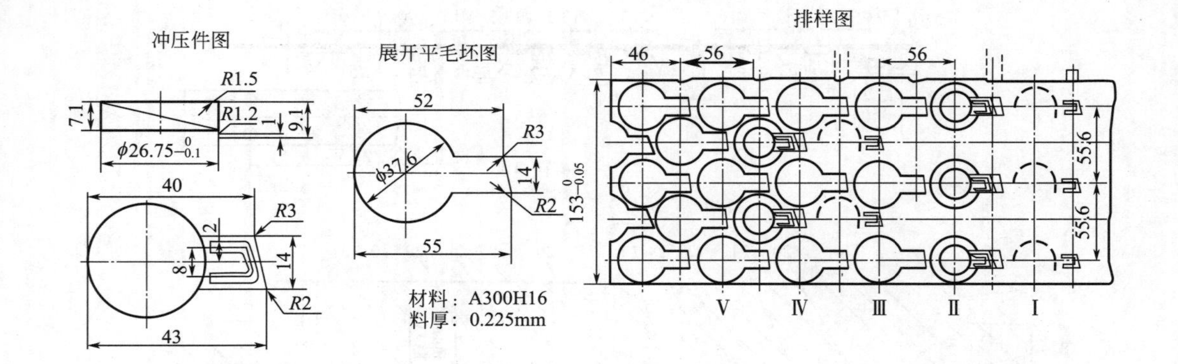

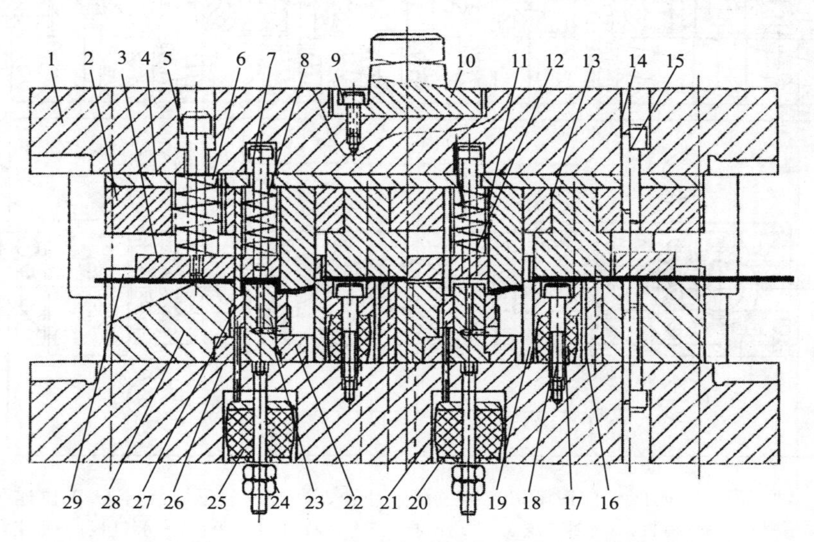

图 5-71　饮料易拉罐撕拉盖滑动导向后侧导柱模架弹压卸料压筋、切痕、落料 5 工位连续式复合模

1—上模座；2,22—固定板；3—卸料板；4—垫板；5,7—卸料螺钉；6,8—弹簧；9,15,18—螺钉；10—模柄；11—凸模；12—卸件器；13,16—压筋切痕凸模；14—销钉；17,21—橡胶体；19—切痕凸模；20—托板；23—拉深成形凸模；24—螺母；25—螺杆；26—顶杆；27—压边圈；28—落料凹模；29—导料板

说明：该冲模冲制的是饮料易拉罐的撕拉盖，材质为 A300H16，料厚 $t=0.225$mm，其结构特点是带拉环的圆盖内侧留有切痕，拉环上压有加强筋。手指拉开拉环沿圆盖切痕撕开即可打开易拉罐，为提高生产效率和材料利用率，降低生产成本，冲压工艺采用多工位连续冲压一模成形。按照撕拉盖展开平毛坯的形状特点，采用五列参错排样，使用尖角侧刃配适形横向自动挡料销控制送料进距 $S=56$mm。其冲压运作过程如下：第Ⅰ工位完成侧刃在料边切口定位和 3 个盖的拉环压筋与盖内侧切痕；第Ⅱ工位完成 3 个盖的落料拉深，模上出件；第Ⅲ工位空挡；第Ⅳ工位完成两个盖的压筋、切痕；第Ⅴ工位完成两个盖的落料拉深、模上出件。受在线冲压设备的制约，排样将两个冲压过程排列在同一宽带料上，使得可用两工步两工位完成一个完整的冲压工艺过程，用一个空工位中间衔接将两个连续冲压过程安排在一套连续模上，构成 4 工步 5 工位连续式复合模。

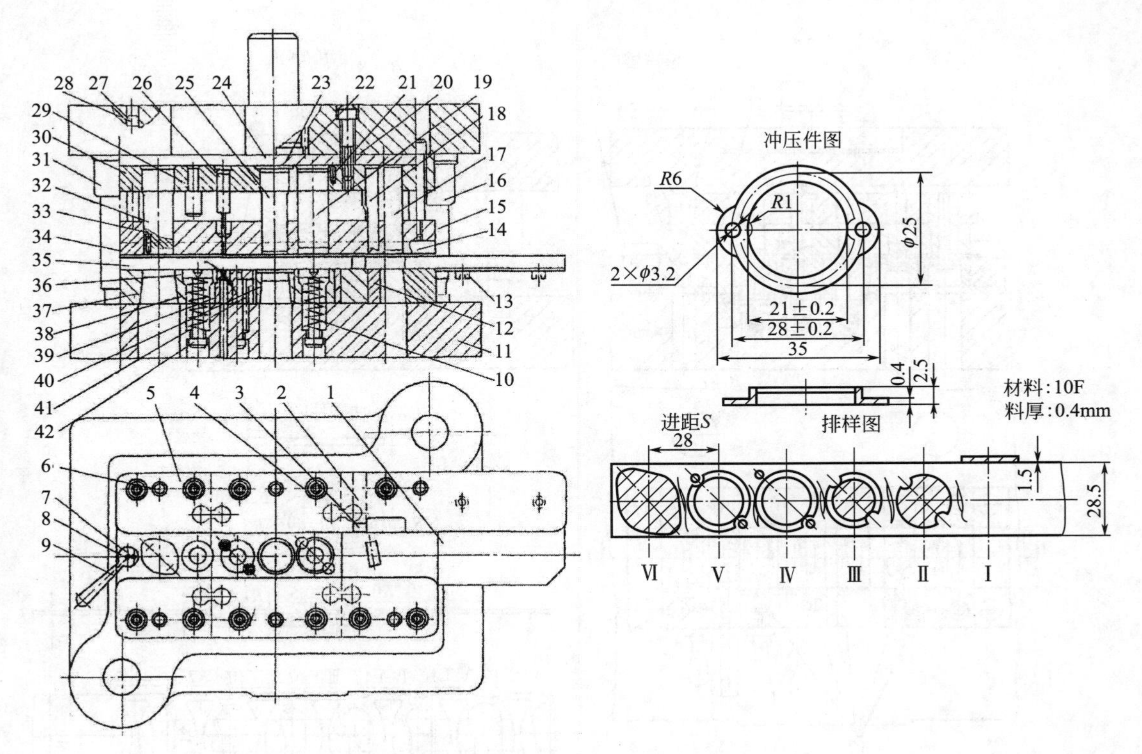

图 5-72　管座滑动导向对角导柱模架弹压卸料拉深、冲孔、整形、落料 6 工位连续式复合模

1—承料板；2，6，20，22，28—销钉；3—侧刃挡块；4，13，21，42—螺钉；5—导料板；7—伸缩挡料销；8—转轴；9—手柄；10—弹簧；11—下模座；12—切口凹模镶块；14—卸料板；15，34—导柱；16—导套；17—侧刃；18—切口凸模；19—首次拉深凸模；23—模柄；24—垫板；25—压边成形凸模；26—冲孔凸模；27—上模座；29—限位柱；30—固定板；31—导套；32—落料凸模；33—导正销；35—导料板；36—顶件器；37—凹模；38—弹簧；39～41—凹模嵌件

说明：图 5-72 所示为管座滑动导向对角导柱模架带料用切口拉深、冲孔、整形、落料 6 工位连续式复合模。管座材质为 10F 钢酸洗板，料厚 $t=0.4$mm。管座形状见冲压件图。该冲压件实际上是一个带对称固定用圆耳凸缘的圆筒形薄壁空心无底浅拉深件。该冲模冲制管座的冲压运作过程如下：

第Ⅰ工位用侧刃对自动送料装置送入带料切边定位并冲出工艺切口；

第Ⅱ工位拉深；

第Ⅲ工位冲底孔 ϕ24.4mm；

第Ⅳ工位冲两边圆耳孔 ϕ3.2mm；

第Ⅴ工位整形；

第Ⅵ工位落料。

该冲模适于大量生产，效率高。为提高冲模寿命、防止热处理隐患、节省模具钢，凹模采用镶拼结构。

当带料送至最后脱离侧刃切边定位，可将件 8 的手柄 9，扳转大于 45°，利用手柄端面斜面，将定位销顶出，插入带料上落料后的搭边孔定位，直到冲完带料为止，再把手柄 9 扳回原位备用。

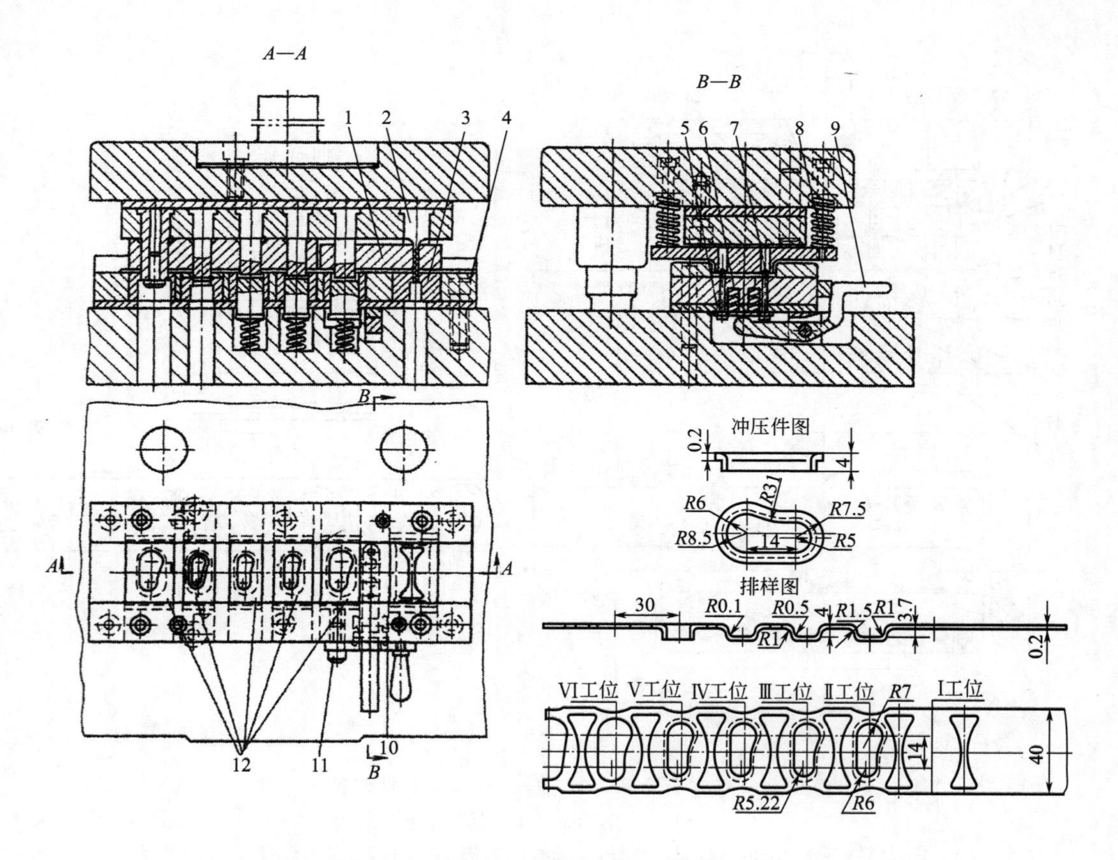

图 5-73　接口座滑动导向后侧导柱模架弹压卸料连续拉深、切底、落料 6 工位连续式复合模

1—卸料板；2—切口凸模；3—切口凹模；4—凹模框；5—支架；6—压簧；7—活动挡料销；8—螺钉；9，10—手柄；11—螺钉；12—凹模拼块

说明：异形及形状较复杂的拉深件，由于材料在拉深过程中流动不规则、变形不均匀、成形困难等诸多因素，通常都采用单列直排排样，选取较大的搭边，通过调整压边圈压力防止局部起皱。对于接口座这样的小尺寸异形拉深件，外形接近规则形状，拉深变形难度不大，且集中在两端及周边凸缘转角处，经常规拉深变形程序、拉深系数及拉深次数计算，凸缘转角圆角合适，可一次拉深成形，但由于凸缘转角圆角半径接近于零，不得不增加一次拉深和校形，使得该拉深件需经两次拉深、一次校形，加冲底、落料五个工位。考虑采用工字形工艺切口，必须设一切口工位。这样排下来就成为图中排样图所示的六工位连续复合冲压。

采用有工艺切口的连续拉深有利于拉深成形，但采用工字形工艺切口在首次拉深后，带料被拉长又变窄，宽度减小，故不能依送进带料定位。为此，设活动定位销，只能在送料初始及切口未被拉长之前，即首次拉深之前挡料定位。最后工位落料定位靠落料凸模上装导正销校准定位。其他中间各工位靠拉深件定位。

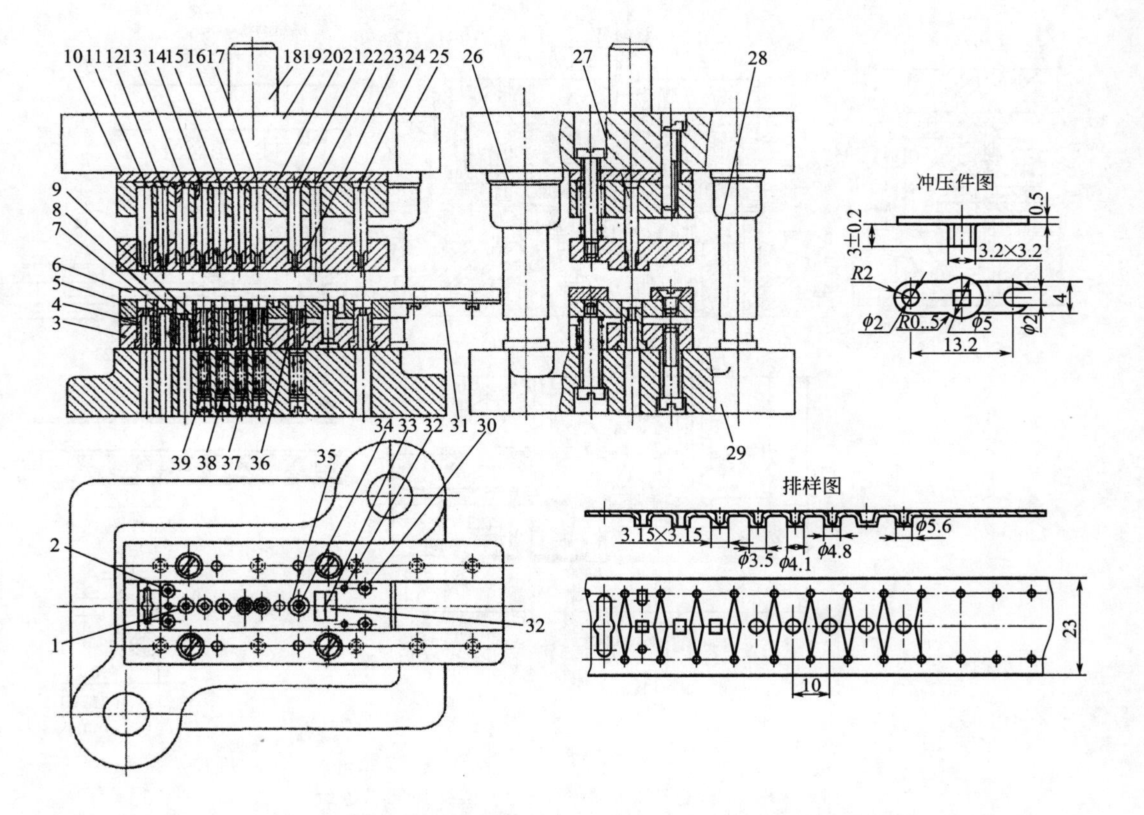

图 5-74 机芯座滑动导向对角导柱模架弹压卸料连续拉深 12 工位连续式复合模

1,4,7～9,30,35,36—凹模；2,34—顶件器；3,20—固定板；5—顶板；6—导料板；10—垫板；11～17,21,22,24,27,33—凸模；18—模柄；19,25—上模座；23—卸料板；26,28—导套、导柱；29—下模座；31—承料板；32—定位钉；37～39—弹簧

说明：图 5-74 所示为仪表机芯座 12 工位连续式复合模。从冲压件图可以看出，该冲压件的工艺难点在于中心高度为 3.5～3.7mm 的 3.2mm×3.2mm 方筒凸缘的拉深和成形。工艺设计的总体思路可以从排样图看出：选用带有工艺切口的连续拉深-成形-冲孔-落料工艺。考虑该冲压件的形状和拉深成形凸缘的位置、料厚及材料允许的拉深变形程度，在送料进距处直线切开而不用切口，以确保带料携带工件送进至各工位时，带料连接搭边强度足够，刚度好，不断裂，不扭曲变形，材料消耗最少。进距用直线切开后，首先拉深出 ϕ6mm 圆筒。为增加圆筒高度，依次将直径缩小至 ϕ4.8mm、ϕ4.1mm、ϕ3.5mm，再将该圆筒挤压成 3.15mm×3.15mm 边长的方筒，接着切底、校形成 3.2mm×3.2mm 边长的方筒，再冲出工件两端的孔，在最后工位落料：

该冲模主要结构特点如下：

①采用弹压卸料板，拉深时将材料校平并压紧在凹模表面，防止材料起皱。

②设计采用浮动式导料槽，使材料可抬离凹模表面，送料顺畅。

③凹模按工位分割，采用全镶拼结构，便于制造和修理。

④采用加厚模座的加强型模架，确保模具刚度大，稳定运作。

⑤工位多达 12 个，送料长度大，加长导料板 6 及承料板 31，方便送进。

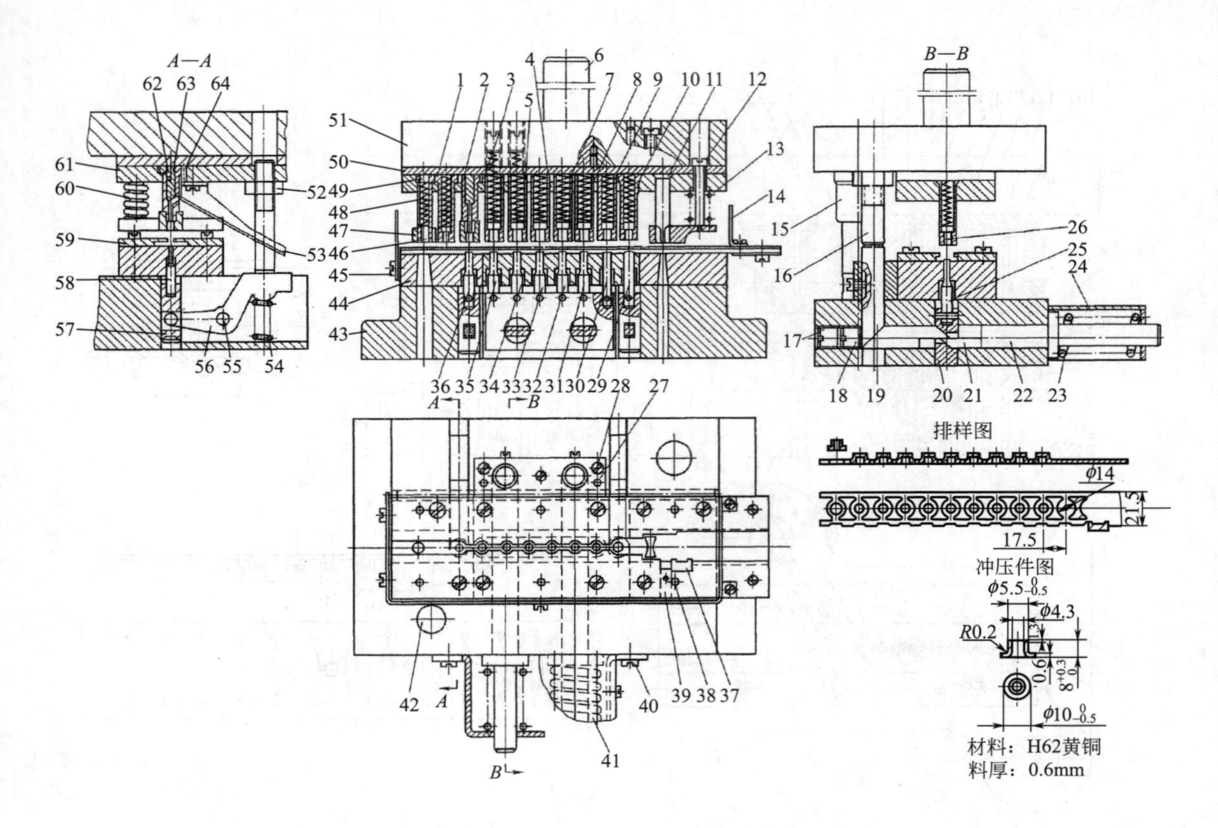

图 5-75　轴套滑动导向对角导柱模架弹压卸料连续拉深、冲孔、落料连续式复合模

1—落料凸模；2—冲孔凹模；3～5，7～10—拉深凹模；6—模柄；11，58—凸模；12—卸料螺钉；13，23，48，54，60—弹簧；14—防护栅；15—导套；16—压杆；17，18—螺塞；19—压杆；20，57，61—固定板；21—侧楔；22—顶杆；24—外壳；25，29～35—拉深凸模；26，46—卸件器；27，38—圆柱销；28，40，45—螺钉；36—冲孔凸模；37—侧刃；39—侧刃挡块；41—盖板；42—导柱；43—下模座；44—凹模；47—卸料板；49—凸模固定板；50—垫板；51—上模座；52—螺母；53—漏料斗；55—转轴；56—杠杆；59—导料板；62，64—止动销；63—镶件

说明：用工艺切口的带料连续拉深，主要用于中小型薄壁空心件的成批和大量生产。效率高，冲压件一致性好，互换性强，质量高。图 5-75 所示轴套零件用工字形工艺切口的带料进行连续拉深后冲孔、落料，实现直接从原材料一模成形，就是一个典型实例。

图示轴套材料为塑性好、适合拉深的软态 H62 黄铜，故虽其拉深件高度大于拉深件直径且有凸缘，但仍可用有工艺切口的带料连续拉深一模成形。其冲模采用滑动导向对角导柱模架、弹压卸料倒装式反拉深结构形式。由于采用向上拉深，故送料顺畅、定位准确、废品率低。该冲模结构的主要特点如下：

①首次拉深工位的凸模单独做成可调的，便于获得更大的相对拉深高度，中间工步出现问题便于调整。

②各拉深工位凸模都装在下模的一块固定板上。装在上模的各匹配凹模结构相同，也都装在同一固定板上，保证了顶卸动作的一致，送料顺畅。

③在模具工作区以外，沿凹模周边装有安全防护栅 14，确保操作安全。

④为确保拉深件质量，要求拉深凸模和凹模表面都要研磨抛光，其工作部位表面粗糙度 $Ra<0.1\mu m$。

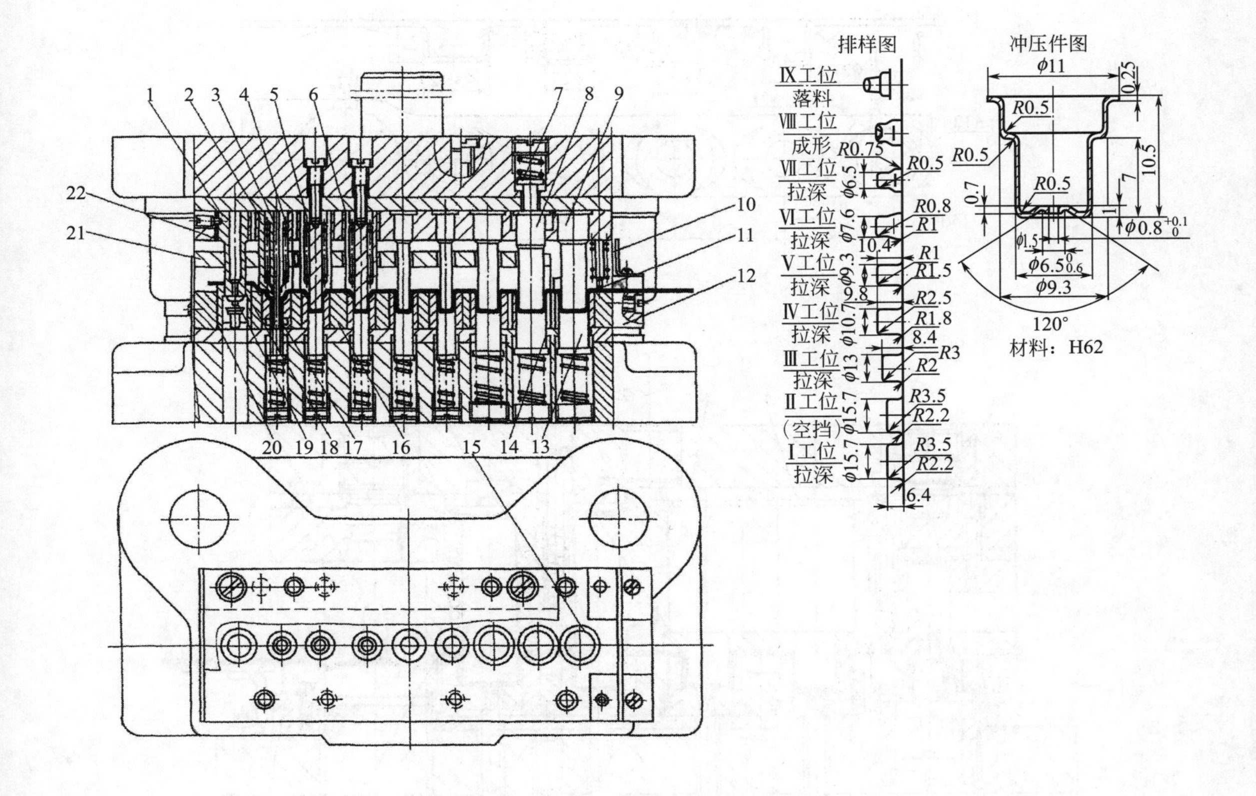

图 5-76　端帽滑动导向后侧导柱模架连续拉深、成形、落料 9 工位连续式复合模

1—落料凸模；2—成形凸模；3,17—穿刺翻边凸模；4—护套；5,6,9—拉深凸模；7—打杆；8—导正凸模；10—防护栅；11—弹压卸料板；12—镶块；13—顶板；14—定位板；15—拉深凹模；16—固定板；18—落料凹模；19—导正销；20—垫圈；21—固定卸料板；22—镶套

说明：图 5-76 所示立体形冲压件端帽材质是软态 H62 黄铜，具有很好的拉深加工性能。其冲模按工艺设计采用整带连续六次拉深，经成形冲孔后落料，共 8 工步设 9 个工位，详见排样图。该冲模使用滑动导向窄形底座后侧导柱标准模架，横向送料，操作面对模具工作空间很宽敞。由于拉深工位多达六个，加上第二工位为空挡工位以及最后成形、落料 9 个工位。除落料工位外，全部下弹顶模上出件后，继续送进连续冲压，采用固定卸料板强制卸料，将导料板加厚至 14.5～15mm。使模具工作区有足够的抬起送料空间；冲孔及末尾两拉深工步，凸模细而长，均采用护套加固；拉深凹模采用镶嵌结构，将拉深凹模镶嵌在凹模框的各模孔中。所有拉深工位采用相同的下弹顶结构，用弹簧将顶件器托起，在上模回程时，将工件顶出凹模。该模具没有设置定位机构，而是用前一工位拉深坯外形尺寸进入下一工位凹模洞口定位。

冲压件图与排样图

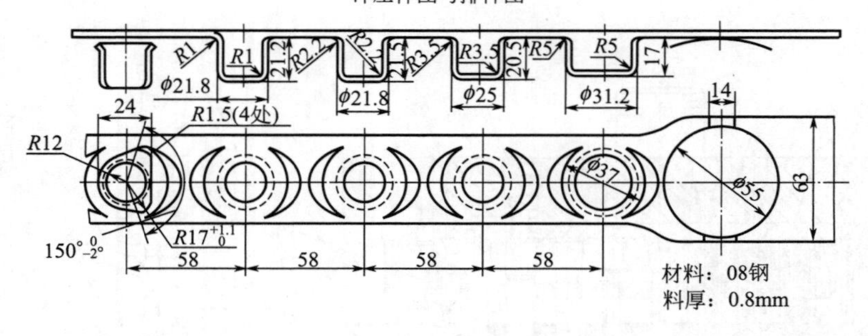

材料：08钢
料厚：0.8mm

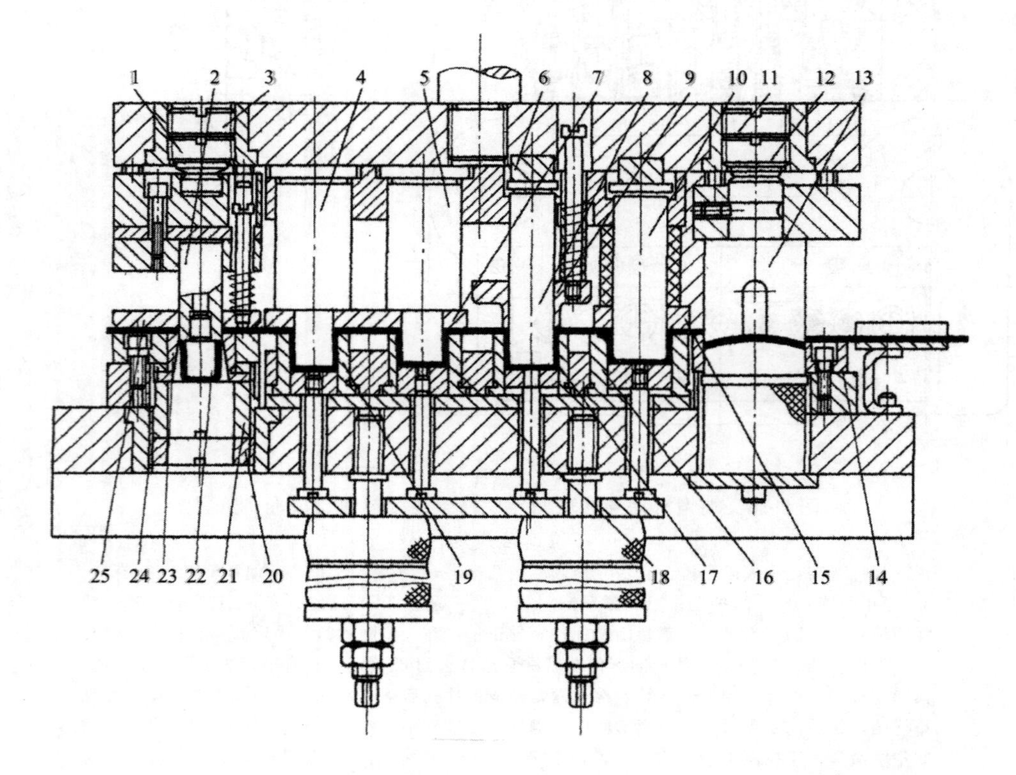

图 5-77 仪表壳用工艺切口的带料连续拉深、整形、落料 6 工位连续式复合模

1,3,11,12,20,21—螺塞；2,4,5,8,10,13—凸模；6—斜楔；7,25—卸料板；

9,15—压边圈；14,16～19,23—凹模；22—导正销；24—垫块

说明：图 5-77 所示为仪表壳用工艺切口的带料连续拉深、整形、落料 6 工位连续式复合模。该表壳为典型的带小凸缘的小直径浅拉深圆筒形拉深件，材料为 $t=0.8$mm 的 08 钢，适于用工艺切口的带料连续拉深成形。该冲模采用正装结构，其运作过程如下：

选用带料，可配通用送料装置，实现自动送料。在开始冲压前，有手工将带料头插入导料槽，肉眼定位保证工艺切口完好并留有足够的压边余量。第Ⅱ～Ⅳ工位连续三次拉深，第Ⅴ工位整形，第Ⅵ工位落料，从原材料上分离出成品拉深件，并从下模孔自动漏卸出模。

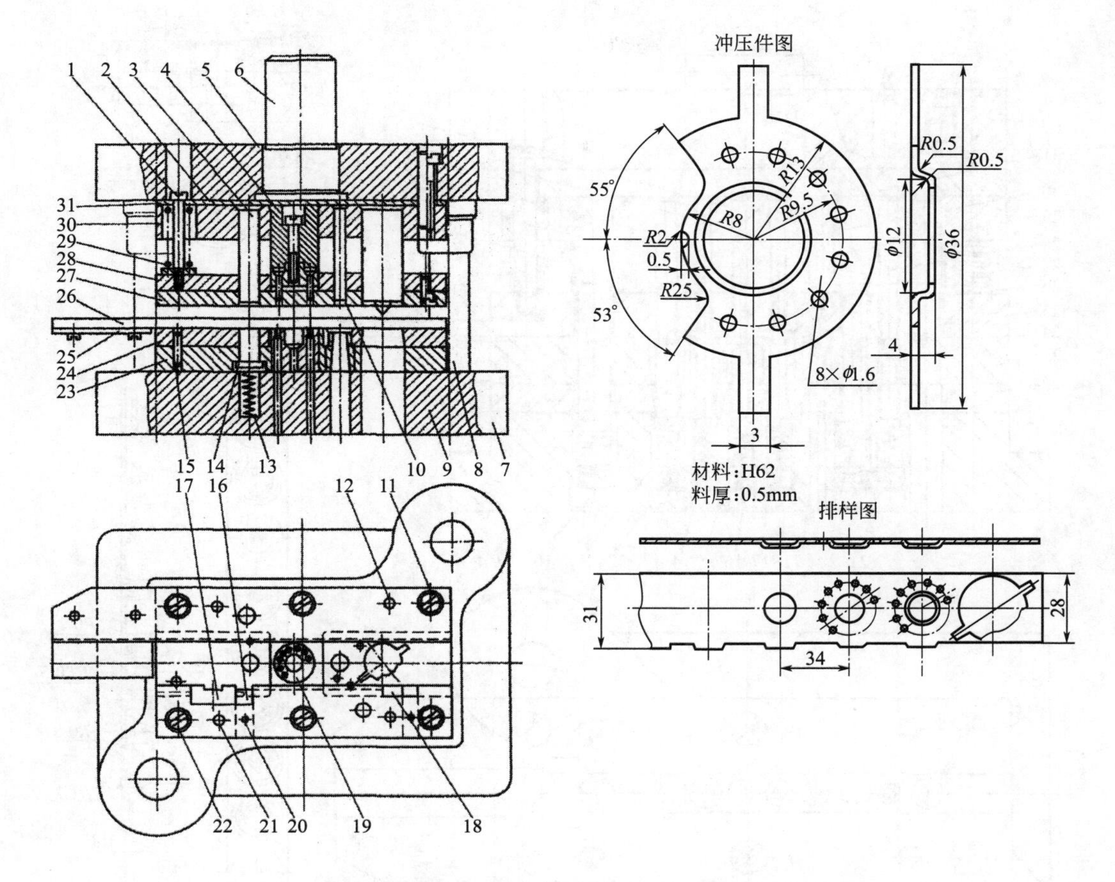

图 5-78　限位盖板滑动导向对角导柱模架弹压卸料拉深、冲孔、落料 4 工位连续式复合模

1—卸料螺钉；2,31—垫板；3,9,10—凸模；4—接块；5,7—模座；6—模柄；8—导柱；11,22—螺钉；12,15,20,21—销钉；13,29—弹簧；14—顶件器；16—侧刃挡块；17,18—侧刃；19,24—凹模；23,30—固定板；25—承料板；26—导料板；27，28—导板（卸料板）

说明：图 5-78 所示为限位盖板滑动导向对角导柱模架弹压卸料拉深、冲孔、落料 4 工位连续式复合模。限位盖板尺寸小而形状复杂，其材质为 H62 黄铜，料厚 $t=0.5$mm。该冲压件属于带异形宽凸缘的浅圆筒薄壁空心拉深件，其冲压工艺方案为：先拉深 $\phi12$mm 圆筒，并以圆筒定位，在宽凸缘上冲 8 个小孔，然后冲拉深坯底孔，最后用导正销插入底孔定位落料。该冲模的冲压运作过程如下：宽 31mm 带料入模后，先由侧刃 17 切边定位，送料进距 $S=34$mm。第Ⅰ工位采用无工艺切口的整带料拉深，一次到位，拉深高度 4mm，拉深尺寸为 4mm×$\phi12$mm；第Ⅱ工位以拉深出的圆筒定位，冲出宽凸缘上均布的 8 个 $\phi1.6$mm 小孔；第Ⅲ工位仍以拉深圆筒定位，冲出拉深圆筒中心底孔 $\phi12$mm；第Ⅳ工位用装在落料凸模端面的导正销插入 $\phi12$mm 底孔定位落料，完成冲压。

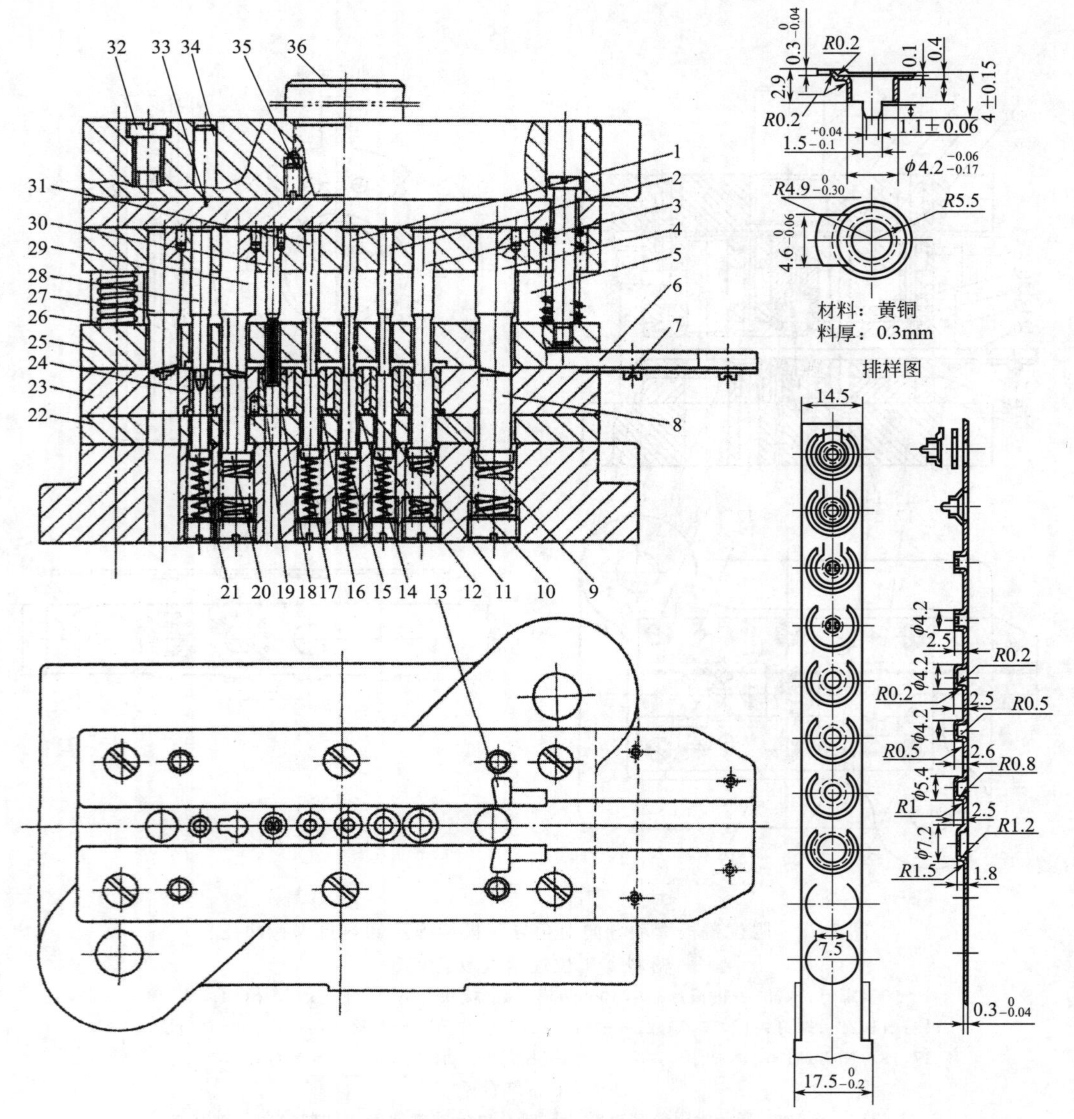

图 5-79　止动帽滑动导向对角导柱模架冲切口、连续拉深、落料 11 工位连续式复合模

1～3—第 1～3 次拉深凸模；4—切形凸模；5—侧刃；6—导料板；7—承料板；8,10,12,15,17,20,21—顶板；9,11,14,16—拉深凹模；13—侧刃挡板；18—冲底孔凹槽；19—定位圈；22—垫板；23—凹模；24—翻边凹模；25—弹压卸料板；26—限位柱；27—落料凸模；28—翻边凸模；29—切边凸模；30—冲底孔凸模；31—整形凸模；32—螺钉；33—垫板；34—销钉；35—顶丝；36—模柄

说明：图 5-79 所示为一模成形冲制止动帽的滑动导向对角导柱模架用有工艺切口的带料连续拉深、冲底、翻边、落料 11 工位连续式复合模。止动帽材料为冲压加工性能较好的黄铜，料厚 $t=0.3$mm，形状复杂，尺寸小，尺寸与形位精度要求较高。针对冲压件形状与结构特点，冲压工艺用成对标准矩形侧刃在入模带料两面切边定位，控制送料进距 $S=11.5$mm，是冲模的第Ⅰ工位，料厚 $t=0.3$mm、宽度 $B=17.5_{-0.2}^{\ 0}$mm 的黄铜带料经侧刃切边定位，余下料宽为 14.5mm；第Ⅱ工位冲切口；第Ⅲ工位空挡；第Ⅳ～Ⅵ工位连续拉深；第Ⅶ工位整形；第Ⅷ工位冲异形底孔；第Ⅸ工位切边；第Ⅹ工位翻边；第Ⅺ工位落料。

该冲模结构的主要特点为：

①主要冲裁工位包括切口、落料工位，其凹模在同一整体模板上，并用 Cr12 或 Cr12MoV 制造。

②上模采用弹压卸料板 25，仅在Ⅰ工位、Ⅱ工位和Ⅺ工位上起到压卸料作用，中间的拉深工位采用无压边圈压料拉深。

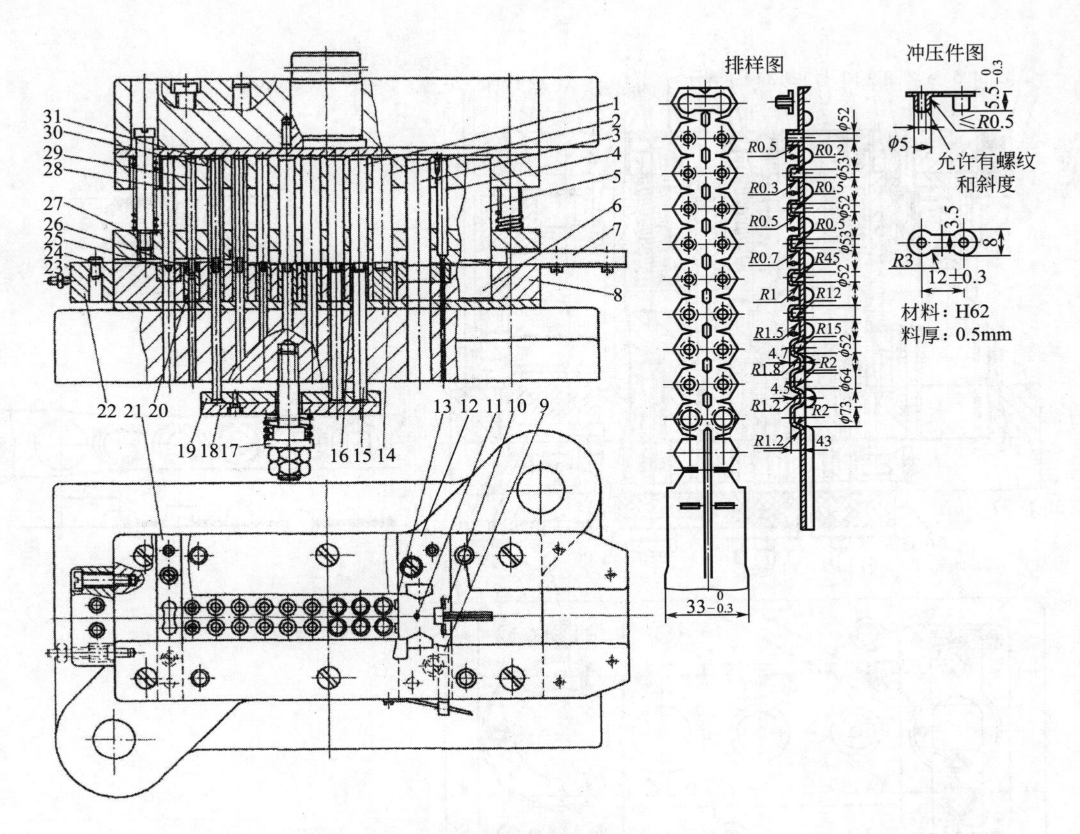

图 5-80　双孔焊片滑动导向对角导柱模架压筋、切口、切边、连续拉深、整形、冲底孔、落料 12 工位连续拉深模

1,2—拉深凸模；3—侧刃；4,28,29—冲孔落料凸模；5,6—压肋凸、凹模；7—导料板；8,19—固定板；9—始用挡料装置；10,12—镶块；11,24—定位销；13—定位块；14,16—拉深凹模及镶块；15—顶件器；17—弹顶器；18—垫板；20,21—冲裁凹模；22—承料板；23—螺杆；25—导头；26,30—镶套；27—卸料板；31—整形凸模

说明：图 5-80 所示为冲制双孔焊片的连续拉深、冲底孔、落料 12 工位连续式复合模。这种双孔焊片不仅尺寸小、形状复杂，而且尺寸与形位精度要求高，连续冲压成形有较大难度。该冲压件材质是料厚为 0.5mm 的 H62 黄铜，冲压加工适应性强、塑性好。冲模结构设计采用如下技术措施：

①采用加厚模座、加粗导柱的加强型模架，以适应大量生产、连续冲压时满载运作。

②采用正装式弹压卸料板结构。

③各工位凹模均采用镶嵌结构，以便刃磨与修理。

④拉深凹模全部采用镶套，嵌装在凹模框内。

⑤冲模的送料定位系统由始用挡料装置、成形侧刃以及固定挡料销构成，具有典型性和推广意义。

⑥拉深凹模中装弹顶出件系统。全部拉深凹模集中采用同一个弹顶器 17，确保各拉深凹模顶出件动作一致。

该冲模的冲压运作过程如下：第Ⅰ工位压凹筋；第Ⅱ工位冲切口；第Ⅲ工位成形侧刃切边定距；第Ⅸ～Ⅹ工位连续拉深；第Ⅺ工位整形；第Ⅻ工位冲底孔；第ⅩⅢ工位落料出成品。

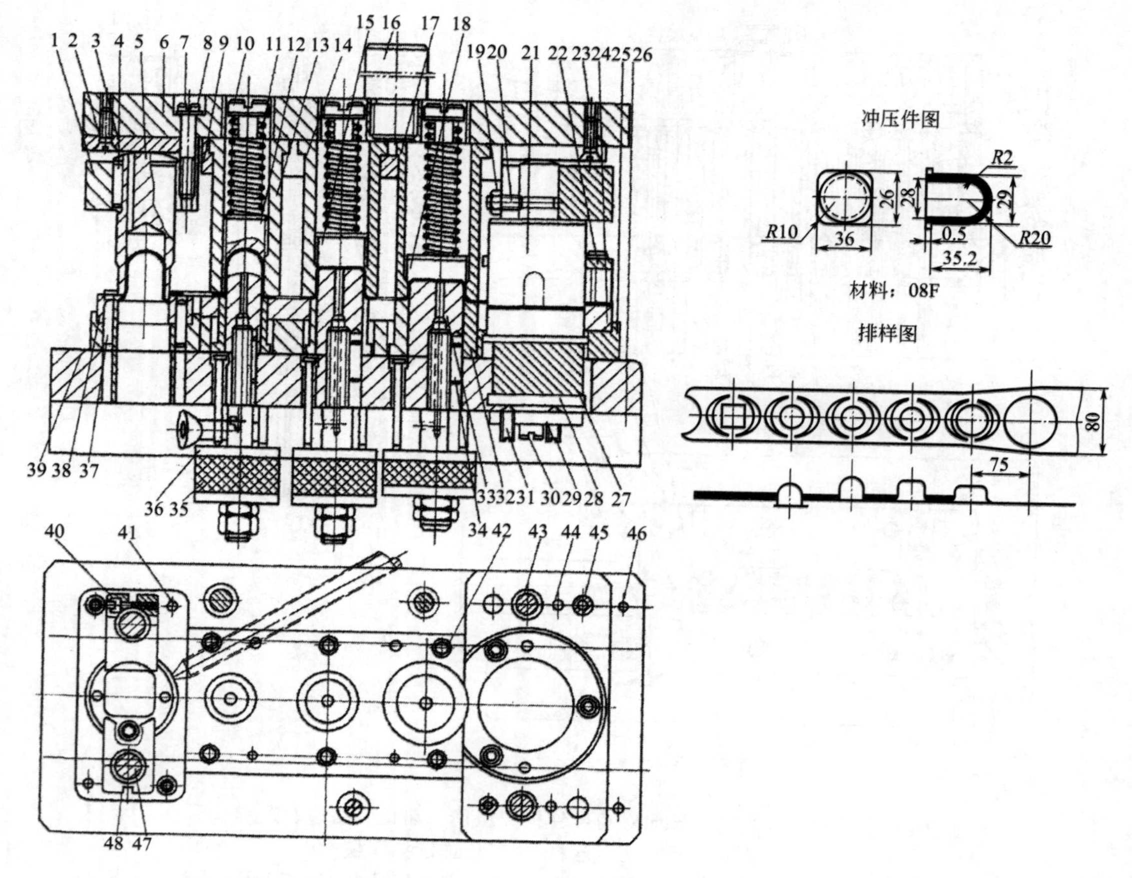

图 5-81　汽车仪表灯罩带料有工艺切口连续拉深 6 工位连续式复合模

1,23—凸模固定板；2—沉头螺钉；3,26,28—垫板；4,34,37,41,44,46—圆柱销；5—落料凸模；6—上模座；7,30,40—圆柱头螺钉；8—垫圈；9—固定板；10—弹簧柱芯；11—弹簧；12,15,18—卸件器；13,14—拉深凹模；16—模柄；17,24,38—凹模；19—六角螺母；20,45—紧固螺钉；21,33—凸模；22—卸料板；25—凹模固定板；27,35—橡胶块；29—支承板；31—紧定螺钉；32—推件环；36—垫板；39—下模座；42,48—内六角螺钉；43,47—小导柱

说明：图 5-81 所示为有工艺切口、带方凸缘的旋转体拉深零件的连续拉深模。可获得仪表壳、汽车仪表灯罩等小型带异形凸缘的圆筒形拉深零件。通常情况下，采用合适规格的卷料或带料进行生产，效率高、质量好。

该拉深零件分 6 个工位完成：

模具的结构设计因料厚 t 仅 0.5mm，故对于冲工艺切口、落料等冲裁工位除保持良好导向外，特别关注其稳定性，连续拉深各工位用前一工位拉深坯件定位，卸料系统必须顺畅，因此，模具结构设计冲裁工位及落料工位凸、凹模直接固定在上、下模座上，各有导向机构两套，均为小导柱，即图中件 43、47，使整个冲模导向精度高，刚度大，运作稳定性好。

在第Ⅴ工位工件冲切凸缘落料后，顺凹模洞口落下，由风嘴用压缩空气吹出模，进入零件箱。

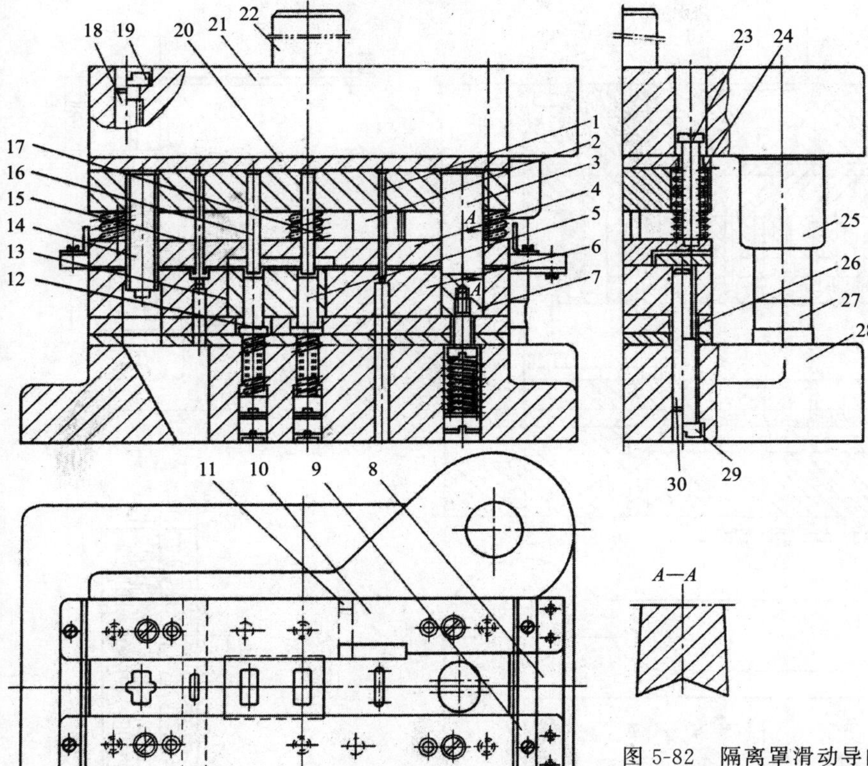

图 5-82　隔离罩滑动导向对角导柱模架弹压卸料连续拉深、冲孔、落料 7 工位连续式复合模

1—冲槽切废凸模；2—侧刃；3—工艺切口凸模；4—卸料板；5,7,12—顶件器；6—凹模；8—承料板；9—安全保护屏；10—导料板；11—侧刃挡块；13—凹模嵌件；14—落料凸模；15—冲底孔凸模；16—整形凸模；17—拉深凸模；18,30—销钉；19,29—螺钉；20—垫板；21—上模座；22—模柄；23—卸料螺钉；24—弹簧；25—导套；26—垫板；27—导柱；28—下模座

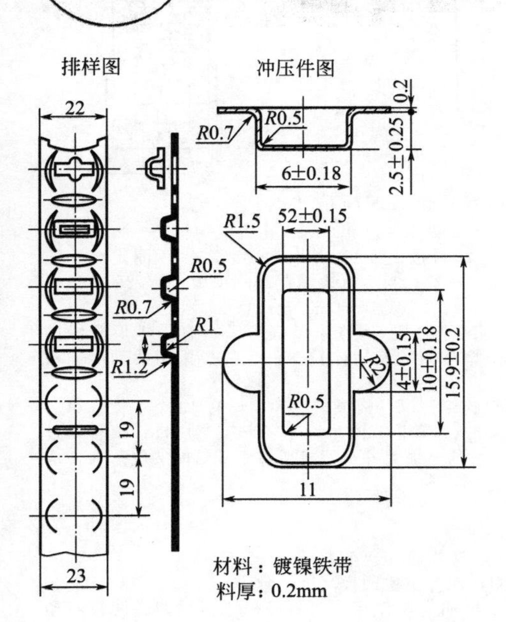

说明：图 5-82 所示为隔离罩滑动导向对角导柱模架弹压卸料用有工艺切口的带料连续拉深、冲底孔、落料 7 工位连续式复合模，隔离罩是一个带宽凸缘的有耳矩形盒子形拉深件，其材质为料厚 $t=0.2$mm 的镀镍铁带。按照传统拉深工艺，隔离罩盒子形拉深件可一次拉深成形。为使材料连续拉深过程中不拉裂和起皱，改善材料流动性能，特选用两半圆工艺切口并在工步间加切槽，用侧刃切边定距，控制送料进距 $S=19$mm。其冲压运作过程如下：

第Ⅰ工位冲出两半圆工艺切口；

第Ⅱ工位空挡；

第Ⅲ工位冲出工步间工艺切槽；

第Ⅳ工位首次拉深；

第Ⅴ工位二次拉深并整形；

第Ⅵ工位冲拉深件底孔；

第Ⅶ工位落料。

该冲模采用标准的滑动导向对角导柱模架，安装在 J12-30偏心压力机上生产。冲模采用镶拼结构凹模，方便制造与维修。

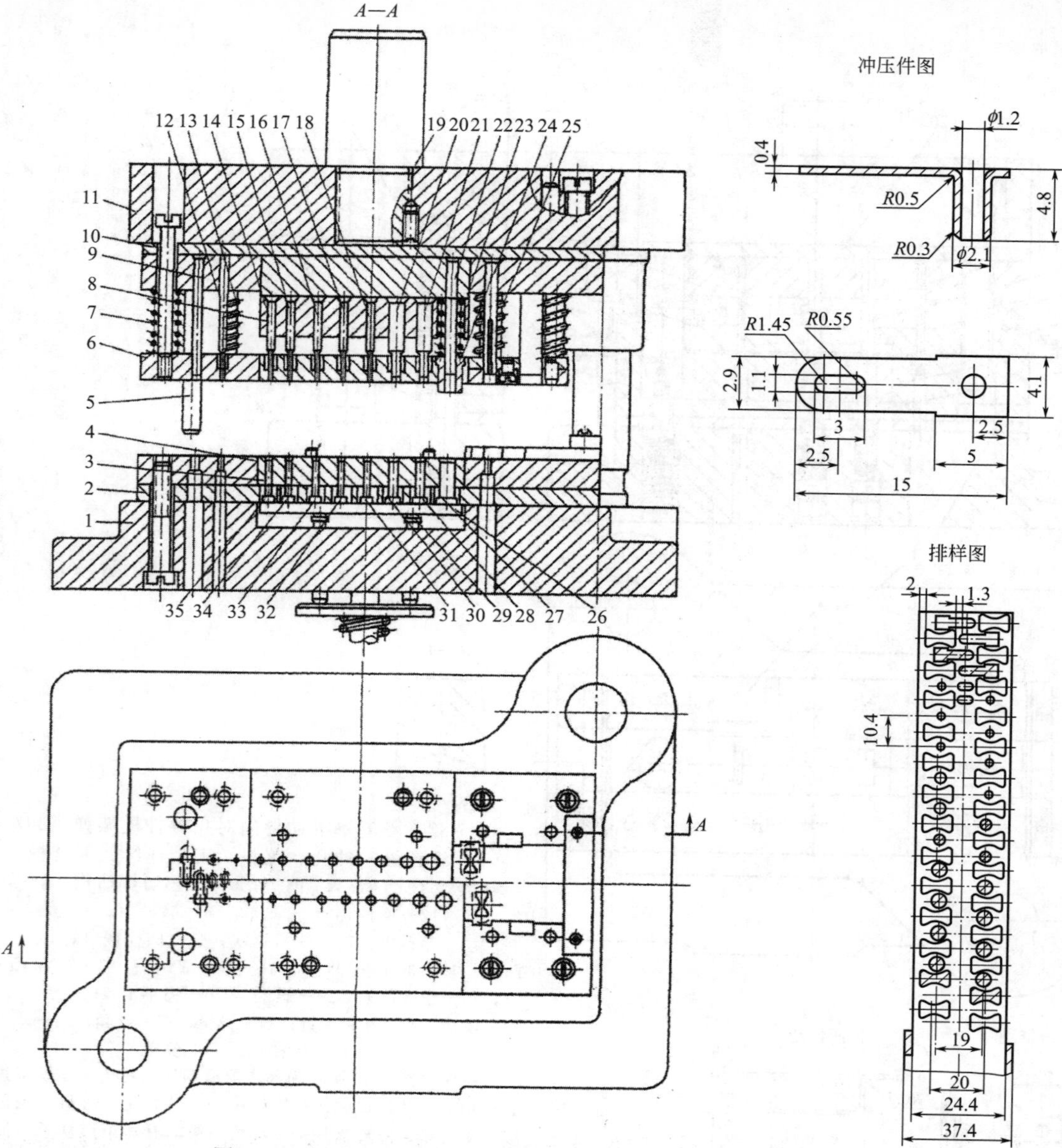

图 5-83　焊片滑动导向对角导柱模架弹压导板正装式高精度13 工位连续拉深模

1—下模座；2—空心垫板；3—凹模；4—落料凹模拼块；5—小导柱；6—卸料板；7,13,23,25—弹簧；8—固定板；9,12—冲裁凸模；10—垫板；11—上模座；14～18，20～22—拉深凸模；19—模柄；24—压边圈；26—顶板；27,28,30～35—顶件器；29—顶杆

说明：图 5-83 所示冲压件料厚 $t=0.4$mm。该焊片形状复杂，冲压难度较大，其整体形状为一端有带矩形凸缘的 $\phi2.1$mm 的小圆筒，另一端是半圆头平板，构成一个高差悬殊的立体形微型带柄的旋转体拉深件。冲模采用滑动导向对角导柱模架弹压导板结构，共设置 13 个工位。

冲压工艺充分利用 H68 黄铜冲压性能好的特点，采用带料有工艺切口连续拉深一模成形。冲模设有 13 个工位：第Ⅰ工位用成对的矩形侧刃冲切入模带料两边，切边定距，送料进距 $S=10.4$mm；第Ⅱ工位冲切工字形工艺切口；第Ⅲ～Ⅸ工位进行连续拉深；第Ⅹ工位整形；第Ⅺ工位冲长圆孔；第Ⅻ工位空挡；目的是加大冲裁凹模壁厚；第ⅩⅢ工位落料，成品冲压件漏料出模，进入机床工作台下成品箱。该冲模结构特点如下：

①采用侧刃定距，确保进距准确。

②采用带圆弧形切口凸模，便于材料变形拉深。

③第一次拉深采用单独压边圈增大压边力，可使第一次拉深变形增大，减少拉深次数。

④凹模分三块镶拼，便于在修磨时落料凹模磨刃口，拉深凹模磨反面，保持三块凹模高度一致。

⑤卸料板在拉深中起推件作用，卸料板上装小导柱，使其具有导向及横向支承作用，落料凸模不抖动，凸凹模不易损坏。

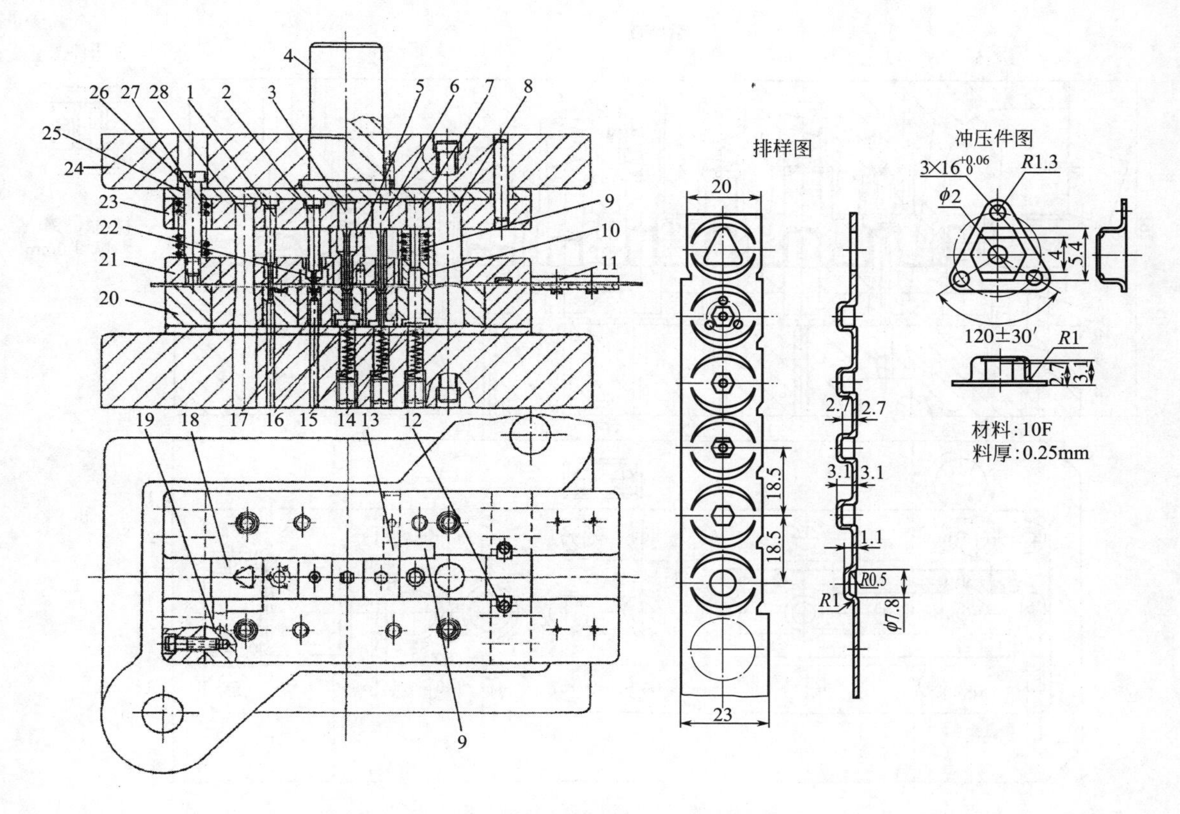

图 5-84 六角帽滑动导向对角导柱模架弹压卸料拉深、冲孔、落料 7 工位连续式复合模

1,2—冲孔凸模；3—台阶拉深凸模；4—模柄；5,22—护套；6—二次拉深凸模；7—首次拉深凸模；8—切口凸模；9—侧刃；10—压边圈；11—导料板；12—刮料板；13—侧刃挡块；14～16—顶件器；17—冲孔凹模镶套；18—凹模镶块；19,20—凹模框；21—卸料板；23—固定板；24—上模座；25—垫板；26—卸料螺钉；27—弹簧；28—落料凸模

说明：图 5-84 所示为六角帽滑动导向对角导柱模架弹压卸料拉深、冲孔、落料 7 工位连续式复合模。六角帽形状复杂，其整体为六角帽形薄壁空心拉深件并具有等边三角形的宽大凸缘，而且在三角形凸缘的顶部各有 $\phi1.6$mm 小孔共 3 个，冲件中心有 $\phi2$mm 中心孔。其材质为 10F 钢，料厚 $t=0.25$mm。该冲压件属于带凸缘、平底盒子形拉深件。

该拉深件的工艺参数适合用工艺切口的带料连续拉深一模成形。其冲压运作过程如下：采用料宽 $B=23$mm 的带料配通用送料装置自动送料入模冲压。第Ⅰ工位冲切出两半圆工艺切口；第Ⅱ工位用侧刃对带料切边定位，控制送料进距 $S=18.5$mm，并在两半圆切口中心首先拉深出 $\phi7.8$mm×1.1mm 浅圆筒；第Ⅲ工位将已拉深的 $\phi7.8$mm 圆筒拉深成正六角形空心筒；第Ⅳ工位拉深出空心筒底的台阶；第Ⅴ工位冲出底部 $\phi2$mm 中心孔；第Ⅵ工位冲出等边三角形凸缘角 3×$\phi1.6$mm 顶孔；第Ⅶ工位落料。

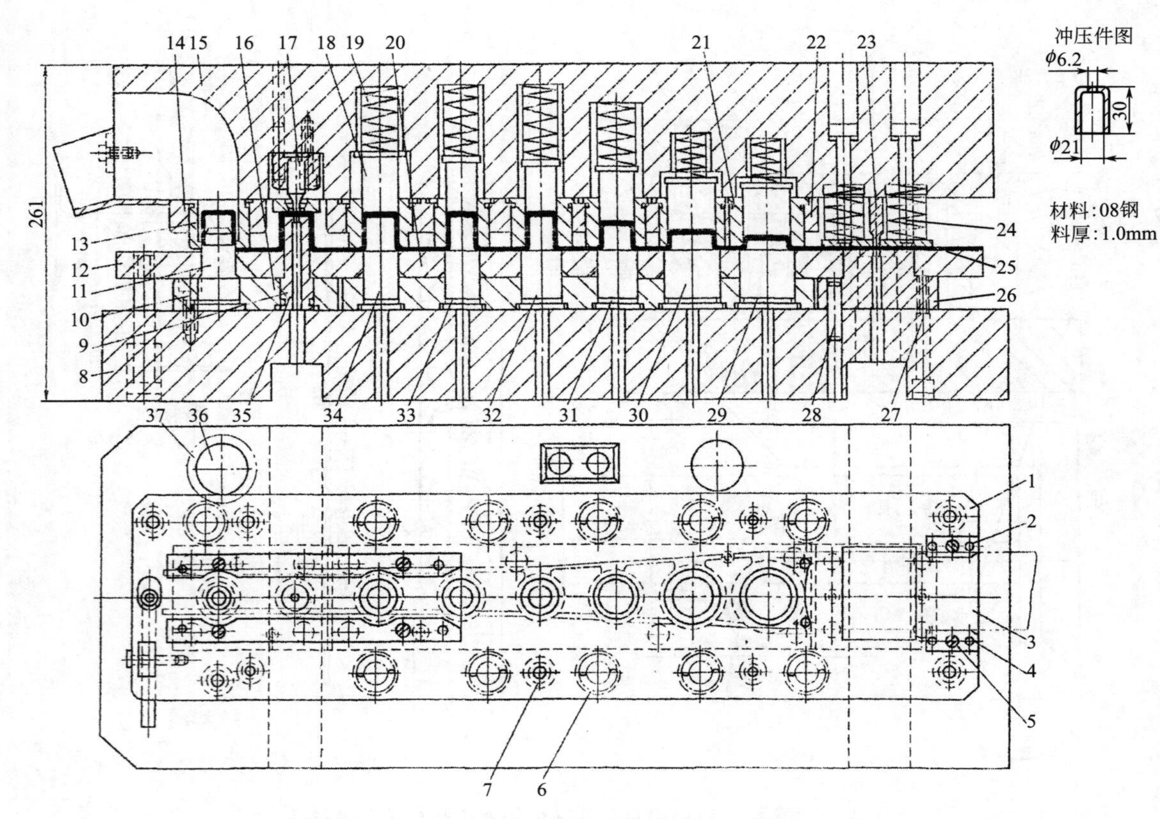

图 5-85 轴座滑动导向后侧导柱钢模架弹压卸料连续拉深 9 工位连续式复合模

1—导料板；2—入料口导料板；3—承料板；4—销钉；5,7,10,27—螺钉；6,19,24—弹簧；8—下模座；9—冲底孔凹模；11—切边凸模；12—卸料板；13—切边凹模；14,22—固定板；15—上模座；16—固定板（下）；17—冲孔凸模；18—卸件器；20—弹压板；21—拉深凹模；23—工艺切口凸模；25—压料板；26—工艺切口凹模；28—销钉；29—拉深凸模Ⅰ；30—拉深凸模Ⅱ；31—拉深凸模Ⅲ；32—拉深凸模Ⅳ；33—拉深凸模Ⅴ；34—拉深凸模Ⅵ；35—冲孔凹模；36—导柱；37—导套

说明：图 5-85 所示为冲制仪表轴座小型旋转体无凸缘平底薄壁空心拉深件的 9 工位连续拉深模。其冲压件形状简单，尺寸精度不高，很适合多工位连续拉深一模成形。该冲压件采用毛坯直径为 ϕ55.5mm，采用工字形工艺切口；第Ⅱ～Ⅵ工位连续 5 次拉深；第Ⅶ工位整形、压圆角；第Ⅷ工位冲 ϕ6.2mm 底孔；第Ⅸ工位落料，成品冲压件从上模排出。

该冲模的主要结构特点为：

①采用加厚模座、加粗导柱的加强型钢模架。

②模具采用倒装结构；凹模装在上模，凸模装在下模。卸料板由两排 12 个压簧托起，可顺畅卸料和送进。上模各拉深工位凹模内均嵌装有卸件器，确保及时顺利卸件。

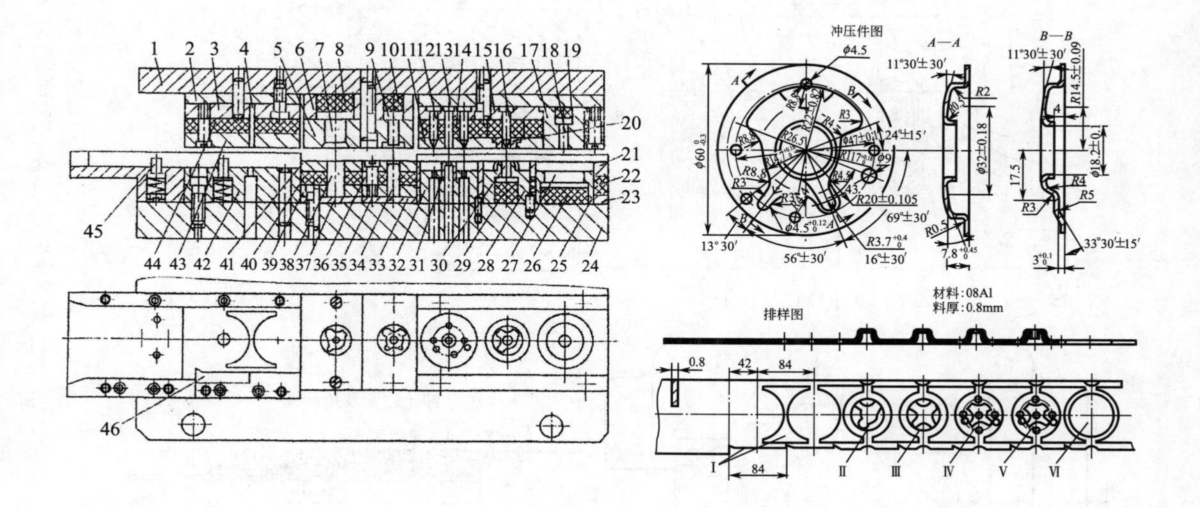

图 5-86 消声罩滑动导向四导柱钢模架弹压卸料连续拉深并整形、翻边 6 工位连续式复合模

1—上模座；2,13,33,37—垫板；3,15,23,39—固定板；4—冲切口凸模；5—拉深凹模；6—衬板；7,9,18,30,45—顶杆；8,10,14,19,22,26,29,36,40,44—橡胶块；11,21,41,43—卸料板；12—冲孔凸模；16—翻边凸模；17—落料凸模；20—推板；24—下模座；25—落料凹模；27—推块；28—翻边凹模；31—翻边预冲孔凹模；32—冲孔凹模；34—成形凸模；35—螺钉；38—拉深凸模；42—凹模；46—侧刃

说明：图 5-86 所示为冰箱压缩机消声罩滑动导向四导柱钢模架弹压卸料带料用工字形切口连续拉深并整形、翻边 6 工位连续式复合模。消声罩的材质为料厚 $t=0.8$mm 的 08Al 冷轧钢板。其形状复杂，冲压工艺性较差，采用传统冲压工艺，分工序多模冲制，至少需要 7 套单工序冲模才能完成，工艺线路长，占用机床和操作工多，操作安全性较差；而采用现代多工位连续冲压技术，使用图 5-86 所示消声罩 6 工位连续复合模，采用有工艺切口的带料连续拉深、成形及落料等 6 工步，使该冲压件一模成形完成冲压，可适应大批大量生产的需要。采用多工位连续冲压技术冲制冰箱压缩机消声罩的冲压运作过程如下：在常年大量生产的情况下，更多地采用通用自动送料装置与冲模、压力机配套生产。由专职调整工按工艺文件提供相关工艺参数对初始入模带料进行调试，直到冲出合格工件后交付操作工正常生产。按冲压工艺要求，送进料宽 $B=86_{-0.3}^{\ 0}$mm，送料进距 $S=84$mm，共设 6 个工位：

第Ⅰ工位，用侧刃对送进带料切边定距、冲工字形工艺切口；

第Ⅱ工位拉深 3mm 深小凸台，此工位不成形，但坯件比成品高 1.5mm；

第Ⅲ工位整形并成形，在此工位用压缩坯件（高度为 1.5mm）冲制出符合图样要求的外形壳体；

第Ⅳ工位冲群孔，含中心凸缘翻边成形的预冲孔；

第Ⅴ工位中心预冲孔翻边；

第Ⅵ工位落料，确保复杂形状外形达到图样要求。

该冲模结构特点：拉深工位倒装；冲裁工位顺装，以便于冲孔废料漏泄、模上成品出件以及顺畅送料；凹模采用镶拼式结构，拼块与嵌件按工位制造和拼合，方便刃磨、修理及更换。

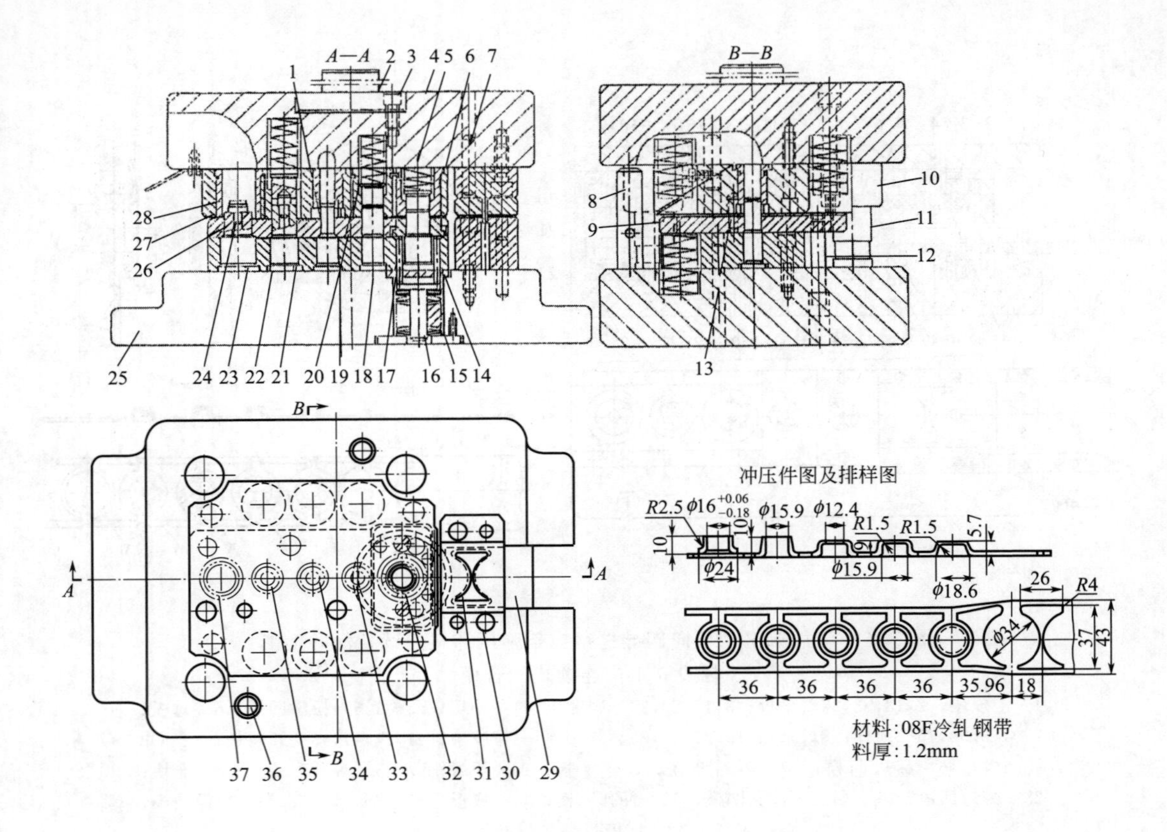

图 5-87 管座滑动导向四导柱模架弹压卸料连续拉深、冲底孔、翻边、落料 6 工位连续式复合模

1,34—冲底孔凸模；2—模柄；3—止动螺钉；4—上模座；5,20,22—弹簧；6—首次拉深凹模；7—销钉；8—限位柱；9,26—卸料板；10—导套；11—导柱；12—卸料螺钉；13—导料销；14—盖板；15—碟簧；16—芯柱；17—压边圈；18—拉深凸模；19—冲底孔凹模；21,35—翻边凸模；23—落料凸模；24—导正销；25—下模座；27—凹模框；28—落料凹模镶套；29—承料板；30—螺钉；31—工艺切口凸模；32,33—拉深凸模；36—限位柱；37—落料凸模

说明：图 5-87 所示为管座滑动导向四导柱模架弹压卸料拉深、冲底孔、翻边、落料 6 工位连续式复合模。该冲压件是一个带窄小凸缘的小尺寸、薄壁空心浅圆筒拉深件，其冲压成形的运作过程如下：

宽度为 43mm 的带料送入冲模后，第Ⅰ工位首先冲切出工字形工艺切口，而后在第Ⅱ、Ⅲ两工位进行连续拉深，第Ⅳ工位冲出已拉深圆筒的底孔 ϕ12.4mm 作为下一步翻孔的预冲孔，第Ⅴ工位翻边，第Ⅵ工位落料，完成冲压。

第Ⅱ工位进行首次拉深时，为防止拉深件起皱，采用弹力较强的碟簧压边装置。第Ⅳ工位冲底孔用镶嵌的凹模套定位，保证与下一个工位翻边凸缘同心，冲底孔为翻边预冲孔。冲孔废料和冲制完成的工件均经上模内孔道逐个推出。

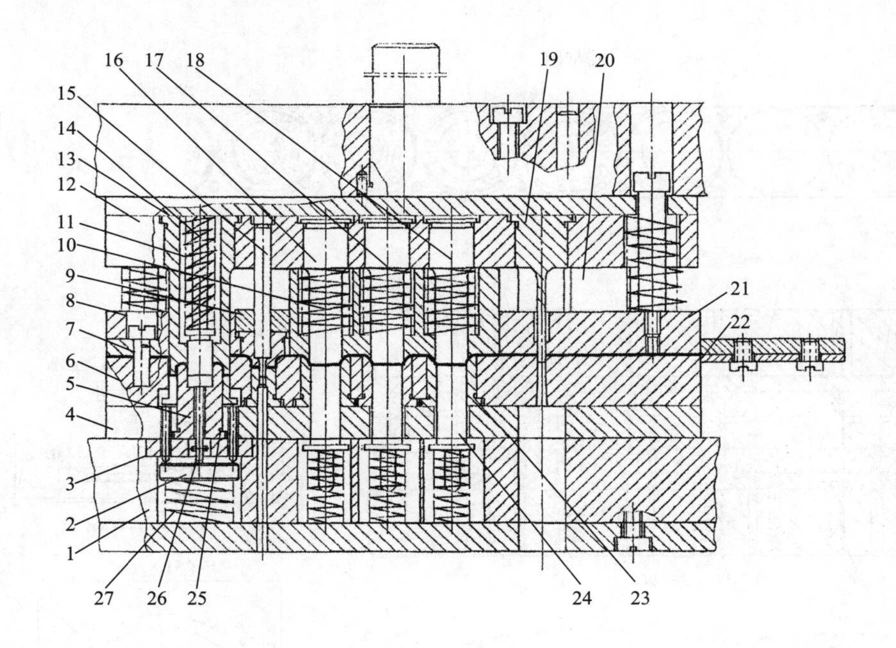

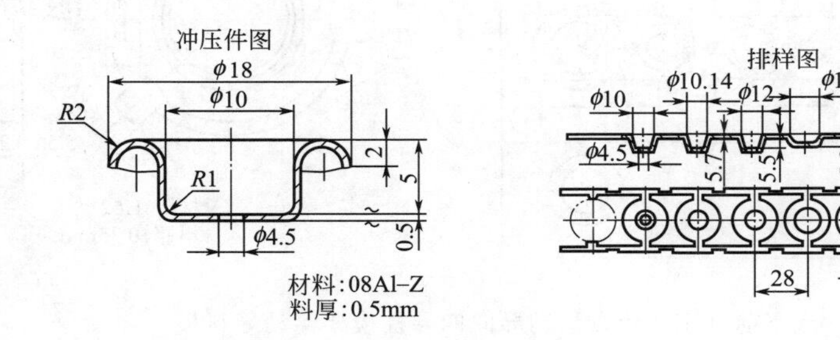

图 5-88 封盖滑动导向四导柱钢模架弹压卸料连续拉深、成形并落料 7 工位连续式复合模

1—四导柱钢模架；2—顶板；3,9—压板；4,13—垫板；5,11,15～19—凸模；6—组合凹模；7—镶件；8—限位块；10—组合滑套；12—固定板；14—压杆；20—侧刃；21—卸料板；22—导料板；23—凹模嵌件；24—顶件器；25—推板；26—顶杆；27—弹簧

说明：图 5-88 所示为封盖滑动导向四导柱钢模架弹压卸料用切口带料连续拉深、成形并落料 7 工位连续式复合模。该冲压件材质为 08Al-Z，料厚 $t=0.5$mm，其形状为一个具有 ϕ4mm 半圆凸缘的平底薄壁空心圆筒形小尺寸浅拉深件，详见冲压件图。冲模的冲压运作过程如下：

该冲模采用自动送料装置送料。宽 $B=36_{-0.4}^{\ 0}$mm 的带料入模后第Ⅰ工位是用在带料两边对称布置的凹形标准侧刃切边定距，保证送料进距 $S=28$mm；第Ⅱ工位冲出工字形工艺切口；第Ⅲ～Ⅴ工位连续拉深；第Ⅵ工位冲拉深 ϕ4.5mm 坯底孔；第Ⅶ工位进行外缘翻边成形 ϕ4mm 半圆外凸缘并整形、落料 3 工步复合冲压完成冲制。成品工件由凹模内嵌装顶件器顶出模，工件从模上吹卸或机械推卸出件。

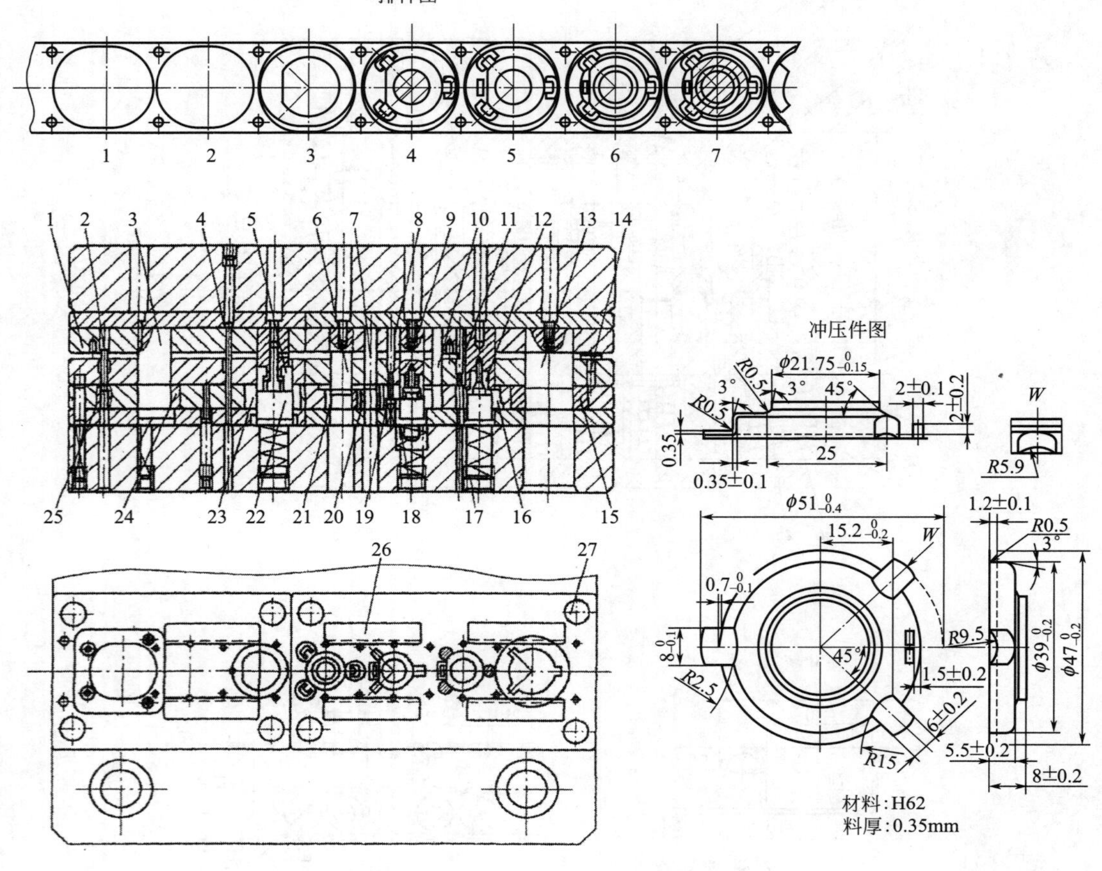

图 5-89　汽车前灯座三角盘滑动导向四导柱模架浮动导料板结构 7 工位连续复合模

1—凸模压板；2—导正孔凸模；3—切口凸模；4—导正销；5—拉深凸模；6—冲底孔凸模；7—切脚凸模；8—切舌凸模；9—翻边凸模；10,11—弯曲凸模；12—整形凸模；13—落料凸模；14—限位钉；15—落料凹模；16—整形凹模；17—弯曲凹模；18—翻边凹模；19—切舌凹模；20—切脚凹模；21—冲底孔凹模；22—弹顶器；23—拉深凹模；24—切口凹模；25—导正孔凹模；26—导料板；27—小导柱

说明：图 5-89 所示汽车前灯座三角盘形状复杂，但材料是塑性好的 H62 黄铜，料厚 $t=0.35$mm，其展开平毛坯近似圆形，故其所用带料虽沿边宽度不大，但与结构废料连在一起，构成强度大的搭边框，携带工件送进毫无问题，可不用设置专用载体。该工件要进行连续拉深，在第 1 工位冲出椭圆形工艺切口后，从第 3 工位开式连续拉深及翻边成形。为提高送料进距精度，在沿边上设工艺定位孔，配导正销导正、定位。最后经整形、落料完成冲制。在正常情况下，一般圆形连续拉深件的排样，都不设置载体。模芯在凸模固定板、卸料板、凹模固定板之间，采用 4 对小导柱，构成三板同柱，实现精准导向。

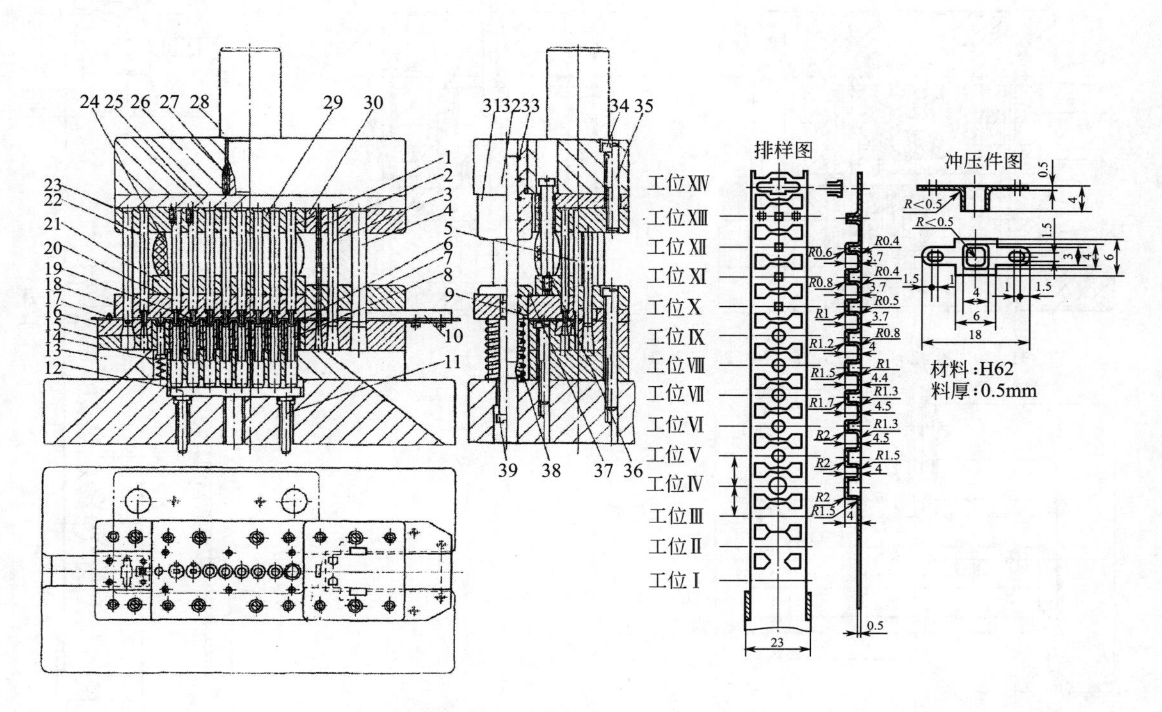

图 5-90　方焊片滑动导向后侧导柱模架连续拉深、冲底孔、落料 14 工位连续式复合模

1,19—拉深凸模；2—切口凸模；3—切形凸模；4—侧刃；5—冲方孔凸模；6—拉深凹模；7,18—卸料板；8,14—顶件器；9—冲孔凹模；10—导料板；11—顶杆；12—顶板；13,25—垫板；15—凹模固定板；16—镶块；17—定位销；20—整形凸模；21—弹压板；22—冲孔凸模；23—落料凸模；24—橡胶体；26,32—上模座；27—顶丝；28—模柄；29—固定板；30—固定板嵌件；31—导套；33—导套油槽；34—螺钉；35—销钉；36—卸料螺钉；37—小导套；38—弹簧；39—卸料板螺钉

说明：图 5-90 所示为带料用适形工艺切口连续拉深一模成形冲制料厚 0.5mm 的 H62 黄铜材质方焊片连续拉深、冲底孔、落料 14 工位连续式复合模。该冲压件形状复杂：在 4mm×4mm 的方凸缘上带有 6mm×6mm 的方法兰，而在方法兰的两边还带有长×宽＝6mm×4mm 的半圆头有长圆孔长耳。中心方凸缘高 4mm，因料厚 t 仅 0.5mm，用翻边成形无法达到，只能先拉深成圆筒后改拉深成方形，使其到接近 4mm 高度再冲孔切底，获得合格的方凸缘。为此，冲压工艺采用料宽 B＝23mm 的成卷带料入模后经以下 14 工位实施冲制：第Ⅰ工位用矩形侧刃在带料两边切边定位；第Ⅱ工位和第Ⅲ工位冲工艺切口；第Ⅳ～Ⅸ工位连续拉深成浅圆筒形并整形；第Ⅹ～Ⅻ工位，改拉成方形凸缘并整形；第XIII工位冲底孔及两耳上的长圆孔；第XIV工位落料。其冲模的结构要点如下：

①采用高精度弹压导板结构，将加长导柱嵌固在下模座，使其穿过装有导套的卸料板，进入装在上模座的加长导套内，使凸模固定板、卸料板、凹模板三板同柱，实现模架对凸模及模芯的零误差导向。

②冲裁工位凹模直接制在凹模板上，而拉深与整形工位凹模全部用镶嵌结构，均用镶套。

③全部拉深与整形工位都装有弹压顶件器，而且采用同一个组合式弹顶系统。

④为卸件出模顺畅和靠工件与冲切废料自重滑落出模，在模具进、出料口设置 25°～30°的斜坡。

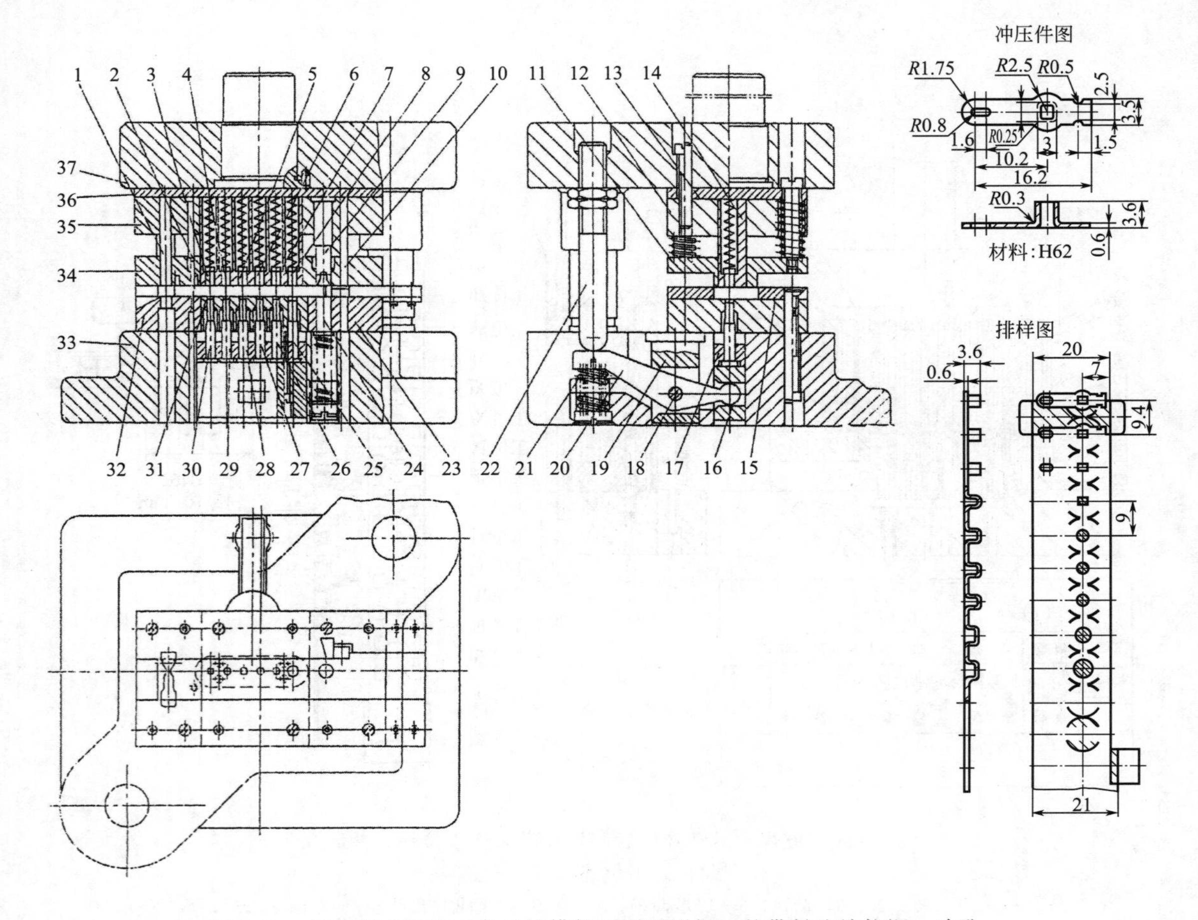

图 5-91　焊片滑动导向对角导柱模架用圆弧形切口的带料连续拉深、冲孔、落料 12 工位连续式复合模

1—切边凸模；2—冲孔凸模；3～8—卸件器；9—切开凸模；10—侧刃；11—卸料板；12，17—固定板；13—垫板；14—拉深凹模；15—导料板；16—连接板；18—轴销；19—支柱；20—杠杆；21—弹簧；22—压杆；23—凹模；24—顶件器；25～30—拉深凸模；31—导板；32—落料凹模

说明：在用带料连续拉深冲制中小型带凸缘和不带凸缘的薄壁空心零件的两种工艺方法中，整带料连续拉深不如用工艺切口的带料连续拉深应用广泛，但后者除浪费材料外，模具结构也趋于复杂，所以，两种连续拉深工艺各有所长，各有一定的适用范围，难以完全相互取代。小型、形状较复杂的拉深件，多用有工艺切口的连续拉深工艺冲制。图 5-91 所示焊片的连续拉深成形及其冲模结构设计就是一个典型实例。

该冲模采用滑动导向对角导柱标准模架倒装式多工位连续拉深。拉深凹模装在上模，六个拉深工位结构完全一样：卸件器 3～8 都装在拉深凹模中，用内嵌弹簧顶卸工件。六个匹配的拉深凸模 25～30 都固定在同一固定板 17 上，在杠杆 20 作用下，使拉深凸模向上运动，完成拉深工作。完成冲制的工件，最后由切边落料凸模切出的成形焊片，从凹模 32 旁的斜坡滑落入零件箱。

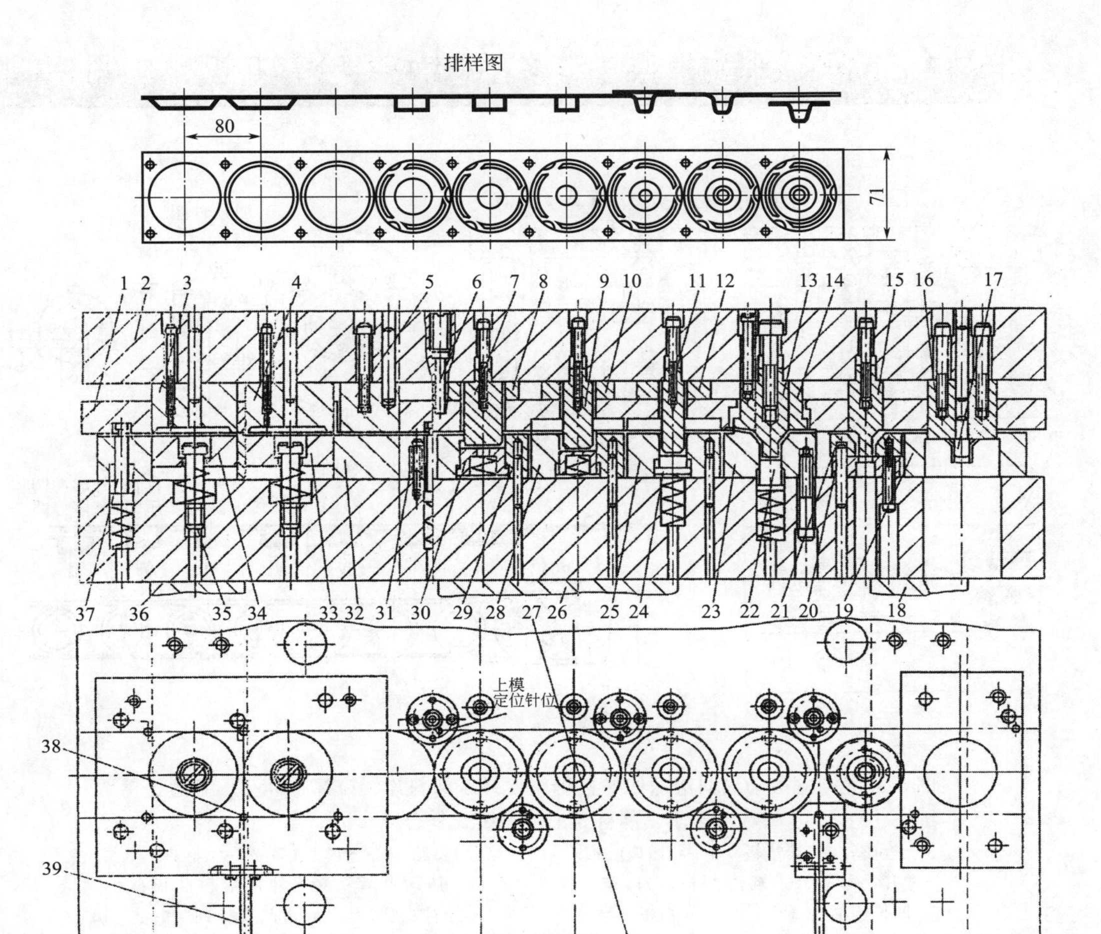

图 5-92　不锈钢罩滑动导向四导柱钢模架弹压卸料带料用双层切口的 9 工位连续拉深模

1—卸料板；2—上模座；3,4—工艺切口凸模；5—校平凸模；6—定位针；7—拉深凸模Ⅰ；8,10,12,14—限位圈；9—拉深凸模Ⅱ；11—拉深凸模Ⅲ；13—拉深凸模Ⅳ；15—冲孔凸模；16—落料凸模；17—定位芯；18,26,36—垫块；19—落料凹模；20—冲孔凹模；21—冲孔定位圈；22,24,30,33,34—顶件器；23—拉深凹模Ⅳ；25—拉深凹模Ⅲ；27—螺杆手柄；28—拉深凹模Ⅱ；29—拉深凹模Ⅰ；31—导料杆座；32—凹模；35—螺钉；37—浮动导料销；38—定位销；39—拨销条

说明：图 5-92 所示为仪表产品用料厚 $t=0.8$mm 的不锈钢材质罩壳拉深件大量生产用滑动导向四导柱钢模架弹压卸料正装结构采用双层切口的九工位带料连续拉深模。为便于改善 0.8mm 料厚不锈钢带料的连续拉深性能，采用双层环形工艺切口，内外双层切口，相互错位 60°，详见排样图。该冲模的冲压运作过程如下：第Ⅰ工位冲内层切口和导正孔；第Ⅱ工位冲外层切口；第Ⅲ工位校平；第Ⅳ工位首次拉深，深度为 11.88mm；第Ⅴ工位进行二次拉深；深度为 14.58mm；第Ⅵ工位进行三次拉深，深度为 17.05mm；第Ⅶ工位进行四次拉深，深度为 20.7mm；第Ⅷ工位冲底孔；第Ⅸ工位落料。由于该冲压件使用带料经两次双层切口后连续拉深，提高了材料的变形能力。该冲模较厚，设计手工送料，用板裁条料冲压。条料先冲两个工艺定位孔，而后由定位销 38 和定位针 6 控制送料进距 $S=80$mm。

5.4.4 滚动导向滚珠导柱模架弹压卸料多工位连续拉深复合模实用典型结构（图 5-93、图 5-9

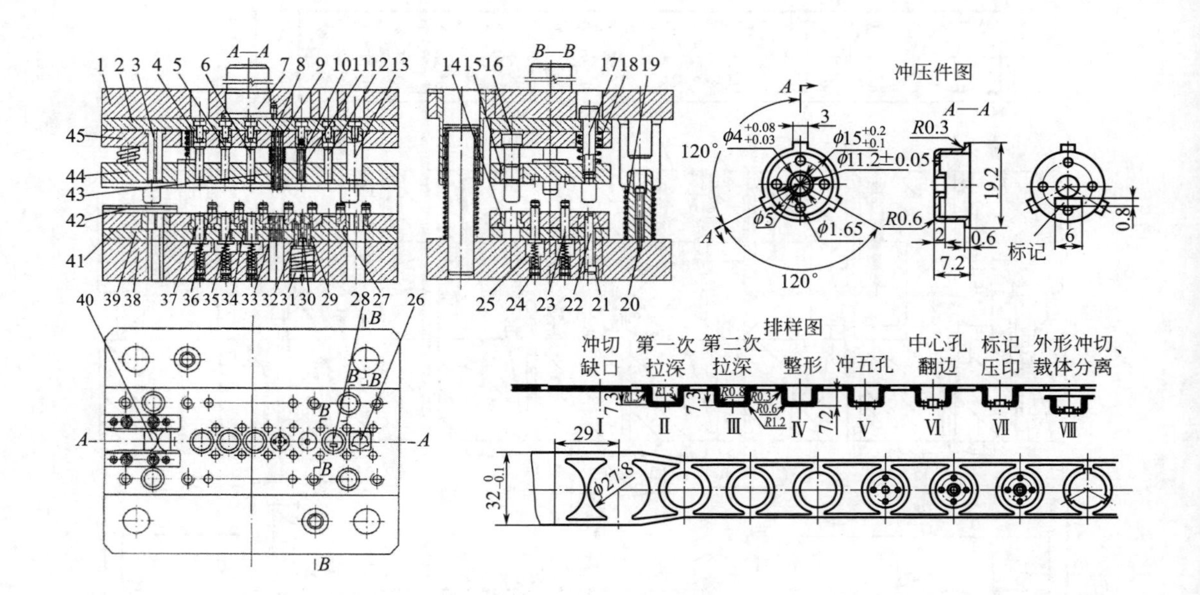

图 5-93　端盖滚动导向滚珠四导柱钢模架弹压卸料连续拉深、冲孔、翻边、压印、落料 8 工位连续式复合模

1—上模座；2—上垫板；3—冲切口凸模；4,5—拉深凸模；6—整形凸模；7—模柄；8,9—冲孔凸模；10—翻边凹模；11,37—顶件器；12—压印凸模；13—外形落料凸模；14—凹模板嵌装导套；15—卸料板嵌装导套；16—小导柱；17,30—翻边凸模；18,25—弹簧；19—限位柱；20,21—内六角螺钉；22—销钉；23—浮动导料销；24,31—螺塞；26—落料凹模镶块；27—凹模镶块；28—标记压印凹模镶块；29—翻边顶件器；32—顶杆；33—冲孔凹模镶套；34—整形凹模；35,36—拉深凹模；38—下模座；39—下垫板；40—冲工艺切口凹模镶件；41—凹模框；42—导料板；43—冲孔导向卸料套；44—卸料板；45—凸模固定板

说明：图 5-93 所示为端盖滚动导向滚珠四导柱钢模架弹压卸料连续拉深、冲孔、翻边、压印、落料 8 工位连续式复合模。端盖材质为 10 钢，料厚 $t=0.6$mm。该冲压件是一个带凸缘（3 个凸耳）的旋转体薄壁、空心非平底并在底面有群孔的小尺寸拉深件，但凸耳转角圆角半径仅为 $t/2=0.3$mm，底部转角的圆角半径也只有 0.6mm$\approx t$，底部中心具有高 2mm、直径为 4mm 的翻边凸缘，还要在其背面压印标记。这些工艺作业都加大了冲压加工难度，使冲模工位数增多，使其结构趋于复杂化。由于该冲压件尺寸与形位精度要求较高，结构设计采用滚动导向滚珠四导柱钢模架，确保凸模对准凹模导向依靠模架的滚珠导套与导柱有 0.01～0.02mm 的过盈配合，获得零误差或接近零误差的精准导向，并配合合适的通用自动送料装置送进带料达到安全、高效的目的。该冲模的冲压运作过程如下：宽 $B=3.2_{-0.1}^{0}$mm 的带料送入模后，第Ⅰ工位冲切工字形工艺切口；第Ⅱ、Ⅲ工位连续拉深；第Ⅳ工位整形；第Ⅴ工位在拉深坯底部冲 5 孔，中心孔为翻边预冲孔；第Ⅵ工位中心孔翻边；第Ⅶ工位在拉深坯底部背面压印标记；第Ⅷ工位落料成品。详见排样图。

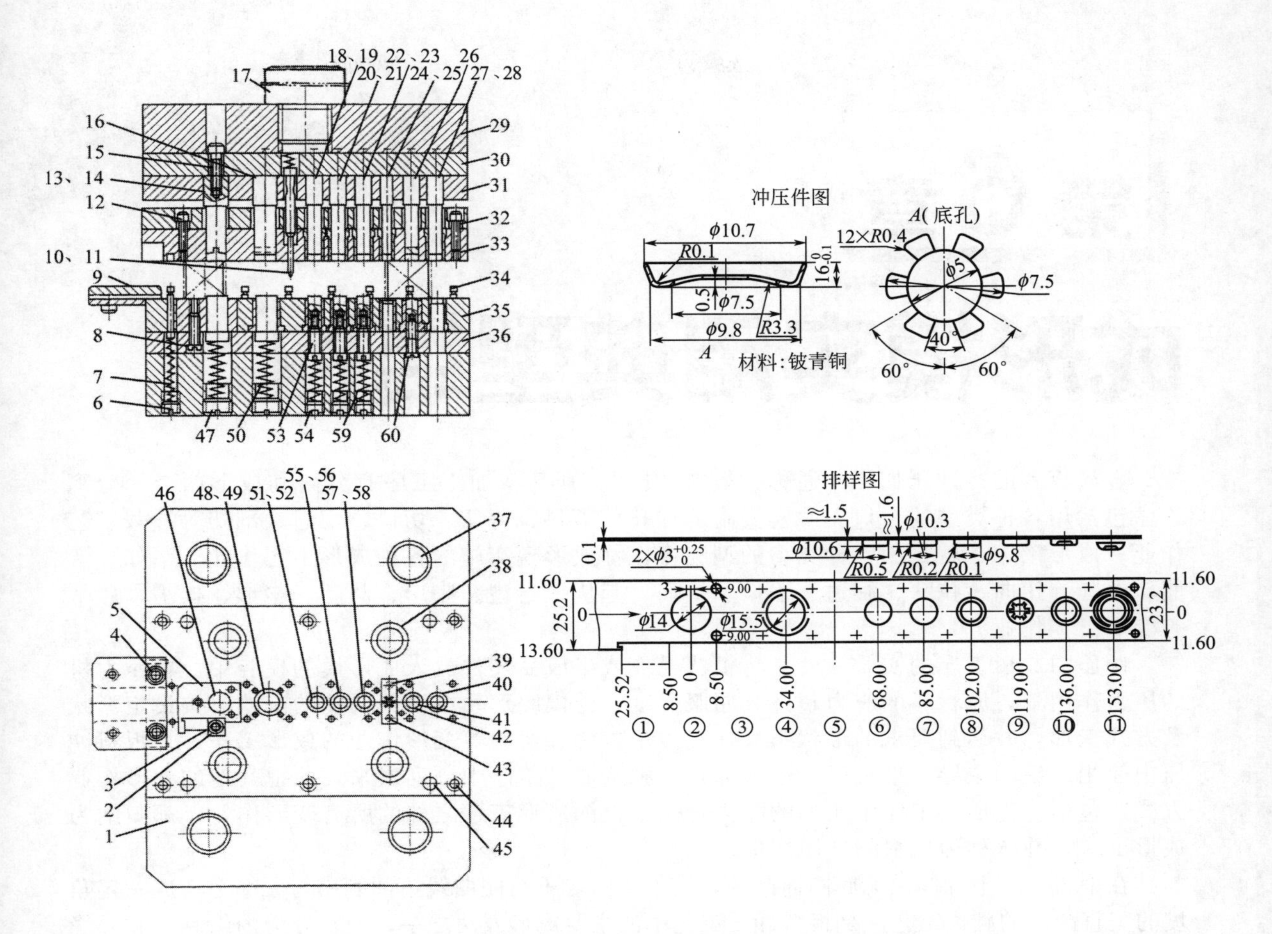

图 5-94　压簧滚动导向滚珠四导柱钢模架双切口带料连续拉深、冲齿、成形、落料 11 工位连续复合模

1—下模座；2—侧刃挡块；3,4,8,12,15,39,60—螺钉；5—凹模镶件；6,47,54—螺塞；7,50,59—弹簧；9—导料板；10—传感导正销；11—导正销；13,16—切口凸模；14—侧刃；17—模柄；18,20,22—拉深凸模；19,21,23,25,28—卸料板凸模护套；24—冲花孔凸模；26,41—成形凸模；27—落料凸模；29—上模座；30—上垫板；31—固定板；32—卸料板垫板；33—卸料板；34—浮动导料销；35—凹模；36—下垫板；37—滚动导向导柱导套；38—小导柱导套组件；40—落料凹模嵌件；42—护套；43—花孔凹模；44—内六角螺钉；45—销钉；46,49,52,56,58—推杆；48,51,55,57—镶套；53—顶件器

说明：该冲压件冲压工艺和工位布置及安排详见排样图。从排样图可以看出，采用平行刃齿形侧刃和导正销联合定距，经双切口、多次拉深、冲齿形孔、成形和落料等冲压工序制。设有 11 个工位；第Ⅰ工位侧刃初定位，进距为 17mm，侧刃尺寸为 17.02mm；第Ⅱ工位一次切口并冲 $2\times\phi3^{+0.025}_{0}$ mm 导正销孔；第Ⅲ工位空挡；第Ⅳ工位二次切口；第Ⅴ工位空挡；第Ⅵ、Ⅶ、Ⅷ工位连续拉深；第Ⅸ工位冲制件底部齿形孔；第Ⅹ工位底部成弧形；第Ⅺ工位落料成品。

第6章

成形模实用典型结构

金属板料的冷冲压加工，通称“板料冲压”。其基本加工工序有分离和成形两类。分离工序包括用各种类型的刃口类冲模实施的冲孔、落料、剪切、切口、切边、剖切等冲裁工艺作业；成形工序，就是用各种类型的型腔模也称成形模实施的各种成形工艺作业，诸如：弯曲、卷圆、扭曲、拉深、翻边、缩口、扩口、起伏、卷边、胀形、凸肚、整形、校平、压平等变形工艺作业。

冲压中成形工序的实质，就是将板状毛坯或半成品坯件放入成形模的模腔中，在压力机的压力作用下，原材料的应力超过其屈服强度，受模腔形状或模具功能的制约，按设定形状及方式变形，并达到要求的形状与尺寸。由于拉深、弯曲等变形作业的成形工序，是板料冲压中使用广泛的主导成形工序，通常都是单独从成形工序中分列出来，而把其他的变形作业方式，包括上述成形工序中所列的除去弯曲、拉深成形工序之外的所有变形作业，都归纳为成形工序，并统称为板料的冲压成形。

在平板毛坯上冲制出无底圆筒凸缘，或沿封闭与不封闭曲线边冲制出与原平毛坯成一定角度的竖直凸缘的翻边工艺，是板料冲压工艺中的主要成形方法之一，通常分为内缘翻边和外缘翻边两种。对于孔及内形的内缘翻边，特别是圆孔翻边，也称翻孔；而对平板外缘的曲面翻边，则多称扳边。无论翻边还是扳边，都是曲面弯曲形成凸缘而非一般弯曲的直面折弯。

圆孔翻边是所有翻边与扳边工艺中应用最广的一种翻边成形方法。圆孔翻边有预冲孔翻边和无预冲孔翻边两种。后者又有用尖头凸模刺穿板料翻边的所谓穿刺翻边、用组合凸模即头部有冲孔刃口的翻边凸模。在一次行程中，凸模接触板料先冲孔、接着翻边的，称之为穿孔翻边。无预冲孔翻边只用于较小翻边凸缘加工，且凸缘口部允许有裂口及口部不齐整。

从成形模结构复杂程度并考虑各种成形冲压的变形特点，兼顾各种成形工艺的分类，除了弯曲、拉深外，还可将成形工艺及匹配的成形模概括为如下几类。

① 翻边，主要有内外缘翻边，即：翻孔与外缘翻边也称扳边。包括：无预冲孔翻边、有预冲孔翻边、拉深翻边、非圆孔翻边以及内缘扳边和外缘扳边等及其使用的翻边模。

② 胀形，包括：凸肚、打凸、压筋、压包等局部变形冲制及其相应的成形模。

③ 旋压，又称赶形及其配套的模具。

④ 缩口与扩口，包括匹配冲模。

⑤ 校平与整形及其冲模。

⑥ 压印、压花与打标记，也属于起伏成形及其配套冲模。

上述各类成形模，多为无导向、滑动导向（导柱）类单工序冲模。虽然也有单工位复合模结构形式但较少看到，而多工位连续式复合模的结构形式，在线使用则较多。

6.1 翻边模实用典型结构

翻边模实用典型结构见图 6-1～图 6-22。

6.1.1 单工序翻边模

图 6-1～图 6-8 所示为单工序翻边模。

(1) 无导向敞开式单工序翻边模（见图 6-1～图 6-3）

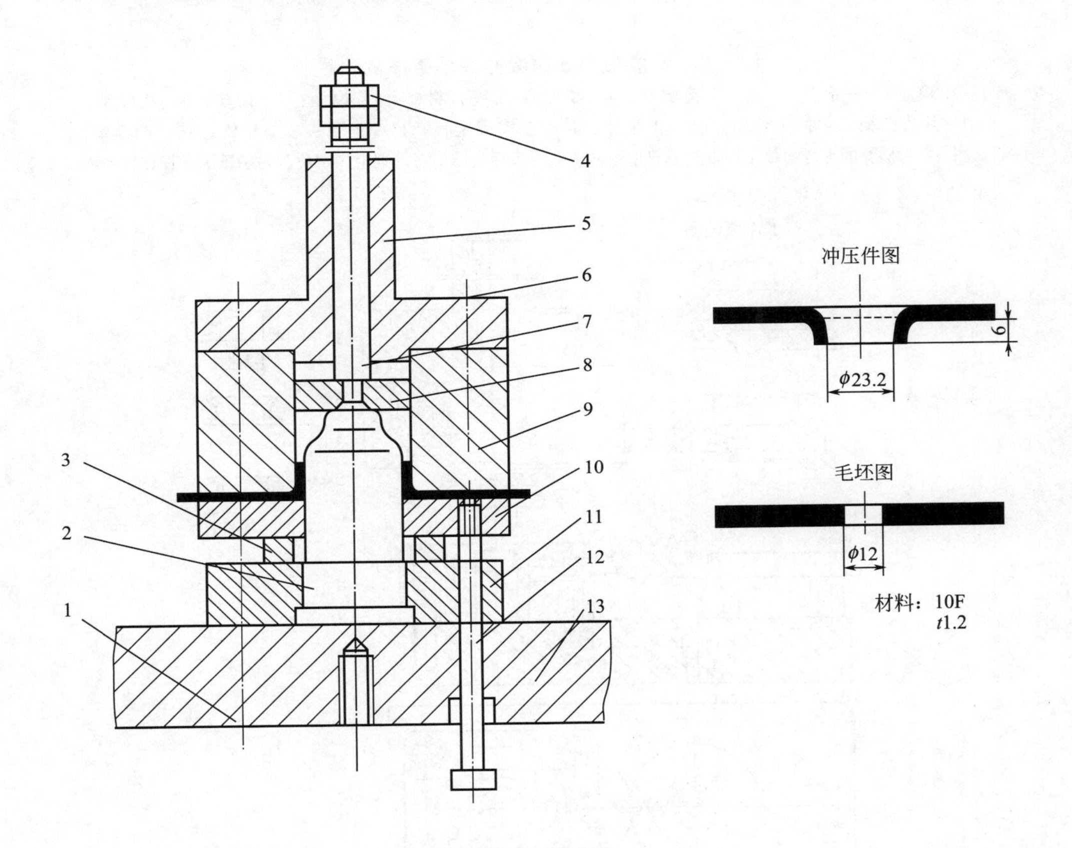

图 6-1　桶盖无导向敞开式单工序翻边模

1—内六角螺钉；2—翻边凸模；3—垫环；4—螺母；5—带模柄上模座；6—圆柱销；7—打料杆；8—推板；9—凹模；10—卸料板；11—固定板；12—顶杆

说明：图 6-1 所示为一般有预冲孔翻边模的通用结构形式。其凸模 2 要求有较高的表面质量，表面粗糙度 $Ra \leqslant 0.1\mu m$；卸料力要大，卸料板 10 应选用强度较大的 Q275A 一类材料并适当加厚；如欲获取更高的翻边凸缘，可采用变薄翻边或拉深后冲底孔翻边。控制翻边凸模 2 的直径及其与翻边凹模 9 之间的间隙是获取尺寸准确翻边凸缘的关键。在正常情况下，翻边凸模 2 直径及翻边凸缘高度 h 都由翻边零件图样给出，可按体积不变定律计算出合适的预冲孔直径，确定合适的间隙。

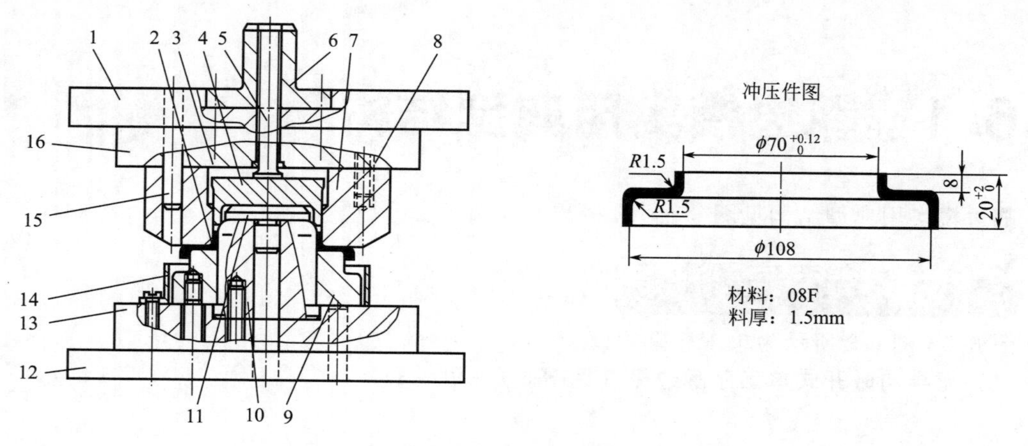

图 6-2　管接头无导向敞开式单工序翻边模

1—上模座；2—制件；3,8—六角螺钉；4—卸件器；5—打料杆；6—模柄；7—凹模；9—凸模座；10—翻边凸模；11—定位销；12—下模座；13—凸模固定板；14—护罩；15—销钉；16—凹模座

说明：图 6-2 为推荐的无导向单工序翻边模典型结构形式。该冲模结构考虑到毛坯定位、防护罩等，操作方便而又安全。

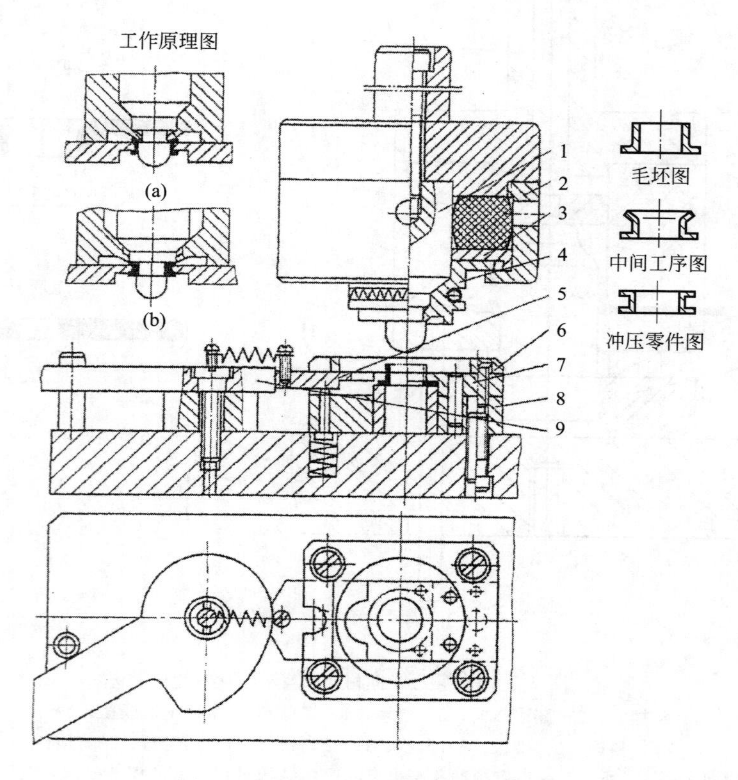

图 6-3　管头无导向单工序翻边模

1—压平凸模；2—压紧套；3,8—垫板；4—翻边凸模；5—左活动凹模；6—盖板；7—右固定凹模；9—凸轮手把

说明：管端、法兰管头以及浅圆筒两头翻边都是有较大难度的冲压作业。图 6-3 所示为管头翻边模。上模采用带斜楔的装置，在一次行程中，先将毛坯端部压倾斜再压平，从而完成翻边工序，操作简单，定位可靠。

将毛坯放入右固定凹模内，搬动凸轮手把使左活动凹模右行，把毛坯夹紧。下模上行，压平凸模的导头导正毛坯，然后由三块组成的环状翻边凸模把毛坯端部压斜，见图 6-3(a)。上模继续下行，楔面作用使翻边凸模沿径向撑开，压平凸模的环状平面将毛坯压平，见图 6-3(b)。上模回程，在橡胶和拉簧的作用下，使三块翻边凸模复位合拢。

(2) 有导向单工序群孔翻边与内外缘翻边模（图 6-4～图 6-8）

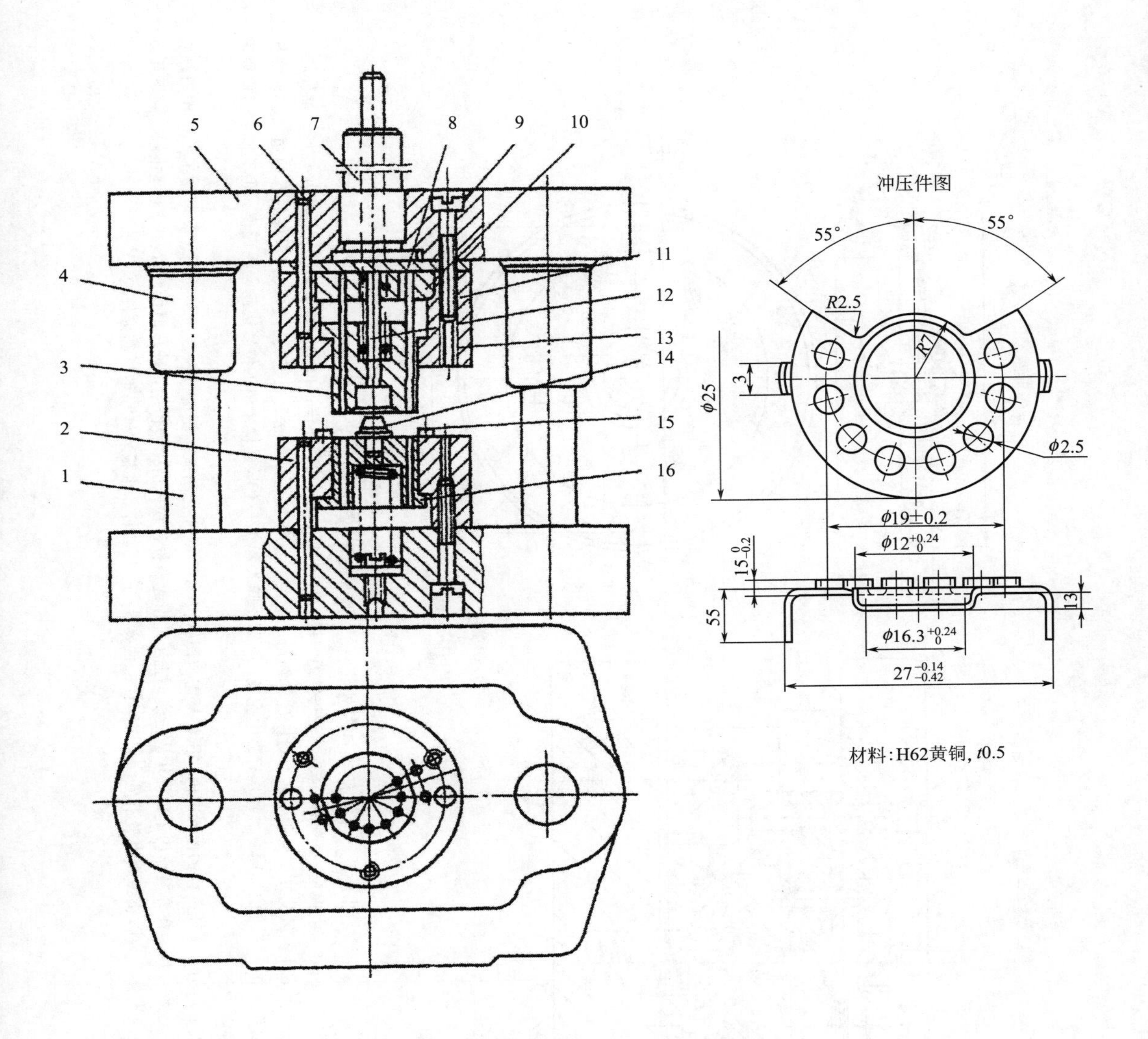

图 6-4　有导向群孔一次翻边成形模

1—导柱；2—凹模框；3—翻边凸模；4—导套；5—上模座；6—销钉；7—模柄；8—垫板；9—螺钉；10—固定板；11—固定板夹座；12—打料杆；13—弹簧；14—定位芯轴；15—侧挡销；16—翻边凹模

说明：图 6-4 所示为控制盘翻边成形模。欲翻边的圆孔共 8 个，翻边凸缘高 $h=1.5$mm。凸缘直径 $D=\phi2.5$mm。8 个翻边凸缘均布在 $\phi(19\pm0.2)$mm 的 250°圆心角对应的圆周上，凸缘中心距仅 4.97mm，间距仅 2.47mm；零件料厚仅 0.5mm，翻边间隙很小，故要求翻边模的凸模对凹模要有高的对准导向精度。因此，该冲模采用了Ⅰ级精度滑动导向中间导柱模架，利用成形坯件拉深的浅圆筒 $\phi12^{+0.24}_{0}$mm 及其底孔 $\phi10.3^{+0.24}_{0}$mm，套在定位芯轴 14 上，再用 4 件两组侧挡销 15 对坯件宽 3mm 的支臂限位，确保了定位准确。翻边凸缘采用预冲孔翻边，预冲孔 $\phi1.6$mm 是坯件上事先用连续模已冲好的。

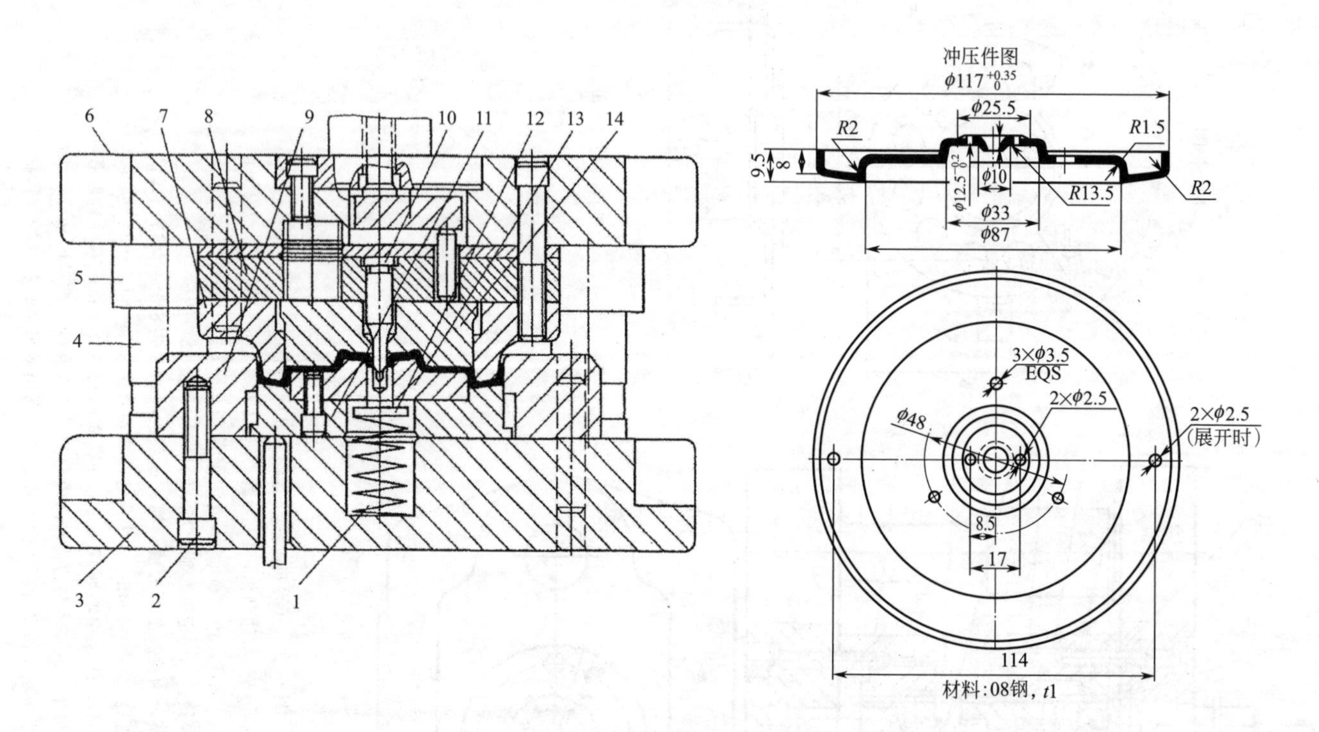

图 6-5 圆盘有导向内外缘一次翻边成形模

1—弹簧；2—螺钉；3—下模座；4—导柱；5—导套；6—上模座；7—凸凹模；8—凸模固定板；9—凹模；10,13—凸模；11—压料板；12—顶件块；14—推件块

说明：图 6-5 所示为圆盘内外缘一次翻边成形模。该冲模虽从冲压作业工艺上看，是单纯用成形毛坯进行翻边，实际上是进行台阶式拉深件底孔翻边及其外缘扳边。此外，还承担拉深底部小圆筒底角处压形，将这三项作业在一个工位、同一次冲压行程中完成。实际上该冲模是一套导柱模架单工位翻边复合成形模。但其以翻边作业为主，而且是单工位，可以看作是一套有导向内外缘翻边模。

毛坯套在凸模上并由它定位，凸模装在压料板上，为了保证凸模的位置准确，压料板需与凹模按 H7/h6 配合制造。压料板既起压料作用，又起整形凹模作用，故压至下死点时应与下模座刚性接触，最后起顶件作用。内缘翻边后，在弹簧作用下顶件块从凸模中把工件顶起。推件块先由弹簧作用，冲压时始终保持与毛坯接触，到下死点时与凸模固定板刚性接触，把 φ25.5mm 圆角压出。上模的出件，为防止弹簧力量不足，采用刚性推件装置——打料杆、推板、连接推杆和推件块。

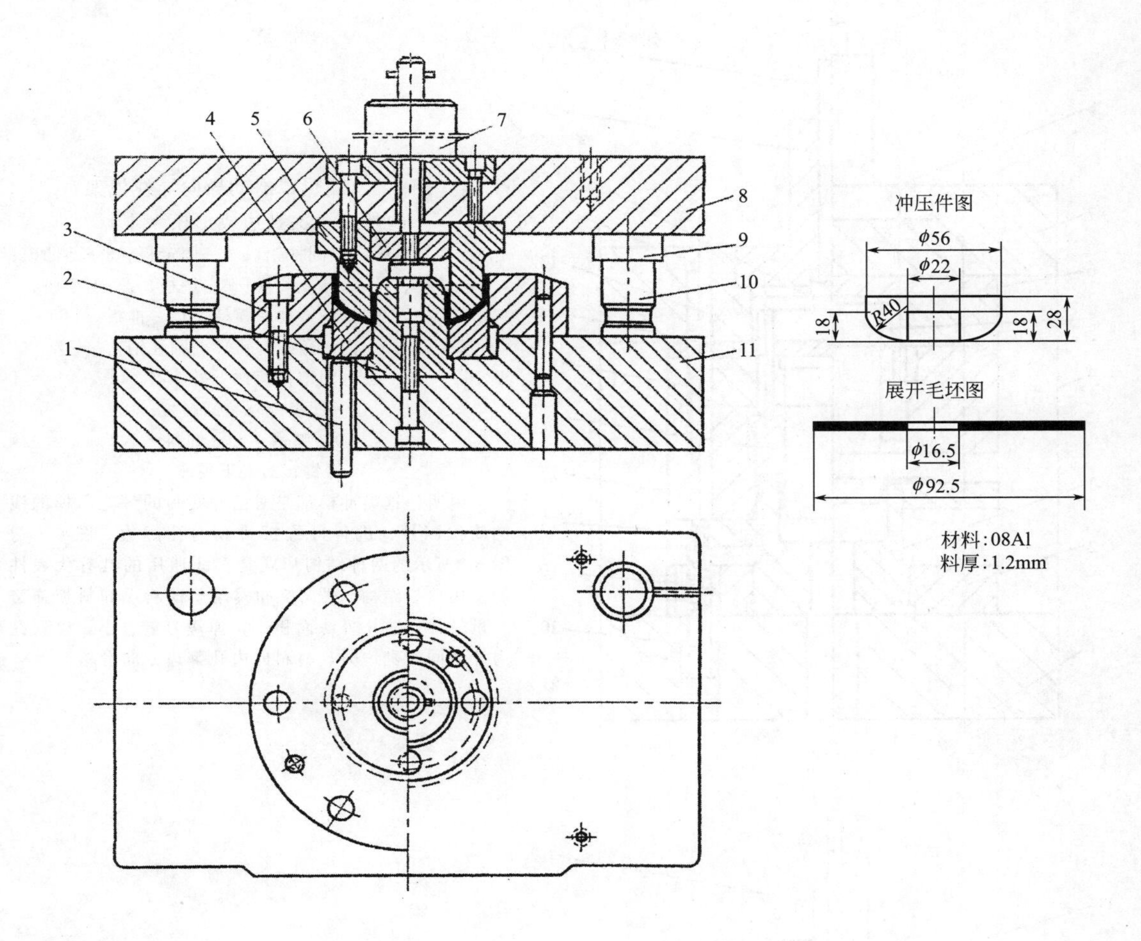

图 6-6 罐座滑动导向后侧导柱模架内外缘一次翻边成形模

1—顶杆；2—翻孔凸模；3—凹模；4—顶件器；5—凸模；6—卸件器；
7—模柄；8—上模座；9—导套；10—导柱；11—下模座

说明：从该冲模冲制的冲压零件图及其展开毛坯图上可以看出，该冲压件的环形平毛坯内孔为 $\phi 16.5$mm，冲件内凸缘属于预冲孔翻边，即内缘翻边或称翻孔。外缘是在内缘翻边开始进行但尚未完成的同时，实施外缘的浅拉深。内缘凹模倒装在上模，承担拉深凸模的作用。内缘翻边凸模 2 在翻孔凸缘根部的圆角很小，而外缘拉深圆角较大，加上弧面顶件器 4 的强力压料作用面较大，而要反向拉深成形的深度很浅，仅约 10mm，对于直径 $d=56$mm的拉深件而言，变形程度不大。加上模具结构上未设置拉深件压边、卸料机构，放大了外缘拉深间隙 $C>t$，实际该冲模以内孔翻边为主兼顾外缘翻边加工。

该冲模考虑到冲压成形压力较大，采用加厚模座、加粗导柱的加强型滑动导向后侧导柱钢板模架；模芯的主要零件都嵌装在上、下模座 8 和 11 的中心沉孔中，减小了模具闭合高度，增加了模具运作的稳定性，也使制模工艺性得到提高，容易保证上、下模芯与模架的同轴度。

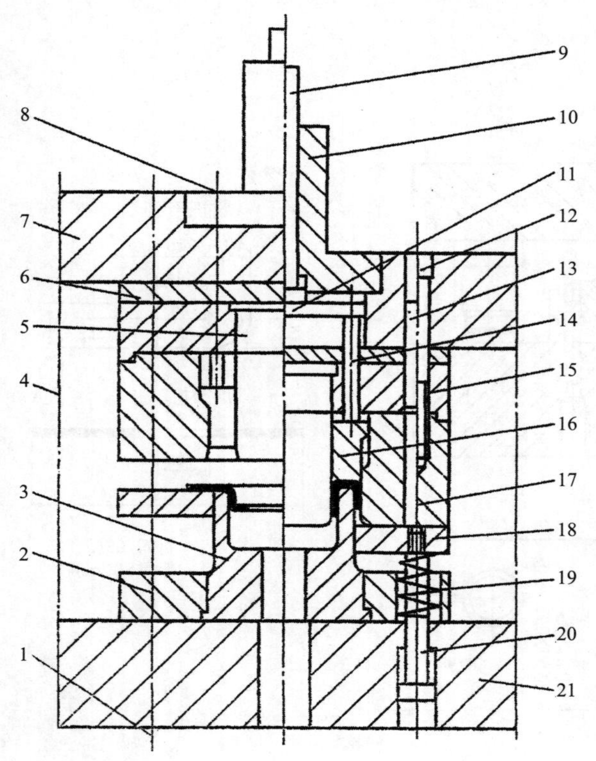

图 6-7　隔热罩滑动导向导柱模架
内外缘一次翻边成形模（Ⅰ）

1,8—内六角螺钉（圆柱销）；2—固定板；3—凸凹模；4—导柱、导套；5—凸模；6—垫板；7—上模座；9,14—推杆；10—模柄；11—推板；12—内六角螺钉；13—圆柱销；15—固定板；16—推件器；17—凹模；18—卸料板；19—弹簧；20—卸料螺钉；21—下模座

说明：这类冲模都是对已冲底孔的带宽凸模的浅圆筒拉深件，进行外缘扳边和内孔翻边。图 6-7 与图 6-8所示的两种结构形式是在线通用的具有代表性的实用典型结构。图 6-7 冲模用于薄料，卸料板弹簧力量较强，防止外缘面积小，弹簧力量过小，以致在内外缘同时翻边时，材料向内孔翻边方向滑移。

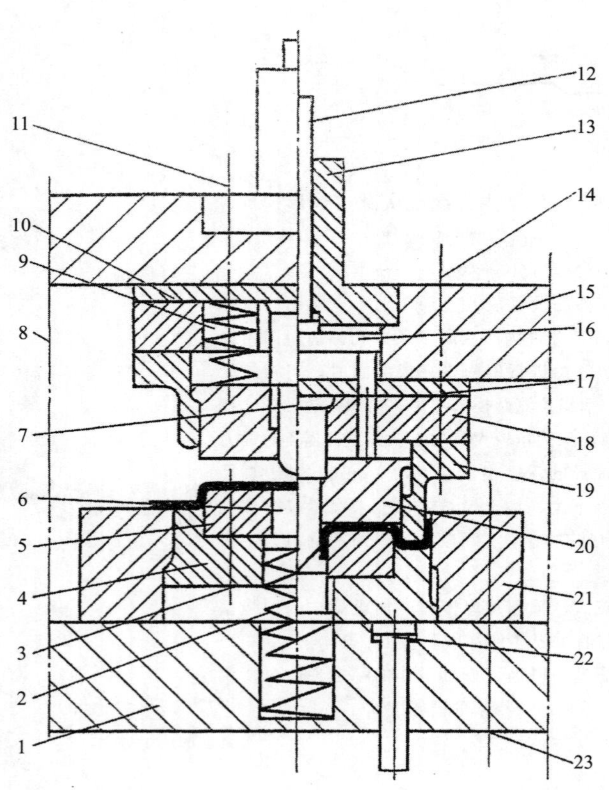

图 6-8　隔热罩滑动导向导柱模架
内外缘一次翻边成形模（Ⅱ）

1—下模座；2,9—弹簧；3—内六角螺钉；4—固定板；5,19—凸凹模；6—顶件器；7—凸模；8—导柱、导套；10—垫板；11,14,23—内六角螺钉（圆柱销）；12,17,22—推杆；13—模柄；15—上模座；16—推板；18—固定板；20—卸件器；21—凹模

说明：图 6-8 所示结构中，充分考虑了厚料内孔翻边力大、卸件力大的特点，比图 6-7 所示结构增加了内孔翻边的预压及顶件出模的顶件器 6；同时，考虑外缘扳边的成形难度及卸件力大而困难的特点，在一般为刚性卸件器 20 上，增加了强力弹簧 9，除对坯件压紧校平外，卸件噪声很小。

6.1.2 有导向单工位多工步翻边复合模

图 6-9～图 6-14 所示为有导向单工位多工步翻边复合模。

(1) 冲孔或落料等冲裁与翻边复合模

单工位冲孔翻边复合模大多是与冲裁工步复合，如冲孔、翻边复合模，冲孔、翻边、落料复合模等；也有用浅拉深坯件进行内孔翻边与外缘扳边复合冲压的。这类复合模在线数量多，应用广。

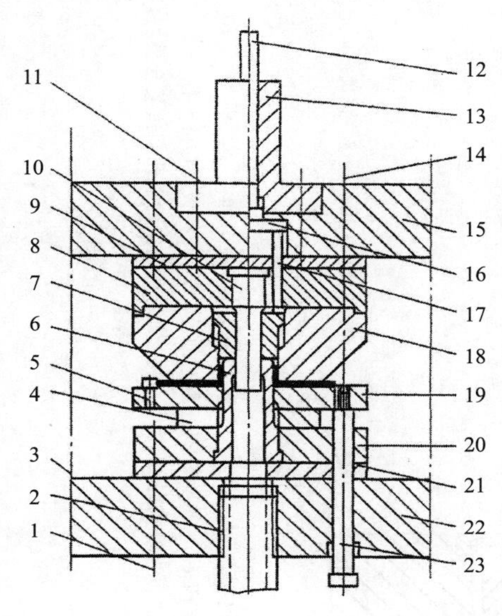

图 6-9 桶盖滑动导向导柱模架单工位冲孔翻边复合模

1,11,14—内六角螺钉（圆柱销）；2—空心螺杆；3—导套、导柱；4—垫圈；5—挡料销；6—凸凹模；7—推件器；8,20—固定板；9,21—垫板；10—凸模；12,17—推杆；13—模柄；15—上模座；16—推板；18—凹模；19—弹压卸料板；22—下模座；23—卸料螺钉

说明：图 6-9 所示为冲孔翻边复合模实用典型结构形式，其工作过程如下：定型的单个平毛坯片料入模后，由挡料销 5 定位。上模下行冲压时，先由上模的凹模 18 与下模的弹压卸料板 19 将片料压紧。上模继续下行，由冲孔凸模 10 冲孔后，由凸凹模 6 翻边。上模回程中，弹压卸料板 19 会推卸工件脱离凸凹模 6，推件器 7 会再利用推杆 12，在上模到达上死点前，从凹模中推卸出工件。

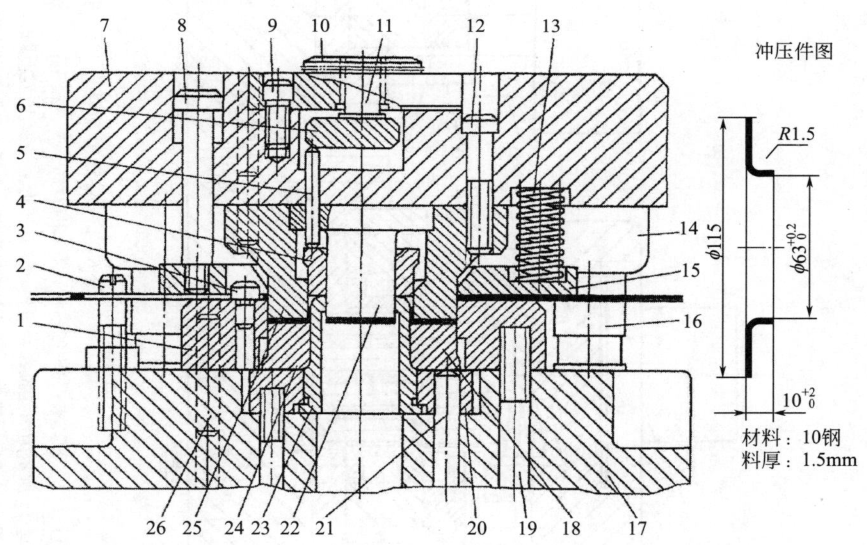

图 6-10 法兰盘滑动导向后侧导柱模架落料、冲孔、翻边复合模

1—落料凹模；2—导料销；3—固定挡料销；4—卸件器；5,21—顶杆；6—推板；7—上模座；8,9,12,24—内六角螺钉；10—模柄；11—打料杆；13—弹簧；14—导套；15—卸料板；16—导柱；17—下模座；18—顶件器；19—螺钉；20—下固定板；22—冲孔凸模；23—翻边凸模；25—凸凹模；26—圆柱销

说明：图 6-10 所示为一套单工位落料、拉深、冲孔、翻边 4 工步的冲裁、拉深、翻边复合模，是在线冲制法兰盘类零件经常采用的典型结构形式。该冲模的运作过程是：条料送入模由挡料销 3 挡料定位。上模下行冲压先落料，再进行拉深后冲孔，最后翻边。成品工件由卸件器 4 推卸出上模模腔，下模内装有顶件器，可将制件随上模回程顶出下模，制作方便。

(2) 拉深与翻边成形复合模

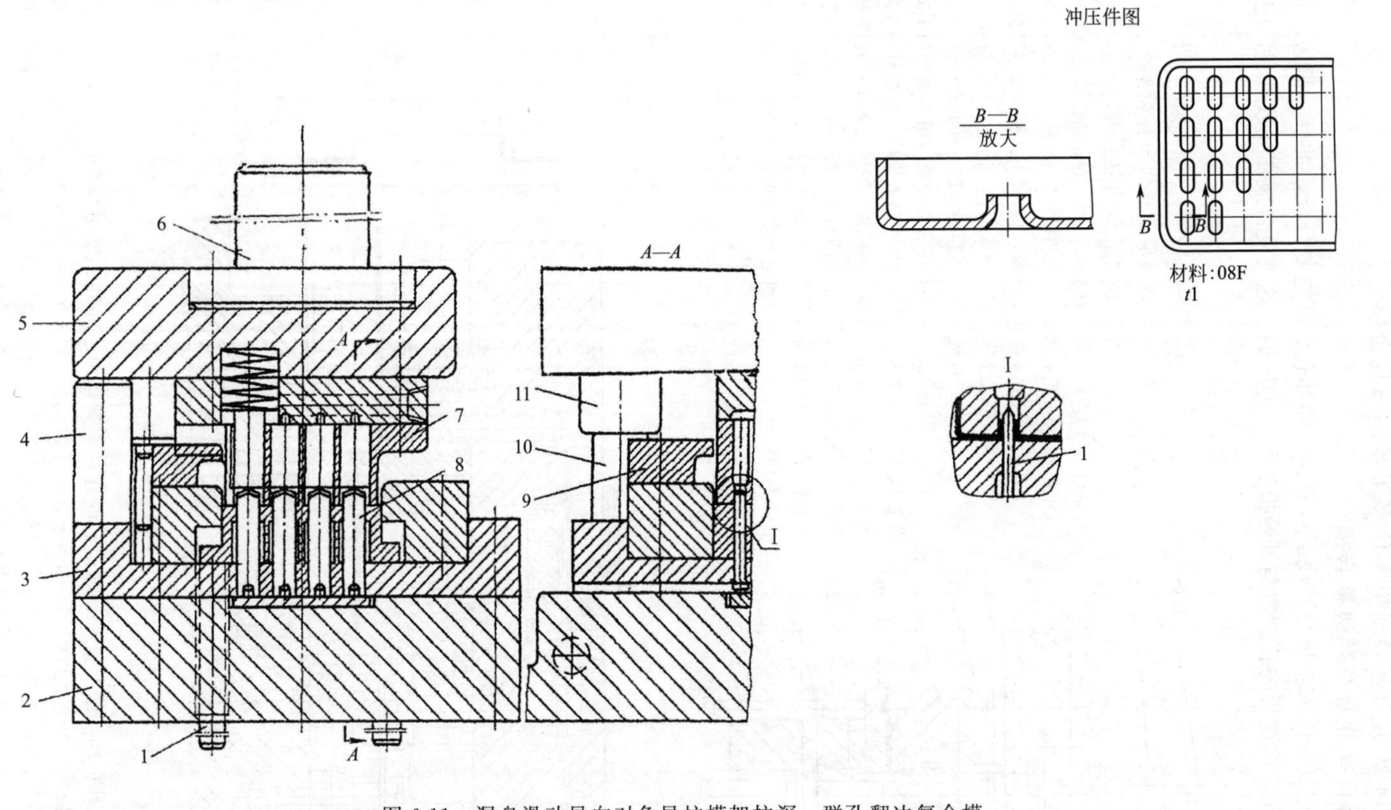

图 6-11　漏盘滑动导向对角导柱模架拉深、群孔翻边复合模

1—顶杆；2—下模座；3—凹模框；4—限位柱；5—上模座；6—模柄；7—凸凹模；8—翻边凸模；9—卸料板；10—导柱；11—导套

说明：图 6-11 所示为漏盘拉深翻边模。采用矩形盒一次浅拉深成形，并同时穿刺翻边 40 个长圆形凸缘的复杂的群孔翻边复合模实例。该冲模采用加强型滑动导向四角导柱模架，采用大承载固定卸料板，设限位柱及防护栅。

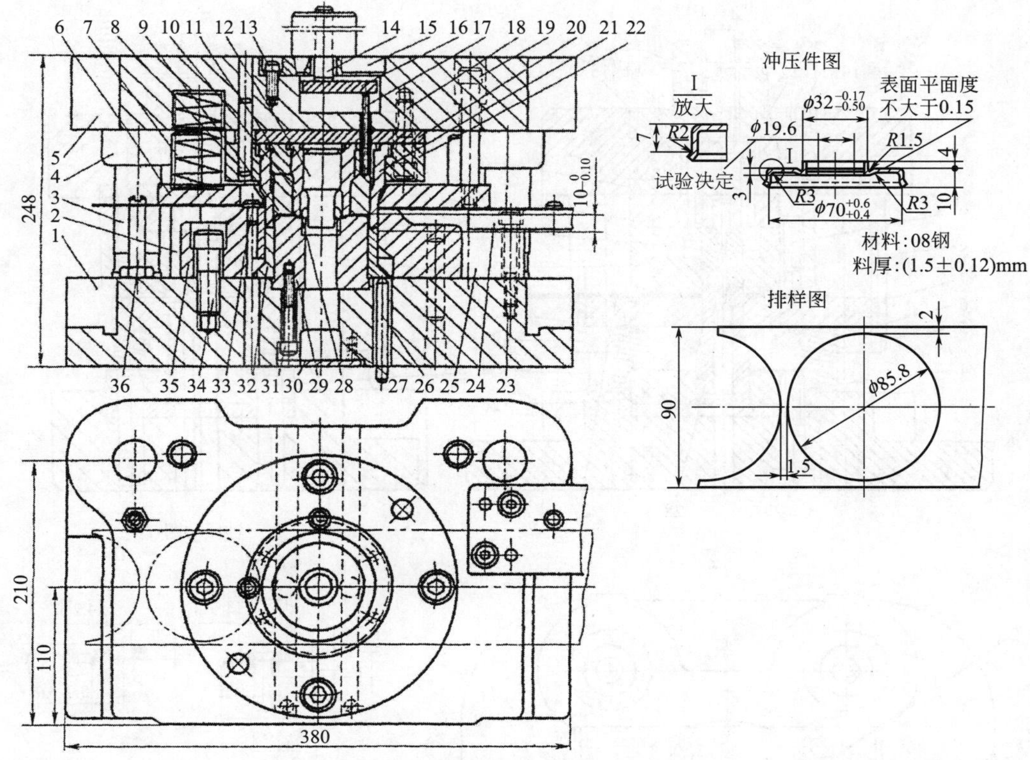

图 6-12　盖滑动导向后侧导柱模架顺装式落料、拉深、冲孔、翻边复合模

1—下模座；2—限位柱；3—导柱；4—导套；5—上模座；6—卸料板；7—弹簧；8—圆柱销；9—卸件器；10,35—凹模；11—固定板；12—凸模；13,18,23,31,34—内六角螺钉；14—打杆；15—模柄；16—推板；17—推杆；19—卸料螺钉；20—垫板；21—凸凹模；22—固定板；24—支架；25—垫块；26—顶杆；27—沉头螺钉；28—凹模镶块；29—拉深凸模；30—盖板；32—压边圈；33—挡料销；36—导料销

说明：图 6-12 所示盖顺装式落料、拉深、冲孔、翻边复合模，是一套结构合理、紧凑，具有较好推广应用价值的单工位多工步复合模实用典型结构。

该冲模采用标准滑动导向后侧导柱Ⅱ级精度模架，整体结构为顺装式，采用弹压卸料下弹顶模上出件结构。

该冲模是单工位复合模，故采用较为经济而实用的固定挡料销、导料销构成其送料定位系统。3 个导料销 36 沿送进条料的一侧间隔布置，引导并约束条料平直送进。固定挡料销 33 则起挡料定位作用。

由于冲件料厚稍大，翻边预冲孔凹模 28 和翻边凸模要承受更大的载荷和强烈磨损。为提高模具刃磨寿命，将此件用合金工具钢 Cr12 或 Cr12MoV 制成镶块嵌装在模体上，也便于刃磨、修理与更换。

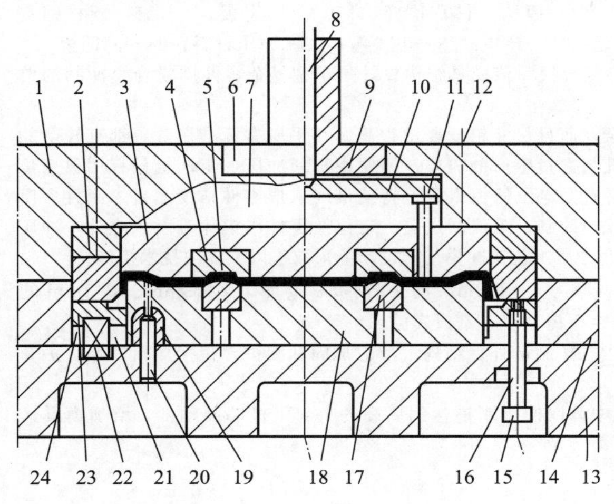

图 6-13　货车箱帮滑动导向导柱模架翻边压形复合模

1—上模座；2—垫块；3—上模；4—上模镶块；5,7,12,21—内六角螺钉；6,20—圆柱销；8—推杆；9—模柄；10—推板；11—推杆；13—下模座；14—导柱；15—导套；16—卸料螺钉；17—下模镶块；18—下模；19—衬套；22—弹簧；23—定位板；24—凹模

说明：图 6-13 所示为中小型货运汽车铁皮货箱及类似箱、柜、皮、门等构成零件，表皮有压形的╲╱形筋，边缘弯曲 90°，形状简单也容易成形。在大量生产情况下，为提高冲模寿命，冲模采用镶拼结构，还可节省模具钢。

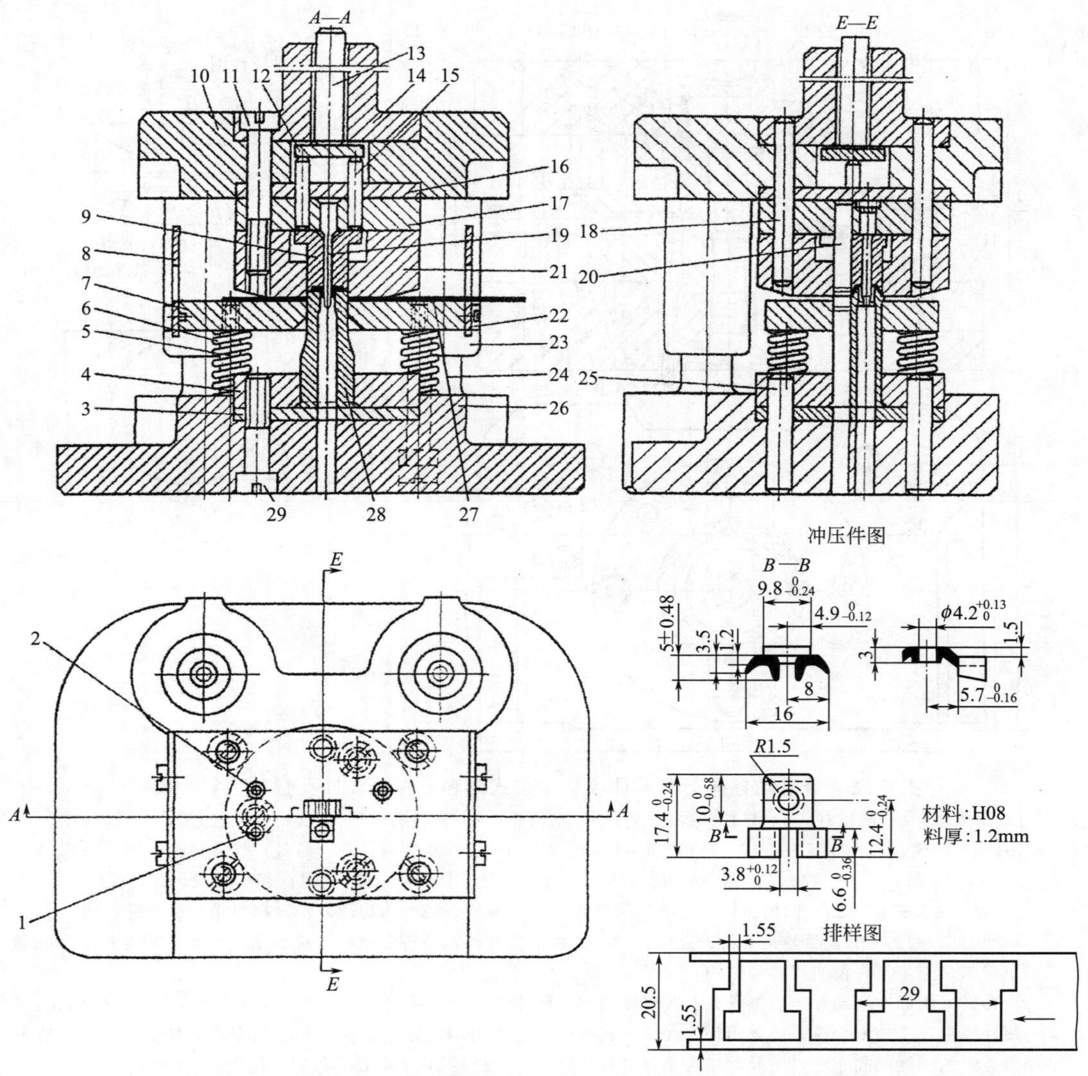

图 6-14　轴座滑动导向后侧导柱模架倒装式落料、穿刺翻边、成形复合模

1—挡料销；2—导料销；3,16—垫板；4—固定板；5—卸料螺钉；6—弹簧；7—卸料板；8—防护栅；9—卸件器；10—上模座；11,22,29—螺钉；12—推板；13—打料杆；14—模柄；15—顶杆；17—上固定板；18,25—圆柱销；19—穿刺翻边凸模；20—成形凸模；21—凹模；23—导套；24—导柱；26—下模座；27—冲压材料；28—凸凹模

说明：图 6-14 所示为同座倒装式落料、穿刺翻边、成形复合模。该模具结构设计是小型复杂零件用复合模冲制的典型范例，具有较好的推广应用价值。

从冲压零件图中可以看出，该零件不仅尺寸小、形状复杂，而且尺寸精度要求很高。几乎所有标准尺寸，都有较严的公差要求。用迄今已知的其他加工方法都难以加工并满足成批与大量生产的需要。即便用板料冲压加工，也只有用单工位复合模冲制。用分序多模冲制，不仅因尺寸小、精度高、分序重复定位的积累误差将使最终成形零件精度超差，而且多模冲制中间坯料的送进、定位困难，安全隐患多；用多工位连续模冲制，工位间送进、定位及零件出模除难度大之外，冲压精度也难以达到要求。采用图 6-14 所示单工位复合模冲制，在冲压工艺及冲模结构设计上采取了以下多项技术措施。

①采用穿刺翻边，冲制 $\phi 4.2^{+0.13}_{0}$mm、3mm 高凸模。料厚为 $t=1.2$mm 的 20 钢板料要冲出 ϕ4.2mm、高 3mm 的凸起圆筒，只能采用无预冲孔穿刺翻边。因凸缘直径小，预冲孔径更小，难以实施。

②凸模 19、20 均细长，除采用合金工具钢 Cr12 或 Cr12MoV 制造外，结构上考虑加固和围护，包括加粗杆部、护套导向，匹配卸件导向等。

③上、下模芯均整体嵌装在加厚的上、下模座中心沉孔中，以便于制模达到更高的上、下模芯同轴度，增加模具运作稳定性，减小闭合高度。

④考虑操作安全，在送出料两面设置安全防护栅 8。

6.1.3 多工位连续式翻边成形模

(1) 滑动导向导柱模架固定卸料多工位连续翻边成形复合模

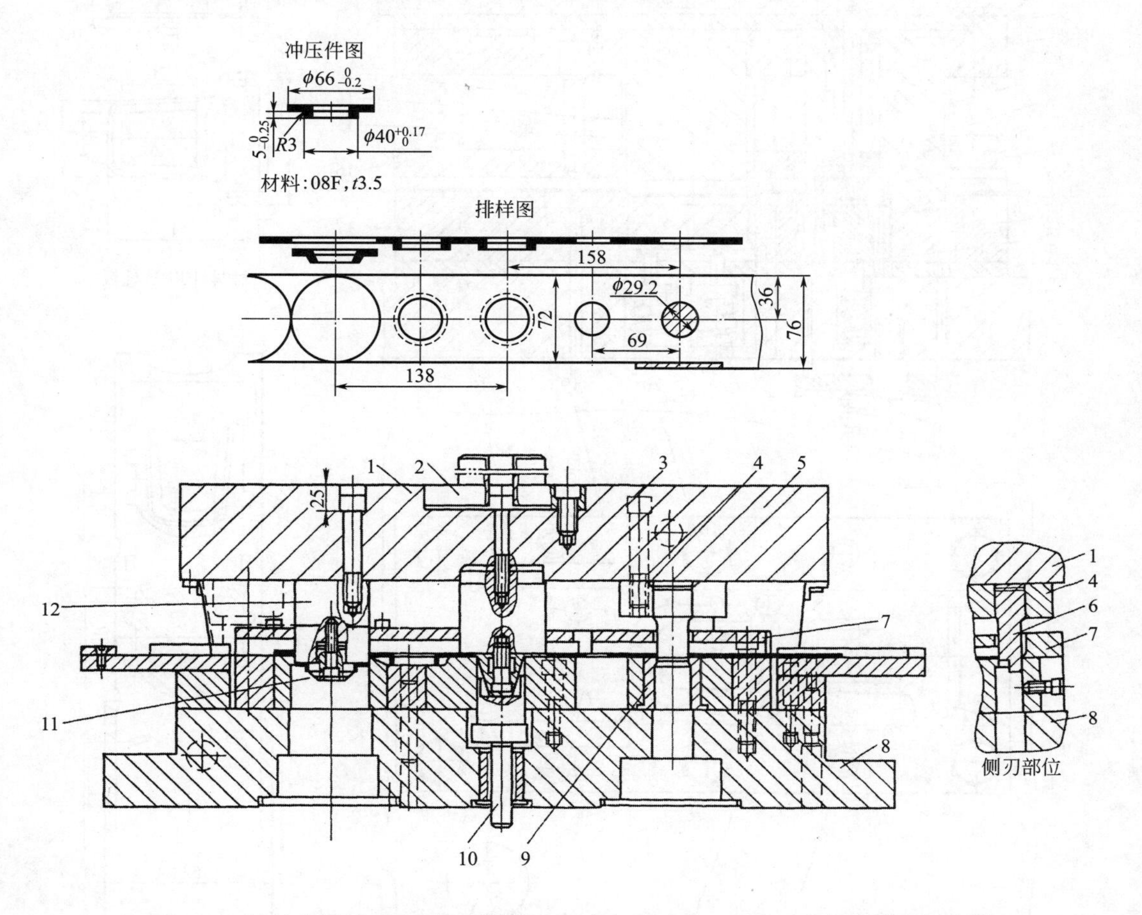

图 6-15　法兰盘滑动导向后侧导柱模架固定卸料冲孔、翻边、落料连续式复合模

1—上模座；2—模柄；3—翻边凸模；4—固定板；5—凸模；6—侧刃；7—固定卸料板；8—下模座；9—凹模；10—顶杆；11—导正销；12—落料凸模

说明：图 6-15 所示冲压件是一个普通圆孔翻边件，主要难点是料厚较大，$t=3.5$mm，属于中厚板的翻边加工。冲孔、落料所需冲裁力较大，会引发较大的振动以及由振动产生的冲裁噪声。为此，该零件连续冲压采用分工位冲切，最后工位组合整体落料，获得成品零件；采用预冲孔翻边，预冲孔直径 $d=\phi29.2$mm；采用有搭边、有沿边排样，进行有废料冲裁。

连续冲压工艺过程：冲孔 $\phi29.2$mm、翻边（凸缘外径 $\phi40$mm）、落料，3 个有效工步。由于预冲孔 $\phi29.2$mm、翻边凸缘外径 $\phi40$mm、落料直径 $\phi66$mm，而送料进距 S 仅 69mm，相邻工步距离太近，难以满足结构与安装要求最小间距，故在两工步之间加一个空工位，该冲模便成为三工步五工位连续式复合模。

为适应厚板冲裁与翻边，结构上采取如下措施：

①采用滑动导向后侧导柱加强型模架、模座加厚，导柱加粗，确保冲模稳定运作，具有良好的整体刚度。

②冲模进出料两端均安装加长导料板与承料板，保证送出料平稳。

③采用镶拼式结构，凹模按工位拼接；凸模按冲压工步拼装紧固。

④采用加厚的固定卸料板及防护屏，以消减噪声。

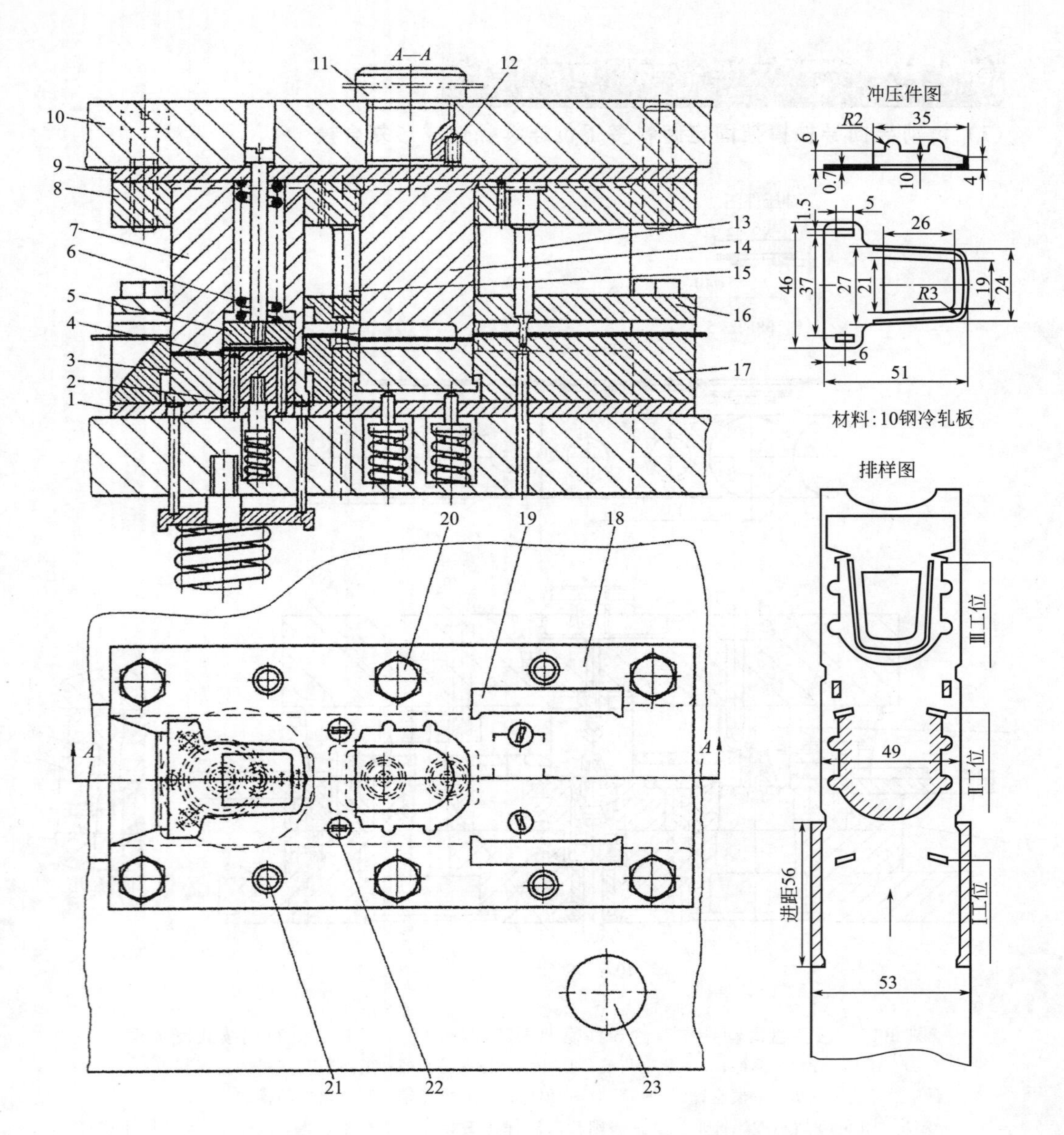

图 6-16 面板滑动导向对角导柱模架固定卸料外缘扳边成形连续式复合模

1,9—垫板；2—导销；3—顶件器；4,5—卸料器；6—弹簧；7—落料凸模；8—固定板；10—上模座；11—模柄；12—螺塞；13,15—冲孔凸模；14—切开凸模；16—卸料板；17—凹模；18—导料板；19—侧刃；20—螺钉；21—销钉；22—冲孔凹模镶块；23—导柱、导套

说明：图 6-16 所示为面板冲孔、切开、落料并外缘扳边成形三工位连续式复合模。该冲压件材料为 10 钢冷轧板，料厚 $t=0.7$mm，形状比较复杂。一半是有两个矩形小孔的平板，与其相连的另一半是一个三面有壁中间有 21mm×26mm 矩形孔的无底座圈，顶部为圆弧形，详见冲件图。该零件冲压的难点是右半部高达 10mm 的壁部两边带有 4 个半径为 2mm、高 4mm 的圆耳，必须在壁部进行外缘扳边成形前冲出。现行工艺采用单列直排三工位：第Ⅰ工位仅冲出零件左右两部分相接位置小口，即右半部外缘扳边的高度；第Ⅱ工位冲出 4 个圆耳，只沿冲裁线切开，不落料，并由设在切口下模顶板将切开部分原样顶回材料内；第Ⅲ工位冲孔，外沿扳边、左半部落料复合冲压，完成冲件。

该冲件精度不高，其冲模采用滑动导向对角导柱模架、固定卸料板。模具采用一对凹式侧刃，对送进材料切边定距，确保进距 $S=56$mm。模具采用下弹顶模上出件，用送进材料将工件携带凹模端部斜坡出模。

(2) 滑动导向导柱模架弹压卸料多工位连续翻边成形复合模

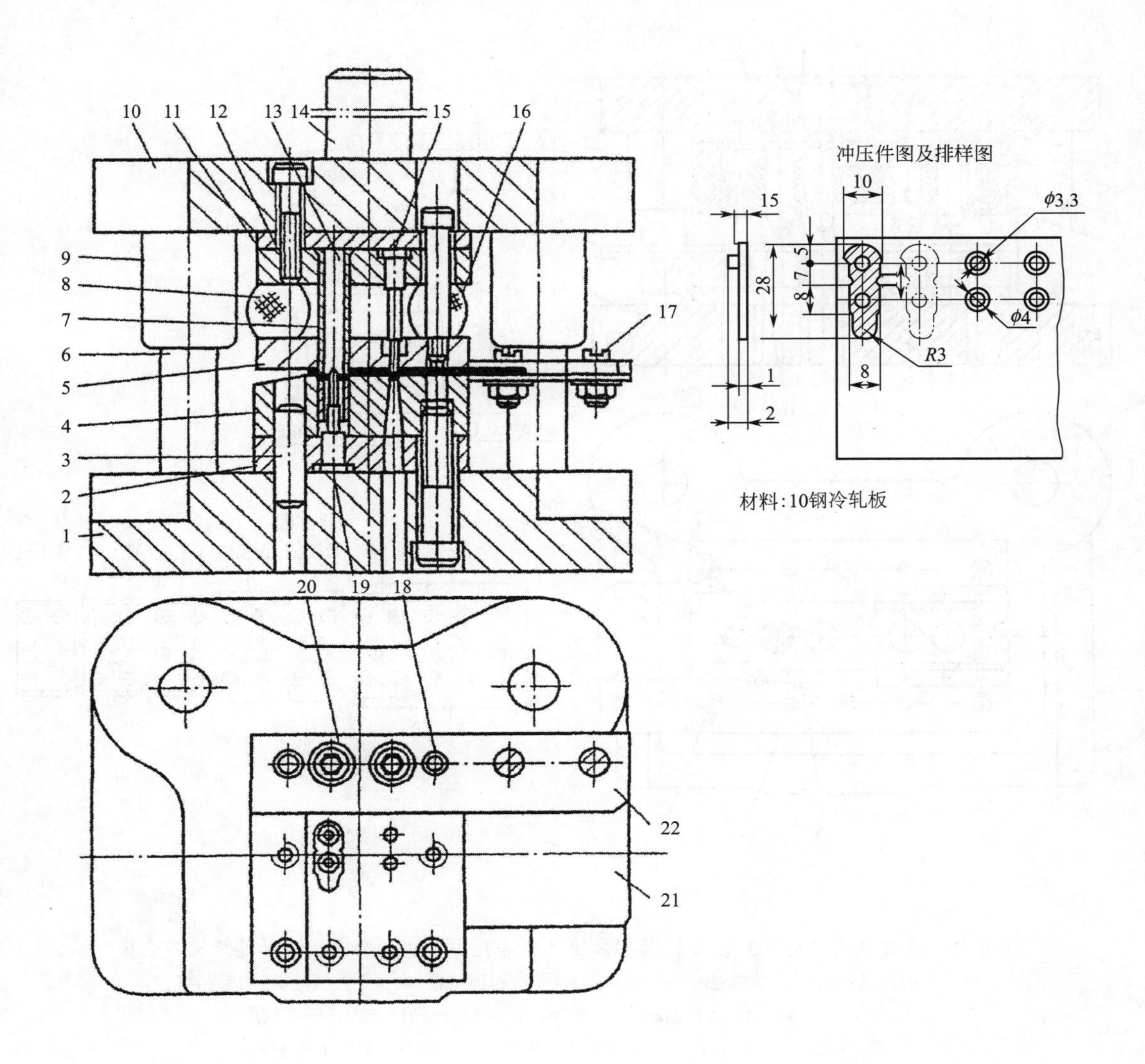

图 6-17　连接板滑动导向后侧导柱模架弹压卸料冲孔、翻边、落料连续式复合模

1—下模座；2,11—固定板；3,18—圆柱销；4—凹模；5—卸料板；
6—导柱；7—落料凸模；8,16—橡胶块；9—导套；10—上模座；
12—垫板；13—翻边凹模；14—模柄；15—冲孔凸模；
17—螺钉；19—翻边凸模；20—内六角螺钉；
21—承料板；22—导料板

说明：图 6-17 所示零件形状简单，而且尺寸精度要求不高，整个零件的冲压工步为：冲孔、翻边、落料，而且翻边与落料两工步复合冲压，在一个工位上完成。故这套冲模仅有两个冲压工步，但采用三个工位，中间加一个空工位，使冲压工步拉开，以利于提高凹模强度，确保凸模在固定板有足够的安装位置。这是一套普通翻边零件的连续式翻边复合模的典型结构，适于采用板裁条料，也可用带料连续冲压。

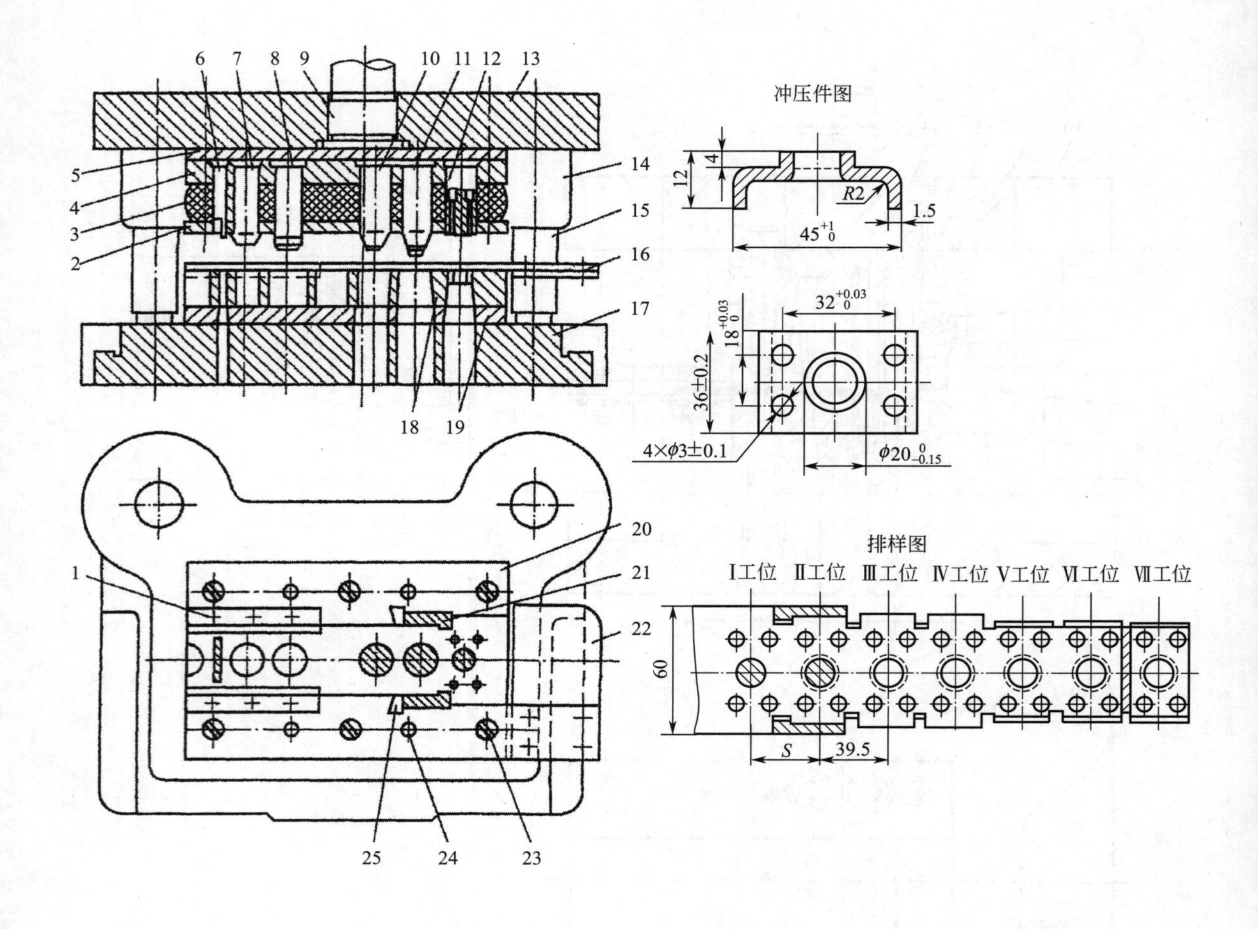

图 6-18　连接座滑动导向后侧导柱模架弹压卸料冲孔、翻边、弯曲、切断连续式复合模

1—弯曲凹模镶条；2—卸料板；3—橡胶体；4—凸模固定板；5—上垫板；6—切断凸模；7—定位校准凸模；8—弯形凸模；9—模柄；10—翻边校形凸模；11—翻边凸模；12—冲孔组合凸模；13—上模座；14—导套；15—导柱；16—长导料板；17—下模座；18—凹模；19—下垫板；20—短导料板；21—成形侧刃；22—承料板；23—螺钉；24—圆柱销；25—侧刃挡块

说明：图 6-18 所示连接座冲孔、翻边、弯曲、切断连续式复合模，所冲制的冲件展开平毛坯是一个矩形平板，采用单列直排有搭边排样，冲压工艺过程及冲压工步为：①冲孔，包括 ϕ（3±0.1）mm 的 4 个小孔和中心翻边预冲孔；②成形侧刃冲切外廓两边，翻边；③弯形，一次同时弯两边；④切断分离，切除中间连接搭边，推卸出工件。

工位间送进方式采用分切式携带法，故必须采用有搭边排样。将中间搭边作为工位间送进的纽带，依靠送入原材料携带工件（坯件）至各工位，也是确保外廓冲切尺寸精度的补偿搭边，在最后工位切除这部分纽带；在入模条料的宽度方向两边，分别设两组成形侧刃，用裁搭边法冲切出工件展开平毛坯的两端及要弯边的外廓，当然还要稍长一些，以便一次弯成形。为确保四个小孔的孔距精度及翻边柱台的位置度，翻边前的预冲孔应与四个小孔在同一工位一次冲出。该冲模全部七工位沿送料方向在同一平面呈直线布置，工位间送进采用分切式携带法解决。

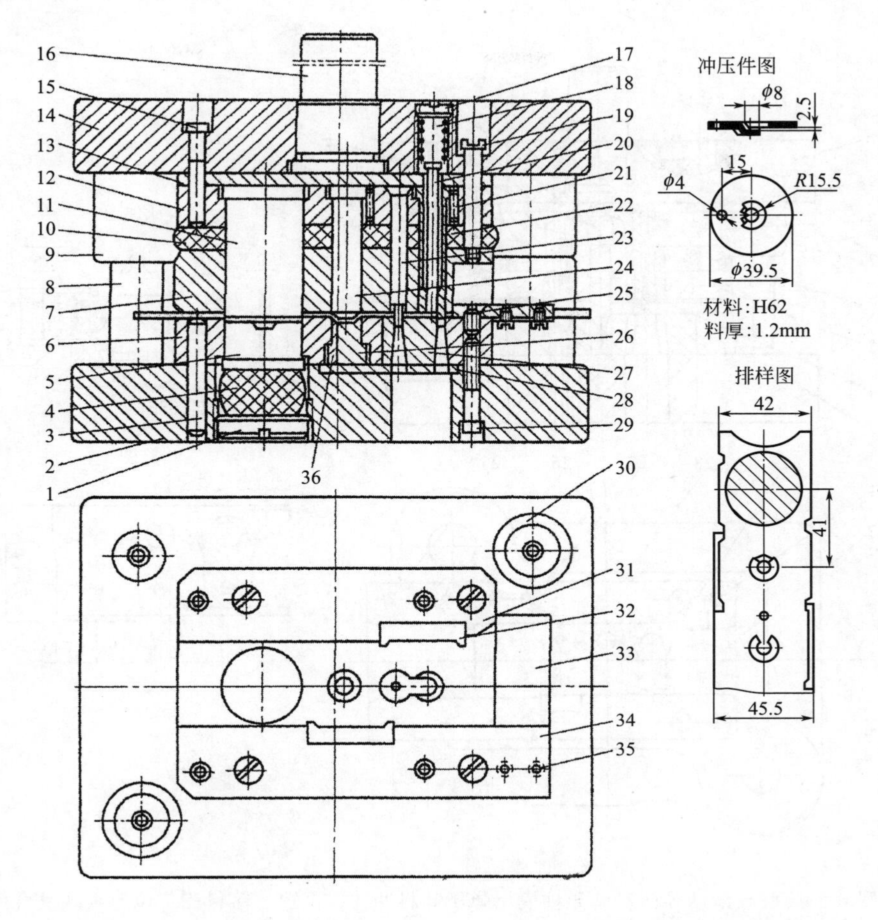

图 6-19 底盘滑动导向对角导柱模架冲孔、压形、落料连续式复合模

1,17—螺塞；2—下模座；3,21—圆柱销；4,10—橡胶体；5—顶件器；6—凹模；7—卸料板；
8—导柱；9—导套；11—落料凸模；12—固定板；13—垫板；14—上模座；
15,29—内六角螺钉；16—模柄；18—弹簧；19—卸料螺钉；20—卸件杆；
22—凸模；23—冲孔凸模；24—压形凸模；25—埋头螺钉；
26,36—压形凹模嵌件；27—冲孔凹模嵌件；28—垫块；
30—限位套；31—短导料板；32—侧刃；33—承料板；
34—长导料板；35—螺钉

说明：图 6-19 所示为电表底盘的冲孔、压形（45°翻边）、落料三工位连续式复合模。其冲压零件中心附近，有一个 ϕ8mm 大半圆弧的切开台阶形折弯成形部位。由于压弯处是一个高差 2.5mm 的单向 45°斜坡，压形时必然要产生较大的侧向压力，给冲模的结构设计增加了难度。

该零件采用单列有搭边排样，设冲孔、压形、落料三个工位。为精确控制送料进距，并实现不停机连续高效冲压，采用两组凹式侧刃，错开布置在模具导料槽两边。同时，为确保压形后落料零件不变形，在落料凸模端面按压形凸模形状制出校形冲孔，使零件在落料前利用下弹顶出模的弹顶凹模垫对工件校形定位，而后落料并反向顶出，模上出件。

为平衡压形进行单向弯曲产生的侧向力，该模具采用了非标准的滑动导向导柱模架，不仅增加了模具整体刚度、平衡侧向力，也保证了模具连续高速冲压的稳定性。

为控制上模下行位置，保证压形工步和工件形状到位，在两个对角导柱的下部装有限位套 30。

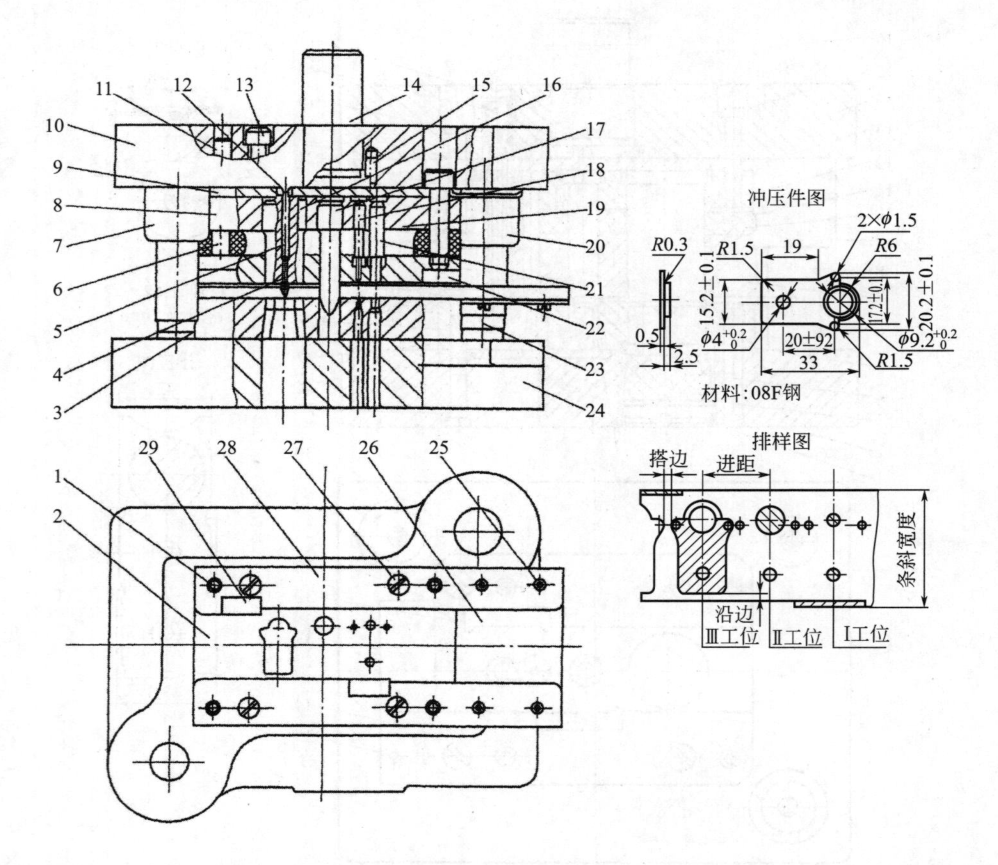

图 6-20 底板滑动导向对角导柱模架弹压卸料冲孔、翻边、落料三工位连续式复合模

1,3—凹模；2,11,15—圆柱销；4—导正销；5,16—落料凸模；6—卸料螺钉；

7,20—导套；8,19—固定板；9—垫板；10—上模座；12—顶杆；

13,25,27—螺钉；14—模柄；17—翻边凸模；18,21—冲孔凸模；

22—卸料板；23—导柱；24—下模座；26—承料板；

28—导料板；29—侧刃

说明：图 6-20 所示底板滑动导向对角导柱模架弹压卸料冲孔、翻边、落料 3 工位连续式复合模，所冲制零件为一个具有群孔的平板翻边冲压件，其尺寸精度要求较高；两角部的 ϕ1.5mm 小孔，其孔距公差为（17.2±0.1）mm、零件外形落料宽度及公差为（15.2±0.1）mm。

该零件采用有搭边单列横置直排排样，通过分工位冲切，即冲孔、翻边及落料，由三个工位分工步完成，最后组合在落料工位上，经落料而成一个合格零件。根据冲压零件图样及排样图、设计成图 6-20所示冲模。该冲模为滑动导向对角导柱模架、弹压卸料三工位连续式复合模。其主要结构特点如下：

①该冲模按照连续冲压工艺的要求，设计了三个工位，第Ⅰ工位冲零件上三个设定孔和一个翻边预冲孔，共四个孔，在一个工位中冲出，确保孔的位置度及孔距公差；第Ⅱ工位翻边获得 $\phi 9.2^{+0.2}_{0}$mm凸缘，其高度为 3mm；第Ⅲ工位整体落料，制成成品零件。

②该冲模使用板裁条料冲压，用两组、分置于导料槽两边的矩形侧刃控制送料进距精度，偏差不大于±0.1mm。为保证落料尺寸和零件上群孔与外廓的同轴度、位置度，在落料凸模上装导正销，校准送料误差。侧刃与导正销构成了冲模的送料定位。

③弹压卸料与卸件用硬橡胶体。

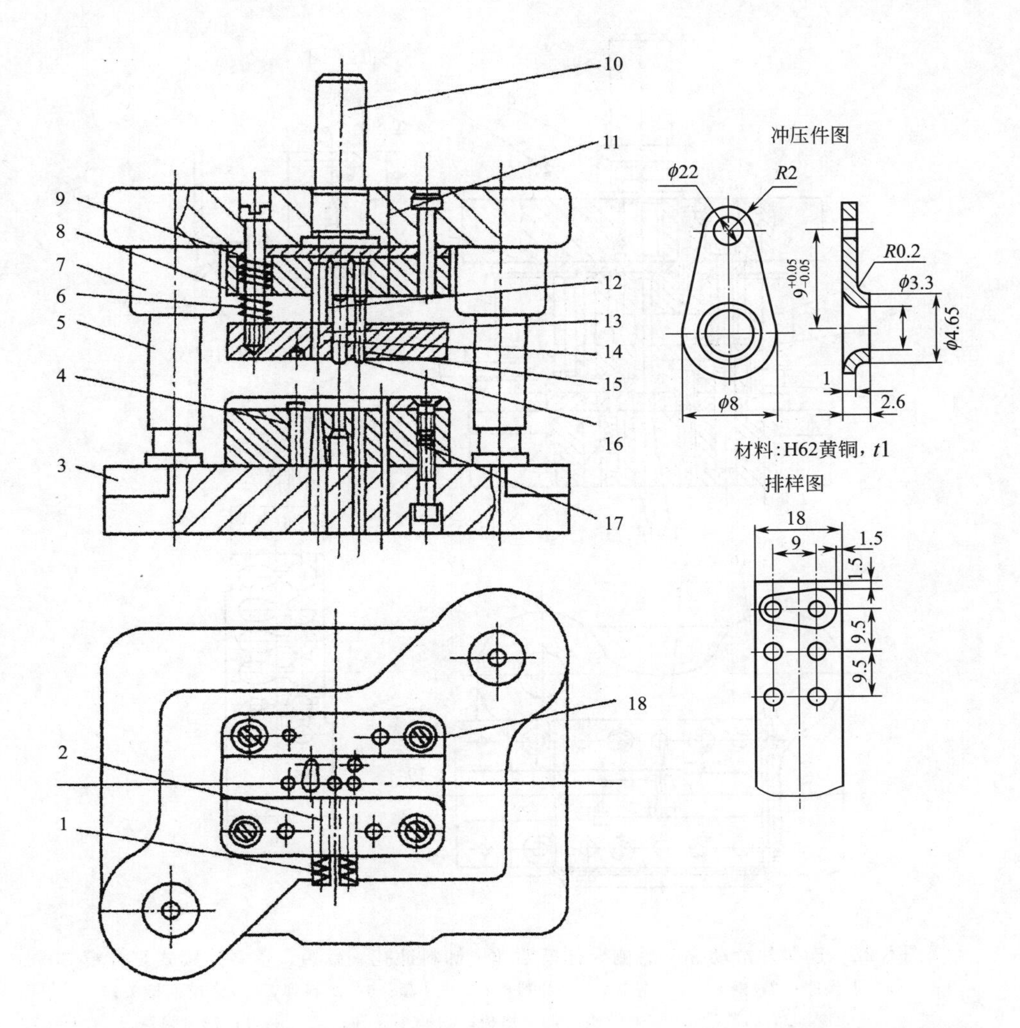

图 6-21　仪表连接臂滑动导向对角导柱模架冲孔、翻边、落料三工位连续式翻边复合模

1—始用挡料装置用压簧；2—始用挡料装置；3—下模座；4—固定挡料销；5—导柱；6—卸料板弹簧；7—导套；8—固定板；9—垫板；10—模柄；11—上模座；12—落料凸模；13—翻边凸模；14—落料凸模导正销；15—弹压卸料板；16—冲孔凸模；17—凹模；18—导料板

说明：图 6-21 所示冲压零件为仪表连接臂。该零件是用料厚 1mm 的 H62 黄铜板经冲孔、翻边、落料三工位连续模冲压成形的小型翻边件，尺寸精度仅要求两孔中心距公差为±0.05mm，其余尺寸均为自由公差。翻边成形的螺纹底孔为 $\phi 3.3$mm，即翻边凸缘内经 d_z。而翻边凸缘外径 $D_z=\phi 4.65$mm，翻边凸缘高度 $H_0=2.6$mm。

根据仪表连接臂外形，排样采用有搭边、单列直排。搭边与沿边相等，均取 1.5mm。由于搭边值达 $1.5t_0$，送料进距允许误差值约为±0.50mm，故可使用制造简便、成本低的固定挡料销作为进距限位装置。因为该模具为三工位，为使首次送料时一、二工位也能冲制成合格冲件，必须设两组始用挡料装置同固定挡料销配合，构成冲模的进距限位系统。

该冲模标准化程度达 92%，除翻边、落料两凸模为非标准件外，固定板、卸料板及凹模和下模座上的模孔均需按图样加工。其他的绝大部分零件，包括模柄、模架、进距限位装置、导料板、卸料板、固定板、垫板、全部紧固件等，都是国标规定的常用标准件，故该冲模制造简便，制造周期短、成本低。

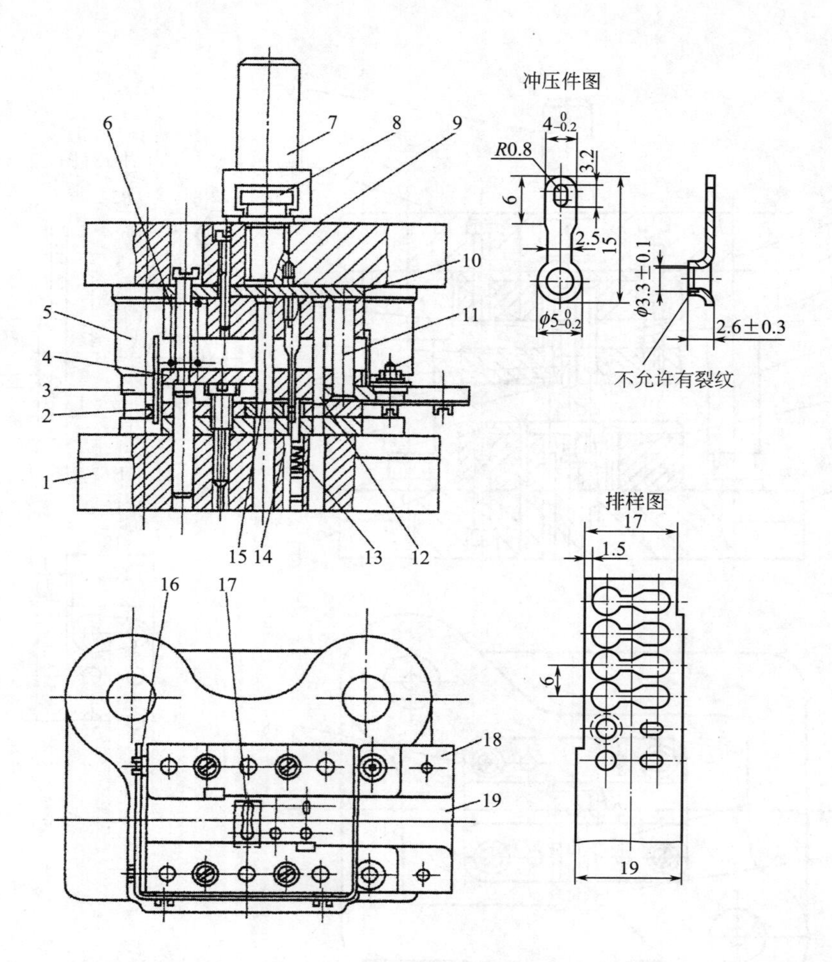

图 6-22　连接片滑动导向后侧导柱模架弹压卸料冲孔、翻边、落料连续式复合模

1—下模座；2—螺钉；3—导柱；4—卸料板；5—导套；6—卸料弹簧；7—模柄接头；8—推入式活动模柄；9—上模座；10—垫板；11—小导柱；12—侧刃；13—弹簧；14—翻边凸模；15—落料凸模；16—防护栅；17—镶块；18—导料板；19—承料板

说明：图 6-22 所示为连接片冲孔、翻边、落料 3 工位连续式翻边复合模。该冲模所冲制的工件，见冲压件图。其圆头的翻边凸缘为小螺纹底孔 ϕ3.3mm±0.1mm，要求精度高。

该冲模结构上的主要特点如下：

①采用推入式活动模柄，可克服压力机滑块导向误差对冲模的影响，确保冲模始终保持均匀一致的间隙，有利于提高冲压精度和冲模寿命。

②采用 GB/T 2581.3—1990《冲模滑动导向模架　后侧导柱模架》。该标准Ⅰ级精度模架导套、导柱采用 H6/h5 配合，给定配合间隙为 0.004～0.011mm，远小于该冲件的冲孔间隙，故其导向精度足以保证冲模具有均匀、一致的间隙。

③为提高细长冲孔及翻边凸模的抗纵弯稳定性，结构上采用了卸料板上加小导柱导向机构，使弹压卸料板承载后不产生横向偏移。同时，采用加厚卸料板，在冲孔及翻边凸模工作时，其工作端卸料板上的相应模孔沿横向对上述凸模给以支承，平衡并消减可能出现的侧向力。

④落料凹模易磨损，采用镶拼结构。

⑤装有防护栅 16，操作安全。

6.2 凸肚胀形模实用典型结构

胀形件都是立体的薄壁空心、大肚细颈的容器一类制件。其成形方法主要用液压胀形、橡胶胀形、机械的刚性组合模芯胀形、爆炸成形以及施压成形。在线凸肚胀形成形方法多采用成本低廉的液压胀形、橡胶胀形及旋压成形。

6.2.1 凸肚胀形用软模的实用典型结构（图 6-23～图 6-35）

(1) 橡胶凸肚胀形软模的实用典型结构

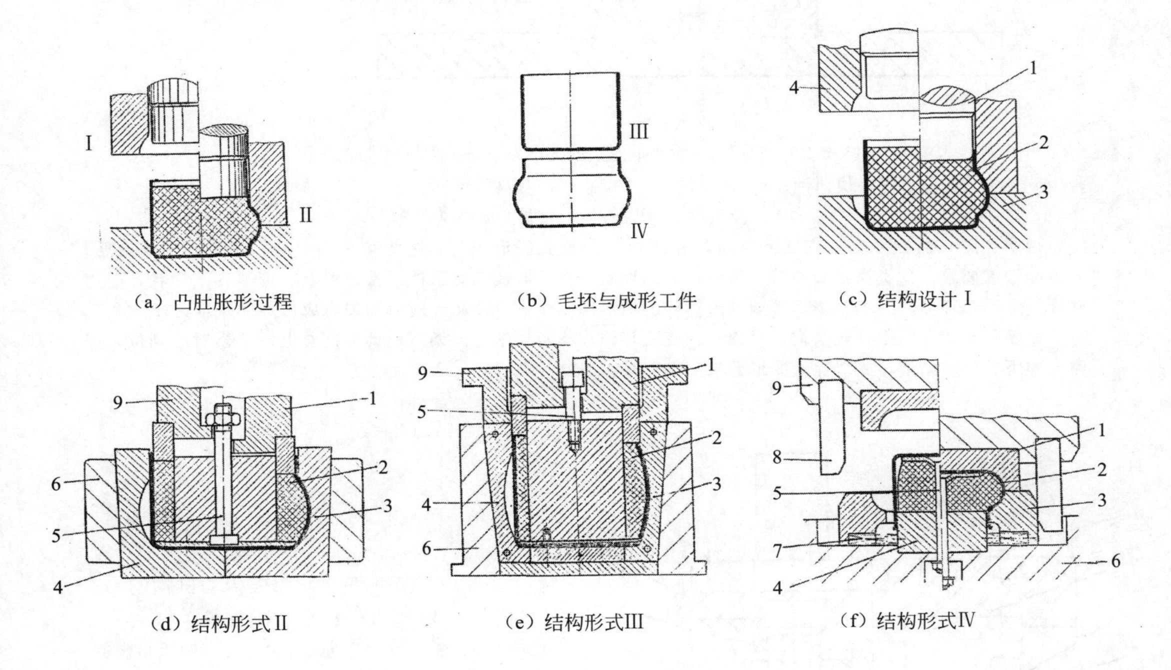

图 6-23　鼓桶形无导向敞开式凸肚胀形模

1—凸模；2—橡胶；3—凹模；4—模腔拼块；5—螺栓；6—下模座；7—弹簧；8—斜楔；9—上模座

Ⅰ—初始；Ⅱ—结束；Ⅲ—坯件；Ⅳ—成形工件

说明：利用拉深的空心圆筒、管截段，在专用胀形模中，对坯件中间段加压，使其沿径向外扩张，制出凸肚，可制作有瓶颈形状的空心容器，诸如高压气瓶、波纹管、三通或多通接头，以及各种日用五金用品。

胀形所用模具有刚性分瓣模、半钢性模以及软模三种。刚性分瓣模即普通全钢胀形模，结构复杂，制造难度大，技术要求高，使用较少；半钢性模是用钢球和砂作为充填物进行胀形，效率低，操作麻烦，现在成批与大量生产中使用已很少了。

目前较多采用软模胀形。这类模具是利用弹性体或流体作为凸模或凹模，对板料进行冲裁、弯曲、拉深、胀形等各种冲压工艺作业。图 6-23 所示为用橡胶作为凸模并配以钢凹模构成的几种胀形软模的结构形式。这类软模胀形，在制件上无痕迹，弯形均匀，可用于加工复杂形状的胀形件，应用广泛。

对于精度要求高、表面质量要求更严、产量大的胀形件可用高压水、油、乳化液取代橡胶，作为胀形的凸模或凹模，但要建立可控、可调、便于回收液体的封闭循环的液压系统，而且要解决跑、冒、滴、漏问题，造价高，维护麻烦，除大量生产专门零件外，一般较少采用。

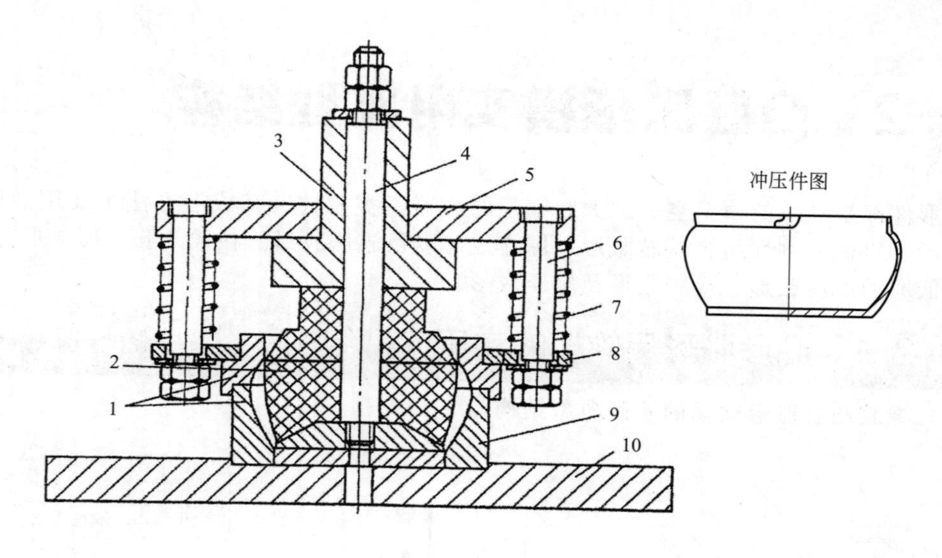

图 6-24　烟灰缸无导向敞开式聚氨酯橡胶凸肚胀形模

1—拼块凹模；2—橡胶体；3—模柄；4—拉杆；5—上模座；6—螺栓；7—弹簧；8—压板；9—垫板；10—下模座

说明：图 6-24 所示为烟灰缸无导向敞开式聚氨酯橡胶胀形模。其结构简单而紧凑，制造也十分简便，基本无精度要求。这类简易而经济的软模，利用聚氨酯橡胶制成的胀形模，常常根据胀形零件的形状，使用除圆柱形、圆环形、方形、矩形等规则形体外的适形橡胶体，以便胀形施力均匀，成形零件质量更好。

该模具是无导向敞开式结构，对模具的安装与调校技术要求高。调试模具不仅要上、下模对准到位，控制上模下行位置精准，才能保证胀形效果。

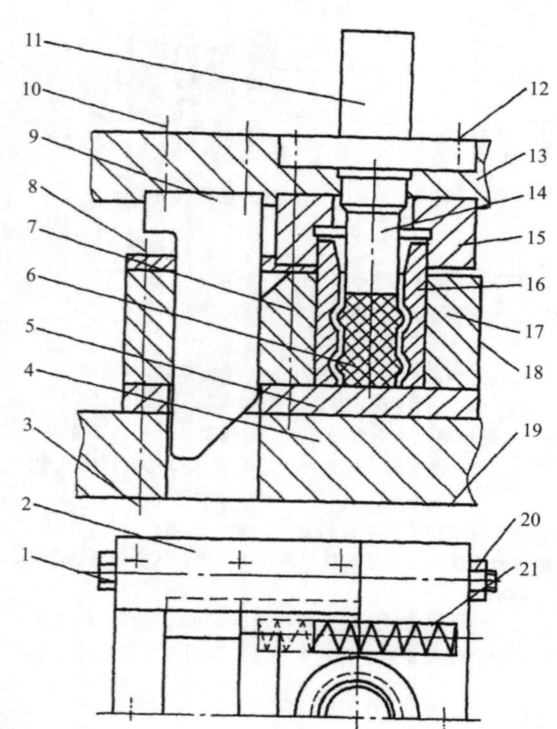

图 6-25　薄壁管凸筋用楔传动机构的聚氨酯橡胶凸肚胀形模

1,8—六角螺栓；2—挡板；3,12,19—内六角螺钉（圆柱销）；4—下模座；5—垫板；6—聚氨酯；7—活动夹紧块；9—斜楔；10,18—内六角螺钉；11—模柄；13—上模座；14—顶块；15—上模块；16—下模块；17—固定夹紧块；20—六角螺母；21—弹簧

说明：图 6-25 所示的凸肚胀形模，结构特点显著：用楔传动机构自动闭合并锁紧多模块拼合的凹模。在凸肚胀形后，上模回程离开凹模腔，压缩弹簧 21 在斜楔 9 与活动夹紧块即楔滑块件 7 脱开时，自动推开件 7，使下模块 16 的型腔拼块自动沿分模面分开，便可从模型中方便地取出凸肚胀形好的成形件。

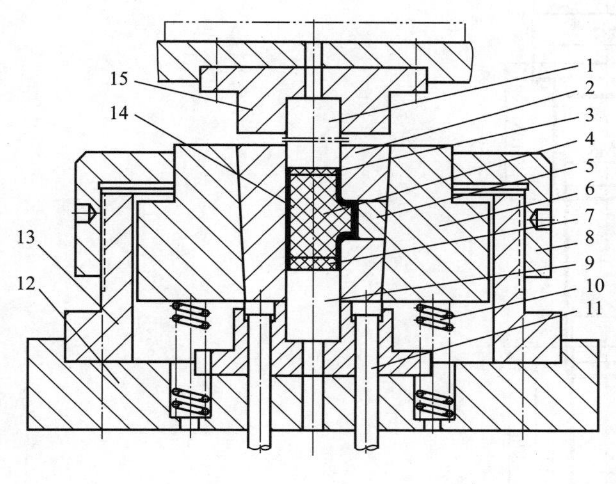

图 6-26 自行车管接头聚氨酯橡胶凸肚胀形模

1—上凸模；2—活动凹模；3—橡胶上垫片；4—橡胶芯棒；5—垫块；6—活动凹模座；7—橡胶下垫片；8—定位调节圈；9—下凸模；10—弹簧；11—顶杆；12—底板；13—定位调节器；14—工件；15—上模座

说明：图 6-26 所示为自行车管接头的聚氨酯橡胶凸肚胀形模，其运作过程是，先把管坯放入活动凹模 2 的模腔内。开动压力机，使上模向下运动。通过装在上模座 15 内的上凸模 1 对管坯和橡胶芯棒施压，从而成形工件。成形后，上凸模回升至上极限位置。活动凹模由顶杆 11 向上顶起约 10mm 时，顶杆即下降复位。同时由附加的升降器将活动凹模升至高于活动凹模 6 的位置。接着按以下次序操作：

①由机械装置将活动凹模松开。

②用手钳同时取出工件及橡胶芯棒。

③借助于机械装置将活动凹模夹紧。

④通过升降装置把活动凹模下降至凹模座内。

⑤用手钳将管坯连同橡胶芯棒放入活动凹模的模腔内，继而开始下一次凸肚胀形作业。

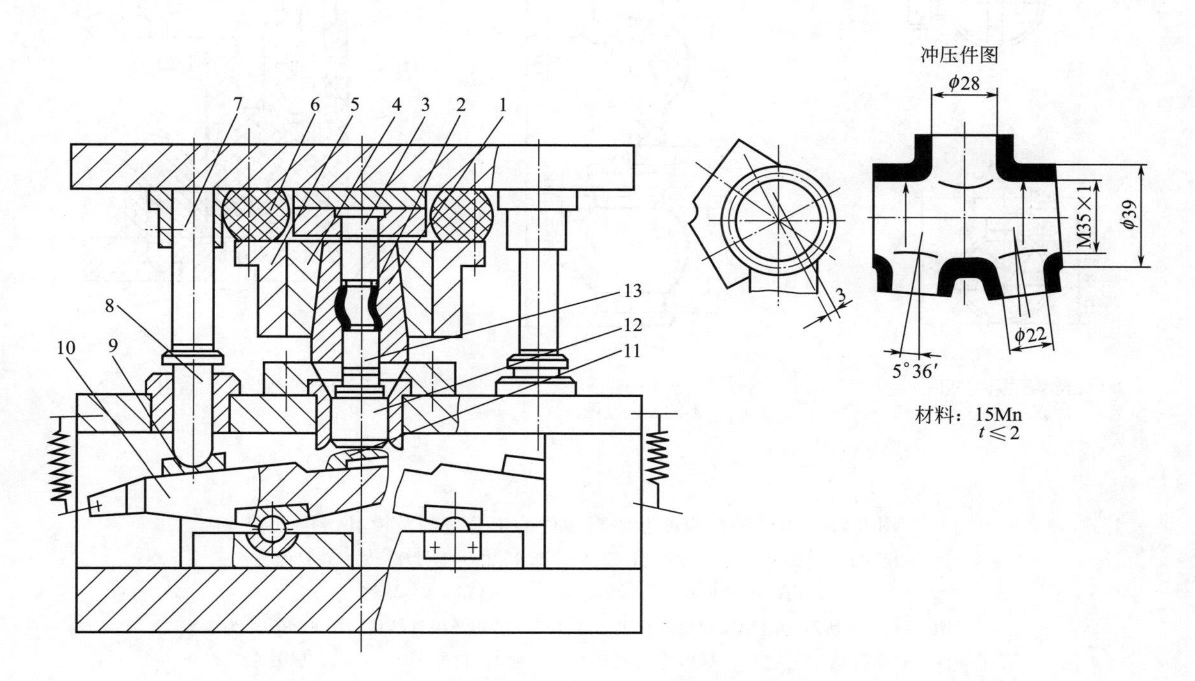

图 6-27 自行车中轴五通管接头滑动导向后侧导柱模架凸肚胀形聚氨酯橡胶成形模

1—聚氨酯；2—凹模；3—上凸模；4—内圈；5—外圈；6—橡胶；7—推杆；8—圆销；9—支承；10—杠杆；11—支承；12—承压板；13—下凸模

说明：这是一幅用聚氨酯橡胶作凸模，对管件胀形的成形模。工作时聚氨酯 1 装入管坯，并置于下凸模 13 上与凹模 2 中。上模下行时，件 4 的锥面使凹模 2 合拢，然后件 4 停止不动。上模继续下行，聚氨酯 1 在上、下凸模的轴向压缩下，往径向扩张，将管坯推向凹模内腔成形。

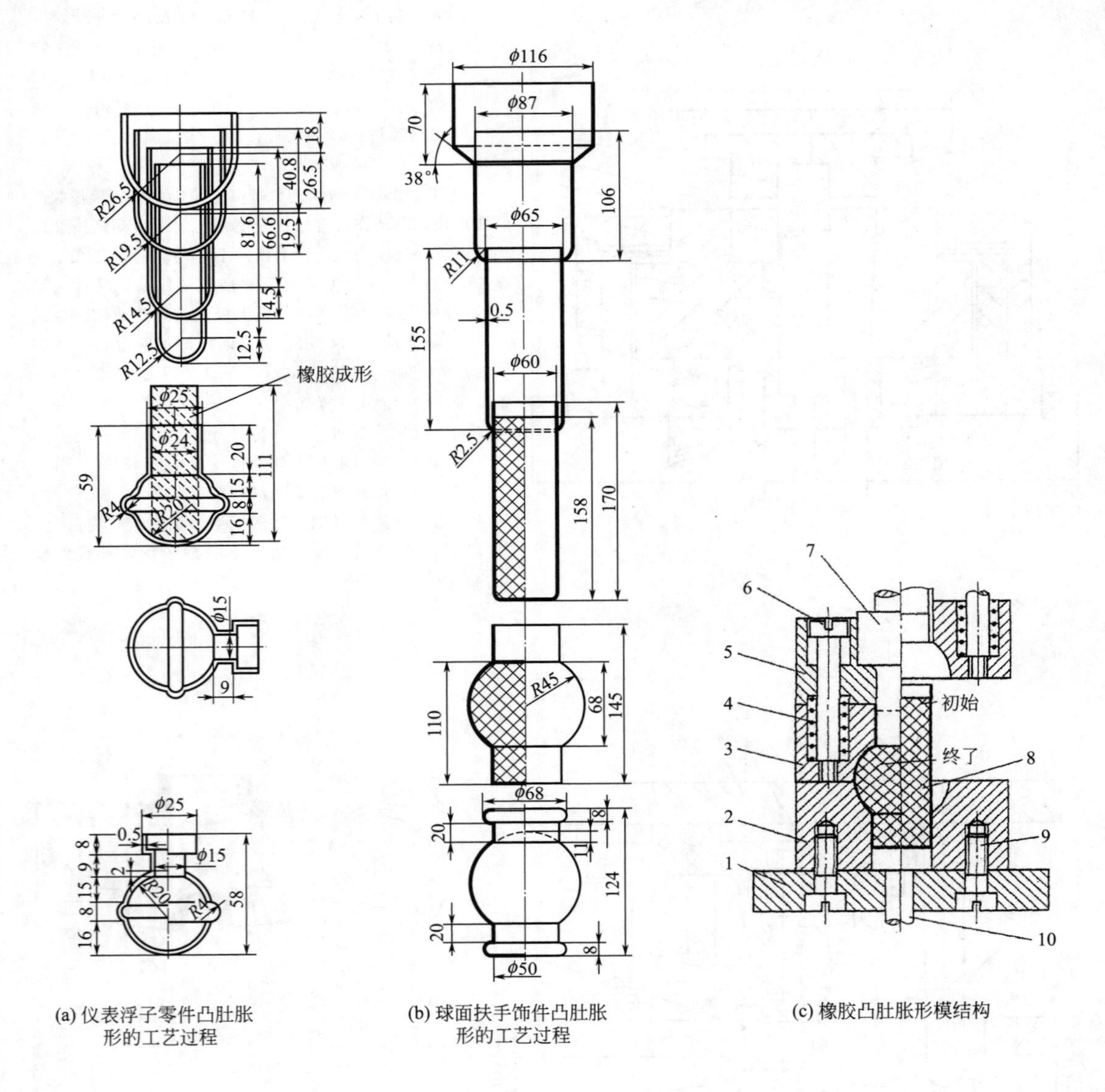

图 6-28　用橡胶软模凸肚胀形零件的工艺过程及模具结构

1—下模座；2—凹模；3—凹模上半部；4—弹簧；5—上模座；6—卸料螺钉；
7—带凸模的模柄；8—橡胶体；9—螺钉；10—顶杆

说明：图 6-28 所示为用橡胶软模凸肚胀形零件工艺过程及模具结构。图 6-28(a) 为仪表浮子零件凸肚胀形的工艺过程。材料为防锈铝合金 5A12，料厚 $t=0.5$mm，展开平毛坯尺寸：ϕ96mm，经 4 次拉深并切边后成 ϕ25mm×111mm 的球面底圆筒，再用图 6-28(c) 所示凸肚胀形模一次成形完成。图 6-28(b) 所示为球面扶手饰件凸肚胀形的工艺过程。材料为 H68，料厚 0.6mm，其展开平毛坯 ϕ211mm，经过 4 次拉深获得 ϕ60mm、长 170mm 的空心圆筒坯件，再用图 6-28(c) 橡胶软模一次凸肚胀形冲制成形出图 6-28(b) 所示成品。

(2) 液压软模成形实用典型结构

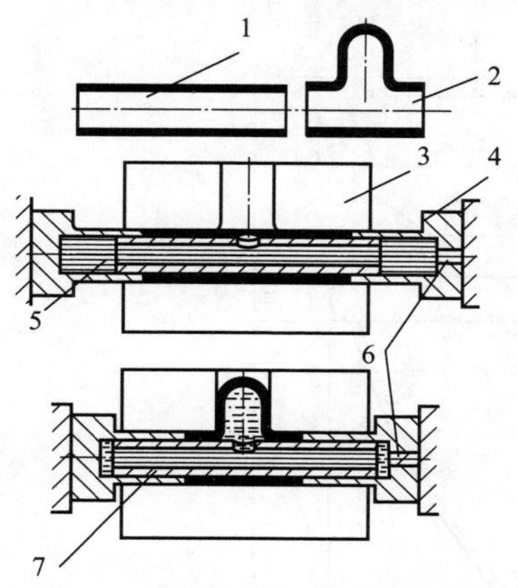

图 6-29　T 形管液压成形用软模的结构

1—管坯；2—T 形管成形件；3—模体；4—压管凸模；5—高压水；6—密封；7—模芯件

说明：图 6-29 所示为 T 形管成形模。其运作过程是将管截段毛坯套在模芯件 7 上，构成双层套管，再将该套管装入模体 3 中。施压系统 4 是其可拆卸端，也是对模芯内高压水施压端。待模芯件 7 带着管截段装入模体 3 后，施压系统 4 即可装好，充入水后在右端加压，成形 T 形管。

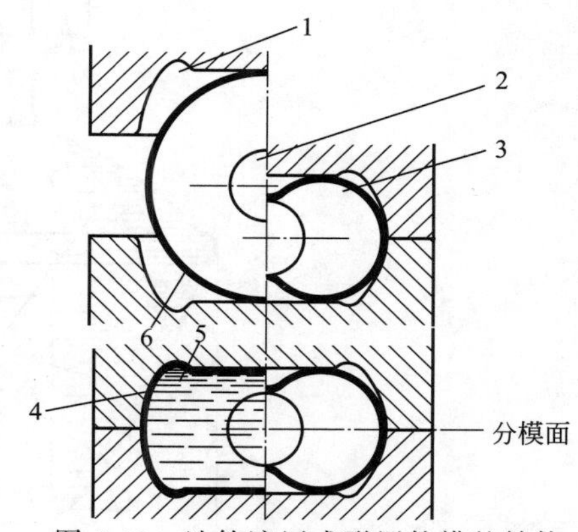

图 6-30　油箱液压成形用软模的结构

1—上模；2—油箱口；3—初始成形（未充高压水）；4—模腔充液成形制件；5—高压水或油；6—坯件

说明：要将一个有底圆筒冲制成一个近似于矩形的油箱，可采用如图 6-30 所示液压成形模。模腔形状可依所需油箱外形制作，将其最大断面选作分模面，一般用电解铜或石墨质电极在电火花（穿孔）成形机上，一次电蚀成形加工完成。

该模具操作时，先将水或油盛满圆筒，并将其口部密封好。放在模腔上用上模施压合模。因为水受压后会向阻力最小处流动，充满模腔而冲挤坯桶壁贴在模腔上而凸肚胀形。待卸载后水或油会自行流出模一部分，而模具开启后，便可取出制件。

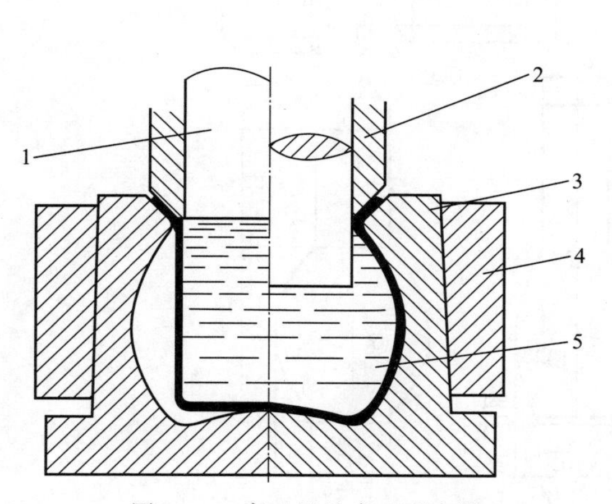

图 6-31　痰盂以及痰盂形容器液压凸肚胀形模典型结构

1—凸模；2—密封压边圈；3—凹模；4—加固套；5—高压水（油）

说明：图 6-31 所示为无导向单工序痰盂以及痰盂形容器液压凸肚胀形模实用结构形式。该模具的关键是配套液压系统的密封问题，防止水或油之类高液压介质跑冒滴漏，涉及件 2 与件 3 的密封配合。

其凸肚胀形用坯件是料厚 $t=0.2\sim0.3$mm 的 08F 冷轧带钢，经拉深成带 45°凸缘的平底圆筒形拉深件，再经切边整形后，即可用图 6-31 所示模具凸肚胀形。

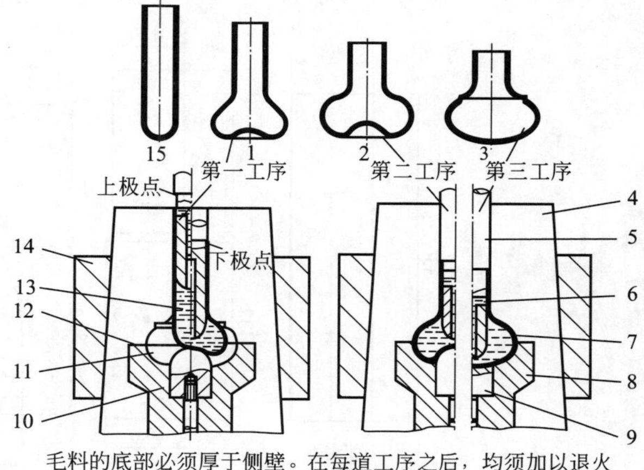

图 6-32　球头装饰柱液压凸肚胀形模实用结构

1～3—分别为第 1 道工序、第 2 道工序、第 3 道工序；4—模体；5—凸模；6—液压系统入口；7—成品制件；8,10—模体内嵌件；9—模具底部成形嵌芯；11—模腔面；12—分模面；13—高压液体（水或油）；14—加固套；15—坯件

说明：图 6-32 所示为球头装饰柱。球头部分用件 15 所示薄壁圆筒形坯件，在图 6-32 所示凸肚胀形模中，一次充压成形。模体 4 由两瓣拼合而成。完成胀形作业后，将模体从加固套中取出，即可取出制件。

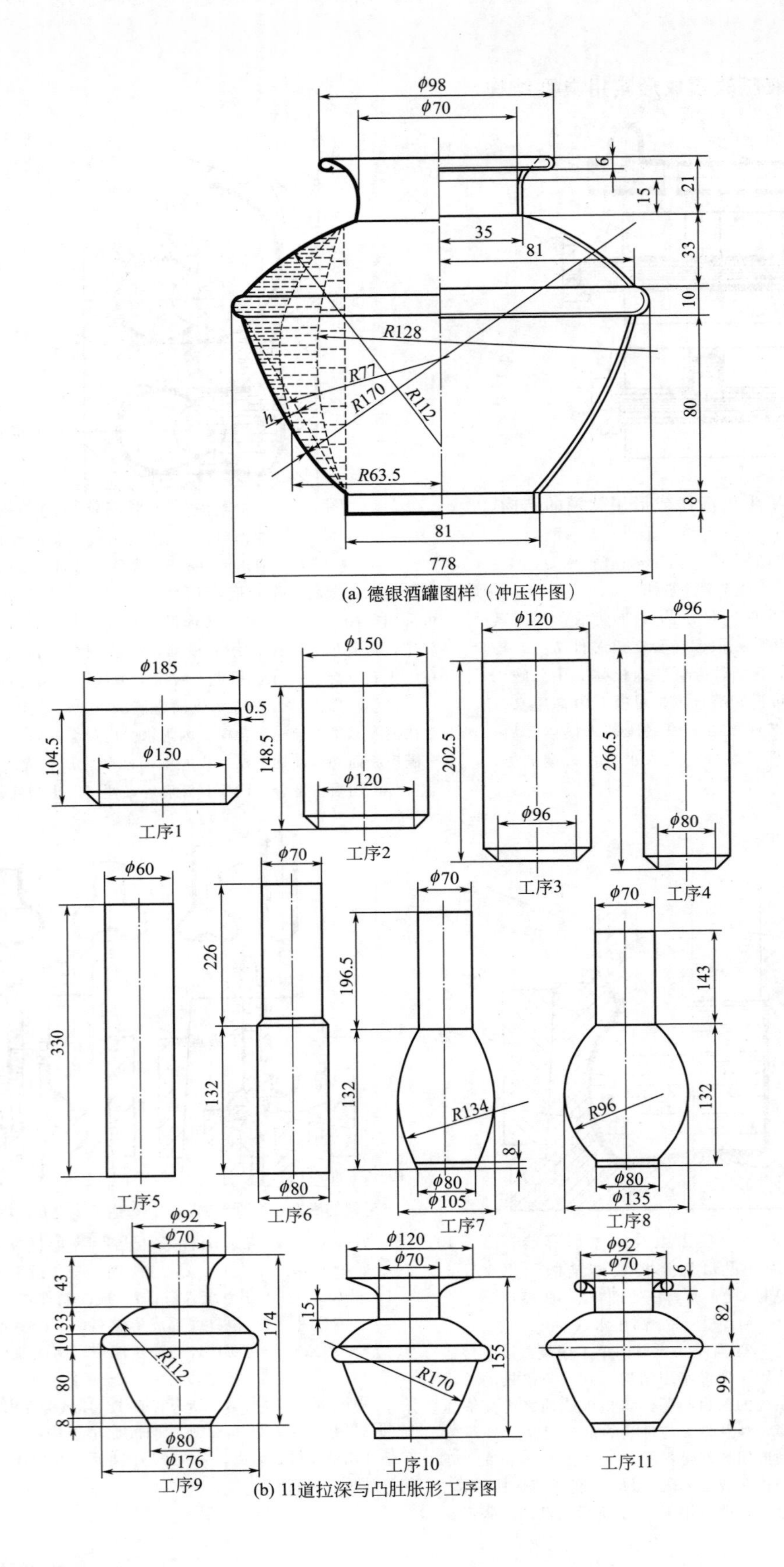

(a) 德银酒罐图样（冲压件图）

(b) 11道拉深与凸肚胀形工序图

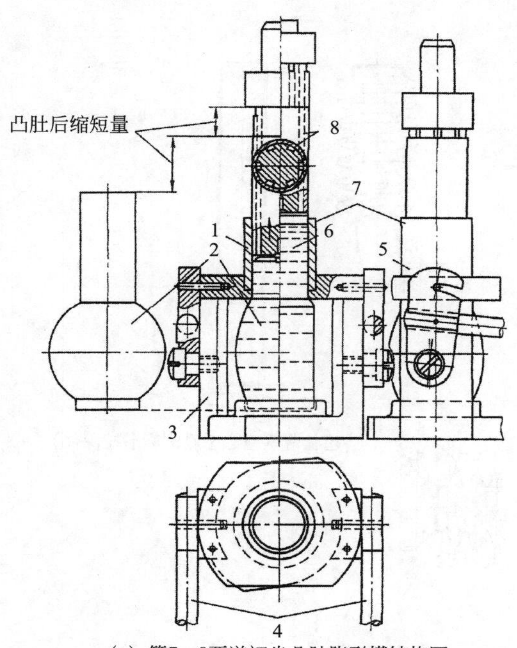

(c) 第7、8两道初步凸肚胀形模结构图

1—阀；2—凸肚部位；3—夹紧座；4—杠杆；5—锁紧装置；6—高压水；7—可卸支承架；8—气道

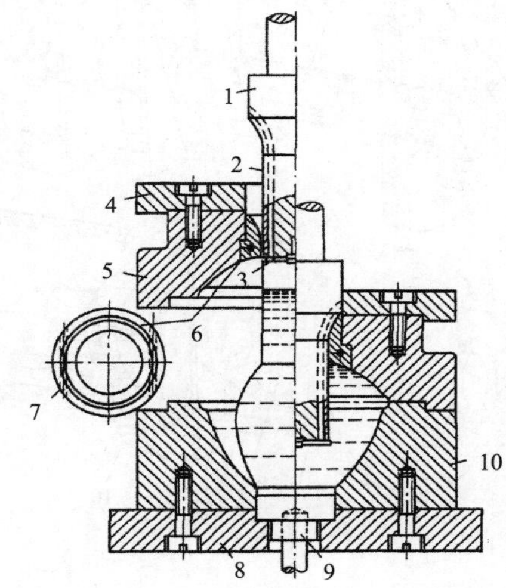

(d) 第9、10两道凸肚胀形模结构图

1—带模柄的凸模；2—有气道的凸模冲头；3—液压阀；4—盖板；5—凹模上模腔；6—密封锁口；7—锁紧密封销；8—下模座；9—顶杆；10—凹模下模腔

图 6-33　德银酒罐冲压工艺及其凸肚胀形模结构

说明：图 6-33(a) ～(d) 所示为家用饰品容器成形冲压的工艺过程及凸肚胀形用模具结构，容器材料为德银（锌白铜），料厚 $t=0.5$mm。

用 ϕ334.5mm 平毛坯，经过 6 道工序拉深成形，获得二台阶形圆筒毛坯，见图 6-33(b) 工序 6；再经 4 次高压水软模凸肚胀形，获得图 6-33(a) 所示高级家用酒水容器。

该零件成形模是采用高压水填充密封的金属模模腔，迫使薄壁空心坯，按模腔形凸肚胀形，达到加工目的。

众所周知，水是不可压缩的，用与密封模腔容积相等体积的水充满模腔，只要水压足够大，坯件就会在水压挤压下，充满模腔的任意角落、沟槽与缝隙。

以上两套液压凸肚胀形模操作过程大同小异：在模具开启状态下，将坯件工序 6 和工序 8 口部分别与图 6-33(c)、(d) 所示液压凸肚胀形模的凸模内的高压水入口密封嵌接，装固夹紧凸肚模腔下模部分，即可打开充水阀门，加压凸肚成形。

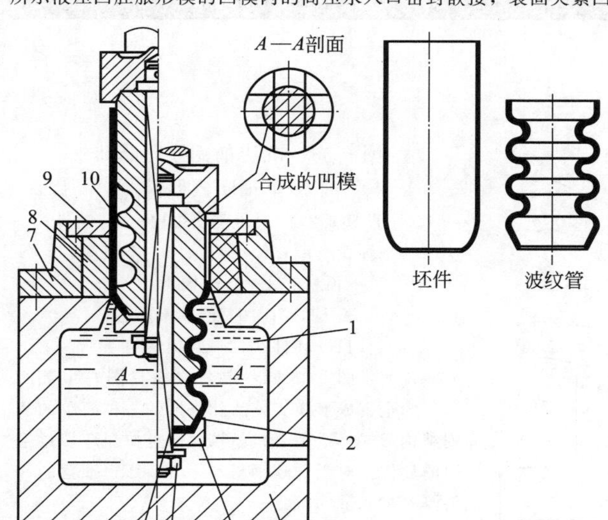

图 6-34　仪表波纹管液压凸肚胀形模实用结构

1—高压水；2—已成形的波纹管；3—蓄高压水池；4—夹持器；5—螺母；6—螺杆；7—模座；8—密封环；9—盖板；10—坯件

说明：使用手动螺旋压力机。蓄液池中高压水的水压调节阀仍需要调节。多层波纹管可依次成形波纹，先成形蓄液池深处，后成形上边的。

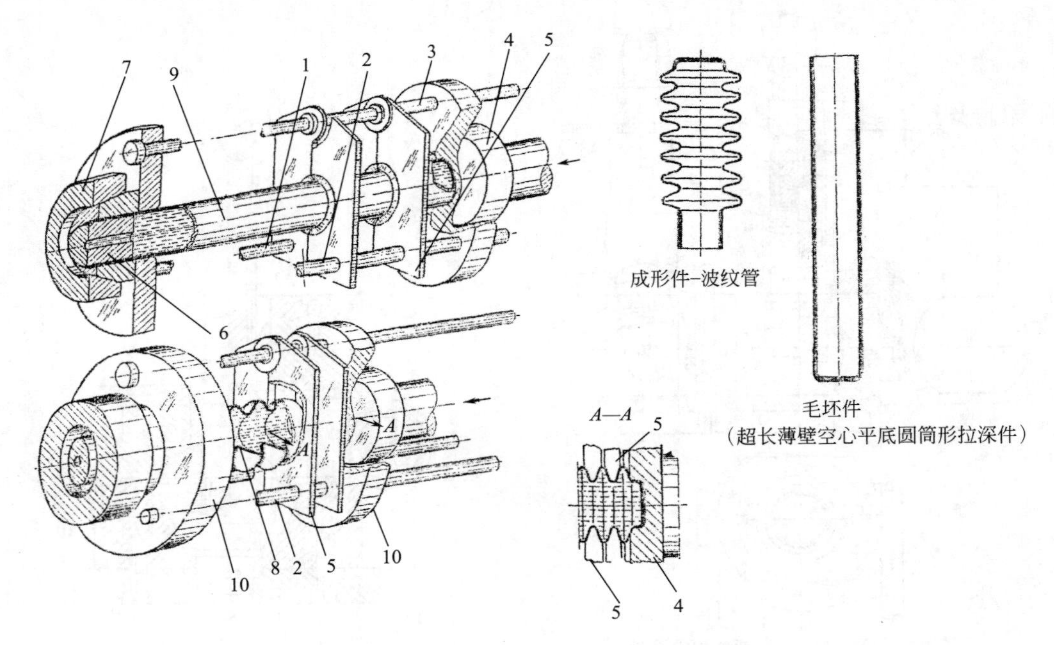

图 6-35　仪表波纹管液压凸肚胀形模典型结构

1,2—限位支承杆；3—模板固定杆；4—推盘（下模座）；5—波纹模板；6—密封塞；
7—快换夹头；8—凸肚胀形波纹管成品；9—坯件；10—支承盘（模座）

说明：图 6-35 所示为液压凸肚胀形仪表波纹管的成形模典型结构形式。国内根据这种基本结构改进设计成波纹管成形机，使其能成形波纹多少不等、长短不同、管径有别的多种不同规格和不同尺寸系列的波纹管。

仪表波纹管材质为锡磷青铜，料厚 $t=0.2\sim0.5$mm。所用毛坯件是直径比较大（$L:d>3$）的超长薄壁、空心、平底圆筒形拉深件，口部装入带输液孔的密封塞，由左向右穿入由组合模板 5 构成的模孔至右端推盘，而后夹紧，固定左端坯件管。高压水或油，通过件 6 中心孔进入管坯的同时，推盘 4 与输入高压水或油，同时相向对坯件施压凸肚成形。此后，抽出卸下支承杆 1、2，打开组合板即可取出制件。

6.2.2　凸肚胀形用全钢材质刚性模实用典型结构（图 6-36～图 6-38）

(1) 无导向单工序全钢凸肚胀形模

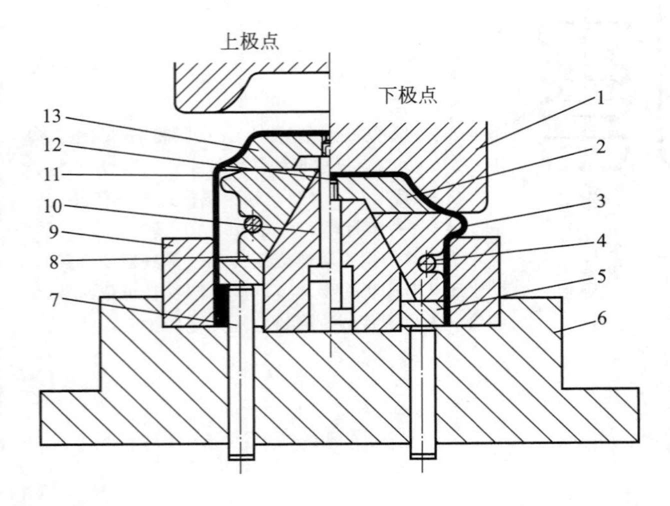

图 6-36　沉淀桶无导向凸肚胀形单工序成形模

1—上凹模；2,13—凸模顶拼块；3—制件；4—弹簧卡圈；5—顶板；6—下模座；7—顶杆；8—凸模楔形拼块；9—下凹模；10—凸模锥形芯；11—坯件；12—卸料螺钉

说明：图 6-36 所示制件（模具图右半部所示）为全钢成形模实施凸肚胀形的一种简单的实用结构形式，适用于料厚较大而且拉深坯切过毛边的坯件。对于低碳钢材料，如 10F，推荐制件料厚 $t\geqslant1$mm 为宜。

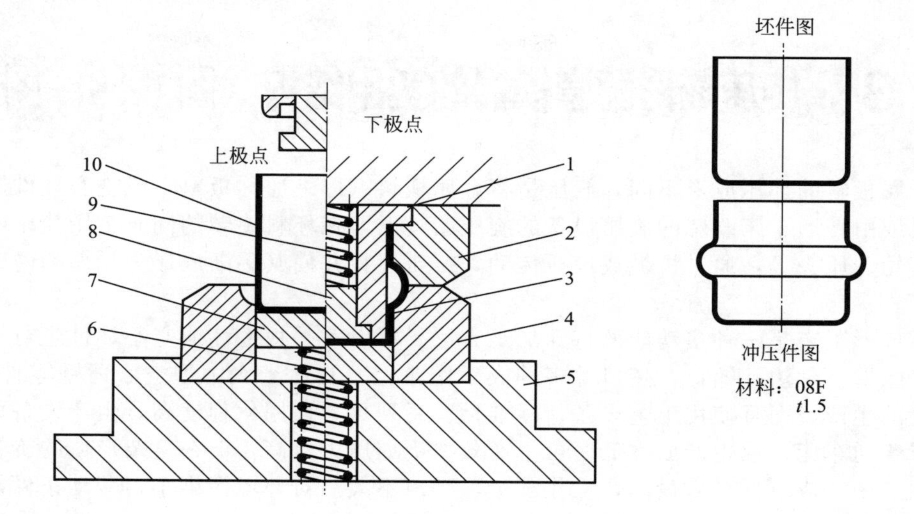

图 6-37 保温桶内胆无导向凸肚胀形单工序成形模

1—凸模；2—上凹模；3—凸肚胀形件；4—下凹模；5—下模座；6,9—弹簧；
7—顶板；8—凸模芯；10—拉深坯件

说明：由于制件凸肚胀形完全靠凸模 1 的凸缘与下模顶板 7 相对沿纵向镦压使其凸肚成形。因此，坯件料厚 $t<0.5$mm 不利于凸肚胀形。同时凸模与凹模的间隙与料厚相等或稍稍小一点，成形容易，质量亦好。

(2) 有导向单工序凸肚胀形成形模

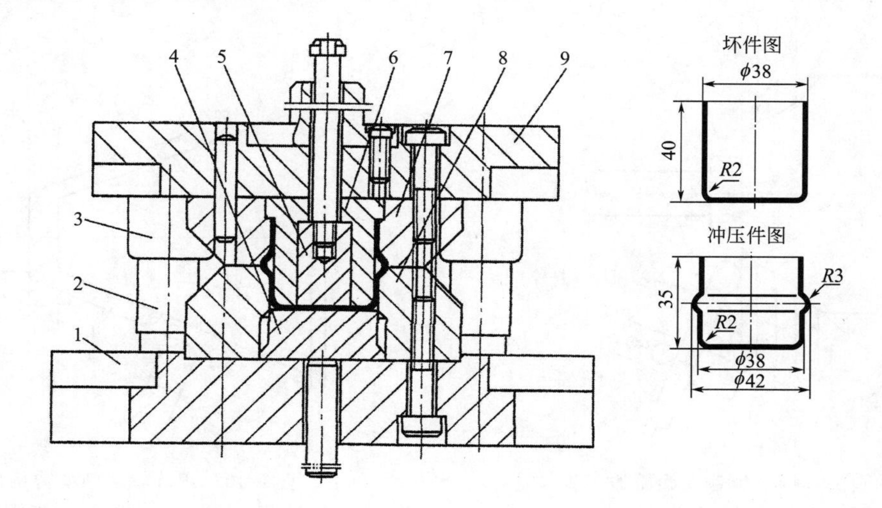

图 6-38 表罩滑动导向后侧导柱模架全钢单工序凸肚胀形模

1—下模座；2—导柱；3—导套；4—顶件器；5—卸件器；6—凸模；
7—上凹模；8—下凹模；9—上模座

说明：图 6-38 所示为表罩圆筒形拉深件用普通全钢冲模实施凸肚胀形的实例。其运作过程如下：圆筒形坯件，其口部必须经过切边而获得平直无毛刺的切口，手持夹钳将此坯件放入下凹模 8 内。凸肚时，凸模 6 先进入坯件内。坯件在上凹模 7 和下凹模 8 及凸模 6 夹持下，靠凸模 6 的凸肩对坯件侧壁沿料厚方向进行镦压，实现凸肚弯形。

6.3 旋压成形配套模具的实用结构（图 6-39～图 6-50）

与金属板料的冲压成形不同，旋压是将金属板料（以下通称板料）或空心坯件固定在专用旋压机或由普通车床改装的旋压设备的旋压胎具上，在坯料旋转的同时，用简单的工具如赶棒或旋轮、压头等，通过机械或液压传动，挤压坯料并使其逐渐成形为预期的薄壁空心旋转体零件。

旋压成形工艺是一种多功能的特殊加工方法，可以对平板毛坯或空心坯件进行拉深、变薄拉深、胀形、翻边、缩口、扩口等多种成形作业，尤其适于大中型空心薄壁零件的单件、中小批量的生产，而且使用工艺设备，标准化、系列化、通用化程度高，生产设备可用专用旋压机或普通车床，故生产成本低。虽生产效率不如压力机高，但在复杂形体的旋转体空心件成形加工中，成本低、质量高，操作安全，噪声不大。对环境污染小，劳动条件好，技术经济与环保优势突出。

6.3.1 旋压成形的基本类型

① 不变薄旋压亦称普通旋压　在旋压过程中，只改变毛坯形状，将毛坯旋压成预期成品形状，其料厚不变或基本不变，见图 6-39。

② 变薄旋压亦称强力旋压　在旋压过程中，不仅改变毛坯的形状，而且要求或必然明显改变其料厚，见图 6-40。

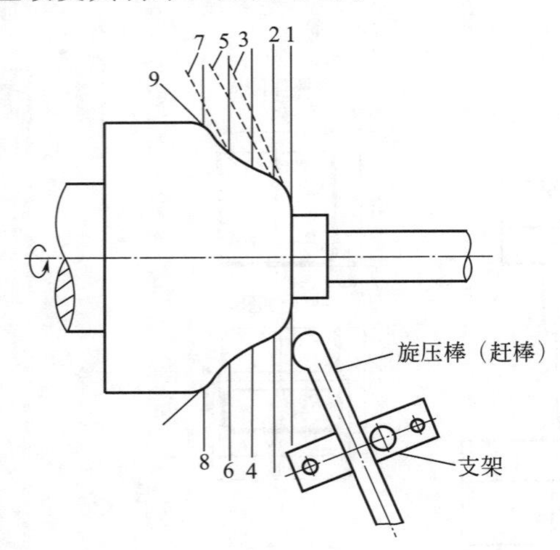

图 6-39　用圆头赶棒实施普通旋压的工步与过程

（1～9 是旋压工步）

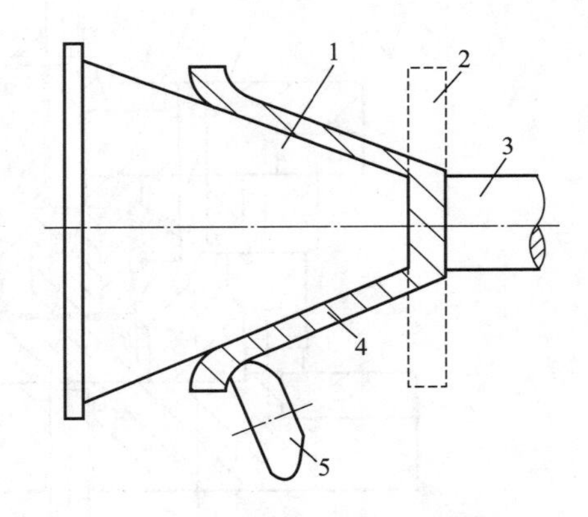

图 6-40　用旋轮实施变薄旋压

1—模具；2—毛坯；3—顶块；4—工件；5—旋轮

在广泛使用的 C616、C620、C630 等这类通用标准型号的普通车床上，用普通旋压法制造各种机电与家电新品样式与批试所需的品种多而每种数量仅几件、几十件的金属板立体成形件，生产成本低、上马快，生产周期短，所需工艺设备简单，适合大中型金属板料立体成形件单件小批与小量生产。

常用旋压成形的工艺作业形式、工艺过程及其采用的模具及典型旋压加工的工艺作业所用模具的实用结构形式如以下各图所示。

6.3.2 不变薄旋压的主要工艺作业形式和使用模具实用结构

(1) 不变薄旋压拉深旋转体薄壁空心零件及所用模具

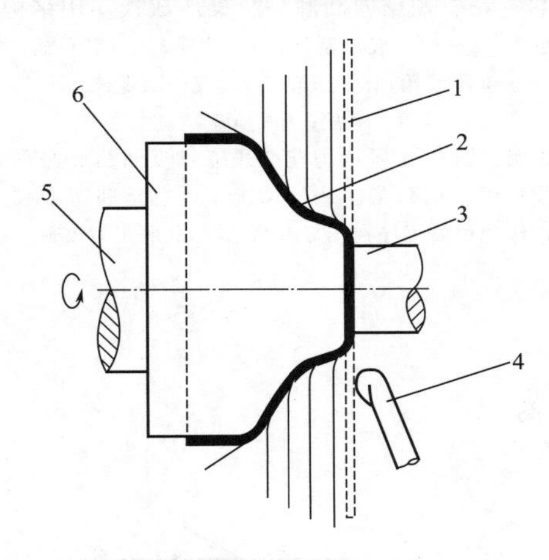

图 6-41 罩壳台阶形拉深件旋压成形及旋压模具

1—平板毛坯（圆片状）；2—旋压制件；3—顶杆；4—圆头赶棒；5—模座芯轴；6—凸模

说明：赶棒固定在车床刀架上，对着旋转的毛坯由右向左施压，通过赶棒头部，移动刀架向左，接触毛坯表面加压。当受压承载毛坯材料的应力达到或超过其屈服极限σ_s时，材料就会变形，沿旋压施力方向倾斜并倒下，紧贴在凸模 6 的表面，旋压成形。

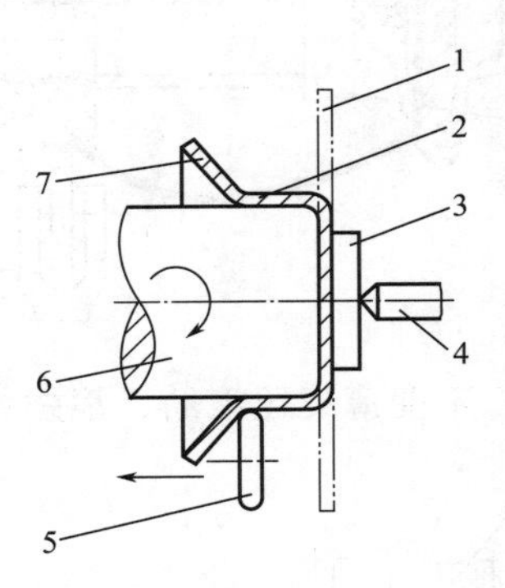

图 6-42 平口空心平底薄壁圆筒形拉深件旋压拉深成形及模具

1—旋压拉深圆片形毛坯；2—拉深件已旋压成形部分；3—推板；4—顶杆；5—旋压施力滚轮；6—凸模（芯模）；7—已旋压变形的毛坯

说明：由薄板平毛坯，在旋压专机上或普通车床上，用专用赶棒和滚轮，进行不变薄的普通旋压拉深，获得不同直径、不同壁部形状的旋转体拉深件，具有生产周期短、成本低以及使用工装简单、上马快等优点。但手工操作，生产效率较低。

(2) 不变薄普通旋压实施凸肚胀形的实用模具结构

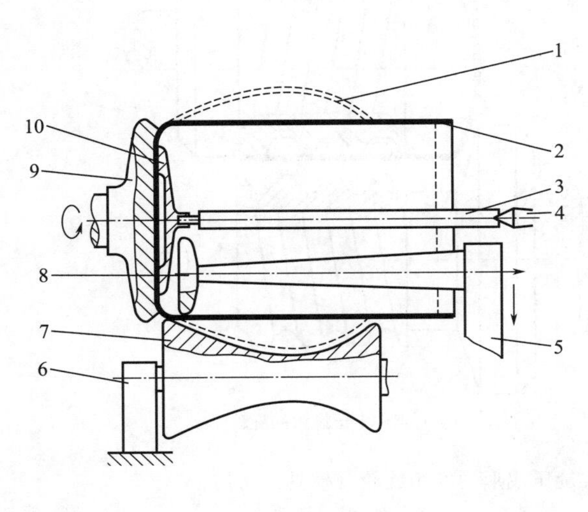

图 6-43 大肚花瓶、坛、酒罐等容器实用凸肚成形模与胎具结构

1—欲凸肚胀形件；2—平口平底空心圆筒形拉深件作为毛坯；3—推杆；4—顶尖针；5—可动支架；6—成形辊支承架；7—成形辊；8—旋压滚轮；9—座盘；10—顶盘

说明：在旋压机或普通车床上，进行凸肚胀形作业，所用毛坯都是平口平底圆筒形拉深件。由于旋压是围绕机床主轴 360°圆周加工，只能对旋转体毛坯旋压凸肚或其他可行的旋压工艺作业。其圆筒形毛坯，都是用平板圆片形毛坯在普通车床或旋压机上旋压拉深成形，也可在压力机上拉深成形。图 6-43 所示为凸肚胀形所用成套模具，包括：夹装机构的座盘、顶盘以及推杆，执行机构的可动支架、滚轮以及成形辊。该结构适于对尺寸大的坯件凸肚胀形。拉深坯件直径 $d \geqslant 50$mm，使用这种结构模具实施凸肚成形更适宜。

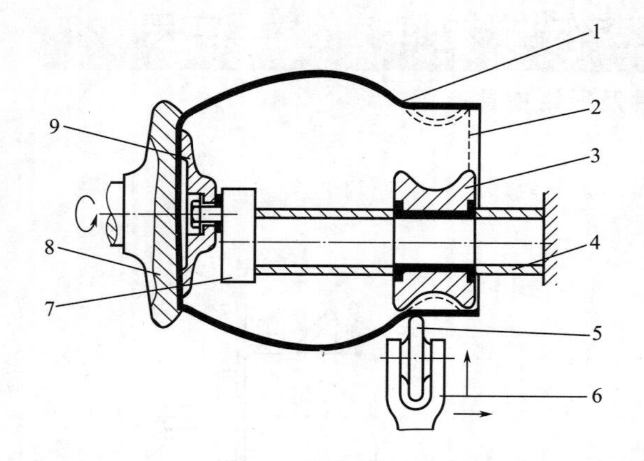

图 6-44　花瓶颈反向凸肚缩径旋压成模实用结构

1—坯件；2—旋压成形制件；3—凹模；4—空心轴；5—旋压滚轮；6—滚轮支架；7—固定樑；8—座盘；9—顶盘

说明：图 6-44 所示为花瓶颈通过反向凸肚胀形达到收口缩径的目的。一般情况下，总是和图 6-45 合用，作为后续工序在图 6-45 完成凸肚胀形后实施。

(3) 不变薄旋压滚肋、滚螺纹成形的实用模具结构

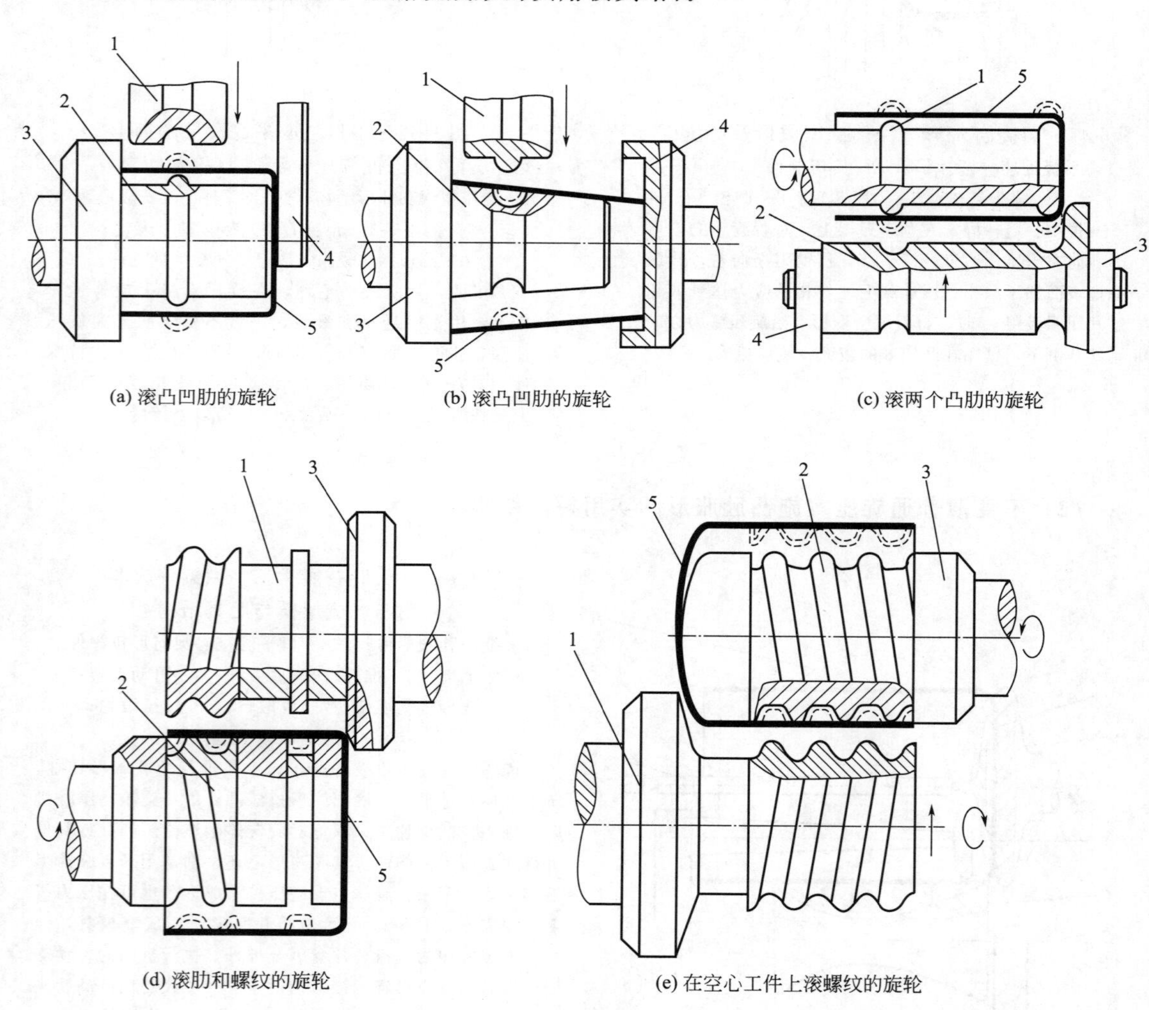

图 6-45　圆筒表面滚肋以及滚螺纹旋压成形的实用旋轮（模具）结构

1—主旋压轮；2—从动旋压轮；3—夹头；4—活动卡盘；5—坯件

(4) 不变薄旋压卷边成形的实用模具结构

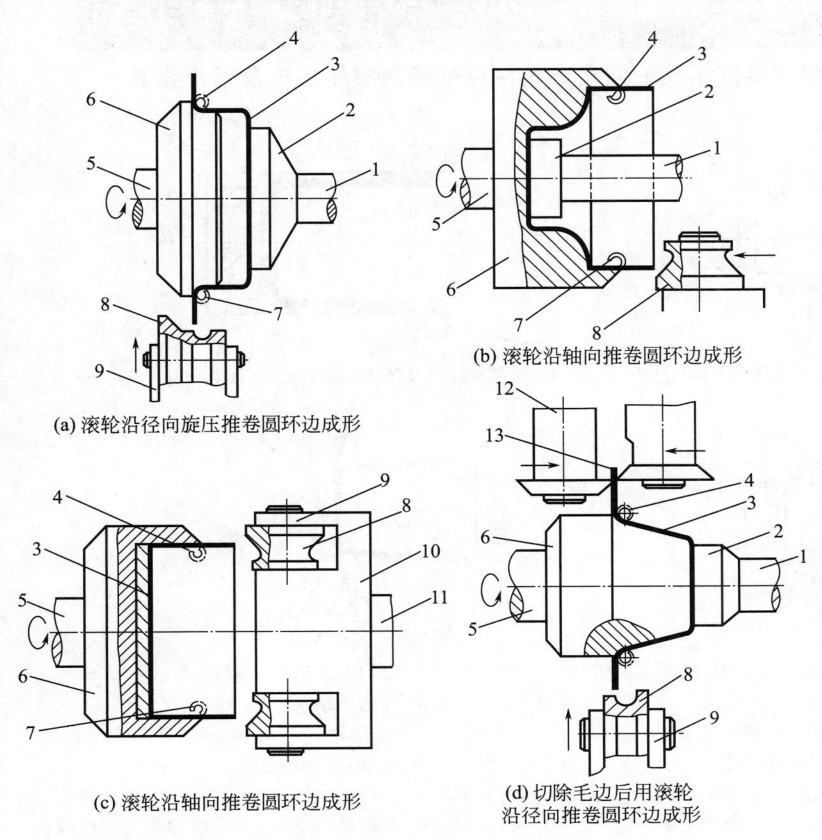

(a) 滚轮沿径向旋压推卷圆环边成形

(b) 滚轮沿轴向推卷圆环边成形

(c) 滚轮沿轴向推卷圆环边成形

(d) 切除毛边后用滚轮沿径向推卷圆环边成形

表 6-46 不变薄旋压卷边成形的各种方法所用模具的实用结构形式

1—顶杆；2—顶盘；3—坯件；4,7—卷边成形；5—旋机主轴；6—卡盘；8—旋压卷边滚轮；9—滚轮支架臂；10—滚轮支架；11—顶杆；12—切边滚轮；13—切去毛边

说明：利用可动滚轮的不同凹入形状似弯曲凹模腔，推进坯件边缘按滚轮凹槽弯成圆圈，一般可弯成 3/4 圆的圆边。

(5) 不变薄滚边旋压锁扣连接成形模具结构形式

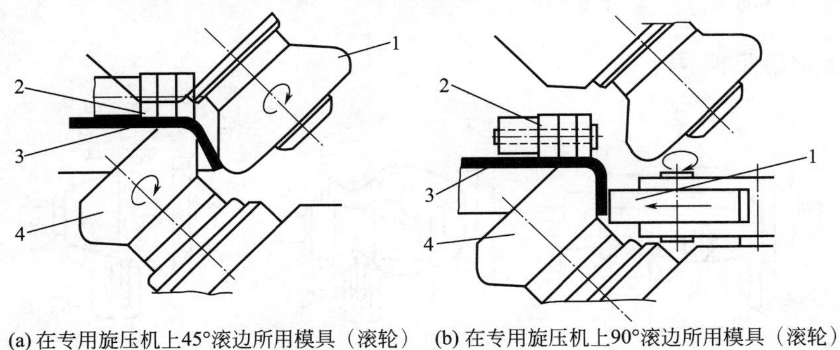

(a) 在专用旋压机上45°滚边所用模具（滚轮）

(b) 在专用旋压机上90°滚边所用模具（滚轮）

弯边　锁接　压合

(c) 不变薄旋压的锁扣成形过程及所用模具（滚轮）

图 6-47 不变薄旋压滚边成形及锁扣连接的实用模具（滚轮）的结构形式

1—旋压滚轮；2—压料装置；3—坯件；4—支承辊

说明：用不变薄旋压实施旋转体空心拉深件的滚边、锁扣连接成形，除使用专用旋压机外，旋压滚轮的形状随滚边要求扳边斜度不同也有变化，锁扣、弯边成形两道工序滚轮相同，而第三道工序压合所用一对滚轮则完全不同，要依锁扣尺寸不同进行设置。见图 6-47(c)。

6.3.3 变薄旋压的主要工艺作业形式和使用模具实用结构

(1) 壁底厚度不等及壁部厚度不同的圆筒形拉深件的变薄旋压成形及所用模具

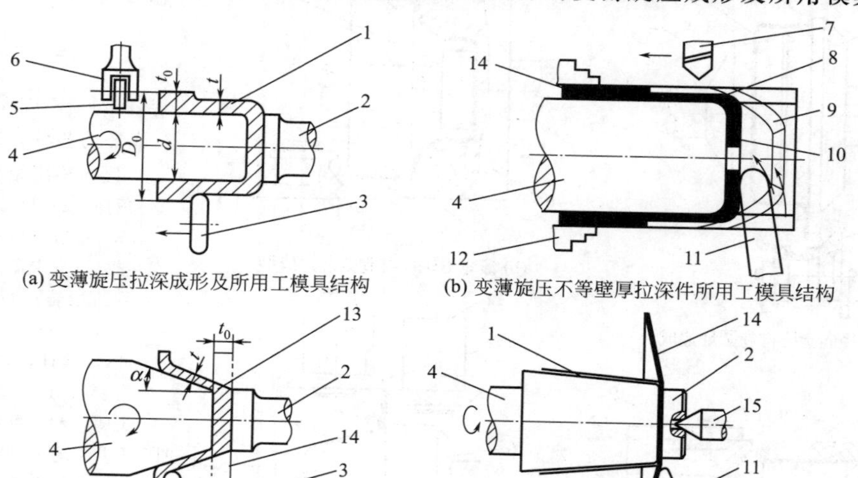

图 6-48 变薄旋压主要工艺作业形式及其实用模具结构

1—薄壁旋压变薄的平口厚底圆筒形拉深件（加工中）；2—顶座；3—旋压滚轮；4—芯轴；5—支承辊；6—支承辊支架；7—车刀；8—用车刀切削变薄工件壁部；9，10—坯件；11—旋压赶棒；12—卡爪；13—壁部旋压变薄的截锥筒；14—原始毛坯；15—顶针；16—赶棒架

说明：用变薄旋压也称强力旋压，可制造壁厚不等、任意尺寸的圆锥筒、截锥筒以及设定任意变壁厚、等壁厚各种旋转形壳体件；在航空航天及军工产品制造中，火箭、导弹圆锥头抛物线外壳的首部，以及常用的球形、抛物线形零件，可以按要求旋压加工出等壁厚或变壁厚的零件，应用广泛。

(2) 变薄与不变薄旋压常用工模具

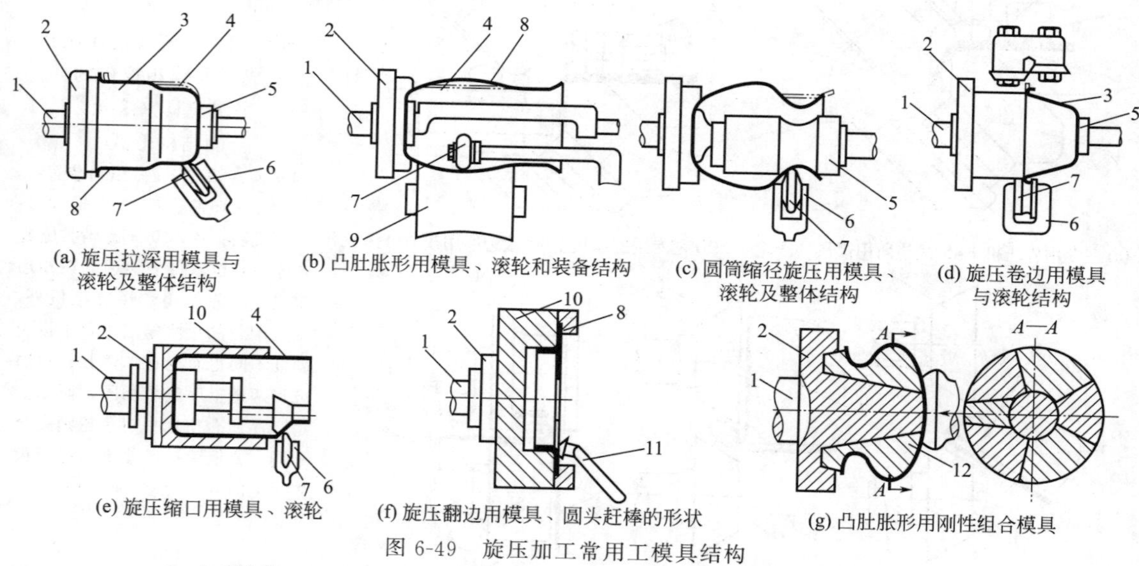

图 6-49 旋压加工常用工模具结构

1—机床主轴；2—卡盘；3—凸模；4—坯件；5—顶座；6—支架；7—滚轮；8—制件；9—凹腰滚轮；10—凹模；11—赶棒；12—组合凸模拼块

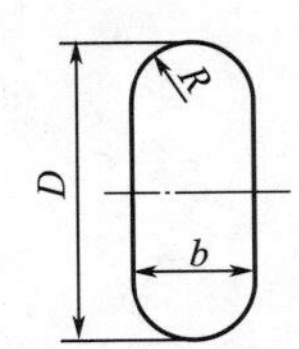

(a) 旋压空心零件

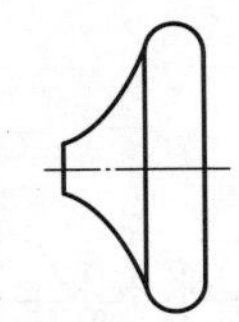
(b) 变薄旋压

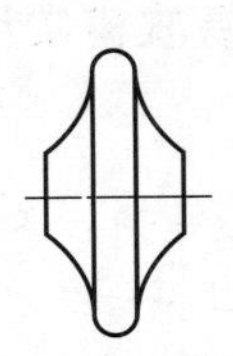
(c) 缩口、缩径、加工波纹管

(d) 缩口、缩径、加工波纹管

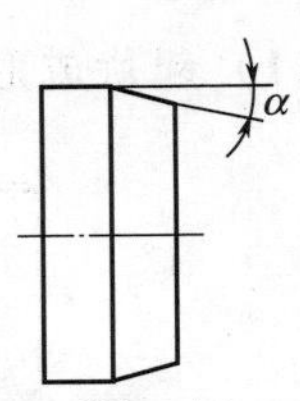

(e) 精加工用

序号	旋轮直径 D	旋轮宽度 b	旋轮圆角半径				
			(a)	(b)	(c)	(d)	(e) [α/(°)]
1	140	45	23.5	6	5	6	4 (2)
2	160	47	23.5	8	6	10	4 (2)
3	180	47	23.5	8	8	10	4 (2)
4	200	47	23.5	10	10	12	4 (2)
5	220	52	26	10	10	12	4 (2)
6	250	62	31	10	10	12	4 (2)

图 6-50　旋压用滚轮（旋轮）种类、形状与结构尺寸

6.4 起伏

金属平板毛坯的胀形即起伏。薄的金属平板，放在具有起伏模腔的成形模中，在凸模冲击下，金属板按模腔形状局部产生设定形状的凸起、凹坑和事先设计的有用图形。常用的起伏压制包括：

① 不同类型、不同断面形状的加强筋、加固肋的冲压成形；

② 打凸包，在金属平板坯件上压出凸起的圆凸包和梯形凸筋；

③ 浮雕、像章、纪念章；

④ 压字、压花、压标记；

⑤ 弹性元件膜盒、膜片冲压成形。

图 6-51 所示为在线曾经生产过的和还要冲制的起伏冲压件实例。从图中便可看出常见起伏冲压成形的主要类别。

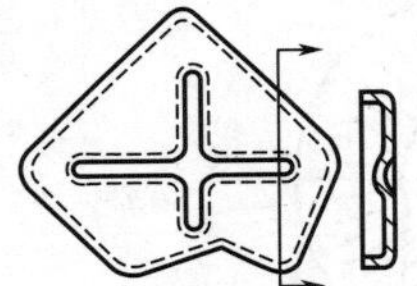
(a) 起伏压制加强筋冲压件

(b) 起伏压制加强筋冲压件

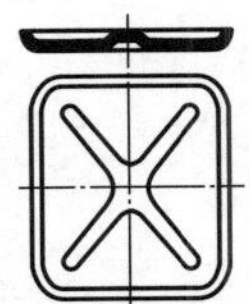
(c) 起伏压制加强筋冲压件

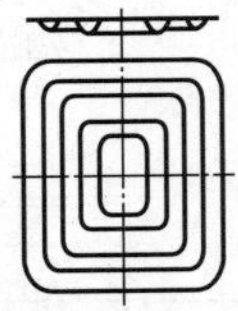
(d) 起伏压制加强筋冲压件

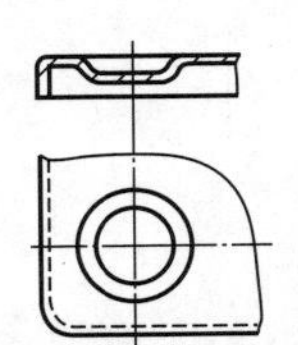
(e) 起伏压制凸包的冲压件

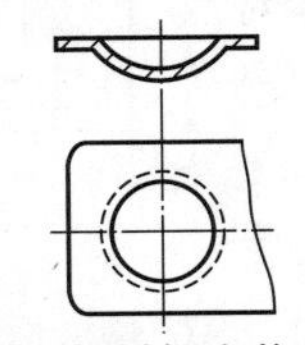
(f) 起伏压制凸包的冲压件

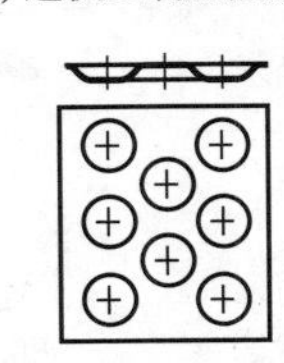
(g) 起伏压制凸包的冲压件

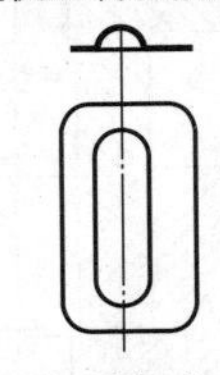
(h) 起伏压制凸包的冲压件

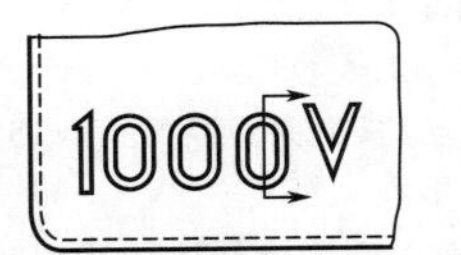

(i) 起伏压制的带数字、符号的冲压件

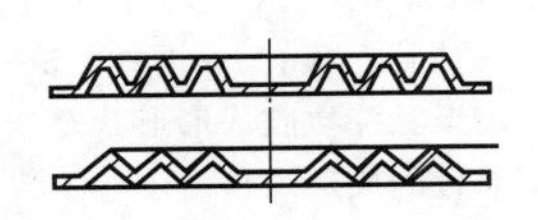
(j) 仪表用弹性元件膜片、用起伏成形

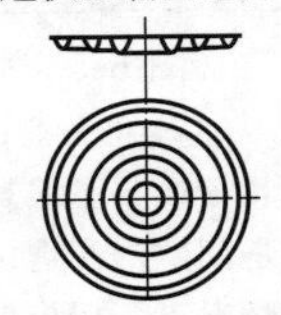
(k) 仪表用弹性元件膜片、用起伏成形

图 6-51　起伏成形冲压件实例

(1) 起伏成形的简易软模实用结构形式

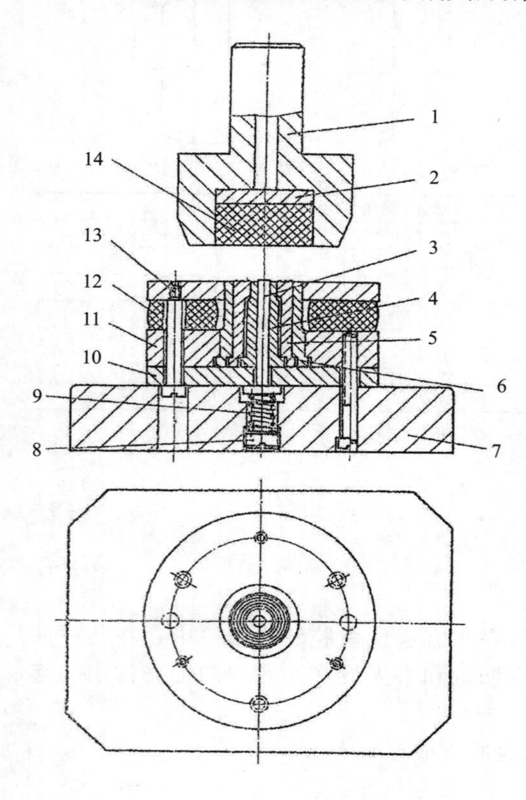

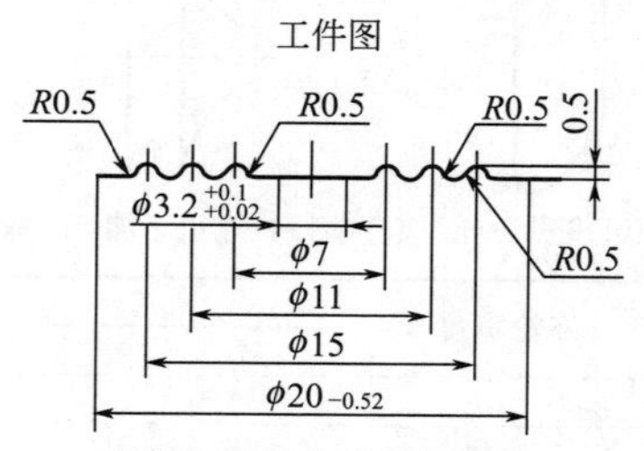

材料：低膨胀合金带 厚度0.05mm

图 6-52 膜片无导向敞开式落料、冲孔、起伏成形复合模

1—冲头把；2—垫板；3—顶杆；4—冲孔凹模；5—压筋凸模；6—落料凸模；7—底座；8—螺母；9—弹簧；10—垫板；11—固定板；12—橡胶；13—卸料螺钉；14—聚氨酯橡胶

说明：该模具是聚氨酯橡胶落料、冲孔、成形模，采用倒装结构。由于落料、冲孔及起伏成形的三工步凹模，共用一块聚氨酯橡胶，不用考虑匹配冲裁间隙，结构简单，制造容易，解决了上、下模都采用全钢制造，对料厚仅 0.05mm 冲裁件，所需的微小冲裁间隙制模困难，冲裁件毛刺的清除麻烦，以及冲裁出的工件不平整、毛刺大、维修困难等缺点。

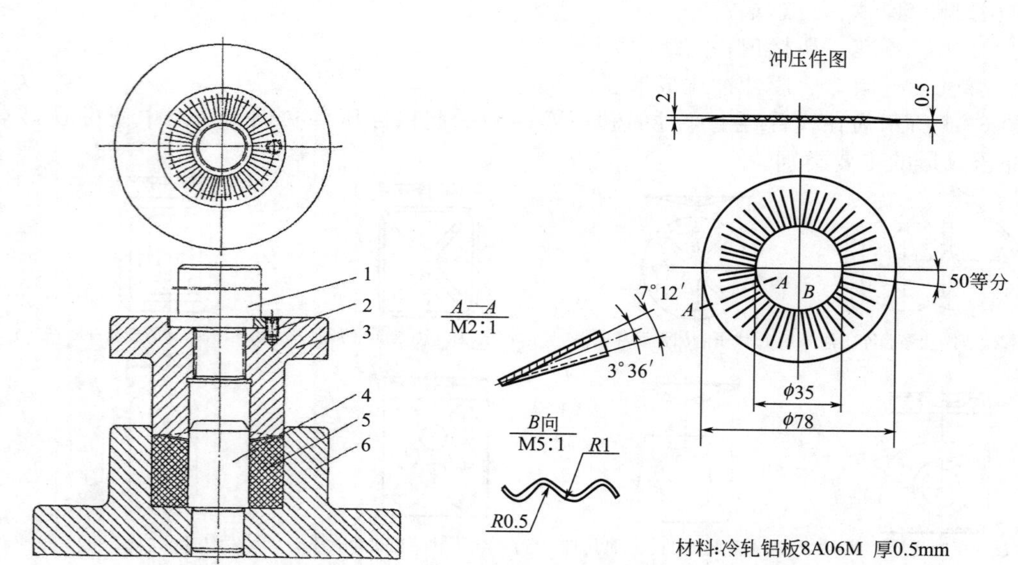

图 6-53 波纹膜片无导向敞开式起伏成形单工序简易软模实用结构形式

1—冲头把；2—制动螺钉；3—成形凸模；4—芯柱；5—聚氨酯橡胶；6—下模容框

说明：该模具是聚氨酯橡胶成形模，用聚氨酯橡胶成形形状复杂的起伏成形件，能减少回弹及凸模与凹模匹配合适间隙的制造困难，并能得到高质量的成形工件。

通常情况下，用聚氨酯橡胶作为起伏成形模的凹模，采用浇铸型聚酯聚氨酯橡胶，硬度为邵氏硬度 HS (A) 80～85。凹模容框采用普通低碳钢制造。

(2) 起伏成形全钢冲模的实用结构形式

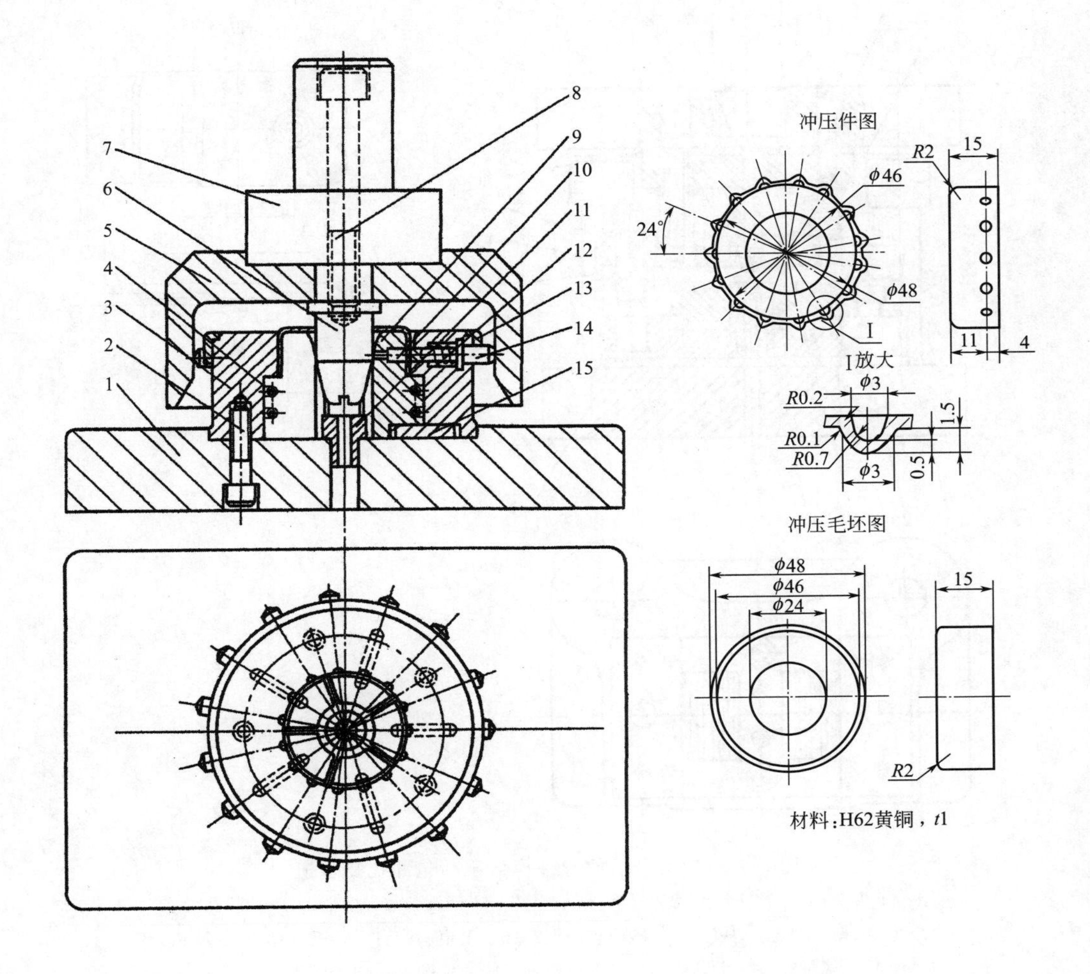

图 6-54　环形件敞开式单工序压凸包成形模实用结构形式

1—下模座；2,8—内六角螺钉；3—凹模环；4—拉力弹簧；5—斜楔环；6—斜楔；7—模柄；9—凸模固定板座；10—凸模；11—定位钉；12—压缩弹簧；13—限止环；14—凹模；15—键

说明：图 6-54 中冲压件图所示，薄壁空心浅圆筒环形件，凸包两面均有尺寸要求，需要用尺寸合适的压凸包凸模与凹模双向施力进行冲挤才能达到尺寸要求。

由图 6-54 冲件图可以看出，冲压件为 H62 黄铜材料，塑性好；料厚 $t=$ 1mm，成形方便，但凸包高出材料 1.5mm，料厚需减薄。模具结构设计采用双向水平施力冲挤成形。故采用两套楔传动系统实施冲压。

模具中 15 个凸模 10 压入凸模固定板座 9 中。凸模固定板等分为 5 件，以键 15 作导向；15 个凹模 14，在凹模环 3 的 15 个等分孔内滑动。压力机冲压时，斜楔环 5 下压，使凹模贴着冲制坯件。凸模固定板座 9 也受下行的斜锥头楔 6 冲压，以键 15 为导向，使凸模 10 向冲制坯件冲挤。工件压凸部分先是胀形，后为冷挤成形，表面光滑不致碎裂。

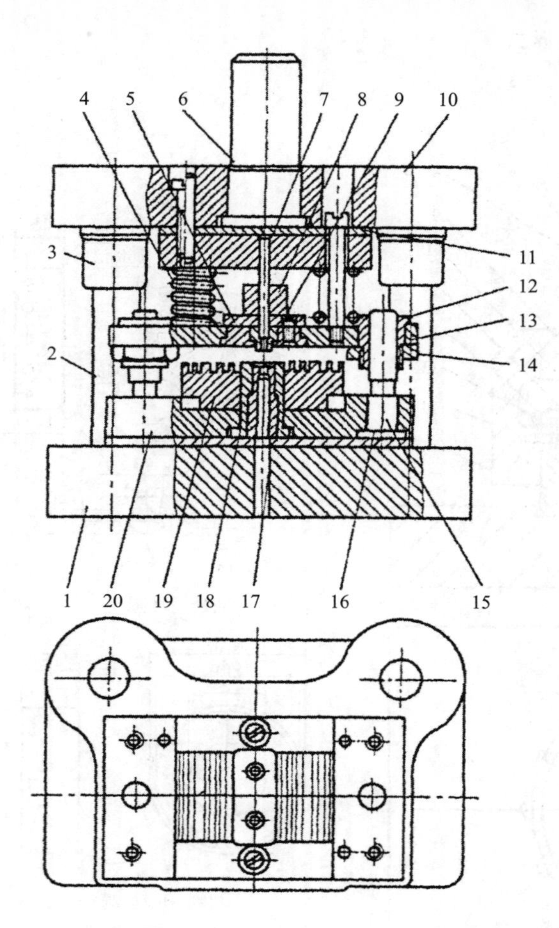

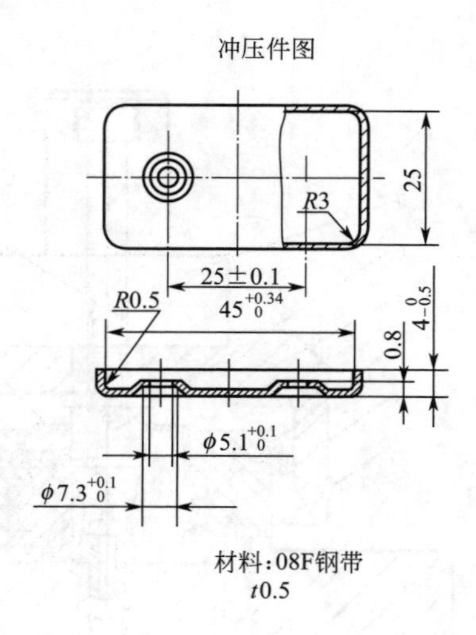

图 6-55 矩形盒后侧导柱模架压凸包冲孔复合模

1—下模座；2—导柱；3,12—导套；4—弹簧；5—盖板；6—模柄；7—冲孔凸模；8—凸模（限位）护套；9—压凸包凸模；10—上模座；11—垫板；13—导板；14—螺母；15—小导柱；16—下垫板；17—冲孔凹模；18—压凸包凹模；19—定位座；20—凸凹模固定座

说明：图 6-55 所示为矩形盒底弹压卸料导板式打凸、冲孔高精度复合模。该模具是对拉深成形并以切边的盒底坯件的底部实施打凸后冲孔。零件尺寸精度要求较高，打凸尺寸为 $\phi7.3^{+0.1}_{0}$ mm，冲孔尺寸为 $\phi5^{+0.05}_{0}$ mm。为满足并达到冲压零件的技术要求，该模具在结构设计上采取了如下一些技术措施。

①采用Ⅰ级精度的标准滑动导向后侧导柱模架，并在其凹模周界范围内设置了第二套高精度导向系统与模芯匹配。在模芯基座内装下模座 20 上，装两根高精小导柱并配小导套 12 装在导板（弹压卸料板）13 上，构成大模架内直接为凸、凹模导向的精准导向系统。

②采用高精度定位平板 19 为坯件定位，两个打凸、冲孔凹模组合配套，装在定位平台中间。

③冲孔凸模细长，采取多项加固措施：加粗杆部，制成二台阶形，保证刃口工作段满足精冲孔需要；导板上加护套 8，对凸模杆部以横向支承，防止纵弯；与导板上嵌装的打凸用凸模组合，保持良好导向。

④推荐采用行程可调的偏心压力机配该模具生产。

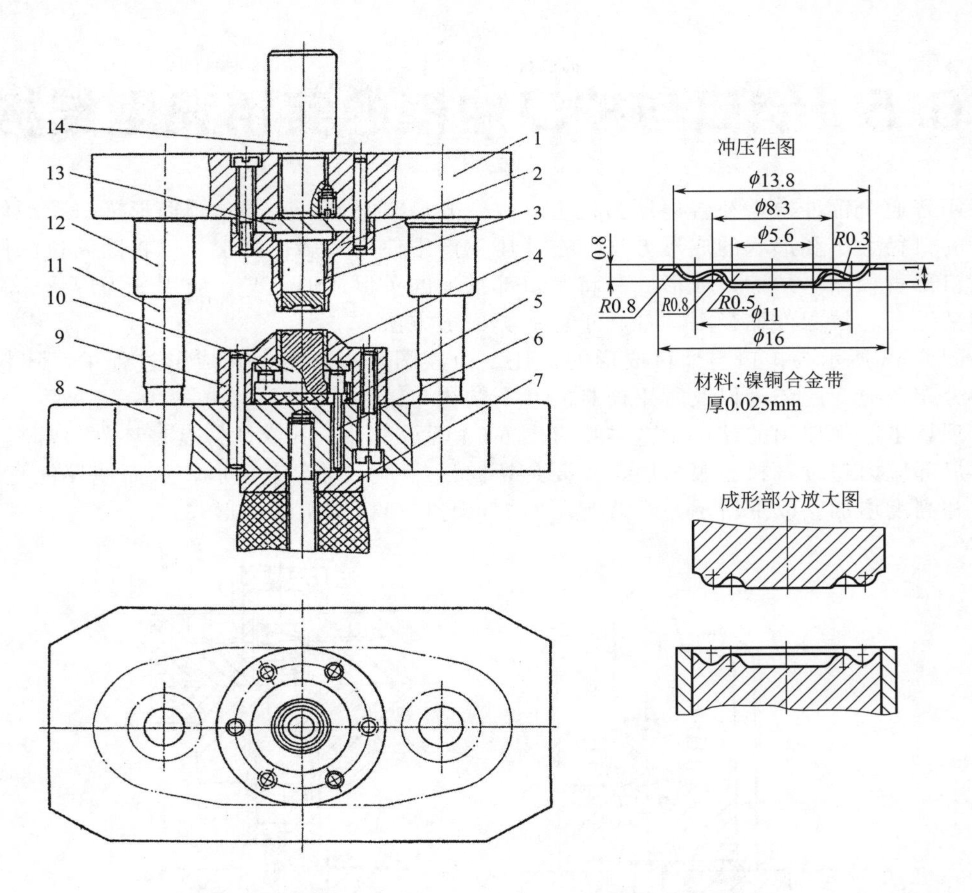

图 6-56　波纹膜片滑动导向中间导柱模架成形落料复合模

1—上模座；2—落料凸模；3—成形凸模；4—顶件器；5—橡胶垫；6—顶杆；7—压盘；
8—下模座；9—落料凹模；10—成形凹模；11—导柱；12—导套；13—垫板；14—模柄

说明：由于冲制波纹膜片料很薄，采用全钢结构冲模，其落料凸、凹模之间间隙很小，故结构设计采用斜楔形凹模刃口并用高精度导柱模架，确保落料刃口上下模导向精准。其运作特点是先成形后落料。手工送料入模，操作细心，防止叠料，保证安全。

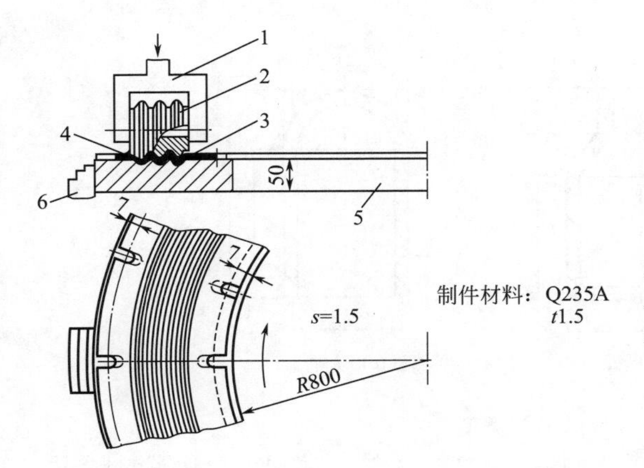

图 6-57　大型环形波纹垫辊压成形用模具结构形式

1—辊轮架；2—辊轮；3—原材料；4—已成形的波纹垫；
5—立式车床工作台；6—车床卡盘夹爪；7—坯料毛边

说明：图 6-57 所示为在大尺寸环垫上用截锥辊轮滚压凸、凹肋的模具和附属设备。由于制件直径大、宽度小，辊子可制成圆柱形；当工件直径小时，辊子直径应为截锥形，其锥角大小等于辊子直径对应的圆心角。

6.5 缩口与扩口冲模的实用典型结构

用普通全钢冲模，在普通压力机上，改变开口空心件，主要是圆筒形平口拉深件和圆管截段的口径大小和形状的成形方法，在冲压生产中使用较多。其中，以将圆筒拉深件及圆管截段口部直径缩小的缩口成形，和将其口部扩大的扩口成形工艺，应用最为广泛。其次，管材局部缩径、拉深件缩径等，都属于这一类成形方法。

图 6-58 所示为扩口与缩口成形的对比。由该图可以看出，在成形过程中，坯料变形区应力分布、应变趋势，以及所用模具的基本结构与区别。

现场生产中使用的缩口工艺类型有图 6-59 所示三种。其变性特点是坯件口部材料受压，使其局部应力超过材料屈服强度，主要是切向压应力，而产生变形，从而使坯件直径减小，厚度和高度增加。以下所示为在线常用的缩口与扩口模实用结构形式。

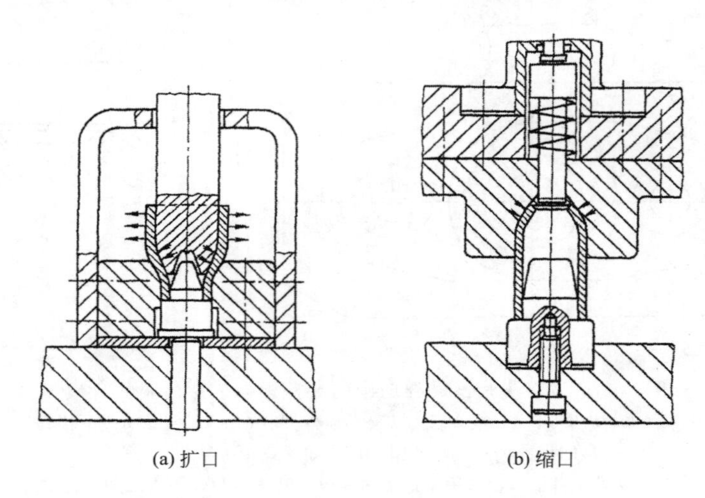

图 6-58　扩口与缩口成形的对比

说明：图 6-58 所示为扩口与缩口的冲模结构、成形情况、模具与坯件承载后的受力情况的对比，从中可以看出扩口、缩口的冲模结构及工作情况的基本差别。

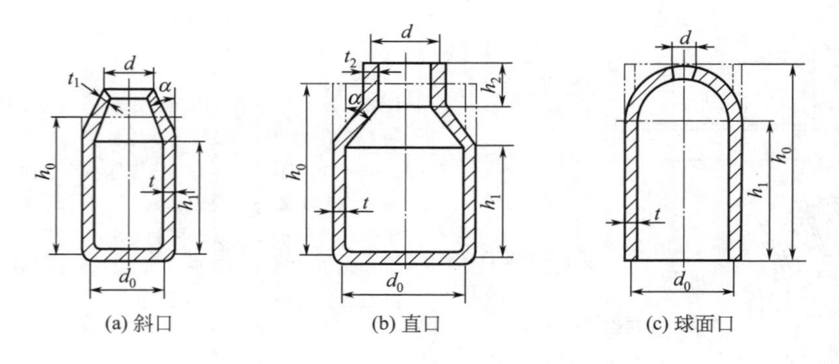

图 6-59　缩口成形的工艺类型

说明：图 6-59 所示为平口圆筒形拉深件和圆管截段缩口形状的三种形式。在线通常使用这三种形式。工艺计算和冲模设计特别是坯件尺寸计算等均依图 6-59 为基础。

6.5.1 圆管和类管材缩口成形通用缩口模结构

(1) 圆管截段冲制缩口形成形模具结构

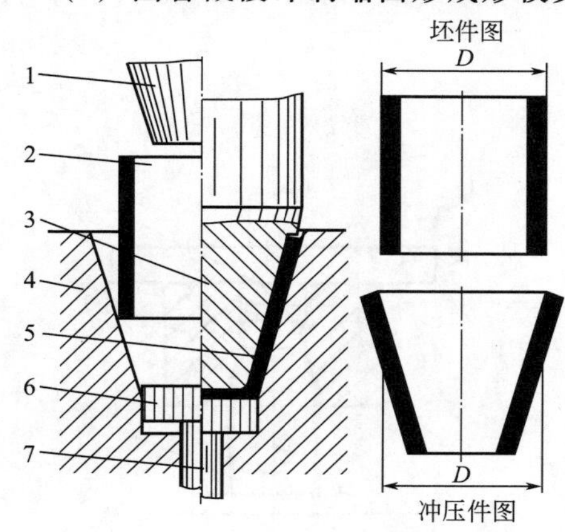

图 6-60 圆管截段冲制空心截锥件的成形模结构

1—凸模；2—坯件；3—凸模在下极点；4—凹模；5—冲制成品；6—顶盘；7—顶杆

说明：图 6-60 是将圆管冲制成截锥形空心筒的实用成形模结构。该冲模一般为无导向敞开式单工序成形模。冲制成的工件有大小头两个不等的直径。在用管材成形过程中，小头要缩口，大头要扩口，是一个典型的缩口成形与扩口成形集于一身的制件。

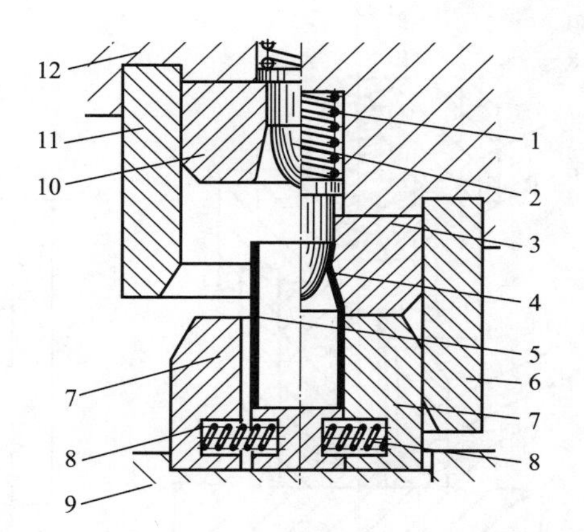

图 6-61 圆管截段实施缩口的成形模结构

1,8—弹簧；2—凸模；3—缩口凹模；4—缩口制件；5—圆管坯件；6,11—斜楔；7—楔滑块夹料器；9—下模座；10—凸模固定座；12—上模座

说明：图 6-61 所示为一套楔传动单工序缩口成形模。楔 6、11 是两组相同的楔传动机构，在图上分别处在凸模上极点和下极点位置。楔 6、11 与楔滑块夹料器 7 构成两组楔传动夹料机构。在楔下行时靠自身斜面推动楔滑块夹料器相向而行，夹紧坯件。完成缩口后，上模回程向上，楔滑块夹料器靠弹簧 8 背向推开夹料器，可取出制件。

(2) 平口薄壁空心圆筒形拉深件缩口成形的实用冲模结构

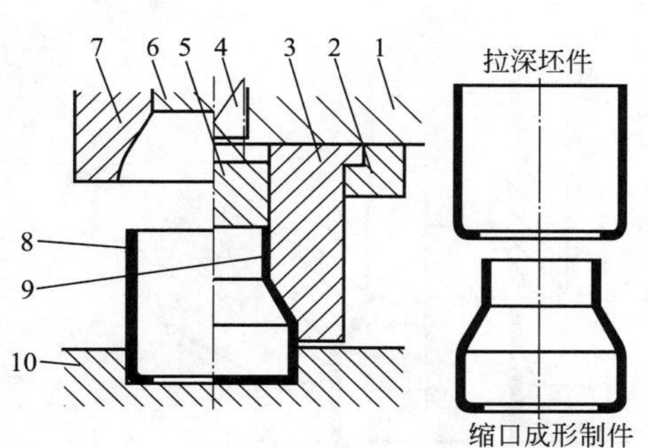

图 6-62 平口薄壁空心圆筒形拉深件缩口成形模的实用结构形式（Ⅰ）

1—上模座；2—凹模固定座；3—缩口凹模；4—弹簧；5—卸件器；6—卸件器上极点位置；7—凹模上极点位置；8—拉深坯件；9—缩口制件；10—下模座

说明：图 6-62 所示为通用圆筒形空心拉深件缩口成形模的实用结构形式（Ⅰ）。结构简单，通用性强，还可用于圆管截段缩口。

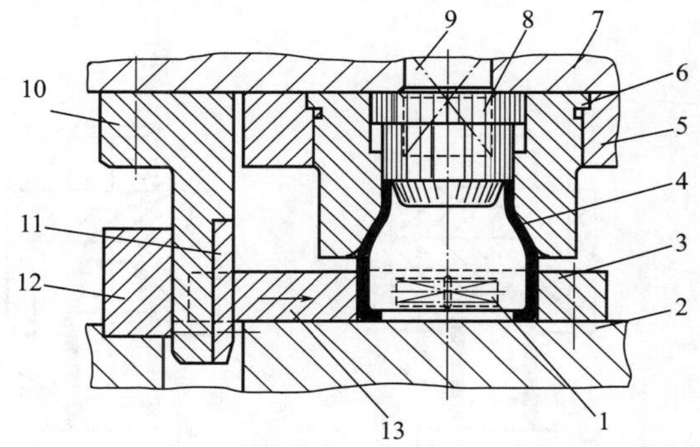

图 6-63 平口薄壁空心圆筒形拉深件缩口成形模实用结构形式（Ⅱ）

1,9—弹簧；2—下模座；3—固定块；4—缩口工件；5—上固定板；6—凹模；7—上模座；8—凸模；10—单作用楔；11—镶块；12—挡块；13—楔滑块

说明：图 6-63 所示为用楔 10 驱动楔滑块 13 与固定块 3，构成拉深坯件的定位夹紧机构，凸模 8 在凹模 6 下行，使坯件进入凹模洞口的同时，镦压坯件口部，实施其缩口成形。上模将件 5、6、8～10 等随压力机滑块回程上行时，件 13 与件 11 脱离，件 1 弹簧推开件 13，便可取出已缩口成形的制件，准备新一轮冲制。

(3) 无导向敞开式单工序圆管圆筒缩口成形模实用结构形式

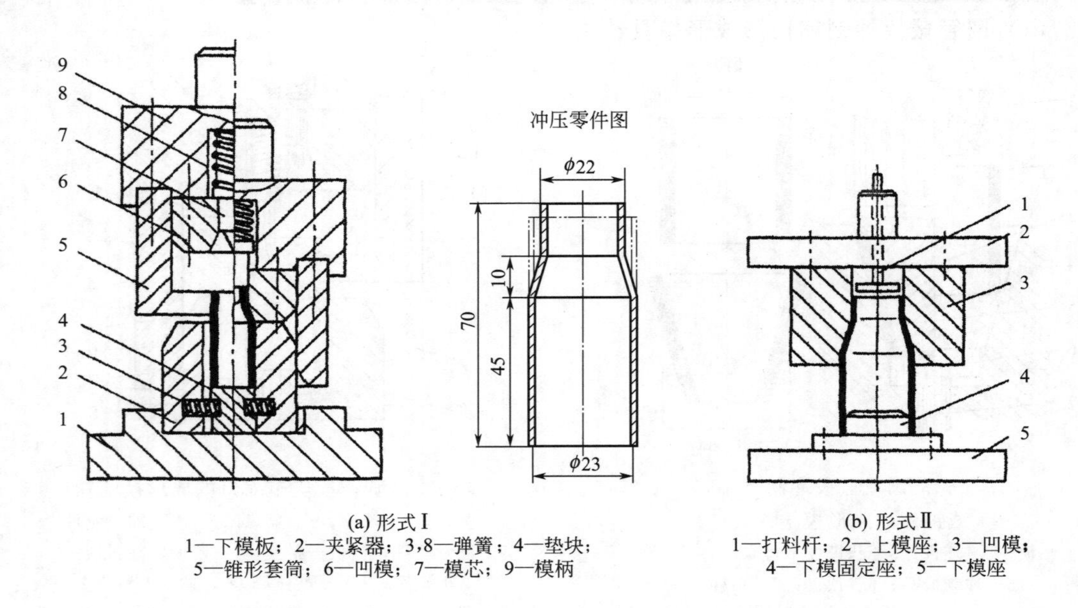

(a) 形式Ⅰ
1—下模板；2—夹紧器；3,8—弹簧；4—垫块；
5—锥形套筒；6—凹模；7—模芯；9—模柄

(b) 形式Ⅱ
1—打料杆；2—上模座；3—凹模；
4—下模固定座；5—下模座

图 6-64 直口缩口零件的缩口模两种结构形式

说明：按照缩口的形状，缩口成形主要有：直口、斜口、锥形口以及球面口等4种。在枪弹生产中多采用直口，特别是步枪子弹，都采用直口。子弹产量特别大，故直口缩口应用甚广。图6-64所示两种直口缩口成形模结构，比较简单，制模容易且制造周期短，成本低。但模具寿命不长，适于中小批量生产。

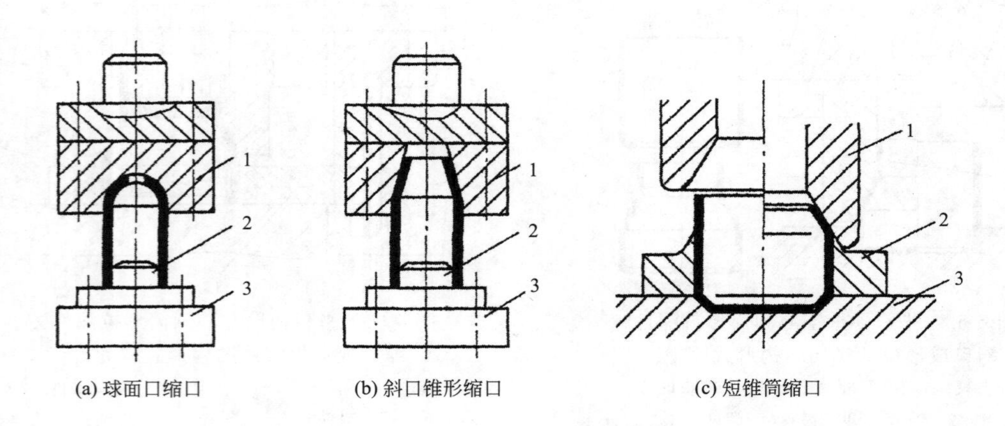

(a) 球面口缩口　(b) 斜口锥形缩口　(c) 短锥筒缩口

图 6-65 非直口缩口成形单工序缩口模的结构形式
1—凹模；2—定位装置（柱）；3—下模座

说明：图6-65所示为无导向敞开式单工序球面缩口、斜口锥形缩口、短锥筒缩口简单结构成形模。在新产品样试与批试生产中使用较多。手工操作，生产效率低；调校模技术要求高，操作安全性差。但制模容易、成本低、上马快、故使用较广。

(4) 有导向圆管圆筒单工序缩口成形模结构形式

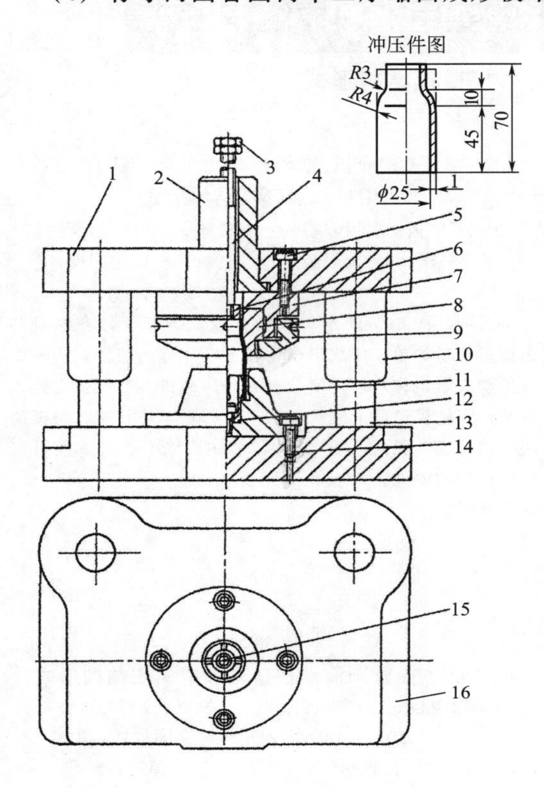

图 6-66 弹壳及类似零件滑动导向后侧导柱模架缩口成形模

1—上模座；2—模柄；3—螺母；4—打料杆；5—螺钉；6—卸件器；7—固定座；8—缩口凹模；9—夹持套；10—导套；11—凹模；12—弹簧夹头；13—导柱；14,15—内六角螺钉；16—下模座

说明：缩口工艺常常根据缩口工件的变形程度大小、制件要求尺寸精度不同而采用有芯缩口或无芯缩口。有芯缩口是在坯件缩口部位置入芯棒，靠坯件外部模腔施力进行缩口，可以获得较大变形程度、较准缩口尺寸的制件。但模具结构趋于复杂，使用较少。实际生产中使用较多的是无芯缩口通用标准模架缩口模，如图 6-66 所示。该冲模的下模只起对坯件的夹紧、定位作用，使用台阶形凹模座 11 内嵌弹簧夹头 12 的组合部件，嵌装在下模座 16 的中心沉孔中，稳定可靠并与上模保持良好的同轴度；上模芯采用夹持套 9，将可换缩口凹模 8 紧固于固定座 7 中，拆卸修理与更换都十分方便。这种模具结构不仅制造、修理方便，且具有很好的通用性。

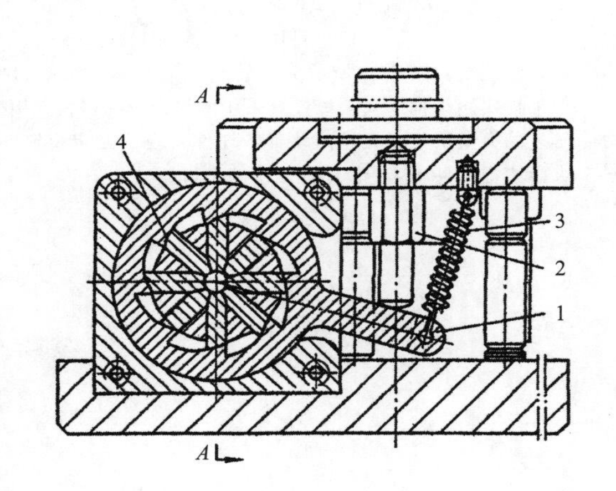

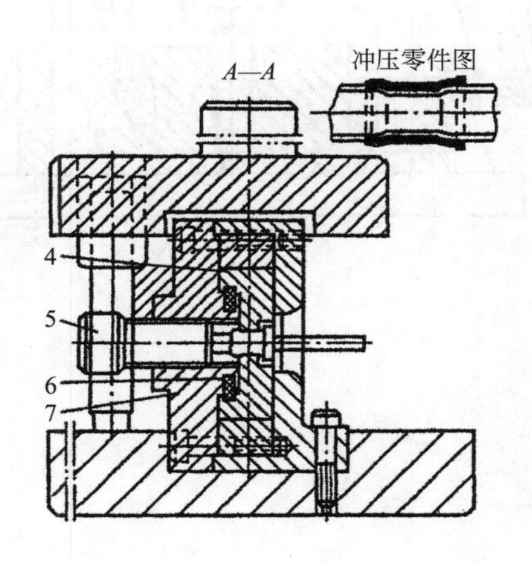

图 6-67 圆管缩径模

1—长柄内齿形轮盘；2—压杆；3—拉簧；4—活动凸模；5—可调定位座；6—活动凸模复位压簧；7—固定支架

说明：在热工、流量、压力仪表产品中，在电子及电信网络线路中常见变径管、细颈管及中间细两头粗的连接管，气、水、电管控线路变径连接管等，都需缩径加工。

对于圆管中部缩径，尤其是在大量生产时，采用图 6-67 所示结构，质量好，操作安全，生产效率高。其运作过程及工作原理如下：欲缩径之管坯放入可调定位座 5 的专用芯轴上，上模下行压杆 2 下压长柄内齿形轮盘 1，使其在固定支架 7 内，沿顺时针方向旋转 45°，依靠其内齿廓，将 8 只活动凸模 4 推入固定盘并冲向芯轴上的管坯，进行缩径加工；上模回程拉簧 3 和活动凸模复位压簧 6 共同作用，使长柄内齿形轮盘 1 和活动凸模 4 复位。可以连续多次加工，到缩径尺寸合格为止。

6.5.2 圆管及类管材扩口成形的实用扩口模结构形式

(1) 圆管截段及薄壁空心圆筒拉深件端头锥形扩口模结构形式

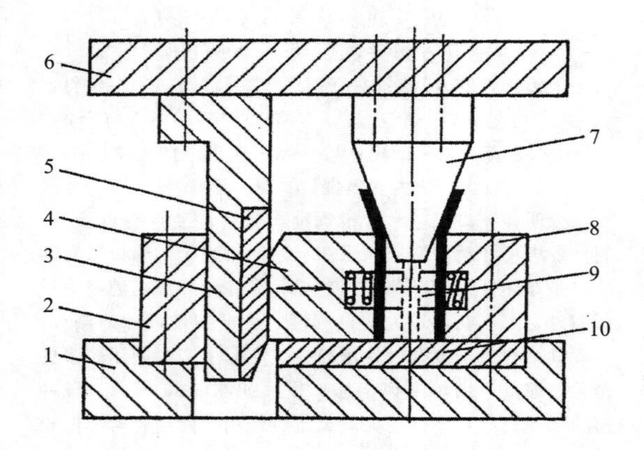

图 6-68 圆管锥形扩口无导向单工序实用扩口成形模结构形式

1—下模板；2—挡块；3—斜楔座；4—活动凹模；5—斜楔；6—上模板；7—凸模；8—固定凹模；9—弹簧；10—垫板

说明：图 6-68 所示为圆管截段及类似工件在端口冲出锥形扩口的单工序成形模。该冲模无导向装置，用一组楔传动夹紧机构对坯件定位夹紧，用截锥形凸模强力插入管端，实施扩口。上模扩口后上升回程，使斜楔 5 与楔滑块活动凹模 4 脱离，活动凹模 4，由弹簧 9 推开，便可取出扩口后的制件。

(2) 圆管截段圆筒形扩口模结构形式

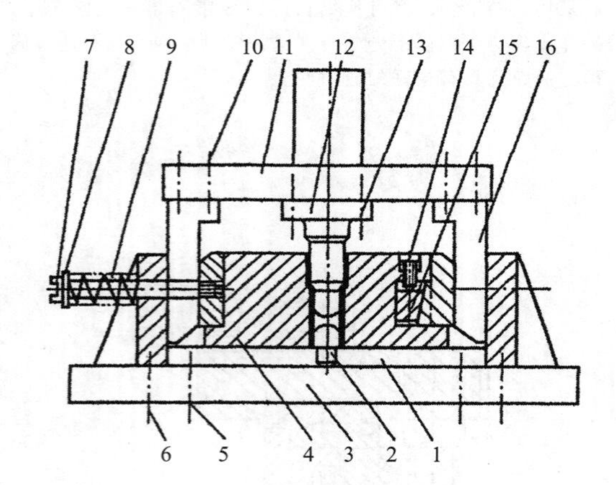

图 6-69 圆管圆筒形扩口成形模实用结构形式

1—固定板；2—定位钉；3—下模座；4—夹紧块；5,6,10,13,14—内六角螺钉、圆柱销；7—卸料螺钉；8—垫片；9—弹簧；11—上模座；12—凸模；15—斜块；16—斜楔

说明：图 6-69 所示为圆管端头进行圆筒形扩口的成形模实用结构形式。该模具采用两组楔传动机构，用于管坯的夹紧定位，无导向装置。坯件入模插在定位钉 2 上，由楔推动件 4，夹紧坯件，实施扩口。

第7章 挤压模实用典型结构

7.1 板料的冲压成形与立体冲压

金属板料的冲压工艺即通常所说的板料冲压。板料的冲压成形是冲压工艺的重要组成部分。进入成形模型腔的原材料受模具施加的压力达到或超过材料的屈服极限 R_e 后，原材料发生变形，受模腔制约，材料变形后就依模腔设定容积形状流动充满型腔，从而获得设定形状的成形件，包括：弯曲件、拉深件、凸肚胀形件、缩口胀口件、各种形状起伏件等。所冲压成形的这些成形件，都是由平板毛坯冲出的三维立体形零件，故亦称立体冲压。

7.1.1 热锻、冷锻与体积冲压

锻造是体积冲压，是毛坯的整体变形。锻造分加热的锻造即热锻和不加热的锻造即冷锻。热锻工艺方法有自由锻、胎模锻和热模锻。毛坯体积重新分配：按锻件图样或由锻模型腔制约整体进行整体变形实施整体锻造的体积冲压。

冷锻是在常温（室温）下进行的锻造工艺，包括：冷挤、冷镦、冷压印、冷精压等。

7.1.2 金属挤压成形的特点

金属材料的挤压成形是对模腔中的金属材料施压，迫使其按模腔形状变形、流动，充满模腔。毛坯要在封闭模腔中，按照模腔形状，重新分配金属体积。故对毛坯的体积精度要求很高，而且毛坯体积一般不能出现负偏差，其正偏差也要小于2%。否则，毛坯小了将使材料不能将模腔充满，使挤压件产生欠压、缺肉次品；毛坯大了，多余材料将积存在挤压件挤压方向的末端，使其挤压方向尺寸超差。这便是金属挤压加工的共同特点。

挤压工艺依挤压毛坯的变形温度不同，可分为：热挤、温挤及冷挤三大类。在室温下，冷挤压使用日益广泛；将毛坯材料加热到再结晶温度以上实施挤压的热挤压适合高强度复杂外形零件的加工；将毛坯加热到再结晶温度以下进行挤压加工的温挤，兼有上述冷热挤压的优点，发展前景看好。

7.1.3 挤压模的结构类型

(1) 按挤压模适用的挤压工艺类别分类

① 热挤压模，见图 7-1～图 7-8。

② 温热挤压模，见图 7-9～图 7-15。

③ 冷挤压模，见图 7-16～图 7-65。

(2) 按挤压模有无导向装置和用何种导向装置分类

① 无导向敞开式冷挤模。见图 7-31、图 7-32。

② 用凹模口导向的挤压模。见图 7-6、图 7-7。

③ 用导筒导向的冷挤压模。见图 7-27。

④ 用导柱导套导向，采用滑动导向导柱模架的冷挤压模。见图 7-16～图 7-19 及图 7-21、图 7-23。

⑤ 用其他导向装置的，诸如导板、导销等，但使用的很少。

(3) 按挤压模采用的挤压方法分类

① 正挤压模，见图 7-27～图 7-38。

② 反挤压模，见图 7-39～图 7-55。

③ 复合挤压模，见图 7-56～图 7-65。

7.2 金属挤压成形冲模实用典型结构

7.2.1 挤压模的主要结构特点

无论冷挤压、温热挤压还是热挤压，都是在封闭模腔中挤压金属毛坯，按模腔形状重新分配毛坯体积，充满模腔。其挤压成形过程都服从金属压力加工的最小阻力定理和体积不变定理，故所有挤压成形模在结构上有很多共同点：

① 几乎所有的挤压模，特别是最终成形的挤压模，都采用封闭结构，即凸模进入凹模，在封闭模腔中挤压金属，有利于形成三向压应力状态，提高金属塑性，充满模腔。

② 挤压模绝大多数采用顺装结构，即挤压凸模装在上模，挤压凹模装在下模，是模具的固定部分。凸的模上下往复实施挤压。这种结构利于毛坯入模定位、挤压后模上出件，也方便操作。模具的整体结构趋于简单，刚度也大。

③ 都采用单个毛坯，模上送料入模，模上出件。

④ 挤压模大多采用滑动导向导柱模架，一般都加粗导柱、加厚模座，构成能承受重载的加强型模架。而且大多采用钢模座，基本不用铸铁模座。

⑤ 挤压凸模和凹模多采用锥面压圈嵌装用紧螺纹连接机构。

7.2.2 热挤压模与温热挤压模的特点

① 一般要在凹模外围设置风冷或水冷的散热系统。

② 必须设置卸件和顶件出模装置。

③ 模具工作零件都必须考虑热膨胀因素，计入热胀尺寸。

④ 配备模外风冷和吹除氧化皮、污物等模具清理装置。

⑤ 模具工作零件多用有红硬性抗磨耐热材料，如 W18Cr4V、W6Mo5Cr4V2 高速钢、65Nb、CG-2、LD 一类基体钢制造。

7.2.3 热挤压模实用典型结构

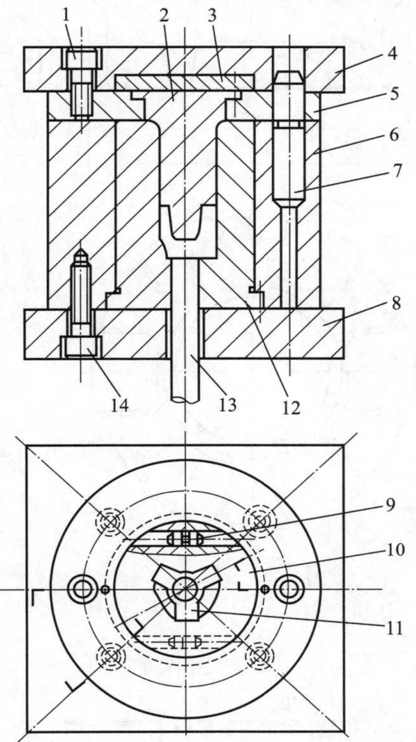

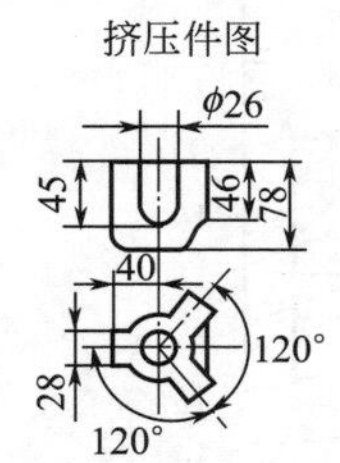

材料: HPb59-1, 毛坯尺寸: φ45mm×110mm

图 7-1 水表支臂热挤压模

1,14—内六角螺钉；2—凸模；3—垫板；4—上模座；5—固定板；6—凹模座；7—导柱；8—下模座；9—圆柱销；10—凹模芯拼块；11—工件；12—凹模芯；13—顶杆

说明：图 7-1 所示为水表支臂热挤压模。该热挤压模是在 3000kN 摩擦压力机上用 59-1 铅黄铜 φ45mm×110mm 圆棒，加热至 780℃±10℃，用手持专用夹钳，将热毛坯置入模腔内的顶杆端面上，立即合模施力挤压成形。随模具开启，挤压件由顶杆 13 顶出模，再用手持夹钳从模上取下制件，立即放在砂箱内，成堆冷却后，便可转序进行切削加工。

该热挤制件属于径向挤压成形。三个互成 120°角的支撑臂径向长度都超过毛坯半径近一倍，靠冲挤中心孔，促使材料沿径向流动充满模腔。

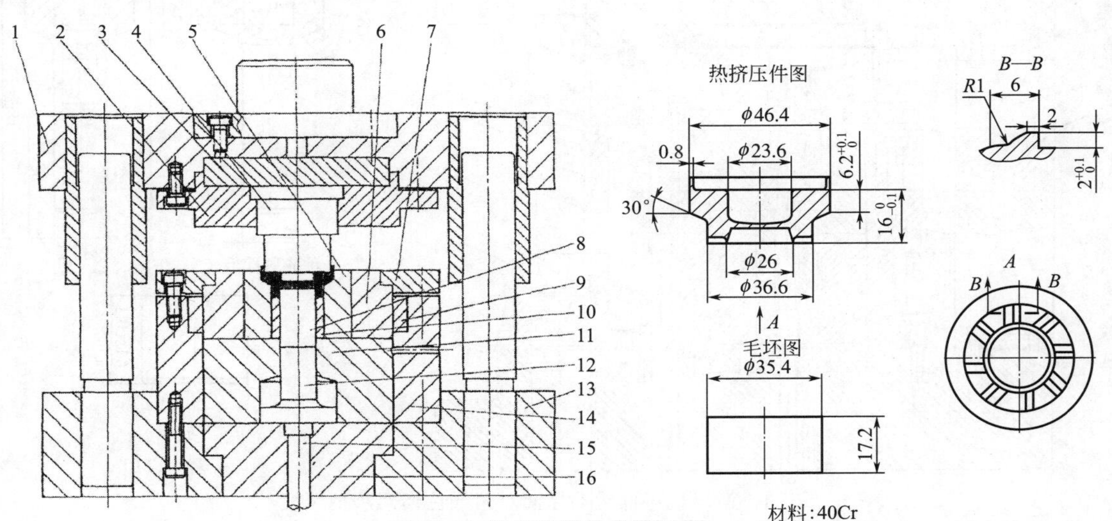

图 7-2 摩托车棘轮热挤压模

1—上模座；2—凸模固定板；3—凸模垫板；4—凸模；5—凹模内圈；6—凹模外圈；7—凹模压板；8—上顶杆；9—凹模调整圈；10—凹模内衬套；11—凹模垫圈；12—中顶杆；13—下模座；14—凹模定位圈；15—下顶杆；16—顶杆座

说明：图 7-2 所示为摩托车棘轮热挤压模。在线采用加热温度为 1000℃±10℃，热挤材料沿径向流动，充满模腔冲挤出齿型。属于径向热挤压成形。φ35.4mm×17.2mm40Cr 棒料，加热至 1000℃±10℃入模热挤。坯料放在顶杆 8 端面，合模挤压一模挤成。

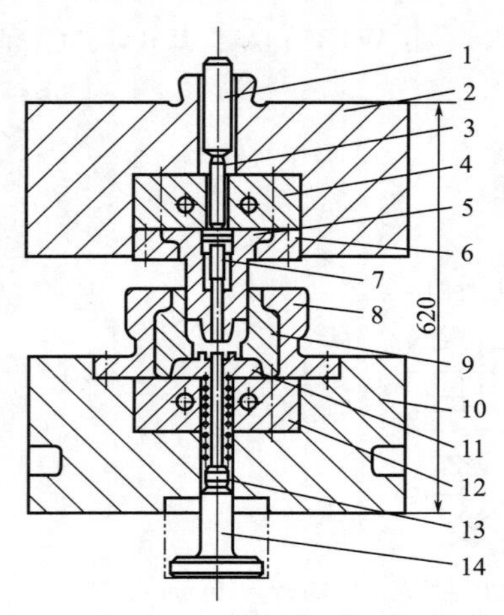

图 7-3　尾座热挤压成形模

1—打杆；2—上模板；3—推杆；4—垫板；5—上冲头；6—冲头固定板；7—上顶杆；8—凹模固定板；9—凹模；10—下模座；11—下冲头；12—垫板；13—下顶杆；14—顶出器

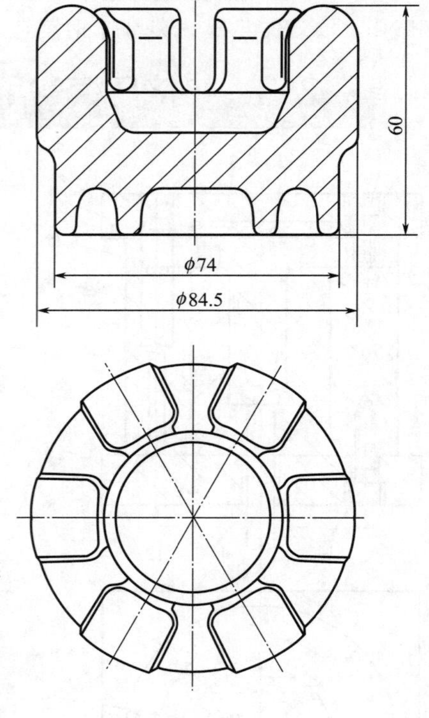

说明：图 7-3 所示为尾座热挤成形模。制件材料为 7A04 铝合金。毛坯质量为 0.64kg。在电阻炉内加热毛坯，热挤温度为（380～450）℃±10℃。

热挤时，毛坯首先发生正、反挤压变形，最后在模腔中进行封闭成形。由于毛坯体积总是稍有富裕，可能在上冲头 5 和凹模 9 之间形成纵向毛刺。因为热挤时工件既可能卡在上冲头 5 上，也可能卡在凹模 9 中，所以模具结构上设置有上顶杆 7 和下顶杆 13。

热挤时，利用专用的“U”形电热管预热锻模，预热温度不低于 180℃；采用二硫化钼加机油作模锻润滑剂。

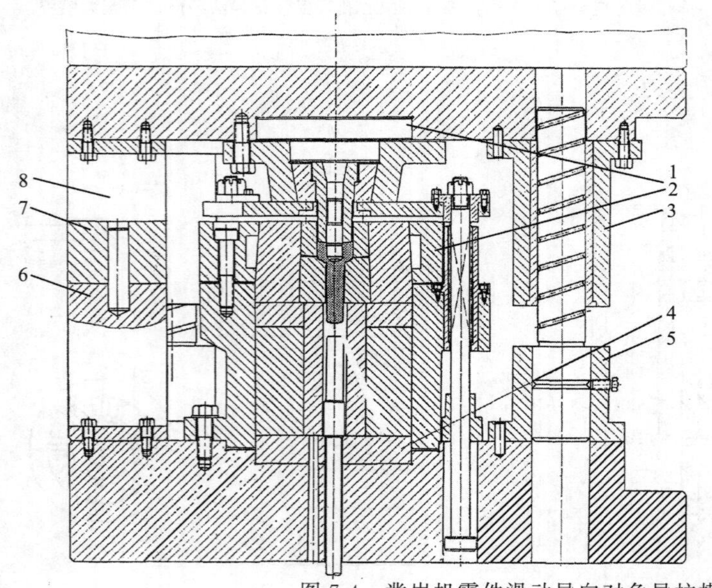

图 7-4　凿岩机零件滑动导向对角导柱模架热挤压模

1—尾柱；2—固定圈；3—加长导套；4—垫块；5—导柱座；6,8—限程块；7—调程垫块

说明：①本模具为在 1000t 液压机上用的挤压模，采用导柱导向。

②为了适用于冷挤压和温热挤压，凹模固定圈 2 设有冷却槽，使温热挤压时模具保持在一个比较稳定的温度范围内。

③模具装有限程块 6 和 8，以及调整垫块 7，以保证较精确的闭合高度。

④由尾柱 1 和垫块 4 作为基准，以确保对准中心。

⑤模具的四根导柱，借助于件 3 和件 5 的可调性（制造时），简化了模架的加工。

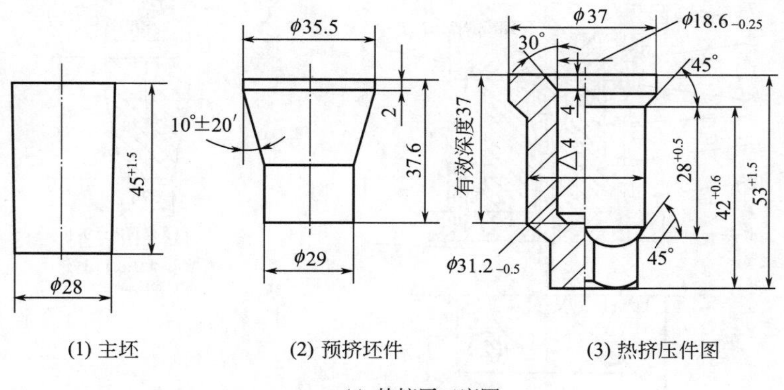

(a) 热挤压工序图

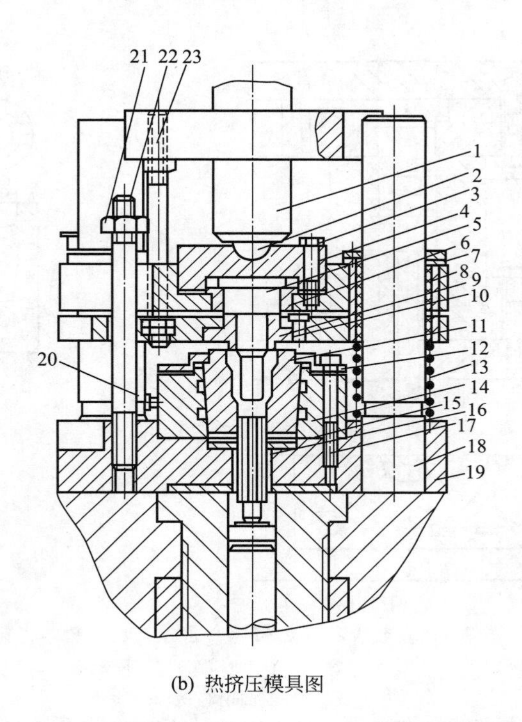

(b) 热挤压模具图

图 7-5 汽车轮胎螺母滚动导向滚珠对角导柱模架热挤压模

1—传力器；2—球面承力器；3,10,17—螺栓；4—压块；5—冲头；6—冲头固定器；7—滚珠导套；8—滚珠；9—凸模套；11—凹模；12—凹模压板；13—弹簧；14—预应力圈；15—垫板；16—顶杆；18—导柱；19—下模板；20—冷却水管；21—螺母；22—定位螺栓；23—拉杆

说明：图 7-5 所示为在 1000kN 摩擦压力机上热挤压汽车轮胎螺母所使用的模具。为了在精度较差的设备上挤压出精度较高的热挤压件，热挤模结构设计采用滚珠导柱、导套作为模具的导向装置，导向精度高；采用球面承力器 2，机床滑块仅起传力作用，滑块运动的不稳定性不会影响模具运动；采用刚度好、精度高的模架。采用组合凹模，凹模 11 用预应力圈 14 加强。如拥有更大吨位的压力机，特别是动态精度更高的机械压力机，则可实施温挤，甚至冷挤该零件。

热挤成形该制件的工艺过程：在冲床上用剪切模下料，35 钢毛坯尺寸 $\phi 28\text{mm}\times 45^{+1.5}_{0}\text{mm}$。加热毛坯经清除氧化皮，接着把毛坯预挤压成形如图 7-5(a)（2）所示的坯件，然后热挤压获得图 7-5(a)（3）所示的制件。

热挤压的变形过程包括正挤压、反挤压和最后镦粗凸缘。正挤四方头时的变形程度为 30%，反挤内孔时的变形程度为 36%。最大变形力发生在镦锻凸缘阶段，在 160t 冲床上挤压时测出的最大变形力为 80t 力（终锻温度为 800℃）。

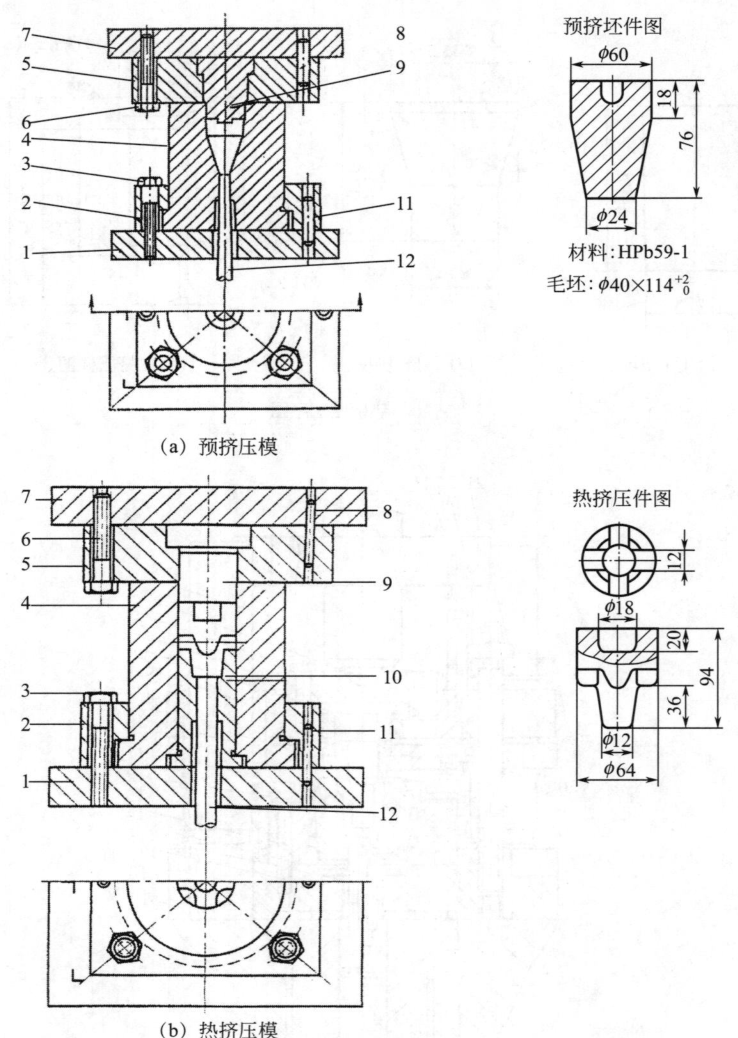

图 7-6　氧气表芯座热挤压（含预挤压）模（2 套）

1—下模座；2—固定环；3,6—六角螺钉；4—凹模筒；5—固定板；7—上模座；8,11—销钉；9—凸模；10—凹模芯；12—顶杆

说明：这类小型形状简单的有色金属热挤压件，热挤压力小，塑性好，易成形。模具都是闭式，与摩擦压力机上无毛边模锻用模具结构相同。最大难点是加热温度以及热挤时的实际温度。

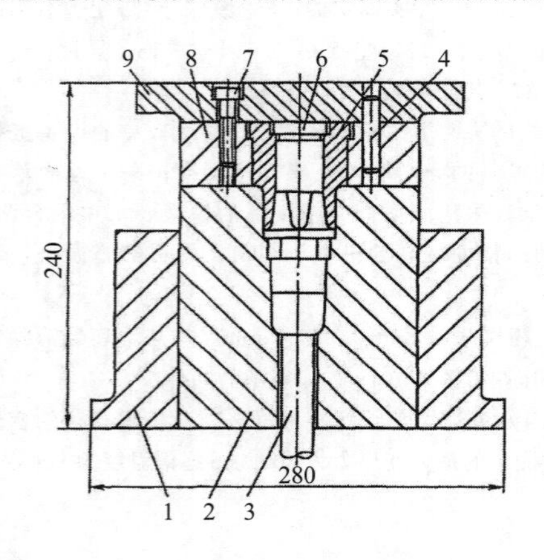

图 7-7　黄铜螺纹接头热挤压模

1—凹模座；2—凹模；3—顶杆；4—销钉；5—凸模；6—凸模嵌件；7—螺钉；8—凸模固定板；9—上模座

说明：图 7-7 所示为用 ϕ45mm×（90mm±2mm）黄铜棒，在电炉中加热至 780℃±10℃，放在图示闭口挤压模中，在 1600kN 摩擦压力机上，一次冲压热挤压成形。热挤压成形的制件，由顶杆 3 在压力机滑块回程上升的同时，将其顶出模腔。操作工手持夹钳夹住含有余热的制件，立即放入砂坑中，成堆冷却后，再转入切削加工。

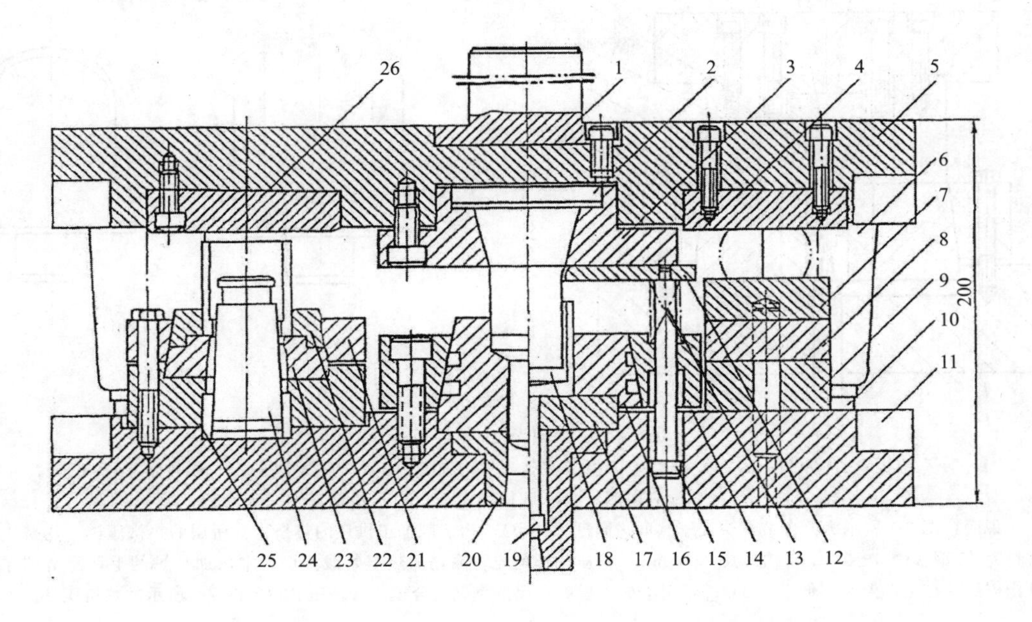

图 7-8　曲柄压力机用镦粗、挤压、冲孔三工位连续热挤压模通用典型结构

1—模柄；2—冲头垫板；3—冲头固定板；4—上砧板；5—上模板；6—导套；7—下砧板；8,17,26—垫板；9—调节垫板；10—导柱；11—下模板；12—卸料板；13—卸料弹簧；14—凹模预应力圈；15—卸料螺钉；16—凹模；18—冲头；19—顶杆；20—托环；21—凹模压板；22—定位环；23—冲孔凹模；24—活动冲头；25—漏板

说明：图 7-8 所示为在曲柄压力机上使用的多工位连续热挤压用的热挤压模实用典型结构。

7.2.4　温挤（温热挤）压模实用典型结构

温挤压也称温热挤压，具有热挤与冷挤两种挤压工艺优点而获得日益广泛而迅速的发展和推广应用。热挤的优点是将毛坯加热到材料再结晶温度以上，接近或达到其始锻温度，一般碳素结构钢，如 25～45 钢，都加热到 1000～1200℃，其塑性获得极大的提升，其抗压强度仅 60～70MPa，可以成形更复杂制件形状并可用更小吨位的设备挤压大型制件。热挤毛坯在挤压过程中的再氧化并产生氧化皮以及热挤压模温升高达 800℃以上，有些构件会软化而降低性能，如压力弹簧高度会降低，弹性会丧失，功能失效；温热挤压是将毛坯加热到材料再结晶温度以下，一般碳素结构钢如 25～45 钢，都视在线设备情况，多加热至 600～800℃，使材料抗压强度降至常温的一半或更多，仅为 200～250MPa。钢加热在 600℃不产生氧化，800℃以上开始出现氧化皮。在温挤模结构中采用压力弹簧，强化模具冷却，较少出现问题。温挤少氧化，制件精度与冷挤相当。因此温挤发展前景胜过热挤。冷挤无需加热设备，亦无环保问题。多数金属材料常温下强度高、塑性差，难以冷挤很复杂形状的制件，对冷挤设备承载能力、吨位等要求远高于温挤，故冷挤压也慢慢为温挤取而代之。但温挤的发展往往受设备条件等因素所限，各地区、各单位受传统习惯、投资、技术力量等条件之约，各不相同。

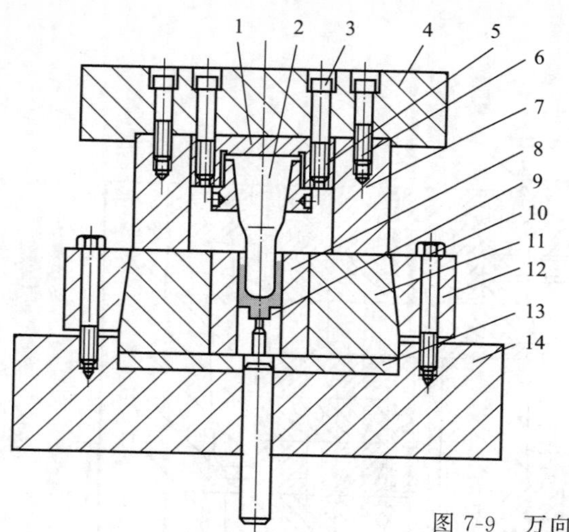

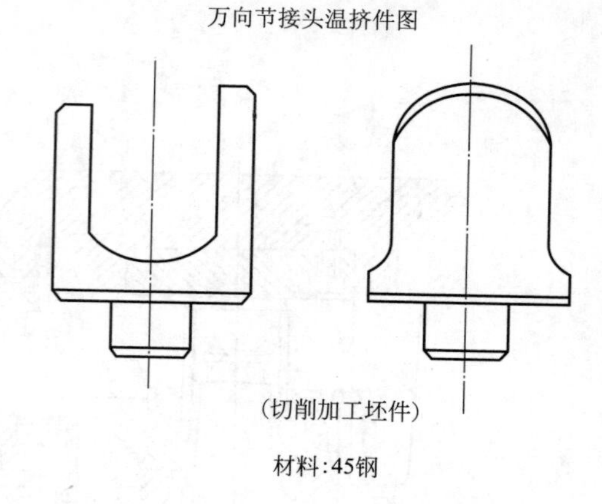

图 7-9 万向节接头温挤压模

1—冲头垫板；2—冲头；3,10—螺钉；4—上模板；5—固定圈；6—冲头固定器；7—限位器；8—凹模；9—顶杆；11—预应力圈；12—凹模固定板；13—垫板；14—下模板

说明：图 7-9 所示为万向节接头叉子（两边高度不一致），为切削加工供坯的热挤压件所用的热挤压模。热挤压件材料为 45 钢 $\phi33.6\pm0.1\text{mm}\times19.1\pm0.01\text{mm}$。挤压成形前先将毛坯加热至始锻温度。拿出加热炉的毛坯经清理除去氧化皮后，在毛坯温度不低于 850℃的情况下放入模腔，保持直立后合模复合挤压获得如图 7-9 所示的热挤压件。

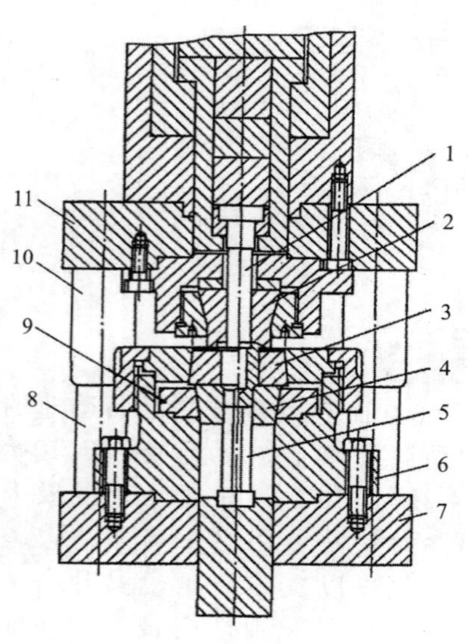

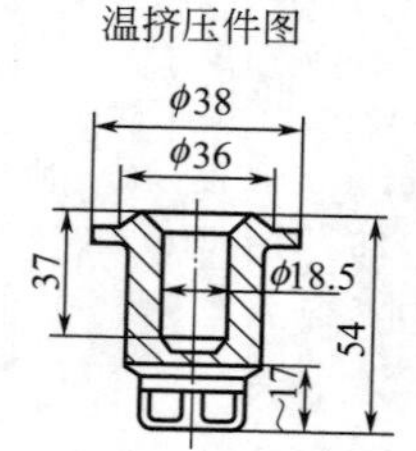

图 7-10 汽车轮胎螺母温挤压模

1—凸模；2—凸模组件；3—凹模；4—下凹模组件；5—顶件器；6—凸模座；7—下模座；8—导柱；9—下凹模座圈；10—导套；11—上模座

说明：汽车轮胎螺母可以热挤成形、温挤成形以及冷挤成形。选用何种挤压工艺，使用何种结构的挤压模，取决于挤压件的材料和在线拥有的挤压设备。通常是 35 钢材质的轮胎螺母采用热挤压；45 钢材质的轮胎螺母，要求精度高，承载能力更强，多用温挤；而冷挤多为 20 钢材质的轮胎螺母。采用不同挤压工艺，匹配的挤压模结构不同，使用的挤压设备各异。温挤汽车轮胎螺母，毛坯为 45 钢 $\phi25\text{mm}\times$（$52.5\text{mm}\pm3\text{mm}$），通常用电炉加热至 950℃±10℃。为防止过长毛坯挤压中产生纵弯，先在 500kN 的压力机上镦挤获 $\phi28\text{mm}\times42\text{mm}$ 的鼓形毛坯，再送入凹模腔一次挤压成形。

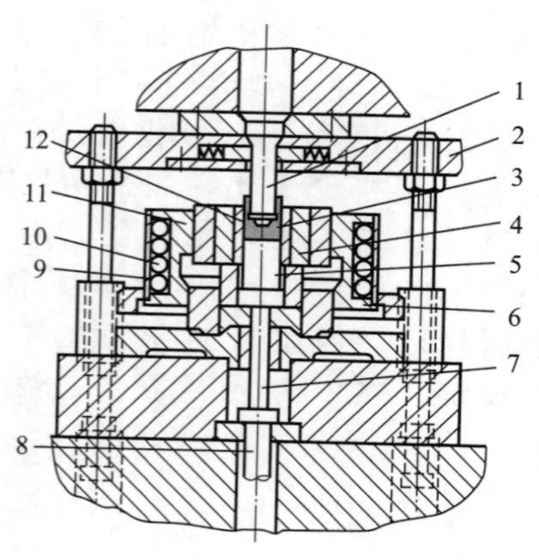

图 7-11 套筒组合凹模式反挤压成形的温挤模实用结构

1—凸模；2—卸料器；3—工件；4,11—预应力圈；5—凹模顶块；6—夹持圈；7—顶出销；8—顶出器；9—金属套；10—加热器；12—凹模

说明：图 7-11 所示的挤压模凹模是承载较大的温挤模凹模，特别是冷挤模的凹模经常采用的典型结构形式。该温挤模凹模采用这种三层预应力圈的组合式凹模，不仅承载能力大幅度提高，而且也能保证模具稳定工作并提高挤压件的精度。

该模具中还设置有加热器 10，也可通压缩空气冷却模具，使其工作温度稳定在设定范围内。

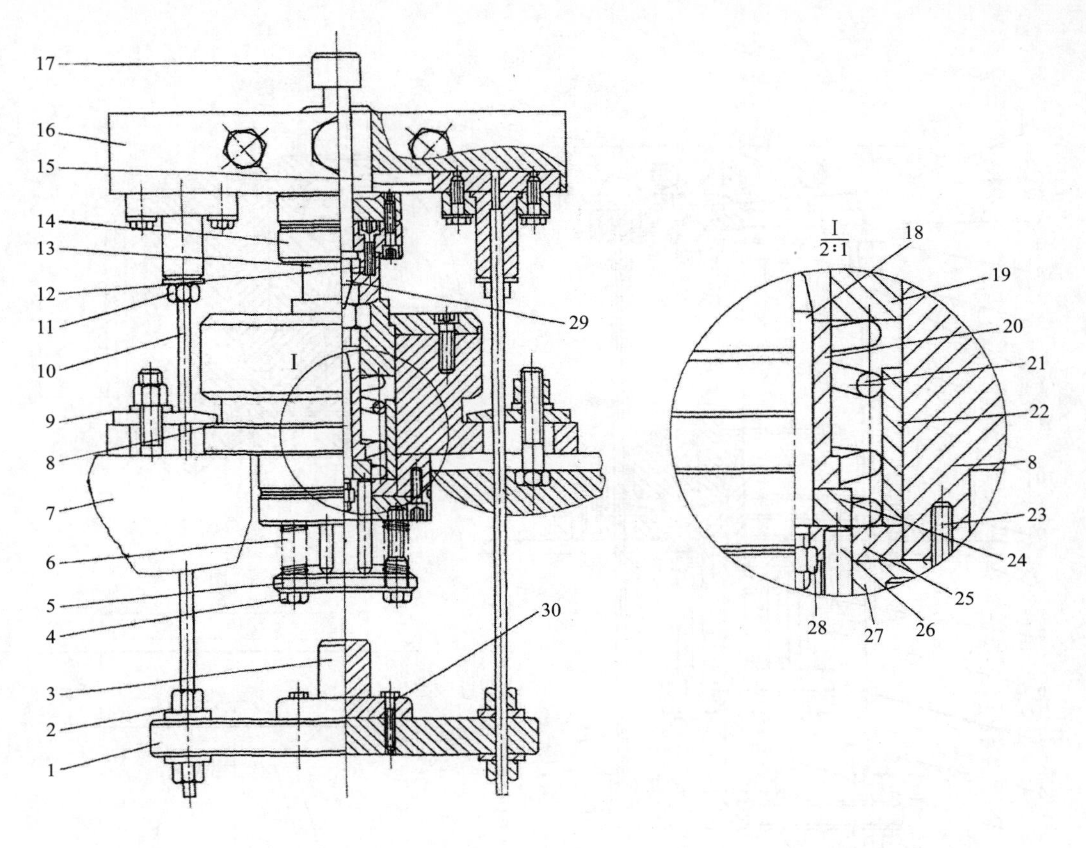

温热挤压件图

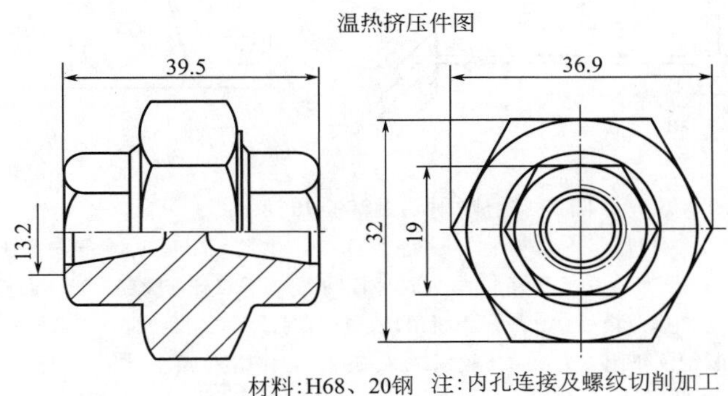

材料:H68、20钢 注:内孔连接及螺纹切削加工

图 7-12　二通管道螺母接头温热挤压模

1—拉板；2,28—螺母；3—下顶柱；4—限位螺钉；5—下顶板；6—弹簧；7—压力机床身；8—模框；9—压板；10—拉杆；11—拉杆连接器；12,23—内六角螺钉；13—凸模；14—上模固定板；15—模柄；16—压力机滑块；17—打杆；18—凹模芯；19—凹模；20—推管；21—大弹簧；22—限位圈；24—顶板；25—固定板；26—顶杆；27—模框底板；29—凸模芯；30—螺钉

说明：如图 7-12 所示为二通管道螺母接头温热挤压模。

工作时，毛坯放入凹模 19 的上口内后，上模下行，当凸模 13 内的凸模芯 29 下行碰到坯料后，退缩到固定的位置上，给坯件让出一些空间，使上凸模与下凹模重合成整体模腔，此时上凸模压着下凹模继续下行，与凹模芯 18 形成相对运动挤压坯料，直到碰到限位圈 22 停止挤压，制件挤压成功。然后压力机滑块开始返回，带动拉杆 10、拉板 1、下顶柱 3 上升，当下顶柱 3 上升顶起下顶板 5 时，因下顶板与顶杆、顶板、推管相接触，所以随着压力机滑块上升也同时上升。此时下模芯在弹簧的反作用下不动，所以上升的推管可将压制件先从下模芯上分离，然后再从下模中推出。如果这时压制件粘在上凸模上，在压力机滑块返程结束前，可由压力机打料装置打动上模打杆 17 推动凸模芯 29 将压制件从上凸模内推出。

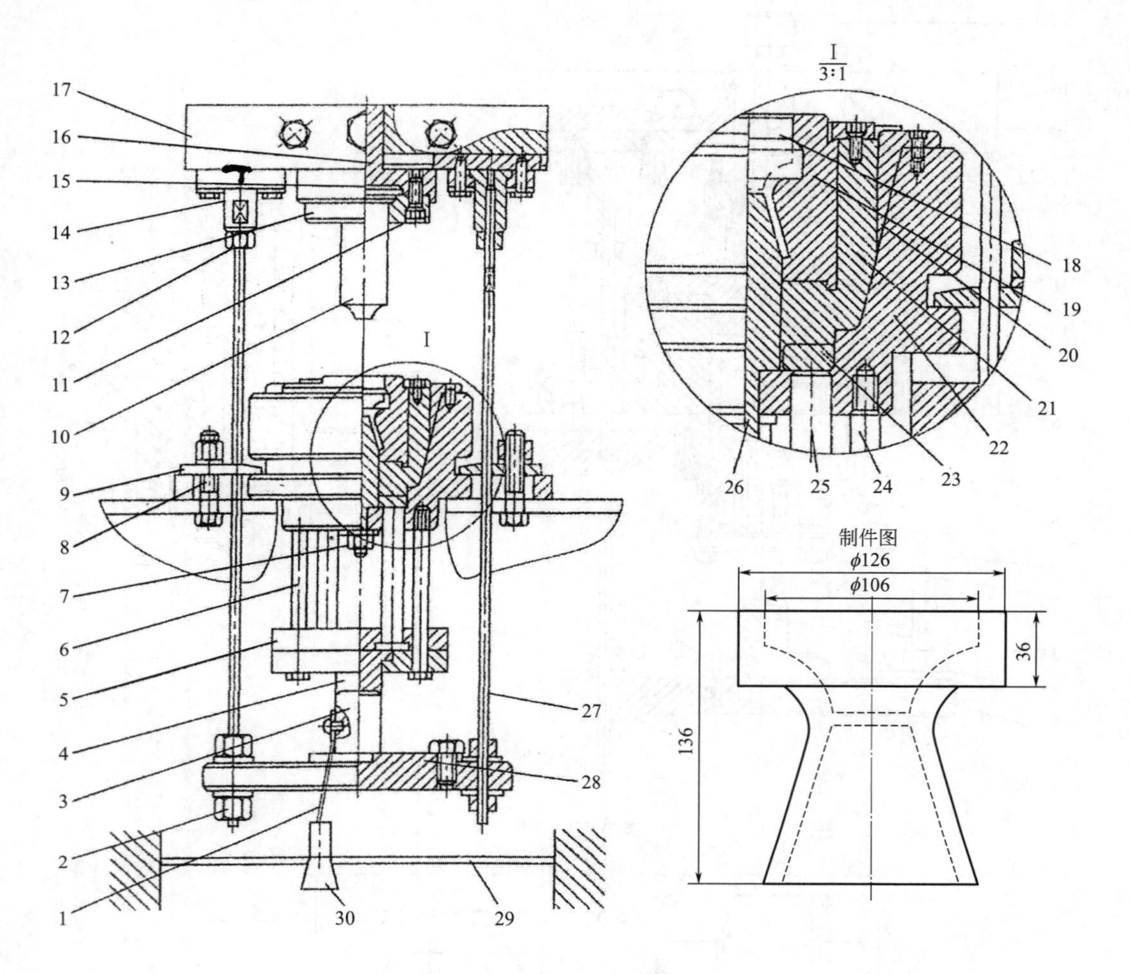

图 7-13 喷射器温热挤压模

1—链条；2,7,12—螺母；3—下顶柱；4—下顶杆；5—顶杆固定板；6—导向螺杆；8,11—螺钉；9—压板；10—凸模；13—凸模固定板；14—拉杆连续座；15—凸模垫板；16—上模座兼模柄；17—压力机滑块；18—制件（喷射器）；19—凹模；20—蝴蝶块；21—凹模座；22—下模框；23—顶圈；24—限位螺栓；25—顶杆；26—下模芯；27—拉杆；28—拉板；29—踏脚板固定轴；30—踏脚板

说明：如图 7-13 所示为喷射器温热挤压模。

根据制件体积，所需毛坯为普通结构钢 Q235A，质量为 4.32kg，毛坯外形为 ϕ105mm×64mm，模具存料部分深 75mm。工作时，坯料放入凹模 19 模口内后，开动压力机，滑块带着上模连同拉杆 27、下顶柱 3、拉板 28 一起下行，下行一段距离后，原来并靠在下顶杆 4 的下顶柱 3 在拉簧（图中未示出）的作用下复位并与下顶杆对直，此时上模继续下行，直到完成挤压工作。

上模回程，凸模 10 从制件 18 中拔出，下顶柱 3 顶起下顶杆 4、顶杆 25、顶圈 23 托着下模框 22 内的凹模座 21、凹模 19 上行，并沿着蝴蝶块 20 逐渐分开，此时因下模芯 26 是固定的，制件在上行的凹模夹持下从下模芯中拔出，当压力机滑块停止时，凹模完成分模，操作者便可从模腔中取出压制件。然后踩下踏脚板拉开下顶柱 3，下顶杆 4 失去支撑，连同凹模、凹模框、顶圈等在自重的作用下下滑到限位螺栓 24 复位，此时，分开的凹模又闭合，模具恢复原状又可重新工作。

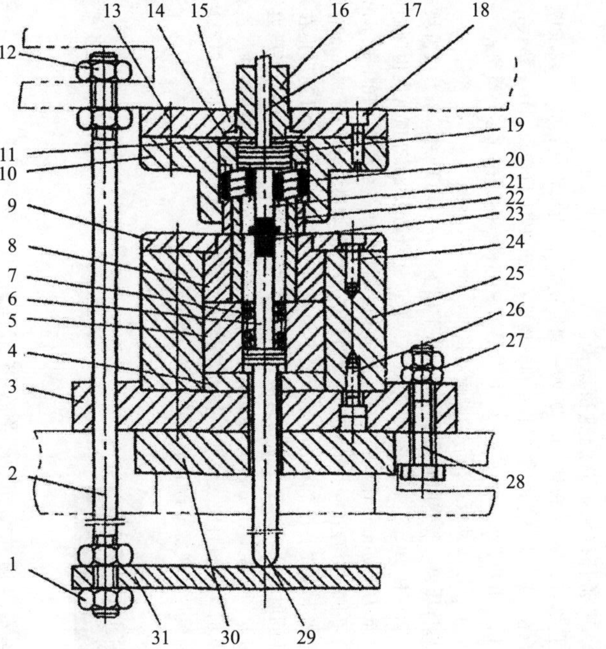

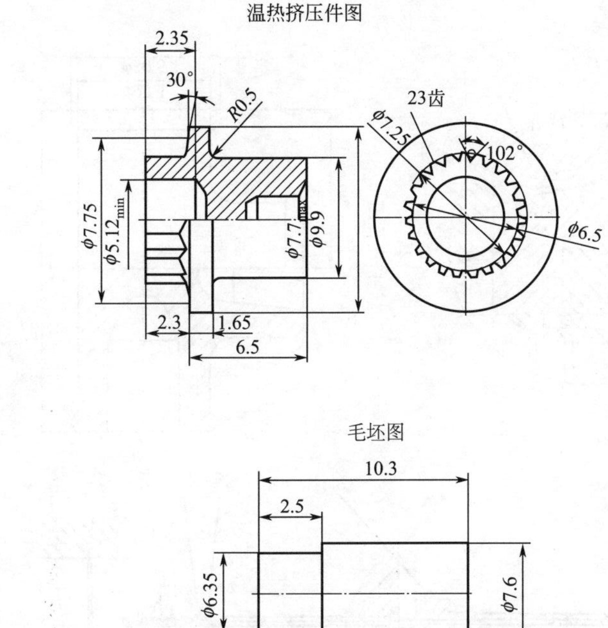

图 7-14　23 齿自锁铆螺母温热挤压模

1,12,27—螺母；2—拉杆；3—下模座；4—下垫板；5—支撑垫；6—下顶杆；7,20—弹簧；8—组合凹模；9—盖板；10—上模固定套；11—支撑块；13—圆柱定位销；14—衬套；15—上模座；16—模柄；17—打杆；18,24,26—螺钉；19—上垫块；21—上顶杆；22—组合上冲模；23—制件；25—下模框；28—六角螺栓；29—大顶杆；30—衬板；31—拉板

说明：如图 7-14 所示为 23 齿自锁铆螺母温热挤压模。制件材料为 GH738 高温合金。挤压毛坯见毛坯图。

①由于零件是在上、下模腔内成形，因此该模具在压力机上安装时，必须用专用工装辅助，保证上、下模正确校正对中。

②工作时，采用加热器对毛坯进行加热，加热至再结晶温度以下后，毛坯放入组合凹模型腔内，上模下行，组合上冲模 22 压住毛坯料，随着上模的继续下行，毛坯在上、下模型腔的作用下被挤压变形、成形。上模回程，与压力机滑块连在一起的拉杆 2 带动拉板 31、大顶杆 29、下顶杆 6 等将挤压件顶出组合凹模，如果挤压件还留在上冲模内，可利用压力机滑块打件机构和模具中的打杆 17 将制件打下。

③该模具组合上、下模型腔部分采用硬质合金材料加工而成。上模平均寿命为 2.5 万件，下模平均寿命为 4 万件。模具选用大于 125t 曲柄压力机或大于 100t 双柱或四柱液压机。

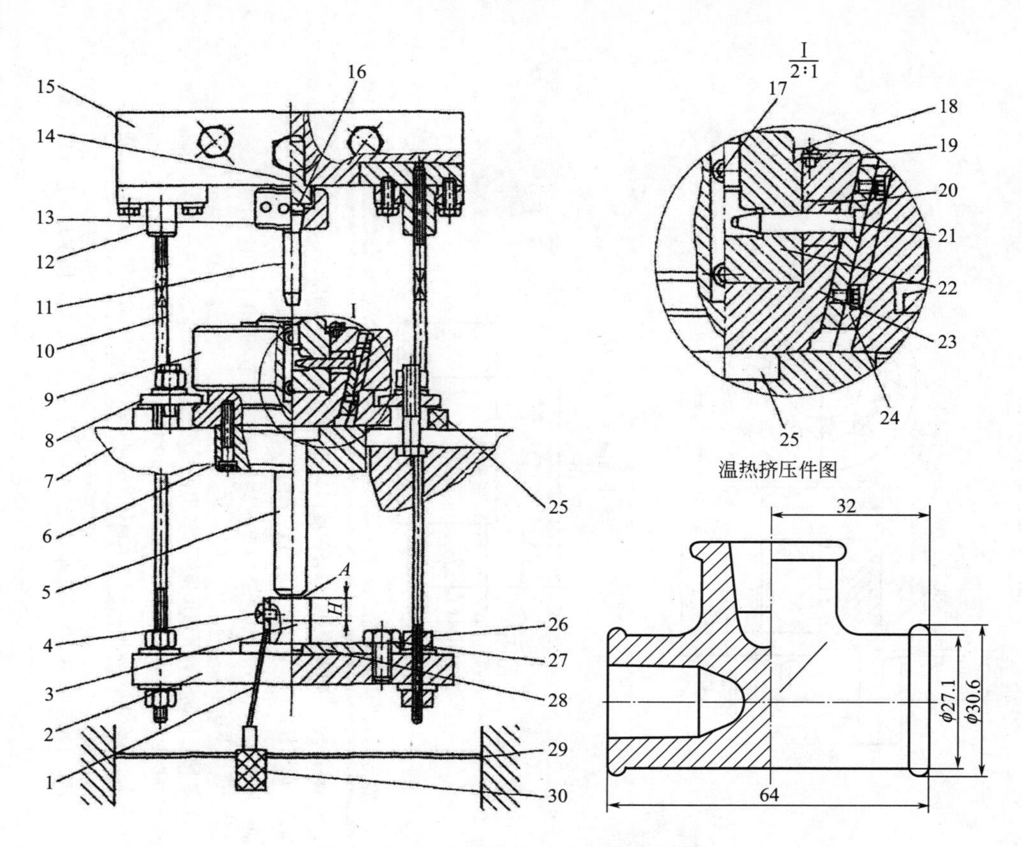

图 7-15　三通管接头抽芯温热挤压模

1—链条；2—下拉板；3—下顶柱；4—链条连接螺钉；5—下顶杆；6,19,27—螺钉；7—压力机台面；8—下框压板；9—下模框；10—拉杆；11—凸模；12—拉杆连接器；13—凸模紧固套；14—模柄；15—压力机滑块；16—垫块；17—凹模斜滑块；18—凹模压紧圈；20—抽芯滑块；21—抽芯；22—凹模；23—凹模框；24—抽芯斜滑块；25—垫块；26—螺母；28—下顶柱活动板；29—踏脚板连接轴；30—踏脚板

说明：如图 7-15 所示为三通管接头抽芯温热挤压模。工作时，先将坯料放入下模模腔，启动开关，压力机滑块连同上模下行，在上模下行的同时，压力机滑块带动拉杆 10、下拉板 2、下顶柱 3、下顶柱活动板 28 等顶出机构开始向下运动，其中下顶柱 3 的顶面（A 面）向下活动量 $H=65$mm 时，平靠在下顶杆 5 边的下顶柱 3 在拉簧（图中未示出）的作用下摆脱与原来下顶杆成平行的状态，并与下顶杆对直在同一轴线上，此时，压力机滑块继续向下行 85mm 时压力机完成一次行程，压力机滑块开始向上回程，当下顶柱上行 85mm 时，顶起下顶杆、下模座，此时上升的下模在斜滑块作用下开始逐渐分开，并带动抽芯平衡滑块同时上升，抽芯在抽芯斜滑块的作用下，从压制件内抽出，当压力机行程回复上始点时，压力机完成了一次冲压，分开的下模高出下模框，操作者即可用钳子从下模内取出压制件。然后踏动踏脚板，链条拉开下顶柱与下顶杆分离，此时，下顶杆失去支撑，连同下模座、下模、抽芯滑块、抽芯斜滑块、抽芯在自重的作用下同时下滑并复位，复位后的模具又恢复重新工作。

7.2.5　冷挤压模实用典型结构

(1) 冷挤压模的结构特点

① 模架粗壮，模座厚实，模具整体刚度大，能承受冷挤超强压力，不变形。

② 冷挤模制造精度是所有挤压模中最高的，一般为 IT8 级甚至更高。在正常情况下，冷挤模制造精度要比其冷挤件精度高 2 级。

③ 冷挤模工作零件，主要是冷挤凸模和凹模工作表面粗糙度 Ra 值要很小，一般要求 $Ra\leqslant 0.2\mu m$。

④ 为提高凹模强度，防止产生纵向裂纹，对于冷挤变形大的冷挤凹模，多采用预应力

组合凹模。

⑤ 为防止凹模在模腔台阶和断面变化大的转角处产生横向裂纹甚至断裂，常采用上、下分体组合的凹模。即凹模分上、下两层组合成一体。

(2) 冷挤压模的结构类型

按冷挤工艺的具体冷挤方法，冷挤压模可分为：

① 镦挤成形的冷挤模，见图 7-16；

② 正挤成形的冷挤模；

③ 反挤成形的冷挤模；

④ 复合挤压成形的冷挤模。

以下按上述分类展示各类冷挤压模的实用典型结构。

① 镦挤成形的冷挤压模，见图 7-16～图 7-26。

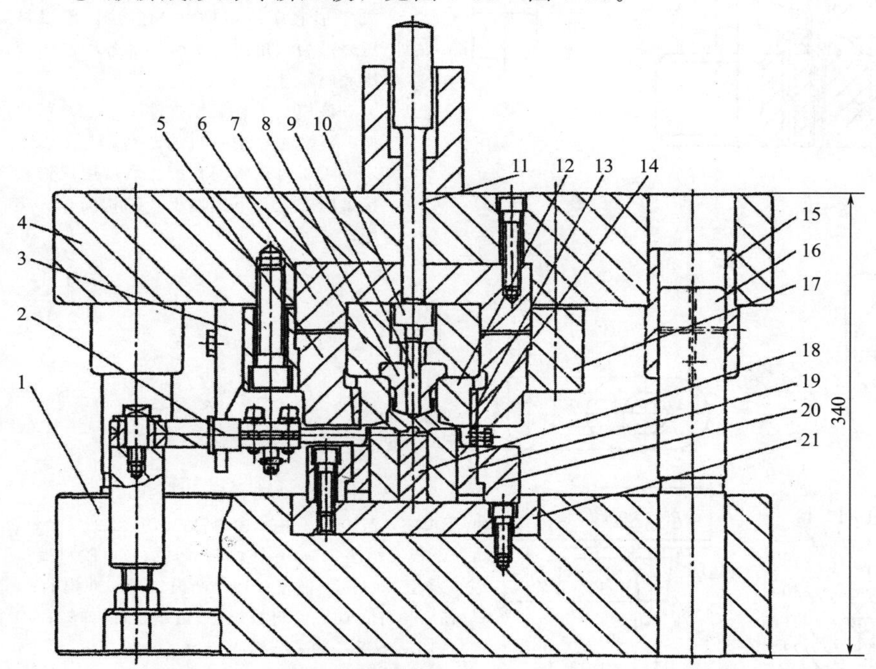

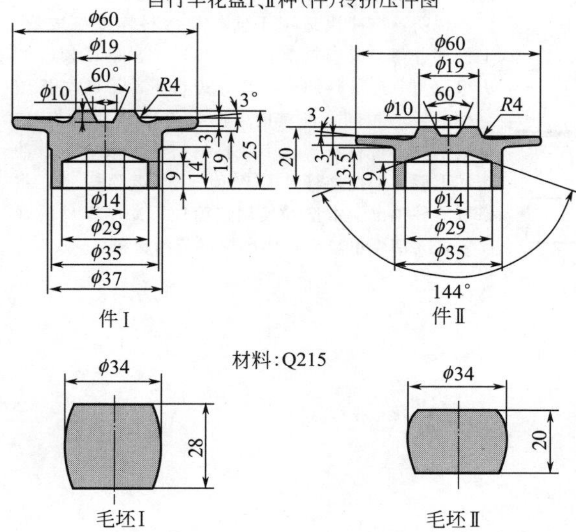

图 7-16 自行车花盘冷挤模

1—下模座；2—夹钳机构；3—斜楔；4—上模座；5—凹模外套；6—上垫块；7—上凸模座；8—上凸模；9—型芯；10—芯垫；11—打棒；12—上凹模；13—凹模套圈；14—左、右定位板；15—导套；16—导柱；17—外圈压套；18—下凹模；19—下外套；20—下模圈；21—下垫板

说明：如图 7-16 所示为用于自行车花盘的复合冷挤压成形模。

该模具利用夹钳机构 2 将毛坯钳到下凹模 18 上的定位板 14 内，上模下行，斜楔 3 将夹钳撑开，使其离开凹模，以免与上模碰撞。下凹模 18 采用分体组合结构，可避免应力集中；上凹模 12 与凹模外套 5 组成两层预应力组合凹模，其间还装有薄壁的凹模套圈 13，它的内壁为直筒形，可简化件 12 外壁的加工。

该模具也可简化不用夹钳机构，以适用于小批量生产。

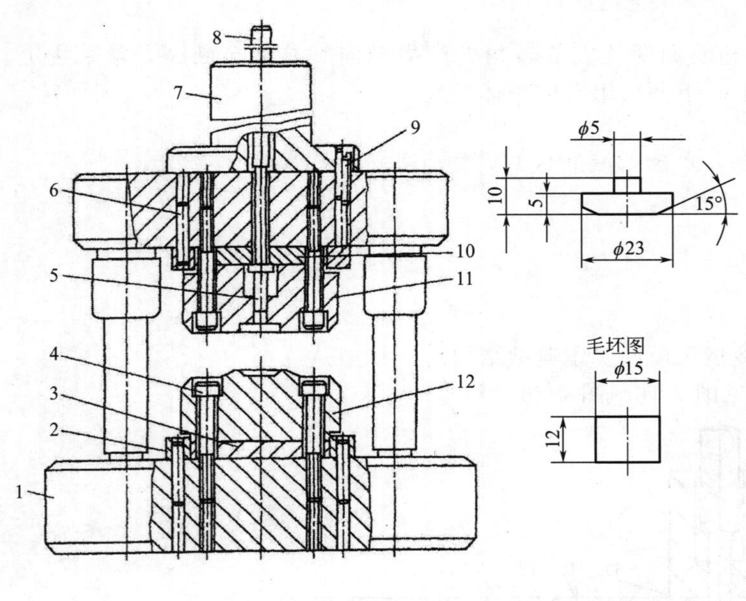

图 7-17 晶体管底座冷挤模

1—对角导柱厚模座通用模架；2—定位圈（上、下模各 1 件）；3—下垫板；4,9—螺钉；5—推件器；6—圆柱销；7—模柄；8—打杆；10—上垫板；11—上模；12—下模

说明：图 7-17 所示为晶体管底座冷挤模。该冲模闭式模腔镦挤 ϕ15mm×12mm 黄铜毛坯，将其长度由 12mm 挤压为 10mm 使制件变成截锥顶、细柄 T 字形，截锥顶经镦挤使其直径达到 ϕ23mm，实现径向挤压。

利用该模具将圆饼状金属毛坯挤压成 T 形底座或更换件 11、12，可以挤压外形为六角的、菱形的等各种晶体管用底座零件。

该模具上、下模（件 11、12）可更换，装配时利用各自的凸台，与上、下定位圈 2 内孔精密相配，然后用螺钉直接紧固在上、下模座上，结构简单、实用，装拆十分方便。

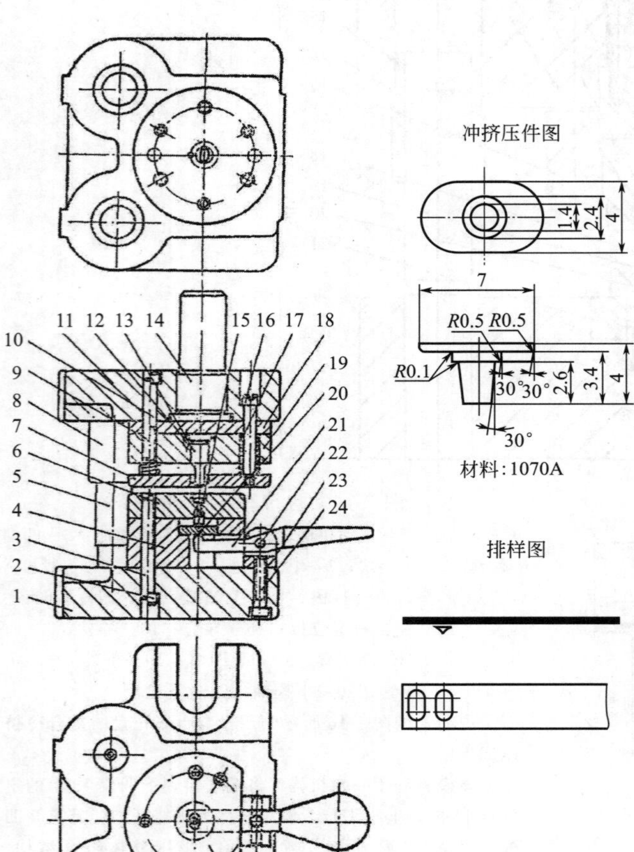

图 7-18 轴身座冲挤模

1—下模座；2,10,24—内六角螺钉；3,9,12,22—销钉；4—下模支承座；5—导柱；6—凹模；7—脱料板；8—导套；11—上模座；13—凸模；14—冲模柄；15—顶杆；16—脱料板螺钉；17—压缩弹簧；18—垫板；19—凸模固定板；20—顶板；21—杠杆；23—杠杆支架

说明：该冲模适用于软条料落料连冷挤成形。上模部分与一般板料落料模一样，下模的凹模 6 的刃口也与一般落料凹模一样，刃口下部形状与挤压零件的外形相同。冲挤时，凸模将条料冲裁落料、继续下冲将材料挤薄，多余材料挤入型模成形。冲床回上后，手按杠杆 21，经顶板 20 至顶杆 15，将挤好零件顶出。本型冲模制造简便，冲制零件的强度大，光洁度也较高，生产快，节约材料。

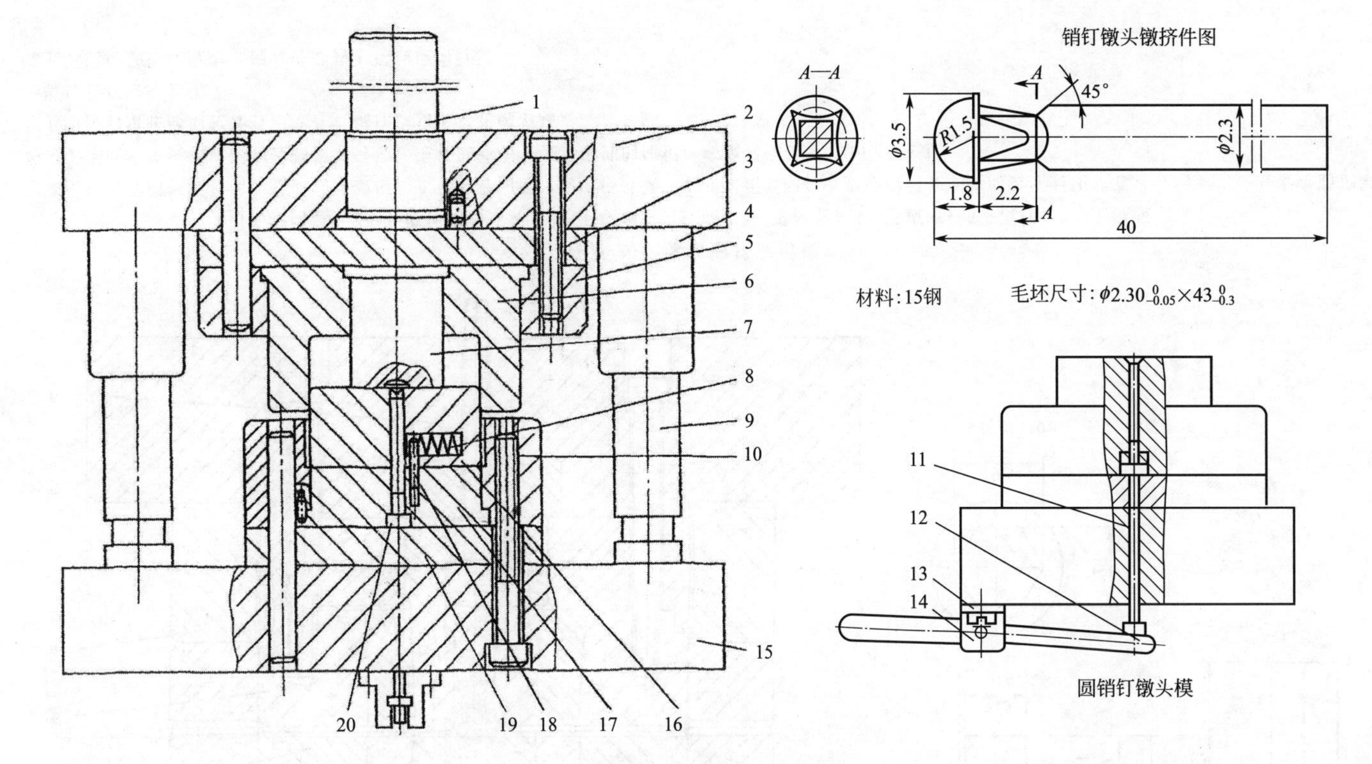

图 7-19　销钉镦头模

1—模柄；2—上模座；3—上垫板；4—导套；5—固定板；6—凹模夹圈；7—凸模；8—弹簧；9—导柱；10—凹模套圈；11—顶杆；12—撬杠；13—螺钉；14—支架；15—下模座；16—拼块凹模（4件）；17—凹模垫板；18—圆柱销；19—下垫板；20—小顶杆

说明：图 7-19 所示销钉镦头模。用规定标准线材按工艺文件要求切断成毛坯要求长度备用。此例方颈圆头销钉使用图示镦挤模。其运作过程如下：

工作时，将毛坯插入凹模 16 内，上模下行，凹模夹圈 6 夹紧拼块凹模 16，上模继续下行，直到凸模与凹模上平面接触，使制件头部冷镦成形。上模回升，凸模 7 离开凹模面，凹模夹圈也随之与凹模脱离，由四件组成的拼块凹模在弹簧 8 的作用下松开 0.5mm，操作者可压。

该镦挤模是实用典型结构。当为普通标准型圆销钉镦头时，可采用图 7-19 右下角所示圆销钉镦头模。模架及上模芯都可以通过不用另行设计与制造。

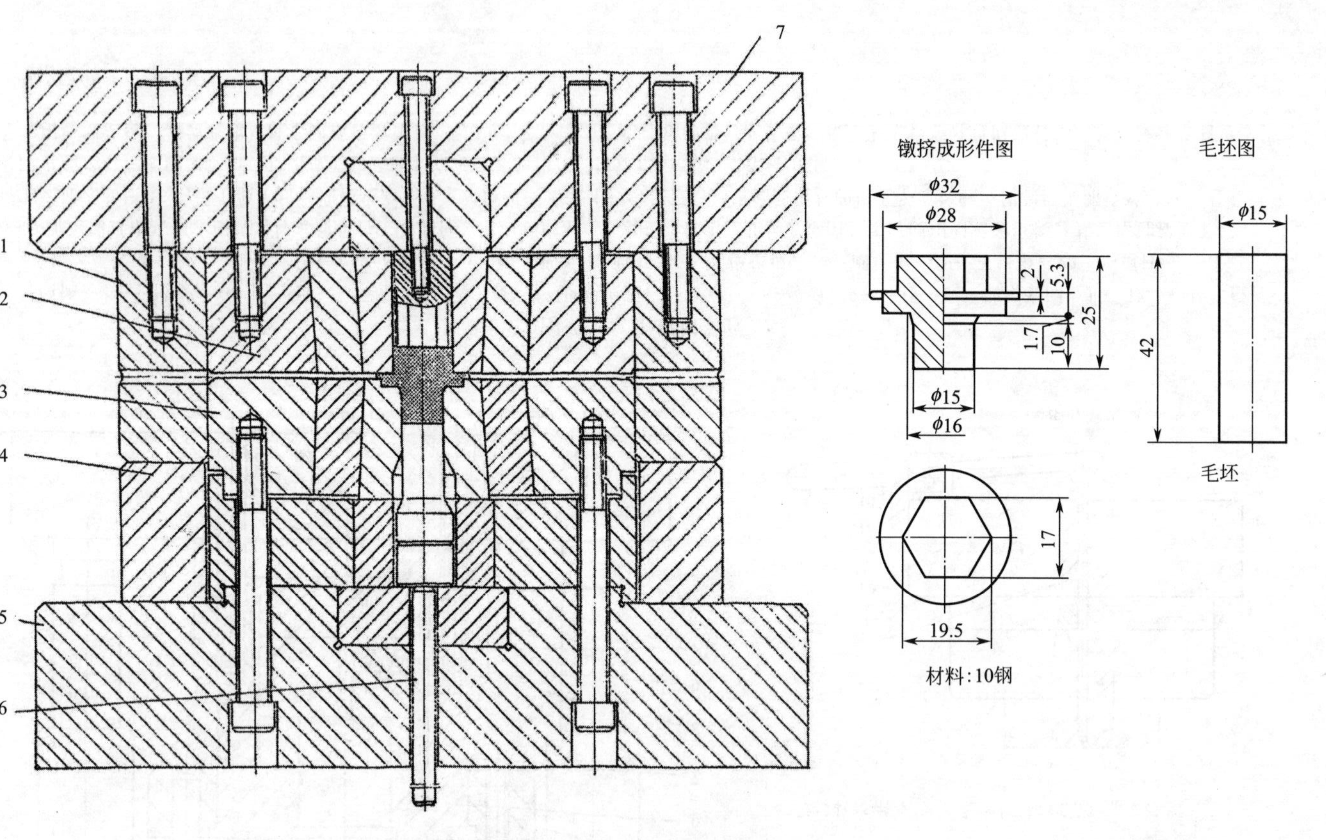

图 7-20 螺塞镦挤成形模

1—导向套；2—上模预应力外套；3—下模预应力外圈；4—限位套；5—下模座；6—顶杆；7—上模座

说明：①该模具为采用模圈导向套导向的冷镦模。工作时导向套 1 与下模外圈 3 之间采用滑配合。整个模具在工作时处于封闭状态，导向套 1 还起安全防护罩的作用。

②为了保证六角头部成形和提高模具寿命，毛坯的体积要大于零件的体积，多余料变成厚 2mm 的飞边。

③上凹模六角底部型腔开有出气孔，确保六角头部轮廓清晰。

④模具装有限位套 4。

⑤上下模均采用预应力结构，件 2 为上模预应力外套。

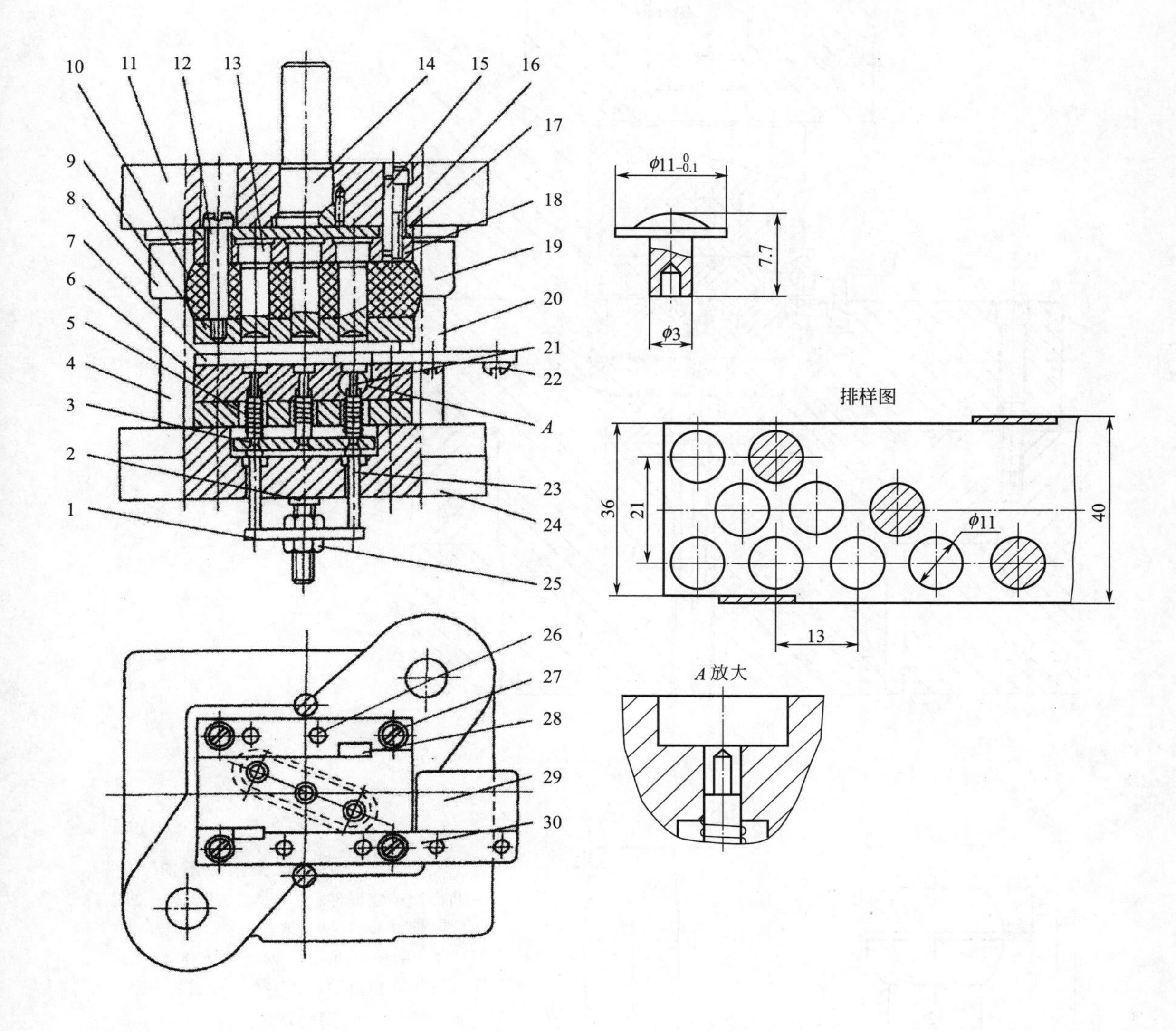

图 7-21　铝铆钉落料、挤压模

1—支板；2—拉杆；3—连接板；4,20—导柱；5—弹簧；6—凹模；7,30—导料板；8,19—导套；9—卸料板；10—橡胶；11—上模座；12—卸料螺钉；13—凸模；14—模柄；15,26—圆柱销；16,22,27—螺钉；17—垫板；18—固定板；21—芯轴；23—顶杆；24—下模座；25—螺母；28—侧刃；29—承料板

说明：如图 7-21 所示为铝铆钉落料兼镦挤挤压模。采用对角导柱导向模架，在普通压力机上使用。制件采用交叉三排、侧刃定距冲裁。冲压过程是条料经凸模与凹模的作用后先是落料，在上模继续下行过程中落料片被镦粗挤压成形。上模回程时，制件通过拉杆 2、支板 1 使顶杆 23、连接板 3、芯轴 21 上升顶出模面。

该模具结构紧凑、生产效率高。但模具维修较麻烦，如有一件有问题会影响其他件的修理。

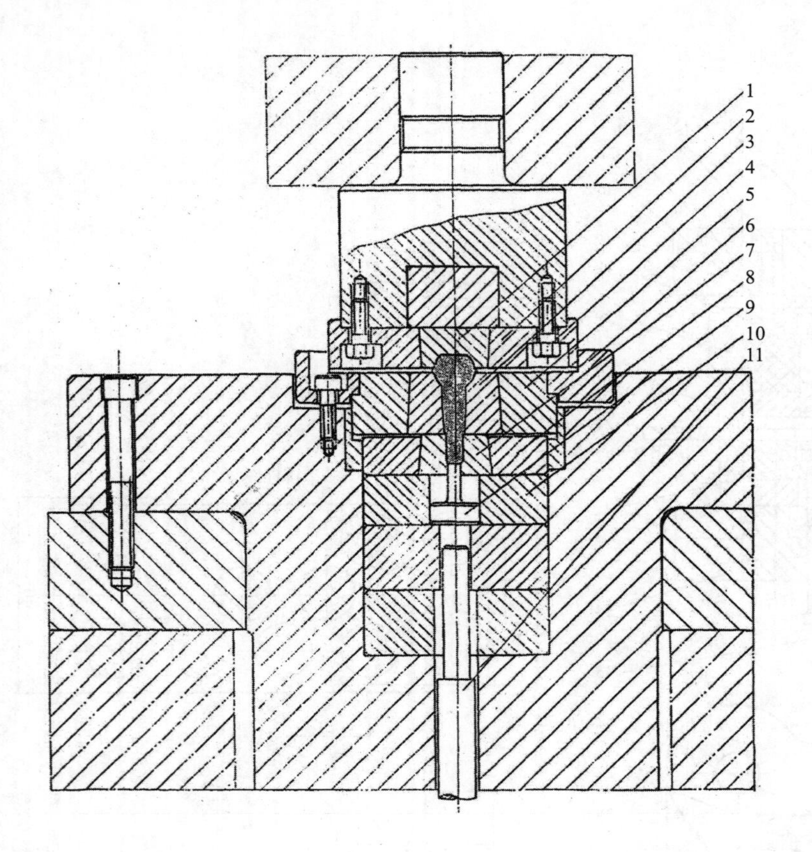

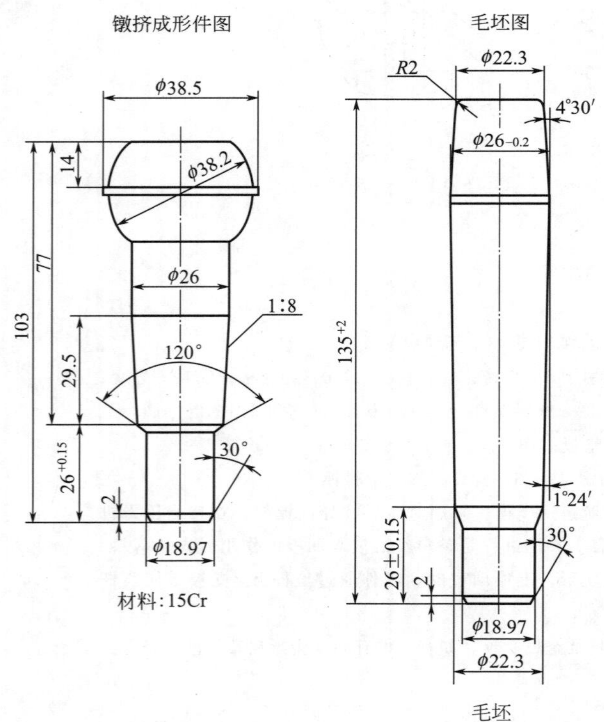

图 7-22　汽车球头销冷镦模

1—凸模型腔镶嵌件；2—固定压圈；3—凹模；4—螺钉；5—凹模套圈；6—紧固环；7—凹模垫块；8—凹模垫块外套；9—顶出杆；10—空心垫板；11—顶杆

说明：①该模具属于模圈导向套导向的冷镦模。件 2、6 之间采用滑配合。

②下凹模采用上下层分体结构，由 3、7 两件组成。

③上、下凹模 1、3、7 分别采用圈 2、5、8 施加预应力。

④飞边在上、下凹模 1 与 3 之间形成。

⑤通过顶杆 11 与顶出杆 9 将工件顶出。

⑥上模用螺钉 4 固定，件 10 为垫板。

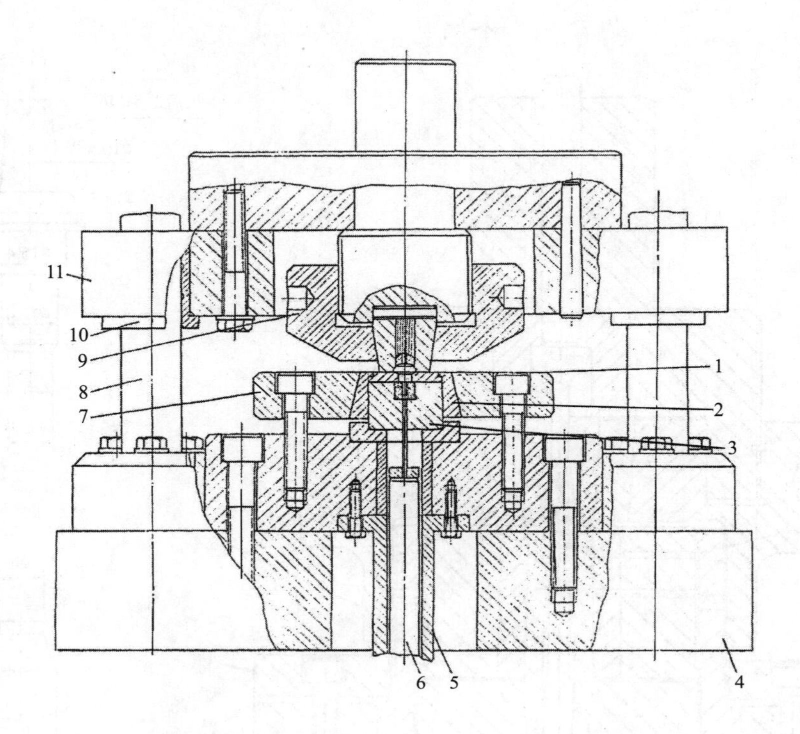

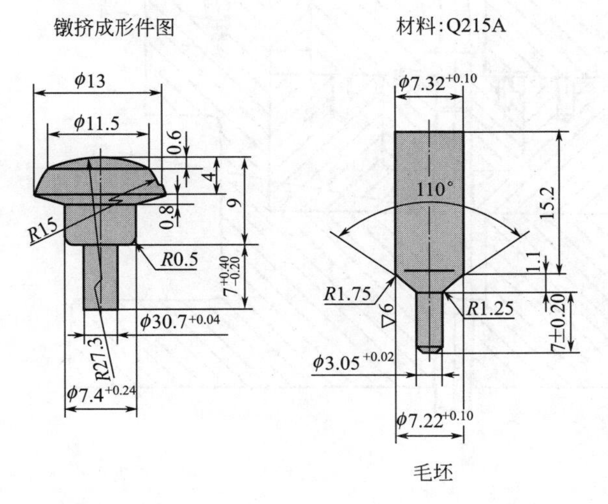

图 7-23　后盖压脚螺钉冷镦模

1—分体式凹模；2—凹模套圈；3—凹模芯体；4—下模座；5—套管；6—顶杆；
7—凹模压板；8—导柱；9—凸模卡圈；10—导套；11—上模座

说明：①本模具为冷镦模，将工件头部镦粗。

②凹模采用横向分体结构，由件 1、3 组成，件 3 上镶以硬质合金 YG20。

③件 2 为弹簧夹头，亦称凹模套圈。

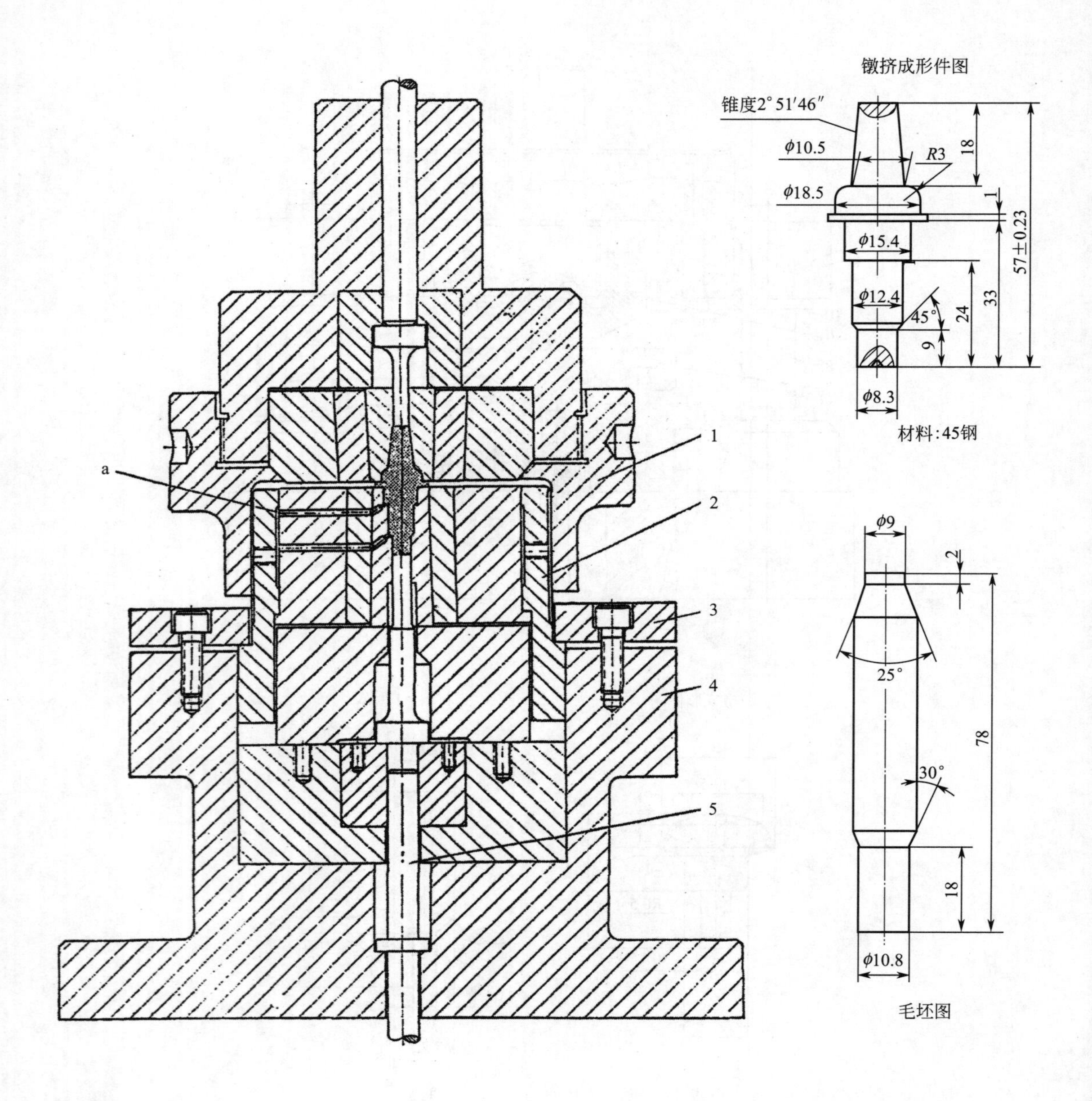

图 7-24 电钻转轴冷镦模

1—上凹模固定圈导向套；2—下凹模外圈导向圈；3—压板；4—下模座；5—顶杆

说明：该冲模为封闭式导筒结构，操作简单且安全。操作者仅需迅速将毛坯直立插入凹模中心孔中，即可合模镦挤成形，一次到位完成制件。冲模开启顶杆将工件自动顶出模而不会滞留模中。该模具结构特点：

①本模具属于模圈导向套导向的冷镦模，采用上凹模固定圈 1 与下凹模外圈 2 进行导向。

②下凹模开有出气孔（如 a 所示），便于工件成形。

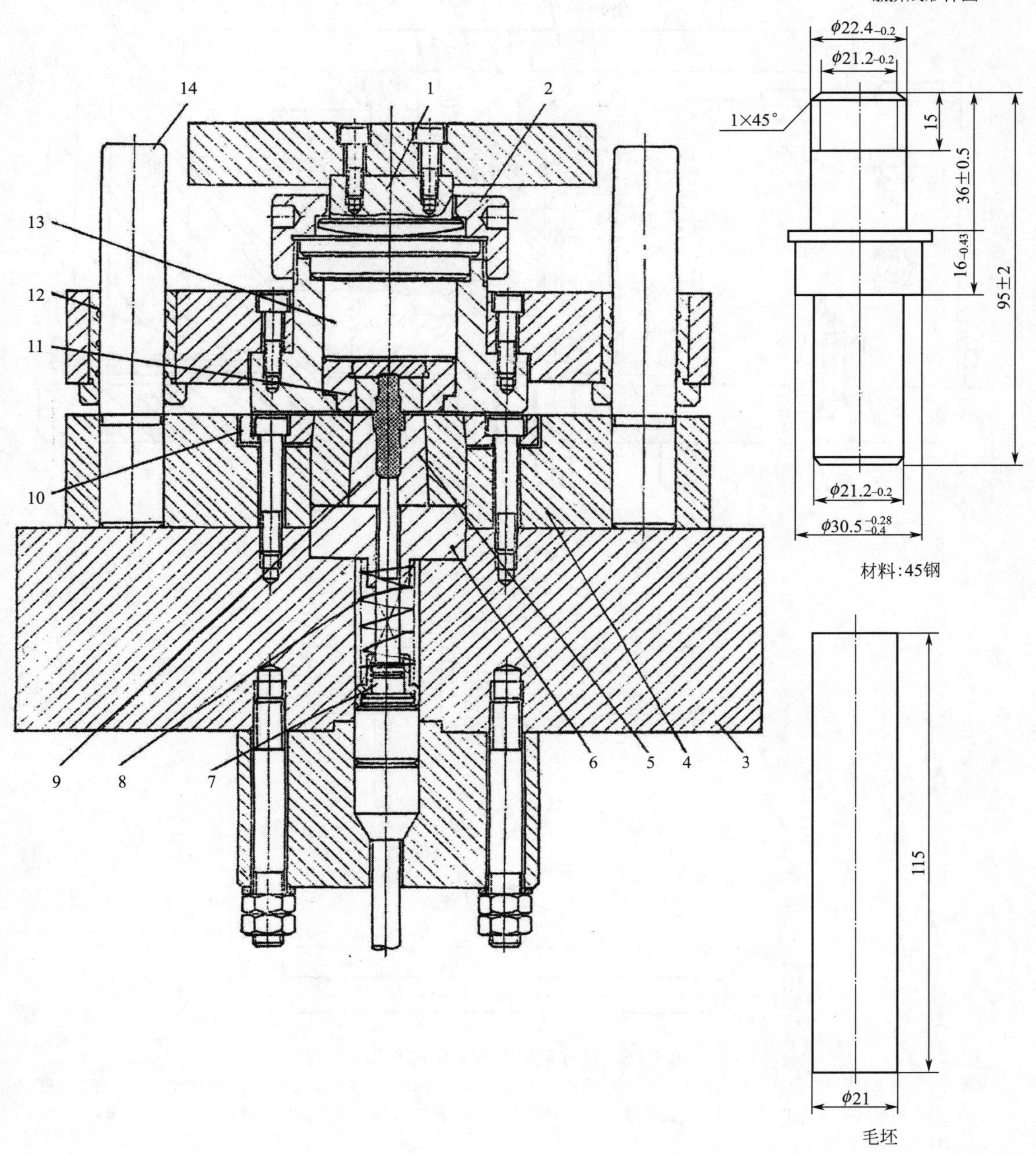

图 7-25　拖拉机转轴冷镦挤模

1—浮动模柄；2—螺纹压环；3—下模座加厚垫板；4—下模座；5—下凹模芯；6—座中心垫；7—顶杆芯座；8—弹簧；9—下凹模芯；10—下凹模压板；11—上凹模组件；12—导套；13—上凹模座；14—导柱

说明：该冲模采用浮动模柄，采用导板导柱模架组合导向，使该冲模具有很好的动态精度，可以完全摆脱使用压力机动态精度差，影响模具镦挤精度，该镦挤模主要特点：

①该模具属于导柱导向的冷镦模，采用浮动式模柄。

②下模设有顶出器，顶出器用弹簧复位。

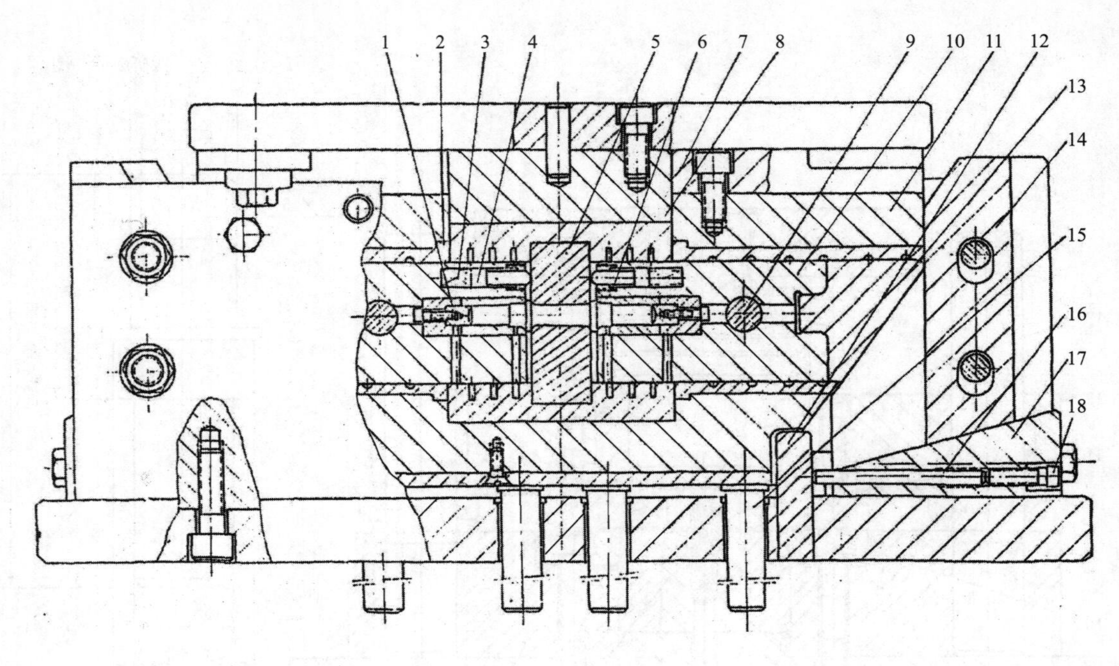

镦挤成形件图

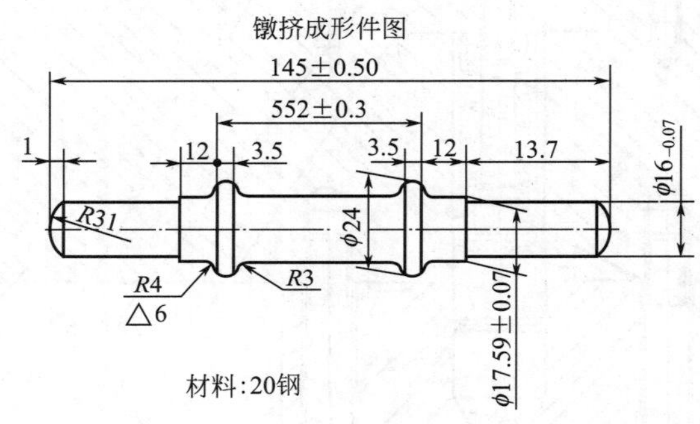

毛坯图

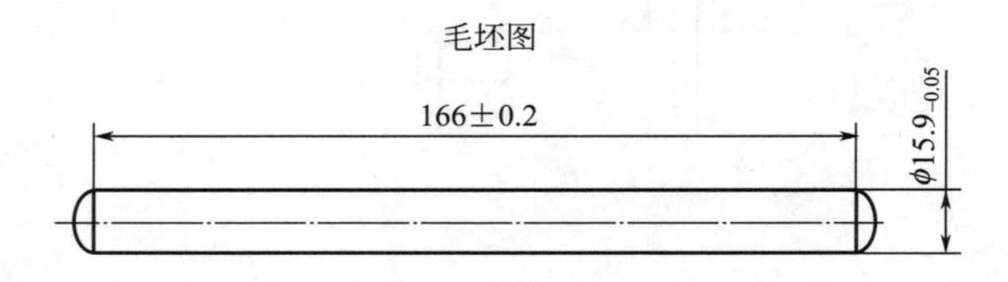

图 7-26　自行车中轴水平轴向冷镦模

1—模芯；2—滑套；3—弹簧；4—卸件销；5—凹模；6—凹模芯；7—凹模座；8—上模座；9—卸件柱；10—左右动模；11—动模座；12—挡块；13—动模垫块；14—大斜楔；15—顶杆；16—顶销；17—斜块；18—调节螺钉

说明：该模具结构要点：

①本模具为水平轴向冷镦模。

②凹模 5 为水平剖分式，将中间部分金属夹紧。在滑块作用下，使上模座 8、凹模座 7、凹模 5 连同动模座 11 一起向下运动，依靠动模垫块 13 与大斜楔 14 的斜面将动模 10 在滑套 2 内向模具中心运动，使凹模芯 6、模芯 1 将金属局部镦粗成形。为使中轴凸台充填良好，凹模芯 6 开有出气孔。

③为了将工件中部夹紧，通过四根顶杆 15 与压力机气垫相连。成形后靠气垫将凹模复位。

④卸件柱 9 回程时将左右动模 10 复位，使工件脱出凹模。

⑤为了防止工件卡在凹模 5 上，在动模 10 上装有弹簧 3、卸件销 4，将工件卸下。

⑥为调节动模原始位置，在斜块 17 上装有顶在挡块 12 上的顶销 16、调节螺钉 18。

② 正挤压成形的冷挤模，见图 7-27～图 7-38。

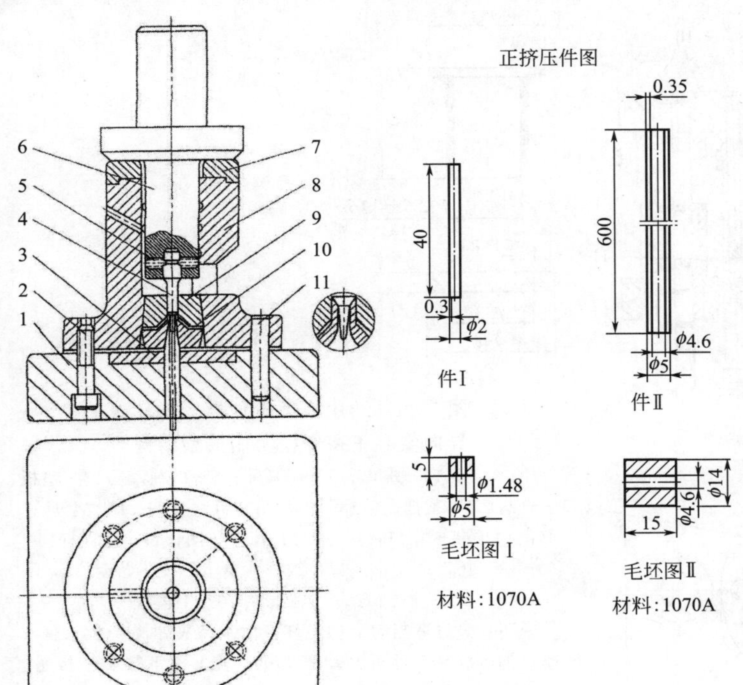

图 7-27 小直径挤管模

1—下模座；2—内六角螺钉；3—垫板；4—凸模；5—固定螺钉；6—导轴；7—定位套；8—导套；9—上凹模；10—下凹模；11—销钉

说明：该冲模是正挤模，适用于冲挤材料较软、薄壁、细长管形的零件。

凸模 4 固定在导轴 6 内，为便于研磨，故凹模由上下两凹模 9、10 组成与导套 8 的斜面压配合，并高出导筒下平面少许，以便螺钉越拉斜面配合越紧。定位套 7 是限制凸模最下的位置，导轴的外形以导套的内圆作导向，凸模 4 与凹模 9 也有导向作用。

操作时，先夹被冲件，由导套窗口放入凹模内，凸模下冲，将材料挤压向下，可挤成很细、很薄、又很长的管子。

该冷挤模各零件都是圆形，同轴度与垂直度要求较高。

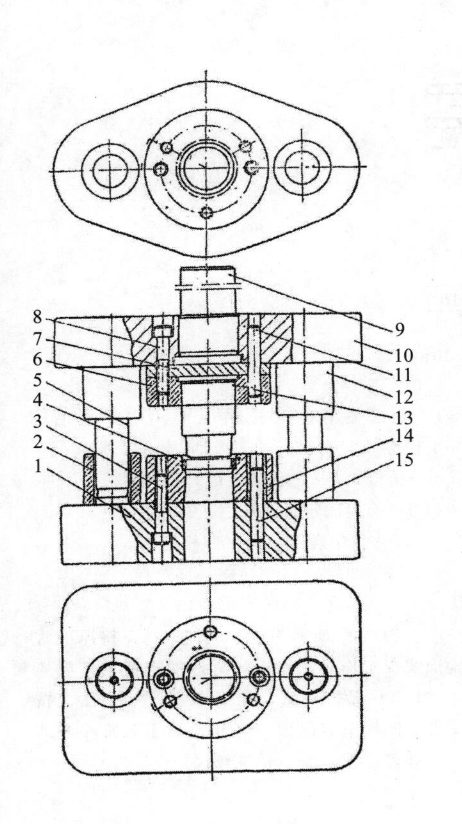

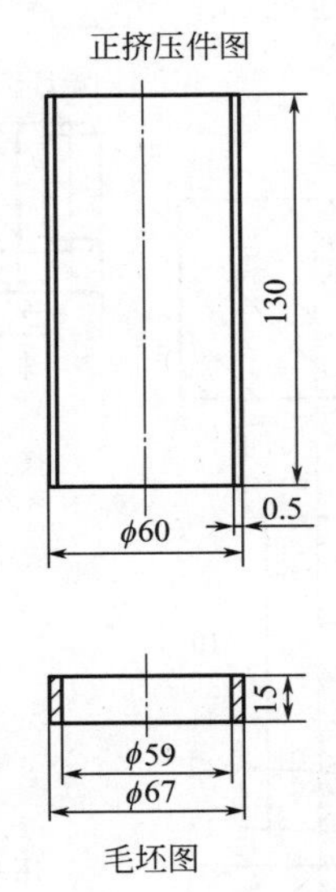

图 7-28 大直径挤管模

1—下模座；2—定程套；3,8—内六角螺钉；4—凹模；5,12—导套；6—凸模固定板；7—垫板；9—冲模柄；10—上模座；11,15—销钉；13—凸模；14—销套

说明：本型为冷挤管模，适用于挤压直径较大、管壁较厚的圆筒形零件。

结构很简单，凸模 13 固定在凸模固定板 6 内，凸模端部的导向部分比被冲件高度长出少许，以便在零件挤压时起导向作用，不致使零件有弯曲现象，凹模 4 固定于下模座 1 上。

操作时，将浸过润滑液的坯件放入凹模孔内，凸模下降时，导向部分穿过被冲件的孔，与凹模下部的孔组成所需间隙，材料受压便从间隙挤出成形，定程套 2 为防止凸模与凹模相碰用。

制造及装配时，各零件必须保持很好的同轴度，否则将使冲制出的零件产生弯曲及壁厚不均匀的现象。

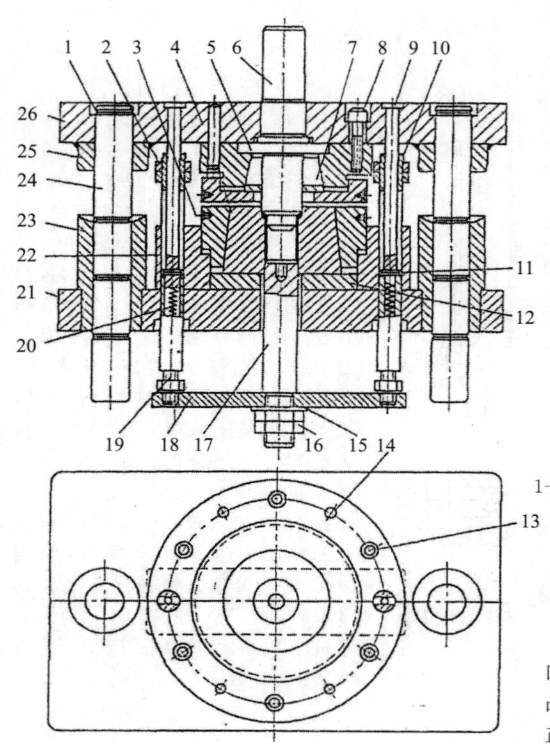

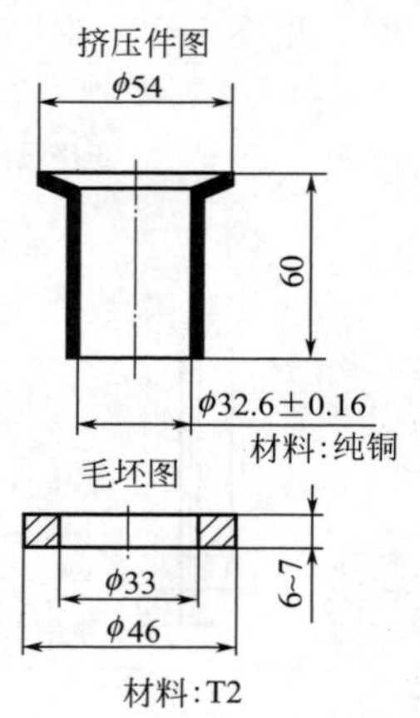

图 7-29　通用模架导柱导套滑动导向空心正挤压模实用典型结构

1—卡环；2,16,19—螺母；3—压紧环；4—凹模；5,12—垫板；6—模柄；7—紧把；8,13—内六角螺钉；9,22—螺纹套环；10—弹顶装置；11,14—销钉；15—垫圈；17—顶件杆；18—托板；20—弹簧；21—下模座；23—导套；24—导柱；25—加强圈；26—上模座

说明：经过适当润滑的毛坯，由手持夹钳夹持放入件 4 凹模口部，放平后即可开动压力机，使上模下行实施挤压。凸模头部与毛坯内径相等，有很好的导正定位作用。当完成正挤压后，模具开启，顶件杆 17 会随上模回程上升，将挤好的工件从凹模件 4 中顶出。

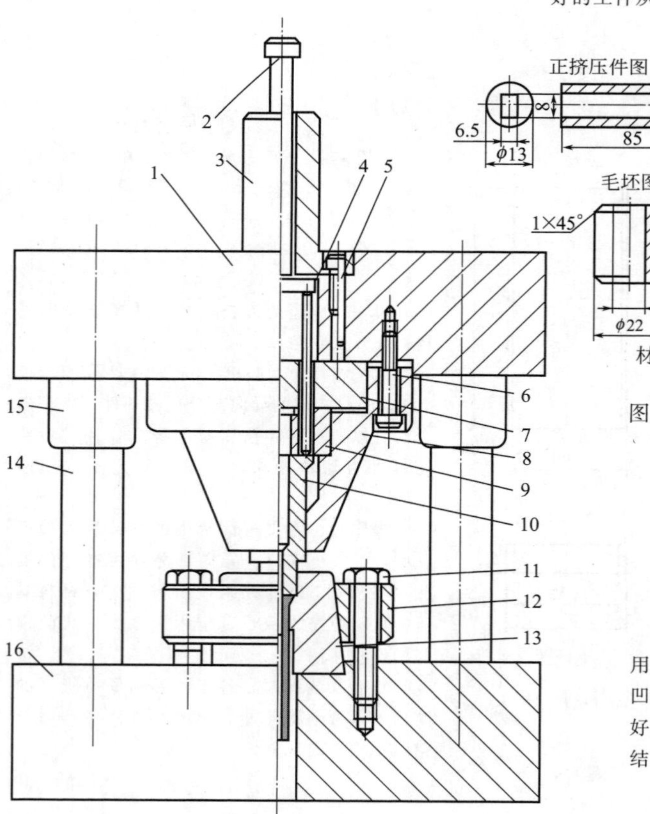

图 7-30　矩芯套管空心正挤压模实用典型结构

1—上模腔；2—打杆；3—模柄；4,6—螺钉；5—销钉；7—中心垫板；8—固定座；9—凸模固定板；10—正挤压模；11—六角螺钉；12—凹模压板；13—凹模；14—导柱；15—导套；16—下模座

说明：图 7-30 所示为空心毛坯进行正挤压的常用结构形式。工作时，先将润滑好的定型毛坯放入凹模 13 口部并保持平直，而后即可开始挤压。挤好的工件在凹模下方出模。该冲模属于通常顺装式结构，用导柱模架，挤压精度较高。

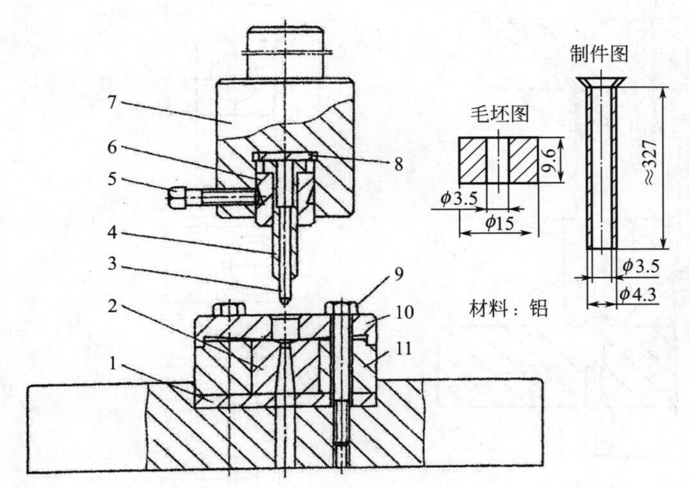

图 7-31　铝管敞开式无导向正挤压模

1,8—垫板；2—凹模；3—型芯；4—凸模；5—紧定螺钉；6—套筒；7—上模固定座兼模柄；9—螺钉；10—定位板；11—凹模固定板

说明：如图 7-31 所示为铝管敞开式无导向空心正挤压模。

毛坯放入定位板 10 内定位，上、下模对准精度全靠压力机滑块精度保证。

挤压生产时，可连续作业，当挤压第二件时，将第一件从下模漏料口挤出，因此生产效率较高。

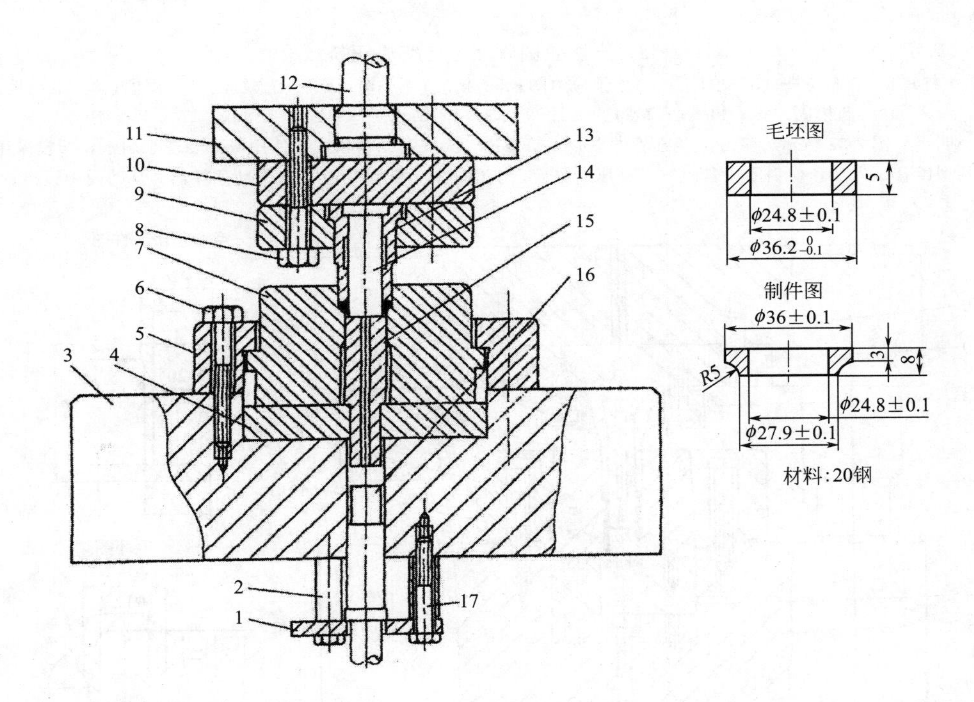

图 7-32　自行车前钢碗敞开式无导向空心正挤压模

1—托板；2—套筒；3—下模座；4—下垫板；5—压圈；6,8,17—螺钉；7—凹模；9—凸模固定板；10—上垫板；11—上模座；12—模柄；13—凸模；14—模芯；15—上顶料杆；16—下顶料杆

说明：如图 7-32 所示为空心件自行车前钢碗空心正挤压模。毛坯为一圆环，利用凹模 7 口部定位。上模工作部分由件 13、14 组成，为提高刚性，伸出模外部分较短。上顶料杆 15 中心设有出气孔。下顶料杆靠托板 1 托住，改变下顶料杆 16 的长度可用于顶出不同长度的制件。挤压成形后，上模下行，靠压力机台面下气垫等顶出装置通过件 16、15 顶出制件。

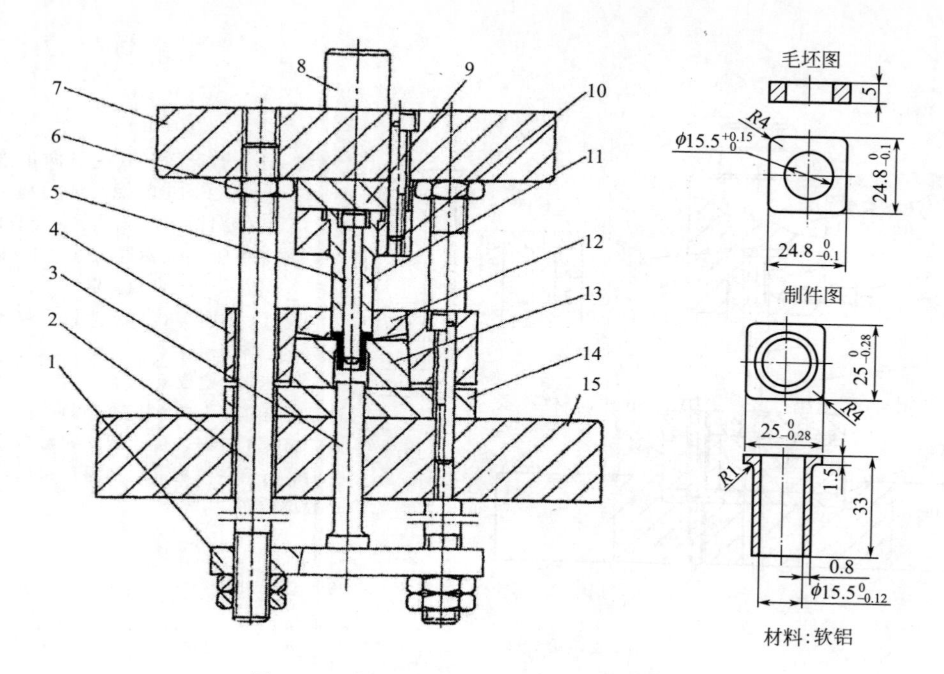

图 7-33　方法兰圆管无导向空心正挤压模

1—拉杆顶板；2—拉杆；3—顶件器；4—预应力圈；5—模芯；6—螺母；7—上模座；8—模柄；9—上垫板；10—凸模固定板；11—凸模；12—凹模上体；13—凹模下体；14—下垫板；15—下模座

说明：如图 7-33 所示为带方法兰圆管的空心正挤压模。为提高凹模强度、使用寿命和便于制造，凹模采用横向分割型组合，外加预应力圈压紧固定。挤压结束后，上模下行，制件由拉杆 2 带动顶件器 3 从凹模中顶出。

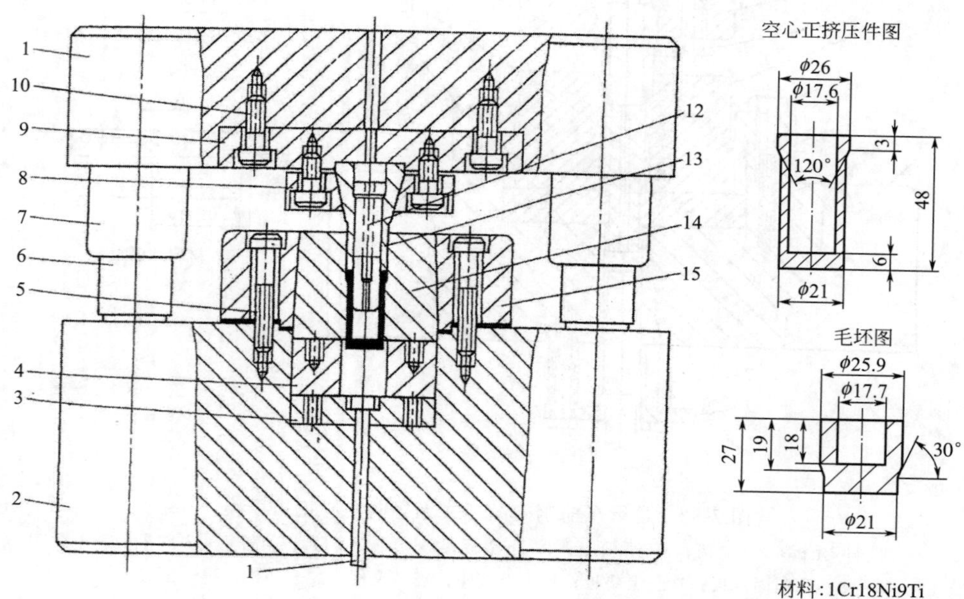

图 7-34　外壳滑动导向导柱模架空心正挤压模实用结构形式

1—顶杆；2—下模座；3,4,9—垫板；5,10—螺钉；6—导柱；7—导套；8—固定板；11—上模座；12—凸模芯；13—凸模套；14—凹模；15—凹模固定板

说明：图 7-34 所示为外壳挤压件用滑动导向加强型导柱模架 1Cr18Ni9Ti 空心不锈钢毛坯正挤压模的实用典型结构形式。操作方法十分简便。用手持夹钳将毛坯夹持住，平稳放入凹模 14 中，施力挤压。挤压成品由顶杆 1 在上模回程后顶出模。

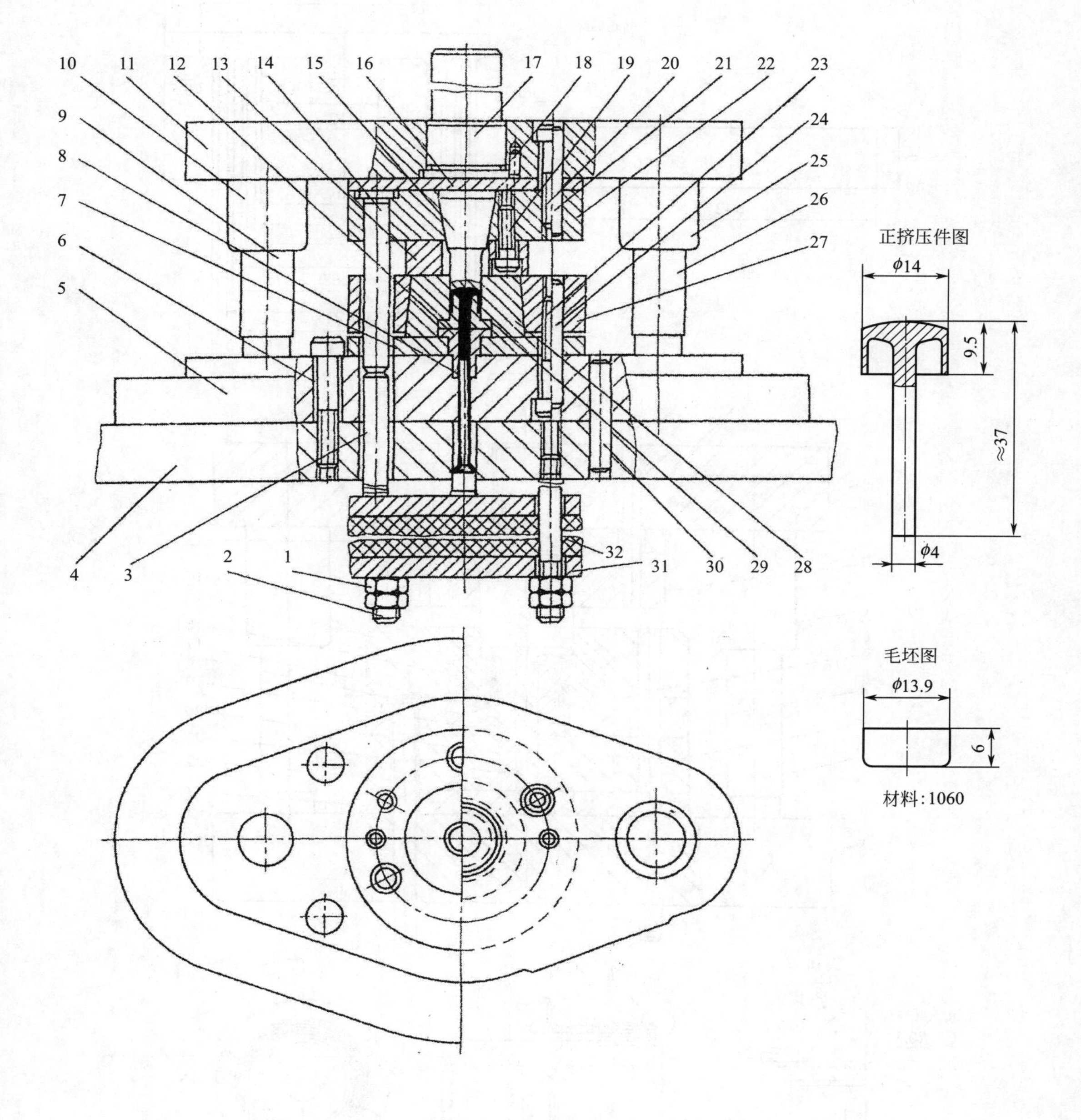

图 7-35　转子正挤压模

1—螺母；2—双头螺杆；3—推杆；4—下垫板；5—下模座；6,19,20,23—螺钉；7,16—垫板；8—顶杆；9,26—导柱；10,25—导套；11—上模座；12—导向套；13—行程限位块；14—压杆；15—凸模；17—模柄；18,21,24,30—圆柱销；22—固定板；27—预应力圈；28—凹模；29—凹模镶块；31—托板；32—橡胶

说明：图 7-35 所示为微电机转子滑动导向中间导柱模架空心正挤压模。

该模具凹模采用镶拼结构，应用一层预应力圈，为了保证制件 ϕ4mm 部分在挤出过程中不致弯曲，凹模的下面装有导向套 12，顶件采用橡胶顶件装置，挤压时由压杆 14 通过推杆 3 将橡胶压缩使顶杆 8 不影响金属流动。上模装有行程限位块 13，以控制模具闭合高度，保证 9.5mm 的制件尺寸。

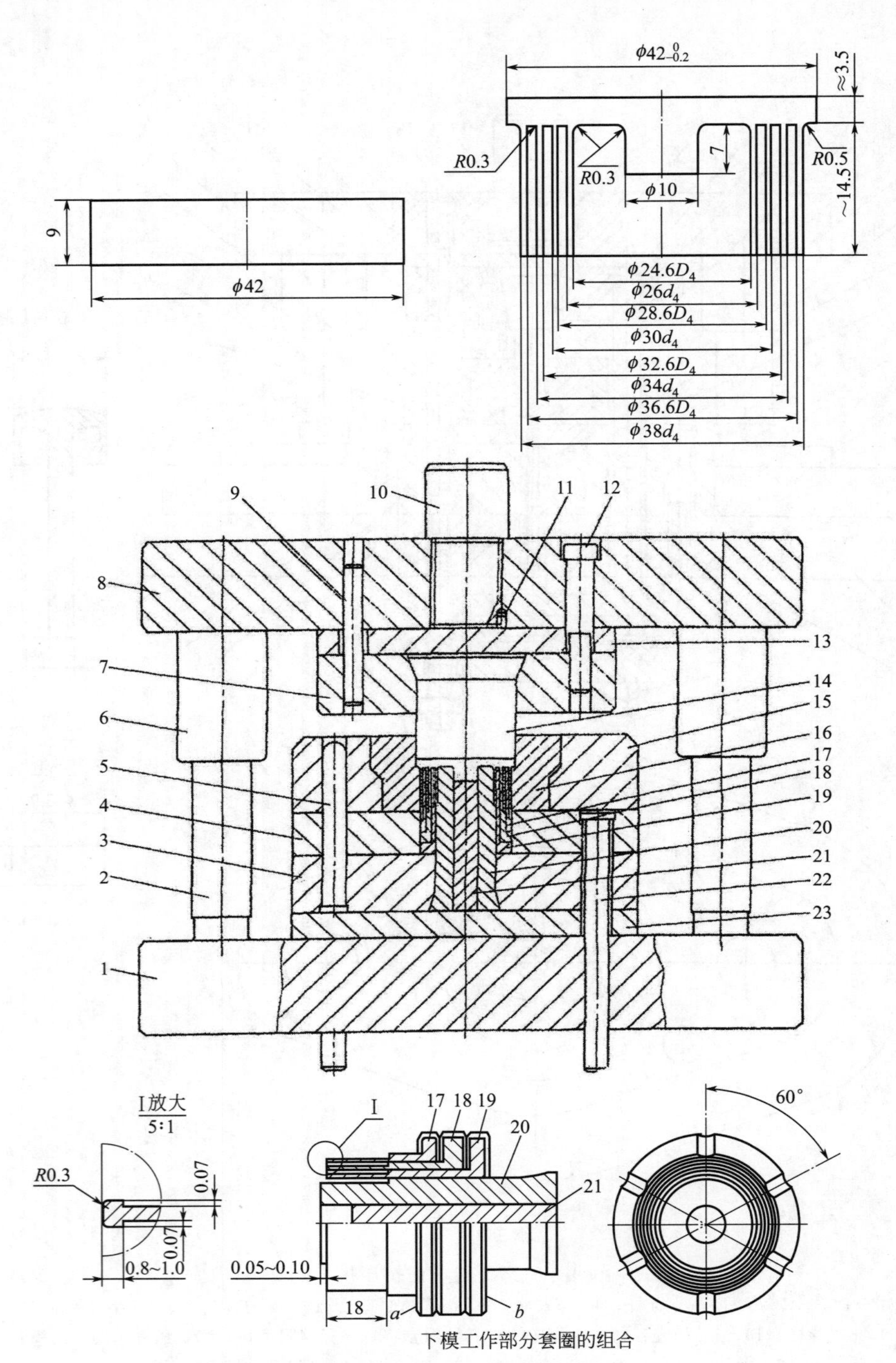

图 7-36　多层环状电容器挤压模

1—下模座；2—导柱；3,4—套圈固定板；5—小导柱；6—导套；7—凸模固定板；8—上模座；9—圆柱销；10—模柄；11—防转销；12—螺钉；13,23—垫板；14—凸模；15—凹模座；16～21—下模工作部分组合镶件；22—顶杆

说明：图 7-36 所示为铝材（1070A）多层环状电容器正挤压模。该冲模采用滑动导向中间导柱模架，挤压件形状很复杂：ϕ10mm 中心台高 7mm，在同心圆 ϕ24.6mm 外有等距离 1mm 厚、高 14.5mm 薄壁圆筒 4 层，其底厚≈3.5mm，底圆直径达 ϕ42mm，详见挤压件图，挤压开始用 ϕ42mm×9mm 的圆片状 1070A 纯铝毛坯，一次正挤压到如图 7-36 所示用件 17、18、19 三层套圈与件 20、21 镶拼组合的下模型腔中成形，而后，由顶杆 22，连同凹模镶件，包括件 15、16 一起推出，再用专用顶件器将制件推出。

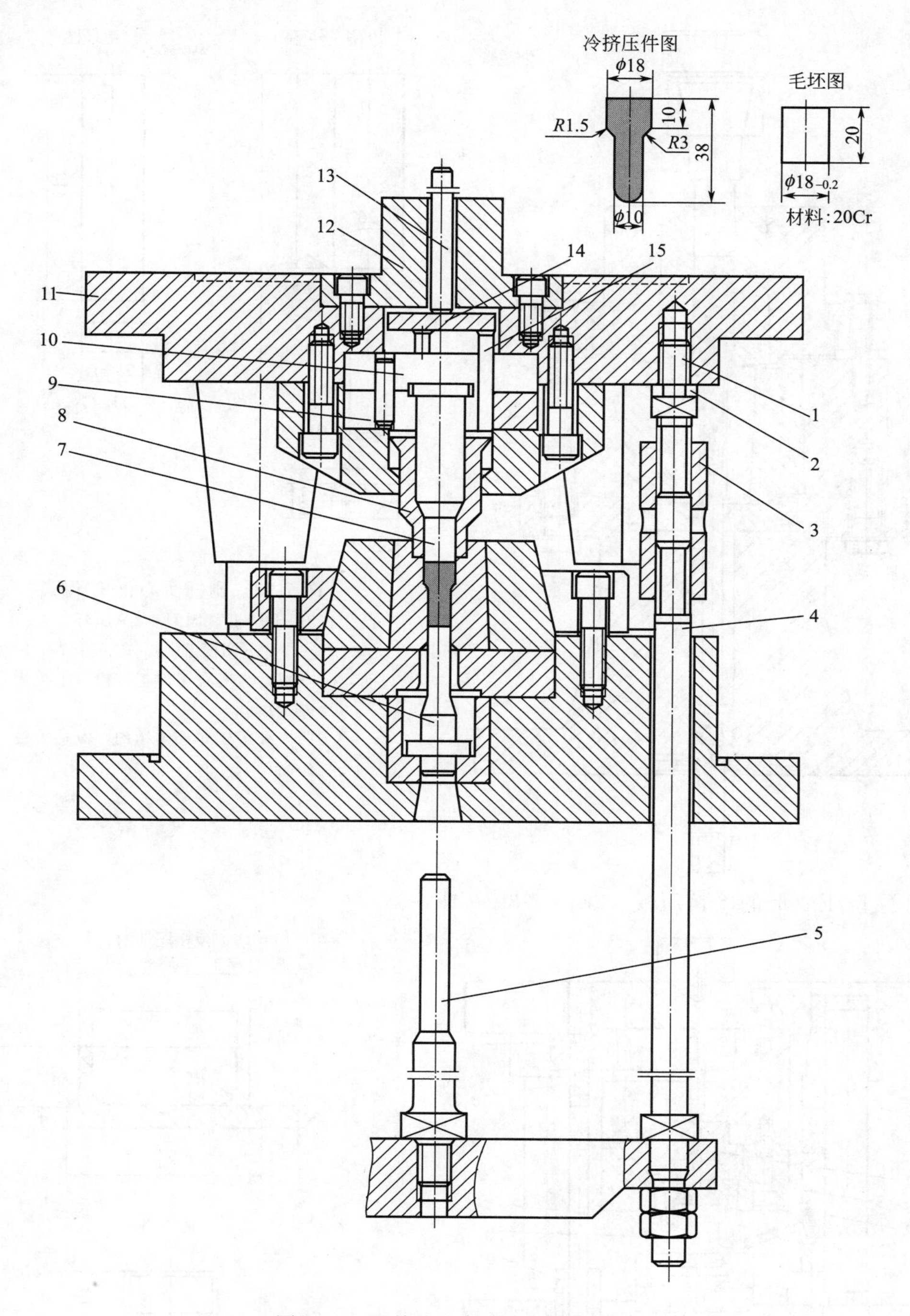

图 7-37　上接头坯件实心正挤压模

1—双头螺杆；2—弹簧垫圈；3—限位套；4—拉杆；5,15—顶杆；6—顶出杆；7—凸模；8—活动式护套；9—凸模固定板；10—垫板；11—上模座；12—模柄；13—打杆；14—推板

说明：①本模具为带有导柱导向的通用模架，适用于正挤压、反挤压与复合挤压（图上表示的是正挤压）。

②采用可调式拉杆（由件 1、2、3、4 组成），通过顶杆 5、顶出杆 6 将工件顶出。

③凸模 7 加有活动式护套 8。在反挤压或复合挤压时，更换护套 8 可做推出件用。

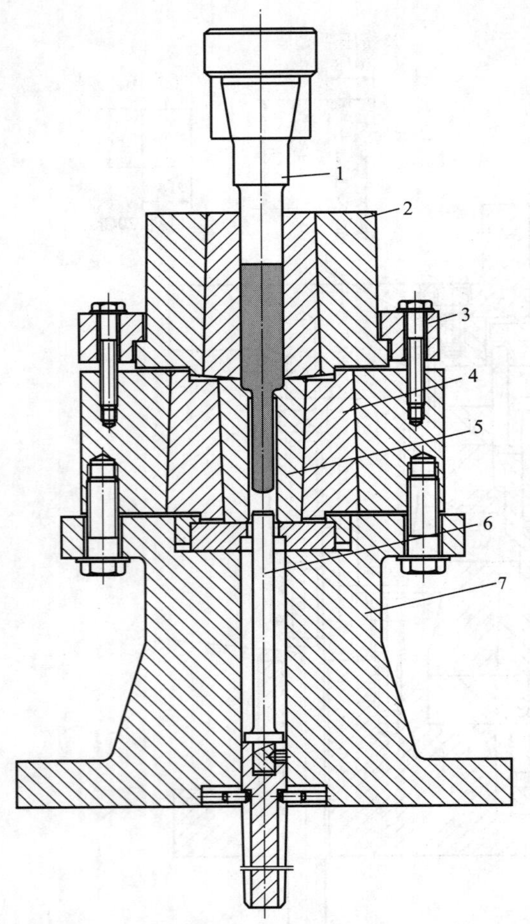

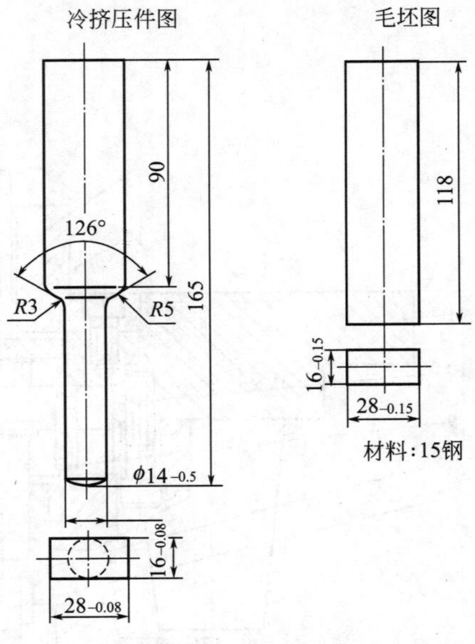

图 7-38　刷杆实心正挤压模

1—凸模；2—上凹模紧固圈；3—压环；4—下凹模预应力圈；5—下凹模芯；6—顶杆；7—下模座

说明：①本模具为实心工件正挤模（上模固定部分未表示）。

②凹模采用横向分体结构，制造方便，使用寿命高。

③ 反挤压成形的冷挤压模，见图 7-39～图 7-55。

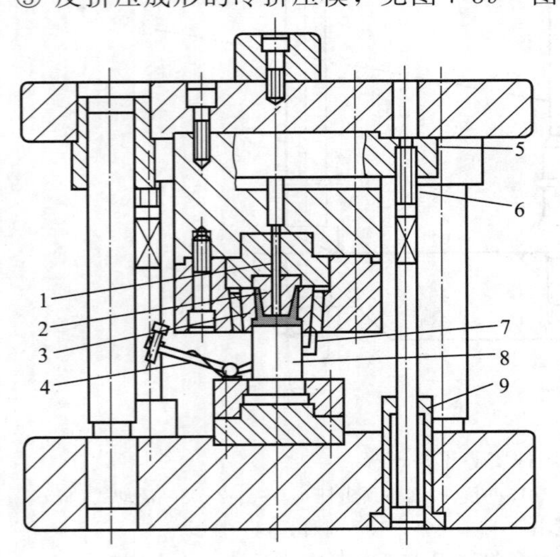

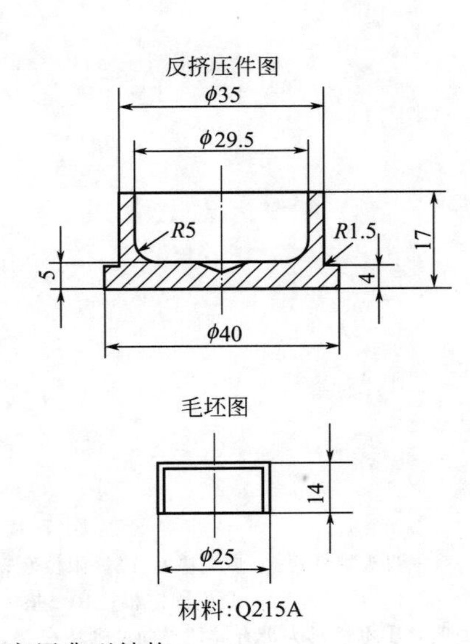

图 7-39　自行车倒牙钢碗反挤压模实用典型结构

1—顶杆；2—上凸模；3—凹模；4—扭簧；5—横梁；6—蜗杆；7—定位圈；8—下模；9—套筒

说明：普通碳素结构钢 Q215A 热轧线材 ϕ25mm，用圆刃口径向加压专用切断模剪断，用单个毛坯的锻料，经专门清理润滑处理后，置入模具的下模 8 平台上，进行一次成形的反挤压。成品制件由顶杆 1 自上而下将制件从模腔中推出，完成一次反挤压加工。

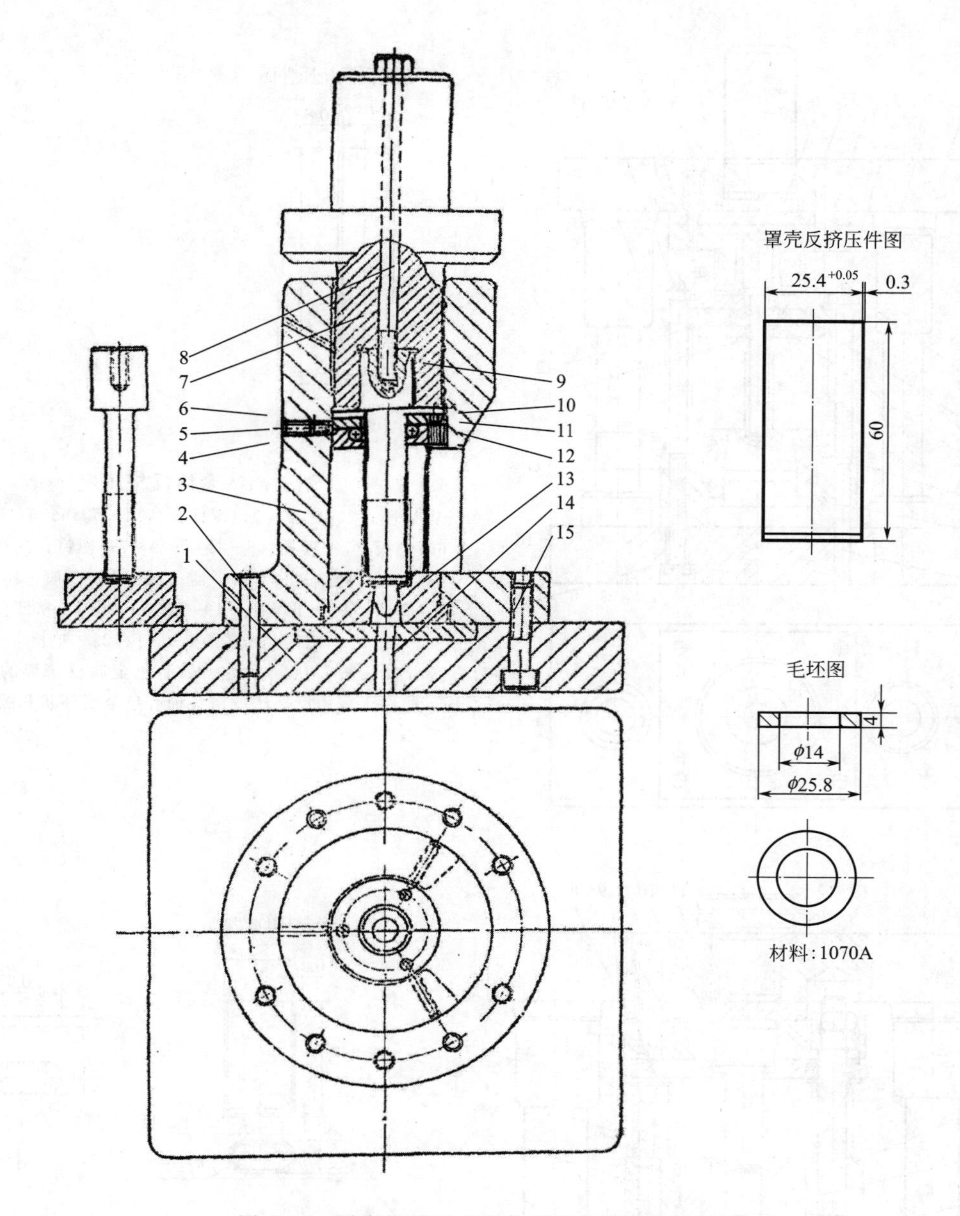

图 7-40　罩壳反挤压成形冷挤模实用典型结构

1—下模座；2—销钉；3—导筒；4—埋头螺钉；5—固定螺钉；6—弹簧；7—导轴；8,15—六角螺钉；9—凸模；10—脱料板盖；11—脱料板座；12—脱料板；13—凹模；14—垫板

说明：图 7-40 所示为反挤模，适用于冷挤材料较软的圆筒形零件。

凸模 9 固定在导轴 7 内，凹模 13 固定在导筒 3 内，导轴的外圆以导筒的内圆作导向，凸模 9 的下端以凹模 13 的孔作导向，脱料板 12 由 3 等分块组成外槽有环形弹簧束紧，再装入脱料板座 11 内，与脱料板盖 10 一起被固定螺钉 5 支承在导筒中。

操作时，将被冲件放在凹模 13 内，凸模下冲，将材料挤压向上，凸模回升时，挤好的零件被脱料板脱下。

如要冷挤出有底部的零件，凸模与凹模也需改成平底，最好增加流向角度（如附图）来改善凸模与凹模的导向。如果不能增加流向角度，可在凸模下端面中心加一浅十字槽，也有利于导向。

本型冷挤模各零件都是圆形，制造过程中同轴度与垂直度要求很高。

本型模架可通用，如要挤另一种类似零件，只要换掉凸模与凹模即可。

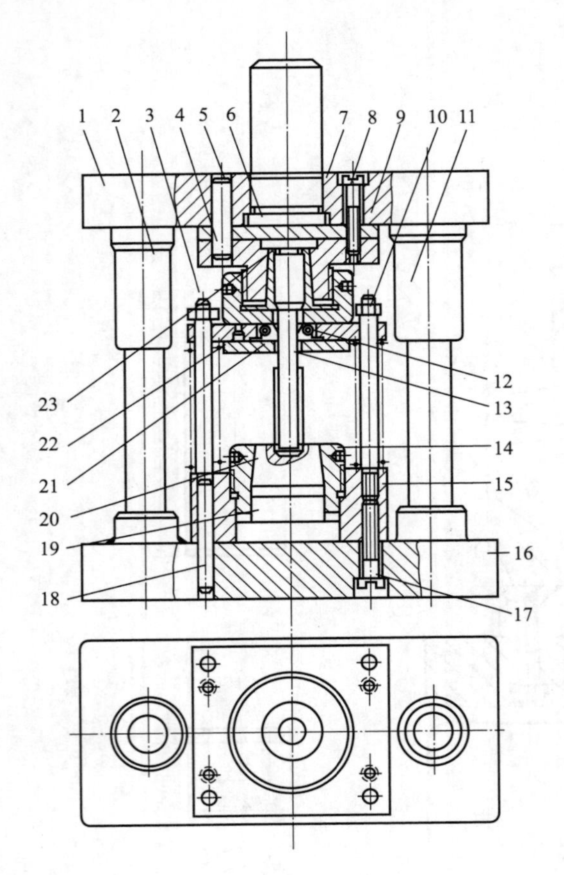

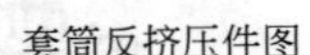

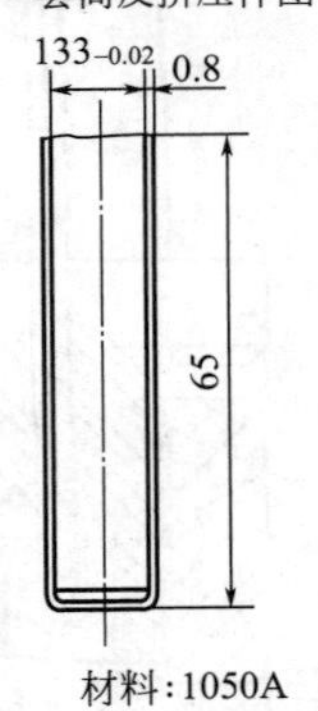

图 7-41　套筒反挤压模

1—上模座；2—导套；3—螺杆；4,14—套环；5,18—销钉；6—垫板；7—模柄；8—接座；9,17—螺钉；10—卸料板；11—弹簧；12—卸料器；13—冷挤凸模；15—外套圈；16—下模座；19—垫块；20—冷挤凹模；21—压板；22—沉头螺钉；23—垫板

说明：图 7-41 所示为一般有色金属反挤模的典型结构，适用于采用反挤法冷挤各种有色金属杯状和圆筒及罩形空心件。

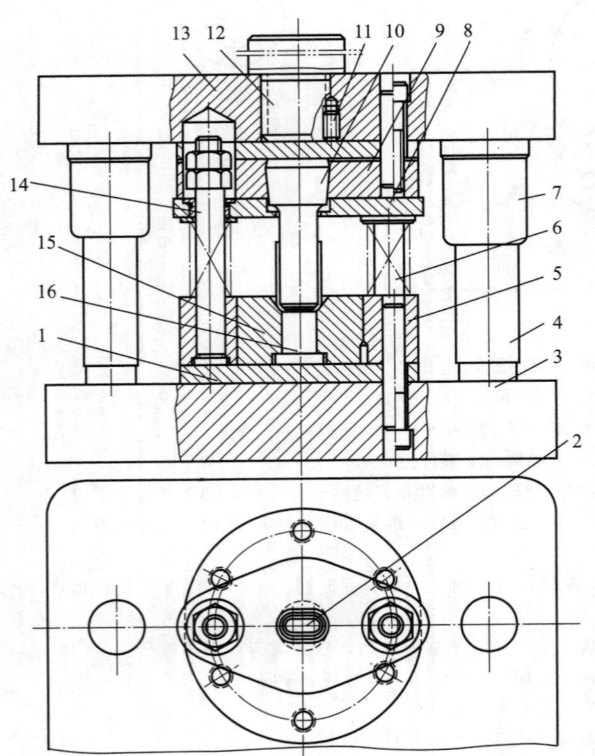

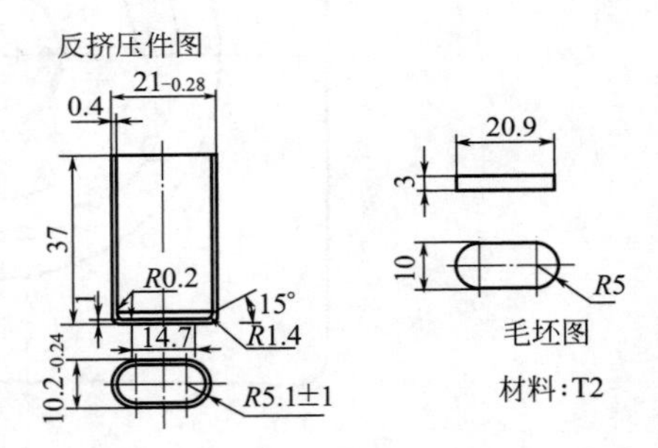

图 7-42　长圆形外罩反挤压模

1—下垫板；2—凹模芯；3—下模座；4—导柱；5—凹模套圈；6—弹簧；7—导套；8—弹顶板；9—凸模固定板；10—凸模；11—顶丝；12—模柄；13—上模座；14—小导套；15—凹模；16—凹模芯镶嵌件

说明：图 7-42 所示模具为有色金属薄壁杯形件反挤压模，采用滑动导向中间导柱模架，属加厚模座加强型模架。

凹模采用纵向分体结构，分割成凹模与镶件。这种结构能避免凹模的开裂与下沉。在制造凹模时，镶件的高度应高出凹模模腔底部 0.20mm，以补偿镶件轴向的弹性变形。

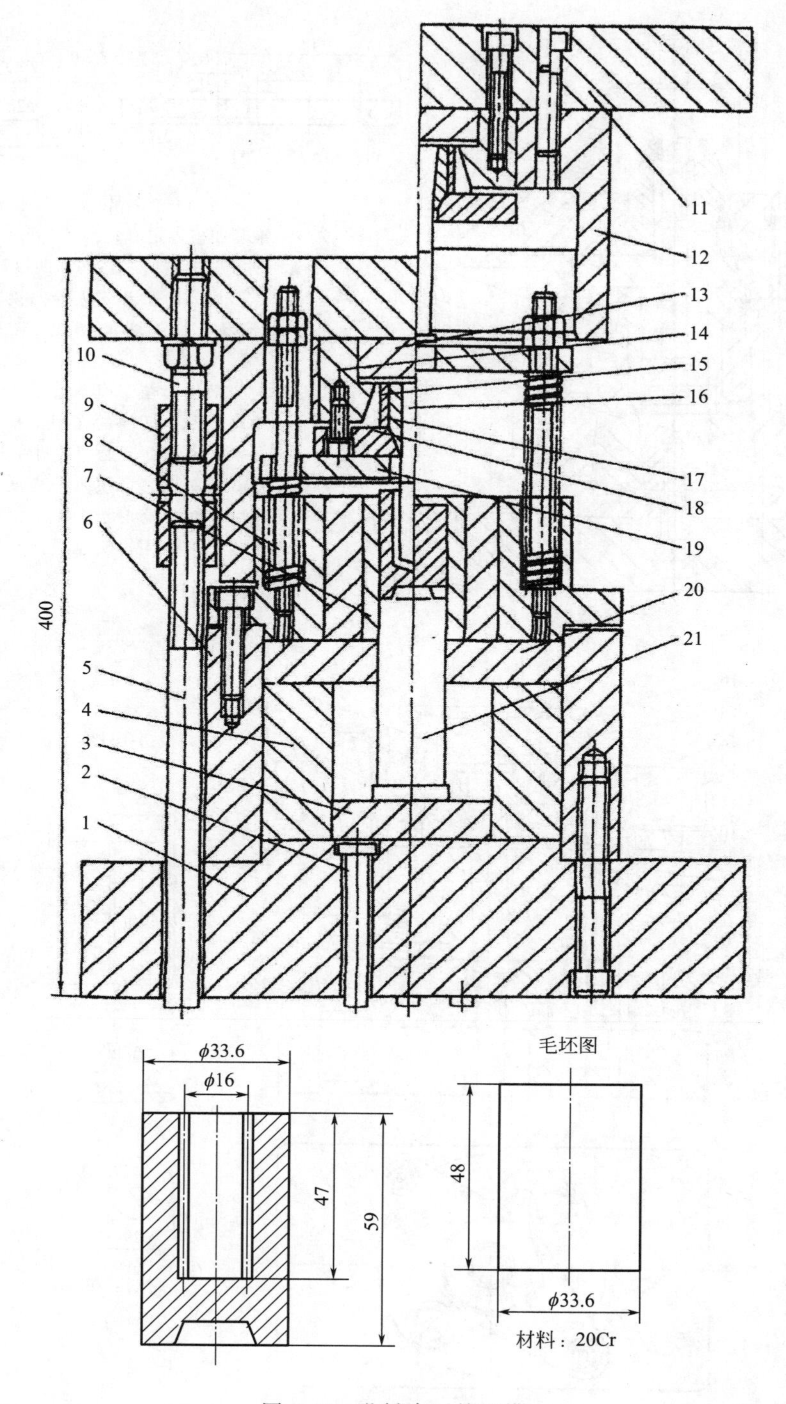

图 7-43　花键套反挤压模

1—下模座；2—顶杆；3—下垫块；4—垫圈；5—长拉杆；6—模框；7—组合凹模；8—卸料杆；9—可调螺母；10—短拉杆；11—上模座；12—导向套；13—上垫板；14—固定圈；15—弹性夹头；16—凸模；17—衬套；18—压圈；19—卸料板；20—垫板；21—下凸模

说明：该模具是将圆柱形毛坯一次反挤压成形为渐开线花键套。其单位挤压力高达 2400N/mm²，挤压深度大，为提高模具强度，凹模 7 由三层预应力圈组合成组合凹模。凸模外衬套 17 以一定的过盈量与凸模 16 配合，以消除凸模的应力集中，提高凸模寿命。导向套 12 采用与组合凹模 7 的外圆相配合的结构，兼起导向作用。

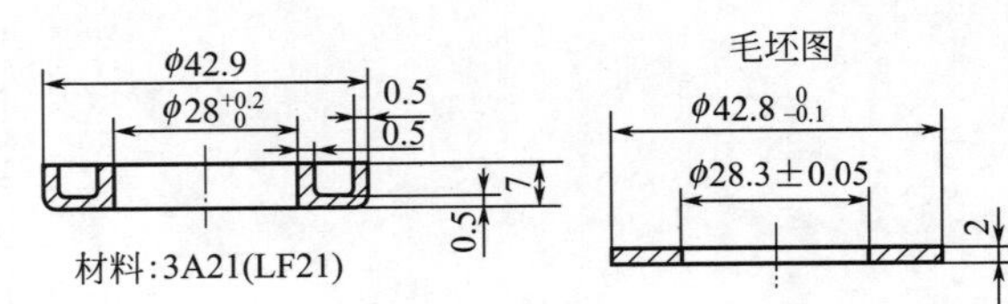

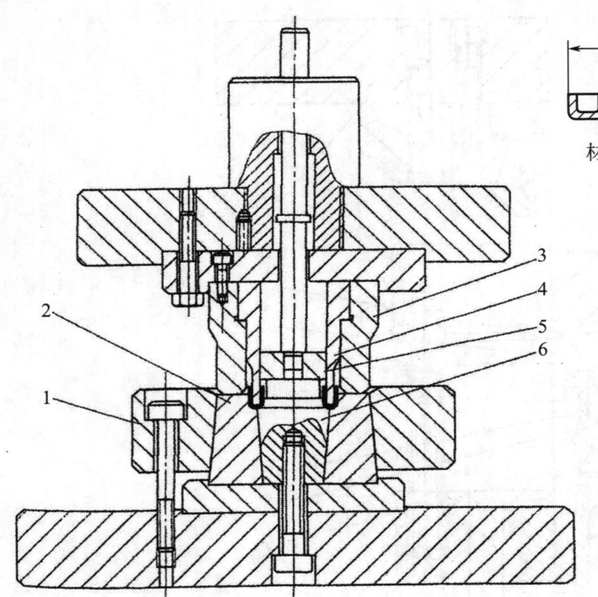

图 7-44　铝环状帽反挤压模

1—锥套凹模固定套；2—凹模；3—限位套；4—凸模；5—推件器；6—凹模芯兼定位柱

说明：该模具为敞开式无导向模具结构。毛坯为圆环垫圈形状，材料为防锈铝 3A21，退火状态塑性高。

工作时，毛坯套在凹模芯兼定位柱 6 上定位，上模下行，毛坯在凸、凹模的作用下挤压成形，此时制件包紧在凸模 4 上，上模上行，制件由推件器 5 推出。

限位套 3 控制上、下模闭合高度，同时控制制件底部厚度尺寸，对凸模 4 也有保护作用。

凹模 2 在下模中用锥套压紧固定在下模座上，装拆比较方便。

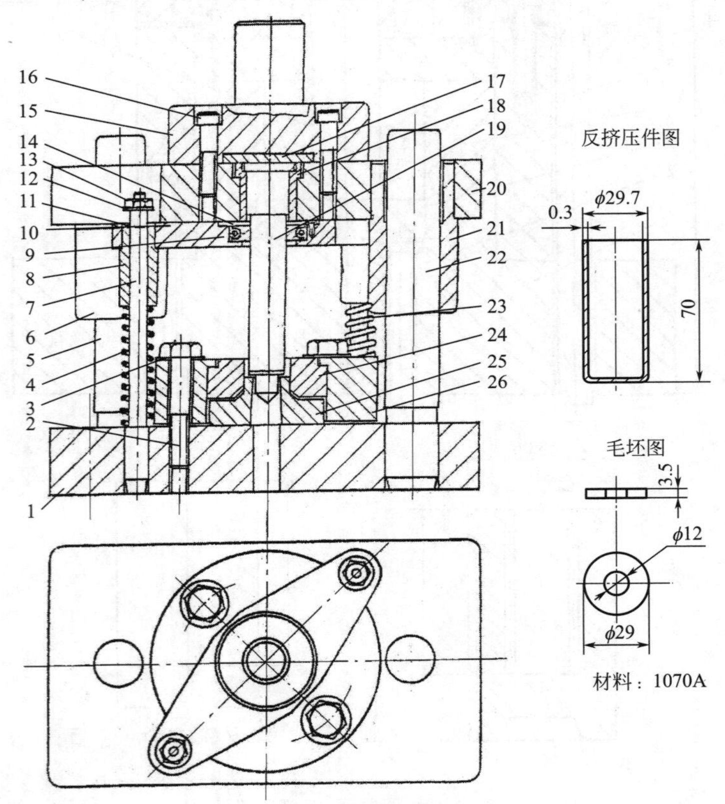

图 7-45　罩壳反挤压模

1—下模座；2,16—内六角螺钉；3—弹性垫圈；4,23—弹簧；5,22—导柱；6,11,21—导套；7—小导柱；8—小导套；9—卸件器；10—卸件板；12—垫圈；13—六角螺母；14—盖板；15—带模柄上座；17—垫板；18—镶套；19—凸模；20—上模座；24—凹模；25—凹模芯；26—凹模固定圈

说明：图 7-45 所示是有色金属高精度反挤压模常用的实用结构形式。操作简便：将环形毛坯放入凹模口内的凹模芯表面。凸模在合模挤压开始，先由其头部的尖头导向部位，插入毛坯中心，而后反挤压成形。凸模回程时，工件由卸件器从凸模上卸下。

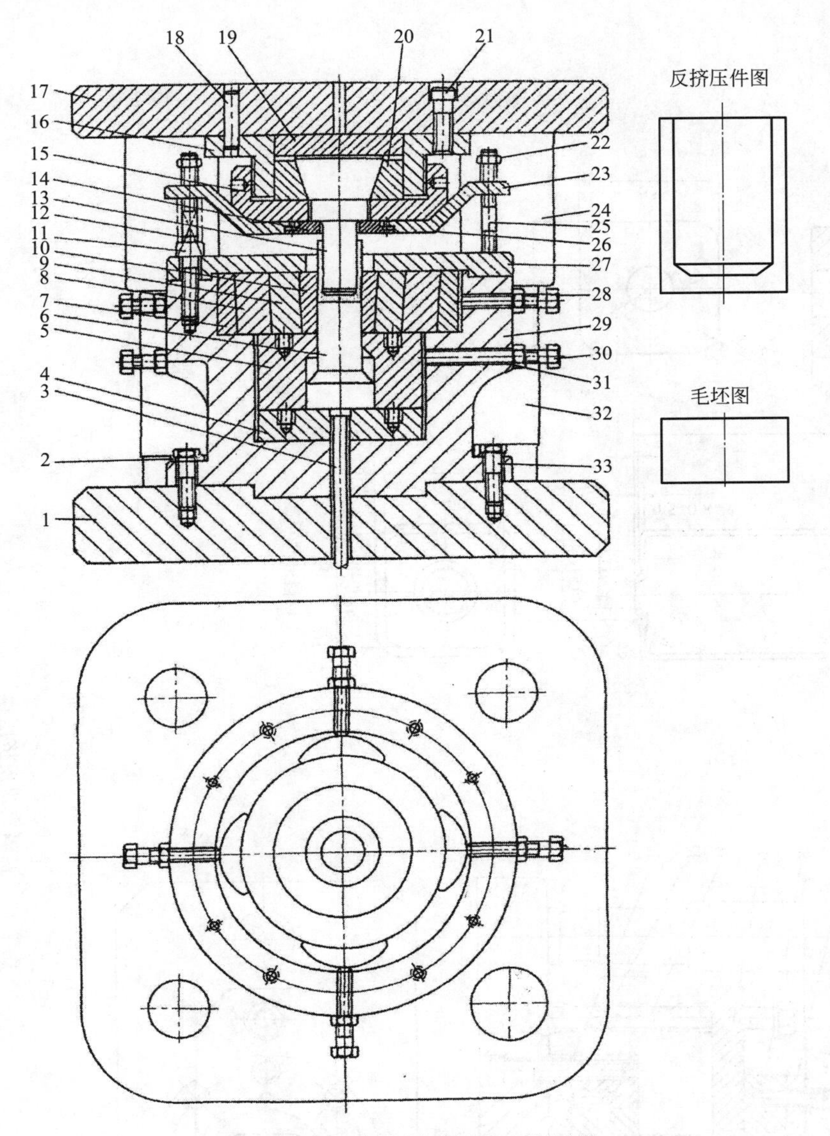

图 7-46　黑色金属可调式反挤压模

1—下模座；2—垫圈；3—顶出杆；4,19—垫板；5—垫块；6—顶件器；7—弯月形板；8—组合凹模外圈；9—组合凹模中圈；10—凹模；11,21,26,28,30,33—螺钉；12—弹簧；13—凸模；14—卸料环；15—紧固圈；16—凸模固定板；17—上模座；18—圆柱销；20—锥形夹圈；22,31—螺母；23—卸料板；24—导套；25—导杆；27—压板；29—下模框；32—导柱

说明：图 7-46 所示为滑动导向四导柱通用加强型黑色金属可调式反挤压模，更换一些工作零件，也能适用其他挤压工作。该模具不仅有通用模架，而且对于凸模 13、件 8～10，顶件器 6、垫块 5 等，根据不同要求加以更换，可适应不同形状、不同尺寸制件的挤压工作，既可进行反挤压，又能进行正挤压及复合挤压工作，当然更适用于有色金属的挤压工作。所以，这种使用范围广的反挤压模是在线常用的典型结构形式。

黑色金属反挤压的单位挤压力大，制件可能包在凸模上，更容易卡在凹模内。故该模具结构设计方面采取如下措施：

①凸模 13 的上端做成锥度，用以扩大支撑面，减小单位面积挤压力，在凸模顶端垫有厚淬硬垫板 19。凸模由大螺母紧固圈 15 通过锥形夹圈 20 固定在上模固定座上。

②凹模采用三层预应力模，依靠四个螺钉 28 顶住 4 块弯月形板 7，调整组合凹模的中心位置，保证与凸模同心。顶出器的中心位置靠另外 4 个螺钉 30 调整。凹模最后通过压板 27 由螺钉 11 紧固在下模框 29 上。

③挤压结束后，制件可通过卸料环 14 从凸模上卸下或由顶件器 6 经顶出杆 3 从凹模中顶出。为减小凸模长度，采用了凹式卸料板。

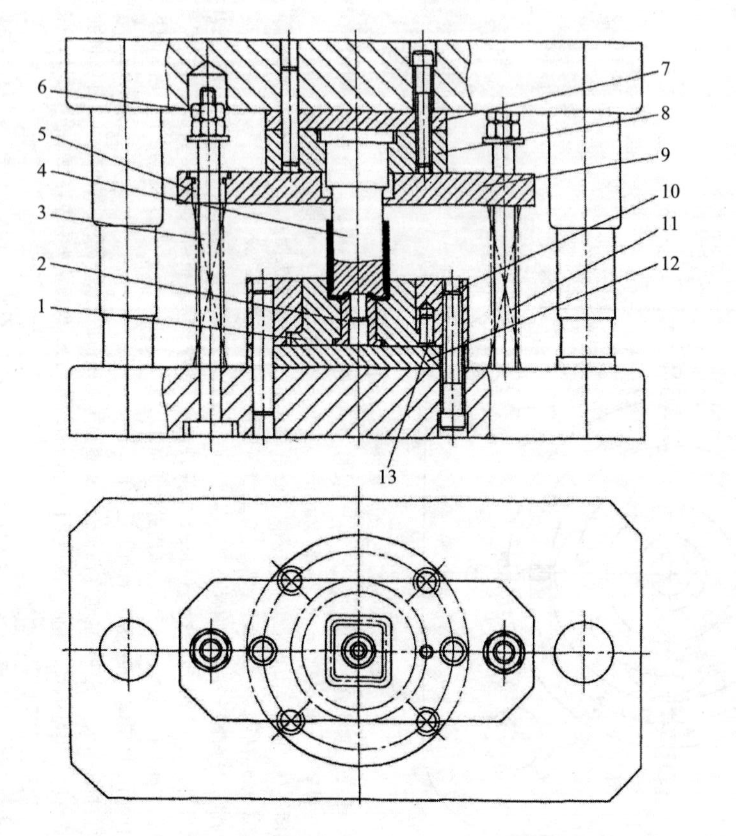

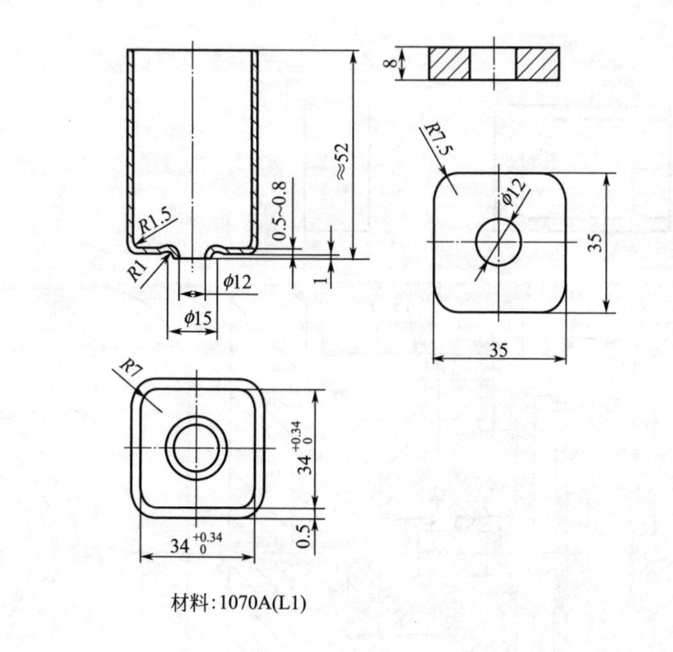

图 7-47 铝隔离罩反挤压模

1—凹模；2—凹模镶件；3—导杆；4—凸模；5—导套；6—螺母；7—上垫板；8,10—固定板；9—卸料板；11—弹簧；12—下垫板；13—防转销

说明：图 7-47 所示为铝隔离罩滑动导向中间导柱模架反挤压模。凹模由件 1、2 组合而成，与固定板 10 过盈配合后用销 13 防转，也可用键防转。

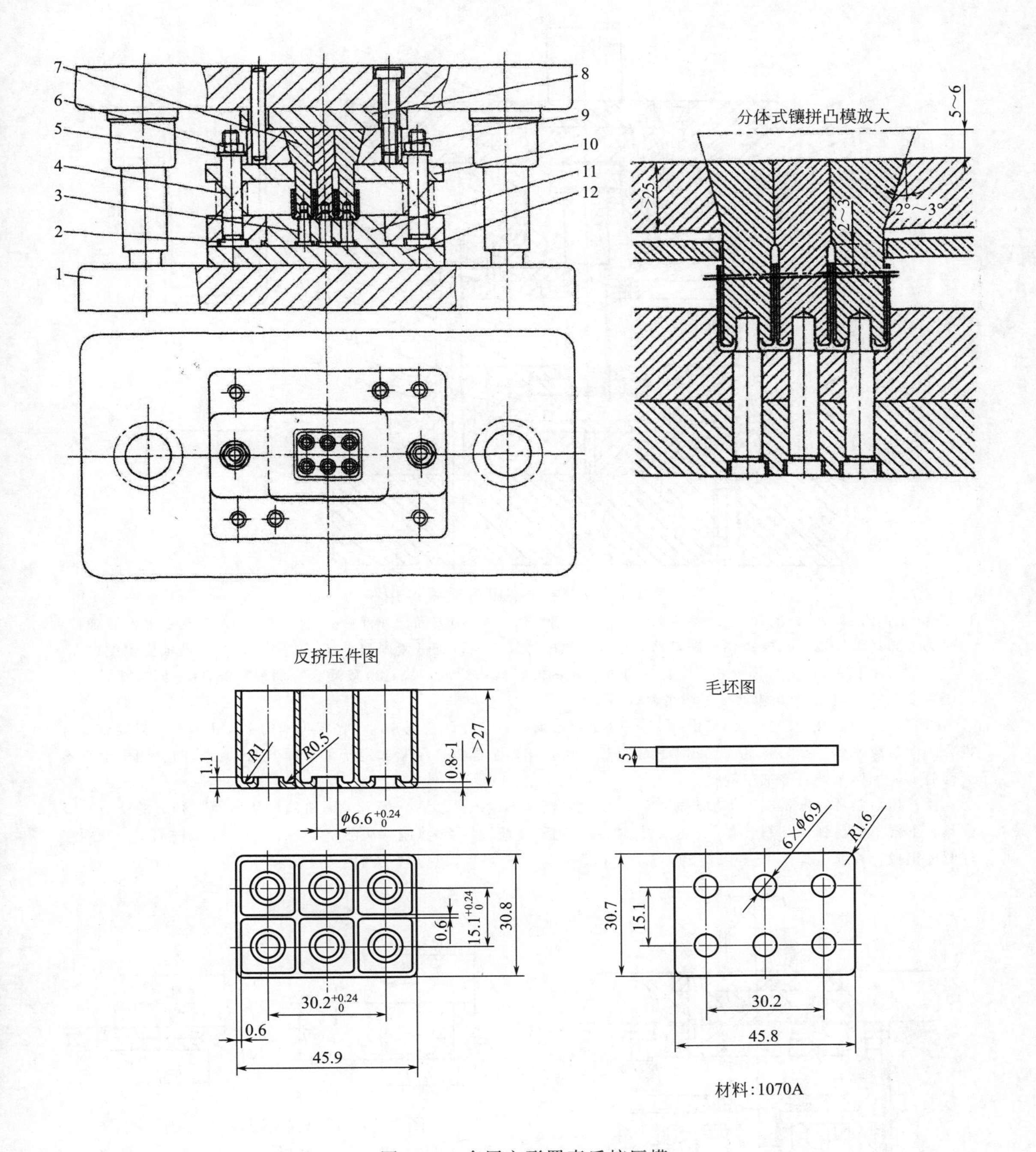

图 7-48 多层方形罩壳反挤压模

1—带导柱的模架；2—导杆；3—小凸模；4—弹簧；5—垫圈；6—螺母；7—组合凸模；8—上垫板；9—固定板；10—卸料板；11—凹模；12—下垫板

说明：图 7-48 所示为多层方形罩壳滑动导向中间导柱模架反挤压模。制件为一个六格带底的纯铝罩壳，形状复杂。凸模 7 由六块分体组合镶拼而成，避免整体式结构不易加工、容易折断和不便维修的缺陷。为保证凸模牢固地固定在上模部分，凸模的上端带有 2°～3°的斜度。该模具采用加厚模座的中间导柱模架结构，工作时，保证上、下模在正确导向状态下工作，挤压用毛坯为带 6 个孔的 1070A 纯铝板件。

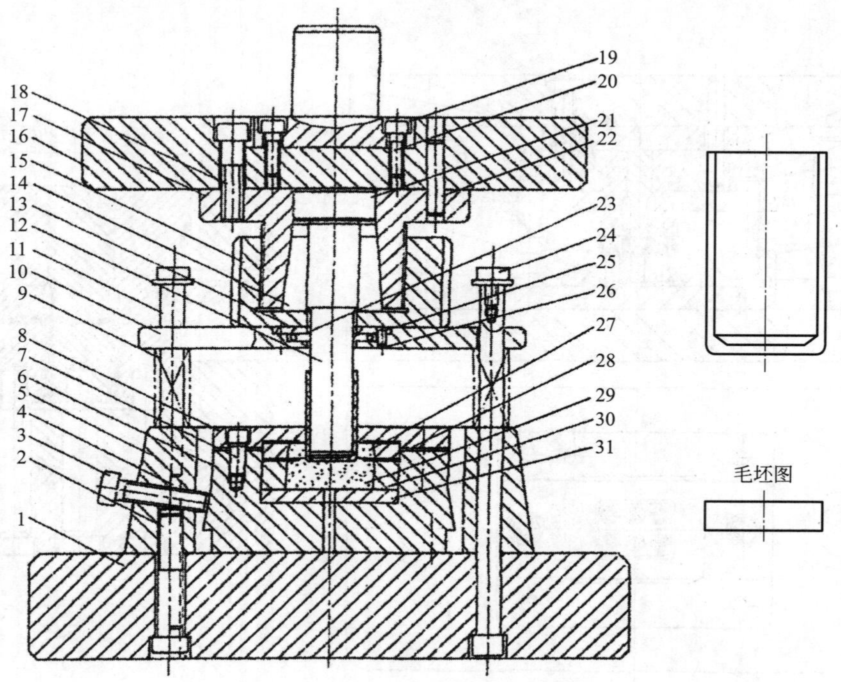

图 7-49　铝件反挤压可调式通用模

1—下模座；2,3,7,11,18,20,24,26—螺钉；4,22—圆柱销；5—凹模固定外框；6—凹模框；8—压板；9,25—弹簧；10—卸料板；12—凸模；13—卸料器固定板；14—弹簧夹头；15—紧固圈；16—上模座；17—凸模固定圈；19—模柄；21,31—淬硬垫板；23—分成三块的卸料器；27,29—YG20 硬质合金凹模；28,30—凹模圈

说明：图 7-49 所示为铝件反挤压可调式通用模。

该模具下模部分的反挤压凹模由件 27～30 等拼合而成，装在凹模框 6 内，凹模框 6 的上面由压板 8 经螺钉 7 将拼合凹模连成一体。然后将其放入凹模固定外框 5 中，用四个螺钉 3 压紧固定于件 6 的斜面上。当凸、凹模上下不同轴时，也用四个螺钉 3 加以调整。

反挤压后制件一般情况下都被凸模带走，因此凹模内不设顶件装置。仅需考虑将制件从凸模上卸下的结构。该模具在下模上装有弹压卸料装置，上模上行时，卸料板 10 通过件 23 将制件从凸模上卸下，件 23 由按 120°分开的三件圆环组成，外面由弹簧 25 拉紧。卸料板 10 由弹簧 9 托住，这样可以减小凸模长度。

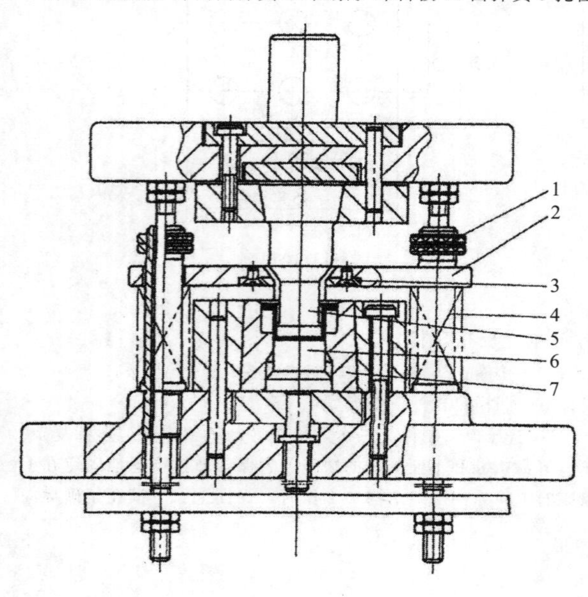

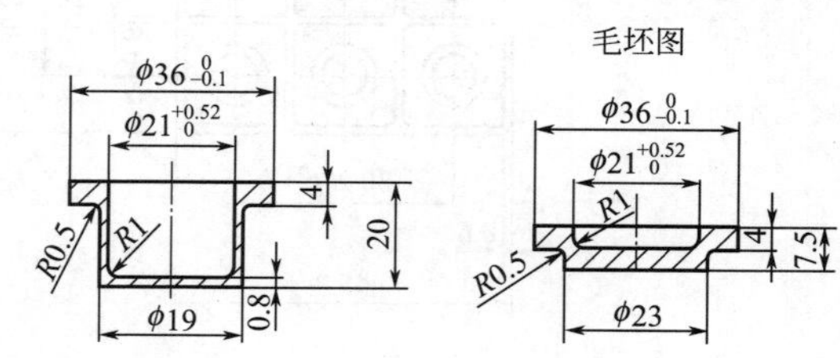

图 7-50　厚凸缘帽形件反挤压模

1—限位螺母；2—卸料板；3—卸料环；4—弹簧；5—凸模；6—顶件器；7—凹模

说明：图 7-50 所示为厚凸缘帽形反挤压模。

该模具在凸模 5 的作用下，使纯铝毛坯底部产生变形，毛坯的凸缘部分在挤压过程中向上刚性位移。如果挤压成形件卡在凸模 5 上，滑动回程时，卸料板 2 碰到螺母 1，装在卸料板上。

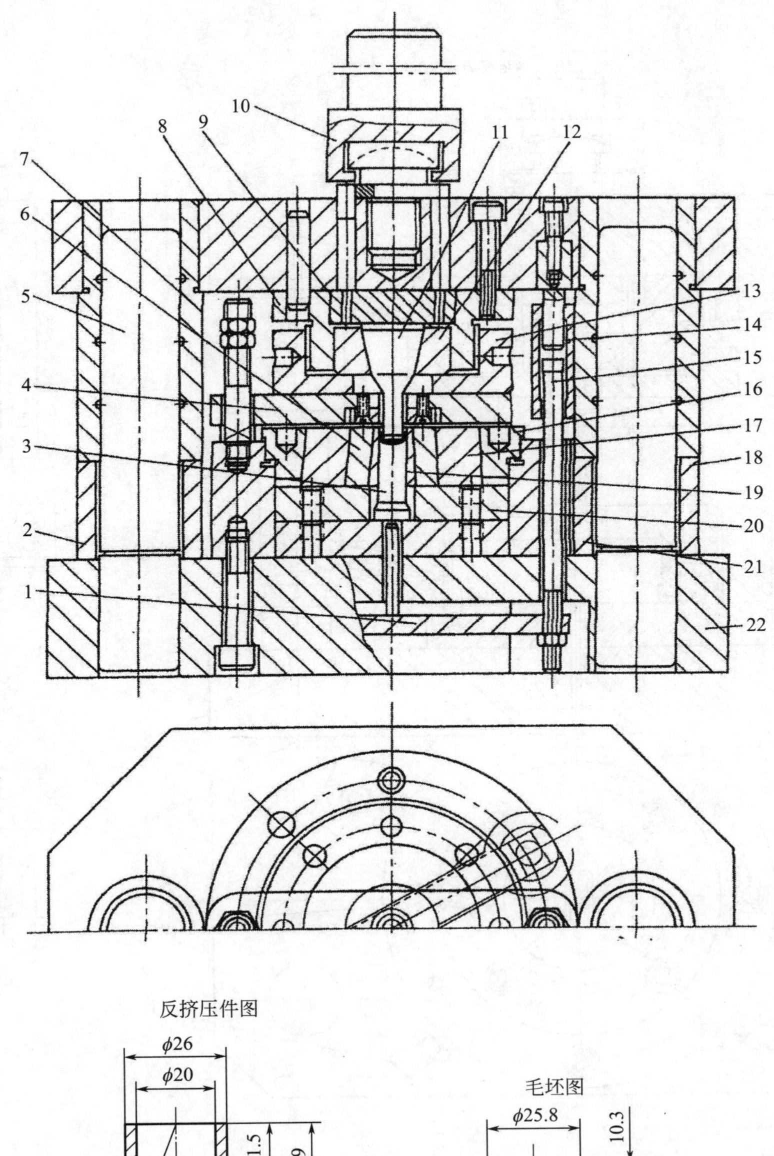

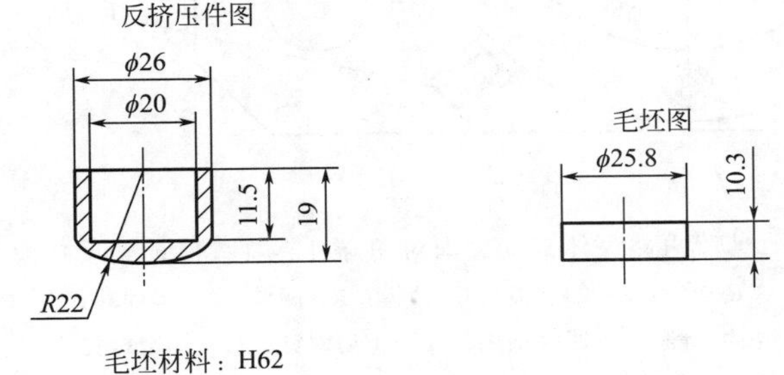

图 7-51　黄铜旋帽反挤压模

1—拉杆底板；2,18—左、右限位套；3—顶件器；4—卸料板；5—导柱；6—凹模中圈；7—导套；
8—凸模固定座；9,20—上、下垫板；10—浮动模柄；11—凸模；12—弹簧夹头；13,16—压圈；
14—拉杆螺母；15—拉杆；17—凹模外圈；19—凹模内圈；21—凹模座；22—带导柱的模架

说明：图 7-51 所示为旋帽滑动导向中间导柱模架反挤压模。

该模具采用浮动模柄滑动导向中间导柱模架。其凹模由凹模外圈 17、中圈 6、内圈 19 三层预应力圈组合而成，然后由带螺纹的锥孔压圈 16 紧固压装在件 21 上。其运作过程如下：

毛坯入模置于顶件器 3 与凹模内圈 19 的表面，而后合模进行反挤压。挤压后的制件当上模上行时，被凸模带走，由卸料板 4 卸下；若留在凹模内，通过拉杆等件 3 将其顶出，顶出距离使用拉杆螺母来调整其大小。

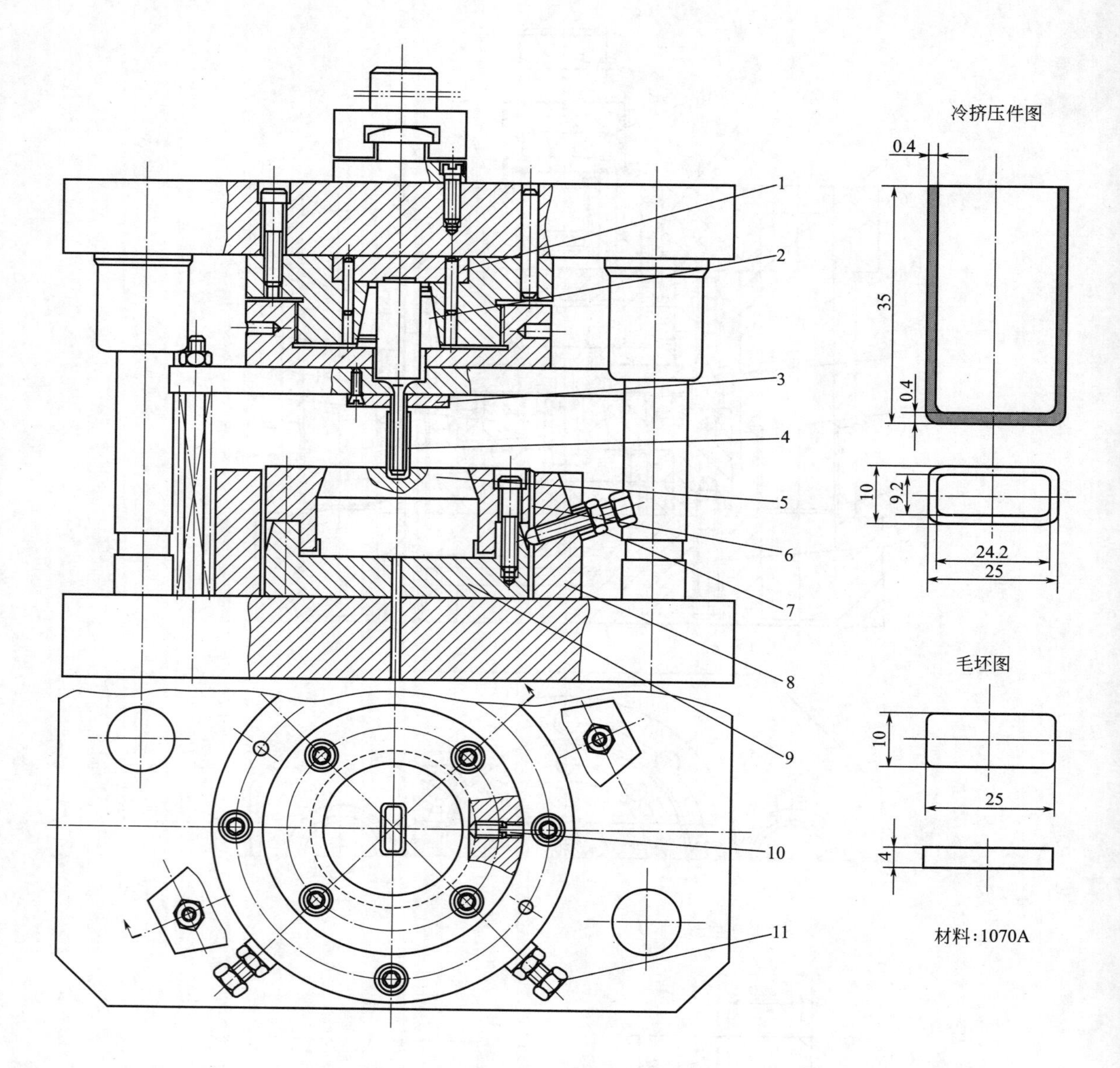

图 7-52　薄膜电路壳体滑动导向对角导柱钢板模座模架反挤模

1—垫板；2—弹簧夹头；3—卸件板；4—凸模；5—凹模；6—紧固圈；7—螺母；8—外固定圈；9—凹模垫块；10—止动螺钉；11—调节螺钉

说明：该模具为有色金属薄壁杯形件反挤模，配用滑动导向对角导柱模架，下模与上模的同轴度用四个螺钉 11 调整。凸模 4 用弹簧夹头 2 通过大螺母夹紧。为防止长方形反挤压凸模的转动，在凸模 4 上端的侧面铣去两块，与凸模淬硬垫板 1 上刨去的长方槽相配合，采用销钉定位。用止动螺钉 10 防止凹模 5 在工作时的转动。凹模 5 位置的调整是用四个对称的调节螺钉 11 来实现，调节螺钉 11 旋在外圈 8 上，外圈 8 用销钉与螺钉固定在下模板上。当凹模的位置调整正确后，用螺母 7 锁紧。凹模 5 的紧固是通过紧固圈 6，用内六角螺钉装在淬硬的凹模垫块 9 上来实现的。紧固圈 6 同凹模 5 的外径以及垫块 9 的内径均采用滑动配合。垫块 9 的外端带有锥度，其主要作用是保证凹模 5 不产生轴向位移。挤压件用半刚性卸件板 3 自凸模 4 上卸下。

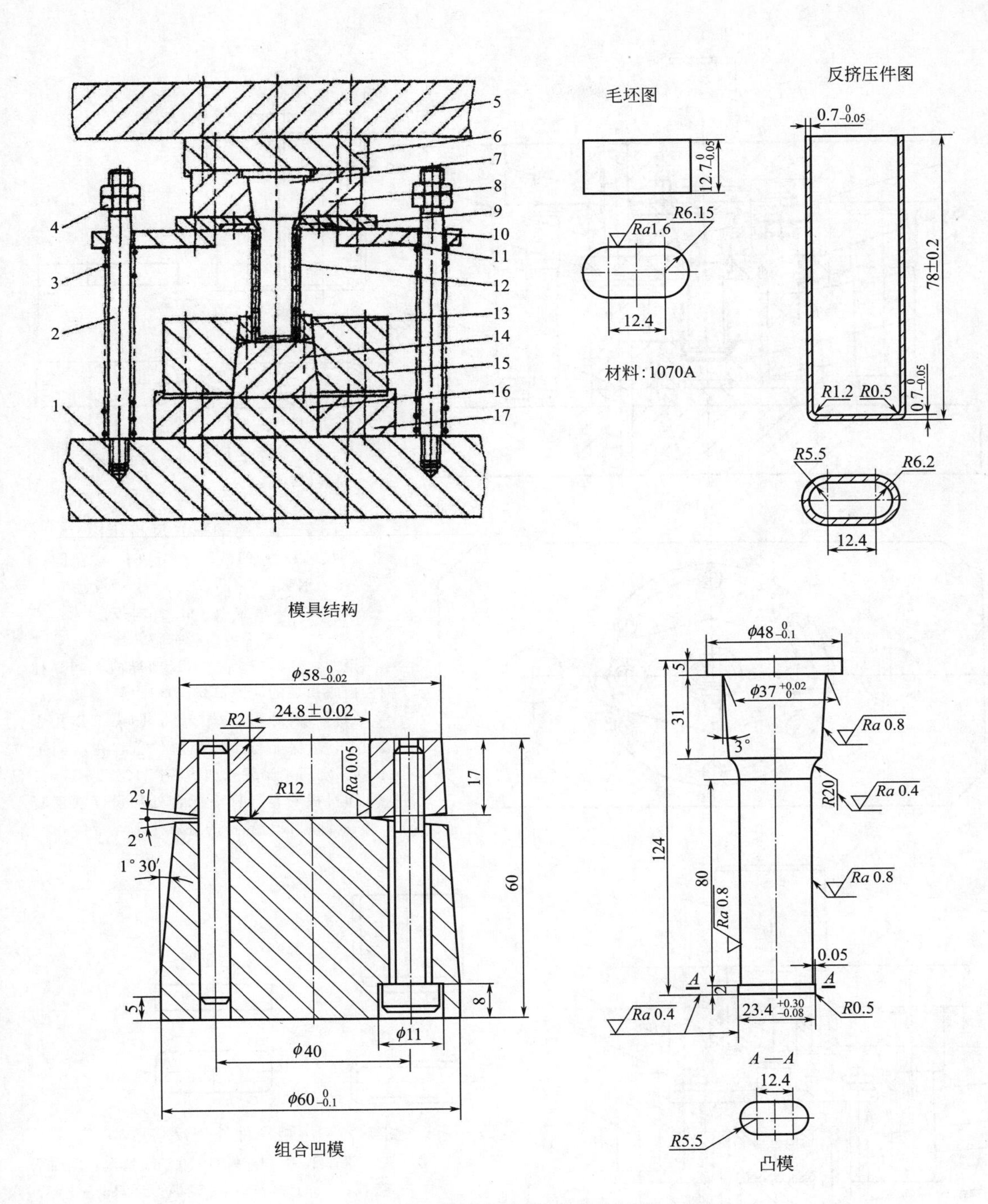

图 7-53 打火机铝外壳反挤压模

1—下模座；2—螺杆；3—弹簧；4—螺母；5—上模座；6—加厚淬硬垫板；7—凸模；8—凸模固定板；9—卸料板；10—卸料环；11—接板；12—挤压件（制件）；13—上凹模；14—下凹模；15—凹模固定板；16—垫块；17—凹模固定座

说明：图 7-53 所示为打火机铝外壳反挤压模，包括：反挤压凸模及组合凹模结构简图。凸模为整体式固定部分锥形结构，为使挤压时增加凸模与坯件的稳定性，凸模工作端有宽 2mm、深 0.3mm 左右的字形或槽。

凹模为两体组合而成，是解决凹模底部与四周的受力方向不一致造成凹模底部四周易断而采取的措施，从而提高使用寿命。凸模和凹模可选用 W18Cr4V 钢，热处理至硬度为 58～60HRC，采用 2～3 次回火处理。

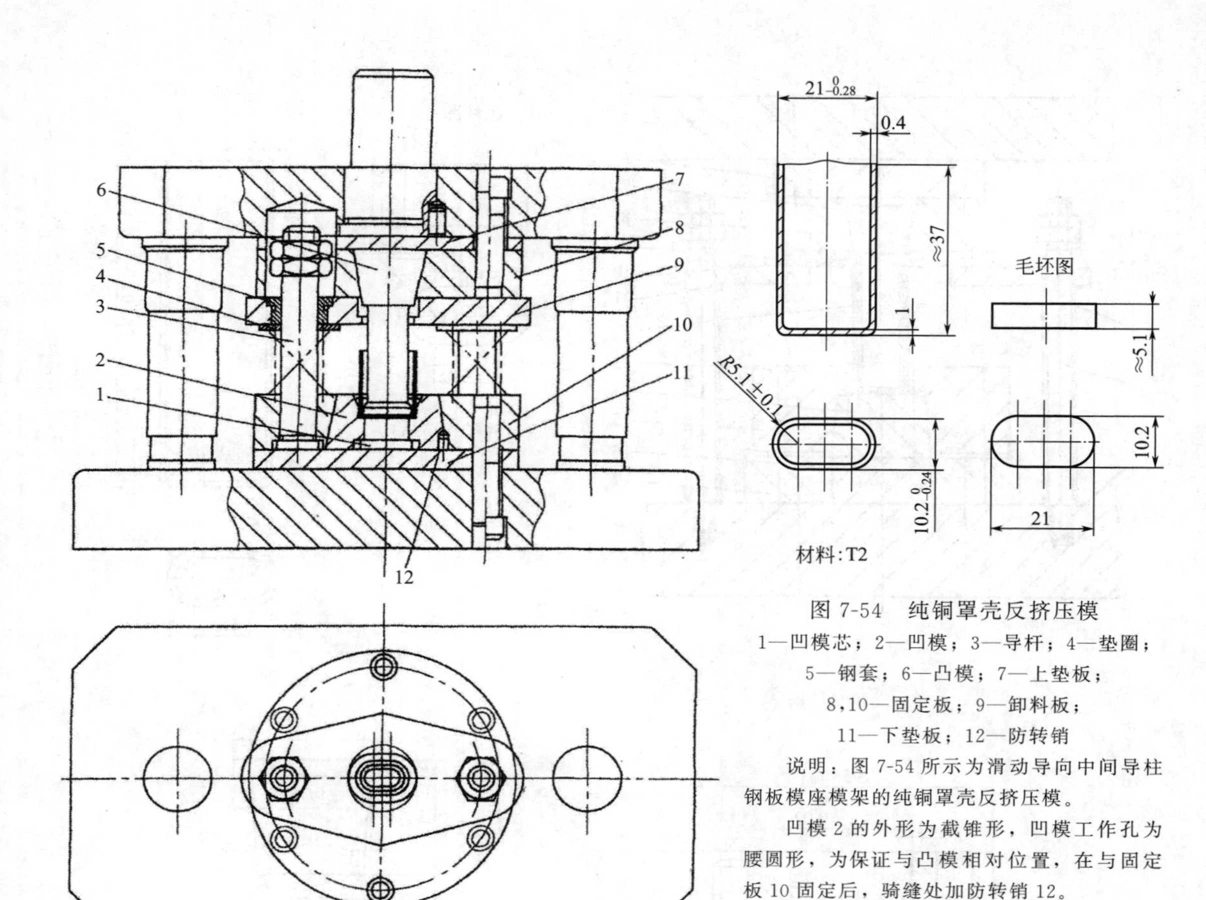

图 7-54　纯铜罩壳反挤压模

1—凹模芯；2—凹模；3—导杆；4—垫圈；5—钢套；6—凸模；7—上垫板；8,10—固定板；9—卸料板；11—下垫板；12—防转销

说明：图 7-54 所示为滑动导向中间导柱钢板模座模架的纯铜罩壳反挤压模。

凹模 2 的外形为截锥形，凹模工作孔为腰圆形，为保证与凸模相对位置，在与固定板 10 固定后，骑缝处加防转销 12。

卸料板 9 与导杆 3 配合处加设淬硬钢套 5，保证卸料板与导杆的有效使用寿命。

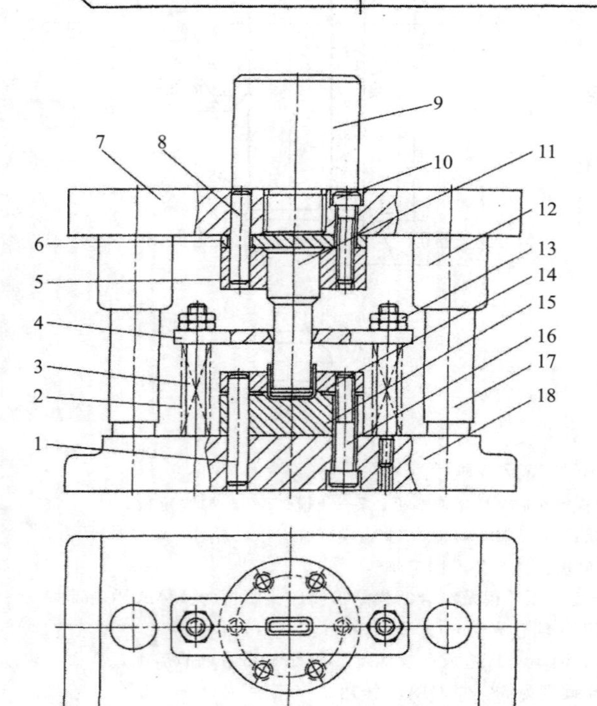

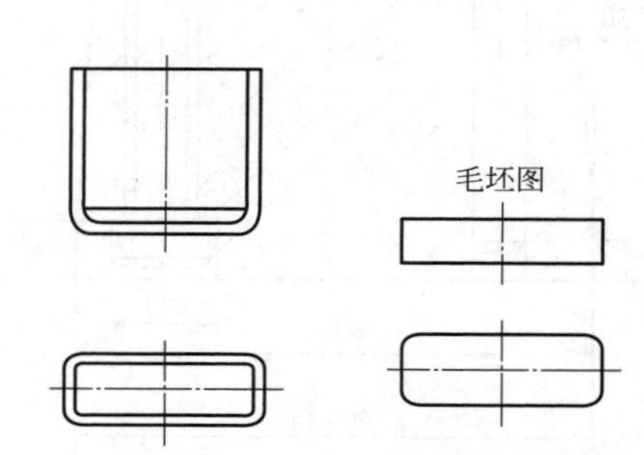

图 7-55　小矩形件外壳反挤压模

1,8—圆柱销；2—弹簧；3—螺杆；4—卸料板；5—固定板；6—垫板；7—上模座；9—模柄；10,16—螺钉；11—凸模；12—导套；13—螺母；14,15—上凹模；17—导柱；18—下模座

说明：图 7-55 所示为小矩形件表壳滑动导向中间导柱模架反挤压模。

该结构与图 7-54 十分相似，也是带导向模架的专用表壳反挤压模。该模具凹模采用组合体，由件 14、15 两件组成，然后由螺钉和销钉直接固定在下模座 18 上，工作完成后制件由卸料板 4 从凸模上卸下。反挤压 0.4mm 壁厚的铝件时效果良好。

④ 复合挤压成形的冷挤模，见图 7-56～图 7-65。

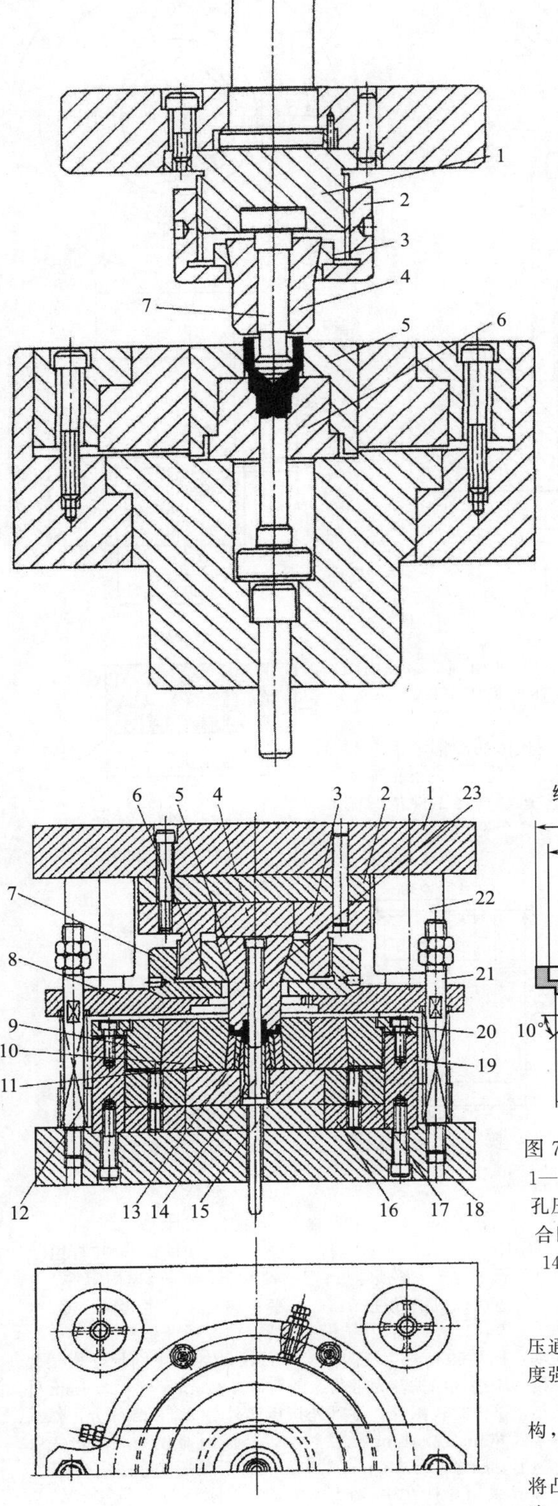

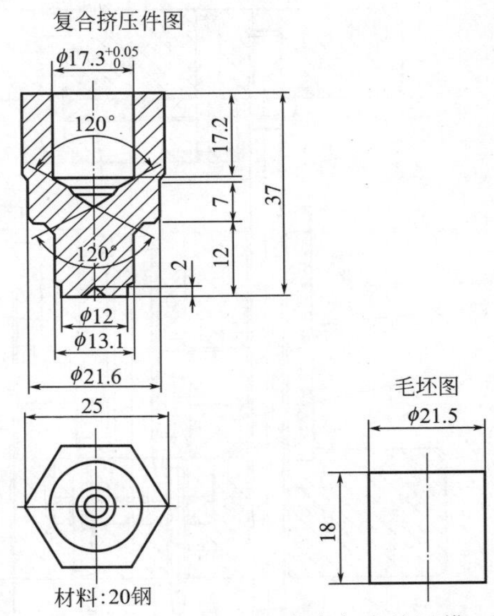

图 7-56 火花塞壳复合挤压模

1—凸模座；2—螺母压圈；3—凸模压圈；4—凸模护套；5—凹模；6—凹模芯；7—凸模

说明：图 7-56 所示为火花塞壳复合挤压模。该模具为带导柱导套模架（图示未画出）的复合挤压模。上、下模的同轴度完全靠模具制造与装配精度保持，适用于挤压壁厚大于 0.07mm 的杯形件，导柱导套公差为 IT6 级精度动配合，间隙值一般控制在 5～8μm。挤压完成后，制件被留在凹模内，通过下顶杆将其顶出模外。

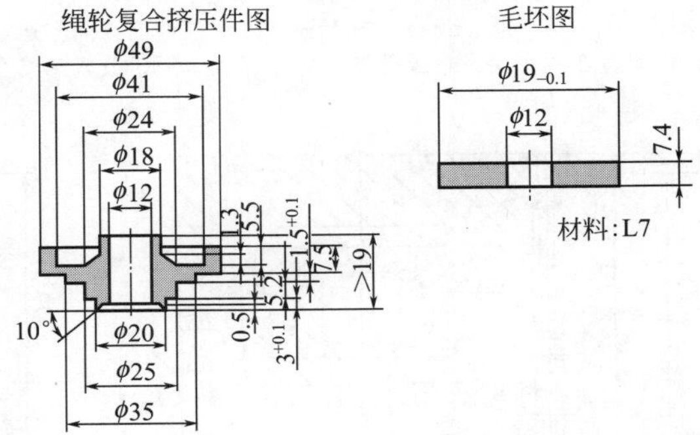

图 7-57 绳轮滑动导向四导柱模架复合挤压模通用结构形式

1—上模座；2—垫板；3—固定板；4—中心垫；5—凸模；6—锥孔压环；7—螺孔固定环；8—卸料板；9—组合凹模外圈；10—组合凹模中圈；11—组合凹模内圈；12—弹簧；13—凹模镶拼件；14—上顶杆；15～17——空心垫板；18—下模座；19—凹模框；20—凹模压板；21—卸料螺杆；22—导套；23—凸模芯棒

说明：该模具属于凹模与凸模之间的同轴度可调整的冷挤压通用模架，采用滑动导向四导柱模架，导向精度高、整体刚度强，可在此模架上进行正挤压、反挤压与复合挤压。

凹模采用分体结构，提高了凹模寿命。凸模亦采用分体结构，分为凸模与芯棒两件。

绳轮零件采用封闭式挤压，对毛坯的质量公差要求较高。将凸模外径比凹模腔直径缩小 0.5mm，挤压时允许留纵向飞边，可以提高模具使用寿命。

大壳体复合挤压件图

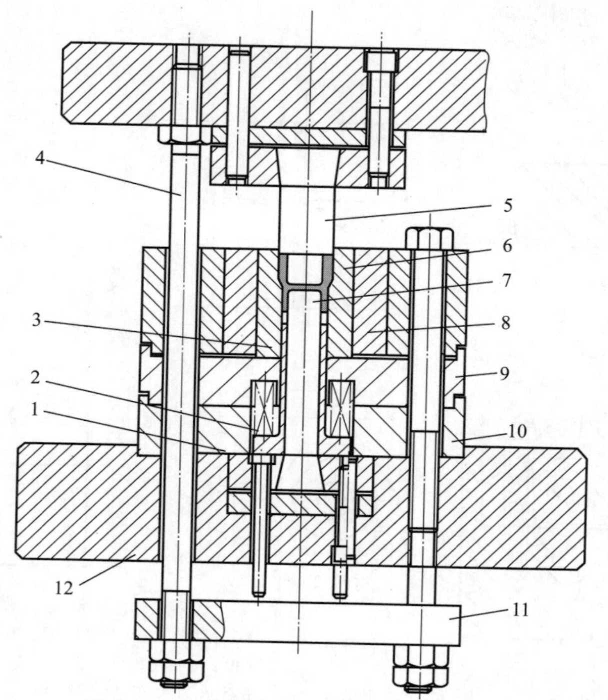

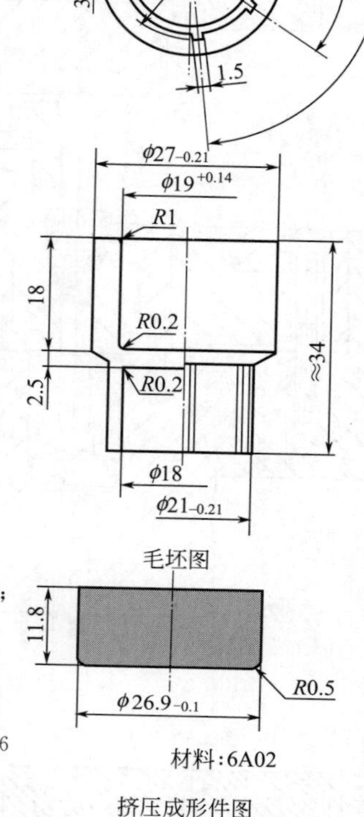

图 7-58　大壳体复合挤压成形冷挤模

1—顶杆；2—弹簧；3—顶件器；4—拉杆；5—上凸模；6—组合凹模预应力圈内圈；7—下凸模；8—凹模预应力圈外圈；9—垫板；10—下凸模固定板；11—拖板；12—下模座

说明：该模具为复合挤压模，用实心毛坯一次将上下呈杯状体的锻铝零件挤出。在上凸模 5 的压力作用下，毛坯在凹模 6 内成形。同时，下凸模 7 将工件的下孔挤出。当拉杆 4 向上回程时，顶杆 1 向上顶，推动顶件器 3 向上运动，将工件从凹模 6 内顶出。在弹簧 2 的作用下，顶件器 3 向下复位，便于放入第二个毛坯。

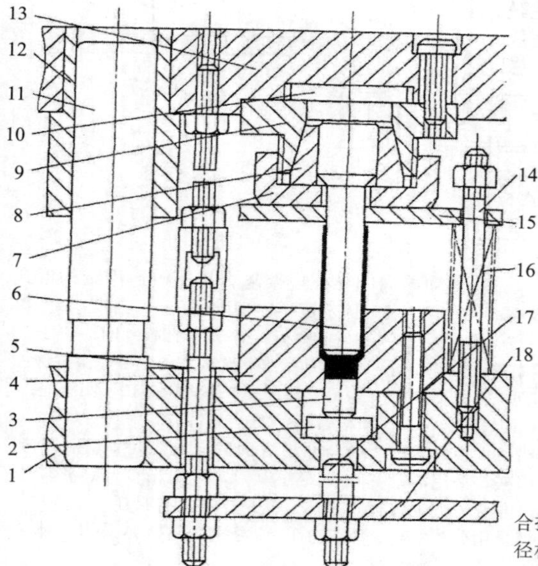

气门护套成品零件图

$\phi30$　1.3　R2.3　20　$79^{+0.5}_{0}$　$68.2^{+0.1}_{0}$　$\phi25^{+0.124}_{+0.040}$　$\phi21^{+0.44}_{+0.11}$　$\phi23.6^{+0.44}_{+0.11}$　R2　$\phi9.4^{+0.1}_{0}$　$\phi12^{+0.1}_{0}$

挤压成形件图

$\phi25^{-0.05}_{-0.12}$　1.3　70　82　11　$\phi12^{\ 0}_{-0.11}$

材料:T2

图 7-59　气门护套坯件复合挤压模

1—下模座；2—顶料板；3,17—顶杆；4—凹模；5—拉杆组件；6—凸模；7—紧锁螺母；8—锁紧器；9—凸模固定件；10—上垫板；11—导柱；12—导套；13—上模座；14—螺栓；15—卸料板；16—弹簧；18—顶杆垫板

说明：图 7-59 所示为气门护套坯件滑动导向中间导柱模架复合挤压模。制件气门护套为带凸缘圆筒体，ϕ25mm 与 ϕ23.6mm 外径相差小，挤压时较困难，可以先挤压出外径 ϕ25mm 部分，然后再拉深 ϕ23.6mm。ϕ9.4mm 孔径较小，挤压时难度更大，可先钻孔，再整形。凸缘部分 ϕ30mm 端口可在最后整形工序翻边成形。

该模具采用导柱在中部两侧的模架，刚性好。倒装式结构保证了模具拆装方便。

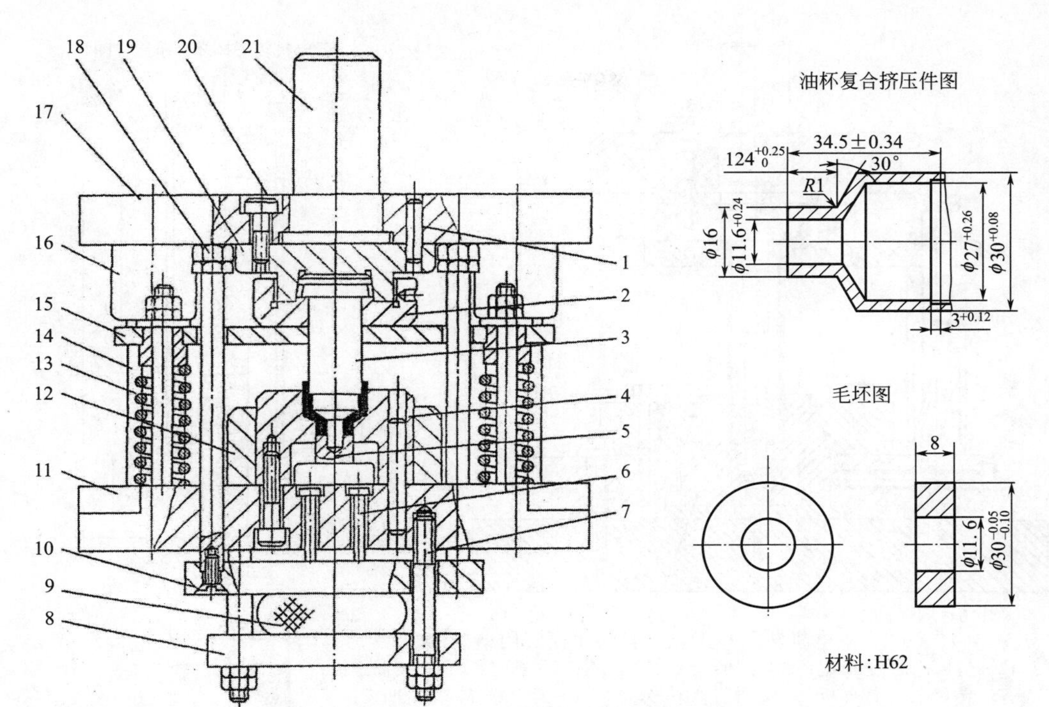

图 7-60 油杯滑动导向后侧导柱模架复合挤压模

1—销钉；2—螺纹夹套；3—凸模；4—凹模；5—凹模芯；6—顶杆；7—螺栓；8—托板；9—橡胶体；10—夹板；11—下模座；12—凹模框；13—弹簧；14—导柱；15—卸料板；16—导套；17—上模座；18—六角螺母；19—凸模座；20—螺钉；21—模柄

说明：图 7-60 所示为油杯滑动导向后侧导柱模架复合挤压模。制件毛坯似一种厚垫圈。通过正反复合挤压，获得油杯制件。其运作过程如下：

将毛坯置于凹模口部的凹模芯件与平台表面。当上模下行合模初始，凸模头部的触头相当于导正销，首先插入毛坯中心孔 ϕ11.5mm 中，而后开始正挤压与反挤压，形成复合冷挤压。挤压工作完成后，上模回程上升，包在凸模上制件，卸料板 15 会将制件从凸模上卸下来。

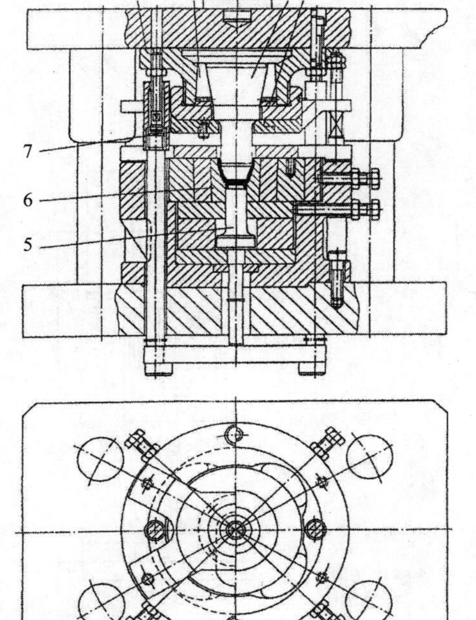

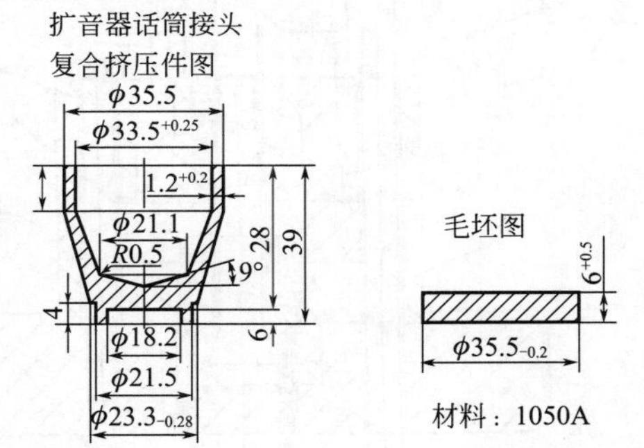

图 7-61 扩音器话筒接头复合挤压成形挤压模实用结构形式

1—凸模座；2—弹簧；3—凸模；4—大螺母；5—顶件器；6—组合凹模 3 层预应力圈；7—卸件器

说明：该模具属可调节上下模同轴度的可调式通用模架，采用滑动导向四导柱钢板模座模架。凹模 6 的中心可通过四个调整螺钉来调整，依靠四块弯月形板来定位，以防止工作过程中凹模位移。

本模架可用于正挤压、反挤压或复合挤压，适用于有色金属与黑色金属。

凸模 3 由弹簧夹头 2 通过大螺母 4 拧紧在凸模座 1 上。

凹模 6 采用三层预应力分体结构。模具有顶件器 5 与半刚性卸件器 7。

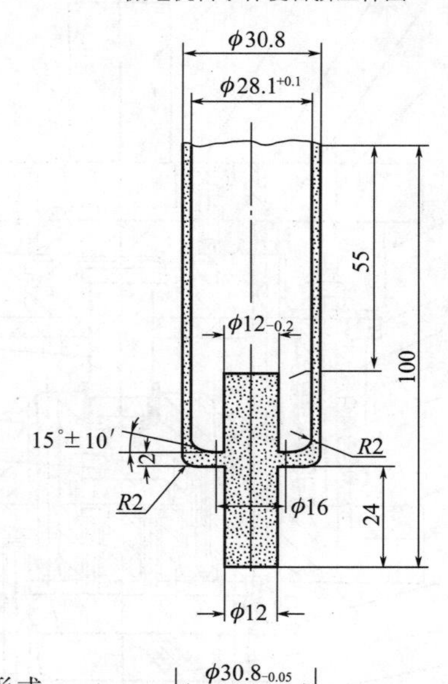

图 7-62　微电机转子杯正反复合挤压模实用结构形式

1,12—垫板；2—上模座；3—模柄；4—镶拼凸模；5—镶套；6—凸模固定板；7—导套；8—卸件板；9—拉杆；10—弹簧；11—紧定螺钉；13—凹模；14—压环；15—凹模固定板；16—下模座

φ30.8-0.05

21

毛坯图

材料：1050A

说明：该模具属于无导向的复合挤压模。

冷挤压凸模采用拼镶结构，可避免内孔应力集中尖角处破裂。

工件卡在凸模上，可用半刚性卸件板卸下。

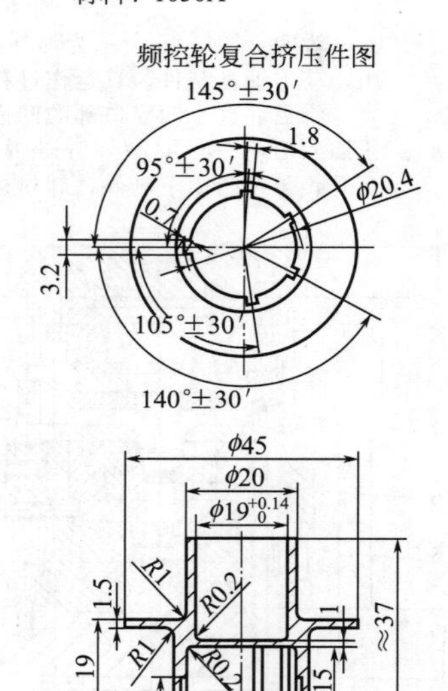

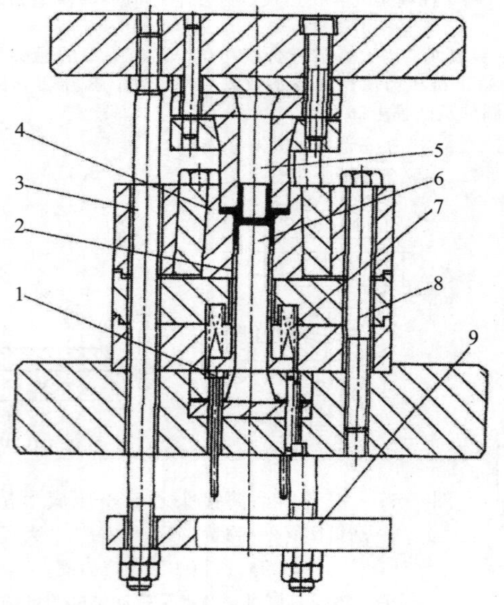

图 7-63　频控轮复合挤压模实用结构形式

1—顶杆；2—环形顶出器；3—拉杆；4—凹模；5—上凸模；6—下凸模；7—弹簧；8—压杆螺钉；9—顶出板

毛坯图

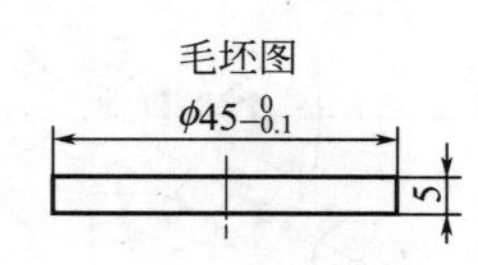

说明：该模具用圆片铝毛坯，在上、下凸模和凹模的作用下，挤压成中间不穿透、外形带凸缘的立体件，形状较复杂，一次挤压而成，生产效率较高。

凹模采用预应力圈组合结构，凸模固定端为截锥体，大锥面顶端与厚淬硬垫板接触，保证凸模承受足够大的压力。

挤压后的制件留在凹模里，通过环形顶出器 2 由顶出板 9 对顶杆 1 发生作用。拉杆为 3 根，压紧螺钉亦为 3 件，从上而下与下模座固定在一起。

活塞销复合挤压件图

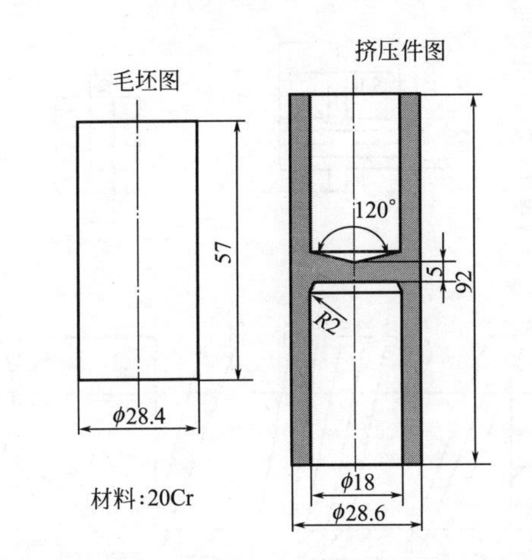

图 7-64　活塞销滑动导向对角导柱加厚钢板模座模架复合挤压模实用结构形式

1—上垫块；2—卸件板；3—凹模；4—滑套；5—顶杆；6—垫块；7—顶件器；8—上凸模；9—下凸模

说明：该模具为采用滑动导向对角导柱加厚钢板模座模架的复合挤压模。挤压时，金属向上流动较向下流动容易，因此将上凸模中心锥度做的比下凸模中心锥度稍小，同时在上凸模有一台阶用于限制金属向上流动，确保制件金属流动均匀，挤压精度。

采用卸件板 2 卸件。采用三根顶杆 5 推动环形顶出器将工件顶出。

凹模 3 外有 3 层预应力圈。滑套 4 上开有出气槽。上垫块 1 及下垫块 6 为承压件。

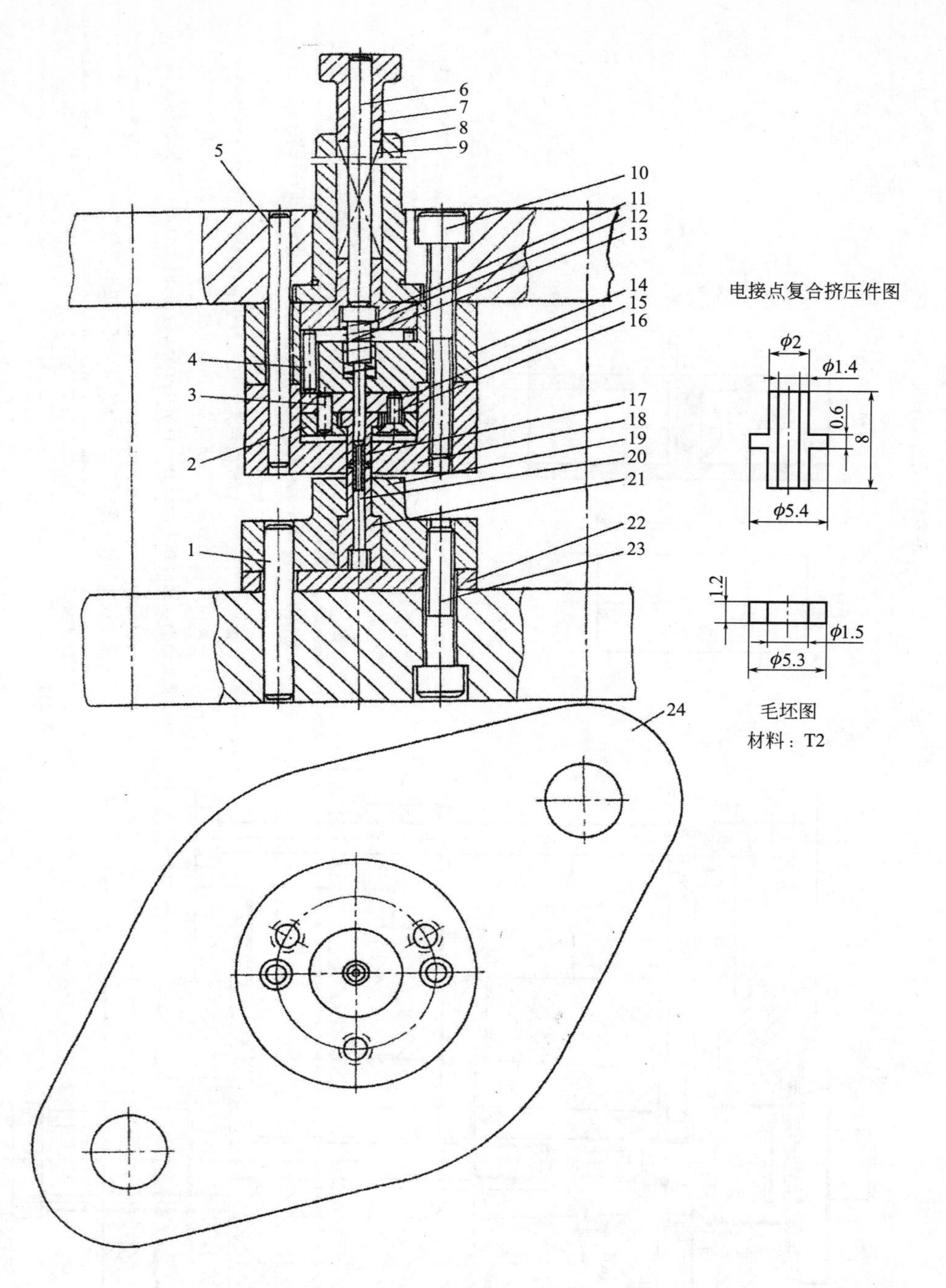

图 7-65 纯铜接点复合挤压模

1,3～5—圆销；2—上模固定板；6—打杆；7—打杆套；8—模柄；9,13—弹簧；10,16,23—螺钉；11—顶出块；12—顶出杆；14—垫块；15,22—垫板；17—上模腔；18—凹模；19—下模固定板；20—下模芯；21—下模腔；24—带导柱模架

说明：图 7-65 所示为纯铜接点复合挤压模。工作零件采用 W18Cr4V 制成。原零件采用切削加工生产，材料利用率较低，不节能。该模具用垫圈状毛坯一次复合挤压成形。考虑到复合挤压模工作部分的强度，将制件的凸缘部分由 ϕ3.6mm 放大至 ϕ5.4mm，从而保证了上、下模腔（件 17、件 21）工作部分有足够的厚度。工作时，毛坯套在下模芯 20 上，上模下行，毛坯在上、下模腔 17、21 的作用下，制件在凹模 18 内成形。制件挤完后留在上模内，上模下行，利用打杆 6、顶出杆 12 从上模腔 17 内推出，同时件 4（三件）使上模腔 17 对凹模 18 产生相对运动，将制件从凹模 18 中推出。

第 8 章 楔传动冲模实用典型结构

用楔传动机构实施横向冲压，是冷冲模结构设计中较常使用的一项基本技术。用冲模自身带动的各种类型的斜楔，将压力机输出的垂直冲压力转变成水平的、与冲压方向呈任意角度倾斜的、由外向里的或由里向外以及由中心向四面八方的，甚至由下向上的等冲压方向以外的冲压力并直接或间接传递给相应工位，进行冲压加工。凡设置这种统称为横向冲压动作楔传动机构的冲模，即楔传动冲模。

由于用楔传动机构实施横向冲压，使一些形状复杂、仅在压力机冲压方向实施冲压，无法一模成形的冲压件，可以实现一模成形冲压，多工位连续冲压以及多工位连续式复合冲压并一模成形，不仅进一步拓宽了冲压加工范围，而且为冲压过程的机械化创造了更好的条件、更广阔的前景，故用楔传动机构实施横向冲压日益广泛。除此之外，用楔传动机构驱动冲模带动的送料装置，实现自动送料、推卸冲压件出模以及在单工序冲模中用楔传动直接冲压加工零件，如拉深件切边、拉深件侧壁冲孔与切槽、弯曲件的侧弯与反弯成形等，在线使用都十分普遍。

在各种结构类型的普通全钢冲模中，除无导向固定卸料多工位连续模和固定卸料导板式多工位连续模，无法装设和使用楔传动机构进行横向冲压外，其余所有导柱模架冲模都可采用楔传动机构进行横向冲压。不过，在线服役冲模中，单行直排排样冲模滑动导向导柱模架固定卸料与弹压卸料多工位连续模，使用楔传动机构实施横向冲压更多。

8.1 楔传动横向冲压冲模的实用结构形式

实施横向冲压的方法很多。不同的方法所使用的装置、机构及其结构形式各异。这些方法主要有气动、液压、电控、机械等多种。虽然一般冲压车间都备有足够的电、压缩空气等动力源，用这些能源实施横向冲压的装置，除必须与冲模匹配并协调运作外，其结构都较复杂、庞大，而且效率低、不经济。目前，采用较多的都是机械法。将不同的机械装置或简易机构装在冲模上，由冲模带动实施所需的横向冲压作业或横向动作。这些机构有：楔传动机构、杠杆机构、肘杆机构、齿轮齿条传动机构、凸轮与偏心轮传动机构、分体活动模芯变向冲压机构、旋转轴变向冲压模芯机构等。其中，由冲模带动的楔与楔传动横向冲压机构与横向动作机构，具有结构紧凑、与冲模和压力机冲压动作协调一致性好、造价低、使用安全可靠的优点，故应用广泛。以下介绍的冲模楔传动横向冲压的结构形式都是经在线服役，并经多次改进定型的实用典型结构，具有较好的推广应用价值。

8.1.1 楔传动横向冲压单工序冲模的实用结构形式（图8-1～图8-12）

① 固定式楔传动拉深件水平切边模实用典型结构，见图 8-1（Ⅰ～Ⅳ型）。

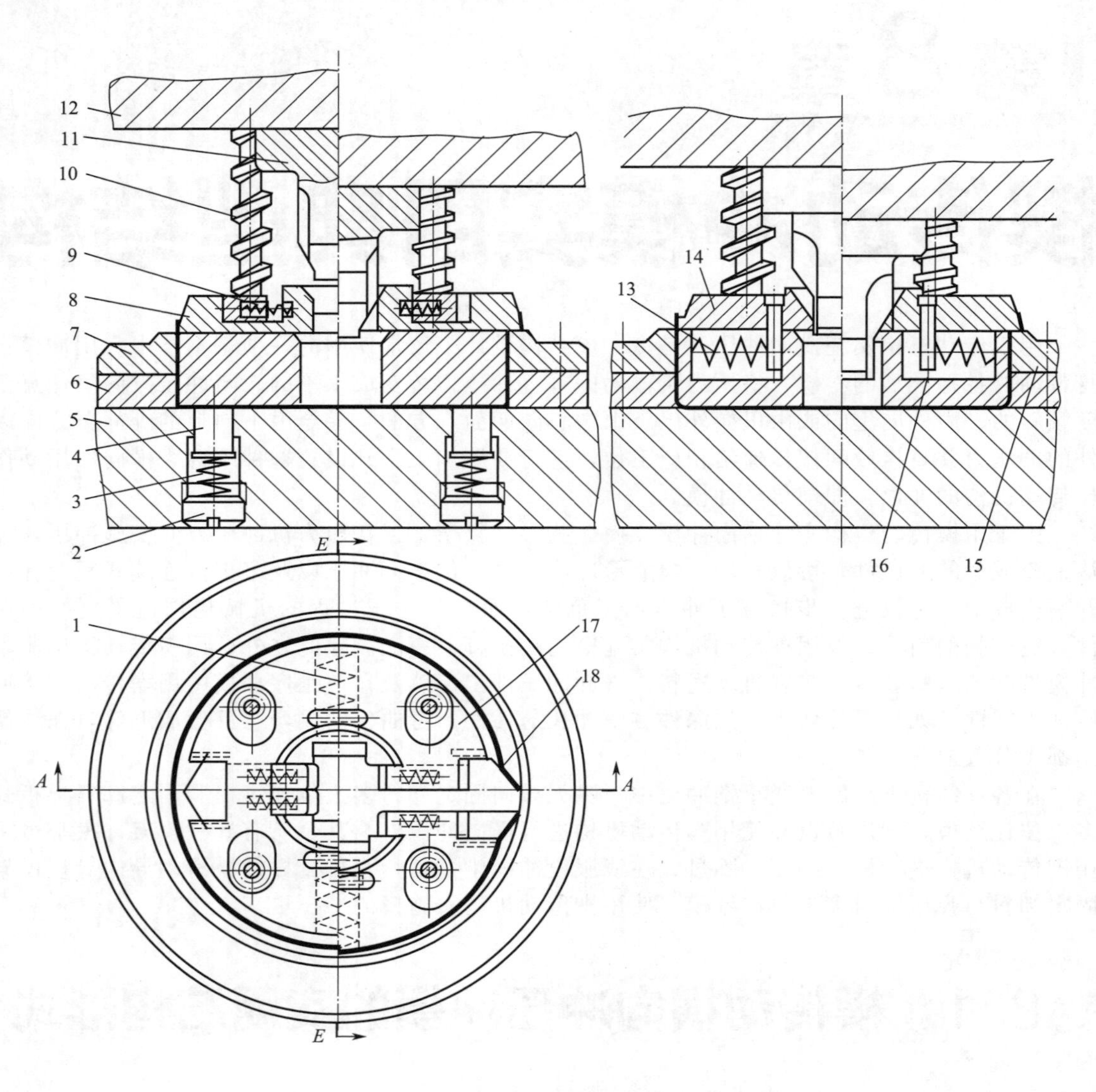

（a）圆筒形拉深件楔传动水平切边模（Ⅰ型）

1,3,9,10,13—弹簧；2—螺塞；4—顶件器；5—下模座；6—垫板；
7,15—凹模；8,18—楔形凸模；11—斜楔；12—上模座；
14—楔滑块；16—限位销；17—半圆凸模

说明：拉深件一般都要用最后的切边工序达到要求的精准高度尺寸，将多余的材料及毛边切除掉。图 8-1(a) 所示为平底圆筒形拉深件，在完成拉深后必须进行切边，以便获取精准的高度、平滑的切口。其运作过程是，将坯件放入下模座 5 中，上模下行合模开始切边之前，半圆凸模 17 先进入坯件并直到下模座 5，将坯件压紧于正确位置，斜楔 11 进入楔滑块 14，推动楔形凸模冲破坯件，带动半圆凸模沿水平方向外移推着半圆刃口切边。待完成切边，上模中心的斜楔 11 回程向上脱离楔滑块 14，弹簧 13 便推动件 14 复位。

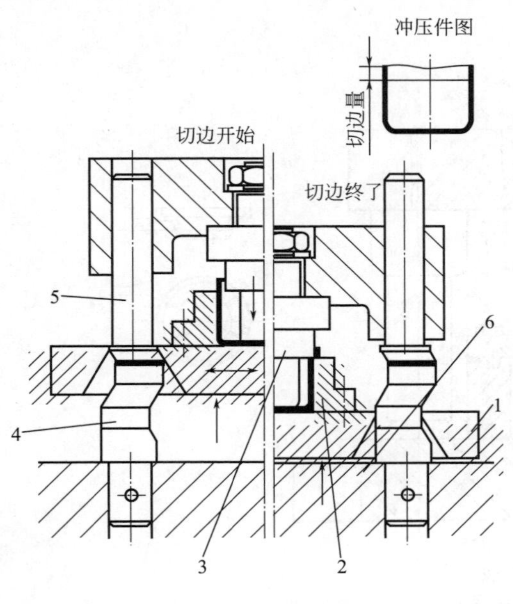

（b）圆筒形拉深件楔传动水平切边模（Ⅱ型）
1—活动凹模座；2—切边凹模；3—凸模；
4—多楔面导向楔；5—导柱；6—底座

说明：图 8-1(b) 所示为拉深件水平切边的一种结构形式。其模座靠楔导柱中段的多楔面导向楔，可沿水平面左右运动。而固定在活动凹模座 1 上的切边凹模，随模座运动，实施切边。该模具的结构关键是固定在底座 6 上的楔导柱 5。它由 3 段构成：上部为滑动导向导柱即件 5，中部为导向楔 4，下部为固定段，插入底座 6 中固定。

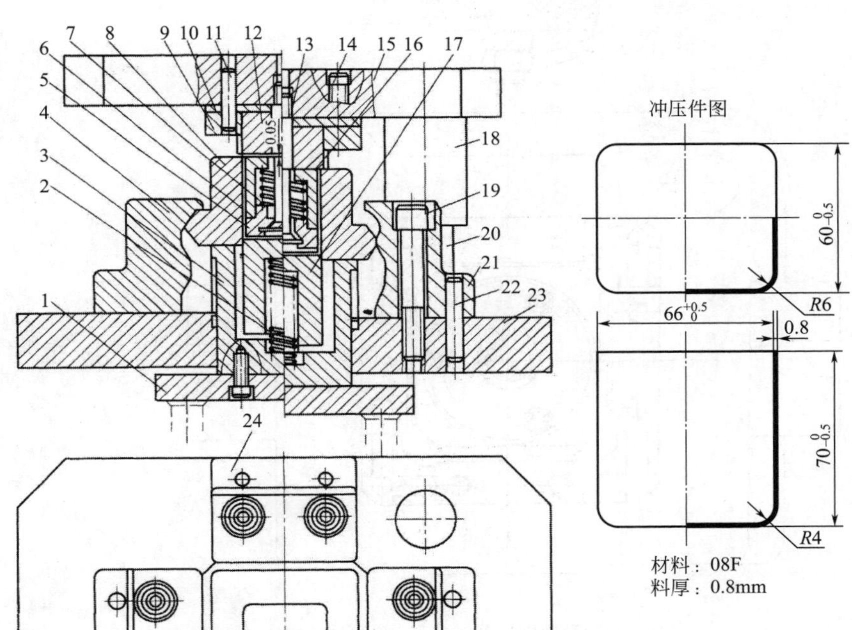

（c）无凸缘盒子形零件对角导柱模架方盒、矩形盒拉深件浮动式水平切边模（Ⅲ型）
1—托板；2,7—弹簧；3—托柱；4—左导轨；5—压件块；6—压件框；8—凹模；9—固定板；10—垫板；11—圆柱销；12—凸模；13—吊杆；14—螺钉；15—上模座；16—限止柱；17—顶件柱；18—导套；19—螺钉；20—导柱；21—右导轨；22—圆柱销；23—下模座；24—前后导轨

说明：无凸缘盒子形拉深件采用水平切边是较为常用的切边方式之一。图 8-1(c) 所示为无凸缘方形与矩形盒子拉深件横向一次切边成形的浮动式水平切边模的一种实用典型结构。该冲模采用滑动导向对角导柱钢板模架，使用浮动式凹模，并在凹模左右前后装四块固定式多斜面楔为浮动的凹模导向，亦称其为导轨。凹模受凸模驱动，开始下降过程中，凹模 8 的凸缘面与周围四块导轨斜面顺序接触和引导使浮动的凹模作左右前后方向的移动，从而完成切边工作。凹模移动的方向、移动量和动作顺序，均取决于安装在凹模四周的四块固定式多斜面楔，即导轨的形状和尺寸。

该冲模使用较广，结构成熟，制造简便，切边质量好，生产效率较高。其主要缺点是上料、出件都要手工，需配备专用手持工具，否则操作不安全。

图 8-1

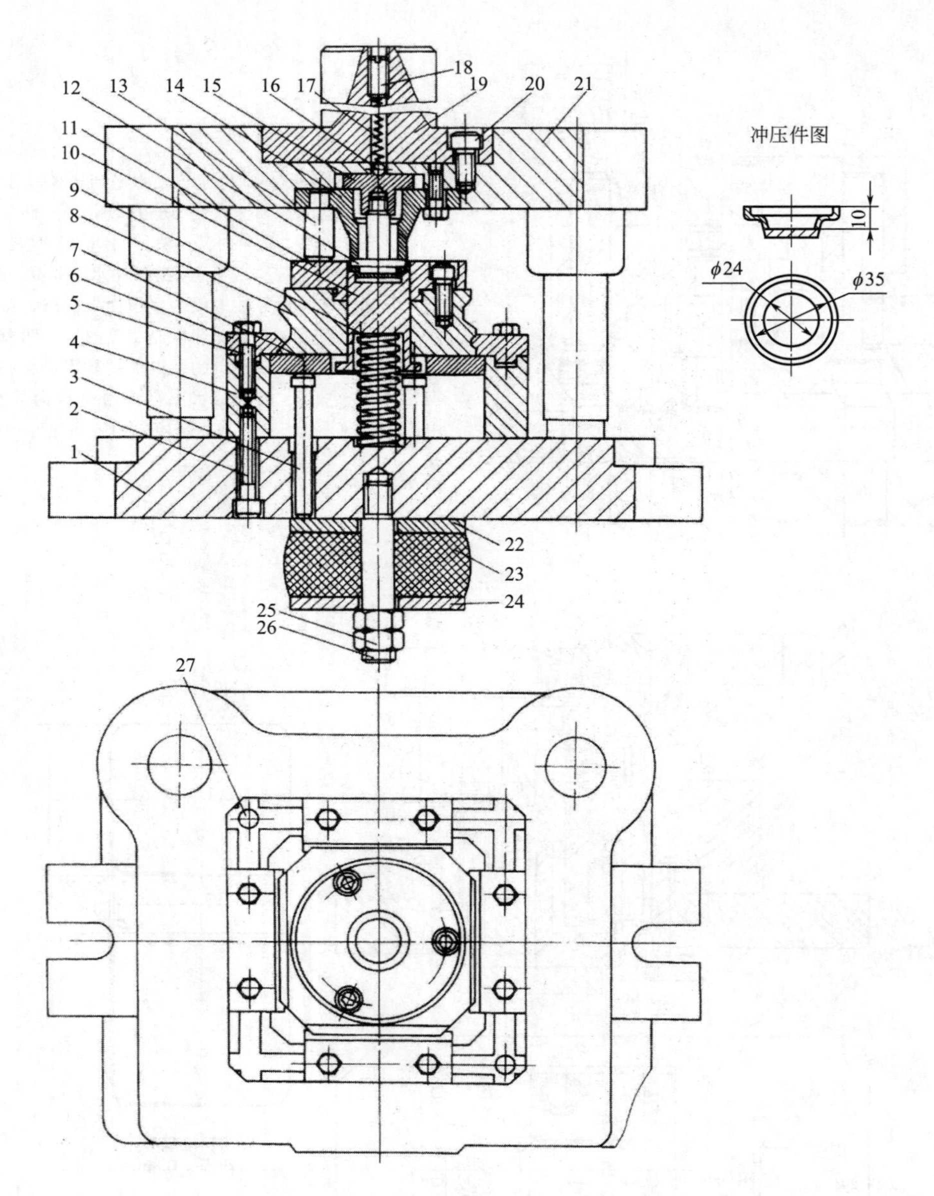

（d）台阶形圆筒拉深件浮动凹模水平切边模（Ⅳ型）

1—下模座；2,20—螺钉；3—顶杆；4—定位板；5—六角螺栓；6—斜楔；7—顶板；8—楔滑块；9,17—弹簧；10—顶件块；11—凹模；12—活动芯；13—限位柱；14—凸模；15—滑座；16—钢珠；18—螺塞；19—模柄；21—上模座；22,24—托盘；23—橡胶体；25—螺母；26—螺杆；27—销钉

说明：拉深件切边模采用多斜面固定楔传动楔滑块实现浮动凹模、固定凸模的水平式活动凹模刃口多工步切边程序，应用广泛。该模具工作时，先将毛坯放在顶件块10上，上模下行，活动芯12及凸模14亦插入毛坯内，随即三个限位柱13压住凹模11（凹模镶固在楔滑块8上，滑块的四周均有凸轮槽与四边的斜楔6相互接触）向下运动，凹模及凹模内的毛坯一方面向下移动，另一方面在水平方向（先向左，再向后，又向右，最后向前）逐渐移动，从而将毛坯的余边切去。

凸模14与凹模11的间隙由限位柱13控制，本模具的间隙取0.05～0.08mm。活动芯12与凸模14同心，便于插入毛坯内。因此在滑动座的上端面做一凹窝，并由弹簧17压紧的钢珠16与之配合，使活动芯在切边完毕复位时保持在中心位置。凹模与滑块的回升则靠弹顶器通过三根顶杆3作用顶起。

图8-1　固定式楔传动拉深件水平切边模实用典型结构

② 多种结构形式构成楔传动机构的拉深件侧壁冲孔、冲槽、切口等冲裁模的实用典型结构，见图 8-2～图 8-7。

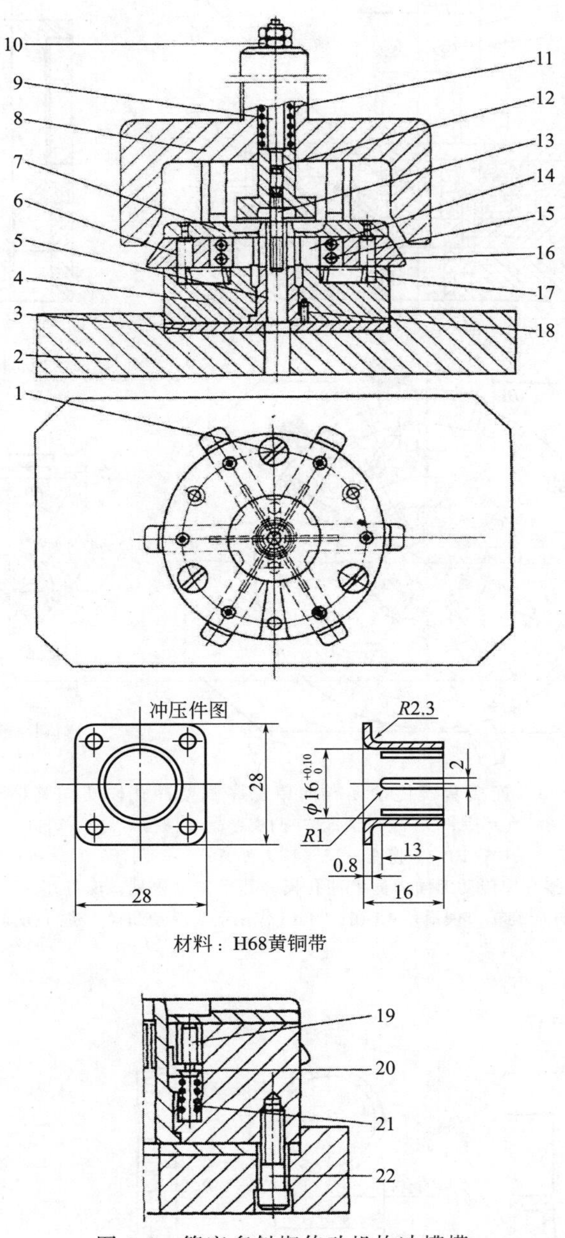

图 8-2 管座多斜楔传动机构冲槽模

1,22—螺钉；2—底座；3—垫板；4—底板；5—凹模；6—楔滑块；7—盖板；8—上模；9—拉杆；10,20—顶板；11,17,21—压簧；12—上模压座；13—推料杆；14—凸模；15,18—销钉；16,19—限位销

说明：图 8-2 所示为管座多斜楔传动机构冲槽模。该冲模有 6 个相同结构的楔滑块，在与圆模座上沿外廓圆周均布的、完全相同的 6 个单作用驱动斜楔配对，构成 6 组楔传动机构。6 个相同的冲槽凸模装在 6 个楔滑块端头，在凹模 5 构成 6 个互成 60°的冲槽工位。楔滑块的复位靠嵌装在楔滑块下部的压簧 17 实现。冲槽前将工件套在凹模 5 上，上模压座 12 在上模下行时，首先将工件压紧到位，迫使顶板 20 下移，而后斜楔推动楔滑块 6，使凸模 14 冲槽。当上模回程时，压簧 17 反向推动楔滑块复位，而压簧 21 则推动顶板 20，将冲好槽的工件推出模。推料杆 13 会在上模下行中，将冲槽废料及时从凹模漏料孔中推出。

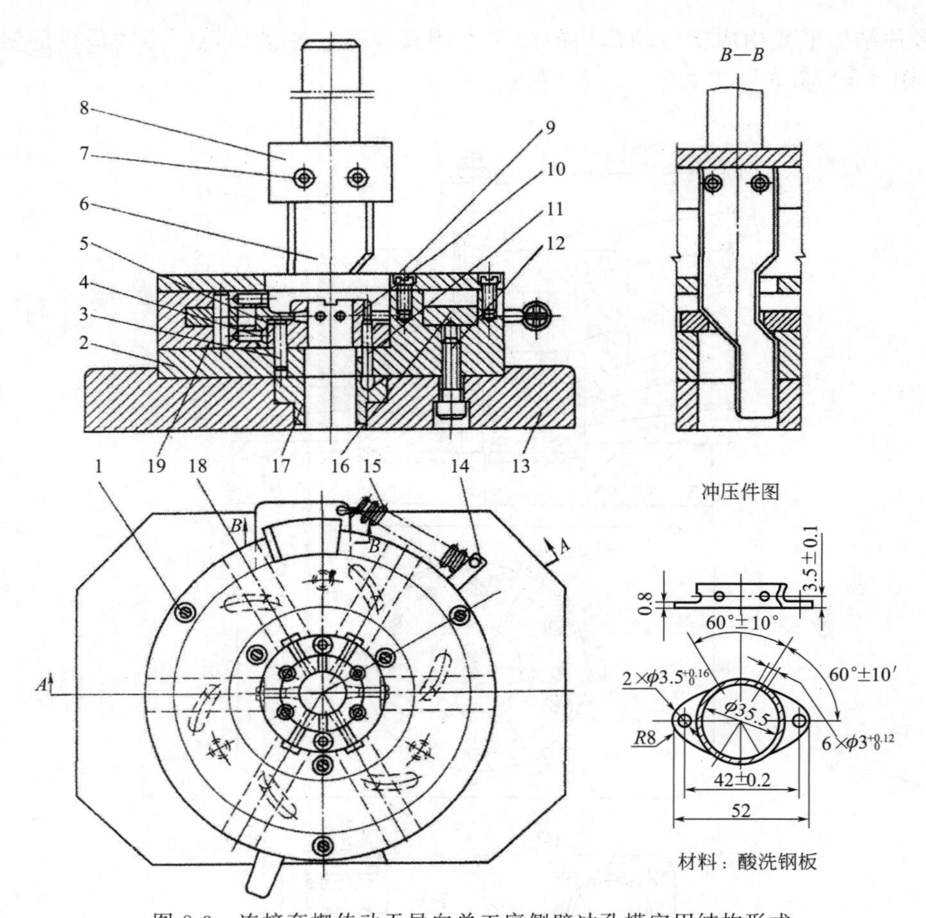

图 8-3 连接套楔传动无导向单工序侧壁冲孔模实用结构形式

1,4,12,14—螺钉；2—支承座；3—定位销；5—凸模；6—斜楔；7,18—销钉；8—模柄；9—盖板；10—凹模；11—顶杆；13—下模座；15—拉力弹簧；16—圆环；17—推座；19—楔滑块

说明：图 8-3 所示为连接套楔传动无导向侧壁冲孔模。其运作过程是：现将坯件套在凹模 10 上，斜楔 6 下降后，推动圆环 16 沿逆时针方向旋转。楔滑块 19 在销钉 18 作用下，驱动凸模 5 进行径向冲孔作业。凸模连同滑块的复位，靠拉力弹簧 15 实施。

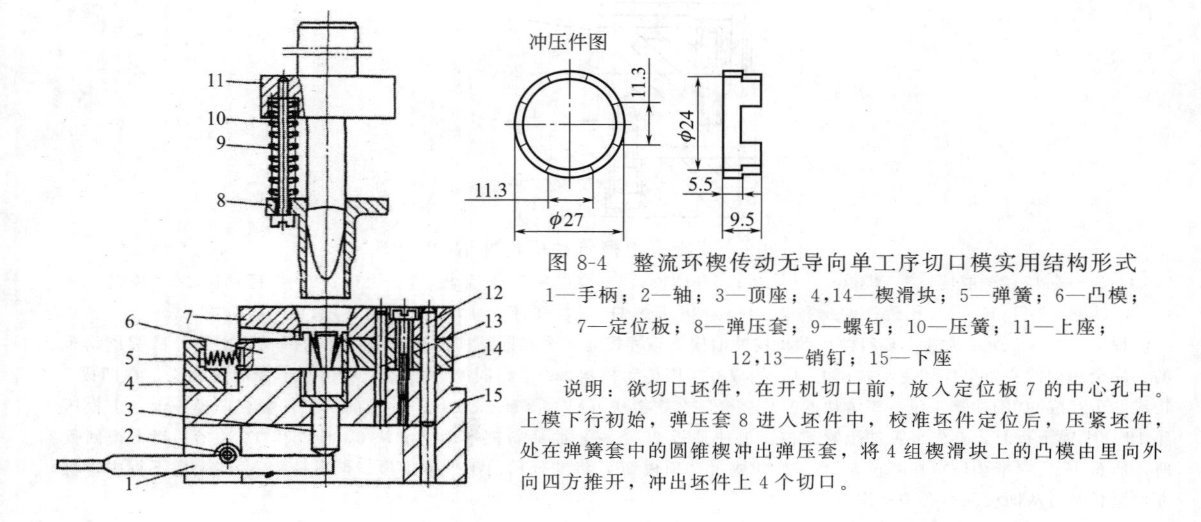

图 8-4 整流环楔传动无导向单工序切口模实用结构形式

1—手柄；2—轴；3—顶座；4,14—楔滑块；5—弹簧；6—凸模；7—定位板；8—弹压套；9—螺钉；10—压簧；11—上座；12,13—销钉；15—下座

说明：欲切口坯件，在开机切口前，放入定位板 7 的中心孔中。上模下行初始，弹压套 8 进入坯件中，校准坯件定位后，压紧坯件，处在弹簧套中的圆锥楔冲出弹压套，将 4 组楔滑块上的凸模由里向外向四方推开，冲出坯件上 4 个切口。

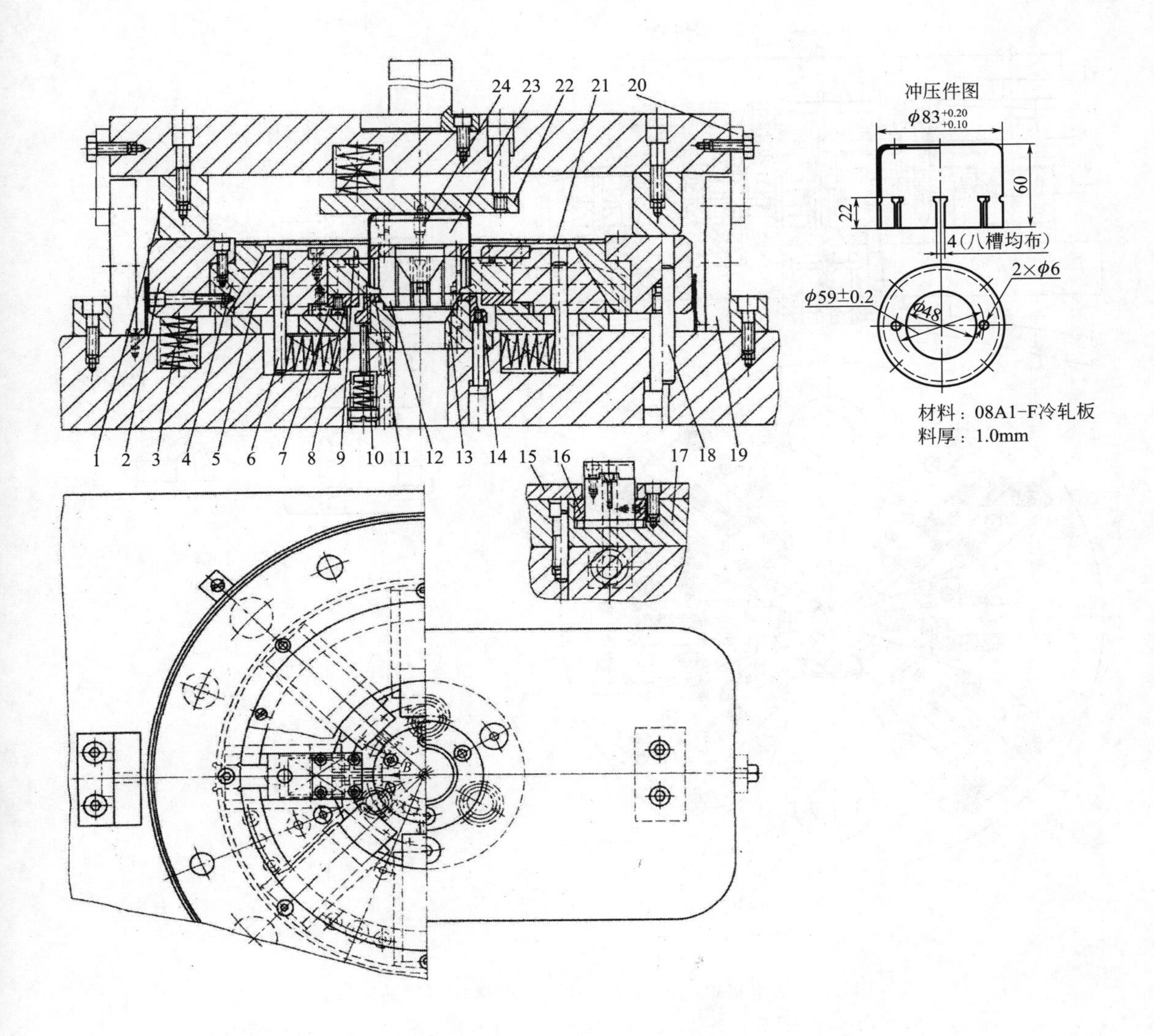

图 8-5 圆筒罩壳楔传动单工序冲群槽模实用结构形式

1—压块；2—压环；3—弹簧；4—斜楔；5—滑块；6—回程销；7,13—垫块；8—固定板；9,15—盖板；10—凸模；11—凹模；12—凹模安装座；14—顶件器；16—导板；17—导槽座；18—销钉；19—限位器；20—连接板；21—防护板；22—压板；23—定位块；24—定位销

说明：这是一套对筒形件壁部一次冲八个槽的水平式冲槽模。工作时，上模下行，压块 1 向下推动压环 2 和斜楔 4，使滑块 5 和凸模 10 作水平向心运动，完成冲槽工作。

模具结构特点为：八个滑块都安装在整体的导槽座 17 内，通过压环和斜楔统一驱动。凸模通过固定板 8 用燕尾槽装入滑块中，凹模 11 也是用燕尾槽装入凹模安装座 12 中，所以凸、凹模的更换较为方便。模具无导柱、导套，上模只装有压板 22 和压块 1，操作面开阔，操作较安全。冲后工件可被顶件器 14 顶起，取件方便。

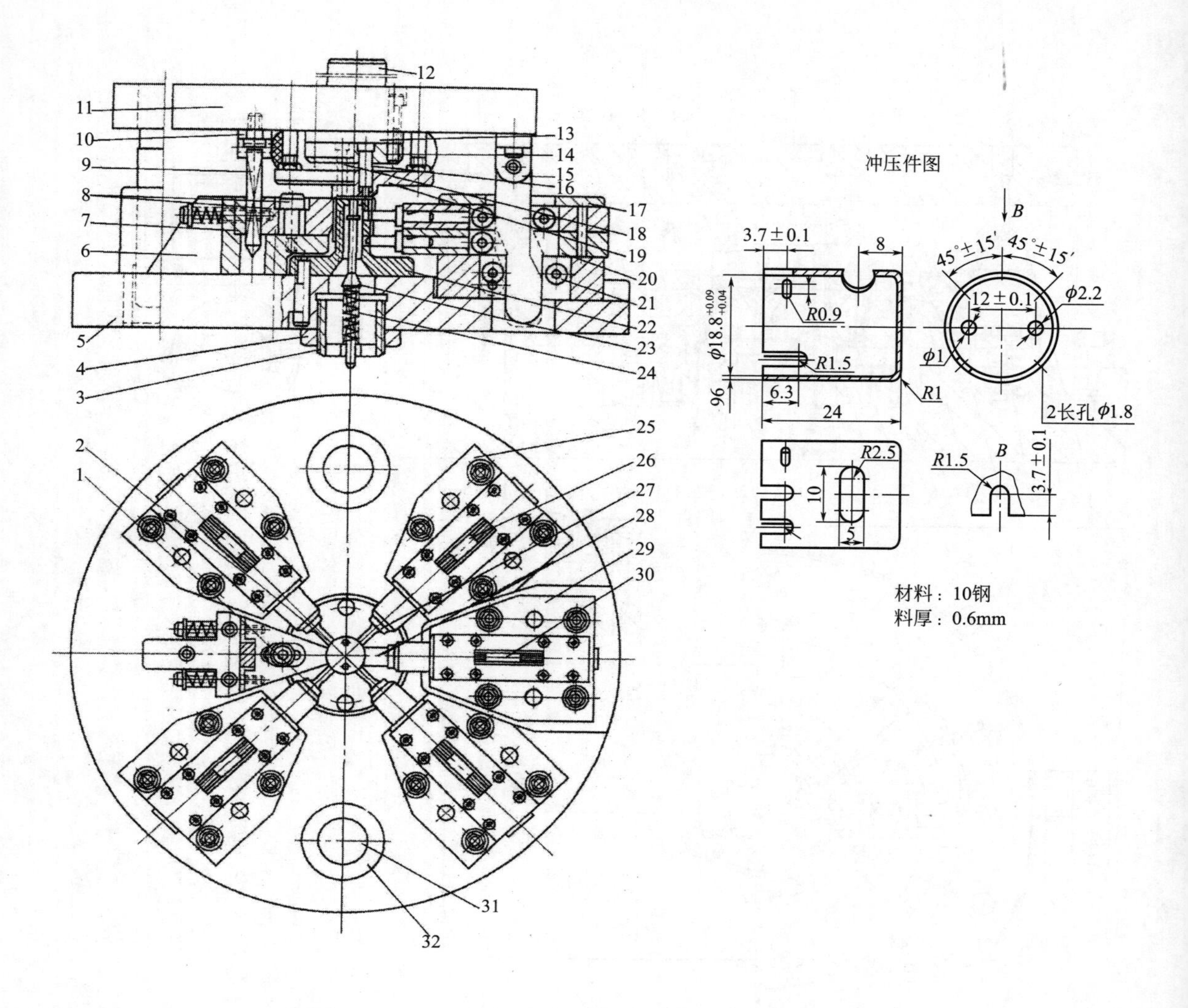

图 8-6　微电机罩壳楔传动冲群孔、群槽模实用结构形式

1，2，16，18，27，28—凸模；3—螺塞；4—螺母；5—下模座；6—后座；7，13—垫板；8—垫块；9—插杆；10—插杆座；11—上模座；12—模柄；14—固定板；15—楔座；17—盖板；19—卸料板；20—楔滑块；21—滑轮；22—凹模；23—顶杆；24—弹簧；25，29—滑座；26，30—斜楔；31—导柱；32—导套

说明：从冲压件图可知，该零件要求严格。在大量生产的情况下，要达到图样给出的严格的技术要求，只有采用高性能冲模，一次冲出九孔（槽）才能保证。图 8-6 所示九孔（槽）一次冲切的楔传动冲孔模，可以满足微电机罩冲九孔槽的严格要求。其主要结构要点如下：

①采用相同的五组楔传动机构，将垂直的冲压力转变成水平冲压力，用双作用驱动楔驱动装凸模滑块，实现同时冲孔（槽）。其中两组装上、下两个凸模，承担一孔一槽的冲切工作，如图 8-6所示。

②冲件底部两孔较小，其中一个直径为 1mm。两凸模均制成台阶形，将杆部加粗。同时，将卸料板加厚，包两凸模的孔，取导向间隙，按基轴制 h5/H6 配合制造，使卸料板具有导向作用，并沿横向支承，防止凸模出现纵弯折断。

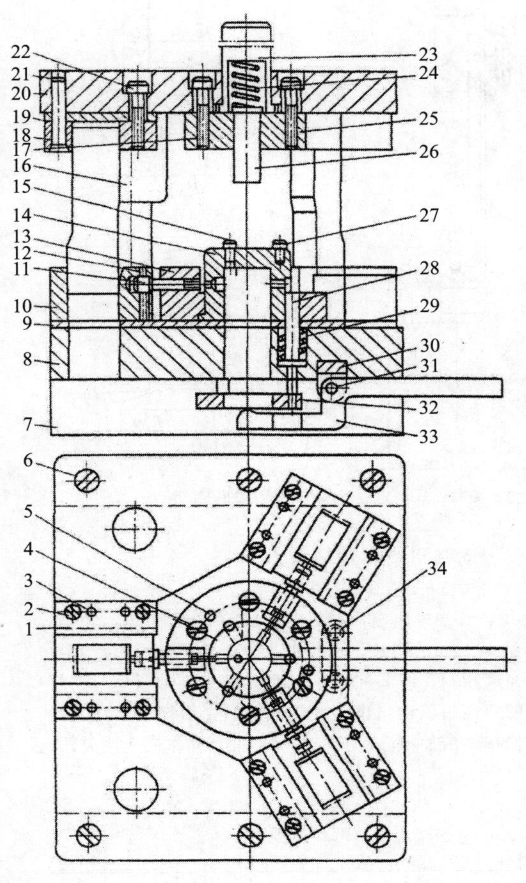

冲压件图

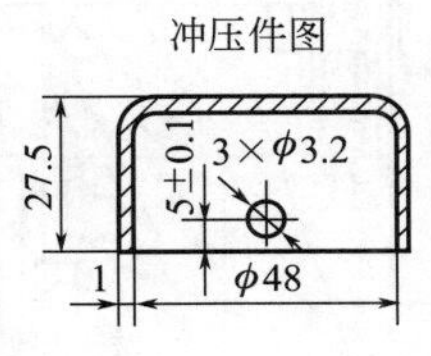

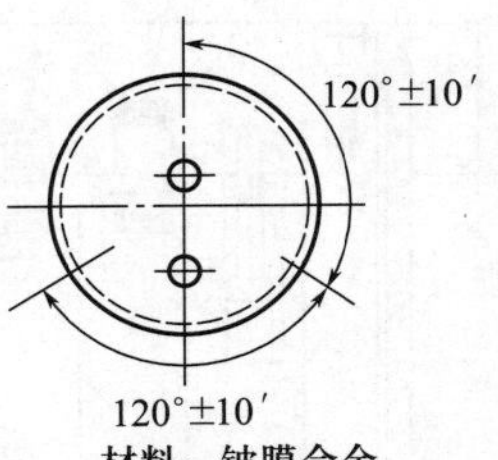

材料：铍膜合金

图 8-7　仪表壳滑动导向后侧导柱模架楔传动单工序侧壁冲群孔模实用结构形式

1—楔滑块导轨；2,4,6,17,22,34—螺钉；3,5,21—销钉；7—下模座；8—支承板；9,19—垫板；10,13—楔滑块；11—冲孔凸模；12—凸模导向座；14—凹模座；15,27—定位销；16—斜楔；18,25—固定板；20—上模座；23—模柄；24,29—弹簧；26—压紧凸模；28—顶杆；30—支架；31—轴；32—支承盘；33—杠杆

说明：图 8-7 所示冲模可一次冲出互成 120°角的 3 个等高、等径的 ϕ3.2mm 小孔。该冲件为铍膜合金板经拉深、切边与冲底孔后再冲侧壁 3 个 ϕ3.2mm 小孔。其孔中心距工件口部边沿为（5±0.1）mm，三孔沿 ϕ50mm 外圆侧壁互成 120°±10′。如采用专用夹具钻孔，班产 200～250 件，生产效率太低；而采用单冲模每次冲一孔的办法，又达不到 120°±10′及（5±0.1）mm 位置度的要求。故使用图 8-7 所示楔传动冲模，可以较方便地达到上述精度要求，生产效率比切削加工高 2.5～3 倍。

该冲孔模采用三组结构完全相同的双作用楔及其配对使用的楔滑块，构成三组楔传动机构。冲孔凸模 11 装在楔滑块 13 的端头，并与凹模座 14 构成三组完全相同的冲孔工位。双作用驱动楔不仅能推动楔滑块前进冲孔，还可以在上模回程中拉动楔滑块复位。其动作过程噪声不大。

③ 多组楔传动机构组合冲压成形的实用冲模典型结构，见图 8-8～图 8-12。

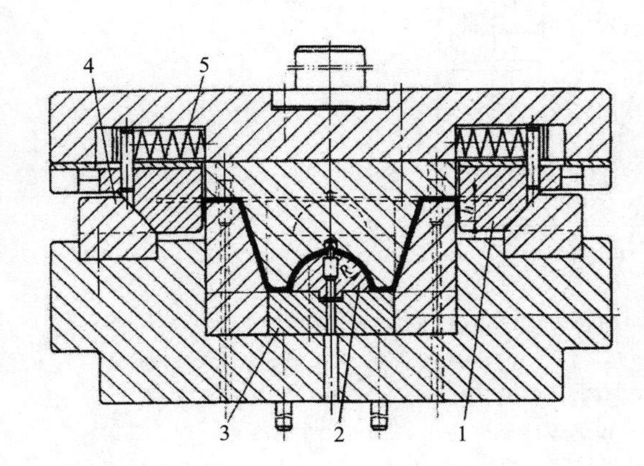

图 8-8　多弯角形楔传动无导向单工序弯曲模实用结构形式

1—斜楔；2—球面顶嵌件；3—顶件器；4—楔挡块；5—弹簧

说明：图 8-8 所示为双组球面座弯曲模。该冲模采用一对两组相同的楔传动机构一次同时将长×宽＝213.5mm×18mm 的 08F 钢冷轧板材条料一模弯成一个头尾均具有两个 90°角构成的复杂形状的球面座。

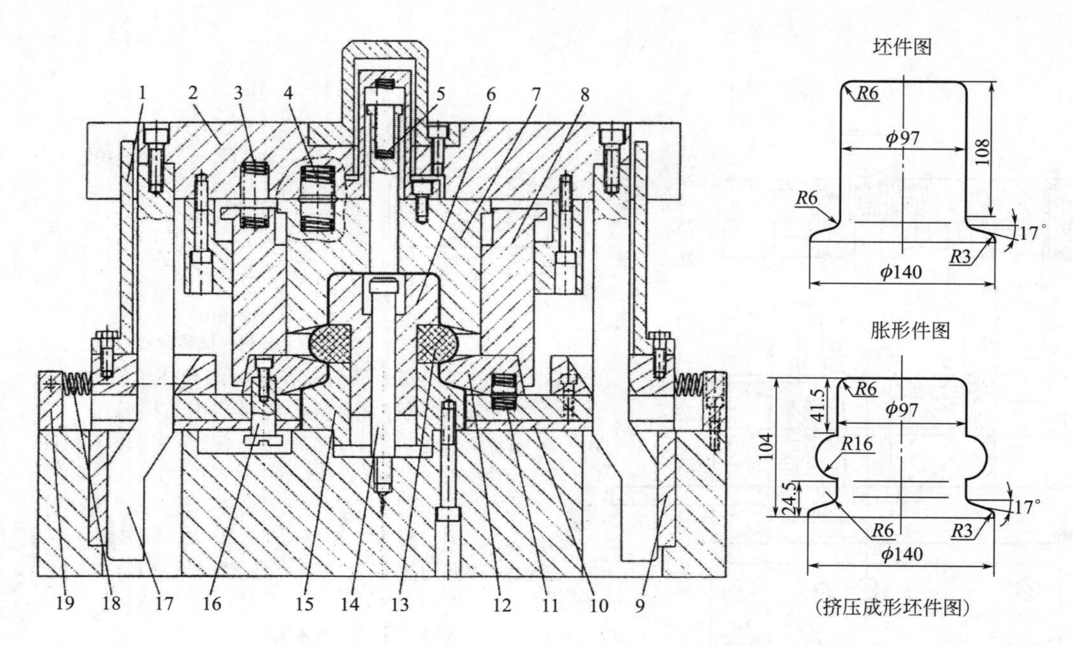

图 8-9　风扇传动带盘无导向单工序楔传动胀形模实用结构形式

1—挡板；2—上模座；3～5,11—弹簧；6,19—定位块；7—凹模；8—套环；9—防磨板；10—滑板；12—凹模镶块；13—橡胶圈；14—导向杆；15—垫块；16—导向销；17—斜楔；18—拉簧

说明：风扇传动带盘用 1.5mm 料厚 10 钢冷轧钢带，经落料 ϕ252mm 圆片，经拉深、拉深并外缘扳边、再拉深、再外缘扳边、缩口、胀形、挤压成形等 7 道冲压工序，才完成冲制。图 8-9 和图 8-10 是其关键的胀形与挤压成形的两道工序及所用冲模结构。这两套冲模都采用一双成对的双作用驱动斜楔。冲压开始后，斜楔上下往复一次便驱动匹配楔滑块左右往复一次，实施一次横向冲压过程，操作要倍加小心，其工作噪声大，操作安全性欠佳。

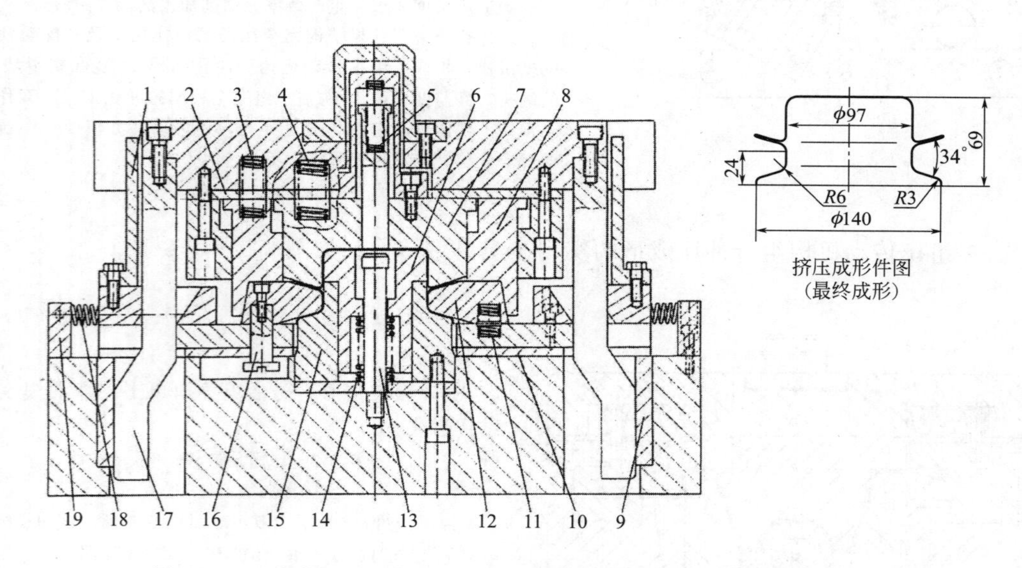

图 8-10　风扇传动带盘无导向单工序楔传动最终成形模实用结构形式

1—挡板；2—垫板；3～5,11,14,18—弹簧；6—定位块；7—凹模；8—套环；9—防磨板；10—滑板；12—楔推动侧冲凸模；13—卸料螺钉；15—成形凹模；16—固定螺钉；17—楔；19—固定座

说明：图 8-10 所示为风扇传动带盘最终楔传动成形模。该冲压件是用 t1.5mm10 钢冷轧带钢，采用 ϕ252mm 展开平毛坯，经过 3 次拉深（后两次拉深兼外缘口部翻边）和一次胀形获得最终工序毛坯后用图 8-10所示冲模，一次挤压成形。

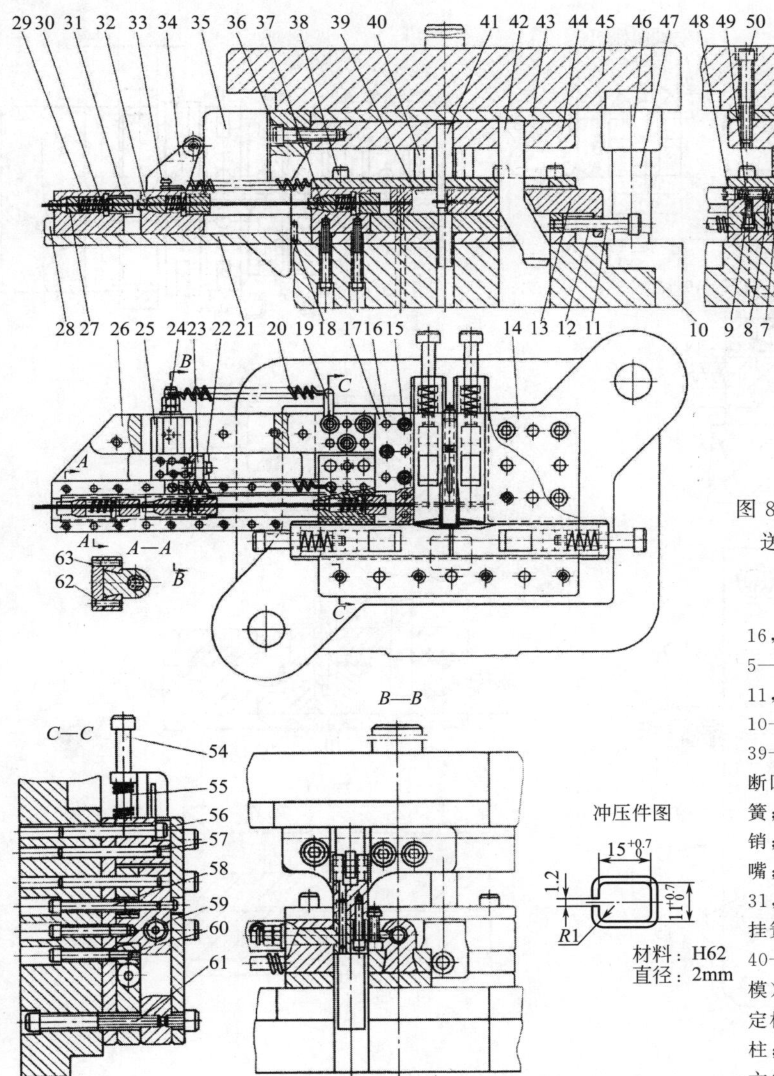

图 8-11　饰环楔传动用滚珠夹持自动送料装置的切断、连续弯曲成形连续式复合模实用典型结构

1—下垫板；2—下固定板；3，8，16，23，52，53，62—销钉；4—前导轨；5—卸料板；6—卸件器；7—镶块；9，11，15，36，38，50，56，57，63—螺钉；10—下模座；12，30，49，55—弹簧；13，39—楔滑块；14—定位导轨板；17—切断凹模；18—挡销；19—支臂；20—拉簧；21—托板；22—滚轮；24—挂簧销；25—滑块；26—支承架；27—进料嘴；28—导轨；29，37—固定夹持器；31，48—螺塞；32—活动夹持器；33—挂簧螺钉；34—活动支架；35—斜楔；40—楔传动机构；41—弯芯（弯曲凸模）；42—斜楔；43—上垫板；44—固定板；45—上模座；46—导套；47—导柱；51—模柄；54—螺杆；58，60—内六角螺钉；59—滚珠；61—加长螺钉

说明：该冲模运作过程如下：滚珠夹持自动送料装置是该冲模的主要组成部分。一对导轨 28 固定在托板 21 上。而托板 21 又通过支承架 26 固定在下模座 10 上。在两个导轨 28 之间，装有三组滚珠夹持器组件。其中，件 29、37 为固定的，件 32 为活动的。这些夹持器内均装有一个内锥面套。进料嘴 27 装在三个夹持器的内锥面套内，构成能装 3 粒滚珠 59 的保持架。内锥面套的锥面作用于滚珠改变 3 粒滚珠的表面间隙使之能夹住或松开穿过进料嘴线材，完成送料动作。夹持器内均装有弹簧 30 压住进料嘴，其位置及压力大小均由后边螺塞 31 调节。活动夹持器可沿导轨 28 左右滑动并通过滑块 25 与活动支架 34 连接，其动作则靠支架 34 上的滚轮 22 接受上模上装的斜楔 35 的斜面推动，而滑块的复位则靠拉簧 20。

冲模开启，斜楔 35 逐渐脱离滚轮 22，活动夹持器 32 在拉簧作用下随着滑块由左向右移动，夹持器中的内锥面套的锥面推移滚珠，缩小滚珠之间的间隙将铜丝夹紧送向右前方一个进距 $S=56$mm 直到活动夹持器被挡销阻挡为止；冲模闭合，上模向下带着楔 35 逐渐推动滚轮 22，使活动夹持器内滚珠松开线材，向左空移一个送料进距，同时固定夹持器夹紧铜丝不动。冲模顺利合模冲压。冲模开启，便开始又一个上述动作的循环。

ϕ2mm 黄铜丝用滚珠夹持自动送料装置送入模后，由定位导轨板 14 定位。当合模冲压初始，上模下行，弯曲芯子 41 先插下模匹配模孔中成为工件弯曲中心。接着，后部两个相同的楔传动机构 40 分别推动对其配套楔滑块 39 向着铜丝横向冲压，实施切断弯曲成⊓形。此时，两个楔滑块 39 停止滑动并压紧已弯成⊓形的坯件。接着左右两斜楔 42 启动，分别推动其匹配的楔滑块 13，围着弯芯 41 在同一平面沿轴线对⊓形的坯件实施相向对称侧弯，完成该弯曲件的自动冲制。冲模开启，上模回程上升，实施横向冲弯的 4 个斜楔都随上模上升与各自匹配的楔滑块脱开，在双作用楔及弹簧 55、12 的分别作用下，4 个楔滑块均按程序复位。凸模弯芯 41 上升会连同贴在弯芯上的工件一同提起，卸料板 5 下面的卸件器 6 利用自身斜面使弯曲件脱离弯芯 41，并利用卸料板刮下弯曲件，由卸件器 6 利用弹簧 49 将弯曲成品件弹入模旁的零件箱中。

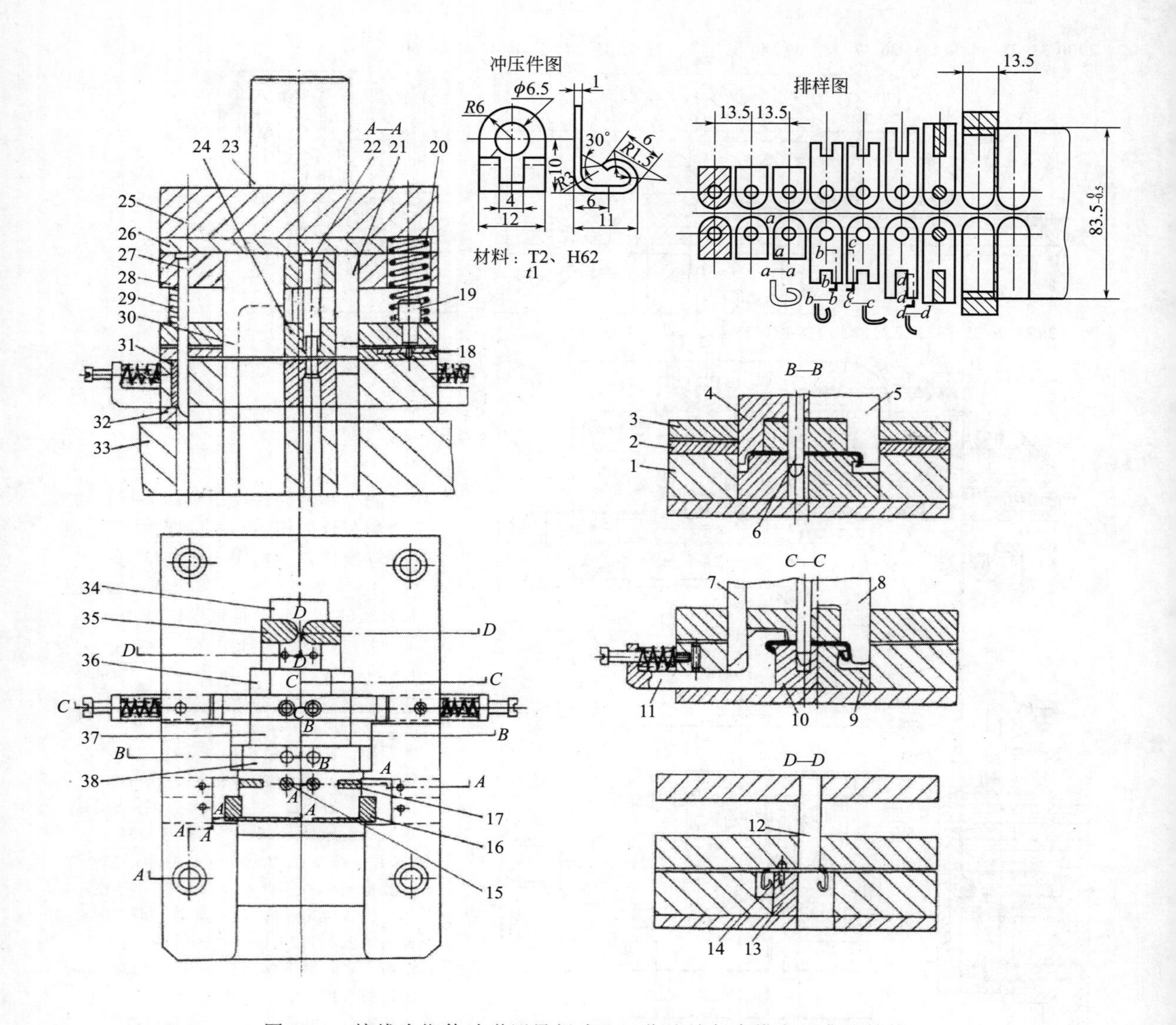

图 8-12　接线头楔传动弹压导板式 8 工位连续复合模实用典型结构

1—凹模框；2,18—导料板；3—弹压导板；4,5,8,24—弯曲凸模；6—导正销；7,36—斜楔；9,10—弯曲下模拼块；11—楔滑块；12—落料凸模；13—凹模拼块；14—定位销；15—冲孔凸模；16,30—成形侧刃；17—切槽凸模；19—芯柱；20—弹簧；21—切槽口凸模；22—冲孔凸模；23—模柄；25—上模座；26—上垫板；27—导柱；28—固定板；29—弹簧；31—导套；32—下垫板；33—下模座；34,35—落料凹模；37,38—弯曲凹模

说明：图 8-12 所示为一种无模架弹压卸料导板式接线头裁搭边、冲孔切口、弯曲成形、落料 8 工位连续式复合模。这一套多工位连续模采用的冲压工艺是，先在入模冲压的板材条料上切除沿边和搭边等工艺废料，获得制件的展开平毛坯，接着进行连续弯曲成形，最后工位剪裁落料，一次落下两个制件。该冲模的冲压运作过程如下：

第 1 工位是用成形侧刃 16 对入模冲压的板材条料进行沿边与搭边的组合冲切，获得制件展开平毛坯的大半轮廓，并控制送料进距 $S=13.5$mm；

第 2 工位用冲孔凸模 15 和切口凸模 17 完成冲 2 孔和冲切口；

第 3 工位到第 6 工位利用凸模端头斜面以及楔传动机构实现横向水平施力连续弯曲成形，详见图中 $B—B$ 剖视、$C—C$ 剖视和 $D—D$ 剖视；

第 7 工位空挡；

第 8 工位剪截落料两个制件。

8.1.2 楔传动横向冲压多工位连续模实用结构形式（见图8-13～图8-18）

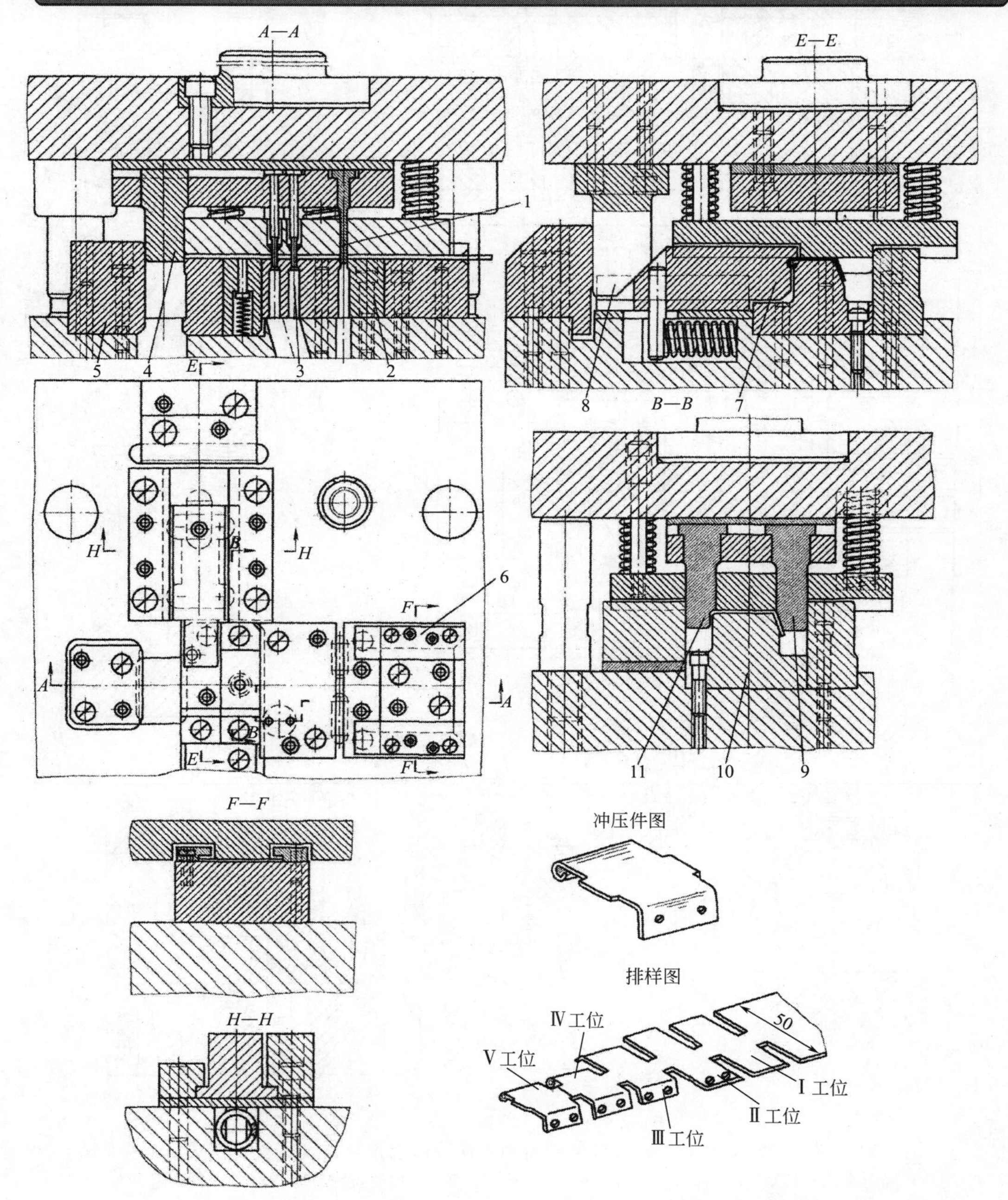

图8-13 铰链板滑动导向四导柱模架楔传动卷边五工位连续式复合模

1—切槽口凸模；2—冲裁凸模拼块；3—冲孔凸模；4—切断凸模；5—挡块；6—导料板；7—楔滑块（端头为卷边凸模）；8—斜楔；9—弯边上模；10—弯曲凸模；11—卷边预弯曲上模

说明：图8-13所示为大量生产铰链板的五工位连续式复合模。其第Ⅳ工位用楔传动机构进行横向（水平）施力卷边成形。该楔传动机构示于 E—E 剖视图中，由装在上模座上的单作用驱动楔8和装在下模座上的匹配楔滑块7，构成多工位连续模经常采用的楔传动机构。卷边凹模制作在楔滑块端头。闭模时，楔直接驱动楔滑块冲向模芯进行卷边。在模具开启时，楔回升离开楔滑块，埋装在斜滑块下边的弹簧便通过柱销推动楔滑块复位。这种楔传动机构的结构形式具有典型性和适用性。

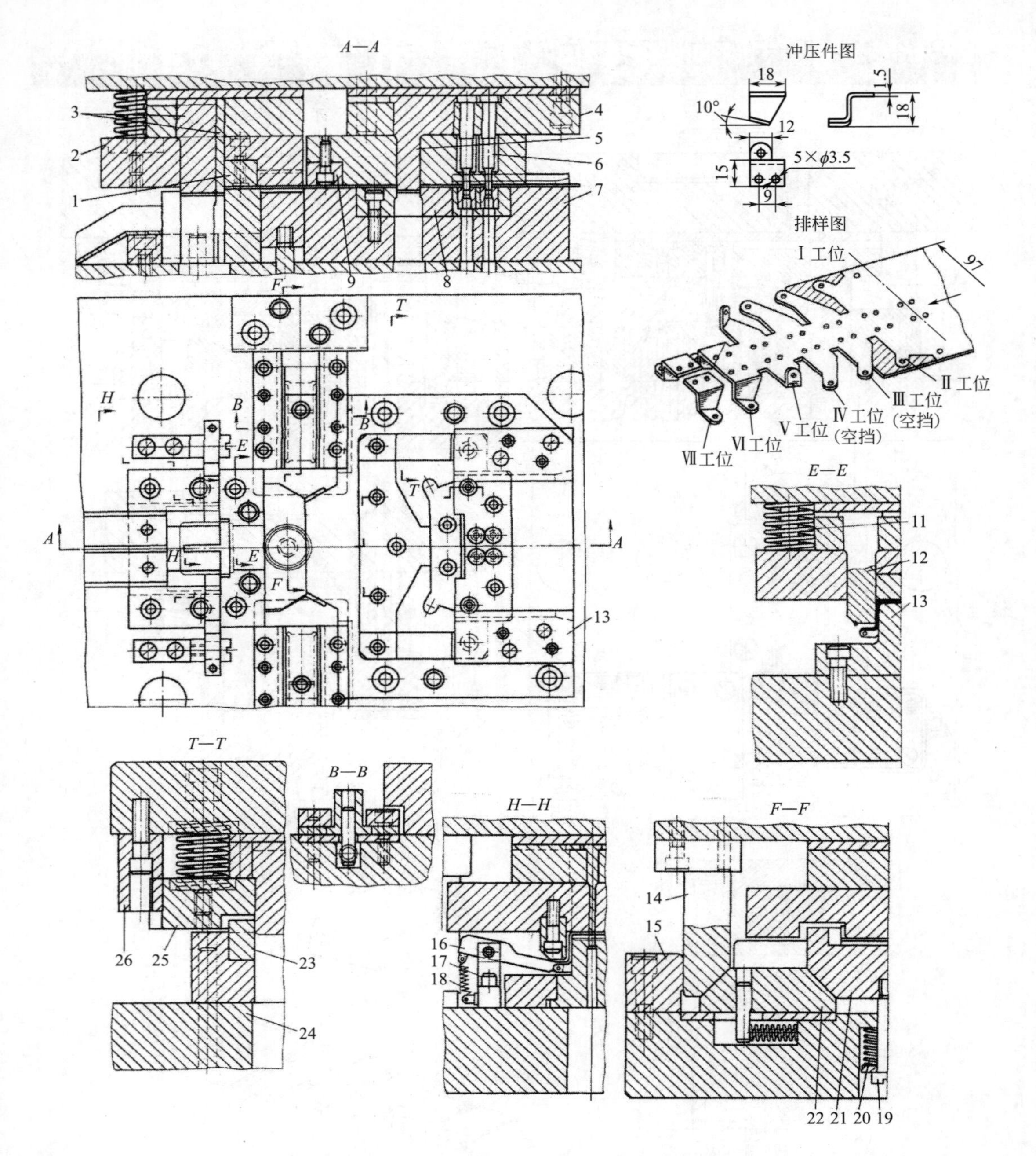

图 8-14　斜角座滑动导向三导柱模架楔传动横向冲压七工位连续式复合模实用结构形式

1—七工位切断分离凸模镶块；2—弹压卸料板；3—切断分离凸模；4—冲压凸模固定板；5—成形侧刃；6—冲孔凸模；7—凹模框；8—成形侧刃冲切凹模；9—弯耳上模镶块；10—弹簧；11—弯⊓形上模；12—弯⊓形下模；13—导料板；14—单作用楔；15,26—挡块；16—卸件器；17—圆柱销；18—拉簧；19—拉杆；20—压簧；21—弯斜耳凹模；22—楔滑块；23—刃口镶块；24—下模座；25—弹压卸料板

说明：一模成形冲制复杂形状弯曲件用连续模、复合模，常常利用楔传动机构完成冲制过程中若干横向冲压动作。图 8-14 所示斜角座七工位连续复合模中第五工位斜耳的冲弯成形，是由斜楔传动机构自下而上弯出。斜角座是一个形状复杂的多向弯曲多弯角弯曲件，其排样采用双列并排对称直排，进行有搭边有沿边的有废料冲制。该冲压件采用连续冲压排样技术中常用的裁搭边法，利用成形侧刃实施搭边与沿边组合冲切，获取成对两件的组合展开平毛坯，经连续弯曲成形后切断分离，一模两件。由于采用了楔传动横向冲弯斜耳（见图中 F—F 剖视图），实现了一模成形。

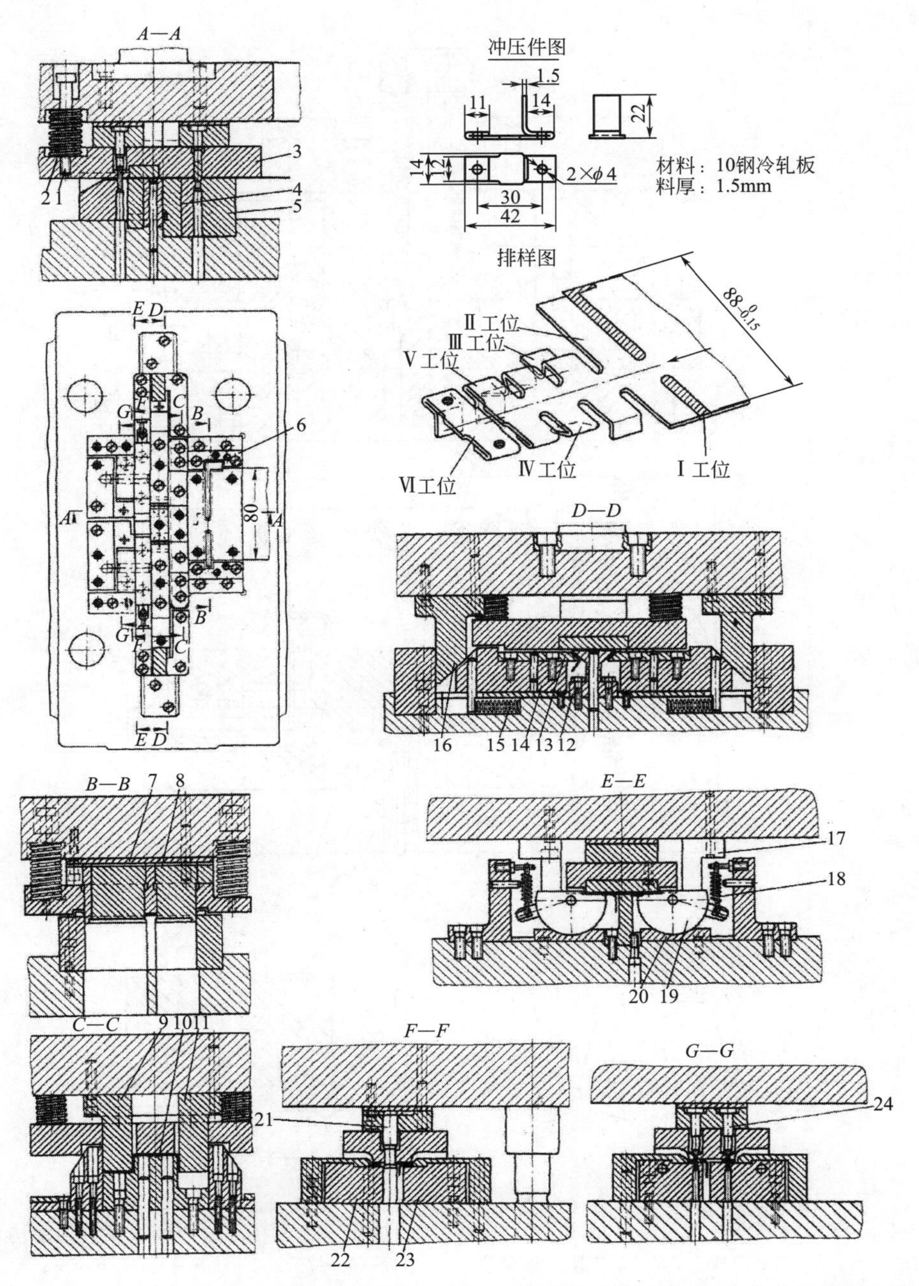

图 8-15　变截面支架滑动导向三导柱模架楔传动与旋转辊横向冲压六工位连续式复合模

1—卸件螺钉；2,15—弹簧；3—加厚卸料板；4—冲裁凹模拼块；5—冲裁凹模；6—导料板；7—成形侧刃凸模；8—切口凸模；9,11—弯曲上模拼块；10—弯曲凸模；12—弯芯；13—弯曲凹模；14—楔滑块；16—斜楔；17—挡块；18—拉簧；19—旋转辊；20—支座；21—切口凸模；22,23—切口凹模拼块；24—冲孔凸模

说明：从图 8-15 冲压件图可以看出，该冲压件采用料厚为 1.5mm 的 10 钢冷轧钢板，用两层叠压的方法增加支架臂部厚度，改变部分界面尺寸。欲将板料两层叠压增厚，必先折弯，见排样图第Ⅲ、Ⅴ工位。所以，该零件实际上是一个多向多角弯曲件。如欲一模成形，叠压前必须先进行两次横向施力弯曲，该冲模在Ⅳ工位采用向相对称的两组单作用楔传动的楔滑块弯形凹模，面对面同时弯曲，见 D—D 剖视图。接着在Ⅴ工位用一对旋转辊自下而上将弯形部位压合成叠层，见 E—E 剖视图。该冲模采用三导柱模架、加厚上下模座及加厚弹压卸料板导向结构。模芯各工位采用拼合结构。除第Ⅰ、Ⅱ工位靠导料板导正送进材料外，其余各工位的导向与定位是靠送进条（带）料，在第Ⅰ工位的成形侧刃冲切料边与导料板控制。

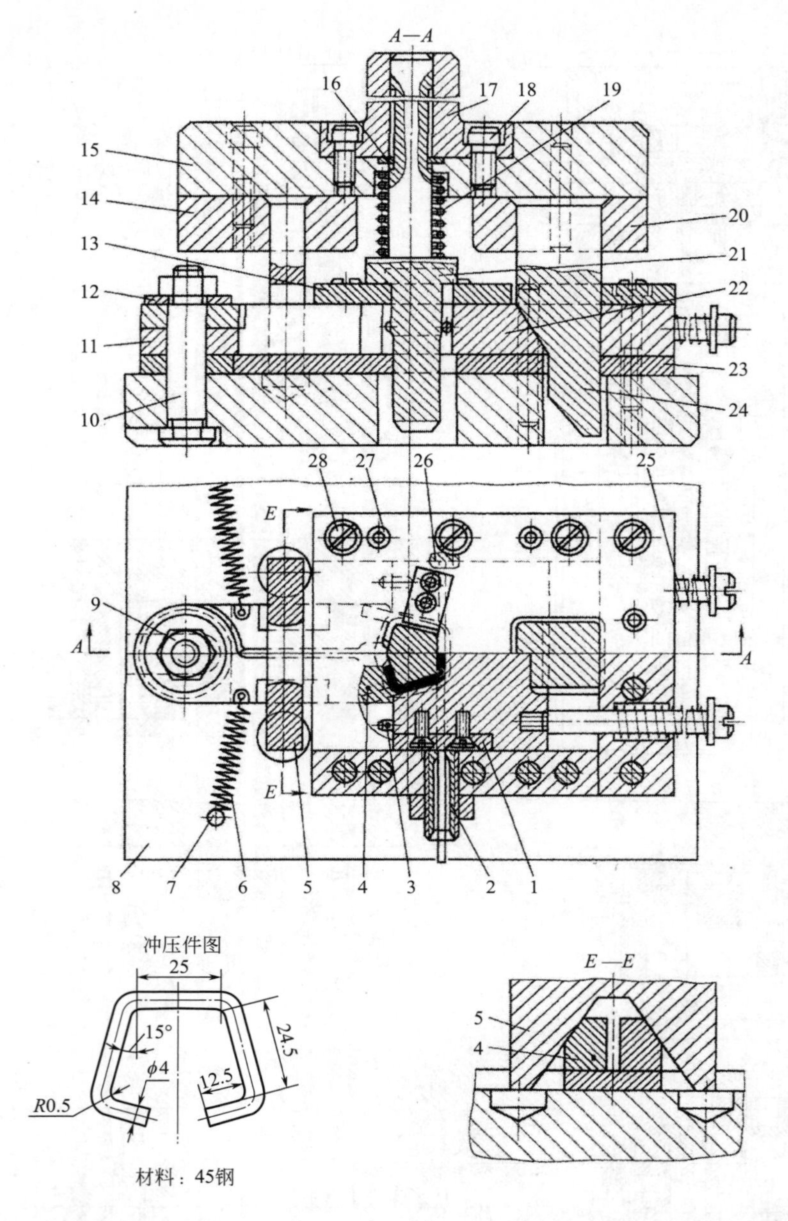

图 8-16　钢丝方环楔传动切断并预弯⊓形、连续弯曲成形多工位自动弯曲成形模实用结构形式

1—切断凸模；2—切断凹模管；3—承料销；4—摆块；5—卡板；6—拉簧；7—挂簧柱；8—下模座；9—螺母；10—轴；11,23—垫板；12—垫圈；13—固定限位板；14,20—固定板；15—上模座；16—卡环；17—模柄；18,25,28—螺钉；19—弹簧；21—弯芯；22—楔滑块；24—斜楔；26—定位板；27—销钉

说明：该冲模采用导板式特殊结构。ϕ4mm 的成盘钢丝，插入承料凹模管 2 后，由匹配自动送料装置送料入模至挡料定位板 26，由承料销 3 两端支承和夹持，上模下行楔 24 推动带切断凸模 1 的楔滑块 22，切断钢丝并弯成⊓形，卡板 5 会用人字斜面合拢摆块 4，将坯件弯曲成最终的方扣环零件。

弯成形并包在弯芯 21 上的零件，待上模回程上升时，由固定限位板 13 从弯芯上卸下零件，落入模下零件箱中。该冲模的主要结构特点如下：

①用楔传动机构改变冲压力方向，实施横向多工步冲压，连续弯曲成形。

②由固定限位板 13 为楔 24、弯芯 21 限位、导向。

③摆块 4、楔滑块 22 的复位靠弹簧。

④全自动运作，效率高。

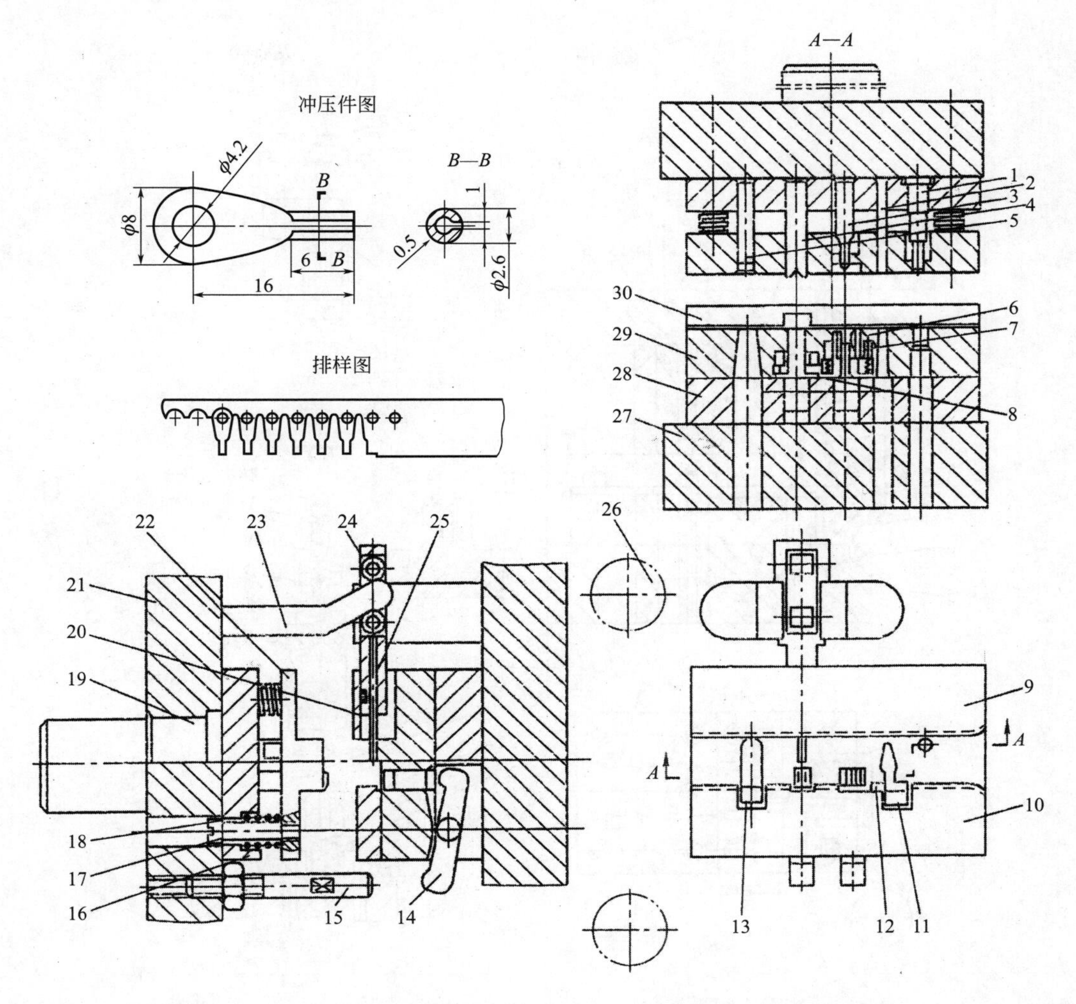

图 8-17　接线头滑动导向后侧导柱模架楔传动冲孔、裁搭边、弯曲、卷圆、落料五工位连续式复合模实用结构形式

1,2,4,5—凸模；3—弯曲凸模；6—凹模拼块；7,18—弹簧；8,29—凹模；9,10,30—导料板；11—成形侧刃；12—侧刃挡块；13—落料凹模；14—杠杆；15—螺杆；16—固定板；17—螺钉；19—模柄；20—楔滑块；21—上模座；22—卸料板；23—斜楔；24—滚轮；25—芯轴；26—导柱、导套；27—下模座；28—空心垫板

说明：接线头的类型及规格很多，其冲制冲模的类型与结构各异。图 8-17 所示为一种接线头楔传动一模成形五工位连续模。

该模具是接线头用楔传动多工位连续模冲压加工的又一种形式，采用先弯曲后落料，配有自动送料装置。

条料从导料板 9、10 中通过，凸模 1 对条料冲孔，凸模 2 冲去废料，弯曲凸模 3 先将工序件弯曲成 U 形。螺杆 15 敲击杠杆 14 使凹模拼块 6 和工件一起顶起。当上模座上升时，凹模拼块 6 借弹簧 7 复位，条料得以顺利继续送进。斜楔 23 推动滚轮 24 使芯轴 25 进入弯曲工序工作位置，凸模 4、凹模 8、芯轴 25 完成工件的卷圆工步。同样，螺杆将已经卷圆工件顶出；条料继续送进，凸模 5 将成形工件落下。

该冲模结构特点如下：

①采用滑动导向后侧导柱加强型模架。模座要加厚，导柱、导套要加粗、加长，从而使模架刚度更大，工作更平稳。

②用楔传动机构实现闭口弯曲件冲模的弯曲工位弯芯的插抽工作。

③细小冲孔凸模都加粗杆部给予加固，并用卸料板为凸模导向。

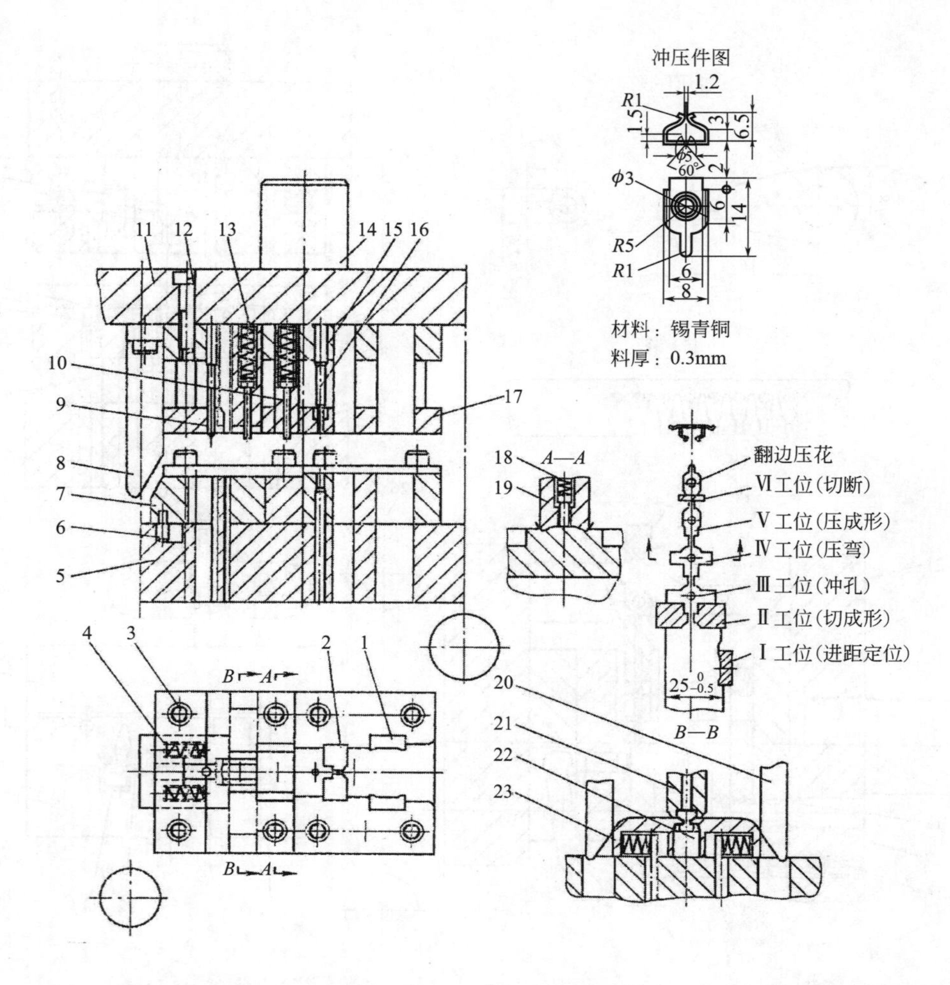

图 8-18　接触片滑动导向对角导柱模架楔传动冲裁、压弯、成形六工位连续式复合模

1—侧刃；2—冲废料凸模；3—螺钉；4,13,18—弹簧；5—下模座；6—限位销；7—活动翻边压花凹模；8,20—斜楔；9—翻边压花凸模；10,19—压弯凸模；11—上模座；12—销钉；14—模柄；15—固定板；16—翻边预冲孔凸模；17—卸料板；21—弯曲成形凸模；22—弯芯；23—楔滑块

说明：这套多工位连续模进行连续冲压一模成形，并用送料携带工件实现工位间送进，在最后弯曲成形后切断分离，再用预冲孔翻边、压花，完成工件冲压。其冲压运作过程如下：

第Ⅰ工位用标准凹式侧刃对入模带料切边定距，控制送料进距精度。

第Ⅱ工位用成对侧刃成形凸模冲切结构废料，获取大半展开毛坯外形。

第Ⅲ工位预冲中心翻孔边，为翻边、压花做准备。

第Ⅳ工位压弯，为最终弯曲成形做准备。其弯曲工作情况见图中 $A—A$ 剖视图。

第Ⅴ工位弯曲成形。其弯曲工作情况见图中 $B—B$ 剖视图。

第Ⅵ工位切断并翻边压花复合冲压成形。最后由楔传动机构推动活动翻边凹模，将成品零件从模芯下推卸出模。该冲模结构特点如下：

①冲模整体采用高精度对角导柱模架弹压导板结构，提高模架导向及冲压精度。

②利用多组楔传动机构。实现横向冲弯成形，效率高而结构紧凑。

③便于实现自动冲压，操作安全。

8.2 滑动导向导柱模架楔传动送料装置自动送料的多工位连续模结构形式（图 8-19～图 8-36）

8.2.1 用楔传动（或匹配）钩式送料装置实现工位间送进的多工位连续模实用结构形式（图 8-19、图 8-20）

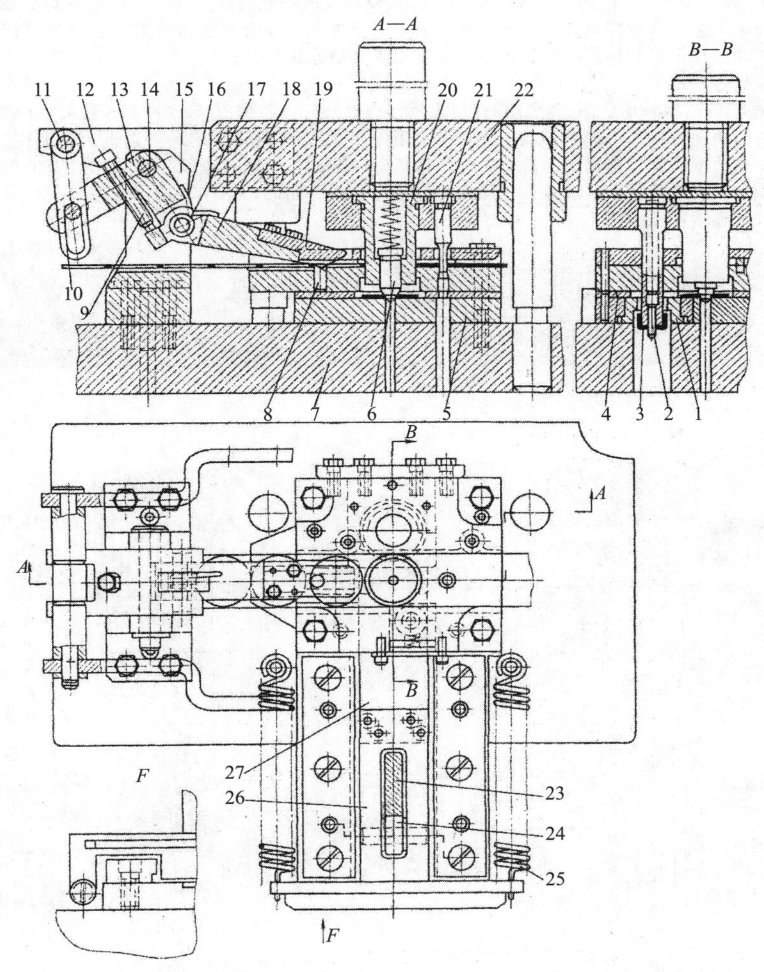

图 8-19　油杯滑动导向后侧导柱模架钩式送料装置自动冲孔、落料、拉深连续式复合模实用结构形式

1—拉深凹模；2,6—导正销；3—拉深凸模；4—导料板；5—拉深凹模固定（垫板）；7—下模座；8—挡料销；9—调整螺钉；10—调整臂；11—固定轴；12—支臂；13—摆壁；14,17—转轴；15—支架；16—扭簧；18—拉钩杆；19—钩头；20—落料凸模；21—冲孔凸模；22—上模座；23—楔；24—楔辊轮；25—拉力弹簧；26—楔滑块；27—支撑垫

说明：图 8-19 所示为油杯体冲孔、落料、拉深连续式复合模。该冲模仅有三个工位，在落料后拉深，用楔传动推送机构将落料毛坯送至拉深工位成形，用模具带动的钩式送料装置与挡料销 8 匹配，实现自动送料。其工位呈 L 形布置，凹模分上、下两层。

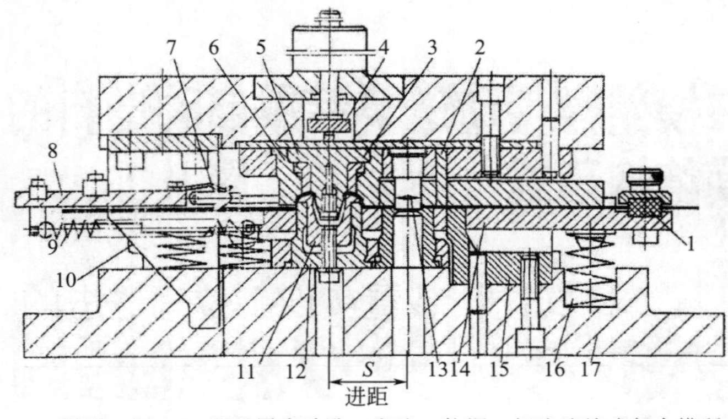

图 8-20　罩壳带钩式自动送料装置的冲孔、翻边拉深并切边二工位连续式复合模

1—带料润滑器；2—镶套；3—翻边成形凸模；4—推板；5—卸件器；6—切边凹模；7—自动拉料钩；8—楔滑块；9—拉簧；10—斜楔；11—拉深凸模；12—模芯切边凸模；13—翻边预冲孔凸模；14—弹压卸料板；15—凹模夹座；16—弹簧；17—上、下模座

说明：图 8-20 所示罩壳冲孔、翻边、拉深、切边连续式复合模所冲制的罩壳是一个中心翻边的浅拉深零件，但要求无凸缘并切边。按冲压工艺，该冲模设计为两个工步：第Ⅰ工步冲孔；第Ⅱ工步进行翻边、拉深并切边。该冲模采用带料、装设有单作用驱动斜楔带动的钩式拉料送进系统，可以半自动连续冲压。

该冲模的冲压运作过程如下：

图 8-20 所示是冲模的闭模冲压状态。当冲模开启上模回程上升时，斜楔 10 与楔滑块 8 脱离，拉簧 9 拉动楔滑块 8 由左向右移动，装在楔滑块上的料钩 7 向右移动一个送料进距，片簧拉压料钩 7 进入搭边框。当上模下行合模冲压初始，楔 10 比凸模 11 及冲孔凸模都长，首先接触楔滑块 8 并将其向左推移一个送料进距，使料钩拉着带料由右向左移动一个送料进距，准备冲压。在完成第Ⅱ工位翻边、拉深并切边复合冲压的同时，第Ⅰ工位完成后续制件的冲孔工件。如此连续循环运作，实现自动连续冲压。

8.2.2　用楔传动驱动夹持式送料装置（夹滚式、夹刃式、辊式等）的多工位连续模（图 8-21～图 8-36）

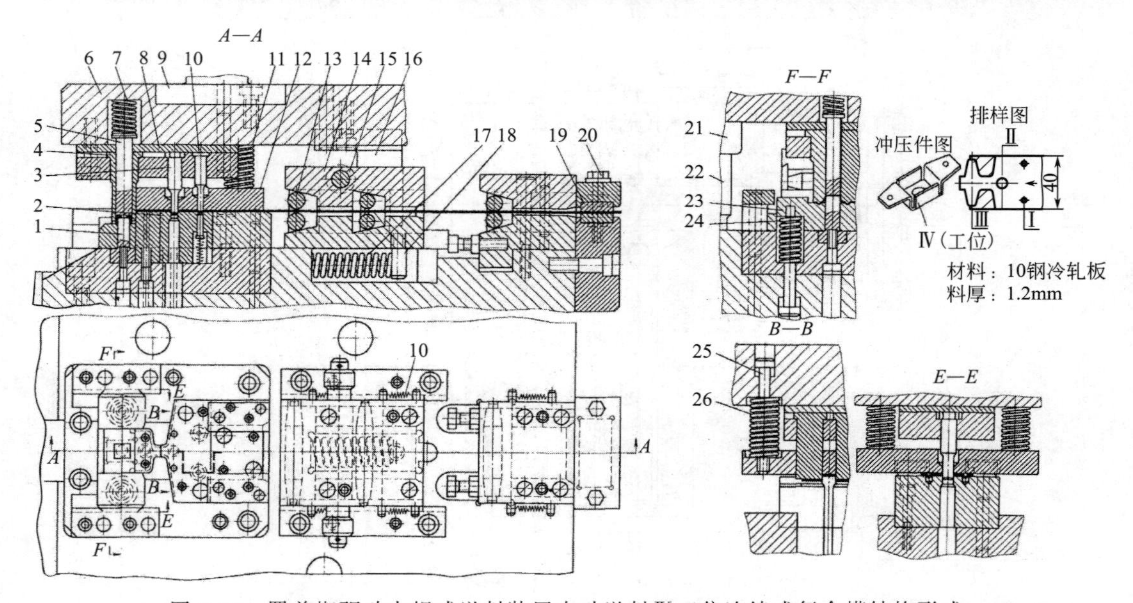

图 8-21　罩盖楔驱动夹辊式送料装置自动送料Ⅳ工位连续式复合模结构形式

1—弯成形凸模；2—冲孔凹模；3—冲孔凸模；4—弯成形凹模；5—卸料器；6—上模座；7,11,17,24,26—弹簧；8—垫板；9—模柄；10—压凸冲孔；12—卸料板；13—夹辊；14—夹辊座；15—滚轮；16—斜楔；18—限位销；19—校平器；20—螺钉；21—导套；22—导柱；23—顶件器；25—卸料螺钉

说明：该套冲模为典型的楔驱动夹辊式送料装置自动送料的多工位连续模。图 8-21 所示为罩盖压凸包、冲孔、成形侧刃冲切展开毛坯外形、切断分离并多弯角弯曲成形四工位自动送料连续模。该冲模装在上模座上的单作用驱动斜楔 16 为两件，分置于送料装置夹辊座两侧，对准夹辊座两侧的滚轴。当闭模冲压前，楔 16 先接触并驱动夹辊座 14 的两侧滚轴，夹辊夹住带料送进；楔 16 在模具开启回程脱开辊轴，夹辊座下部的弹簧会推动其复位。同时夹辊会在其锥面穴孔及弹簧与孔斜坡作用下，自动松开，向右后退一个进距，等待再次夹料送进。

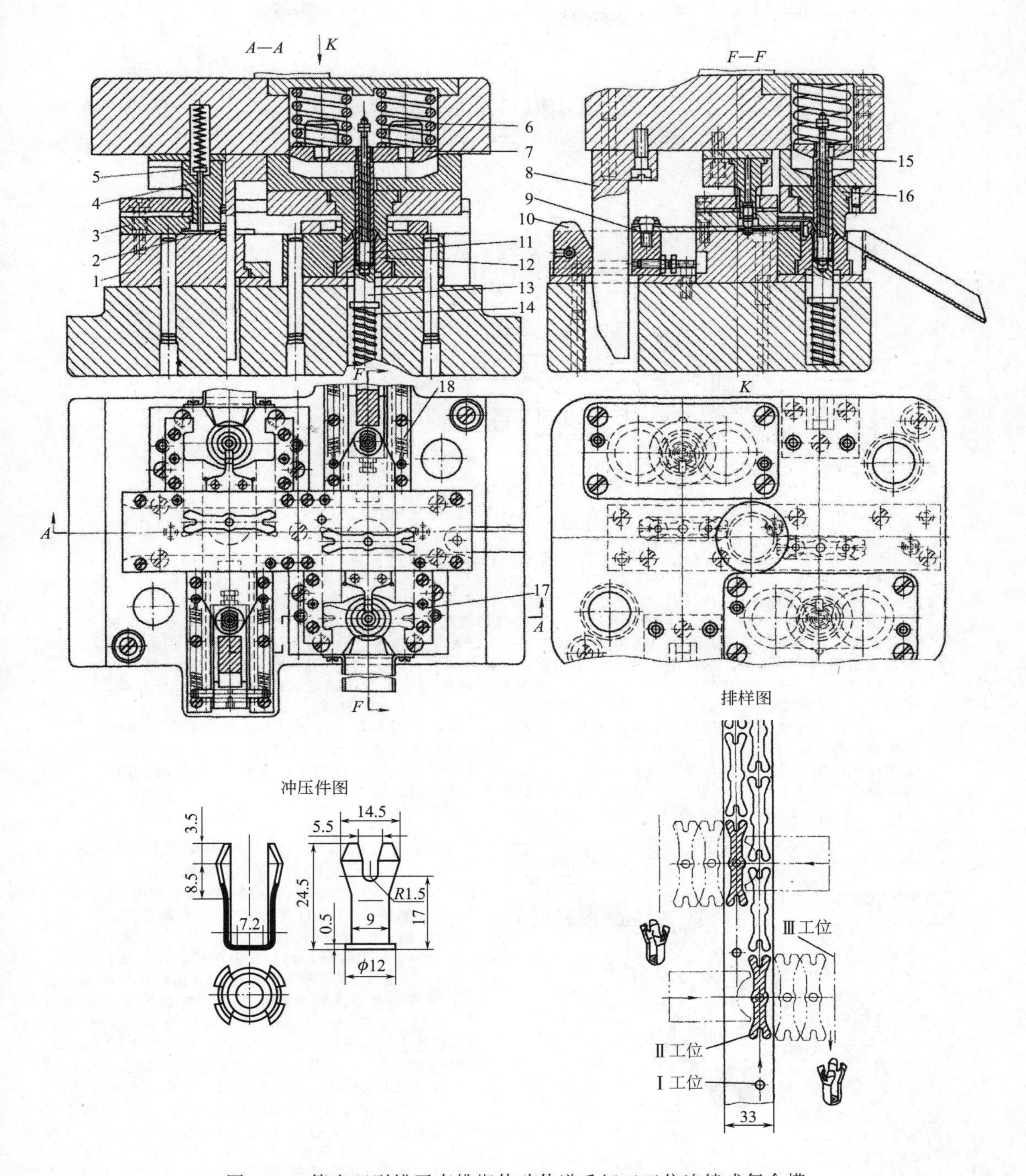

图 8-22 管座双列错开直排楔传动传递毛坯三工位连续式复合模

1—凹模框；2—导正销；3—落料凹模；4—顶杆；5—凸模；6,14,15,18—弹簧；7—顶板；8—斜楔；9—推板；10—挡块；11—弯曲成形凸模；12—成形凹模；13—弹顶垫；16—成形上模；17—导正板

说明：图 8-22 所示管座双列错开直排楔传动传递毛坯三工位连续式复合模的实用结构形式。由于弯曲件高度大，弯曲成形工位需要更大的作业空间和出件高度，故将落料与弯曲两工位分置并设置一定高度差，使落料凹模与弯曲凹模的模口在一个平面，操作可以连续不间断进行。

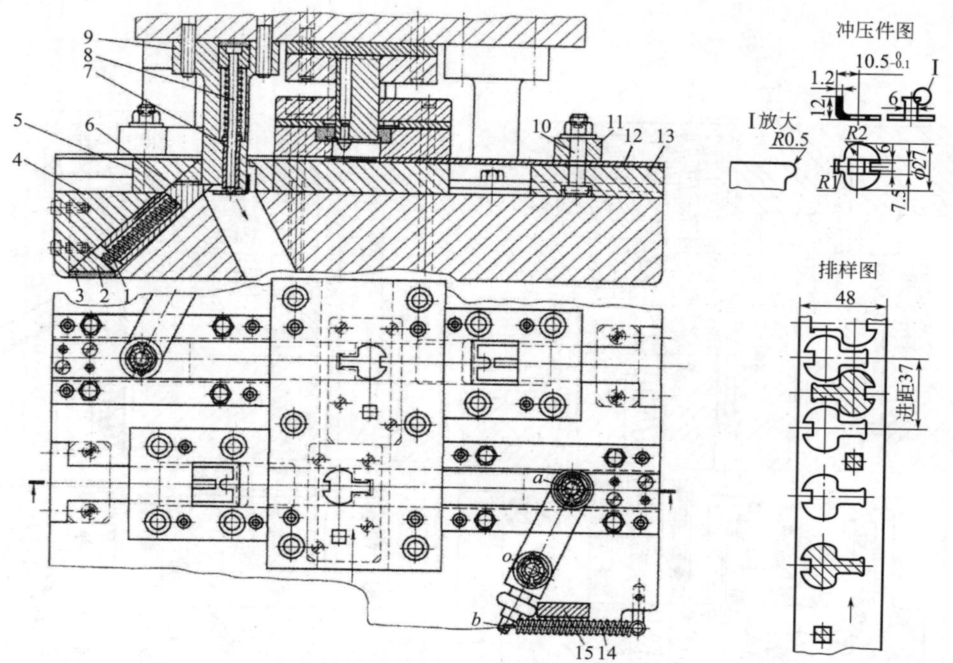

图 8-23 封盖用楔驱动摆杆-滑板式送料机构的多工位连续模

1—弹簧；2—垫块；3—盖板；4—下模座；5—弯曲凹模拼块；6—活动弯模垫；7—导正销座；8—导正销；9—弯曲凸模；10—转轴；11—摆杆；12—滑（推）板；13—滑座；14—拉簧；15—斜楔

说明：图 8-23 所示仪表封盖冲压件是一个尺寸与形位精度要求较高、产量大而尺寸小的单角弯曲件。其冲压工艺是按其展开平毛坯形状，为节省材料，采用尾部插入双列直排排样，用落料凸模上装的导正销调控送料进距，保证方孔与毛坯外形具有良好的同轴度。为实施卷料自动高效冲压，除了按工艺设计三工位连续复合冲压-冲孔、落料、弯曲成形，还采用交错两列同模同时用两套模组合冲压，配通用自动送料装置自动定量送料，结构精巧而紧凑。

卷料由通用送料装置从图下方模具入料口处入模，经冲孔、落料后，由落料凸模将落料平毛坯从凹模洞口推送至模下垫板上；再由楔 15 和拉簧 14 驱动复位的摆杆系统 aob，推拉推板 12，将毛坯推送至冲裁凹模下边一层的弯曲模位上弯成形后，自动跌落入模下成品零件箱中；入模卷料在首次落料后继续前进并进行另一列的冲孔、落料。相同两套系统的冲模同时连续运作。

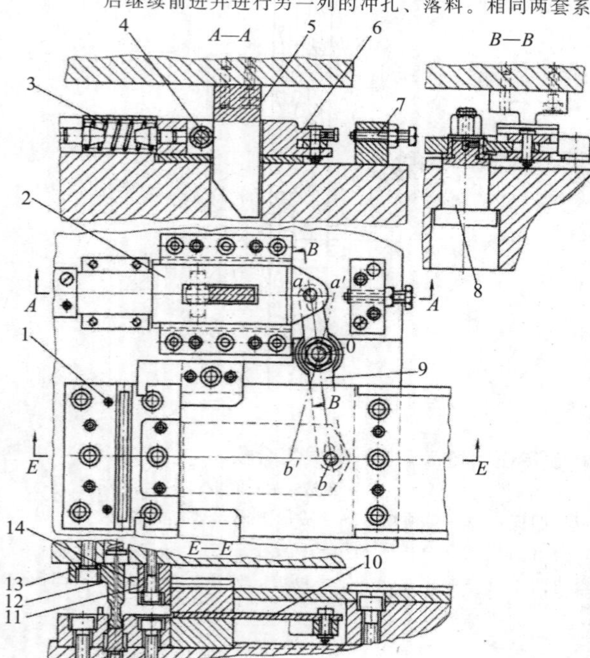

图 8-24 槽板冲压件带楔驱动摆杆-滑板式送料机构的连续模

1—挡料销；2—楔滑块；3—弹簧；4—滚轮；5—单作用驱动斜楔；6—摆杆接头；7—行程调节器；8—摆杆转轴；9—摆杆；10—滑板；11—落料凸模；12—弯模顶件器；13—弯曲凸模；14—挡料块

说明：图 8-24 所示为冲制槽板冲压件用附带楔驱动摆杆-滑板式自动送料机构的落料、弯形槽多工位连续模。此连续模与图 8-23 所示送料机构的主体结构相同，只有推件滑板端头的形状不同。推送形状复杂的毛坯时，为推送准确到位，在推板端部接触毛坯的端面常常依照毛坯形状制出适形吻合定位面，以利于稳、准推送毛坯。该连续模的运作过程是将整张板料或宽带料在模具上层承料板上送入模内，进入剪截落料工位，由挡料块 14 挡料定位后，凸模 11 下行剪截落料。长平毛坯落在剪截凹模刃口下弯曲凹模右侧的平板上。当落料凸模 11 回程上升时，单作用驱动斜楔 5 随上模开启上升而脱开楔滑块 2 滚轮，此时压力弹簧 3 推动楔滑块 2，使装在楔滑块头部的摆杆 9 向右摆动从 a 到 a' 一段距离，摆杆的另一端即带着滑板向左从 b 至 b' 行进一段距离，也就是送料进距 S，从而使滑板能在左边端面推送毛坯向左行进一段距离，将其送至弯曲工位并由两个挡料销挡料定位，等待上模下行闭模弯曲成形。用行程调节器 7 可以对楔滑块行程进行调节，从而达到调整送料进距的目的。

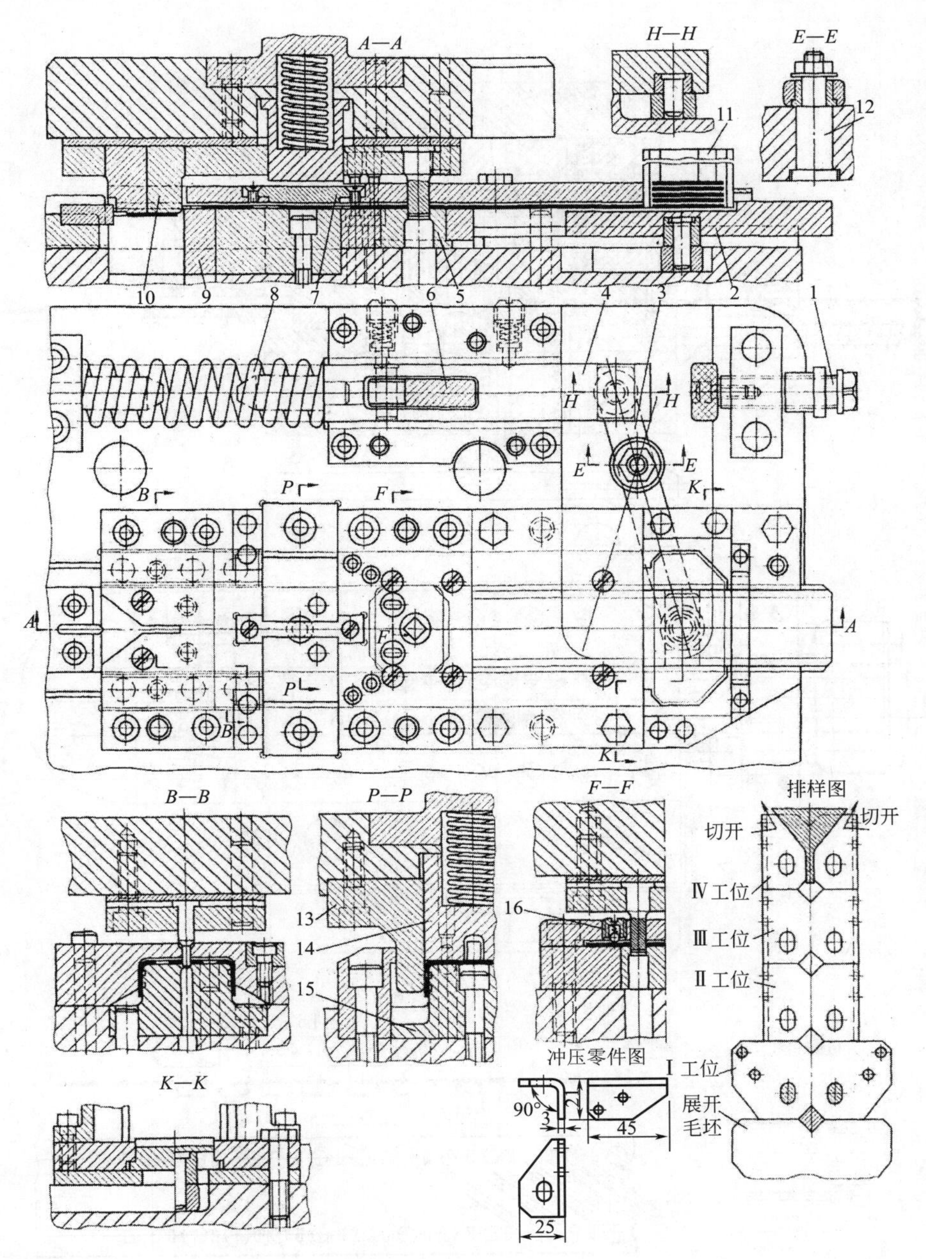

图 8-25 角支架滑动导向四导柱模架楔传动摆杆-滑板式半自动送料四工位连续式复合模实用结构形式

1—调整工位器；2—送料滑板；3—摆杆；4—楔滑块；5—凹模镶块；6—斜楔；7—转轴；8—弹簧；
9—切开凹模拼块；10—切开凸模；11—料斗；12—转轴；13—弯曲上模；
14—弹顶卸件器；15—弯曲凸模；16—弹性顶料器

说明：图 8-25 所示的角支架弯曲件，采用两件组合落料毛坯片料。再用四工位连续式复合模进行连续冲压：冲 6 个孔和一个切口、弯曲成形、切开分离，一模两件。

角支架是大型仪器的承力构件，材料为 45 钢冷轧钢板，料厚 $t=3$mm，零件形状简单，是一个单角 L 形 90°弯曲件。零件上有群孔与大的倒角，冲裁力与弯曲力都较大。

如图 8-25 所示，单角弯曲件经组合而成为对称弯曲的双角⌐¬形弯曲件。工艺采用展开毛坯用单工序落料模完成，并且为两件组合展开毛坯落料，再用连续式复合模冲孔、弯曲成形后切开。片状平毛坯，先由手工叠齐，装入料斗 11 中，再由料斗下的滑板 2，在楔传动机构驱动摆杆作用下，将毛坯从料斗下逐件用料推料方式，送料到位。

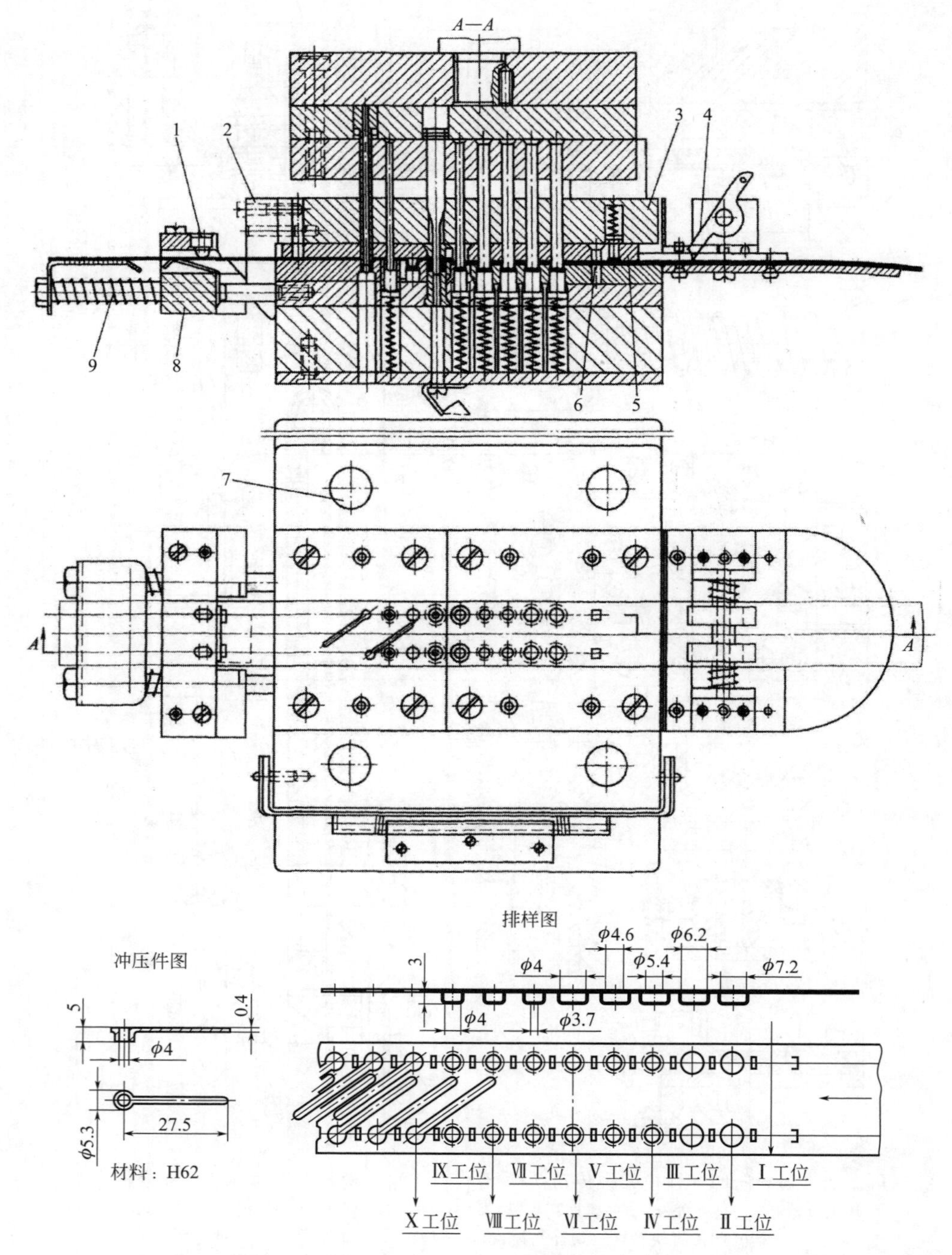

图 8-26　位标滑动导向四导柱模架楔传动平面夹刃式自动送料十工位全自动连续式复合模

1—夹持器滑块；2—斜楔；3—弹压卸料板；4—夹刃；5—带料；6—工艺切口凸模；

7—导柱；8—夹持器；9—弹簧

说明：图 8-26 所示位标十工位全自动连续式复合模，装有楔驱动夹刃式送料装置。带料经切口、七次连续拉深后切底、落料，冲制完成。斜楔 2 在上模下行闭合进行冲压前，靠楔角斜面驱动夹持器 1，拉动带料送进。夹刃 4 夹紧带料，其夹刃嵌入材料表面，使带料只能送进，不能后退。楔角大小固定，其驱动行程即送进料长。该零件的拉深次数、拉深尺寸等相关数据，均属于连续拉深工艺技术，在编制工艺过程中计算后确定。

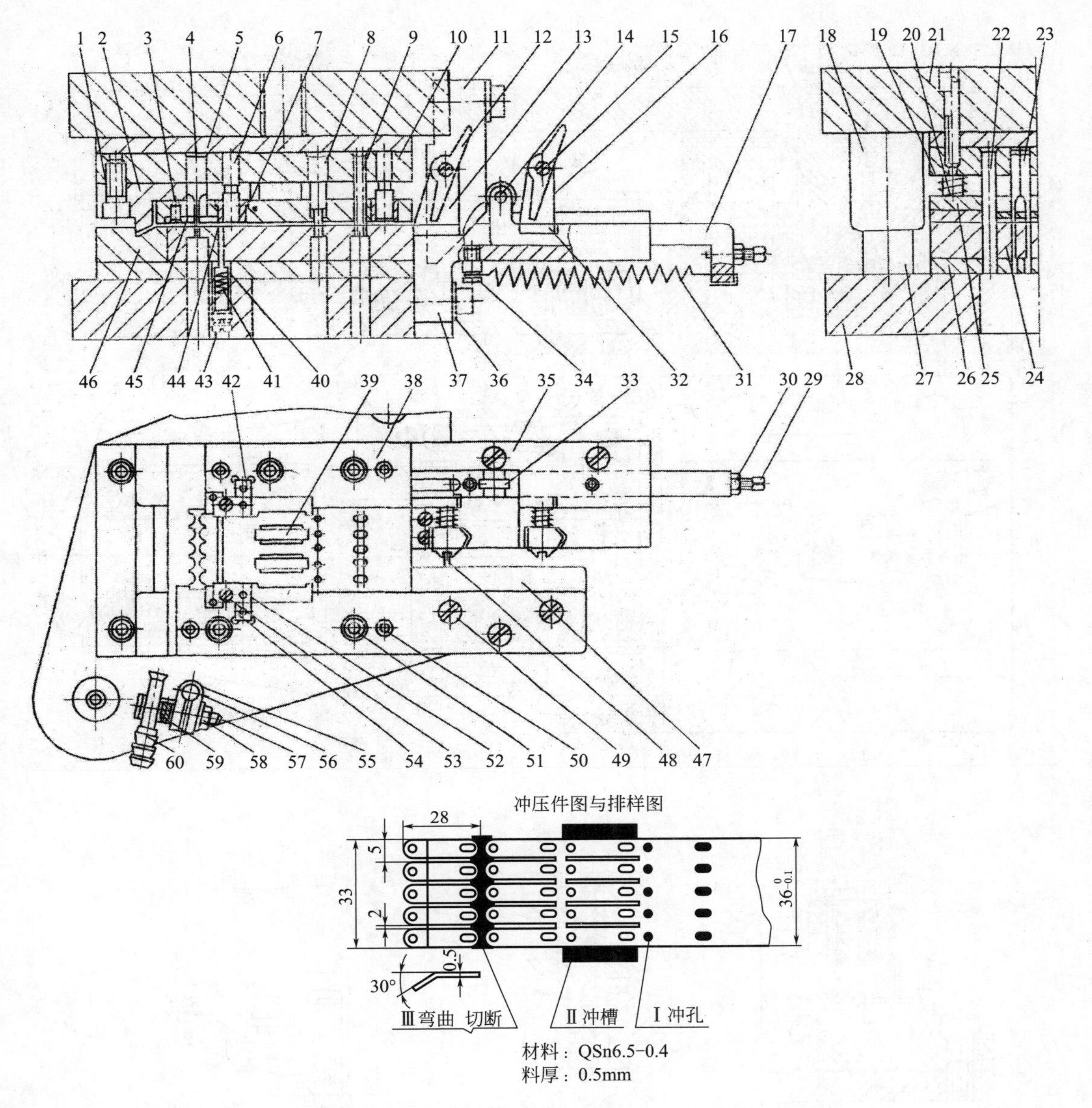

图 8-27　簧片滑动导向对角导柱模架用平面夹刃式自动送料装置的冲孔、切槽、弯曲切断三工位连续式复合模结构形式

1,3,48,49,51,53,57—螺钉；2—弯曲凸模；4—切断凸模；5,26—垫板；6,7—小导柱；8—冲孔凸模；9—冲长圆孔凸模；10—固定板；11—斜楔；12—夹刃；13—固定架；14—轴销；15—轴；16—扭簧；17—滑杆；18—导套；19—弹簧；20—卸料螺钉；21—上模座；22—侧刃；23—切槽凸模；24—冲裁凹模；25—卸料；27—导柱；28—下模座；29—调整螺钉；30,58—螺母；31—拉簧；32—活动架；33—滚轮；34—弹簧挂柱；35,54—盖板；36—垫圈；37—弯板；38—导料板；39—凹模嵌件；40—顶件器；41—拉簧；42—挡块；43—螺塞；44—凹模镶件；45—镶片；46—弯曲凹模；47—承料板；50,52—销钉；55—夹块；56—支承杆；59—固定套；60—风嘴

说明：该冲模的冲压运作过程如下：

①用于冲压的合格带料，由专职调整工按工艺文件提供工艺参数和选用设备主要技术规格、冲压件图、生产状态等进行调试至冲出冲压件合格率≥90%，交给操作工生产。

②入模带料送至夹刃 12 活动架 32 前受阻，上模下行合模初始，斜楔 11 驱动滚轮 33 将滑杆 17 推向右边，将装在滑杆 17 下的拉簧拉开，右边夹刃于带料表面夹紧带料，作好送料准备。

③当模具开启上模回程上升时，楔 11 脱离滚轮 33，拉簧 31 会拉动滑杆 17 向右向左移动一个送料进距 $S=28$mm，准确送料进距可通过调整螺钉 29 调整。此时，右夹刃夹着带料向左送料，而左夹刃限定带料只能向左前进，不能后退。

④冲模开始下一个冲压行程。第Ⅰ工位冲圆孔、长圆孔各 5 个，共 10 个孔，第Ⅱ工位侧刃切边定距并切宽槽 2mm 共 4 条；第Ⅲ工位先头折弯 30°，后尾一次切断落料成品 5 件，详见排样图。

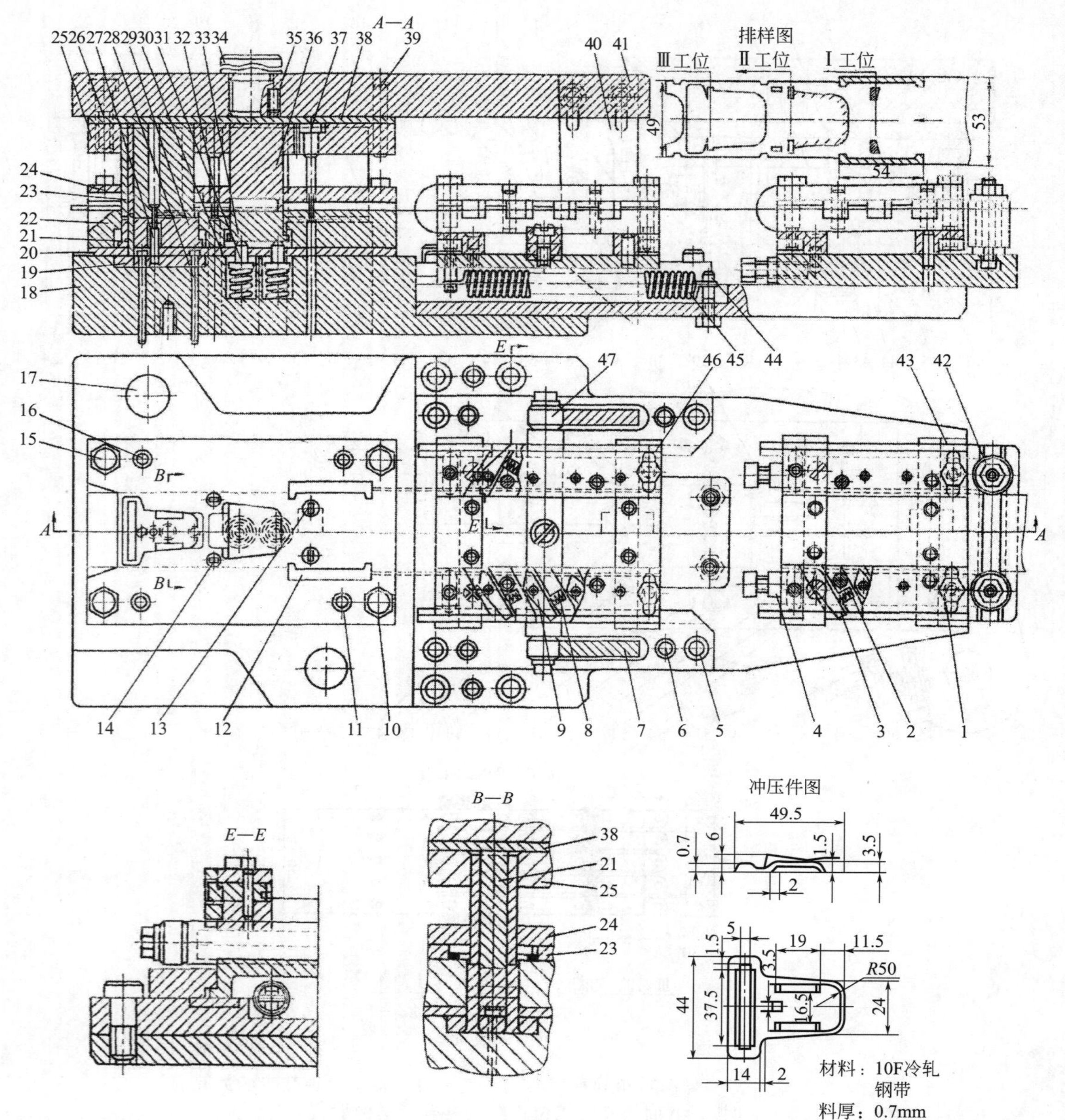

图 8-28　盖板用楔传动送料装置的切口、冲孔切形、起伏翻边并落料三工位连续式复合模结构形式

1—调整螺钉；2,8,30—弹簧；3,9—侧面夹刃；4—螺母；5,10,15,42—螺钉；6,11,16,39—销钉；7,40—斜楔；12—侧刃；13—梯形切口凹模；14—矩形孔凹模；17—导柱,导套；18—下模座；19,38—垫板；20—下垫板；21,29,33—顶件器；22—出件坡；23—导料板；24—卸料板；25,41—固定板；26—上垫板；27—成形凸模；28—顶杆；31—顶销；32—冲异形孔凸模；34—模柄；35—顶丝；36—切形凸模；37—冲梯形孔凸模；43,46—调节压板；44—挂簧柱；45—拉簧；47—滚轮

说明：该冲模的冲压运作过程如下：

①专职调整工按冲压件的工艺过程卡及冲压件图要求，由手工将经过校直的板裁条料或带料的料头插入右边送料装置的入料口，而后依工艺确定送料进距 $S=54$mm、料宽 $B=53$mm、料厚 $t=0.7$mm 以及现场选用压力机主要技术规格、冲模与压力机匹配尺寸、频率等，进行调试，直到冲出合格工件并获得车间主管检验员许可，交付操作工生产。

②夹刃式送料装置靠楔 40 推动装有滚轮 47 的夹刃架由右向左，夹刃夹住带料两边侧面各三点，沿导料板表面送料。夹刃复位回程靠拉力弹簧 45，在上模上升楔 40 脱开滚轮后，夹刃架被弹簧 45 拉回，再次夹住带料，准备下一回合送进。

③原材料进入模具工作区，首先由带料两边的凹式侧刃 12 切边定距并冲切两个梯形小口，完成第Ⅰ工位作业。

④第Ⅱ工位冲两个矩形小孔并切形。

⑤第Ⅲ工位起伏凸包并翻边、落料成品。

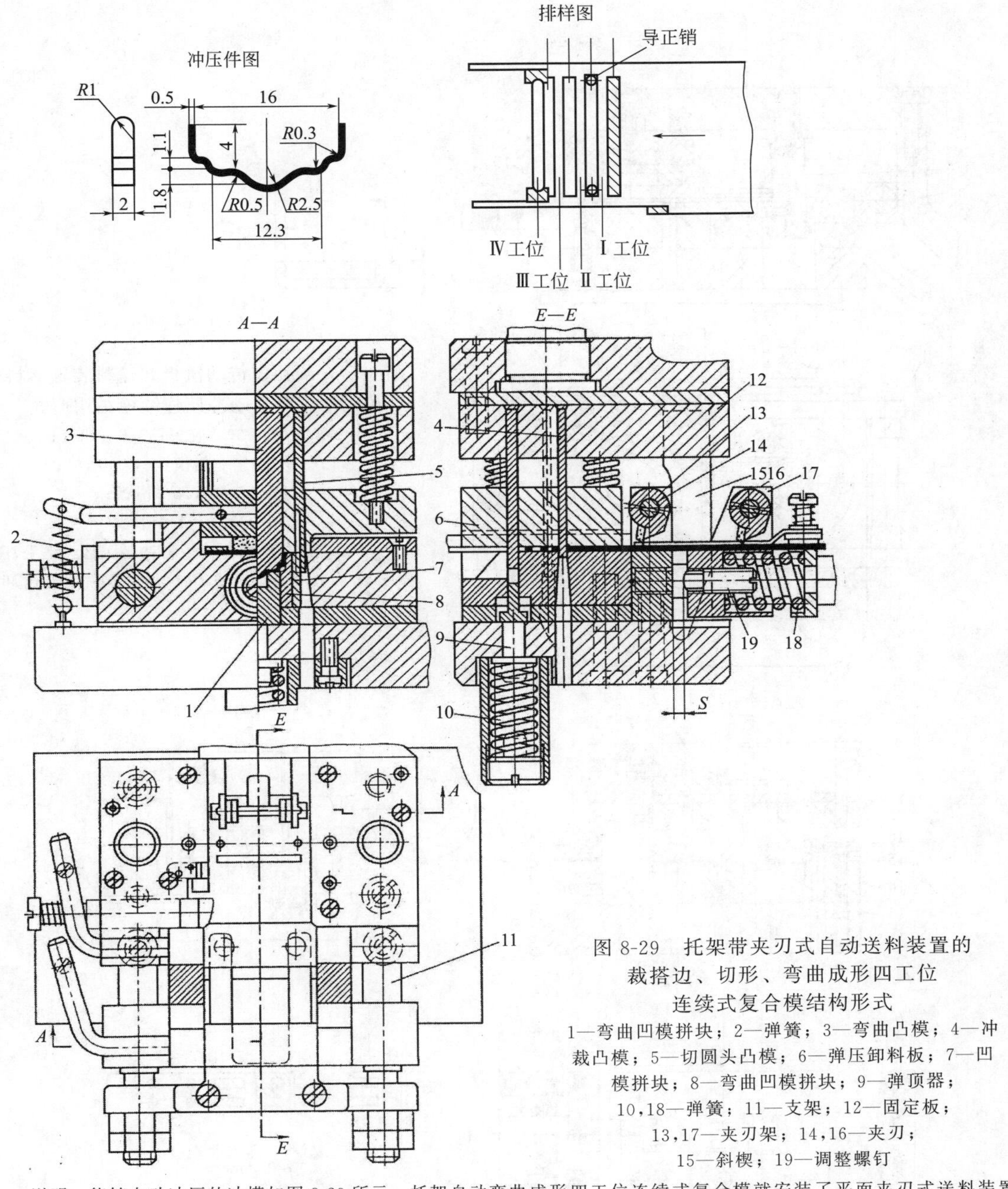

图 8-29　托架带夹刃式自动送料装置的裁搭边、切形、弯曲成形四工位连续式复合模结构形式

1—弯曲凹模拼块；2—弹簧；3—弯曲凸模；4—冲裁凸模；5—切圆头凸模；6—弹压卸料板；7—凹模拼块；8—弯曲凹模拼块；9—弹顶器；10,18—弹簧；11—支架；12—固定板；13,17—夹刃架；14,16—夹刃；15—斜楔；19—调整螺钉

说明：能够自动冲压的冲模如图 8-29 所示，托架自动弯曲成形四工位连续式复合模就安装了平面夹刃式送料装置，见图中件 13～19 等构成的平面夹刃式送料系统。

夹刃的刃头由硬质合金制造，与送进材料呈一前推斜角并嵌入材料表面。夹刃可推动材料前进而不允许其后退。当斜楔下行推动夹刃支架 11 时，夹刃会脱离材料后移一段距离 S，再嵌入材料表面，在支架下面的弹簧 18 则受压，储备了能量。当上模回程时，楔脱离支架 11，弹簧 18 便推动支架 11 带着夹刃，而夹刃推动材料由右向左送进前行一个进距 S。

该冲压件的展开平毛坯为一个两头半圆形的窄长条，其宽度 $B=2\text{mm}$，端头半圆 $R=1\text{mm}$，总长 $L=25\text{mm}$，其材质为 0.5mm 厚的 45 钢带。由于冲压件尺寸小、料薄、展开平毛坯刚度小，极易扭曲变形，故采用裁搭边切废排样，将工件留在带料上，随送料携带至第Ⅳ工位进行冲切两头 $R1$ 半圆并一次弯曲成形复合冲压。其冲模结构特点如下：

①采用弹压导板式结构，长而窄的裁搭边凸模没有加固，应使用滑块行程可调的开式单柱偏心压力机冲压，保持凸模不脱开导板。

②送料夹刃与弯曲凹模用 YG15、YG20 硬质合金制造。

③冲模整体采用顺装结构，但要下弹顶模上出件，避免卸出件变形。

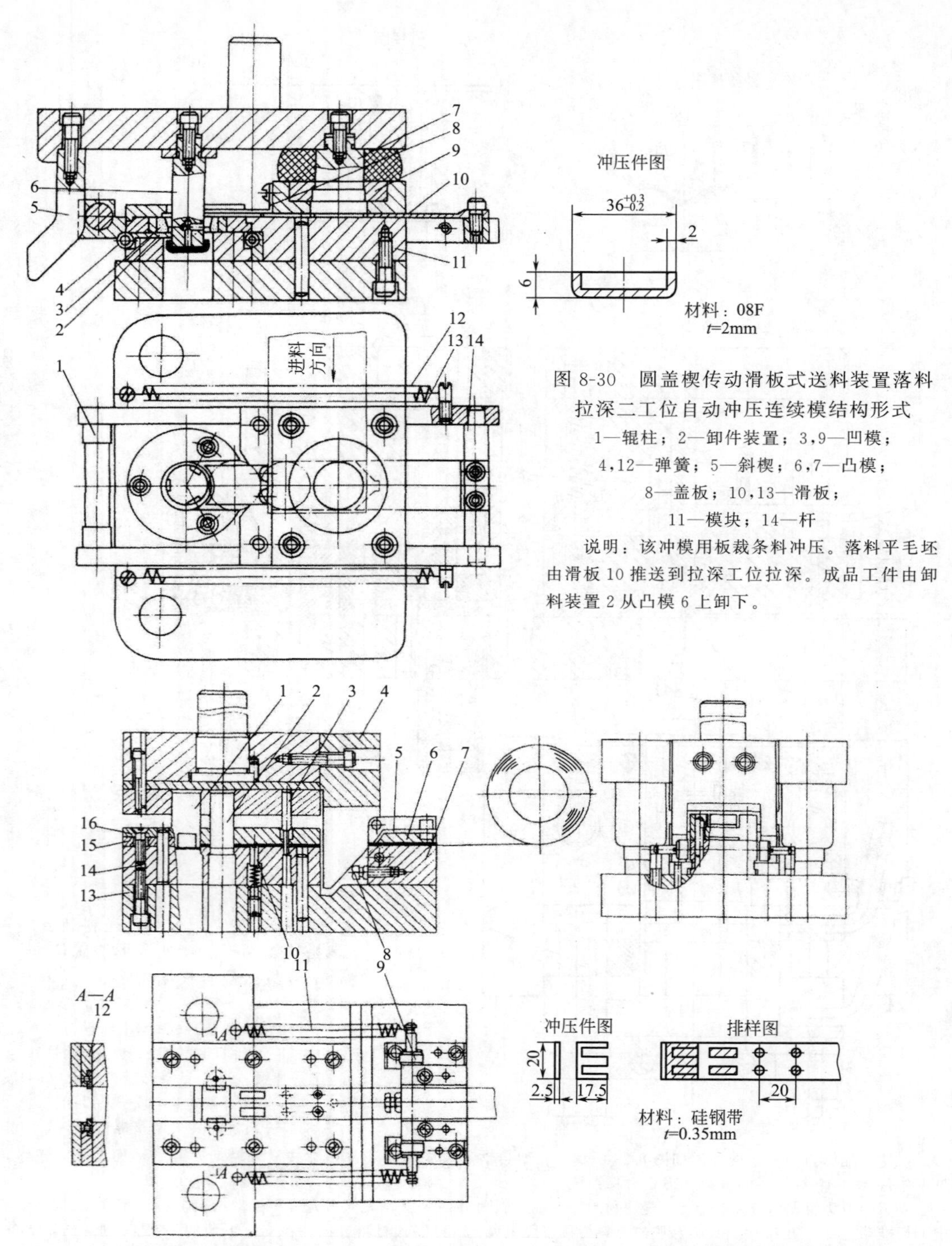

图 8-30　圆盖楔传动滑板式送料装置落料拉深二工位自动冲压连续模结构形式

1—辊柱；2—卸件装置；3，9—凹模；4，12—弹簧；5—斜楔；6，7—凸模；8—盖板；10，13—滑板；11—模块；14—杆

说明：该冲模用板裁条料冲压。落料平毛坯由滑板 10 推送到拉深工位拉深。成品工件由卸料装置 2 从凸模 6 上卸下。

图 8-31　铁芯硅钢片和轭片导柱模架楔传动杠杆、夹板式自动送料冲孔、切断模实用结构形式

1—切断凸模；2—冲槽凸模；3—冲孔凸模；4—斜楔；5—夹持板；6—导料槽；7—滑座；8—调节螺钉；9—滚轮；10—止推销；11—拉力弹簧；12—小导板；13—下模座；14—凹模；15—导料板；16—卸料板

说明：图 8-31 所示为用楔传动杠杆、夹板式自动送料装置实现自动送料连续冲孔、切槽、切断四工位自动运作，一模两（种）件的无搭边套裁冲制的少废料连续冲裁模的结构形式。

其自动送料过程：上模下行，斜楔 4 推动送料器后移。此时，夹持板 5 松开，拉簧 11 被拉长，而入模带料由于止推销 10 插入已冲好的工艺孔中不能后退，即送料已到位。上模回程上升时，拉簧因楔 4 脱离送料器（滑座）收缩，送料器向左移动，夹持板夹紧带料滑过止推销顶部斜面向左送进，完成送料。

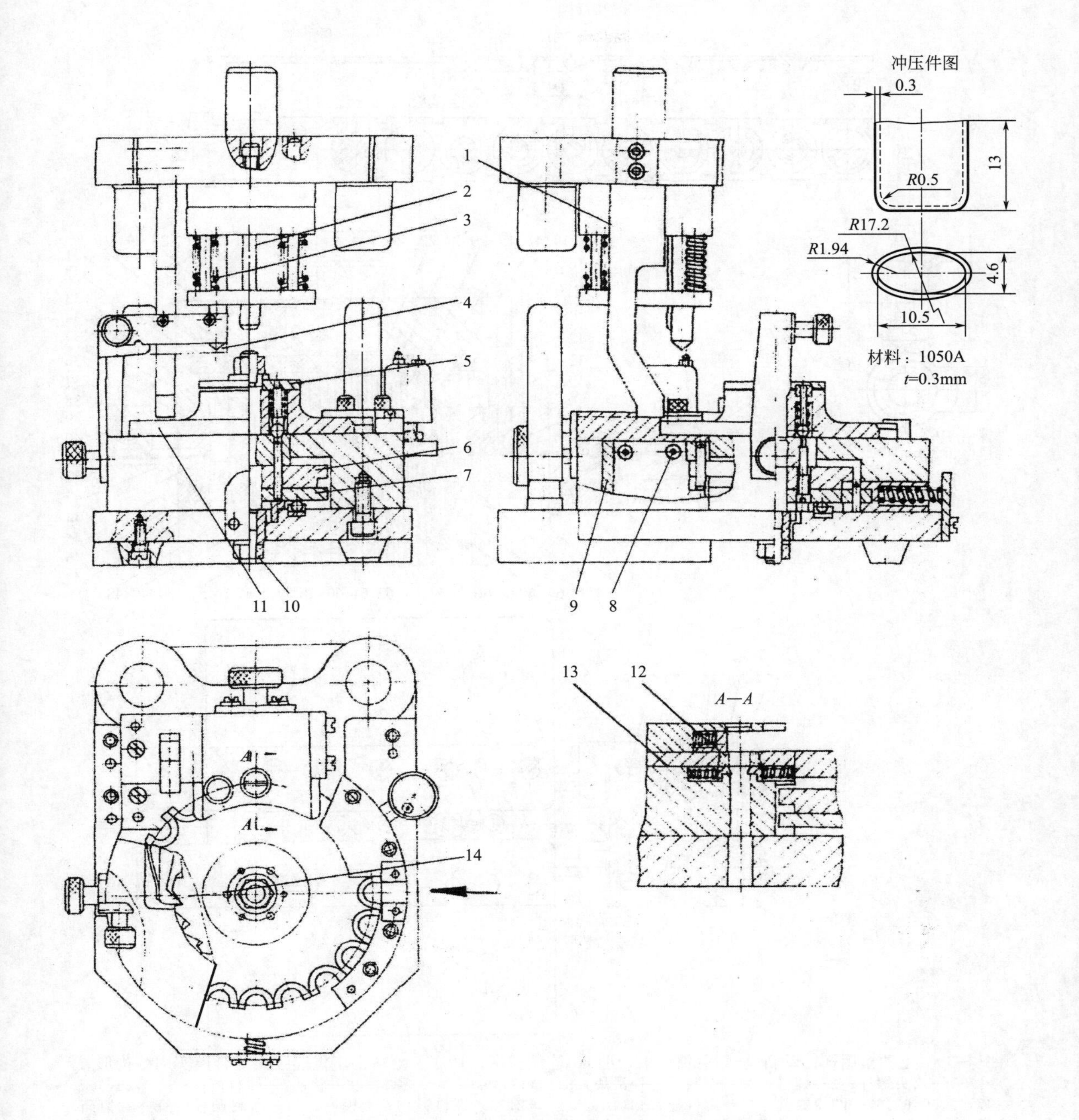

图 8-32 外壳楔传动转盘送料半自动拉深模实用结构形式

1—斜楔；2—凸模；3—导正销；4—微动开关；5—安全板；6—棘轮；7—定位轮；8—滚轮；9—滑块；10—转轴；11—转盘；12—凹模；13—模框；14—棘爪

说明：该模具由振动料斗通过模具上的进料口连续不断地将坯件送入转盘 11 的卡料槽内。当上模下行时，斜楔 1 进入两个滚轮 8 中，带动滑块 9、棘爪 14 向后运动。同时，凸模 2 进入凹模 12，完成拉深工件。冲件从下模漏出。上模回升时，斜楔 1 带动滑块 9 向前推进复位。由滑块 9 带动棘爪 14 拨动棘轮 6 转动一个角度，并由棘轮 6 带动定位轮 7、转轴 10 和转盘 11，也相应转动一个角度，由转盘 11 转动将坯件送至工作位置。完成半自动送料。

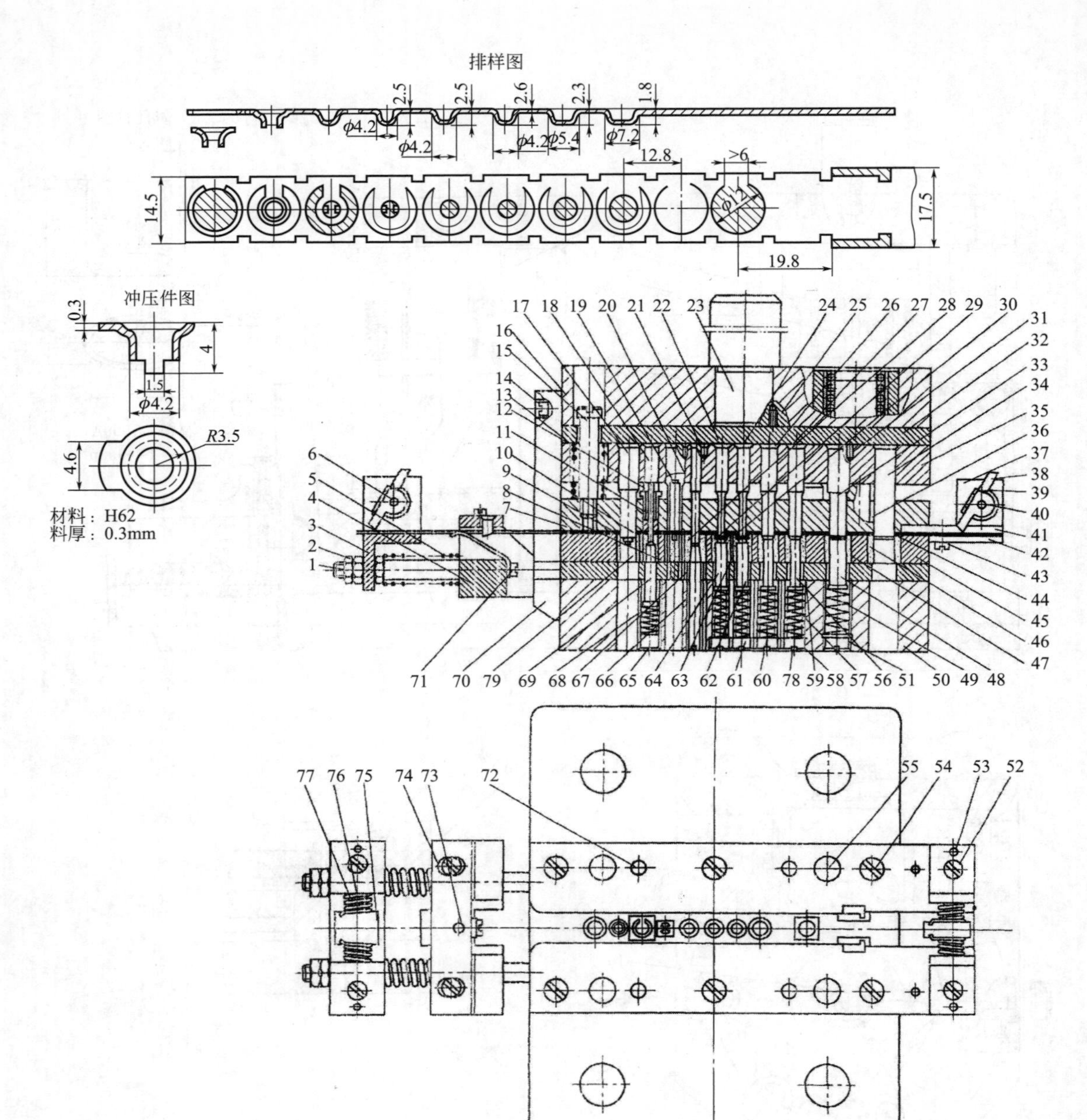

图 8-33　止动帽用楔传动自动送料的侧切、切口、连续拉深、切底、落料十工位连续式复合模实用结构形式

1—双头螺杆；2—螺母；3—支架；4—楔滑块；5,12,13,49,57,68—弹簧；6—轴；7—卸料板；8～10,29,30,47,59,60,63,67—凹模镶件；11—卸件器；14,15,25,43,52,54—螺钉；16—上模座；17—落料凸模；18—翻边凸模；19—整形凸模；20—冲孔凸模；21,31,53,72—销钉；22,24,26,27—拉深凸模；23—模柄；28—冲孔凹模；32—上垫板；33—拉深凸模；34—侧刃；35,74—固定板；36—小导套；37—夹刃支架；38,75—夹刃；39,76—扭簧；40—轴；41—导料板；42—承料板；44—镶件；45,79—凹模框；46—下垫板；48,56,61,62,64,69—顶件器；50—下模座；51,58,65,66—螺塞；55—小导柱；70—楔；71—簧片；73—拉料销；77—簧芯；78—行程限位块

说明：图 8-33 所示为止动帽用楔传动夹持式送料装置自动送料的侧切、切口、连续拉深、切底、落料十工位连续式复合模。从冲压件图中可以看出，止动帽是一个具有异形凸缘的旋转体浅拉深件。为适应大量生产和提升冲模寿命的要求，该冲模在结构上采用如下技术措施：

该模具各凹模镶块均为硬质合金，与此相应地采用了拉式自动送料和四滚珠导柱与小导柱的双重导向措施，因此，模具导向好、寿命长、生产效率高，常用于大批量的生产中。其工作过程是：先用手送料，在带料上冲出几个工件后，待拉料销 73 进入废料孔中，即可自动送料。当上模下行时，斜楔 70 的斜面推动楔滑块 4 左移，而拉料销则穿入废料孔拉住搭边使带料左移送料。当上模继续下行时，斜楔直边与滑块接触，拉料销停止不动，模具开始冲压。当上模回程时，滑块在弹簧 5 的作用下复位，拉料销越过搭边进入下一个废料孔中，与此同时，夹刃 38、75 压住带料，防止带料后退。以此循环，实现自动生产。

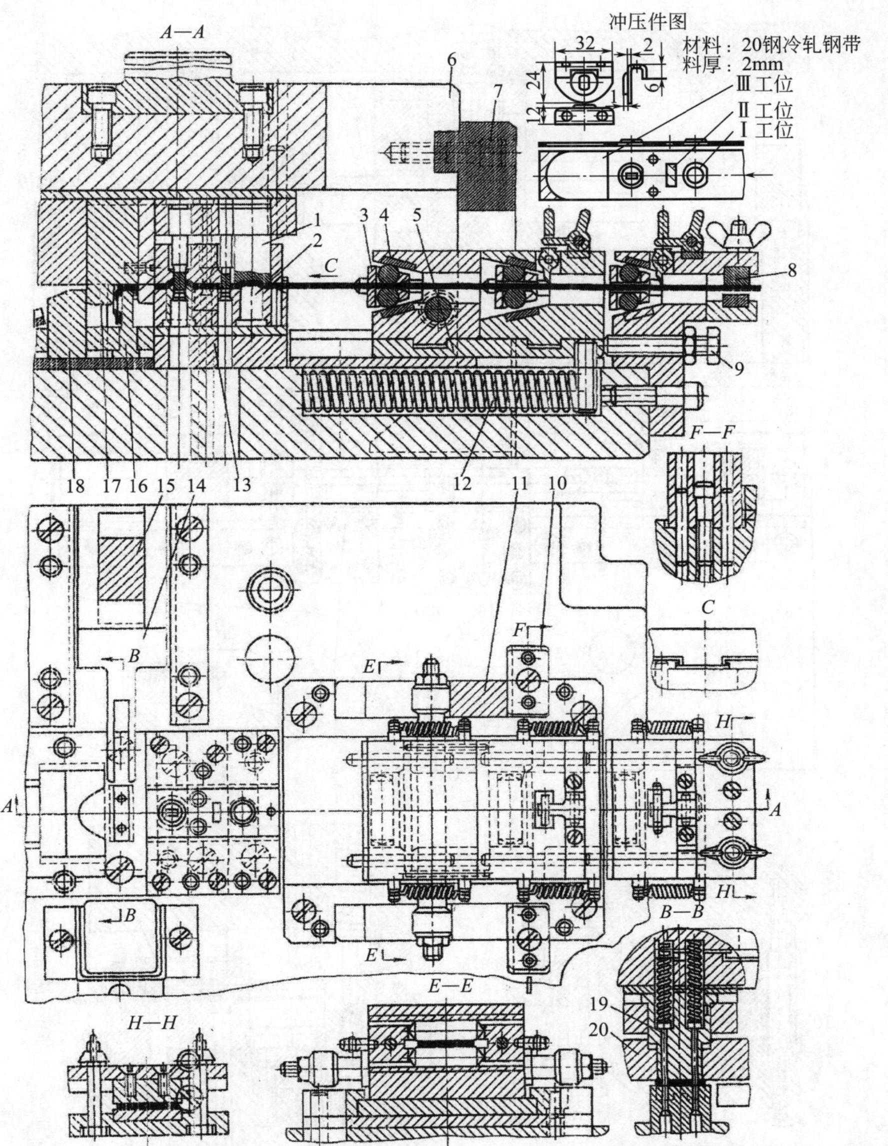

图 8-34 芯钩用楔传动夹辊式送料装置的压凹、冲孔、冲底、切断弯形四工位连续式复合模结构形式

1—压凹成形凹模；2—压凹成形凸模；3—挡板；4—夹辊；5—夹辊架；6—上模座；7—螺钉；8—校直机构；9—调整系统；10—挡块；11—楔；12—弹簧；13—下垫板；14—楔滑块；15—楔；16—弯形凸模；17—弯形凹模；18—挡块；19—弹顶销；20—卸料板

说明：图 8-34 所示为芯钩用自动送料四工位连续式复合模。该冲压件形状复杂，直接由带料用多工位连续模自动送料连续冲压一模成形，有一定难度。其冲压难点在于：冲压件材质为料厚 2mm 的 20 钢冷轧钢板，要起伏压凹高 1mm，芯钩类似⌈⌉形，两个内弯 90°角无圆角半径即“清角”。冲压工艺设压凹、冲孔、冲底、切断弯形 4 个工步，第 4 工步切断弯形复合冲压，因此，模具上仅需设 4 个工位。该冲压件展开平毛坯尺寸为：长×宽＝42mm×32mm，长边一端为半圆头，$R=32\text{mm}/2=16\text{mm}$。送料进距 $S=42\text{mm}+2\text{mm}=44\text{mm}$。搭边 $b=t=2\text{mm}$，无沿边。

该复合模采用由一对楔 11 驱动夹棍架 5，带动三对夹辊，将带料经校平器校平后，通过两对夹辊滚夹后送入冲模。夹辊架 5 的复位，靠埋装在夹辊架底部、下模座沉槽中的弹簧 12。

该冲模的结构特点如下：

①采用模具自带的夹辊式送料装置与压力机异步协调自动送料。夹辊式送料装置送料准确、迅速、高效。

②采用单作用楔 11 驱动滚轮带动夹辊送料系统，实现自动送料。

③卸件也使用楔传动机构。与楔 15 匹配的楔滑块 14 装有卸件叉，专门将冲制成品推卸出模。

④使用滑动导向对角导柱加强型钢模架并在导柱旁安装了限位柱，控制上模下行位置，保证冲压件起伏与成形尺寸。

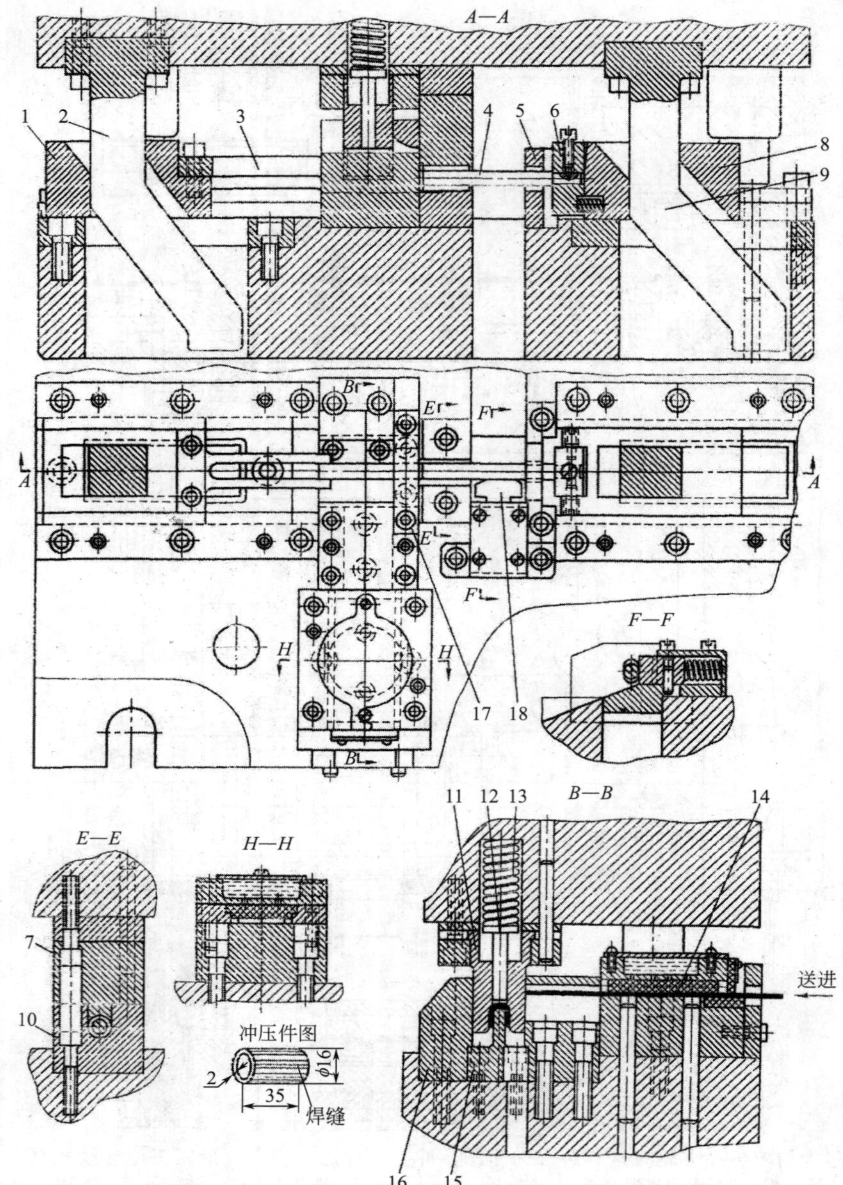

图 8-35　短管件用楔传动机构实施工位间送进与卸件的剪截弯曲、弯圆成形、自动卸件三工位连续式复合模实用结构形式

1,8—楔滑块；2,9—双作用驱动楔；3—叉形推件板；4—弯芯；5—卸件挡环；6—弯芯座；7—弯圆上模；10—弯圆下模；11—落料弯曲上模；12—卸件器；13—弹簧；14—润滑垫；15—弯曲凸模；16—挡料块；17—导料板；18—支承座

说明：图 8-35 所示为用楔传动机构实施多工位连续模工位间送进和自动卸件出模的实例。该冲模冲制的工件是一个短管形零件，用板裁条料或带料平毛坯经剪截预弯复合冲压获得 U 形半成品坯件，再用楔传动机构将 U 形坯件推送到弯圆管成形的弯曲工位的弯芯上，弯曲成形。由于采用有弯芯弯曲，成品管件都紧紧包围在弯芯上，要施加足够的卸件力，方可卸件出模。该冲模采用两组相同结构的双作用驱动斜楔及其匹配的楔滑块构成的楔传动机构分别完成上述工位间送料（坯件）及卸件出模两项任务。其具体冲压运作过程如下：

①原材料（板材条料或带料）从模具中部 B—B 剖视图中箭头所示位置送进，经自动润滑装置 14 润滑后，原材料向前送到挡料块 16 受阻定位，进行第Ⅰ工位的剪截弯曲复合冲压，获得 U 形坯件。

②当上模完成第Ⅰ工位复合冲压后回程上升，斜楔 2 和斜楔 9 也同时上升。斜楔 2 驱动楔滑块 1 带动推件板 3，将 U 形坯件推送套在弯芯 4 上，待上模下行合模弯圆；斜楔 9 和斜楔 2 同步，驱动楔滑块 8，将弯芯 4 插在弯曲凹模中的 U 形坯件中，待上模下行弯圆成形。当上模弯圆后回程时，楔 2 会拉动楔滑块 1 复位，将推件板也拉回原位等下一行程推送坯件；楔 9 也在上升过程中将弯芯抽出弯模并在挡环 5 处自动卸下成品工件。

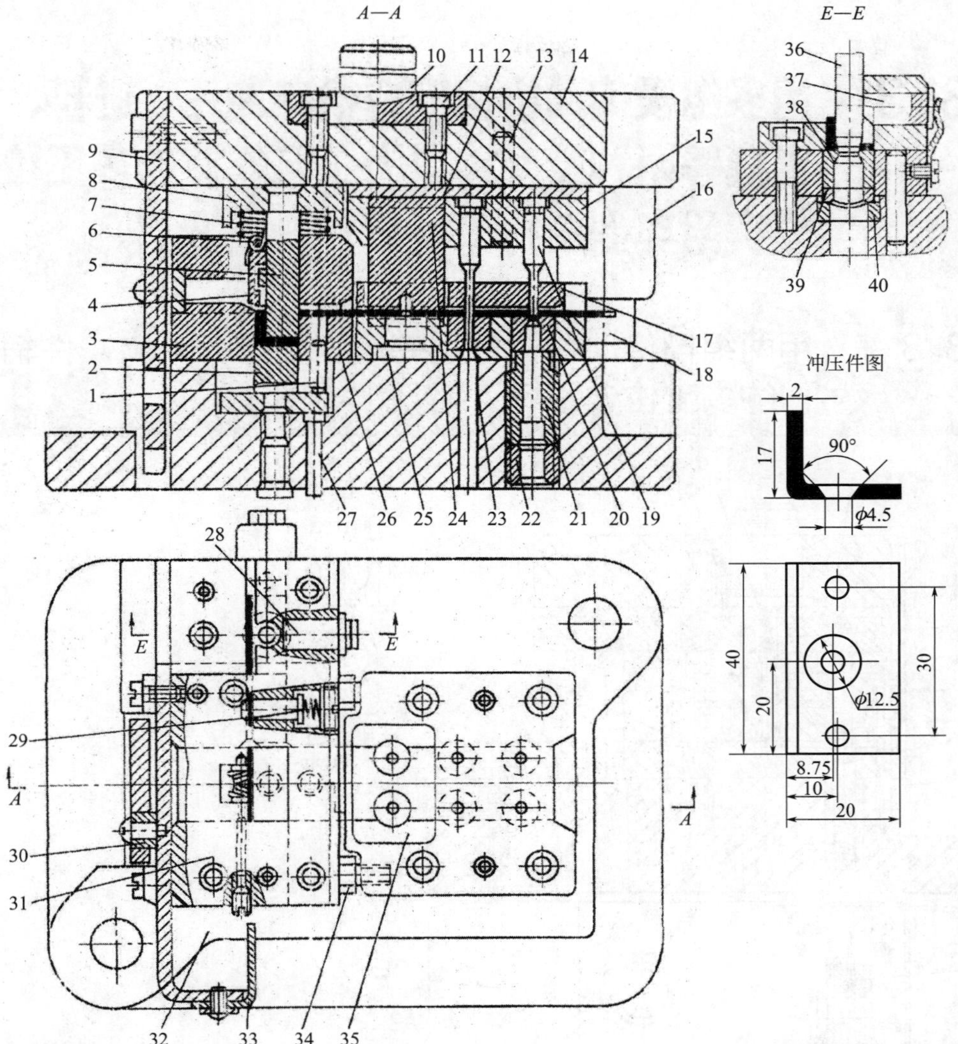

图 8-36 挡板用楔传动机构自动送进与卸件的冲孔、切断弯曲、沉孔三工位连续式复合模实用结构形式

1,13—销钉；2—顶件器；3—弯曲凹模；4—限位板；5—弯曲凸模；6—扭簧；7—压力弹簧；8,15—固定板；9—楔；10—模柄；11—螺钉；12—垫板；14—上模座；16—导套；17—卸料板；18—导柱；19—冲孔凸模；20—冲孔凹模嵌件；21,22—螺塞；23,25—导正销；24—校平凸模；26—切断凹模；27—顶杆；28,37—顶柱；29—弹簧；30—滚轮；31—楔滑板；32—下模座；33—推板；34—六角螺钉；35—凹模镶块；36—沉孔凸模；38—沉孔凹模嵌件；39—凹模镶件；40—凹模拼块

说明：图 8-36 所示是用楔传动机构实现工位间送进与卸件的多工位连续式复合模的实用典型结构。该冲模可大量生产冲压件图所示的挡板，其材质是 10F 钢冷轧钢板，料厚 2mm，使用宽 40mm 的板裁条料，手工送料入模，沉孔工位用楔传动机构自动送进。冲压件形状简单，类似一段带圆孔和 90°锥穴沉孔的标准 90°角钢截段。冲压工艺采用板裁条料，经冲孔、切断弯曲、沉孔三个工步连续冲压，一模成形，完成冲制。

该冲模的结构特点及运作过程如下：

①在第Ⅱ工位切断弯曲后，楔 9 与滚轮 30 构成的楔传动机构，通过装在滚轮轴上的推件系统件 31、件 33，横向水平施力，将变成 90°的坯件推送至冲挤沉孔工位上沉孔加工。

②楔及匹配楔滑块的断面形状及其尺寸，依冲模结构设计的需要及给定许可的安装空间尺寸确定。该冲模所需楔传动横向推件力不大，为使冲模结构更加紧凑，楔传动机械装在模架内模芯右侧，推件杆宽而长，呈 L 形，故楔及楔滑块均设计成板状，详见模具图。

③凹模设计成镶拼组合结构。整个凹模按工位分割制造后组合嵌装，以方便刃磨、修理与更换。

④采用无搭边、无沿边排样，进行少废料冲裁，要求控制板裁条料公差要小。

⑤冲孔小圆凸模均采用台阶式加粗杆部的加固结构形式。

8.3 用多组楔传动机构完成横向冲压、送料、卸件出模等两种及两种以上工艺作业的多工位连续模实用典型结构（图 8-37～图 8-47）

8.3.1 用两组楔传动机构分别完成送料与卸（出）件辅助动作的多工位连续模（图 8-37～图 8-40）

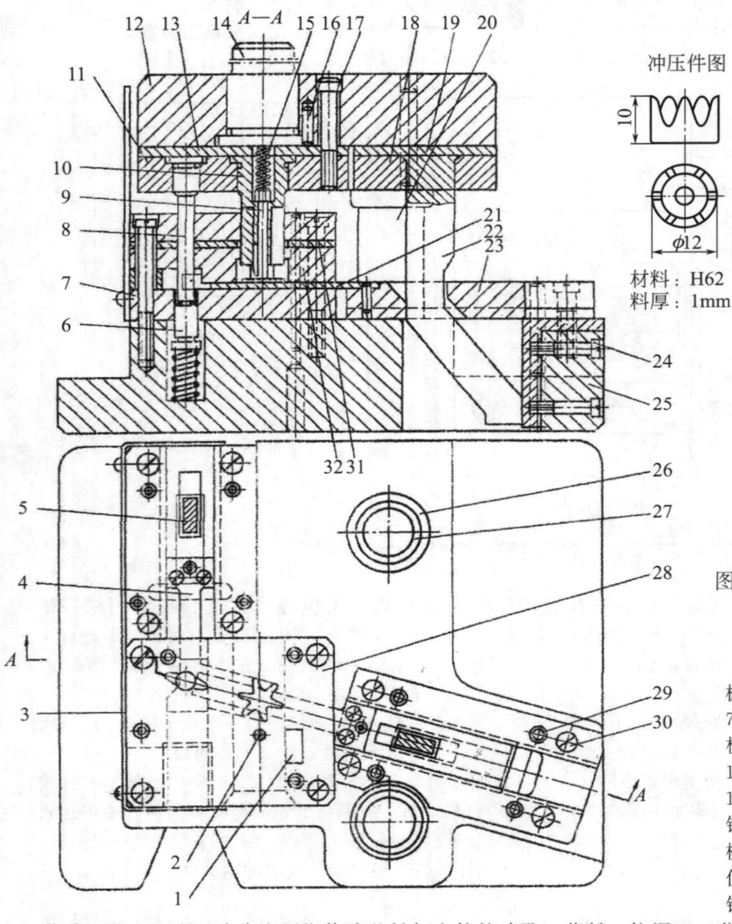

图 8-37 齿座用楔传动送料与出件的冲孔、落料、拉深三工位连续式复合模实用结构形式

1—侧刃；2—冲孔凸模；3—防护栅；4，21—推板；5—楔；6—顶件器；7—拉深凹模；8—拉深凸模；9—弹顶校平器；10—落料凸模；11—固定板；12—上模座；13，19—垫板；14—模柄；15—弹簧；16—销钉；17，24，30—螺钉；18—楔固定板；20—导柱；22—斜楔；23—楔滑块；25—下模座；26—限位套；27—导套；28—卸料板；29—销钉；31—导料板；32—冲裁凹模

说明：图 8-37 所示为齿座用楔传动送料与出件的冲孔、落料、拉深三工位连续式复合模。该冲模使用后侧导柱模架、压入式模柄，由双作用楔及其配对的滑块组成的两组楔传动机构，在平面上呈 120°分置于模具左、右两侧，承担拉深展开坯件的推送及冲完工件的推卸动作（两动作均在水平方向，但与冲压方向垂直）。其中，楔 22 和楔滑块 23 组成的双作用楔传动机构，负责推送第Ⅱ工位落料下来的拉深坯到第Ⅲ工位；楔 5 与推板 4 组成的双作用楔传动机构，则把拉深出模的工件推卸出模具。该模具实际上由三层模板选置而成：第一层是固定卸料板 28、导料板 31 构成的导料槽；第二层是冲裁凹模 32，包括冲孔、侧刃、落料三个模孔，布置在一个整体凹模上；第三层是拉深凹模 7 及与它在一个平面上的双作用驱动楔配对用滑块。原材料的送进限位使用平行侧刃。楔 5 与楔 22 都是双作用楔，利用本身的斜面结构对滑块执行强制复位。为保证操作者人身安全，模具面对操作位置的一面安装了防护栅。从工艺需要出发，考虑落料后展开坯件会出现微弯，故在落料凸模 10 中装有弹顶校平器 9，对落料下来的展开坯件弹压校平。拉深完成的工件由顶件器 6 冲出凹模。

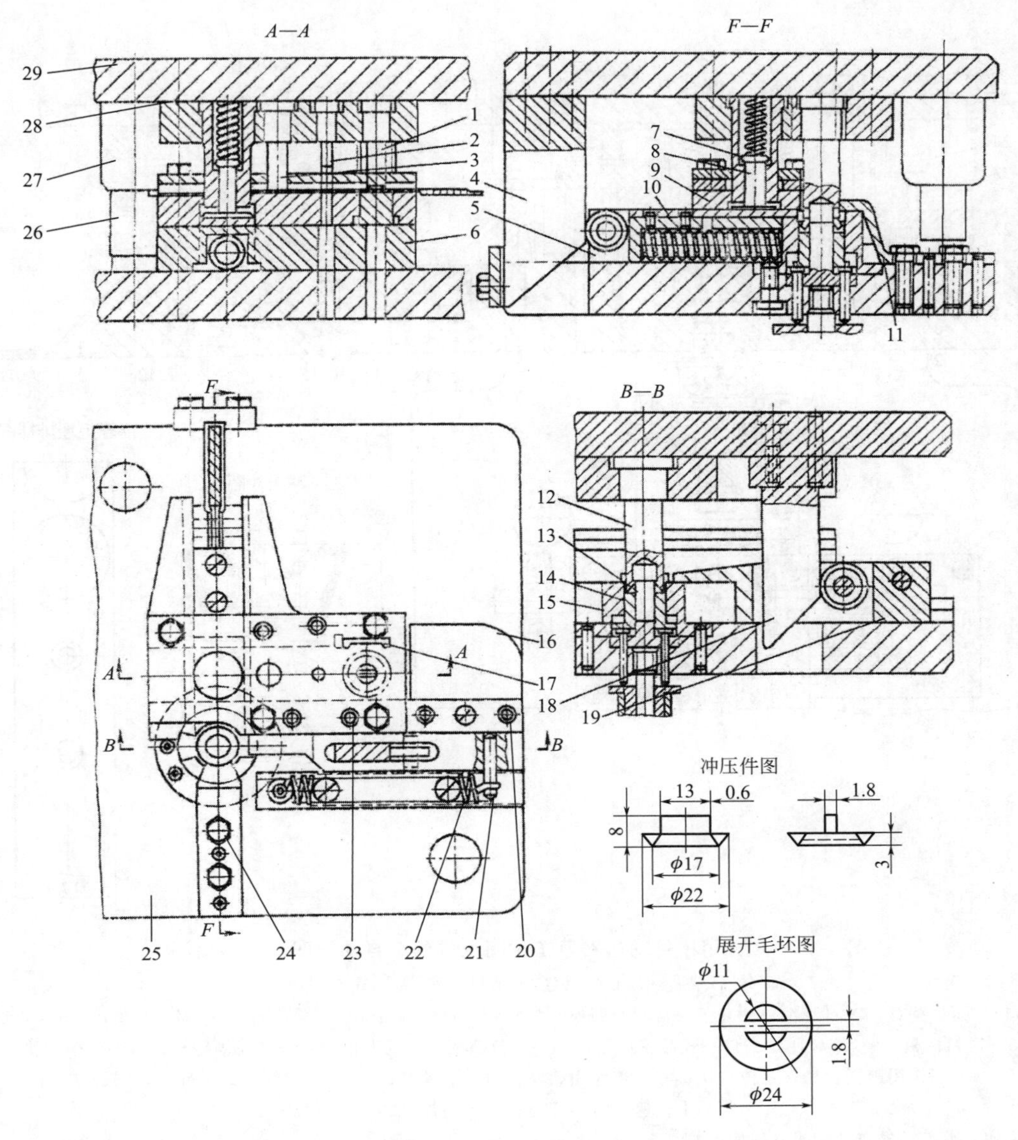

图 8-38　齿套用楔传动送料与出件的冲孔、切开、压平、落料、内外缘翻边五工位连续式复合模实用结构形式

1—冲月牙孔凸模；2—切开凸模；3—压平凸模；4,18—楔；5,19—楔滑块；6—垫板；7—落料凸模；8,14—顶件器；9—冲裁凹模；10—楔滑块推板；11—卸件爪；12—翻边凸模；13—内孔翻边凸模；15—凹模；16—承料板；17—侧刃；20—导料板；21—挂簧柱；22—拉簧；23—销钉；24—螺钉；25—下模座；26—导柱；27—导套；28—固定板；29—上模座

说明：图 8-38 所示为齿套用楔传动实施工位间送进与出件的冲孔、切开、压平、落料及内外缘复合翻边五工位连续式复合模。该模具采用对角导柱模架、凹形侧刃与侧刃挡块组成的进距限位装置；采用压力和拉力弹簧，分别对滑块进行弹性复位的两组单作用驱动楔传动机构，完成相互垂直的水平面上两个动作，实施送料和卸件作业。该模具模体采用多层重叠式结构，五工位采取 L 形布置。下模最上层为固定式卸料板，第二层主体为整体式冲裁凹模，冲月牙孔、切开、压平及落料四工位凹模，均布置在主凹模 9 上。落料凸模 7 冲出的展开坯件（见展开毛坯图）由顶件校平器 8 顶出，落在滑块推板 10 上并校平。当上模回程后展开坯件，由于顶件校平器 8 和滑块推板 10 分别离去而落在滑块 5 平板上，在上模下行冲压前，滑块推板 10 由楔 4 驱动，将展开坯件准确送入第五工位即内孔翻边凸模 13 上，进行最后的内外缘复合翻边冲压。完成工件由顶件器 14 顶出凹模，由卸件爪 11 从凸模上将工件卸下，而后由另一组楔传动机构楔 18 和滑块 19 将工件推卸出模，落入工具箱中。后一组楔传动使用拉力弹簧使滑块 19 复位；前一组楔传动使用压力弹簧件使滑块 5 复位。

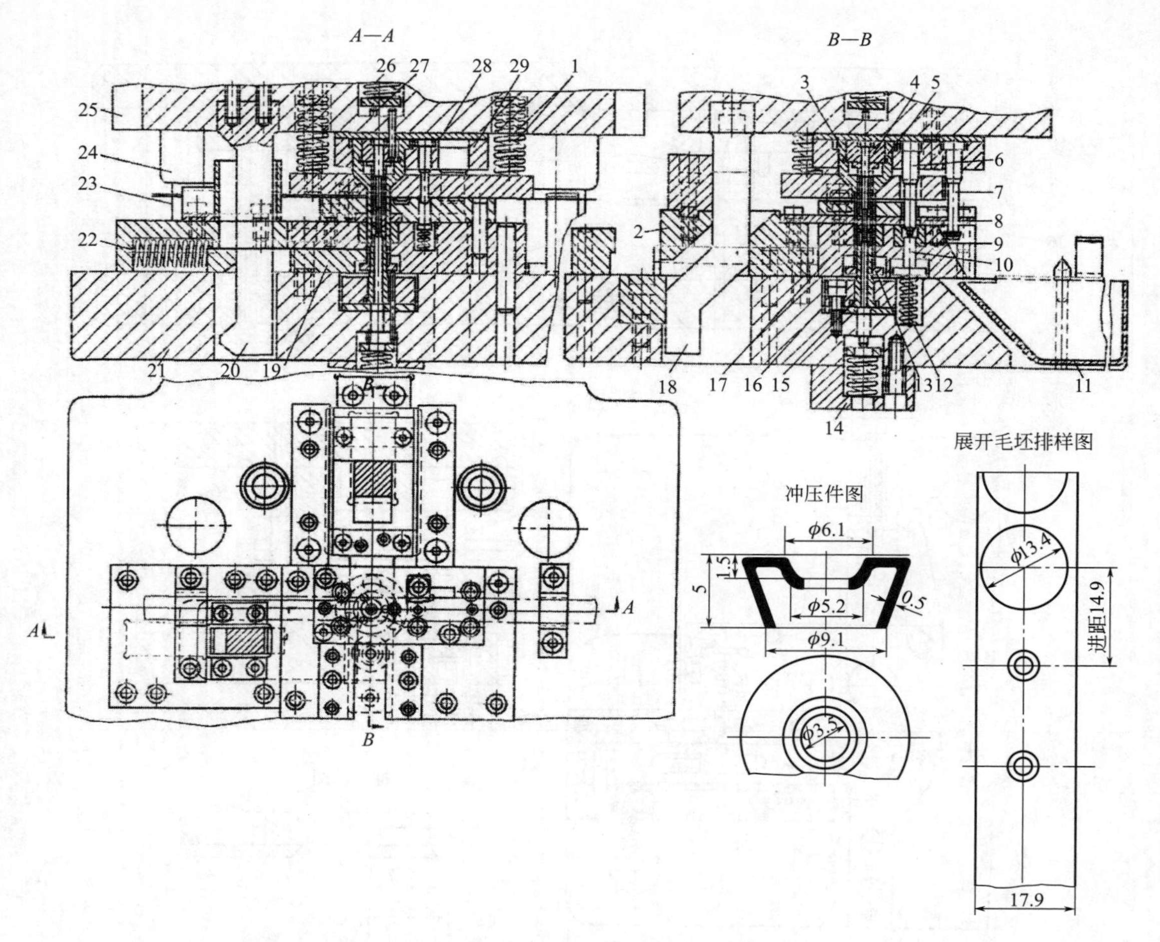

图 8-39 芯壳用楔传动送料及工位间送进的全自动压凹、落料拉深、缩口、整形五工位连续式复合模实用结构形式

1,12,14—压力弹簧；2—楔滑块；3—落料拉深凸凹模；4—冲孔凸模；5,10,13—顶件器；6—缩口凸模；7—整形凸模；8—送料滑板；9—缩口凹模；11—成品零件箱；15—反拉凸模兼冲孔凹模；16—凸模固定板；17—凹模镶块；18—双作用斜楔；19—限位挡块；20—单作用斜楔；21—下模座；22,26—弹簧；23—导柱；24—导套；25—上模座；27—托盘；28—垫板；29—固定板

说明：该冲模的自动冲压过程如下：

成卷带料由开卷机自动开卷后，进入通用辊式送料装置（图中未示出，也可用手工作业），再将带料送入模具右侧进料口至侧刃挡块被阻，冲床滑块下行，由上模上的平式侧刃切去料边，精化料宽，并控制送料进距 14.9mm。待上模回升上升开启模具后，继续送进带料至第Ⅰ工位压凹；第三次送进到第Ⅱ工位走空；第四次送料到第Ⅲ工位进行落料、反向拉深、冲孔复合冲压，工件从带料上分离出来。此后，带料仍按上述工序不停地送进冲压。在第Ⅲ工位，经复合冲压完成的单个工件，因有上模弹压推卸系统顶件器 5 的作用，使工件留在下模腔中。

图 8-39 所示为该模具的闭合状态。当模具开启，使上模上升到一定位置，落料拉深凸凹模 3 离开有定位孔的送料滑板 8，双作用斜楔 18 即利用自身斜面驱动与其配对使用的楔滑块 2，拉动送料滑板 8，向图示左边移动一个楔滑块行程 30.5mm，使送料滑板 8 上的中间缩口工位定位型孔，盖在Ⅲ工位凹模上，Ⅴ工位定位型孔盖在Ⅳ工位凹模上。上模继续上升，单作用斜楔 20 利用自身斜面推压限位挡块 19，使其向左打开，弹顶出件器 13 将工件顶出凹模，并使其进入送料滑板 8 的Ⅳ工位定位型孔中；缩口凹模弹顶出件器 10 也在同时将工件顶入送料滑板 8 的Ⅴ工位定位型孔中；在第Ⅴ工位，由整形凸模端整形完成的工件，则早在上述动作之前（上模上升初始阶段）即通过送料滑板 8 型孔卸下，而落入成品零件箱 11 中。待落料拉深凸凹模 3、缩口凸模 6 和整形凸模离开送料滑板 8，楔滑块 2 才会拉动送料滑板 8。

上模下行时，开始阶段由双作用斜楔 18 驱动楔滑块 2，拖动送料滑板 8 到图示位置，而后各工位凸模才开始冲压。Ⅲ工位反拉深到闭模位置前，单作用斜楔 20 又利用斜面使限位挡块回到图示位置限位，使工件留在下模腔中。

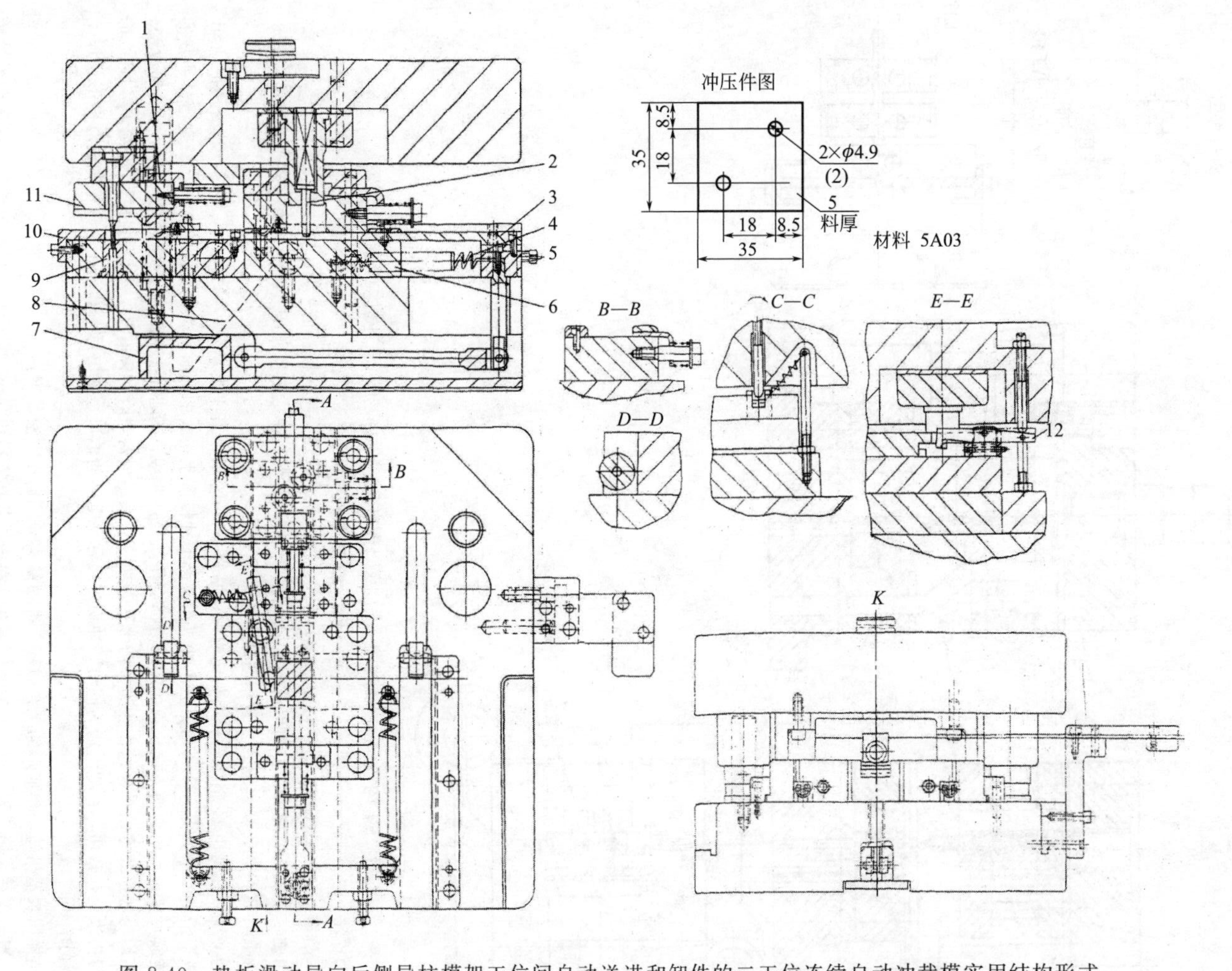

图 8-40 垫板滑动导向后侧导柱模架工位间自动送进和卸件的二工位连续自动冲裁模实用结构形式

1—弹出器；2—顶杆；3—推料器；4—弹簧；5—螺钉；6—垫板；7—推出器；8—斜楔；9—凹模；10—定位板；11—退料板；12—自动挡料杆

说明：本冲模对条料进行落料、冲孔。因带有自动挡料、送出料、出废料机构，生产效率很高。条料送进由自动挡料杆 12 挡料。自条料上落下的毛坯料由顶杆 2 推到垫板 6 上面。当压力机滑块上行时毛坯料在推料器 3 的作用下一个挨一个地被推到凹模 9 上面，并由定位板 10 定位。同时冲孔废料也被推出器 7 推出废料槽。推料器 3 和推出器 7 都由弹簧 4 拉动。制件由装在单向刚性退料板 11 上的弹出器 1 弹出。当压力机滑块下行时，推料器 3 和推出器 7 在斜楔 8 的作用下复位，送进时并由螺钉 5 限位。

8.3.2 用对称成对楔传动机构完成横向冲压或传送作业的多工位连续模（图 8-41～图 8-47）

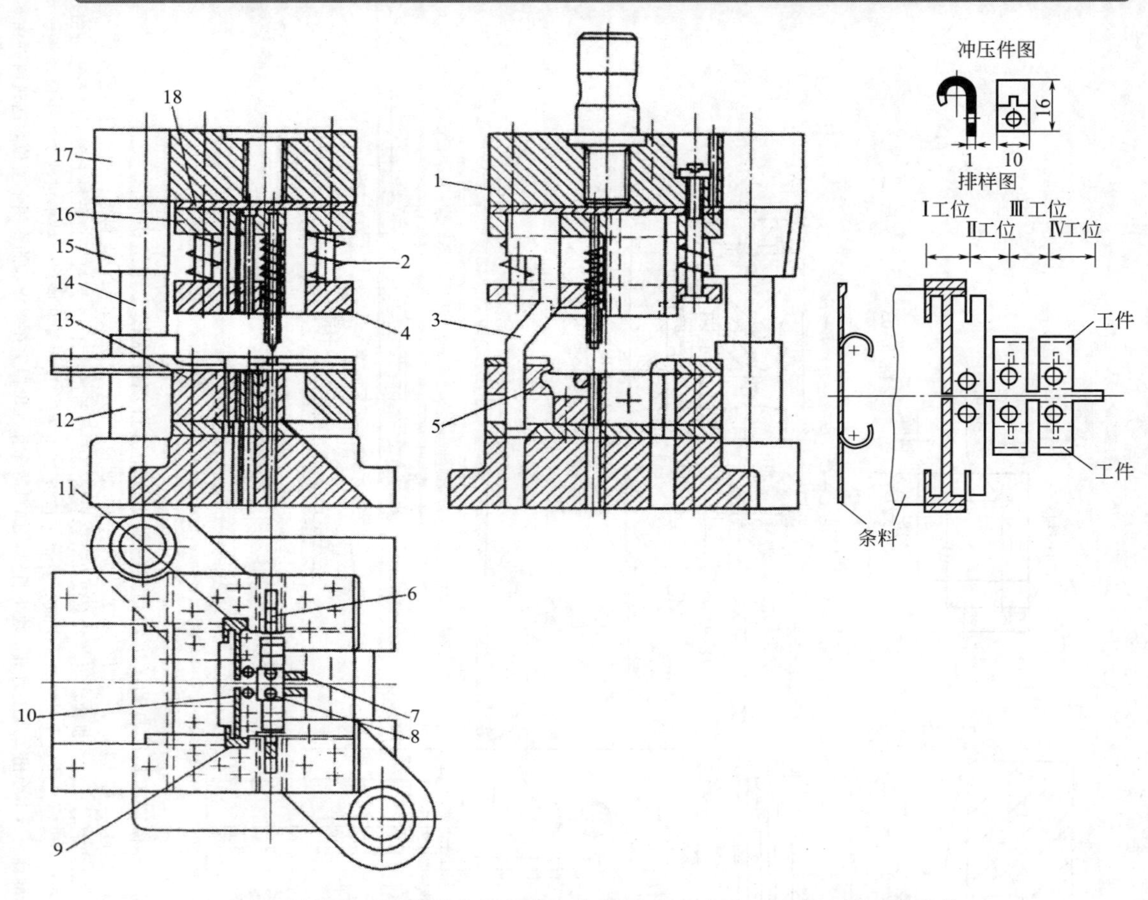

图 8-41 圆钩滑动导向对角导柱模架楔传动弯曲成形 4 工位连续式复合模

1，17—上模座；2—弹簧；3—斜楔；4—卸料板；5—楔滑块；6—导正销；7—切断凸模；8—定位销；9，11—成形侧刃；10—凸模；12—凹模；13—导料板；14—导柱；15—导套；16—固定板；18—垫板

说明：用楔传动机构实施冲压方向以外的横向冲压，为弯曲件的一模成形及冲压过程的自动化创造了条件。图 8-41 所示圆钩冲压零件的四工步连续式复合模便是实例。

图中圆钩冲压零件是用 10 钢冷轧板弯制而成，料厚 $t=1$mm。其展开平毛坯是一端有槽口、另一端有孔的矩形片料。欲一模成形需沿水平方向弯曲圆钩。但单件弯曲势必使冲模产生很大的侧向力，尤其对于有小孔、窄槽口冲裁的连续模，在连续冲压过程中任何方向出现的侧向力都会使凸模产生纵向弯曲而折断，至少使冲模间隙发生局部改变，使模具出现不均匀磨损并难以平稳运作。为平衡水平弯曲力，采用成对组合对称有搭边有沿边排样，设计用一对成形侧刃使沿边与搭边组合裁切，在裁沿边的同时，冲切出展开平毛坯的槽口、冲出另一端小孔，后相向成对弯形，详见图 8-41 的排样图。

根据其排样图表示出的一模成形的工艺过程，冲模结构及其运作方法如下：

条（带）料入模后，第一工位由一双成形侧刃在条料两边裁切去沿边与中间搭边拼切出端头槽口。成形侧刃沿送料方向的长度 L 等于送料进距 S，用于控制送料进距。第二工位冲出展开平毛坯另一端的小孔，即并列排样在中间搭边两边的两个小孔。第三工位用装在该工位端部对称位置的两组双作用斜楔传动机构，其楔滑块上装有卷圆凹模。在斜楔驱动下，沿水平面垂直于送料方向，对称两组楔滑块同时相向冲弯成形。第四工位切断分离出成品工件。为确保横向冲弯质量，采用弹压卸料板压牢毛坯，并在其上模装导正销，对送至第三工位的工件，用导正销 6 先插入第二工位冲制的小孔中校准定位，保证送料偏差＜0.1mm。

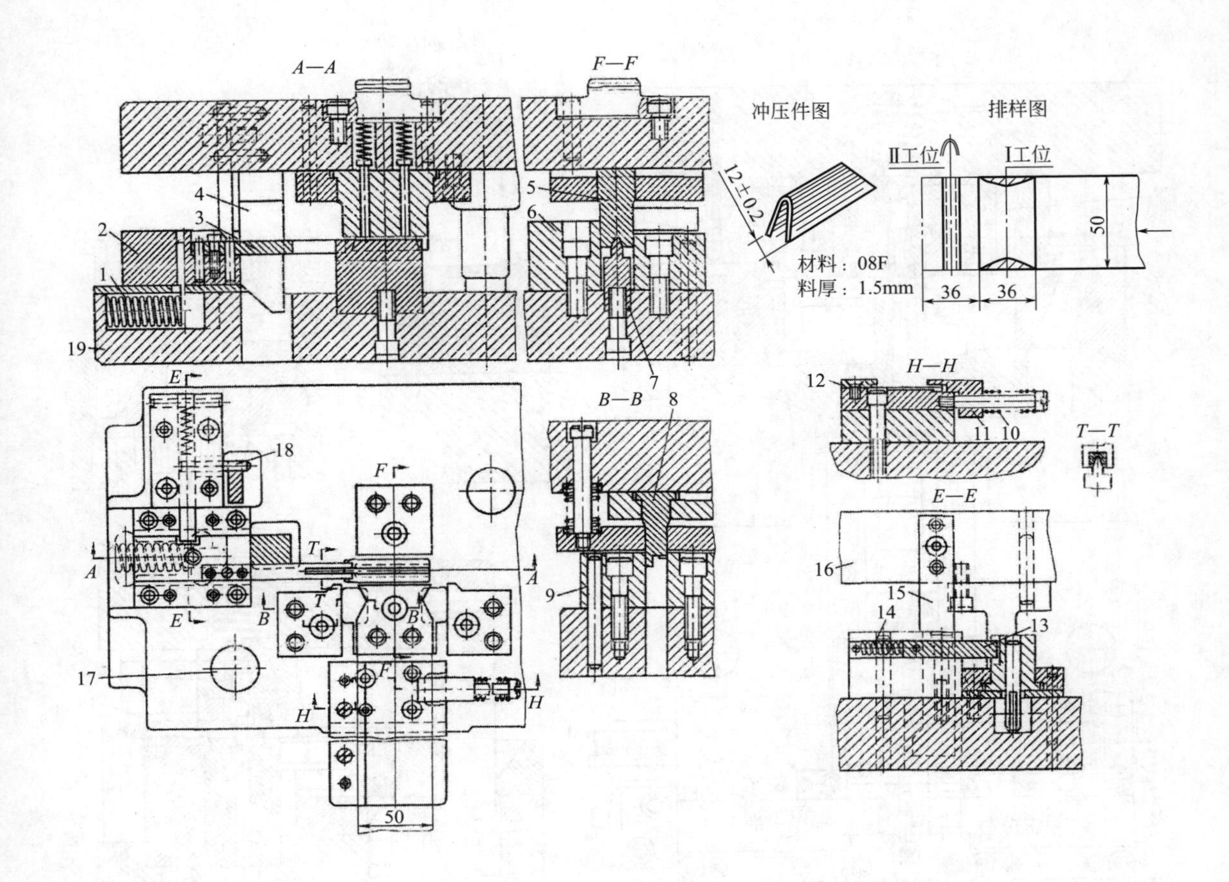

图 8-42　扣盖用楔传动推卸机构推件出模的切形、剪截
弯曲成形二工位连续式复合模实用结构形式

1,10,14—弹簧；2—楔滑块；3—推件板；4—主斜楔；5—弯曲凹模；6—定位挡块；7—弯曲凸模；
8—成形侧刃；9—挡块；11—侧压块；12—导料板；13—卡板；15—楔；
16—上模座；17—导柱、导套；18—挡销；19—下模座

说明：图 8-42 所示为扣盖用楔传动推卸机构推件出模的切形、剪截弯曲成形二工位连续式复合模。冲压件形状十分简单，是一个无孔平板 U 形弯曲件，其材质为厚 1.5mm、宽 50mm 的 08F 钢冷轧板板裁条料。冲压工艺采用手工送料，经切形、剪截弯曲成形两个工步完成冲制，并由两套楔传动机构组成的自动推卸系统将成品冲压件推卸出模。该冲模结构设计考虑周全，机构设置完善，自动化程度高，特点如下：

①对着导料板安装了弹簧侧压装置，使入模条料沿导料板 12 送进，不会歪斜。

②第Ⅰ工位用一对成形侧刃对入模条料两面侧切定距，控制送料进距 $S=36\text{mm}$。

③第Ⅱ工位实施剪截切断并弯曲成形复合冲压。为消减弯曲回弹，第Ⅱ工位弯曲模采用倒装结构；将V形弯曲凹模装在上模，以便实施镦压校正弯曲。弯曲凸模制成负弯角，控制弯曲角回弹量，不得超差。

④斜楔 4 在上模回程上升时，由弹簧 1 驱动匹配楔滑块 2 带动推件板及时将成品制件推卸出模。冲压件料厚尺寸大，弹压卸料板在第Ⅱ工位不起卸料作用，加上弯曲凸模与凹模刚性吻合、镦压校正弯曲，往往使工件因受强大压力而压紧贴附在模腔内。

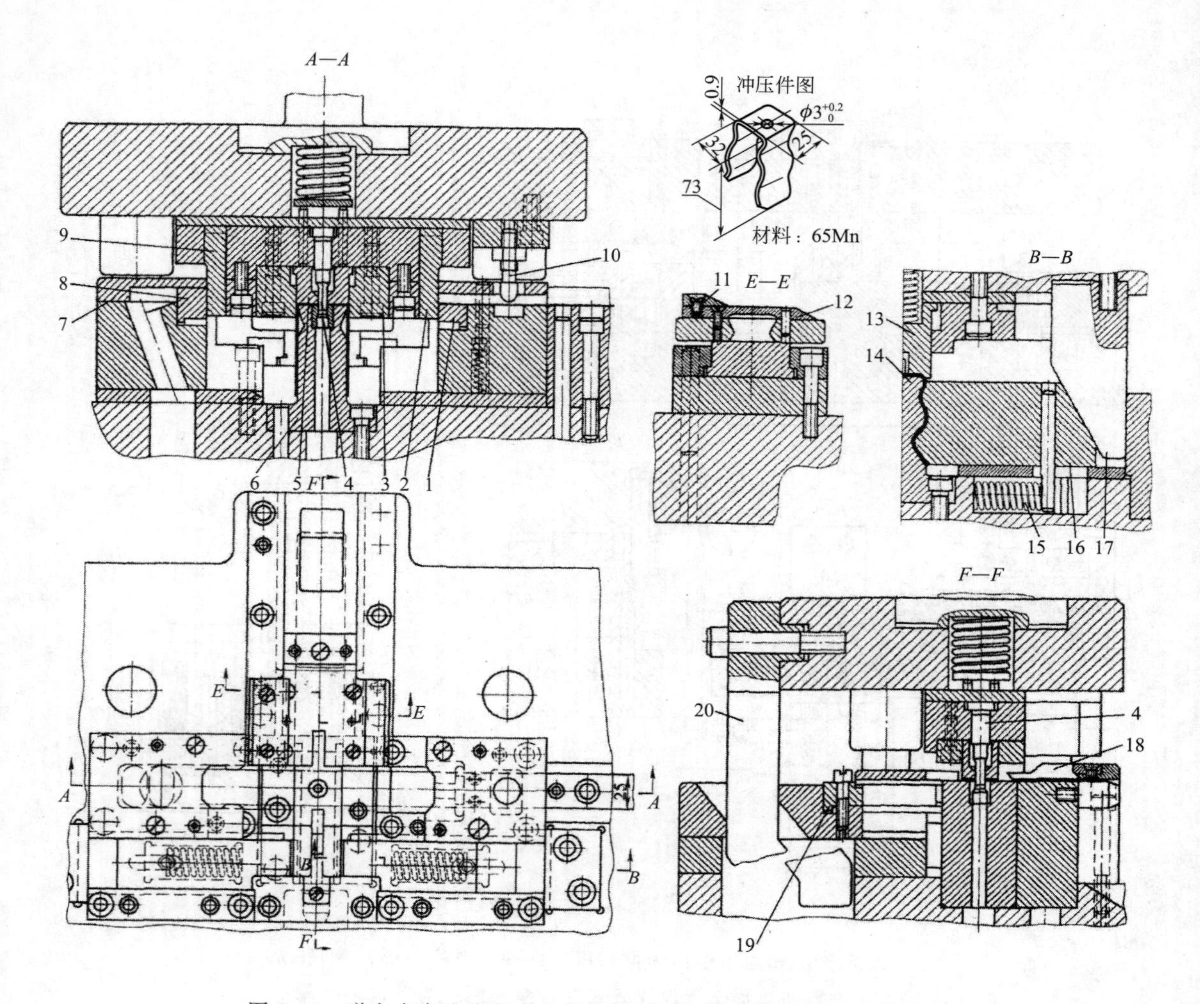

图 8-43　弹夹大弯边多向弯曲件滑动导向四导柱模架用三组楔传动装置的三工位连续式复合模实用结构形式

1—落料凹模镶块；2，9—落料凸模镶块；3—弯曲凹模；4—冲孔凸模；5—卸件器；6—凸凹模；7—固定卸料板；8—挡料块；10—可调校直凸模；11—固定板；12—楔滑块推板；13—弹压弯曲凸模；14—弯形模芯；15—弹簧；16—弯形楔滑块；17—单作用驱动楔；18—护件板；19—楔滑块；20—双作用楔

说明：使用标准的安装在压力机旁的通用送料装置，用多组楔传动机构实现同一套多工位连续模的自动送料、自动传递坯件、自动冲压、自动推件出模，从而实现冲压全过程自动化的多工位连续式复合模，应用广泛，在线使用日益增多，图 8-43 所示为典型实例之一。

通过以下楔及楔传动机构进行横向冲压、完成送料与推卸件出模的多工位连续模的应用实例，可以看出楔及楔传动机构的恰当的适用场合，以及在用多工位连续模冲制复杂与特殊形状立体形冲压件中和多工位连续模实现自动化方面的无可替代的作用。

大弯边、多向弯曲件用楔传动多工位连续模，如图 8-43 所示冲模就是用三组楔传动机构，对弯边高度达 73mm 并要多向弯曲的弹夹，进行自动冲压校直、落料、冲孔并弯⌈⌉形、成对楔驱动弯曲凹模相向弯波形的三工位连续式复合模。该模具采用料厚 $t=0.9$mm 的 60Mn 弹簧钢带，宽 $B=25_{-0.2}^{\ 0}$mm，用自动送料装置送料入模，落料冲孔并弯成⌈⌉形后，由双作用楔 20 构成的楔传动机构，通过楔滑块 19 上的推件板，将弯成⌈⌉形坯件传递到三工位弯芯 14 并到位。该弯芯两边各一组结构相同而对称的单作用驱动楔 17，头部带弯曲凹模的楔滑块 16，构成的两组楔传动机构，对⌈⌉形坯件同时冲弯波形。成品工件由后续⌈⌉形坯推出模。

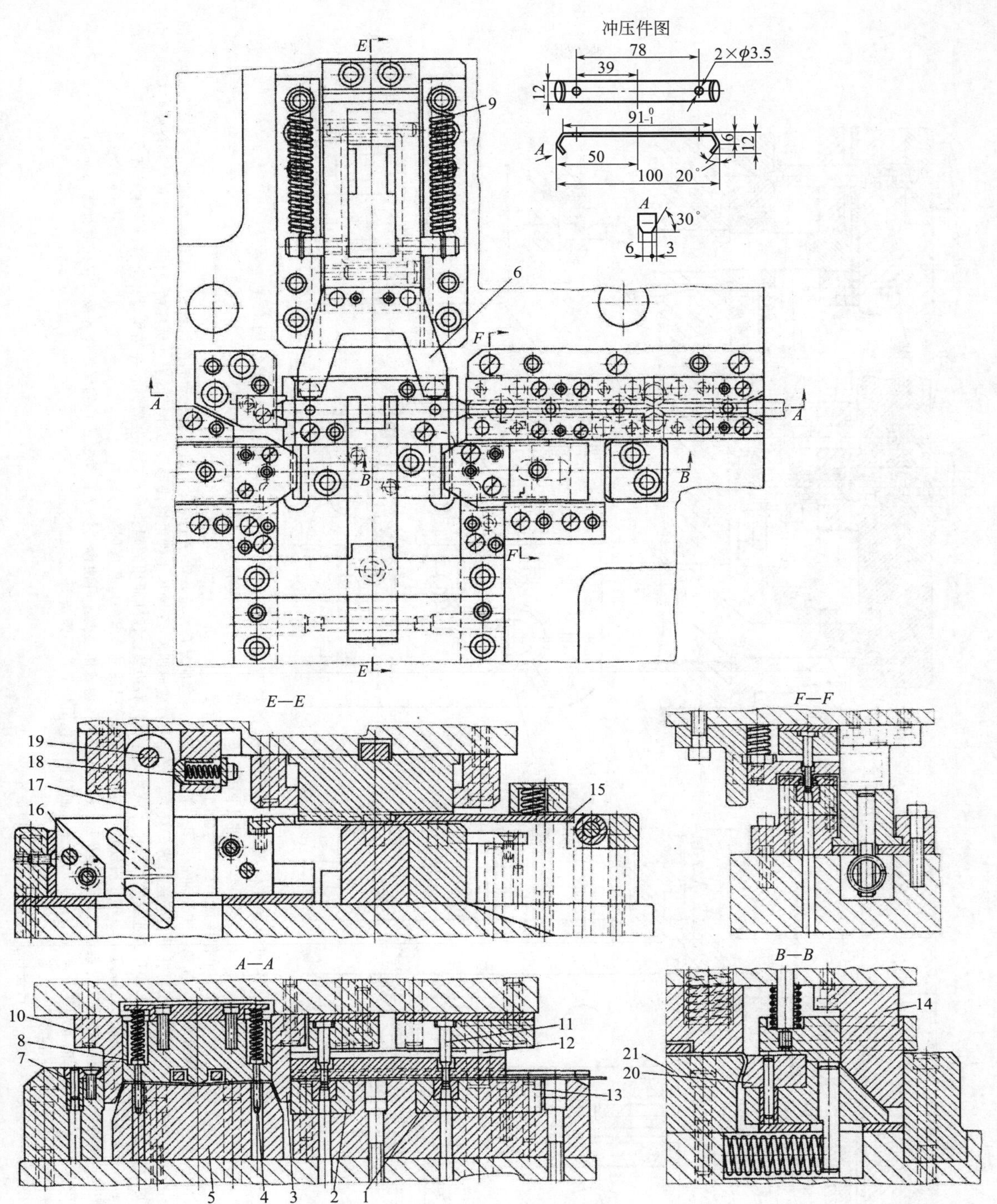

图 8-44　卡板滑动导向四导柱模架楔传动传递坯件横向楔传动冲弯成形三工位连续式复合模实用结构形式

1,2,20—凹模嵌件；3—切断弯形凸模；4—导正销；5—弯形下模；6—推件板；7—挡块；8—弯形芯；9—拉簧；10—弯形上模；11—冲孔凸模；12—切形凸模；13—销钉；14—楔；15—压料板；16—楔滑块；17—特种楔；18—弹顶销；19—转轴；21—凸模

说明：该冲模采用校直带料经自动送料装置，按规定节拍定量送料入模。带料宽$12_{-0.1}^{\ 0}$mm，第Ⅰ工位冲两个$\phi3.5$mm孔，第Ⅱ工位成形剪截落料并弯⊓形复合冲压。弯曲成形的坯件，由驱动特种楔17和滑块16、拉簧9及⊓形推件板6构成的推送传递系统，与压力机异步协调，在冲模回程至下一次冲压前，由推件板6推送坯件到横向弯曲工位，由对称于轴线布置的两组楔传动横向冲弯成形系统，相向弯曲成形，见B—B剖视图。

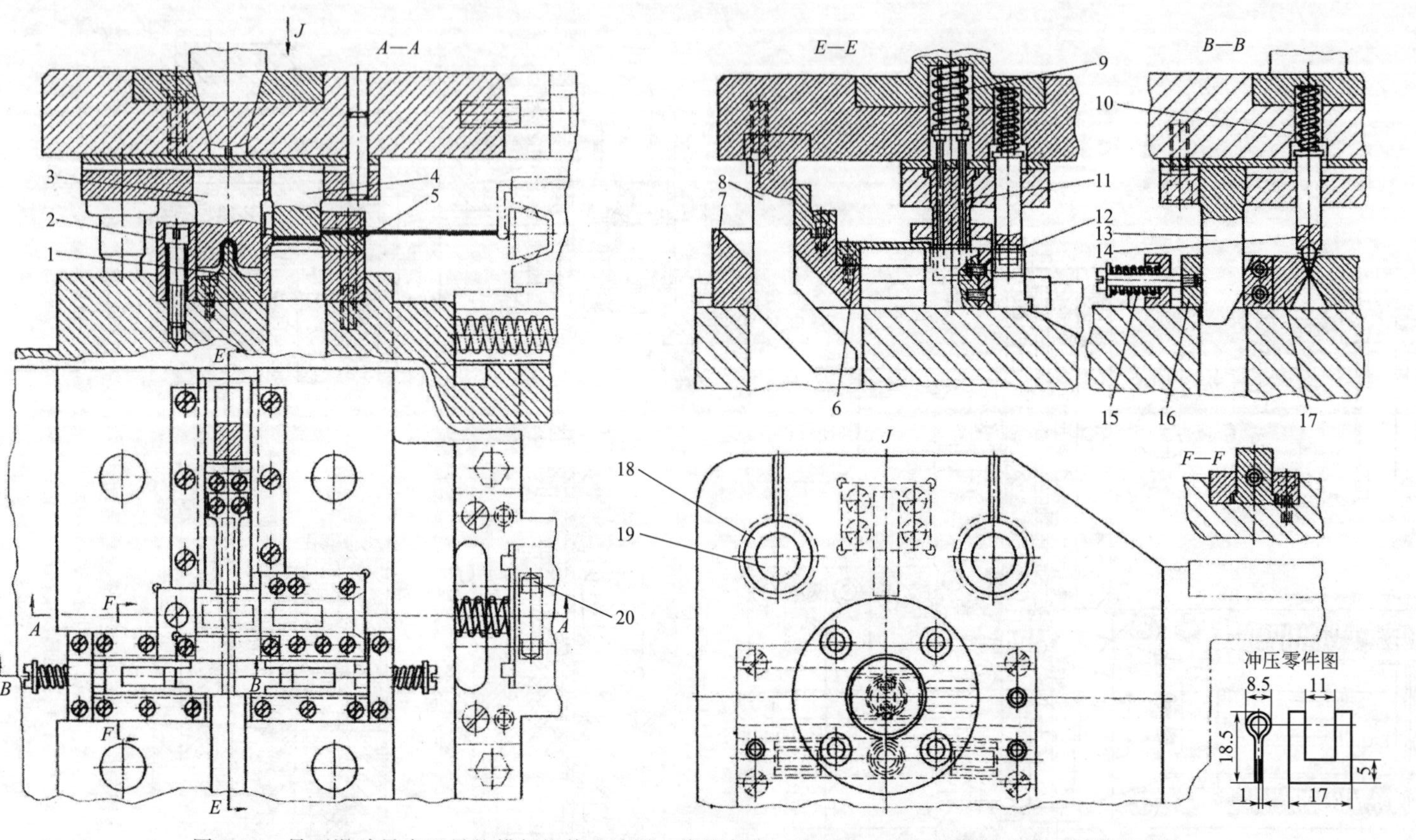

图 8-45 吊环滑动导向四导柱模架楔传动冲孔、落料弯曲、成形 3 工位连续式复合模实用结构形式

1,17—弯曲凸模；2—凹模；3—弯曲上模；4—冲孔凸模；5—冲孔凹模；6—推件板；7,16—楔滑块；8—双作用楔；9,10,15—弹簧；11—顶杆；12—弯芯；13—单作用楔；14—弯曲凹模；18—导套；19—导柱；20—夹滚式送料装置

说明：图 8-45 所示吊环冲压件三工位连续复合模，其第一工位冲矩形孔，第二工位落料弯曲复合冲压，第三工位是由斜楔 8 驱动的送料系统，通过推件板 6 将第二工位弯形的工件沿弯芯 12 推动到位后，用两套斜楔 13 传动机构相对并垂直于送料方向施力，推动一对成形凹模 17 冲压工件最终成形。该冲模既有连续模的动作特点，又有复合模的功能。由于第二到第三工位是工件从原材料上分离下来另外成形，称为连续式复合模。该冲模除在其右边装设标准通用的辊式自动送料装置外，在结构设计上有以下主要特点：

①考虑 65Mn 弹簧钢带的自然轧制拱弧及回弹大的特点，在弯形前校直带料，并考虑可以适当给出一定预弯回弹补偿量。

②落料、弯⎾⏋形复合冲压工位旁装有楔传动推送工件系统，见剖视图 E—E。其中楔 8 为双作用楔，可使楔滑块 7 自动复位，确保坯件 8 按需要往复推送工件。

③用两组相同的单作用楔，承担工件的弯曲成形工作，见 B—B 剖视图。而这两组楔滑块复位靠弹簧 15 完成。

④弯芯 12 装在第三工位，推件板 6 沿弯芯运动。

⑤采用滑动导向四导柱模架，刚度大、不变形，可保证冲模长期连续平稳运作。

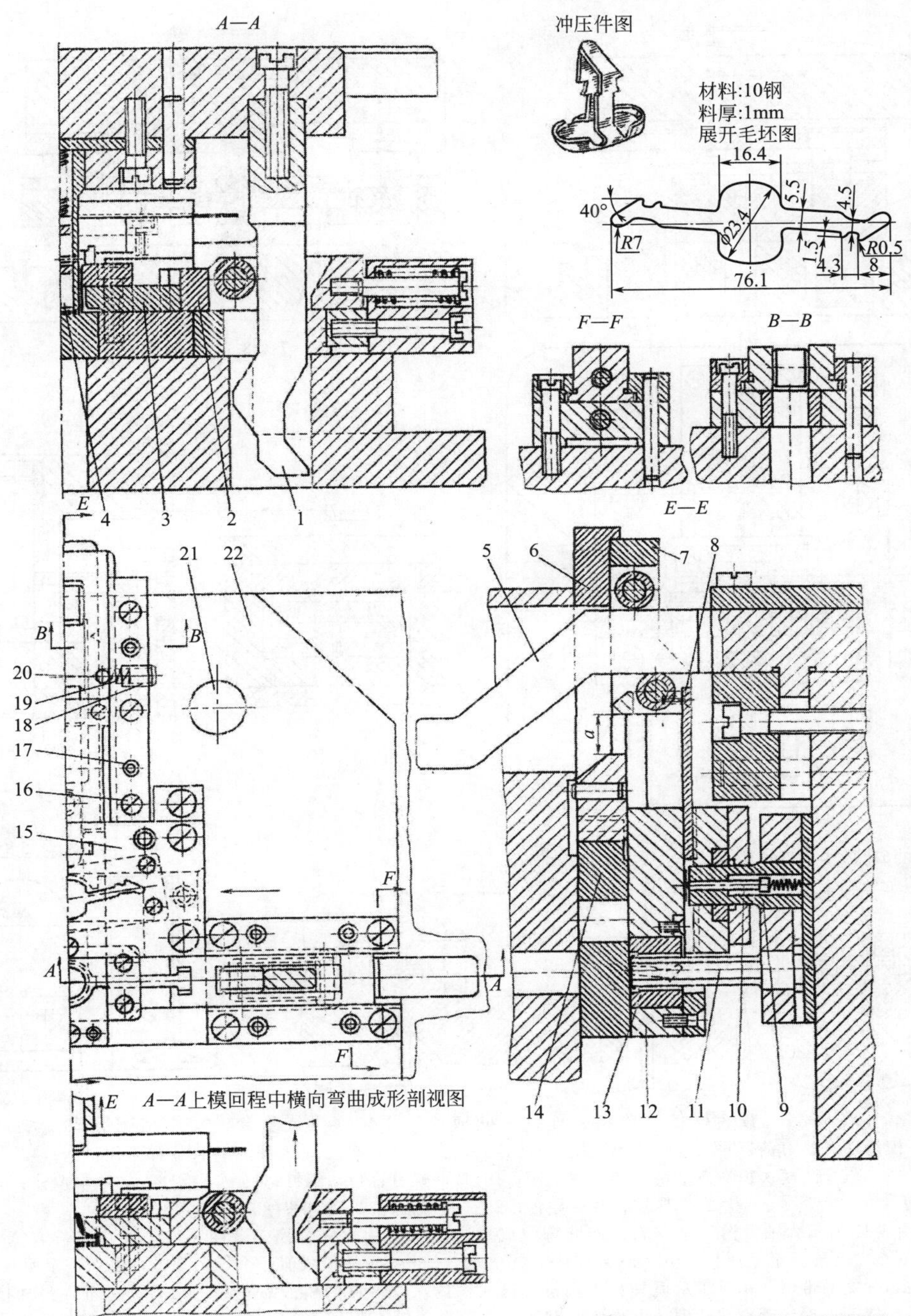

图 8-46　框架楔传动多向弯曲并传递毛坯的二工位连续式复合模实用结构形式

1—斜楔；2,6,14—楔滑块；3—弯形凸模；4—拉深凸模；5—送料楔；7—滚轮架；8—推板；9—落料凸模；10—弹顶销；11—拉深弯形凸模；12—凹模框；13—凹模嵌件；15—导料板；16—螺钉；17—销钉；18—螺塞；19—弹簧；20—钢珠；21—导柱、导套；22—上、下模

说明：该冲模的运作过程如下：

带料从箭头指示入料口送入，在第Ⅰ工位整体落料，由落料凸模 9 及匹配凹模实施，并由凸模将落料平毛坯推出凹模底孔，由弹顶销 10 将落料平毛坯顶离凸模压在拉深凹模表面平板上，当上模回程上升时，楔 5 推动装在推板 8 的滑块，将平毛坯向右推动一段距离，达到拉深工位，凸模 11 下行拉深弯形，见图中 E—E 剖视图。在第Ⅱ工位的连续多向、多弯角的弯曲成形，采用多角斜楔轴对称布置两组，同时相向弯曲，最终成形。斜楔 1 匹配楔滑块 2 上装有台阶式弯形凸模 3。其弯曲行程就是楔滑块 2 的工作过程。楔角形状、大小及行程控制着楔滑块动作及行程。因此，可根据弯曲件弯角形状、弯曲方向及弯边尺寸，计算出弯角大小及需要的弯曲行程。用这些基本参数设计楔及楔传动机构。

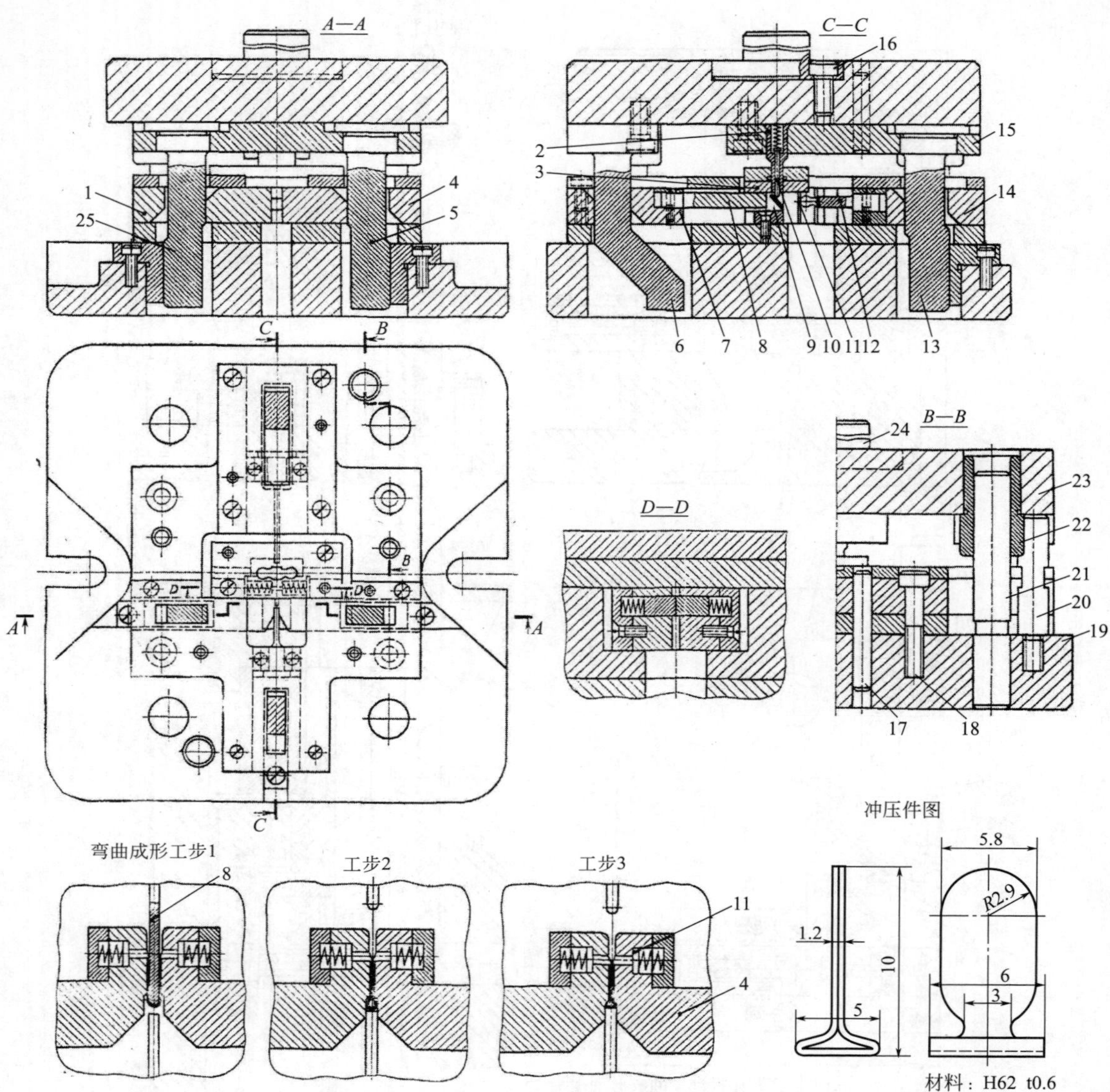

图 8-47　锁舌楔传动落料、连续弯曲成形二工位连续式复合模实用结构形式

1,4,7—楔滑块；2—落料凸模；3—落料凹模；5,6,13—斜楔；8—推板；9—平板；10—弹压顶料销；11—顶板；12—压弯凸模；14—楔滑块；15—固定板；16,18—螺钉；17—销钉；19—下模座；20—限位柱；21—导柱；22—导套；23—上模座；24—模柄；25—楔

说明：图 8-47 所示为锁舌楔传动落料、连续弯曲成形二工位连续式复合模。该冲压件尺寸小，长×宽＝10mm×6mm，形状复杂。其展开平毛坯长×宽×厚＝30mm×6mm×0.6mm，外形相似一个蝶形螺母，更像一个两头圆的榔头。该冲压件用 8mm 宽的带料，用手工从模具右边入料口送入模内，以落料凹模最靠左边的刃口为基准，另加搭边或料头 1～2mm，进行展开平毛坯落料。凸模 2 内装弹顶销 10，将落料获得的平毛坯，从落料凹模洞口推出凹模，并由装在楔滑块 7 上的推板 8 在顶板 11 作用下进入连续弯曲工步。从剖视图 C—C 可以看出，斜楔 6 推动与其匹配的楔滑块 7 上的推板 8，将推出凹模的平毛坯先弯成 U 形。经 3 个弯曲工步，从图右下方所示弯曲成形工步 1 至 3，可以看出，相同两组由楔 5 和匹配的楔滑块 4 构成的楔传动机构，同时驱动楔滑块 1 和 4 相向冲弯，将 U 形弯坯闭合成 T 形。而楔 13 及与其匹配的楔滑块 14 构成的楔传动机构，在楔滑块 14 上装有压弯凸模 12，会及时顶住 U 形坯圆弧底，使其成为平底成形。

该冲模的结构特点如下：

①采用滑动导向四导柱加厚钢模座、加粗导柱、导套的非标准加强型模架，使其具有抗偏载、平稳运作的能力。

②安装限位柱 20，控制上模下行位置和冲压行程。

③利用楔传动机构进行横向冲压需要模架具有承受横向载荷的能力或具有平衡横向力（侧向力）的机构与装置，保证冲模平稳运行。斜楔 5 与楔 25 两组楔传动机构，虽都进行水平施力横向冲压，但两者布局对称，同时施力相向冲压，故横向冲压力可得以平衡。

第9章 推荐实用与创新冲模典型结构

9.1 镶拼结构冲模

9.1.1 设计和采用镶拼结构冲模的前提

目前国内制造冲模普遍采用电火花线切割和电火花成形，用镶拼结构冲模较少。线切割可在淬硬模板后切割模孔，且可一次切割细小模孔，不用拼组模板。但是，采用精密磨削法加工的凸、凹模，表面粗糙度值 Ra 可达 $0.025\mu m$，通常为 $Ra\leqslant0.1\sim0.05\mu m$；而电火花线切割加工的凸、凹模表面粗糙度 Ra 仅可达 $0.4\mu m$，一般 $Ra\geqslant1.0\sim2.0\mu m$。前者加工的模具工作零件精度更高，质量更好，寿命更高。因此，用精密磨削制模工艺为主的镶拼结构仍然是高精度、高寿命、高效率冲模的首选结构形式。

在下述一些场合采用镶拼结构冲模：

① 冲裁件具有复杂的外廓或小而很复杂的异形孔：对整体凹模板、导板或凸模固定板等，用线切割或电火花穿孔等加工模孔、刃口表面粗糙度达不到要求的 Ra 值；采用机械加工，异型孔内壁及细小沟槽处刃口研磨抛光困难，只能用镶拼组合结构提高其制模工艺性。

② 对多工位连续冲裁模的凹模加工，欲获取更高尺寸精度和更小的表面粗糙度，以进一步提高冲压精度，获得优质冲压件与更高的冲模寿命。

③ 冲模工作零件（即凸模、凹模）制造尺寸公差$\leqslant\pm0.005$mm，或凹模诸工位中心距公差$\leqslant\pm0.003$，电加工包括电火花成形或线切割达不到要求，制造的冲模质量没有保证；欲冲裁的形状为没有或有很小的过渡圆角半径，凹模洞口为垂直壁且公差极小，而表面粗糙度要求 $Ra\leqslant0.4\mu m$ 等。

④ 为了使冲模易损工作零件更换迅速而方便，确保凹模或凸模不因局部易磨损而整体报废。

⑤ 为了节省优质而昂贵的模具钢，对于大尺寸凸模、凹模采用镶拼组合结构。

⑥ 为了节省制模与修模工时，缩短制模与修模周期。

⑦ 受现场制模与修理设备或制模技术水平的制约，必须采用镶拼结构措施，以方便制模与修模。

9.1.2 镶拼结构冲模的实用典型结构（图9-1～图9-4）

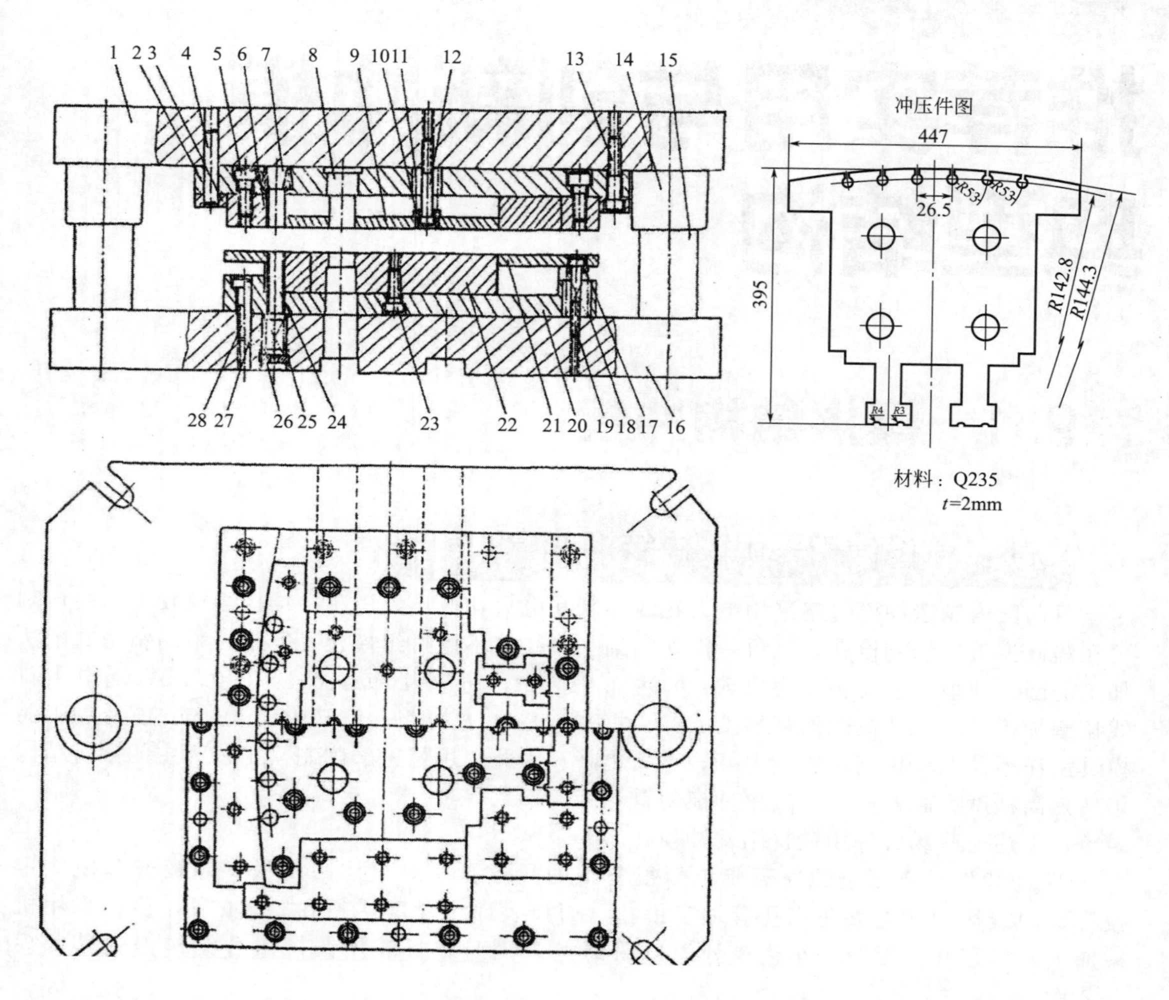

图9-1 止口式大型磁极片滑动导向中间导柱钢板模座加强型非标准模架冲孔、落料复合冲裁模

1—上模座；2—上模固定板；3—凹模热套圈；4,27—圆柱销；5,12,13,19,23,28—内六角螺钉；6—凹模拼块；7—阻尼孔凸模；8—圆凸模；9—卸料板；10,17—镶套；11,18,25—弹簧；14—导套；15—导柱；16—下模座；20—凸模固定板；21—凸模顶板；22—凸模拼块；24—阻尼孔顶杆；26—压紧螺母

说明：该冲模为水轮发电机转子磁极冲片冲模。凸模由四块拼成，嵌入在凸模固定板内用螺钉固定。凹模由七块拼成，外形加热套圈：铆钉孔与阻尼孔凸模固定在凹模固定板上。铆钉孔废料从模座掉下，阻尼孔废料与外形废料相连，采用卸料板顶出凸模。凸模与凹模都采用碳弹簧卸料。

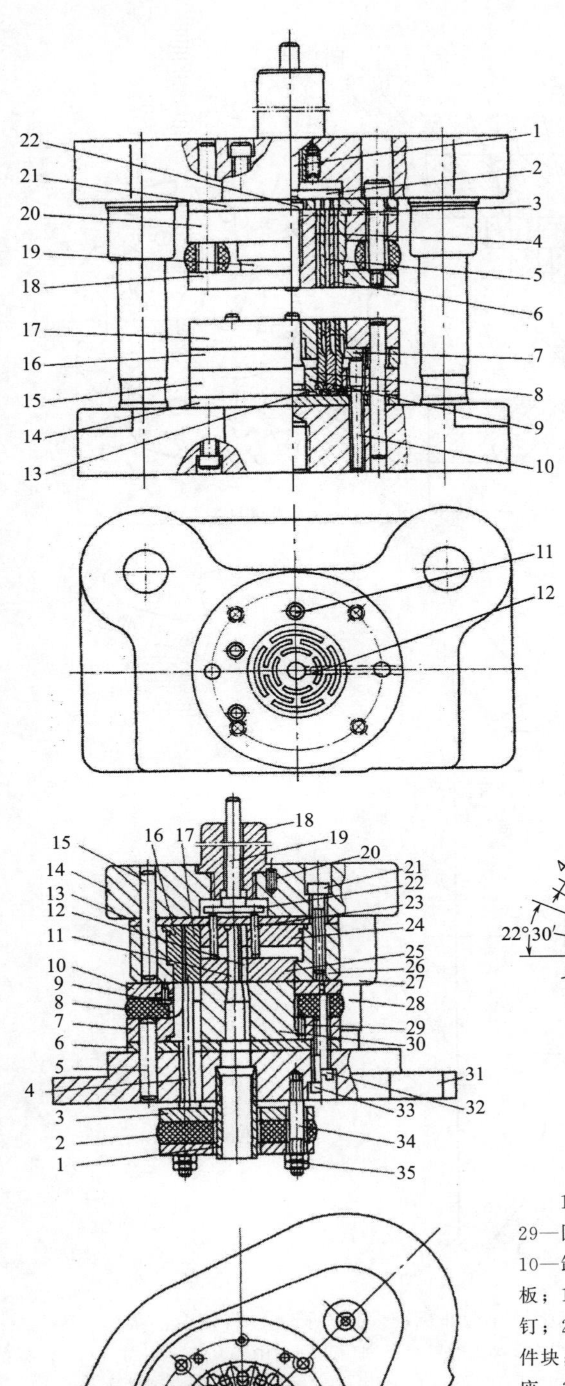

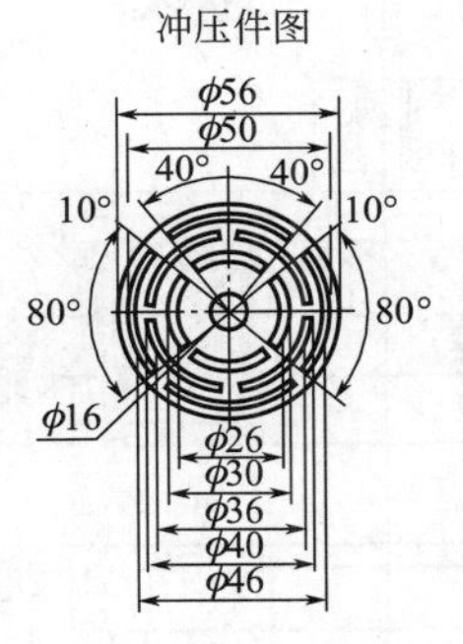

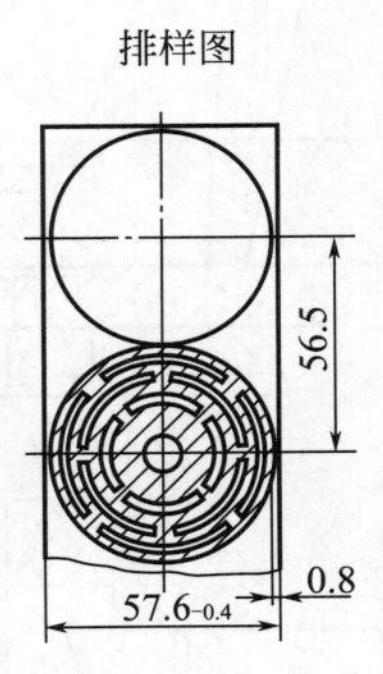

材料：铜板　厚0.5mm

图 9-2　控制盘滑动导向后侧导柱模架弹压卸料顺装式复合冲裁模

1—打杆；2—打板；3,12—键销；4～6,22—打料杆；7—顶料块；8—镶拼下凸模；9—衬套；10—顶杆；11—定位钉；13—凸模；14—下垫板；15—下固定板；16—中间垫板；17—凹模；18—卸料板；19—镶拼凸模；20—上固定板；21—上垫板

说明：该模具结构形式适用于冲制带有多槽孔的圆形工件。为了便于加工，凸模与凹模均采用套筒式镶合，并以键销定位。

冲压零件图

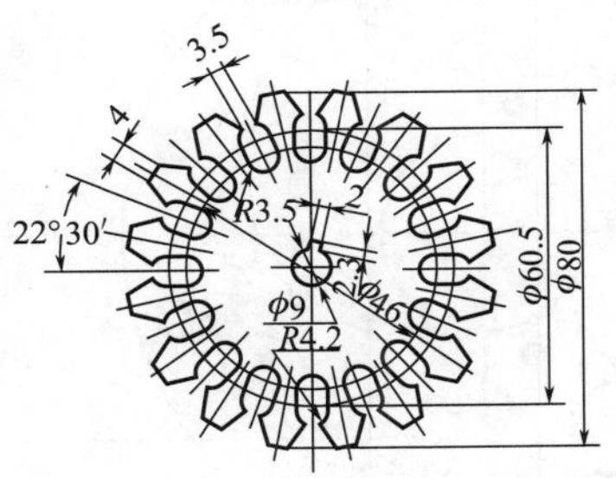

材料：硅钢板，t=0.35mm

图 9-3　转子片倒装式镶拼结构复合冲裁模

1—漏料管；2,8—橡胶体；3—托板；4—顶料杆；5,15,23,29—圆柱销；6—下垫板；7—凸凹模固定板；9—活动挡料销；10—卸料板；11—凸模；12—凸模拼块；13—上垫板；14—上模板；16,17—凹模拼块；18—模柄；19—推杆；20—锥端紧固螺钉；21,33—内六角螺钉；22—推件板；24—凸模固定板；25—推件块；26—凹模；27—导套；28—导柱；30—凸凹模；31—下模座；32—卸料螺钉；34—缓冲器拉杆；35—六角螺母

说明：图 9-3 所示为转子片倒装式镶拼结构复合冲裁模。为了避免由于凹模强度不够而损坏提前失效，同时为便于制模，在凸模固定板 24 上镶嵌了凹模拼块 16、17。这样凹模 26 内形仅是个圆，制造方便。固定板 24 嵌在凹模内，目的是让拼块 16、17 与凹模有良好配合。为了使卸料板 10 便于制造，增加了 16 个顶料杆 4，由橡胶体 2 和托板 3 使其顶料。卸料板内形仅是一个圆。

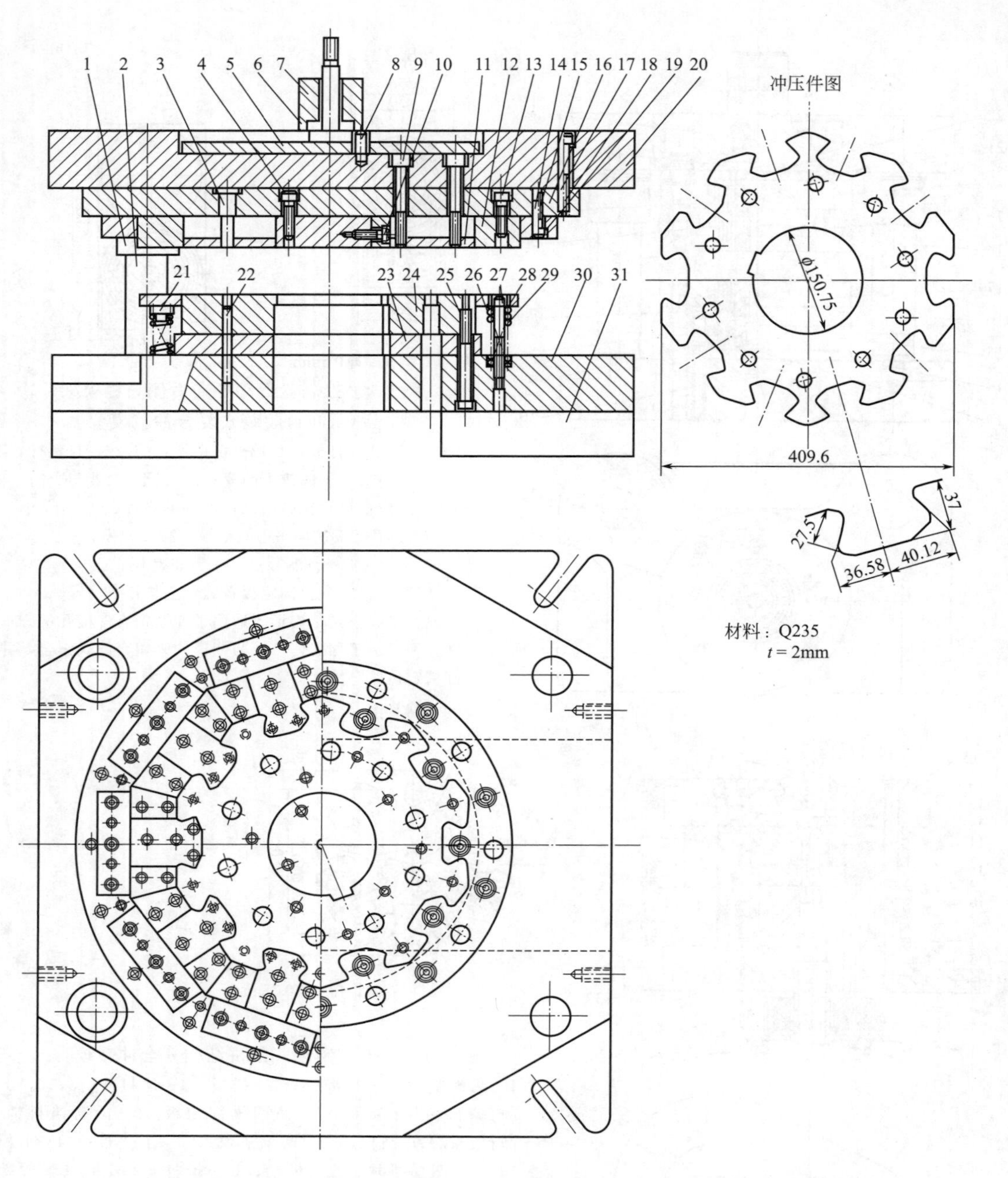

图 9-4　水轮发电机磁轭片滑动导向四导柱钢板模座加强型非标准模架冲孔、落料复合冲裁模

1—导套；2—导柱；3—圆凸模；4,9,10,13,15,18,25,27—内六角螺钉；5—打板；6—中心套筒；7—打杆；8—顶销；11—卸料板；12—凹模；14,17,22—圆柱销；16—固定板；19—挡块；20—上模座；21—弹簧座；23—垫板；24—凸模；26—顶板；28—套管；29—压缩弹簧；30—下模座；31—垫块

说明：本型冲模为冲制发电机磁轭片的复式冲模。由于冲件材料较厚（2mm）外形较大，故凹模采用拼合结构。凸模是整块，采用电火花加工。上模工件推出采用打料装置，下模卸料用弹簧装置，10 只小圆孔废料往下掉出。顶销 8 用来加强上模座的强度。

原磁轭片为 4.5mm 须分几次冲成，冲制后经过压装，还要钳工修整鸽尾槽，而轴孔与键槽还要机械加工，现在采用此种结构，磁轭片可以一次冲成，压装后不必再加工修整，同时还可以提高产品质量和生产效率。

9.2 型材剪截与冲裁用冲模实用典型结构（图 9-5～图 9-15）

9.2.1 细长杆料切断模实用结构形式Ⅰ型

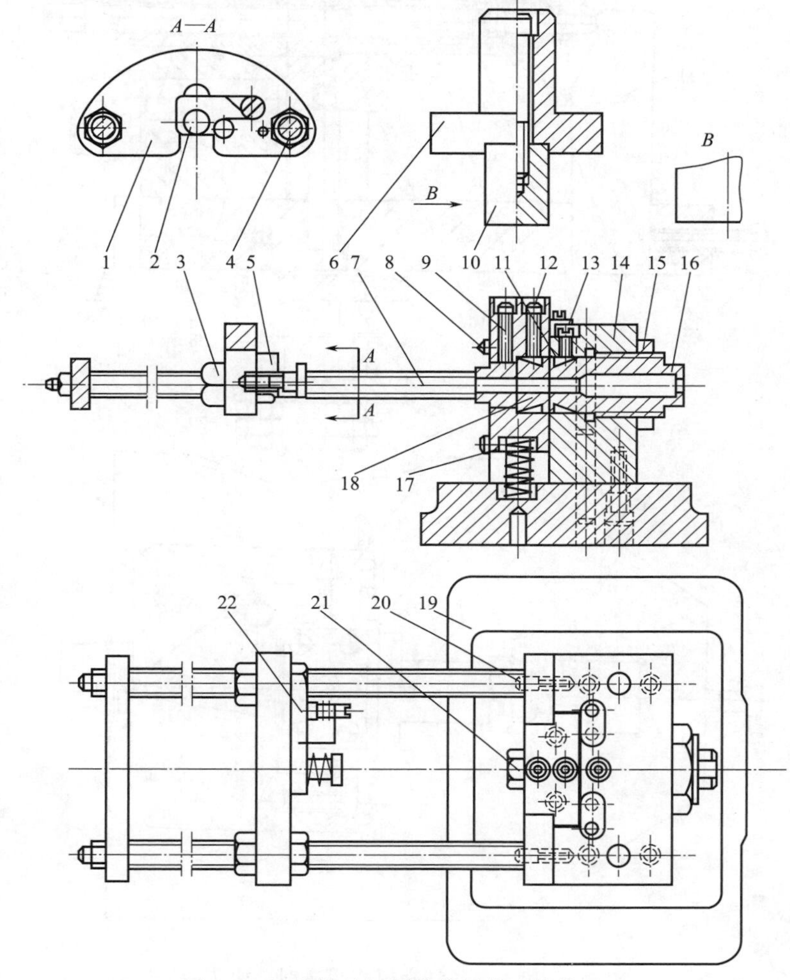

图 9-5　细长棒料切断模实用典型结构Ⅰ型

1—挡料支架；2—挡料器；3—调整螺母；4—螺杆；5—挡料固定板；6—模柄；7—螺杆；8—活动刃口滑块；9,12,13,20—螺钉；10—上模；11—凹模；14—固定刃口模框；15—固定螺母；16—调整套管；17—弹簧；18—活动刃口；19—下模座；21—套管；22—挡料器固定板

说明：图 9-5 所示为直径 d＝5～20mm 较细棒（杆）剪截较长段料所用的切断模。其切断的基本方法是采用成对圆环形刃口，一个固定，一个活动，将切断杆（棒）料插入两个圆环刃口后，沿径向对活动刃口施压，使两个刃口沿冲压方向相对错移，实现剪断。

该模具也可用于方形、六角形及分角形棒（杆）料的切断。为减小切断料棒的压力和所需冲压设备吨位，并提高冲模寿命，降低冲压噪声，建议剪断棒料的最大直径 d_{max}≤15mm，方形和六角形、八角形棒料也按与 d_{max}相当断面积尺寸控制。再大一点的棒料可用更大的切断模Ⅱ型实施。

9.2.2 短粗棒料切断模实用结构形式Ⅱ型

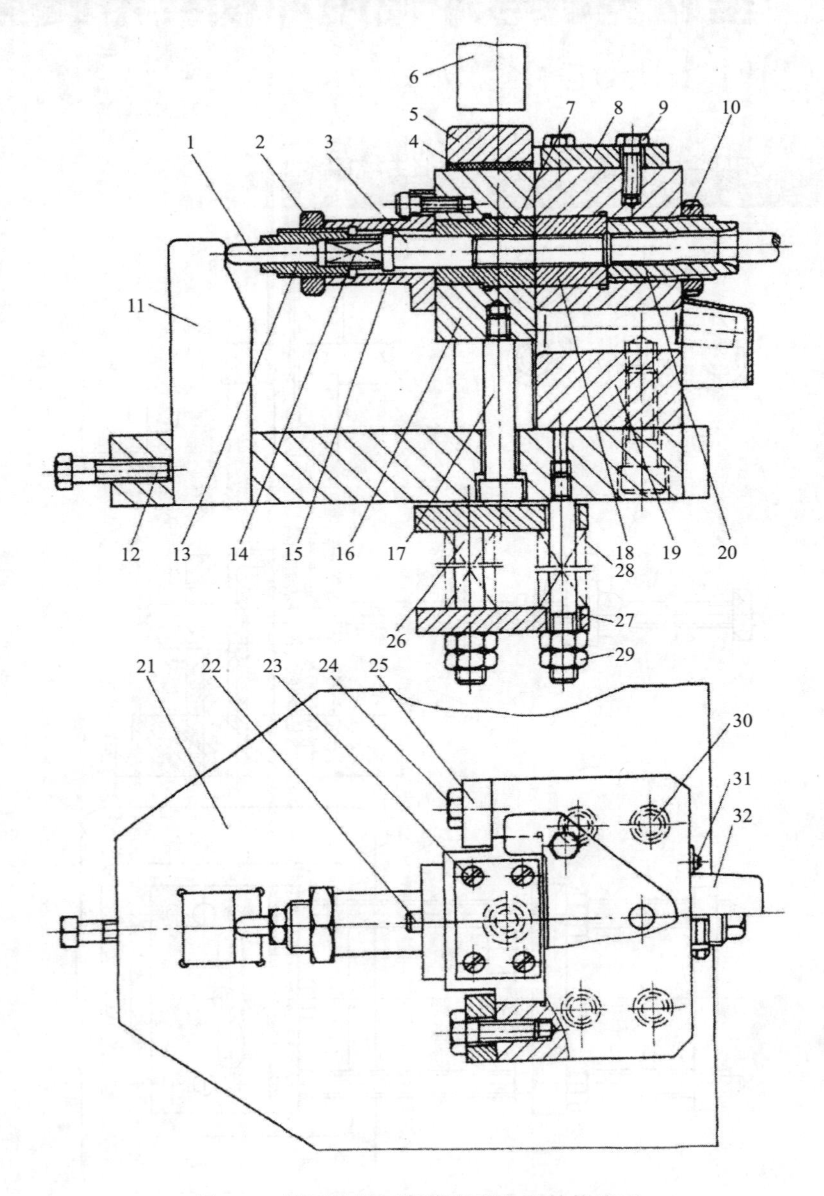

图 9-6 粗短棒料切断模实用典型结构Ⅱ型

1—推杆；2,10,29—螺母；3—顶杆；4—橡胶；5—垫板；6—上模；7—活动切刀；8—顶板；9,12,22～24,30,31—螺钉；11—斜楔；13—调整套；14,28—弹簧；15—套筒；16—滑块；17—卸料螺钉；18—固定切刀；19—立柱；20—调整螺管；21—底板；25—压条；26—螺栓；27—托板；32—罩

说明：该模具适宜切断 $\phi10$～$\phi25$mm 棒料成 $\frac{3}{4}d$ 较短棒料段。一固定切刀 18 紧固在立柱 19 内，并由调整螺管 20 调整其前后位置，以达到合理的剪切间隙（特别是刃磨后）。活动切刀 7 装在滑块 16 内，滑块可以沿立柱上下滑动，平时被弹顶器顶起，使两切刀对齐。棒料送入，靠顶杆 3 挡料，上模 6 下行压住滑块即进行切料。同时，推杆 1 与斜楔 11 的斜面接触，弹簧 14 被压缩。当滑块被压至活动切刀与立柱下面的通孔对齐时，弹簧 14 通过顶杆 3 便把切断的棒料弹出。随后滑块由弹顶器复位。

9.2.3 角钢剪截和冲裁模的类型及结构

(1) 无导向敞开式简易角钢剪截模

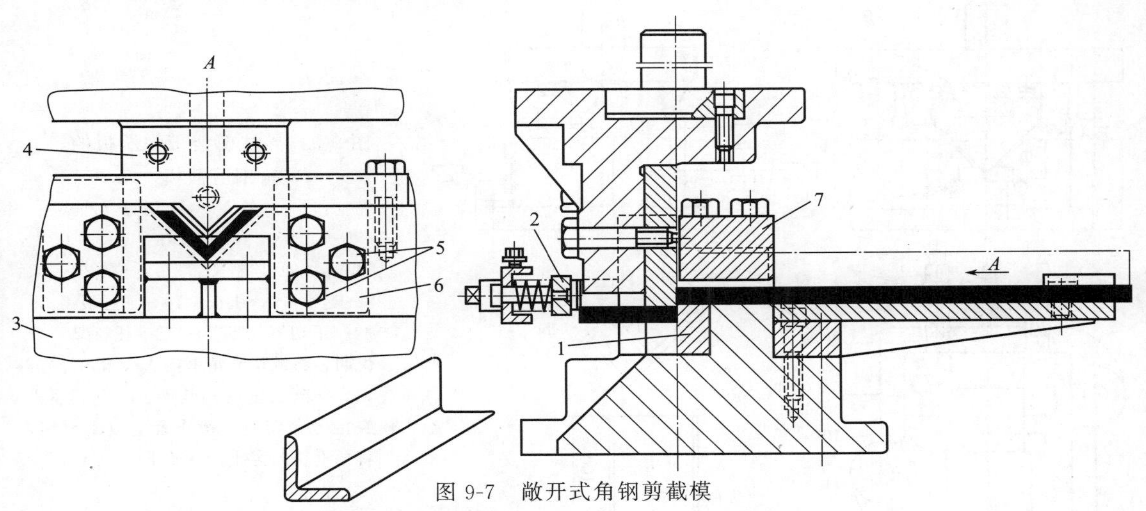

图 9-7 敞开式角钢剪截模

1—凹模；2—螺母；3—下模；4—上模；5—螺钉；6—导向块；7—夹紧块

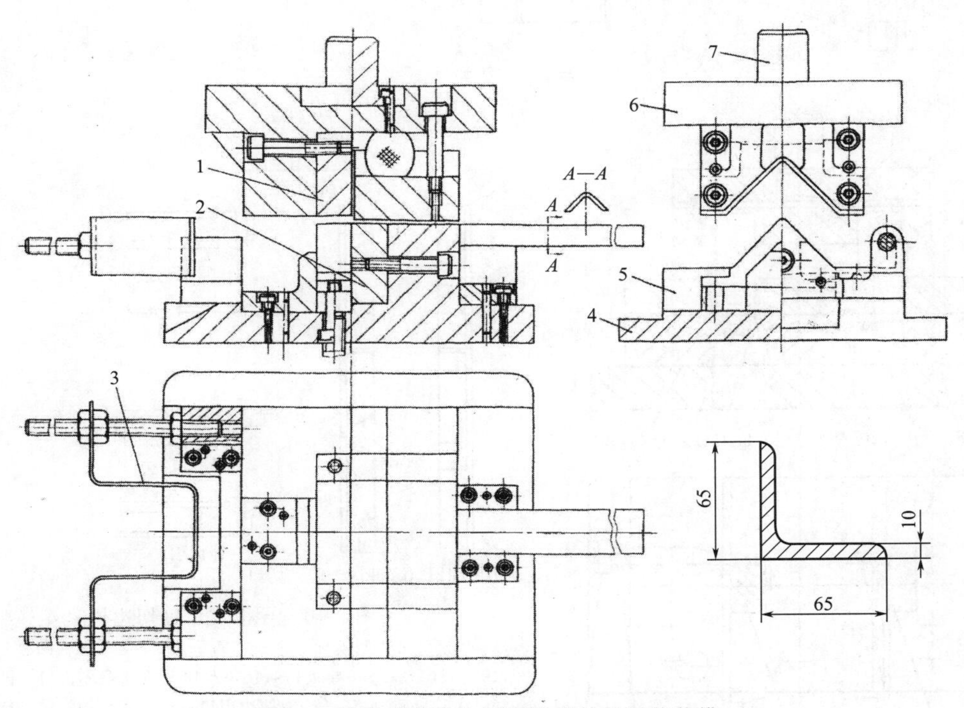

图 9-8 敞开式用弹性压料装置的角钢剪截模

1—上模凹形刃口；2—下模凸形刃口；3—可调挡料定位器；4—下模座；5—固定夹爪；6—上模座；7—模柄

(2) 有导向装置的角钢剪截与冲裁模

图 9-9 所示为对角导柱模架装弹压板的角钢剪截模。在线使用该冲模可以用于 100mm×100mm×10mm 角钢的剪截。由于用导柱模架支承，模具整体刚度很好。当剪截厚度 $t \geqslant 8$mm 的角钢时，应采用加厚上、下模座的导柱模架。该模具可用于各种直角形角型材的切断。使用时，通

过调节挡料架 6，可以切断 80～1100mm 以内不等长度的角型材。使用时，要将切断的长型材沿托料架 12 及 V 形槽送至定位螺钉定位。上模下行，先由上弹压板 4 与下切刀（凹模）11、下压板 10 与上切刀（凸模）3 将坯件夹紧后，由上切刀（凸模）和下切刀（凹模）完成剪截切断工作。

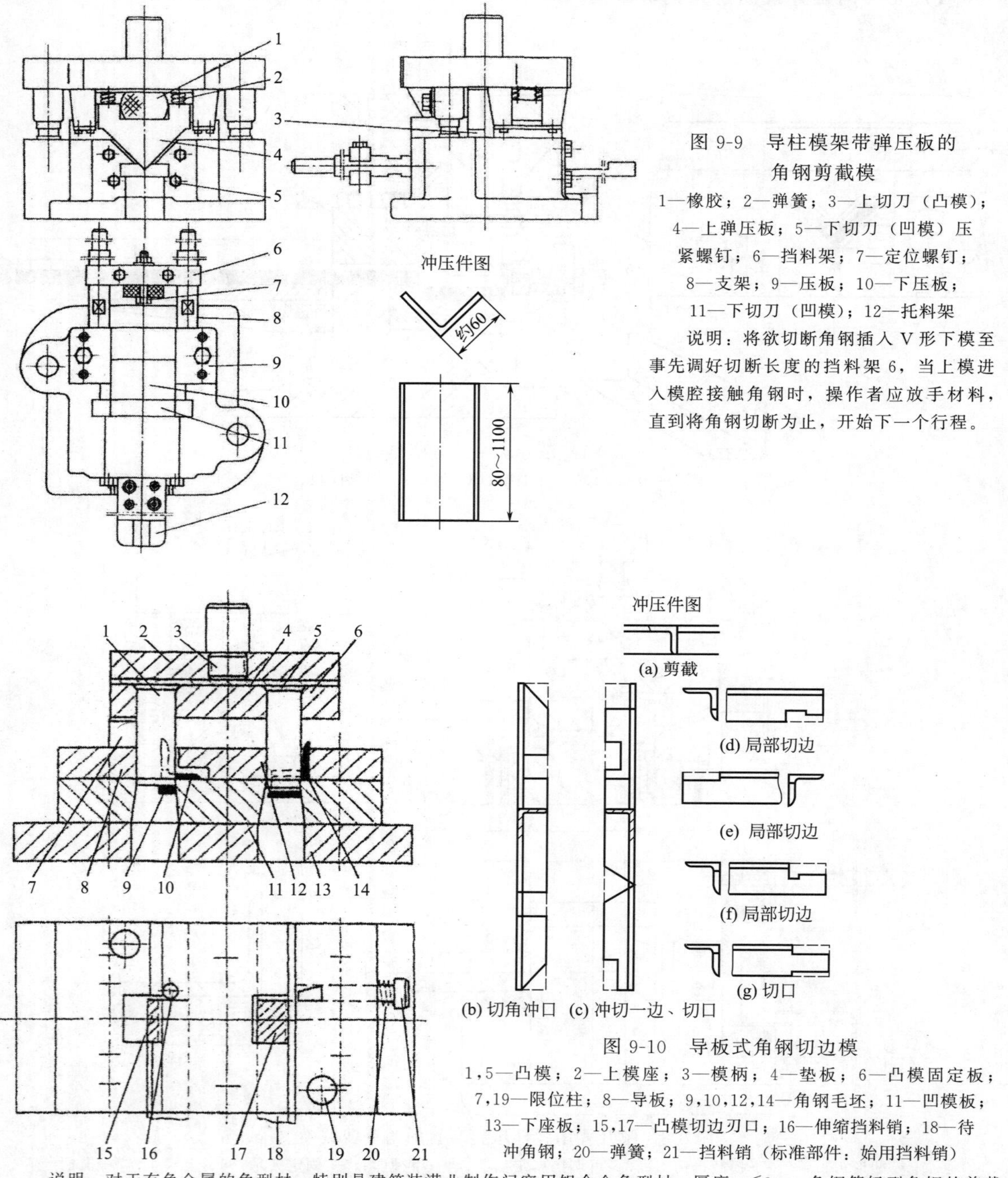

图 9-9　导柱模架带弹压板的角钢剪截模

1—橡胶；2—弹簧；3—上切刀（凸模）；4—上弹压板；5—下切刀（凹模）压紧螺钉；6—挡料架；7—定位螺钉；8—支架；9—压板；10—下压板；11—下切刀（凹模）；12—托料架

说明：将欲切断角钢插入 V 形下模至事先调好切断长度的挡料架 6，当上模进入模腔接触角钢时，操作者应放手材料，直到将角钢切断为止，开始下一个行程。

图 9-10　导板式角钢切边模

1,5—凸模；2—上模座；3—模柄；4—垫板；6—凸模固定板；7,19—限位柱；8—导板；9,10,12,14—角钢毛坯；11—凹模板；13—下座板；15,17—凸模切边刃口；16—伸缩挡料销；18—待冲角钢；20—弹簧；21—挡料销（标准部件：始用挡料销）

说明：对于有色金属的角型材，特别是建筑装潢业制作门窗用铝合金角型材，厚度 $t \leqslant 3$mm 角钢等轻型角钢的剪截及冲裁加工，采用如图 9-10 所示固定卸料导板式冲裁模，使用安全，噪声小，制造成本低而周期短，用料省，标准化程度高、结构简单，模体仅由 6 块模板构成，不使用导柱模架，而依靠导板，其凸模却有良好的导向性能。

使用该冲模在角钢上冲内边，要将坯件先插入冲模右边的入料孔中，后推冲模上的挡料销 21，挡住送入角钢坯件定位即可冲切。当第一次在右边入料孔内将角钢一边按要求长度全部冲切下来后，再抽出角钢坯件并立即向右转 90°后，插入冲模左边入料孔至伸缩挡料销 16 定位，即可完成内边冲切。

9.2.4 槽钢的剪截与冲裁加工用冲模的结构

(1) 槽钢的类型与剪截和冲裁加工的可行性

① 槽钢的类型　按照槽钢的生产工艺可将槽钢分为以下两大类：

a. 热轧普通槽钢，详见 GB/T 707—1988。该标准给定热轧普通槽钢高 h=50～300mm（就是槽宽）、腰厚 d=4.5～11.5mm、平均腿厚 t=7～13.5mm，总计有 41 个尺寸规格。

b. 冷弯槽钢，详见 GB/T 6723—2008《通用冷弯开口型钢》。该标准除给定了冷弯等边与不等边槽钢的标准尺寸规格外，还给出了冷弯等边槽钢、冷弯不等边槽钢、冷弯内卷槽钢、冷弯外卷边槽钢共计四种冷弯成形的槽钢。其中，冷弯等边槽钢，t=1.5～4mm、高（槽宽）H=20～2000mm，共 37 个规格；冷弯不等边槽钢，t=2.5～6mm、高（槽宽）H=40～150mm，有 15 个规格。而内外卷边槽钢，t=2.5～4mm、高（槽宽）H=40～400mm，有 37 个规格。

② 槽钢剪截与冲裁　切断槽钢大部采用氧气切割、片砂轮切断、弓锯或圆盘锯切断，在单件小批生产时，采用上述各种切断方法，甚至手工锯切，都是常见的切断方法。但除切削加工切断，包括弓锯机、圆盘锯机或铣削，切断尺寸与质量较好外，其余切断方法，不仅切缝损耗比锯切更大，质量也差，直接用作结构与承载零件，都要进行较多的后续加工，用图 9-11 所示槽钢切断模切断槽钢，可以达到优质高产、低消耗、不污染环境的效果。

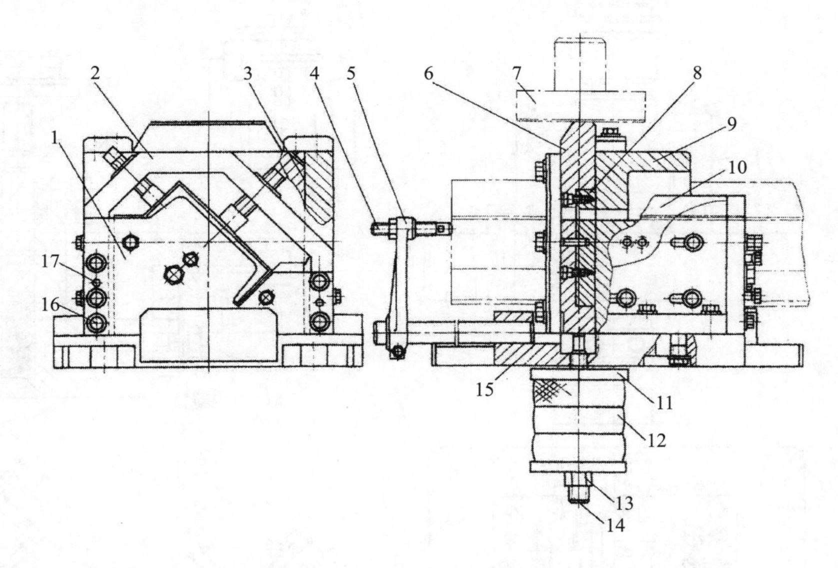

图 9-11　槽钢敞开式切断模

1—半敞开整体静模；2—夹紧支架；3—模座滑道；4—限位螺钉；5—定位装置；6—镶刃动模；7—冲头；8—镶块；9—模座；10—静模；11—托盘；12—橡胶体；13—螺母；14—拉杆；15—下模座；16—六角螺钉；17—销钉

说明：该冲模的基本切断方法是将槽钢扣在半开整体静模上，欲切断槽钢斜置 45°贴着静模（凸模）夹紧，适形动模（凹模）合模切断。即便槽钢斜置，切断行程依然较长。切断 20 号槽钢行程为 21mm。因此，切断要用更大吨位的压力机或采用大行程、允许有较大工作行程、承载能力强的摩擦压力机更适宜。

切断槽钢时，将槽钢从模具刃口中穿过至限位螺钉 4，用定位装置 5，将槽钢夹紧固定在静模 1 上。冲头 7 下行冲击镶刃动模 6，使其沿模座滑道 3 向下切断槽钢。动模靠下弹顶复位。

(2) 冷弯槽钢的剪截与冲裁（图 9-12）

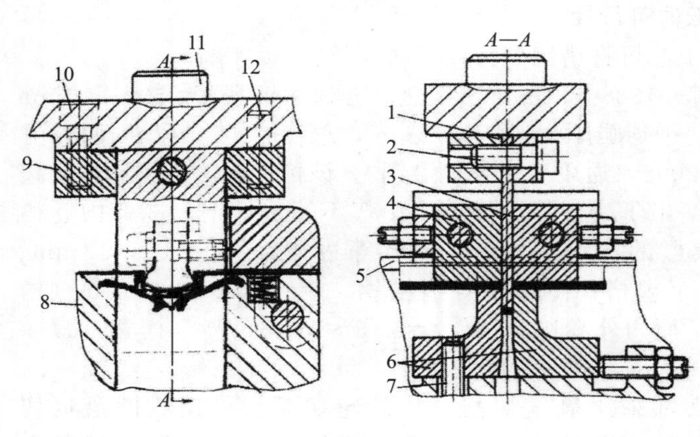

图 9-12 冷弯槽钢剪截模

1—固定夹板；2,7,10—螺钉；3—凸模（剪截刃片）；4—内凹模；5—挡料器；6—凹模；8—下模座；9—固定板；11—模柄；12—销钉

说明：可以把冷弯槽钢看做相同料厚、相同断面形状的金属薄板弯曲件：冷弯等边槽钢⊔与尺寸相同⊓形弯曲件，仅仅是弯边长度比槽钢为小，对冷弯等边槽钢的剪截与冲裁加工，可按相同断面形状的金属板料弯曲件考虑，冷弯槽钢虽远比这种弯曲件长，可按需要用剪截模在压力机上切断。同样道理，冷弯不等边槽钢亦可按不等边⊓形薄板弯曲件考虑剪截与冲裁加工。金属薄板冲制的_⊓_形弯曲件与冷弯外卷边_⊓_槽钢相同；金属薄板冲制的⊓形弯曲件与冷弯内卷边槽钢相同。所以，冷弯内外卷边槽钢也可按相同形状、相同料厚的弯曲件进行剪截与冲裁加工。图 9-12 是利用厚度与冷弯槽钢料厚相宜的尖头圆弧刃口的片状切刀，切刀厚一般取≥3t，不小于 3mm（t 为槽钢料厚），进行有缝剪截的冲模结构简图。

9.2.5 异形断面型材的剪截（图 9-13）

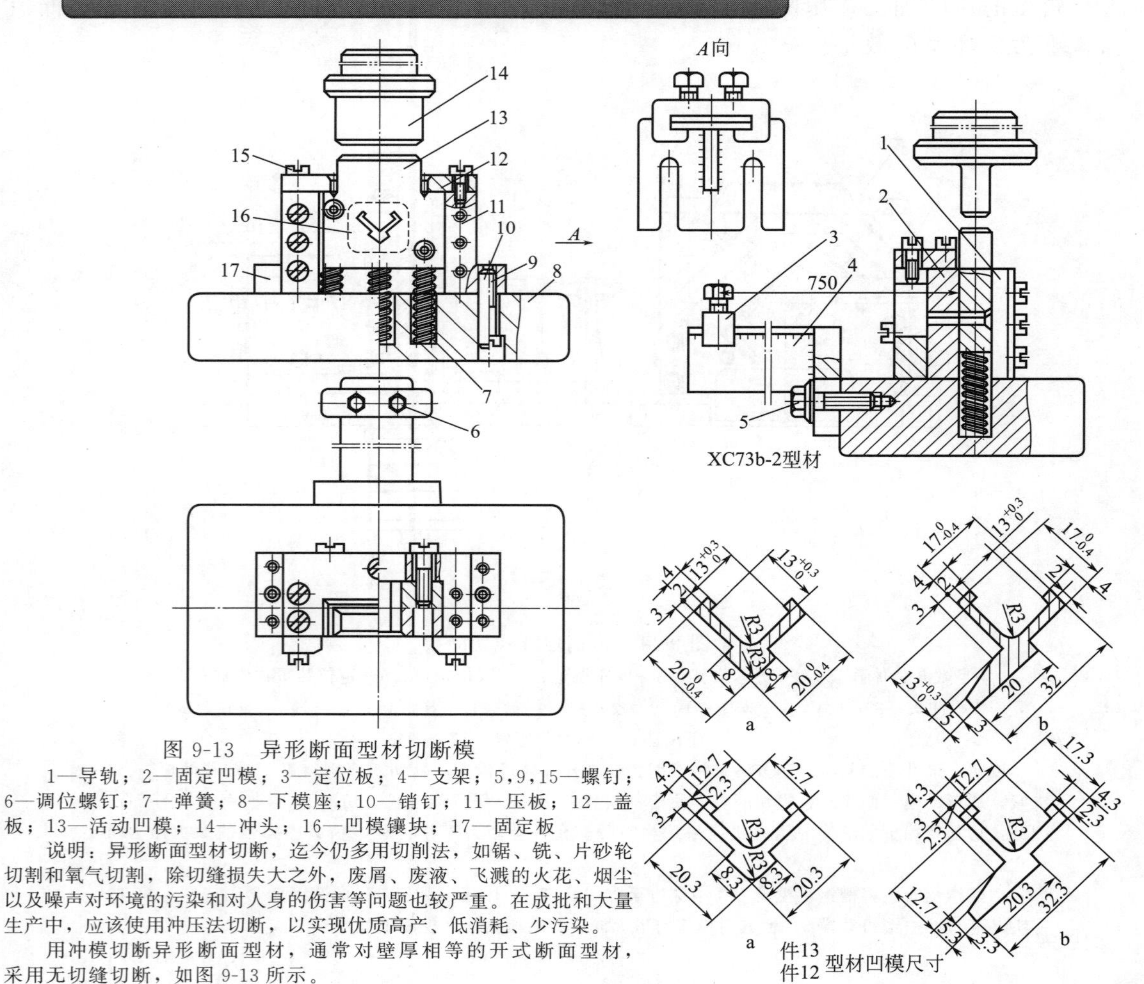

图 9-13 异形断面型材切断模

1—导轨；2—固定凹模；3—定位板；4—支架；5,9,15—螺钉；6—调位螺钉；7—弹簧；8—下模座；10—销钉；11—压板；12—盖板；13—活动凹模；14—冲头；16—凹模镶块；17—固定板

说明：异形断面型材切断，迄今仍多用切削法，如锯、铣、片砂轮切割和氧气切割，除切缝损失大之外，废屑、废液、飞溅的火花、烟尘以及噪声对环境的污染和对人身的伤害等问题也较严重。在成批和大量生产中，应该使用冲压法切断，以实现优质高产、低消耗、少污染。

用冲模切断异形断面型材，通常对壁厚相等的开式断面型材，采用无切缝切断，如图 9-13 所示。

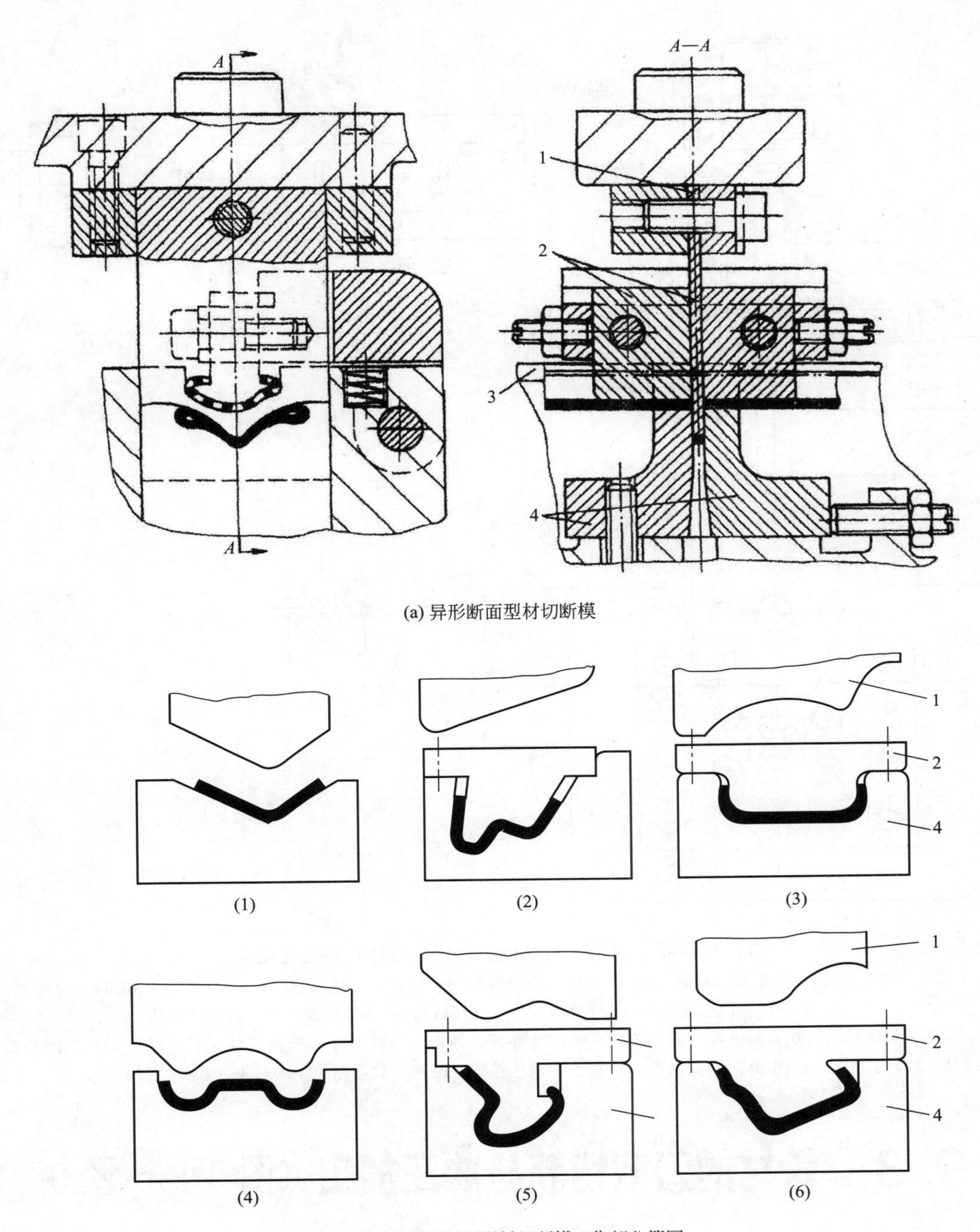

图 9-14　用有缝切断法切断异形断面型材切断模实用结构

1—凸模；2—内凹模；3—挡料器；4—外凹模

说明：对于一些断面形状简单，属于口大高度小的开式异形断面材料，可依其形状设计切断凸模和凹模切断刃口；对于一些形状复杂、口大肚小、垂直高度大的封闭异形断面型材，要设内凹模把悬空及旁凸部位支承起来，把垂直高度大的壁部用斜刃凸模逐点连续切断，减小冲裁力。设计凸模刃口必须与外形固定的凹模刃口匹配。

图 9-14 所示模具可将异形断面型钢按一定长度切断。对于不同异形断面型钢，模具工作部分的形状见图 9-14(b)。形状复杂的型钢，需要内凹模和外凹模。

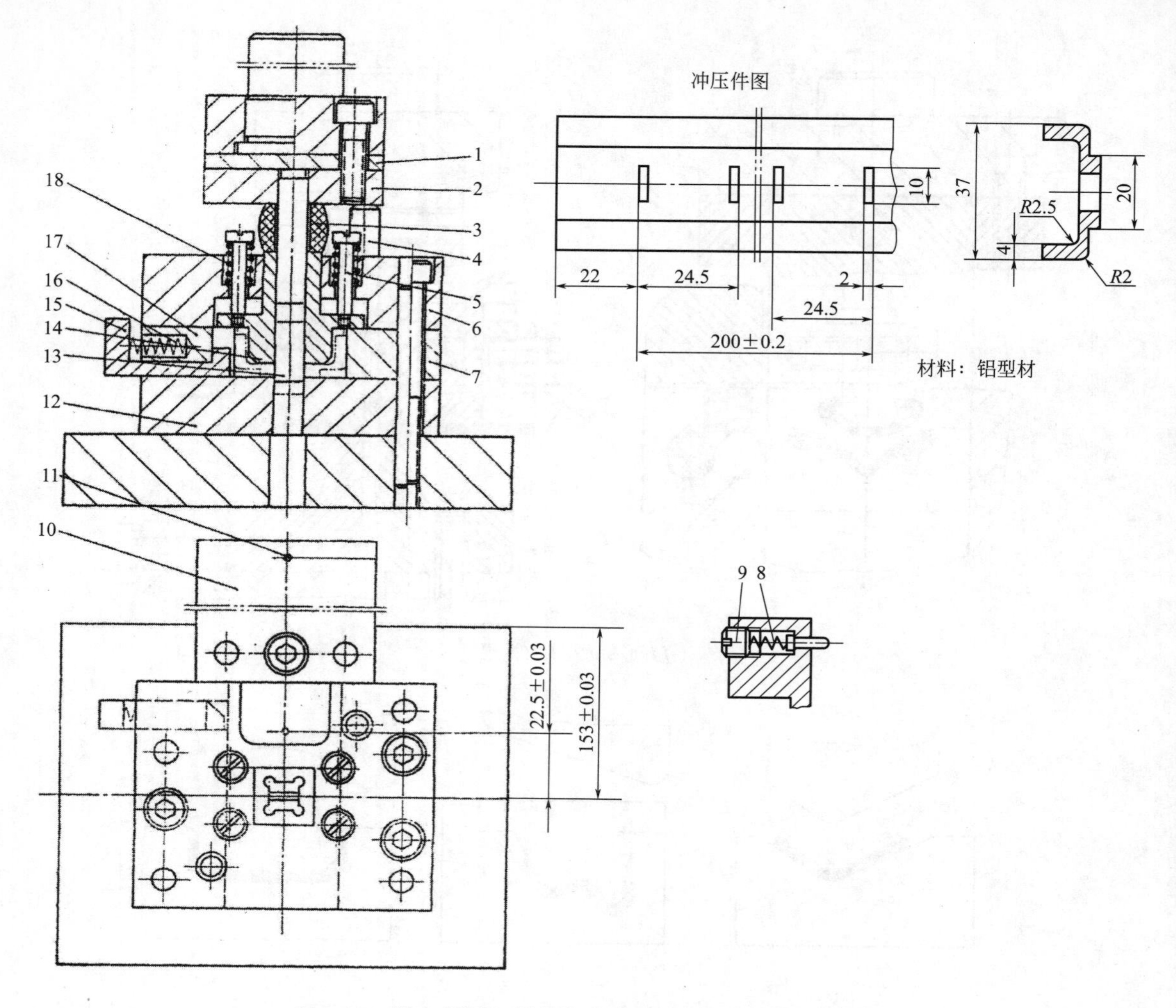

图 9-15　锁卡弹压卸料导板式专用型材冲孔模实用结构

1—垫板；2—固定板；3—聚氨酯橡胶；4—限位柱；5—螺钉；6—导板；7,17—侧导板；8,16,18—弹簧；9—螺塞；10—承料板；11—定位钉；12—凹模；13—凸模；14—活动导板；15—首次定位块

说明：该模具为导板式冲孔模。在件 6 内套一活动导板，冲裁时，活动导板先将工件压紧，以免工件与凸模相对移动，并使凸模有一个很好的导向条件，有利于冲裁也保护了凸模，故能用较小的凸模冲较厚的材料。

9.3　管材的剪截切断与冲压加工（图 9-16～图 9-23）

9.3.1　薄壁圆管的冲切模实用典型结构

用冲模切断薄壁圆管，虽然也有切缝损失，但效率较高，质量较好。图 9-22 示出切管模的基本结构及切管切缝的形状和切口形式。该结构切管模的应用范围如下：

可切断管径：$D=8\sim35$mm。

可切管壁厚度：$t=1\sim2$mm。

切口宽度：$b\geqslant2$mm。

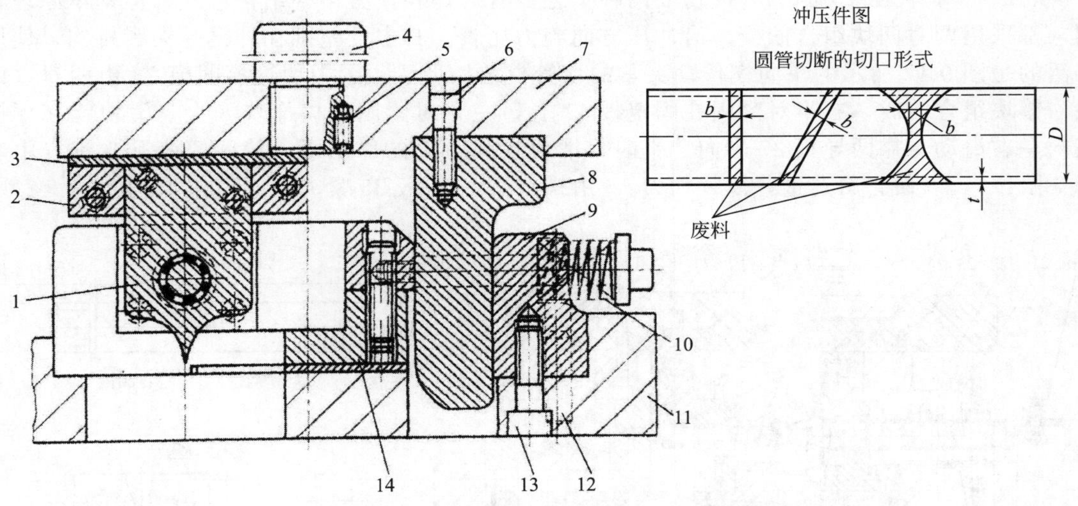

(a) 薄壁圆管的典型结构形式Ⅰ和切断的切口形式

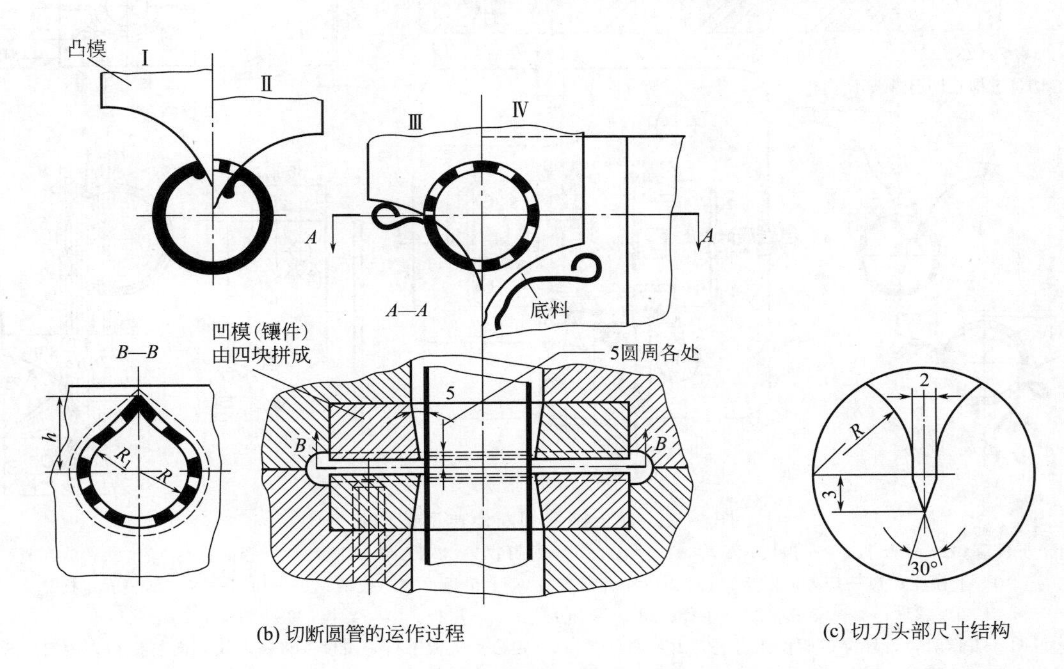

(b) 切断圆管的运作过程

(c) 切刀头部尺寸结构

图 9-16　薄壁圆管切断模典型结构Ⅰ型

1—凸模；2—固定板；3—垫板；4—模柄；5—螺塞；6,13—螺钉；7—上模座；8—斜楔；9—挡块；10—弹簧；11—下模座；12—销钉；14—侧滑块

待切断管坯送入并由夹紧机构夹紧管坯呈 *B*—*B* 剖视形状后，凸模下行依以下步骤切断管材：Ⅰ凸模尖头刺破管体；Ⅱ凸模进入管体；Ⅲ利用凸模刀片两边四棱的圆弧形刃口，在凸模下行中切开管体一条缝；Ⅳ管坯被切断［见图 9-16(b)］。

说明：该冲模切断圆管的运作过程，见图 9-16(b)。

图中 *B-B* 剖视图示出了夹紧管体，为防止冲切过程中将管子压扁变形，在切管开始，即图示凸模Ⅰ位置，将夹管凹模合拢，把管子切口处压成如图 *B-B* 剖视图所示的刚度最大的断面形状。其中，$h=R+2\text{mm}$；$R_1=R-2\text{mm}$。

从图 9-16(b) 所示圆管冲切过程中可以看出，管子入模夹紧后，上模下行切管，先由凸模尖头刺破管子，而后凸模进入管子，利用凸模刀片两边四棱的圆弧形刃口，将管子切断。

从图 9-16(c) 中可以看出凸模刀片尖头的形状结构及给定的尺寸。

切断管材有无缝切断和有缝切断两种工艺。有缝切管模有多种结构形式。但基本原理相同，都采用两对四块组合凹模，沿冲压方向施力切管。其主要差别在冲模的夹紧机构，使用广泛的是图 9-17 所示的单向楔传动夹紧的切管模结构形式。图中切管模凹模 23 由两对（四块）镶块组合而成，右半对紧固在固定板 17 上，左半对紧固在楔滑块 8 上，滑块能在下模座内左右滑动，靠两导板 27 导向。平时，滑块在弹簧 6 的作用下，使凹模张开少许（由套筒 7 限位），以便管料送进，薄片切刀 16 由螺钉 24、压板 25 紧夹在固定板 11 上。

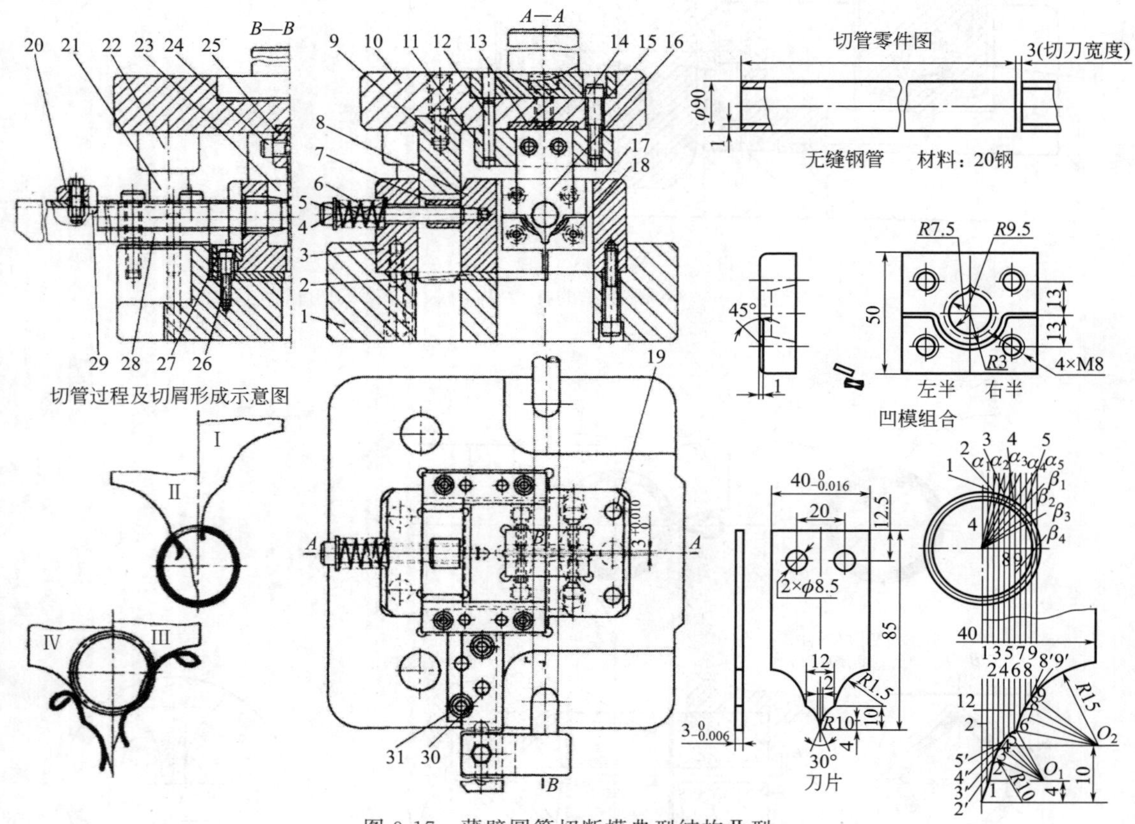

图 9-17　薄壁圆管切断模典型结构Ⅱ型

1—下模座；2—下垫板；3—挡块；4,14,18,24,26,30—螺钉；5—垫圈；6—弹簧；7—套筒；8—楔滑块；9—斜楔；10—上模座；11—切刀固定板；12,19,31—销钉；13—上垫板；15—模柄；16—切刀；17—凹模固定板；20—螺母；21—导柱；22—导套；23—组合凹模；25—压板；27—导板；28—支架；29—挡料板

说明：工作时，管坯穿过凹模孔送进，由可调挡料板 29 定位。上模下行，斜楔 9 将楔滑块 8 向右推移，两对凹模 23 将管坯夹紧，上模继续下行，切刀 16 便将管子切开，废料从孔中漏落。

由于切割时管子上端稍有压凹，因此，凹模要做成微桃形，以减小管子的压凹现象，切刀刀尖常做成宽 2mm、张角为 30°的尖劈，后部则做成曲线形。该曲线形状要考虑：切屑力求向外形成以减小压凸；切角应有足够的强度；易于磨削加工。

分析切管时切屑的形状可知，开始切管时，切屑是向内形成的，此时凹模不起剪切作用，管子压凹也就在此产生，因此应尽量缩短这一行程。这样，切刀曲线形状必须做得很细很长，理论的切刀曲线可以这样确定：在管子中线上任一点做法线，又过该点做另一线与法线交角 α，取若干点（点愈多愈精确）作这样的线，这些线的包络便是刀刃的理论曲线形状，α 愈大切屑愈易向内成形，但做出的刀刃形状宽而短，强度好；α 角愈小甚至是负的（β 角）则切屑向外形成，此时刀刃形状细而长，强度差易折断。目前采用的刀刃曲线多为圆弧形，主要考虑易磨削，实践证明双圆弧要比单圆弧好。

有些机电产品和仪表产品的管路与阀体的管件中，常有一些不同角度的斜切口接头、插件，需要对薄壁圆管进行斜切，其工艺也属于型材冲裁加工范畴。其斜切圆管的切断模结构也和普通垂直切管模的结构大同小异，见图 9-18。

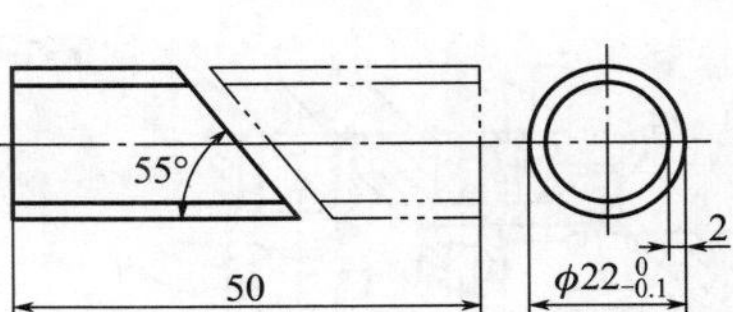

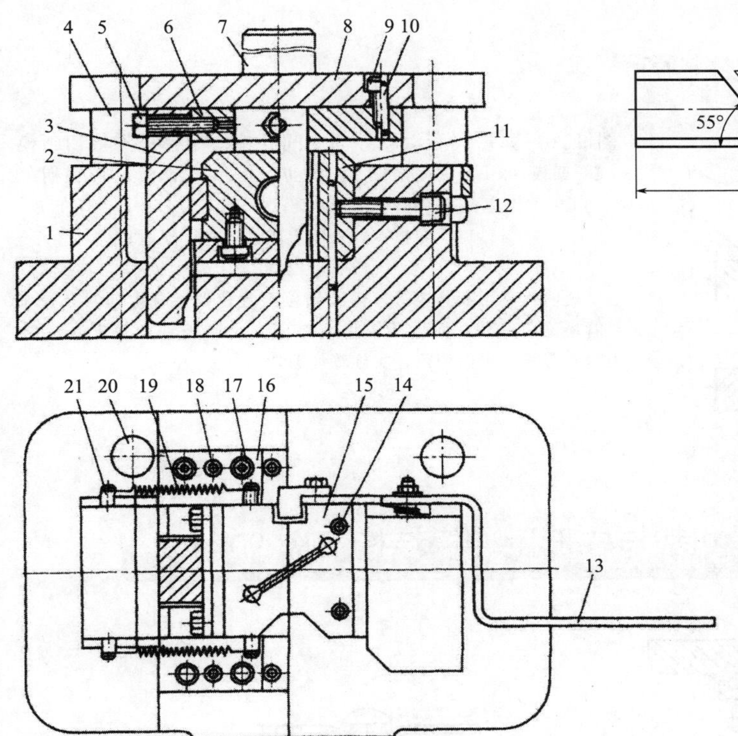

图 9-18 薄壁圆管倾斜切口切断模典型结构Ⅲ型

1—下模座；2—凹模拼块；3—斜楔；4—导套；5,9,12,17—螺钉；6—固定板；7—模柄；8—上模座；10,14,18—销钉；11,15—凹模拼块；13—卸件手柄；16—导板；19—弹簧；20—导柱；21—挂柱

说明：斜切圆管取代铣削以提高效率。图 9-18 所示为斜切圆管的实用典型结构形式。与普通圆管切断模相比，该冲模结构趋于简化；凹模由对开两块拼成，而且采用深凹槽高下模座，将活动模芯的管坯夹紧机构，全装在下模座深凹槽内，增加了模具运作的稳定性。同时，也减小了模具的闭合高度。

其对开凹模一半固定，另一半可在两侧导板内滑动。切管前先由斜楔 3 夹紧管坯，使坯件略有变形凸起，以免切管开始阶段产生凹陷、压扁等现象。切断后按下定位手柄 13，用坯料推出工件。

切断薄壁圆管的切断模，除图 9-16～图 9-18 所示三种较为成熟的典型结构外，国内还出现过图 9-19 用双向成对楔传动的管坯夹紧机构实施切管的切管模以及图 9-20 结构的切管模。

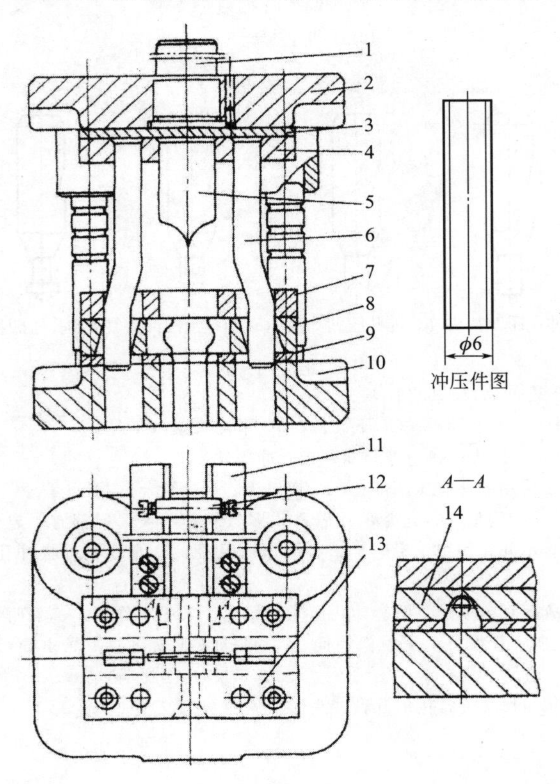

图 9-19 滑动导向后侧导柱模架用双向楔传动夹管机构的切管模Ⅳ型

1—模柄；2—上模座；3,9—垫板；4—凸模固定板；5—切断凸模；6—斜楔；7—卸料板；8—凹模；10—下模座；11—角铁；12—定位块；13,14—侧导板

说明：待切断的管子穿过侧导板 13、14 定位孔，送至定位块 12，当压力机滑块下降时，斜楔 6 推动凹模 8 夹紧管子，使管子上部突出，然后再由切断凸模 5 开始切割（这样可减少管子被切断凸模压扁的缺陷）。切下的管子掉在下模座上的两角铁 11 之间，随第二次管料送进时将它推出去。

定位块 12 在角铁 11 上前后可以调整，以适应切割不同长度的管子。

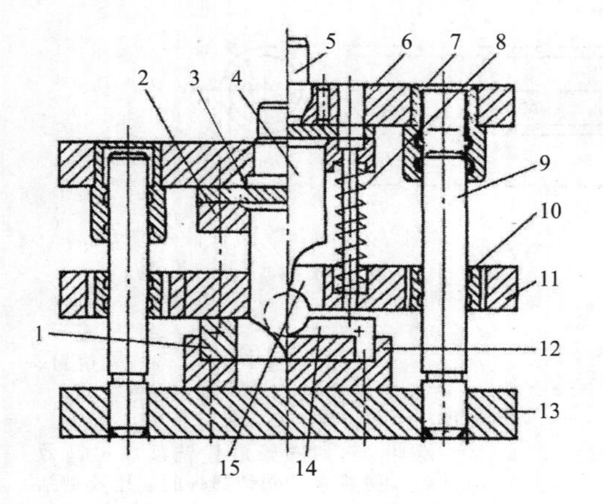

图 9-20　薄壁圆管滑动导向中间导柱模架弹压导板切断模

1—凹模；2—凸模固定板；3—垫板；4—切管凸模；5—模柄；6—上模座；7—导套；8—弹簧；9—导柱；10—小导套；11,15—导板；12—凹模座；13—下模座；14—定位器

说明：欲切断管坯送入模腔到位至定位器，合模初始导板 15 对管坯施压夹紧，而后凸模切刀首部尖角刺破管坯并进入管内，刃口对着管坯横向切割，实施管坯剪切。

9.3.2　薄壁圆管的冲裁与成形用冲模结构（图 9-21）

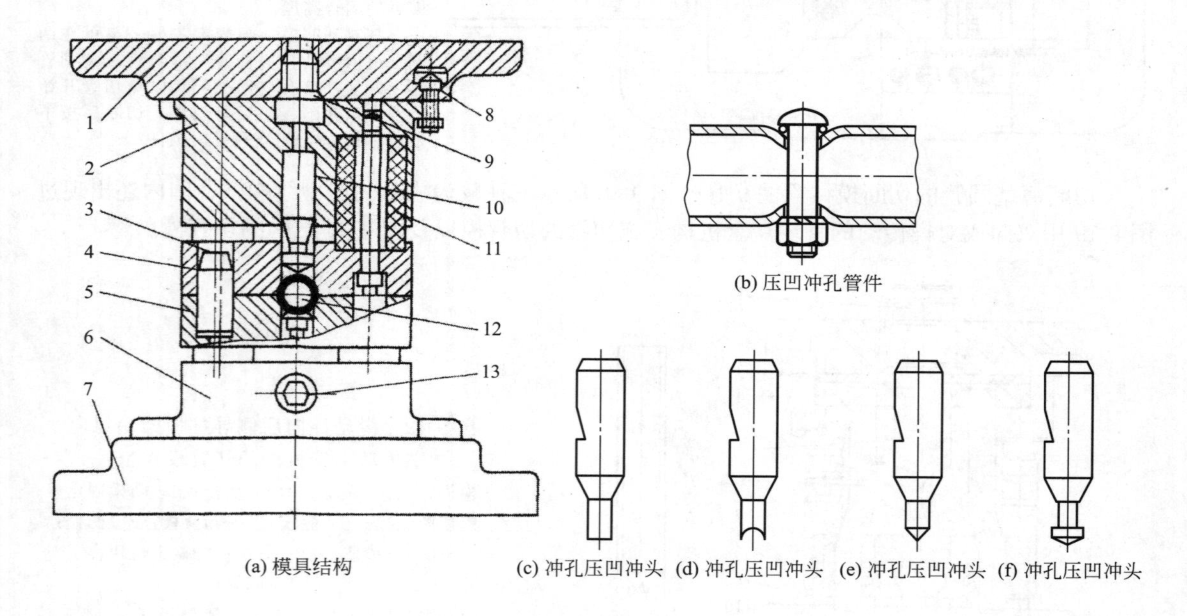

(a) 模具结构　(b) 压凹冲孔管件　(c) 冲孔压凹冲头　(d) 冲孔压凹冲头　(e) 冲孔压凹冲头　(f) 冲孔压凹冲头

图 9-21　薄壁圆管压凹冲孔模

1—上模座；2—上冲头座；3—导柱；4—上导板；5—下导板；6—下冲头座；7—下模座；8,9,13—螺钉；10—冲头；11—橡胶筒；12—冲压件

说明：在薄壁圆管上冲裁加工，除了切断外，经常采用的还有压凹冲孔、冲切口等。

图 9-21 所示是在管坯上冲孔、压凹的实用典型模具结构形式。通常所用管件，多数管径不大，但都有一定长度，采用管内装凹模冲孔、压凹凹模，空间太小且安装不便，使用也费时。一般推荐采用图 9-21 所示的冲模冲孔、压凹，实施无凹模冲裁，方便快捷。

该冲模可对圆管坯壁上下对称位置冲孔、压凹，故模具为上、下两套冲孔、压凹系统，采用对称的上、下两组弹压卸料导板式冲孔模结构。当管坯插入模孔后，靠上、下冲头座压缩橡胶筒 11，将管坯压紧，冲头导出导板，上、下同时冲孔或压凹。

冲孔和压凹冲头的成形，决定了冲孔、压凹的形状与尺寸。常用的几种冲头形状见图 9-21(c)～(f)。

9.3.3 弯管模的实用结构形式（图 9-22、图 9-23）

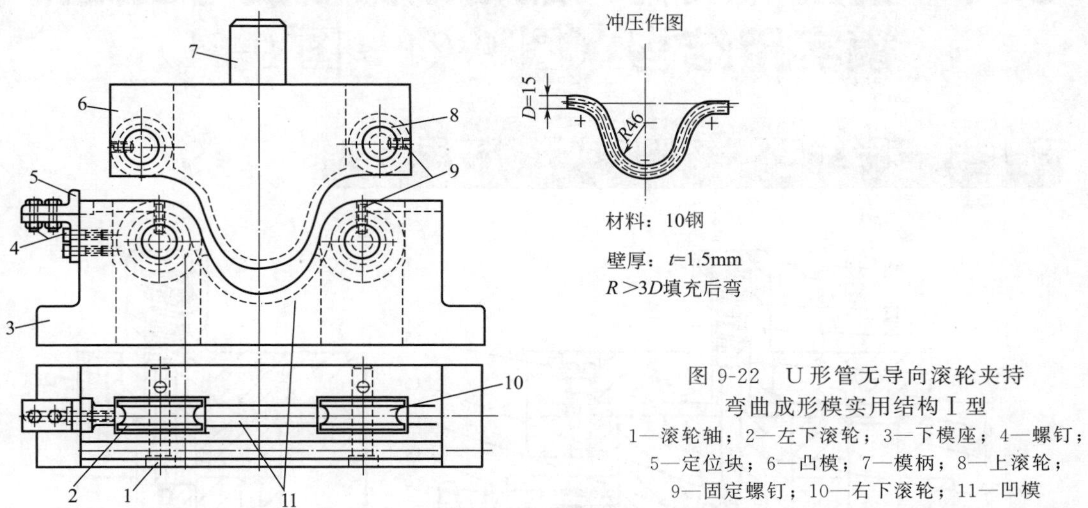

图 9-22　U 形管无导向滚轮夹持弯曲成形模实用结构Ⅰ型

1—滚轮轴；2—左下滚轮；3—下模座；4—螺钉；5—定位块；6—凸模；7—模柄；8—上滚轮；9—固定螺钉；10—右下滚轮；11—凹模

说明：管材弯曲和接近整圆难度较大，特别是直径较小的圆及圆弧，难免使其断面形状保持不变。通常采用充填弯管工艺，即在管内填满一些细粒状固体、可熔化固体、液体等不可压缩物质，在弯管成形后将填充物取去。管内充满上述相当物质后，相当于实心杆棒，可消减弯管变形。在压力表波登管（弹簧管）中充填细砂、盐粉、松香、石蜡、铅、锡等都能取得好的效果。如果是连续多个圆弧连接的弯管件，采用图 9-22 所示弯管模，可收到较好成效。

图 9-22 所示弯管模是一种单工序、敞开式无导向弯管模。该冲模是以刚性弯曲凸、凹模与滚轮滚弯相结合，构成该弯管模主体。滚轮带有半圆模腔，与凸模 6、凹模 11 的模腔一样，均按弯管零件的管坯外径制造。弯曲管坯入模由定位支架定位，两端由滚轮 2 支承。当凸模下行压住管坯下行弯曲时，上、下错开布置的两对滚轮夹着管坯转动，随着凸模弯管。当管坯沿滚轮进入弯曲凹模模腔后，凸、凹模合拢，进行最后的弯曲和校形。滚轮减小了管坯入模成形的摩擦并使管坯在滚动弯曲中成形，加上模腔的约束，使得管坯在弯曲成形中消减了断面变形。

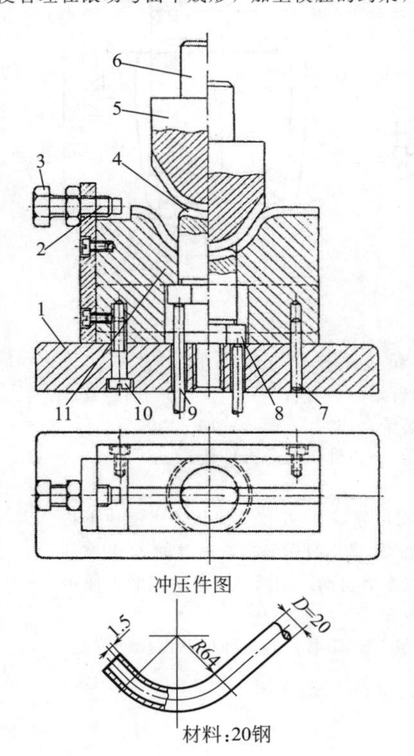

图 9-23　较大管径钝角弯曲件无导向敞开式单工序弯管模实用结构Ⅱ型

1—下模座；2—定位器；3—调整螺钉；4—顶件器；5—凸模；6—模柄；7—销钉；8—顶件器底座；9—顶杆；10—螺钉；11—凹模

说明：圆管弯曲后，弯角的弯曲部分，断面要变形成偏圆。弯曲半径越小变形越严重。为防止弯管变形，对于单弯角钝角弯管件，采用图 9-23所示弯管模，可以消除弯曲变形，取得更高的弯管质量和更高的弯管效率，实现优质高产。

该弯管模是一种单工序、无导向敞开式弯管模。弯曲凸模 5、凹模 11 和顶件器 4 都具有按弯管零件管径 $D=20$mm 制出的半圆弧模腔和要求的弯曲角圆弧 $R=64$（凸模）和 $R=64+20=84$ 的圆弧（顶件器和凹模）。考虑放入管坯方便并给出一定的允许间隙，模腔口部及边缘应预倒圆角。

该模具设有下弹顶系统，顶件器 4 模腔是弯管凹模重要组成部分，在弯曲成形后还有一定的校形作用。

由于弯模型腔把管坯外径包围起来，管坯变形受到约束，故变形小、回弹也小。当弯管毛坯放入模腔时，定位器 2 会限定其入模的合适位置。顶件器 4 的模腔与凹模两端支承毛坯。凸模下行弯曲，先压在顶件器的毛坯上，进行弯曲。管子弯曲包在凸模上进入凹模型腔，当顶件器进入到件 8 位置，模具开始校形工作至模具开启。

9.4 钢丝（线材）的自动剪截及弯曲成形模实用结构（图 9-24～图 9-31）

9.4.1 钢丝饰环、钩弯曲成形模实用结构

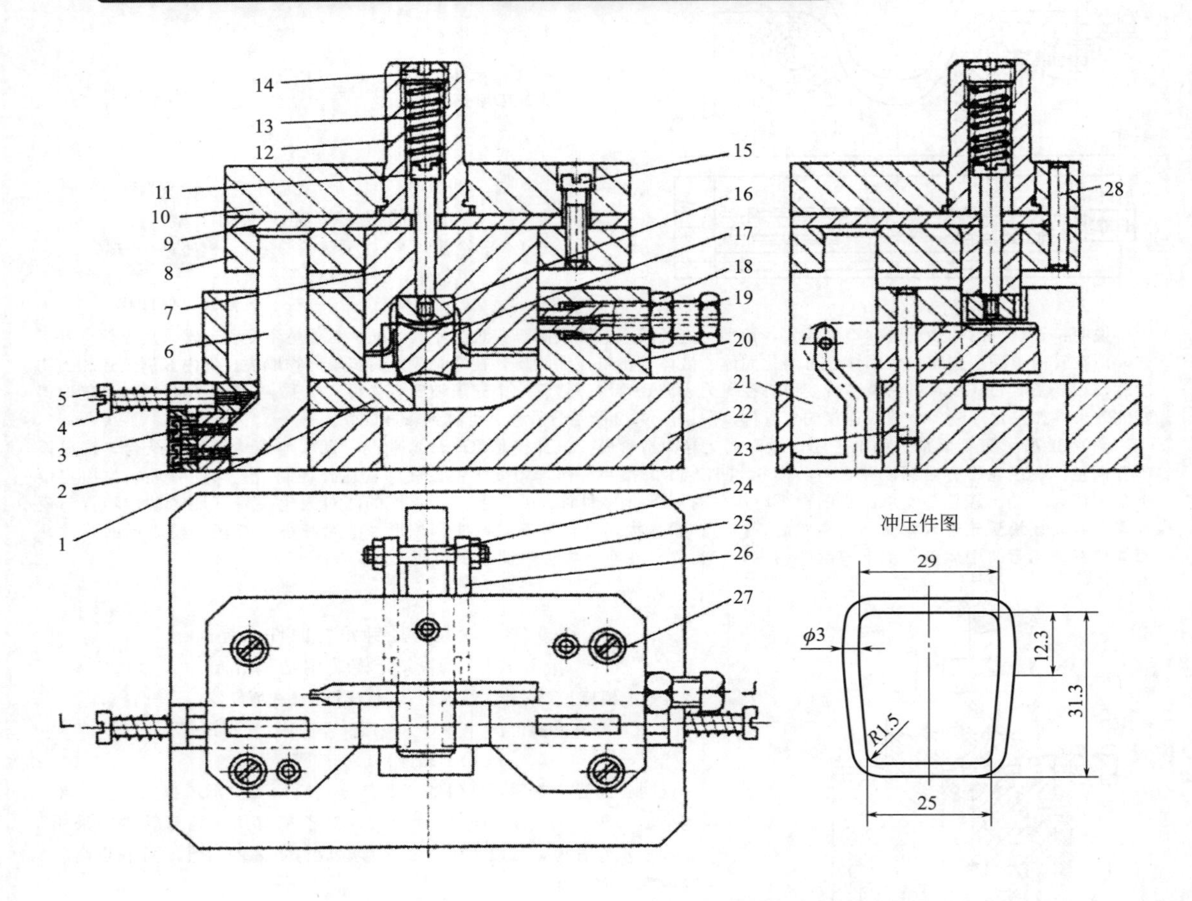

图 9-24　梯形饰环无导向楔传动切断、弯曲成形二工位连续式复合模实用结构

1—楔滑块；2—挡块；3,15,27—螺钉；4,13—弹簧；5,11—卸料螺钉；6—斜楔；7—凸模；8—固定板；9—垫板；10—上模座；12—模柄；14—螺塞；16—压板；17—芯子；18,25—螺母；19—送料管；20—固定导板；21—滑板；22—下模座；23,28—销钉；24—轴；26—推件板

说明：该冲模是一个切断、弯曲成形复合模。其运作过程如下：

成盘 ϕ3mm 的线材，插入送料管 19 的孔送入模。钢丝端头直抵固定导板 20 孔壁。当压力机滑块下行时，凸模 7 先将钢丝切断，随即与芯子 17 将材料截坯弯成⊓形。滑板 21 借本身的斜槽，通过轴 24 和推件板 26 把冲件推送到位置恰好保持在楔滑块 1 的上面。而后，两个斜楔 6 借斜面，把两个楔滑块同时推向中心，将坯件弯曲成形。

为了消除回弹对冲减件尺寸的影响，最后压板 16、楔滑块 1、芯子 17，三者一起把冲件弯出反回弹角。弯成的工件，由操作者用手持工具，从芯子上取出。

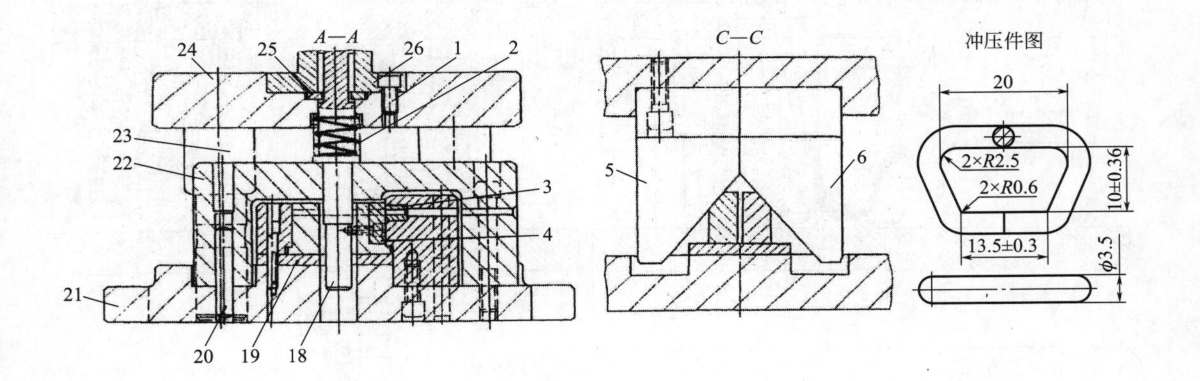

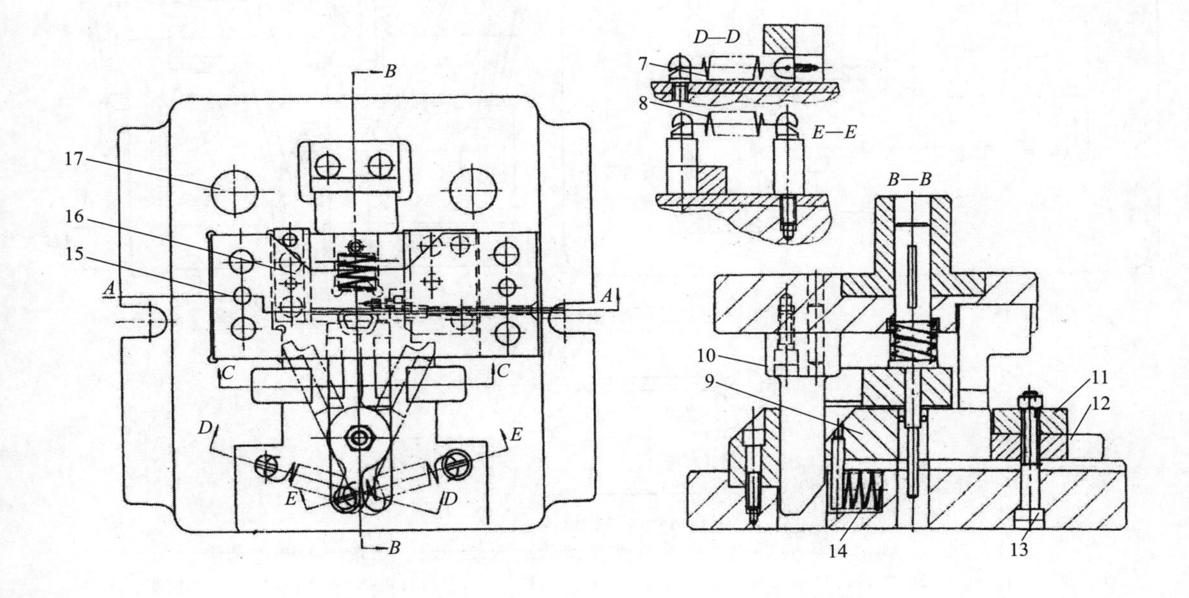

图 9-25　梯形环滑动导向后侧导柱模架楔传动切断、
多向弯曲成形二工位连续式复合模实用结构

1,13—螺钉；2,14—弹簧；3—切断凹模；4—切断凸模；5—左斜楔；6—右斜楔；7,8—拉簧；
9—楔滑块；10—斜楔；11—压板；12—固定板；15,20—销钉；16—挡料定位板；
17—导柱；18—弯芯；19,25—垫板；21—下模座；22—模框；23—导套；
24—上模座；26—模柄

说明：其冲压运作过程如下：

成盘的 ϕ3.5mm 钢丝，手工将料头插入冲模右边入料口并直接送到挡料板 16 后上模下行，弯芯插入中心模孔并支承住钢丝中心点，切断凸模 4 沿着切断凹模 3 刃口将凹模内送出的钢丝切断，斜楔 10 推动楔滑块 9，将钢丝围绕模芯弯成⊓形。上模继续下行斜楔 5、6 迫使一对模块摆动夹推着已弯成⊓形坯的两端相向合拢弯曲成形。当模具开启后，拉簧 7、8 分别将一对摆动模块拉开复位，成品制件在弯芯上升回程时，在匹配凹模口处强制推卸工件出模。

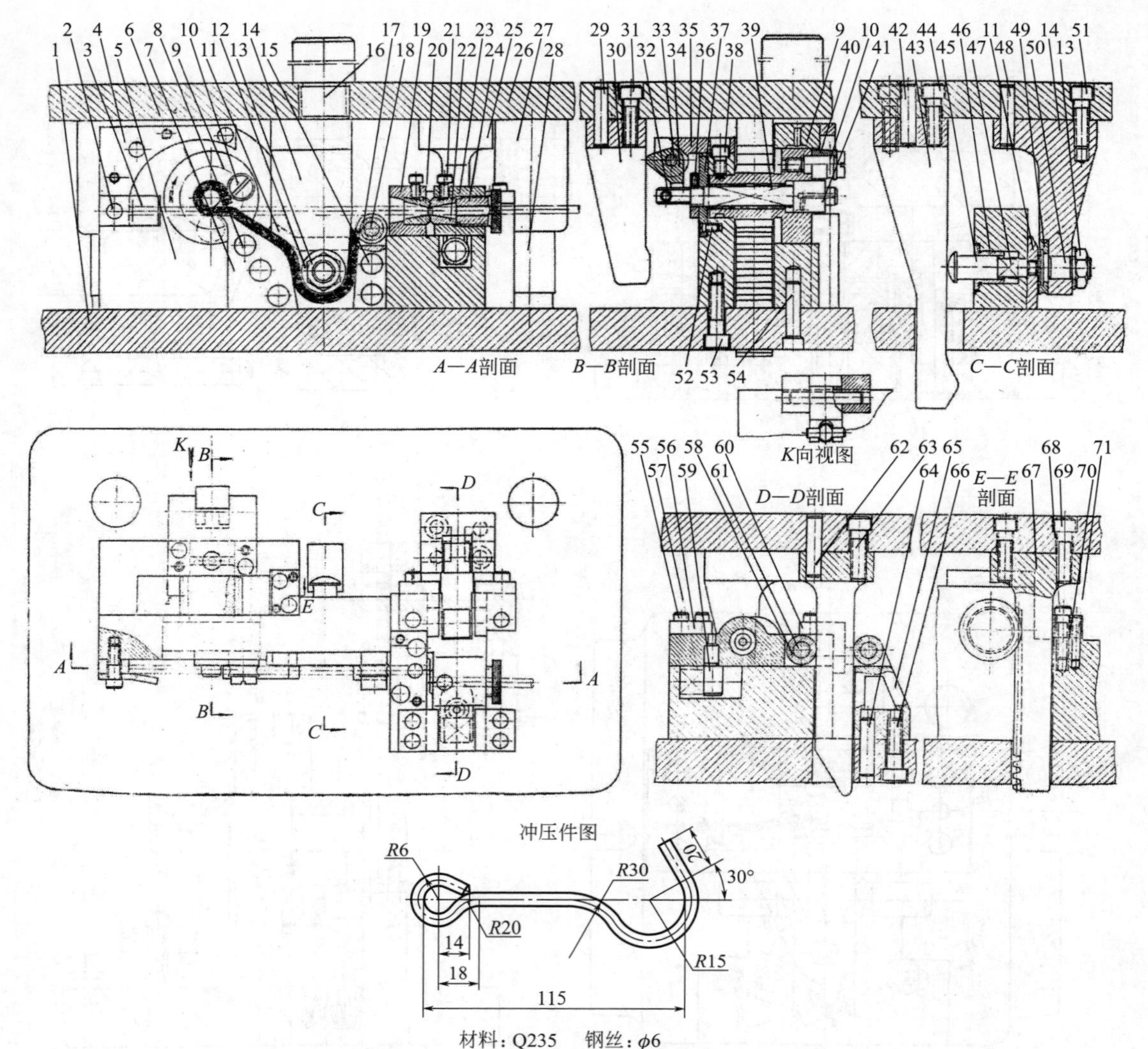

材料：Q235　钢丝：$\phi 6$

图 9-26　拉钩滑动导向后侧导柱模架多组楔传动钢丝切断、压弯、卷圆连续模

1—下模板；2,8,15,21,44,51,53,55,63,66,68,69—内六角螺钉；3—挡料块；4—定位块；5—凹模座；6,29,42,48,54,59,62,64,71—柱销；7—弯曲凹模；9—齿轮；10—轴螺钉；11—推料块；12—垫圈；13—螺母；14—弯曲凸模；16—模柄；17—滚子（甲）；18,32,33—小轴；19—切料座；20—切料模（左）；22—切料模（右）；23—切料滑块；24—调节螺母；25—斜块（甲）；26—上模板；27—导套；28—导柱；30—斜块（乙）；31—螺钉；34—拨动块；35—拨动座；36—制动螺钉；37—套圈；38—限位螺钉；39,47,57—弹簧；40—滚子（乙）；41—心子；43—斜块（丙）；45—滑销；46—套；49—滚子（丙）；50—滚轴；52—埋头角螺钉；56—盖板；58—滚子；60—盖挡板；61—轴；65—靠座；67—齿条；70—靠块

说明：这是一套切断、压弯、卷圆连续模，其运作过程如下：

钢丝从调节螺母 24 的孔中进入切断模 22、20 并至挡料块 3、定位块 4 得以定位，上模下行，装在上模板中的斜块（甲）25 推动滚子 58，使装在切料滑块 23 上的切料模（右）22 与装在固定的切料座 19 上的切料模（左）20 做相对错移，从而把钢丝切断。上模继续下行，装在凸模 14 上的滚子（丙）49 压住钢丝，并把弯钩压成，与此同时，齿条 67 的下行，使齿轮 9 作顺时针转动，装在齿轮上的滚子（乙）40 也绕着心子 41 作顺时针转动，滚子（乙）的转动紧压着钢丝，使钢丝绕着心子端头卷圆，定位块 4 做成曲线形，使卷圆中钢丝始终得到定位，防止钢丝移动。上模下行，待压弯滚子（丙）49 上升至离开推料块 11 后，斜块（乙）30 拨动拨动块 34，而拨动块的另一端推动装在心子 41 上小轴 32 使心子缩入，脱离开卷圆的弯件。与此同时，斜块（丙）43 与滑销 45 作用，使推料块 11 推出，从而把弯件推出。而当下一次冲压上模下行时，斜块 30 和 43 很快脱离对拨动块 34 和滑销 45 的作用，在弹簧 39 和 47 的作用下，心子 41 和推料块 11 立即恢复原位，然后才进行下一次的冲压。

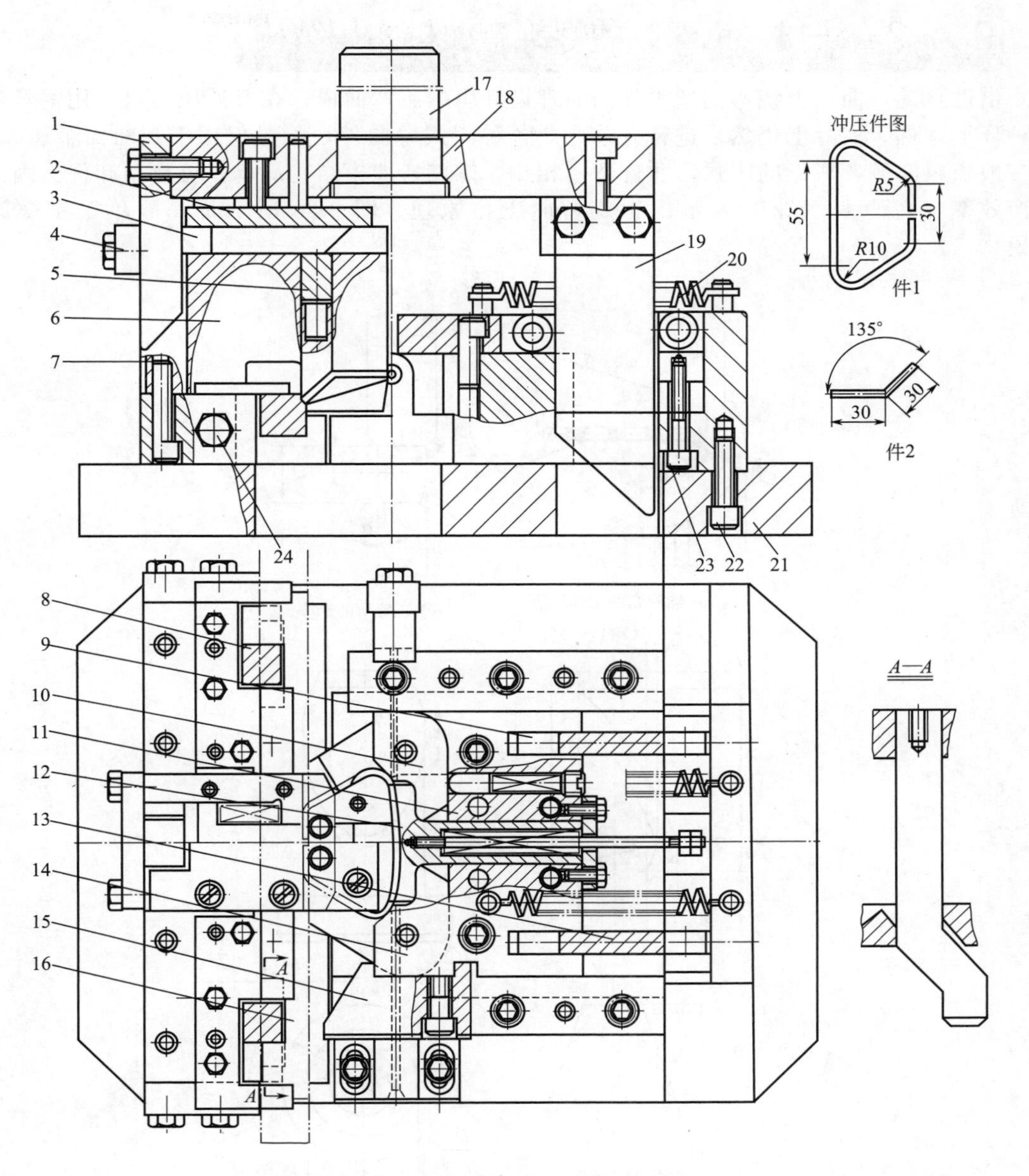

图 9-27 钢丝提环无导向多组楔传动切断、弯曲连续式复合模实用结构

1—斜楔（丙）；2—斜销压板；3—斜销；4—斜楔压板；5—弯料滑块（乙）；6—凸模；7—定位套管；8—斜楔（乙）；9—滚轮；10—顶块销；11—滚轮架；12—压料块；13—斜楔（甲）；14—活动弯料块；15—剪料刀；16—弯料滑块（甲）；17—模柄；18—上模座；19—斜楔；20—拉力弹簧；21—下模座；22,23—螺钉；24—六角螺钉

说明：①该模具是上海电扇厂的钢丝提攀切断弯曲成形模。

②本模具结构紧凑，均采用斜楔从不同方向来完成切断和弯曲成形动作，在一副模具上完成复杂形状的弯曲工序，适用于批量生产。

③本模具工作原理是：当上模下降时，借助斜楔带动滑轮架及切料刀，先将钢丝切断，顶料销使浮动弯料块将钢丝弯成∪形。上模继续下行，借助斜楔（乙），带动弯料滑块（甲），将工件完成⌈⌉形，此时，借助斜楔（丙）和斜销，使弯料滑块（乙）运动，将工件弯曲成形。启模时，借助弹簧或斜楔使滑块全部复位。

9.4.2 线材（钢丝）的螺旋弯曲模实用结构

借助自动弯曲机上绕弯钢丝零件的原理设计出螺旋弯曲模，在普通压力机上用钢丝弯制各种环形零件，实际上仍然是进行有芯弯曲各种闭式弯曲件，不过仅用于圆断面金属线材。与一般板料需侧弯成形的闭式弯曲件弯模相比，螺旋弯曲模结构简单，可自动卸件。因此其生产效率要高得多。图 9-28 示出螺旋弯曲工作原理。图 9-29 所示是一般单工步螺旋弯曲模。

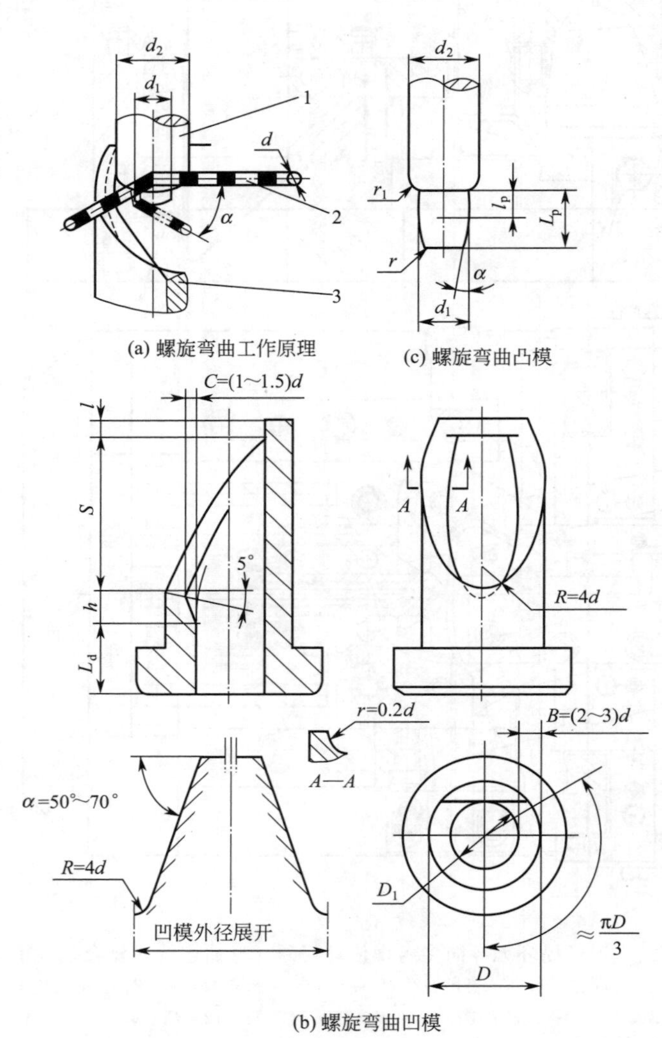

图 9-28　线材（钢丝）实施螺旋弯曲的工作原理图

1—螺旋弯曲凸模；2—线材；3—螺旋弯曲凹模；D_1—凹模内孔；B—凹模工作面壁厚；α—螺旋升角，取 $\alpha=50°\sim70°$为宜；S—凹模螺旋面高度

说明：应该指出，这种弯曲方法对于直径 $d\leqslant3$mm 的弯曲件，可以优质高产，废次品率很低；$d=3\sim5$mm 也可以加工，但会出现较高的次品率，主要是形状不理想，有倾角，回弹超差；对于 $d>5$mm 的钢丝零件，不推荐用这类模具弯制。

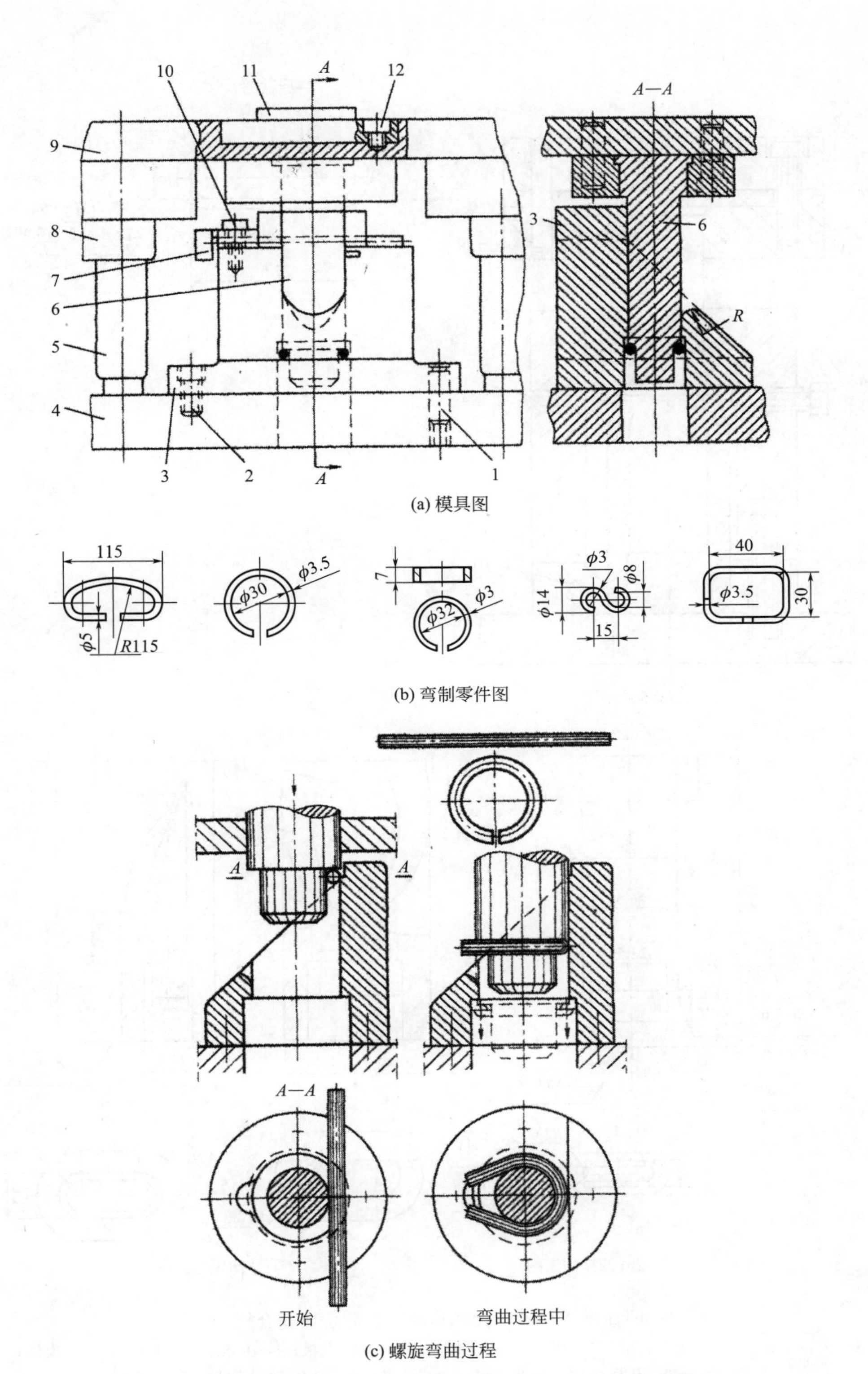

(a) 模具图

(b) 弯制零件图

(c) 螺旋弯曲过程

图 9-29 钢丝环滑动导向后侧导柱模架单工序螺旋弯曲成形模

1—销钉；2,10,12—螺钉；3—凹模；4—下模座；5—导柱；6—凸模；7—定位板；8—导套；9—上模座；11—模柄

说明：图 9-29 所示为早期采用的有导向单工序螺旋弯曲成形模的实用结构形式。

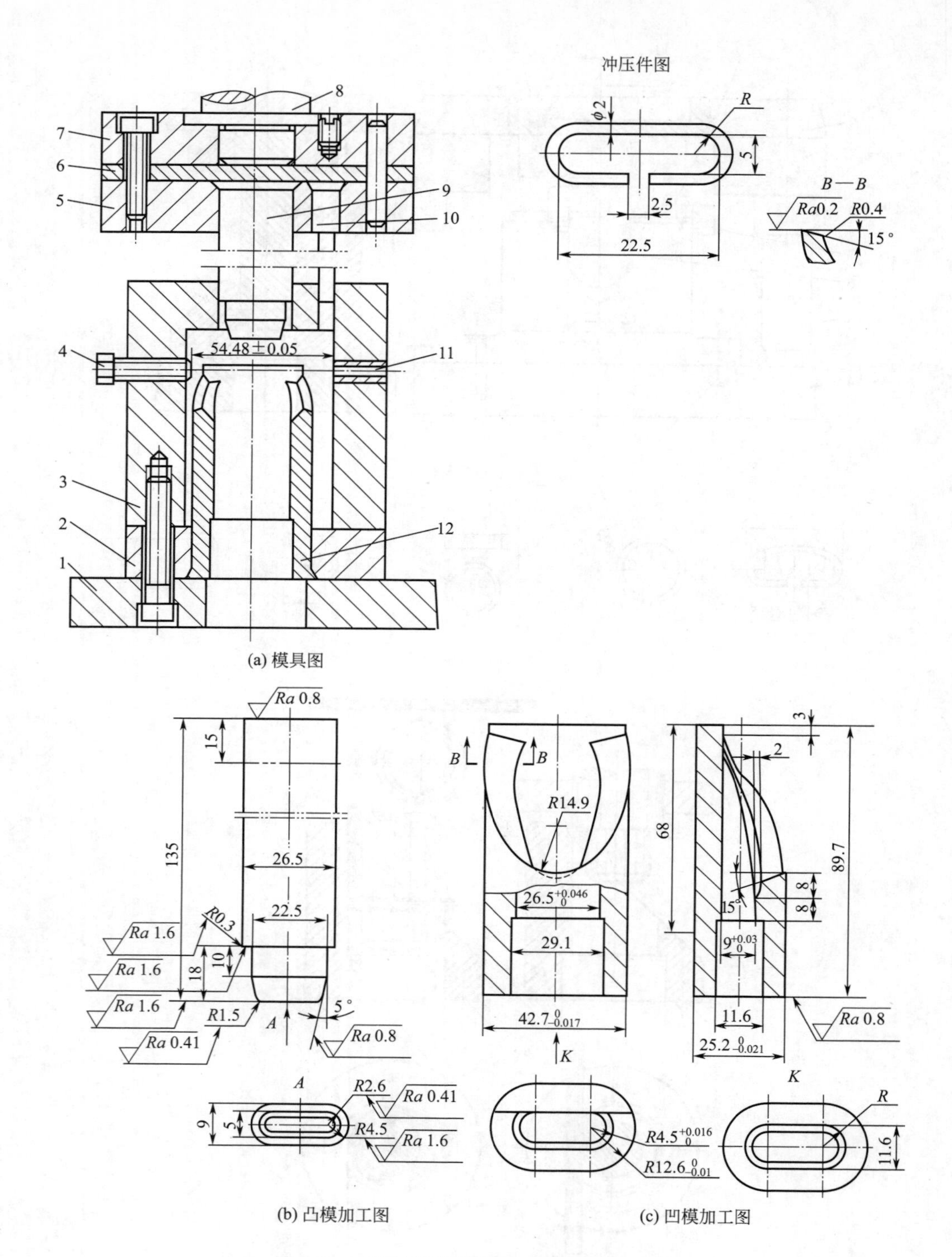

图 9-30 钢丝长圆环切断、螺旋弯曲复合模

1—下模座；2—下固定板；3—导向板；4—定位螺钉；5—上固定板；6—垫板；7—上模座；8—模柄；9—凸模；10—切断凸模；11—切断凹模；12—弯曲凹模

说明：图 9-30 所示为一套用成盘的 ϕ2mm 钢丝经切断、螺旋弯曲成形冲制出冲压件图所示长圆环。其动作过程如下：

成盘 ϕ2mm 钢丝，用手工插入件 11 切断凹模，上模下行合模后，由件 10 切断成要求长度，凸模 9 台肩处压钢丝进入弯曲凹模 12 实施螺旋弯曲成形。

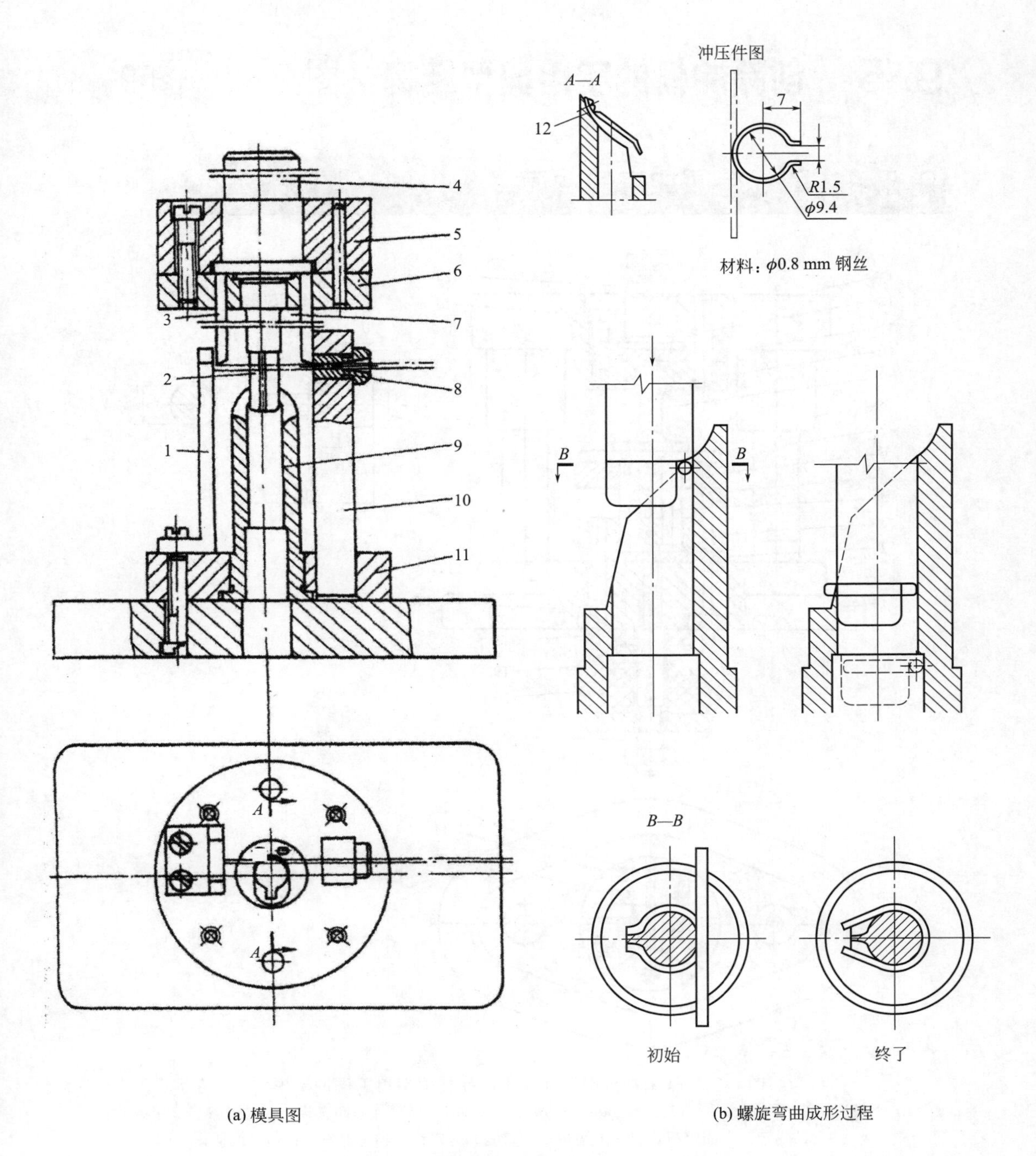

图 9-31　箍圈切断、螺旋弯曲成形复合模

1,10—导板；2—弯曲凸模；3,7—切断凸模；4—模柄；5—上模座；6—固定板；8—切断凹模；9—弯曲凹模；11—下固定板；12—盖板

说明：图 9-31 所示为箍圈切断、螺旋弯曲成形复合模。该冲模虽与图 9-39 相似，但成形冲件完全不同。冲模大同小异。详见模具图。

9.5 创新冲模的实用典型结构（图 9-32～图 9-48）

9.5.1 取代有屑加工的冲模（图 9-32～图 9-36）

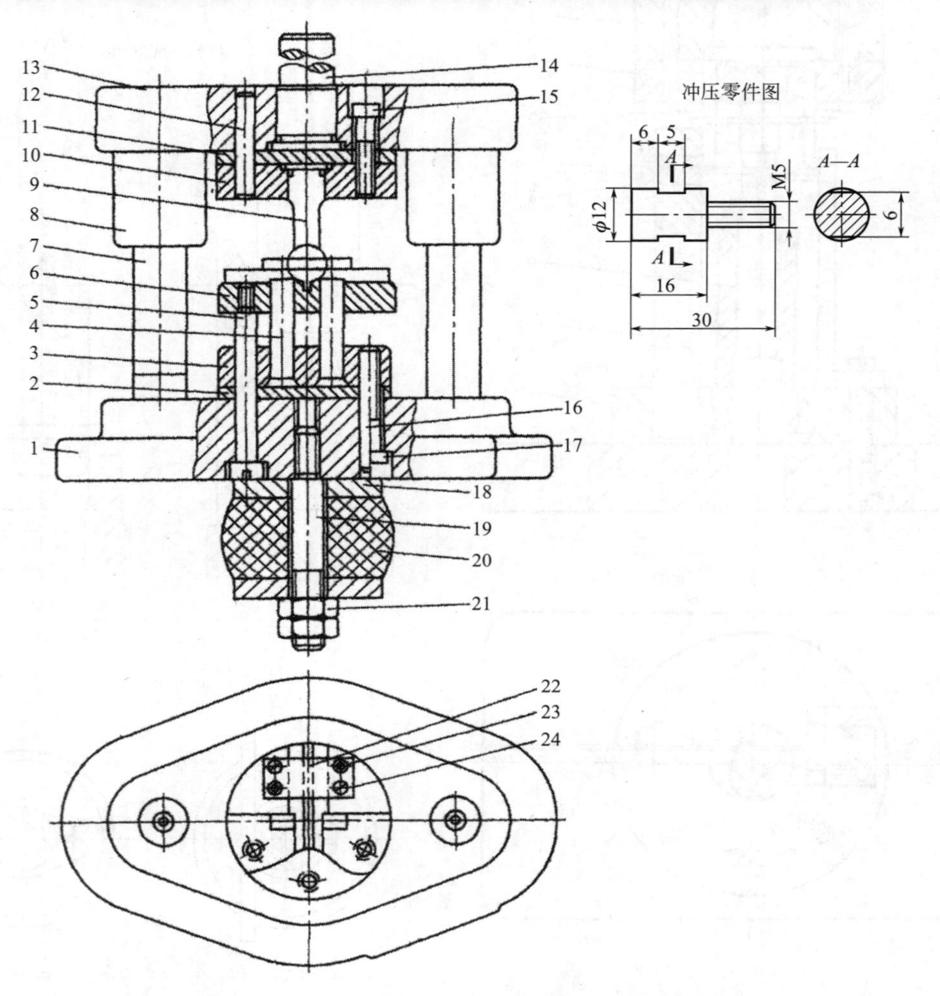

图 9-32　柱头冲槽滑动导向中间导柱模架单工序冲槽模

1—下模座；2—下垫板；3—切刀固定板；4—切刀；5—卸料螺钉；6—卸料板；7—导柱；8—导套；9—凸模；10—固定板；11—上垫板；12,16,23—销钉；13—上模座；14—模柄；15,17,24—螺钉；18—托板；19—拉杆；20—橡胶；21—螺母；22—挡板

说明：冲压制孔、切槽、冲口要比切削加工效率高、质量好、一致性强、互换性好。所以，越来越多可以并适合用冲压法制孔、冲槽等加工的切削零件，都转向冲压，而获取更高的经济与环保效益，使冲压加工范围逐步扩展并更多地取代切削加工。图 9-32 所示柱头切槽模就是一个典型实例。

该模具采用滑动导向中间导柱标准模架。用两把刃口宽等于切槽宽度的小倾角矩形断面刃口切刀，由上向下，一次切出柱头两个对称小槽。因柱头切槽部位是圆柱，采用 V 形槽定位板 6（亦称卸料板），当凸模 9 下行压柱坯件后，借弹顶器通过卸料螺钉 5，在开始切槽前逐步压紧，再继续下行开始切槽越压越紧，切槽完成后，上模回程上升，自动卸下工件。

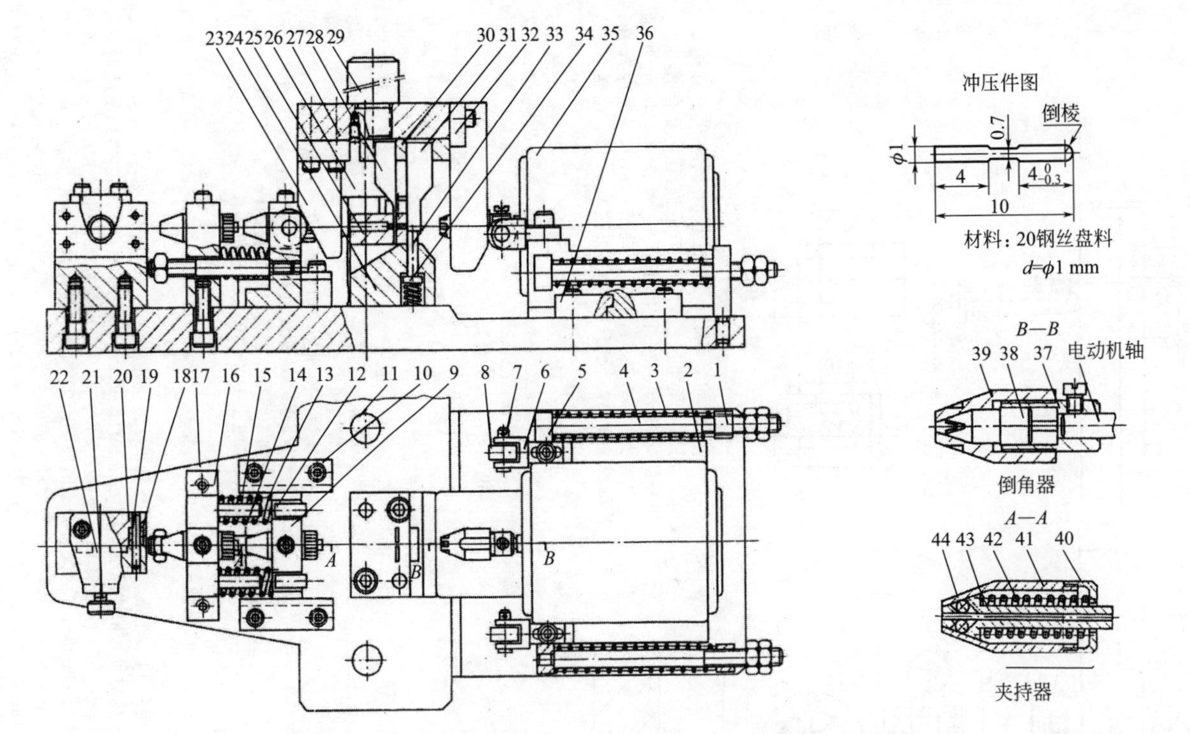

图 9-33　撞针类零件用滚珠夹持自动送料的 4 工位连续式组合模

1,5—支架；2—电机座；3,13,18,34,42—弹簧；4,14—螺杆；6—滚轮架；7—轴；8,12—滚轮；9—楔滑块；10,36—导轨；11—导柱；15—芯柱；16—固定架；17,24—底座；19—校直器压板；20—校直器支架；21—螺钉；22—限制架；23,32—斜楔；25—凹模；26—导套；27—上模座；28—切断凸模；29—模柄；30—固定板；31—打扁凸模；33—顶件器；35—电机；37—倒角器衔接螺钉；38—倒角器；39—倒角器外壳；40—送料器后盖；41—送料器外壳；43—送料器夹头；44—滚珠

说明：图 9-33 所示模具是一套冲压加工与机械加工组合的高效模具，该模具的运作过程及结构特点如下：

①该模具由校直机构、送料机构、冲压加工机构以及切削加工机构 4 部分组成。由压力机通过两套 4 组楔传动机构进行 4 工位连续协调运作。

②采用滚珠夹持式自动送料。经校直器校直的钢丝由滚珠夹持式自动送料装置送至倒角器外缘送料定位处，上模下行闭模，进行切断、打扁的冲压加工，用后续坯件送进，将已冲压加工的工件推送入倒角器一次到位，而倒角器电机 35 运作，将工件进入一端头部倒圆。

③倒角器的结构示意如 B—B 剖视。完成倒圆的成品零件由倒角器推送出模落入机座下部成品箱。

④送料夹持器结构示意如 A—A 剖视。由两只斜楔 23 在闭模前下行接触滚轮 12，给弹簧 13 施压，使其储备能量。待模具开启时，楔与滚轮 12 脱开，弹簧推动楔滑块带着夹持器实施送料动作。

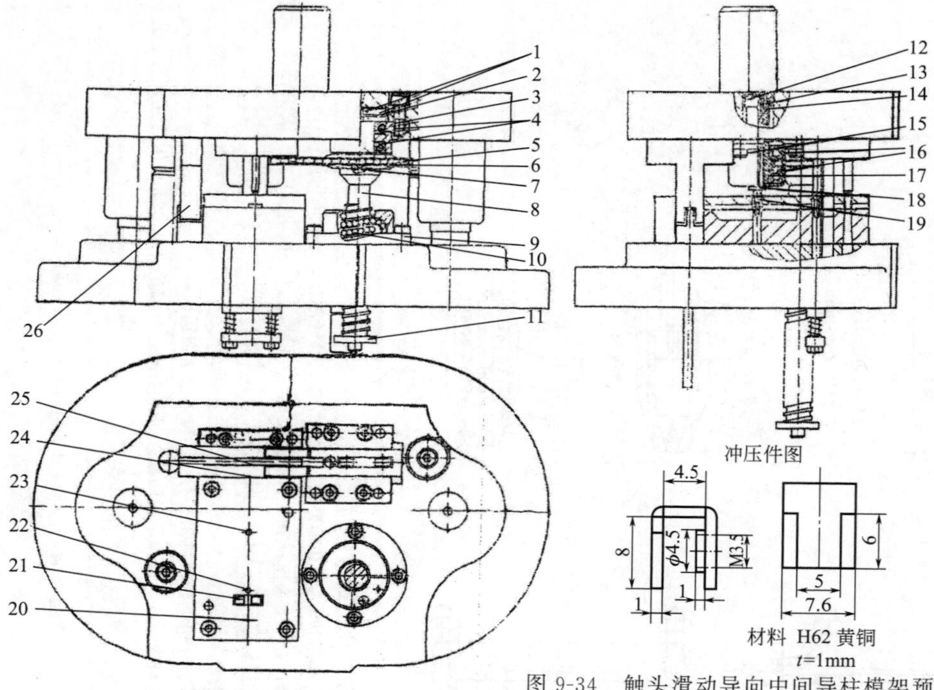

攻螺纹机构放大详图

图 9-34　触头滑动导向中间导柱模架预冲孔、翻边、攻丝、切断、弯曲、整形七工位连续式复合模

1—丝杆固定螺母；2—保险圈；3—丝杆座；4—止推轴承；5,31,33—键；6—链轮；7—传动链；8,34—滚珠丝杆；9,35—滚珠螺母；10—滚珠；11—防脱帽；12—端盖；13,27—弹簧；14,29—丝锥固定套；15—外壳；16—向心球轴承；17,30—小链轮；18—丝锥固定圈；19—冷挤式丝锥；20—翻边预冲孔凸模；21—切口凸模；22—翻边凸模；23—攻螺纹丝锥；24—切断凸模；25—压弯凸模；26—整形凸模；28—挤压丝锥；32—上模座；36—下模座

说明：图 9-34 所示 7 工位连续式复合模，用料厚 $t=1$mm、料宽 $B=21.8_{-0.1}^{\ 0}$mm 的 H62 黄铜冷轧带料，在公称压力为 160kN 的国产开式单柱活动台偏心压力机上大量生产触头冲压件。该冲压件尺寸小，是一个一边带有 M3.5 螺孔的 U 形件，螺孔是经预冲孔翻边、攻螺纹获得其翻边凸缘高 1mm，外径 ϕ4.5mm 在 U 形件内边中部。

设计冲压工步为：预冲孔、切口、翻边、攻螺纹、切断、弯曲、整形七个工步。除了攻螺纹机构外，完成其他工序的多工位连续模为滑动导向中间导柱模架固定卸料结构。这类连续模结构设计已为大家所熟悉，这里仅以攻螺纹机构作为介绍的重点。

这套机构可分两部分：零件 1～11 为原动部分，12～19 为从动部分。

原动部分由固定螺母 1、保险圈 2、丝杆座 3、止推轴承 4、键 5、链轮 6、传动链 7、滚珠丝杆 8、滚柱螺母 9、滚珠 10、防脱帽 11 组成。

从动部分由端盖 12、弹簧 13、丝锥固定套 14、外壳 15、向心球轴承 16、小链轮 17、丝锥固定圈 18、丝锥 19 构成。

动作原理：原动部分的滚珠丝杆 8 和滚珠螺母 9 把冲床滑动的上、下直线运动转变为旋转运动。当滑块下降时，压力通过模板、丝杆座 3、止推轴承 4 传递给滚珠丝杆 8，把滚珠丝杆 8 往下压。但由于滚珠螺母 9 固定在下模板上，既不能向下移动，也不能转动。而在滚珠丝杆 8 与滚珠螺母 9 之间装满了滚珠 10，使两者螺纹间的滑动摩擦转变成为自锁角很小（约 6′）的滚动摩擦，所以当丝杆 8 被下压时，由于丝杆 8 与螺母 9 的螺纹导程角（6°42′）远大于滚动摩擦自锁角，滚珠丝杆 8 便顺其螺纹的旋向作旋转向下的运动。当滑块回升时，拉力由螺钉、丝杆座 3、止推轴承 4、丝杆固定螺母 1 传递给滚珠丝杆 8，把滚珠丝杆 8 往上拉，这时丝杆 8 随着冲床滑块并做反向旋转往上回升。这样滚珠丝杆 8 除随着滑块的上、下运动外，还作正、反向的旋转运动。

滚珠丝杆 8 的旋转运动由键 5、链轮 6、传动链 7 传递给从动部分的小链轮 17。小链轮 17 则通过在其内圆上的花键槽传递给丝锥固定套 14，从而代替丝锥作正反向的旋转运动，即模拟攻螺纹的动作，以达到攻螺纹的目的。

丝锥 19 是采用无切削槽的冷挤式丝锥，目的是要其在攻螺纹时不产生金属屑。因为在攻螺纹后还有切断、弯曲、整形三道工序，如果采用有切屑丝锥攻螺纹，那么所产生的金属屑将会不可避免地黏附在材料上，给完成后道工序带来困难。而挤入式的丝锥就轻而易举地解决了问题。

防脱帽 11 是为了防止模具在保管、维修及搬运时把滚珠丝杆 8 拉出滚珠螺母 9 而设的。模具在维修时需把固定滚珠螺母 9 的螺钉卸下后，才能把上下模分开，而不能把螺杆抽出。这可避免滚珠 10 逸出而招致麻烦。

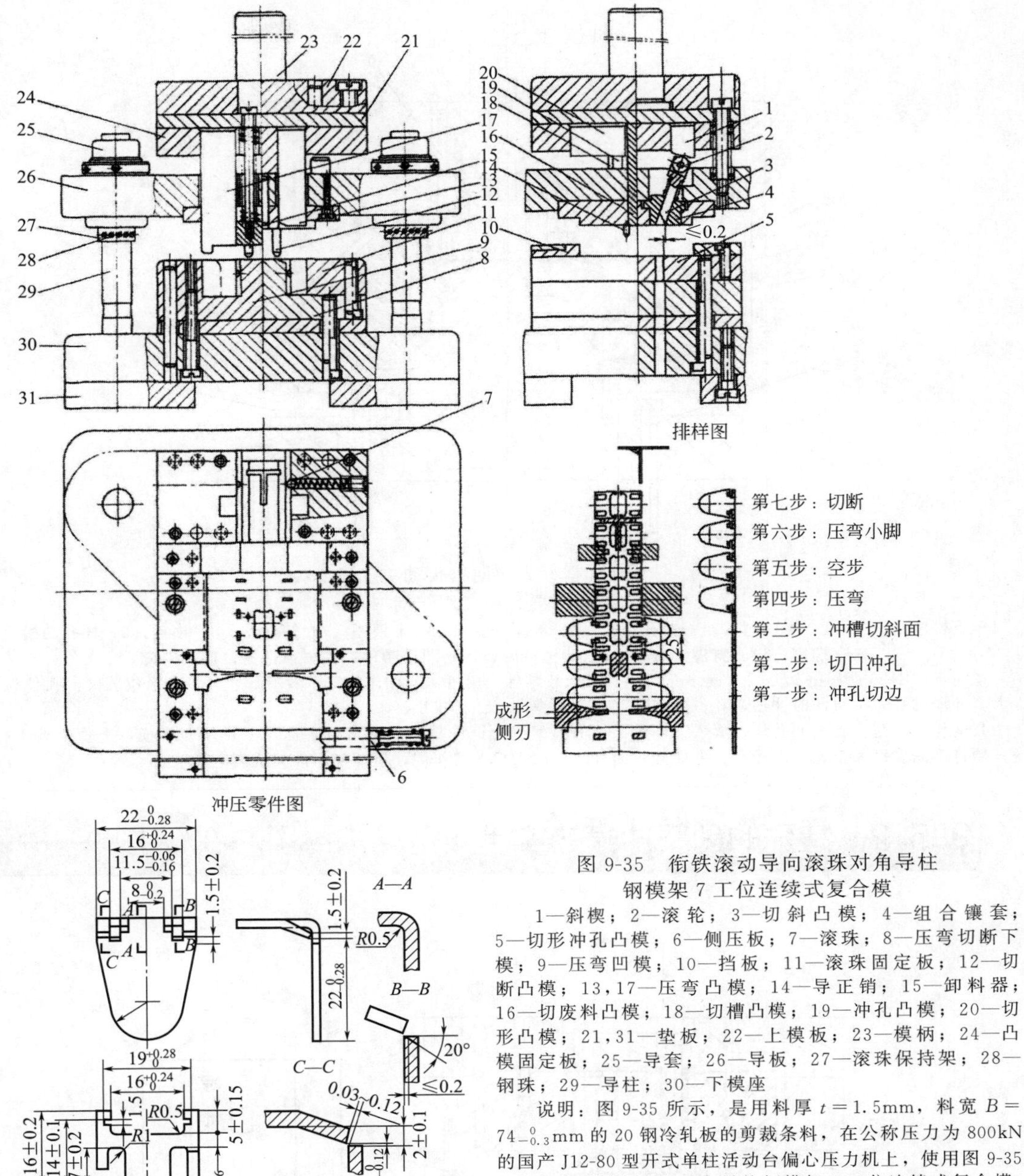

图 9-35　衔铁滚动导向滚珠对角导柱钢模架 7 工位连续式复合模

1—斜楔；2—滚轮；3—切斜凸模；4—组合镶套；5—切形冲孔凸模；6—侧压板；7—滚珠；8—压弯切断下模；9—压弯凹模；10—挡板；11—滚珠固定板；12—切断凸模；13，17—压弯凸模；14—导正销；15—卸料器；16—切废料凸模；18—切槽凸模；19—冲孔凸模；20—切形凸模；21，31—垫板；22—上模板；23—模柄；24—凸模固定板；25—导套；26—导板；27—滚珠保持架；28—钢珠；29—导柱；30—下模座

说明：图 9-35 所示，是用料厚 $t=1.5$mm，料宽 $B=74_{-0.3}^{\ 0}$mm 的 20 钢冷轧板的剪裁条料，在公称压力为 800kN 的国产 J12-80 型开式单柱活动台偏心压力机上，使用图 9-35 示出的滚动导向滚珠对角导柱钢模架 7 工位连续式复合模，成批和大量冲制图 9-35 中冲压零件图示出的衔铁冲压件，不仅冲压件质量好，而且效率高，操作安全，可以顺利达到优质、高产、低消耗的目的。

该模具冲制衔铁零件的冲模设计采用了：滚动导向滚珠导柱对角导柱模架弹压卸料导板式冲孔切边、切口冲孔、冲槽切斜面连续冲裁，连续弯曲并切断的七工位连续式复合冲压结构。其特殊部位，在于由件 1～5 构成的冲切 20°斜面机构，设计合理，冲切效果好。

由于冲件形状复杂，尺寸精度要求高，采用滚珠导柱模架。为保证导板对凸模的导向精准，在其凸模 17、18、19、20 等集中的中心部位，在导板下面的沉孔中，嵌装一导向镶板，与凸模采用基轴制 h6/H7 配合，为凸模导向并给凸模工作段以横向支承。

模具工作时，第一工位将条料送至成形侧刃挡块外，冲裁工件部分外形和两个方孔；第二工位切断两个小方孔，冲出大孔，并用导正销 14 导正两个小方孔；第三工位冲槽与切 20°斜面；第四工位压弯。第五工位空工步；第六工位压弯小脚；第七工位切断。

所有废料均由下模漏出，凹模与压板都采用拼块，便于修理。

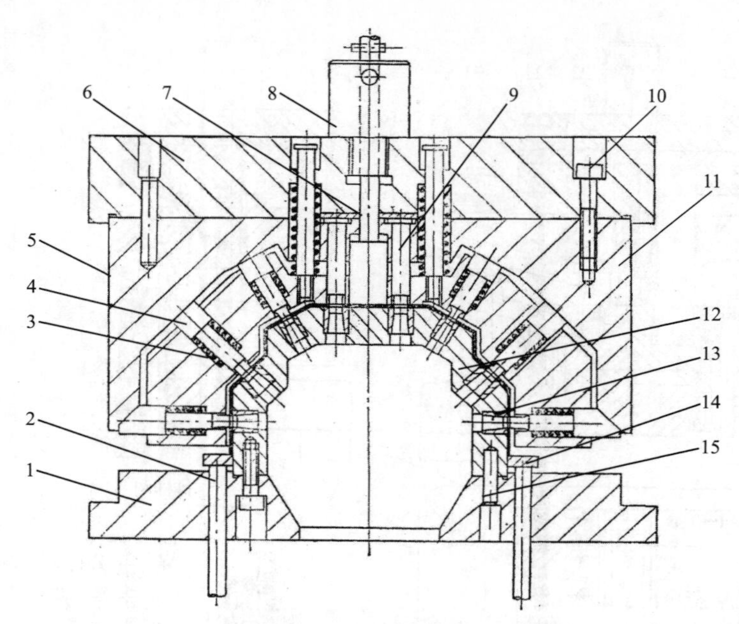

图 9-36　框架无导向楔传动单工序
多向冲群孔模实用结构

1—下模座；2—顶杆；3—弹簧；4—冲孔凸模；5—斜楔（左）；6—上模座；7—卸件器；8—模柄；9—冲孔凸模；10—螺钉；11—斜楔（右）；12—凹模框架；13—凹模镶件；14—顶件器；15—销钉

说明：图 9-36 所示框架是一多面多孔的厚钢板承载零件，用机械或钻床打孔，效率低，且多次换位装夹。孔位误差太大。冲压制孔，一次同时冲成，孔位几何精度高，效率高，值得推广。

其运作过程是：将欲冲孔坯件放入下模座上，上模下行合模先将坯件各台阶各面与下模压实合模，上模继续下行，便开始将多向多面 8 个孔一次冲孔。上模回程因有卸件器与顶件器作用，可顺畅卸件并从模上取下。

9.5.2　特殊的创新冲模的实用典型结构（图 9-37～图 9-48）

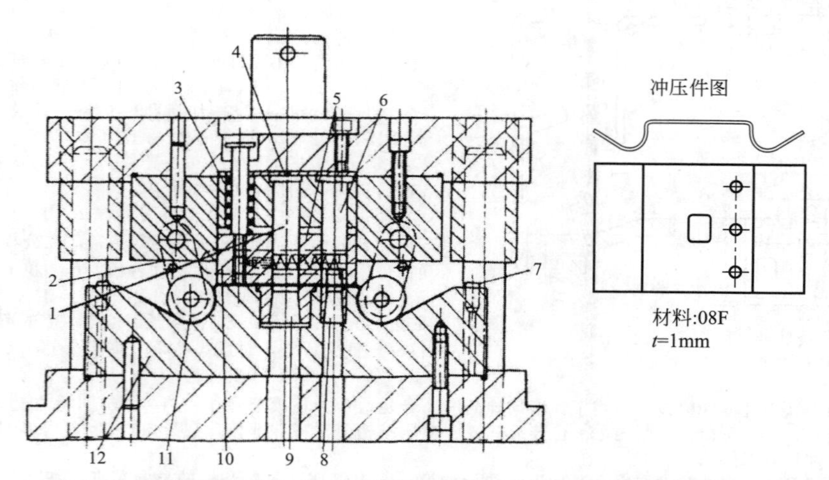

图 9-37　雨罩滑动导向中间导柱模架冲孔、弯曲成形复合模实用结构

1—冲矩形孔凸模；2—压弯滚轮凸模；3—上固定板；4—垫板；5—弹压导板凹模；6—冲群孔；7—挡料销；8—冲孔凹模嵌件；9—冲矩孔凹模嵌件；10—弹压卸料板；11—凸模辊；12—凹模

说明：图 9-37 所示为雨罩滑动导向中间导柱模架冲孔、弯曲成形单工位多工步复合模实用结构形式。其冲孔凹模采用镶嵌结构，为提高冲模寿命创造了条件。该冲模尽管用一套专用冲裁落料模随时为该模具提供冲压毛坯，多用一套冲裁模，但最终复合冲压成形仍具推广价值。

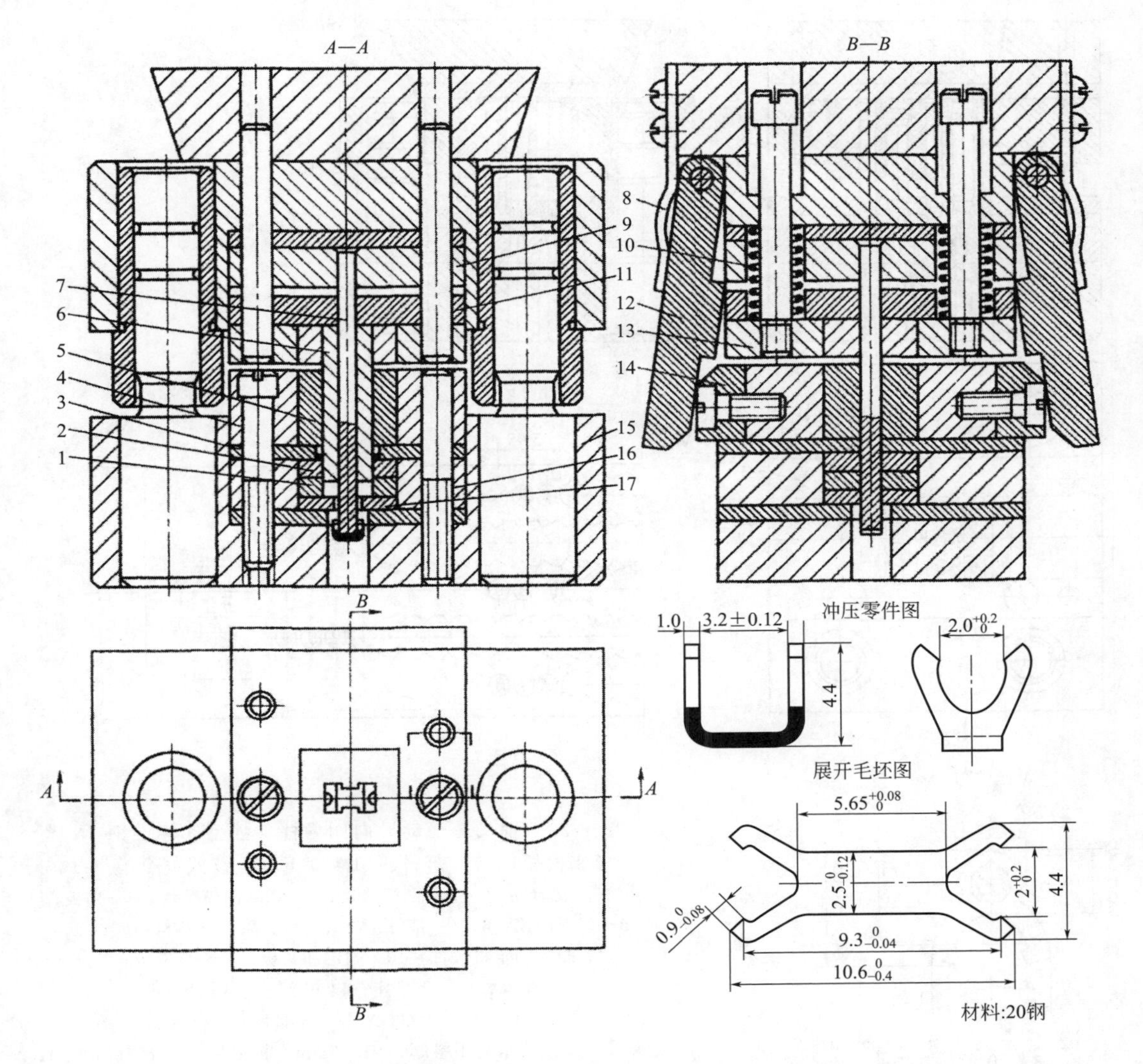

图 9-38　量卡滑动导向中间导柱加强型钢板模座模架用限位摆动块的单工位多工步复合模

1,2—整修凹模；3—容屑沟板；4—凹模框；5—落料凹模；6—落料凸模夹套；7—弯曲凸模（芯）；8—片簧；9—凸模固定板；10—弹簧；11—弹压导板；12—摆块；13—弹压卸料板；14—楔块；15—下模座；16—凹模框；17—弯曲凹模

说明：图 9-38 所示为量卡用限位摆动块的多工步复合模。从图中所示冲压零件及其展开毛坯图中可以看出，该冲压零件尺寸小、精度高，用复合模一模成形，完成高精度展开坯件弯曲成形，有一定难度。冲件料厚 $t=1$mm、20 钢材质，冲裁间隙一般为（4%～6%）t，实际采用间隙 $C=0.05$mm，要保证冲件的$0.9_{-0.08}^{\ 0}$mm、$5.65_{\ 0}^{+0.08}$mm、$9.3_{-0.04}^{\ 0}$mm 尺寸精度，一般冲裁模有一定难度。同时，作为专用量卡，要求四爪冲切面平直、表面粗糙度 $Ra<0.4\mu$m，则要经整修、精冲才能达到。为此，该冲件采用对落料毛坯整修后弯曲成形。冲压件尺寸小，分序多模冲制，半成品手送入模困难大、定位难。用复合模冲制，要在压力机一次行程中，在一个工位上完成落料、整修、弯曲三个工步。冲模结构设计采取如下措施：该冲模采用顺装式结构和多层重叠式不同作业用途的凹模，条（带）料经同一个多功能凸模落料后，凸模将落料毛坯推至第二层整修凹模整修后，上模继续下行，限位摆动块 12 靠楔块 14 斜面向外摆动，使凸模 7 在弹簧 10 压缩后从套 6 中推出增长，实现工件的最终弯曲成形。

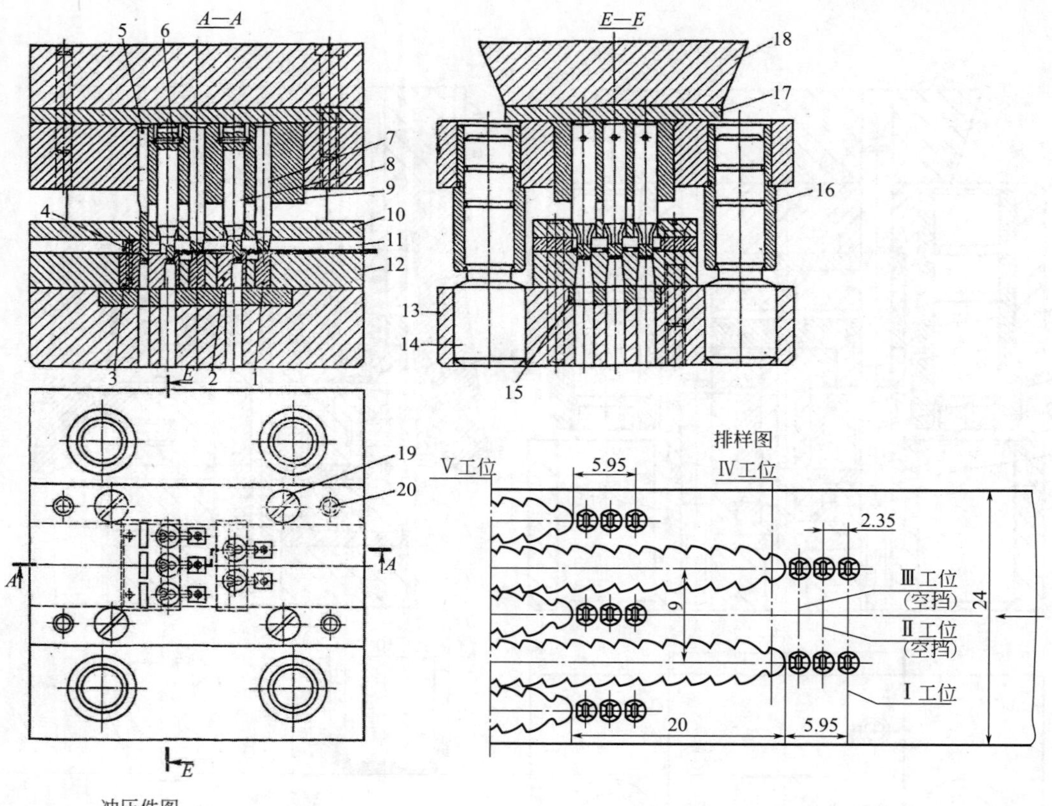

冲压件图

材料H62
t=1.25mm

图 9-39　轴头座滑动导向四导柱加强型非标准钢模座模架冲挤、落料、切断 5 工位连续式复合模

1—冲挤凹模镶块；2—落料凹模镶块；3—切断凹模镶块；4—挡板；5—切断凸模；6,20—销钉；7—冲挤凸模；8—落料凸模；9—凸模固定板嵌件；10—固定卸料板；11—导料板；12—凹模框；13—下模座；14—导柱；15—下垫板；16—导套；17—上垫板；18—上模座；19—螺钉

说明：图 9-39 所示为用料厚 $t=1.25$mm，料宽 $B=24^{-0.1}$mm 的 H62 黄铜冷轧带料，在公称压力为 400kN 的国产 JH21-40 型开式双柱固定台压力机上，使用图 9-39 示出的滑动导向四导柱加强型非标准钢模座模架，冲挤、落料、切断 5 工位连续式复合模，成批和大量冲制图 9-39 中冲压件图示出的冷锻立体形零件。由于该冲压件尺寸小而其尺寸与形位精度要求较高，采用宽大的搭边与沿边以及加大行距的 5 行排样，设冲挤成形、冲裁成形并落料。同时，考虑废料搭边框的切断，以利黄铜的废料回收再生。

由于冲挤成形是用 $t=1.25$mm 的带料，在闭口冷锻模的模腔中冲挤板料充满模腔而成形。冲挤时进入模腔的原材料 H62 黄铜体积要依模腔大小及形状，在强大压力冲击下，重新分配。如原材料体积大，必须增加冲压方向的尺寸；原材料体积少了，会造成冲压件充不满模腔，出现“欠压”、“缺肉”，而成为废次品。故排样及工位设置是成败的关键环节，应予以特别关注。

该冲模的运作过程及结构特点如下：

①在冲挤成形的第 1 工步与冲裁成形及落料的第 2 工步之间设两个空工位，考虑废料切断工步放在最后一个工位，则构成三工步 5 工位的连续式复合模排样。

②采用加厚钢模座，加粗并加长导柱的滑动导向四导柱加强型非标准专用钢模架，有效并大幅度提高模架的刚度及承载能力。

③采用镶拼结构的模芯，考虑耐用，刃磨与修理，更换易损件方便。

④采用加厚的固定卸料板，加厚的凸模固定板以及厚垫板，以利提高其承载能力。

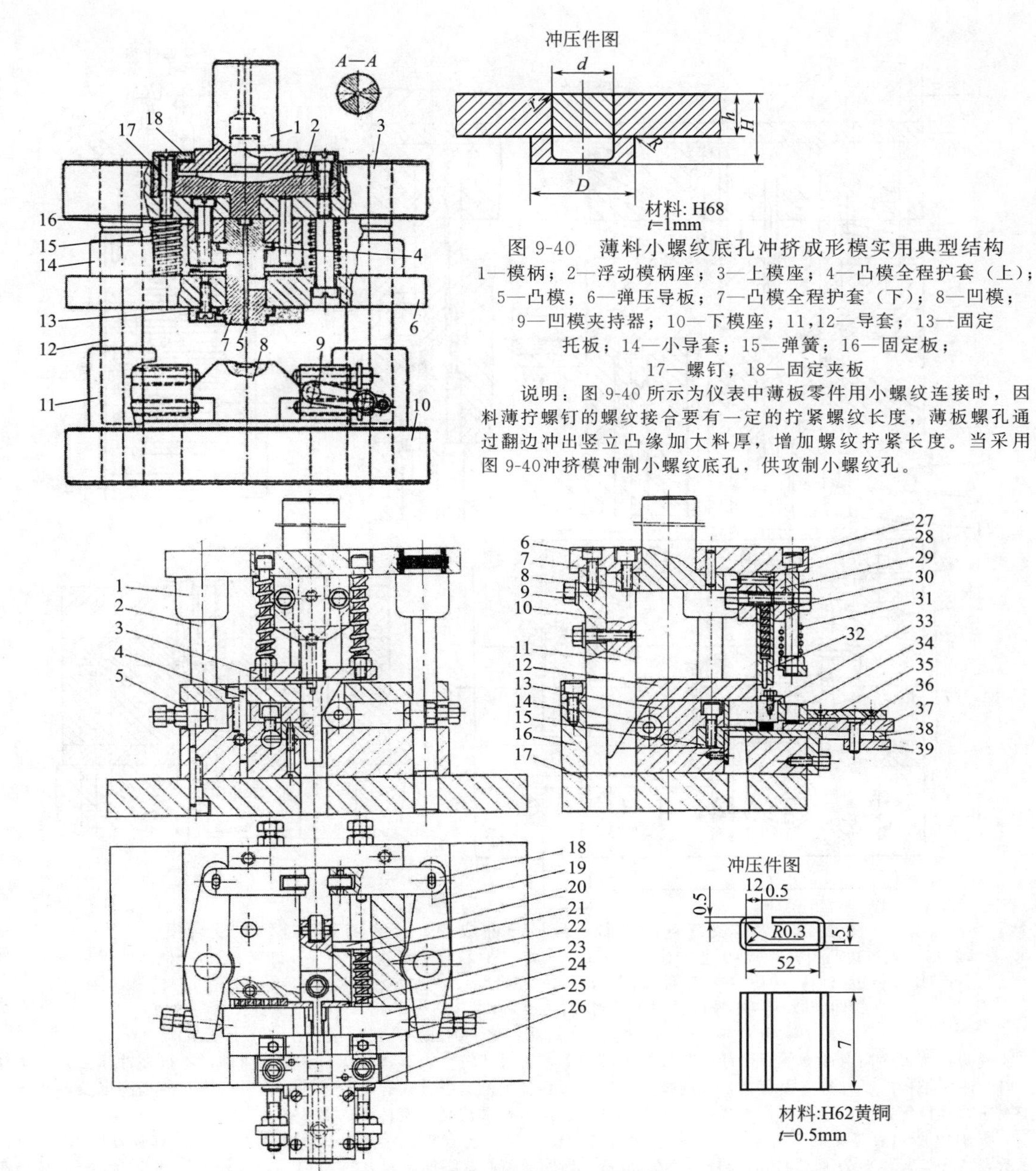

图 9-40　薄料小螺纹底孔冲挤成形模实用典型结构

1—模柄；2—浮动模柄座；3—上模座；4—凸模全程护套（上）；5—凸模；6—弹压导板；7—凸模全程护套（下）；8—凹模；9—凹模夹持器；10—下模座；11,12—导套；13—固定托板；14—小导套；15—弹簧；16—固定板；17—螺钉；18—固定夹板

说明：图 9-40 所示为仪表中薄板零件用小螺纹连接时，因料薄拧螺钉的螺纹接合要有一定的拧紧螺纹长度，薄板螺孔通过翻边冲出竖立凸缘加大料厚，增加螺纹拧紧长度。当采用图 9-40冲挤模冲制小螺纹底孔，供攻制小螺纹孔。

图 9-41　接头滑动导向中间导柱非标准钢模座模架切断、连续弯曲 2 工位连续式复合模

1—导套；2—导柱；3,23—卸料板；4—销钉；5—螺钉；6,9—内六角螺钉；7—上模座；8—模柄；10—斜芯；11—斜推板；12—上压盖；13—滑动模芯；14—滚柱；15—模芯；16—滑座；17,22—下模座；18—滑板；19—杠杆板；20—芯轴；21—送料杆；24—夹块；25—凹模座；26—轴衬；27—圆柱头螺钉；28—凸模；29—凸模垫；30—落料凸模；31—弹簧；32—弹顶卸件销；33—凹模；34—落料凹模；35—盖板；36—轴销；37—送料器；38—角钢；39—送料板

说明：图 9-41 所示是用料厚 $t=0.5$mm、料宽 $B=27$mm 的冷轧 H62 黄铜带料，在公称压力为 250kN 的 J12-25 型开式单柱活动台偏心压力机上，使用图 9-41 示出的滑动导向中间导柱非标准钢模座模架切断、连续弯曲 2 工位连续式复合模，成批和大量生产图 9-41 中冲压件图示出的冲压件接头。该冲压件外形简单，类似一个矩形盒子。而其展开平毛坯是一个宽×长＝27mm×133mm 的矩形平板。该冲模冲压时采用卷料，由自动送料装置，包括：开卷机、校平与润滑装置，将开卷带料送入模内（也可用手工送料），而后经切断、连续弯曲直至压成合格的制件，均在该模具内一模完成。料厚 $t=0.5$mm、料宽 $B=27$mm 的 H62 黄铜带，送入第 1 工位于落料凹模 34 刃口表面，由落料凸模 30 按 $L\approx133$mm 剪截成展开平毛坯，并推送至凹模下洞口出模，由送料器 37 推送毛坯进入滑动模芯 13。由于楔斜芯 10 和斜推板 11 在中间楔下行时推动匹配滚轮使送料杆 21 的压簧储存的压力得以释放，将平毛坯弯成⊓形并由送料器 37 将其推送到滑动模芯 13 下。此时，中间楔推动左右两边匹配滚轮，通过滑板 18 拉动杠杆板 19 对模芯下的⊓形坯件进行相向弯曲成矩形盒状。当上模回程上升时，楔推动卸料板 23，从模芯上推卸下成品工件，完成冲制。

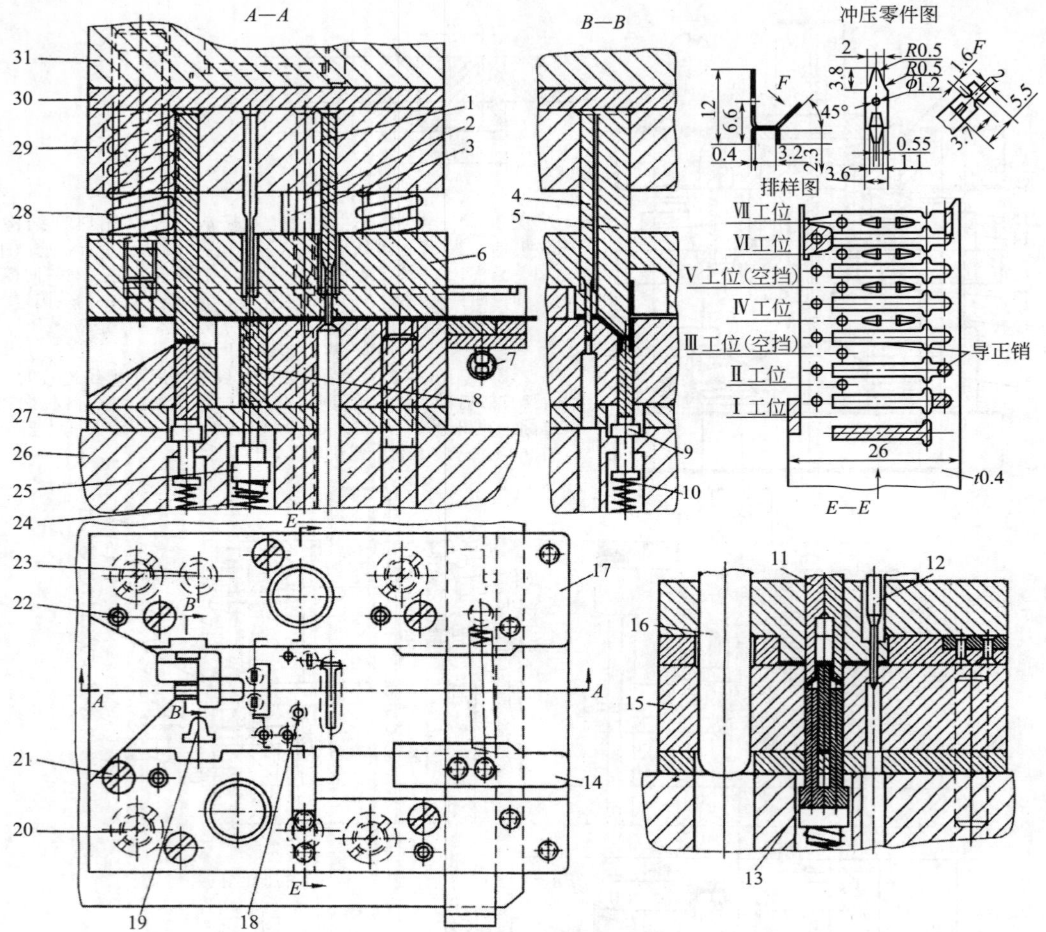

图 9-42　表芯支架连续冲裁、连续弯曲成形并切断 7 工位连续式复合模

1,2,19—裁搭边凸模；3—冲工艺定位孔凸模；4—切开凸模；5—弯曲凸模；6—卸料板；7—侧压装置拉簧；8—切口扳边凹模；9,13,25—顶件器；10,24,28—弹簧；11—扳边凸模；12—导正凸模；14—侧压板；15—凹模；16—小导柱；17—导料板；18—冲小孔凸模；20—内六角螺钉；21—螺钉；22,23—圆柱销；26—下模座；27,30—垫板；29—凸模固定板；31—上模座

说明：薄板多向弯曲立体成形冲压零件的一模成形，对尺寸较小、形状复杂的多向弯曲件，不仅在冲压工艺、排样图以及冲模结构的设计等方面存在较大的技术难度，而且各工位送进方式的确定、各工位送进精度的提高以及各冲压工步次序的排列等，都有较高的技术含量，在模具制造上技术要求较高，模具调试技术难度大。

图 9-42 所示表芯支架Ⅶ工位一模成形连续式复合模及其工艺安排和结构设计，颇具代表性，有较好的参考价值。图示表芯支架，材料为硬态 H68、料厚 $t=0.4$mm。其外形类似弯脚伸向四方的 X 形，最大外形尺寸仅 12mm，最小弯脚长度仅 2.3mm。其展开平毛坯如图中排样图的Ⅶ工位所示，其尺寸为 20.7mm×3.6mm，一端有 ϕ1.2mm 小孔，另一端有宽 1.6mm 的两个对称的半圆凹口。头部为高 3.8mm 的等腰三角形，底角外有半径为 0.5mm 的圆弧。中心点两侧 3.2mm 处，有对称的两个底边长 1.1mm、高 2.3mm 的三角形切口 90°扳边。此工件形状复杂，工艺性差，使用裁搭边，冲孔连续冲裁和连续弯曲后切断 7 工位连续式复合模冲制。在冲模结构设计中采用了如下技术措施。

①充分利用裁搭边排样的优势。通过适当放大搭边量、小凸台及小凹台与搭边组合冲切，变小凸模和窄凸模冲裁为大凸模及刚度较好的凸模，如展开平毛坯的三角头及小台阶、毛坯尾部的半圆凹口与尾部小平台等，详见排样图。

②考虑冲模结构设计的需要并提高凹模强度，凸模在固定板上的固定要有足够的位置，特设置Ⅲ、Ⅴ两个空挡工位，见排样图。

③采用标准矩形侧刃如导正销节制送料进距并微调进距误差。考虑料宽而进距小送进精度高，在侧刃一边的结构废料上增设工艺定位孔，并与另一端设在搭边上的导正销平衡。

④用侧刃控制进距误差<0.15mm，再经两导正销微调，可使送进偏差小于 0.04mm。采用标准导柱模架、弹压卸料板(带小导柱) 导向的精密冲模结构Ⅳ工位切口扳边后，为送进方便，特按两扳边齿距，留出空槽至Ⅶ工位弯形弹顶下模垫。冲孔与冲长槽孔凸模，杆部都应加粗。为提高凸模导向精度和抗纵弯能力，采用加厚卸料板和固定板。在导料板的入料口装设侧压装置。最后的切口弯曲工位，设计有更大的成形空间，下模设有 30°卸件斜坡，以便成形及冲压零件出模。

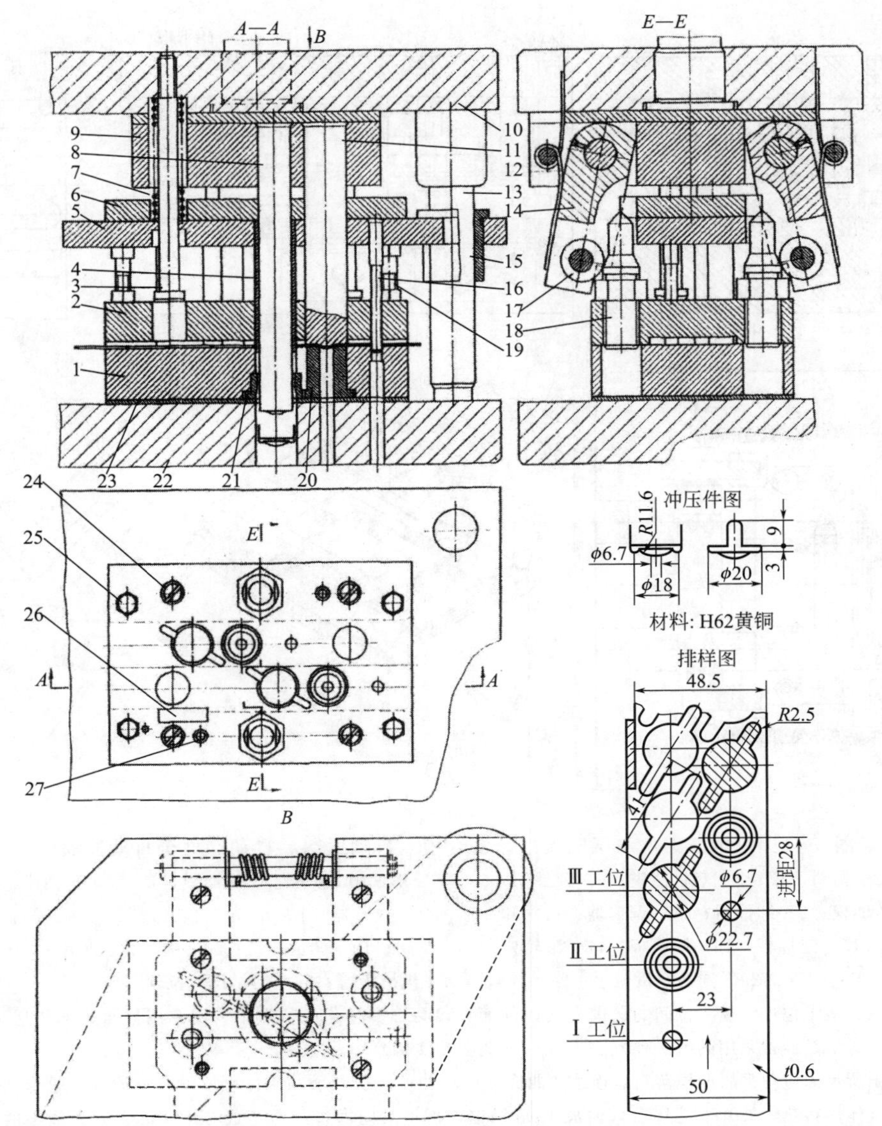

图 9-43　扣盖用限位摆动块的滑动导向对角导柱钢模架弹压导板 3 工位连续式复合模

1—凹模；2—固定卸料板；3—限位柱；4—凸模套；5—弹压导板；6,23—垫板；7—弹簧；8—拉深压弯凸模；9—凸模固定板；10—上模座；11—压凸成形凸模；12—扭力弹簧；13—导柱；14—摆动块；15—导套；16—冲孔凸模；17—滚轮；18,19—限位柱；20—成形凹模镶块；21—拉深凹模嵌件；22—下模座；24—螺钉；25—六角螺母；26—侧刃；27—销钉

说明：该冲压零件的展开平毛坯的形状与尺寸，如排样图中Ⅲ工位所示。冲压工步的安排为：第 1 工位冲 $\phi 6.7$mm 中心孔，第 2 工位压凸成形 $R11.6$mm 凸包；第 3 工位落料、拉深并弯曲复合冲压成形。

该冲模的结构设计十分新颖，利用限位摆动块提高冲裁位置并设置第 3 工位三步作业，其特点如下：

①该冲模整体结构虽为滑动导向对角导柱模架固定卸料板结构，但有新的创意：采用三个工位有一定高差的凸模，在Ⅲ工位采用双层凹模与最长的Ⅲ工位复合冲压凸模匹配。为此，采用双侧凸模固定板，将冲孔凸模安装在最下面一层的凸模固定板上。该固定板设计为两层，并挂装在模架导柱上，可上下活动，同时确保与Ⅱ、Ⅲ工位的位置度与同轴度。

②在上模座上的上层固定板两侧，垂直于送料方向，装有以件 14 摆动块为主，配控制柱 18 及滚轮 17、扭簧 12 等主要零件构成的冲裁作业控制系统和以限位柱 3、压簧 7 为主构成的限位系统。

③卸料板 2 加厚，并依冲孔凸模 $\phi 6.7$mm，落料凸模及压凸冲头直径大小，按基轴制 h5/H6 配合，制作匹配模孔确保导向精准，从而使卸料板变成具有良好导向功能的导板并兼有卸料功能。

④凹模板件 1 加厚，使其可以在第 3 工位上、下安排上层为落料凹模，第二层是拉深、弯曲复合成形凹模。

⑤第 3 工位凸模外套承担落料与第 2 工位冲孔同步。该凸模内芯是落料后浅拉深 3mm 并将对称支臂弯 90°，工件由凸模推过模孔卸料环后自动卸下出模。

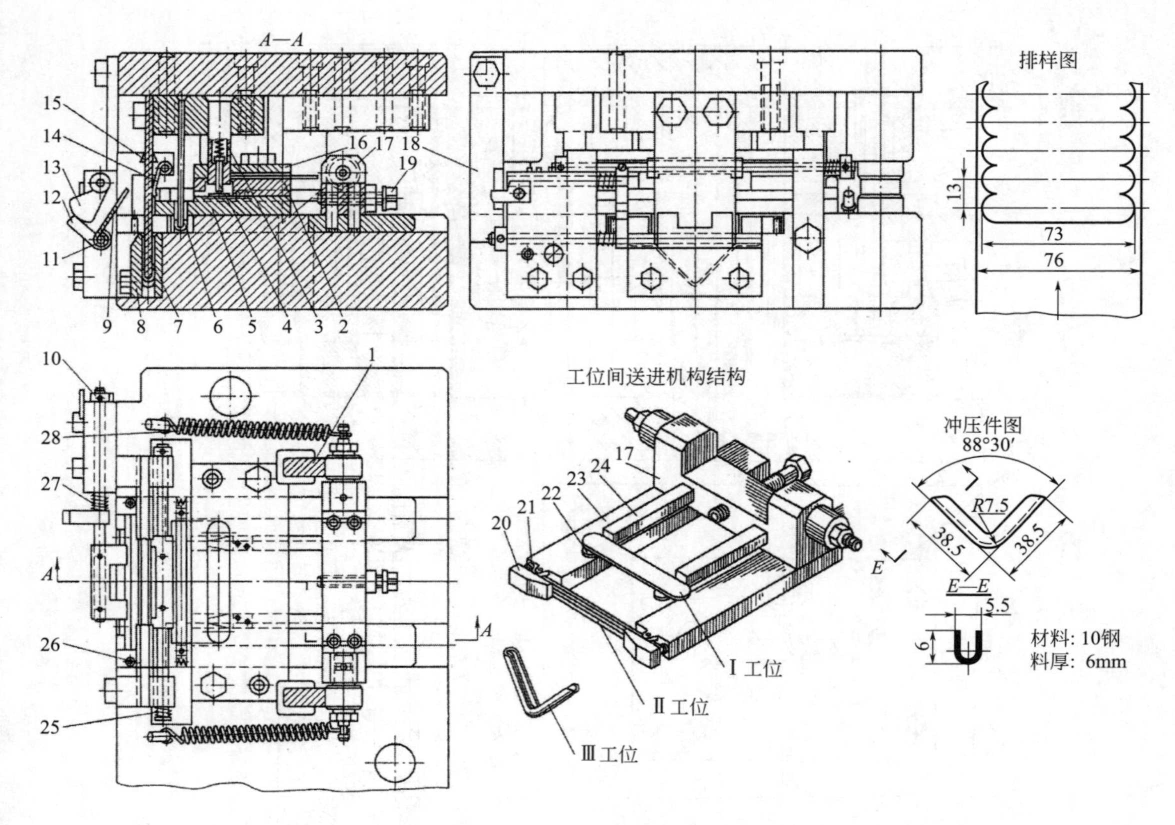

图 9-44　包角三工位多层凹模连续复合模（自动送料、自动卸件全自动冲模）

1—斜楔；2—落料凹模；3—落料凸模；4—顶件销；5—弯 U 形凹模；6—弯 U 形凸模；7—弯单角凸模；8—弯单角凹模；9—卸件器；10—调位器；11—卸件轴；12—执行器；13—凸轮；14,21,25,27—弹簧；15—连接板；16—卸料板；17—滚轮架；18—支架；19—调位螺钉；20—夹坯件机械手；22—推毛坯机械手；23—导轨；24—机械手臂；26—销；28—拉簧

说明：多工位连续模工位间的送进方式因件而异，具有多样化的特点。利用专用推送机构传递工件，实现工位进给是经常采用的另一种方法。图 9-44 为典型实例。

该图所示为包角多层凹模落料、连续弯曲成形自动冲模。从图示冲压件可以看出，该零件是直接用带料，经整体落料获得展开平毛坯后弯曲成 U 形槽钢，再将其向槽口一边弯成 88°30′，成形为最终的包角零件。

该冲模结构设计充分考虑连续弯曲成形需要较大成形空间，而Ⅰ工位仅落料毛坯，故三个工位的凹模呈三台阶布置，各相邻工位凹模的高差，除考虑零件弯曲成形尺寸外，要兼顾模具结构的需要。有时会出现送料进距 S 相同，三个工位凹模高度却各不相同，造成三凸模长度相差悬殊，但确是实际需要。所以，冲模结构设计工位间送进方式采用专门送进机构传递，其详细结构示于图 9-44 冲模的下模座为左端台阶形加厚模座。在上层装第Ⅰ工位落料和第Ⅱ工位弯 U 形槽钢的凹模，见图中件 2～6。在下边底层装弯曲 88°30′角成形凹模。三凹模在水平面的中心距即送料进距 S 是相等的。因三者所需作业空间不同，造成凹模厚度不等，各工位有较大高差。在下模座表层装第Ⅰ、Ⅱ工位下模两边沿送料方向各有一条导轨槽将送料机构导轨 23 嵌入，将Ⅰ、Ⅱ工位模芯夹在两导轨之间，送料机构便可用机械手 22 和 20 分别在第Ⅰ、Ⅱ工位凹模下边出件口两侧，接送坯件到Ⅱ、Ⅲ工位。第Ⅱ工位的 U 形槽钢弯成后，由机械手 20 的弹性夹持器自动夹紧。当楔 1 脱离送进机构的两个滚轮后，挂在滚轮轴上的拉簧会拉动送进机构由右向左送坯料到位。当Ⅰ工位落料的展开毛坯由机械手 22 送至Ⅱ工位的同时，由Ⅱ工位弯成的 U 形槽钢也由机械手 20 送至工位进行弯曲。

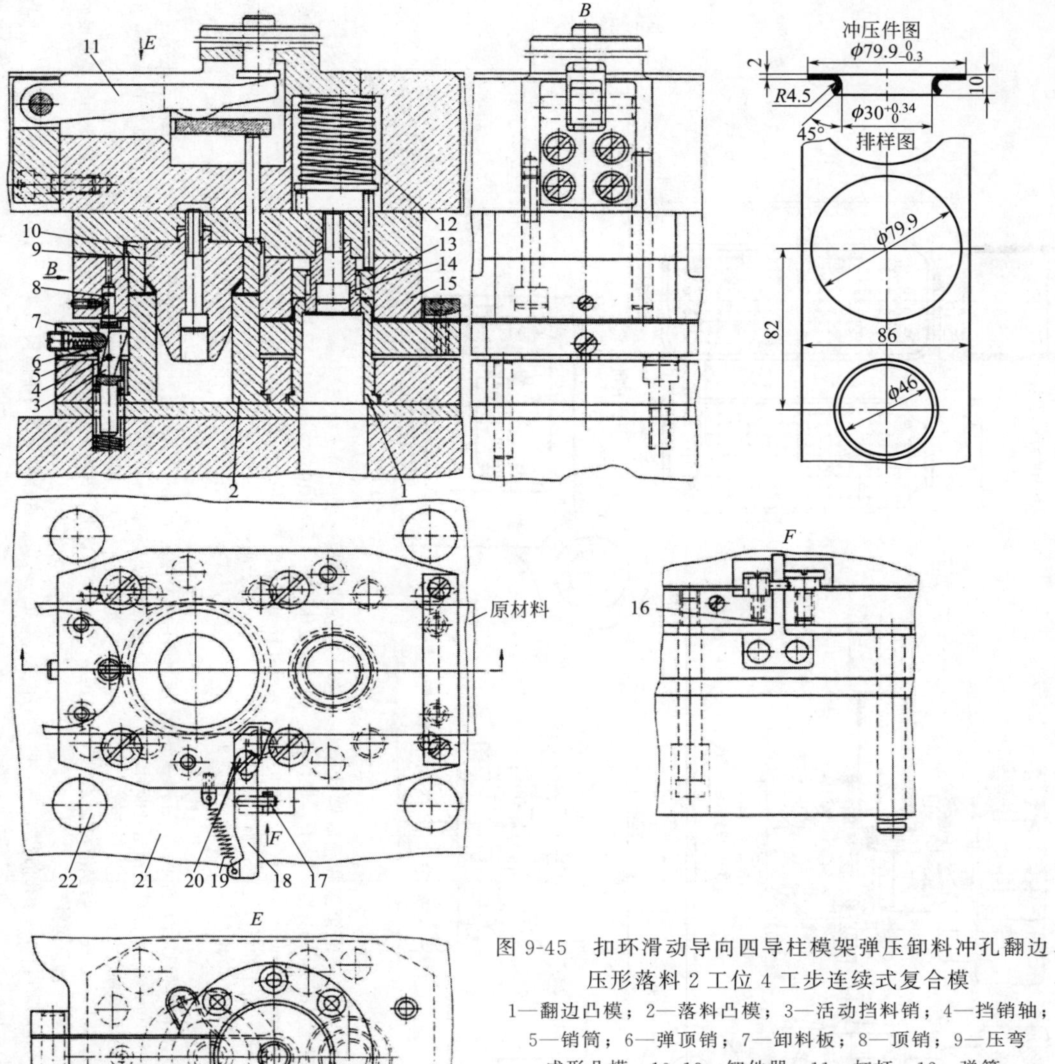

图 9-45　扣环滑动导向四导柱模架弹压卸料冲孔翻边、压形落料 2 工位 4 工步连续式复合模

1—翻边凸模；2—落料凸模；3—活动挡料销；4—挡销轴；5—销筒；6—弹顶销；7—卸料板；8—顶销；9—压弯成形凸模；10,13—卸件器；11—杠杆；12—弹簧；14—冲孔凸模；15—翻边凹模；16—始用挡销支架；17—转轴；18—始用挡料销；19—拉力弹簧；20—调节螺钉；21—下模座；22—导柱

说明：图 9-45 所示为扣环滑动导向四导柱模架 2 工位 4 工步连续式复合模。这类冲模不仅在薄料冲压中具有先校平板料而后冲压，从而提高冲压件平面度、形位精度的优点，而且冲压精度较高。高精度、高效率、高寿命的“三高”冲模，大多采用这种结构形式。第 1 工位进行冲孔-翻边复合冲压，第 2 工位进行压弯成形-落料复合冲压。成品冲压件在模上推卸出模。该模具虽仅有两个工位，但能完成冲孔、翻边、压弯成形、落料等四工步工艺作业，比单冲模效率高 3 倍以上，冲压件的同轴度高，尺寸精度也较好。其缺点是模上出件，如无专门推卸冲压件装置，有时会因卸料动作与冲压动作不协调而不能连续冲压。

该冲模的结构紧凑，整体刚度好；采用四导柱加厚模座标准模架，由六只强力压簧支撑的卸料板上装有四只（每侧两只）侧边挡料柱（销），进料端装有导料槽压条，确保送进条料进入导料槽后，两侧边有两组柱销限位，送料平直顺畅。条料首次送进时，由始用挡料销 18 定位，首先进行冲孔-翻边复合冲压。当上模回程时弹压卸料板从翻边凸模 1 上将条料推卸下来，弹顶销 6 上升，脱离活动挡料销 3，使活动挡料销 3 摆直，由其下部的弹顶器将其向上顶出卸料板，对第 2 工位送进条料挡料。经翻边的工件送到第 2 工位后，压弯成形凸模 9 头部会导正后进行压弯成形-落料复合冲压。冲制完成的冲压件在上模上升后靠模柄中的顶杆，通过推板和推杆推动卸件器 10，推卸冲压件出模到模具工作面。杠杆 11 的转轴安装见 F 向视图。从 E 向视图中可以看出卸件系统的整体构成及卸件方法。该冲模凸、凹模均采用压入嵌装结构，可用精车与精磨达到很好的加工精度与更低的表面粗糙度值。

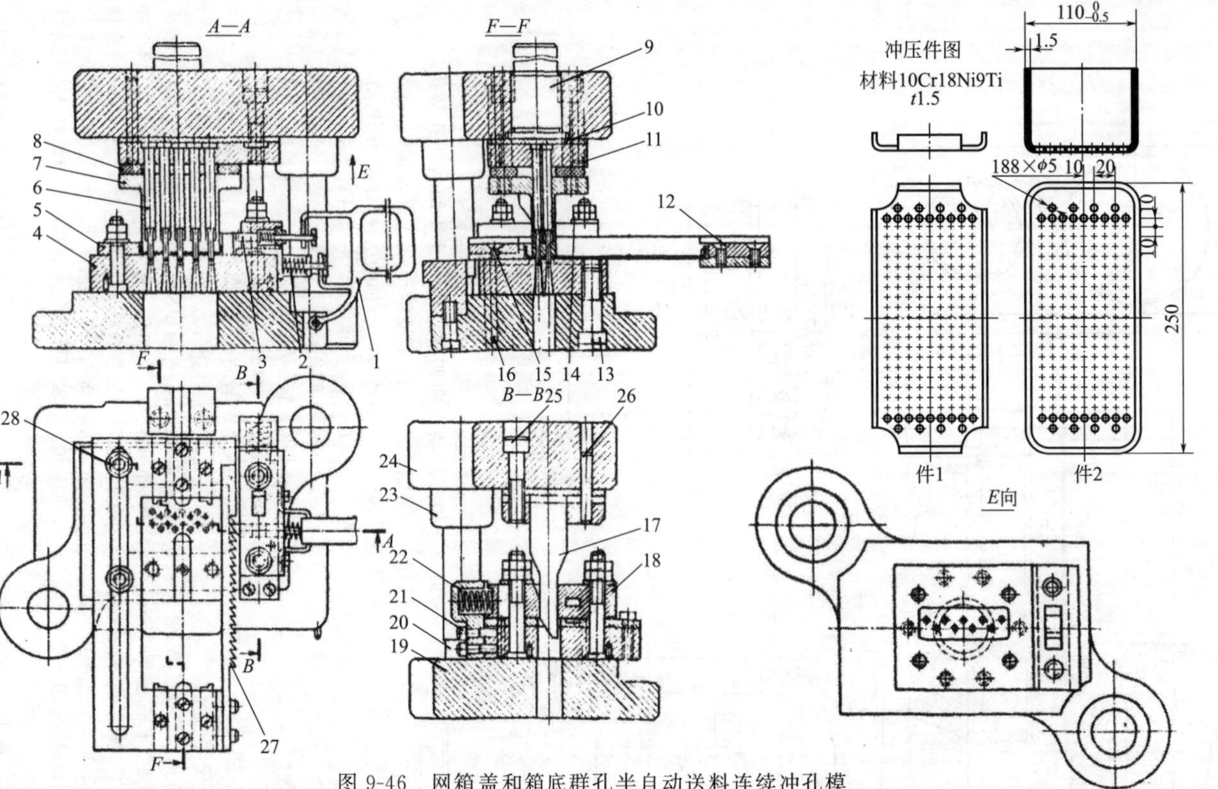

图 9-46　网箱盖和箱底群孔半自动送料连续冲孔模

1—拉手；2—弹簧；3—单齿接插杆；4—凹模；5—可调夹具框；6—冲孔凸模；7—弹压导向护套；8—橡胶体；9—模柄；10—垫板；11—凸模固定板；12,21,25—螺钉；13—内六角螺钉；14—垫圈；15—埋头螺钉；16,26—销钉；17—斜楔；18—楔滑块；19—下模座；20—导柱；22—弹簧；23—导套；24—上模座；27—齿条；28—调整螺钉

说明：图 9-46 所示为网箱盖和箱底的半成品进行连续冲孔，由于冲压件上群孔密布，在 250mm×110mm 的表面积上，共 9 行 22 列总计 188 个 ϕ5mm 的孔。孔的排列有两种形式：4 孔一列，共 4 列，盖和底各有两列，均为首尾两列，孔距 20mm；另一种形式是每列 9 孔，孔距 10mm，盖和底均有 20 列、9 行，各 188 个 ϕ5mm 的孔。该冲模的冲孔运作过程及结构特点如下：

①一次冲两列共 9 个 ϕ5mm 的孔，见 E 向视图，这两列孔的排样是：前列 4 孔，后列 5 个孔，两列前后孔心距为 10mm。而每行对应孔中心距均为 10mm。如由 5 孔一列变成 9 孔一列，只用将 4 孔行列与 5 孔行列先后连续错开冲孔按 10mm 一个送料进距送进即可。因为每次冲压行程同时冲出两列孔，按孔位排列，前排 4 孔中心线正好在后排 5 孔的相邻两孔中心连线的中点，故只要送料装置按两列孔的中心距作为送料进距，进行连续冲孔，直到工件尾部掉头冲一次，即可完成冲孔加工。

②单齿接插杆 3 由楔 17 通过压簧 22 推动，承上模回程模具开启，楔 17 与楔滑块 18 脱开时，从齿条上的一个齿退出，与下一个齿啮合，每个齿距是一个送料进距。单齿接插杆 3 利用齿条齿型斜度在闭模前楔 17 推动楔滑块 18 通过件 13 联动齿条送料到位。

③每次 9 个 ϕ5mm 孔，冲孔凸模的排布示如图 9-46 中 E 向视图。每列 9 孔的共 20 列，两工件相同，都要冲两次。这样排布提高了凹模强度，发挥连续冲孔的优势，也使凸模加粗杆部加固后需要在固定板上有更大安装面积得到解决。

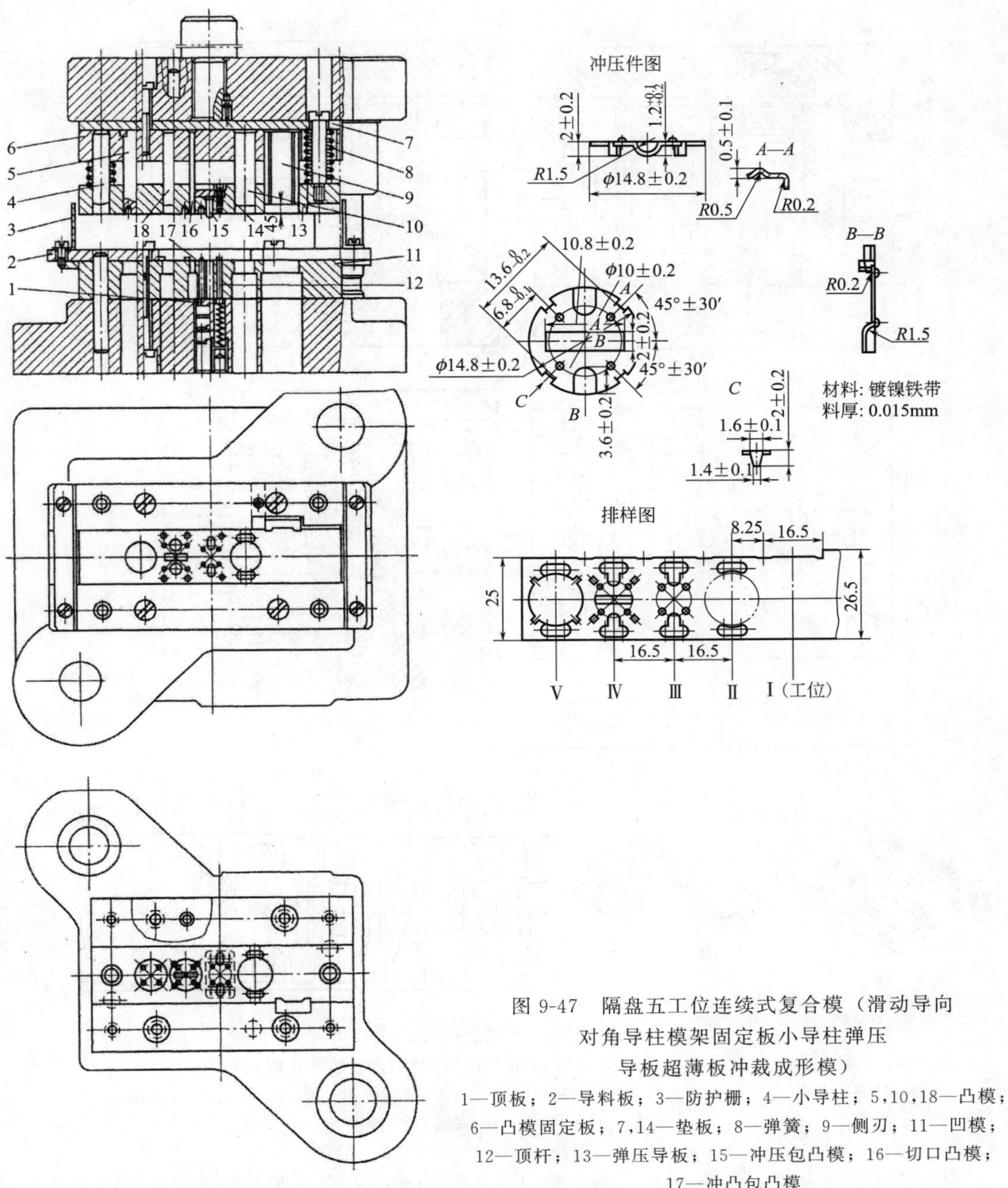

图 9-47 隔盘五工位连续式复合模（滑动导向对角导柱模架固定板小导柱弹压导板超薄板冲裁成形模）

1—顶板；2—导料板；3—防护栅；4—小导柱；5,10,18—凸模；6—凸模固定板；7,14—垫板；8—弹簧；9—侧刃；11—凹模；12—顶杆；13—弹压导板；15—冲压包凸模；16—切口凸模；17—冲凸包凸模

说明：图 9-47 冲模结构较复杂，是属于超薄板冲裁的弹压卸料板导向精密多工位连续式复合模一种常规结构形式。其卸料板上装小导柱，使凸模固定板、卸料板即弹压导板构成两板同柱，确保导板对凸模的导向误差减小到仅有小导柱与其匹配导板上导柱孔的导向间隙的一半，实际<0.005mm。这对保护细长小凸模并为其提供横向支承从而提高其抗纵弯能力十分有利。

该冲模五个工位实际上仅有四个冲压工步，共有非标准凸模 14 个，标准侧刃组件一组，采用整体式凹模板、整体式凸模固定板和整体式弹压导板。众多的多模孔工位和 14 个民间形非标准凸模，冲压料厚仅 0.15mm，冲压件尺寸精度相对较高，各工位冲孔均有控制公差，制造难度较大。

鉴于上述情况及精度要求，该多工位连续模宜采用以凹模为基准的配合制造法。在工艺顺序安排上，应先制造凹模，后以凹模孔实际尺寸配制五种共 14 个凸模。这种制造方法与工艺顺序的安排，也是多数多工位连续冲裁模和多工位连续复合模普遍采用的。

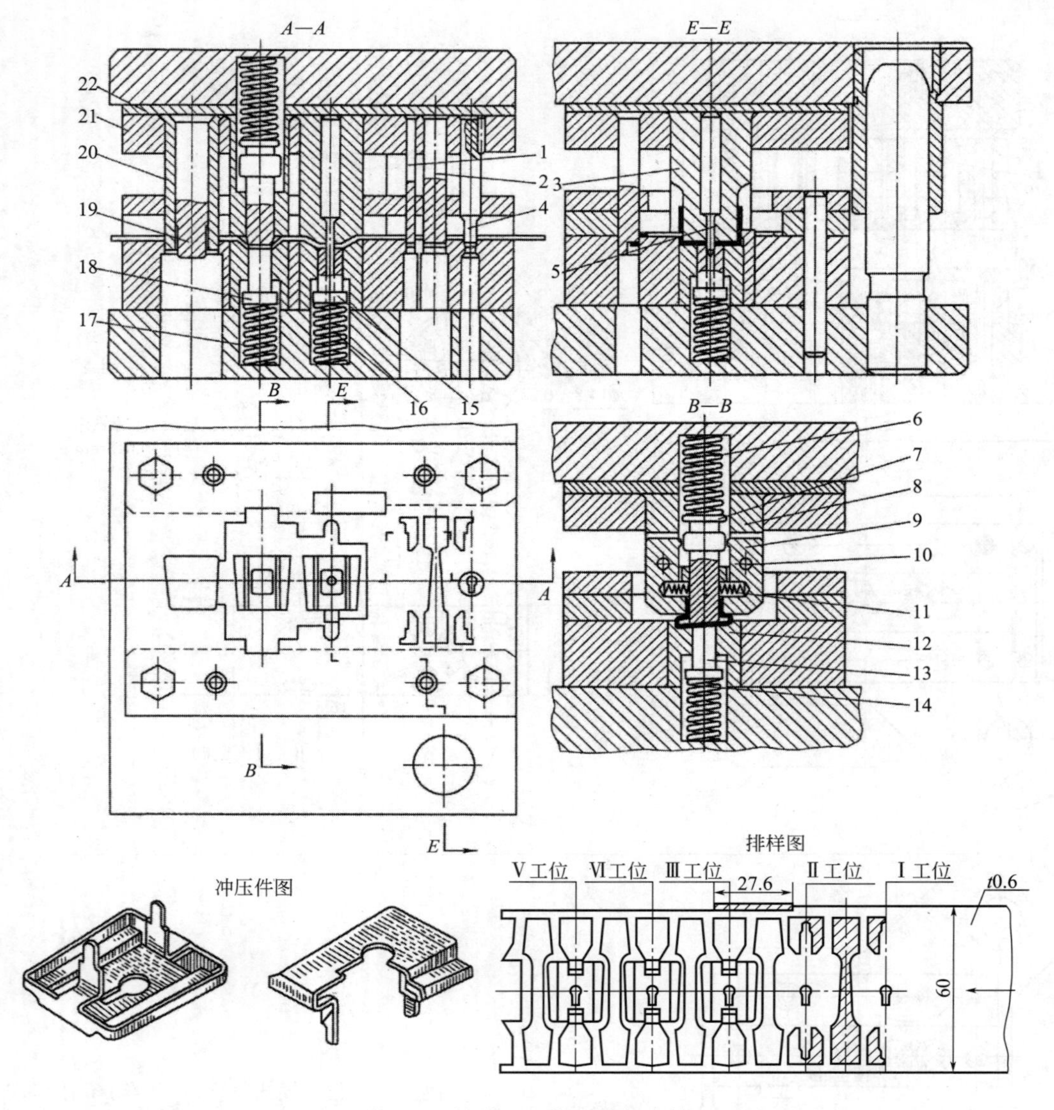

图 9-48　锁盖五工位连续复合模

（滑动导向对角导柱模模架固定卸料精准裁搭边拉深并弯曲成形连续模）

1,2—裁搭边凸模；3—拉深弯曲凸模；4—冲锁孔凸模；5—定位导正销；6,11,14,16,17—弹簧；7—带凸肩弯曲凸模；8—凸模体；9—摆动块；10—轴；12—镶块；13,15,18—顶件器；19—定位块；20—镶套；21—固定板；22—垫板

说明：图 9-48 所示冲模，直接由条（带）料，用多工位连续复合模，经冲切搭边、拉深成形并弯两边，再弯耳柄成形、落料，最后完成冲压件一模成形冲制。该冲模采用了先进的冲压工艺，主要体现在连续冲压工步与排样设计技术含量高；用裁搭边法取代连续拉深的工艺切口，而且拉深成形不同切边，没有精确的计算和实际的工艺实验，精准而不用切边的拉深件展开毛坯尺寸很难达到；第一次拉深兼弯形及第二次弯曲兼拉深盒底整形即第Ⅲ、Ⅳ两工位都是复合冲压，靠模腔及其弹顶压力来完成，模具调校技术要求较高。

该模具在结构设计上的主要特点如下：

①展开毛坯用裁搭边法多凹模组合冲切，工位间送料用送料携带工件至各工位冲压加工，用侧刃控制送料进距，确保 $S=27.6$mm。其送料进给方式具有典型性和实用性；

②第二次弯曲用摆动夹式凹模结构，见 $B—B$ 剖视图，实施侧弯；

③采用加强型滑动导向对角导柱模架，模座加厚，导柱加粗，保证冲模连续工作不变形，运作平稳。

第10章 少废料与无废料冲裁模实用典型结构

10.1 排样、搭边、少废料与无废料冲裁

在板料冲压排样中，既无沿边又无搭边，在冲压过程中不产生工艺废料的排样方式即所谓无搭边排样。只有成功地设计出无搭边排样才有可能实施无废料及少废料冲裁。

平板冲裁件和成形冲压件的展开平毛坯（以下通称冲裁件）落料时在条、带、卷料上的排列布置方式即排样。任何板料冲压件，都要经过落料冲裁。当从条（带、卷）料上落料时，冲裁件与条料侧边、冲裁件与冲裁件之间都留有搭边，落料后条料除去冲裁件而成为一个个搭边框。每落料一个冲裁件都留有两条料边，即侧搭边亦称沿边。这些搭边与沿边和条料料头、料尾，通常为工艺废料。而由于冲裁件结构形状所致，如有孔、沟槽、凹口、凸台等，在冲裁过程中产生的冲孔、冲缺口等废料，称之为结构废料。有搭边排样只能进行有废料冲裁。通常冲裁件工艺废料约占冲压材料消耗的12.5%～17.5%。冲裁件的结构废料随冲裁件外廓形状及内孔多少及结构尺寸不同，波动很大。如果采用无搭边排样，同时冲裁件又无结构废料，则有可能实现无废料冲裁。使材料利用率接近100%。多年的实践经验证明，能进行完全的无废料冲裁的冲件是十分罕见的，但凡能进行无搭边排样的冲裁件都可以进行少废料冲裁。由于绝大多数冲裁件都带有不同孔径及各种孔形的孔，外廓大多不是直线，或多或少都会产生一些结构废料。同时，条料上的料头、料尾也难以避免。所以，多数无搭边排样仅能实现少废料冲裁，通常材料利用率≤90%。

10.2 少废料与无废料冲模的主要结构类型

10.2.1 无导向装置的少废料冲裁模实用结构形式

这类少废料与无废料冲裁模多为既无搭边又无沿边排样冲件的冲模、无沿边或无搭边排样冲件的冲模；但多数冲件形状简单而且多数为无孔的平板冲裁件。

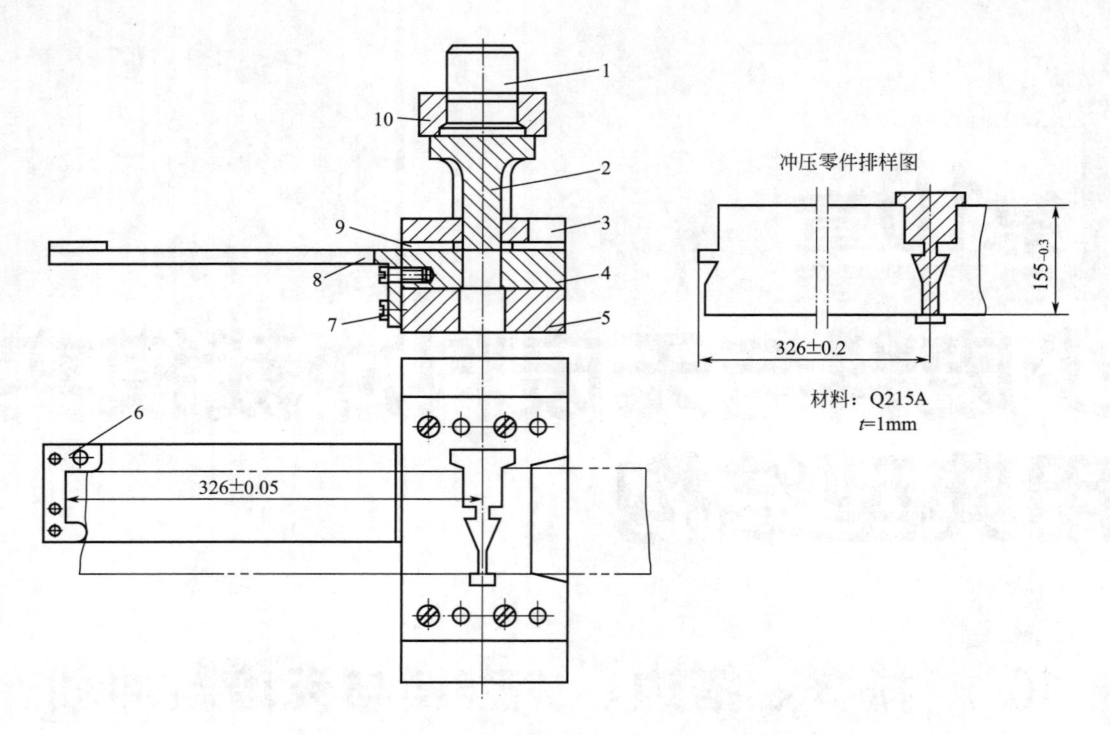

图 10-1　侧板无导向剪截落料单工序冲模实用结构形式

1—模柄；2—凸模；3—卸料板；4—凹模；5—下模座；6—定位板；7—支承板支架；8—承料板；9—导料板

说明：图 10-1 所示为热控表箱侧板成形剪截落料模。该冲裁件剪截为成形刃口，无沿边排样，侧板除剪截成形有一些结构废料外，因冲裁侧板无内孔、无工艺废料，故可进行少废料冲裁。

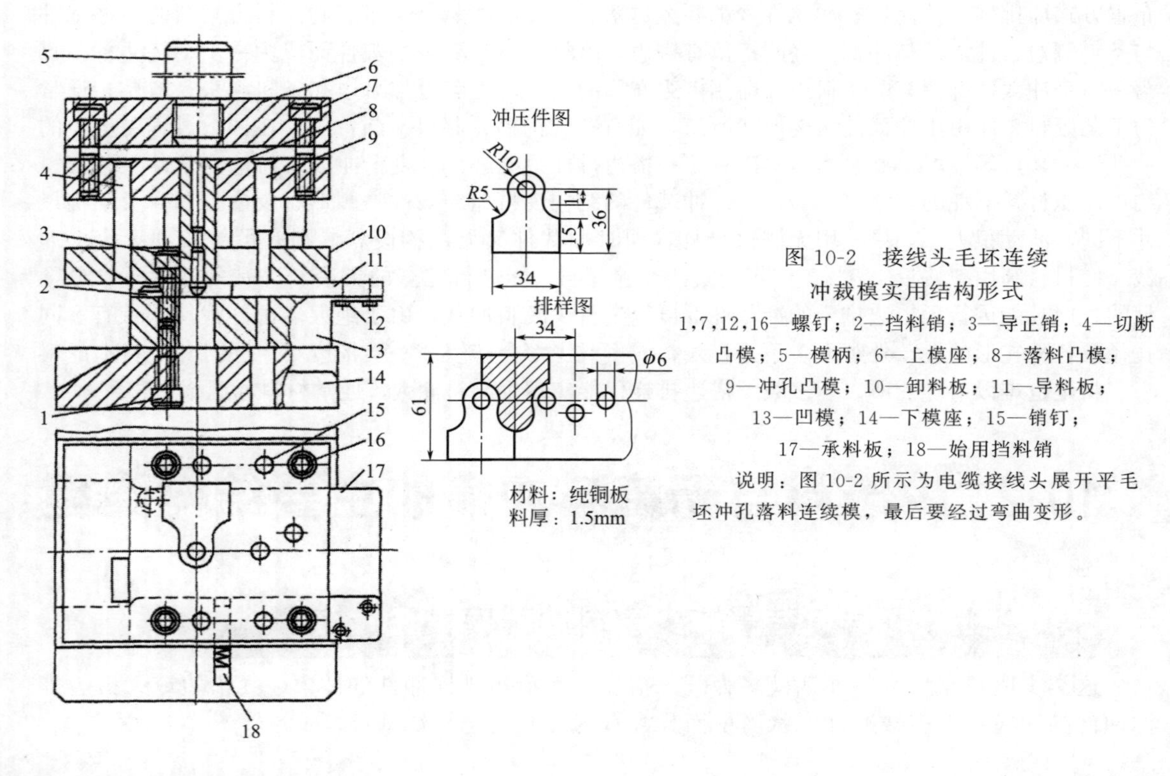

图 10-2　接线头毛坯连续冲裁模实用结构形式

1,7,12,16—螺钉；2—挡料销；3—导正销；4—切断凸模；5—模柄；6—上模座；8—落料凸模；9—冲孔凸模；10—卸料板；11—导料板；13—凹模；14—下模座；15—销钉；17—承料板；18—始用挡料销

说明：图 10-2 所示为电缆接线头展开平毛坯冲孔落料连续模，最后要经过弯曲变形。

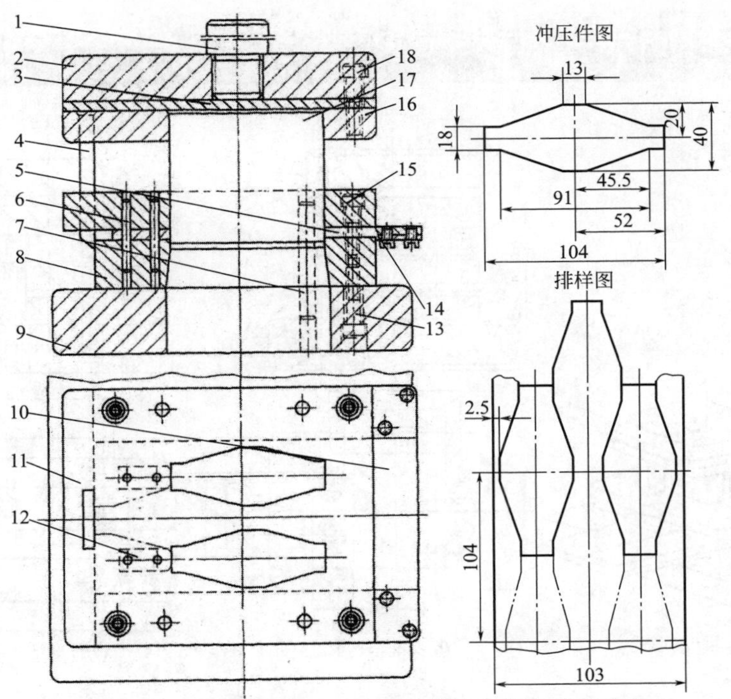

图 10-3　鼓形垫无搭边三列参错排样冲裁模实用结构形式

1—模柄；2—上模座；3—垫板；4—切断凸模；5—导料板；6,7—销钉；8—凹模；9—下模座；10—承料板；11—卸料板；12—挡料块；13～15,18—螺钉；16—固定板；17—凸模

说明：图 10-3 所示为鼓形垫利用冲裁件外形实现无搭边、小沿边、少废料冲裁。

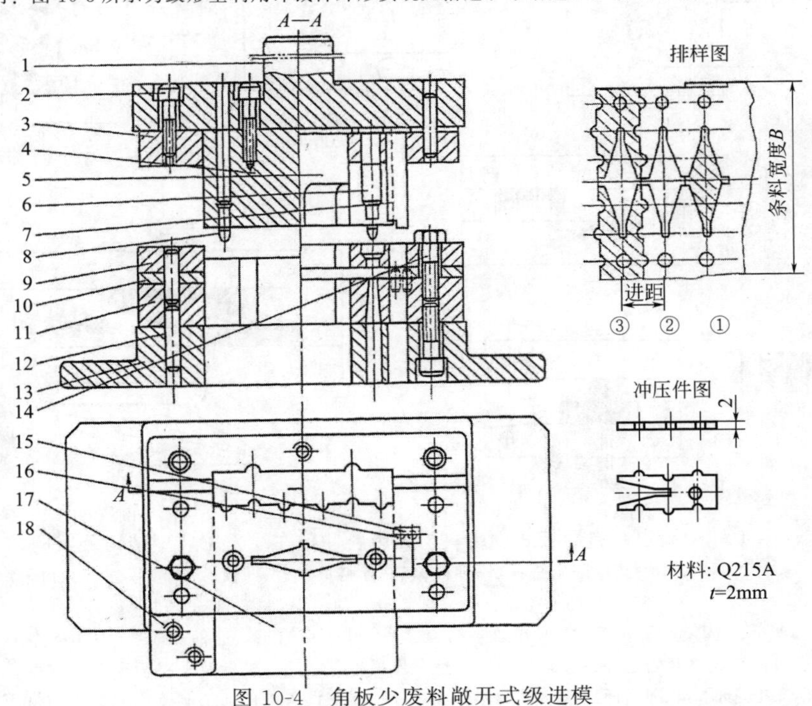

图 10-4　角板少废料敞开式级进模

1—带模柄上模座；2,14,18—螺钉；3—固定板；4—落料凸模；5,6—冲孔凸模；7—侧刃；8—导正销；9—卸料板；10—导料板；11—凹模；12,16—销钉；13—下模座；15—侧刃挡块；17—承料板

说明：图 10-4 所示为裤形垫冲裁件利用其形状特征进行两列对排排样，实现无搭边、少废料冲裁。

10.2.2 固定卸料导板式少废料与无废料冲裁模实用结构形式

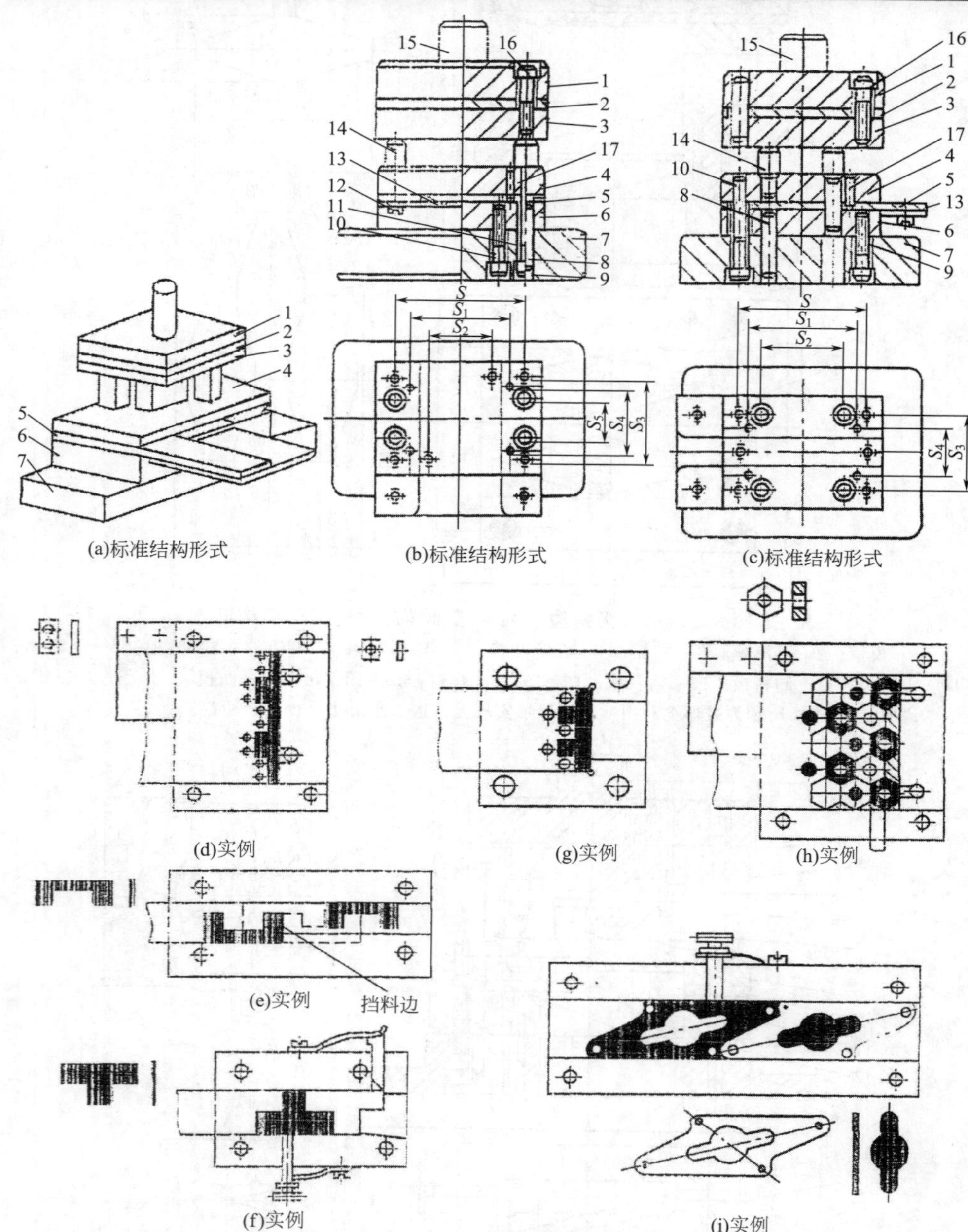

图 10-5　固定卸料导板式少废料与无废料冲裁在线采用典型结构及实例

1—上模座；2—垫板；3—凸模固定板；4—导板；5—导料板；6—凹模；7—下模座；8,11,17—销钉；9,10,12,16—螺钉；13—承料板；14—限位柱；15—模柄

说明：图 10-5 所示为固定卸料导板式冲模的基本结构。从图中可以看出，这种冲模是由七层模板构成模体，加上模柄和模体侧边的承料板组成整套固定卸料导板式冲模。这七层模板、凸模、模柄及承料板全是标准件，设计和制造时均可从冷冲模相应标准中选取。非圆断面异形凸模是非标准零件，需按设备图样加工制造。此外，凸模固定板 3、导板 4、凹模 6 上的模孔，也必须按图样加工出来，而后才能组装成固定卸料导板式冲模。该类冲模的所用标准件，包括待加工模孔的各种模板半标准件，均可在市场上选购，因此，制模十分方便，而且周期很短，成本较低。图 10-5(b)、(c) 分别示出了导板式冲模纵向送料和横向送料两种基本结构形式的零部件构成。

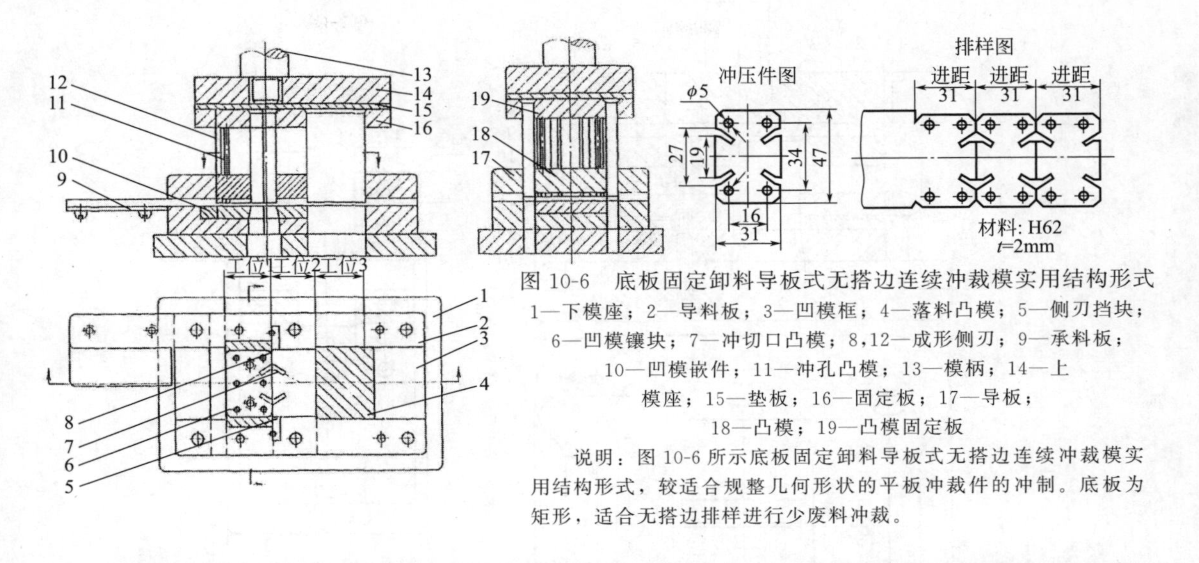

图 10-6　底板固定卸料导板式无搭边连续冲裁模实用结构形式

1—下模座；2—导料板；3—凹模框；4—落料凸模；5—侧刃挡块；6—凹模镶块；7—冲切口凸模；8,12—成形侧刃；9—承料板；10—凹模嵌件；11—冲孔凸模；13—模柄；14—上模座；15—垫板；16—固定板；17—导板；18—凸模；19—凸模固定板

说明：图 10-6 所示底板固定卸料导板式无搭边连续冲裁模实用结构形式，较适合规整几何形状的平板冲裁件的冲制。底板为矩形，适合无搭边排样进行少废料冲裁。

10.2.3　滑动导向导柱模架少废料与无废料冲裁模实用结构形式

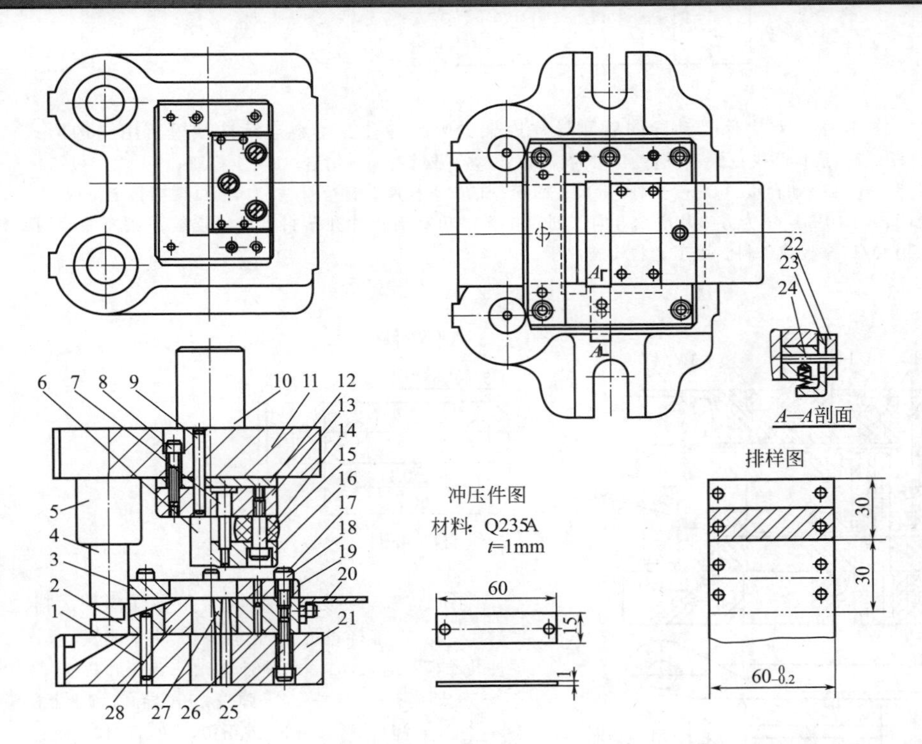

图 10-7　接板滑动导向后侧导柱模架弹压卸料少废料冲孔、剪截连续冲裁模实用结构形式

1,9,18—销钉；2—凹模框；3—固定板；4—导柱；5—导套；6,7—凸模；8,17,20,25—内六角螺钉；10—模柄；11—上模座；12—垫板；13—凸模固定板；14—橡胶块；15—卸料螺钉；16—卸料板；19,22—导料板；21—下模座；23—始用挡料装置；24—压簧；26—承料板；27,28—凹模拼块

说明：图 10-7 所示为接板无搭边、无沿边排样冲孔、落料少废料连续冲裁模。条料入模送进每次两个进距，冲孔后，仅需落料一件，后一件在剪截前一件时自行分离落料，效率高。

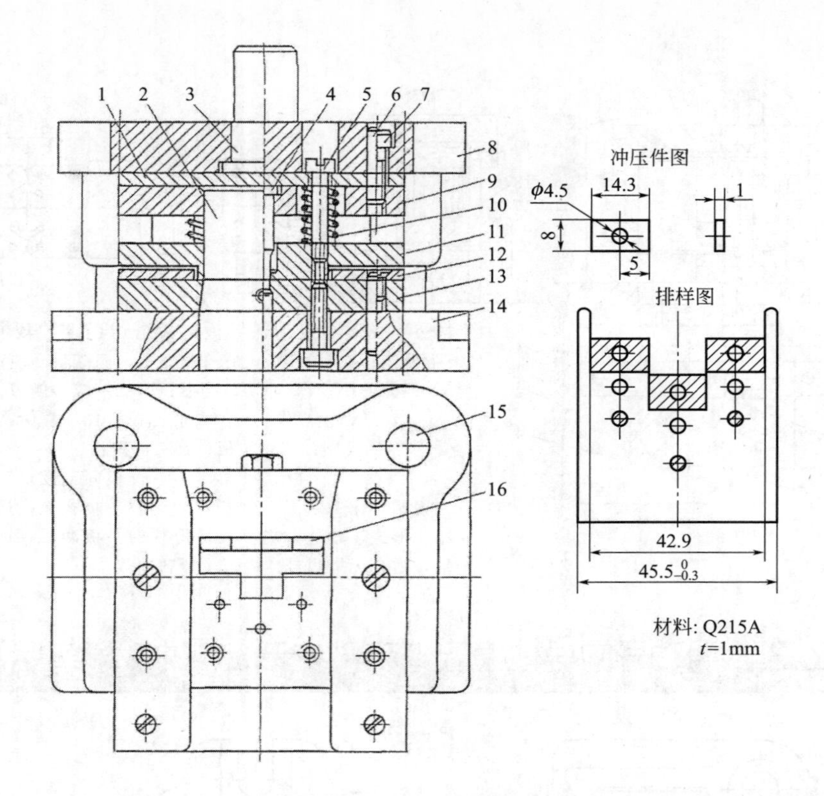

图 10-8　方垫片滑动导向后侧导柱模架少废料冲孔、落料连续冲裁模实用结构形式

1—垫板；2—落料凸模；3—模柄；4—冲孔凸模；5,7—螺钉；6—销钉；8—上模座；9—固定板；10—弹簧；11—卸料板；12—导料板；13—凹模；14—下模座；15—导柱；16—可调挡料定位板

说明：图 10-8 所示为方垫片滑动导向三列直排无搭边有沿边冲孔落料少废料连续冲裁模的实用结构形式。在线采用 Q215A 板裁条料，手工送料实施冲压。

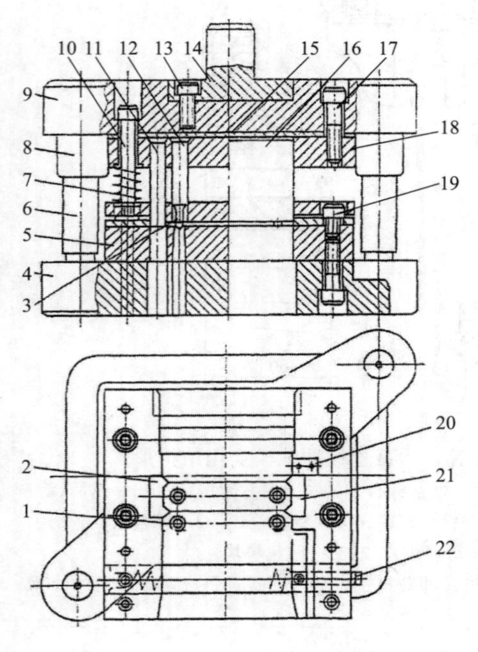

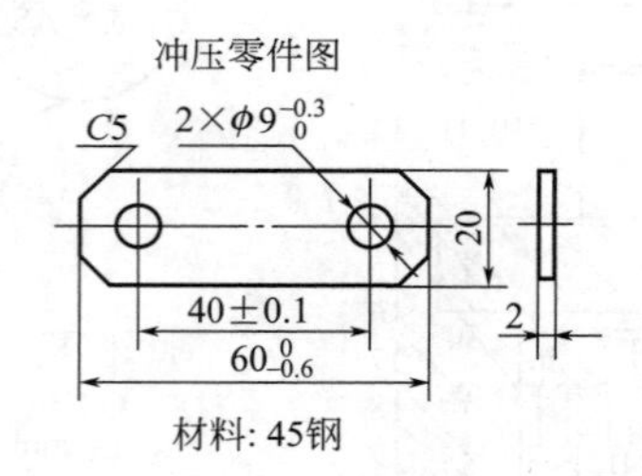

图 10-9　链板滑动导向对角导柱模架无搭边排样冲孔、落料少废料冲裁模

1—冲孔凸模；2,11,21—成形侧刃；3—弹压卸料板；4—下模座；5—凹模；6—导柱；7—弹簧；8—导套；9—上模座；10—卸料螺钉；12—导正销；13,17,19—螺钉；14—模柄；15—垫板；16—落料凸模；18—凸模固定板；20—侧刃挡块；22—侧压装置

说明：图 10-9 所示为链板的冲孔、落料少废料冲裁模的实用结构形式。该冲裁件有两个 ϕ9mm 的孔且外形四角均为 $C5$ 倒角。排样图设计用成形侧刃切角，无搭边。用 45 钢 2mm 厚热轧钢板的板裁条料，手工送料经冲 ϕ9mm2 孔、侧刃切角、落料，完成冲裁。

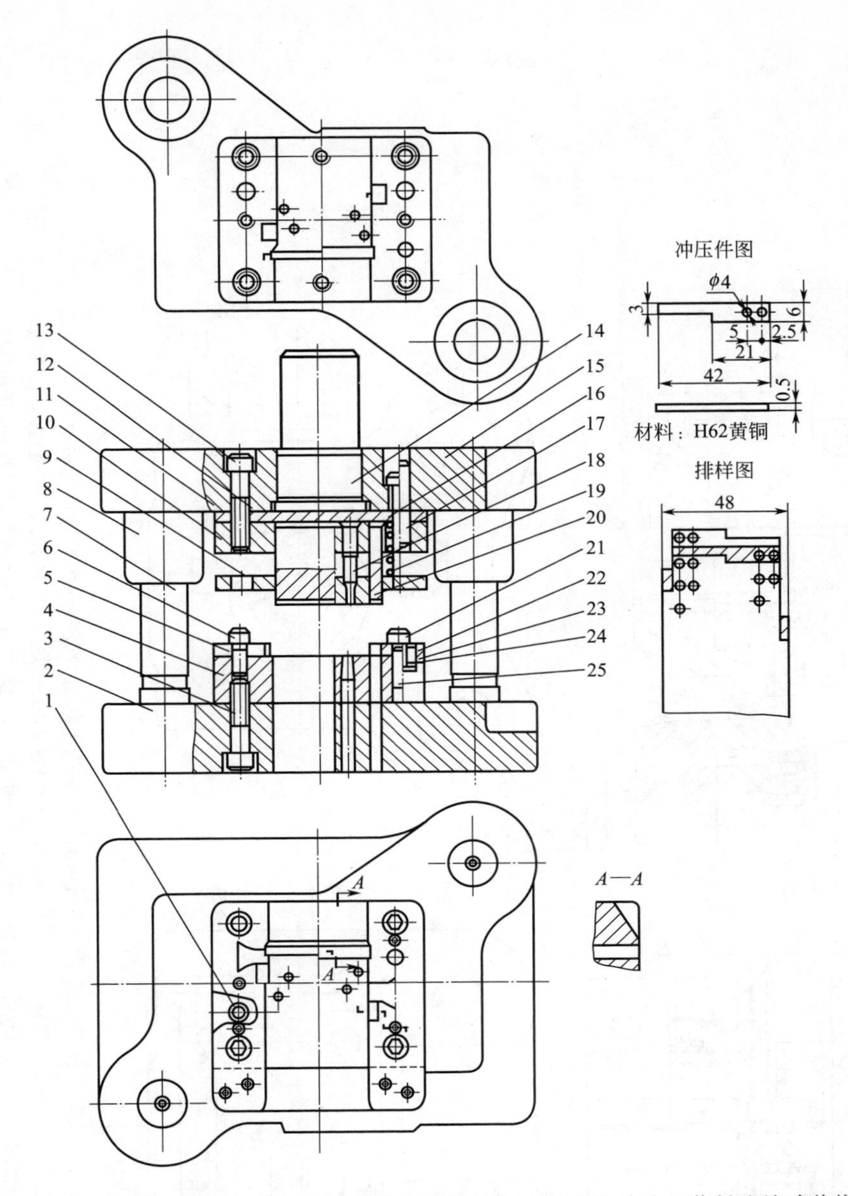

图 10-10　专用垫片滑动导向对角导柱模架弹压卸料少废料冲孔、落料连续冲裁模

1,3,6,13,16,21,24—螺钉；2—下模座；4—凹模；5,22—导料板；7—导柱；8—导套；9—卸料板；10—凸模固定板；11—垫板；12—凸模；14—模柄；15—上模座；17,25—销钉；18—冲孔凸模；19—弹簧；20—侧刃；23—承料板

说明：图 10-10 所示是用料厚 $t=0.5$mm，料宽 $B=48^{-0.5}$mm 的 H62 黄铜冷轧带料，在公称压力为 160kN 的国产 J23-16 型开式双柱可倾压力机上，使用图 10-10 示出的滑动导向对角导柱模架弹压卸料少废料冲孔，连续落料冲裁模，成批和大量生产图 10-10 中冲压件图示出的专用垫片冲压件，一模两件，效率高；无搭边调头拼合排样，用料省；用双边侧刃控制送料进距，冲压件一致性好，互换性高。

该冲压件的冲压工艺十分简单：冲孔、落料两个工步。考虑冲孔 ϕ4mm2 孔的孔距太小，仅 5mm，计算实际孔壁为 1mm。为保证凹模有一个合理寿命，工艺考虑 2 孔分两工步冲出，故仅冲孔就要设置 4 个工位，加上中间一个冲切落料，至少要 5 个工位完成冲制。该冲模的主要结构特点：

①采用滑动导向对角导柱标准模架。由于冲压件材质强度低、料薄，标准模架强度足够，可以保证冲模连续冲压，正常运作。

②使用双侧刃实现条料和带料的全程送料定距，可以实施高速冲压，提高冲压效率。

③侧刃节制送料，控制送料进距，精度高。送料不必抬起，适合高速送进。

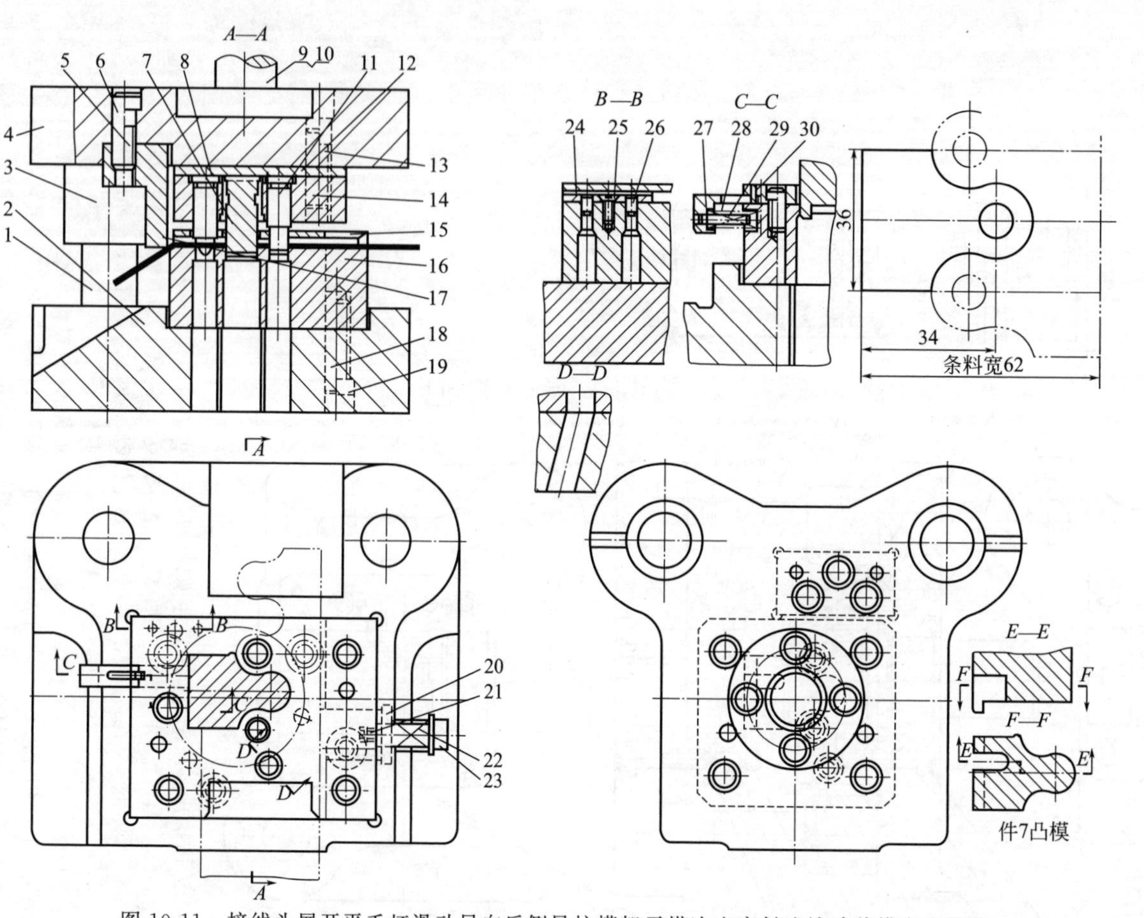

图 10-11 接线头展开平毛坯滑动导向后侧导柱模架无搭边少废料连续冲裁模实用结构

1—导柱；2—下模座；3—导套；4—上模座；5,10,13,19—螺钉；6,14,18,26,29,30—柱销；7,11—凸模；8—导正销；9—模柄；12—垫板；15—卸料板；16—凹模；17—切刀；20—侧压板；21—卸料螺钉；22,28—弹簧；23—垫圈；24—定位板；25—沉头螺钉；27—始用挡料销

说明：模具工作时，首先由始用挡料销 27 定位，冲出两个 ϕ8.5mm 的孔（同时切除料头）。随后由定位板定位，冲出一个工件。

落料凸模 7 在结构上具有三个特点：其一，在它的左边下部有一条凸起部分，工作时与凹模 16 的相应孔边作无间隙滑配，以平衡右侧刃口的反冲裁力；其二，在它下部相应于始用挡料销的端部处有一空槽，以免条料在首次冲压时与始用挡料销同时工作互相干涉而损坏；其三，是在刃口的前方一侧带有一个 $R3.5$ 的凸出耳部，其目的是使条料右半部所切下工件的顶部圆弧曲线能够保持光滑过渡，避免出现毛刺。

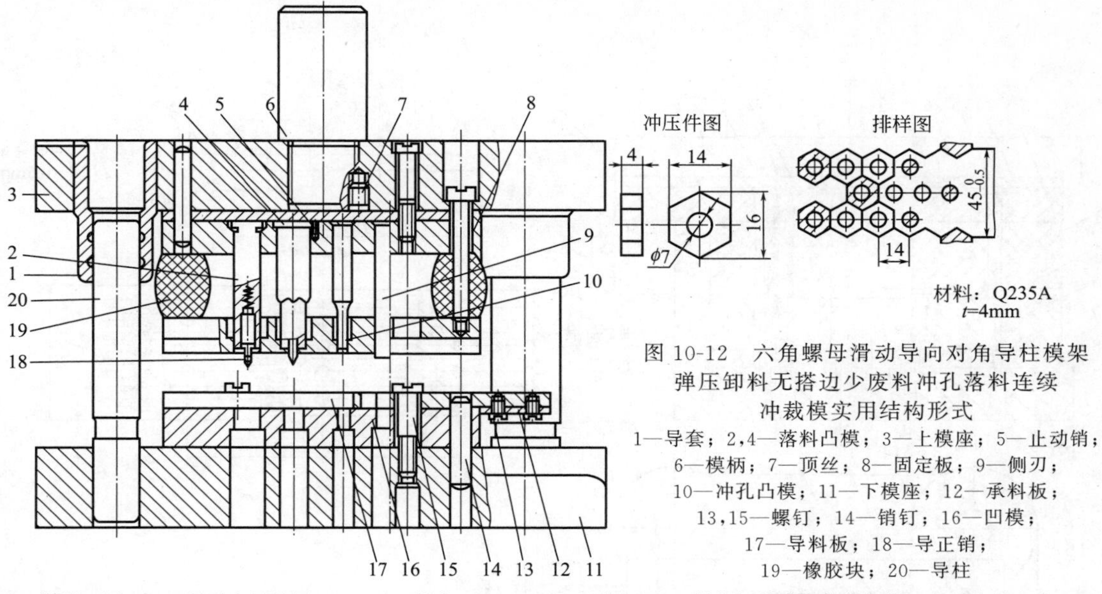

图 10-12　六角螺母滑动导向对角导柱模架弹压卸料无搭边少废料冲孔落料连续冲裁模实用结构形式

1—导套；2,4—落料凸模；3—上模座；5—止动销；6—模柄；7—顶丝；8—固定板；9—侧刃；10—冲孔凸模；11—下模座；12—承料板；13,15—螺钉；14—销钉；16—凹模；17—导料板；18—导正销；19—橡胶块；20—导柱

说明：图 10-12 所示为用料厚 $t=4$mm，料宽 $B=45^{-0.5}$mm 的 Q235A 结构钢热轧板剪裁条料，在公称压力为 800kN 的国产 J23-80 型开式双柱可倾压力机上，成批地大量生产六角螺母的少废料冲孔、落料 4 工位连续冲裁模。该冲模在结构上注重改进并加强以下几点：

①采用滑动导向加厚模座、加粗导柱的加强型模架，以便承受用厚钢板，连续冲裁交错 3 行排样、一模三件的六角螺母的强大的冲击载荷，保持冲模平衡运作。

②冲裁厚钢板，厚板冲小孔，六角螺母落料，卸料力大，有时可达冲裁力的 8%～10%，应将卸料板加厚，在标准模板的厚度基础上加 25%；

③六角螺母料厚 4mm，材料是 Q235A 结构钢，为提高冲模寿命，将 ϕ11mm 冲孔凸模杆部加粗，制成抗纵弯能力强的二台阶式结构，给予加固。

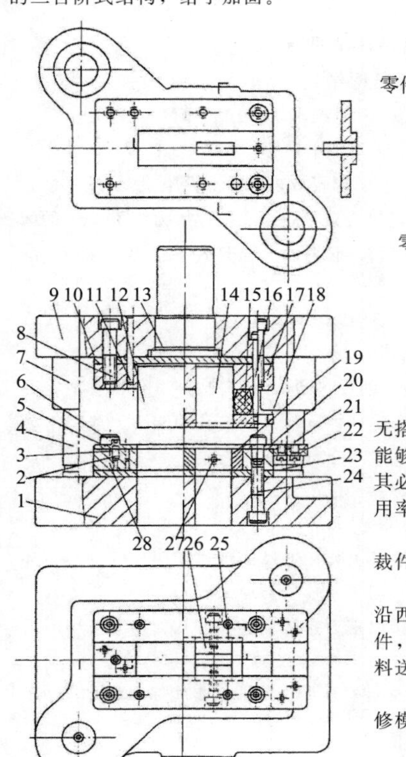

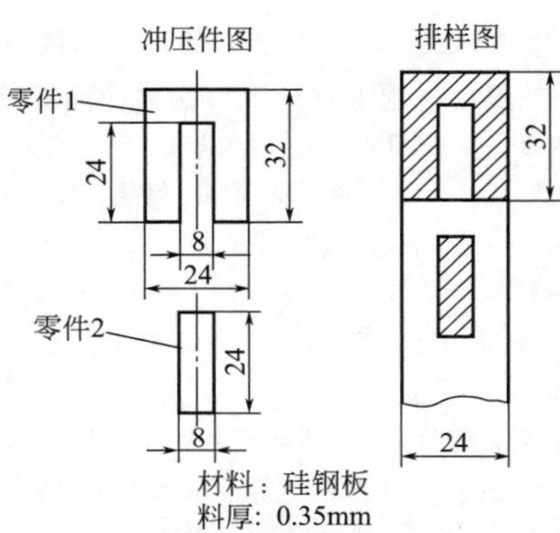

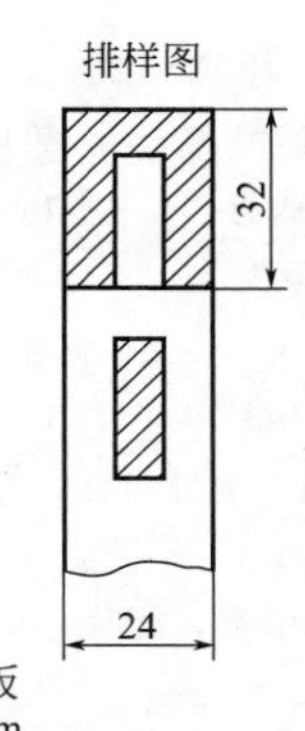

图 10-13　铁芯片滑动导向对角导柱模架弹压卸料一模两件无废料冲孔、剪截连续冲裁模实用结构形式

1—下模座；2,6,8,21,24,27—螺钉；3,11,25—销钉；4—导柱；5—定位板；7—导套；9—上模座；10,23—垫板；12,14—凸模；13—模柄；15—橡胶块；16—卸料板螺钉；17—凸模固定板；18—卸料板；19,26—凹模拼块；20—导料板；22—承料板；28—凹模框

说明：图 10-13 所示为П形铁芯片一模两种（件）无废料连续冲裁模。采用无搭边、无沿边套裁排样，两工位连续冲裁，一模可以冲制两种各一个冲裁件。能够利用结构废料套裁冲件的非圆形冲件不多。比较常见的多为圆垫圈套裁，但其必须是有搭边排样，材料利用率小于 90%。而此例 Ⅱ 形件的套裁，可使材料利用率接近或者达到 100%，类似的零件及其无废料冲裁模的结构，还有多种形式。

该冲模是冲制外形要求不高、尺寸精度低于 IT12 级的 Ⅱ 形可套裁排样的冲裁件。

凹模由拼块 19、26 四块拼合组成，固定在凹模框 28 内。条料剪成冲件宽度，沿西导料板送进，送到进落料刃口 2mm（搭边）处，由凸模 14 冲出一个条形零件，也就是为Ⅱ形零件冲出一个缺口，同时凸模 12 切下 2mm 的废料，接着将条料送到定位板 5。以后每次都可以冲下两个不同的零件，都由凹模洞内落下。

由于该冲模采用了镶拼结构的凹模，不仅节省了模具钢，而且也提高了制模修模的工艺性。结构上省去了始用挡料装料装置、挡料装置，仅用一个定位板。

该冲模采用对角导柱模架，顺装结构，冲制零件全由凹模孔漏件出模，即便手工送料，生产效率也很高。

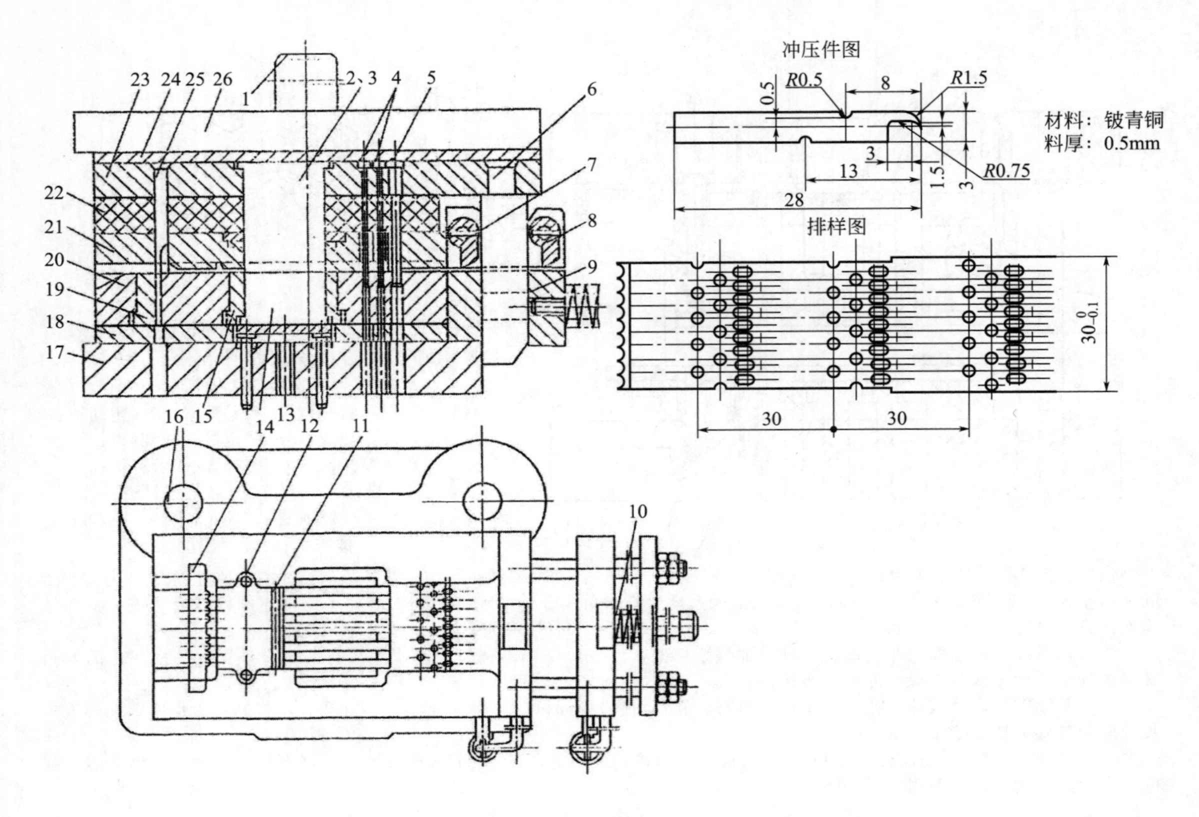

图 10-14　用夹刃式自动送料装置的不锈钢接触片滑动导向后侧导柱模架一模九件少废料连续冲裁模典型结构

1—模柄；2,5,25—凸模；3—侧刃；4—圆孔凸模；6—斜楔；7,8—夹刃；9—楔滑块；10—弹簧；11—压料轴；12—导正销；13—顶板；14,15—凹模拼块；16—导柱、导套；17—下模座；18,24—垫板；19—切断凹模嵌件；20—凹模框；21—卸料板；22—橡胶块；23—固定板；26—上模座

说明：图 10-14 所示冲裁模，可用料厚 $t=0.5$mm、料宽 $B=30_{-0.1}^{\ 0}$mm 的铍青铜带料，在公称压力为 400kN 的国产 JH21-40 型开式双柱固定台压力机上成批和大量生产冲压件图示出的接触片，不仅省料，而且效率很高。该冲模的运作过程如下：

上模座下降，斜楔 6 推动滑块 9 右移，此时夹刃 7 将条料夹紧，不使之移动。

上模座上升，滑块 9 供弹簧 10 之力复位，夹刃 8 带动条料进行自动送料。

条料经自动送料后，凸模 4、5 对条料冲孔，进距由侧刃 3 保证，凸模 2、凹模拼块 15 进行切断（见排样图）并被顶板 13 重新压入条料内，最后由凸模 2、凹模拼块 14 切断落料，分成九个工件，废料自凹模孔中漏下，成形工件沿凹模斜面滑走。

压料轴 11 是为了防止切断后工件拱起，尾部条料由导正销 12 予以保证。

该冲模的主要结构特点如下：

①使用滑动导向后侧导柱模架，装设平面夹刃式自动送料装置。而送料装置由装在上模的单作用斜楔驱动，使冲模能自动运作。

②利用冲压件外形适合无搭边排样实施少废料冲裁的优势，实现九列并排无搭边排样，进行冲孔、切开、切断落料三工位连续冲裁。

③冲压件料厚仅 0.5mm，材质又是有色金属铍青铜，采用了弹压卸料板。卸料压力均匀并稳步施加卸料力，冲压件平整，变形小。

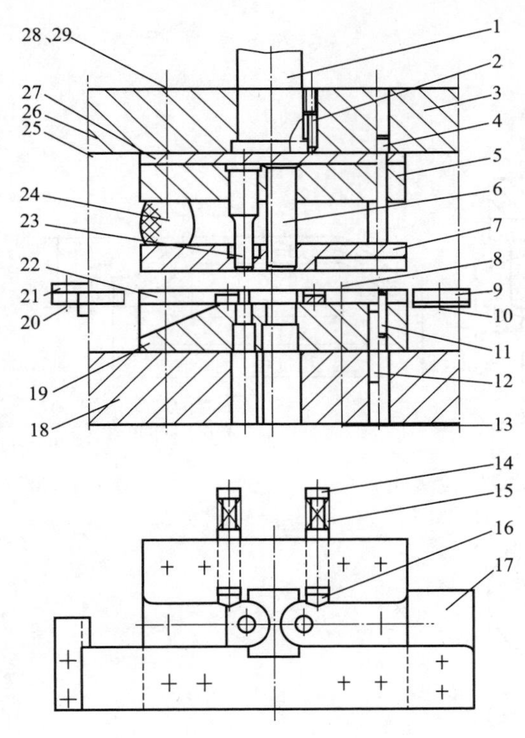

冲压件图及排样图

材料：10钢、45钢
t=1.5mm、4mm

图 10-15　链板滑动导向导柱模架无搭边冲孔、剪截少废料通用连续冲裁模典型结构

1—模柄；2,11,12,29—圆柱销；3—上模座；4—卸料螺钉；5—固定板；6,23—凸模；7—卸料板；8,13,21,28—内六角螺钉；9—右导料板；10,14,20—螺钉；15—弹簧；16—侧压板；17—承料板；18—下模座；19—凹模；22—挡料板、左右导料板；24—橡胶；25—导套；26—导柱；27—垫板

说明：图 10-15 所示为运输带链板大批量生产用少废料连续冲裁模通用典型结构。图示仅为模芯部分结构。因模架为国家通用标准（GB），可随时在就近模具市场采购，故图中未绘出。

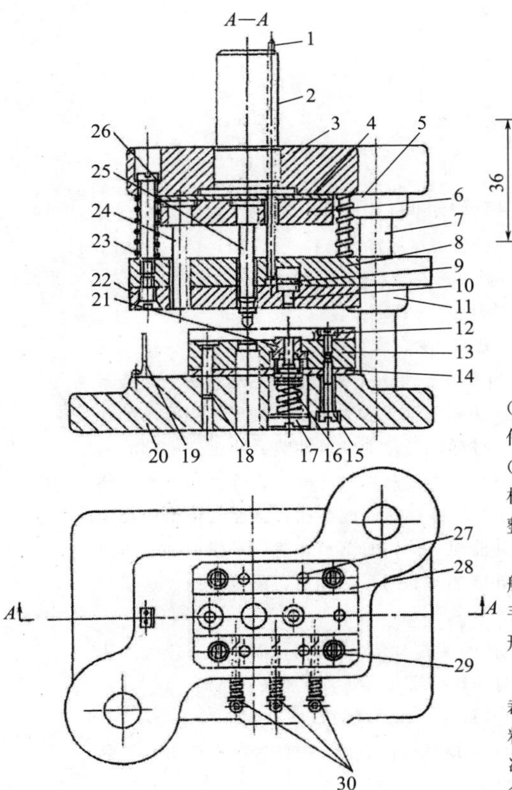

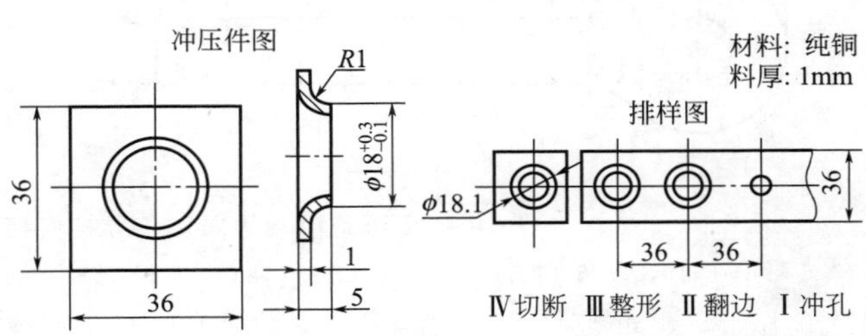

图 10-16　方法兰管端接头滑动导向对角导柱模架无搭边少废料四工位连续式复合成形模典型结构

1—打料杆；2—模柄；3—上模座；4—垫板；5—导套(上)；6—固定板；7—导柱；8—弹压卸料板；9—推板；10—卸件器；11—导套（中）；12,15,29—螺钉；13—凹模；14—垫板(下)；16,23—弹簧；17—螺塞；18,27—销钉；19—挡料定位板；20—下模座；21—顶件器；22—导板；24—切断凸模；25—整形凸模；26—卸料螺钉；28—导料板；30—始用挡料装置

说明：方法兰如图 10-16 冲压件图所示，形状简单、精度一般，是 $t=1$mm 料厚的纯铜材质。其冲压工艺为：采用板裁条料、手工送料，经冲孔、翻边、整形、切断 4 个工步连续冲压，一模成形冲制出合格方法兰。

方法兰的冲制运作过程如下：宽度 $B=36_{-0.3}^{\ 0}$mm 的纯铜板剪裁条料，由手工从冲模右边入料口送入模内至右边第一个始用挡料装置 30 挡料定位为第 1 工位，进行冲孔，即第 2 工位翻边的预冲孔；继续送料至中间一个始用挡料装置 30 挡料为第 2 工位，进行有预冲孔翻边；第 3 工位整形，使翻边成形凸缘达到图样要求尺寸并校准形状，提升制件形位精度；第 4 工位切断获成品工件。

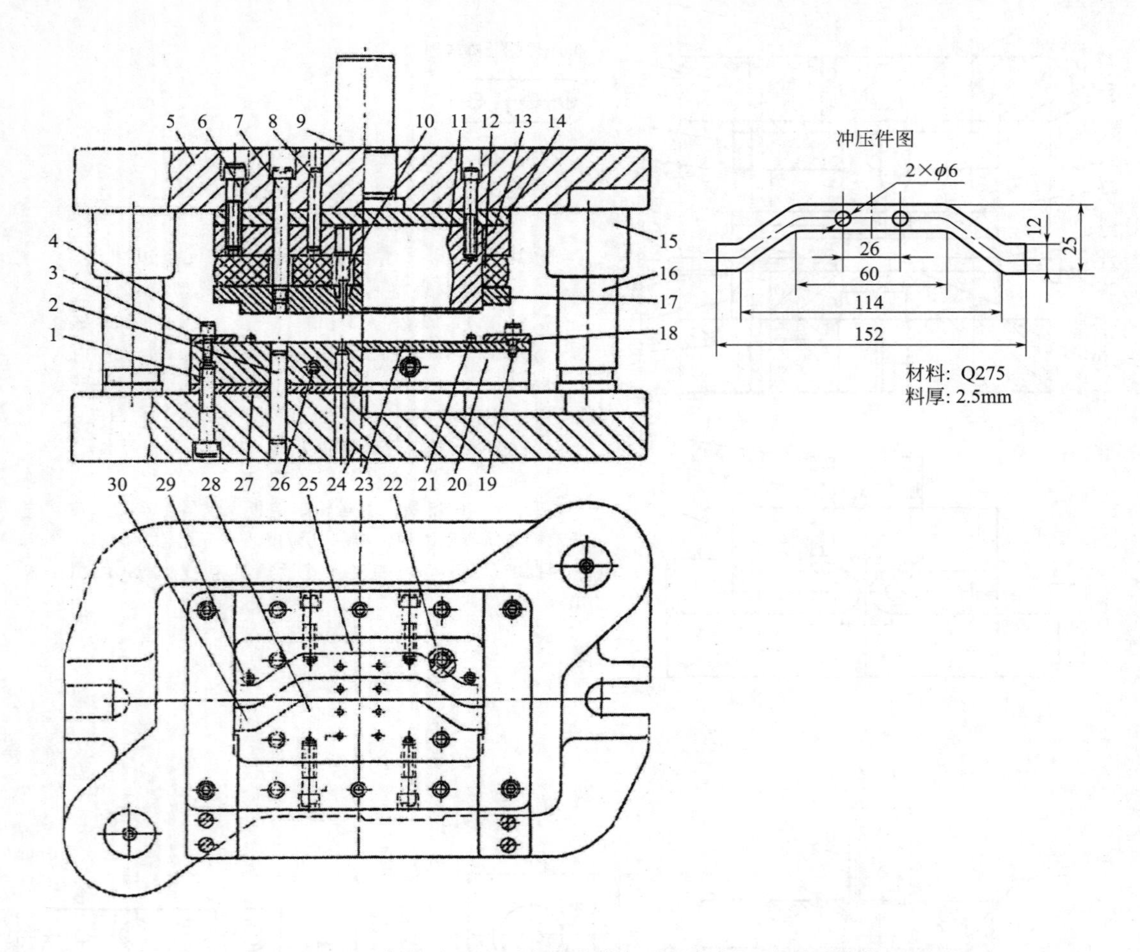

图 10-17　压条滑动导向对角导柱模架弹压卸料少废料冲裁模

1,3,6,19,22,26—螺钉；2,8—销钉；4,18—导料板；5—上模座；7—卸料螺钉；9—模柄；10—冲孔凸模；11—落料凸模；12—橡胶体；13—固定板；14,27—垫板；15—导套；16—导柱；17—卸料板；20—凹模；21,29—挡料销；23—挡料板；24—下模座；25,28—凹模嵌件；30—落料凹模

说明：图 10-17 所示复合模，可用料厚 $t=2.5$mm、料宽 $B=125$mm 的 Q275 热轧钢板的板裁条料，在公称压力为 800kN 的国产 J23-80 型开式双柱可倾压力机上成批和大量生产冲压件图示出的冲压件。该冲压件是一个弓形平板冲裁件，适合进行无搭边排样，进行少废料冲裁。冲压件中部有两个 ϕ6mm 的孔，孔边距较小而冲压件料厚较大，冲裁力较大。为提高冲模寿命，先冲孔后落料，使凹模刃口与外廓刃口间距拉开。冲模设两个工位：第Ⅰ工位冲并排两件四个孔；第Ⅱ工位用挡料销 29 定位，用落料凸模 11 与落料凹模 30 冲出中间一件，其前面一件同时落料，达到一模两件。当每根条料第一次送进时，首先在凹模 30 的里面刃口处冲切出条料端头弓形，而后再继续冲压。这套少废料二工位冲裁连续模主要结构特点如下：

①采用滑动导向对角导柱加强型模架。考虑冲压件是高强度的 Q275 结构钢，而且料厚较大，达到 2.5mm，冲裁线又长，冲裁力与卸料力都较大，冲裁时模具承载大，应采用加强型模架。

②凹模采用镶拼结构，用两块拼合，可用螺钉调节落料件尺寸与冲裁间隙。

③冲孔凸模将其杆部加粗制成三台阶形（见图中件 10），提高细长小孔凸模的抗纵弯能力，不会在承载后折断。

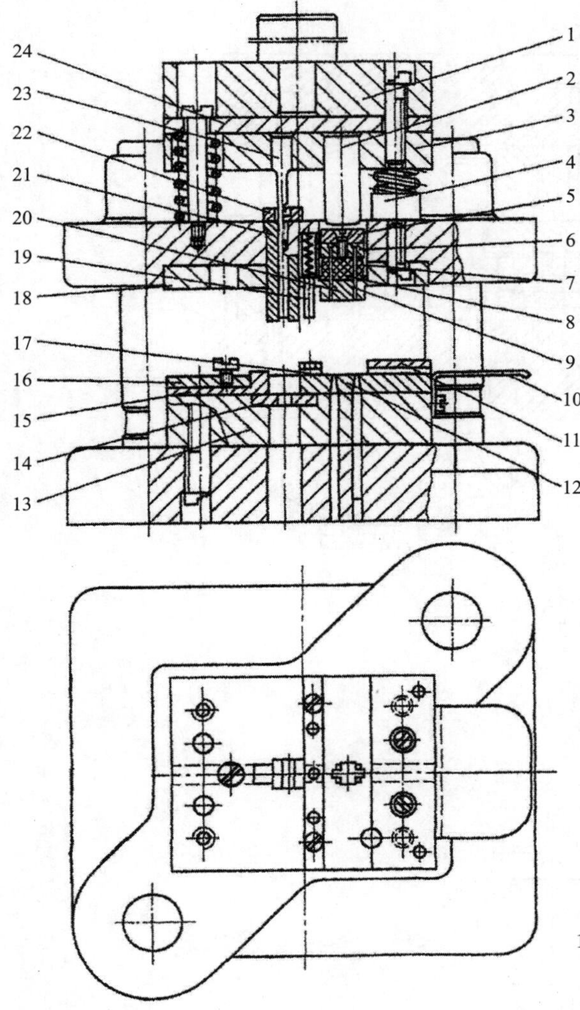

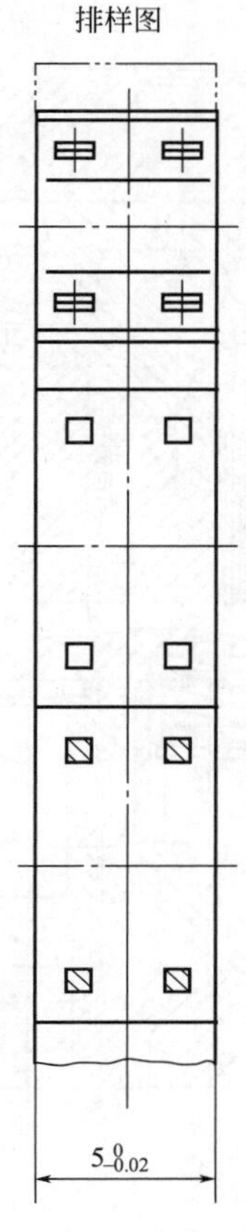

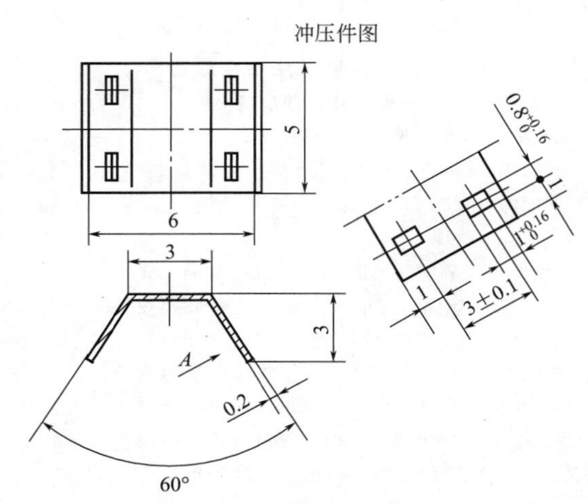

图 10-18　夹边滑动导向对角导柱模架弹压导板式高精度少废料连续冲裁模典型结构

1—上模座；2—冲头；3—固定板；4—限位柱；5,22—盖板；6—凸模固定板；7—橡胶块；8,24—垫板；9—凸模；10—承料板；11—导板；12—凹模镶块；13—凹模固定板；14—压弯凹模垫；15—挡料板；16—凹模盖板；17—压料块；18—压板；19—压料杆；20—导板镶块；21—切断凸模；23—压弯凸模

说明：图 10-18 所示夹边冲压件一模成形连续式复合模，是一种冲制带小孔的小尺寸弯曲件，用带料经冲孔-落料并弯曲成形的精密冲模。冲压件的材料为 QSn6.5 锡青铜带料，厚度 $t=0.2$mm，冲 4 个矩形小孔，孔尺寸为 $1^{+0.16}_{0}$mm×$0.8^{+0.16}_{0}$mm，孔边距仅 0.5mm。

该冲模冲压动作原理如下：装在弹压导板内的冲小矩形孔凸模 9 完成冲孔。橡胶块 7 的压缩量很小，足以使凸模完成在 0.2mm 料厚上冲孔。送料到Ⅲ工位由件 21 先切断带料，并推压工件至切断凹模刃口下部的件 14 外，继续下行，并压弯凸模 23 实施弯形并将工件推出件 14 模口下方，落入零件箱。60°张开角靠材料回弹达到，故要将弯模间隙做大一些，合适的弯曲间隙通过工艺试验和试模修准。

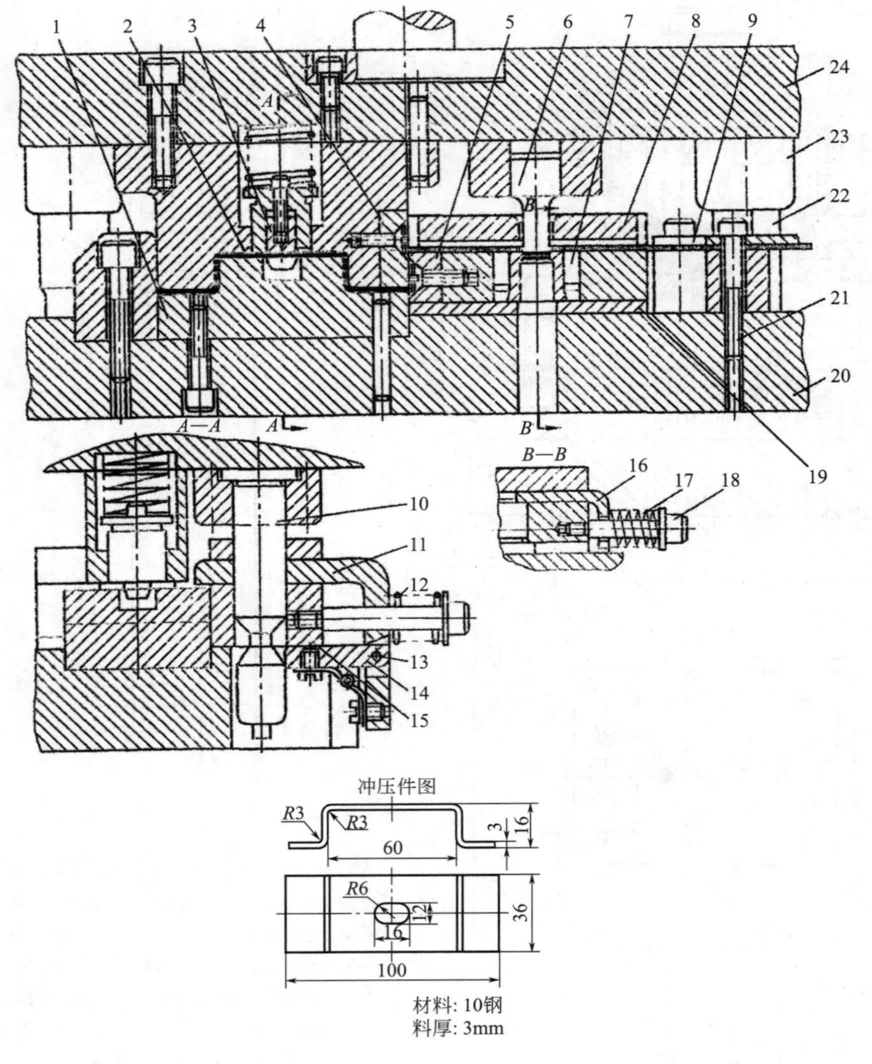

图 10-19　鞍架滑动导向后侧导柱模架无搭边少废料连续冲裁模实用结构形式

1—弯曲凸模；2—弯曲凹模；3—导正销；4—切断凸模镶块；5—切断凹模镶块；
6—冲孔凸模；7—冲孔凹模；8—固定卸料板；9—后托架；10—台阶轴；
11—推件器；12,17—弹簧；13—轴销；14—滑板；15—支座；
16—侧压板；18,21—螺钉；19—垫板；20—下模座；
22—导柱；23—导套；24—上模座

说明：图 10-19 所示连续式复合模，可用料厚 $t=3$mm、料宽 $B=36_{-0.5}^{\ 0}$mm 的 10 钢冷轧钢板的剪裁条料（其长度 $L=650\sim2000$mm），在公称压力为 600kN 的国产 J23-60 型开式双柱可倾压力机上成批和大量冲制冲压件图示出的鞍架冲压件，能实现优质、高产、低消耗。尤其在节材方面，由于采用了无沿边、无搭边排样，进行少废料冲压，使材料利用率达到 90%以上，比普通板料冲压的平均板材利用率高出约 20%，节材效果十分突出。冲模的运作过程如下：条料送入模内，侧压板 16 将条料推压到精准导料的导料板一侧，端直送进，由切断下模刃口定位后冲孔。第Ⅱ工位用弯曲凹模左边凸台挡料定位，用导正销 3 校准条料送进误差，实现精定位，后切断并弯曲成形。

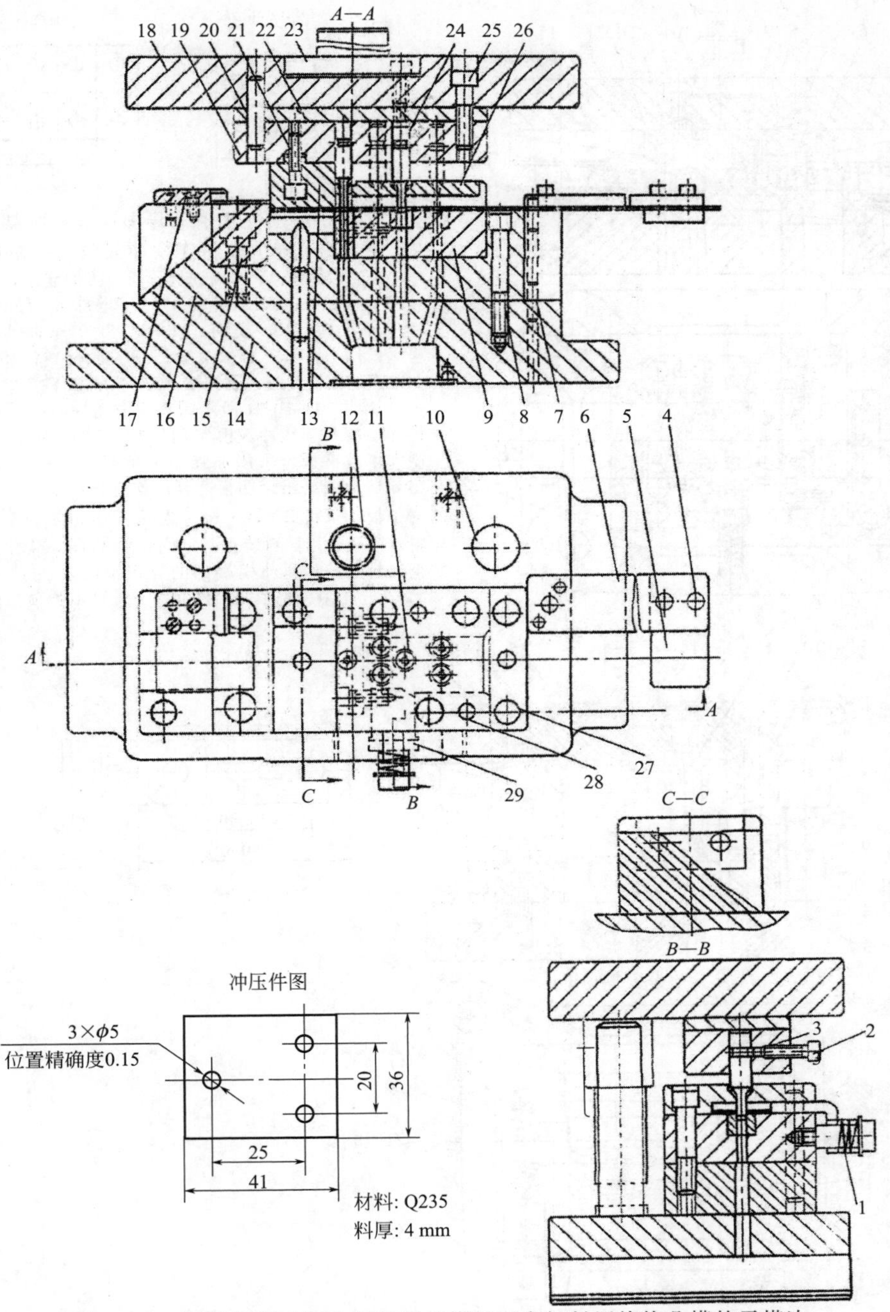

图 10-20　厚垫板滑动导向后侧导柱模架固定卸料用快换凸模的无搭边少废料冲孔、切断连续冲裁模实用结构形式

1—弹簧；2—调整螺钉；3—钢珠；4,8,17,21,25,27—螺钉；5—承料板；6—导料板；7,20,28—销钉；9—冲孔凹模框；10—导柱、导套；11—冲孔凹模嵌件；12—限位柱；13—切断凸模；14—下模座；15—切断凹模；16—凹模框；18—上模座；19—固定板；22—垫板；23—模柄；24—快换冲孔凸模；26—卸料板；29—侧压装置

说明：图 10-20 所示冲裁模，可用料厚 $t=4$mm、料宽 $B=36_{-0.5}^{\ 0}$mm 的 Q235 结构钢热轧钢板剪裁的条料，在公称压力为 800kN 的国产 J23-80 型开式双柱可倾压力机上成批和大量冲制冲压件图所示的厚垫板零件。由于冲压件形状规整，适合无搭边排样条件，可实施少废料冲裁。同时，冲压工艺采用一模两件冲切，效率较高。故该冲模能实现优质、高产、低消耗。该冲模可在 4mm 厚的条料上进行冲孔、切断，一次行程冲出两个制件，工作过程与特点如下：

①因在 4mm 厚的条料上冲 ϕ5mm 的小孔，凸模 24 易折断，为便于更换，将凸模 24 在固定板内用螺钉 2 通过钢珠 3 顶紧。

②切断后的两个制件顺凹模框 16 上的斜槽流出。

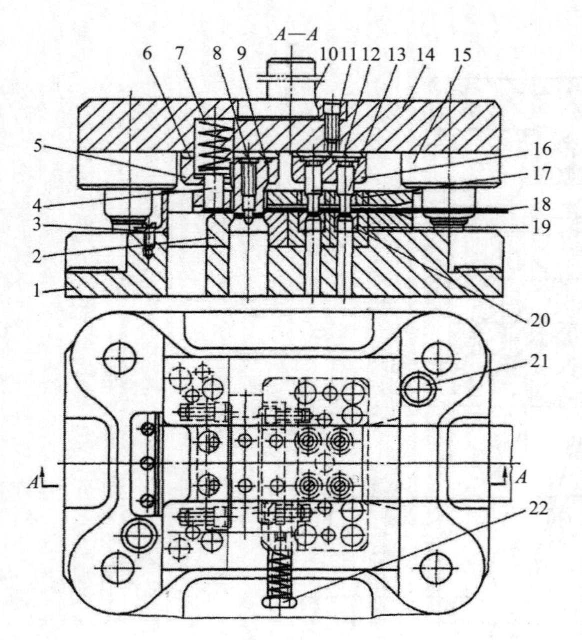

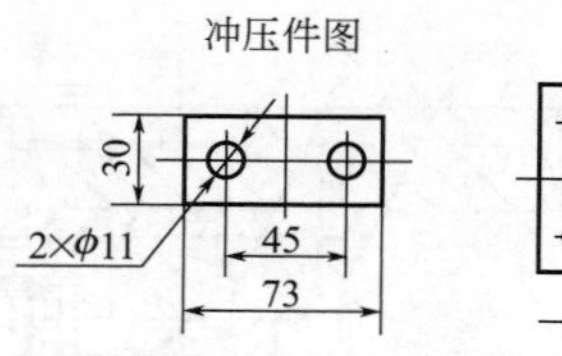

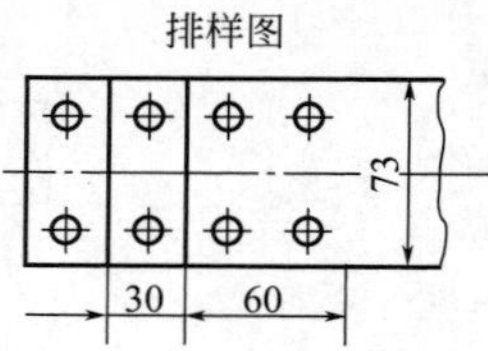

图 10-21 夹板滑动导向四导柱模架无搭边排样少废料连续冲裁模典型结构

1—下模座；2—剪截凹模；3—防护栅；4—弹顶卸件器；5,16—固定板；6,12—垫板；7—弹簧；8—导正销；9—落料（剪截）凸模；10—模柄；11—螺钉；13—冲孔凸模；14—上模座；15—导套；17—镶套；18—原材料；19—凹模拼块；20—嵌装镶块；21—限位柱；22—始用挡料装置

说明：图 10-21 所示为夹板滑动导向四导柱模架无搭边排样少废料连续冲裁模实用结构形式。为适应用厚钢板冲制大承载夹板，采用加强型大承载模架：用加厚模座、加粗导柱、镶拼组合凹模。其运作过程如下：

板裁条料 $L \times B$ = 长×宽 = 1500mm × 73_{-1}^{0}mm，手工送料入模至始用挡料装置，定位后冲 ϕ11mm 4 孔，第 2 步送料至挡料处，落料凸模端部的导正销插入在上一工步冲出的 ϕ11mm 孔中，将中间一件冲落，首件由弹顶卸件器 4 顶落。

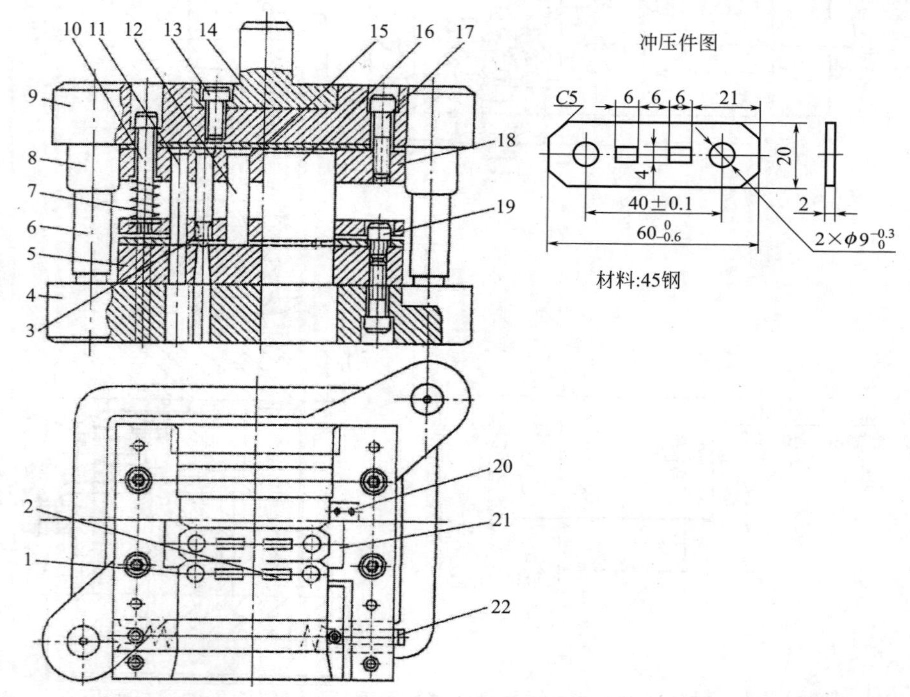

图 10-22 连接板滑动导向对角导柱模架弹压卸料少废料冲孔、落料连续冲裁模实用结构

1—冲圆形孔凸模；2—冲矩形孔凸模；3—导正销；4—下模座；5—凹模；6—导柱；7—弹簧；8—导套；9—上模座；10—卸料螺钉；11,21—成形侧刃；12—冲矩形孔凸模；13,17,19—螺钉；14—模柄；15—垫板；16—落料凸模；18—固定板；20—侧刃挡块；22—侧压装置

说明：图 10-22 所示为连接板滑动导向对角导柱模架弹压卸料无搭边排样少废料连续冲裁模，可使用料厚 t = 2mm、料宽 $B = 64_{-0.6}^{0}$mm 的 45 钢冷轧钢板的板裁条料（其长度为 L = 650～2500mm），在公称压力为 600kN 的国产 J23-60 型开式双柱可倾压力机上成批和大量生产连接板冲压件。由于采用了无搭边排样，可进行少废料冲裁；由于设置成形侧刃，侧刃倒角并节制送料进距，减少了工艺废料，仅产生冲孔与切角的结构废料，与普通板料冲压的平均板料利用率（仅 70%～73%）相比，该冲压件的材料利用率要高出 15%，故该冲压件采用上述冲模冲制可实现优质、高产、低消耗。

冲模结构设计考虑成形侧刃完成切边定位并倒角 $C5$，为不使侧刃冲切刃口与冲孔的凹模刃口相距太近，将冲孔、侧刃切边分到相邻的两个工步完成后落料，使冲模成为三工位连续冲裁模。

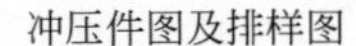

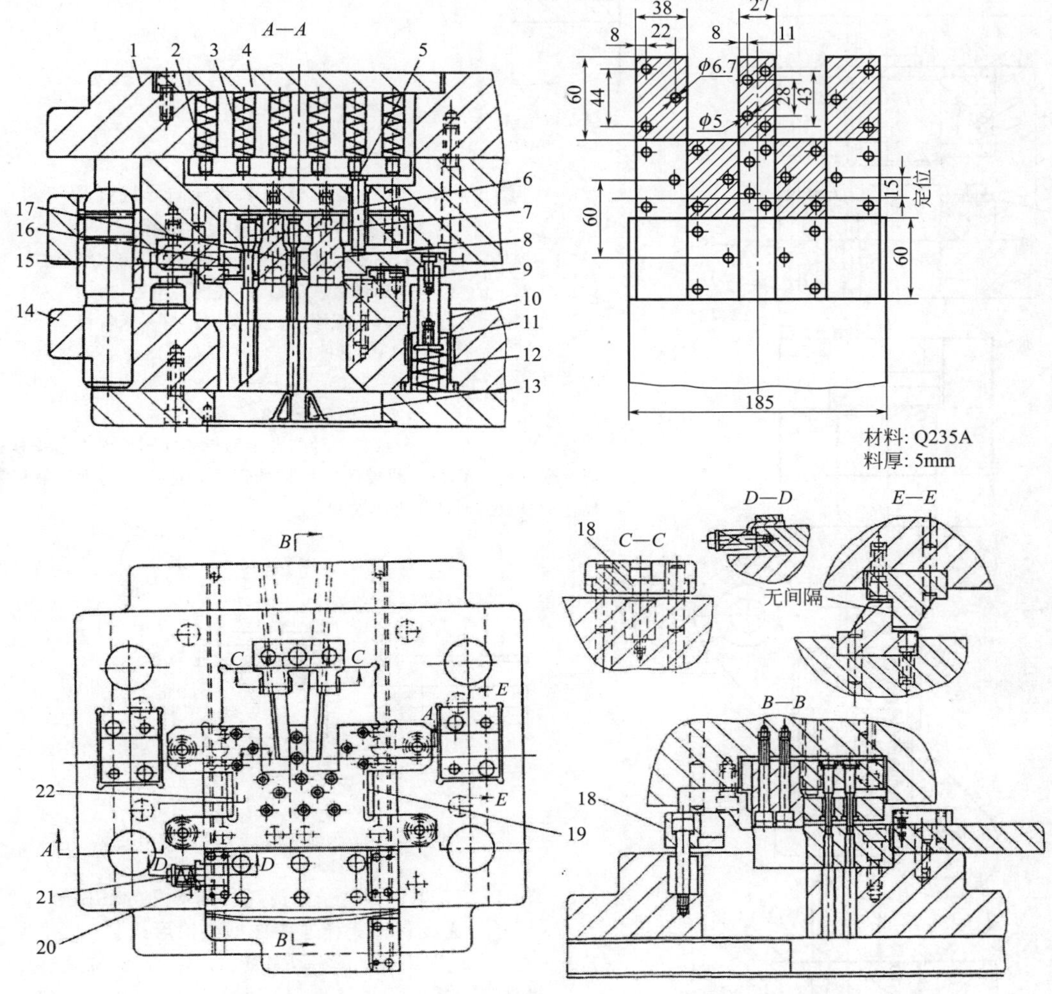

图 10-23　无搭边排样一模多件冲孔、切断连续冲裁模实用结构形式

1—上模座；2,12,20—弹簧；3—导杆；4—盖板；5—推销；6,7—冲孔凸模；8—落料凸模；9—定位块；10—套筒；11—导销；13—隔板；14—下模座；15,17—导套；16—卸料板；18—浮动定位块；19,22—侧刃；21—侧压装置

说明：图 10-23 所示是用料厚 $t=5$mm，料宽 $B=185$mm 的 Q235A 热轧结构钢板的剪裁条料，在公称压力为 1000kN 的国产开式双柱可倾压力机上，使用图 10-23 示出的滑动导向四导柱加厚钢模座加强型模架的冲孔、切断连续冲裁模，实现对图 10-23 中冲压件图示出的两中冲压件的无搭边排样一模多件少废料冲制，效率高、产量大，工料两省。

该冲模对 5mm 厚的板料进行冲孔、切断。在一次行程中冲出两种五个制件。

其工作过程与特点如下：

①条料送进时，用条料上的进距切口由定位块 9 定位。

②因在 5mm 厚的板料上冲 ϕ5mm 和 ϕ6.7mm 的小孔，凸模 6 和 7 容易折断，故在卸料板 16 上装有冲孔凸模 6 和 7 的导套 15 和 17。卸料板 16 由导销 11 和套筒 10 来导正。

当压力机滑块下行时，凸模 6 和 7 首先进入导套 15 和 17 中，被导正。然后进行冲孔切断。冲下的制件掉入下模座 14 中由隔板 13 将两种制件分开。

当压力机滑块上行时，由卸料板 16 将条料从凸模 6、7 和 8 上卸下，因卸料力很大，在上模座 1 上装有弹簧 2、导杆 3 和盖板 4 组成的弹簧垫。弹簧垫的力量通过推销 5 作用在卸料板 16 上。为了便于送料，卸料板 16 在弹簧 12 的作用下升起一定高度。

③为了解决最后料尾的定位问题，浮动定位块 18 上带有凸台，可托住条料，切断后的制件侧身掉在下模座 14 的槽中。如 C—C 剖面所示。

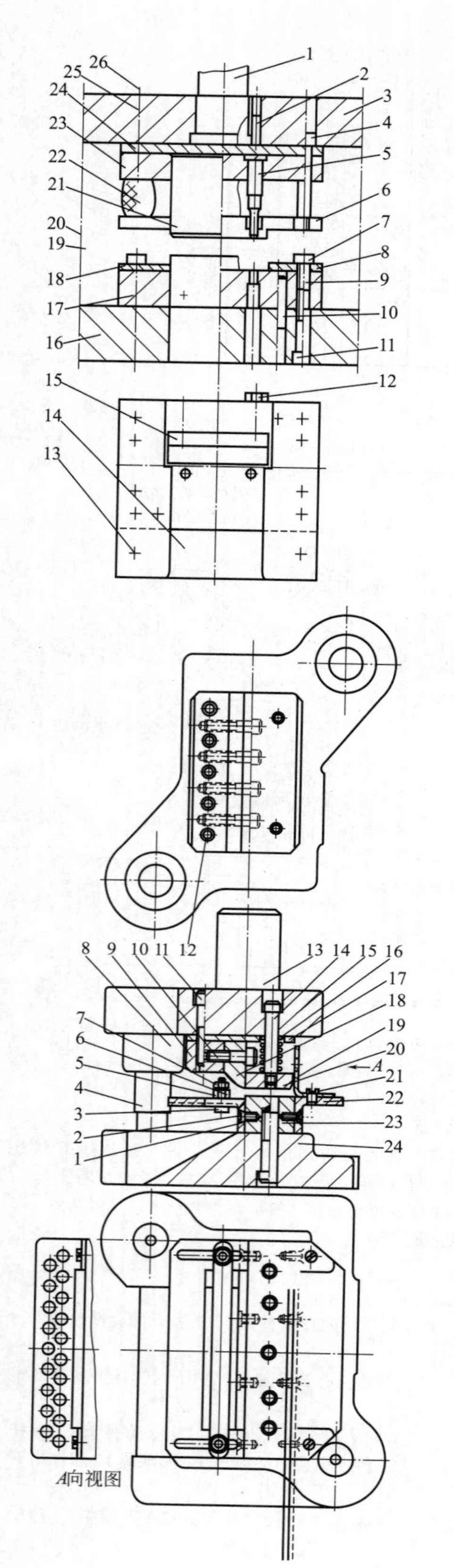

冲压件图及排样图

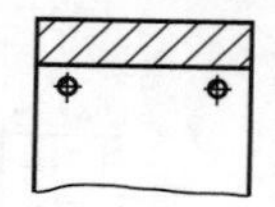

材料：黑色与有色金属板料

$t \leqslant 4$mm

图 10-24　有孔矩形板条滑动导向导柱模架无搭边排样少废料连续冲裁模

1—模柄；2,9,10,26—圆柱销；3—上模座；4—卸料螺钉；5,21—凸模；6—卸料板；7,11,25—内六角螺钉；8—右导料板；12—六角螺栓；13—螺钉；14—承料板；15—挡块；16—下模座；17—凹模；18—左导料板；19—导套；20—导柱；22—橡胶；23—固定板；24—垫板

说明：图 10-24 所示为一种带孔矩形板条冲压件无搭边排样进行少废料连续冲裁用冲模的典型结构形式，适用于精度不高的薄板与中厚板类似冲压件的冲制。

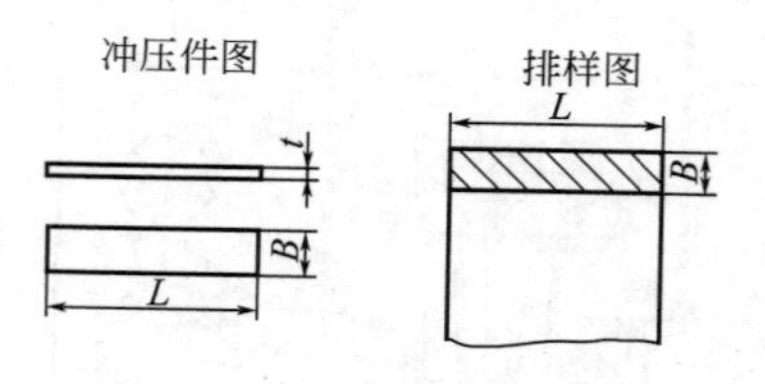

图 10-25　矩形板（条）滑动导向对角导柱模架无废料冲裁模通用典型结构形式

1,22—支架；2—凹头螺钉；3—方头螺钉；4—导柱；5—挡料尺；6—垫圈；7—螺母；8—导套；9—凸模固定板；10,11—内六角螺钉；12—销钉；13—冲模柄；14—脱料板螺钉；15—上模座；16—弹簧；17—垫板；18—凸模；19—防护板；20—压料板；21—平头螺钉；22—支架；23—凹模；24—下模座

说明：该冲模为铡刀式冲剪模，适用于冲剪精度不高的各种长方形零件。

由剪床剪下的条料宽度就是冲件的长度，挡料尺 5 可根据冲件宽度调节位置，冲制时将条料放在支架 22 上，穿过防护板 19 至定位的挡料尺。冲床下冲时，压料板 20 先将条料压紧，接着凸模 18 将条料剪下，冲剪下的零件沿着下模座 24 斜面滑下。本型冲剪模结构简单，制造方便，如大、中、小制造三副，可解决一般厂经常冲长方形的冲件，通用率很高。

10.3 合理排样实施少废料冲压的实用冲模结构

10.3.1 拼裁排样少废料冲裁模实用结构形式

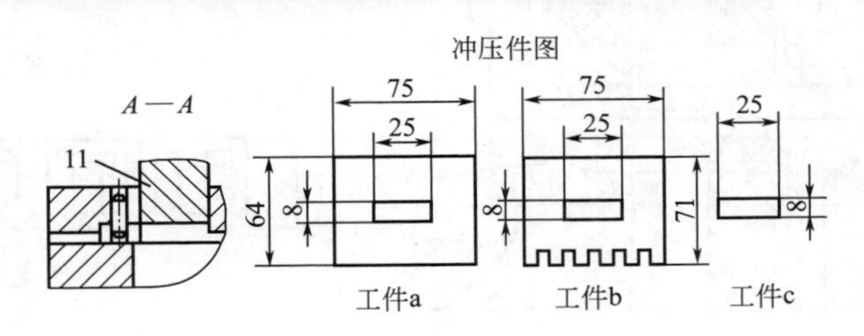

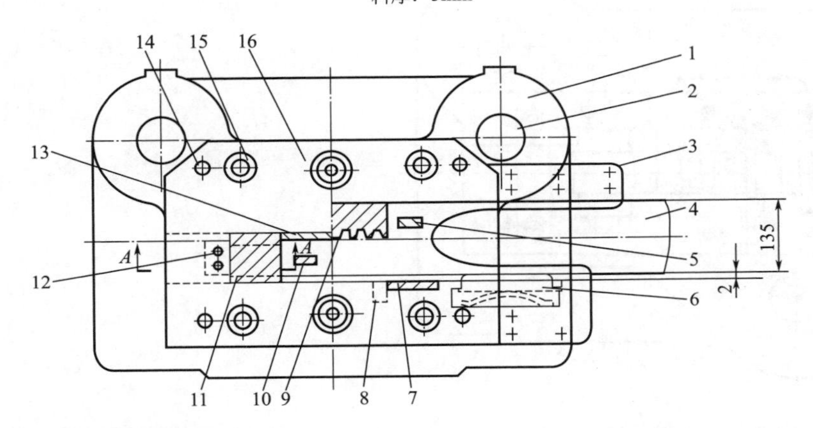

图 10-26　三种冲裁件拼裁与套裁的滑动导向后侧导柱模架固定卸料少废料连续冲裁模实用结构形式

1—模座；2—导柱；3—导料板；4—原材料；5—冲矩形孔凸模（也是工件落料凸模）；6—侧压装置；7—侧刃；8—侧刃挡块；9—冲裁件 b 落料凸模；10—冲裁件 a 冲矩形孔凸模（也套裁件 c）；11—冲裁件 a 落料凸模；12—固定挡料块；13—裁边凸模；14—销钉；15—螺钉；16—卸料板

说明：图 10-26 所示为三种冲裁件拼裁与套裁用滑动导向后侧导柱模架固定卸料少废料冲孔、落料 4 工位连续冲裁模。欲实施套裁和拼裁的平板冲裁件应具备一定条件。因为无论拼裁与套裁，都是通过合理拼合或套裁料充分利用工艺废料和结构废料集合构成在主冲裁件外围的大面积综合废料，以及主冲裁件内形冲裁的结构废料，大幅度提高材料利用率，大幅度降低冲裁件生产成本。但是，参与拼裁和套裁的冲裁件，其材质一样，料厚必须相同，产量应基本一致。要进行少无废料冲裁，冲裁件形状应满足无搭边排样的要求。图 10-26 中冲压件图示出的 3 个冲裁件基本达到了拼裁与套裁的要求。

冲压工艺根据冲件形状，采用并列双排，a、b 两件都套裁 c 件，使拼裁与套裁都恰到好处。其冲模结构特点如下：

①采用滑动导向后侧导柱加强型模架，在加厚模座的基础上，加粗导柱，保证在连续过程中运作平衡，模架刚度大，不变形。

②用两排 4 工位，错开布置。利用 2、3 工位错行，在 3 工位切除遗留在材料上的齿型，而后进行 a 件落料。

③因冲裁件料厚大，卸料力因齿型会进一步加大，故卸料板应适当加厚，增加强度和刚度。

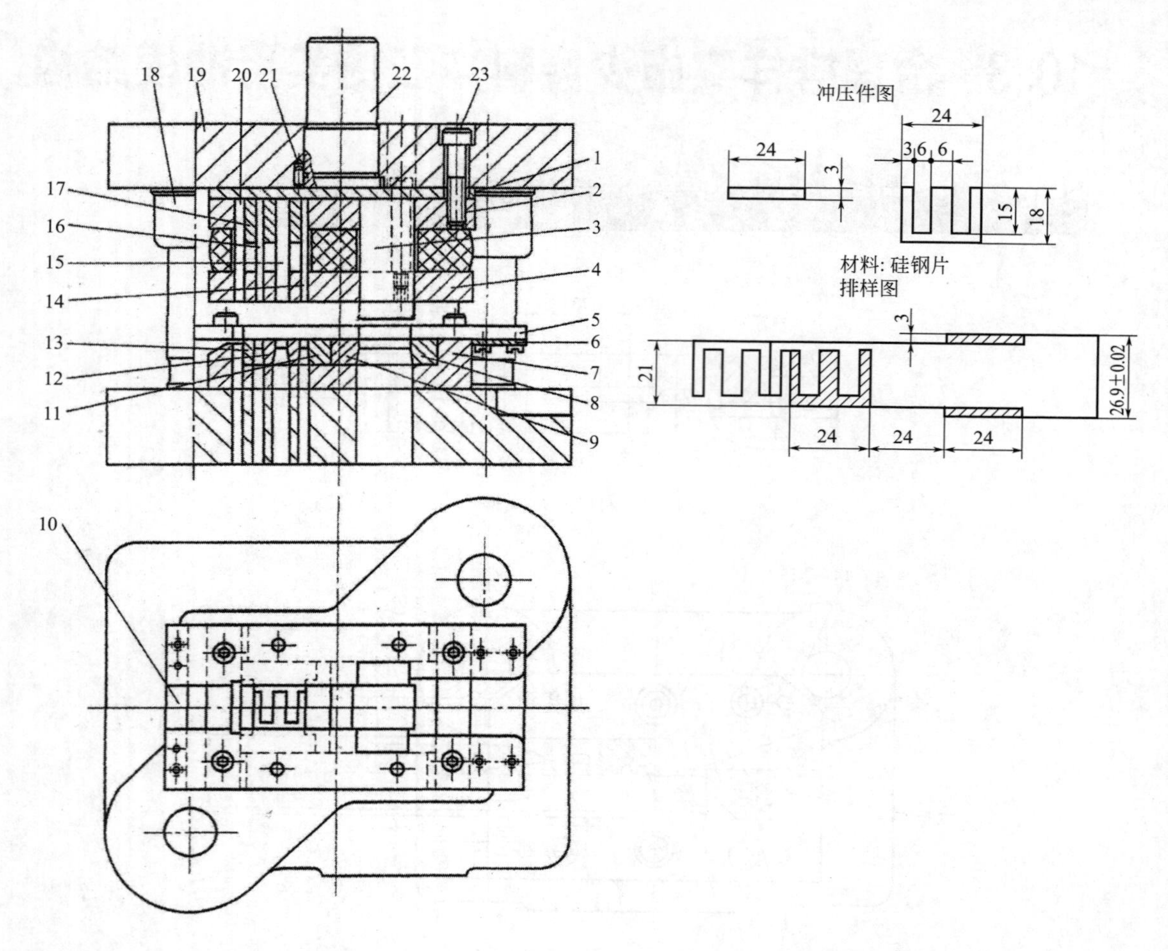

图 10-27　山形和一字铁芯片滑动导向对角导柱模架弹压卸料一模两种各两件无废料连续冲裁模

1—上垫板；2—上固定板；3—侧刃；4—卸料板；5—导料板；6—承料板；7—下固定板；8,9,11～13—凹模镶块；10—定位板；14～17—凸模镶块；18—导套、导柱；19—上模座；20—切断凸模；21—销钉；22—模柄；23—螺钉

说明：仪器仪表用小型变压器铁芯片由山字形和一字形两件配套硅钢片构成。图 10-27 所示为这两件匹配硅钢片用无废料连续冲裁模。

该模具采用成形侧刃，一次冲切两个一字形硅钢片；山字形硅钢片则可无缝隙拼合落料，实现一模一次两种零件各两件的无废料冲裁。这种拼裁排样，为保证冲件尺寸精度，要求入模冲压的条料或带料，宽度公差要小，因为料宽涉及两种冲件的非冲裁部位的最终尺寸。故其料宽要求为：$B=(26.9\pm0.02)$mm。同时，要求用国标 GB/T 16734—1997《冲裁间隙》中规定的Ⅰ类小间隙冲裁。按照该国标给定的标准Ⅰ类间隙，此冲模的单边冲裁间隙应为：$C=(2.5\%\sim5\%)t$，即 $C=0.00875\sim0.0175$mm。

该冲模使用标准的Ⅰ级高精度滑动导向对角导柱模架，采用平稳且无噪声的聚氨酯橡胶为弹性元件驱动弹压卸料板，凸模和凹模均采用多块镶拼结构，使其具有高的制模工艺性。冲模整体采用顺装式，冲出冲件均从下模漏件出模。切断凸模 20 的凹模旁设计了＞15°的落件坡，切断工件从斜坡滑出，流入零件箱。

该冲模操作方便而高效，手工送料在模具工作区以外，操作也十分安全。

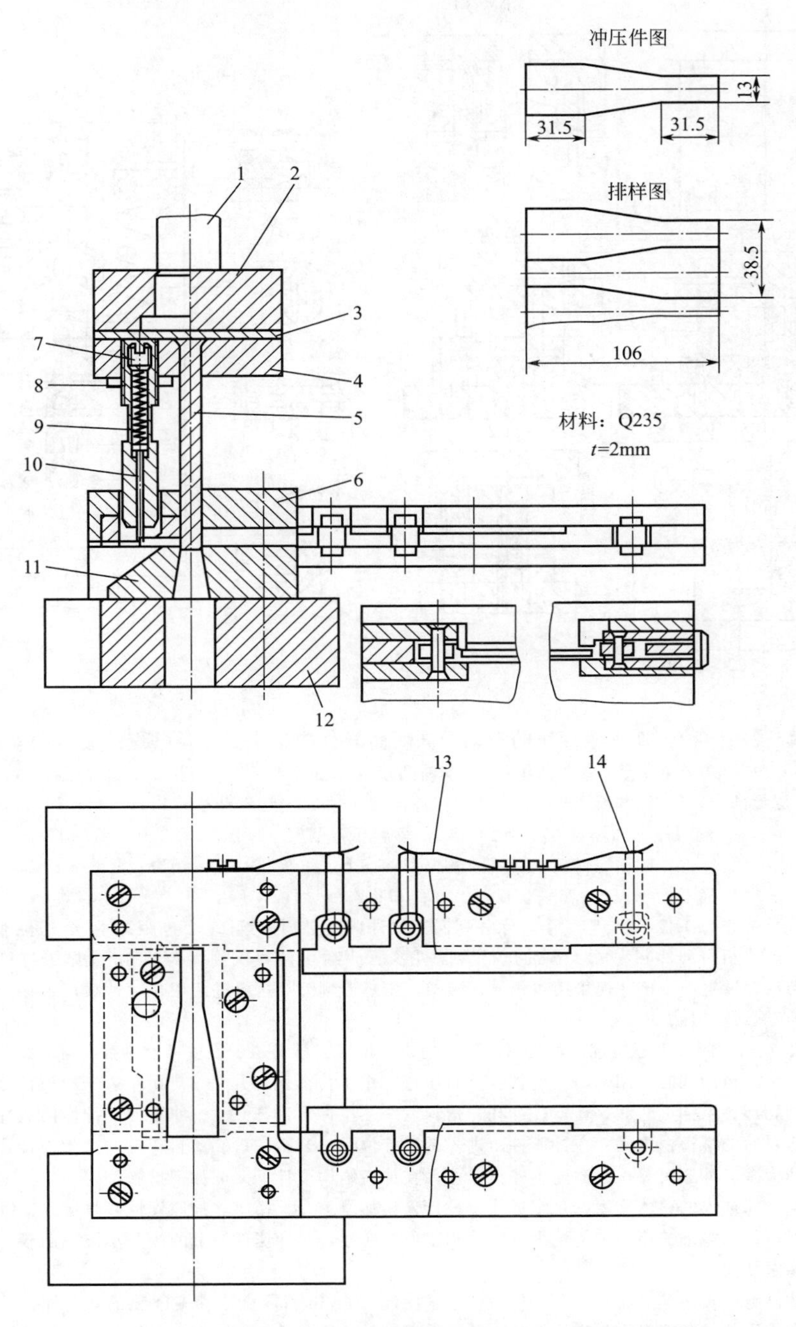

图 10-28　衬垫固定卸料导板式拼裁排样一模两件落料模

1—模柄；2—上模座；3—垫板；4—固定板；5—凸模；6—导板；7—螺塞；8—弹簧；9—销杆；10—弹顶销；11—落件坡；12—下模座；13—片簧；14—侧压辊

说明：图 10-28 所示为衬垫无废料冲裁模。利用冲裁件外形特点实现了无搭边排样。因制件无孔故无结构废料，从而可进行无废料冲裁。

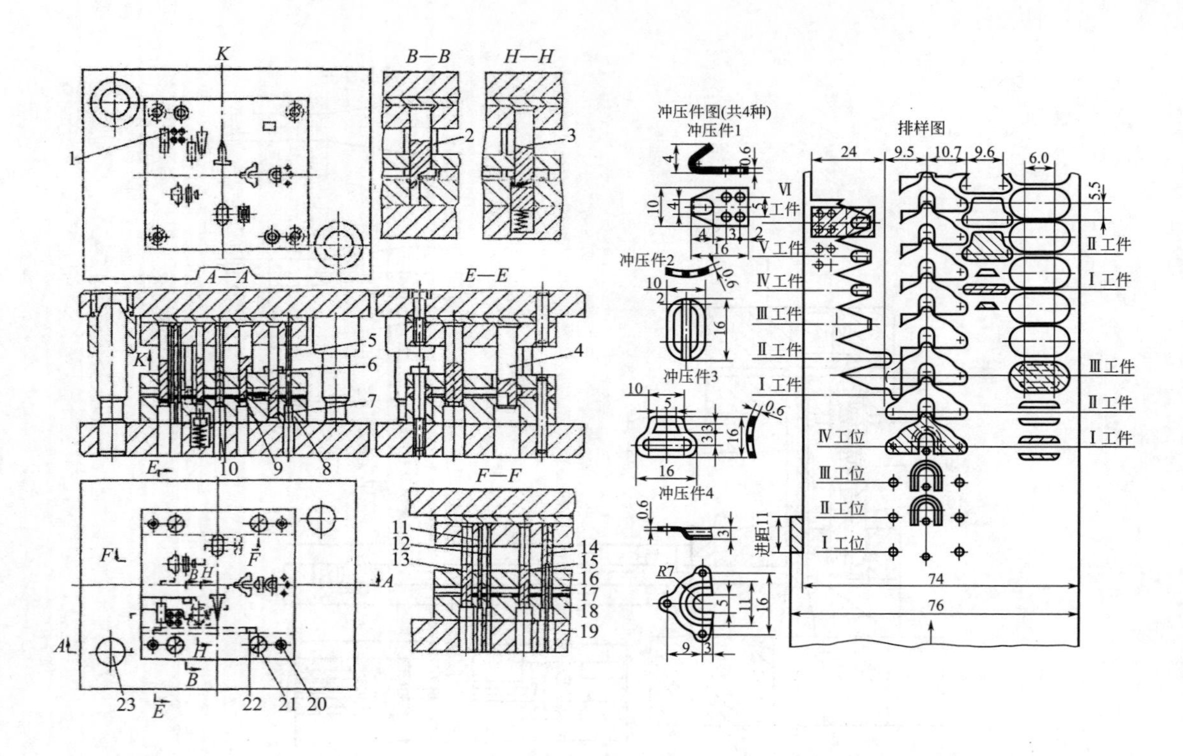

图 10-29 鞋靴扣四种零件拼裁冲压的滑动导向对角导柱模架十五工位连续式复合模实用典型结构

1—冲小孔凸模；2—压弯凸模；3—弯曲凸模；4—落料凸模（冲压件 1）；5—冲孔凸模（冲压件 4）；6—压形凸模；7—压形凹模；8—凹模板；9—落料凸模（冲压件 4）；10—切形凸模；11，12，14—切口凸模；13—落料压弯凸模（冲压件 2）；15—落料压弯凸模（冲压件 3）；16—卸料板；17—导料板；18—凹模板；19—上、下模座；20—销钉；21—螺钉；22—侧刃；23—导柱、导套

说明：该冲模总工位数达到 15 个，除并列四工位外，还必须连续 11 个进距即 11 个工位冲压后，才能实现每次压力机行程冲制完成 4 种冲压件各 1 件。所冲制 4 种冲压件均为 0.6mm 厚镀锌铁皮，采用 76mm 宽卷料大量生产。该冲模采用对角导柱模架，用矩形侧刃对送料进距限位，冲模配通用自动送料装置，进行自动连续冲压。

在料宽 76mm 的近中心位置，首先用冲孔、切口、压形、落料四个工位冲制冲压件 4。在右边与冲压件 4 的四工位落料的同时，用切口、空挡、落料压弯三个工位冲出冲压件 2。在左边于冲压件 2 落料压弯的同时，用切形、空挡、弯曲、压弯、冲孔、落料六个工位冲出冲压件 1。冲压件 3 排样插在冲压件 4 与冲压件 2 落料后的搭边框之间。在冲压件 1 进入其Ⅳ工位时，开始切口、落料弯曲Ⅱ工位而冲成。考虑该冲模细长凸模多、冲压时要连续高速不停机作业，在冲模结构设计上采取如下措施：

①为了确保冲模的整体刚度，稳定运作，设计采用加厚上、下模座，加厚硬性卸料板、整体凹模板。

②为了增强众多细长小凸模的抗纵弯能力和工作稳定性，对冲压件 1 上的 4 个小圆孔凸模，设计了杆部加粗的加固结构。

③该冲模上细长凸模多而且分布不均匀，为了保证 0.6mm 料厚微小冲裁间隙的均匀性，并避免因不均布冲裁力导致偏载对间隙均匀性的影响，设计采用卸料板导向结构。除将卸料板加厚至凸模长度的 25%以上外，导板模孔与凸模的配合按基轴制 h5/H6 配合，保证卸料板对小凸模具有良好的导向功能，并可在横向给其稳固的支承。

④根据冲压件 1 弯脚高度为 4～4.6mm 和冲压件 4 压形后高度为 3mm，确定导料板厚度为 5.5～6mm，以确保冲压件弯曲后能顺畅送至最后的落料工位上。

由于加厚了导板（卸料板）及模座，使冲模具有良好的刚度和稳定性，确保模具在连续高速冲压中间隙均匀、寿命高。

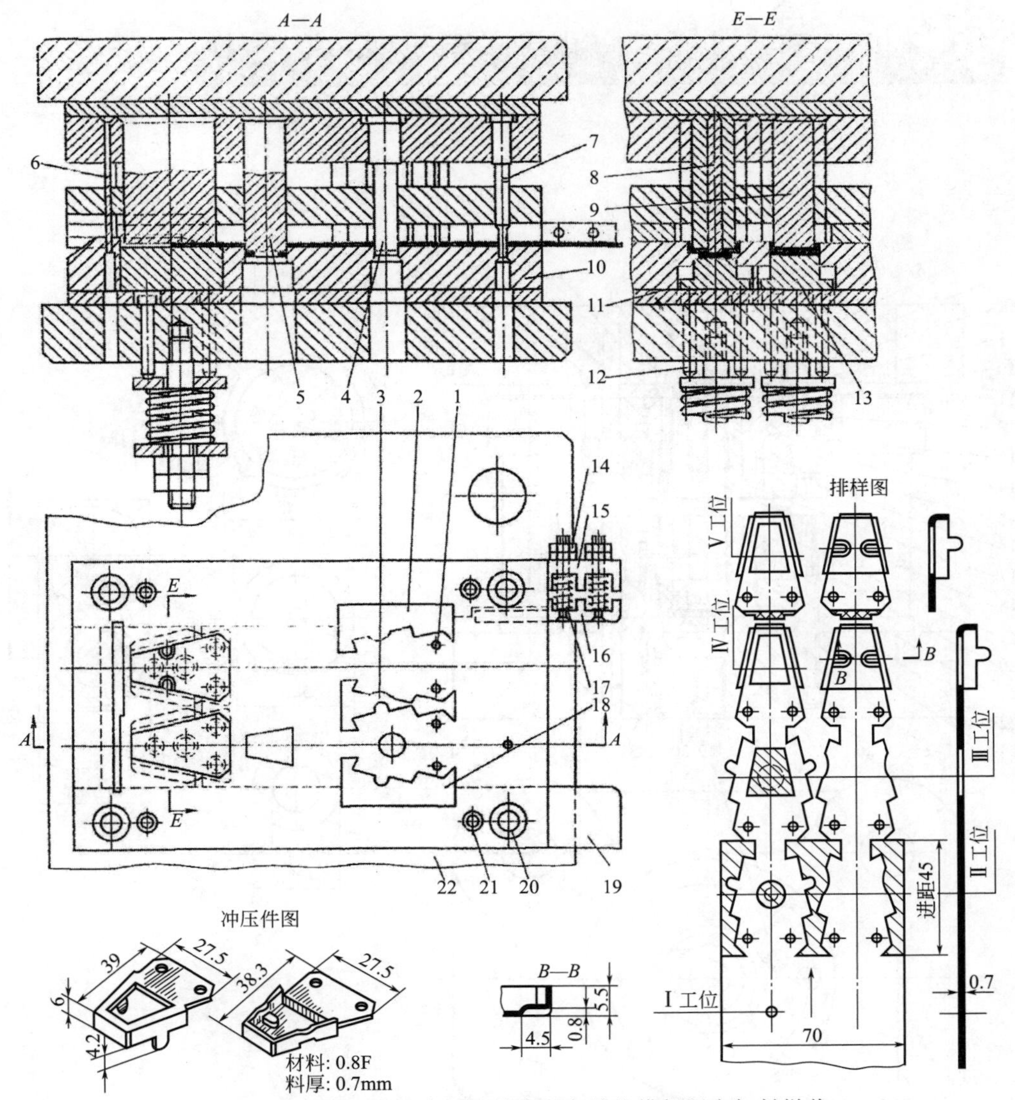

图 10-30　仪表盒盖和底滑动导向对角导柱模架固定卸料拼裁排样一模成形的五工位连续式复合模实用典型结构

1,4,7—冲孔凸模；2—成形侧刃；3—裁搭边凸模；5—冲梯形孔凸模；6—切断凸模；8,9—弯边成形凸模；10—凹模；11—垫板；12—顶杆；13—顶件器；14—侧压装置；15—固定支架；16—侧压板；17—弹簧；18—成形侧刃；19—导料板；20—螺钉；21—销钉；22—上、下模座

说明：图 10-30 所示为报警器外壳的盖与底成形冲压件拼裁连续复合模。该图包括用五工位连续复合模一模成形两件的冲压件图、排样图和模具图。其模具结构及运作要点如下。

①该冲模用三个并排纵置的成形侧刃，完成两个冲压件展开平毛坯的外廓冲切。同时，对送进材料进距限位，控制送料进距误差小于±0.15mm。

②用成形侧刃、侧压装置加导正销构成整套连续复合模的送料定位系统。第Ⅱ工位套裁垫圈落料凸模与第Ⅲ工位冲梯形孔凸模端头加导正销。在送进原材料入口处，装侧压装置，将送进原材料压向导料槽一侧，保证了各工位送料精度。

③为了确保在长时间高速、连续冲压中冲模能正常运作，该冲模采用了加粗导柱的对角导柱模架，配加厚上、下模座及加厚固定板、卸料板（导板）的专用加固模架。

④由于弯边成形后的盖有两个高 4.2mm 的凸耳，盒体成形后高 6mm，故其成形及切断分离工作需要的空间高度为 4.2mm＋6mm＋（3～5）mm＝13.2～15.2mm，取导料板厚度为 14.5～15mm 较为合适。

⑤由于加厚导板和固定板，而且导料板厚度又稍大，故凸模长度加长。为了使细小冲孔凸模和薄而宽的切断凸模有良好的承载稳定性与较强的抗纵弯能力，除对这些凸模采用杆部加粗、固定段加长的措施外，卸料板与其匹配的模孔采用基轴制 h5/H6 配合，使其对凸模有导向和横向支承作用，卸料板变成导板。

⑥为了使冲模顺畅运作，选用行程可调的高性能压力机，并以小行程冲压，以保证凸模始终不脱离卸料板。

10.3.2 套裁排样复合冲裁实用典型冲模结构

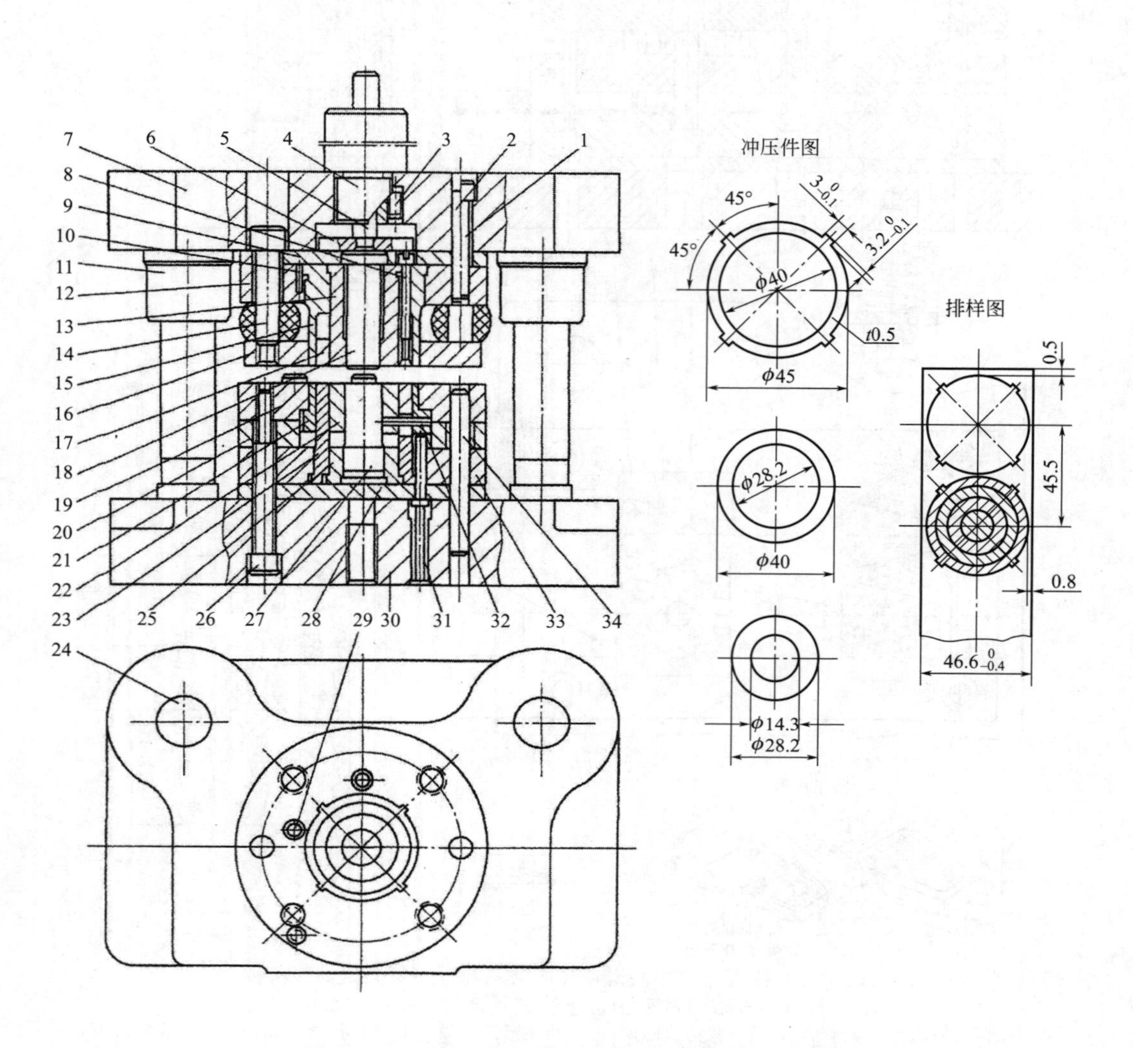

图 10-31 四爪卡环套裁垫圈复合冲裁模实用结构

1,3,8,14,26—螺钉；2,10,32,34—销钉；4—模柄；5,18,31—顶（打）杆；6—顶板；7,30—上、下模座；9,20,28—垫板；11—导套；12,33—固定板；13,15—凹凸模；16—卸料板；17,21,22—顶件器；19—凹模；23,27—下凸模；24—导柱；25—衬套；29—限位钉

说明：该冲模是单工位多件复合冲裁模，定位及顶件系统对冲模正常运作十分重要，故在三个冲压件顶出模的同时，内孔废料从上模顺利推卸出模应滞后于冲压件，以便从模上出件时顺利分开放置。顶件器与下凸模的配合间隙宜小不宜大，单边间隙控制在 0.05～0.1mm 较为合适，过小制造困难，过大易因毛刺或异物进入而卡件。其结构也别具特点。

该冲模采用橡胶弹性元件构成的弹压卸料板，外廓落料凹模下置的顺装式结构。凹凸模 13、15 采用套筒镶嵌在一起，安装在凸模固定板 12 上。与凹凸模吻合配对构成圆环冲裁刃口的下凸模 23、27，也采用套筒式镶嵌办法，装入固定板 33 中。在下凸模 23 的圆筒壁上按等分角开三条长圆孔，用销钉 32 将其内外顶件器 21、22 串联起来，以便将冲裁件同时顶出。

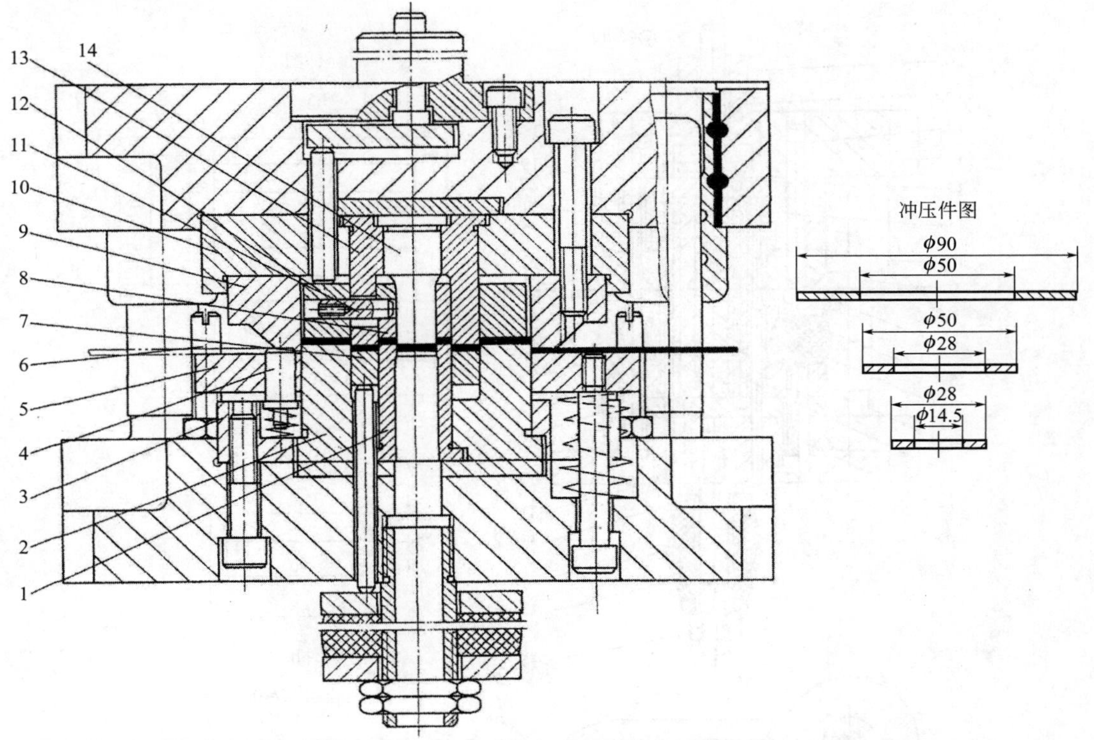

图 10-32　滑动导向后侧导柱模架冲三种垫圈套裁复合冲裁模实用典型结构

1,2—凹凸模；3,10—固定板；4—活动挡料销；5—弹压卸料板；6—限位柱；7,8,12—顶件器；9—落料凹模；11—限位串联销；13,14—凸模

说明：图 10-32 是同时冲三种不同尺寸、料厚 $t=2$mm 的厚垫圈滑动导向中间导柱模架复合冲裁模。冲孔废料通过凹模洞口下方、下模座及其下部连接的弹性元件中间的串杆中心孔漏料出模。冲孔废料出模管道过长易出现堵塞。为保证三种垫圈的同轴度，下模以凹凸模 2 套住凹凸模 1，并以固定板 3 固定镶在下模座的凹窝内。上模以固定板 10 的凹窝和内孔分别套住凹模 9 与凸模 13，而凸模 13 又套住凸模 14。这样只要上、下模座的凹窝同心，则能保证三种垫圈的同心。为此，需用精密机床或专用夹具加工上、下模座的导套、导柱孔。该模具采用低熔点合金固定导套，简化了上述加工。

该冲模为了确保冲制的三种垫圈的同轴度，对凹凸模件嵌装在凹凸模 2 中，再装在固定板 3 中；上模中的冲孔凸模 13、14 也采用了嵌装结构，提高了各凸模与凹凸模、落料凹模的同轴度。上模出件采用刚性推件装置，顶件器 7、8、12 由限位串联销 11 连固成一体，下模出件由弹顶器进行，废料则通过圆管漏落在压力机工作台孔下。

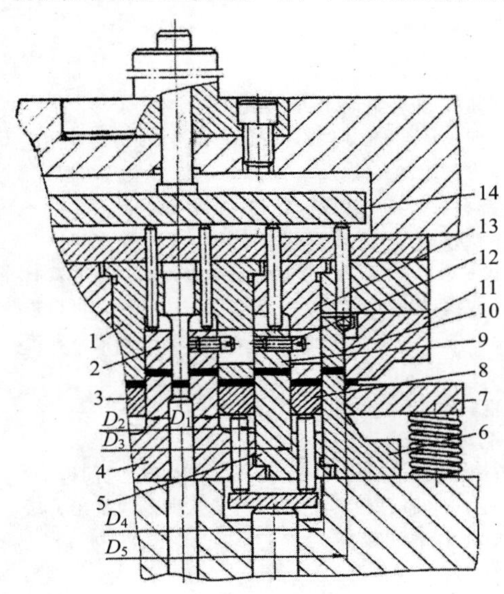

图 10-33　滑动导向导柱模架弹压卸料一模套裁五种垫圈的复合冲裁模实用典型结构

1,13—凸凹模；2,3,8～10—顶件器；4～6—凸凹模；7—弹压卸料板；11—落料凹模；12—串联限位螺钉；14—推板；D_1～D_5—冲制的五种垫圈外径

说明：图 10-33 与图 10-32 有类似的结构，但图 10-33 是 5 种垫圈冲裁件套裁的复合冲裁模。该模具注意改善冲孔废料排出管道，从冲孔凹模洞口开始，分段扩大排出废料孔直径，消减可能发生的冲孔废料堵塞问题。

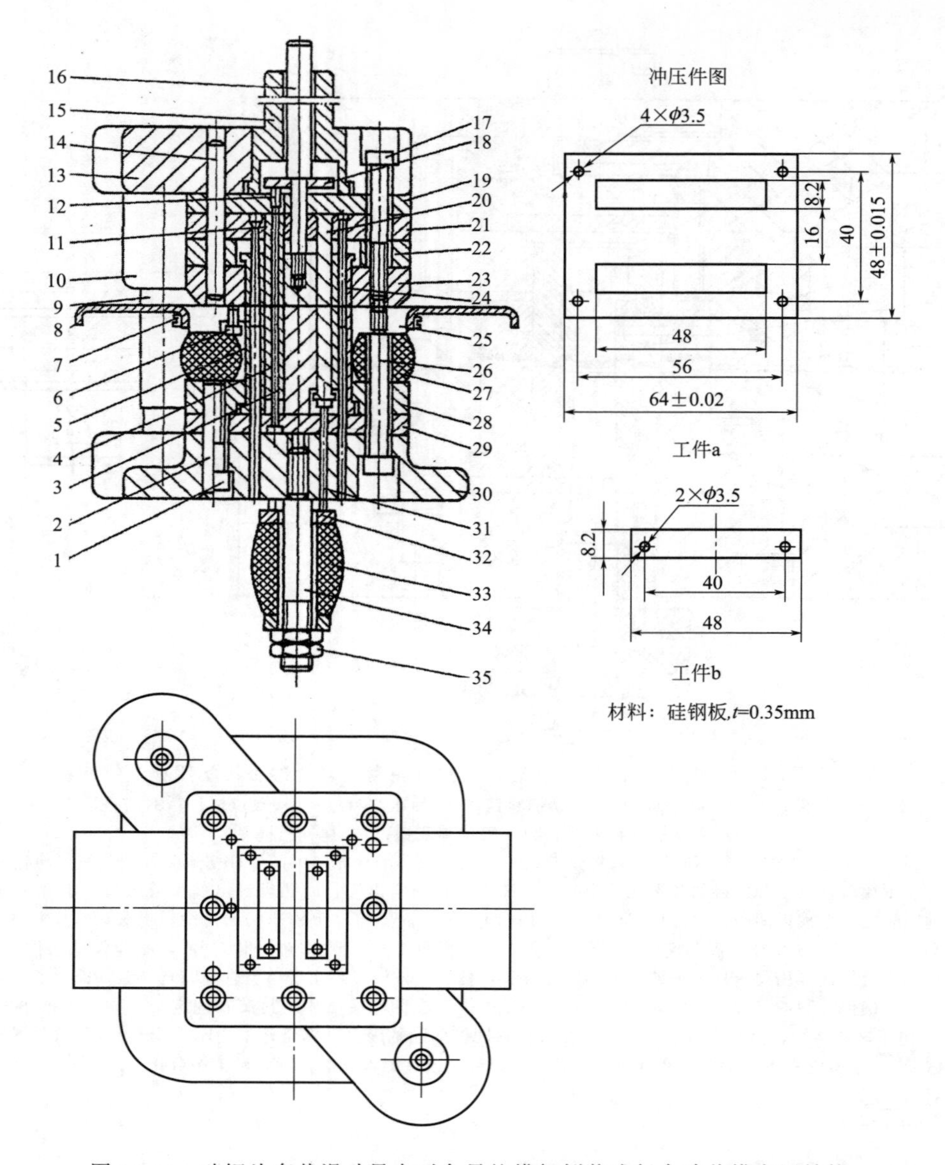

图 10-34　硅钢片套裁滑动导向对角导柱模架倒装式复合冲裁模实用结构

1,7,17,26—螺钉；2,14—圆柱销；3—下凸模；4—下推件块；5—下凸凹模；6—活动挡料销；8—托料板；9—导柱；10—导套；11—上凸模；12—上推杆；13,30—模座；15—模柄；16—推杆；18—推板；19—垫板；20—上凸凹模；21—上固定板；22—空心垫板；23—凹模；24—推件块；25—卸料板；27—橡胶；28,29—下固定板；31—下推料杆；32—法兰盘；33—橡胶；34—拉杆；35—六角螺母

说明：图 10-34 所示为一模冲出日字形与一字形两种硅钢片的倒装式复合冲裁模，由于采用无搭边套裁，使冲裁日字形的结构废料得到充分利用。因此，实际上该冲模是一套复合套裁模。两套裁冲片形状完全适合无搭边排样，可以进行少废料冲裁。只要带料宽度尺寸公差达到±0.02 的要求，更换挡料销，即可实施少废料冲裁。目前使用板裁条料进行有搭边有沿边的有废料冲裁。该冲模在结构设计上有以下新意。

①采用台阶式推杆 16，可直接推动推件块 24、推板 18，简化了推卸系统结构。

②采用加长承料板，对提高冲裁件平面度，特别是套裁件平面度有利，也便于手工送料。

③细长冲孔凸模由加长推件块通过与凹模的合理配合，获得如护套一样的保护及横向支承，不会产生纵弯折断。

该冲模一次冲出两种零件，节约了原材料，提高了生产效率。由推杆 16 和推件块 24，将工件 a 从凹模内推出；缓冲器通过下推料杆 31，由下推件块 4，推出工件 b；推杆通过推板由上推杆 12 推出废料。

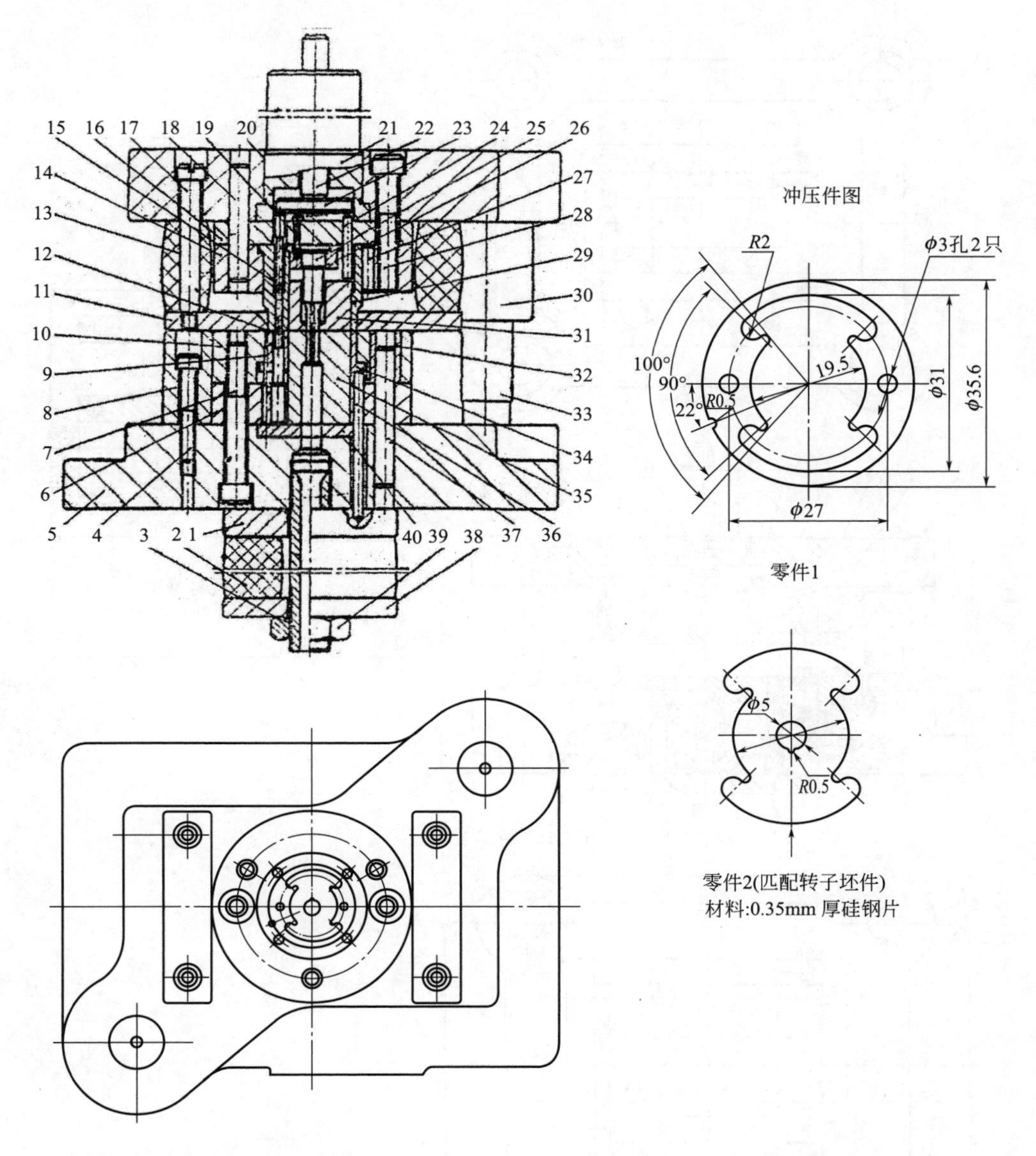

图 10-35　微电机定子与转子（坯件）滑动导向对角导柱模架复合冲裁模实用结构形式

1,16,38,40—垫板；2,13—橡胶垫；3—螺杆；4,7,28—内六角螺钉；5—下模座；6,14,26—凸模固定板；8—托板；9,12,25—凸模；10—凹模；11—脱料板；15,22,24—推杆；17—脱料板螺钉；18,19,27,37—销钉；20—上模座；21—冲模柄；23—推板；29,35—凸凹模；30—导套；31—推块；32—销套；33—导柱；34—顶块；36—顶杆；39—六角螺母

说明：该冲模为定子片复式冲模。

因定子内放转子，为了节省原材料，可以利用冲下来的余料作冲转子用，故在余料上冲一与转子上相同的孔，以便冲转子时作定位用。

将橡胶放在外面，这样就可减低闭模高度，凸模 25、凸凹模 29 长度也可相应减短。由于脱料板 11 受力不均匀，为防止弯曲，故下模增加托板 8 两块。

凸模固定板 26 与垫板 40 所以分别嵌在凸凹模 29 与下模座 5 内，是为了减低闭模高度。

中心孔的废料通过空心螺杆而向下掉。

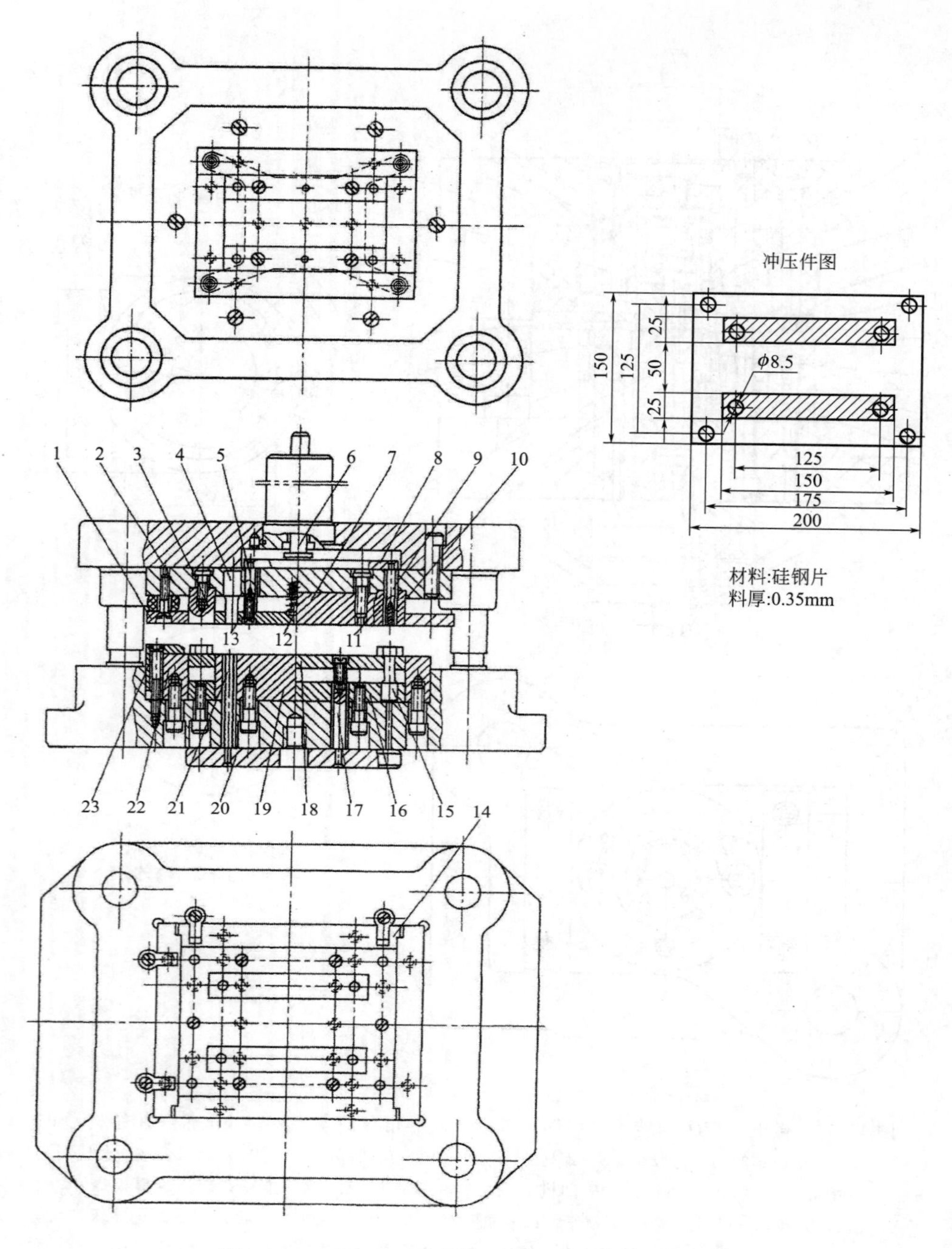

图 10-36 少废料倒装单工位复合冲裁模实用结构

1—弹压卸料板；2—上固定板；3,7,11—凸模镶块；4,15—冲孔凸模；5—连接杆；6—打料杆；8—推板；9—顶件器；10—弹簧；12—弹顶销；13—卸料板；14—凹模镶件；16—下固定板；17,18—顶杆；19,22—凹模镶块；20—顶板；21—顶料杆；23—定位块

说明：使用单工位复合冲裁模少废料冲裁的平板冲裁件，除实施无搭边排样外，冲裁件有各种形状的内孔。因此，其外廓落料必然是非封闭形的剪切，在条料的两边为非冲切刃口，落料凸凹模在条料两平行边上的边棱（刃口）必须大于条料边，每边大出 2～3 倍的冲裁件料厚，不小于 3mm 为宜。如图 10-36 所示的这类无搭边排样冲裁件，如内部有孔，均可用单工位复合冲裁模冲制。当冲裁件孔边距小于其料厚 t 时，推荐采用顺装结构复合冲裁模或多工位连续式冲裁模。反之，则宜采用落料凹模装在上模的倒装结构复合冲裁模。

10.3.3 多工位套料拼裁少废料实用典型冲模结构

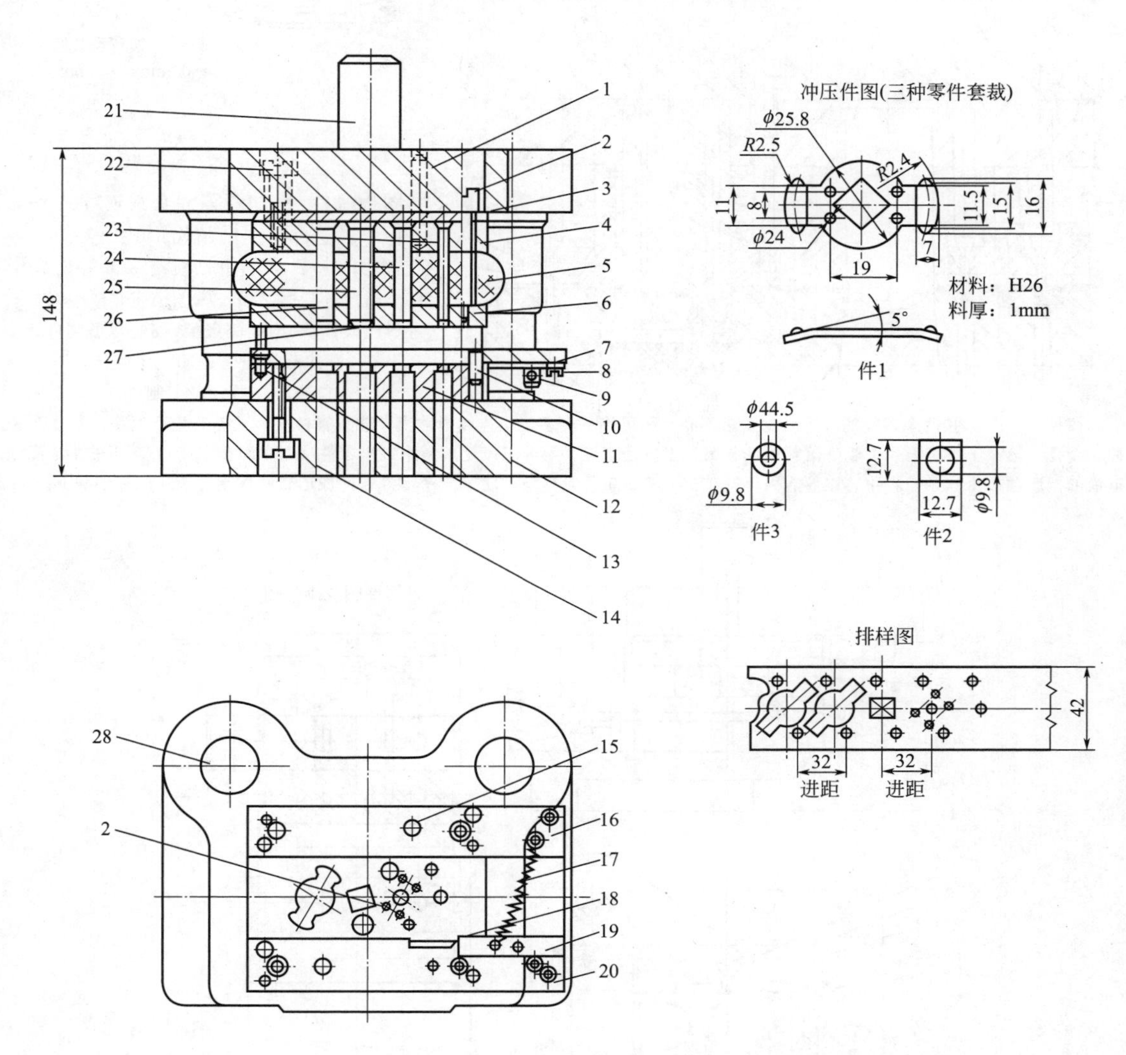

图 10-37 触点板三种零件套裁的滑动导向后侧导柱模架

弹压卸料冲孔、落料、压凸四工位连续式复合模

1,10,15—销钉；2,8,13,14,22—螺钉；3—垫板；4—固定板；5—橡胶体；6—卸料板；7—承料板；9—挂簧销；11—凹模；12—上、下模座；16—右导料板；17—弹簧；18—侧刃；19—侧压装置；20—左导料板；21—模柄；23～25—冲孔凸模；26—落料凸模；27—导正销；28—导柱、导套

说明：该冲模可同时冲制三种材质一样、料厚相同、形状各异的冲压件。通过冲孔、落料、压凸 4 工位连续冲压，第一次冲出三个圆垫圈、一个方垫圈和一个主要零件。

冲模冲压工作过程如下：送料进距由定距侧刃 18 限定带料沿着带有侧压装置 19 的导料板送进。第Ⅰ工位冲孔凸模 23 冲出两个小孔（ϕ4.45mm），即垫圈内缘侧刃 18 切边。第Ⅱ工位冲孔凸模 23 冲出四个小孔，带有导正销 27 的凸模 24 冲出两个垫圈，另冲出一个 ϕ4.45mm 的小孔。第Ⅲ工位冲出一个方垫圈及一个圆垫圈。第Ⅳ工位冲出主要的冲压件。该冲模生产效率高，材料使用极为经济。

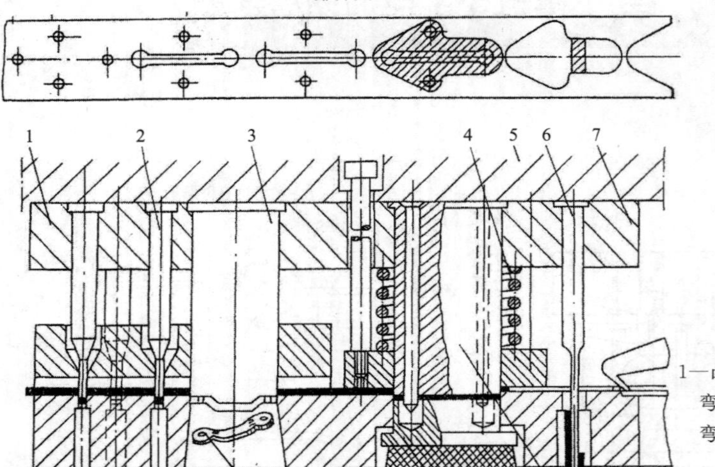

冲压件图

材料：镀锌铁皮
t=0.6mm、0.8mm

图 10-38　裤扣两零件套裁连续式复合模实用结构形式

1—凸模固定板；2—冲孔凸模；3—裤扣柄落料弯形凸模；4—弹簧；5—上模座；6—裤钩弯形凸模；7—凸模固定板；8—弯形制件；9—裤钩落料凸模；10—橡胶体；11—推件器；12—制件

说明：由于裤扣两个零件的尺寸精度要求不高，故可用一套多工位连续模冲出，能节省材料，又提高生产效率。第 1 工位冲 4 个孔。第 2 工位将第一个零件落料成形。第 3 工位是空位。第 4 工位是落料第二个零件（以中间孔定位），落下的半成品由下模的橡胶顶回带（条）料中，以便送入下一工位。第 5 工位是压弯，将第二个零件弯曲成形。两件制件都从凹模中漏下。

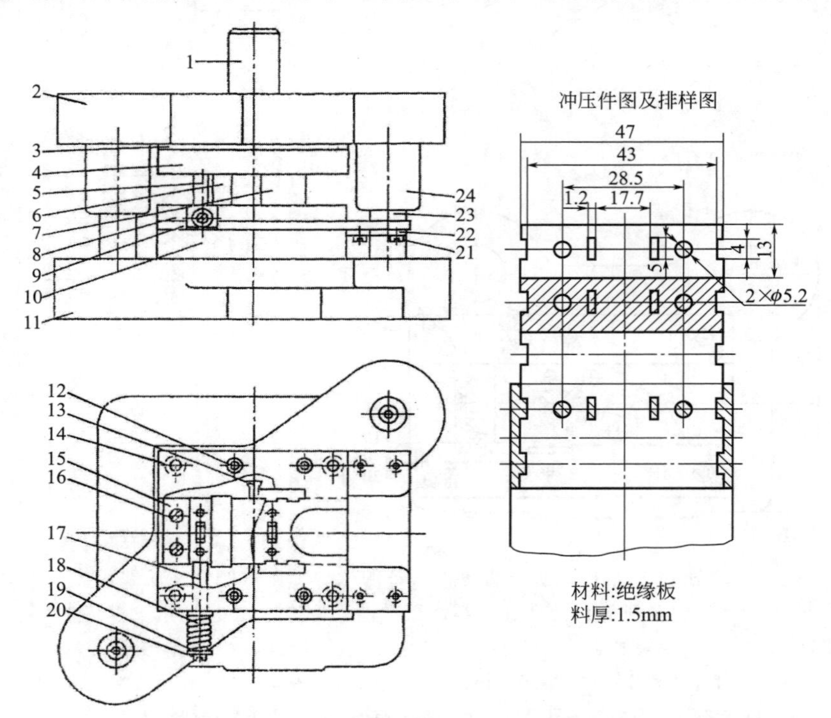

图 10-39　绝缘垫板滑动导向导柱模架少废料连续冲裁模实用结构形式

1—模柄；2—上模座；3—垫板；4—固定板；5，6—凸模；7—成形侧刃；8—卸料板；9—导料板；10—凹模；11—下模座；12—销钉；13—侧刃挡块；14，16，21—螺钉；15—定位板；17—弹件杆；18—弹簧；19—垫圈；20—螺杆；22—承料板；23—导柱；24—导套

说明：图 10-39 所示垫板对角导柱模架少废料连续冲裁模，适于料厚 $t=0.5\sim1.5$mm 的绝缘板零件冲制。送进入模冲压的条料宽度为工件长度。冲裁时送料进距由成形侧刃 7 控制。每次冲压行程可冲裁落料两个零件。一个零件从凹模洞口漏出，另一个零件由弹件杆 17 弹出模具工作区。

该冲模采用滑动导向对角导柱模架和横向送料的固定卸料结构。除冲裁间隙按冲压材料种类不同而采用更小的料厚百分比以外，其余与钢板冲件的同类结构冲模相同。

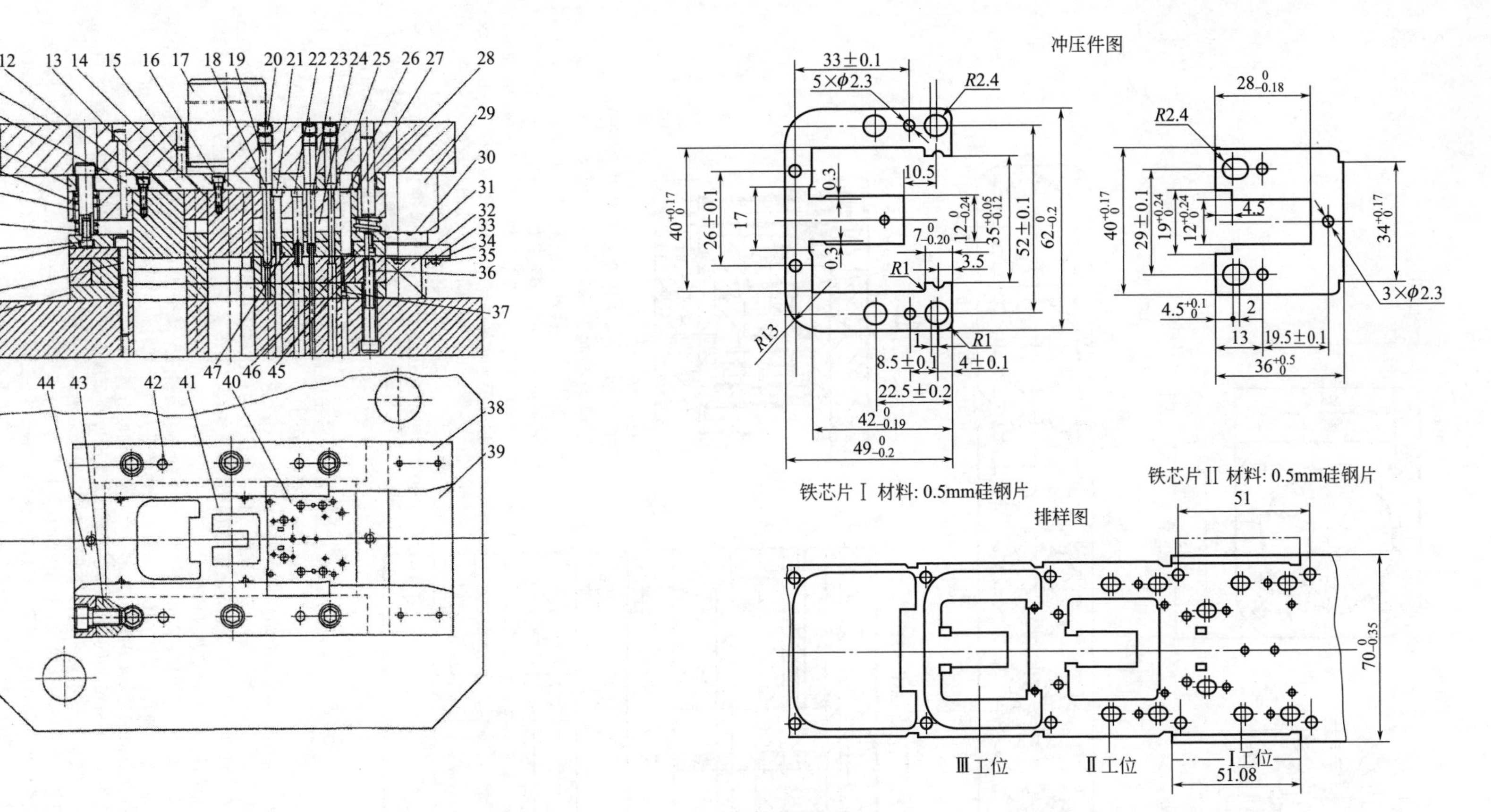

图 10-40 仪表变压器铁芯片滚动导向滚珠对角导柱模架弹压导板冲孔、落料两件套裁少废料三工位连续复合模实用典型结构

1—下模座；2—下垫板；3,5,10,12,16,35～37—螺钉；4—卸料板；6,33—弹簧；7—卸料螺钉；8—固定板；9—上垫板；11—上模座；13—山字形落料凸模；14—⊔形落料凸模；15,28,42,46—销钉；17—模柄；18—导正销；19—垫柱；20—螺塞；21—长方小凸模；22—长圆凸模；23—小圆凸模；24—侧刃；25—工艺导正孔凸模；26—小导柱；27—小导弯；29—导套；30—滚珠保持架；31—滚珠；32—导柱；34—垫圈；38—导正板；39—承料板；40—冲孔凹模拼块；41—落料凹模拼块；43—凹模框板Ⅰ；44—凹模框板Ⅱ；45—导板镶件；47—卸料板拼块

说明：图 10-40 的冲压件图所示铁芯片Ⅰ、Ⅱ，材料都是硅钢片，料厚为 0.5mm。可由制件 1 套裁冲得制件 2，用一套多工位连续冲裁模套裁冲制一模两件，材料利用率达到 75%，实现了优质、高产、低消耗。从排样图可以看出，该冲模设有 3 个工位：工位Ⅰ将两个制件上的大小孔（含导正销孔共 20 个）全部冲出，虽然孔不少，但都是圆孔，孔间距离都比较适当，安排在同一工位对提高制件质量有好处，对模具制造与装配也影响不大；工位Ⅱ、Ⅲ是先后落料两个制件。模具采用对称双侧刃和两个导正销定距。

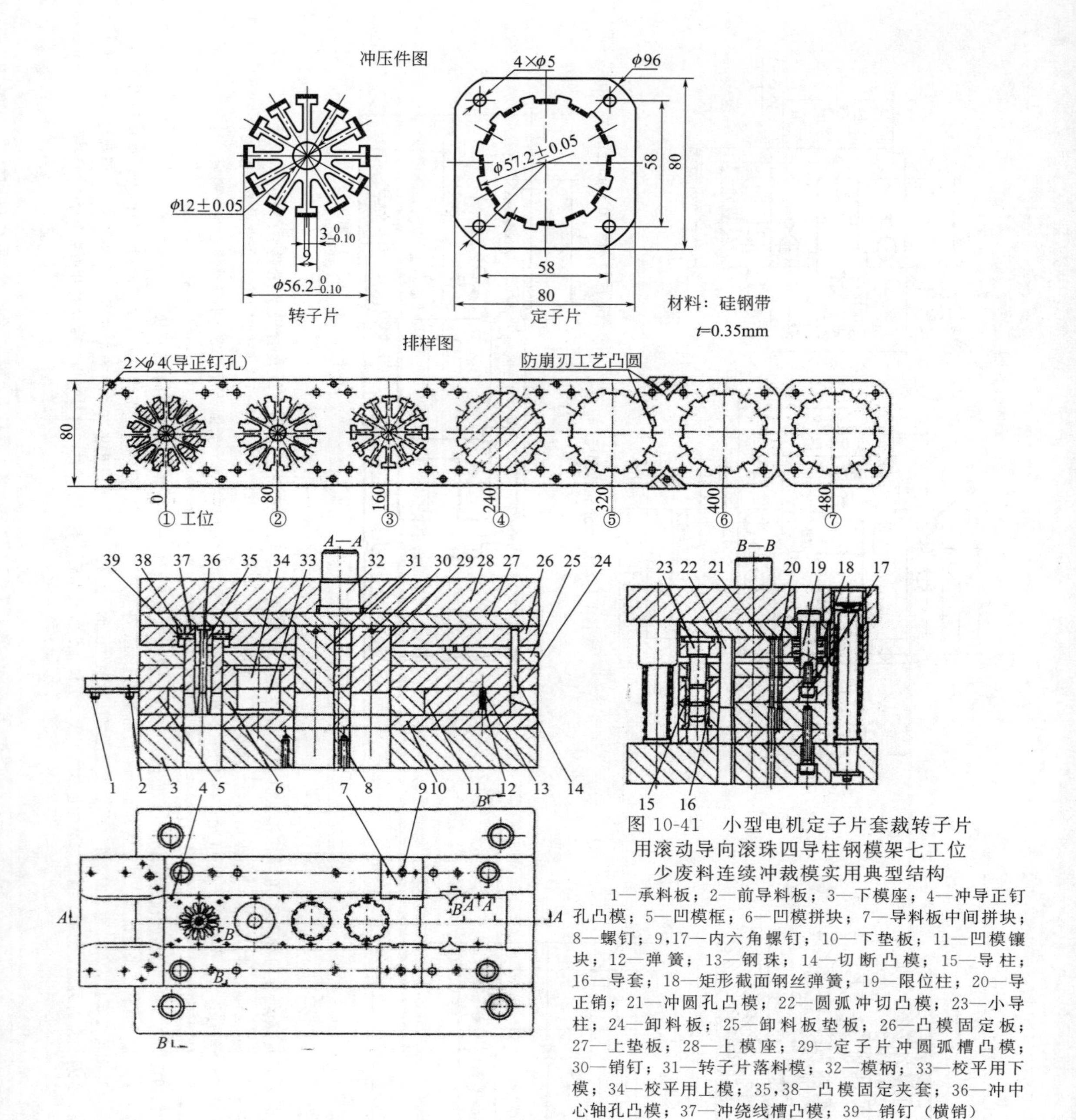

图 10-41　小型电机定子片套裁转子片用滚动导向滚珠四导柱钢模架七工位少废料连续冲裁模实用典型结构

1—承料板；2—前导料板；3—下模座；4—冲导正钉孔凸模；5—凹模框；6—凹模拼块；7—导料板中间拼块；8—螺钉；9,17—内六角螺钉；10—下垫板；11—凹模镶块；12—弹簧；13—钢珠；14—切断凸模；15—导柱；16—导套；18—矩形截面钢丝弹簧；19—限位柱；20—导正销；21—冲圆孔凸模；22—圆弧冲切凸模；23—小导柱；24—卸料板；25—卸料板垫板；26—凸模固定板；27—上垫板；28—上模座；29—定子片冲圆弧槽凸模；30—销钉；31—转子片落料模；32—模柄；33—校平用下模；34—校平用上模；35,38—凸模固定夹套；36—冲中心轴孔凸模；37—冲绕线槽凸模；39—销钉（横销）

说明：图 10-41 所示冲模冲压运作过程及主要结构特点如下：

①冲压工艺充分利用小型电机定、转子片匹配安装及配合运作：定子片内径比转子片外径大 1mm，尺寸与形位精度要求高，结合两平板冲裁件材质、料厚相同、外形复杂，都要用多片叠压铆合组装的特点，很适合用定子片中心的结构废料套裁转子片，进行多工位连续冲裁一模冲制两种两件。

②该冲模依工艺及排样要求，共设 7 个工位：第Ⅰ工位冲 2 个 φ4mm 导正销孔、4 个 φ5mm 定子片安装孔、12 个转子片绕线槽孔、φ(12±0.05) mm 中心轴孔；Ⅱ工位校平；Ⅲ工位为转子片外形落料；Ⅳ工位为冲定子片内形槽孔；Ⅴ工位空挡；Ⅵ工位为定子片两端外形圆弧冲切；Ⅶ工位为定子片与载体切断分离。

③送料进距 $S=80$mm 与料宽 $B=80$mm 相同，采用既无搭边又无沿边的套裁排样。利用定子片的边角余料打 φ4mm 工艺定位孔，再各工位配导正销导正，对送料进距进行校准精定位。采用通用送料装置定量送进，控制进距。

④采用滚动导向滚珠四导柱钢模架弹压导板结构。模架的滚珠导柱与导套的配合为 0.01～0.02mm 的过盈量，使模架具有零误差或接近零误差的导向精度。模芯部分则利用弹压导板在凸模固定板 26 上安装的 4 根小导柱 23，在闭模时，可穿过卸料板（弹压导板）、凹模、下垫板，造成四板同柱，冲模开启时，小导柱仍然滞留在导套孔中。上述两个导向系统确保凸模的精准导向，加上细长小孔凸模用夹套加固并给予全方位的横向支承，冲压时凸模少有偏载，不会产生纵弯折断。

⑤凹模与卸料板的镶拼结构，方便制造与修理，更为提高制造精度创造了条件。

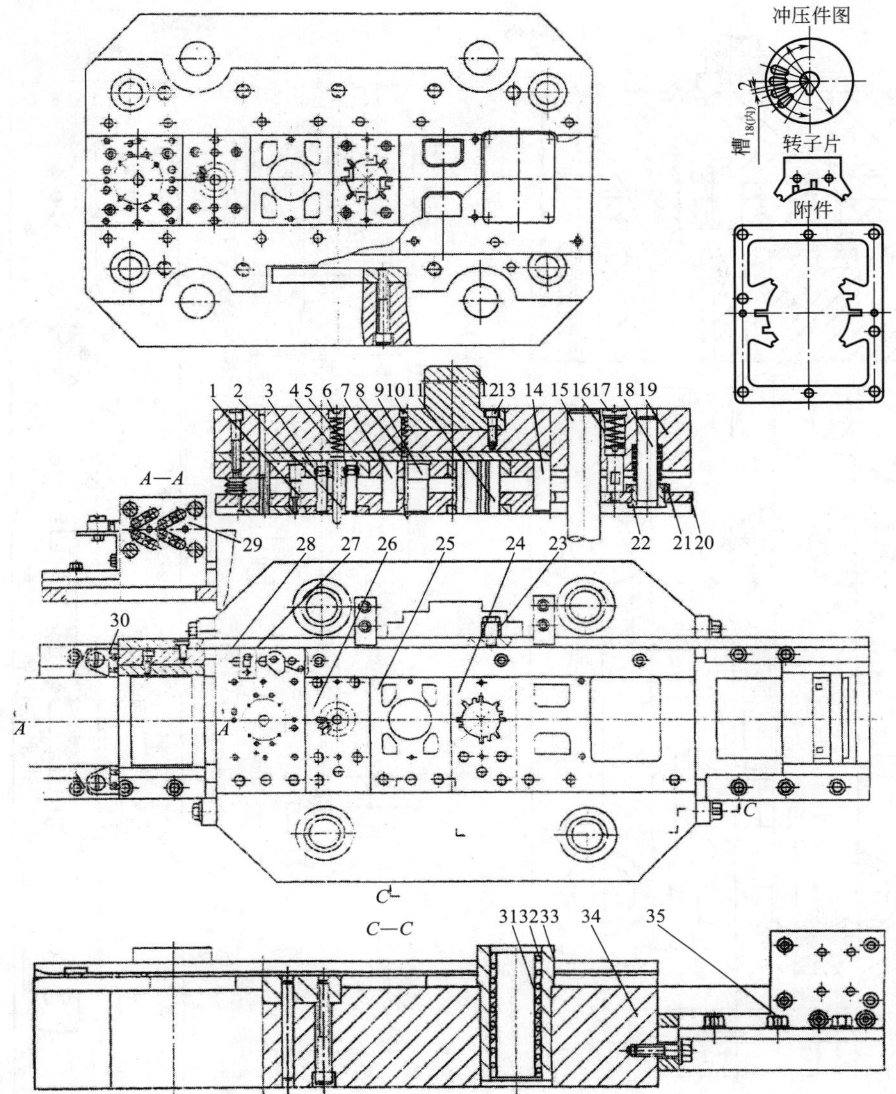

图 10-42 电机转子、定子和附件三种硅钢片的滚动导向滚珠四导柱加强型钢模架套裁少废料六工位连续冲裁模实用典型结构

1—冲孔凸模；2—导正销；3—冲齿凸模；4,8,16—弹簧；5—垫板；6,10,17—螺塞；7—冲定子方孔凸模；9—转子落料凸模；11—冲齿凸模（定子）；12—模柄；13—螺钉；14—附件落料凸模；15—导柱；18—小导柱；19—上模板；20—卸料板；21—螺母；22—小导套；23—滚轮；24—凹模拼块；25—落料凹模拼块；26—冲齿凹模拼块；27—导料板；28—冲孔凹模拼块；29—夹辊送料机构；30—夹刃；31—保持架；32—钢珠；33—导套；34—下模座；35—六角螺钉

说明：图 10-42 所示为电机转子、定子和附件三种硅钢片，采用合理套裁、混合排样，设计并使用六工位连续冲裁模一模冲制完成，不仅使定子片中心的大面积结构废料通过合理套裁得到充分利用，实现了少废料冲裁，而且在冲模上装设了夹辊式自动送料装置，提高了冲模的自动化作业程度和操作的安全性，具有优质、高产、低消耗的效果。其冲压工艺及运作过程如下：

该模具用 6 个工步一模冲制转子、定子和附件等三个工件。6 个工步是：冲中心孔及工艺孔→冲转子齿形→转子落料及冲定子方孔→冲定子齿形附件落料→定子落实。

该模具结构特点如下。

①为提高冲压件精度，必须提高材料的送进精度，利用中心孔及小孔导正定位。

②为提高模架导向和模具冲压精度，采用滚动导向滚珠四导柱加强型模架；转子齿形冲裁凸模为分体式，磨削后用环氧树脂固定；用小导柱导套，使卸料板起导向作用，变成高精度弹压导板式结构。

该冲模送料机构特点如下。

①模具前后装置夹辊式送料机构，借助斜楔、滚轮及夹辊机构完成送料动作。

②为防止带料后退及走斜，在导板两侧装有固定夹刃。

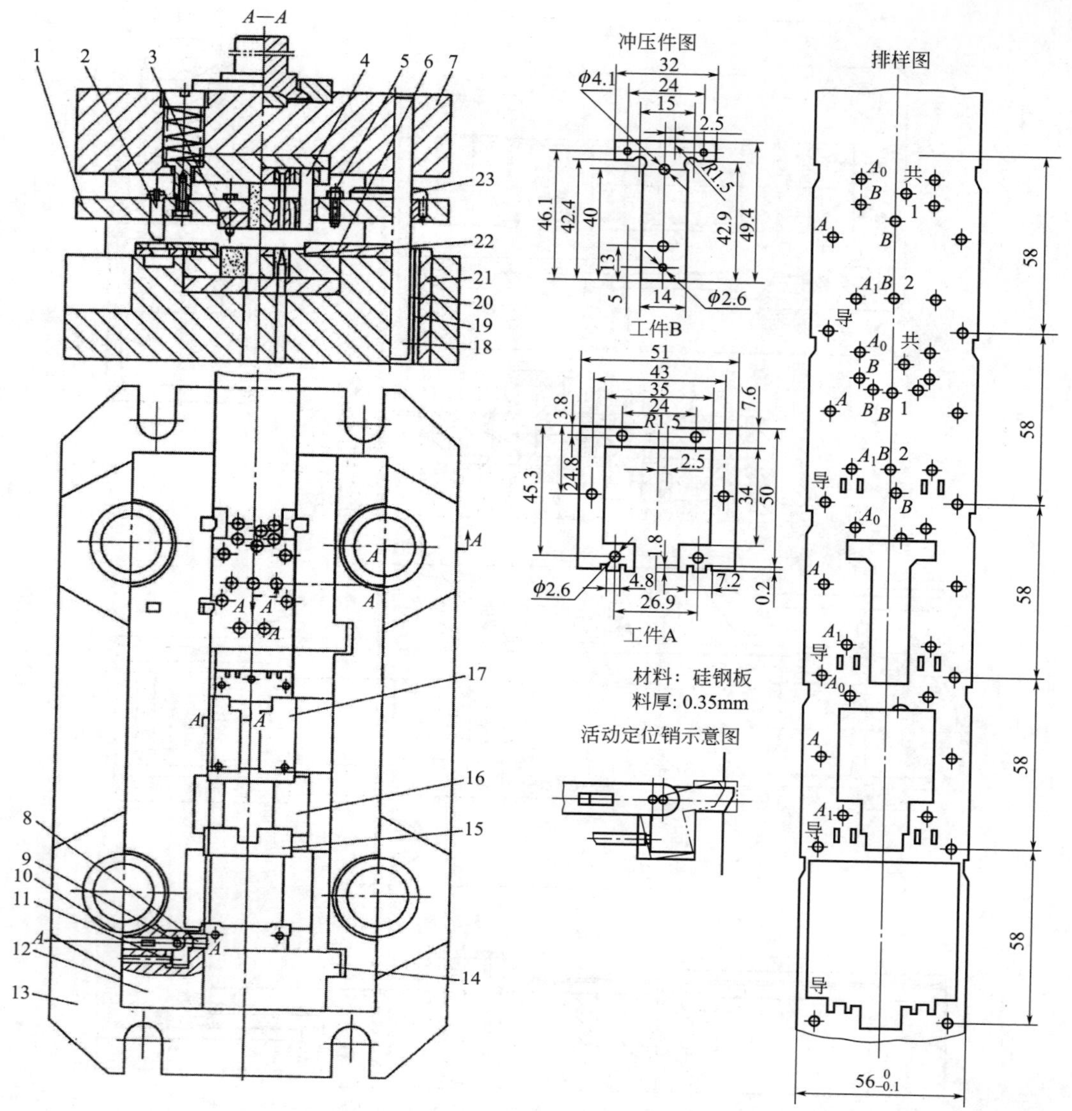

图 10-43　铁芯片两件套裁的滚珠四导柱模架五工位连续冲裁模实用典型结构

1—弹压卸料板；2—斜楔；3—导正销；4—侧刃；5—平衡螺钉；6,12—导料板；7—上模座；8—定位块；9—轴；10—楔滑块；11—弹顶销；13—上、下模座；14—凹模框；15—硬质合金嵌件；16,17—硬质合金拼块；18—导柱；19—钢珠保持架；20—钢珠（01 级）；21—导套；22—托板；23—小导套

说明：图 10-43 所示是用料厚 $t=0.35$mm、料宽 $B=56$mm 的硅钢带，在公称压力为 600kN 的国产 JH21-60 型开式双柱固定台压力机上，使用滚珠四导柱模架五工位硬质合金连续冲裁模，一模冲出两种铁芯片零件。

由于图 10-43 中冲压件图示出的件 B 可以用冲制件 A 的中心结构废料冲制，采用套裁排样一模冲出，大幅度提高了材料利用率。其冲压运作过程是：带料或板裁条料从右导料板 6、12 构成的导销槽中通过，双边布局安装的侧刃冲出成形缺口。材料继续送进，定位块 8 进入侧刃切口进行初始挡料，为各工位定位。冲模闭模冲压时，先由楔 2 驱动楔滑块 10 使定位块 8 向外退出缺口。当冲模开启时，楔 2 上升，定位块 8 在弹顶销 11 作用下复位，但不在侧刃缺口位置，而是向前扭转了一个角度，在材料送进时借其前推力扶正垂直于条（带）料，进入侧刃成形切口限距、定位。每个工位的精定位，均有导正销 3 校准送进材料进距解决。

该冲模结构的主要特点如下。

①采用套裁排样实现一模冲两种制件，工料两省，实现优质、高产、低消耗。

②使用滚动导向滚珠四导柱模架，刚度大，长期满载工作不变形。

③采用硬质合金制造凸模与凹模，大幅度提高冲模寿命。

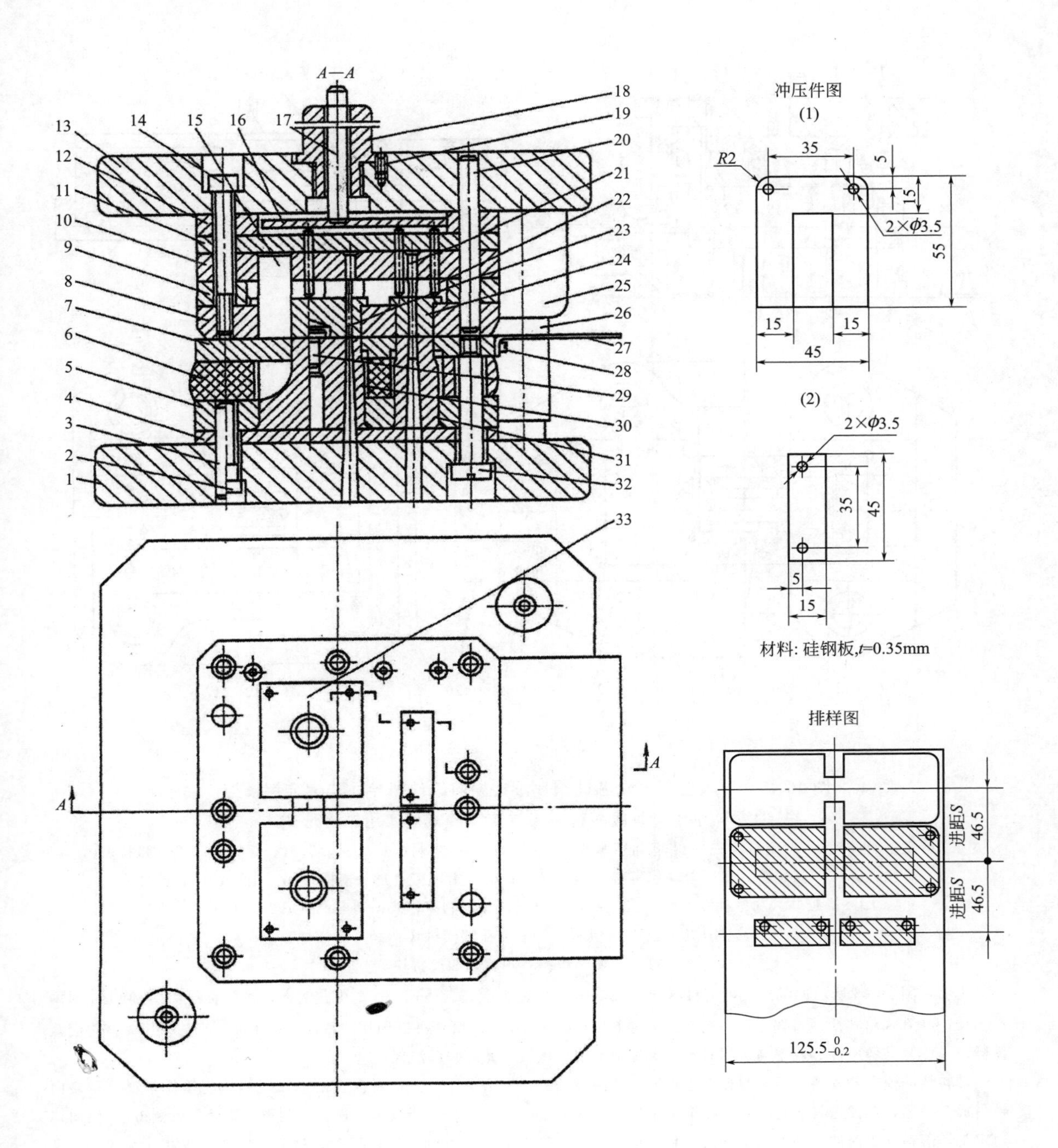

图 10-44 ⌐形和一字形铁芯片套裁排样连续式复合冲裁模

1—下模座；2,14,19,28,32—螺钉；3,20,22—圆柱销；4—下垫板；5—凸凹模固定板；6—橡胶；7—卸料板；8—凹模；9—空心垫板；10—凸模固定板；11—上垫板；12—衬板；13—上模座；15,21,30,31,33—凸凹模；16,23,24—推件块；17—推杆；18—模柄；25—导套；26—导柱；27—承料板；29—定位销

说明：图 10-44 所示为电表仪器用小型变压器⌐形和一字形铁芯片两工位组合套裁排样进行少废料连续冲裁，不仅节省材料而且效率高。

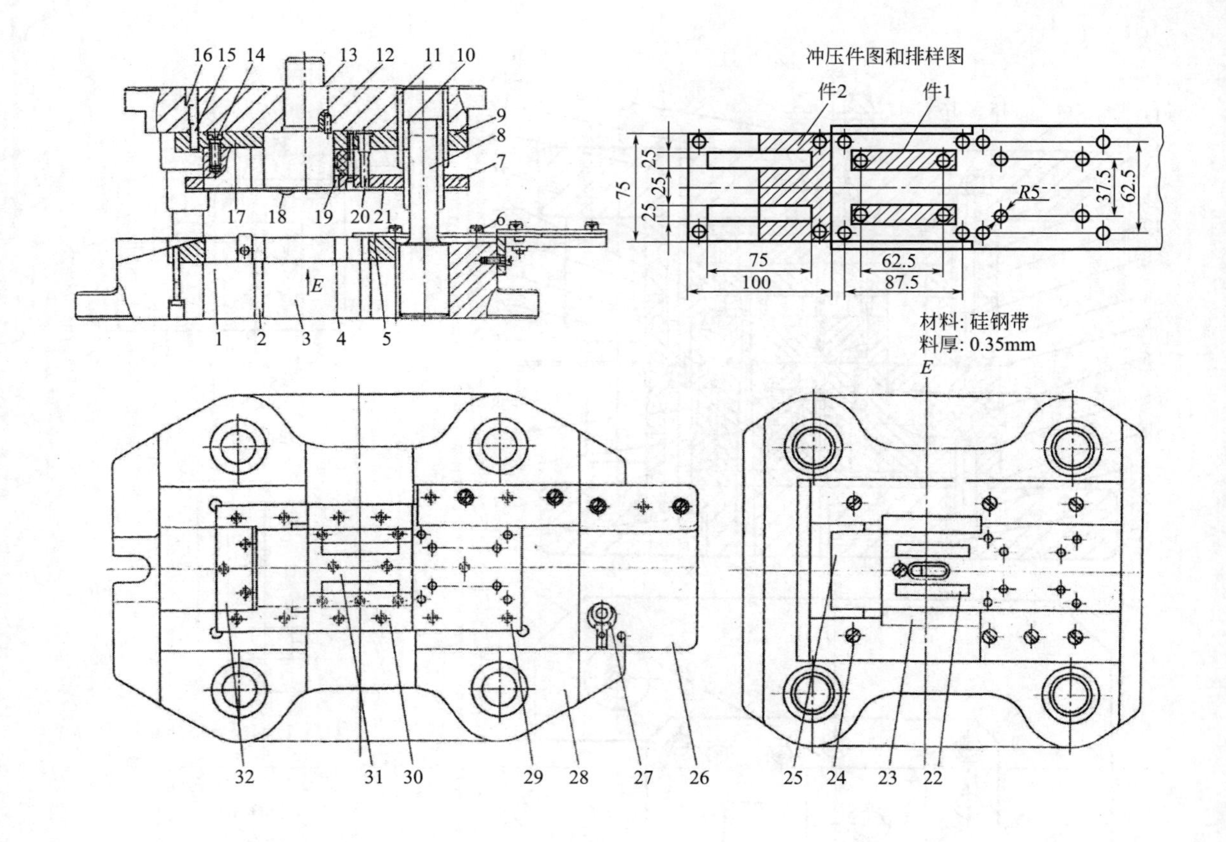

图 10-45 仪表变压器铁芯硅钢片滚动导向滚珠四导柱非标准钢模架少废料冲孔、剪截落料三工位连续冲裁模实用结构形式

1—剪截落料凸模；2—定位块；3—非标准钢模架；4—凹模；5—导料板；6,14,16,24—螺钉；7,21—卸料板；8—导柱；9,17—固定板；10—滚珠保持架；11—导套；12—上模座；13—模柄；15—销钉；18—推料片；19—橡胶体；20—冲孔凸模；22—冲件1凸模；23—侧刃；25—剪截凸模；26—承料板；27—侧压辊；28—下模座；29—冲孔凹模拼块；30—凹模框；31—凹模镶块；32—剪截凹模拼块

说明：图 10-45 所示冲裁模，可用料厚 $t=0.35$mm、料宽 $B=75_{-0.1}^{0}$mm 的冷轧硅钢带，在公称压力为 600kN 的国产 JH21-60 开式单柱活动台偏心压力机上大量冲制图 10-45 示出的一套两种硅钢片冲裁件。由于冲压工艺采用无搭边套裁排样，一模两种各两件，效率高、用料省，更好地实现了优质、高产、低消耗。

带料从冲模右侧入料口沿导料板 5 送入模，至侧刃端头，为第Ⅰ工位。带料入模由侧压辊侧边施压使带料总是靠向导料板 5 一边，保证送料端直顺畅。在第Ⅰ工位冲出 8 个 $\phi6.5$mm 孔后，带料继续送进到侧刃挡块处，由侧刃 23 侧向切边定距，落料件 1 两件。当材料由侧刃控制送料进距送入第Ⅲ工位，用剪截落料凸模剪截送进带料中段获件 2 两件，见排样图。该冲模的主要结构特点如下：

①采用滚动导向滚珠导柱钢模座非标准加强型模架，刚度大，长时间满载运作不变形，而且模架导向精度更高，更稳定。

②凹模采用镶拼结构，制模工艺性好，修模更方便，容易达到更高的制模与修模精度。

③加长的导柱、导套可保证冲模开启至最大高度时，仍有约导柱直径大小的长度滞留于导套中，确保模架始终保持零误差或接近零误差的导向。

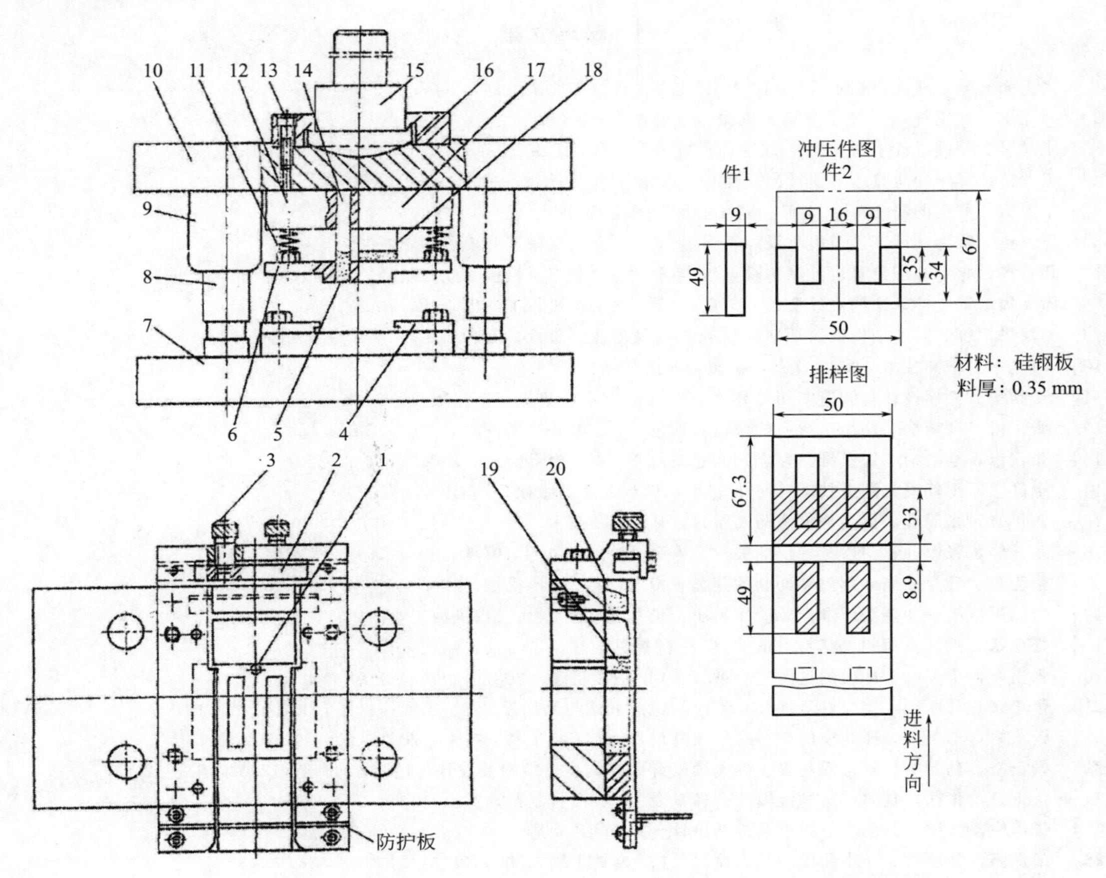

图 10-46　E 形硅钢片滑动导向四导柱模架无废料硬质合金连续冲裁模

1—伸缩式挡料销；2—可调定位器；3—调整螺钉；4—导料板；5—硬质合金嵌件；6—卸料板；7—下模座；8—导柱；9—导套；10—上模座；11—弹簧；12—凸模固定板；13—螺钉；14—凸模；15—模柄；16—压圈；17—固定板；18—落料凸模；19,20—硬质合金凹模拼块

说明：图 10-46 所示是用料厚 $t=0.35$mm 的冷轧硅钢带，将仪器用小型变压器的两种匹配的一字形和 E 形铁芯片，采用无沿边、无搭边的组合排样，进行无废料冲裁，并实现一模各两件的套裁，详见排样图。实际生产中用公称压力为 400kN 的国产 JH21-40 开式双柱固定台压力机，采用图 10-46 示出的滑动导向四导柱模架无废料硬质合金连续冲裁模，大量生产图示的两种硅钢片冲裁件。冲压工艺采用无沿边、无搭边两种冲压件组合套裁排样，使材料利用率达到 100%。该冲模结构特点如下。

①采用滑动导向四导柱钢模座非标准钢模架。模具整体刚度大，运作平稳。

②考虑两个铁芯片产量很大，为提高冲模寿命，模具的冲切刃口均采用 YG15、YG20 硬质合金拼块及嵌件。

③采用浮动式模柄，克服压力机滑块导向不准以及压力机开关 C 型机架承载后产生的不均匀角变形，影响冲裁间隙仅 0.014mm 的两种硅钢片的冲压精度。

④采用冷轧硅钢带或热轧硅钢板剪切条料，手工送料沿导料板 4 入模至伸缩式挡料销 1，进行第Ⅰ工位冲出两个矩形孔（长×宽=49mm×9mm）获得件 1 两件；第 2 次送料至挡料定位板（即可调定位器 2），剪截中间 33mm 长（见排样图阴影部分），获得件 2 两件，操作方便又安全。

参考文献

[1] 张正修．导板式冲模技术及应用 [M]. 北京：机械工业出版社，2006.
[2] 涂光祺．冲模技术 [M]. 北京：机械工业出版社，2002.
[3] 张鼎承．冲模设计手册 [M]. 北京：机械工业出版社，2000.
[4] 王孝培．实用冲压技术手册 [M]. 北京：机械工业出版社，2002.
[5] 李天佑．冲模图册 [M]. 北京：机械工业出版社，1988.
[6] 杨玉英．实用冲压工艺及模具设计手册 [M]. 北京：机械工业出版社，2005.
[7] 薛启翔，等．冲压模具设计制造难点与窍门 [M]. 北京：机械工业出版社，2005.
[8] 周大隽，等．冲模结构设计要领与范例 [M]. 北京：机械工业出版社，2006.
[9] 王新华，等．冲模结构图册 [M]. 北京：机械工业出版社，2003.
[10] 涂光祺．精冲技术 [M]. 北京：机械工业出版社，2006.
[11] 王新华．冲模设计与制造实用计算手册 [M]. 北京：机械工业出版社，2003.
[12] 张正修，马新梅．冲压过程中的摩擦及润滑 [J]. 锻压机械，2001 (6)：5-8.
[13] 张正修，马新梅．冲模维修存在的问题及对策 [J]. 模具制造，2002 (9)：22-27.
[14] 金涤尘．现代模具制造技术 [M]. 北京：机械工业出版社，2001.
[15] 张正修，张旭起．提高冲模寿命的研讨 [J]. 模具技术，1998 (3)：40-45.
[16] 张正修，张镇，赵向珍．冲模的失效及寿命 [J]. 电加工与模具，2004 (6)：30-36.
[17] 张正修．健全冲模修理机制面临的问题和措施 [J]. 锻压机械，2000 (5)：1-6.
[18] 中国机械工程学会锻压学会．锻压手册：第 2 卷 [M]. 北京：机械工业出版社，2002.
[19] 张正修．模具技术的现状与对策 [J]. 中国模具信息，2001 (11)：2-5.
[20] 张正修，李欠娃．冲模的送料定位系统 [J]. 锻压机械，2001 (2)：26-30.
[21] 张正修，马新梅，李欠娃．连续模工位间送进方式与结构设计 [J]. 锻压机械，2000 (3)：11-15.
[22] 张正修，李欠娃．连续模的送料系统及其设计 [J]. 航空制造技术，2002 (9)：47-57.
[23] 张正修，马新梅．复合模与多工位连续复合模的类型、结构及设计 [J]. 模具制造，2003 (5)：12-17.
[24] 张正修，张镇，赵向珍．冲裁模的合理寿命 [J]. 模具制造，2004 (10)：26-29.
[25] 张正修，张镇，赵向珍．级进模排样设计 [J]. 模具制造，2004 (12)：26-29.
[26] 张正修，马新梅．冲小孔模的结构设计 [J]. 模具工程，2003 (11)：21-27.
[27] 张正修，李欠娃，赵向珍．模具制造工艺的进展 [J]. 电加工与模具，2004 增刊：68-72.
[28] 张正修，张镇，赵向珍．精冲技术的发展与推广面临的问题 [J]. 模具工程，2006 (1)：17-21.
[29] 张正修，张镇，赵向珍．精冲技术的发展与应用 [J]. 模具制造，2004 (9)：30-34.
[30] 陈炎嗣．冲压模具实用结构图册 [M]. 北京：机械工业出版社，2009.
[31] Schmidt R A，Birzer F，HÖfel P，Hellmann M，et al. 冷成形与精冲：冷成形工艺、材料性能、零件设计手册 [M]. 赵震，向华，庄新村，译．北京：机械工业出版社，2008.
[32] 张正修，张旭起．实用冲模结构设计手册 [M]. 北京：化学工业出版社，2010.
[33] 张正修，张旭起．多工位连续模典型结构图册 [M]. 北京：机械工业出版社，2011.
[34] 张正修．冲压技术实用数据速查手册 [M]. 北京：机械工业出版社，2008.
[35] Haack J. Birxer F. Feinschneiden Handbuch für die Praxie [M]. Neu 2. Feintool AG Lyss/Schweiz 中译本．张正修译，周开华校．